장비의 이해

장인배 저

에이퍼브

머리말

20세기 중반 이후 100년이 채 못 되는 기간 동안 혁신을 거듭하면서 인류문명의 발전을 이끌어 온 반도체는 인텔의 공동 창업자인 고든 무어가 1965년에 제시한 무어의 법칙에 따라서 현재까지 18개월마다 집적도를 2배씩 증가시켜 왔다. 반도체 산업계에서는 무어의 법칙을 지속시키기 위해서 꾸준히 노광파장을 줄여왔으며, 2000년대 초반에 193[nm] ArF 심자외선에서 157[nm] F_2 심자외선으로의 노광파장 축소가 뜻하지 않게 실패하게 되자, 액침노광, 다중패터닝, 그리고 3차원 적층과 같이 집적도를 높이는 다양한 파생기술들을 개발하여 무어의 법칙을 지속시켜 왔다. 그리고 이제는 13.5[nm] 극자외선을 사용하여 수 [nm]의 선폭을 노광하는 단계에 이르게 되었다.

반도체는 노광장비, 포토장비, 클린장비, 에처장비, 각종 검사장비, 본딩장비, 패키징장비 등 이루 헤아릴 수 없을 만큼 다양한 장비들이 투입되어야 생산될 수 있는 장치산업이다. 10만 원대의 베어웨이퍼를 투입하여 모든 생산공정을 거치고 나면 웨이퍼 한 장의 가치가 수천만 원에 이르는 초고부가가치 산업으로서 우리나라 경제 생태계의 큰 축을 담당하고 있는 핵심 산업이다. 1983년에 64kD RAM생산을 시작으로 태동한 우리나라의 반도체 산업은 메모리 반도체에 집중하는 전략을 통해서 세계 제1의 메모리 생산국으로 자리 잡게 되었으며, 이제는 시스템 반도체 파운드리 분야에서 대만의 TSMC社와 치열하게 경쟁하는 단계에 이르게 되었다.

저자는 2007년 이래로 이 책을 저술하고 있는 2024년 현재까지 삼성전자 설비기술연구소(구 생산기술연구소)의 기술자문을 오랜 기간 수행하는 과정에서 다양한 첨단 반도체 생산장비 개발에 참여하였으며, 2014~2020년까지 세메스, 2018~2024년 현재까지 AP그룹, 2021~2022년 멜콘, 2022~2024년 현재까지 케이씨텍과 같은 다양한 반도체장비 생산기업에 장비 설계 관련 애로기술 자문을 수행해 왔다. 반도체 공정장비 애로기술 해결을 위한 다양한 자문활동 과정에서 반도체장비들이 가지고 있는 기술적 문제들의 발굴과 이에 대한 해결방안 도출에 있어서 많은 경험을 쌓을 수 있었다. 반도체 생산에 사용되는 각종 공정장비들과 반도체 생산기술은 극도의 보안이 유지되는 숨겨진 기술이기 때문에 이를 공개하여 교육하는 것은 매우 어려운 일이다. 이 책을 저술하는 과정에서도 기업의 보안이 필요한 내용들은 거의 포함시키지 않았으며, 보안이 필요한 그림들은 실제 형상과는 조금씩 다르게 표현하였다. 특히 수칫값들은 대부분 공개된 자료들에서 추출하였으며, 보안이 필요한 수칫값들은 실제와 조금 다르게 제시하였다. 하지만 이 책의 독자들이 반도체장비를 학습하는 과정에서는 이런 고의적인 변형들이 해당 내용을 이해하는 데에 아무런 문제가 되지 않을 것이다.

반도체 산업이 우리나라의 향후 50년을 지탱해줄 핵심 산업으로서 경쟁국가들의 추격을 뿌리치고 초격차를 유지하기 위해서는 최고급 엔지니어들의 혁신적인 역량이 필요하다. 이 책을 통해서 반도체장비를 설계하거나 반도체장비를 다루는 고급 엔지니어들이 육성되기를 바라면서 이 책을 세상에 내보낸다.

2024년 2월

강원대학교 메카트로닉스공학전공

장인배 교수

CONTENTS

Chapter 05 반사식 포토마스크

Chapter 06 극자외선 노광장비

Chapter 07 포토공정과 장비

01

반도체공정 개요

Chapter

01 반도체공정 개요

1947년 존 바딘과 월터 브래튼이 최초로 점접촉 트랜지스터를 발명한 이래로 반도체는 인류문명의 퀀텀점프를 이끌어온 핵심 동력으로 자리잡게 되었다. 반도체는 이전의 진공관 소자를 대체하는 소형의 증폭 및 스위칭 소자로 사용되면서 소형화, 작동속도 향상, 소비전력 절감 및 신뢰성 향상 등을 이끌었으며, 특히 집적회로의 형태로 발전하면서 중앙처리장치(CPU), 메모리, 전하결합소자(CCD) 등과 같은 고성능 반도체를 구현하게 되었다.

웨이퍼를 기반으로 하는 노광공정은 선폭의 미세화를 통하여 반도체의 소형화와 집적화를 이끌어왔으며, 노광용 광원의 파장길이 축소가 선폭 미세화의 지배인자로서, 현재는 노광파장이 심자외선(λ=193[nm])에서 극자외선(λ=13.5[nm])으로 넘어가는 단계에 있다. 웨이퍼 표면에 코팅되어 있는 포토레지스트(감광제)에 보다 선명하고 세밀한 패턴을 전사하기 위해서는 웨이퍼의 표면 평탄화와 무오염 세정을 포함한 다양한 전처리공정(FEOL)들이 필요하며, 선명한 패턴을 투사하는 정교한 노광장비가 사용되어야 한다. 그리고 노광된 패턴을 편차 없이 현상, 도핑 및 식각하는 신뢰성 높은 후처리공정(BEOL)들이 필요하다. 생산수율을 높이기 위해서는 공정단계마다 다양한 검사가 수행되어야 하며, 제조가 끝난 웨이퍼를 절단 및 적층하여 패키지 형태로 제작하는 패키징 공정이 뒤따른다.

반도체 제조에는 수백 가지의 다양한 공정들과 이를 수행하는 다양한 장비들이 사용된다. 특정한 공정을 수행하는 과정에서 장비 운영에 요구되는 환경을 포함한 각종 운전조건들을 **레시피**[1]

1 recipes

라고 부르며, 이 레시피들에 따라서 반도체의 생산성과 수율이 크게 변하게 된다. 따라서 반도체 장비회사들은 이를 노하우로써 비밀로 취급하고 있으며, 장비를 운영하는 과정에서 레시피를 관리하는 엔지니어(필드엔지니어라고 부른다)들의 역량이 매우 중요하게 작용한다.

반도체 공정은 예를 들어, 10만 원짜리 베어웨이퍼를 투입하고 약 1개월 동안 각종 공정들을 거치고 나면, 완성된 웨이퍼의 가격이 수천만 원에 이르게 되어 부가가치가 수백 배에 이르는 초고부가가치 공정이다. 이 과정에서 사용되는 모든 공정과 장비들이 완벽하게 작동해야만 높은 수율로 반도체를 생산하여 부가가치를 창출할 수 있는 것이다. **1장**에서는 반도체 공정 전반에 대해서 간략하게 요약하고 있으며, 주요 반도체장비업체들에 대해서도 살펴보기로 한다.

1.1 웨이퍼와 풉(FOUP)

1.1.1 웨이퍼

다정질 실리콘을 높은 온도(용융온도 1,410[℃])에서 녹여서 액체 상태로 만들었다가 서서히 봉 모양의 단결정(이를 잉곳이라고 부른다)으로 성장시킨 다음에, 이를 얇은 원판 형태로 절단하여 만든 단결정 박판을 **웨이퍼**라고 부른다. 반도체 소자 제조용 모재로 널리 사용되고 있는 웨이퍼는 원재료에 따라서 실리콘(Si) 웨이퍼, 게르마늄(Ge) 웨이퍼, 갈륨비소(GaAs) 웨이퍼 등으로 구분한다. 그리고 웨이퍼 표면에 추가되는 공정에 따라서 폴리시드[2] 웨이퍼, 에피텍셜[3] 웨이퍼, SOI[4] 웨이퍼 등으로 구분하게 된다.

직경이 300[mm]인 웨이퍼는 레거시 공정에 주로 사용되는 직경이 200[mm]인 웨이퍼에 비해서 표면적이 2.25배 더 넓다. 즉, 웨이퍼 한 장당 2.25배 더 많은 칩을 생산할 수 있다는 뜻이다. 웨이퍼 직경이 크던, 작던 한 공정에 웨이퍼 한 장이 투입되면 얼마간의 시간과 비용이 들기 때문에 생산성을 높이기 위해서 꾸준히 웨이퍼의 직경을 늘려왔으며, 현재는 300[mm] 웨이퍼를 주로 사용하고 있다. **그림 1.1**에서는 웨이퍼의 직경 증가 양상을 그림으로 보여주고 있다.

2 polished
3 epitaxial
4 Silicon on Insulator

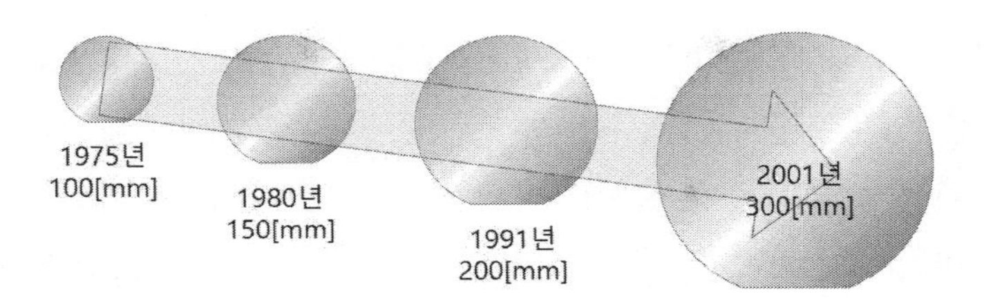

그림 1.1 연도별 웨이퍼의 직경 증가 경향

2010년대 초에 450[mm] 웨이퍼가 소개되면서 CNSE[5], 인텔社, TSMC社, 삼성社, IBM社 등이 글로벌 450[mm] 컨소시엄을 구성하여 반도체 인프라를 450[mm] 체제로 전환하려는 시도가 있었다. 표면적이 300[mm] 웨이퍼에 비해서 2.25배 더 넓은 450[mm] 웨이퍼를 사용하면 다이당 약 30%의 비용절감이 기대되었으며, 기술적으로도 충분히 구현이 가능했지만, 모든 인프라를 450[mm]로 전환하기 위해서 소요되는 비용이 너무 과도하여 현재까지도 450[mm] 직경의 웨이퍼는 반도체 생산에 적용되지 못하고 있다.

1.1.2 웨이퍼의 구조와 명칭

그림 1.2 (a)에서는 웨이퍼의 주요 구조와 명칭들을 보여주고 있다. 개별 집적회로가 형성된 네모난 반도체 영역을 칩[6] 또는 **다이**[7]라고 부른다. 현재 양산용 노광 스캐너가 한 번에 찍을 수 있는 다이의 최대크기는 26×32[mm]이며, 300[mm] 웨이퍼에는 최대크기의 다이들이 약 70개 정도 들어간다.[8] 웨이퍼를 개별 칩으로 절단하기 위해서 남겨둔 아무런 유닛이나 회로가 없는 영역을 **절단선**[9]이라고 부른다. 절단선은 다이의 면적을 감소시키는 인자이기 때문에 이를 좁힐수록 유리하지만 기계적 가공한계 때문에 수십 [μm] 수준에 이른다. 모든 반도체 공정이 완료되기 전까지는 해당 반도체가 필요한 기능을 충족시키는지 확인할 방법이 없다. 따라서 공정이 수행되는 도중에 웨이퍼의 품질을 중간점검할 수 있도록 웨이퍼의 여러 위치에 배치한, 정상적인 다이와 같은 공정으로 제조된 시험용 소자들을 **시험요소그룹**[10]이라고 부른다. 웨이퍼의 가장자리 부분에

5 College of Nanoscale Science and Engineering, 뉴욕대학교.
6 chip
7 die
8 면적활용률은 약 80%이며, 다이 크기가 줄어들면 면적활용률이 높아진다.
9 scribe line

서는 원형의 웨이퍼 테두리에 의해서 다이 중 일부가 잘려 나간 다이들이 만들어진다. 이들은 미완성이기 때문에 손실이 되지만, 이들을 노광해 놓지 않으면 현상, 식각 및 도핑 등 후공정을 수행하는 동안 인접 다이들 사이의 상호영향성이 변하여 형상이 완전한 내부 측 다이에서도 결함이 발생할 우려가 있다. 따라서 손실을 줄이기 위해서는 웨이퍼를 대형화해야 하며, 테두리 영역을 최소화하여야 한다.

단결정을 사용하여 제작된 웨이퍼의 결정 구조는 육안으로 식별이 불가능하다. 그러나 결정방향에 따라서 식각 특성이 서로 다르기 때문에 웨이퍼의 결정방향을 표시하기 위해서 원의 한쪽에 만들어놓은 직선 영역을 **플랫존**[11]이라고 부른다. 그런데 웨이퍼의 표면적 활용을 극대화하기 위해서 근래에 들어서는 플랫존 대신에 **그림 1.2 (b)**에서와 같이 반원형 노치를 사용하는 경우가 늘고 있다.

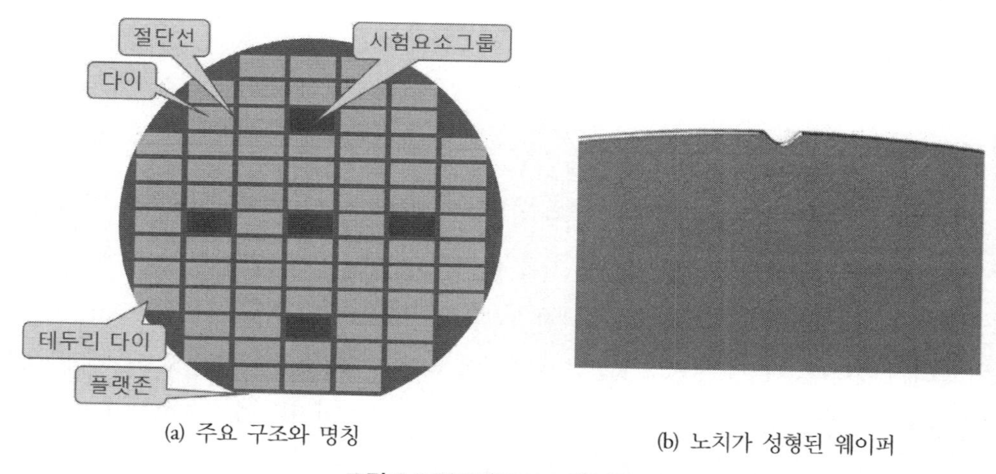

(a) 주요 구조와 명칭

(b) 노치가 성형된 웨이퍼

그림 1.2 웨이퍼의 구조와 명칭

1.1.3 전면개방통합포드

일명 **풉**(foup)이라고 부르는 **전면개방통합포드**[12]는 통제된 환경하에서 웨이퍼를 안전하게 보관 및 운반할 수 있도록 설계된 보관함으로서, 일반적으로 폴리카보네이트와 같은 강화 플라스틱

10 Test Element Group
11 flat zone
12 Front Opening Unified Pod

을 사용하여 인젝션몰딩 방식으로 제작한다. 과거 200[mm] 웨이퍼를 사용하던 시절에는 카세트 형태의 캐리어를 일반적으로 사용했으며, 전면개방통합포드는 300[mm] 웨이퍼가 도입된 1990년대부터 사용되기 시작하였다. 300[mm] 웨이퍼 25장을 수용할 수 있으며, 웨이퍼를 가득 채워 넣은 후의 무게는 약 9[kg]에 달한다. 웨이퍼 핸들러가 앞쪽에서 웨이퍼에 자유롭게 접근하려면 포드의 앞쪽 전체가 개방되어야 한다. 전면판의 중앙부 좌우에 설치되어 있는 원형의 노브에는 더블랙-피니언 기구가 연결되어 수직방향으로 4점에서 포드 본체와 결속되어 있다. 다음 절에서 살펴볼 로드포트에 전면개방통합포드가 안착되면 전용 기구가 전면판을 열고 닫는다.

그림 1.3 전면개방통합포드13

전면개방통합포드의 내부와 외부의 차압에 따른 오염물질의 침투를 방지하기 위해서 포드 내부를 대기압보다 약간 높게 건조질소(N_2)로 충진하여 놓는다. 포드 내부를 건조질소를 충진하지 않는 경우에는 환기필터를 설치하여 포드의 내부압력과 외부 대기압력의 평형을 유지시켜주어야 한다.

폴리카보네이트와 같은 폴리머 소재들은 대기 중 전자를 흡수하여 음으로 하전되는 특성을 가지고 있으며, 이로 인하여 강력한 정전기가 유발될 우려가 있다. 풉 표면에 형성된 정전기는 웨이퍼의 능동소자들을 손상시키고 파티클을 흡인하여 오염원으로 작용할 우려가 있다. 따라서 풉의 내부에는 세심하게 설계된 접지전극들을 설치하여 웨이퍼 이적재 과정에서 정전기 방전으로 인한 손상을 억제하며, 파티클의 흡착을 방지하여야 한다.

13 www.entegris.com의 사진에 랙 구조를 추가하여 그려 놓았음.

반도체 생산공정을 수행하는 동안 전면개방통합포드는 자동반송시스템(AMHS)[14]을 사용하여 운반 및 적재한다. 이 과정에서 충격이나 진동이 가해지면 웨이퍼에 손상이 발생할 우려가 있기 때문에 풉에 가해지는 최대 가속도를 특정 값 이하로 제한하여야 한다. ASTM D3332-99에 규정되어 있는 시험과정을 사용하여 시행한 충격시험 결과[15]에 따르면, 풉에 약 1.8G 이상의 가속도가 부가되면 웨이퍼에 손상이 발생하였다. 따라서 풉을 이송 및 적재하는 과정에서 부가되는 허용한계 가속도는 이보다 1/5~1/10 수준이 되어야만 한다.

1.1.4 로드포트

그림 1.4에 도시되어 있는 **로드포트**는 여타의 공정장비들과 풉을 연결시켜주는 인터페이스 모듈로써, 풉의 전면판을 개폐하는 기능과 웨이퍼를 넣고 뺄 수 있는 웨이퍼 반송로봇이 설치되어 있는 웨이퍼 이적재 전용장치이다.

일반적으로 팹(FAB)의 천장에 매달려 이동하는 이송장치인 OHT로부터 수직 방향으로 풉을 내려받는다. 풉이 안착되는 스테이션은 팹의 바닥으로부터 900[mm] 높이에 위치하며, 스테이션에는 3개의 위치결정용 핀들이 돌출되어 있어서 풉의 바닥면에 성형된 홈들과 들어맞으면서 정렬을 맞춘다. 일단 풉이 안착되고 나면 풉의 전면부가 로드포트의 수직벽에 밀착된다. 이때에 로드포트와 풉 프레임이 견고하게 밀착되어야 외부 공기가 풉의 내부로 유입되어 웨이퍼를 오염시키는 것을 막을 수 있다.

전면판 개방기구가 접속되어 더블랙-피니언기구를 회전시켜서 전면판을 포드 본체에서 분리시킨다. 뒤이어 전면판 개방기구는 풉의 전면판과 함께 아래로 내려가면서 풉이 완전히 개방된다. 로드포트가 설치되어 있는 공정장비와 풉 사이에는 **8장**에서 살펴볼 예정인 스카라 형태의 웨이퍼 이적재 로봇이 설치되어 풉에서 공정장비로 웨이퍼를 넣고 빼준다. 따라서 로드포트는 다양한 공정장비들의 입출력 인터페이스로 사용된다.

풉의 전면판 개방 시에 발생하는 기류에 의해서 풉 내부로 파티클이 유입되어 웨이퍼를 오염시키는 문제와 상대습도 45%로 유지되는 클린룸 대기 중의 수분에 의해서 웨이퍼 표면에 H_2O가 들러붙는 문제를 개선하기 위해서 전면판 개방 시에 건조질소를 퍼징하는 방법을 포함하여 다양

14 Automated Material Handling System

15 jefftalledo.files.wordpress.com/2016/03/01638762_die_fracture.pdf

한 오염방지대책이 시도되고 있지만, 아직 로드포트 운영과정에서 발생하는 각종 오염에 대한 완전한 해결은 실현되지 못하고 있다.

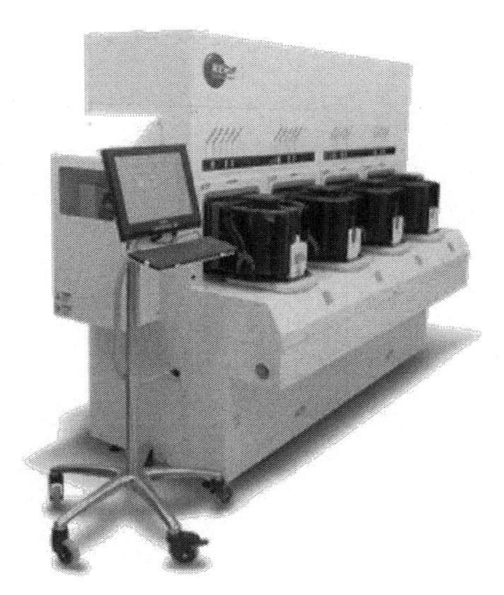

그림 1.4 로드포트 모듈[16]

1.2 집적회로 생산공정

생산하는 디바이스의 유형에 따라서 차이가 나지만, 일반적으로 집적회로 제조를 위해서는 500~800공정을 거쳐야만 한다. **그림 1.5**에서는 집적회로 생산공정의 흐름도를 요약하여 보여주고 있다. 쵸크랄스키 인상법을 사용하여 제조한 실리콘 잉곳의 외경을 연마한 후에 다이아몬드 와이어를 사용하여 약 0.9[mm] 정도의 두께로 절단하고 나면, 표면을 연마한 후에 원자수준의 표면거칠기를 갖도록 폴리싱을 수행한다. 이렇게 만들어진 단결정 실리콘 표면은 매우 쉽게 변성되므로 표면에 산화피막을 생성시키거나 에피텍셜층을 증착하여야 한다. 이렇게 만들어진 웨이퍼를 **베어웨이퍼**[17]라고 부르며, 여기서부터 본격적인 집적회로 생산공정이 시작된다. 웨이퍼 표면에 스핀코팅 공정을 사용하여 포토레지스트라고 부르는 감광액을 도포한 다음에 소프트베이킹

16 lstec.co.kr
17 bare wafer

을 거치면서 감광액을 건조시킨다. 반도체 생산의 핵심공정인 노광공정에서는 미리 준비된 패턴 마스크에 빛을 투사하여 만들어진 그림자 영상을 투사광학계를 통과시키면서 4:1로 축사하여 포토레지스트에 조사한다. 그런 다음 현상 및 인화과정을 거치면서 빛이 조사된 부분을 제거(양화색조 레지스트)하여 웨이퍼 표면을 노출시키고 하드베이킹을 통해서 남아 있는 부분을 경화시킨다. 필요에 따라서 노출된 웨이퍼 표면에 3족이나 5족 이온물질을 주입하거나 표면을 식각하여 제거한 다음에는 표면의 포토레지스트를 제거하고 나면 한 사이클이 완료된다. 집적회로는 웨이퍼의 수직 방향으로 다수의 공정들이 반복되기 때문에 다시 3번 공정으로 되돌아가서 다음 사이클을 반복하게 된다. 모든 집적회로가 완성되고 나면, 절단 공정을 통해서 다이들을 분할하여 패키징 및 검사를 시행하면 집적회로가 완성된다.

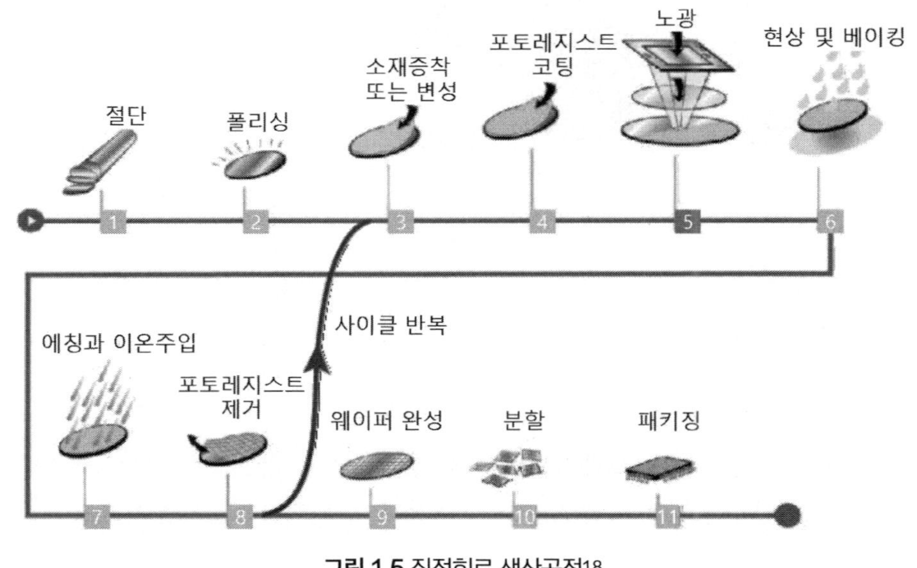

그림 1.5 집적회로 생산공정[18]

세계 최대의 메모리반도체기업에서는 집적회로 생산공정을 **그림 1.6**에 도시되어 있는 것처럼 **8대 공정**으로 분류하여 운영하고 있다. 8대 공정은 웨이퍼제조, 산화공정, 포토공정, 식각공정, 증착 및 이온주입공정, 금속배선공정, 다이선별공정, 그리고 패키징공정으로 이루어진다. 8대 공정중에서 가장 핵심공정인 포토공정은 감광액 도포, 노광 및 현상 공정을 아우르고 있다. 반도체

18 R. Schmidt 저, 장인배 역, 고성능 메카트로닉스의 설계, 동명사, 2015.

생산공정을 8대 공정으로 분류하는 방법은 결코 절대적인 것이 아니며, 해당 기업이 생산조직의 관리와 운영의 편의를 위하여 구분한 것일 뿐이다.

지금부터는 보다 자세하게 주요 공정들에 대해서 살펴보기로 한다.

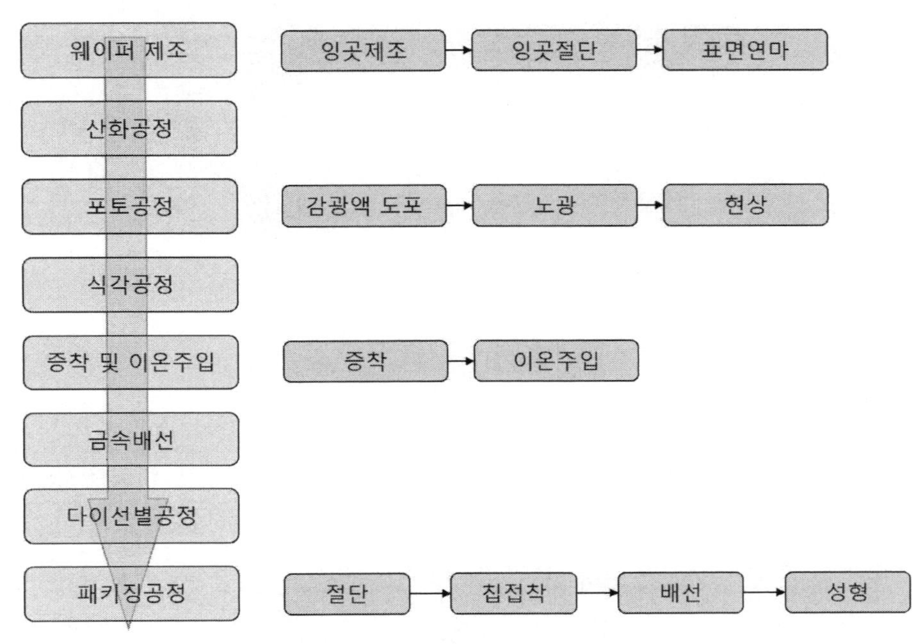

그림 1.6 8대 공정으로 분류한 집적회로 생산공정

1.2.1 실리콘 잉곳의 제조

그림 1.7 (a)에 도시되어 있는 것처럼, **크리스털 풀러**라고 부르는 용융로 속에서 99.999% 이상 고순도로 정제된 폴리실리콘 용융시킨 다음에 시드 결정[19]을 접촉시켜서 단결정 성장을 유도한다. 시드 결정을 서서히 회전시키면서 위로 들어 올리면 실리콘 단결정이 봉 형태로 자라게 된다. 이렇게 제조한 단결정 규소봉을 **실리콘 잉곳**이라고 부른다. 반도체 생산성 향상을 위해서 실리콘 잉곳은 대구경화 되어가고 있으며, 현재는 300[mm] 웨이퍼가 주류를 이루고 있다. **그림 1.7** (b)에서는 300[mm] 웨이퍼용 잉곳 모재를 보여주고 있다. 이 잉곳 모재의 무게는 250~300[kg]에 달하며, 길이는 약 2[m] 내외이다. 잉곳 제조공정에 대해서는 **2장**에서 살펴볼 예정이다.

19 seed crystal: 용액에서 결정을 성장시킬 때 핵이 되는 결정조각.

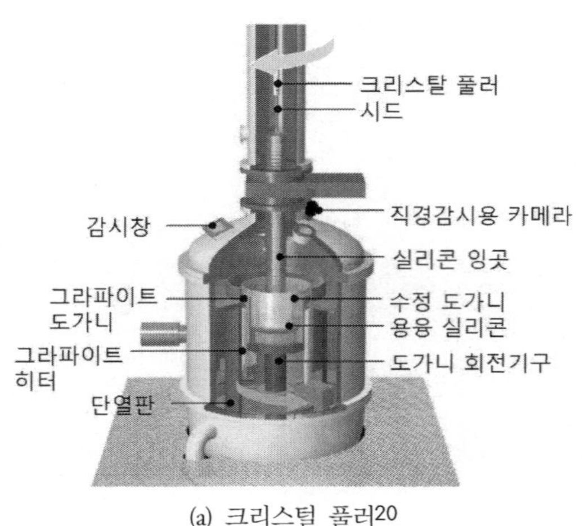

(a) 크리스털 풀러[20]

(b) 300[mm] 웨이퍼용 잉곳[21]

그림 1.7 실리콘 잉곳의 제조

1.2.2 잉곳절단

크리스털 풀러에서 성장된 잉곳 모재는 외경이 불균일하고 길이가 길다. 이를 일정한 길이로 절단한 후에 외경을 다듬어 놓아야 비로소 박판형태의 웨이퍼로 절단할 수 있는 실리콘 잉곳이 된다. 표면에 다이아몬드 분말이 브레이징 접착되어 있는 강선을 롤러들이 다각형 형태로 배치된 와이어가이드에 여러 겹으로 평행하게 감아 회전시키는 와이어 절단장치를 사용하여 실리콘 잉곳 전체를 동시에 가공하여 약 900[μm] 두께의 박판들로 절단한다. **그림 1.8**에서는 다이아몬드

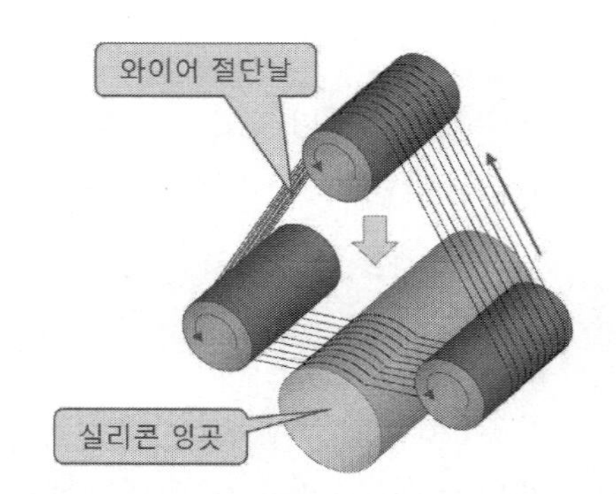

그림 1.8 다이아몬드 와이어를 사용한 잉곳 동시절단

20 doi.org/10.3390/app10217799을 수정하여 재구성하였음.

21 hackaday.com

와이어를 사용한 잉곳 동시절단기의 모식도를 보여주고 있다. 잉곳 절단에 대한 보다 자세한 내용은 **2장**에서 살펴볼 예정이다.

1.2.3 웨이퍼 표면연마

박판 형태로 절단된 웨이퍼 모재는 모서리가 날카롭고 기계적 절단과정에서 발생한 크랙들로 인해서 표면은 거칠고 부스러지기 쉬운 상태이다. 웨이퍼 모재의 테두리 연마를 통해서 둥근 모서리를 성형하여 표면 가공 시 날카로운 테두리가 파손되는 것을 방지하여야 한다. 다음으로 **그림 1.9**에 도시되어 있는 것처럼, 웨이퍼 양면 연삭을 통해서 표면 잔류 거스러미들을 제거하고 표면(앞면) 래핑을 통해서 매끄러운 표면을 생성한다. 연삭과 래핑은 기계적 가공이기 때문에 필연적으로 표면 긁힘이 발생한다. 그러므로 화학적 식각을 통해서 가공 중에 발생한 표면결함들을 제거한다. 마지막으로 화학-기계적 연마(CMP)[22] 가공을 통해서 원자수준의 표면 거칠기를 갖는 표면을 완성한다. 절단 직후에 두께가 약 900[μm]였던 웨이퍼 모재는 각종 가공단계를 거치면서 700[μm]로 줄어들게 된다. 웨이퍼 표면연마에 대해서는 **2장**에서 살펴볼 예정이다.

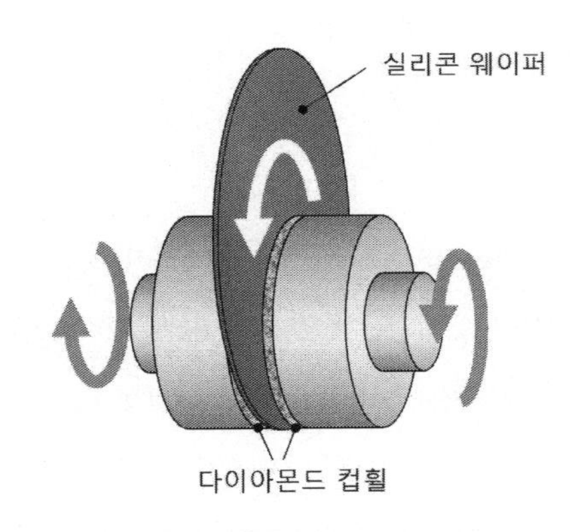

그림 1.9 웨이퍼 양면 연삭

1.2.4 웨이퍼 산화

표면연마된 단결정 실리콘 표면은 산화에 취약하여 공기 중에서 쉽게 변성되어버린다. 그러므

22 Chemical Mechanical Planarization

로 웨이퍼 표면에 얇고 균일한 산화막을 생성하여 보관성을 높인다. 웨이퍼 표면 산화는 열공정으로서, 고온(800~1,200[℃]) 반응로 속으로 산소(건식산화)나 수증기(습식산화)를 주입하여 실리콘 웨이퍼 표면에서 화학반응시켜서 두께 25[nm]~3[μm] 수준의 얇고 균일한 이산화규소(SiO_2) 산화막을 형성한다. 이산화규소는 매우 안정된 세라믹으로서, 화학반응성이 작고 부도체이므로, 절연막으로도 사용된다. 이렇게 가공된 웨이퍼는 세척 및 검사를 거쳐서 포장한 다음에 반도체 생산용 팹으로 입고된다.

그림 1.10 웨이퍼 산화[23]

1.2.5 포토마스크 설계

일명 **레티클**이라고도 부르는 **포토마스크**는 불투명한 노광용 패턴이 새겨진 투명한 유리기판이다. 노광할 전자회로의 설계도(회로도)를 N형 반도체 및 P형 반도체와 같은 반도체 소자들과 이들을 연결하는 배선요소들로 치환하여 평면으로 배치하여야 한다. EDA[24] 소프트웨어를 사용한 전산설계(이를 **레이아웃 설계**라고 부른다)를 통해서 웨이퍼 위에 노광될 패턴 드로잉이 만들어진다. 이 단계에서 **그림 1.11 (a)**에서와 같이, 레이어 분리를 통해서 N형 반도체 레이어, P형 반도체 레이어 및 배선 레이어 등과 같이 한 번에 노광할 패턴들을 분할하여 노광용 패턴을 추출한다. 그런데 노광 패턴이 미소화되면 레티클을 투과한 빛이 회절을 일으키는 문제가 발생하기 때문에 설계된 레이아웃을 그대로 노광하면 패턴이 뭉개져 버린다. 이를 보상하기 위해서 **그림**

23 www.imatinc.com
24 Electronic Design Automation

1.11 (b)에서와 같이, 노광 패턴에 세리프와 같은 분해능 강화형상이 추가되면서 패턴 형상이 매우 복잡해진다. 또한 분해능을 향상시키기 위해서 위상시프트 기법이 도입되면서 노광 패턴은 더욱 복잡해지게 되었다. 심자외선용 투과식 마스크의 설계에 대해서는 **3장**, 극자외선용 반사식 마스크의 설계에 대해서는 **5장**에서 살펴볼 예정이다.

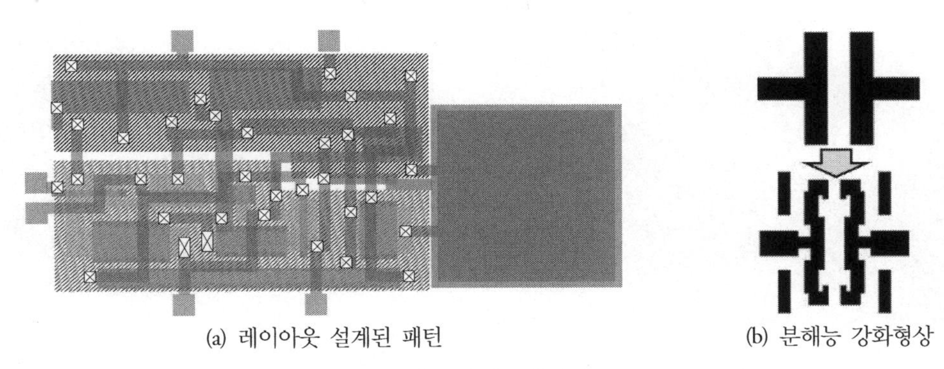

(a) 레이아웃 설계된 패턴　　(b) 분해능 강화형상

그림 1.11 집적회로 레이아웃 설계사례(컬러도판 p.649 참조)

1.2.6 포토마스크 제작

포토마스크 모재로는 니켈이 코팅되어 있는 유리[25]기판이 사용된다. 니켈 표면에 포토레지스트를 코팅한 다음에 전자빔 노광기나 레이저 노광기를 사용해서 레이아웃 패턴을 생성한다. 전자빔 노광기는 세밀한 패턴을 생성하기에 유리하지만 진공 중에서 노광이 이루어지며, 노광속도가 느려서 생산성이 떨어진다. 반면에 레이저 노광기는 대기 중에서 노광이 가능하며 다중빔을 사용하여 동시에 노광을 시행하기 때문에 생산속도가 빠르지만, 광점의 크기가 전자빔보다 크기 때문에 세밀한 패턴을 생성하기에는 한계가 있다. 최신의 다중빔 노광기는 약 26만 개의 레이저 빔을 동시에 조사할 수 있다. **그림 1.12 (a)**에서는 Etec社의 전자빔 노광기를 보여주고 있으며, **그림 1.12 (b)**에서는 다중빔 레이저 노광기의 작동원리를 보여주고 있다.

현재 반도체 생산에 주로 사용되는 투과식 마스크는 심자외선(λ=193[nm]) 대역에서 사용되며, 극자외선(λ=13.5[nm]) 대역에서는 반사식 마스크가 사용된다. 투과식 마스크와 반사식 마스크는 외형 치수가 서로 동일하지만 작동원리나 구조는 완전히 다르다. 투과식 마스크에 대해서는 **3장**,

25 실제로는 용융실리카와 같이 투명하면서도 열팽창계수가 작은 소재를 사용한다.

반사식 마스크에 대해서는 **5장**에서 살펴볼 예정이다.

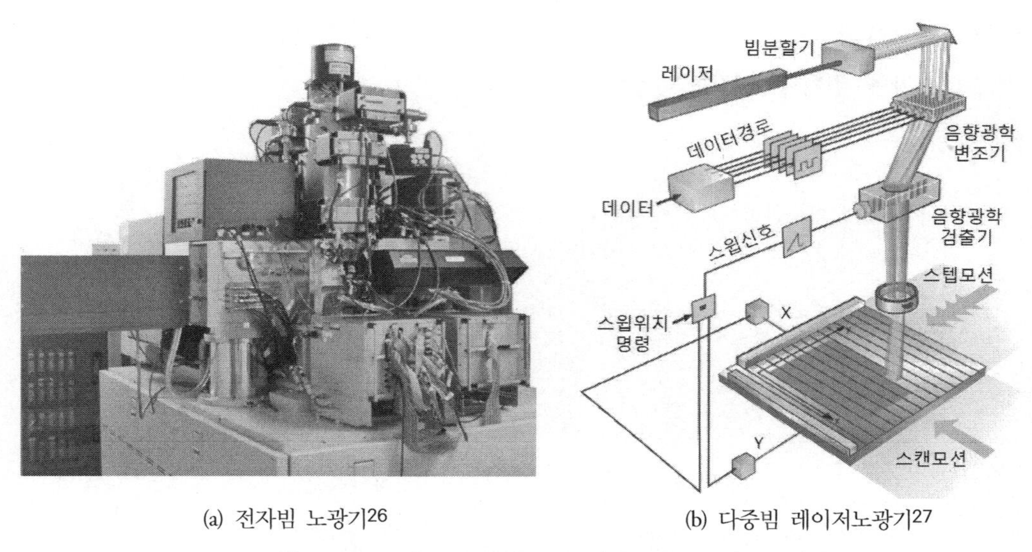

(a) 전자빔 노광기26

(b) 다중빔 레이저노광기27

그림 1.12 포토마스크 제작용 노광기(컬러도판 p.649 참조)

1.2.7 레티클 SMIF 포드

패턴이 성형된 포토마스크는 오염에 매우 취약하다. 투과식 마스크의 경우에는 패턴 측 표면 위에 약간의 유격을 두고 펠리클이라고 부르는 투명 박막을 씌워서 오염으로부터 표면을 보호한다. 반면에 반사식 마스크의 경우에는 아직 펠리클을 사용하지 않고 있기 때문에 오염에 극도로 취약하다.28

포토마스크는 보관 및 운반과정에서 발생하는 오염을 방지하기 위해서 **그림 1.13**에 도시된 것과 같은 SMIF29 포드를 사용하고 있다. 굴절식 마스크의 경우에는 폴리머로 제작한 단일 구조의 포드를 사용하며, 포드의 내부는 건조질소로 충진된다. 오염에 극도로 취약한 반사식 마스크의 경우에는 폴리머로 제작된 외부 포드와 금속으로 제작된 내부 포드의 이중구조를 사용한다. 포토

26 S. Rizvi 저, 장인배 역, 포토마스크기술, 씨아이알, 2016.

27 Micronic Laser Pattern Generators, www.Micronics.se을 인용하여 재구성하였음.

28 TSMC나 인텔에서는 펠리클을 사용하고 있지만, 생산성이 저하되는 문제 때문에 국내에서는 2023년 현재, 펠리클을 사용하지 않고 있는 실정이다.

29 Stnadard Mechanical InterFace

마스크가 안착되는 내부포드는 진공환경을 유지하고 있으며, 내부포드를 보관하는 외부포드의 내부는 건조질소로 충진된다.

레티클 SMIF 포드를 운반 및 이적재 하는 과정에서 발생하는 충격이나 가속도가 보관된 레티클을 손상시킬 수 있기 때문에, 허용한계 가속도는 풉의 경우보다 훨씬 더 엄격하게 관리되어야 한다.

(a) 투과식 마스크용 포드 (b) 반사식 마스크용 이중포드

그림 1.13 레티클 SMIF 포드[30]

1.2.8 감광액 도포

본격적인 반도체 생산공정은 **포토레지스트**라고 부르는 **감광액**을 도포하는 공정에서부터 시작한다. 웨이퍼를 스피너라고 부르는 회전척 위에 올려놓고 웨이퍼를 회전시킨다. **그림 1.14 (a)**에 도시되어 있는 것과 같이 노즐이 달려 있는 외팔보 형태의 선회기구를 사용하여 노즐 팁을 웨이퍼 중앙에 위치시킨 다음 회전하는 웨이퍼의 중앙에 감광액을 주입하면 회전 원심력에 의해서 감광액이 원주방향으로 밀려나가면서 얇고 균일한 막층이 형성된다. 감광액은 광반응성 폴리머를 용제에 희석시켜놓은 액체이다. 그러므로 웨이퍼를 고온에서 건조시키는 소프트 베이킹 공정을 통해서 용제를 기화시켜서 웨이퍼 표면에 코팅된 감광막을 안정화시킨다. 반도체 생산공정에서는 **그림 1.14 (b)**에 도시되어 있는 것처럼, 감광액의 도포와 소프트 및 하드베이커, 노광후 현상

30 www.entegris.com

을 위한 디벨로퍼, 웨이퍼 세정 등을 하나의 장비에 탑재하여 운영하고 있으며, 이를 **포토장비**라고 부른다. 포토공정과 장비들에 대해서는 **7장**에서 살펴볼 예정이다.

(a) 스핀코터[31]

(b) 포토장비의 사례[32]

그림 1.14 스핀코터와 포토장비의 사례

1.2.9 굴절식 노광

반도체 생산의 가장 중요한 공정인 **노광**[33]은 반도체 소재 위에 도포된 광 민감성 포토레지스트층 위에 광강도 패턴을 가지고 있는 빛을 투사하여 원하는 패턴으로 포토레지스트를 감광시키는 것이다.

빛이 렌즈를 통과하면서 굴절이 일어나기 때문에 렌즈와 마스크를 투과하여 노광을 수행하는 방식을 **굴절식 노광**이라고 부른다. 노광에 사용되는 광원으로는 초기에는 수은아크등을 사용하였으며, 광원 파장대역의 균일성과 파장길이의 축소를 통해서 점차로 분해능을 높이는 과정에서 노광용 광원으로 엑시머레이저(KrF와 ArF)를 사용하게 되었다. 현재 투사광학식 노광에 주력으로 사용되는 노광파장은 ArF 엑시머레이저의 λ=193[nm]이며, 이를 **심자외선**(DUV)이라고 부른다. 심자외선은 광학유리에 대한 투과성이 양호하기 때문에 **그림 1.15 (a)**에 도시되어 있는 것처럼, 광선이 패턴이 새겨진 포토마스크를 투과하여 4:1 축사렌즈가 설치되어 있는 굴절식 광학계를 거쳐서 웨이퍼 위로 조사된다.

패턴의 분해능을 높이기 위해서는 큰 개구각이 필요하며, 이를 구현하기 위해서는 대물렌즈와

31 cdsemi.com/products/photoresist-spin-coater
32 semes.com
33 lithography

웨이퍼 사이의 거리가 매우 좁아지게 되어 광학경통이 웨이퍼 표면에 거의 닿아있는 것처럼 보인다. **그림 1.15 (b)**에서는 현재 반도체 생산에 주력으로 사용되고 있는 심자외선노광기(NXT:2000i)의 사례를 보여주고 있다. 굴절식 노광에 대해서는 **4장**에서 살펴볼 예정이다.

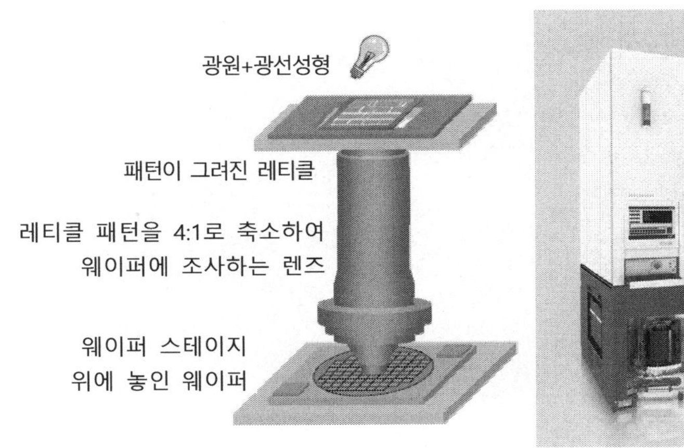

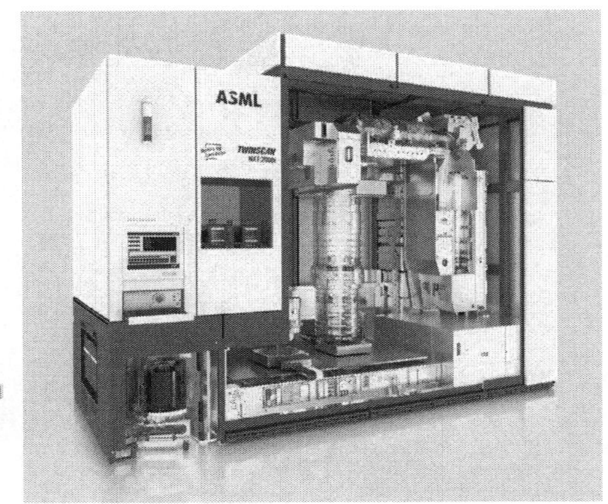

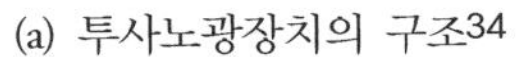

(a) 투사노광장치의 구조[34]

(b) 심자외선 노광기의 사례[35]

그림 1.15 광학식 투사노광

1.2.10 반사식 노광

반도체의 최소선폭(임계치수)은 파장길이에 비례하므로 기존의 심자외선(λ=193[nm])에 비해서 파장길이가 훨씬 더 짧은 극자외선(λ=13.5[nm])을 사용하는 노광기가 개발되었다. 그런데 극자외선은 기체나 광학유리에 쉽게 흡수되어버리기 때문에 기존의 굴절식 광학요소를 사용할 수 없다. 따라서 극자외선 노광기는 진공 속에서 반사식 포토마스크와 반사식 광학계를 사용하여 포토마스크의 패턴을 축사하여 웨이퍼에 전사하여야 한다. 이를 기존의 굴절식 노광과 구별하여 **반사식 노광**이라고 부른다. 또한 웨이퍼 스테이지의 안내에 기존의 공기베어링을 사용할 수 없으므로, 자기부상식 웨이퍼 스테이지를 사용해야만 한다. 이를 구현하기 위해서는 기존에 개발된 다양한 요소 기술들을 전혀 사용할 수 없기 때문에 기술개발에 많은 어려움이 있었다. 하지만 2010년대 후반부터 양산용 극자외선 노광장비들이 공급되면서, 기존의 심자외선 광학계를 사용하면서

34 R. Schmidt 저, 장인배 역, 고성능 메카트로닉스의 설계, 동명사, 2015.
35 asml.com

10[nm]대에 정체되었던 최소선폭이 이제는 3[nm]를 넘어서 2[nm] 아래를 바라보고 있다. **그림 1.16**에서는 최초의 대량생산용 극자외선노광기인 NXE:3400B의 내부구조를 보여주고 있다. 극자외선노광에 대해서는 **6장**에서 살펴볼 예정이다.

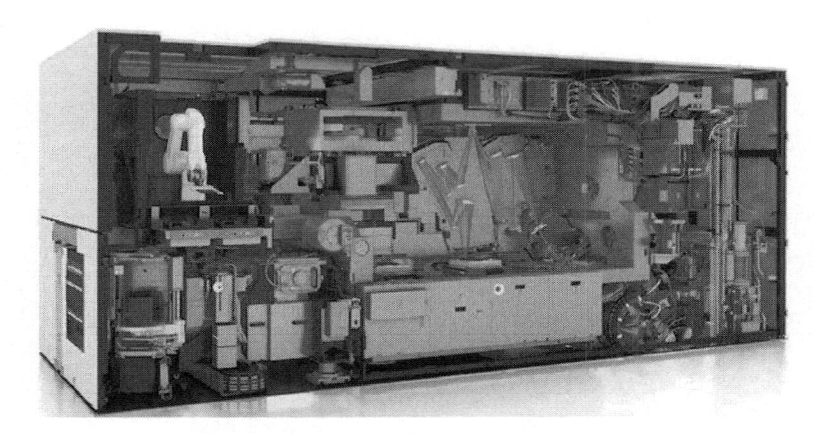

그림 1.16 반사식 노광기(ASML NXE:3400B)36

1.2.11 현상과 식각

노광이 끝난 후에 포토레지스트의 감광된 구획과 감광되지 않은 구획을 구분하여 제거하는 화학적 처리공정을 **현상**이라고 부른다. 양화색조 레지스트의 경우에는 감광된 구획이 현상과정에서 수용성으로 변하여 세척과정에서 제거되어 버린다. 반면에 음화색조 레지스트는 감광되지 않은 구획이 현상과정에서 수용성으로 변하여 세척과정에서 제거되어 버린다. 과거에는 여러 장의 노광된 웨이퍼들을 카세트에 담아서 한꺼번에 현상하는 배치방식이 많이 사용되었으나 현재는 포토장비에서 개별 웨이퍼들에 대하여 현상공정을 시행한다.

스피너 척에 웨이퍼를 얹어놓고 회전시키면서 회전암의 끝에 달려 있는 노즐로 현상액을 주입하여 레지스트를 변성시킨 다음에 탈이온수(DIW)를 주입하여 수용성 화학물질을 제거한다. 세척이 끝난 웨이퍼는 **하드베이크**라고 부르는 80~100[°C]의 저온열처리를 통해서 패턴이 성형된 레지스트가 후속 공정을 시행하는 동안 박리되거나 분해되지 않도록 안정화시킨다. 현상공정과 장비에 대해서는 **7장**에서 살펴볼 예정이다.

36 asml.com

현상이 끝나고 나면, 웨이퍼 표면의 산화막(SiO_2 보호막)이 노출된다. **식각**공정은 이 보호피막을 제거하고 단결정 실리콘 표면을 노출시키는 공정이다. 식각방법에 따라서 습식식각과 건식식각으로 구분되는데, **습식식각**은 대기 중에서 산성 용액 속에 웨이퍼를 담가서 화학반응으로 피막을 제거하는 방법이다. 대부분 배치방식으로 이루어지는데, 공정비용이 염가이나 정밀도가 떨어지기 때문에 저정밀 공정에 국한하여 사용되고 있다. **건식식각**은 진공 중에서 SF_6나 HF와 같은 플라스마 반응성기체를 사용하여 기계/화학적 반응을 일으켜서 피막을 제거하는 공정으로서 미세패턴의 식각에 뛰어난 성능을 가지고 있지만, 진공 중에서 플라스마를 사용하여 시행되는 공정이기 때문에 장비가격을 포함하여 공정비용이 비싸다. 식각공정에 대해서는 **8장**에서 살펴볼 예정이다. **그림 1.17**에서는 감광, 현상 및 식각공정을 수행하는 동안 일어나는 포토레지스트의 변성, 포토레지스트 제거 후 이산화규소 보호피막의 노출, 식각 후 단결정 실리콘 표면의 노출과정을 도식적으로 보여주고 있다.

그림 1.17 현상과 식각(컬러도판 p.650 참조)

1.2.12 이온주입

식각공정을 통해서 노출된 4족의 실리콘은 공유결합 사면체 결정구조를 가지고 있으며 전기저항이 수백[Ω · m] 수준인 도체에 불과하다. 4족 물질인 실리콘이 반도체의 방향성을 갖추기 위해서는 진공 중에서 **도핑**이라고도 부르는 **이온주입**공정을 사용하여 웨이퍼 표면에 3족 또는 5족 이온을 침투시켜서 공유결합의 전기적 성질을 바꿔줘야만 한다. 인듐(In)이나 갈륨(Ga)과 같은 3족 물질을 이온화하여 실리콘에 비해서 $1/10^6$의 비율로 주입하면, 공유결합 구조에 정공이 생성되며, 이를 **P형 반도체**라고 부른다. 반면에, 안티몬(Sb), 비소(As) 및 인(P)과 같은 5족 물질을 이온화하여 $1/10^6$의 비율로 주입하면, 공유결합 구조에 자유전자가 생성되며, 이를 **N형 반도체**라고 부른다.

3족이나 5족 물질을 이온화하기 위해서는 **그림 1.18**에 도시되어 있는 것처럼, 이온소스 위치에 이온화할 물질을 넣어 두고 이를 가열하여 기화시킨다. 기화된 증기는 이온전극을 통과하면서 강한 전기장에 의해서 이온화되며, 이온가속기 칼럼에 의해서 이동속도가 가속된다. 이온은 자기장에 의해서 편향되어 방향이 변하므로 자석렌즈들을 사용하여 집속하거나 스캐너를 사용하여 편향시켜서 웨이퍼 표면의 원하는 위치에 이온을 주입시킬 수 있다. 고속으로 움직이는 이온 입자들이 웨이퍼 표면과 충돌하면 이온들이 실리콘 결정격자 속으로 파고들어가서 공유결합 구조 속에 스스로 편입되어 버린다.

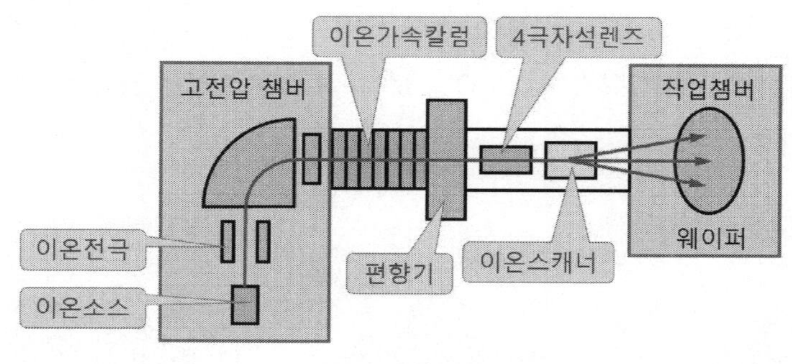

그림 1.18 이온주입

1.2.13 화학기상증착

3족이나 5족 물질을 도핑하여 반도체의 접합들이 완성되고 나면, 표면을 밀봉하는 절연막이나 전기적인 연결을 위한 전도성 피막을 증착해야 한다. **화학기상증착**은 건식에칭에서와 마찬가지로 저진공 또는 고진공 환경에서 샤워헤드를 통해서 휘발성 전구체 가스를 주입하면서 플라스마를 발생시키면 화학반응에 의해서 웨이퍼 표면에 박막이 증착된다. 그리고 증착 과정에서 생성되는 휘발성 부산물들은 진공에 의해서 배출된다.[37] 화학기상증착을 통해서 증착한 절연막이나 전도성 막질은 두께가 일정하지 않고 표면이 거칠기 때문에 필요 이상으로 두껍게 막질을 증착한 다음에 화학-기계적 평탄화(CMP) 공정을 사용하여 표면다듬질을 시행해야만 한다. **그림 1.19**에서는 화학기상증착에 사용되는 플라스마 장비의 모식도를 보여주고 있다.

37 배기 과정에서 부산물들이 들러붙어서 터보분자펌프(TMP)를 파손시키거나 배기라인을 막아버리는 문제가 자주 발생한다.

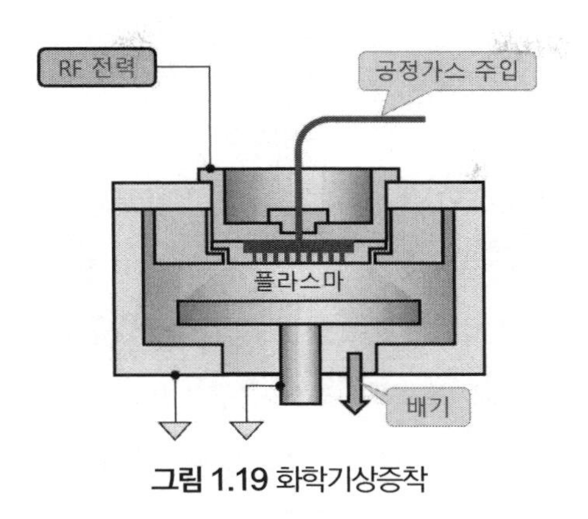

그림 1.19 화학기상증착

1.2.14 금속배선

금속배선 역시 플라스마 환경하에서 이루어진다. 고진공과 강력한 전기장 속으로 아르곤(Ar) 가스를 주입하면 Ar^+로 이온화되며, 양으로 하전된 Ar^+ 이온들은 외부 전기장의 가속을 받아서 마그네트론 음극에 설치되어 있는 금속 표적과 고속으로 충돌한다. Ar^+이온과의 충돌에 의해서 표적에서 튕겨 나간 금속 원자들은 음극에 설치되어 있는 자석 어레이가 형성한 자기장의 척력에 의해서 웨이퍼가 설치되어 있는 양극 쪽으로 가속된다. 웨이퍼 표면과 고속으로 충돌한 금속 원자들은 웨이퍼 표면에 증착되어 도전성 막질을 형성한다. 증착이 완료되고 나면 화학-기계적 평탄화(CMP)가공을 통해서 웨이퍼 표면에 미리 성형해 놓은 도랑형상 속으로 채워진 금속만 남기고 여타 표면의 금속들은 모두 제거해 버리면 금속 배선이 완성된다.

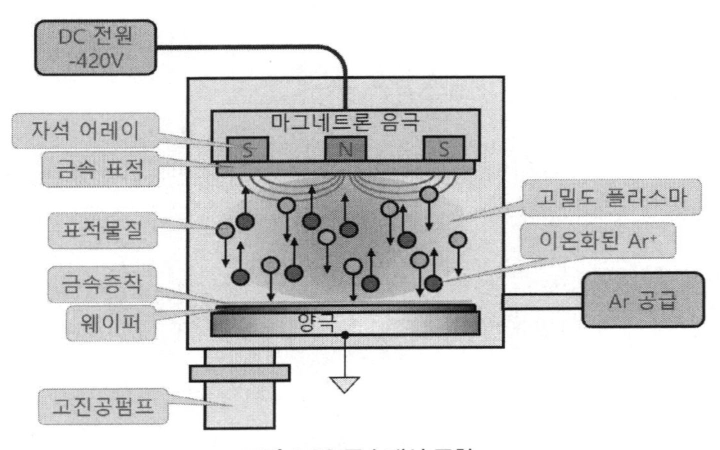

그림 1.20 금속배선 증착

1.2.15 양품 다이 선별

제조가 끝난 웨이퍼는 개별 다이에 대한 시험과정을 통해서 양품 다이와 불량 다이를 선별해야 한다. 이 선별과정에는 **프로브카드**가 사용된다. 각 다이에는 리드프레임이나 볼그리드어레이와 같은 외부전극들과 연결될 다수의 전극 접점들이 성형되어 있다. 프로브카드는 이 전극접점들과 전기적 연결을 위한 크기가 매우 작은 탐침들과 이 탐침들과 전기신호를 주고받을 수 있는 회로들이 내장되어 있는 기판이다. 프로브카드는 **그림 1.21**에 도시되어 있는 것처럼, 웨이퍼단위의 시험용 카드(좌측)와 개별 다이용 시험용 카드(우측)가 사용되고 있다. 시험을 통해서 양품다이와 불량 다이를 선별하는데, 불량 다이들 중에서 수선이 가능한 다이는 별도로 관리한다.[38] 그리고 수선이 불가능한 다이들은 잉크로 마킹하여 웨이퍼 절단 후에 패키징 과정에서 사용하지 않는다.

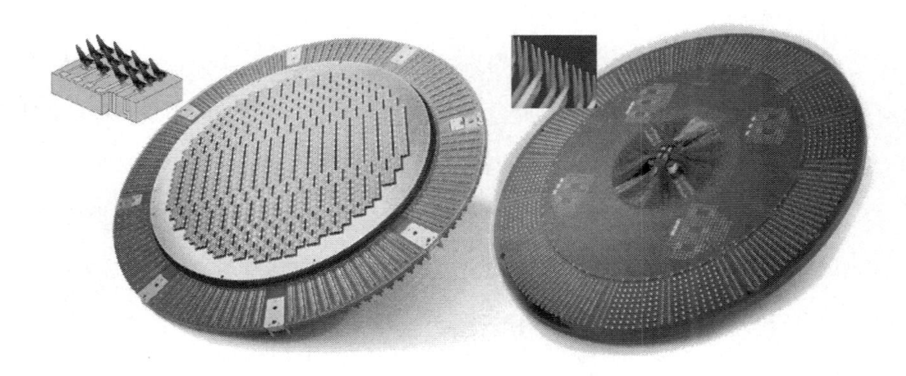

그림 1.21 프로브카드[39]

1.2.16 다이절단

시험과 검사를 포함하여 모든 반도체 제조공정이 완료된 웨이퍼는 개별 다이로 절단하여 칩 형태로 패키징하여야 한다. 이를 위해서는 먼저 **그림 1.22 (a)**에 도시되어 있는 것처럼, 접착성 필름을 사용하여 **웨이퍼링**이라고 부르는 금속제 프레임의 중앙에 웨이퍼의 뒷면을 접착하여 고정시켜야 한다. 그런 다음, **그림 1.22 (b)**에서와 같이, 고속으로 회전하는 다이아몬드 절단날을 사

38 특히 메모리칩의 경우에는 일부 구획에서 불량이 발생하여도 나머지 구획은 메모리로 사용할 수 있다.
39 formfactor.com

용하여 웨이퍼를 개별 다이로 절단한다. 절단 과정에서 발생하는 슬러리를 배출하고 온도를 낮추기 위해서 고속으로 물을 분사한다. 절단이 완료되고 나면 표면의 거스러미들을 제거하기 위한 표면연마를 시행하고 나서 세척을 시행하면 개별 다이들을 패키징할 수 있는 상태가 된다.

근래에 들어서는 다수의 다이들을 수직 방향으로 쌓아 올리는 적층형 칩들이 많이 생산되고 있다. 다이 적층을 위해서는 다이절단 전에 웨이퍼 뒷면을 연마하여 두께를 수십 [μm] 수준으로 만들어야 한다. 이를 위해서는 웨이퍼 앞면을 캐리어 기판에 접착한 다음에 뒷면을 연마하여야 한다. 뒷면 연마가 끝나고 나면 캐리어 기판을 제거하고 연마된 뒷면을 웨이퍼링과 테이핑한 다음에 다이절단을 시행하여야 한다. 다이절단 공정에 대해서는 **10장**에서 살펴볼 예정이다.

(a) 웨이퍼링에 테이핑된 웨이퍼40

(b) 다이싱 공정41

그림 1.22 웨이퍼 테이핑과 다이절단

1.2.17 배선과 성형

반도체 다이에 성형된 전극과 외부를 연결시키기 위해서 전통적으로 **그림 1.23 (a)**에 도시된 것과 같은 **리드프레임**을 사용해왔다. 이 리드프레임은 금속 박판을 스탬핑 가공하여 제작한다. 리드프레임의 중앙에 절단된 다이를 놓고 다이전극과 리드프레임 사이를 배선용 와이어로 연결한 후에 몰딩하여 칩을 완성하였다. 이때에 사용되는 배선공정을 **와이어본딩**이라고 부른다.

그런데 반도체 다이가 커지고, 집적도가 높아지면서 리드프레임만으로는 감당하기 어려울 정도로 연결할 전극의 숫자가 증가하게 되어 점차로 리드프레임 구조에서 볼그리드어레이 구조로 전환이 일어나고 있다. 볼그리드어레이 구조의 경우, 프린트회로기판의 중앙에 다이를 배치하며,

40 microworld.edu

41 technology.discousa.com

다이와 기판 사이를 직경이 수십 [μm] 수준의 볼을 융착시켜 연결한다. 다이와 전기적으로 연결되는 기판은 다층 구조를 가지고 전극들을 넓게 펼쳐서 **그림 1.23** (b)에 도시되어 있는 것처럼 기판 바닥면의 전체에 걸쳐서 고르게 볼모양의 전극이 배치된다. 전극배선에 대해서는 **11장**에서 살펴볼 예정이다.

패키징은 배선이 끝난 칩의 외부를 에폭시 화합물 수지로 밀봉하여 다이와 배선을 외부환경으로부터 차폐하는 공정이다. 배선이 끝난 구조체를 몰드 속에 배치하고 자외선 경화형 에폭시를 몰드에 주입한 다음에 자외선을 조사하여 수지를 경화시킨다. 리드프레임을 갖춘 칩의 경우에는 몰딩이 끝난 후에 리드프레임 트리밍 공정을 통해서 여분의 프레임 구조물들을 제거하면 **그림 11.23** (c)에 도시된 것과 같은 구조의 칩이 완성된다. 볼그리드어레이를 사용하는 칩의 경우에는 몰딩이 완료된 이후에 기판 하부에 노출된 인터포저에 솔더볼들을 용착하면 **그림 11.23** (d)에 도시된 것과 같은 구조의 칩이 완성된다. 칩 성형에 대해서는 **10장**과 **11장**에서 살펴볼 예정이다.

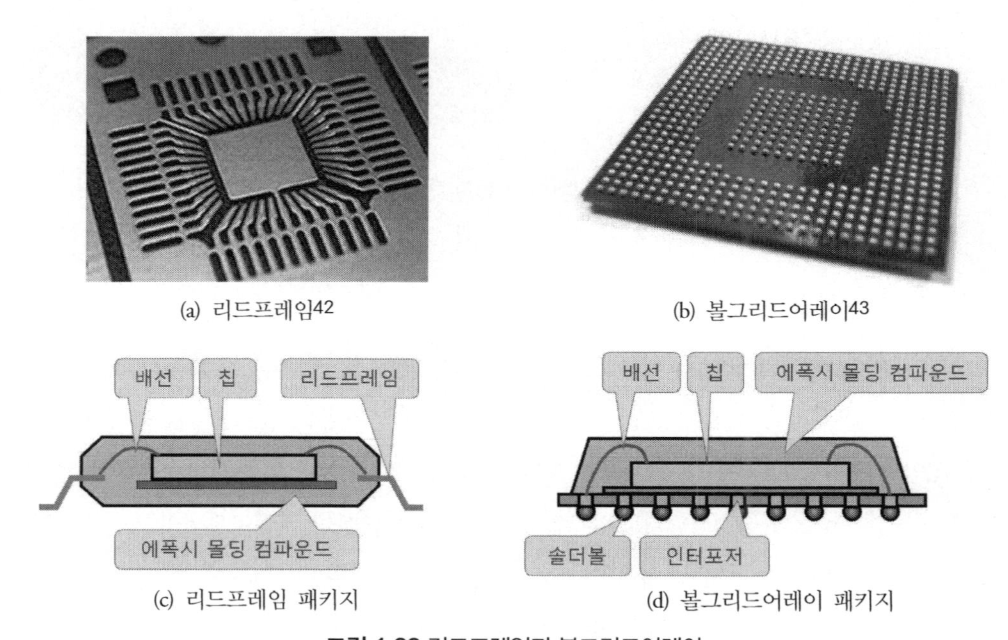

(a) 리드프레임42 (b) 볼그리드어레이43

(c) 리드프레임 패키지 (d) 볼그리드어레이 패키지

그림 1.23 리드프레임과 볼그리드어레이

42 www.olympus-ims.com

43 www.multi-circuit-boards.eu/en/pcb-design-aid/bga-pcb-design-for-ball-grid-array.html

1.2.18 시험

패키징이 끝난 칩들에 대해서 최종적으로 칩이 보관 및 사용되는 저온 및 고온의 온도범위에 대해서 **온도특성 시험**을 수행한다. 과거에는 칩을 민수용과 군수용으로 나누어 작동온도범위를 지정했었으나 현재는 용도에 따라서 예를 들어 저온은 -40[℃], 고온은 +80[℃]와 같이 시험온도를 발주처에서 지정한다. 그리고 일부 샘플들에 대해서는 반복수명시험도 함께 실시한다. 그리고 군용 또는 특수목적의 칩들에 대해서는 별도의 시험기준이 제시된다. **그림 1.24 (a)**에서는 온도시험을 위해서 칩을 가열 및 냉각시킬 수 있는 테스트소켓의 외형을 보여주고 있다. 생산성을 높이기 위해서는 다수의 칩들을 동시에 병렬로 시험할 수 있어야만 한다. **그림 1.24 (b)**에 도시되어 있는 테스트 핸들러 장비는 이러한 목적으로 개발된 것이다. 특히, 핸들러 장비에는 고온과 저온 환경이 반복적으로 부가되기 때문에 열팽창과 수축이 지속적으로 부가되는 극한의 조건을 견뎌야만 한다.

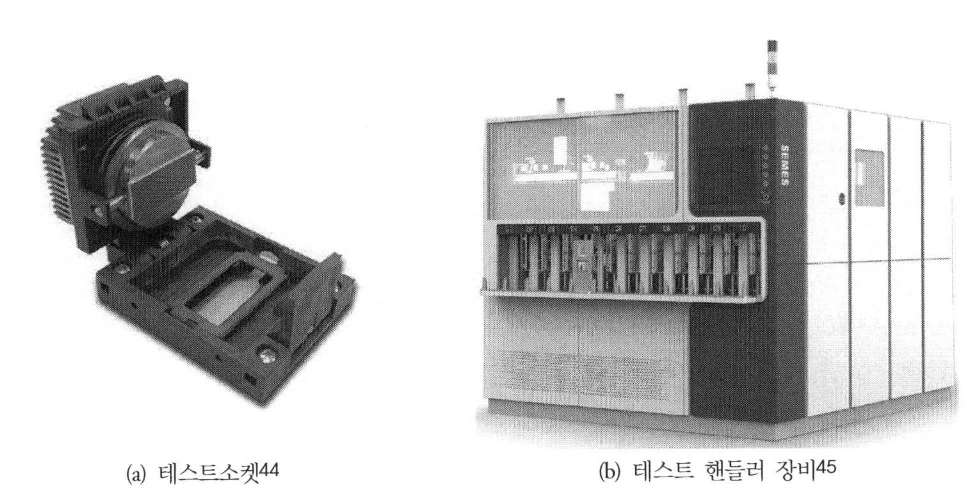

(a) 테스트소켓44　　　(b) 테스트 핸들러 장비45

그림 1.24 온도특성 시험

1.2.19 세정

반도체 제조공정 중에 발생하는 오염은 반도체의 작동성능과 수율에 치명적인 영향을 끼친다.

44 www.larsenassociates.com
45 www.semes.com

그러므로 모든 공정이 시행되고 나면, 웨이퍼 표면에 들러붙은 이물질들을 제거하기 위해서 세정이 시행된다. 웨이퍼 세정은 습식 세정과 건식 세정으로 구분된다. **습식 세정**은 화학물질을 사용하는 방법과 탈이온수(DIW)만을 사용하는 방법이 있다. **건식 세정**은 진공 중에서 플라스마를 사용하여 이물질과 웨이퍼 사이에 전기적 척력을 만들어 이물질을 제거하는 방법이다.

표 1.1에서 알 수 있듯이, 웨이퍼 **세정**은 반도체 제조의 핵심 공정으로 취급되지는 않지만, 반도체 생산공정 전반에 걸쳐서 가장 많이 시행되며, 수율에 결정적인 영향을 끼친다. 웨이퍼 세정에 대해서는 **9장**에서 살펴볼 예정이다.

표 1.1 2017년에 생산된 전형적인 14[nm] 로직회로 제조공정 중 세정단계의 분포[46]

세정단계	횟수
후공정(BEOL) 박리 후 습식 세정	22
후공정(BEOL) 플라스마 세정	22
후공정(BEOL) 금속 배선전 세정	21
전공정(FEOL) 박리 후 습식 세정	15
전공정(FEOL) 플라스마 박리	15
전공정(FEOL) 습식 임계세정	10
전공정(FEOL) 및 후공정(BEOL) 결함개선(입자제거)	10
전공정(FEOL) 및 후공정(BEOL) 화학-기계적 평탄화(CMP) 가공 후 세정	14
합계	129

1.3 주요 장비업체 소개

반도체장비에는 웨이퍼 제조 및 가공을 포함하여 칩 생산, 조립 및 검사 등 반도체를 생산하는 데에 활용되는 모든 장비들이 포함된다. 일반적으로 웨이퍼를 개별 다이들로 절단하기 전까지의 공정을 **전공정**(FEOL),[47] 그리고 절단된 다이들을 칩 형태로 제작 및 검사하는 공정들을 **후공정**(BEOL)[48]이라고 부른다. 일반적으로 반도체장비의 비중은 전공정 70%, 후공정 30% 정도의 비율로 구성된다. 노광을 포함하는 전공정장비는 높은 기술수준을 필요로 하기 때문에 소수의 글로벌 기업들이 시장을 점유하고 있는 반면에 후공정 장비는 기술적 장벽이 낮기 때문에 다수의 군소기

46 카렌 A. 라인하르트 공저, 장인배 역, 웨이퍼 세정기술, 씨아이알, 2020.
47 Front End Of Line
48 Back End Of Line

업들이 치열하게 경쟁하고 있으며, 가격이 중요한 결정요인으로 작용하고 있다. **그림 1.25**에서는 우리나라 반도체 제조업체들의 반도체 제조공정별로 시장점유율이 높은 국내외 주요 반도체장비 제조업체들을 요약하여 보여주고 있다. 글로벌 장비업체들 중에서는 증착장비에 강한 어플라이드 머티리얼즈(AMAT)社, 노광장비에 특화된 ASML社, 포토장비에 강점을 가지고 있는 도쿄일렉트론(TEL)社, 식각장비에 강한 램리서치(LRCX)社, 결함검사에 특화된 KLA-텐코社 등이 각 공정별로 지배적인 영향력을 끼치고 있으며, 국내 장비업체들로는 세메스社, 케이씨텍社, 주성社, 원익IPS社 등과 같은 업체들이 치열하게 글로벌 장비업체들과 경쟁하고 있다.

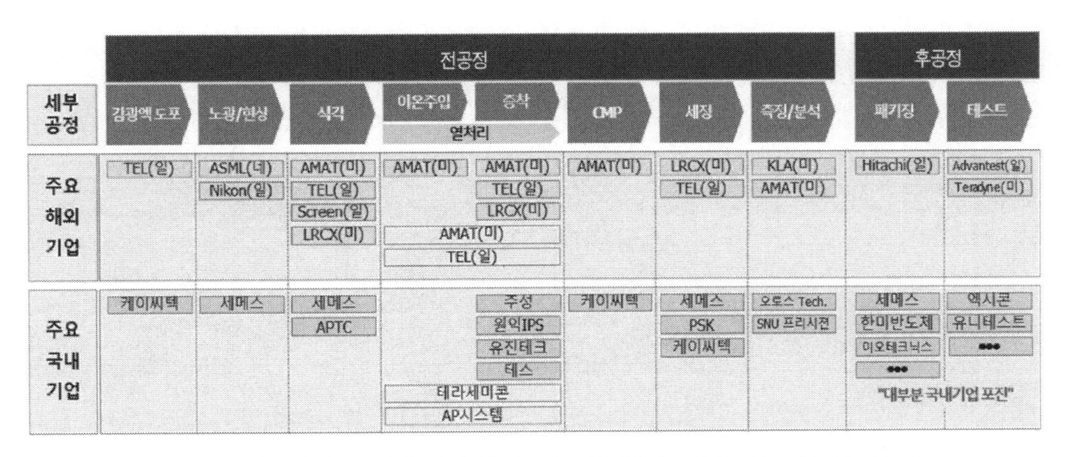

그림 1.25 반도체 제조공정별 시장점유율이 높은 국내외 주요 반도체장비 제조기업[49]

그림 1.26에서는 2020년과 2021년의 세계 전공정 장비시장 매출액을 기준으로 하는 장비업체 순위를 보여주고 있다. 그림에 따르면, 국내기업인 세메스(SEMES)社가 글로벌 반도체장비업체 순위 6위에 진입하였음을 알 수 있다. 하지만 세메스社는 삼성전자社 자회사로서, 비상장 기업이며, 생산장비 거의 전량을 삼성전자社에 납품하고 있기 때문에, 비록 매출액은 매우 크지만, 글로벌 기업으로 분류하기는 어렵다.

1.3절에서는 **그림 1.26**에 제시되어 있는 장비업체들 중에서 1~6위 업체들의 특징과 생산장비 라인업에 대해서 간략하게 살펴보기로 한다.

49 한국기계연구원, 2019.

기업명	국가	2020년		2021년
어플라이드 머티리얼즈	미국	1위	▶	1위
ASML	네덜란드	2위	▶	2위
도쿄일렉트론	일본	4위	▶	3위
램리서치	미국	3위	▶	4위
KLA	미국	5위	▶	5위
세메스	한국	7위	▶	6위
스크린	일본	6위	▶	7위
코쿠사일렉트릭	일본	10위	▶	8위
ASM인터내셔널	네덜란드	9위	▶	9위
무라타 머시너리	일본	14위	▶	10위

그림 1.26 세계 전공정 반도체장비업체 순위

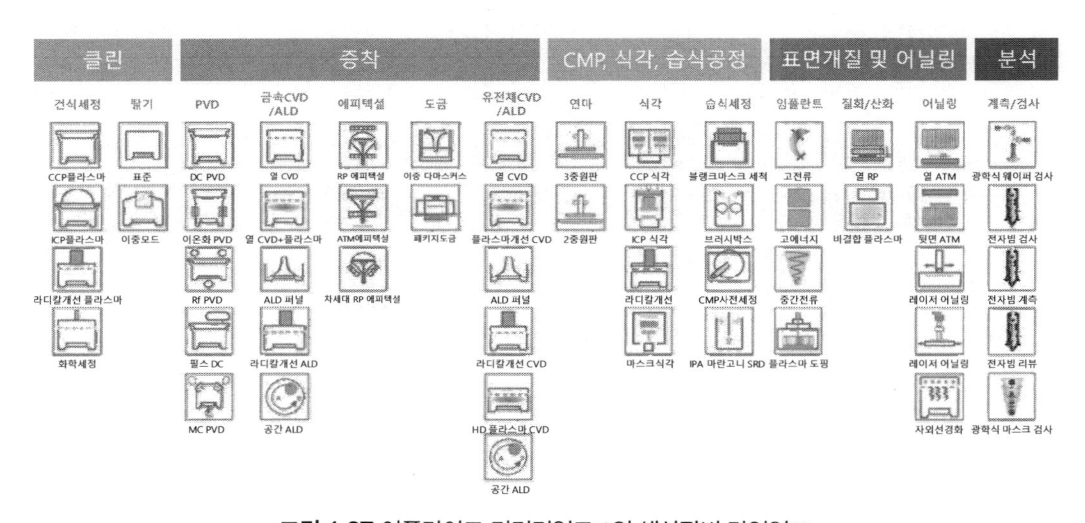

그림 1.27 어플라이드 머티리얼즈社의 생산장비 라인업[50]

1.3.1 어플라이드 머티리얼즈

어플라이드 머티리얼즈(AMAT)[51]社는 반도체 전공정장비, 검사장비 및 운영 소프트웨어를 공급하는 미국계 회사로서, 1967년에 설립되었으며 세계시장 매출액 1위를 고수하고 있는 절대강

---

50 appliedmaterials.com을 기반으로 수정하였음.

51 Applied Materials

자이다. **그림 1.27**에서는 AMAT社에서 생산하는 장비의 라인업을 보여주고 있는데, 클린장비, 증착장비, CMP 및 식각장비, 표면개질 및 어닐링과 같은 열처리장비, 그리고 분석장비 등을 생산하고 있다. 포토장비와 노광장비를 제외하고는 반도체 전공정에서 후공정까지 사용되는 거의 모든 장비들을 생산하여 공급하고 있다. 특히 증착장비의 경우, 어플라이드 머티리얼즈社의 세계시장 점유율은 41%에 이른다.[52]

1.3.2 ASML

ASML[53]社는 노광장비만을 전문으로 생산하는 네덜란드 기업으로서, 노광기만을 판매하여 글로벌 매출액 2위를 달성하고 있는 매우 특색있는 기업이다. **그림 1.28**에 도시되어 있는 것처럼, 기존에 니콘社와 캐논社가 지배하고 있던 노광기 시장에 1980년대에 후발주자로 뛰어들었으며, 2000년대에 트윈스캔이라고 부르는 듀얼스테이지 구조를 도입하여 시간당 웨이퍼 처리속도를 비약적으로 높인 NXT 시리즈를 출시하면서 점차로 심자외선 노광기 시장을 점령하게 되었다.

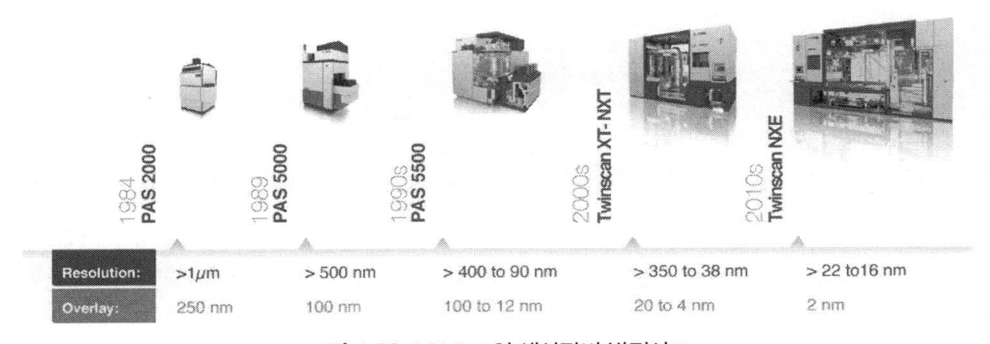

그림 1.28 ASML社의 생산장비 발전사[54]

2010년대 중반에 들어서는 차세대 노광기술이라고 부르는 극자외선 노광기인 NXE 시리즈를 출시하면서 노광기 분야에서는 아무도 넘볼 수 없는 독보적인 자리에 위치하게 되었다. ASML社의 노광장비 세계시장 점유율은 무려 85%에 달한다.[55] 2020년대 중반부터는 극자외선 노광의 분

52 2016년 기준, 출처: 디인포메이션네트워크.
53 Advanced Semiconductor Materials Lithography
54 asml.com

해능을 더욱더 높인 극자외선 High-NA 장비들을 공급하면서 서브나노미터의 시대를 열 것으로 기대되고 있다.

1.3.3 도쿄일렉트론

도쿄일렉트론(TEL)社는 1963년에 설립되었으며, 반도체 전공정장비와 검사장비 등을 생산하는 일본계 회사이다. **그림 1.29**에서는 도쿄일렉트론社의 생산장비 라인업을 보여주고 있는데, 증착장비, 포토장비, 식각장비, 세정장비, 전극증착장비, 시험장비 및 패키징장비 등 노광기를 제외한 거의 모든 공정장비들을 생산하고 있으며, 특히 포토장비에서 강력한 경쟁력을 가지고 있다. 포토장비라고도 부르는 코터/디벨로퍼의 경우, 세계시장 점유율은 무려 91%에 달한다.[56]

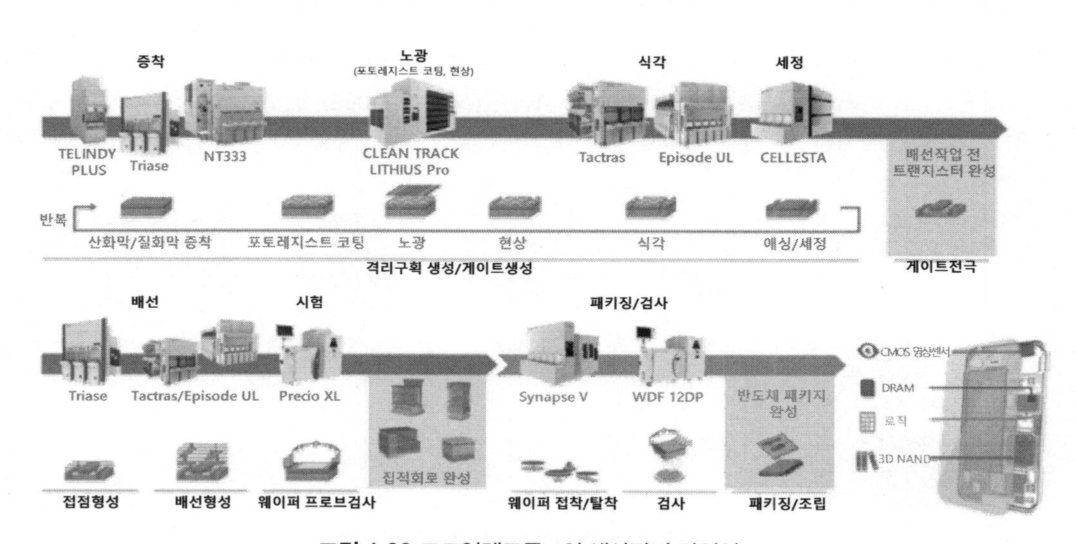

그림 1.29 도쿄일렉트론社의 생산장비 라인업[57]

1.3.4 램리서치

램리서치(LRCX)社는 전공정장비와 검사장비를 생산하는 미국계 회사로서 특히 식각공정에 강점을 가지고 있으며, 매출액 순위에서 도쿄일렉트론社와 앞서거니 뒤서거니 하면서 경쟁하는 회

55 2017년 기준, 출처: 디인포메이션네트워크
56 ko.wikipedia.org/wiki/도쿄_일렉트론
57 www.tel.com을 기반으로 수정하였음.

사이다. **그림 1.30**에서는 램리서치社의 생산장비 라인업을 보여주고 있는데, 증착장비, 식각장비, 세정장비, 검사장비 및 계측장비 등과 같은 전공정장비에서 강세를 보이고 있다. 식각장비의 경우 램리서치社의 세계시장 점유율은 52%로서 절반을 넘어서고 있다.[58]

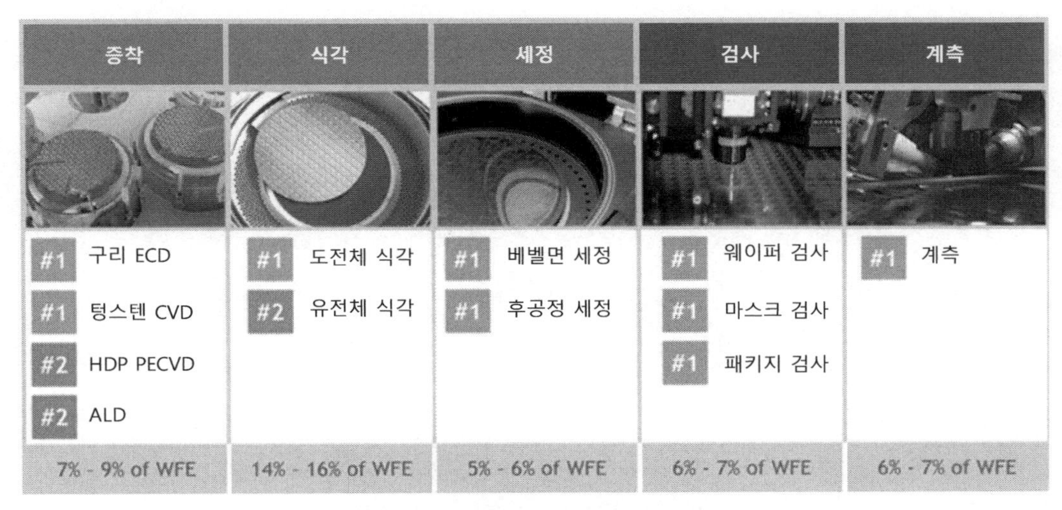

그림 1.30 램리서치社의 생산장비 라인업[59]

1.3.5 KLA-텐코

KLA-텐코(KLA-Tencor)社는 웨이퍼 공정장비 없이 오로지 반도체 검사장비만을 공급하는 매우 특징적인 미국계 회사이다. **그림 1.31**에서는 KLA-텐코社의 생산장비 라인업을 보여주고 있는데, 웨이퍼와 마스크의 중첩, 패턴 프로파일, 막두께 등을 측정하는 광학현미경이나 전자현미경 등과 같은 각종 검사장비를 생산하고 있다.

58 2016년 기준, 출처: 디인포메이션네트워크

59 www.lamresearch.com을 기반으로 수정하였음.

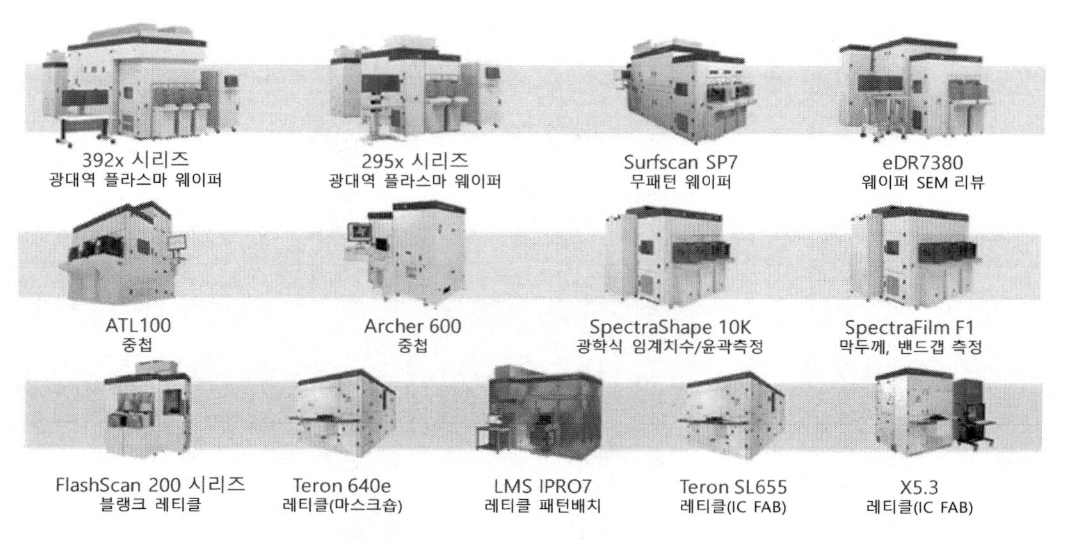

그림 1.31 KLA-텐코社의 생산장비 라인업[60]

1.3.6 세메스

세메스(SEMES)[61]社는 삼성전자社의 자회사로 설립된 비상장기업으로서 생산장비 대부분을 삼성전자社에 공급하는 국내 1위의 반도체장비회사이다. 생산장비의 극히 일부분만을 외부로 판매하기 때문에 **그림 1.26**에 도시되어 있는 글로벌 순위는 거의 아무런 의미가 없다. 하지만 적어도 삼성전자社 내에서는 세계 최고의 글로벌 기업들과 치열하게 경쟁하면서 장비를 판매하기 때문에 기술적인 경쟁력에 있어서는 어느 정도 인정을 받고 있는 수준이다. **그림 1.32**에서는 세메스社의 생산장비 라인업을 보여주고 있는데, 세정장비, 식각장비, 포토장비, 검사장비, 패키지장비 및 물류장비 등이 주력 생산품목이며, 이외에도 삼성전자社에서 요구하는 다양한 특수장비들을 개발하여 공급하고 있다.

60 www.kla-tencor.com을 기반으로 수정하였음.
61 System Engineering MEga Solution

그림 1.32 세메스社의 생산장비 라인업[62]

62 www.semes.com에서 이미지를 추출하여 재구성하였음.

02

웨이퍼 제조와 CMP

Chapter

02 웨이퍼 제조와 CMP

자연에서 채굴한 실리콘 원석을 정제하여 단결정 잉곳을 만들고, 이를 슬라이싱한 후에 표면을 연마하여 반도체의 모재인 웨이퍼를 제조하는 공정은 엄밀히 말해서 반도체 생산공정이라기보다는 반도체 생산을 위한 전공정으로 분류하는 것이 맞다. 하지만 웨이퍼의 표면 품질과 특성이 이후의 반도체 생산에 결정적인 영향을 끼치며, 웨이퍼 표면가공 방법인 화학-기계적 연마(CMP) 공정이 반도체 생산공정 중에 반복적으로 사용되기 때문에 웨이퍼 제조공정과 CMP 공정에 대한 이해가 필요하다.

이 장에서는 반도체의 개요, 실리콘 잉곳의 생산, 단결정 잉곳의 후가공, 화학-기계적 연마, 웨이퍼의 표면처리와 세정의 순서로 반도체의 모재가 되는 웨이퍼의 제조공정에 대해서 살펴보기로 한다. 이 장의 내용 중에서 화학-기계적 연마 부분은 CMP 웨이퍼 연마[1]를 참조하여 작성되었으므로, 이 공정에 대한 보다 자세한 내용은 해당 문헌을 참조하기 바란다.

2.1 반도체 개요

자연계에는 **그림 2.1**에 도시되어 있는 것처럼 다양한 원소들이 존재하고 있으며, 이들을 원자번호에 따라서 분류하고 있다. 원자번호는 양성자의 숫자를 의미하며, 전기적 중성인 경우에 원자 내의 양성자의 숫자와 전자의 숫자는 서로 동일하다. 원자들이 서로 모여서 액체, 기체 및 고

1 수리야데바라 바부 저, 장인배 역, CMP 웨이퍼 연마, 씨아이알, 2021.

체와 같은 물질을 이루는 과정에서 원자 간 결합이 일어나는데, 원자 간 결합은 금속결합, 공유결합 및 이온결합과 같은 3가지의 유형이 존재한다. 금속 원자들은 이온화 에너지가 낮기 때문에 **금속결합**의 경우에 금속 원자의 핵들이 매트릭스를 이루며 견고하게 결합되어 있는 구조체 속을 전자들이 자유롭게 움직일 수 있다. 따라서 금속결합은 도전성을 갖고 있다. **그림 2.1**의 주기율표에서 알루미늄(Al), 갈륨(Ga), 주석(Sn), 비스무트(Bi)의 좌측에 위치한 원소들은 모두 금속결합을 이룬다. 즉, 도체이다. **공유결합**은 인접하는 원자들이 전자들을 서로 공유하는 결합 형태로서, 원자의 핵들이 강하게 전자들을 속박하고 있기 때문에, 공유결합은 부도체의 성질을 갖는다. **그림 2.1**의 주기율표에서 VIIIA족을 제외하고 금속원소들의 우측에 있는 원소들이 대부분 공유결합을 이루고 있다.

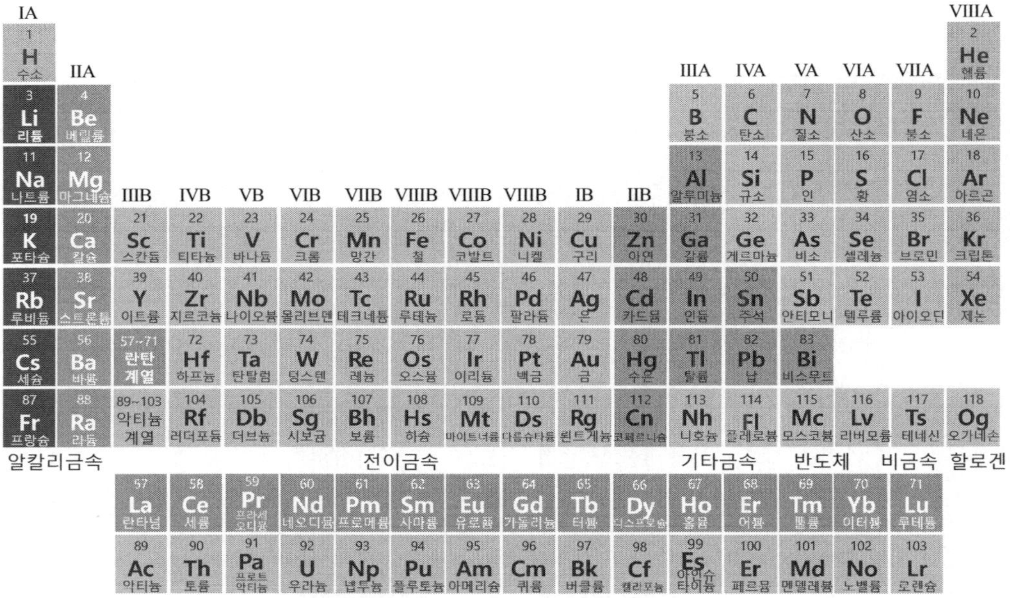

그림 2.1 원소의 주기율표(컬러도판 p.650 참조)

그림 2.1의 주기율표에서 주기율표의 좌측에 있는 원소들은 주로 전자를 내주고 양이온화되는 성질을 가지고 있으며, 주기율표의 우측에 있는 원소들은 주로 전자를 포획하여 음이온화되는 성질을 가지고 있다. **이온결합**은 전자를 내주는 원소와 전자를 포획하는 원소가 서로 전자를 주고받으면서 결합하는 형태로서 예를 들어 물(H_2O)의 경우에는 두 개의 수소원자가 전자를 하나

씩 내어주며, 하나의 산소 원자가 두 개의 전자를 포획하면서 이온결합이 이루어진다. 공유결합이나 이온결합 모두 **최외각전자**가 8이 되도록 분자 간 결합이 이루어진다. **그림 2.1**에서 각각의 족들은 최외각전자의 숫자를 나타낸다. 즉, 수소가 IA족이라는 것은 최외각전자가 하나라는 뜻이며, 산소가 VIA족이라는 것은 산소의 최외각전자는 6개라는 뜻이다. 따라서 물은 이온결합을 통해서 산소가 두 개의 수소로부터 전자를 하나씩 받아서 최외각전자가 8개가 되면서 안정 상태를 이루게 된다.[2]

원자의 최외각전자가 가지고 있는 에너지준위를 사용하여 물질의 도전성을 설명할 수 있다. 원자핵 주변을 공전하는 전자의 궤적은 불연속적이며, 기저상태(가전자대)에 머물지만, 외부에서 (열이나 전기)에너지가 공급되면 여기상태(전도대)가 된다. 기저상태와 여기상태 사이의 불연속 에너지준위를 **금지대**라고 부른다. 기저상태에 머무는 최외각전자는 원자핵에 강하게 속박되어 있으므로 부도체의 특성을 가지고 있는 반면에 여기상태로 올라간 최외각전자는 원자핵의 속박력이 미약하여 자유전자가 되기 쉬우므로 도체의 특성을 갖게 된다. **그림 2.2 (a)**에서와 같이 금지대가 넓은(6[eV] 이상) 경우에는 외부에서 공급되는 에너지에 의해서 최외각전자가 전도대로 여기 되기가 어렵기 때문에 부도체의 특성을 갖는다.

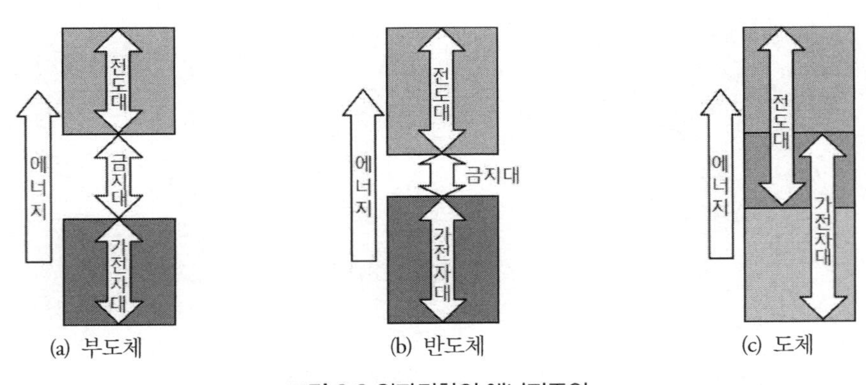

그림 2.2 원자결합의 에너지준위

반면에, **그림 2.2 (c)**에서와 같이 가전자대와 전도대가 서로 맞닿아 있는 경우에는 외부에서 에

2 최외각전자가 8개인 경우에 화학적으로 가장 안정적인 상태를 이룬다. VIIIA족인 불활성 물질들이 화학반응을 일으키지 않은 이유이다.

너지가 공급되지 않더라도 항상 원자로부터 전자가 이탈할 수 있기 때문에 도체의 특성을 갖게 된다. 그런데 **그림 2.2 (b)**에서와 같이 금지대가 좁은(1[eV] 내외) 경우에는 기본적으로 부도체의 특성을 가지고 있지만, 외부에서 열이나 전기에너지가 공급되면 도체로 전환되는 성질을 갖게 된다. **그림 2.1**의 주기율표에서 붕소(B), 실리콘(Si), 게르마늄(Ge), 비소(As), 안티모니(Sb) 및 텔루륨(Te)은 이렇게 금지대가 좁은 물질들로서, 절대영도(0[K])에서는 공유결합 결정체가 부도체의 특성을 가지고 있지만, 상온(약 300[K] 내외)에서는 열에너지에 의해서 저항값(10^{-4}~10^{4}[Ω·cm])을 갖는 도체의 성질을 갖는다. 이런 특성을 갖는 물질들을 **반도체**라고 부른다.

반도체 원소들 중에서 원자번호가 14번인 실리콘(Si)은 IVA족 원소로서, 최외각전자가 4개이다. 실리콘은 **그림 2.3 (a)**에서와 같이 사면체의 3차원 결정구조를 가진다. 그런데 실리콘 결정의 전자 공유모델을 설명하기 위해서는 일반적으로 **그림 2.3 (b)**에서와 같은 2차원 9원자 모델이 사용된다. **그림 2.3 (b)**에서 중앙에 위치한 실리콘 원자는 주변 네 개의 실리콘 원자들과 각각 하나씩의 전자를 공유한다.

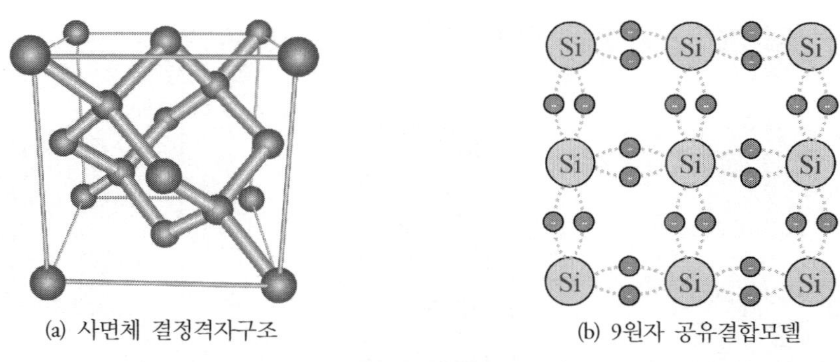

(a) 사면체 결정격자구조 (b) 9원자 공유결합모델

그림 2.3 실리콘 공유결합의 결정구조와 9원자 공유결합모델

이를 통해서 중앙에 위치한 실리콘원자의 최외각전자 수가 8개가 되면서 화학적으로 안정적인 결정구조를 형성한다. 단결정 실리콘의 경우 모든 실리콘 원자들이 중앙에 위치한 실리콘과 같은 공유결합 상태를 이루며, 주변에 위치한 8개의 실리콘 원자들은 단지 중앙에 위치한 실리콘 원자와의 전자공유 상태를 설명하기 위해서 사용된 것일 뿐이다. 절대 영도에서는 모든 전자들이 공유결합구조에 포획되어있기 때문에 실리콘 결정체는 전기적인 중성을 이루며, 부도체의 특성을 갖는다. 하지만 상온에서는 일부의 전자들이 열에너지에 의해서 공유결합 구조에서 이탈하면서

자유전자와 정공들이 생성된다. 이들은 전류의 나르개 역할을 수행하기 때문에, 상온에서 실리콘 결정체는 약간의 전류가 흐르는 도체, 즉, 반도체의 특성을 갖게 된다.

2.2 실리콘 잉곳 생산

2.2.1 실리콘 원료생산

실리콘은 자연에 매우 풍부하게 존재하는 원소로서, **그림 2.4**에서와 같이, 청회색의 실리콘 산화물(SiO_2)이 암석 형태로 채굴된다. 이렇게 채굴된 실리콘 원석에 탄소(코크스)를 첨가한 다음에 전기로에서 용융시키면 탄소가 산화되면서 실리콘을 환원시켜서 순수한 **실리콘 정제금속**이 만들어진다.

$$SiO_2 + C \rightarrow Si + CO_2 \tag{2.1}$$

실리콘 산화물 원석 6톤을 사용하여 전기로 용융방식으로 약 1톤의 실리콘 정제금속을 생산할 수 있다. 이렇게 제조된 실리콘 금속은 약 99%의 순도를 가지고 있으며, 전 세계적으로 연간 약

그림 2.4 암석의 형태로 채굴되는 실리콘 산화물(SiO_2)[3]

3 ferroglobe.com

250만 톤 정도가 생산된다.

글로벌 실리콘 원료 생산업체는 **그림 2.5**에 도시되어 있는 것처럼, Ferroglobe社, Dow社, Elkem社, RIMA社 등이 있으며, 국가별[4]로 보면, 중국 77%, 러시아 10%, 브라질 5%, 노르웨이 4%, 미국 3%의 비중을 가지고 있다. 실리콘 원료는 주로 알루미늄 합금원료, 실리콘(탄성중합체), 태양전지 및 반도체 등의 생산에 사용된다. 실리콘을 금속에 첨가하면 용융온도가 낮아지기 때문에, 알루미늄 다이캐스팅이나 알루미늄(프로파일) 사출 등의 공정에 사용되는 알루미늄에는 실리콘을 첨가하여야 한다. 탄성중합체 형태의 실리콘으로는 상온에서 경화되는 몰딩용 실리콘고무가 널리 사용되고 있으며, 실리콘 합성오일은 윤활유로 널리 사용되고 있다. 따라서 생산되는 대부분의 실리콘 원료들은 이런 용도로 사용되고 있으며, 반도체 및 태양전지용 웨이퍼 생산에는 연간 30만 톤 정도만이 사용되는 실정이다.

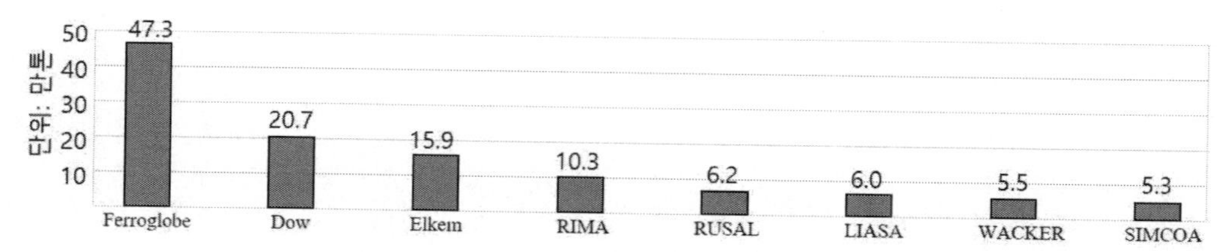

그림 2.5 글로벌 실리콘 원료 생산업체와 생산량[5]

그림 2.6에서는 실리콘 원석으로부터 실리콘 금속을 정제하기 위한 **광열전기로**[6]의 구조를 보여주고 있다. 중간 규모의 광열전기로는 직경 7[m], 높이 15[m], 용량 20[ton]으로, 그림의 좌측 상단의 사진을 보면 전기로 중앙에 작업자가 들어가 있는 모습을 통해서 대략적인 크기를 알 수 있다. 이 사진의 상단에 원통형으로 돌출되어 있는 물체가 실리콘을 용융시키기 위한 전극이다. 전기로에는 실리콘 원석과 코크스를 교대로 쌓아 넣는다. 코크스는 탄소함량이 높고 불순물은 미량인 연료물질로서, 자연 상태에서는 세계적으로 매우 소량이 채굴되며,[7] 인공적으로는 석탄을 밀폐상태에서 1,200[°C]로 가열해서 제조한다. 변압기는 주전력선에서 고전압(전형적으로 11만

4 http://www2.ensc.sfu.ca/~glennc/e495/e495l2o.pdf
5 Babu Chalamala, Manufacturing of Silicon Materials for Microelectronics and Solar PV를 참조하여 다시 그렸음.
6 submerged electrical arc furnace
7 코크스는 주로 북한에서 채굴된다.

[VAC]), 저전류로 공급되는 전력을 저전압, 고전류로 변환시켜서 공급함으로써, 전극 표면에서의 아크 발생(이로 인하여 전극이 녹아버린다)은 낮추고, 발열량($P = I^2R$)은 높인다. 투입된 실리콘 원석의 환원과 용융이 완료되고 나면, 전기로 하부에 설치된 출선구를 개방하여 도가니로 용융액을 받아내며, 이를 다시 몰드에 부어서 잉곳 형태로 제조한다. 정제된 실리콘 금속 1[ton]을 생산하기 위해서는 약 12[MWh]의 전력이 소모된다.

그림 2.6 실리콘 정제를 위한 광열전기로8, 9(컬러도판 p.651 참조)

광열전기로에서 생산된 금속등급의 실리콘은 순도가 98.0%에서 99.5%에 불과하며, Fe<0.5%, Ca<0.03%, Al<0.1%와 같이 다량의 불순물이 함유되어 있다. 여타의 용도에서는 이것으로도 충분하겠지만, 반도체 생산에 사용하기 위해서는 이를 순도 99.9999999% 수준(9N)으로 정제해야만 한다.[10] 실리콘 금속의 정제과정에는 **삼염화실란** 증류공정이 사용되고 있다.

$$Si + 3HCl \rightarrow SiHCl_3(liquid) + H_2(gas) \tag{2.2}$$

$$3SiCl_4 + 2H_2 + Si \rightarrow 4SiHCl_3(liquid) + H_2(gas) \tag{2.3}$$

8 Babu Chalamala, Manufacturing of Silicon Materials for Microelectronics and Solar PV

9 ferroglobe.com,

10 태양전지용 잉곳의 경우에는 99.9999%(6N) 수준으로 정제한다.

그림 2.7 (a)에서는 실험실 규모에서 증류공정을 사용한 삼염화실란 정제공정을 보여주고 있다. 금속등급의 실리콘 잉곳을 분말 형태로 분쇄한 다음에 이를 염산에 용해시키면 식 (2.2)에서와 같이 액상의 삼염화실란과 수소가스가 만들어진다. 액상의 삼염화실란만을 플라스크에 담아 알코올램프로 가열하면 삼염화실란이 기화되며, 수냉식 콘덴서를 사용하여 이를 냉각하면 불순물이 제거된 순수한 삼염화실란을 얻을 수 있다. 하지만 이런 단순한 공정을 사용해서는 결코 대량의 실리콘을 정제할 수 없으며, 특히 반도체 등급의 고순도 실리콘을 얻을 수도 없다. 산업적인 실리콘 정제과정에서는 200~400[°C]의 유동층 반응기에서 실리콘 금속 분말을 염산 용액에 용해시켜서 식 (2.2)의 반응을 유도한다. 그리고 추가적으로 400~700[°C]의 유동층 반응기에서 실리콘 금속에 사염화실란과 수소가스를 동시에 공급하면 식 (2.3)에서와 같은 수소첨가반응[11]을 통해서 삼염화실란이 만들어진다. 이 용해과정에서 용해되지 않는 불순물들은 침전되어 버린다 그런데 Al, Fe, Cu, Ca, B, P 등의 불순물들은 염산과 반응하여 금속염화물들이 생성된다. 그리고 사염화규소($SiCl_4$)와 이염화실란($SiHCl_2$)도 함께 생성된다. 이들을 모두 제거하고 순수한 삼염화실란만을 추출하기 위해서는 매우 세밀한 정제공정이 필요하다. 순차적으로 연결된 다수의 증류탑들을 사용하는 정교한 정제공정을 통해서 순도 99.9999999%의 삼염화실란을 정제할 수 있다.[12] **그림 2.7** (b)에서는 산업용 삼염화실란 증류탑들의 외형을 보여주고 있다.

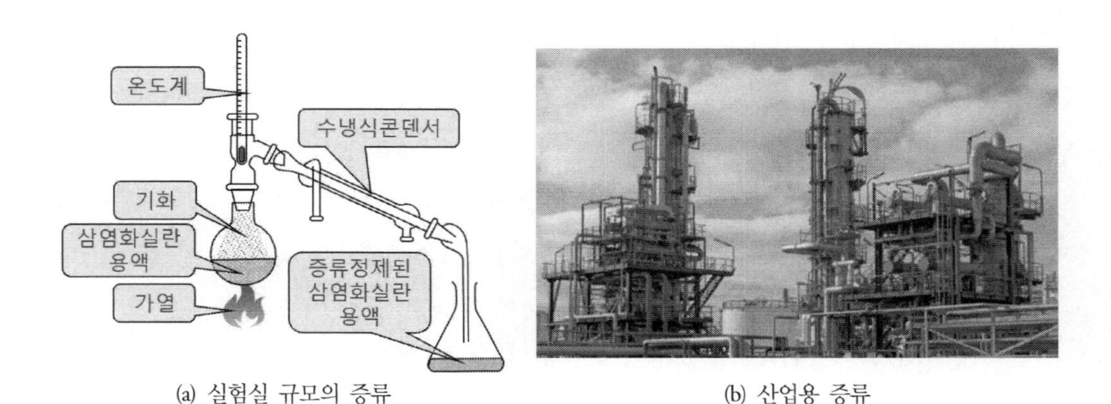

(a) 실험실 규모의 증류　　　(b) 산업용 증류

그림 2.7 삼염화실란 정제

11 hydrogenation
12 홍승택, 이문용, 삼염화실란 정제공정에서의 분리형 증류탑 적용, Clean Technology, Vol. 16, No.1 2010.

2.2.2 폴리실리콘 생산

액상의 삼염화실란($SiHCl_3$)으로부터 순수한 실리콘 결정체를 추출하기 위해서 일반적으로 화학기상증착(CVD) 공정과 유동상반응로(FBR) 공정이 사용되고 있다.

2.2.2.1 시멘스공정

일명 **시멘스공정**이라고도 부르는 **화학기상증착**(CVD[13]) 공정을 사용하여 반도체 등급의 고순도 폴리실리콘을 제조할 수 있다. 우선, **그림 2.8 (b)**에서와 같이 하부 그라파이트 전극 위에 얇은 U-자 막대형상의 실리콘 시드를 설치해 놓는다. 그리고 **그림 2.8 (a)**에서와 같이 챔버 덮개를 덮어서 밀폐한 다음에 내부를 진공상태로 만든다. 여기에 앞서 증류공정에서 생성된 고온의 삼염화실란 증기와 수소가스를 주입하면서 전극에 교류전압을 부가하여 실리콘 시드 막대를 가열한다. 고온상태인 U-자형 막대의 표면에서 실리콘 결정이 석출되면서 삼염화실란이 분해되어 염소가 발생하고, 다시 이 염소는 수소와 결합하여 식 (2.4)에서와 같이 염산 증기가 만들어진다.

$$H_2 + SiHCl_3 \rightarrow 3HCl + Si \tag{2.4}$$

삼염화실란과 수소 증기는 CVD 반응챔버의 바닥에서 상부를 향하여 분사되며, 반응생성물인 염산 기체를 배출하기 위해서 챔버의 하부에서는 진공펌프를 사용하여 계속 배기를 수행하므로, 실제로 주입된 삼염화실란 중에서 약 15%만이 U-자형 실리콘 시드 표면에서 실리콘으로 석출되며, 나머지는 그대로 배출되어 버리므로 생산성은 매우 낮은 편이다. 그리고 수냉 방식으로 저온상태가 유지되는 **그림 2.8 (a)**의 반응챔버 벽체에 의해서도 다량의 열에너지가 소모되기 때문에 열효율도 낮은 편이다.

시멘스공정을 통해서 생산된 폴리실리콘은 U-자형 막대 형태이므로 이를 파쇄하여 다루기 쉬운 주먹만 한 크기의 조각들로 만들어야 한다. 파쇄 과정에서 미량이라도 이물질이 혼입되면 반도체 모재로 사용할 수 없기 때문에 파쇄와 취급에 극도의 주의가 요구된다.

13 Chemical Vapour Deposition

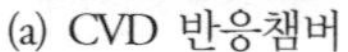

(a) CVD 반응챔버

(b) U-자형 시드

(c) 결정성장된 폴리실리콘

그림 2.8 폴리실리콘 생산용 화학기상증착 설비[14]

2.2.2.2 유동상반응로(FBR)공정

유동상반응로(FBR)[15]는 **그림 2.9 (a)**에 도시되어 있는 것처럼, 챔버 내부를 800~1,200[°C]의 고온환경으로 유지시키기 위해서 챔버 벽체를 가열하는 고온의 원통형 반응챔버이다.

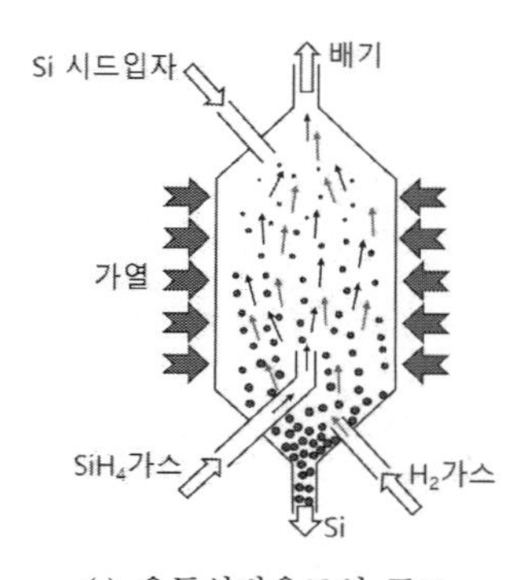

(a) 유동상반응로의 구조

(b) 석출된 실리콘 결정[16]

그림 2.9 유동상반응로를 사용한 폴리실리콘 생산

반응로 상부에서는 정제된 고순도 실리콘 미립자를 투입하며, 챔버 하부에서는 SiH_4 가스와 H_2 가스를 분사한다. 이로 인하여 생성되는 상승기류를 타면서 실리콘 미립자가 서서히 하강하는

14 GR Fisher, Proc. IEEE, vol. 100, pp.1454-1474, April 2012.

15 Fluidized Bed Reactor

16 www.pv-tech.org/fbr_polysilicon_technology_promise_or_hype/

과정에서 기체와 반응하여 결정이 성장한다. 결정성장을 통해서 무거워진 결정체는 반응로 하부로 배출된다. 그리고 반응에 참여하지 못한 기체들은 반응로 상부를 통해서 배기된다.

유동상반응로 공정은 시멘스공정에 비해서 에너지 효율과 생산성이 높으며, 시멘스공정처럼 실리콘 막대를 파쇄하는 공정이 필요 없다.

2.2.3 실리콘 결정성장

실리콘 결정체는 **그림 2.10**에 도시되어 있는 것처럼, 결정의 크기에 따라서 결정의 크기가 수[μm]~수[mm] 수준인 **폴리실리콘**, 결정의 크기가 수[mm]~수[cm]에 이르는 **다정질 실리콘**, 그리고 결정의 크기가 수[m] 이상인 **단결정 실리콘**으로 구분된다. 폴리실리콘은 시멘스공정이나 유동상반응로 공정을 통해서 생산되는 결정체이며, 다정질 실리콘은 주로 **지향성 응고**방식으로 제조되며, 태양전지판의 모재로 사용된다. 반면에 반도체용 웨이퍼로는 **초크랄스키 인상법**이나 로 **부유영역법**[17]으로 생산된 단결정 실리콘만을 사용할 수 있다. 부유영역법은 초크랄스키 인상법에 비해서 더 높은 순도의 단결정 잉곳을 생산할 수 있는 방법이지만, 대구경 잉곳의 생산에는 적합하지 않기 때문에[18] 여기서는 다루지 않는다.

(a) 폴리실리콘 (b) 다정질 실리콘 (c) 단결정 실리콘

그림 2.10 실리콘 결정의 유형[19]

17 float zone method

18 소량생산에 국한하여, 최대직경 150[mm]까지 생산이 가능하다.

19 Babu Chalamala, Manufacturing of Silicon Materials for Microelectronics and Solar PV

초크랄스키[20] 인상법에서는 **그림 2.11**에 도시된 것과 같이 시드를 수직방향으로 견인하는 견인장치가 구비된 실리콘 용융로가 사용된다(이 시스템을 **크리스탈 풀러**라고 부른다). 용융로에는 시멘스공정을 거쳐서 파쇄된 고순도 실리콘 폴리실리콘 조각들을 채워 넣는다. 용융로를 감싸고 설치되어 있는 히터를 사용하여 실리콘을 1,430[°C]로 용융시키고 나면, 상부에서 시드라고 부르는 작은 실리콘 단결정을 용융된 실리콘에 담근다. 시드의 온도는 용융온도보다 낮게 유지되기 때문에 시드 표면에는 실리콘 결정이 자라나기 시작한다. 이때에 용융로를 서서히 회전시키면 실리콘 결정의 단면이 원형 형태로 자라나게 된다. 이와 동시에 시드 견인장치를 사용하여 시드 홀더를 서서히 위로 잡아당기면 원형의 막대 형상으로 단결정이 성장한다. 이때에 막대 형상으로 자라나는 단결정 단면의 직경을 균일하게 유지하기 위해서는 정밀한 온도제어와 견인속도 제어가 필요하다.

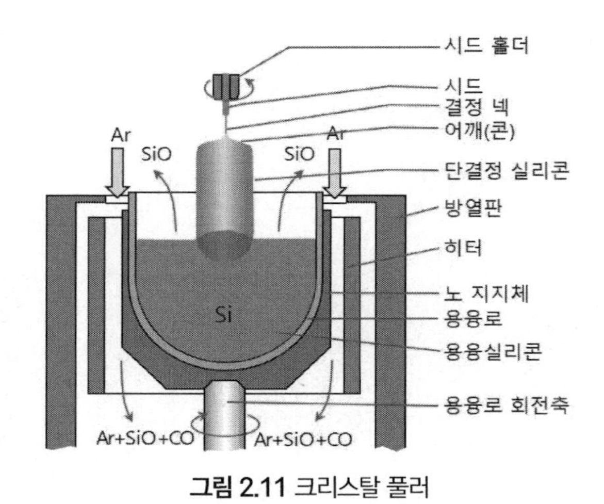

그림 2.11 크리스탈 풀러

초크랄스키 인상법을 사용하는 크리스탈 풀러는 1970년대에 개발되었다. 초기에는 직경 100~150[mm], 길이 0.7~1[m], 질량 30~40[kg]인 잉곳이 생산되었다. 이후로 웨이퍼의 직경은 200[mm]를 거쳐서 300[mm]에 이르게 되었다. 현재 주로 사용되는 300[mm] 웨이퍼용 잉곳은 길이 약 2[m], 질량 약 350[kg]에 이른다. **그림 2.12**에서는 초기 150[mm] 웨이퍼용 크리스탈 풀러에서 450[mm] 웨이퍼용 크리스탈 풀러까지의 사이즈업 과정을 보여주고 있다.

20 Czochralski

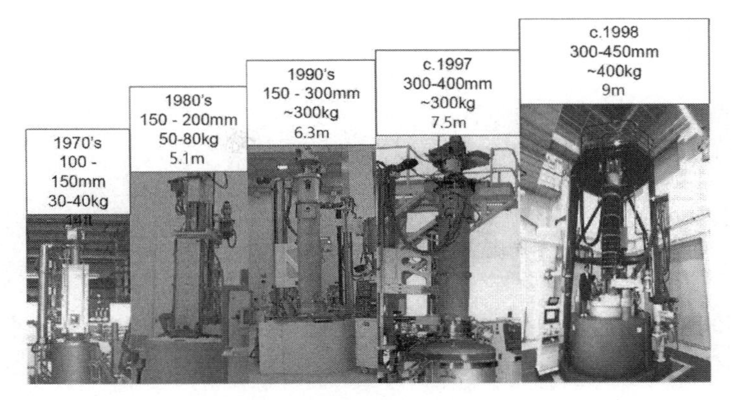

그림 2.12 크리스탈 풀러의 사이즈업[21]

초크랄스키 공인상법으로 생산한 초기(1970년대)의 단결정 잉곳은 **그림 2.13 (a)**에서와 같이, 직경이 50[mm]에 불과할 정도로 직경이 작고 가벼워서 취급이 용이하였다. 하지만 웨이퍼의 단면적이 생산성과 경제성에 직접적인 영향을 끼치기 때문에, 불과 20년 만에 **그림 2.13 (b)**에서와 같이, 직경이 300[mm]까지 증가하게 되었으며, 잉곳의 길이도 2[m] 내외까지 증가하게 되었다. 질량이 300[kg]을 넘어서는 300[mm] 직경의 실리콘 잉곳을 직경이 약 3[mm]에 불과한 실리콘 시드결정 넥으로 매달아서 끌어올리면서 직경이 균일한 2[m] 길이의 단결정 잉곳을 생산하는 방법은 기계공학적으로도, 제어공학적으로도 매우 세련된 기술이다.

(a) 50[mm] 직경의 잉곳

(b) 300[mm] 직경의 잉곳

(c) 캐리어로 이송하는 300[mm] 잉곳들

그림 2.13 크리스탈 풀러로 생산된 잉곳의 사례[22]

21 GR Fisher, Proc. IEEE, vol. 100, pp.1454-1474, April 2012.

22 Babu Chalamala, Manufacturing of Silicon Materials for Microelectronics and Solar PV

2.3 단결정 잉곳의 후가공

단결정 성장과정을 통하여 만들어진 원통형 실리콘 잉곳의 표면에는 약간의 직경편차가 존재하며, 잉곳의 길이도 매우 길다. 따라서 잉곳의 외경을 웨이퍼 스펙에 맞춰서 100, 150, 200 및 300[mm] 등으로 정확하게 가공하여야 한다. 그리고 웨이퍼 슬라이싱을 위한 와이어절단기가 한 번에 처리할 수 있는 길이로 잉곳을 절단하여야 한다. 웨이퍼 슬라이싱은 다이아몬드 와이어를 사용한 다중 동시절삭 공법을 사용하여 수행된다. 절단된 웨이퍼는 테두리가 매우 날카로워서 후속가공 과정에서 치핑이 발생하기 쉬우므로 테두리가공이 시행된다. 각각의 웨이퍼에는 레이저로 고유 식별번호를 마킹하며, 래핑–에칭–폴리싱 가공을 통해서 절단과정에서 발생한 크랙을 제거하고 표면을 원자수준의 거칠기로 다듬질한다. 다듬질이 끝난 웨이퍼는 세척을 통해서 표면의 이물들을 제거하여야 한다.

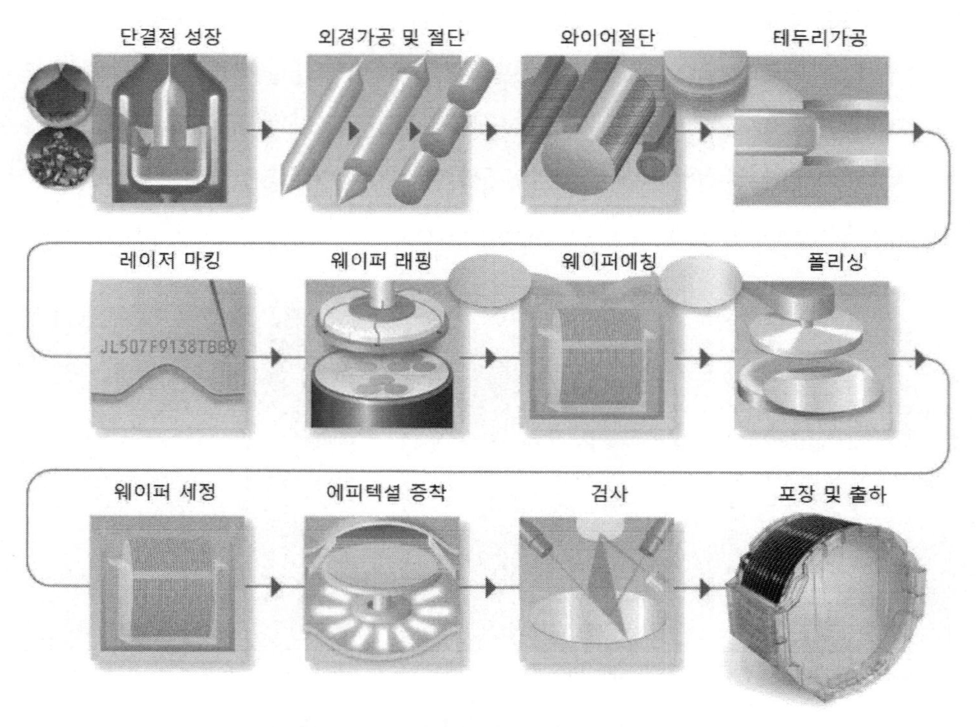

그림 2.14 단결정 잉곳 후가공 공정의 흐름도[23]

23 GR Fisher, Proc. IEEE, vol. 100, pp.1454-1474, April 2012를 인용하여 재구성하였음.

진성의 실리콘 표면은 산화에 매우 취약하다. 그러므로 에피텍셜 증착을 통해서 표면에 불활성 보호층을 생성한다. 이렇게 모든 가공과 표면처리가 끝난 웨이퍼에 대한 검사가 시행되며, 검사를 통과한 웨이퍼는 포장하여 출하하게 된다. **그림 2.14**에서는 단결정 잉곳 후가공 공정의 흐름도를 보여주고 있다.

2.3.1 잉곳절단 및 슬라이싱

초크랄스키 인상법을 사용하여 생산된 약 2[m] 길이의 실리콘 잉곳의 표면에는 약간의 주름이 존재하며, 양쪽 끝은 원추형상을 가지고 있다. 후속 과정에서 웨이퍼 슬라이싱기에서 요구하는 사양대로 잉곳의 길이를 절단하고 외경을 다듬질하여야 한다. 외경 다듬질은 일반적인 절삭 및 연삭가공을 통해서 용이하게 수행할 수 있지만, 길이방향으로의 절단에는 특수한 방법들이 사용된다.

실리콘 잉곳을 길이방향으로 절단하는 과정에서 다량의 소재손실이 발생한다면 이는 웨이퍼 생산량을 저하시키는 원인이 된다. 그러므로 되도록 얇은 절단도구를 사용하여 잉곳을 절단하여야만 한다. 잉곳 절단에는 **그림 2.15**에 도시되어 있는 것처럼, 환형 절단날을 사용한 절단방법, 강선을 사용한 절단방법, 그리고 와이어방전가공방법 등이 사용된다.

그림 2.15 (a)에서와 같이, 내경측에 다이아몬드가 코팅된 블레이드가 붙어 있는 환형 절단날을 회전시켜 가면서 잉곳을 절단하는 방법은 직경이 작은 잉곳의 절단에 널리 사용되는 방법이었지만, 두께가 약 400[μm]에 달하는 비교적 두꺼운 날에 의해서 과도한 소재손실이 발생한다. 그리고 환형 블레이드의 외경이 잉곳 직경의 약 2.5배에 달하기 때문에, 잉곳의 직경이 커질수록 환형 블레이드의 외경은 감당할 수 없을 정도로 증가하게 되므로, 현재에 와서는 거의 사용되지 않고 있다. **그림 2.15 (b)**에서와 같은 강선을 사용한 절단방법은 슬러리를 주입하는 방법과 연마재 점착강성을 사용한 절단방법으로 세분화된다. 직경이 수십 [μm] 정도인 강선은 단결정 실리콘보다 경도가 낮기 때문에 단순히 강선의 문지름만으로는 잉곳을 절단할 수 없다. 따라서 경질의 연마재를 슬러리 형태로 만들어 주입하거나 강선의 표면에 연마재를 브레이징 용접한 **연마재 점착강선**을 사용하여야 한다. 절단과정에서 한 번 사용한 강선은 재사용하지 않기 때문에, 슬러리 주입방식이 경제적이지만, 연마재 점착강선의 절단효율이 더 높기 때문에 경제성과 효율성에 대해서는 판단이 필요하다. 와이어방전가공방법은 **그림 2.15 (c)**에 도시되어 있는 것처럼, 저항이 작은

도전성 와이어와, 저항이 큰 실리콘 잉곳 사이에 높은 전위차를 펄스 형태로 부가하면 와이어와 잉곳 사이에서 아크가 발생한다. 이로 인해서 저항이 큰 잉곳 측에서 순간적인 온도상승과, 그에 따른 부피팽창이 일어나면 미량의 소재가 떨어져 나가 버린다. 직경이 수십 [μm]인 도전성 와이어는 연속적으로 피딩되며, 한 번 사용한 와이어를 재사용하지 않는다. 와이어방전가공방법은 높은 전압을 사용하기 때문에 웨이퍼의 전기적 성질에 영향을 끼칠 우려가 있어서 반도체용 잉곳에는 사용하지 않는다. 하지만 기계적인 힘이 작용하지 않기 때문에 절단면의 편평도가 탁월하여, 태양전지판용 초박형 웨이퍼 절단에 널리 사용되고 있다.

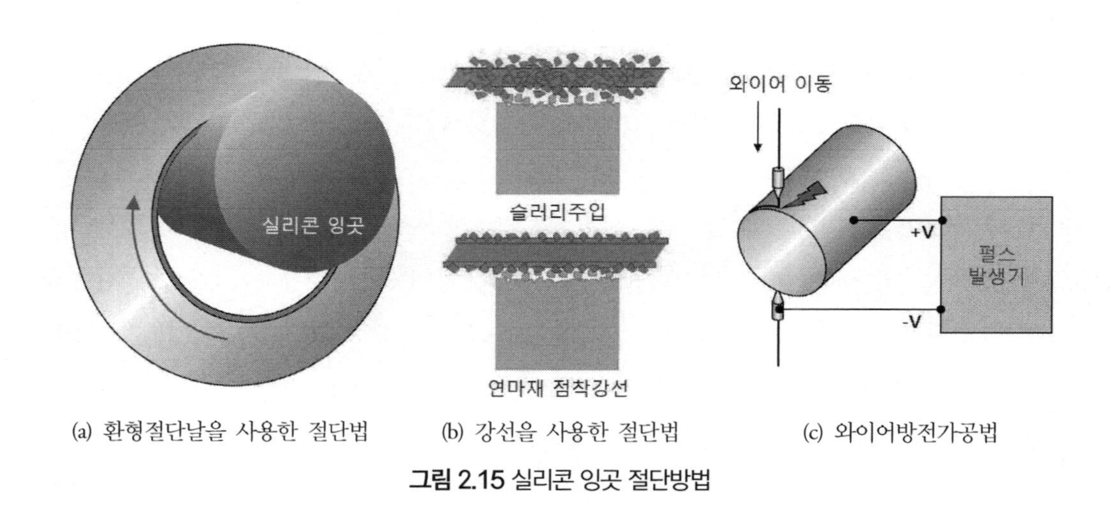

(a) 환형절단날을 사용한 절단법 (b) 강선을 사용한 절단법 (c) 와이어방전가공법

그림 2.15 실리콘 잉곳 절단방법

2.3.1.1 노치가공

단결정 실리콘은 **그림 2.16 (a)**에 도시되어 있는 것처럼 **결정격자**의 방향이 정의되어 있다. 예를 들어 <100>은 결정격자의 벡터방향을 나타내며 (100)은 해당 벡터와 직교하는 평면을 나타낸다. **그림 2.16 (c)**에서는 일반적으로 사용되는 웨이퍼들의 플랫존의 형상 또는 노치방향에 따른 결정격자방향을 보여주고 있다. 플랫존은 사전에 p−형 또는 n−형으로 도핑되어 있는 웨이퍼들의 결정격자방향을 나타내기 위해서 사용되는 방법으로서, **주평면**은 결정격자의 방향을 나타내며, **부평면**은 웨이퍼의 유형을 나타낸다. 일반적으로 (111) n−형, (111) p−형, (100) n−형, (100) p−형 등의 웨이퍼들이 사용된다. 그리고 표면이 미리 도핑되지 않은 (100) 웨이퍼의 경우에는 단순히 노치만을 성형한다. **그림 2.16 (b)**에서는 (100) p−형 웨이퍼의 앞면과 뒷면에서 바라본 결정격자 방향을 보여주고 있다. 결정격자의 방향은 식각의 방향성과 밀접한 관계를 가지고 있다. 그리고

일반적으로 웨이퍼는 능동소자가 만들어지는 앞면만을 폴리싱하기 때문에 표면거칠기를 통해서 웨이퍼의 앞면과 뒷면은 손쉽게 구분할 수 있다.

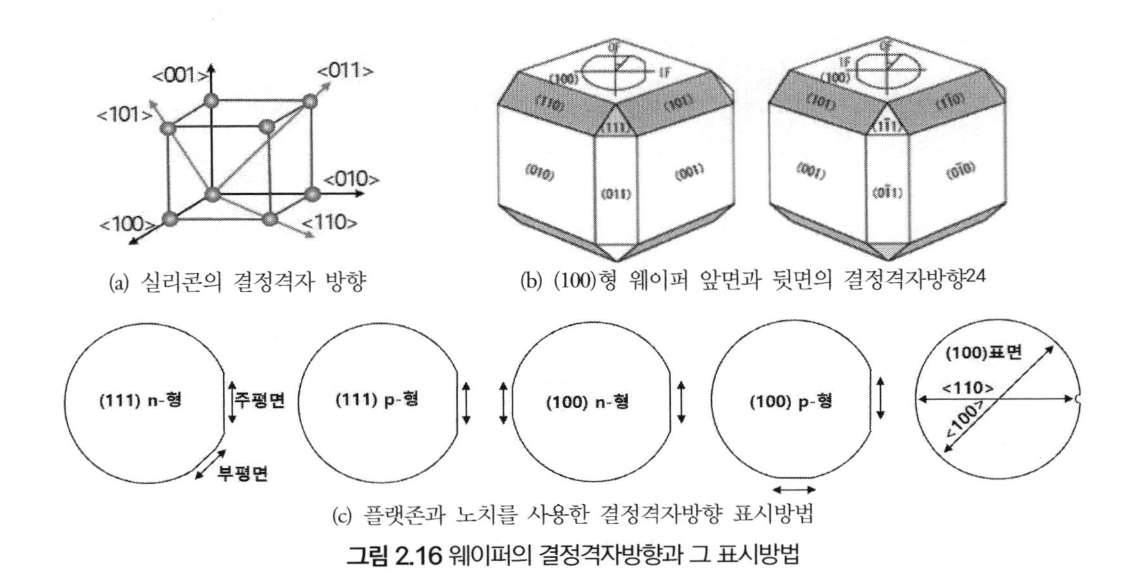

(a) 실리콘의 결정격자 방향

(b) (100)형 웨이퍼 앞면과 뒷면의 결정격자방향[24]

(c) 플랫존과 노치를 사용한 결정격자방향 표시방법

그림 2.16 웨이퍼의 결정격자방향과 그 표시방법

실리콘 잉곳의 결정격자 방향은 최초에 크리스탈 풀러에 설치한 시드의 결정격자방향에 의존한다. 하지만 외경이 연삭된 원통형의 잉곳에서 결정격자 방향을 찾아내기 위해서는 **X-선 회절검사기**를 사용하여야 한다. **그림 2.17 (b)**에서와 같이 지정된 여러 위치에 대한 X-선 회절검사를 통해서 정확한 <110> 방향이 측정되고 나면, **그림 2.17 (a)**에서와 같이 펜을 사용하여 <110> 방향을 마킹한 다음에 노치 가공기를 사용하여 해당 결정격자 방향에 대해서 평면가공 또는 노치 가공을 시행한다.

24 http://www2.ensc.sfu.ca/~glennc/e495/e495l2o.pdf

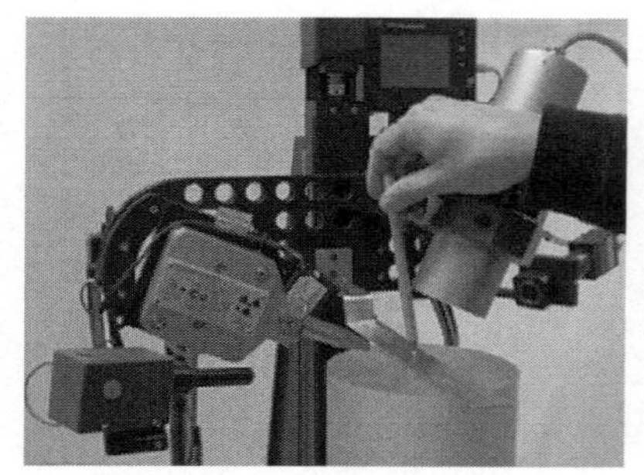

(a) X-선 회절검사기

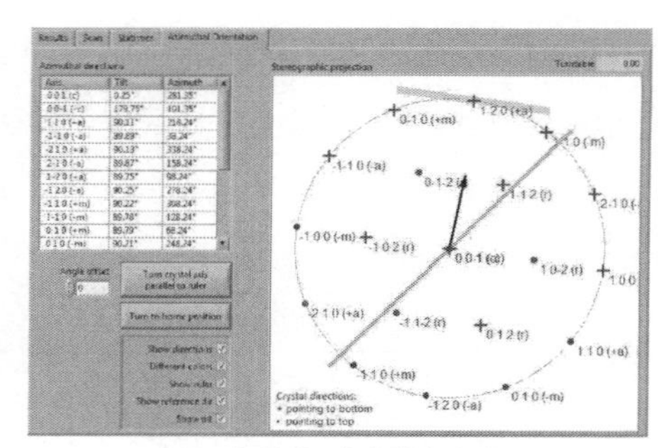

(b) 측정된 결정격자방향

그림 2.17 X-선 회절검사기를 사용한 실리콘 잉곳의 결정 격자방향 측정25

2.3.1.2 잉곳 슬라이싱

외경이 연마되고 노치가 성형된 잉곳으로부터 두께가 0.9[mm] 내외인 얇은 박판을 슬라이싱하기 위해서 일반적으로 직경이 50~120[μm] 정도인 강선의 표면에 입자 크기가 5~60[μm]인 다이아몬드 분말을 (브레이징 용접방식으로) 점착시킨 **다이아몬드와이어**가 사용된다. 강선의 직경이 작을수록, 점착되는 분말의 입도가 작기 때문에 절삭력이 떨어진다. 반면에 강선의 직경이 커지면 더 큰 입도의 다이아몬드 분말을 점착시켜서 고속가공을 실현할 수 있다. 하지만 다이아몬드와이어의 외경이 절삭두께, 즉, 손실량을 결정하기 때문에, 최대의 수율을 구현하면서 가장 경제적으로 슬라이싱을 수행할 수 있는 최적의 와이어직경을 선정해야만 한다.

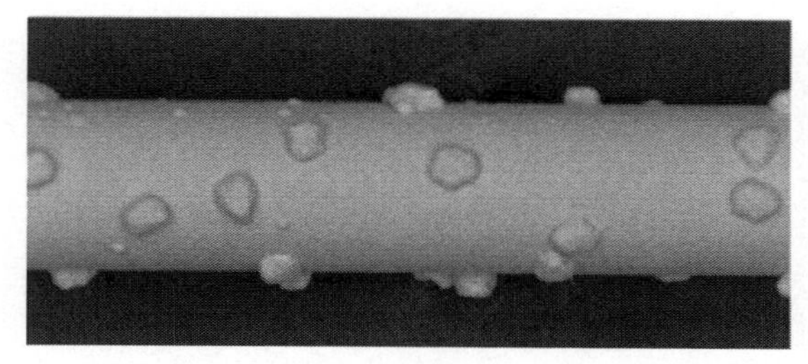

(a) 다이아몬드와이어의 표면형상

(b) 다이아몬드와이어 롤

그림 2.18 잉곳 슬라이싱용 다이아몬드 와이어26

25 www.freiberginstruments.com

26 ehwadia.com

다이아몬드 와이어는 직경에 따라서, 5, 10, 30, 50 및 +100[km]의 길이단위로 공급되고 있다. 제조업체에 따라서 생산비용과 판매가격의 차이가 있지만, 대략적으로 300[m] 길이의 와이어 제조비용은 약 $200이며, 판매가격은 약 $1,200에 달한다. **그림 2.18**에서는 다이아몬드와이어의 표면형상과 판매되는 롤의 외형을 보여주고 있다.

그림 2.19 (a)에서는 다이아몬드 와이어를 사용한 잉곳 슬라이싱기의 구조를 보여주고 있다. 반도체용 웨이퍼의 경우에는 일반적으로 900[μm]의 두께로 절단하며, 태양전지용 패널은 180~220[μm]의 두께로 절단한다. 잉곳 슬라이싱 장치에서는 원주방향으로 성형된 안내홈들이 잉곳의 길이에 맞춰서 일정한 피치로 성형되어 있는 세 개의 와이어가이드들에 슬라이싱용 다이아몬드 와이어가 평행하게 감겨서 설치된다. 안내홈이 성형되는 피치는 절단할 웨이퍼의 두께와 다이아몬드 와이어의 두께, 그리고 절단과정에서 발생하는 유격 등을 고려하여 결정된다. 공급릴에서는 신품의 다이아몬드 와이어가 공급되며, 회수릴에서는 절삭가공이 끝난 와이어를 회수한다. 회수릴에서 와이어를 잡아당기는 장력이 웨이퍼 슬라이싱기 전체의 장력과 그에 따른 편평도를 결정하기 때문에 회수릴의 토크 제어가 절단품질에 큰 영향을 끼친다.

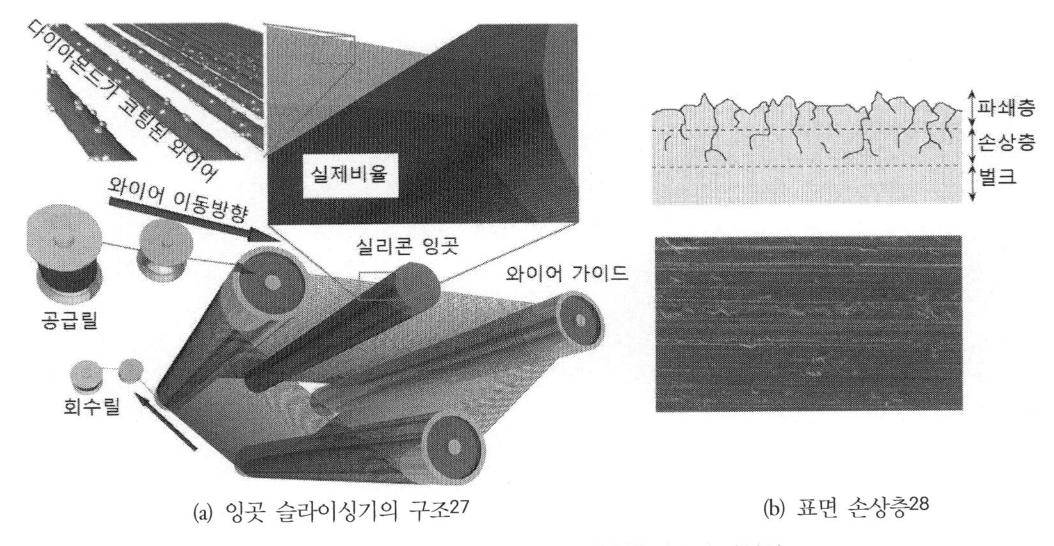

(a) 잉곳 슬라이싱기의 구조[27] (b) 표면 손상층[28]

그림 2.19 다이아몬드 와이어를 사용한 잉곳 슬라이싱

27 www.microchemicals.com

28 Babu Chalamala, Manufacturing of Silicon Materials for Microelectronics and Solar PV

일단 가공기에서 빠져나와 회수릴에 감긴 와이어는 재사용하지 않는다. **그림 2.19 (b)**에서는 슬라이싱 가공이 끝난 웨이퍼의 단면과 표면형상을 보여주고 있다. 와이어 절단 과정에서 표면에는 평행한 줄무늬가 생성되며, 단면은, 표면의 **파쇄층**과 파쇄과정에서 발생한 크랙이 침투해 있는 **손상층**, 그리고 아무런 결함이 없는 **벌크층**으로 이루어진다. 크랙은 반도체의 성능에 치명적인 영향을 끼치기 때문에 절단 후 연마공정을 통해서 파쇄층과 손상층을 제거해야만 한다.

2.3.2 웨이퍼 가공공정

그림 2.20에서는 웨이퍼 연마공정의 흐름도를 보여주고 있다. 일단 슬라이싱된 웨이퍼들에 대해서, 양면연마기와 입도가 거칠은 그린카본(GC) 연마제를 사용하여 양면래핑을 시행한다. 이를 통해서 웨이퍼의 양면을 평평하고 일정한 두께로 가공한다. 그런 다음, 공정 중에 날카로운 테두리의 치핑에 의한 웨이퍼 파손을 막기 위해서 테두리 베벨가공을 시행한다. 다이아몬드 슬러리를 사용하여 표면에 대한 기계식 연마를 시행한다. 이때에 연마 슬러리의 입도를 점차로 줄여나가면서 가공을 시행하면 나노미터급의 표면조도를 구현할 수 있다. 마지막으로 화학–기계적 연마(CMP) 가공을 통해서 옹스트롬 수준의 표면조도를 구현할 수 있다.

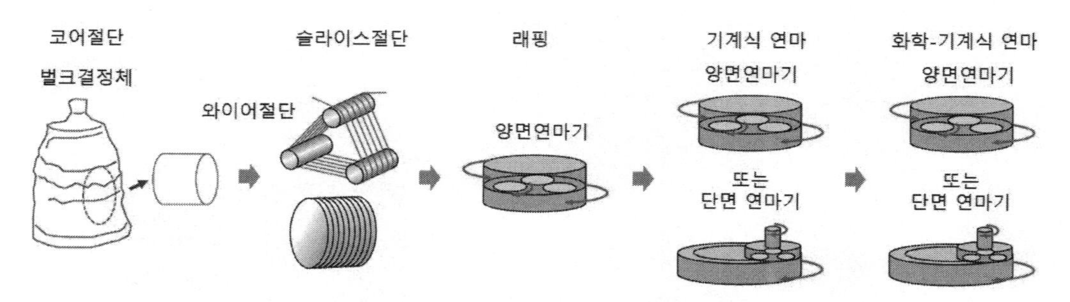

그림 2.20 웨이퍼 연마공정의 흐름도

2.3.2.1 웨이퍼 래핑

웨이퍼 표면의 1차가공은 **그림 2.21**에 도시되어 있는 것처럼 태양기어 형태로 구성된 양면래핑기를 사용하여 수행된다. 래핑용 원판은 연질의 돌기들이 설치되어 있으며, 원판의 중앙부에서는 슬러리가 주입된다. 상부원판과 하부원판의 사이에는 링형 안기어, 웨이퍼를 붙잡고 자전 및 공전운동을 하는 유성기어, 그리고 유성기어들의 중앙에는 태양기어가 설치되어 있다. 이들 세 가지 기어들의 두께는 웨이퍼보다 얇아야만 하기 때문에, 웨이퍼 최종 가공두께인 0.7[mm]로 제작되어 있다. 상부원판이 중앙의 태양기어를 붙잡고 회전하며, 링형 안기어는 하부원판에 고정되어 정지해 있다. 태양기어와 링형 안기어 사이에 맞물려 있으며, 웨이퍼가 장착된 유성기어들은 상부원판이 회전함에 따라서 자전하면서 상부원판과는 반대 방향으로 공전하게 된다. 상부패드와 웨이퍼, 그리고 하부패드와 웨이퍼 사이에는 다이아몬드가루가 함유된 슬러리가 주입되기 때문에 유성기어의 자전-공전 운동에 의해서 웨이퍼의 양쪽 표면에서는 **래핑가공**이 일어난다.

래핑가공을 통해서 웨이퍼 슬라이싱 과정에서 생성된 표면의 파쇄층과 표면 하부의 손상층들은 모두 제거되지만, 다이아몬드 연마입자에 의해서 표면에 긁힘 자국이 남아 있게 된다. 기계적 방법을 사용하지 않고 래핑과정에서 발생한 이런 표면결함들을 제거하기 위해서 화학적 식각방법인 식각(에칭)이 사용된다. 래핑공정이 끝난 다수의 웨이퍼들을 트레이에 거치한 후에 한꺼번에 식각용액 수조 속에 담궈서 웨이퍼 앞면과 뒷면, 그리고 측면의 표면 전체를 식각한다. 이 과정에서 등방성 식각이 이루어진다. 식각용액으로는 희석된 불화수소산 용액, 수산화칼륨 용액, 과산화수소수(피라냐식각), 인산 등이 사용된다. 초기에는 주로 산성용액을 사용한 식각 방법이 사용되었으나 근래에 들어서는 수산화칼륨과 같은 염기성 용액을 함께 사용하는 공정도 개발되었다.

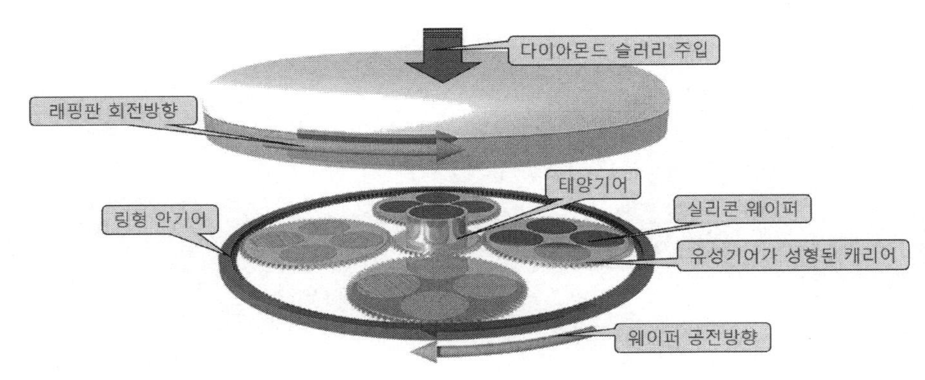

그림 2.21 웨이퍼 래핑기의 사례

2.3.2.2 테두리가공

슬라이싱 이후에 양면 래핑가공이 끝난 웨이퍼의 모서리는 날카롭고 부스러지기 쉽다. 모서리가 파손되어 이가 빠지는 현상을 **치핑**이라고 부른다. 후속 가공과정에서 치핑이 발생하면 모서리가 날카로운 파쇄물들이 웨이퍼 표면과 접착하여 복구가 불가능한 표면손상을 일으킬 우려가 있다. 웨이퍼 테두리의 치핑 저항성을 극대화하여 후속 공정 중의 웨이퍼 손상을 방지하기 위해서 웨이퍼 **테두리가공**이 시행된다.

우선 테두리 연마가공을 시행하여 테두리 원통부 영역의 표면 하부 손상층을 제거하고 표면조도를 최소화한다. 그런 다음 **그림 2.22 (a)**에 도시된 것과 같이 모서리를 둥글게 가공하는 베벨링 가공을 통해서 모서리 치핑을 방지한다. 모서리 라운딩 반경이 클수록 치핑 저항성이 좋아지지만, 웨이퍼 표면적이 줄어들어 반도체 생산성이 줄어든다. 반도체 생산이 가능한 웨이퍼 표면적을 조금이라도 더 확보하기 위해서 치열한 노력이 수행되기 때문에, 모서리 라운딩 사양은 생산하려는 반도체의 종류에 따라서 반도체 제조업체에서 사양으로 관리하고 있다.

표면 래핑을 시행한 다음에 테두리가공을 시행하는 방법과 테두리가공을 시행한 다음에 표면 래핑을 시행하는 방법은 각각 장점과 단점이 공존한다. 가장 좋은 방법은 테두리가공을 시행한 다음에 표면 래핑을 시행하고 마지막으로 다시 테두리가공을 시행하는 것이겠지만, 이는 공정비용의 증가를 초래하기 때문에 바람직하지 않다. 따라서 가공기의 특성과 공정관리 방법에 따라서 제조업체마다 가공순서를 달리하고 있는 실정이다. **그림 2.22 (b)**에서는 테두리가공기의 사례를 보여주고 있다.

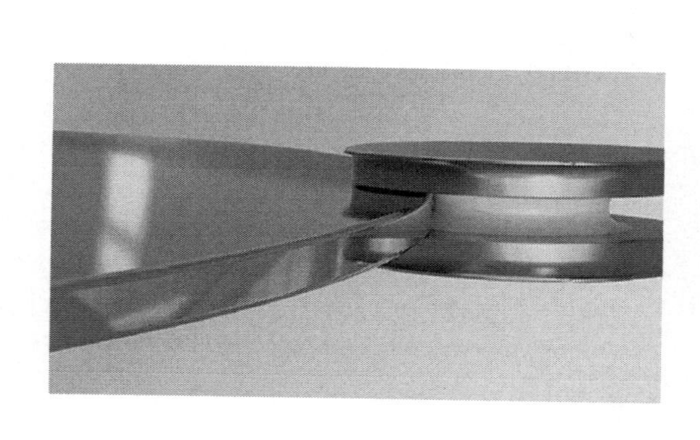

(a) 테두리 절삭29

(b) 테두리가공기의 사례30

그림 2.22 웨이퍼 테두리가공

29 sksiltron.com

30 www.toseieng.co.jp

2.3.2.3 열처리

비록, 진공 챔버 내에서 초크랄스키 인상법이 시행되지만, 크리스탈 풀러를 사용해서 단결정 잉곳을 잡아당기는 과정에서 챔버 내 잔류산소에 의해서 결정격자 구조 내에 **써멀도너**[31]라고 부르는 불안정한 도너들이 형성된다. 크리스탈 풀링이 진행되는 진공챔버 내부의 잔류산소 농도는 8.5×10^{17}[atoms/cm^3]에 이르기 때문에 무시할 수 없는 양의 산소가 단결정 구조 내부로 편입될 수 있다. 최외각전자가 6개인 산소가 최외각전자 4개인 실리콘 단결정 격자구조 속에 편입되면 불안정한 주개원자(자유전자를 생성하는 원자)들처럼 작용하면서 실리콘 모재의 전기저항 특성을 변화시킨다. 래핑이 끝난 웨이퍼의 표면을 가열하면 표면 근처에 포획되어 있는 산소들을 방출시킬 수 있다. 반도체의 P–N 접합을 구현하기 위한 도핑은 웨이퍼 표면에서 수십 [nm] 깊이까지의 범위에서 이루어지기 때문에, 웨이퍼 심부에 포획된 산소원자들까지 제거할 필요는 없다. 써멀도너를 제거하는 웨이퍼 풀림열처리는 **그림 2.23 (a)**에 도시된 것처럼 클러스터 형태의 진공 열처리로를 사용하여 시행된다. **그림 2.23 (b)**에서와 같이, 진공환경하에서 할로겐램프를 사용하여 약 800[°C]까지 가열되는 원통형상의 열처리로에 50장의 웨이퍼들을 10[mm] 간격으로 적재한 웨이퍼 트레이를 아래에서 위로 삽입[32]한 다음에 일정한 시간 동안 열처리를 시행한다. 이 과정에서 열처리로의 높이방향 온도편차나 원주방향 온도편차가 개별 웨이퍼의 열처리 품질에 영향을 끼치며, 또한 진공 배기포트가 설치된 위치에 따라서도 개별 웨이퍼의 써멀도너 제거효율이 달라지는 문제가 발생하고 있다.

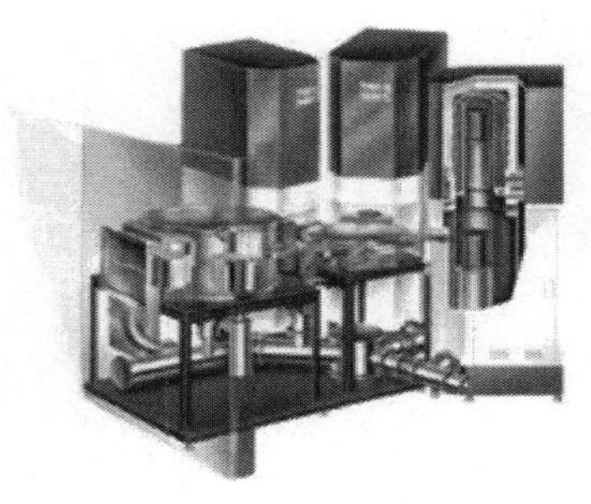

(a) 클러스터 형태의 열처리로

(b) 열처리로에 투입되는 웨이퍼

그림 2.23 웨이퍼 열처리[33]

31 thermal donor

32 한 번에 투입하는 웨이퍼의 숫자나 적재간격은 제조업체마다 상이하다.

2.4 화학-기계적 연마(CMP)

웨이퍼 표면의 거스러미를 제거하여 표면조도를 높이기 위해서 일반적으로 **연마**(폴리싱)공정이 사용된다. 연마는 일반적으로 부드러운 천이나 가죽을 사용하여 표면을 문지르는 가공방법으로, 이때에 천에 묻히는 슬러리의 유형에 따라서 기계식 연마와 화학식 연마로 구분할 수 있다. **기계식 연마**의 경우에는 화학약품이 첨가되지 않은 경질의 연마입자 슬러리를 사용해서 연마공정을 수행한다. 반면에 **화학식 연마**의 경우에는 연마입자가 첨가되지 않은 슬러리를 사용해서 연마공정을 수행한다. 기계식 연마는 가공속도가 빠르지만, 원자 수준의 표면 거칠기를 구현하기 어렵다. 반면에 화학식 연마는 원자수준의 표면거칠기를 구현할 수 있지만, 가공속도가 매우 느리다는 단점이 있다. 이런 문제를 해결하기 위해서 화학-기계적 연마(CMP[34])공정이 개발되었다.

화학-기계적 연마가공의 경우 연마제로는 **그림 2.24 (b)**에 도시되어 있는 것처럼, **콜로이드 실리카나 열분해 실리카**와 같은 실리카 나노입자들을 **세틸트리메탈 브롬화암모늄**(CTAB)과 같은 계면활성제에 섞은 슬러리를 사용한다.

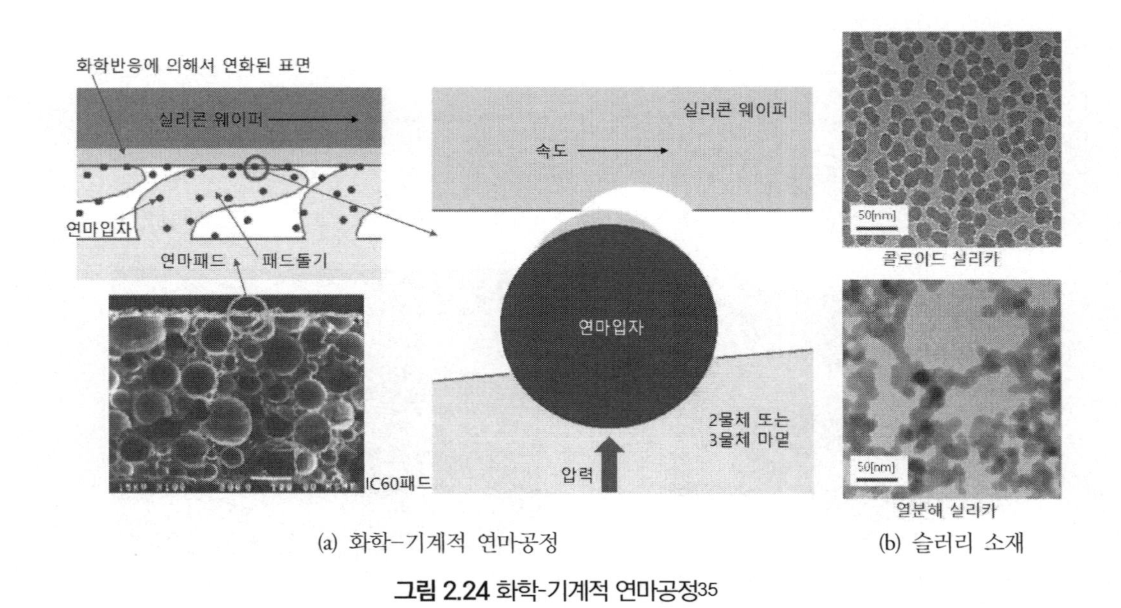

(a) 화학-기계적 연마공정 (b) 슬러리 소재

그림 2.24 화학-기계적 연마공정[35]

33 www.crystec.com/kllverte.htm

34 Chemical-Mechanical Polishing

35 Suryadevara Babu 저, 장인배 역, CMP 웨이퍼 연마, 씨아이알, 2021.

하지만 실리카 나노입자들은 경도가 그리 높지 않기 때문에 실리콘 웨이퍼와 문지름이 발생하여도 실리콘 표면을 용이하게 긁어내지 못한다. 그런데 슬러리 용액에 Politax^{TM}과 같은 폴리머 용액을 첨가하면, 실리카 입자들이 웨이퍼 표면을 긁어낼 수 있을 정도로 표면을 연화시켜준다. 따라서 폴리머 용액을 사용하여 화학적으로 연화시킨 웨이퍼 표면을 실리카 입자들이 기계적으로 긁어내기 때문에, 화학-기계적 연마라는 명칭을 사용하는 것이다. 연마용 패드는 **그림 2.24 (a)**에 도시된 것처럼 연질의 돌기들로 이루어진다(실제로는 다공질 우레탄을 사용한다). 슬러리가 주입된 연마패드에 웨이퍼를 누르면서 문지르면 압력과 속도, 그리고 화학적 표면연화작용에 의해서 연마입자들이 웨이퍼 표면을 가공하여 원자수준의 표면거칠기를 구현하게 된다.

2.4.1 다양한 유형의 연마방법

래핑이 완료된 웨이퍼 표면에 남아 있는 미세한 긁힘자국들을 제거하고 원자수준의 표면거칠기를 구현하기 위해서 **그림 2.25**에 도시된 것처럼 다양한 방식의 표면연마 방법들이 고안되었다.

① **수작업 문지름** 공정은 광학표면을 만들기 위해서 사용되었던 가장 고전적인 방법으로, 문지름 과정에서 자연적으로 구면이 만들어지기 때문에, 웨이퍼 평면연마에는 적용할 수 없다.

② **단일캐리어-회전테이블** 방식은 회전하는 대구경의 연질표면 테이블 위에 캐리어에 속박된 웨이퍼를 내리누르면서 캐리어를 회전시켜서 웨이퍼의 자전-공전운동을 통해서 웨이퍼 표면을 연마하는 방법이다. 웨이퍼의 누름력 조절이나, 자전-공전비율 조절 등을 통해서 웨이퍼 편평도 조절이나 표면조도 조절 등이 용이하여 화학-기계적 연마에 널리 사용되는 방법이다.

③ **다중캐리어 방식**은 회전하는 대구경의 연질표면 테이블 위에서 다수의 캐리어들을 사용하여 다수의 웨이퍼들을 동시에 가공하는 방법이다. 이 방법에서는 개별 웨이퍼들에 대하여 최적의 공정조건을 맞추기 어려우므로, 가공된 웨이퍼의 편평도나 표면조도가 조악하여 저품질 반도체 생산용 웨이퍼에 국한하여 사용되고 있으며, 고품질 웨이퍼의 생산에는 사용되지 않는다.

④ **다중테이블 방식**은 하나의 장비에 단일캐리어-회전테이블을 여러 개 배치한 구조이다. 이 방식에서는 단일캐리어 방식의 생산품질을 유지하면서도 장비의 생산성을 높일 수 있기 때문에 자주 사용되고 있다.

⑤ **웨이퍼 고정-표면연마** 방식은 평판형 척에 웨이퍼를 고정한 다음에 회전하는 연마패드의 테

두리면을 접촉시켜서 표면을 연마하는 방법이다. 이 방식은 원하는 표면품질을 구현할 수 있지만, 생산성이 매우 낮기 때문에 양산형 장비에 적용하기가 어렵다.

⑥ **벨트연마** 방식은 수평으로 움직이는 평벨트 표면에 웨이퍼를 맞대어 놓고 벨트 이송방향과 직각으로 문질러서 표면을 연마하는 방식이다. 웨이퍼 표면의 편평도 조절이 용이하지 않기 때문에 거의 사용하지 않는다.

⑦ **소형 테이블** 방식은 단일캐리어-회전테이블 방식과 동일한 구조를 사용하지만 회전테이블의 직경이 작은 경우이다. 연마장비의 점유면적을 줄이기 위해서 고안되었지만, 내경측과 외경측의 선속도 차이가 심하고, 특히 선속도가 0이 되는 회전테이블의 중심위치를 웨이퍼가 지나면서 심각한 가공불균일이 발생하게 되므로, 거의 사용하지 않고 있다.

⑧ **웨이퍼 고정-소형헤드** 방식은 평판형 척에 웨이퍼를 고정한 다음에 직경이 작은 연마패드를 회전-이송하여 표면을 연마하는 방법이다. 이 방식을 사용하여 원하는 표면품질을 구현할 수는 있지만, 소형패드의 마멸이 심하여 양산공정에 적용하기 어렵다.

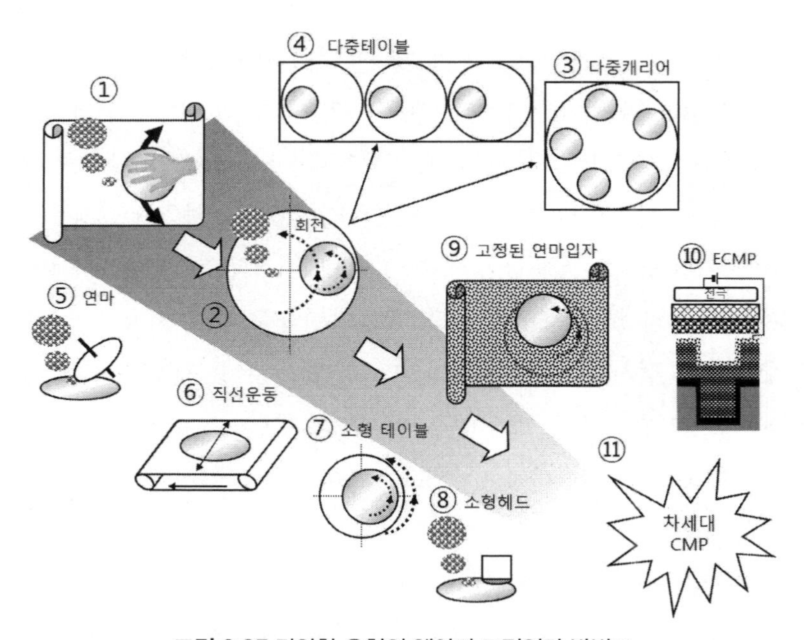

그림 2.25 다양한 유형의 웨이퍼 표면연마 방법[36]

36 Suryadevara Babu 저, 장인배 역, CMP 웨이퍼 연마, 씨아이알, 2021.

⑨ **고정된 연마패드**를 사용하는 방식은 마치 사포와 같이 패드 표면에 연마입자들을 점착시켜 놓은 연마패드 위헤서 웨이퍼를 자전-공전시켜가면서 문지르는 가공방법이다. 이 방식에서는 연마입자 점착과정에서 발생하는 높이 차이를 피할 수 없어서 표면긁힘이 발생한다.

⑩ **전기-화학-기계적 연마(ECMP)** 방법에서는 슬러리와 연마패드 지지판 사이에 전위차이를 부가하여 화학-기계적 연마가공에 전해부식 효과를 추가하는 방법이다. 이 방법은 도금된 전극의 박리연마 등에 제한적으로 사용되고 있다.

이상과 같이 다양한 표면연마 방법들이 제한되고 있지만, ② 단일캐리어-회전테이블 방식과 ④ 다중테이블 방식만이 양산형 화학-기계적 연마(CMP)가공에 적용되고 있다. 지금도 꾸준히 차세대 CMP 가공기술들이 연구되고 있지만, 현재 사용되고 있는 화학-기계적 연마가공의 수요는 앞으로도 계속 늘어날 전망이다.

2.4.2 다중헤드 CMP 가공기

그림 2.26에서는 **그림 2.25** ③에 소개되어 있는 다중캐리어 방식에 해당하는 **다중헤드 CMP 가공기**를 보여주고 있다. 연마할 웨이퍼들은 표면을 아래로 향한 채로 캐리어에 설치된다. 캐리어는 유성기어에 연결되어서 자전과 공전을 동시에 수행하여 모든 웨이퍼들의 모든 표면들이 동일한 조건으로 연마되도록 만든다.

그림 2.26 다중헤드 CMP 가공기[37]

37 www.youtube.com/watch?v=AMgQ1-HdElM에서 이미지를 캡쳐하여 재구성하였음.

상부에서는 연속으로 연마패드에 슬러리가 공급된다. 연마용 패드는 위를 향하여 수평으로 설치되어 있으며, 표면에는 다양한 형상의 그루브가 성형되어 있다(이에 대해서는 **2.4.6절**에서 살펴볼 예정이다). 웨이퍼 연마과정에서 연마용 패드의 마멸이 일어나기 때문에 가공을 시작하기 전에 다이아몬드 휠을 사용해서 패드 표면을 다듬질해야 한다. 이 공정을 패드 컨디셔닝(또는 드레싱)이라고 부른다. 이에 대해서는 **2.4.7절**에서 살펴볼 예정이다.

다중헤드 CMP 가공기에서는 개별 웨이퍼의 표면 편평도와 표면조도에 대한 세밀한 공정제어가 불가능하기 때문에 생산품질이 낮아서 저품질 반도체의 생산에 국한하여 적용하며, 고품질 웨이퍼의 생산에는 사용하지 않는다.

2.4.3 단일캐리어-회전테이블 CMP

그림 2.27에서는 **그림 2.25** ②에 소개되어 있는 **단일캐리어-회전테이블 방식의 CMP 가공기**를 보여주고 있다. 캐리어의 하부에는 한 장의 웨이퍼만 설치되는데, 웨이퍼를 캐리어의 중심에 위치시키기 위해서 리테이너링이 사용된다. 캐리어는 자전운동과 더불어서 직경이 큰 연마용 패드의 모든 부분을 골고루 사용할 수 있도록 연마용 패드의 반경방향으로 직선운동을 한다. 웨이퍼의 제거율을 나타내는 **프레스턴의 법칙**에 따르면,

$$\text{제거율} \propto \text{누름압력} \times \text{선속도} \tag{2.5}$$

따라서 웨이퍼 표면을 스치고 지나가는 패드의 선속도를 극대화시키기 위해서 연마용 패드는 캐리어와 반대방향으로 회전한다.

그림 2.27의 우측에는 슬러리 공급 시스템이 도시되어 있다. 계면활성제, 그리고 폴리머 용액에 실리카 나노입자가 첨가된 슬러리는 침전되기 쉬우므로 자석식 교반기를 사용하여 계속 교반시켜야 한다. 그림에서는 표시되어있지 않지만, 슬러리의 온도 역시 최적의 상태로 유지되어야 하므로 온도조절 시스템이 추가되며, 펌프와 배관 내에서 슬러리가 침전되지 않도록 배관 내 재순환시스템이 구축되어 있다. 슬러리는 연마용 패드의 웨이퍼 진입측으로 공급되며, 일단 웨이퍼 아래를 통과한 슬러리가 재순환되면서 웨이퍼 가공물들이 웨이퍼 표면을 긁지 못하도록 한 번 웨이퍼를 통과한 슬러리는 패드 바깥쪽으로 배출되어야 한다. 슬러리의 배출을 원활하게 만들기 위해서 연마용 패드의 표면에는 다양한 형태의 홈들이 성형되어 있다.

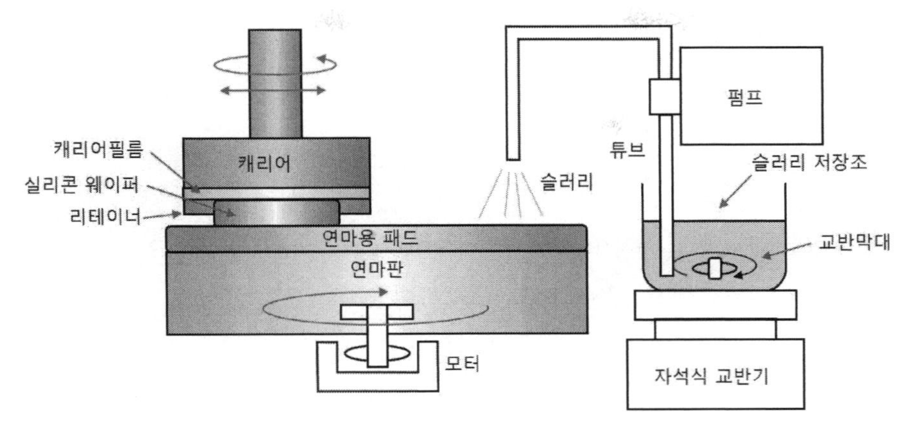

그림 2.27 단일캐리어-회전테이블 CMP 가공기

2.4.4 캐리어

캐리어는 웨이퍼의 뒷면을 붙잡고 자전 및 직선이송하면서 웨이퍼의 면적 전체를 균일한 압력으로 연마용 패드에 내리누르는 기구이다. 웨이퍼와 연마용 패드 사이의 접촉력을 웨이퍼 전체 면적에 대해서 균일하게 부가하기 위해서 일반적으로 공압이 사용되며, 일부의 경우에는 수압을 사용할 수도 있다.

그림 2.28 (a)의 경우에는 웨이퍼의 뒷면에 필름을 접착한 다음에 고압의 유체를 직접 웨이퍼 뒷면으로 주입하는 방식이다. 이 경우에는 웨이퍼의 영역별로 누름력을 조절하기 어려워서 웨이퍼 면적 전체에 대해서 균일한 압력이 부가된다. 그런데 웨이퍼의 강성은 중앙부에서 테두리 쪽으로 갈수록 더 강해지는 경향이 있으므로, 균일한 압력을 부가하면 중앙부가 아래로 불룩하게 돌출되면서 가공량이 증가하게 된다. 결과적으로 웨이퍼의 중앙부가 오목하게 가공되며, 이를 **디싱**[38]이라고 부른다.

그림 2.28 (b)의 경우에는 캐리어의 하부에 다수의 동심 영역으로 분할된 연질 맴브레인을 설치한다. 이 맴브레인들의 영역별 압력에 차등을 두어(바깥쪽으로 갈수록 압력을 높여서) 웨이퍼 전체가 연마용 패드와 균일한 접촉력을 갖도록 만든다. 특히, 공정조건에 따라서 영역별 압력을 조절하면 웨이퍼의 반경방향 가공량을 정교하게 조절할 수 있다. 이 방법이 대량생산용 CMP 설비에서 가장 널리 사용되고 있다.

38 dishing

그림 2.28 (c)의 경우에는 캐리어 하부에 필름도, 맴브레인도 사용하지 않고 고압의 유체(탈이온수)를 직접 주입하는 방법이다. 필름과 같은 별도의 부자재나 맴브레인과 같은 복잡한 구성요소가 사용되지 않으므로 공정이 단순하기 때문에 많은 가능성을 가지고 있다. 이 방법을 실용화하기 위해서는 수막의 형성과 통제를 위해서 정교한 유로성형과 제어가 필요하다.

회전 및 직선운동을 하는 캐리어의 바닥에 고정된 웨이퍼의 표면과 회전하는 연마용 패드 표면을 완벽하게 평행을 맞춘다는 것은 현실적으로 불가능하다. 만일 두 표면 사이에 부정렬이 존재한다면 가공과정에서 필연적으로 웨이퍼의 표면이 원추형상(중앙이 볼록한 형상)으로 가공되어버린다. 이를 방지하기 위해서는 캐리어와 회전축 사이를 연결하는 부위가 피치와 롤 방향으로 자유롭게 회전할 수 있어야만 한다(요 방향이 캐리어 중심축선의 회전방향이다). 캐리어 회전축과 캐리어 패드 사이에서 피치와 롤 방향으로의 회전 자유도를 부가하기 위한 **짐벌 기구**로 가장 대표적인 것이 바로 **유니버설 조인트**이다.

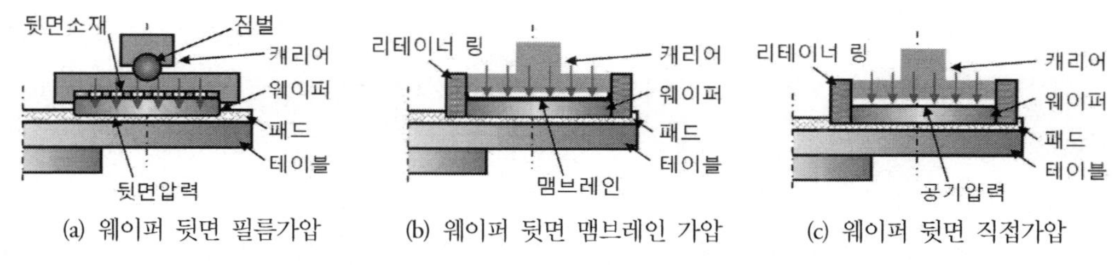

(a) 웨이퍼 뒷면 필름가압 (b) 웨이퍼 뒷면 맴브레인 가압 (c) 웨이퍼 뒷면 직접가압

그림 2.28 캐리어를 사용한 웨이퍼 가압방법들39

그림 2.29에서는 맴브레인 방식의 캐리어를 보여주고 있다. 캐리어의 하부에는 동심원 형상으로 여러 개의 구획을 나누어 소위 **맴브레인**이라고 부르는 공기주머니들이 설치되는데, 이 공기주머니의 하부 표면은 웨이퍼와 접촉하고 있다. 맴브레인은 고무와 같은 탄성체를 사용하여 몰딩 방식으로 제작한다. 회전하는 패드 하부에 설치된 와전류형 센서나 광학식 센서를 사용하여 가공 중에 웨이퍼의 표면윤곽을 실시간으로 측정하며, 이를 피드백하여 각각의 공기주머니 구획마다 서로 다른 공기압력(즉, 누름압력)을 부가하는 방식으로 CMP 가공의 제거율 균일성을 조절하며, 웨이퍼 가공표면의 프로파일을 관리한다.

39 Suryadevara Babu 저, 장인배 역, CMP 웨이퍼 연마, 씨아이알, 2021

맴브레인의 외경부에는 리테이너링이 설치되는데, 웨이퍼보다 약간 아래로 돌출되게 설치되어 있는 리테이너링은 캐리어가 웨이퍼를 연마패드에 압착한 상태에서 캐리어의 자전과 패드의 회전과정에서 웨이퍼가 캐리어를 이탈하지 않도록 붙잡아주는 역할을 한다.

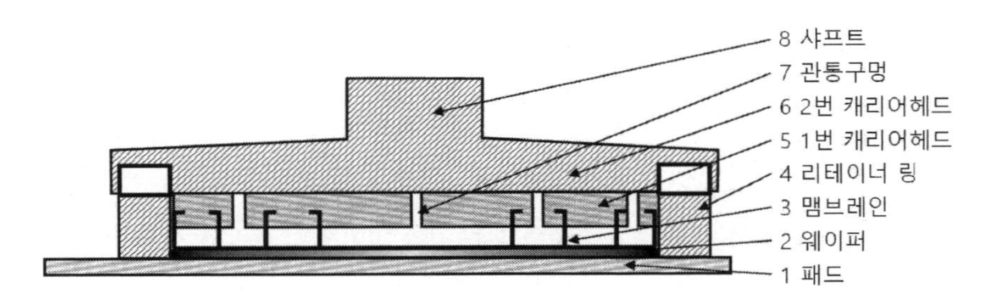

그림 2.29 맴브레인 방식의 캐리어 사례40

2.4.5 리테이너링의 역할

캐리어 하부에 설치되며 웨이퍼와 반경방향으로 0.5~1[mm] 간극을 두고 설치되는 링 형상의 구조물인 **리테이너링**은 단순히 웨이퍼의 이탈을 막아주는 역할 이외에 또 다른 중요한 기능을 가지고 있다.

그림 2.30 (a)에서와 같이 캐리어가 웨이퍼를 패드에 압착하지 않는 무부하 상태에서는 패드가 눌리지 않으므로 웨이퍼는 단순히 패드 위에 얹힌 상태가 된다. 이런 상태로 연마가공을 진행하면 가공작용이 최소화되므로 바람직하지 않다. **그림 2.30** (b)에서와 같이 리테이너링이 없는 상태에서 캐리어가 웨이퍼를 패드에 압착하면 가공작용은 증가하지만 패드 눌림영역 주변이 부풀어 오른다. 이로 인하여 웨이퍼의 테두리부에 하중이 집중되어 웨이퍼 표면이 마치 볼록렌즈처럼 가공되어 버린다. 그런데 **그림 2.30** (c)에서와 같이 웨이퍼의 외경 측에 동심원 형태로 리테이너링을 설치하고 이들을 함께 누르면, 패드의 되튐 영역이 리테이너링의 외곽에 집중되므로 비록, 리테이너링의 표면은 내경부가 볼록하게 가공되겠지만, 웨이퍼 전체면적에 대해서는 패드의 편평도를 유지하기가 쉬워져서 CMP 가공의 균일성이 향상된다. 리테이너링은 일반적으로 PEEK와 같은 경질 폴리머 소재로 제작한다.

40 Suryadevara Babu 저, 장인배 역, CMP 웨이퍼 연마, 씨아이알, 2021.

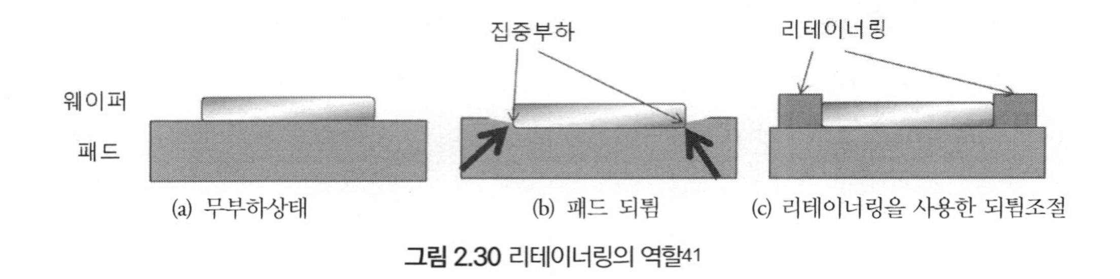

그림 2.30 리테이너링의 역할[41]

2.4.6 연마패드

고전적인 연마가공 시에서는 부드럽고 털이 많은 천에 연마재를 묻혀서 가공물 표면을 문지르는 방식으로 가공을 진행하며, 연마재와 연마부산물로 표면이 메워지면 다시 새로운 표면에 연마재를 묻혀서 가공을 진행한다. **연마패드**를 사용하는 CMP가공의 경우에도 이와 동일한 가공원리가 적용된다.

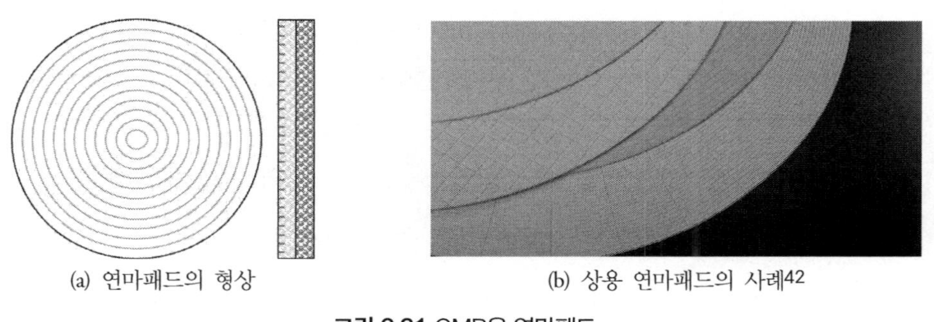

그림 2.31 CMP용 연마패드

원판형 연마패드는 다공질 폴리우레탄 소재를 사용하여 제작한다. 연마패드의 상부 표면은 웨이퍼 압착에 따른 되튐을 최소화하기 위해서 경질 폴리우레탄 소재를 사용하며, 하부 표면은 캐리어 압력을 고르게 분산시킬 수 있도록 압축성이 1~3%인 연질 폴리우레탄 소재를 사용한다. 다공질 표면은 연마용 슬러리를 빨아들여서 연마가공에 사용하며, 새로운 슬러리가 웨이퍼 측으로 원활하게 공급되고, 사용된 슬러리와 연마부산물이 원활하게 배출되도록 연마패드의 표면에

41 Suryadevara Babu 저, 장인배 역, CMP 웨이퍼 연마, 씨아이알, 2021.
42 www.dupont.com

는 동심홈(또는 다양한 형태의 홈)들을 성형하여 놓았다. 하지만 연마가공이 진행됨에 따라서 연마부산물에 의해서 기공들이 메워지면서 기공률이 감소하면 가공속도가 저하되므로 주기적으로 드레싱 작업을 통해서 표면을 재생해야만 한다. **그림 2.31**에서는 CMP 가공에 사용되는 연마패드의 외형과 상용 연마패드들의 사례를 보여주고 있다.

2.4.7 패드 컨디셔닝

CMP 가공이 진행되면, 슬러리와 연마부산물들이 패드 표면의 마이크로 기공들을 메워버리면서 연마패드의 표면이 반들반들해진다. 이로 인하여 가공속도가 느려지며, 표면긁힘이 발생하기 때문에 주기적으로 패드 표면을 긁어내서 기공들을 재생하는 **패드 컨디셔닝** 공정을 수행해야만 한다.

패드 컨디셔닝에는 **그림 2.32 (b)**에 도시되어 있는 것처럼 금속원판의 표면에 다이아몬드 조각들을 브레이징 용접한 컨디셔닝 헤드가 사용된다. 여기에 사용되는 산업용 인조 다이아몬드 조각들은 치수편차가 있고, 모서리가 뾰족하기 때문에 브레이징 용접된 배향에 따라서 컨디셔닝 헤드 내에서 개별 다이아몬드 입자들의 높이가 편차를 갖게 된다. 이렇게 높이편차가 존재하는 컨디셔닝 헤드를 사용하여 패드 드레싱을 수행하면 패드에는 미소하지만 나선형상의 줄무늬가 발생하게 되며, 이로 인하여 연마가공 공정의 편차가 발생할 우려가 있다. 드레싱용 패드 제조업체에서는 이 편차를 줄이기 위해서 다양한 노력을 시도하고 있으며, 사용자들은 개별 다이아몬드 입자들의 높이에 대한 전수측정을 통하여 편차를 관리하려는 노력을 수행하고 있다.

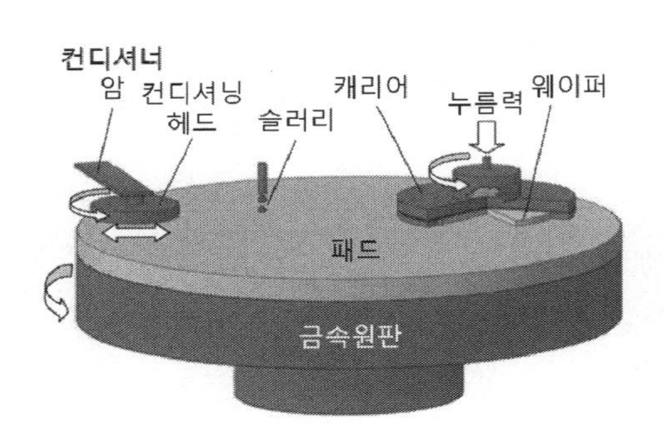

(a) CMP 가공기의 구조43

(b) 상용 컨디셔닝 헤드44

그림 2.32 패드 컨디셔너와 컨디셔닝 헤드

패드 컨디셔너는 **그림 2.32 (a)**에 도시되어 있는 것처럼 외팔보 형상의 선회암의 끝에 컨디셔닝 헤드가 장착된 구조를 가지고 있다. 패드의 한쪽에서는 캐리어를 사용하여 웨이퍼 연마가공을 진행하고 있으며, 패드의 반대쪽에서는 컨디셔닝 헤드가 패드의 반경방향으로 선회운동을 하면서 다이아몬드 헤드를 사용하여 패드를 문질러서 슬러리와 연마 부산물들로 메워진 기공들을 재생시킨다. 이때에 컨디셔닝 헤드의 누름압력과 회전속도, 그리고 선회운동 스케줄은 패드 컨디셔닝의 중요한 공정 파라미터이다. 패드 컨디셔닝을 통해서 소재 제거율을 향상시키고 웨이퍼내 가공 불균일을 저감할 수 있다.

2.4.8 후공정 CMP

웨이퍼에 대한 화학-기계적 연마(CMP)가공은 웨이퍼를 생산하는 단계 이외에도 반도체 제조공정 중 여러 단계에서 시행된다. **그림 2.33**에서는 **후공정 CMP**의 다양한 사례들을 보여주고 있다.

층간절연체(ILD) 연마와 금속 배선층 증착 후의 표면연마는 대표적인 후공정 CMP의 사례이다. 그리고 적층형 반도체가 범용화되면서 층간절연체 연마와 실리콘 관통전극(TSV) 연마 등 다양한 연마공정들이 추가되었다. 금속과 층간절연체가 공존하는 층들에 대해서 연마를 시행하기 위해서는 절연체를 연마하기 위한 화학물질과 전극 금속을 연마하기 위한 화학물질의 특성이 서로 다르기 때문에 정밀한 공정관리가 필요하다. 특히, 실리콘 관통전극을 사용하여 적층형 반도체의 전극 접점을 생성하기 위해서는 일차로 층간절연체와 전극금속을 동일한 비율로 연삭하여 평면구조를 만든 다음에 전극금속은 그대로 두고 층간절연체만을 연삭하는 선택비가 높은 연삭공정을 사용하여 전극을 약간 돌출시켜야만 한다. 이를 통해서 만들어진 돌출전극들이 다층 적층과정에서 안정적으로 전기적 접합을 이룰 수 있게 된다.[45]

3차원 적층형 반도체 기술의 발전과 더불어서 화학-기계적 연마(CMP) 가공은 반도체 생산의 핵심 공정으로 자리잡게 되었다.

43 Suryadevara Babu 저, 장인배 역, CMP 웨이퍼 연마, 씨아이알, 2021.

44 Abrasive Technology Inc.

45 콘도 가즈오 저, 장인배 역, 3차원 반도체, 씨아이알, 2018.

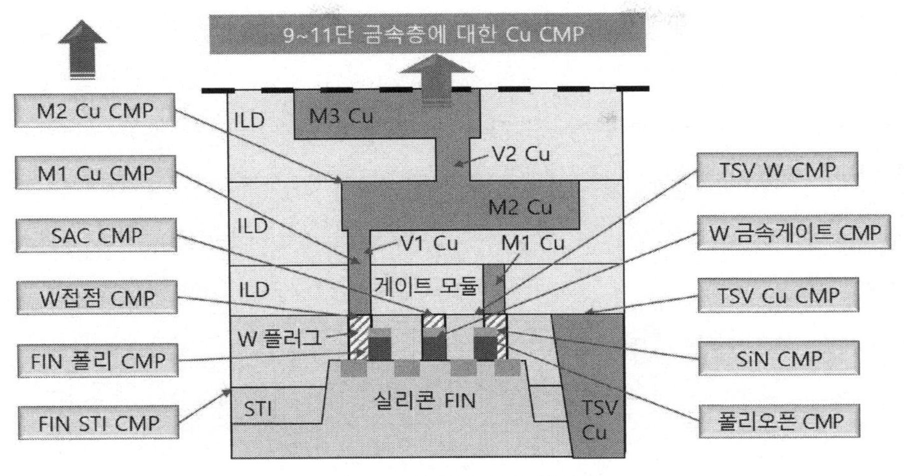

그림 2.33 후공정 CMP의 유형

2.4.9 CMP 가공 후 세정

화학-기계적 연마(CMP) 가공에는 실리카 입자들과 화학약품들이 섞인 슬러리를 다량 사용하며, 연마 부산물인 실리콘 입자들도 함께 배출된다. 이들 중 대부분은 액체 상태로 배출되지만, 일부는 웨이퍼 표면에 들러붙어서 오염원으로 작용하기 때문에 CMP 가공 후의 웨이퍼 표면에 남아 있는 마멸성 슬러리 입자들(실리카, 세리아, 알루미나, 그리고 연마 과정에서 생성된 실리콘 입자들)을 완벽하게 제거하는 것은 매우 중요한 일이다. 또한 계면활성제나, 폴리머 용액과 같은 슬러리 화학 첨가제의 유기성분들과 슬러리에 함유된 금속 및 이온성분들, 그리고 화학반응에 의한 연마 부산물들도 제거해야 한다. 후공정 전극 CMP의 경우에는 금속물질 연마과정에서 생성된 금속 및 반응 생성물들을 제거해야 한다.

CMP 가공 후 세정과정에서는 모든 오염물질들을 제거하면서도 소재 손실과 표면거칠기 발생이 최소화되어야만 하며, 절대로 긁힘, 박리발생, 유전율상수의 변화 등이 발생해서는 안 된다. 세정 후 건조과정에서도 물얼룩이나 부식이 발생하지 않은 청결하고 안정적인 부동화표면이 생성되어야만 한다. 그리고 시간 의존적인 절연파괴와 전기이동에 대해서도 훌륭한 전기적 신뢰성이 확보되어야 한다.

그림 2.34에서는 CMP 가공 후 세정순서를 보여주고 있다. 메가소닉 세정을 통해서 다량의 슬러리들이 묻어 있는 CMP 가공 직후의 웨이퍼에 대한 사전세정을 시행한다. 물속에서 음파진동을 사용하는 **메가소닉 세정**은 비접촉 방식의 웨이퍼 세정기법으로서, 웨이퍼 표면에 묻어 있는 대부

분의 슬러리들이 이 공정에서 제거된다. 웨이퍼 표면에 강하게 점착되어 있는 오염물질들은 메가소닉 세정과 같은 비접촉 세정방법만으로는 제거할 수 없다. 이런 점착성 이물들을 제거하기 위해서 롤러 브러시를 사용하는 접촉식 세정방법이 사용된다. 폴리머의 일종인 PVA[46] 소재로 제작된 원통형상의 브러시 표면에는 부드럽고 미세한 기공들이 성형되어 있다. 서로 마주 보고 회전하는 두 개의 롤러브러시 사이에 웨이퍼를 집어넣고 웨이퍼를 원주방향으로 회전시킨다. 브러시가 웨이퍼 표면을 문지르는 동안 노즐로 웨이퍼 표면에 탈이온수(DIW)를 분사하여 제거된 이물질들을 외부로 배출시킨다. **롤러브러시**를 사용한 세정과정에서 롤러가 이물질들로 오염되면 후속 웨이퍼의 세정과정에서 교차오염이 발생할 우려가 있다. 따라서 메가소닉 세정과정에서 되도록 많은 오염물질들이 제거되어야만 하며, 브러시 자체를 세정하는 기능도 필요하다. 연이어서 또 한 번의 롤러브러시 공정이 시행되는데, 2차 롤러브러시 공정은 1차 롤러브러시 공정과 탈이온수에 첨가하는 첨가물이 다르고, 브러시의 오염도 역시 더 엄격하게 관리된다. 이를 통해서 웨이퍼 오염도를 크게 감소시킬 수 있다. 세정이 완료된 웨이퍼의 표면에서 물기를 제거해야 하는데, 건조과정에서 물방울의 계면에서 물얼룩이 발생할 우려가 있다. 따라서 물기 제거에는 특수한 방법이 필요하다. 수조 속에서 웨이퍼를 꺼낼 때에, 물과 웨이퍼 사이의 계면에 이소프로필알코올(IPA)을 분사하면 순간적으로 물의 표면장력이 없어지기 때문에 웨이퍼 표면에 물방울이 남지 않는다. 이런 건조방식을 **마란고니 건조**라고 부른다.

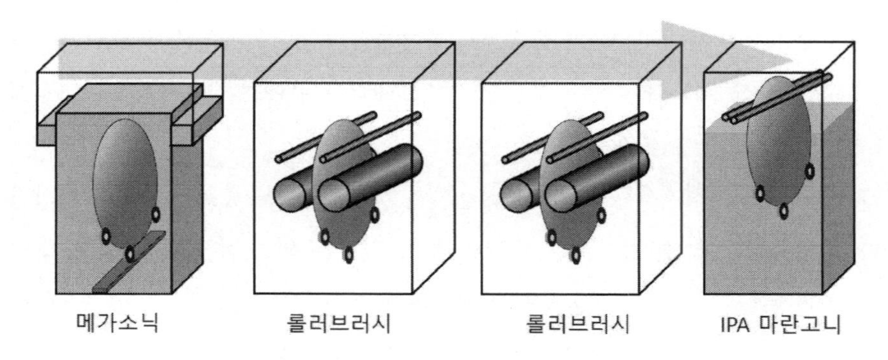

그림 2.34 CMP 가공 후 세정순서

46 Polyvinyl alcohol

2.5 웨이퍼 표면처리와 세정

CMP 가공과 세정이 끝난 웨이퍼를 곧장 반도체 생산에 투입하지 않는다. 웨이퍼의 표면처리를 통해서 원하는 전기적 특성을 갖도록 표면을 개질시켜야 하며, 별도의 세정을 통해서 극한의 청결도를 구현해야만 한다. 이 절에서는 가장 대표적인 웨이퍼 표면처리인 에피텍셜 성장에 대해서 살펴본 다음에, 연이어서 웨이퍼 세정 및 헹굼, 그리고 검사 및 출하와 같이 반도체 생산공정에 투입될 준비가 끝난 웨이퍼와 관련된 마지막 단계에 대해서 살펴보기로 한다.

2.5.1 에피텍셜 성장

CMP 가공이 끝난 단계부터는 비로소 반도체 생산이 가능한 웨이퍼라고 간주할 수 있다. 하지만 단결정 구조를 가지고 있는 진성 실리콘 표면은 결함밀도가 높고, 전기적 특성도 일정하지 않기 때문에, 여기에 직접 능동소자를 제작하지 않는다. **에피텍셜 성장**공정은 단결정 실리콘 기판(웨이퍼) 표면에 모재와 동일한 결정격자 구조를 가지도록 단결정층을 증착하는 열공정이다.

그림 2.35 (a)에 도시되어 있는 것처럼 에피텍셜 결정성장로는 원통형상의 수직반응로로서, **그림 2.23**에 도시되어 있는 열처리로와 유사한 구조를 가지고 있다. 하지만 반응 온도가 1,000~1,100[℃]로서 훨씬 더 높고, 반응로 내에 사염화실리콘($SuCl_4$) 가스를 주입하여 기상증착반응을 통해서 웨이퍼 표면에 모재와 연속적인 결정격자 구조를 갖는 결정을 성장시킨다.

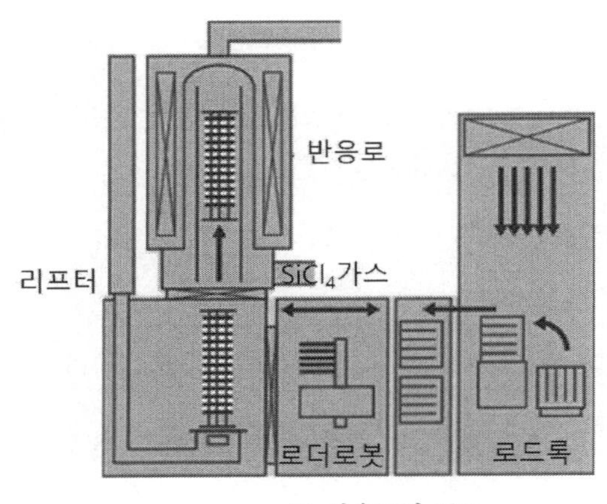

(a) 반응로의 구조

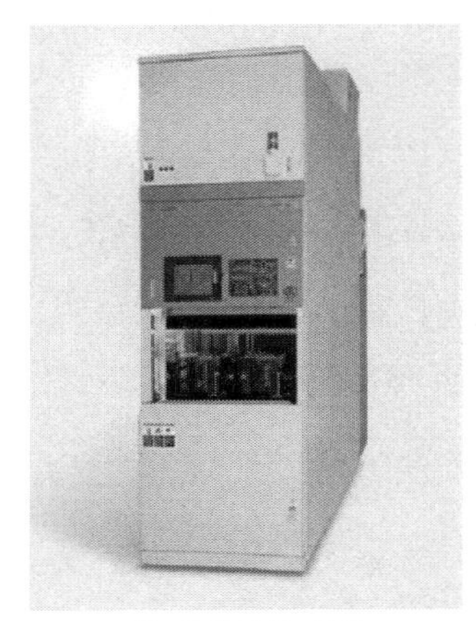

(b) 반응로의 외형

그림 2.35 에피텍셜 결정성장용 반응로의 사례[47]

대기 측에 설치되어 있는 로봇이 로드포트에서 풉으로부터 웨이퍼를 추출하여 로드포트 트레이에 웨이퍼를 옮겨 놓으면 대기 측 게이트밸브를 닫고 로드포트를 진공으로 배기한 다음에 진공 측 게이트밸브를 연다. 진공 측에 위치한 로더로봇이 로드포트 트레이에 거치된 웨이퍼를 리프터 트레이 측으로 옮겨 적재한 다음에 리프터를 상승시켜서 트레이를 반응로 속으로 집어넣고 나면 웨이퍼를 가열하고 사염화실리콘 가스를 주입하여 웨이퍼 표면에 결정을 증착하는 과정으로 공정이 진행된다.

이렇게 만들어진 증착층은 모재보다 결함밀도가 작으며, 모재와는 다른 도핑특성, 밴드갭, 유전율 등의 특성을 갖는다. **그림 2.35 (b)**에서는 상용 반응로의 외형을 보여주고 있다.

2.5.2 웨이퍼 세정

표면가공이 완료된 웨이퍼의 표면을 해롭게 변화시키지 않으면서 표면에 잔류하는 입자와 화학적 불순물을 제거하기 위해서 웨이퍼 세정공정이 필요하다. **그림 2.36**에서는 전형적으로 사용되는 상온 4단계 습식 세정기법의 공정 순서도를 보여주고 있다. 오존(O_3)은 유기탄소와 결합하여 일산화탄소(CO)나 이산화탄소(CO_2)와 같은 기체로 변환되며, 물에 잘 씻겨나가는 금속산화물을 생성한다. 수소기체(H_2)가 주입된 염기성 초순수를 사용하면 양이온화되어 웨이퍼 표면에 전기적으로 들러붙은 입자들을 중성화시켜서 떼어낼 수 있다. 불화수소산(HF)과 과산화수소(H_2O_2) 혼합물을 사용하면 화학 산화물과 금속을 제거할 수 있으며, 웨이퍼 표면에 수소를 증착시켜서 웨이퍼 표면을 입자가 들러붙기 어려운 공수성으로 변화시킨다. 다시, 양이온화된 수소가 첨가된 초순수로 웨이퍼를 헹궈내면 웨이퍼 표면이 보다 완벽하게 수소로 메워지면서 자연발생 산화물의 성장이 억제되고, 물얼룩 발생이 방지된다. 마지막으로 고온에서 웨이퍼 표면에 질소/수소 라디칼들을 분사하면서 웨이퍼를 건조시키면 웨이퍼 표면은 완벽하게 수소로 마감처리된다. 벌크 트레이를 사용하여 다수의 웨이퍼를 수조에 담그는 방식으로 수행되는 상온 4단계 습식 세정기법은 매우 만족스러운 웨이퍼 세정과 표면처리를 실현시켜주지만, 다량의 약액과 헹굼용 물을 소비하기 때문에, 에피텍셜 성장 후 세정과 같이 웨이퍼 생산공정 중에 벌크단위로 웨이퍼를 세정하는 경우에만 제한적으로 사용하며, 본격적으로 반도체를 제조하는 공정에서는 거의 사용하지 않는다.

47 Yasuo Kunii, Vertical SiGe Epitaxial Growth System, Hitachi Review Vol. 51 (2002), No. 4.

본격적인 반도체 생산공정에서 사용되는 습식 세정공정으로는, SC-1과 SC-2라고 명명된 세정용 약액들을 사용하는 세정공정인 RCA 공정이 미국의 RCA社에 의해서 개발되었으며, 이후로 오미세정, IMEC 세정 등 다양한 세정기법들이 개발되었다. 이외에도 플라스마를 사용하는 건식 세정공정이 개발되어 사용되고 있다. 웨이퍼 세정은 반도체 생산공정에서 수율에 결정적인 영향을 끼치는 매우 중요한 공정이기 때문에 **9장**에서 따로 자세히 살펴볼 예정이다.

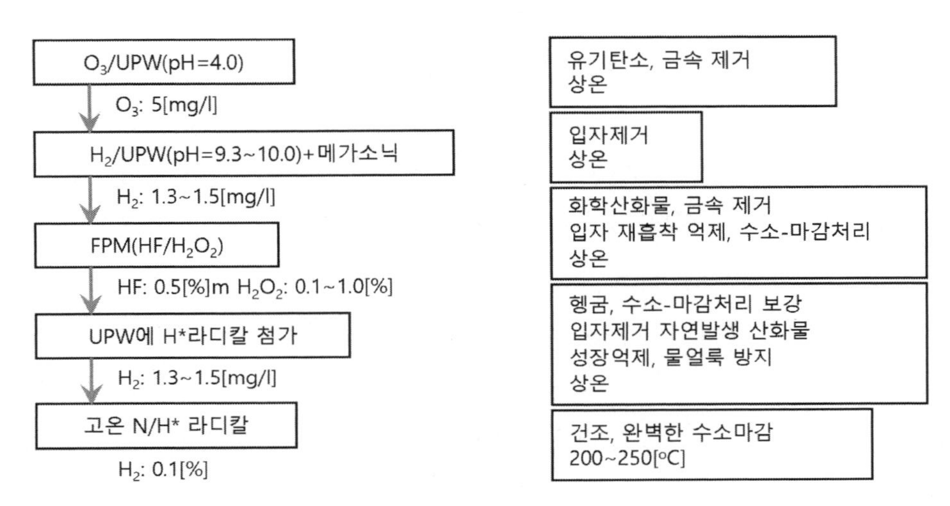

그림 2.36 상온 4단계 습식 세정기법의 공정사례

2.5.3 헹굼과 건조

그림 2.37에 도시되어 있는 것처럼, 헹굼용 수조를 사용하여 트레이에 다수의 웨이퍼들이 거치되어 있는 벌크 단위로 웨이퍼를 헹굴 때는 **급속 배수식 헹굼 방법**이 가장 자주 사용된다. 헹굼조의 하부에 초음파 발진기를 설치하여 음파진동을 가하는 것이 수소로 마감처리되어 공수성 표면특성을 가지고 있는 웨이퍼의 표면과 헹굼용 초순수(UPW) 사이의 임계 경계층을 줄여주는 가장 효과적인 방법이다. 특히, 60[°C]의 온도에서 메가소닉 헹굼을 사용하면 구리(Cu) 금속배선이 만들어진 후공정 웨이퍼들의 표면에서 구리 덴드라이트 생성을 억제하면서 안전하게 헹굴 수 있다. 헹굼이 끝나고 나면 수조 하부의 급속배수 밸브를 열어 순간적으로 수조 내부의 물들을 배수해버린다. 물의 계면이 순간적으로 아래로 내려가면서 물속에 부유하는 오염물질들이 웨이퍼 표면에 재증착할 가능성을 최소화시켜준다.

그림 2.37 급속배수식 헹굼수조의 사례[48]

헹굼을 시행한 이후에 웨이퍼 표면에 남아 있는 물방울과 같은 잔류수분을 증발시키면 물방울 내에 부유하던 오염물질들과 물에 용융된 규소 수화물들에 의해서 물얼룩이 남을 우려가 있다. 따라서 헹굼이 끝난 웨이퍼를 매우 세심한 방법으로 건조시켜야만 한다.

회전건조 방식은 웨이퍼를 스피너 척에 올려놓고 고속으로 회전시켜서 원심력으로 물기를 제거하는 방법이다. 물방울이 원주방향으로 밀려나가는 과정에서 웨이퍼 테두리 쪽에 오염물이 쌓이는 문제가 있지만, 널리 사용되고 있다. 여과된 가열공기나 건조질소(N_2)를 사용한 **강제건조**는 입자 재오염의 기회가 줄어들기 때문에 선호되는 기법이다. **모세관건조**의 경우, 80~85[°C] 온도의 초순수(UPW)가 채워진 수조 속에서 트레이에 거치되어 있는 웨이퍼를 한 장씩 환경이 조절된 대기 중으로 서서히 꺼낸다. 이때 대기의 포화수증기압을 100%로 조절해 놓아서, 웨이퍼 표면에서의 수분 증발을 1[wt%] 미만으로 유지시킨다면, 입자오염이 없는 표면을 얻을 수 있다. 이외에도 마란고니건조, 로타고니건조, 초임계건조 등 다양한 건조기법들이 사용되고 있다. **9장**에서는 웨이퍼 건조에 대해서 보다 자세히 살펴볼 예정이다.

2.5.4 검사 포장 및 출하

세정과 건조가 끝난 웨이퍼를 포장하여 출고하기 전에 최종적으로 품질검사를 시행한다. 편평도, 표면조도, 표면잔류불순물, 에피텍셜층의 두께편차, 테두리결함, 벌크저항과 에피텍셜 저항 편차값 등 다양한 검사항목들에 대한 검사들이 시행된다. 표면검사를 위해서는 레이저산란, 적외

48 www.sas-globalwafers.co.jp

선분광, 전자빔 등 다양한 측정방법들이 사용된다. **그림 2.38 (a)**에서는 레이저산란을 사용하여 표면결함(또는 오염)을 검출하는 방법을 보여주고 있다. 스팟 사이즈가 수 [μm]인 고명도 레이저를 웨이퍼 표면에 수직으로 조사하면서 웨이퍼 표면을 스캔하면, 정상적인 표면에서는 정반사가 이루어지기 때문에 검출기에서는 아무런 빛도 감지하지 못한다. 그런데 표면에 결함이나 이물질이 존재한다면 광선산란이 일어나기 때문에 검출기가 이 산란을 검출하면 해당위치에 결함이 존재한다는 것을 알 수 있다. **그림 2.28 (b)**에서는 배경산란 측정결과를 보여주고 있는데, 그림에서 웨이퍼 표면에 존재하는 흰색 점들이 산란을 유발하는 결함을 나타낸다. 이외에도 레이저 광원측에 오토콜리메이터 기능을 추가하여 레이저 빔의 반사각도를 측정하면 웨이퍼의 표면윤곽을 측정할 수 있다. 그림에서 색이 다른 등고선 무늬들은 이 오토콜리메이터 기능을 사용하여 웨이퍼의 표면윤곽을 함께 측정한 결과를 보여주고 있다. 일단 산란기법을 사용하여 결함들을 검출하고 나서, 이 결함의 보다 구체적인 원인들을 분석하기 위해서는 전자빔 현미경을 사용하여 해당위치를 검사해야만 한다. 비록, 레이저 산란기법이 웨이퍼 표면결함을 측정하는 가장 기본적인 방법이기는 하지만 레이저 스팟의 크기를 무한히 줄일 수 없으며, 나노입자들은 검사에 사용되는 (파장길이가 233[nm]나 193[nm]인) UV 레이저의 파장길이보다 훨씬 더 작기 때문에, 레이저 산란기법을 사용하여 검출할 수 있는 결함의 크기에도 제한이 있다. 일반적으로 10[nm] 이하의 결함들은 레이저 산란기법으로 검출하기가 매우 어렵다.

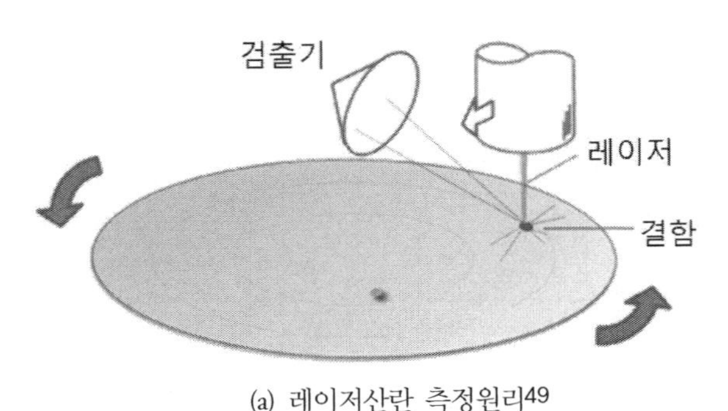

(a) 레이저산란 측정원리[49]

(b) 배경산란 측정사례[50]

그림 2.38 웨이퍼 표면검사

49 www.hitachi-hightech.com
50 ontoinnovation.com

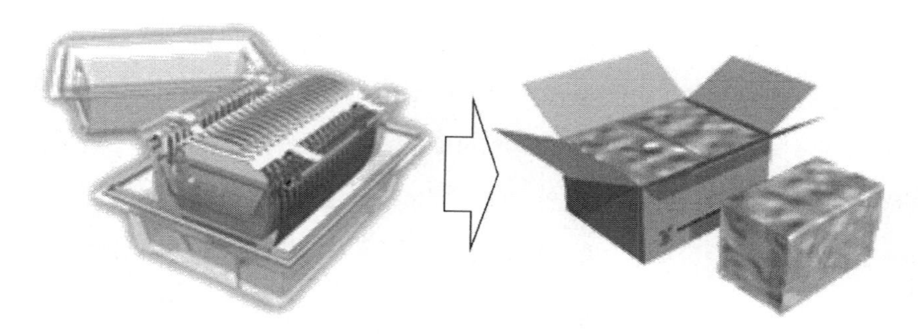

그림 2.39 웨이퍼 포장[51]

세척 및 검사가 완료된 웨이퍼는 **그림 2.39**에 도시되어 있는 것처럼, 정전기 발생이 방지되는 트레이에 거치한 다음에 운반 중에 흔들리지 않도록 추가적으로 고정용 막대를 설치한다. 그런 다음 트레이를 수분 침투가 완벽하게 방지되는 특수한 용기에 건조질소(N_2)를 충진한 후에 밀폐하여 포장한다. 그런 다음, 외부를 충격 흡수재로 감싸서 박스포장한 다음에 출고한다.

비록 안전하게 포장되었다고는 하지만 포장된 박스는 취급과정에서 충격에 대해서 엄격하게 관리되어야만 한다. 일반적으로 트레이를 사용한 웨이퍼 운반과정에서 허용되는 최대 가속도값은 ISO 2248:1985[52]에 의해서 규정되어 있다.

51 www.sas-globalwafers.co.jp

52 Packaging – Complete, filled transport packages – Vertical impact test by dropping

03

굴절식 포토마스크

Chapter

03 굴절식 포토마스크

웨이퍼의 표면에 원하는 형상의 패턴(회로)을 생성하기 위해서 카메라 필름을 사용하여 사진을 찍는 것과 동일한 방법이 사용된다. 회로 패턴을 웨이퍼 표면에 전사하는 방법을 **노광**[1]이라고 부르며, 회로 패턴이 새겨진 유리기판을 포토마스크(또는 레티클)라고 부른다. **그림 3.1**에서는 광학식 노광공정을 간략하게 설명하고 있다.

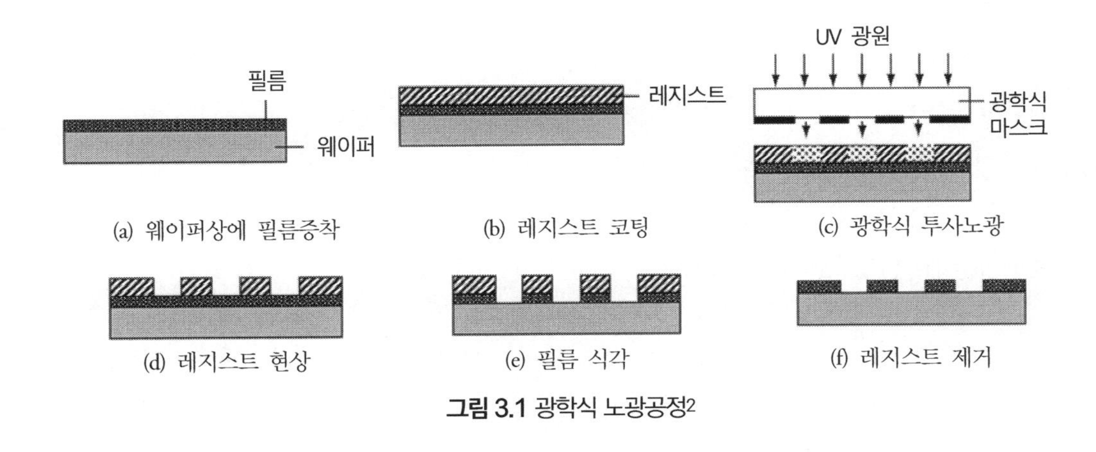

그림 3.1 광학식 노광공정[2]

반도체 능동소자는 붕소(B)나 알루미늄(Al)과 같은 3족 물질을 도핑한 p-형 반도체와 인(P)이나 비소(As)와 같은 5족 물질을 도핑한 n-형 반도체로 이루어진다. 아무것도 도핑되지 않은 진성

1 lithography
2 Syed Rizvi 편저, 장인배 역, 포토마스크 기술, 씨아이알, 2016.

반도체(웨이퍼) 표면의 제한된 영역에 국한하여 이런 3족이나 5족 물질들을 도핑하기 위해서 복잡한 노광공정이 사용된다. 우선 **그림 3.1 (a)**에서와 같이, 진성반도체 웨이퍼 표면을 부도체 필름으로 덮어야 하는데, 일반적으로 웨이퍼 표면을 산화시켜서 이산화규소(SiO_2) 피막을 만드는 방법이 널리 사용된다. 이렇게 만들어진 이산화규소 표면에 **그림 3.1 (b)**에서와 같이, 포토레지스트라고 부르는 감광액을 도포한다. 이 장에서 살펴볼 다양한 공정들을 통해서 만들어진 회로 패턴이 새겨진 포토마스크를 웨이퍼 위에 설치한 다음에 **그림 3.1 (c)**에서와 같이, 파장길이가 193[nm]인 자외선을 조사하면 마스크의 투명한 부분을 투과한 빛이 레지스트에 조사되어 감광된다. 감광이 끝난 웨이퍼를 현상액에 담그면 화학반응에 의해서 감광된 영역이 수용성으로 변하거나(양화색조 레지스트) 감광되지 않은 영역이 수용성으로 변해버린다(음화색조 레지스트) 현상이 끝난 웨이퍼를 물로 세척하면 **그림 3.1 (d)**에서와 같이, 원하는 패턴영역의 부도체 필름이 노출된다. 산성용액을 사용하여 웨이퍼의 표면을 식각하면 **그림 3.1 (e)**에서와 같이, 도핑할 영역의 이산화규소층이 벗겨지고 진성반도체층이 노출된다. 마지막으로 회화공정(애싱) 및 세척공정을 통해서 **그림 3.1 (f)**에서와 같이, 레지스트들을 모두 제거하고 나면 한 번의 노광공정이 종료되는 것이다.

이 장에서는 굴절식(투사광학식) 노광기술에서 사용되는 굴절식 포토마스크에 대해서 살펴보며, 뒤이은 **4장**에서는 굴절식 노광기술에 대해서 살펴보기로 한다.

3장의 내용은 포토마스크기술[3]를 참조하여 작성되었으므로, 보다 자세한 내용은 해당 문헌을 참조하기 바란다.

3.1 포토마스크 개요

그림 3.2에서는 굴절식 투사노광 시스템의 구조를 보여주고 있다. 광창을 통해서 자외선 광원으로부터 전달된 광선이 집속 렌즈에 조사되면 집속 렌즈에 의해서 한 번에 노광할 면적 전체에 대해서 균일한 조도를 갖는 평행광선이 만들어지거나(스테퍼), 마스크를 가로지르는 직선 형태의 평행광선이 만들어진다(스캐너). 이 평행광선이 포토마스크를 투과하여 투사광학계로 조사되면, 투사광학계에서는 영상을 1/4로 축소하여 웨이퍼 표면에 코팅되어 있는 포토레지스트에 조사한다.

3 Syed Rizvi 편저, 장인배 역, 포토마스크 기술, 씨아이알, 2016.

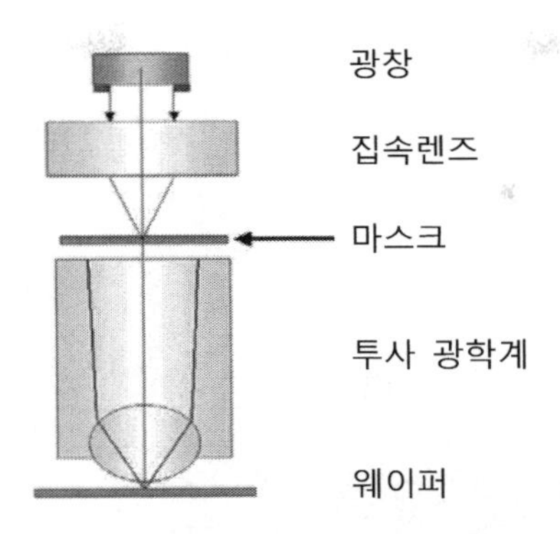

그림 3.2 굴절식 투사노광 시스템의 구조[4]

투명한 유리 판재의 표면에 불투명한 형태로 패턴 형상이 성형된 패턴 전사체를 **포토마스크** 또는 **레티클**이라고 부른다. 투명 소재로는 열팽창계수가 작은 용융실리카가 주로 사용되며, 표준 **6025 마스크**의 외형치수는 152.4×152.4×6.25[mm^3]이다. 마스크 모재는 한쪽 표면을 크롬으로 코팅하여 광선이 투과되지 못하도록 만들어 놓았다. 마스크 제조공정은 이 크롬 불투명 박막을 식각하여 원하는 패턴형상을 갖는 투명한 영역을 만드는 과정이다.

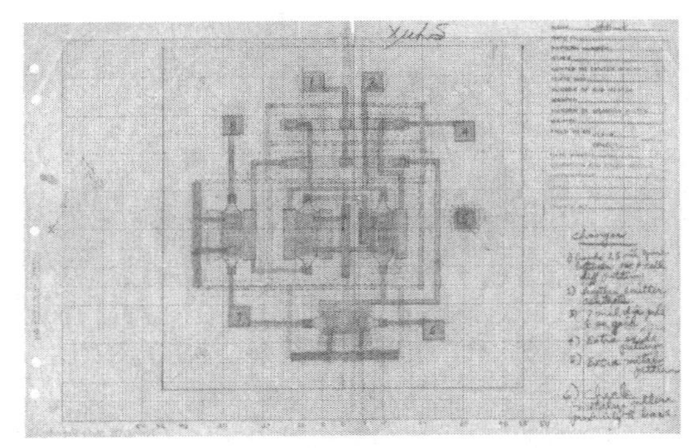

그림 3.3 최초의 마스크 레이아웃 드로잉[5](컬러도판 p.651 참조)

그림 3.3에서는 1960년에 페어차일드社에 의해서 최초로 제작된 포토마스크 레이아웃 드로잉을 보여주고 있다. 그림에서 청색으로 칠해진 영역과 적색으로 칠해진 영역은 두 개의 서로 다른

4 Syed Rizvi 편저, 장인배 역, 포토마스크 기술, 씨아이알, 2016.
5 www.computerhistory.org/revolution/digital-logic/12/287/1607

레이어를 나타내고 있으며, **레이어**는 한 번에 노광할 패턴들을 의미하는데, 레이어들 중 하나는 노광, 현상 및 식각 후에 p−형으로 도핑되며, 다른 하나는 n−형으로 도핑되어 전기 도선과 전극 단자로 사용된다. 그리고 p−형 반도체와 n−형 반도체가 서로 겹쳐진 부분에서는 다이오드나 트랜지스터와 같이, 전류의 증폭과 전류흐름의 방향성을 만들어낸다.

(a) 루비리스 절단[6]

(c) 1/10 축소복제 카메라

(b) 1/20 축소복제 카메라

(d) 마스크 접촉 복사기

그림 3.4 루비리스를 사용한 접촉식 마스크 제작공정[7]

포토마스크에 전사할 패턴을 제작하기 위해서 1970년대에는 일일이 손으로 절단하였다. 패턴 원판으로는 단단하고 투명한 폴리머 표면에 연하고 자르기 쉬운 적색의 필름이 접착된 **루비리스**라고 부르는 소재를 사용하였다. 커터칼과 직선자를 사용하여 **그림 3.4 (a)**에서와 같이, 포토마스크 패턴보다 200배 더 큰 형상으로 적색 필름을 잘라서 벗겨내면 마스크 패턴 원판이 완성된다.

6 medium.com/@jim.wiley/early-silicon-valley-mask-making-bacus-founding-6357becc43ab

7 J.H. Bruning, Optical Lithography 40 years and holding, SPIE Vol. 6520 (2007) p.652004.

그림 3.4 (b)에서와 같이 축사비율이 1/10~1/50에 이르는 축소복제 카메라를 사용하여 마일러 필름에 루비리스 패턴원판을 1/20으로 축소시킨 영상을 감광시킨다. 연속해서 **그림 3.4 (c)**에 도시된 것처럼, 1/10 축소복제 카메라를 사용하여 패턴을 축사하면 1/200 배율로 축소된 마스크원판이 완성된다. 이 시기에는 투사광학계를 사용하지 않고 마스크와 웨이퍼를 접촉시킨 상태에서 광선을 조사하는 접촉식 노광기법을 사용하였다. 이 시기의 접촉식 노광에서는 마일러필름과 같은 연질 소재를 마스크 모재로 사용하였으며, 마스크가 웨이퍼와 접촉하기 때문에 마스크의 오염과 파손이 자주 발생하였다. 따라서 **그림 3.4 (d)**에서와 같이 서브마스터 제작용 마스크 접촉 복사기를 사용해서 마스크를 대량으로 복제하여 사용하였다.

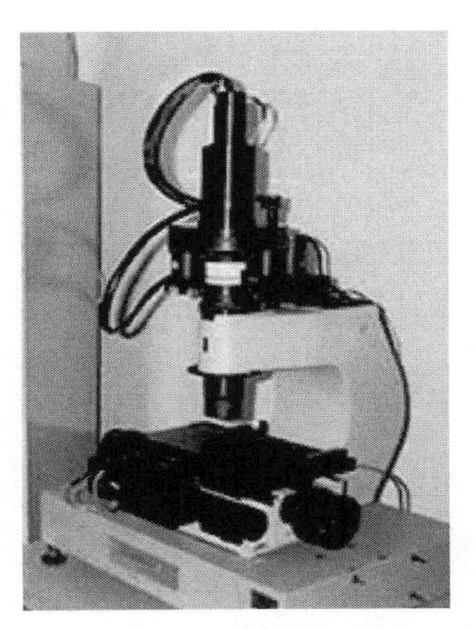

그림 3.5 Mann300 광학도형 발생기[8]

집적회로는 초기 연산증폭기 수준의 비교적 단순한 구성에서 출발하였지만, 중앙처리장치(CPU)의 발전과 특히, 메모리의 집적도 증가와 더불어서 급격하게 복잡해져 갔다. 이로 인하여 루비리스 절단과 같은 수작업으로는 더 이상 집적회로의 복잡성을 따라가지 못하게 되었다. David Mann社나 Electromask社에 의해서 **그림 3.5**에 도시된 것과 같은 **광학도형발생기**가 개발되었다. 이런 장비들은 에멀션 유리기판에 10배율 패턴을 직접 생성할 수 있으므로 더 이상 루비리스를 절단할 필요가 없어졌다. 이 장비는 유리기판을 X 및 Y 방향으로 이동시킬 수 있는 스테이지

8 Syed Rizvi 편저, 장인배 역, 포토마스크 기술, 씨아이알, 2016.

를 갖추고 있다. 광학 경로상의 개구부에 다양한 높이 및 폭을 갖는 가변형상 슬릿을 사용하여 다양한 패턴을 만들어낼 수 있다. 광학도형 발생기는 1960년대 후반에 등장하였으며, 첨단소자의 복잡성이 조작자의 루비리스 절단능력을 넘어서게 된 1970년대 중반에 들어서 완전히 범용화되었다. 이런 장비들은 산업계로 하여금 루비리스에 의해서 유발되었던, 물리적인 마스크 용량 한계와 그에 따른 검증의 한계를 넘어설 수 있게 해 주었다.

반도체 업계에서는 초기부터 포토마스크 패턴설계에 전산지원설계(CAD)기술을 적용하는 방안에 대해서 탐구했다. **그림 3.6 (a)**에서는 1967년 페어차일드社에서 전산지원설계기술을 사용하여 포토마스크를 설계하는 모습을 보여주고 있다. 그리고 **그림 3.6 (b)**에서는 1978년에 출시된 AMD社의 중앙처리장치 칩의 포토마스크 패턴을 보여주고 있다.

포토마스크 소재로는 초기에는 염가의 마일러필름을 사용하였으나 내구성을 향상시키기 위해서 소다라임유리로 전환되었다. 포토마스크용 유리 표면에는 금속 박막을 스퍼터링 또는 증기증착하여 불투명 막으로 사용하였다. 박막 소재로는 산화철(Fe_2O_3)과 크롬(Cr)이 모두 사용되었는데, 현재는 증착 후 균일성과 내구성이 더 우수한 크롬이 사용되고 있다.

(a) 포토마스크 설계용 CAD 시스템[9]

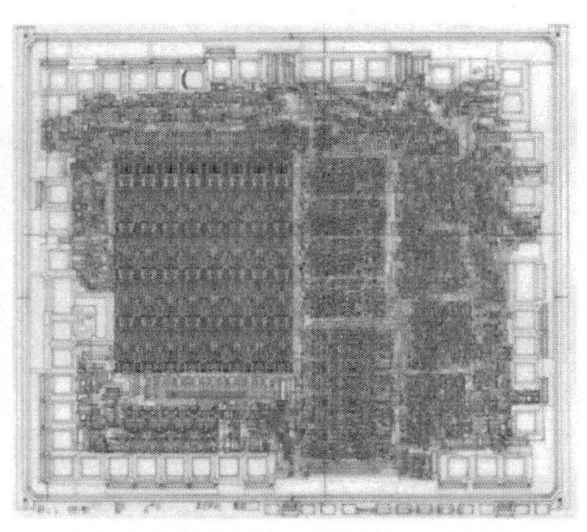
(b) 중앙처리장치 포토마스크 패턴[10]

그림 3.6 전산지원설계(CAD)기술을 사용한 포토마스크 설계

9 www.computerhistory.org/revolution/digital-logic/12/287/1612
10 AMD, 1978

3.2 마스크 제조공정

포토마스크를 제조하는 공정은 **그림 3.7**에 도시되어 있는 것처럼, 일단 회로 설계자로부터 패턴설계 데이터 파일들을 받는 데에서 시작된다. **데이터준비공정**은 패턴 데이터를 마스크 묘화장치에서 사용할 수 있는 포맷으로 바꿔주는 변환, 노광과정에서 전사된 패턴의 왜곡을 최소화하기 위한 보정형상의 추가, 그리고 노광품질의 검증 등과 같은 단계들로 이루어진다. **전공정**은 마스크를 묘화하는 기록단계, 노광된 레지스트를 현상하는 화학적 처리단계, 그리고 노광 결과를 검증하는 계측공정 등으로 이루어진다. **후공정**은 출고되는 마스크의 품질을 보증하고 사용자에게 전달되는 과정과 마스크의 사용수명 기간 동안 입자들로부터 마스크를 보호하기 위해서 일반적으로 수행된다. 이 단계는 결함검사, 결함수리, 그리고 펠리클 도포 등을 포함하고 있다.

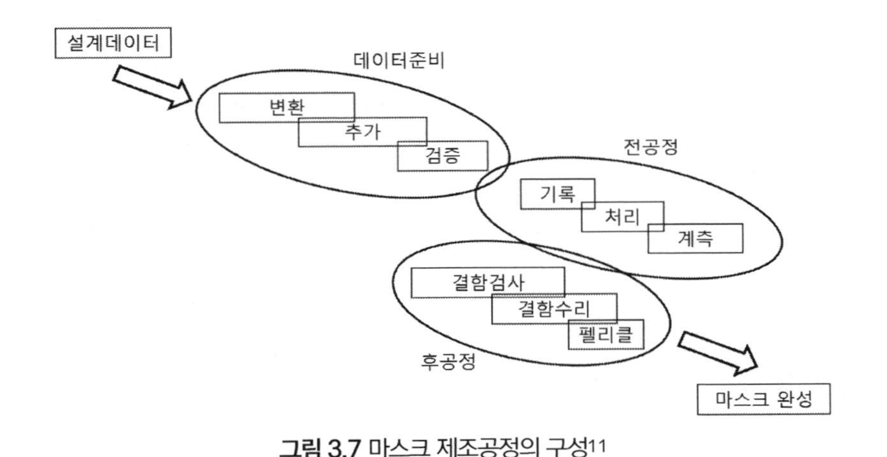

그림 3.7 마스크 제조공정의 구성11

그림 3.8에 도시되어 있는 공정 흐름도를 통해서 집적회로가 설계된 후에 마스크 데이터가 어떤 방식으로 변환되는지를 보여주고 있다. **칩설계**의 경우, p-형 반도체나 n-형 반도체와 같은 회로요소들을 배치하고 이들을 서로 연결하는 전선들을 배치하는 라우팅 작업을 실시한다. 설계규칙 검사를 통해서 배선의 길이, 배선 간의 상호간섭 등과 같은 전기적인 문제를 검토하며, 최종적으로 원래의 설계도와 비교하여 회로도와 동일한 전자회로가 설계되었는지 검사한다. **마스크**

11 Syed Rizvi 편저, 장인배 역, 포토마스크 기술, 씨아이알, 2016.

데이터준비의 경우, 설계패턴을 레이어별로 분리하고 이들을 층간결합을 통해서 서로 연결한다. 패턴의 임계치수가 줄어들수록 광학회절현상에 의해서 패턴이 뭉개져 버린다. 이를 개선하기 위해서 세리프와 같은 보조패턴들을 추가해야 하는데, 이를 광학근접보정이라고 부른다. 전자빔 노광기와 같은 마스크라이터는 빔을 스캔할 수 있는 영역이 제한된다. 따라서 마스크를 다수의 스캔필드들로 분할하고 스테핑 방식으로 마스크를 이동시켜가면서 노광을 시행해야 한다. 마지막으로 임계치수나 배치정확도 등의 측정이 필요한 위치들에 대한 좌푯값들과 측정명령을 담고 있는 측정파일이라고 부르는 텍스트파일을 생성하는 것으로 데이터준비가 완료된다.

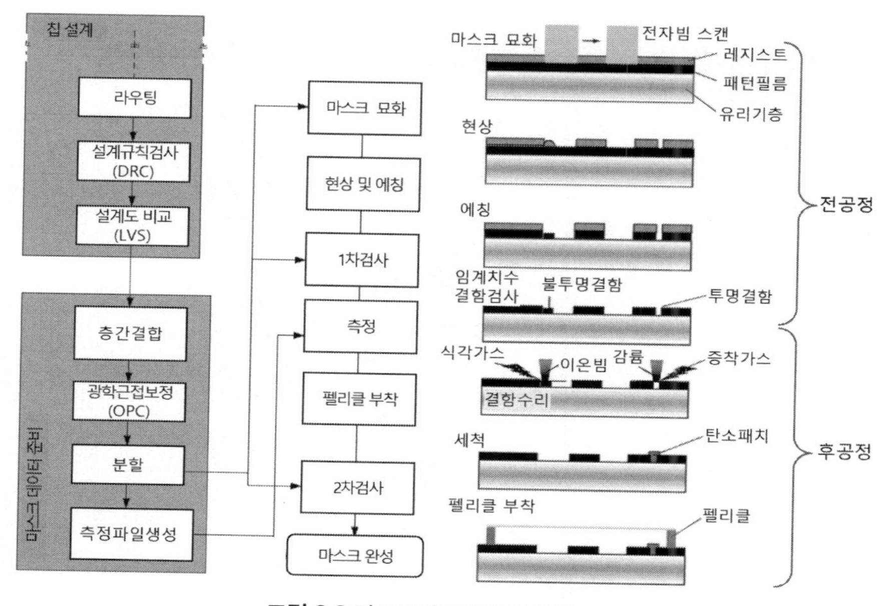

그림 3.8 마스크제조의 공정 흐름도[12]

마스크 데이터가 완성되고 나면 본격적으로 마스크 제조공정이 시작된다. 마스크 묘화[13]공정에서는 레지스트 위에 전자빔이나 레이저를 조사하여 마스크 데이터를 전사한다. 이를 현상하여 불투명한 금속층을 노출시키고 나서는 식각을 수행하여 노출된 금속층을 제거한다. 식각된 마스크패턴을 검사하여 불투명결함과 투명결함 위치를 찾아내고 나서는 집속 이온빔과 증착가스를

12 Syed Rizvi 편저, 장인배 역, 포토마스크 기술, 씨아이알, 2016.
13 描畵: 다른 그림을 본떠서 그림, writing

사용하여 이들을 수리한다. 모든 수리가 끝나고 나면, 세척 및 검사가 시행되고, 마지막으로 보호 필름의 일종인 펠리클을 설치하면 마스크 제조공정이 완료된다. 일반적으로 패턴 묘화에서 임계 치수 측정까지를 전공정으로 구분하며, 결함검사에서 펠리클 설치까지를 후공정으로 구분한다.

3.2.1 칩설계

칩설계는 데이터준비 전에 수행하는 공정이다. 집적회로설계에 있어서 인스트루먼트앰프와 같은 아날로그칩의 설계와 디지털칩의 설계과정은 매우 다르다. 같은 디지털칩이라고 하여도 메모리칩과 중앙처리장치 칩은 전혀 다른 구조를 가지고 있다. 디지털 논리회로의 경우, 칩설계는 논리의 정확성, 회로밀도 극대화, 클록신호의 전송이 용이하도록 소자들을 배치한다. 집적회로의 설계에는 대표적으로 Cadence社의 Allegro X, Mentor Graphics社의 Tanner와 같은 소프트웨어들이 사용된다.

모든 설계가 그렇듯이 칩설계도 시스템 **사양의 정의**에서부터 시작된다. 제시된 사양의 타당성을 검토하고, 완성된 다이의 크기를 추정하며, 기능을 분석하여 개발사양을 확정한다. **논리회로 설계**단계에서는 아날로그 회로설계나 디지털 회로설계와 같이 필요한 기능을 수행하는 회로들을 설계하고, 이들의 작동특성에 대한 시뮬레이션을 수행한다. 주요 구성요소들의 레이아웃을 다이 위에 배치하고, 설계의 타당성을 검증한다. 본격적인 **회로설계** 단계에 들어서면, 설계의 단순화를 위해서 디지털 설계를 통합하고, 반도체 생산공정의 중간중간에 생산공정이 오류없이 진행되는지를 전기적으로 검증할 수 있는 시험용 패턴을 생성하며, 생산성을 고려하여 공정의 수를 최소화할 수 있도록 설계를 수정한다. 칩설계의 마지막 과정인 **물리설계** 단계에서는 주요 구성요소들에 대한 배치계획을 마련하고, 전기배선을 사용하여 배치된 요소들 사이를 연결시켜준다(라우팅). 이때에 인접한 배선들 사이의 전기적인 상호간섭과 같은 각종 기생효과에 대해서 검토해야 한다.

3.2.2 데이터준비

집적회로 설계가 완료되어 CAD 데이터가 만들어지고 나면, 이를 마스크 묘화장치를 구동하기 위한 장비 의존적인 포맷으로 변환시켜야 한다. 마스크 묘화기들은 제조업체마다 서로 다른 포맷을 사용하며, 마스크 검사장비와 측정장비 역시 마스크 데이터에 의존적인 셋업파일을 필요로 한다. **데이터준비**란 물리설계가 완료된 칩 설계를 실제로 제작할 마스크설계로 변환시켜주는 작업이다.

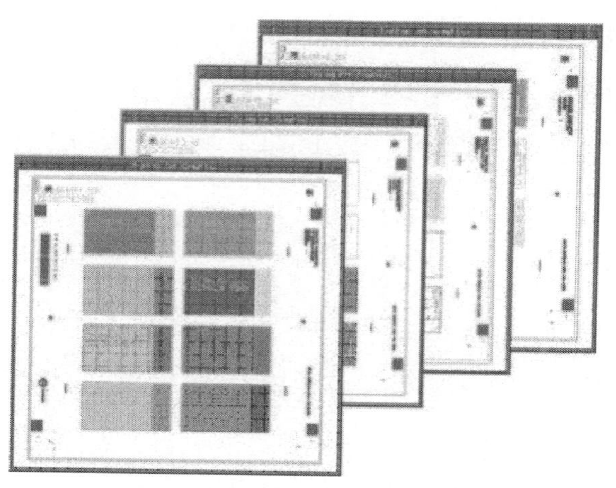

그림 3.9 레이어로 분할된 마스크의 사례

마스크설계에서는 **그림 3.9**에 도시되어 있는 것처럼, 전체 회로를 p-형 패턴, n-형 패턴, 금속 배선 등과 같이 한 번에 노광할 패턴들만으로 이루어진 레이어들로 분할하여야 한다. 각 레이어 내에서는 **그림 3.10**에서와 같이 노광기가 한 번에 노광할 수 있는 범위인 **스캔필드**별로 노광패턴 데이터들을 분할한다. 벡터스캔이나 래스터스캔과 같이 스캔방식을 사용하는 마스크 묘화기의 경우에는 **그림 3.10 (a)**에서와 같이 노광영역만을 정의하는 것으로 충분하지만 가변형상빔을 사용하는 경우에는 마스크 묘화기에 탑재된 기본 다각형 형상의 조리개들을 사용하여 노광할 수 있도록 **그림 3.10 (b)**에서와 같이 패턴형상들을 분할한다.

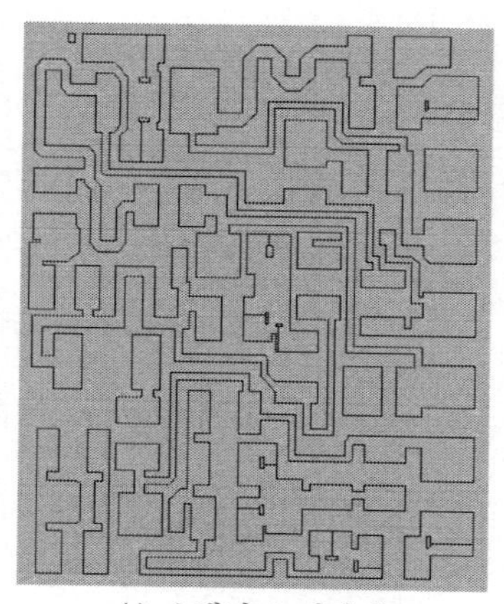

(a) 스캔필드 데이터

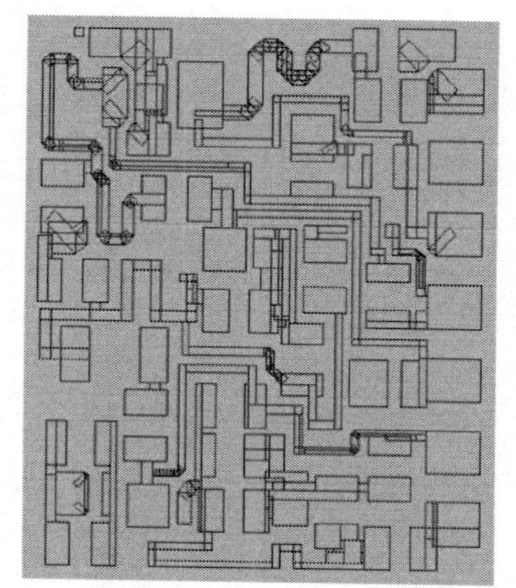

(b) 맨해튼 다각형으로 분할된 스캔필드 데이터

그림 3.10 스캔필드 데이터의 사례

그런데 패턴 밀집도가 증가하여 125[lines/mm] 이상이 되면, 마스크를 투과한 빛이 회절을 일으키면서 노광패턴의 왜곡이 초래된다. 이를 개선하기 위해서는 **그림 3.11**에서와 같이 광학 근접보정(OPC)패턴이 추가되어야 하므로 마스크 노광을 위한 패턴 데이터는 엄청난 양으로 증가하게 된다.

이렇게 만들어진 다이분할 데이터에 추가적으로, 다이를 구분하는 절단선 영역에는 웨이퍼 제조공정을 모니터링하기 위한 테스트 패턴과, 중첩패턴 정렬을 위한 기준표식,[14] 개별 웨이퍼들을 구분하기 위한 바코드 등이 삽입된다. 그리고 노광 과정에서 발생하는 각종 왜곡들에 대한 (위치) 데이터 보상이 수행되고 나면, GDS2 또는 OASIS와 같은 마스크 묘화기 구동포맷으로 데이터를 변환하여 마스크 묘화기 구동 데이터인 **잡덱**[15]이 만들어진다.

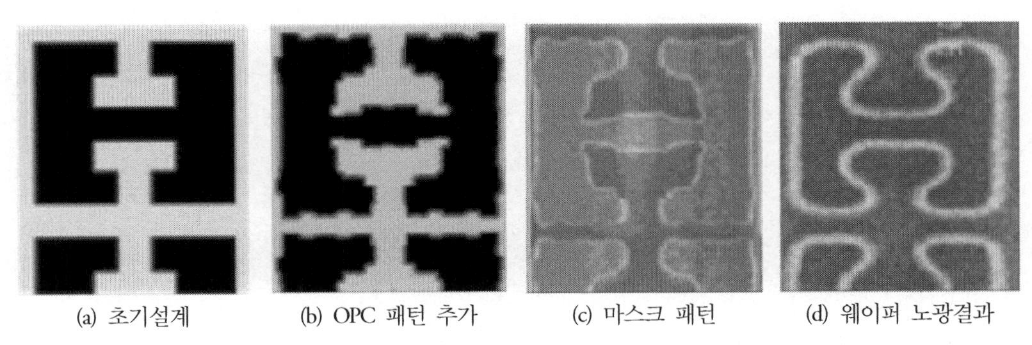

(a) 초기설계 (b) OPC 패턴 추가 (c) 마스크 패턴 (d) 웨이퍼 노광결과

그림 3.11 마스크 패턴 광학근접보정(OPC)의 효용성[16]

3.2.2.1 GDS2 포맷

마스크 패턴을 자유곡선을 포함하는 임의의 형상으로 설계한다면 마스크 묘화기가 하나씩 점을 찍어가면서 빔을 스캔하여 패턴을 만들어야 하기 때문에 엄청난 노광시간이 소요된다. 미리 정의된 다각형 패턴들을 조리개로 사용하여 면광원으로 노광하면 마스크 노광에 소요되는 시간을 크게 줄일 수 있다. 따라서 다양한 다각형상의 조리개들을 조합하여 마스크 패턴을 설계하도록 포맷을 정의하게 되었다. **그림 3.12**에 도시되어 있는 것처럼, 1965~1975년에는 소위 맨해튼

14 fiducial mark
15 jobdeck
16 www.edn.com/design-for-manufacturing-is-everyones-business/

사각형을 이동 및 회전시켜가면서 마스크 패턴을 생성하였으며, 이 시기에 기본 사각형들로 이루어진 GDS1 포맷도 출현하였다. 1975년에 MEBES社에 의해서 만들어진 **MEBES 포맷**은 4개의 기본 다각형들을 사용하였으며, 1980년대에 들어서는 네 가지 기본 다각형에 삼각형이 추가되었다. 2002년에 들어서는 현재에도 널리 사용되는 **GDS2 포맷**이 개발되었는데, 네 방향으로 배치된 다각형들을 사용하므로써, 다각형 조리개를 회전시키는 데 소요되는 시간을 단축시킬 수 있어서 마스크 묘화기의 노광시간을 획기적으로 줄일 수 있게 되었다.

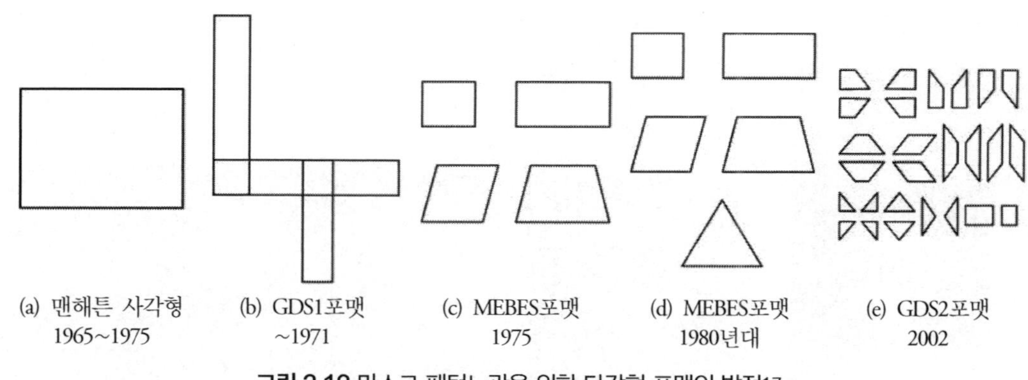

(a) 맨해튼 사각형 1965~1975　(b) GDS1포맷 ~1971　(c) MEBES포맷 1975　(d) MEBES포맷 1980년대　(e) GDS2포맷 2002

그림 3.12 마스크 패턴노광을 위한 다각형 포맷의 발전[17]

Calma社에 의해서 만들어진 그래픽 데이터 시스템 포맷인 GDS2는 패턴 레이아웃을 사각형과 평행사변형, 사다리꼴 및 삼각형과 같은 기하학적 요소들을 사용하여 나타낼 수 있으며, 이렇게 만들어진 셀들을 레퍼런스로 사용하여 반복되는 셀들을 복제할 수도 있다. GDS2 포맷은 메모리 셀과 같이 고도의 반복성을 갖는 설계에 장점을 가지고 있어서 현재도 널리 사용되고 있다. 2012년에는 SEMI社에 의해서 OASIS[18] 포맷이 출시되었다. **OASIS 포맷**은 GDS2 포맷에 비해서 데이터 파일의 크기가 더 작다는 장점을 가지고 있다.

3.2.2.2 광학근접보정

굴절식 투사 광학계를 사용하는 반도체 노광기에서는 파장길이가 200[nm] 전후인 자외선(UV)

17 BACUS-Newsletter-January-2015.pdf을 참조하여 다시 그렸음.

18 Open Artwork System Interchange Standard

레이저를 주로 사용한다.[19] 노광기술의 발전에 따라서 최소선폭이 점차로 줄어들면서 2중노광으로는 14[nm],[20] 4중노광으로는 7[nm][21] 선폭을 구현할 수 있게 되었다. 그런데 패턴 크기가 파장길이 이하로 감소하게 되면, 마스크 패턴을 통과하는 빛이 회절을 일으키기 때문에, 레이저 근접효과 또는 전자빔 근접효과 등이 유발되어 노광 시 형상오차가 증가하게 된다. 따라서 **그림 3.13 (a)**에서와 같이, 레이어 추출이 완료되고 나면 **그림 3.13 (b)**에서와 같이 광학도형의 모서리에 돌기를 추가하거나 함몰형상을 만들어서 광선 회절효과를 보상해야만 한다. 이렇게 추가되는 형상을 **세리프**라고 부르며, 이렇게 분해능 이하 보조형상들을 추가하는 기법을 **광학근접보정(OPC)**이라고 부른다. 광학근접보정이 시행되지 않는다면 **그림 3.13 (c)**의 상부그림에서와 같이 패턴형상이 뭉개져 버리지만, 보정형상이 추가되면 하부그림에서와 같이 패턴 엄밀성이 향상된다는 것을 알 수 있다. 그런데 광학근접보정에 사용되는 패턴의 크기는 선폭의 수분의 일에 불과하기 때문에, 이런 작은 다각형들을 마스크 패턴 데이터에 추가하는 과정에서 잡덱에 포함되는 데이터양이 어마어마하게 증가하게 된다. 게다가 다중노광 기법을 적용하기 위한 위상시프트 마스크는 복잡성을 더욱 증가시키게 된다.

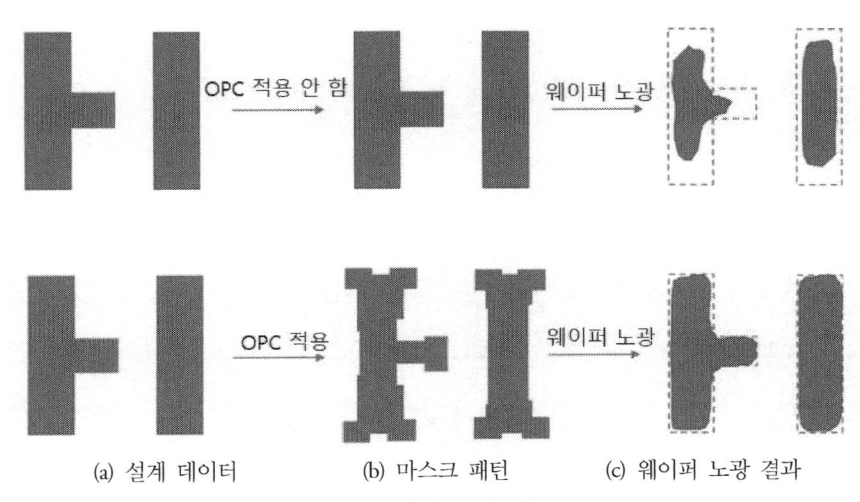

그림 3.13 광학근접보정의 효용성[22]

19 파장길이가 248[nm]인 KrF 레이저와 파장길이가 193[nm]인 ArF 레이저가 주로 사용되고 있다.

20 S社는 메모리 생산용 FinFET 공정에 2중노광 14[nm] 조밀직선 패터닝기술을 적용하고 있다.

21 T社는 4중노광기술을 사용하여 시스템 반도체용 7[nm] 고립직선을 패터닝한다.

22 www.ibm.com/cloud/blog/ibm-and-synopsys-demonstrate-euv-opc-workload-runs-11000-cores-on-the-hybrid-cloud

3.2.2.3 진보된 굴절식 마스크

패턴이 성형된 마스크를 투과하면서 패턴 데이터가 포함된 광선정보가 웨이퍼 표면의 포토레지스트를 감광시키는 광학식 노광 방식은 선밀도의 증가(또는 임계치수의 감소)로 인하여 **패턴간섭**이라는 문제와 마주치게 되었다. **그림 3.14** (a)에서는 일반 **이진 마스크**의 선밀도가 증가하는 경우에 일어나는 현상을 보여주고 있다. 선밀도가 125[lines/mm] 이상인 이진 마스크의 경우 마스크를 투과한 직선패턴의 위상은 0[deg](암흑) 또는 +90[deg](밝음)의 두 가지 상태값만을 가지고 있다. 그리고 직선패턴을 투과하는 과정에서 광선회절이 일어나기 때문에 광강도분포는 마치 정규분포처럼 분산되어 버린다. 이로 인하여 포토레지스트 표면에 조사되는 광선에 의한 감광밀도는 직선 간의 구획이 뭉개져 버리며, 식각된 패턴에서는 직선구간 전체가 식각되어 없어져 버린다. 이런 분해능 저하 문제를 해결하기 위해서 **그림 3.14** (b)에서와 같은 **위상시프트 마스크**가 제안되었다. 이진 마스크의 투명한 영역에 한 칸 건너 하나씩 180[deg]만큼 위상을 시프트시키는 위상지연 광학요소를 삽입하여 놓는다. 이를 통해서 마스크를 투과한 직선 패턴의 위상은 0[deg](암흑)과 +90[deg](밝음), 그리고 −90[deg](밝음)의 세 가지 상태값을 가지게 된다. 이로 인하여 직선패턴을 투과하면서 회절된 광선의 광강도 분포 역시 역전되므로, 포토레지스트 표면에 조사되는 광선에 의한 감광밀도는 암흑영역에서는 서로 반대위상끼리 상쇄되어서 0이 되어버린다. 결과적으로 식각된 패턴에서 직선들을 구분할 수 있게 된다.

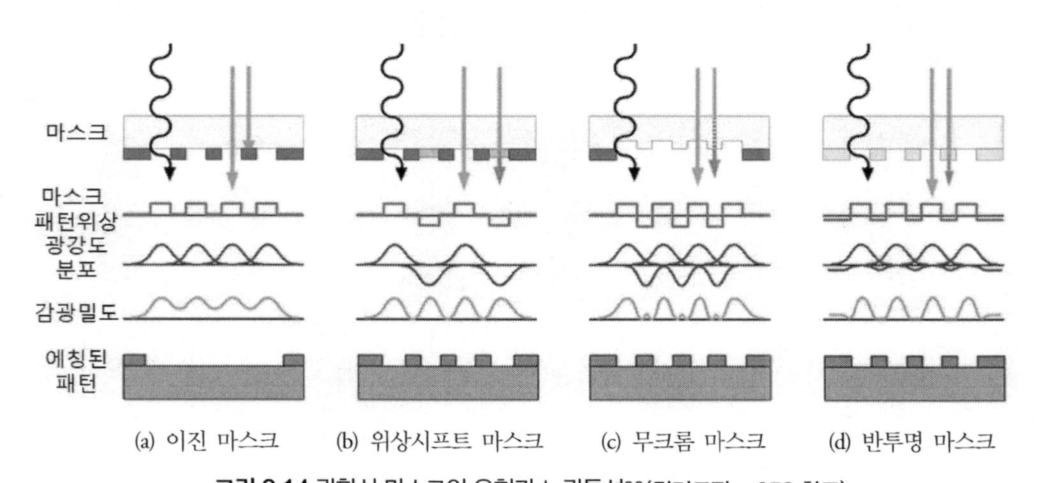

그림 3.14 광학식 마스크의 유형과 노광특성[23](컬러도판 p.652 참조)

23 commons.wikimedia.org/wiki/File:Phase_Shift_Mask_(4_types)_N.PNG을 인용하여 재구성하였음.

그런데 크롬을 식각한 다음에 다시 투명한 영역에 위상시프팅 요소를 추가하기가 매우 복잡하기 때문에 **그림 3.14 (c)**에서와 같이 **무크롬 마스크**가 제안되었다. 무크롬 마스크의 경우에는 패턴이 성형된 마스크의 모든 영역이 투명하지만 유리표면이 식각되어 위상시프트를 일으킨다. 유리표면의 단차를 통과하는 과정에서 광강도분포의 위상반전이 일어나기 때문에 이들 사이의 파괴적 간섭을 이용하여 어두운 부분을 만들어낼 수 있다. **그림 3.14 (d)**의 경우에는 불투명한 크롬 대신에 반투명 소재를 사용하여 180[deg]의 위상시프트를 만들어내는 **반투명 마스크**를 보여주고 있다. 이를 통해서 위상반전 영역의 광선 투과강도를 낮춰서 파괴적 간섭의 강도를 조절하면 페데스탈(기생영상)이 제거되어 위상시프트 마스크나 무크롬 마스크의 경우보다 직선과 간극 사이의 명암차이를 더 크게 구현할 수 있다.

3.2.2.4 마스크 데이터처리 실행시간

광학근접보정을 위한 분해능 이하 보조형상이나 위상시프트패턴의 도입 등으로 인하여 임계치수가 감소할수록 처리해야만 하는 데이터양이 **그림 3.15 (a)**에서와 같이, 기하급수적으로 증가하게 되었으며, 심지어는 **그림 3.15 (b)**에서와 같이 데이터 처리시간이 마스크 묘화시간을 초과하기 시작하였다. 마스크숍에서는 늘어나는 데이터 처리시간을 극복하기 위해서 다수의 CPU들을 사용한 초고속 병렬처리 컴퓨터를 도입하기 시작하였으며, 데이터 조작을 위한 흐름의 최적화 알고리즘을 개발하게 되었다. 이를 통해서 마스크 묘화기의 작동시간과 데이터 처리시간 사이의 균형을 맞추기 위해서 꾸준히 노력하고 있다.

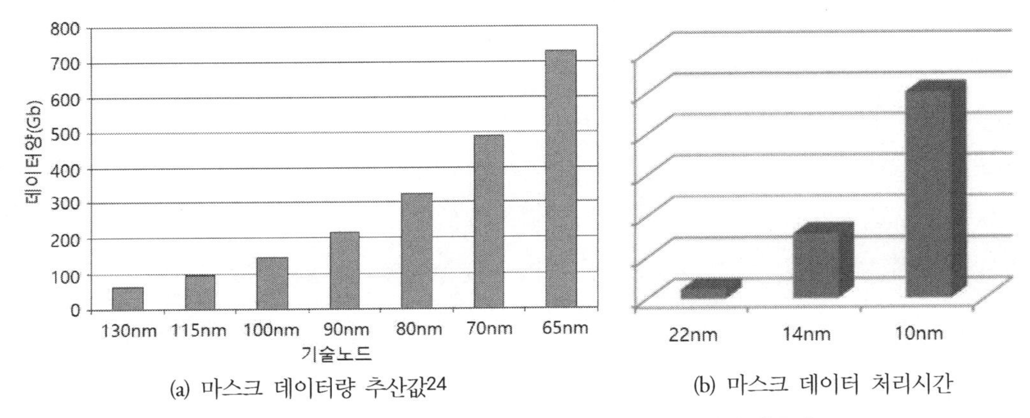

(a) 마스크 데이터량 추산값[24]　　(b) 마스크 데이터 처리시간

그림 3.15 기술노드별 마스크 데이터양과 데이터 처리시간 상호비교

3.3 전공정

마스크 제조공정에서 마스크 묘화, 현상 및 식각, 그리고 계측공정을 합하여 **전공정**(FEOL)[25]이라고 부른다. 마스크 묘화공정은 진공 중에서 전자를 사용하여 포토레지스트를 노광하는 전자빔 노광과 대기 중에서 (멀티빔) 레이저에서 방출되는 광량자를 사용하여 포토레지스트를 노광하는 레이저 노광기술을 사용하고 있다. 두 방법 모두, 레이저 간섭계로 위치를 측정하며, 리니어모터로 구동하는 마스크 이송용 초정밀 스테이지를 사용하여 레지스트가 코팅된 마스크 모재를 이송한다. 노광이 끝나고 나면, 현상과정을 통해서 레지스트를 제거하는데, 양화색조 레지스트의 경우에는 현상과정에서 감광된 레지스트가 수용성으로 변하여 물에 씻겨 나간다. 반면에, 음화색조 레지스트의 경우에는 현상과정에서 감광된 레지스트만 불용성으로 변하므로, 감광되지 않은 부분이 씻겨 나간다. 현상이 끝나고 나면 하드베이크 과정을 통해서 패턴정보를 가지고 있는 레지스트를 경화시켜 놓는다. 에칭을 통해서 크롬 표면을 식각해 버리고 나면, 남아 있는 패턴 레지스트에 레이저를 조사하여 폴리머 결정구조를 분해하고(이를 애싱 또는 회화라고 부른다) 세척하여 모든 레지스트들을 제거해 버린다. 계측공정에서는 이렇게 만들어진 패턴들의 임계치수와 영상배치 오차 등을 측정하며, 이외에도 수요자 시방서에 따라서 샘플링 검사를 시행한다.

3.3.1 마스크 모재

굴절식 포토마스크의 모재로 초기에는 소다라임 유리가 사용되었지만, 현재는 열팽창계수가 작은 용융실리카 소재를 사용하고 있다. 마스크의 크기는 축사배율과 밀접한 관계를 가지고 있다. 과거에는 1/10이나 1/5와 같은 높은 축사비율을 사용하였지만, 현재는 1/4의 축사비율을 표준으로 사용하고 있다. 이로 인하여 마스크의 크기도 6인치로 표준화되었다. 현재 사용되는 6025 포맷의 유리기판은 6×6[in]의 크기에 두께는 0.25[in]로, 이를 미터법으로 환산하면 152.4×152.4×6.25[mm^3]이다. 마스크 모재의 편평도는 마스크 전체면적에 대해서 0.5[μm] 미만으로 관리한다. **그림 3.16 (a)**에서는 6025 마스크의 외관을 보여주고 있으며, **그림 3.16 (b)**에서는 마스크의 유형별 박막층 두께사양 값들을 제시하고 있다. 투명도는 굴절식 노광에서 광원으로 주로 사용하는 파장인 365[nm],

24 Syed Rizvi 편저, 장인배 역, 포토마스크 기술, 씨아이알, 2016.
25 front end of line

248[nm], 그리고 193[nm]에 대해서 90% 이상의 투과율이 구현되어야만 한다. 마스크 소재 공급업체에서는 모재에 크롬 흡수층을 코팅한 후에 포토레지스트를 도포하여 사용자(마스크숍)에 공급한다.

(a) 6025 마스크 모재

유형	두께[nm]		
	MoSi접착층	크롬 흡수층	레지스트
이진 마스크	–	66~100	66~100
위상시프트 마스크	65~87	38~66	150~300
하드 마스크	47~60	4~5	60~100
차세대위상시프트 마스크	55~75	49~70	60~100

(b) 마스크 유형별 박막층 두께사양[26]

그림 3.16 굴절식 포토마스크의 외형과 박막층 두께사양

3.3.2 전자빔 묘화기

전자빔 묘화기는 **그림 3.17 (a)**에 도시되어 있는 것처럼, 원통 모양의 진공챔버 상단에 탐침 모양의 음극 필라멘트(이를 전자총이라고 부른다)를 설치하고 마스크가 설치되어 움직이는 하부의 스테이지를 양극으로 하여 전위차를 부가하는 구조를 가지고 있다. 전자는 기체와 충돌하면 플라스마를 생성하므로, 음극에서 방출된 전자가 양극에 도달하지 못한다. 따라서 전자빔 묘화기는 플라스마 발생을 억제하기 위해서 고진공 상태에서 작동한다. 음극 필라멘트에서 양극 쪽으로 방사된 전자는 **마그네틱 렌즈**들에 의해서 마스크 표면에 초점이 맞춰진다. 그리고 마스크 표면의 스캔필드영역 내에서 전자빔을 스캔시키기 위해서 x-방향과 y-방향으로 **편향기**가 설치된다. 이를 사용하면 초점위치에서 전자빔의 위치를 약 100[μm] 정도 움직일 수 있다. 따라서 **스캔필드**의 크기는 100×100[μm^2]가 된다.[27] 따라서 전자빔 노광기는 **스테핑** 방식으로 운영된다. 즉, x-y 스테이지로 하나의 스캔필드 위치로 이동한 후에 정지해 있으면, 편향기를 사용하여 전자빔 조사위치를 움직여가면서 해당 스캔필드 전체를 노광한다. 노광이 끝나고 나면 스테이지가 다음 스캔필드 위치로 이동한다.

26 senstech.co.kr
27 스캔필드의 크기는 제품마다 서로 다르다.

전자빔을 사용한 노광에는 포인트빔 노광방식과 성형빔 노광방식이 사용된다. **포인트빔**의 경우에는 마스크 표면에 집속된 초점의 직경이 수[nm]에 불과한 아주 작은 점광원을 사용하여 스캔필드 영역을 스캔하면서 노광하는 방식으로써, 한 점 한 점 찍어가는 노광방식이기 때문에 패턴의 엄밀성을 높일 수는 있지만 노광에 엄청난 시간이 소요된다. 이런 문제를 해결하기 위해서 **성형빔**이 개발되었다. 성형빔의 경우, 다각형 형상을 가지고 있는 1차 개구부(조리개)와 2차 개구부의 위치를 조절하여 다양한 형상의 면광원을 만들어낸다. 이를 사용하면, **그림 3.10 (b)**에서와 같이 한 번에 하나의 다각형을 노광할 수 있기 때문에 노광에 소요되는 시간을 크게 줄일 수 있다. **그림 3.17 (b)**에서는 마스크 노광에 사용되는 전자빔 칼럼이 도시되어 있다.

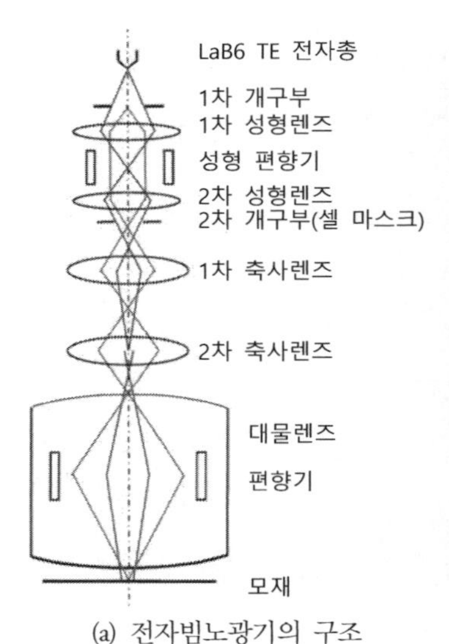

(a) 전자빔노광기의 구조

(b) 전자빔노광기의 외형

그림 3.17 마스크 묘화용 전자빔노광기[28]

3.3.2.1 래스터스캔과 벡터스캔

포인트빔은 광강도가 가우시안 분포를 가지고 있는 원형의 빔으로써, 마그네틱 렌즈를 사용하여 초점의 크기를 조절할 수 있는데, 최소 직경은 불과 수[nm]에 불과하다. 포인트빔 노광에서는 스캔필드 내에서 포인트빔을 스캔하는 방법에 따라서 래스터스캔과 벡터스캔으로 구분된다. 우

28 Syed Rizvi 편저, 장인배 역, 포토마스크 기술, 씨아이알, 2016.

선, 스캔필드를 **그림 3.18**에 도시되어 있는 것처럼, 초점의 크기를 피치거리로 하여 격자로 분할하고 점광원을 스캔하는 과정에서 패턴이 있는 위치에서는 점광원을 켜며, 패턴이 없는 위치에서는 점광원을 끈다.

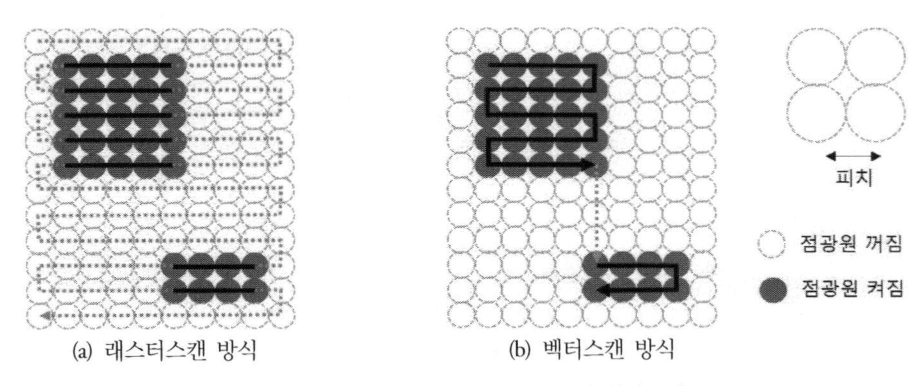

그림 3.18 점광원을 사용한 래스터스캔과 벡터스캔[29]

래스터스캔 방식의 경우, 스캔필드의 시작점에서부터 끝점까지 모든 점들을 스캔한다. 스캔 과정에서 패턴이 있는 위치에 도달하면 빔을 켜고, 패턴이 없는 위치에서는 빔을 끈다. 스캔속도는 320[MHz]에 이른다. 즉, 1초에 3억 2천만 개의 점을 찍을 수 있다. 전자빔 스캔 과정에서 래스터 스캔된 선들이 조합되어 형상이 이루어지므로, 스캔 데이터준비에 평범한 비트포맷을 사용할 수 있어서 데이터의 준비가 쉽지만, 묘화하지 않는 영역도 모두 스캔하기 때문에 묘화시간이 길어진다는 단점이 있다.

벡터스캔 방식은 패턴형상들 사이의 면적에 대한 불필요한 스캔을 피하기 위해서 개발되었다. 빔은 패턴형상의 테두리에서부터 묘화를 시작하며, 패턴 묘화가 끝나고 나면 빔을 끄고 다음 형상위치로 이동한다. 단일형상 묘화를 위해서는 빔을 끌 필요가 없기 때문에 래스터스캔에 비해서 스캐닝속도가 매우 높다. AT&T社와 Lepton社에서 개발한 전자빔 노광기는 벡터스캔 방식으로 노광할 경우, 묘화속도가 500[MHz]에 이른다. 즉, 1초에 5억 개의 점들을 노광할 수 있다. 벡터스캔 방식은 CPU와 같이 패턴이 산재된 경우에 고속가공이 가능하지만 메모리와 같이 패턴밀도가 높은 경우에는 오히려 래스터스캔 방식보다 느려질 수 있다.

29 www.intechopen.com/chapters/8670을 참조하여 다시 그렸음.

포인트빔 노광방식은 비록, 가변형상 성형빔 방식에 비해서 노광속도가 매우 느리지만, 세밀한 형상노광이 가능하기 때문에, 게이트와 같은 임계치수선폭, 분해능이하 보조형상, 그리고 사선 등의 노광에서는 가변형상 성형빔에 비해서 탁월한 노광성능을 가지고 있다.

3.3.2.2 가변형상 성형빔

스폿 빔을 사용하여 스캔필드 전체, 또는 마스크 전체를 노광하는 것은 불가능하다.[30] 따라서 가우시안 스폿보다 큰 다각형 형상을 갖춘 빔을 만들어 한 번에 노광한다. 필요한 다각형 형상을 만들기 위해서는 **그림 3.19**에 도시되어 있는 것처럼, 두 개의 개구부(조리개)가 필요하다.

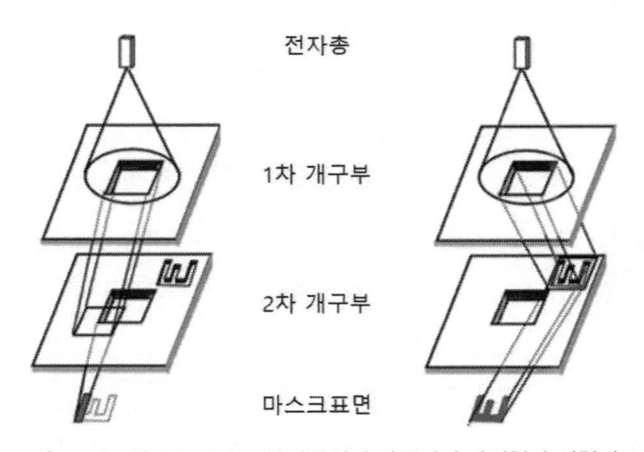

그림 3.19 2개의 개구부를 통과하면서 만들어진 가변형상 성형빔[31]

전자총에서 방출된 전자빔은 사각 형상의 1차 개구부를 통과하면서 사각형상의 빔으로 변환된다. 빔편향기를 사용하여 이 사각형상 빔을 x-y 방향으로 움직여서 2차 개구부의 일부 또는 전부를 통과시킨다. 이를 통해서 1차 개구부의 사각형상과 2차 개구부의 다각형상이 조합된 임의의 다각형을 만들거나, 또는 2차 개구부의 다각형상 전체를 통과시켜서 2차 개구부의 다각형상을 만들어낸다. 이때 사용되는 2차 개구부의 다각형상으로는 **그림 3.12 (e)**의 GDS2 포맷이 주로 사용된다. 하지만 GDS2 포맷에서 사용할 수 있는 다각형의 종류가 제한되어 있기 때문에 사선 형상

30 예를 들어 직경이 2[nm]인 스폿 빔을 사용하여 래스터스캔 방식(300[MHz])으로 104×130[mm^2] 크기의 마스크 면적 전체를 노광한다면 스텝 이송시간을 제외하고 단순 노광시간만으로도 약 130일이 소요된다.

31 www.betasights.net/wordpress/?p=159

의 노광과정에서 소위 **그리드스내핑**이라고 부르는 패턴형상 오차가 발생하게 된다. 그리고 분해능이하 보조형상들을 사용하여 광학근접보정을 시행하려고 하면, 엄청난 숫자의 사각형들이 필요하기 때문에 포인트빔을 사용하는 경우보다 오히려 노광시간이 길어질 수 있다. 따라서 노광할 패턴의 종류와 크기에 따라서 포인트빔과 가변형상 성형빔을 적절히 선택하여 사용하여야 한다.

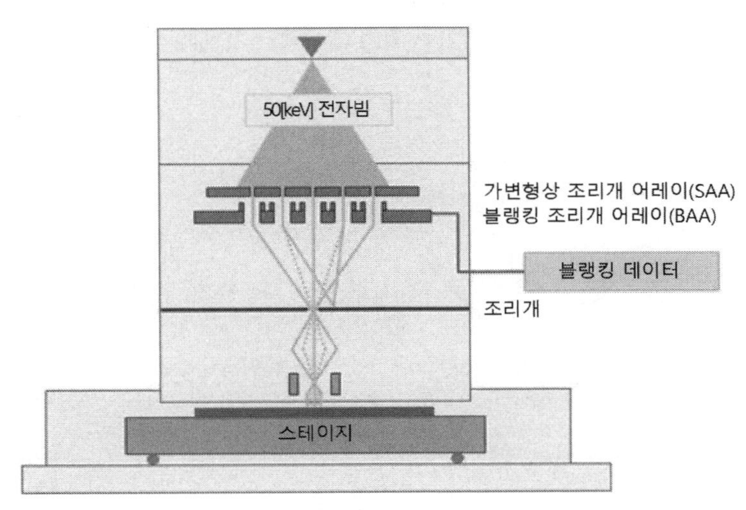

그림 3.20 다중 전자빔 노광기의 구조[32]

3.3.2.3 다중 전자빔

전자빔 노광기의 최대 단점들 중 하나인 낮은 생산성을 극복하기 위해서 **다중 전자빔**을 사용한 노광기술이 제안되었다. **그림 3.20**에서는 상용 전자빔 노광기인 MBM–2000의 개략적인 구조를 보여주고 있다. 전자총에서 방출된 전자들은 정전기 다중전극 콘덴서 광학계를 통해서 면광원의 형태로 확장되어 가변형상 조리개로 조사된다. **가변형상 조리개 어레이**(SAA)는 각각 사각단면을 가지고 있는 25만 개의 구멍들이 매트릭스 형태로 배치되어 있으며, 블랭킹 조리개 어레이와 각각 쌍을 이루고 있다. **블랭킹 조리개 어레이**(BAA)는 다중빔 어레이의 광선들의 진행방향을 개별적으로 조절할 수 있으며, 블랭킹 데이터에 의해서 구동된다. 블랭킹 조리개 어레이를 통과한 전자빔 다발은 마그네틱 렌즈와 조리개를 통과하면서 영상이 축소되고, 블랭킹 조리개 어레이에

32 https://iopscience.iop.org/article/10.35848/1347-4065/acb65d을 인용하여 재구성하였음.

의해서 변조된 광선은 조리개에 가로막혀 제거된다. 스테이지는 X-방향으로는 스테핑, Y-방향으로는 스캐닝 운동을 하면서 노광을 수행한다.

이 시스템은 25만 개의 다중 전자빔 다발을 동시에 조사하여 마스크 노광을 수행할 수 있으며, 104×130[mm^2]의 면적을 약 8.7시간에 모두 노광할 수 있을 정도로 빠른 생산성을 갖추고 있다. 이 시스템의 글로벌 위치정확도는 1.2[nm], 국부 위치정확도는 0.5[nm], 그리고 임계치수 균일성은 0.61[nm]에 달한다. 최신의 다중 전자빔 노광기인 MBM-2000plus는 극자외선용 마스크의 노광에 사용되고 있다.

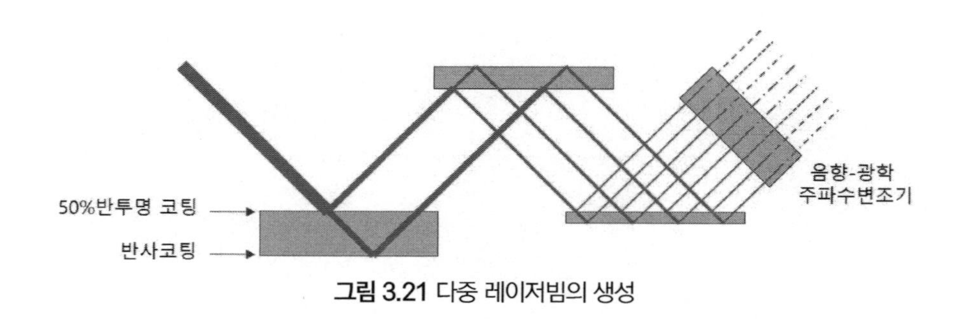

그림 3.21 다중 레이저빔의 생성

3.3.3 레이저 묘화기

전자빔 노광기는 매우 높은 분해능과 뛰어난 영상대비 성능을 갖추고 있지만, 진공 중에서 노광이 시행되며, 생산성이 낮고, 무엇보다도 장비 가격이 매우 비싸다. 반면에 **레이저 묘화기**는 대기 중에서 사용되며, 비교적 빠른 노광속도와 가격 경쟁력을 갖추고 있다. **레이저 패턴발생기**는 빔 스캐너 형태의 패턴데이터변환기나 다중전자빔 패턴데이터변환기를 사용하여 광선다발을 송출하며, 음향-광학 주파수 변조기가 내장된 공간광학변조기(SLM)를 사용하여 래스터스캔의 한 줄에 해당하는 x-방향 패턴 데이터를 송출한다. 그리고 스테이지는 y-방향으로 스캐닝 운동을 지속하여 한 줄의 스캔필드 노광을 완성한다. 레이저 패턴발생기는 노광속도가 매우 빨라서, 비록, 전자빔 노광기에 비해서 분해능이 떨어지지만, 민감한 패턴을 제외한 대부분의 마스크 패턴들을 노광하기 위해서 사용되고 있다.

3.3.3.1 레이저 다중빔 생성

하나의 레이저 광원을 사용하여 동일한 광선강도를 가고 있으며 등간격으로 평행하게 진행하는 다중 레이저 빔을 만들기 위해서 **그림 3.21**에 도시된 것처럼 50% 반투명 코팅된 거울들을 사용한다. 반사경의 표면은 50% 반투명 코팅이 되어 있어서 절반의 광선은 투과하며, 나머지 절반의 광선은 반사경의 표면에서 반사된다. 투과된 광선은 반사경 하부의 반사거울에 의해서 모두 반사된다. 이를 통해서 한 줄기로 입사된 레이저 광선은 광선강도가 절반인 두 개의 평행광선으로 분할된다. 다음으로 두께가 첫 번째 반사경의 절반이며, 동일한 방식으로 코팅되어 있는 반사경을 거치게 되면 광선강도가 최초의 1/4인 4개의 평행광선이 만들어진다. 이런 방식으로 n개의 반사거울을 거치고 나면, 2^n개의 다중빔 평행광선이 만들어진다. 이 광선다발을 음향-광학 주파수변조기를 통과시키면 개별 빔들이 조리개를 통과하거나 조리개에 가로막히도록 광선의 경로를 조절할 수 있다. 즉, 개별 빔들을 켜고 끌 수 있다.

3.3.3.2 레이저 패턴발생기

레이저 패턴발생기는 **그림 3.22**에 도시되어 있는 것처럼, 레이저조명, 패턴 데이터 변환기, 공간광학 변조기, 빔분할기, 영상형성 시스템, 초점조절 시스템, 간섭계에 의해서 제어되는 x-y 스테이지 등으로 구성된다. 패턴데이터 변환기에서는 계층적 구조의 벡터 포맷으로 만들어진 노광 패턴 데이터를 그레이스케일의 비트맵으로 이산화시킨다. 이렇게 이산화된 비트맵 데이터에 따라서 패턴데이터 변환기와 공간광학 변조기(SLM)는 각각의 비트신호를 광선신호로 변환시켜주며, 이 광선신호는 축사렌즈를 통해서 마스크 표면에 조사된다. 초점조절을 위해서 공기마이크로미터를 사용하여 대물렌즈와 포토마스크 사이의 거리를 실시간으로 측정하며, 압전소자나 보이스코일 작동기를 사용하여 실시간으로 거리를 조절한다. 스테이지는 x-방향으로는 스테핑 운동을 하며, y-방향으로는 스캐닝 운동을 하면서 패턴 데이터를 노광한다.

포토마스크에 사용되는 용융실리카가 열팽창계수가 매우 작은 소재이기는 하지만(α=0.48[μm/m·℃]), 패턴크기에 비하면 엄청나게 큰 값이며, 레이저 간섭계 역시 거리측정값이 온도의 영향을 받기 때문에, 레이저 패턴발생기는 필터와 온도조절장치로 환경이 조절되는 항온챔버 속에 설치된다. 항온챔버의 상부에는 ULPA필터가 설치되어 0.1[μm] 이상 크기의 입자들을 모두 걸러내며, 대기압보다 약간 높은 압력으로 하향의 층류 공기흐름을 유지시킨다.

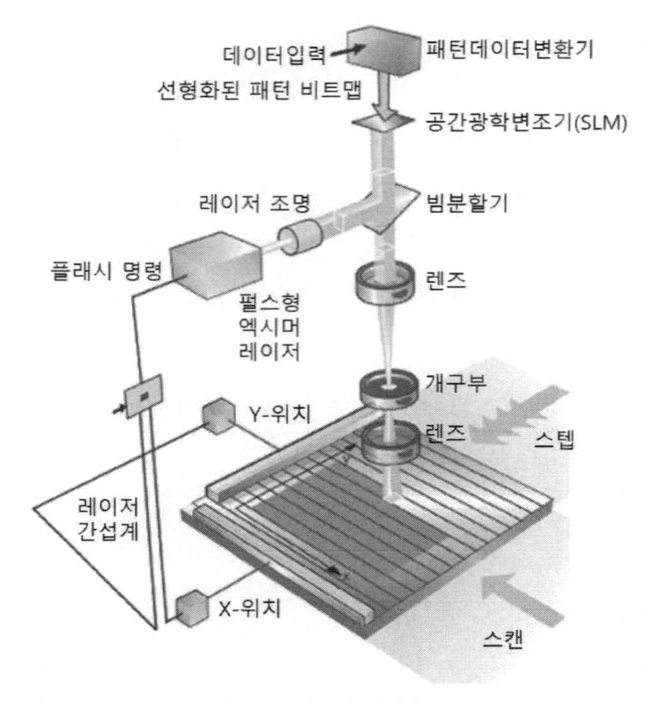

그림 3.22 레이저 패턴발생기[33]

3.3.4 공간영상의 생성

전자빔이나 레이저를 광원으로 사용하는 다중빔의 개별 빔들은 서로 완벽하게 분리되어 있지만, 노출필드에서의 복사조도는 **그림 3.23 (a)**에서와 같이, 공간 내에서 가우시안 분포를 가지고 있는 점광원처럼 분포한다. 따라서 연속된 필드들이 노출되면 **그림 3.23 (b)**에서와 같이, 다중빔의 영상이 서로 간섭을 일으켜서 **공간영상**이 생성된다. 이렇게 인접 필드 간에 간섭이 발생하는 스폿 빔을 사용해서 래스터스캔 방식으로 **그림 3.23 (c)**에서와 같은 크로스 패턴을 노광하면 **그림 3.23 (d)**에서와 같은 공간영상이 생성된다. 스폿의 크기와 인접한 두 주사선 사이의 분리거리는 영상품질을 결정하는 중요한 인자들이다. 스폿의 크기에 비해서 주사선 분리간격이 크면 통계적 민감도 변화, 그레이 레벨의 거동특성 불량, 그리고 극단적인 경우에는 스트라이프 방향으로의 테두리 거칠기나 형상파손 등과 같은 현상이 발생될 수 있다. 반면에 주사선의 분리간격이 작으면 생산성 저하가 초래된다.

33 www.Micronics.co.kr을 인용하여 재구성하였음.

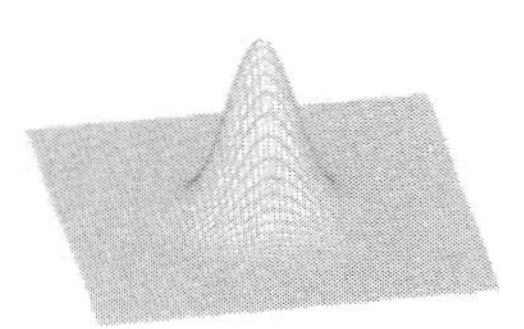
(a) 스폿의 광강도

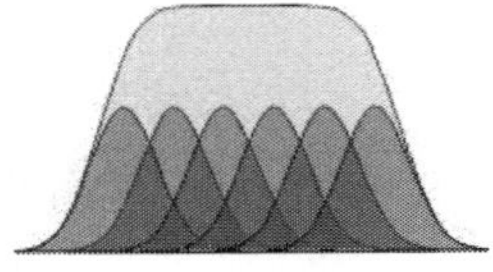
(b) 다중빔 간섭

(c) 크로스 패턴

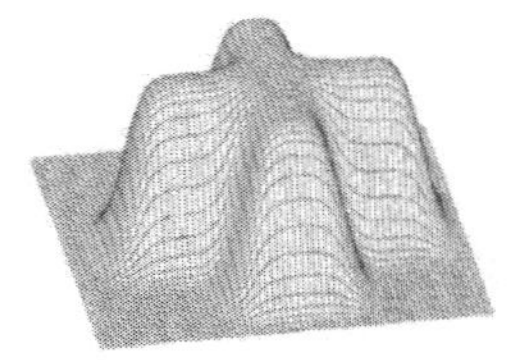
(d) 크로스의 공간영상

그림 3.23 공간영상의 생성34

3.4 마스크검사

노광이 끝난 마스크는 현상을 거쳐서 식각을 수행한다. 현상과 식각은 웨이퍼의 경우와 동일한 공정이므로, 여기서는 따로 살펴보지 않으며, **7장** 포토공정과 장비에서 현상에 대해서, **8장** 식각공정과 장비에서 식각에 대해서 살펴볼 예정이다.

현상과 식각이 끝난 마스크 내의 검출되지 않은 오류나 결함들은 반도체 생산수율에 심각한 손실을 초래할 수도 있다. 이런 손실을 최소화시키기 위해서 모든 레티클들은 제작이 끝난 직후와 생산에 사용되는 동안 여러 차례 품질관리를 위한 검사를 거친다. 마스크숍과 반도체 생산라인에서는 일반적으로 세 가지 검사방법들이 사용되고 있다. **다이와 데이터베이스 간 검사**의 경우, 식각된 마스크에 대한 현미경 영상을 설계 데이터와 비교한다. **다이 간 검사**에서는 마스크 내에서 기본적으로 동일한 다이들에 대한 현미경 영상을 서로 비교한다. 검사속도가 매우 빠르기 때문에, 메모리와 같이 극단적으로 반복적인 패턴의 경우에 자주 사용하는 기법이다. **오염검사**의 경우에는 광선산란기법을 활용하여 입자와 같은 마스크 패턴과는 무관한 결함들을 검사한다. 마스크는 무결함 품질을 원칙으로 하기 때문에, 일단 결함이 발견되면 마스크를 수리하거나 또는 세척한 다음에 다시 검사를 수행한다. 기존의 마스크 검사 시스템들은 수십 [nm] 정도로 작은 크기의 결함들을 검출하기 위해서 짧은(193[nm]) 파장과 고배율 광학계를 사용한다.

3.4.1 포토마스크에서 발생하는 결함들

그림 3.24에서는 펠리클이 도포된 마스크의 다양한 위치에서 발생하는 결함들을 예시하여 보

34 Syed Rizvi 편저, 장인배 역, 포토마스크 기술, 씨아이알, 2016.

여주고 있다. 포토마스크를 오염으로부터 보호하기 위해서 사용되는 얇고 투명한 박막인 펠리클에 대해서는 **3.7절**에서 따로 살펴볼 예정이다.

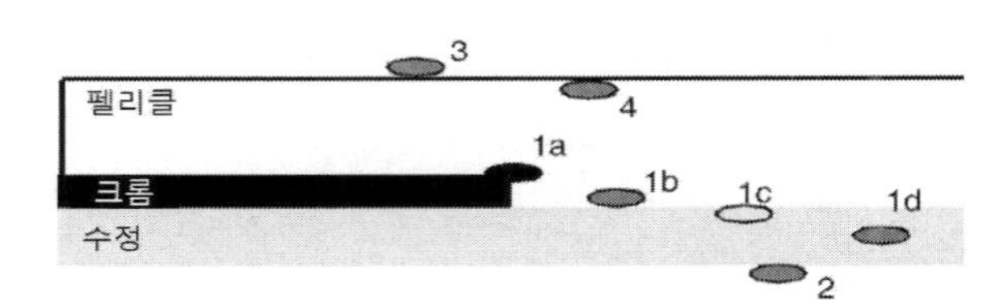

그림 3.24 다양한 위치에서 발생하는 결함들35

마스크 표면에 증착된 크롬층에 패턴을 식각한 다음에 사각 링 형상의 지지대를 설치하고 지지대의 끝에 얇고 투명한 박막인 펠리클을 부착하면 노광기에 투입할 수 있는 상태의 포토마스크가 완성된다. **그림 3.24**에서는 포토마스크의 네 개의 서로 다른 표면상에 위치하는 결함들을 보여주고 있다. 1번(a, b, c 및 d)과 같이 패턴이 성형된 표면과 인접한 결함들은 노광 시 초점평면상에 위치하기 때문에 거의 다 웨이퍼에 프린트되어버리므로 **치명적인 결함**들이다. 따라서 1번 유형의 결함들은 모두 수리 또는 제거되어야만 한다. 반면에, 결함유형 2번은 마스크 유리의 뒷면에 위치하는 결함이며, 결함유형 3번과 4번은 각각, 펠리클의 윗면과 아랫면에 위치하는 결함들이다. 이들은 초점평면에서 멀리 떨어져 있기 때문에, 웨이퍼에 프린트되지 않는다. 이런 결함들은 치명적이지 않으며, 노광 시 거의 아무런 문제도 일으키지 않는다.

그림 3.24에서 치명적인 결함들로 분류된 결함들은 또다시 **그림 3.25**에서와 같이 경질결함과 연질결함으로 구분할 수 있다. **경질결함**은 세척공정을 통해서 제거할 수 없는 결함들로서, 크롬 박막, 위상시프트 구조체, 또는 흡수재 내에 추가하거나 손실된 형상들이다. **그림 3.25**에서 ①은 크롬돌출결함, ②는 투명한 함몰결함, ③과 ④는 각각 모서리에 위치하는 돌출과 함몰결함, ⑦은 핀구멍, 그리고 ⑧은 핀점이다. 이런 결함들은 국부 식각이나 국부증착과 같은 수리공정을 통해서 제거해야 한다. 그런데 비록, 경질결함이라고 하여도 웨이퍼 노광 시 프린트되지 않거나 회로 성능에 영향을 끼치지 않는다면 수리하지 않고 그대로 두어도 무방하다. **연질결함**은 세척 공정을 통해서 제거할 수 있는 결함들이다. 입자, 녹, 결정체와 같은 오염물질들과 다양한 잔류물질들이

35 Syed Rizvi 편저, 장인배 역, 포토마스크 기술, 씨아이알, 2016.

연질결함에 해당한다.

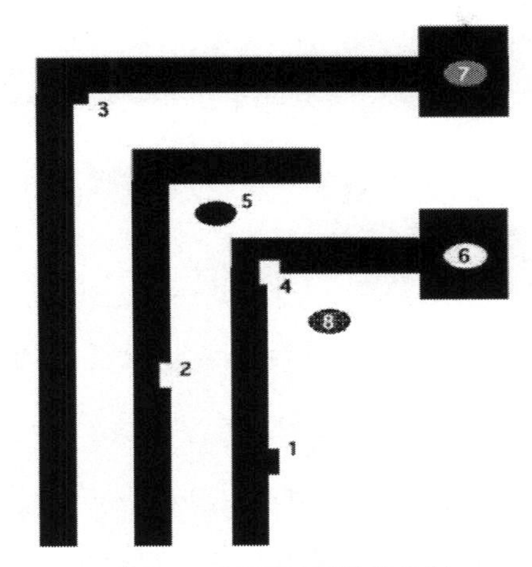

그림 3.25 치명적인 결함의 유형[36]

3.4.2 마스크검사

식각과 세척이 완료된 포토마스크의 패턴형상들이 실제 설계를 얼마나 충실하게 구현하였는지를 검사하여야 한다. 마스크 검사방법으로는 다이와 데이터베이스 간 검사와 다이 간 검사가 널리 사용되고 있다.

다이와 데이터베이스 간 검사의 경우, 프린트된 마스크의 형상을 실제 설계와 비교한다. 이때에는 마스크 설계 레이아웃을 실제의 크롬 형상으로 전사하는 마스크 제작공정에서는 회절이나 간섭과, 왜곡이나 색수차와 같은 광학적 오류, 열팽창이나 위치오차와 같은 기계적 오류 등 모든 오류가 없다고 가정하며, 데이터베이스와 제작된 크롬패턴 사이의 모든 차이를 검출한다. 그리고 어떤 차이가 미리 정의된 결함원칙을 위배한다면, 이를 결함으로 분류한다. 이 과정에서 데이터베이스와 제작된 다이 사이에 차이점이 검출되었지만, 결함 원칙을 위반하지 않는 형상들을 **불용체**[37]라고 부른다. 하지만 마스크 내에서 이런 불용체들의 숫자를 가능한 한 작게(20개 미만) 유지해야만 한다. 그렇지 않다면 결함 검토에 너무 많은 시간이 소요되어 버린다.

마스크에 동일한 패턴형상을 가지고 있는 다이들이 하나 이상 존재한다면, **다이 간 검사**를 적

36 Syed Rizvi 편저, 장인배 역, 포토마스크 기술, 씨아이알, 2016.
37 nuisance

용할 수 있다. 다이 간 검사에서는 인접한 두 다이의 영상을 추출하여 이를 중첩한 상태에서 형상 비교를 통해서 두 다이들 사이의 차이점을 검토하는 검사방법이다. 이 검사에서는 모든 다이들이 서로 유사하다고 가정한다. 다이 간 검사는 검사속도가 매우 빠르기 때문에, 메모리 반도체와 같이 극단적인 반복패턴을 사용하는 경우에 적용하기 용이하다. 이 방법의 단점은 추가적인 형상이나 작은 돌출과 같이 모든 다이들에서 공통적으로 발생하는 계통오차들을 구분할 수 없다는 것이다.

3.4.2.1 다이와 데이터베이스 간 검사

그림 3.26에서는 FET의 게이트 형상에 대한 데이터베이스와 현미경으로 측정된 다이영상을 서로 비교하는 **다이와 데이터베이스 간 검사**의 사례를 보여주고 있다. **그림 3.26 (a)**에 도시된 데이터베이스 영상을 살펴보면, 직선 형상의 테두리와 날카로운 모서리들이 잘 정의되어 있다는 것을 알 수 있다. 하지만 **그림 3.26 (b)**에 도시되어 있는 크롬 식각을 통해서 실제로 제작된 다이에 대한 현미경 영상을 살펴보면, 돌출결함과 함몰결함, 핀점, 모서리 라운딩 등과 같은 다양한 결함들로 인해서 데이터베이스와는 다른 형상을 가지고 있다는 것을 알 수 있다. 하지만 이런 모든 차이들이 웨이퍼에 프린트되어 회로의 작동성능에 영향을 끼치는 결함들로 작용하지 않는다. 다이와 데이터베이스 간 검사의 난점은 마스크의 치명적인 결함들을 제조과정에서 발생하는 계통오차 성분들로 분류되는 테두리 거칠기나 모서리 라운딩과 같은 치명적이지 않은 결함들로부터 구분하는 것이다.

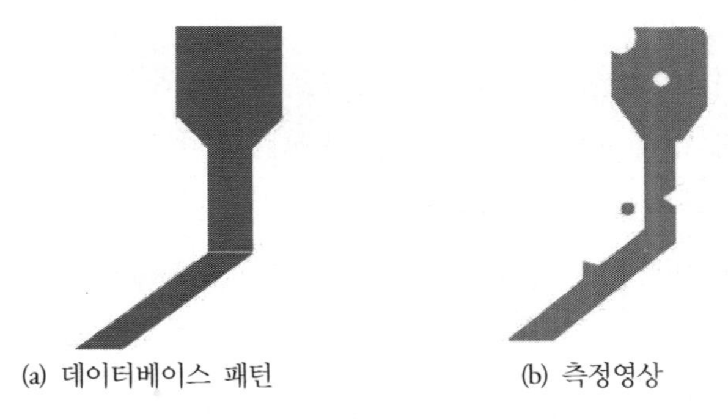

(a) 데이터베이스 패턴 (b) 측정영상

그림 3.26 데이터베이스와 다이 비교[38]

38 Syed Rizvi 편저, 장인배 역, 포토마스크 기술, 씨아이알, 2016.

3.4.2.2 다이 간 검사

그림 3.27에서는 기준다이 측정영상과 비교다이 측정영상의 상호비교를 통한 검사방법인 **다이 간 검사**의 사례를 보여주고 있다. 이 검사방법에서는 모든 다이들이 서로 유사하다고 가정한다. 형태가 동일하고 위치가 인접한 두 다이의 영상을 서로 중첩하여 놓고 두 다이 사이의 편차를 추출하는 방식으로 검사를 진행한다. 이 과정에서 **그림 3.26**에서와 같이 두 다이 모두에 동일한 돌출결함이 발생한다면, 이를 결함으로 구분할 수 없다. 이렇게 모든 다이에서 동일하게 발생하는 오차를 계통오차[39]라고 부르며, 이는 다이와 데이터베이스 간 검사를 통해서만 발견할 수 있다.

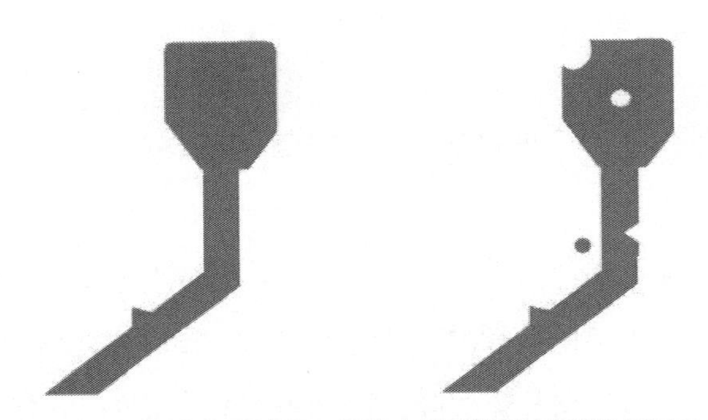

그림 3.27 형태가 동일하고 위치가 인접한 두 다이간 비교[40]

3.4.2.3 마스크 검사장비

그림 3.28에서는 포토마스크 전용 검사장비의 구조를 스테퍼 노광기의 구조와 비교하여 보여주고 있다. 그림을 통해서 스테퍼 노광기의 구조를 살펴보면, 광원에서 자외선 레이저(λ=193[nm])가 조사되면, 조명용 광학계에서 면상광원(스테퍼) 또는 슬릿형 광원(스캐너)으로 변환시켜서 포토마스크(레티클)에 조사한다. 포토마스크를 통과한 광선은 패턴 데이터를 포함하고 있으며, 투사광학계에서는 형상을 1/4로 축소시키며, 영상 분해능을 높이기 위해서 개구수(NA)를 증가시킨다.[41] 마스크 검사기의 경우에도 스테퍼 노광기와 유사한 구조를 갖추고 있다. 마스크 검사기용 광원의 파장길이가 노광기용 광원과 다르다면 노광기와는 전혀 다른 간섭특성을 보이기 때문에, 검사기에서도 노광기와 동일한 파장길이의 자외선 레이저를 광원으로 사용해야만 한다.

39 systematic error

40 Syed Rizvi 편저, 장인배 역, 포토마스크 기술, 씨아이알, 2016.

41 액침노광기의 경우 개구수 NA=1.35에 이른다.

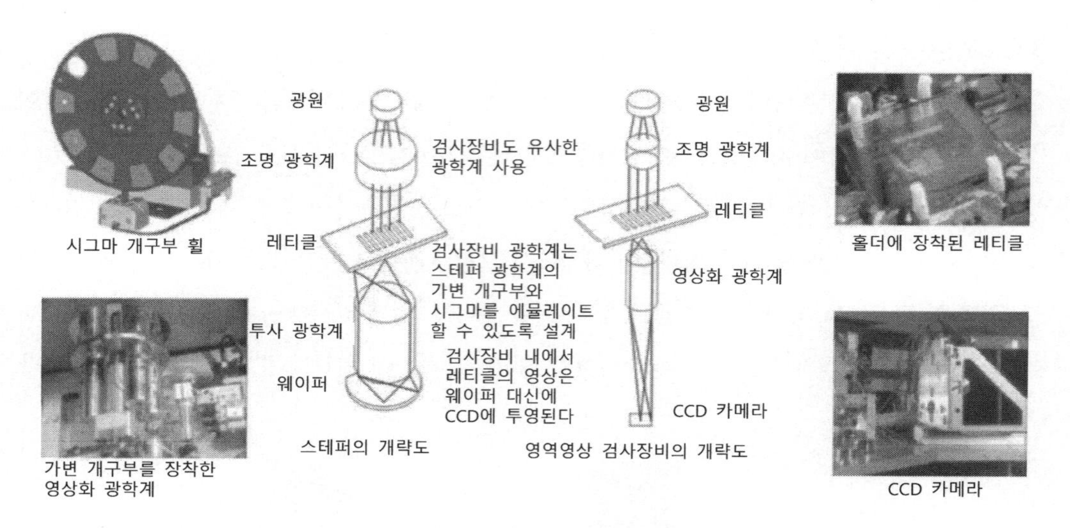

그림 3.28 마스크 검사장비의 사례42

다만, 노광기보다는 훨씬 작은 면적에 광선을 조사하기 때문에 출력은 매우 작다. 포토마스크를 통과한 광선은 투사광학계를 통과하면서 형상이 1/4로 축소되지만, 노광기와는 달리 개구수가 매우 작다.43 마스크 검사기의 영상평면에는 웨이퍼가 아니라 CCD 카메라가 설치되어서 투사광학계를 통과하면서 형상이 1/4로 축소된 영상을 포착한다. 이를 통해서 패턴형상 제작과정에서 발생한 결함들을 검출하며, 분해능이하 보조형상과 같은 광학근접보정 패턴의 효용성도 검사한다. CCD 카메라는 또한, 인접한 두 개의 비교다이들에 대한 영역영상을 포착할 수 있으며, 두 영상 사이의 불일치를 검출하는 알고리즘을 탑재한 영상처리 모듈로 취득한 영상들을 송출한다.

2중노광이나 4중노광과 같이 위상시프트마스크를 통과하면서 일어나는 위상반전에 의한 파괴적 간섭을 이용하기 위해서는 링형조명, 쌍극조명, 또는 사극조명과 같은 비축조명을 사용해야 한다. 마스크 검사장비에서도 이런 조명을 구현하기 위해서 영상화 광학계에는 시그마 개구부(조리개) 휠이 설치된다.

42 Syed Rizvi 편저, 장인배 역, 포토마스크 기술, 씨아이알, 2016.

43 NA=0.01 수준이다. 개구수가 작으면 투사광학계에 사용되는 렌즈들의 최대직경이 감소하여 투사광학계의 제작비용이 크게 절감된다.

3.5 마스크 수리

포토마스크는 노광공정 중에 웨이퍼 표면에 도포된 포토레지스트에 올바른 치수로, 정확한 패턴을 신뢰성 있게 투사할 수 있어야만 한다. 마스크에 존재하는 결함들은 노광과정에서 회절, 굴절 및 광자흡수 등을 통해서 포토레지스트에 전사되는 패턴에 오차를 유발한다. 이런 오차들은 반도체의 수율에 결정적인 영향을 끼치기 때문에, 모든 결함들을 수리해야만 한다.

마스크 수리의 입장에서는 결함들을 투명결함과 불투명결함으로 구분한다. **투명결함**은 마스크를 관통하여 잘못된 위치의 포토레지스트에 빛을 투사한다. **불투명결함**은 마스크를 통과하는 빛을 차단한다.

위상시프트마스크의 경우에는 용융수정 모재의 특정 영역을 식각하여 광선이 통과하는 경로차이에 의해서 유발되는 위상차이를 만들어낸다. 위상시프트마스크에서 발생하는 결함으로는 원하는 표면높이 위로 돌출되는 수정돌기와 표면 아래로 구덩이가 파이는 수정함몰이 있다.

또 다른 유형의 결함들로는 기판의 앞면이나 뒷면의 긁힘과 투명한 모재 내부에 존재하는 결함 등이 있다.

마스크 수리장비는 스테이지, 결함 내비게이션 소프트웨어, 관찰용 광학계, 그리고 수리기구와 같이 네 가지 구성요소들로 이루어진다. **스테이지**는 포토마스크 이송장치로서 x-y-θ의 3자유도를 가지고 마스크를 이송한다. 운동 중에 마스크를 정위치에서 미끄럼 없이 고정하여야 한다. 측정장비에서 마킹한 결함위치를 관찰영역(FOV) 내에 위치시킬 정도의 이송 정밀도를 갖추고 있어야 한다. 그리고 수리가 진행되는 동안 위치가 움직이는 현상인 드리프트가 작거나 없는 안정상태를 유지해야 한다. **결함내비게이션 소프트웨어**에서는 그래픽 유저 인터페이스(GUI)를 통해서 측정장비로부터 포토마스크 기판에 대한 검사파일을 다운로드 받은 후에 이를 수리장비에서 사용할 수 있는 내부 포맷으로 변환시킨다. 그리고 포토마스크의 기준표식 정렬위치로의 이동, 결함의 개수와 유형 표시, 그리고 선정된 결함위치로의 이동 등을 통제한다. **관찰용 광학계**는 관찰영역 내에서 결함을 찾아내기 위해서 영역영상을 만들어낸다. 이를 위해서 광학식 현미경기술을 사용하거나, 주사전자빔 또는 집속이온빔과 같은 하전입자기술을 사용한다. 관찰용 광학계는 수리할 결함을 관찰하기에 충분한 분해능을 갖춰야만 한다. 마지막으로 **수리용 기구** 또는 방법으로는 레이저를 사용한 수리기법과 집속이온빔을 사용한 수리기법이 널리 사용되고 있다.

수리장비들 중 대부분은 Class 1 수준의 청결도를 갖춰야만 한다. 최근의 고품질 마스크숍에서는 단일 레티클 SMIF 포드 운반용 전공정 로봇을 갖추고 있다.

이 절에서는 포토마스크의 수리에 가장 널리 사용되는 두 가지 기법인 레이저를 사용한 마스크 수리기법과 이온빔을 사용한 마스크 수리기법에 대해서 살펴볼 예정이다. 이외에도 전자빔을 사용한 마스크 수리기법이나, 원자작용력현미경(AFM)을 사용한 마스크 수리기법들이 존재하지만 사용이 매우 제한적이다.

3.5.1 레이저 결함수리

1970년대 중반, Quantronix社와 Florod社에서 포토마스크용 레이저 수리장비를 개발하였으며, 포토마스크숍에서는 불투명결함을 수리하기 위해서 레이저 수리장비를 사용해왔다. 레이저 수리장비에서는 원하지 않는 크롬반점(불투명결함)을 레이저 펄스로 태워서 제거하며, 투명결함의 경우에는 탄소 같은 불투명 소재를 사용하여 레이저 증기증착으로 크롬이 식각된 공동을 메워준다. 레이저 수리장비는 매우 신뢰성이 높으며, 사용하기 편리하고, 생산성이 높다.

마스크 수리 시스템은 펄스레이저를 사용한다. 비록, 레이저 펄스 하나의 에너지 동력은 매우 작지만, 순간출력은 꽤 높은 편이다. 펄스 지속시간이 나노초 및 피코초 단위인 레이저의 경우 레이저 펄스에너지에 의해서 유리나 크롬재료가 가열, 용융 및 기화된다. 이 과정은 마이크로스케일에서 매우 격렬한 폭발을 일으키며, 용융된 비산물들이 인접위치에 증착되어 오히려 더 많은 결함들을 유발할 우려가 있다. **펨토초 레이저**는 (크롬) 흡수재를 순간적으로 기화시켜서 용융 상태를 거치지 않고 직접 증기상태로 변화시켜버린다. 따라서 재료의 폭발현상이나 그로 인한 비산물의 증착과 같은 문제가 일어나지 않는다.

그림 3.29에서는 펨토초 레이저를 사용하는 마스크 수리장비를 보여주고 있다. 마스크의 상부와 하부에는 수평방향으로 조명이 설치되어 있으며, 각각 빔 분할기[44]와 굴광기[45]를 사용하여 마스크에 수직방향으로 조명을 조사한다. 마스크의 수직방향으로는 현미경 광학계와 CCD 카메라가 설치되어 마스크 표면을 확대하여 관찰한다. 마스크 수리용 펨토초 레이저도 조명과 마찬가지로 수평 방향으로 설치되어 있으며, 빔분할기를 사용하여 현미경과 동일한 광축방향으로 마스크 표면에 초점이 맞춰져 있다.

44 beam splitter
45 beam bender

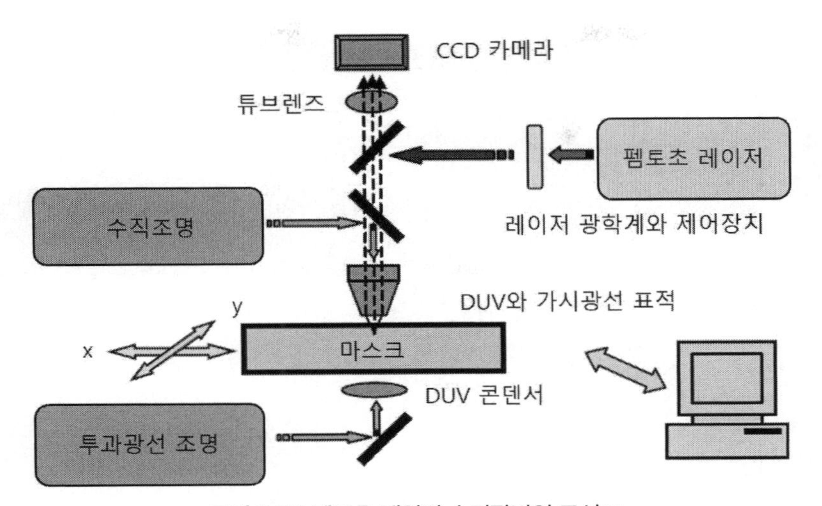

그림 3.29 펨토초 레이저 수리장비의 구성[46]

그림 3.30 (a)에서는 펨토초 레이저 수리장비의 외형을 보여주고 있으며, (b)와 (c)에서는 각각, 이 장비를 사용하여 불투명결함의 수리 전과 후의 모습을 보여주고 있다.

레이저 결함수리방법의 장점을 살펴보면, 다음과 같다. 레이저를 사용한 불투명결함수리는 매우 빠르며, 생산성이 높다. 레이저 장비는 대기압하에서 작동하므로 사용이 편리하다. 50년 가까이 사용되어 왔기 때문에 역사적으로도 높은 신뢰성을 가지고 있다. 장비 조작에 특별한 지식이나 노하우가 필요 없기 때문에 배우기 쉽고 조작이 간편하다. 대물렌즈의 초점거리가 길게 설계되어 있기 때문에 포토마스크의 표면에 펠리클을 설치한 이후에도 불투명결함을 수리할 수 있다.

이처럼 많은 장점에도 불구하고 집속이온빔 수리장치가 사용되는 데에는 레이저 수리장비가 가지고 있는 다음과 같은 단점들이 있기 때문이다. 레이저 장비를 사용하여 탄소나 갈륨을 증착하는 투명결함 수리는 견실하지 못하며, 안정성이 증명되지 않았다. 펄스레이저를 사용한 재료의 용융과 제거과정에서 크롬의 비산과 금속의 재증착이 더 많은 결함을 만들어 내거나 소득 없는 수리가 되고 만다. 펨토초 레이저의 경우에는 문제가 되지 않지만, 나노초 및 피코초 레이저의 경우에는 마스크 모재의 손상이 발생할 우려가 있다. 마지막으로, 파장길이가 긴 광선을 사용하는 광학계는 파장길이 이하의 작은 결함의 영상화나 최소크기 형상의 재생 등에 있어서 하전입자를 사용하는 이온빔 시스템의 월등한 분해능을 근본적으로 따라잡을 수 없다.

46 Syed Rizvi 편저, 장인배 역, 포토마스크 기술, 씨아이알, 2016.

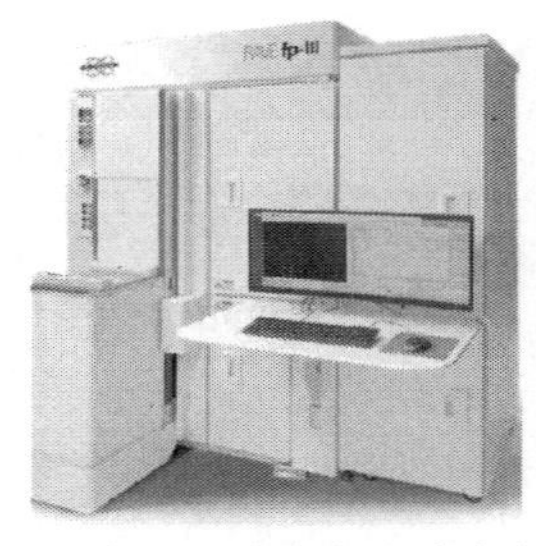
(a) 펨토초 레이저 수리장비

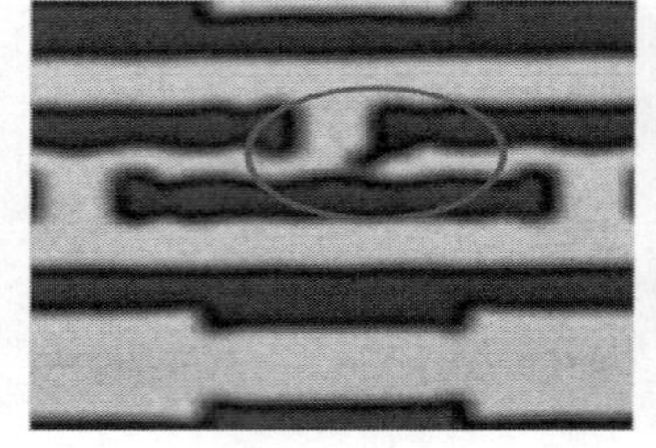
(b) 수리 전

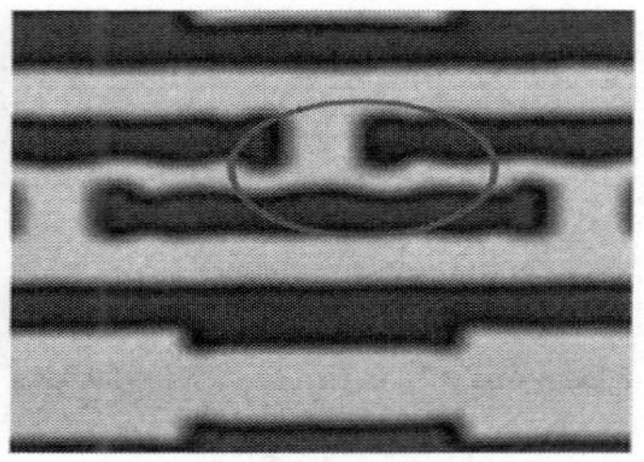
(c) 수리 후

그림 3.30 레티클 돌출결함에 대한 펨토초 레이저 수리 전과 후47

3.5.2 집속이온빔 마스크수리

마스크 수리용 집속이온빔(FIB) 시스템은 1980년대 초반에 개발되었다. 레이저 수리장비와는 달리, 집속 이온빔 시스템은 고진공에서 작동하기 때문에 장비가격이 매우 비싸서 레이저 장비만큼 널리 사용되고 있지는 않지만, 모든 고품질 마스크숍에서는 집속 이온빔 수리장비를 사용하고 있다. 파동이 광선의 진행 방향과 직각 방향으로 진동하는 레이저와는 달리, 종방향으로 진동하는 옹스트롬 크기의 이온 입자들을 사용하는 집속 이온빔 시스템은 결함 영상화 수리에 있어서 레이저 장비보다 뛰어난 공간분해능을 가지고 있다. 이온빔을 사용하여 식각과 증착이 모두 가능하기 때문에 불투명결함뿐만 아니라 레이저 수리장비에서 구현하기 어려운 투명결함의 수리도 가능하다. 이온화물질로 규소, 각종 가스, 인듐 및 갈륨 등을 사용하는 다양한 광원들이 개발되었으나 갈륨이 가장 널리 사용되고 있다. 여기서는 갈륨(Ga)을 사용하는 가장 일반적인 유형의 집속 이온빔 수리장비에 대해서 살펴보기로 한다.

그림 3.31 (a)에서는 **집속갈륨 이온빔** 광학 칼럼의 구조를 개략적으로 보여주고 있다. 이온광원은 뾰족한 탐침 모양의 텅스텐 전극 표면에 액상의 갈륨을 코팅하여 제작한다. 이 탐침을 가열하면서 강력한 전기장을 부가하면 갈륨 원자들이 이온화되면서 전기장을 따라서 공간을 이동한다. 이온빔 칼럼은 전형적으로 20~30[kV]의 가속전압으로 작동하며, 갈륨 이온들은 이 전기장을 따라서 집속 광학계 속으로 가속되어 내려간다. 탐침의 상부에는 리저버가 설치되어 이온화되어 소모된 갈륨을 계속해서 보충해준다.

집속용 칼럼 내의 정전기 렌즈들은 이온빔을 집속시켜서 마스크 표면상에서 작은 점으로 만들

47 www.bruker.com

어준다. 렌즈들 사이에 설치해 놓은 개구부(조리개)들이 빔 전류와 반점의 크기를 결정해 준다. 4중극과 8중극으로 이루어진 전극들이 빔의 수차를 보정해주며, 빔 스캐닝을 수행한다. **그림 3.31 (b)**에서는 Angstrom社에서 공급하는 최신의 이온빔 수리장비를 보여주고 있다.

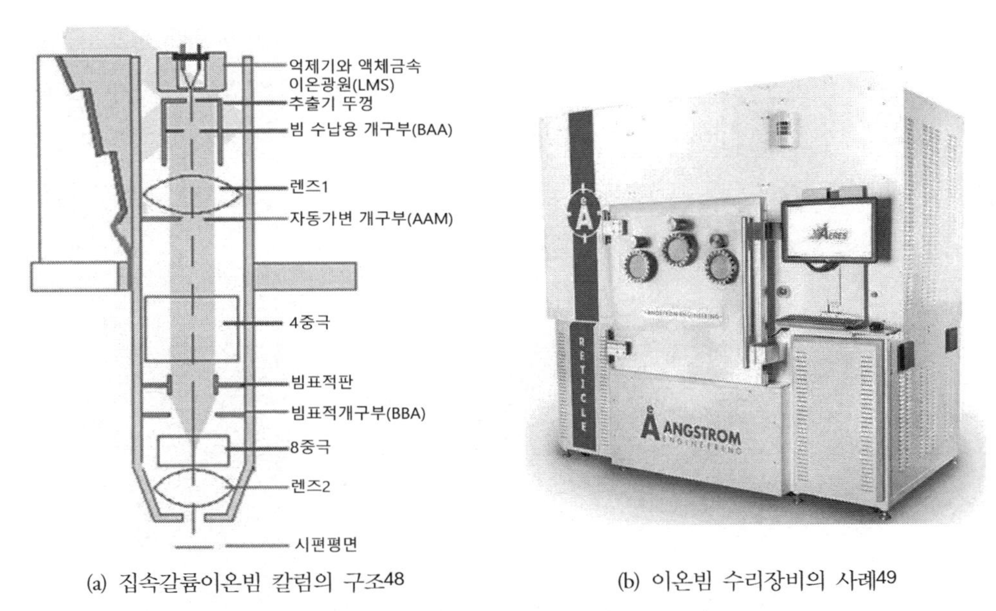

(a) 집속갈륨이온빔 칼럼의 구조48 (b) 이온빔 수리장비의 사례49

그림 3.31 집속이온빔을 사용한 포토마스크 수리 시스템

비교적 무거운 갈륨(원자번호 31) 이온이 크롬 표면을 타격하면 **그림 3.32 (a)**에서와 같이, 국부적으로 스퍼터링이 발생하면서 크롬이 증발되어 버린다. 하지만 이온 자체는 재료 속으로 침투되어 버리기 때문에, 크롬이 다 제거된 이후의 투명한 영역 내로 갈륨 이온이 침투하게 된다면, 이들이 노광 과정에서 광량자를 흡수하며, 투과율을 감소시킨다. 이를 **갈륨착색**이라고 부른다. 스퍼터링 과정에서 이온 조사량이 많을수록 투과율이 낮아지기 때문에 불투명결함 수리과정에서 과도한 노출이 일어나지 않도록 주의해야 한다. 표적소재에서 기화를 통해서 해리된 가스들은 휘발성 부산물을 생성하며, 이들은 진공 시스템에 의해서 펌핑되어 배출된다. **그림 3.32 (b)**에서와 같이, 집속 이온빔을 사용하여 투명결함을 수리할 때에는 탄소를 증착막 소재로 사용한다.

48 Syed Rizvi 편저, 장인배 역, 포토마스크 기술, 씨아이알, 2016.

49 angstromengineering.com/products/reticle-ion-beam-sputter-deposition/

집속이온빔수리의 장점을 살펴보면, EUV용 반사마스크의 MoSi 다중층 표면에 존재하는 불투명결함의 제거성능이 매우 뛰어나며, 이진 마스크의 투명결함 수리공정도 매우 훌륭하다. 영상화 수리를 위한 공간분해능도 좋으며, 동일한 형태로 테두리와 패턴을 복사하여 수리하는 과정에서 영상배치 정밀도 사양도 양호하다. 반면에 단점으로는 영상화 수리과정에서 갈륨착색에 의해서 조사영역의 투과율이 감소할 수 있다. 투명결함 수리를 위해서 탄소막을 사용하여 매립식 위상시프트마스크(EPSM) 마스크의 투과율은 맞출 수 있지만, 위상은 맞추기 어렵다. 레이저 생산장비에 비해서 수리속도가 매우 느리며, 스퍼터링 과정에서 유리 기층이 손상될 우려가 있다. 이온빔에 의해서 수리가 진행될수록 마스크 모재에 전하가 충전되며, 이런 마스크 모재의 충전이 전체적인 수리품질에 영향을 끼치므로, 이에 대한 완화기술이 필요하다.

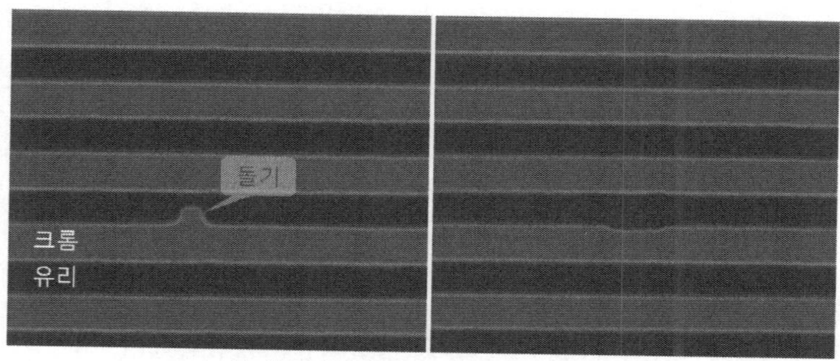

(a) 불투명결함의 수리(식각) 전과 후

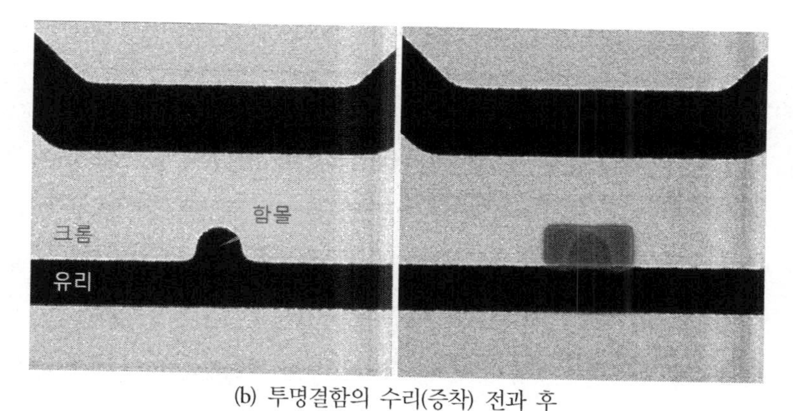

(b) 투명결함의 수리(증착) 전과 후

그림 3.32 집속이온빔을 사용한 포토마스크 수리사례[50]

50 Syed Rizvi 편저, 장인배 역, 포토마스크 기술, 씨아이알, 2016.

3.6 마스크 측정

이 절에서는 포토마스크 패턴형상의 크기와 위치계측에 관련된 문제에 대해서 살펴본다. **그림 3.33**에 도시되어 있는 것처럼, 패턴형상의 최소크기를 선폭 또는 **임계치수**[51]라고 부르며 인접한 형상과의 최소거리를 **피치**라고 부른다. 이런 치수들을 측정하기 위해서는 투과식 및 반사식 현미경, 주사전자 현미경, 주사프로브 현미경, 스캐터로미터 등이 사용된다.

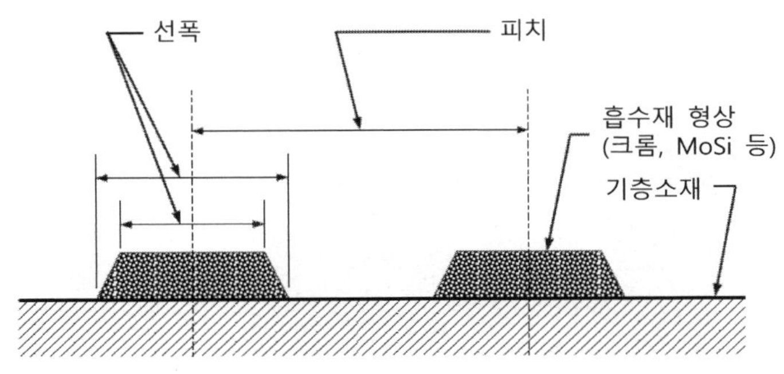

그림 3.33 포토마스크 크롬패턴의 단면[52]

그림 3.34 (a)의 선폭 형상은 데이터 파일상에서 정의된 이상적인 선폭일 뿐이며, 실제로 식각되어 만들어진 직선은 (b)와 같을 것이다. 하지만 이 실제형상에서 선폭을 정의하는 테두리를 추출하기 위해서는 수학적 모델에 기초한 통계학적인 기법이 사용되어야만 한다. 이를 통해서 (c)와 같은 등가의 사다리꼴 형상이 만들어지며, 이 형상의 하단, 중간 또는 상단의 값을 선폭으로 정의한다. 그런데 어느 위치를 사용하는지에 대해서는 따로 정의된 바 없기 때문에 매우 임의적으로 결정된다.

포토마스크상에서 선폭이나 임계치수와 같은 형상크기나 형상배치를 측정하는 데는 이유가 있어야만 한다. 마스크숍에서는 노광, 현상 및 식각공정의 레시피를 조절하기 위해서 몇 가지 핵심 형상들을 측정한다. 또한 마스크 출고검사나 반입검사를 통해서 사양의 충족 여부를 결정하기 위해서도 일부 형상을 측정하게 된다.

51 critical dimension

52 Syed Rizvi 편저, 장인배 역, 포토마스크 기술, 씨아이알, 2016.

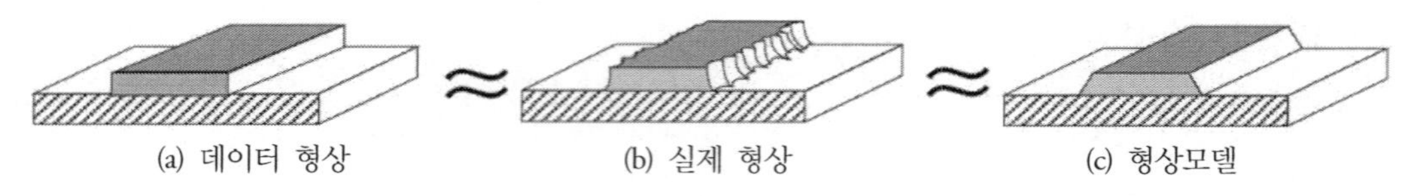

그림 3.34 크롬패턴 선폭의 측정과 관련된 문제[53]

3.6.1 광학식 마스크의 품질

그림 3.35에서는 희석식 위상시프트마스크(Att. PSM)의 품질인자인 임계치수(CD), 영상배치(IP) 및 결함 등과 같은 품질인자들을 도식적으로 보여주고 있다.

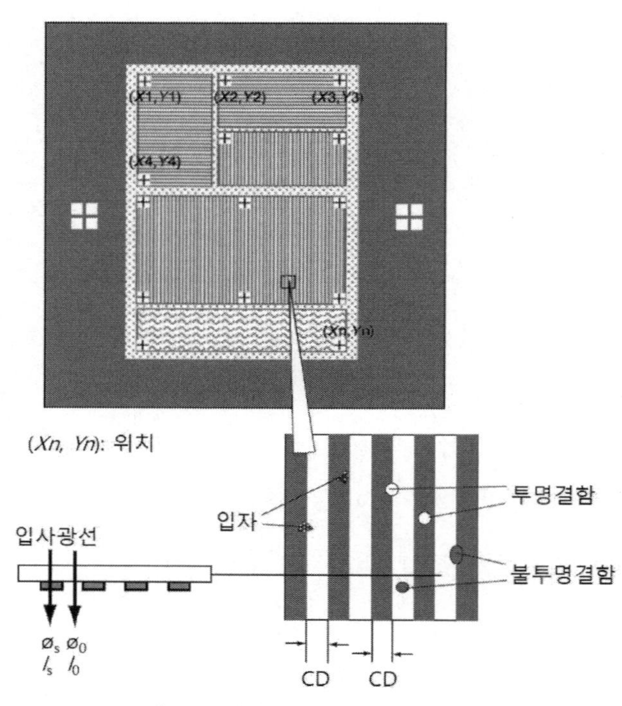

그림 3.35 광학식 마스크의 품질인자들[54]

그림에서는 또한, 일반 2진 마스크에서는 고려되지 않는 위상오차와 투명도가 표시되어 있다.

53 Syed Rizvi 편저, 장인배 역, 포토마스크 기술, 씨아이알, 2016.
54 Syed Rizvi 편저, 장인배 역, 포토마스크 기술, 씨아이알, 2016.

그리고 **표 3.1**에서는 각 설계노드별 품질인자 값들을 제시하고 있다. 표에서 설계노드는 웨이퍼상에서의 임계치수를 나타내고 있다. 45[nm] 노드를 중심으로 살펴보면, 웨이퍼상에서 임계치수가 45[nm]라는 것은 포토마스크 패턴에서의 임계치수는 이의 네 배인 180[nm]라는 것을 의미한다. 그럼에도 불구하고 포토마스크상에서의 패턴임계치수 편차는 ±3[nm]에 불과하며, 패턴배치오차는 포토마스크 전체 표면적에 대해서 ±11[nm]임을 알 수 있다. 그리고 35[nm]를 넘어서는 패턴형상 오차들은 모두 패턴결함으로 취급한다. 2023년 현재 굴절식 노광의 최고 설계노드는 메모리 반도체의 경우 12[nm]이며,[55] 시스템 반도체의 경우에는 7[nm]이다. 설계노드가 줄어들면 그에 비례하여 패턴임계치수, 패턴배치오차 및 패턴결함값이 감소하기 때문에 최신 노드에서의 해당 값들을 어렵지 않게 추정할 수 있다. 제시된 사양을 충족시키는 고품질 마스크의 양산을 위해서 포토마스크 제조공정과 장비들에 대한 많은 개선이 이루어졌다.

표 3.1 굴절식 노광용 포토마스크의 품질인자들

설계노드[nm]	130	90	65	45
배율	4×	4×	4×	4×
패턴임계치수[nm]	±10	±7	±5	±3
패턴배치오차[nm]	±25	±19	±14	±11
패턴결함[nm]	100	70	50	35

3.6.2 임계치수 측정

포토마스크 패턴의 임계치수는 웨이퍼상에서의 패턴 임계치수에 결정적인 영향을 끼친다. 포토마스크 패턴의 임계치수는 묘화, 현상 및 식각 등과 같은 패턴화 공정에 의존하므로, 마스크 제조장비들의 관리상태와 공정 레시피 관리에 의해서 조절된다. 그러므로 임계치수의 정확성과 균일성을 개선하기 위해서는 고성능 장비와 높은 수준의 공정기술이 필요하다. 임계치수가 제작사양을 충족시키도록 만들기 위해서는 임계치수의 올바른 측정이 매우 중요하다. **표 3.2**에서는 임계치수 측정방법과 신호형태가 요약되어 있다. 임계치수의 측정에는 광학식, 전자빔 방식, 그리고 기계식이 있으며, 광학식은 투과식과 반사식으로 세분화된다. 전자빔방식의 측정에는 주사전자현미경(SEM)이 사용되며, 기계식의 경우에는 원자작용력현미경(AFM)이 사용된다.

55 semiconductor.samsung.com

표 3.2 임계치수 측정장비의 유형[56]

유형	광학식		전자빔	기계식
	투과식	반사식	주사전자현미경	원자작용력현미경
측정방법	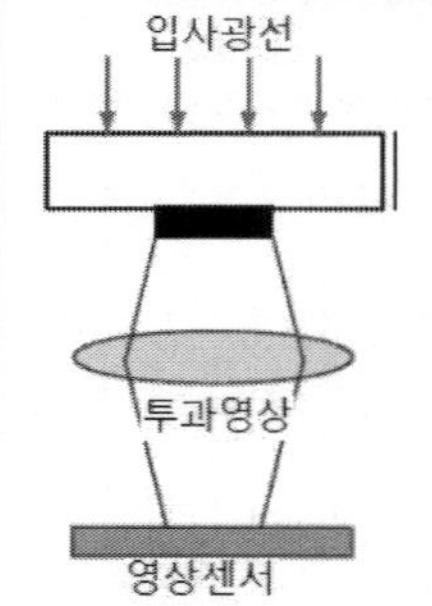 입사광선 투과영상 영상센서	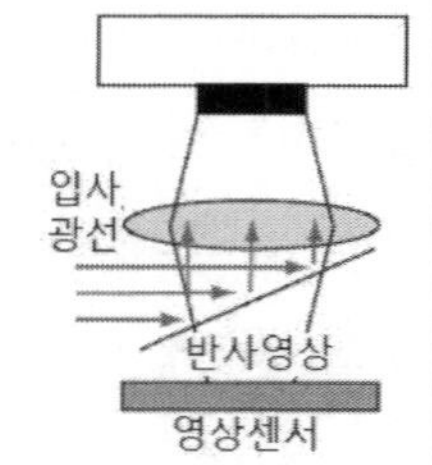 입사 광선 반사영상 영상센서	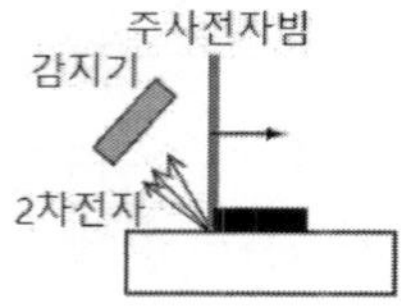 주사전자빔 감지기 2차전자	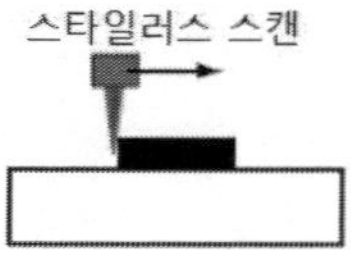 스타일러스 스캔
신호형태	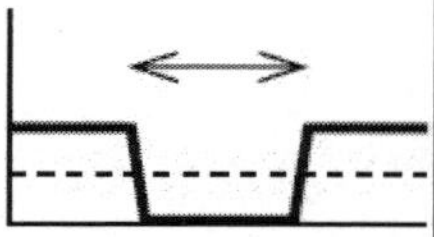	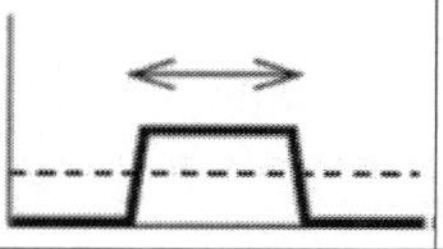	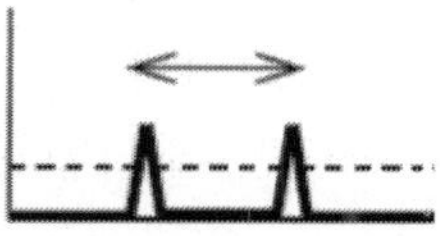	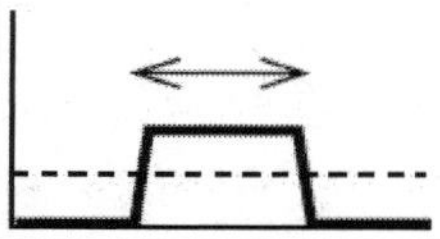

투과식 임계치수 측정장비의 경우, 포토마스크의 패턴 반대쪽에서 레이저 광선을 조사하며, 패턴 측 하부에 설치된 영상화 광학계(현미경과 CCD)를 사용하여 패턴 영상을 검출한다. 크롬 패턴이 남아 있는 영역은 광선을 투과시키지 않기 때문에 이 방식으로 측정된 CCD 영상은 투명한 부분은 고전압(흰색), 불투명한 영역은 저전압(검은색)으로 표시된다. **반사식 임계치수 측정장비**의 경우에는 빔분할기를 사용해서 포토마스크의 패턴 측에 레이저 광원과 영상화 광학계를 함께 설치한다. 빔분할기에 의해서 반사되어 포토마스크에 조사된 레이저 광선은 투명영역에서는 투과되어 나가버리며, 패턴이 성형된 부분에서는 반사되어 빔분할기쪽으로 되돌아온다. 이 반사영상을 CCD에서 검출하면, 투과식의 경우와는 반대로, 투명한 영역은 저전압(검은색), 불투명한 영역은 고전압(흰색)으로 표시된다. **주사전자빔 임계치수 측정장비**의 경우, 포토마스크의 패턴부를 위로 향하여 설치한 다음에 전자빔을 조사한다. 투명영역이나 패턴이 성형된 불투명영역을 포함하여 포토마스크의 평면 영역에서는 전자빔이 정반사되기 때문에, 전자빔 경로의 측면에 경사지게 설치된 감지기에서는 전자를 검출할 수 없다. 그런데 패턴의 테두리와 같은 경사면에 전자가 조사되면 전자가 일부 산란되며, 감지기는 이를 검출할 수 있다. 이에 따라서 전자빔을 사용한 임계치수 측정장비에서는 패턴 테두리에서만 고전압이 송출된다. **원자작용력 현미경 임계치수**

56 Syed Rizvi 편저, 장인배 역, 포토마스크 기술, 씨아이알, 2016.

측정장비의 경우, 고주파로 진동하는 외팔보의 선단부에 원자수준으로 뾰족한 탐침을 설치하고, 탐침의 선단부와 물체 사이의 원자 상호작용력을 일정한 값이 되도록 제어하면 탐침은 물체의 표면(원자)과 닿지 않으면서 일정한 거리를 유지하며 진동한다. 레이저를 사용하여 이 외팔보의 윗면 높이변화를 측정하면 표면 프로파일을 측정할 수 있다.

3.6.3 영상배치 측정

그림 3.36에서는 레이저 간섭계로 위치를 측정하는 포토마스크 스테이지와 반사식 영상화 광학계를 탑재한 **영상배치 측정 시스템**을 보여주고 있다.

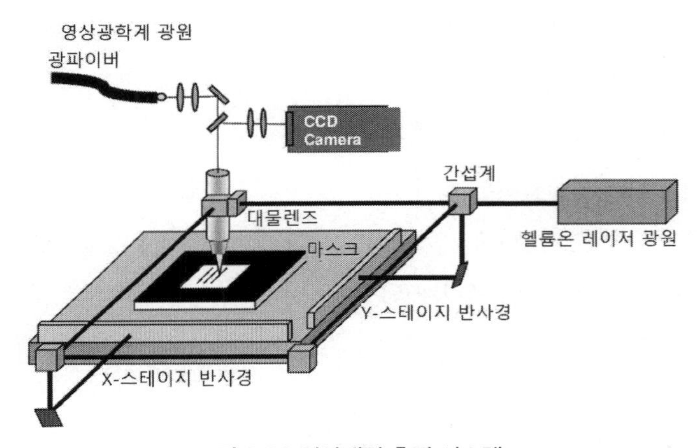

그림 3.36 영상배치 측정 시스템[57]

반사식 영상화 광학계의 구조는 반사식 임계치수 측정장비에서와 동일하며, 대물렌즈 경통에 두 개의 레이저 반사경을 설치하여 경통의 x 및 y 방향 위치를 측정한다. 포토마스크가 고정되는 x–y 스테이지의 측면에는 바미러가 설치되며, 이 바미러에 레이저를 조사하여 x 및 y 방향으로의 스테이지 위치변화를 검출한다. 이렇게 측정된 대물렌즈 경통의 (x, y) 좌푯값과 스테이지의 (x, y) 좌푯값을 서로 차감하면 패턴영상이 검출되는 포토마스크상의 위치를 정확하게 측정할 수 있다. x–y 스테이지는 수십 [nm] 수준의 위치정확도와 반복도를 가지고 있어야 하며, 특히 진동이

57 Syed Rizvi 편저, 장인배 역, 포토마스크 기술, 씨아이알, 2016.

없어야만 한다. 따라서 안내 베어링으로 진동차폐성능이 우수한 공기베어링이 일반적으로 사용된다.

영상배치 오차는 측정된 패턴형상의 위치가 설곗값보다 얼마나 시프트되었는지를 나타낸다. 영상배치오차를 측정하기 위해서 우선, 포토마스크상의 여러 위치에 설치되어 있는 기준표식[58]들의 위치를 측정하여 기준위치로 삼는다. 그런 다음, 스테이지를 이송하여 지정된 위치상의 패턴위치들을 측정하여 포토마스크 전체에서의 배치오차 지도를 만든다.

3.6.4 결함검사

마스크상의 결함은 노광과정에서 전사되어 웨이퍼상의 결함을 초래하게 되므로 마스크상의 패턴에는 결함이 없어야만 한다. 초기 검사장비에서는 **그림 3.37 (a)**에서와 같이, 투과영상을 사용하여 두 다이 사이의 차이를 비교하는 방식으로 결함검사를 수행했다. 이후의 검사시스템들은 **그림 3.37 (b)**에서와 같이, 다이 패턴을 설계된 레이아웃과 비교했다. 그런데 투과영상에서는 크롬 표면에 존재하는 (오염) 입자들을 검출할 수 없기 때문에 **그림 3.37 (c)**에서와 같이, 반사광을 사용하는 검사시스템도 개발되었다. 현대적인 광학식 결함검사 시스템은 투과영상과 더불어서 반사영상도 함께 검출할 수 있다. 이런 광학계를 사용하면 마스크 영역에서 불투명결함뿐만 아니라 투명결함도 함께 검출할 수 있다.

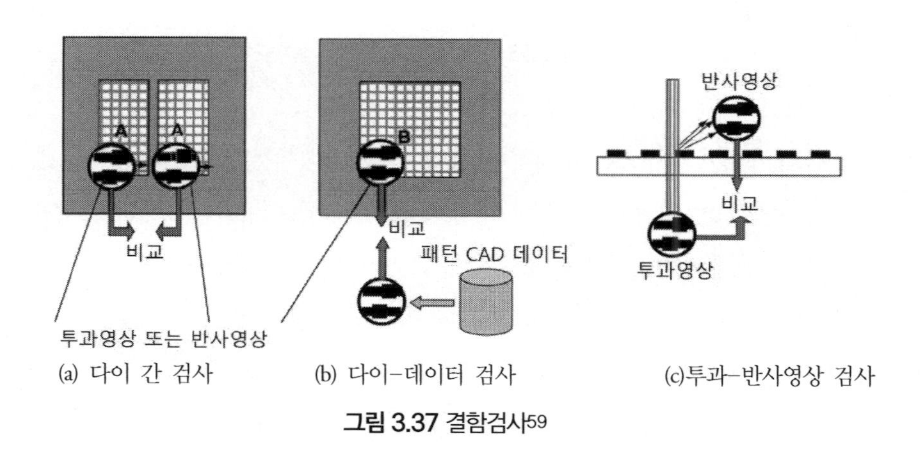

(a) 다이 간 검사 (b) 다이-데이터 검사 (c)투과-반사영상 검사

그림 3.37 결함검사[59]

58 fiducial mark
59 Syed Rizvi 편저, 장인배 역, 포토마스크 기술, 씨아이알, 2016.

3.6.5 위상과 투과율 측정

크롬패턴과 더불어서 유리소재 기층을 식각하여 180[deg]의 위상반전에 따른 파괴적 간섭현상을 이용하는 위상시프트마스크(PSM)의 경우, 위상각 오차는 마스크 품질을 보증하는 핵심인자이다. **위상각 오차**는 180[deg]로부터의 위상각 편차로 정의된다. 그리고 희석식 위상시프트마스크(Att.PSM)의 경우에는 위상각도와 더불어서 투과율도 중요한 인자이다. 그러므로 포토마스크 표면에 배치되어 있는 위상시프트 패턴들의 위상각도 오차와 투과율을 측정하기 위해서 Lasertec社에 의해서, **그림 3.38**에 도시된 것과 같은 위상각도와 투과율 측정 시스템이 개발되었다.

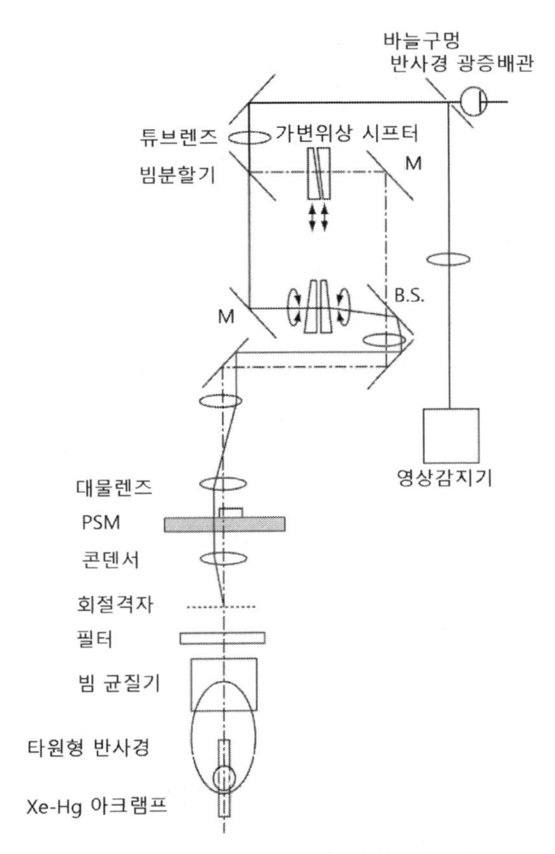

그림 3.38 위상각도 및 투과율 측정 시스템[60]

60 Syed Rizvi 편저, 장인배 역, 포토마스크 기술, 씨아이알, 2016.

이 측정 시스템에서는 회절격자를 사용하여 조사광선을 0차 성분(점선)과 1차 성분(실선)으로 분리시킨 다음에, 위상시프트 마스크를 통과시킨다. 그런 다음, 빔분할기(BS)를 사용하여 0차 광선은 반시계방향으로, 1차 회절광선은 시계방향으로 안내한다. 시계방향 광경로와 반시계방향 광경로에는 각각 서로 다른 방향으로 각각 한 쌍의 리슬리 프리즘들이 설치되어 있는데, 이들을 사용하여 위상시프트 각도와 위상시프트가 일어나는 방향을 변조할 수 있다. 그런 다음 두 광선들을 다시 합쳐서 영상감지기로 안내한다. 영상감지기에서는 최대 광강도가 얻어지는 상황에서의 리슬리프리즘의 조절값들을 사용하여 위상시프트 패턴의 위상 시프트값과 투과율을 측정할 수 있다. 이 시스템은 위상시프트마스크의 실용화에 핵심적인 역할을 수행하였으며, 365[nm], 248[nm] 및 193[nm]와 같은 모든 세대의 굴절식 투사노광에 광범위하게 사용되고 있다.

3.7 펠리클

펠리클은 막 또는 맴브레인을 의미하는 용어로서, 특히, 포토마스크를 오염으로부터 보호하기 위한 박막이라는 뜻으로 사용되고 있다. 보호해야 하는 광학표면의 둘레에 금속 프레임을 설치하고, 그 위에 얇고 투명한 박막을 장력을 주어 설치해 놓으면 빛이 투과하는 과정에서 아무런 위상시프트를 일으키지 않으며, 입자오염으로부터 광학표면을 보호해준다. 1960년대 초기에 광학측정 장비용 빔분할기를 오염으로부터 보호하기 위해서 사용하기 시작하였으며, 반도체 업계에서는 1980년대 전반에 포토마스크를 보호하기 위해서 도입되었다. 펠리클은 다이의 수율 증가와 포토마스크의 세정 및 검사 횟수를 줄이기 위해서 주로 사용된다. **그림 3.39**에서는 펠리클이 설치된 포토마스크를 사용하는 광학투사 시스템을 보여주고 있다. 그림에서는 포토마스크의 상부와 하부에 펠리클 박막이 설치되어 있으며,[61] 마스크 패턴은 포토마스크의 아래쪽에 위치하고 있다. 포토마스크의 상부에서 (레이저) 광선이 조사되면 포토마스크와 펠리클을 투과한 다음에 (다수의) 렌즈 시스템을 통과하면서 1/4로 형상이 축소된다. 대물렌즈의 초점은 포토마스크 하부에 위치한 마스크 패턴을 웨이퍼 표면에 맞추고 있으며, 초점심도(DOF)는 약 ±150[nm]에 불과하다. 펠리클은 포토마스크 표면에서 6.3[mm]의 유격을 두고 설치되기 때문에, 입자성 오염물질들이

61 현재는 포토마스크의 패턴 측에만 펠리클을 설치하여 사용하고 있다.

포토마스크 표면에 쌓이지 못하도록 방어해주며, 펠리클 맴브레인 표면에 오염물질이 쌓인다고 하여도 이는 초점평면에서 벗어나기 때문에 인쇄되지 않는다.

펠리클이 포토마스크를 보호해주지 않는다면 포토마스크의 표면에 입자들이 쉽게 유입되어 웨이퍼상에 왜곡된 영상을 형성하며, 이로 인하여 칩의 결함이 유발된다. 따라서 펠리클을 사용하기 이전에는 매일 포토마스크를 세척하고 검사를 수행해야만 했었다. 펠리클이 없는 포토마스크는 환경에 의해서 쉽게 오염되며, 잦은 세척과정에서 손상을 입게 되어 수율의 저하와 높은 교체비용을 초래하였다.

펠리클을 사용하게 되면서 노광공정을 수행하는 도중에 펠리클 박막 위에 높인 어떤 입자들도 웨이퍼상의 초점 밖에 놓이게 되므로, 그림자 형태의 번짐만 남게 되어, 포토레지스트에 감광되는 포토마스크 패턴영상에는 최소한의 영향을 끼치게 된다. 포토마스크에 펠리클을 설치하고 나면, 펠리클에 의해서 덮여진 표면은 이후의 외부입자 오염에 대해서 자유로워진다. 따라서 포토마스크의 품질을 보증하기 위해서는 펠리클 박막과 포토마스크 표면에 대한 간단한 검사만이 필요하다.

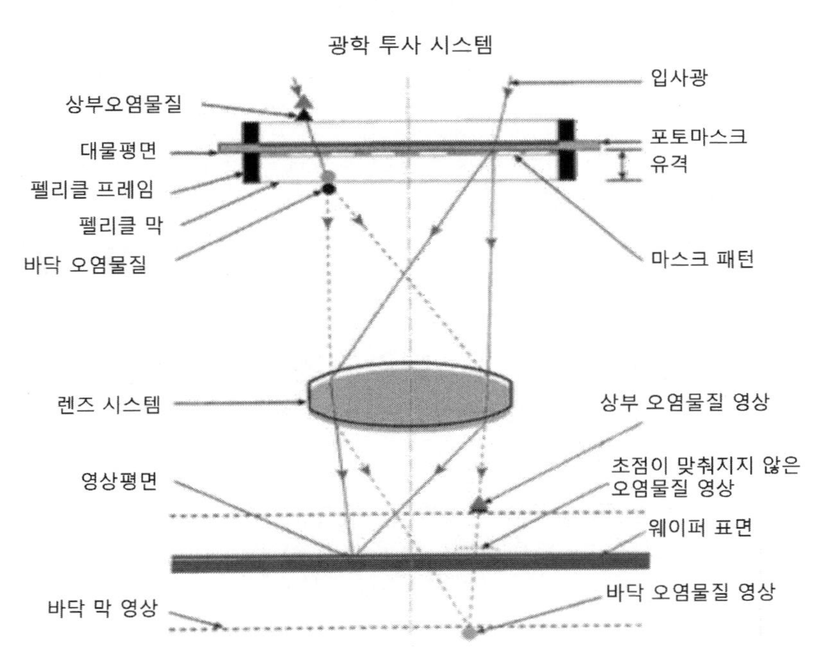

그림 3.39 펠리클이 설치된 포토마스크를 사용하는 광학투사 시스템62

3.7.1 펠리클의 유형

펠리클 박막의 표면은 영상화 광학경로 내의 초점위치에서 벗어나 있기 때문에, 펠리클 표면에 들러붙은 입자들은 웨이퍼에 전사되지 않는다. 펠리클 박막은 노출광선(자외선레이저)에 대해서 높은 투명도와 기계적 강도, 그리고 청결도 등의 성질들을 충족시켜야만 한다.

펠리클 박막은 외부오염, 즉 입자나 증기, 배출가스 등의 침투를 방지하여야 한다. 그리고 초점과 투과율 왜곡을 최소화하면서 광경로를 확보하는 역할을 한다. 펠리클 박막은 함침코팅, 화학기상증착, 스핀코팅 등의 방법을 사용하여 생산할 수 있는데, 현재 대부분의 펠리클 박막들은 스핀코팅 공정을 통해서 생산한다. 펠리클 박막에 비반사 코팅을 시행하는 경우에는 스핀코팅이나 진공증착을 통해서 불화폴리머와 같이 굴절률이 작은 소재를 코팅한다. 비반사코팅에 사용되는 불화폴리머는 저에너지 표면을 생성하므로 펠리클 표면에서 입자들을 제거하기가 용이하다.

펠리클 소재로는 전통적으로 니트로셀룰로오즈를 사용해 왔다. 초기(G-라인)에는 0.87[μm] 두께의 니트로셀룰로오즈 단일층 박막을 펠리클로 사용했었지만, 양면 비반사코팅시에 펠리클 표면에서의 기생광선의 반사를 효과적으로 저감할 수 있기 때문에 양면 불화폴리머 코팅이 시행되었다. 이로 인하여 펠리클 박막의 두께는 1.2[μm]로 증가하게 되었다. 이후에 비정질 불화폴리머 박막이 개발되면서 KrF(248[nm]) 및 ArF(193[nm]) 엑시머레이저 광원에는 불화폴리머 단일층이 펠리클로 사용되었으며, 박막 두께도 다시 0.8[μm] 근처로 감소하게 되었다.

표 3.3 펠리클의 유형과 특성[63]

펠리클 유형	니트로셀룰로오즈		불화폴리머
필름구조	단일층	양면비반사코팅	단일층
		AR AR	
필름소재	니트로셀룰로오즈(NC)	AR/MC/AR	비정질불화폴리머
		MC:수정된 셀룰로오즈 AR: 불화폴리머	
노광파장/ 필름두께	G-라인(436[nm])/0.87[μm]	G-라인(436[nm])/1.2[μm] I-라인(365[nm])/1.2[μm]	KrF(248[nm])/0.82[μm] ArF(193[nm])/0.83[μm]

62 Syed Rizvi 편저, 장인배 역, 포토마스크 기술, 씨아이알, 2016.

3.7.2 펠리클 설치용 프레임

그림 3.40에서는 펠리클 설치 프레임의 구조를 보여주고 있다. 펠리클을 설치하기 위해서 사각링 형상의 금속 프레임이 사용된다. 프레임은 포토마스크 표면에 접착되어 장력이 부가된 펠리클 박막을 고정하여야 하므로 기계적인 강성이 요구된다. 링의 양면은 평평해야 하며, 소재는 장기간 (치수) 안정성을 가져야 하고, 스스로 오염물질을 생성하지 않으면서도 표면 검사가 용이해야 한다. 전형적으로 흑색 양극산화 표면처리가 시행된 알루미늄 합금을 사용한다. 펠리클이 설치된 공간 내부를 부유하는 입자들이 들러붙기 쉽도록, 펠리클 프레임의 내측면에는 점착성 코팅을 시행된다. 프레임의 상부에는 접착제를 사용하여 펠리클 박막을 부착하는데, 펠리클 부착 시 장력이 부가되도록 전용 치구를 사용하여 펠리클을 미리 견인한 상태에서 프레임에 부착한다. 펠리클을 포토마스크에 설치하기 전에는 탈착식 라이너가 부착된 뒷면덮개를 사용하여 밀봉해 놓는다. 이를 통해서 제작이 끝난 펠리클 조립체의 보관과 운송과정에서 오염을 방지할 수 있다. 이 뒷면덮개는 포토마스크에 펠리클을 설치하기 직전에 벗겨낸다. 펠리클 박막은 기계적인 강성이 매우 작기 때문에 (항공)운송과정에서 발생하는 외부 기압 차이에 의해서 펠리클이 변형될 수 있다. 이런 압력변화에 대응하기 위해서 펠리클 프레임에는 환기구멍이 성형되어 있으며, 이 환기구멍을 통해서 외부에서 오염물질이 유입되는 것을 방지하기 위해서 필터가 설치된다. 하지만 이 구멍을 통해서 오염이 발생할 위험성이 매우 높기 때문에, 항공운송이 필요하거나 급격한 압력변화가 발생하지 않는 경우에는 이 환기구멍을 사용하는 것을 추천하지 않는다.

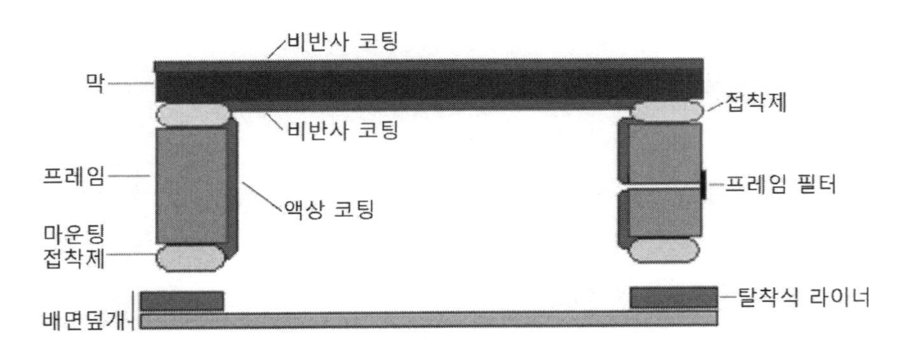

그림 3.40 펠리클 설치 단면도64

63 Syed Rizvi 편저, 장인배 역, 포토마스크 기술, 씨아이알, 2016.을 참조하여 재구성하였음.

포토마스크 위에 펠리클을 설치하는 작업을 **마운팅**이라고 부른다. 펠리클 마운팅은 수작업으로는 불가능하며, 자동화된 마운팅장비를 사용해야만 한다. 마운팅 과정에서 프레임 전체에 균일한 작용력을 가하여야만 한다. 마운팅 과정에서 마운팅용 치구가 펠리클 프레임의 테두리에 손상을 입힌다면 이로 인하여 오염이 발생한다.

3.7.3 펠리클 검사

펠리클과 펠리클 마운팅용 프레임 구성요소들 중에서 펠리클 필름만을 자동으로 검사할 수 있을 뿐이며, 여타의 구성요소들은 시각적으로 검사해야만 한다. 펠리클과 마운팅용 프레임에서 발생하는 결함들은 **치명적 결함**, **기능적 결함**, 또는 **표면 결함** 등으로 분류하며, 결함의 유형에 따라서 적절한 대응방안을 취해야만 한다. 기능적 결함은 공급자와 사용자 사이에서 매우 잘 정의되어 있는 반면에 표면 결함은 표준시편과의 비교를 수행해야만 한다.

펠리클 박막 투과율 검사를 위해서는 녹색 수은등이나 헬륨–네온등과 같은 단색광을 사용한다. 펠리클 박막에 단색광이 조사되면 스핀코팅 공정에서 유발되는 막상의 불균일한 점들을 검출할 수 있다. 펠리클 박막의 두께 균일성을 검사하기 위해서는 스펙트럼 분광계나 상용 막두께 측정장비들이 사용된다.

펠리클 박막의 입자오염 검사에는 **육안검사**, **레이저산란**, 그리고 **비디오카메라 검사** 등이 사용된다. 육안검사 방식으로 0.3[μm] 크기의 입자를 검출할 수 있으며, 매우 빠른 검사가 가능하지만 개인 간 편차가 매우 크다. 레이저 산란이나 비디오카메라를 사용하면 0.3[μm] 미만의 입자들도 손쉽게 검출할 수 있다. 레이저 산란은 입자의 크기를 정량화하기 어려운 반면에, 고속비디오카메라를 사용하면 가장 뛰어난 검출성능을 구현할 수 있다.

표면이 검은색으로 양극산화 처리되어 있는 **프레임의 검사**에는 **육안검사방법**이 사용된다. 그런데 육안검사방법으로는 프레임 표면의 가공흔적, 식각얼룩, 샌드블러스팅 자국 등과 입자를 구분하기가 매우 어려워서 실질적으로 3[μm] 이하의 오염을 구분해낼 수 없다. 현미경을 사용한 프레임검사가 시도되었지만 결과는 만족스럽지 못하였다.

과거에 사용되었던 발포성 접착제는 50[μm] 이상의 기공이 존재하기 때문에, 이를 사용하는 경우에는 작은 입자의 검출이 불가능하였다. 이 때문에 표면이 매끈한 무기재[65] 접착제가 사용되

64 Syed Rizvi 편저, 장인배 역, 포토마스크 기술, 씨아이알, 2016.

고 있다. 하지만 프레임 테두리 영역과 접착제 표면에 존재하는 입자의 검출은 여전히 어려운 일이다.

3.7.4 펠리클의 취급과 환경

펠리클은 Class1 클린룸 영역에서 제작되고, 클린용기를 사용해서 보관 및 운송된다. 일단 포토마스크에 장착되고 나면, 장기간 성능을 유지해야만 한다. 이런 모든 과정에서 펠리클 및 프레임 구조체가 새로운 입자나 오염을 생성하지 않아야 한다. 펠리클과 프레임 구조체에는 펠리클 마운팅용 접착제, 내부코팅물질, 잔류용제, 가소재, 산화방지제, 자외선 안정제 등 다양한 화학물질들이 사용되는데, 이들은 수명기간 동안 휘발성 기체와 오염 입자들을 방출할 수 있다. 이를 완전히 방지하는 것은 어려운 일이므로 주기적인 검사를 통해서 오염발생 여부를 모니터링하여야 한다.

펠리클 취급과정에서 정전기의 발생은 심각한 문제이다. 펠리클 프레임에서 뒷면덮개를 벗겨내거나 설치용 접착제 표면에서 라이너를 벗겨내는 과정에서 순간적으로 수천[V]의 정전기가 발생할 수 있다. 이를 빠르게 중화시키지 않는다면 즉각적으로 주변공간을 부유하던 입자들이 펠리클 표면에 부착되어 버린다. 일단 전기적으로 펠리클 표면에 들러붙은 입자를 물리적인 (세척)방법으로 떼어내기는 매우 어려운 일이므로 펠리클 마운팅 장비와 취급용 작업테이블 주변을 청결하고 적합한 정전기 방지환경을 구축하는 것이 매우 중요하다.

검사를 위해서 펠리클을 붙잡고 있는 것만도 어려운 일이며, 오염의 원인이 될 수 있다. 펠리클 표면을 육안으로 검사하여 입자오염이 발견된다면 바늘형태의 분사기를 사용하여 필터링 및 탈이온화된 공기나 건조질소를 분무하여 펠리클 박막 위의 입자를 제거한다. 이런 분사방법은 대형의 입자들을 제거하는 데에 효과적이지만, 잘못 사용하면 작은 입자들을 퍼트려서 오염을 확산시켜버릴 우려가 있다.

포토마스크에서 펠리클을 제거한 다음에 마운팅용 접착제 잔류물을 세척하는 과정에서도 세심한 주의가 필요하다 펠리클 제조업체마다 서로 다른 접착제를 사용하기 때문에 세척 방법도 서로 달라진다.

65 noncarrier

3.8 SMIF 포드

제작이 완료된 포토마스크는 소규모 환경조절 챔버인 SMIF[66] 포드[67]에 넣어서 보관한다. **SMIF 포드**는 1980년대에 ASML社의 전신인 ASM社의 PAS2500 스테퍼에 사용하기 위해서 개발되었다. **그림 3.41 (a)**에 도시되어 있는 것처럼, 초기에는 다수의 레티클들을 수납하는 카세트의 형태로 제작되었다. 하지만 레티클들을 카세트 단위로 운반할 뿐만 아니라, 개별 레티클을 운반할 필요가 있기 때문에, **그림 3.41 (b)**에 도시되어 있는 것처럼, 단일 레티클 운반용 SMIF 포드가 개발되었다.

(a) 최초의 카세트형 SMIF 포드68

(b) 현재 사용되는 단일 SMIF 포드69

그림 3.41 레티클 보관용 SMIF 포드

SMIF 포드의 외벽은 폴리카보네이트 소재로 제작되는데, 포드를 여닫는 과정에서 발생하는 정전기가 포토마스크에 손상을 입히는 일이 자주 발생하였다. 이를 방지하기 위해서 포토마스크를 취급하는 영역에는 이오나이저가 설치되었다. 정전기를 방출시키기 위해서 폴리카보네이트 소재에는 카본블랙과 같은 도전성 물질들을 혼합하였으며, 이를 통해서 정전기의 생성을 방지할 수 있게 되었다. 하지만 이것만으로는 충분치 못하기 때문에, SMIF 포드의 취급에는 세심한 주의가 필요하였다. Microtome社에서는 **그림 3.42**에 도시된 것과 같은 구조의 금속 소재 단일 SMIF 포드를 개발하였다. 소위 **E-포드**라고 부르는 SMIF 포드는 포토마스크의 베벨링된 모서리만을 유연하게 지지하고 있어서 충격에 매우 강하다. 또한 금속체 구조이므로 강한 전자기장에 노출되어도

66 Standard Mechanical IntertFace
67 SMIF 포드의 사양들은 EMI 111에 규정되어 있다.
68 www.researchgete.net, "A brief history of the development of SMIF-based reticle handling"
69 entegris.com

포토마스크 손상이 발생하지 않는다. SMIF 포드 내에서 포토마스크에 유해한 영향을 끼칠 수 있는 산소와 수분을 제거하기 위해서 Entegris社에서는 이 E-포트에 Clarilite™ 퍼지포트를 설치하여 클린공기나 건조질소를 충진할 수 있게 되었다. 이를 통하여 공기오염에 거의 완벽하게 대처할 수 있게 되었다. 포토마스크의 보관 및 운반에 사용되는 SMIF 포드는 원칙적으로 수동 취급이나 운반이 금지되어 있으며, 접지가 확보된 로봇으로 운반하는 것이 바람직하다. 그리고 SMIF 포드의 개폐를 위해서는 전용 치구를 사용해야만 한다.

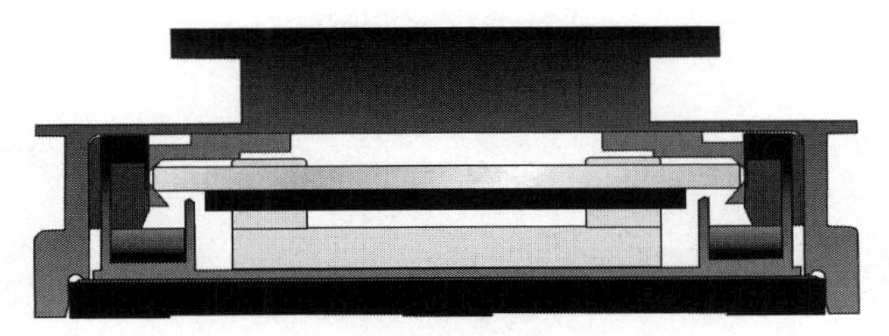

그림 3.42 전체가 금속으로 제작된 단일 레티클용 SMIF 포드[70]

3.9 마스크숍

마스크 제작과 관련된 업무는 포토마스크의 레이어패턴을 설계하는 업무와 마스크 패턴노광을 수행하는 업무로 크게 나눌 수 있다. 그런데 마스크 설계업무는 일반적으로 팹리스 업체들이 전문적으로 수행한다. 따라서 **마스크숍**이라 하면, 마스크 모재를 반입하여 패턴을 노광하고 검사 및 수리한 후에 펠리클을 장착하여 완성된 마스크를 출고하는 작업을 수행하는 곳이라고 정의할 수 있다. 2005년 180[nm] 노드용 마스크숍을 건설할 때에는 약 4,000만 달러가 소요되었던 것이, 2009년 130[nm] 노드용 마스크숍 건설비용은 약 1억 달러가 소요되었으며, 2013년 28[nm] 노드용 마스크숍 건설비용은 약 1.1~1.4억 불이 소요되었다. 이처럼 기술노드가 발전할수록 마스크숍의 건설비용은 크게 증가하고 있으며, 14[nm] 핀펫 공정용 마스크숍 건설비용은 2억 달러를 상회할 것으로 추정되고 있다. **표 3.4**에서는 총 건설비용 8,800만 달러을 투입하여 2006년에 건설한 65[nm] 노드용 마스크숍의 건설비용 내역을 보여주고 있다.

70 www.researchgete.net, "A brief history of the development of SMIF-based reticle handling"을 참조하여 다시 그렸음.

표 3.4 65[nm] 노드용 마스크숍 건설비용 내역서

설비	제조사	가격
모재검사	Lasertec	$3M
마스크라이터	Toshiba 5000 또는 Hitach HL-8000EB	$14M
위상시프트라이터	ALTA 4300	$8M
레지스트코팅	Sigmameltec CTS7000	$3M
노광후베이크 및 현상	HamaTech APE Masktrack	$2.8M
플라스마 식각	Unaxis Mask Etcher IV	$4M
HF 식각	SigmaMeltec SFH 3000	$1.3M
임계치수계측	Leica LWM 250 DUV	$2M
영상계측	Lasertec MPM 193	$2M
	Zeiss AIMSFAB 193	$2M
레지스트레이션	Leica I-Pro II	$2.5M
결함검사	KLA-Tencor SLF87	$10M
	AMAT Aera 193	$10M
결함수리	RAVE nm 1300	$5.5M
레지스트박리	SigmaMeltec MRC 7500	$3M
세척	HamaTech-APE Mask Track	$3.5M
기타설비	-	$8M

3.10 포토마스크 시장현황과 메이저 제조업체들

2015년 반도체용 포토마스크 시장은 약 $3.1B 수준이었다. **그림 3.43 (a)**에서는 2015년 기준의 국가별 시장 점유율을 보여주고 있는데, 대만 28%, 북미 21%, 한국 19%, 일본 19% 순임을 알 수 있다. 이를 통해서 대만의 TSMC社, 미국의 Intel社, 한국의 삼성전자社와 하이닉스社, 그리고 일본의 마이크론社 등이 대표적인 포토마스크 소비처임도 유추하여 생각해 볼 수 있다. **그림 3.43 (b)**에서는 2020년 기준 포토마스크 공급업체별 순위를 보여주고 있다. 그림에서 **Captive**는 마스크숍에서 자체적으로 포토마스크를 제작한다는 뜻으로, **캡티브숍**은 세계적으로 인텔社, 삼성社, TSMC社의 3개社들만이 운영하고 있는 실정이다.[71] 이외의 반도체 제조사들은 모두 마스크를 외

71 그렇다고 이 3개 사들이 필요한 포토마스크들을 모두 자체 제작한다는 뜻은 아니고 이 3개 사들도 머천트숍들을 이용하고 있다.

주제작하는데, 이렇게 마스크를 외주제작하는 마스크숍들을 **머천트숍**[72]이라고 부른다.

실질적으로 세계 1위의 포토마스크 공급업체인 일본의 다이니폰 프린팅社(DNP)[73]는 1876년에 창업한 프린팅 전문회사로서, 세계에서 가장 큰 LSI 포토마스크숍을 운영하고 있으며, LSI 설계와 MPW 서비스를 제공하는 다이니폰 LSI 디자인(DLD)社를 자회사로 두고 있다. DNP/DLD社는 일본에 설계센터를 운영하고 있으며, 전공정 설계에서부터 후공정 설계에 이르기까지 모든 설계를 지원하고 있다. 설계 서비스의 포트폴리오를 살펴보면, ASIC/커스텀 LSI설계, 라이브러리 개발, OP앰프, 레귤레이터, A/D, D/A, 비교기 및 PLL 등 다양한 아날로그 회로설계, LSI 턴키설계 등의 서비스를 제공하고 있다.

세계 2위의 포토마스크 공급업체인 듀폰 포토마스크社는 1985년에 듀폰그룹의 계열사로 설립되었으며, 진보된 포토마스크와 EDA[74] 소프트웨어를 개발하였다. 하지만 현재는 지분 전체를 일본 포토마스크업체인 토판社가 소유하고 있으며, 본사는 미국 텍사스주 라운드록에 소재하고 있다. 토판社와 듀폰 포토마스크社 연합은 중국, 프랑스, 독일, 일본, 대한민국, 싱가포르, 대만, 그리고 미국에 글로벌 포토마스크 생산 네트워크를 운영하고 있다.

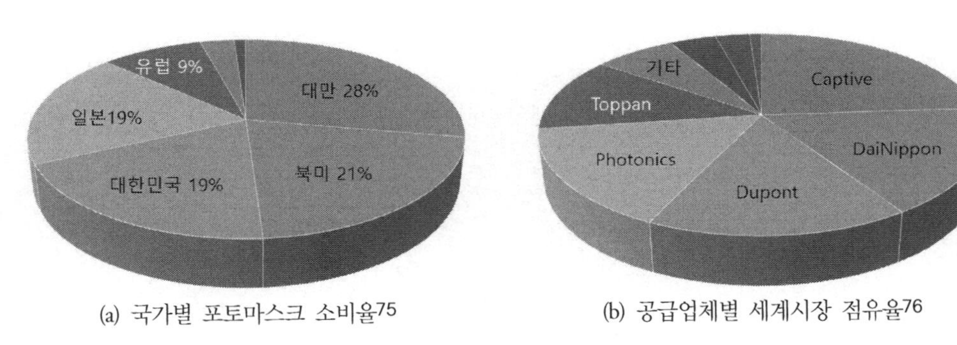

(a) 국가별 포토마스크 소비율[75] (b) 공급업체별 세계시장 점유율[76]

그림 3.43 포토마스크 세계시장 현황

72 merchant shop
73 大日本印刷株式会社
74 electronic Design Automation
75 semiengineering.com/photomask-market-update-2/를 참조하여 다시 그렸음.
76 www.maximizemarketresearch.com의 Laser Photomask Market Overview를 참조하여 다시 그렸음.

04

굴절식 노광장비

Chapter

04 굴절식 노광장비

렌즈를 사용하여 초점평면에 물체 측 영상을 집속하는 광학계를 **굴절식 광학계**라고 부른다. 렌즈 어레이를 사용하여 초점평면에 일정한 배율로 축소된 영상을 조사하는 굴절식 투사광학계를 사용하여 물체 측에 설치된 포토마스크의 패턴영상을 초점평면에 설치된 웨이퍼 표면에 조사하여 패턴을 전사하는 방법을 **굴절식 투사노광**이라고 부른다. 초창기 반도체 집적회로 생산에서는 등배율 패턴마스크를 웨이퍼 표면에 접촉시켜놓은 상태에서 빛을 조사하여 노광하는 매우 단순한 방식의 노광방법이 사용되었으나, 마스크 오염과 손상이 자주 발생하고 패턴밀도를 증가시키는 데에 한계가 있었기 때문에, 오래지 않아서 비접촉 방식과 영상축소방식을 함께 사용하는 굴절식 투사노광 방법을 사용하게 되었다. 그런데 마이크로칩의 용량이 18개월마다 2배가 된다는 무어의 법칙에 따라서 집적회로의 선폭이 급격하게 감소하면서 굴절식 투사광학계는 빛의 회절에 따른 분해능 저하문제를 해결해야만 했다. 이에 대응하여 투사광학계는 심자외선(DUV) 조명, 색지움렌즈, 텔레센트리조건, 비축조명, 액침노광과 같은 다양한 광학기법들을 개발하게 되었다. 이와 더불어서 한 번에 노광할 수 있는 다이의 크기를 증가시키기 위해서 웨이퍼 이송방법을 스테핑에서 스캐닝으로 전환하게 되었다. 현재 사용되는 최신의 굴절식 노광장비는 위상시프트마스크와 액침노광기법을 사용하고 있으며, 2중노광으로 12[nm] 패턴[1]을, 4중노광으로 7[nm] 패턴[2]을 제작하는 단계에 이르렀다. **표 4.1**에서는 금속산화물반도체 전계효과트랜지스터(MOSFET)의 연도별 기술노드들을 보여주고 있다.

1 S社는 2중노광기법을 사용하여 메모리용 FinFET을 제조하고 있다.

2 T社는 4중노광기법을 사용하여 시스템반도체를 제조하고 있다.

표 4.1 연도별 기술노드(단위: [nm])

연도	1971	1974	1977	1981	1984	1987	1990	1993	1996	1999	2001
노드	10,000	6,000	3,000	3,500	1,000	800	600	350	250	180	130
연도	2003	2005	2007	2009	2012	2014	2016	2018	2020	2022	2024
노드	90	65	45	32	22	14	10	7	5	3	2

하지만 2023년 현재, 최신의 집적회로들은 최소선폭 기준으로 3[nm] 제품이 이미 양산되고 있으며, 20[Å] 제품이 시생산되고 있다.[3] 그리고 이미 1X, 1Y, 1Z가 로드맵상에 계획되어 있다. 그럼에도 불구하고, 현재 사용 중인 파장길이가 193[nm]인 ArF 엑시머레이저 광원으로는 더 이상 선폭을 축소시킬 수 없는 물리적 한계에 봉착해 있는 실정이다. 이에 따라서 파장길이가 13.5[nm]인 극자외선(EUV) 광원을 사용하는 반사식 노광기술이 개발되었으며, 성공적으로 초미세패턴 집적회로의 양산에 사용되고 있다. 극자외선 노광기술에 대해서는 **6장**에서 따로 살펴볼 예정이다. 그렇다고 하여 집적회로 생산기술이 곧장 극자외선 노광으로 옮겨가는 것은 아니다. 아직 극자외선 노광기술은 장비가격과 운영비용이 매우 비싸며, 수율도 심자외선 공정만큼 안정적이지 못하다. 그리고 게이트와 같이 선폭이 임계치수에 근접하는 공정을 제외하고는 굳이 고가의 극자외선 공정을 사용할 필요가 없다. 따라서 앞으로도 집적회로 생산을 위한 대부분의 공정들에는 굴절식 투사노광이 사용될 것이며, 극자외선 노광공정은 게이트 노광과 같은 민감한 공정에 선별적으로 사용될 것이다.

이 장에서는 노광기술의 역사에 대해서 간략하게 살펴본 다음에 광학식 노광기술과 웨이퍼 스캐너, 웨이퍼 스캐너의 위치측정, 그리고 웨이퍼 스캐너의 운동제어 순으로 살펴볼 예정이다. 이 장의 내용은 포토마스크기술[4]과 고성능 메카트로닉스의 설계[5]를 참조하여 작성되었으므로, 보다 자세한 내용은 해당 문헌을 참조하기 바란다.

3 인텔社에서는 2[nm] 제품부터 단위를 [nm]에서 [Å]으로 바꾸어 부르고 있다.

4 Syed Rizvi 편저, 장인배 역, 포토마스크 기술, 씨아이알, 2016.

5 R. Schmidt 공저, 장인배 역, 고성능 메카트로닉스의 설계, 동명사, 2015.

4.1 노광기술의 역사

4.1.1 접촉/근접식 노광

초기(1960~1975) 집적회로 제작에서는 마일러 필름을 사용하여 웨이퍼에 노광할 패턴과 동일한 크기(1× **마스크**라고 부른다)로 포토마스크를 제작하였으며, 이를 웨이퍼 표면에 접촉시킨 다음에 빛을 조사하는 **접촉노광** 기법을 사용하여 패턴을 노광하였다. 그런데 연질 마스크가 레지스트가 코팅된 웨이퍼와 접촉하는 과정에서 마스크에 오염과 손상이 발생하면 이후에 투입되는 웨이퍼에 대한 노광과정에서 이 결함이 전사되어 버린다. 이를 개선하기 위해서 마스크를 경질소재(소다라임유리)로 바꾸고 수 [μm] 수준의 좁은 간극을 유지하는 **근접노광** 방식을 도입하여 접촉에 의한 문제를 해결하였다. 하지만 패턴밀도가 급격하게 증가함에 따라서 형상 테두리에서 발생하는 빛의 회절 때문에 근접노광 방법도 오래지 않아서 분해능 한계에 봉착하게 되었다. 접촉노광 및 근접노광방식에서 마스크 패턴의 크기는 웨이퍼상에서 필요한 패턴의 크기와 동일한 크기로 설계된다. 마스크의 크기도 당시 사용되던 4인치(100[mm]) 직경의 웨이퍼를 모두 덮을 수 있는 크기로 제작되었다. 이런 방식의 영상화를 **1×노광**(또는 **1:1노광**)이라고 부른다.

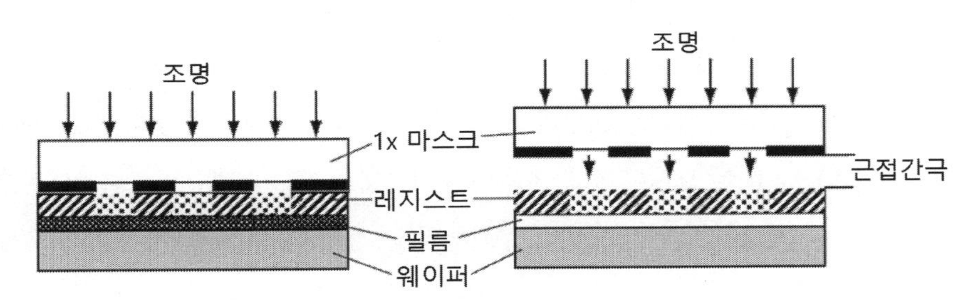

그림 4.1 접촉식 노광과 근접노광[6]

초기 루비리스를 절단하는 수작업 방식으로 제작되던 마스크는 형상정밀도나 분해능의 한계가 있었다. 이를 개선하기 위해서 벨연구소에서는 자동화된 **마스터 마스크** 제작 시스템을 구축하였다. 이 시스템은 집적회로 패턴 레이아웃을 전산화하였고, 마스크 관리 소프트웨어를 구축하였으며, 고속 레이저 패턴발생기와 축사 카메라, 그리고 반복 스텝 카메라를 사용하여 마스터 마스

6 Syed Rizvi 편저, 장인배 역, 포토마스크 기술, 씨아이알, 2016.

크를 제작하였다. 레이저 패턴발생기에는 514[nm] 파장의 단일모드 아르곤(Ar) 레이저가 사용되었으며, 2[MHz] 음향광학변조기를 사용하여 광선스위칭을 수행하였고, 10각형 회전 반사경을 사용하여 7[μm] 직경의 가우시안 스폿을 스캐닝하였다. 이 시스템은 200×250×6.25[mm^3] 크기의 유리기판상에 26,000×32,000개의 픽셀을 프린트할 수 있었다. 레이저 패턴발생기를 사용하여 어드레스 크기는 2[μm]이며, 최소형상의 크기는 10[μm]인 패턴영상을 제작하였고, 축사 카메라를 사용하여 1/10으로 축사하였다. 이렇게 하여 제작된 1:1 마스크의 칩다이 크기는 5×5[mm^2], 어드레스 크기는 0.2[μm]이며, 임계치수는 1.0[μm]였다. 마지막으로 100×100[mm^2] 크기의 마스크에 다수의 칩다이들을 반복 노광하여 웨이퍼 노광용 마스크를 제작하였다. 이 마스크를 사용하여 직경 85[mm]인 웨이퍼에 1:1 근접노광을 시행하였다. 이를 **2세대 마스크**라고 부르며 1970~1980년의 기간 동안 사용되었다.

4.1.2 투사노광

접촉노광이나 근접노광은 모두 포토레지스트가 도포된 웨이퍼와 인접한 위치에서 마스크가 사용되기 때문에 근본적으로 오염에 취약하다. 따라서 마스크는 오염으로부터 자유로운 별도의 영역에 고정해 놓고, 렌즈나 반사경과 같은 광학소자들을 사용하여 패턴영상을 웨이퍼 측으로 안내하는 **투사노광** 기술이 개발되었다.

그림 4.2에서는 1970년대에 개발된 다양한 1:1 투사노광기들을 보여주고 있다. Perkin Elmer社에서는 1974년에 **그림 4.2 (a)**에 도시된 것과 같은 투사광학계를 개발하였다. 포토마스크는 그림의 좌측에 수직으로 세워져 있으며, 빔분할기와 투사광학계, 그리고 그림 상단에 설치된 오목 반사경을 사용하여 마스크 패턴영상을 그림 하단에 설치된 웨이퍼 표면에 투사하였다. 이 방식에서는 마스크 전체면적에 조명을 조사하여 1:1 노광을 시행하였다. Bell Lab에서는 1976년에 **그림 4.2 (b)**에 도시된 것과 같은 투사광학계를 개발하였다. 이 시스템의 경우에는 하부에 설치되어 있는 하나의 스테이지에 포토마스크와 웨이퍼를 함께 올려놓고 스테이지 하부에서 마스크 표면으로 면상 조명을 조사한 후에 빔분할기와 반사경들을 사용하여 반사광선을 웨이퍼 표면으로 안내하는 매우 독창적인 방법을 사용하였다. 마스크와 웨이퍼를 고정한 스테이지를 스테핑 모션으로 이송해 가면서 웨이퍼 전체 면적에 대한 노광을 시행한다. 이 방법은 비록 투사노광 방법이지만, 웨이퍼와 마스크를 동일한 공간에 위치시켜야만 하기 때문에, 마스크 오염방지에는 한계가 있었다.

Canon社에서는 1978년에 **그림 4.2 (c)**에 도시된 것과 같은 투사광학계를 개발하였다. 포토마스크는 그림의 상단에 위치하며, 5각형 반사경과 대구경 오목반사경, 그리고 소구경 볼록반사경을 사용하여 1:1 영상화 광학계를 구성하였다. 조명으로는 슬릿빔을 사용하였으며, 마스크와 웨이퍼는 동일한 속도로 스캐닝 운동을 하였다. 이 방법은 마스크를 웨이퍼와 분리된 공간에 위치시킬 수 있어서 마스크 오염의 방지에는 효과적이었다. 스캐닝 노광방식은 현재 노광기의 구동방식으로 사용되고 있는 매우 선진적인 방법이기는 하지만 1970년대의 서보제어기술로는 완벽한 동기화를 구현하는 데에 한계가 있었다.

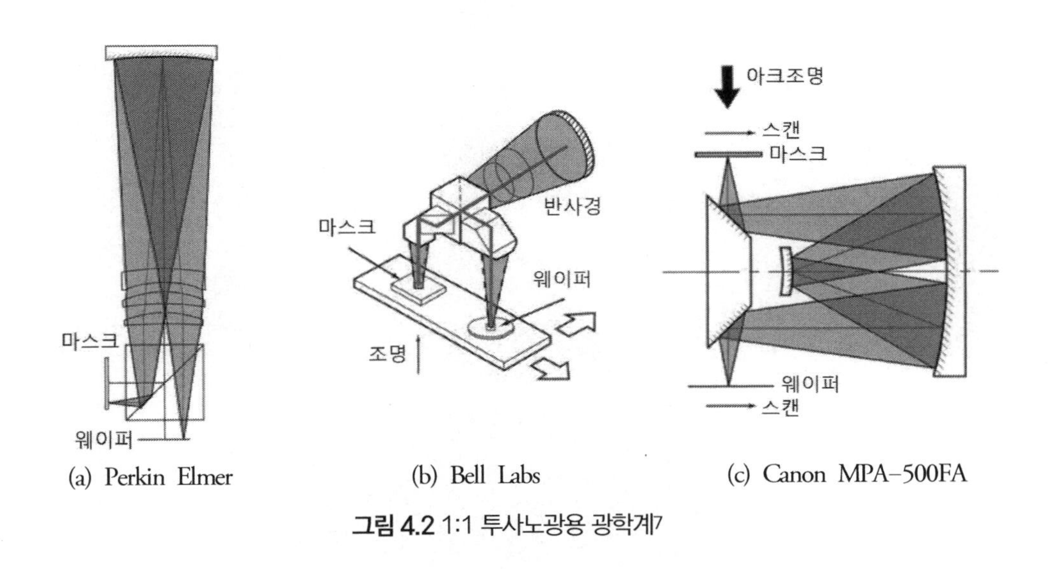

(a) Perkin Elmer (b) Bell Labs (c) Canon MPA-500FA

그림 4.2 1:1 투사노광용 광학계[7]

4.1.3 축소노광

1× 마스크를 사용한 1:1 투사노광 기술에서는 마스크상에서의 형상공차 값들을 웨이퍼에서와 동일한 수준으로 관리해야만 한다. 그러므로 마스크 제작 시 발생하는 형상공차들이 심각한 제약조건으로 작용한다. 반면에 마스크 패턴을 축소하여 노광하는 축소-투사광학계를 사용하여 **축소노광**을 시행하면 더 큰 형상을 가지고 있는 마스크를 사용할 수 있기 때문에, 마스크상의 작은 오차들은 웨이퍼상에서 회로의 작동성능에 영향을 끼칠 수 없는 수준의 작은 점으로 축소되어

7 J.H. Bruning, Optical Lithography…40 years and holding, SPIE Vol. 6520 (2007) p.652004를 기반으로 재구성하였음.

버린다. 따라서 축소-투사노광 방법이 1[μm] 이하 노드의 LSI 제조에 광범위하게 사용되기 시작하였다.

그림 4.3에서는 1978년 GCA社에서 개발한 최초의 10:1 축소노광용 스테퍼를 보여주고 있다. 이 시스템의 투사광학계로는 자이스社에서 제작한 10:1 축소 렌즈어레이를 사용하였다. 광학계의 개구수 NA=0.28이며, 한 번에 노광할 수 있는 필드의 크기는 10×10[mm²]이었으며, 광원으로는 G-라인(λ=436[nm]) 고압수은등을 사용하였다.

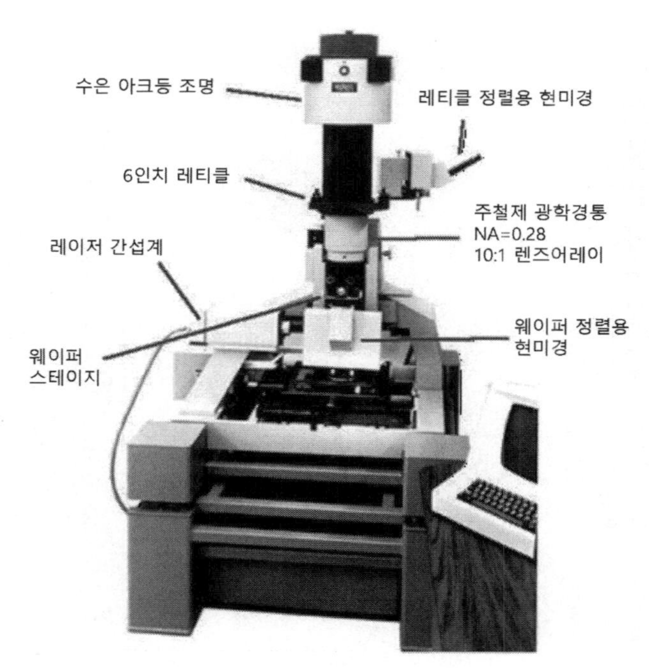

그림 4.3 GCA社에서 개발한 최초의 10:1 축소노광용 스테퍼[8]

1980년대에 들어서면서 축소노광이 대세로 자리 잡게 되었으며, 한 번에 노출할 수 있는 노광 필드영역을 극대화시키면서 색수차를 줄이고 영상 분해능을 높이기 위해서 축소 스테퍼 렌즈설계에 혁신이 진행되었다. **그림 4.4**에서는 GCA/Tropel社에서 제작한 투사광학계 렌즈어레이의 변천을 보여주고 있으며, **표 4.2**에서는 축소노광 시스템의 연도별 제원과 성능지푯값들을 보여주고 있다.

8 J.H. Bruning, Optical Lithography…40 years and holding, SPIE Vol. 6520 (2007) p.652004.를 인용하여 재구성하였음.

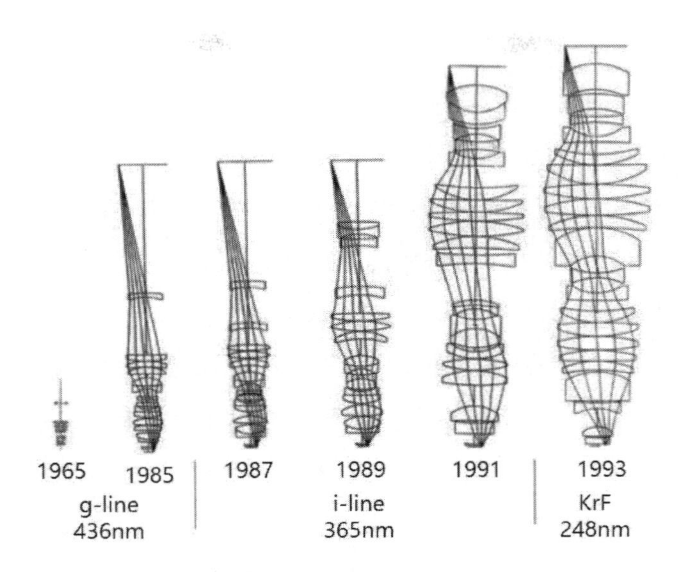

그림 4.4 GCA/Tropel社의 축소노광용 투사광학계 렌즈어레이의 변천[9]

표 4.2 GCA/Tropel社 축소-투사노광 시스템의 연도별 제원과 성능지폿값 변천[10]

연도	축소비율	웨이퍼직경	다이면적[mm^2]	λ[nm]	CD_{min}	픽셀수 N
1970	1:1	50[mm]	웨이퍼 전체	400~440	5.0[μm]	7.9×10^7
1980	10:1	100[mm]	10×10	436	1.5[μm]	4.4×10^7
1985	5:1	150[mm]	14×14	436	1.0[μm]	2.0×10^8
1990	4:1	200[mm]	20×20	365	0.5[μm]	1.7×10^9
1993	4:1	200[mm]	22×22	248	0.25[μm]	7.7×10^9

그림 4.4에서는 GCA/Tropel社의 축소노광용 투사광학계 렌즈어레이의 변천도를 보여주고 있다. 그림에서 알 수 있듯이 1:1 근접노광방식을 사용하던 시절의 광학계는 매우 단순했었지만, 축소 투사노광이 시작된 이후로 노광용 광원의 파장길이 감소에 따른 색수차 보상, 개구수 증대, 등 다양한 광학적 이슈들을 해결하기 위해서 광학계는 갑자기 복잡해지기 시작했다. 또한 다이크기를 10×10[mm^2]에서 20×20[mm^2]으로 증대시키기 위해서 광학렌즈의 크기가 전체적으로 커지게 되었다. 이로 인하여 광학경통의 제작비용도 기하급수적으로 증가하게 되었다.

표 4.2에서는 GCA/Tropel社 축소-투사노광 시스템의 연도별 제원과 성능지폿값의 변천을 보여주고 있다. 축소노광이 시작된 초기에는 10:1의 높은 축소비율을 사용했었지만, 축소비율이 커지

9 J.H. Bruning, Optical Lithography…40 years and holding, SPIE Vol. 6520 (2007) p.652004.
10 J.H. Bruning, Optical Lithography…40 years and holding, SPIE Vol. 6520 (2007) p.652004.

면 색수차나 코마와 같은 각종 광학오차들이 증가하며, 분해능을 높이기도 어렵기 때문에 결국 4:1로 결정되었으며, 극자외선노광용 광학계에서조차도 이 축소비율은 그대로 유지되고 있다. 노광파장은 수은 아크등에서 나오는 자외선 파장인 G-라인(436[nm]), H-라인(405[nm]), 그리고 I-라인(365[nm])를 사용하다가, 색분산을 줄이기 위해서 KrF 엑시머레이저(248[nm])를 거쳐서 현재는 ArF 엑시머레이저(193[nm])를 사용하게 되었다. 이를 통해서 임계치수(CD_{min})의 감소가 이루어졌으며, 다이당 픽셀 숫자(N)도 증가하게 되었음을 알 수 있다.

그림 4.5에서는 니콘社의 축소노광용 투사광학계 렌즈어레이의 변천도를 보여주고 있다. 투사광학계를 구성하는 렌즈어레이의 구성이나 광선경로를 살펴보면 **그림 4.4**의 광학계와는 크게 다르다는 것을 알 수 있다. 이를 통해서 GCA/Tropel社와 니콘社의 광학계 설계사상이 큰 차이를 가지고 있음을 알 수 있다.

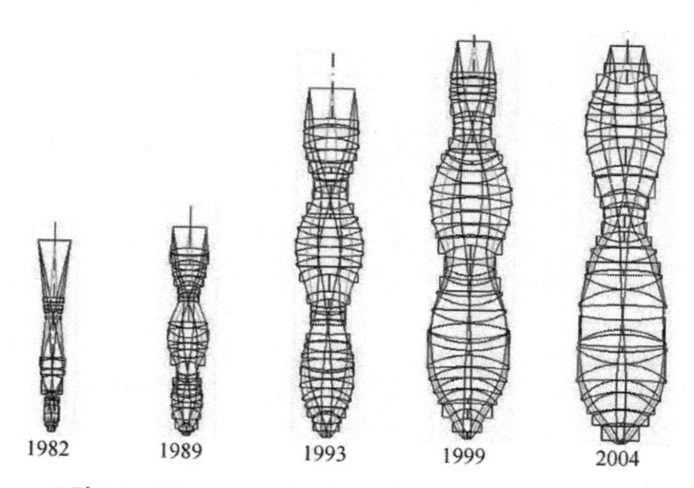

그림 4.5 니콘社의 축소노광용 투사광학계 렌즈어레이의 변천[11]

표 4.3 니콘社 축소-투사노광 시스템의 연도별 제원과 성능지푯값 변천[12]

연도	다이면적[mm^2]	노광방식	λ[nm]	개구수(NA)	CD_{min}[nm]	픽셀수 N
1982	15×15	스테퍼	436	0.30	1,200	1.6×10^8
1989	15×15	스테퍼	435	0.54	660	5.2×10^8
1993	22×22	스테퍼	365	0.57	450	2.4×10^9
1999	26×32	스캐너	248 KrF	0.68	200	2.1×10^{10}
2004	26×32	스캐너	193 ArF	0.85	82	1.2×10^{11}

11 J.H. Bruning, Optical Lithography…40 years and holding, SPIE Vol. 6520 (2007) p.652004.

그림 4.5와 **표 4.2**를 함께 살펴보면 알 수 있듯이 다이 크기가 $15\times15[mm^2]$에서 $22\times22[mm^2]$으로 증가하면서 투사광학계의 크기가 갑자기 증가하였음을 알 수 있다. 그리고 노광방식이 스테퍼에서 스캐너로 전환되면서는 투사광학계는 약간 더 커졌지만, 다이면적은 $26\times32[mm^2]$으로 크게 증가하였으며, 다이 크기가 정사각형에서 직사각형으로 변했다는 것을 알 수 있다. 이는 노광과정에서 광선이 통과하는 영역과 광선을 사용하는 방식이 스테핑에서 스캐닝으로 바뀌었기 때문이다. 이에 대해서는 **4.3절**에서 살펴볼 예정이다. 노광용 광원의 파장길이 감소(λ=193[nm])와 광학계 설계기술의 발전에 따른 개구수 증가(NA=0.85)를 통해서 2004년에 니콘社는 임계치수(CD_{min}) 82[nm]와 다이 내 픽셀수 $N=1.2\times10^{11}$을 구현하게 되었다.

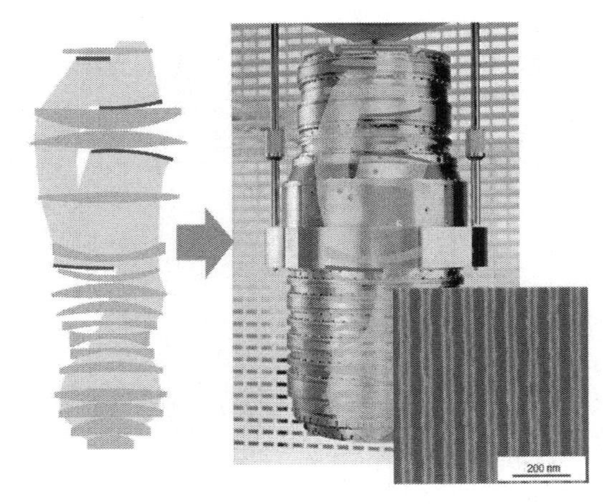

그림 4.6 자이스社의 Starlith™ 1700i 투사광학계의 렌즈어레이와 광학경로13, 14(컬러도판 p.652 참조)

광원의 파장길이 감소는 임계치수 축소를 위한 필수적인 사안이다. 그런데 2000년대 초 157[nm] 광원개발에 실패하면서 노광업계는 뜻하지 않게 계속해서 193[nm] 파장의 광원을 사용할 수밖에 없게 되었다. 광원의 파장길이를 줄이지 않으면서 임계치수를 줄이기 위해서는 개구수(NA)를 증가시켜야만 하는데, 공기 중에서 굴절식 광학계가 구현할 수 있는 이론상 최대 개구수는 NA=0.93이었다. 그런데 물속에서는 이를 NA=1.35까지 증가시킬 수 있으므로, 대물렌즈와 웨

12 J.H. Bruning, Optical Lithography…40 years and holding, SPIE Vol. 6520 (2007) p.652004.

13 F. Pease, Lithography and other patterning techniques for future electronics, IEEE, 2007.

14 M. Totzeck, Pushing deel ultraviolet lithography to its limits, Nature Photonics, 2007.

이퍼 사이에 물을 채워 넣은 상태에서 노광을 시행하는 **액침노광**[15] 기법이 개발되었다. 이를 통해서 임계치수를 CD_{min}=35.7[nm]까지 감소시킬 수 있게 되었다.

그림 4.6에서는 자이스社에서 제작하여 ASML社의 노광기인 NXT 시리즈에 장착된 액침노광용 투사광학계의 렌즈어레이를 보여주고 있다. 이 광학계는 앞서 GCA/Tropel社나 니콘社의 광학계들과는 달리 반사경들과 렌즈들을 조합하여 4:1 축소노광을 구현하고 있음을 알 수 있다.

4.2 광학식 노광기술

반도체 집적회로의 집적능력을 나타내기 위해서 집적회로 내에서 가장 작은형상(주로 FET의 게이트 폭)인 **최소선폭**으로 기술노드를 구분하는데, 이를 **임계치수**(CD)[16]라고도 부르며, 다음 식으로 주어진다.

$$CD = k_1 \frac{\lambda}{NA} \tag{4.1}$$

여기서 k_1은 **광학계수** 또는 단순히 k_1 **계수**라고 부르는데, 광학계의 성능을 나타내는 계수로서, 이론상 구현 가능한 가장 작은 값은 k_1=0.25이다. λ[nm]는 광원의 파장길이이며, NA는 **개구수**이다. 193[nm] 광원을 사용하여 공기 중에서 구현할 수 있는 최고의 임계치수를 계산해 보면,

$$CD_{\min} = 0.25 \times \frac{193}{0.93} = 51.9\,[nm] \tag{4.2}$$

그리고 액침노광을 사용하여 구현할 수 있는 최고의 임계치수를 계산해 보면,

$$CD_{water} = 0.25 \times \frac{193}{1.35} = 35.7\,[nm] \tag{4.3}$$

15 immersion lithography
16 Critical Dimension

로서, 이를 통해서 액침노광의 효용성을 확인할 수 있다. 액침노광 기법과 더불어서 위상시프트 마스크를 사용한 다중노광기법을 적용하면 최소선폭을 이보다 더 줄일 수 있다. 2015년 S社는 λ=193[nm]인 ArF 광원과 액침 2중노광 기법을 사용하는 14[nm] 핀펫공정으로 DRAM 양산을 시작하였다.

식 (4.1)을 살펴보면 광원도 임계치수에 중요한 역할을 한다는 것을 알 수 있다. 초기 노광에서는 고압수은 아크등과 필터를 사용하여 추출한 특정 파장의 자외선을 사용하였다. **그림 4.7**에서는 고압수은 아크등에서 방사되는 빛의 스펙트럼을 보여주고 있다. 수은등은 5개의 피크 파장을 가지고 있는데, 이들 중에서 3개가 자외선 대역에 위치하고 있다. 이들을 각각 G-라인(436[nm]), H-라인(405[nm]), 그리고 I-라인(365[nm])이라고 부르며, 초기 노광기들에 차례로 사용되었다. 하지만 아무리 고순도 필터를 사용하여도 대역외 방사를 완전히 차단할 수는 없기 때문에 광원의 파장균일성을 높이고 파장길이를 줄이기 위해서 λ=248[nm]인 KrF 엑시머 레이저가 사용되었고, 뒤이어 λ=193[nm]인 ArF 엑시머 레이저가 사용되고 있다. 뒤이어 λ=157[nm]인 F_2 레이저가 개발되어 노광기로 개발되었으나 양산장비의 개발이 완료되어 가는 시점에서 개선이 불가능한 복굴절 현상이 발견되면서 개발이 취소되어 버렸다. 이로 인하여 λ=13.5[nm]인 극자외선 광원을 사용하는 노광기가 출시되기까지 20여 년 동안 뜻하지 않게 λ=193[nm] 광원을 사용하게 되었다.

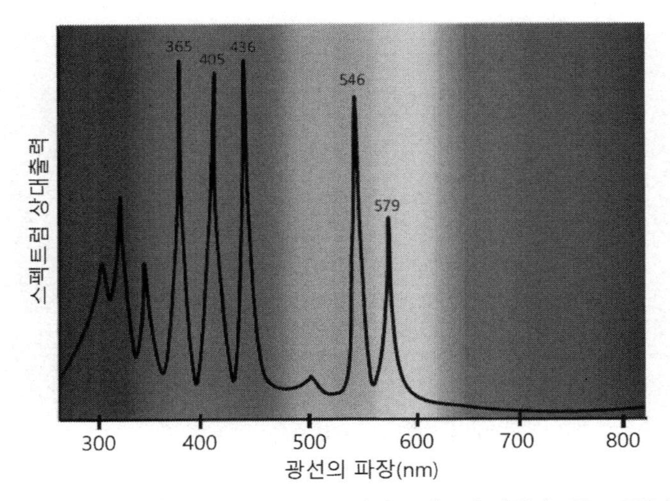

그림 4.7 고압수은 아크등에서 방사되는 빛의 스펙트럼[17](컬러도판 p.653 참조)

17 R. Schmidt 공저, 장인배 역, 고성능 메카트로닉스의 설계, 동명사, 2015.

4.2.1 회절

4.2.1.1 투과성 진폭격자에서 발생하는 회절

빛은 파동의 성질을 가지고 있기 때문에 **그림 4.8 (a)**에 도시되어 있는 것처럼, 좁은 틈새를 지나가면서 동심원 형태로 퍼져 나가는 현상을 일으킨다. 이를 빛의 **회절현상**이라고 부르며, 가시광선의 경우, 슬릿의 틈새가 약 10[μm] 미만이 되면 회절현상이 발생하기 시작한다. 회절은 빛의 파동특성 때문에 일어나는 현상이므로 **그림 4.8 (b)**에서와 같이 이중슬릿을 지나는 과정에서 두 슬릿을 통과하여 동심원 형태로 퍼져 나가는 파동들이 서로 간섭을 일으키게 된다. 만일 두 파동들이 동일한 위상을 가지고 있다면 건설적 간섭을 일으켜서 파동의 진폭(광강도)이 증가하며(밝아진다), 반대의 위상을 가지고 있다면 파괴적 간섭을 일으켜서 파동의 진폭이 감소한다(어두워진다). 이때에 두 슬릿의 중앙에서 법선방향으로 일어나는 건설적 간섭을 **0차 회절광선**이라고 부르며, 0차 회절광선의 우측과 좌측에 사선방향으로 나타나는 건설적 간섭들을 차례로 ±1차, ±2차 등으로 표기한다. 좁은 슬릿을 통과하면서 발생하는 광선의 회절현상은 노광패턴의 임계치수 축소에 큰 걸림돌로 작용해 왔으며, 이를 개선하기 위해서 많은 노력이 수행되었다. 그런데 역설적으로 최신의 노광기술에서는 0차와 고차의 회절광선들을 제거하고 **1차 회절광선**들만을 사용하여 패턴을 만드는 기법을 사용하고 있다.

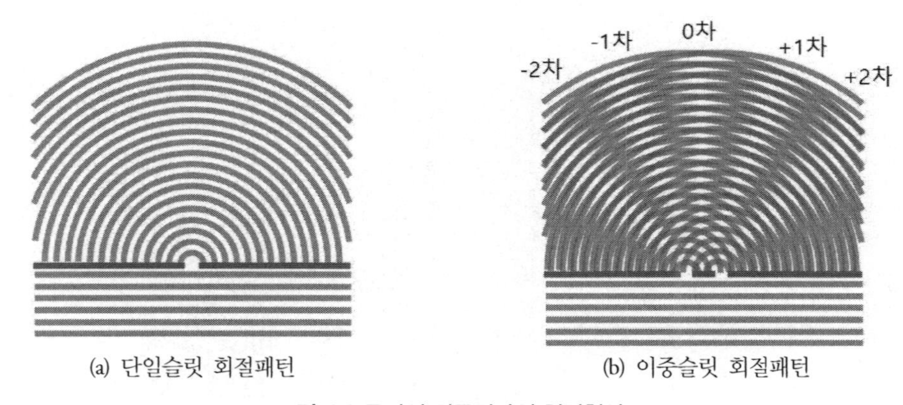

(a) 단일슬릿 회절패턴 (b) 이중슬릿 회절패턴

그림 4.8 투과성 진폭격자의 회절현상

4.2.1.2 이진 마스크를 통과한 빛의 회절

포토마스크 표면의 크롬패턴들과 같이, 불투명한 선들이 교대로 배열된 마스크는 회절격자처럼 거동하게 된다. 이 때문에 광선은 포토마스크를 통과하면서 **그림 4.9**에서와 같이, **회절차수**를 생성하게 된다. 회절에 따른 광선강도는 푸리에급수를 사용하여 다음과 같이 나타낼 수 있다.

$$F(l) = 0.5 + \frac{4}{\pi}\left(\sin(\omega l) + \frac{1}{3}\sin(3\omega l) + \frac{1}{5}\sin(5\omega l) + \cdots\right) \tag{4.4}$$

여기서 ω=2π/T이며, T는 격자주기이다. 그리고 l은 광축으로부터 직각방향으로의 거리값이다. 위 식에서 0.5는 광선의 0차 성분으로서, 직류성분임을 알 수 있다. 그리고 $\sin(\omega t)$는 1차 회절성분, $\frac{1}{3}\sin(3\omega t)$는 2차 회절성분 등이다.

회절된 광선은 광학시스템에 포획되며, 동공평면에서는 모든 회절차수들이 광축과 평행한 **근축광선**을 이루게 된다. 이때에 고차의 회절광선은 저차의 회절광선들보다 광축에서 먼 곳에 위치하게 되면서 구면수차와 색분산을 겪게 된다. 두 번째 렌즈를 통과하면서 광선이 재조합되어 영상평면에 모이게 된다. 이렇게 축소된 영상은 원래의 물체와 형상은 동일하나 높은 방사조도를 갖는다.

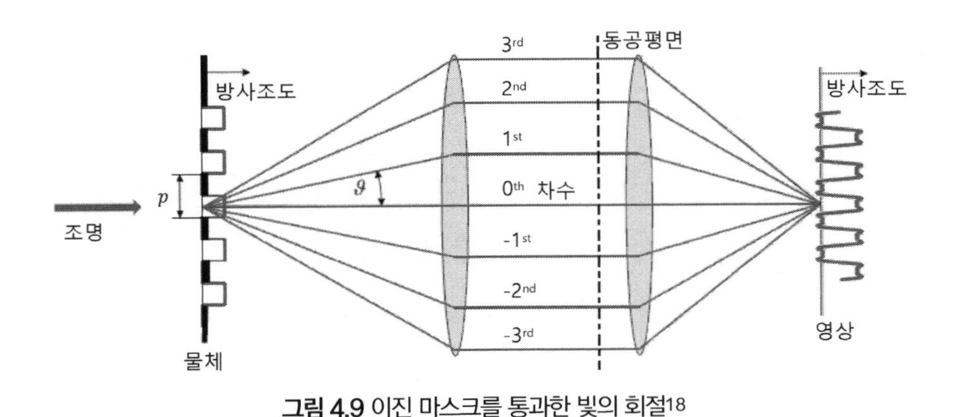

그림 4.9 이진 마스크를 통과한 빛의 회절18

직경이 무한히 큰 렌즈를 사용하여 이 회절차수들을 모두 포획할 수 있다면 영상평면에서 포토마스크 패턴을 완벽하게 복제할 수 있을 것이다. 하지만 실제로는 렌즈의 크기가 제한되기 때

18 R. Schmidt 공저, 장인배 역, 고성능 메카트로닉스의 설계, 동명사, 2015.를 참조하여 재구성하였음.

문에 **그림 4.9**에서와 같이 ±3차까지의 회절광선만을 포획할 수 있다면, 영상평면에서는 패턴의 왜곡이 발생하게 된다. 개구수(NA)는 광학계가 포획하여 영상평면에 집속할 수 있는 회절차수를 대변하는 변수이다. 따라서 개구수가 클수록 더 높은 분해능과 더 작은 임계치수를 구현할 수 있다.

4.2.1.3 0차와 고차 회절광선의 차단

패턴 분해능을 향상시키기 위해서, 투사광학계의 렌즈 직경을 늘려서 되도록 많은 차수의 회절광선을 포획하려는 노력은 투사광학계와 렌즈의 크기를 빠르게 증가시켰으며, 엄청난 비용증가를 초래하였다.[19] 하지만 실제의 투사광학계는 현실적으로 모든 차수의 회절광선들을 포획할 수 없다. 이런 문제를 해결하기 위해서 역설적으로 광선의 파괴적 간섭을 활용하는 개념이 제안되었다. 동공평면에 조리개를 설치하여 포토마스크 패턴격자의 주기와 동일한 정현파 형태의 파동인 1차 회절광선만을 남기고 0차 회절광선과 고차 회절광선들을 모두 제거한다면, 파괴적 간섭으로 완전히 어두운 영역을 만들 수가 있어서, 영상 분해능을 획기적으로 높일 수 있다. 하지만 0차 성분을 제거하기 위한 링 형상의 조리개를 지지대 없이 만드는 것은 불가능하며, 광학경통 내부에 위치하는 조리개를 임의로 조작하는 것은 매우 어려운 일이기 때문에, 비축조명을 사용하여 0차와 고차성분을 제거하는 방법을 사용하게 되었다.

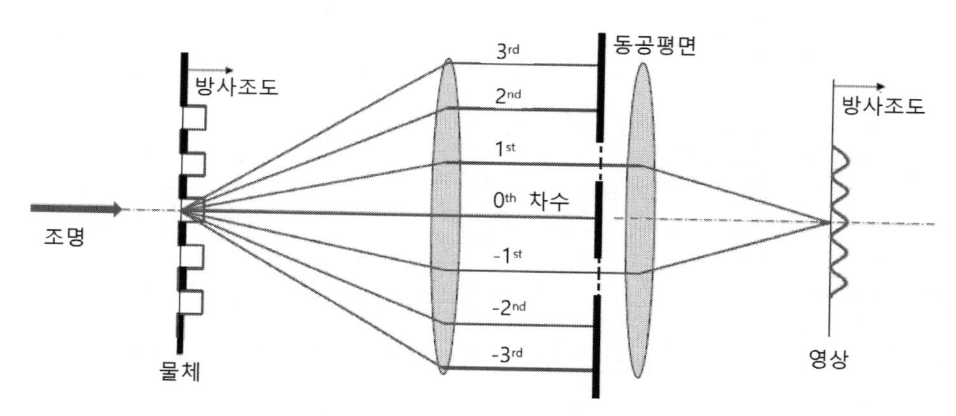

그림 4.10 0차와 고차 회절광선의 차단[20]

19 액침노광용 투사광학 경통의 가격은 100억 원을 넘어선다.
20 R. Schmidt 공저, 장인배 역, 고성능 메카트로닉스의 설계, 동명사, 2015.를 참조하여 재구성하였음.

4.2.2 개구수와 f값

노광기의 영상화 능력을 나타내기 위해서 **개구수**(NA)[21]라는 용어를 주로 사용한다. 개구수는 렌즈의 포획각도(θ)와 광선이 통과하는 매질의 굴절률(n)에 의해서 다음과 같이 정의된다.

$$NA = n \cdot \sin\theta \tag{4.5}$$

웨이퍼 스캐너와 같은 집적회로 제조용 노광기에서 패턴형상을 정의하기 위해서 사용되는 영상화시스템의 경우에는 물체와 영상(웨이퍼)이 모두 렌즈에 인접해 있으며, 매우 큰 포획각도(θ)를 가지고 있다. **그림 4.11 (a)**에서는 공기 중 노광용 광학계의 개구수에 따른 대물렌즈와 웨이퍼 사이의 거리를 보여주고 있다. NA=0.75인 경우의 포획각도는 공기의 굴절률 n=1이므로 $\theta_{0.75}=\sin^{-1}(0.75/1)=48.6$[deg]이다. 반면에 **그림 4.11 (b)**에 도시되어 있는 액침노광용 대물렌즈에 대해서 물의 굴절률 n=1.44를 사용하여 포획각도를 계산해 보면, $\theta_{1.44}=\sin^{-1}(1.35/1.44)=69.6$[deg]에 이른다는 것을 알 수 있다. 만일 대물렌즈의 반경이 50[mm]라고 한다면, 렌즈와 웨이퍼 사이의 거리는 약 3[mm]에 불과하다.

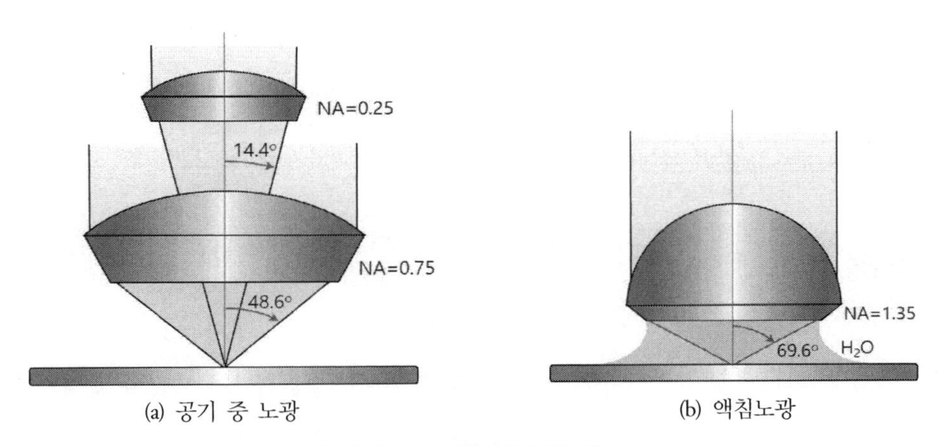

(a) 공기 중 노광 (b) 액침노광

그림 4.11 노광용 광학계의 개구수

일반 광학이나 사진 분야에서는 개구수라는 용어 대신에 f=2, f=11과 같이, **f값**을 더 많이 사용

21 Numerical Aperture

한다. **그림 4.12**에서는 초점거리(f), 포획각도(θ), 그리고 렌즈의 직경(d) 사이의 상관관계를 보여주고 있다. 그리고 f값과 개구수 사이의 상관관계는 다음과 같이 정의된다.

$$f\text{값} = \frac{1}{2NA} \tag{4.6}$$

따라서 렌즈 시스템의 개구수(NA)가 크거나 f값이 작다는 것은 더 많은 회절차수들이 포획되며 영상 분해능이 좋아진다는 것을 의미한다.

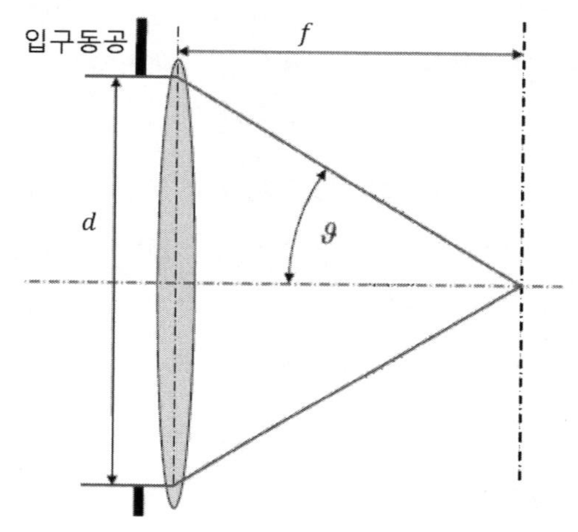

그림 4.12 초점거리와 포획각도, 그리고 렌즈직경 사이의 기하학적 상관관계[22]

4.2.3 초점심도

볼록렌즈를 통과한 빛은 이론상 하나의 점에 모이게 된다. 하지만 조사된 빛의 주파수가 대역을 가지고 있다면, 각 주파수 성분마다 모이는 초점의 위치가 달라진다.[23] 이렇게 초점이 맺히는 범위를 **초점심도**(DOF)[24]라고 부르며, 물체 측 초점심도와 영상 측 초점심도로 구분된다.

그림 4.13에서는 렌즈에 대해서 이미지 센서의 위치가 고정된 경우에 물체 측 영상의 초점심도

22 R. Schmidt 공저, 장인배 역, 고성능 메카트로닉스의 설계, 동명사, 2015.
23 이를 프리즘현상 또는 색분산이라고 부른다.
24 Depth Of Focus

를 보여주고 있다. 여기서 초점심도 dS는 양의 방향과 음의 방향 모두에 대해서 적용되며, 다음과 같이 정의된다.

$$dS = \pm S_o \frac{c}{d} = \frac{f값}{f} \tag{4.7}$$

여기서 c는 최소 분해능 또는 임계치수값이며, d는 렌즈의 직경, 그리고 S_o는 물체 측 초점거리이다. 초점심도가 길수록 포토마스크의 설치위치나 변형에 대한 허용범위가 넓어진다. 초점심도를 증가시키려면 큰 f값, 먼 물체 측 초점거리(S_o), 짧은 영상 측 초점거리(f) 등이 필요하다. 구현 가능한 최대 분해능을 실현하기 위해서 개구수를 증가시키면(즉, f값을 감소시키면) 초점심도가 줄어든다.

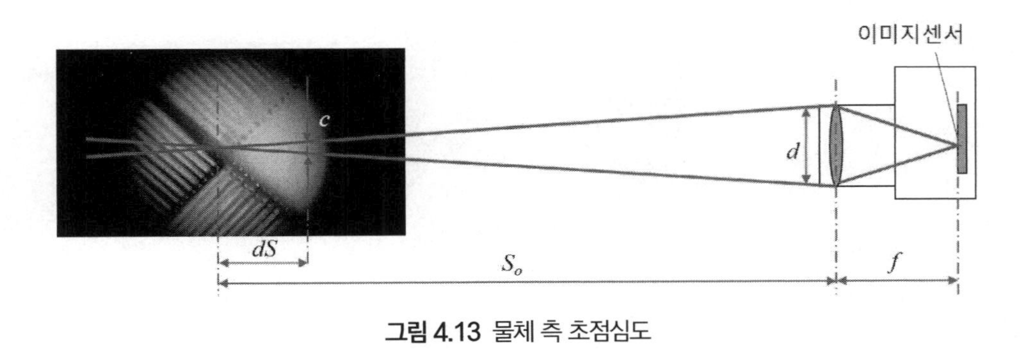

그림 4.13 물체 측 초점심도

영상이 맺히는 영상평면에서 초점이 맺히는 위치도 **그림 4.14**에 도시되어 있는 것처럼, 색분산에 의해서 dS만큼 벌어지게 된다. 영상 측 초점심도는 굴절률(n), 파장길이(λ) 및 개구수(NA)에 의해서 다음과 같이 결정된다.

$$dS = \pm \frac{n\lambda}{NA^2} = \frac{1.44 \times 193}{1.35^2} = \pm 150[nm] \tag{4.8}$$

예시된 계산결과는 액침노광용 투사광학계의 것으로써, 웨이퍼 측 영상평면의 허용 초점심도 한곗값을 보여주고 있다. 즉, 웨이퍼 이송용 스테이지는 웨이퍼를 스캐닝하는 과정에서 웨이퍼의 휨과 스테이지의 이송 진직도를 모두 포함한 수직(z)방향 이송오차를 ±150[nm] 이내로 통제해야만 한다는 것을 알 수 있다.

초점영역에 맺히는 광점에서의 광강도 분포는 정규분포와 유사하며, 축대칭 형태를 갖는다. 이 광강도 분포의 직경을 **에어리원반**[25]이라고 부른다. 에어리원반의 크기는 개구수에 의해서 결정되기 때문에 초점위치에서 영상의 크기를 무한히 줄일 수 없다. 하지만 텔레센트리 조건 덕분에 스팟의 크기는 그림에서 교차선으로 예측한 초점심도(dS)의 2~3배에 이를 정도로 넓은 범위에 대해서 동일한 크기를 유지한다. 액침 광학계와 큰 개구수를 사용하면 수십 [nm] 수준의 광학 분해능과 ±150[nm] 수준의 초점심도를 구현할 수 있다.

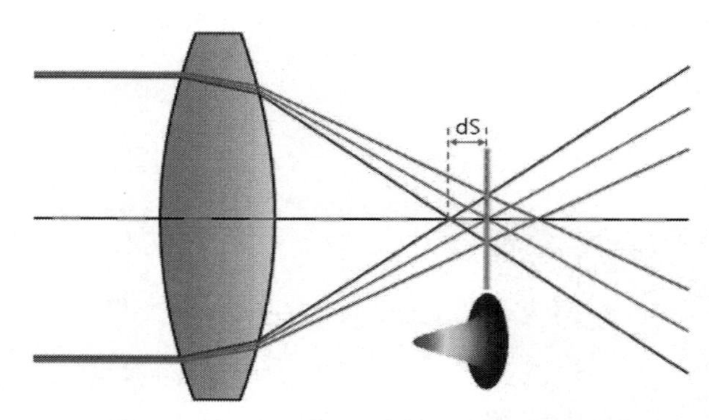

그림 4.14 영상 측 초점심도[26](컬러도판 p.653 참조)

4.2.4 분해능강화기법

그림 4.9에서와 같이 0차 회절성분이 포함된 패턴영상을 사용하면 광학계수 k_1=0.6 내외가 되기 때문에 액침노광을 사용한다 하여도 임계치수가 다음과 같이 큰 값이 되어 버린다.

$$CD = 0.6 \times \frac{193}{1.35} = 86\,[nm] \tag{4.9}$$

그런데 **그림 4.10**에서와 같이 0차 회절성분을 제거하고 나면, 광학계수 k_1=0.25로 줄일 수 있어

25 Airy disc

26 photographylife.com/what-is-chromatic-aberration을 인용하여 재구성하였음.

서 다음과 같이 임계치수를 줄일 수 있다.

$$CD = 0.25 \times \frac{193}{1.35} = 35.7[nm] \tag{4.10}$$

이를 구현하기 위해서 링형 조리개를 사용할 수도 있지만, 앞서 설명했던 것처럼, 광학경통 내부에 가변형상 조리개[27]를 설치하는 것은 기술적으로 어려운 일이므로 **그림 4.15**에 도시된 것처럼, **경사조명**(**비축조명**[28])을 사용하는 방법이 사용되고 있다. 경사조명에서 투사되어 포토마스크와 물체 측 렌즈를 통과한 광선의 0차와 고차 회절성분들은 조리개에 의해서 기계적으로 차단되며, 1차 회절성분만이 조리개를 통과하여 영상평면에 도달한다. 이 1차 회절성분들은 패턴의 격자주기 T와 일치하는 $\sin(\omega l)$ 성분만을 가지고 있기 때문에 위상시프트를 통해서 특정한 직선형상을 $\sin(\omega l + 180^o)$로 변환시키면 위상을 시프트하지 않은 인접한 직선형상인 $\sin(\omega l)$과 광강도가 겹치는 영역에서 파괴적 간섭을 일으켜서 선과 선 사이의 간격을 어둡게 만들 수 있다.

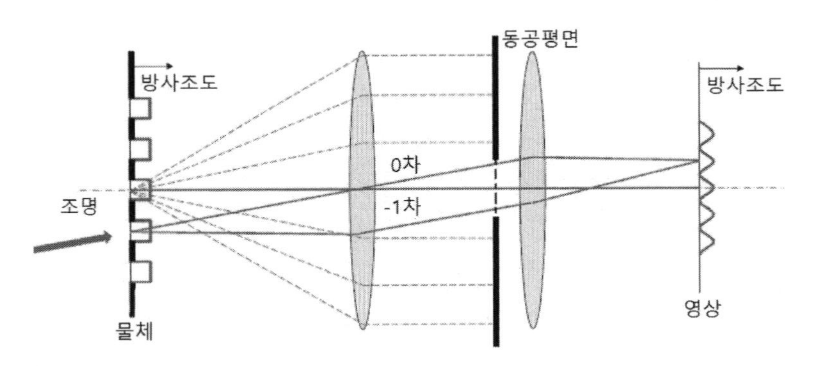

그림 4.15 경사조명을 사용한 0차와 고차 회절광선의 차단[29]

0차와 고차 회절광선을 제거하기 위해서는 **그림 4.16 (b)**에 도시되어 있는 링형조명을 사용하는 것만으로도 충분하다. 하지만 위상시프트마스크에서는 수평선과 수직선의 교차점에서 발생하

27 정밀한 형상을 노광할 때에는 링형 조리개가 필요하지만 여타 정밀하지 않는 형상을 노광할 때에는 모든 회절차수의 광선들을 사용해야 광강도를 증가시켜서 생산성을 높일 수 있다.

28 off axis illumination

29 R. Schmidt 공저, 장인배 역, 고성능 메카트로닉스의 설계, 동명사, 2015.

는 위상겹침 문제 때문에, 일반적으로 수평선, 수직선 및 교차점들을 레이어로 분리하여 따로 노광하여야 한다. 이런 경우에는 **그림 4.16 (c)**에 도시되어 있는 것처럼, 수평선 노광에 대해서 간섭능력을 극대화시킨 y방향 2극조명, **그림 4.16 (f)**에 도시되어 있는 것처럼, 수직선 노광에 대해서 간섭능력을 극대화시킨 x방향 2극조명, **그림 4.16 (d)**나 (e)와 같이, 교차점에 대해서 간섭능력을 극대화시킨 사극조명 등과 같이 다양한 형태의 비축조명들이 사용되고 있다.

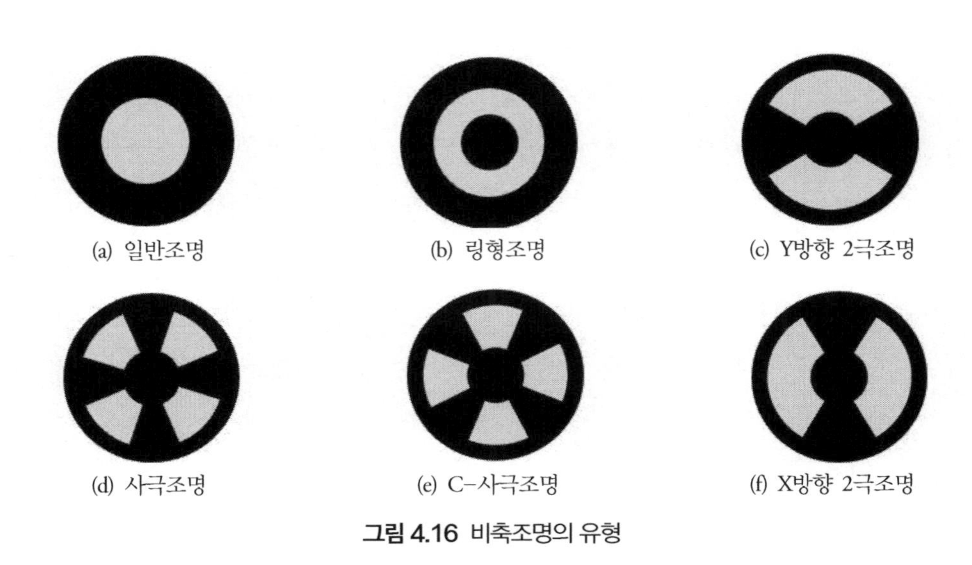

그림 4.16 비축조명의 유형

4.2.5 위상시프트마스크

그림 4.17에서는 **그림 3.14**에 도시되어 있는 이진 마스크와 위상시프트마스크를 통과하는 광선의 위상각도, 광강도분포, 감광밀도 및 식각패턴을 서로 비교하여 보여주고 있다. 일반 이진마스크를 사용하는 경우에 선밀도가 증가하여 125[lines/mm]를 넘어서면 슬릿을 투과한 광선의 회절이 발생하기 때문에, 광강도분포가 퍼져서 인접 슬릿을 투과한 광선의 광강도 분포와 겹치게 되면서 감광밀도의 구분이 없어져 버린다. 이로 인하여 식각된 패턴에서는 직선 정보들이 모두 사라져 버린다. 비축조명과 함께 위상시프트 마스크를 사용하면 투과광선의 광강도분포는 슬릿의 피치 T에 따라서 $\sin(\omega l)$ 성분만을 가지고 있으며, 마스크 모재를 식각하여[30] 인접한 슬릿들 사이에 180[deg]의 위상차이를 만들면($\sin(\omega l + 180^o)$) 광강도가 서로 반전되기 때문에, 인접한 슬

30 그림에서는 위상시프터를 덧붙인 것으로 표시되어 있다.

릿과 광강도가 겹치는 영역에서 파괴적 간섭을 통한 진폭의 상쇄가 일어나면서 인접한 슬릿 간의 구획분할이 명확하게 일어난다. 그런데 포토레지스트는 위상각도에 무관하게 광강도(진폭)에 의해서만 감광되기 때문에 위상시프트는 감광에는 아무런 영향을 끼치지 않는다. 이를 통해서 선간 간격이 명확하게 구분된 식각패턴을 구현할 수 있다.

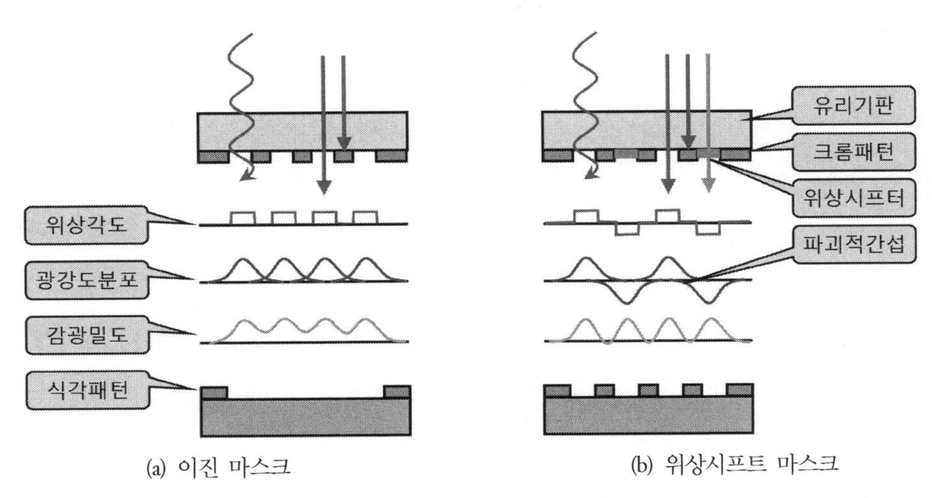

그림 4.17 위상시프트 마스크에서 일어나는 파괴적 간섭현상[31](컬러도판 p.654 참조)

4.2.6 광학영상화시스템의 온도 의존성

투명한 광학유리 소재들의 굴절률은 온도에 큰 영향을 받는다. 이는 온도에 따라서 밀도가 변하기 때문이다. **그림 4.6**에 도시되어 있는 193[nm] 심자외선 노광기용 투사광학계의 경우, 용융실리카 소재로 제작된 광학 렌즈는 극심한 굴절계수 온도의존성(dn/dT=15×10^{-6}[1/°C])과 낮은 열팽창계수(α=0.5×10^{-6}[m/m°C])를 가지고 있다. 일반적으로 23[°C]의 일정한 온도로 유지되는 투사광학계에 1[°C]의 온도변화가 발생한다면 이로 인하여 예를 들어 10[mm] 거리에 위치하는 초점 평면을 150[nm]만큼 시프트시킨다. **4.2.3절**에서 살펴봤듯이, 노광용 광학계의 영상 측 초점심도는 ±150[nm]에 불과하다. 따라서 1[°C]의 온도변화에 의한 초점 시프트는 결코 허용할 수 없는 값임을 알 수 있다. 그럼에도 불구하고 투사광학계에는 강력한 레이저가 조사되므로, 필연적으로 렌즈 가열이 발생하게 된다. 따라서 광학경통을 따라서 온도가 23.000±0.001[°C]의 정확도로 온도가

31 Commons.wikimedia.org/wiki/File:Phase_Shift_Mask_(4_types)_N.PNG을 참조하여 다시 그렸음.

조절된 물을 순환시키고 있으며, 특정한 렌즈에 대해서는 온도가 조절된 기체를 순환시켜야만 한다. 그리고 노광기 내부에서 순환되는 공기온도를 23.00±0.01[°C]로 제어해야만 한다.

4.3 웨이퍼 스캐너

노광기는 1990년대 말에 스테퍼에서 스캐너로 바뀌게 되었다. **스테퍼** 방식의 노광기에서는 투사광학계의 상부에 포토마스크를 고정시켜 놓은 상태에서 면상조명을 웨이퍼 전체에 조사한다. 웨이퍼를 고정한 스테이지는 투사광학계 하부에 설치되어 노광 중에는 정지해 있으며, 노광이 끝난 후에 다음 다이 위치로 웨이퍼를 이동시킨 후에 정지한다. 이런 스테이지의 운동을 스테핑이라고 부르며, 이런 방식으로 운영되는 노광기를 스테퍼라고 부른다. 그런데 스테핑 방식으로 한 번에 찍을 수 있는 다이의 크기는 **그림 4.18**의 좌측에 도시되어 있는 것처럼, 원형단면의 렌즈 전체 면적을 사용하여 최대 18×18[mm^2]을 확보할 수 있다.

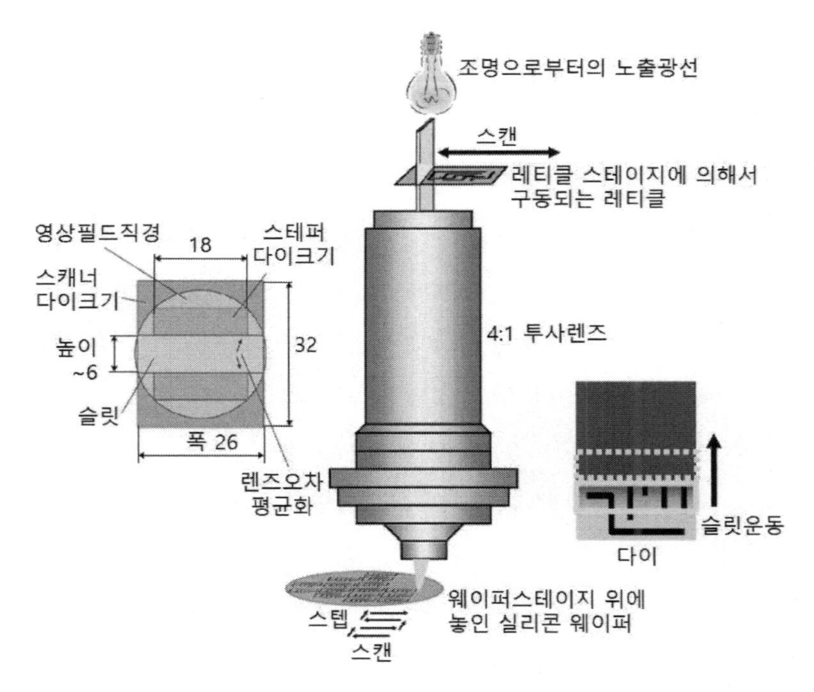

그림 4.18 웨이퍼 스캐너가 탑재된 노광기의 구조[32](컬러도판 p.654 참조)

그런데 노광기의 생산성을 높이기 위해서는 다이 면적을 최대한 증가시킬 필요가 있었다. 이를 위해서 광학 렌즈의 크기를 증가시키는 것은 투사광학계의 가격을 감당할 수 없을 정도로 상승시켜 버린다. 그래서 렌즈를 사각형 면적으로 사용하는 대신에 렌즈의 직경을 사용하여 마스크를 스캐닝하는 방식을 고안하게 되었다. **그림 4.18**에서 볼 수 있듯이, 소위 **슬릿 빔**이라고 부르는 직선 형태의 광선을 마스크에 조사하면서 마스크를 길이방향으로 움직이면 마스크 전체를 스캔할 수 있다. 이와 동시에 웨이퍼 스테이지도 스캔 운동을 수행하면 웨이퍼 표면의 다이에 포토마스크 패턴을 전사할 수 있다. 그런데 4:1 축소 광학계를 사용하므로, 마스크는 웨이퍼보다 4배 더 빠르게, 그리고 4배 더 멀리 움직여야만 한다. 이를 통해서 광학 경통과 렌즈의 크기를 증가시키지 않고 다이 크기를 26×32[mm^2]으로 증가시킬 수 있었다. 이런 스테이지의 운동을 스캐닝이라고 부르며, 이런 방식으로 운영되는 노광기를 **스캐너**라고 부른다.

4.3.1 중첩

1965년에 페어차일드社의 연구소장이었던 고든 무어는 인텔 프로세서 칩에 들어가는 트랜지스터의 숫자가 18개월마다 두 배로 증가하였다는 것을 발견하고 이 추세가 앞으로도 계속될 것이라고 발표하였다.

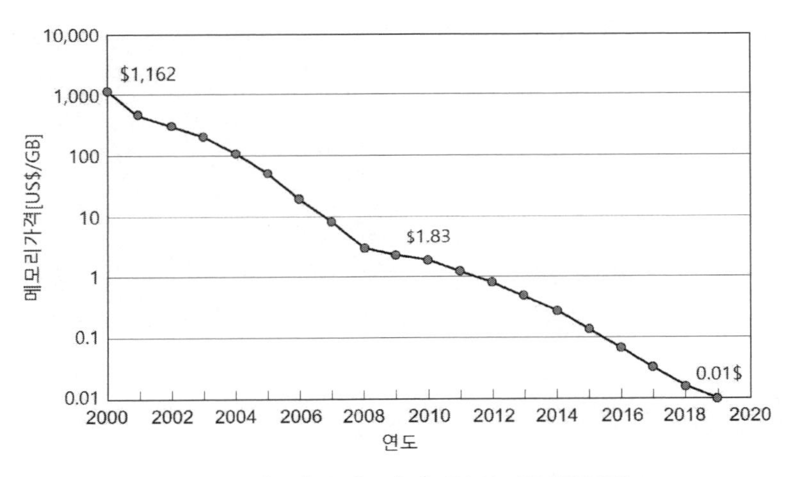

그림 4.19 1[GB]당 메모리 가격의 연도별 변화양상[33]

32 R. Schmidt 공저, 장인배 역, 고성능 메카트로닉스의 설계, 동명사, 2015.

우리는 이를 **무어의 법칙**이라고 부른다. **그림 4.19**에 따르면 이런 집적도 향상을 통해서 1[GB]당 메모리 가격은 20년 새 약 1/100,000배 감소하였다.

그런데 2000년대 초반부터 차세대 노광기술인 극자외선 노광기술의 개발이 지연되면서 193[nm] 광원을 사용하여 집적도를 향상시키기 위해서 액침노광, 비축광원과 위상시프트노광, 다중노광기술 등 다양한 노광기술이 개발되었지만, 2010년대에 이르자, 이것만으로는 무어의 법칙을 지속시킬 수 없는 단계에 이르게 되었다. 이에 **그림 4.20**에 도시되어 있는 것처럼, 실리콘 관통전극(TSV)을 사용하여 반도체를 수직으로 쌓아올리는 3차원 반도체가 개발되기 시작했으며, 이를 통해서 무어의 법칙이 2020년대까지 이어지게 되었다. 이런 수직구조에서는 층들 간의 **중첩**[34]이 정밀도를 지배하는 중요 인자이다. 중첩 과정에서 발생하는 위치오차는 접점과 절연의 전기적 성질에 영향을 끼친다. 일반적으로 중첩의 요구조건은 임계치수의 15% 미만이다. 예를 들어 임계치수가 14[nm]인 핀펫(FinFET)의 경우, 중첩오차의 허용한계는 2.1[nm]에 불과하다. 1[nm]가 실리콘 원자 4개의 크기에 해당한다는 것을 생각해 볼 때에 중첩오차 허용한곗값이 얼마나 엄중한 값인지를 알 수 있다. 이런 중첩오차 허용한곗값에는 웨이퍼 스테이지의 위치오차를 포함하여 광학계에서 발생하는 오차, 열팽창오차, 계측기에서 발생하는 측정오차 등 노광과정에서 발생하는 모든 오차들이 포함되어야만 한다.

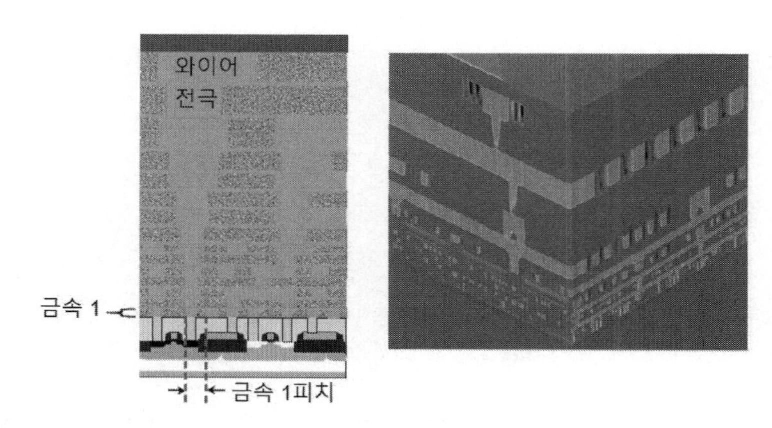

그림 4.20 반도체의 수직구조를 연결시켜주는 실리콘 관통전극(TSV)[35](컬러도판 p.655 참조)

33 장인배 저, 정밀기계설계, 씨아이알, 2021.

34 overlay

35 R. Schmidt 공저, 장인배 역, 고성능 메카트로닉스의 설계, 동명사, 2015.

4.3.2 웨이퍼 스테이지에 대한 요구조건

그림 4.21에는 심자외선 노광기용 웨이퍼 스테이지가 도시되어 있다. 웨이퍼 스테이지의 상부에는 열팽창계수가 작은 제로도[36] 소재로 제작한 웨이퍼척-바미러 일체형 모듈이 설치된다. **웨이퍼척**은 웨이퍼를 진공으로 흡착하여 고정하는 기구이며, **바미러**는 레이저 간섭계용 막대형 반사경으로서 직각방향으로의 두 면과 45[deg] 경사방향으로 두 면이 바미러 형태로 연마가공되어 있다. 이를 사용하여 웨이퍼 스테이지의 6자유도 운동을 모두 측정할 수 있다. 웨이퍼 척의 하부에는 3개의 보이스코일모터가 설치되어 웨이퍼 척의 z-방향 운동과 롤 및 피치방향 회전운동을 구현한다. 그리고 좌측에 설치된 막대구조(이를 **x-바**라고 부른다)를 구동하여 웨이퍼 스테이지의 x, y 및 요방향 운동을 구현한다. 웨이퍼 스테이지는 하나의 대형 공기베어링(이를 **빅풋**이라고 부른다)에 의해서 화강암 소재의 바닥판 위를 약 5[μm] 정도 떠서 움직인다.

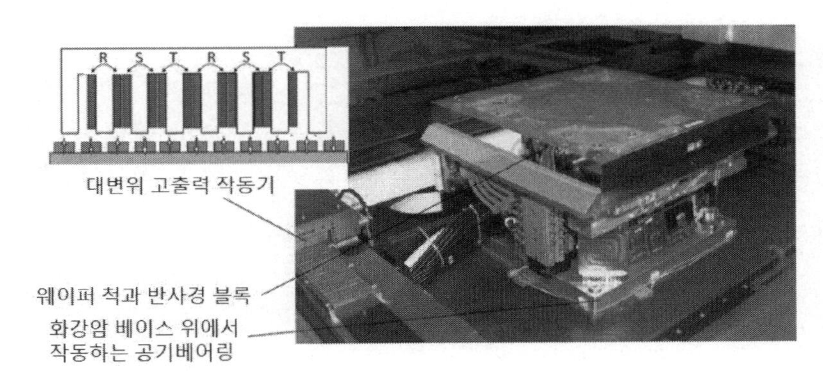

그림 4.21 심자외선 노광기용 웨이퍼 스테이지의 사례[37](컬러도판 p.655 참조)

표 4.4에서는 2011년 당시의 ASML Twinscan 웨이퍼 스테이지[38]에 대한 각종 요구조건들을 보여주고 있다. 이 요구조건들은 40[nm] 노드의 노광기에 대한 사양값들로서, 이 당시 노광기의 시간당 웨이퍼 처리량은 190[wph] 정도였다. 2021년에 공급된 ASML NXT2050i 모델의 경우 14[nm] 기술노드를 지원하고 있으며, 시간당 최고 처리량은 295[wph]에 달한다. 즉, 웨이퍼 한 장을 노광

36 Zerodur™

37 R. Schmidt 공저, 장인배 역, 고성능 메카트로닉스의 설계, 동명사, 2015.

38 ASML NXT1950i의 사양에 해당한다.

하는 데에 불과 12초 정도밖에 걸리지 않는다는 뜻이다. 300[mm] 웨이퍼 한 장에는 약 100개의 다이들이 배치된다. 따라서 하나의 다이를 노광하는 데에는 불과 100[ms] 정도밖에 소요되지 않는다. 이토록 고속으로 레티클과 웨이퍼를 구동하는 과정에서 스테이지와 로봇 시스템에는 극한의 가속과 반력이 가해진다. 노광 과정에서 페이딩과 진동에 의해서 광학계 대비저하가 발생하면 임계치수가 훼손될 위험이 있다. 노광과정에서 발생하는 각종 힘과 진동들을 효과적으로 통제하지 못한다면 결코 고품질의 노광을 수행할 수 없다.

표 4.4 웨이퍼 스테이지의 요구조건

요구조건(2011년)	근사값
임계치수(CD)	<40[nm]
중첩	<4[nm]
웨이퍼 스테이지 스텝속도	>2[m/s]
웨이퍼 스테이지 스캔속도	>0.5[m/s]
레티클 스테이지 스캔속도	>2[m/s]
웨이퍼 스테이지 가속도	>30[m/s^2]
레티클 스테이지 가속도	>120[m/s^2]
웨이퍼 스테이지 계측오차	<0.5[nm/20sec]
웨이퍼 스테이지 MA의 평면내 위치오차(중첩)	<1[nm]
웨이퍼 스테이지 MSD의 평면내 위치오차(페이딩)	<10[nm]
초점오차	<100[nm]
정착시간	<10[ms]

4.3.3 ASML社의 트윈스캔

2000년대 초반까지 세계 노광기 시장은 니콘社와 캐논社가 지배하고 있었다. 그런데 네덜란드의 ASML社에서 트윈스캔 모델을 발표하면서 ASML社가 세계 노광기 시장을 거의 독점하게 되었다. 그 이유는 노광공정의 높은 생산성을 실현하기 위해서 독특한 구조가 사용되기 때문이다. 일단 웨이퍼를 웨이퍼 스테이지의 진공척에 고정하고 나면, 노광기 내부에 설치된 측정 스테이션에서 웨이퍼의 표면높이 변화를 스캐닝하고 웨이퍼 표면의 여러 위치에 설치되어 있는 기준표식들의 정확한 위치를 측정하여 수십~수백[pm] 수준의 높은 정확도로 웨이퍼 **표면윤곽지도**를 작성한다. 이 표면윤곽지도는 불과 수십 초 정도밖에 정확도를 보장할 수 없기 때문에 측정이 끝난 웨이퍼 스테이지를 곧장 노광 스테이션으로 이동시켜서 노광을 수행하여야 한다. 전통적인 노광기에서는 하나의 스테이지를 사용하여 웨이퍼 윤곽측정을 수행한 다음에 노광을 수행하다보니 윤곽측정 중에는 노광스테이션이 대기하고 노광 중에는 측정스테이션이 대기해야만 하는 불합리가 있었다. 그런데 ASML社에서는 두 개의 웨이퍼 스테이지를 사용하여 하나의 웨이퍼 스테이지가 웨이퍼의 윤곽을 측정하는 동안 다른 웨이퍼 스테이지는 노광을 수행하며, 연속적으로 두 스테이지의 임무를 바꿔가는 방식을 고안하였으며, 이를 **트윈스캔**이라고 이름 지었다. 이 시스템은 클린룸 내에서 노광기의 점유면적을 줄여주면서 기기당 생산성을 두 배로 높여주는 획기적인 방식으로써 곧장 세계 노광기 시장을 점령하게 되었다.

4.3.3.1 트윈스캔의 동적 구조

고속으로 움직이는 레티클 스테이지와 웨이퍼 스테이지를 다이영역 전체에 대해서 수백 [pm] 수준으로 동기화하기 위해서는 각각, 수백 [pm]와 수십 [pm] 수준의 위치결정 정확도를 확보해야만 한다.[39] 이를 위해서는 바닥진동의 차폐, 평형질량을 사용한 반력상쇄, 계측프레임의 도입과 같이 동적 진동을 통제하기 위한 다양한 설계기법들이 도입되어야만 한다.

그림 4.22에서는 트윈스캔 노광기의 구조를 개략적으로 보여주고 있다. 그림에서는 웨이퍼 스테이지를 하나만 도시하고 있지만, 실제로는 두 개의 스테이지가 운영된다. 노광기는 바닥진동이 차폐된 독립제진대 구조물 위에 설치된다. 강철 빔들을 사용하여 강체 구조물로 제작된 기계받침대는 다수의 높이조절용 풋들을 사용하여 수평을 맞춰서 설치되며, 그 위에 **베이스프레임**이 고정된다. 베이스프레임 위의 3개소에 **공기마운트**라고 부르는 공압식 제진기를 설치하고 그 위에 **계측프레임**을 얹어 놓는다. 이렇게 설치된 계측프레임은 바닥진동과 차폐되어 안정적으로 투사광학 경통을 지지할 수 있다. 계측프레임의 상부에는 노광용 **투사광학계**가 설치되며, 하부에는 웨이퍼 스테이지 위치 측정용 레이저 간섭계와 웨이퍼 표면윤곽 측정용 **계측 시스템**들이 설치된다. 2000년대에 사용된 공기베어링을 사용하는 웨이퍼 스테이지의 경우, 화강암 소재의 바닥판 위를 떠다니며, 화강암 소재의 바닥판 역시, 공기베어링에 지지되어 기계 받침대 위를 떠다닌다. 2010년대에 도입된 반발식 자기베어링을 사용하는 웨이퍼 스테이지의 경우에는 영구자석들이 매립된 금속제 바닥판 위를 떠다니며, 이 바닥판은 공기베어링에 지지되어 기계 받침대 위를 떠다닌다. 웨이퍼 스테이지가 스캔운동을 하면서 생성되는 반력이 노광기 베이스프레임을 흔들지 않도록

39 4:1 축소노광을 시행하기 때문에 레티클 스테이지의 위치결정 정확도 요구조건은 웨이퍼 스테이지보다 4배 더 크다.

평형질량과 화강암 바닥판이 움직이면서 반력을 상쇄시켜 버린다. 광학경통 위에는 레티클 스테이지가 위치하여 고속으로 수평운동을 한다. 이 과정에서 발생하는 반력을 상쇄하기 위해서 노광기 상부에도 평형질량이 설치되어 레티클 스테이지와 반대 방향으로 움직인다.

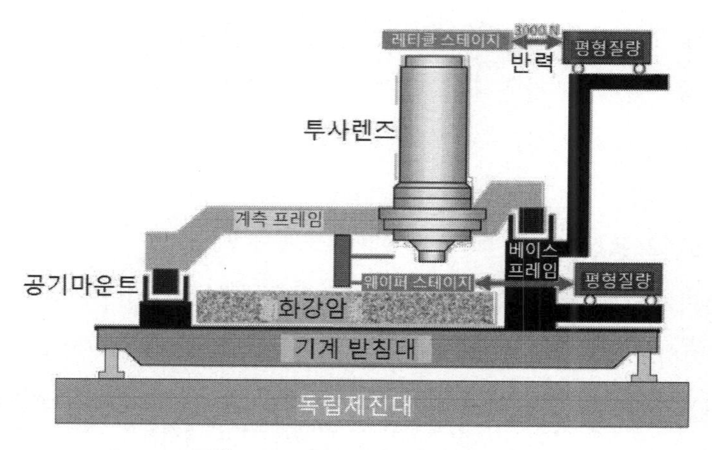

그림 4.22 트윈스캔의 동적 구조40

4.3.4 동특성을 고려한 프레임설계

기계의 프레임은 동적 시스템이 가속이나 감속운동을 하는 과정에서 작용하는 반력과 토크를 받아서 바닥으로 전달하는 힘전달 경로처럼 작용한다. 구조물의 변형 없이 이런 반력을 효과적으로 받아내기 위해서 일반적인 구조물들은 트러스 구조와 같은 경량, 고강성 프레임구조를 채택한다. **그림 4.23 (a)**에 도시되어 있는 전통적인 개념의 프레임의 경우, 주물 제작한 한 덩어리의 고강성 프레임을 사용하여 스테이지의 위치를 측정하며, 동시에 스테이지에 힘을 가하여 위치를 이동시킨다. 이때에 프레임은 가감속 작용력을 바닥으로 유도하거나, 공구와 치구 사이의 작용력을 전달하는 역할을 수행한다. 하지만 노광기와 같은 초정밀 기계장치의 경우에는 프레임이 프레임에 설치되는 하위 시스템의 위치기준으로도 함께 사용되기 때문에, 프레임에 가감속이 작용하여 프레임이 흔들리거나 작용력을 전달하는 과정에서 프레임에 미소한 변형이 발생하게 되면, 기준위치가 변해버린다. 웨이퍼 스테이지의 위치결정 정확도가 서브마이크로미터 수준으로 내려가던

40 R. Schmidt 공저, 장인배 역, 고성능 메카트로닉스의 설계, 동명사, 2015.를 참조하여 재구성하였음.

1990년대부터, 이미 프레임을 더 튼튼하게 만들어서 해결할 수 있는 문제가 아니라는 것이 판명되었다. **그림 4.23 (b)**에서는 이런 문제를 해결하기 위해서 제안된 반력스테이지 프레임의 구조를 보여주고 있다. 가감속이 일어나는 동적 시스템과 질량이 동일하며 서로 반대방향으로 움직이는 평형질량이 동시에 고강성 구조체로 만들어진 **힘전달 프레임**에 힘을 가하면 반력이 상쇄되어 버린다. 이로 인하여 프레임의 나머지 부분에는 전혀 진동이나 힘이 전달되지 않게 된다. 이와 동시에 힘전달 프레임과는 분리되어 진동이 차폐된 별도의 **계측프레임**에서 움직이는 스테이지의 위치를 측정하면 외부진동의 유입에 의한 기준위치의 오염이 발생하지 않아서 정확한 위치측정이 가능하다.

이렇게 진동이 차폐된 계측프레임의 도입과 평형질량을 사용한 **반력상쇄기법**의 적용을 통해서 초정밀 위치결정 시스템(즉, 웨이퍼 스테이지)이 구현된다.

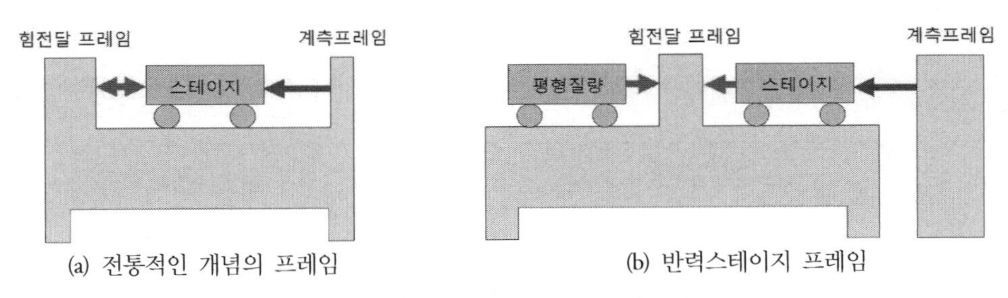

(a) 전통적인 개념의 프레임　　(b) 반력스테이지 프레임

그림 4.23 동특성을 고려한 프레임설계[41]

그림 4.24에서는 ASML社의 노광기 구조의 변천을 보여주고 있다. **그림 4.24 (a)**에 도시되어 있는 1984년 ASM社[42]에서 최초로 제작한 PAS 2000 시스템[43]은 올인원 구조를 채택하였다. FAB 건물의 진동이 바닥으로부터 전달되는 것을 차폐하기 위해서 3개의 공압식 제진기를 사용하여 계측프레임이라고 부르는 삼각형의 평판을 지지하였다. 그리고 이 계측프레임판의 상부에는 조명, 레티클 고정용 테이블, 그리고 투사광학계 경통을 설치하였으며, 계측프레임판의 하부에는 웨이퍼 표면윤곽 측정기와 웨이퍼 스테이지 위치 측정용 레이저 간섭계를 설치하였으며, 화강암 소재

41 장인배 저, 정밀기계설계, 씨아이알, 2021.
42 아직 ASML로 독립하기 전의 회사로서 필립스社의 자회사이다.
43 PAS 2000 시스템의 분해능은 1[μm] 미만, 중첩 정확도는 250[nm] 수준이었다.

의 바닥판을 매달아 놓았다. 이 화강암 바닥판 위에는 빅풋이라고 부르는 공기베어링에 지지된 웨이퍼 스테이지와 이 스테이지를 구동하기 위한 리니어모터들을 설치하였다. 이 구조의 설계사상은 정확한 웨이퍼 스테이지 구동을 위해서 모든 시스템을 바닥진동을 차폐된 계측프레임에 얹어야 한다는 것이었다.

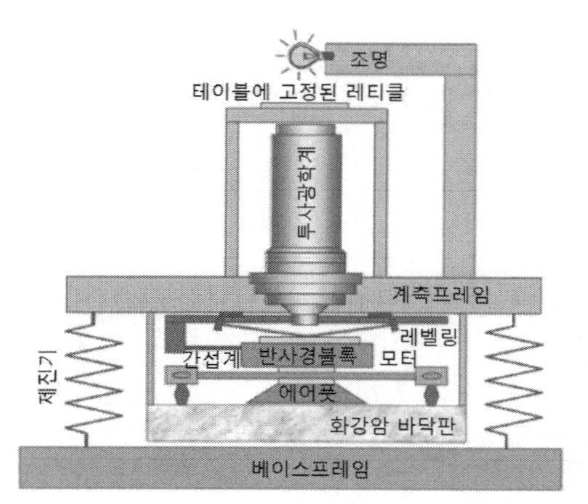

(a) 올인원 구조

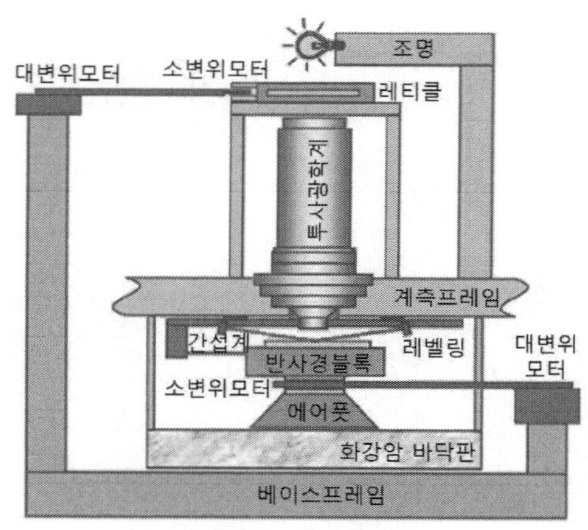

(b) 힘전달 프레임 분리구조

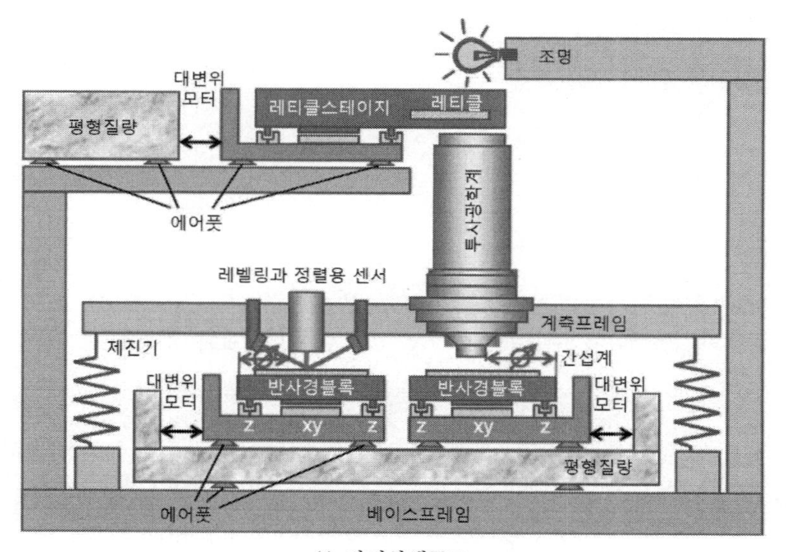

(c) 반력상쇄구조

그림 4.24 노광기 구조의 발전44

44 H. Butler, Position Control in Lithographic Equipment, IEEE Control Systems, 2011의 그림을 기반으로 수정하였음.

이 방식은 임계치수가 1[μm] 노드이던 시절에는 매우 적합한 방법이었지만, 웨이퍼 스테이지의 가감속 과정에서 발생하는 반력이 화강암 바닥판을 흔드는 문제 때문에, 서브마이크로미터 노드로 들어서면서 곧장 한계를 보이게 되었다. 이를 개선하기 위해서 1990년대 초반은 PAS 5000 시스템[45]을 통해서, **그림 4.24 (b)**에 도시된 것처럼 힘전달 프레임을 분리하려는 노력이 시도되었다. 초기에 출시된 PAS 5000 시스템은 스테퍼였으며, 곧이어 스캐너로 전환되었다.

PAS 2000 시스템에서 발생하던 반력에 의한 진동을 완화시키기 위해서 PAS 5000 시스템에서는 대변위 리니어모터의 고정부를 계측프레임의 외부로 빼내어 베이스프레임에 설치하였다. 이 구조의 설계사상은 무겁고 강성이 큰 베이스프레임이 웨이퍼 스테이지와 레티클 스테이지의 가감속 과정에서 발생하는 반력을 흡수하여 진동을 완화시킨다는 것이었다. 하지만 베이스프레임에 전달된 진동이 제진기를 타고 계측프레임으로 올라오기 때문에,[46] 이 구조는 수백 [nm] 기술노드에는 적합한 방법이지만 수십 [nm] 기술노드에 적용하기에는 근본적으로 한계를 가지고 있었다. 2001년 ASML社는 최초의 트윈스캔 노광기인 Twinscan AT:750T를 출시하였다.[47] 이 시스템은 **그림 4.24 (c)**에 도시된 것과 같은 이중스테이지 구조를 가지고 있다. 레티클 스테이지와 질량이 같고 서로 반대 방향으로 움직이는 평형질량을 사용하여 레티클 가감속 과정에서 발생하는 진동을 소거하였으며, 에어풋에 의해서 베이스프레임 위를 떠다니는 평형질량과 **그림 4.22**에 도시되어 있는 웨이퍼 스테이지용 평형질량들을 사용하여 두 개의 웨이퍼 스테이지들의 가감속 과정에서 발생하는 진동을 소거하였다. 이를 통해서 성공적으로 노광장비 내에서 발생하는 주요 진동성분들을 소거할 수 있었고, 이를 통해서 베이스프레임에서 제진기를 통해서 계측프레임으로 전달되는 진동성분들을 나노미터급 임계치수를 프린트하기에 충분한 수준으로 저감시킬 수 있게 되었다.

4.3.5 웨이퍼스캐너의 제진기술

12장과 **13장**을 통해서 살펴볼 예정인 팹이라고 부르는 반도체 생산공장 내에는 진동을 유발하는 다양한 기기들이 작동하고 있다. 이로 인하여 팹 바닥은 항상 다양한 주파수성분을 가지고 진동한다. 이런 진동들이 노광기로 전달된다면 패턴 분해능과 중첩 정확도가 훼손되기 때문에

45 PAS 5000 시스템의 분해능은 400~90[nm] 수준이었으며, 중첩 정확도는 100~12[nm] 수준이었다.

46 공압식 제진기의 진동 전달률은 주파수에 따라 다르지만 대표적인 바닥진동 성분인 10[Hz] 진동의 전달률은 약 1/100이다.

47 2000년대에 출시된 Twinscan 노광기들의 분해능은 100~32[nm], 중첩정확도는 20~3[nm] 수준이었다.

진동의 전달을 차폐하는 일은 성공적인 노광을 위해서 매우 중요한 사안이다.

노광기의 투사광학계는 **그림 4.25**에 도시된 것처럼 독립제진대 기둥, 고강성 풋, 저강성 공압식 제진기, 그리고 고강성 렌즈마운트와 같은 다중의 지지구조들에 의해서 지지되어 있다. 우선, 노광기는 팹 건물 내에서 **독립제진대**라고 부르는 별도의 구조물과 바닥 위에 설치된다. 노광기가 설치되는 클린룸 하부의 보조층에서 별도의 강철 기둥들을 사용하여 독립제진대용 바닥판을 설치하여 클린룸 내의 주변 바닥들과 분리시켜 놓는다. 이를 통해서 주변 기기들에서 발생하는 진동이 곧장 바닥을 통해서 노광기로 전달되지 않도록 만든다. 노광기의 베이스프레임은 높이가 조절되는 다수의 풋들을 사용하여 수평을 맞춰서 지지한다. 이 풋들은 고강성 요소로서, 별도의 제진능력은 없다.

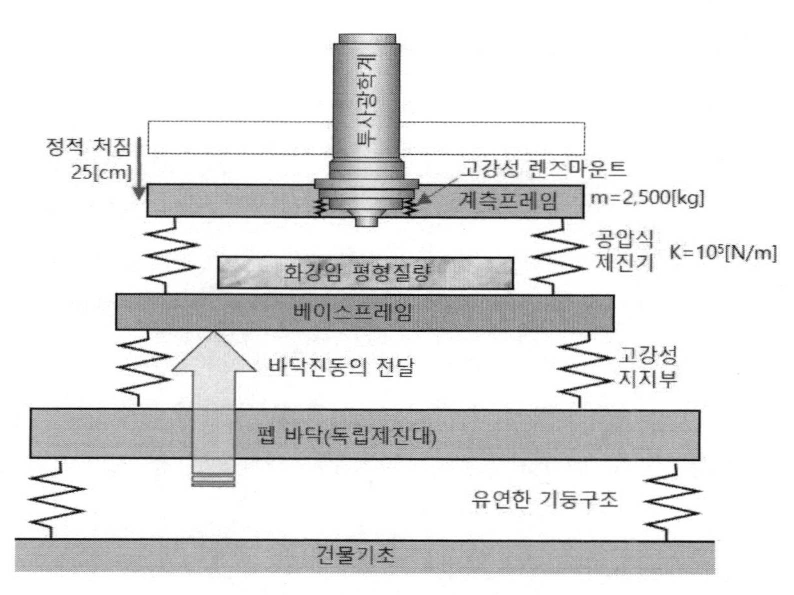

그림 4.25 웨이퍼 스캐너의 제진기술

베이스프레임 위에 총강성이 $K=1\times10^5$[N/m]인 3개의 공압식 **저강성 제진기**들이 설치되며, 그 위에 총질량이 m=2,500[kg]인 계측프레임-광학경통 조립체가 얹힌다. **그림 4.26**에 도시된 것과 같이 공압 피스톤처럼 생긴 공압식 제진기는 압축공기로 계측프레임을 들어 올리는 구조로서, 강성이 매우 작기 때문에 계측프레임 하중에 의해서 약 25[cm][48]의 자중처짐이 발생한다.

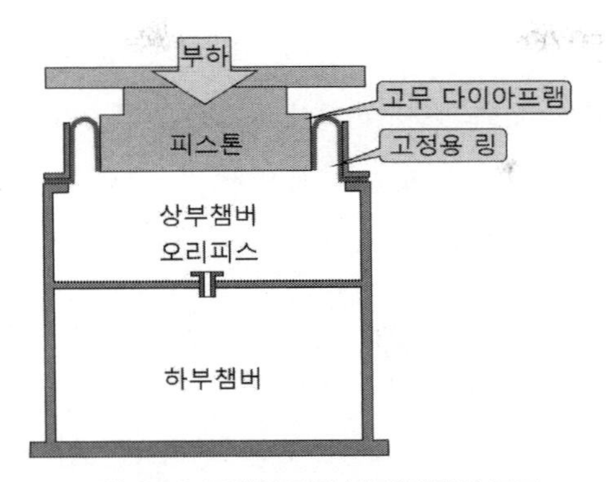

그림 4.26 공압식 저강성 제진기의 구조

그림 4.27에서는 공압식 제진기들에 의해서 지지되는 계측프레임-광학경통 조립체의 주파수 응답곡선들을 제진기의 특성에 따라서 서로 비교하여 보여주고 있다. 우선, 계측프레임-광학경통 조립체의 자중과 저강성 공기마운트의 강성에 의해서 저강성 지지구조에는 다음과 같이, 공진 고유모드가 나타나게 된다.

$$f_n = \frac{1}{2\pi}\sqrt{\frac{K}{m}} = \frac{1}{2\pi}\sqrt{\frac{1\times10^5}{2,500}} = 1\,[Hz] \tag{4.11}$$

즉 고유주파수가 1[Hz]라는 것을 의미한다. **그림 4.27**에 도시된 전달률 그래프에서 1[Hz]의 좌측 전달률이 1이며, 수평선이라는 것은 바닥진동이 제진기를 통해서 그대로 전달된다는 것을 의미한다.[49] 반면에 1[Hz]보다 높은 주파수대역에서는 주파수가 높아질수록 전달률 곡선이 아래로 내려간다. 즉, 전달률이 감소하면서 바닥진동이 제진기에 의해서 차폐된다는 것을 의미한다. 팹 바닥에서 전달되는 진동성분은 대부분 5[Hz] 이상이므로 대부분의 진동은 공압식 제진기를 사용하여 제거된다.

다음으로, 제진기의 감쇄특성에 따른 제진성능을 비교해 보기로 하자. **그림 4.27**에서 녹색 선은 별도의 감쇄수단이 구비되지 않은 순수한 공압식 제진기의 전달함수이다. 이 경우에 고주파 제진성능은 매우 우수하지만 1[Hz]에서 공진 피크가 나타나며, 전달률이 100에 이른다. 즉 1[Hz] 근처

48 $\delta = mg/K = 2500\times9.81/10^5 = 0.2425[m] \simeq 0.25[m]$

49 지진파 진동이나 풍력진동과 같은 저주파 진동성분들은 그대로 통과하여 노광기로 전달된다.

의 진동성분들을 100배만큼 증폭시켜 버린다는 뜻이다. 이는 분명히 큰 단점이다. 이를 개선하기 위해서 **능동 스카이훅 댐퍼**가 개발되었다. 하늘에 매달은 감쇄기라는 뜻의 능동 스카이훅 댐퍼는 공압식 제진기에 공급되는 압축공기의 노즐을 조절하여 공진주파수에서의 진동을 감쇄시켜주며, 청색선과 같이 성공적으로 공진피크를 제거해 준다.

그리고 **고감쇄 제진기**와 **저감쇄 제진기**를 서로 비교해 볼 필요가 있다. 일반 산업용 기기들에서는 고감쇄 제진기를 주로 사용하고 있다. 하지만 반도체 업계에서는 저감쇄 제진기를 사용한다. **그림 4.27**의 청색 선과 적색 선을 서로 비교해 보면 그 이유를 명확히 알 수 있다. 팹 바닥에서 발생하는 진동 주파수 성분들은 주로 10[Hz] 근처에 집중되어 있다. 이 경우 저감쇄 제진기의 전달률은 0.01인 반면에 고감쇄 제진기의 전달률은 0.1로서 무려 10배나 더 많은 진동성분들을 계측 프레임으로 전달한다는 것을 알 수 있다. 따라서 능동 스카이훅 댐퍼를 장착한 공압식 제진기가 유압식 고감쇄 제진기에 비해서 바닥 진동의 차폐에 월등한 성능을 가지고 있다는 것을 알 수 있다.

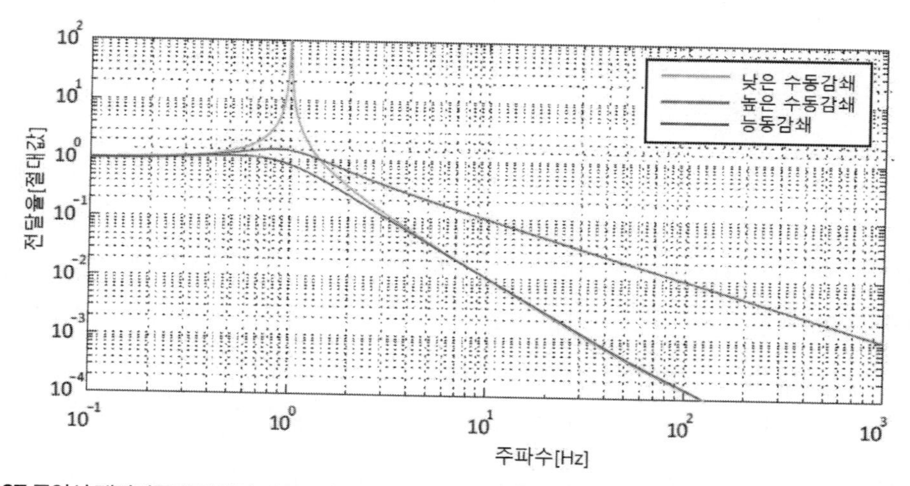

그림 4.27 공압식 제진기들에 의해서 지지되는 계측프레임–광학경통 조립체의 주파수응답곡선[50](컬러도판 p.655 참조)

마지막으로, 계측프레임과 투사광학계용 광학경통 사이에는 **그림 4.28**에 도시되어 있는 것처럼, 소위 **스마트디스크**라고 부르는 **고강성 렌즈마운트**들이 3개가 설치되어 있다. 이들은 광학경통을 지지하는 서스펜션의 역할을 수행한다. 투사광학계는 중력에 매우 민감하게 반응하기 때문

50 R. Schmidt 공저, 장인배 역, 고성능 메카트로닉스의 설계, 동명사, 2015.

에 계측프레임이 공압식 제진기가 조절할 수 없는 수준으로 미소하게 기울어지면 노광패턴이 조사되는 위치가 시프트되어 버린다. 스마트디스크는 다리길이가 조절되는 이각대[51]로서, 경사지게 설치된 두 개의 압전 작동기들의 길이를 변화시켜서 광학 경통의 2자유도를 제어한다. 그러므로 스마트디스크 3개를 사용하면 광학경통의 6자유도 자세제어가 가능하다. 압전 작동기의 변위를 정확히 2자유도 운동으로 변환시키기 위해서 와이어방전가공방식으로 제작된 2자유도 플랙셔 기구들로 이루어진 구조체 속에 두 개의 압전 작동기들이 설치된다. 압전 작동기는 세라믹 소재로 만들어지기 때문에 근원적으로 고강성이다. 따라서 이 지지기구를 고강성 렌즈마운트라고 부르는 것이다.

스마트디스크는 고강성 렌즈마운트의 기능과 더불어서, 고주파 제진기의 역할도 일부 수행한다. 외팔보 형태의 광학경통은 고강성 구조로 설계되어 있으므로, 50~100[Hz] 대역에서 고유모드가 존재한다. 뜻하지 않게 광학경통이 고유진동을 일으키면 치명적인 손상을 일으킬 수 있다. 이런 경우에는 스마트디스크들이 반공진 동조질량감쇄기(TMD)처럼 작동하여 이 고유모드 과도진동을 억제해준다.

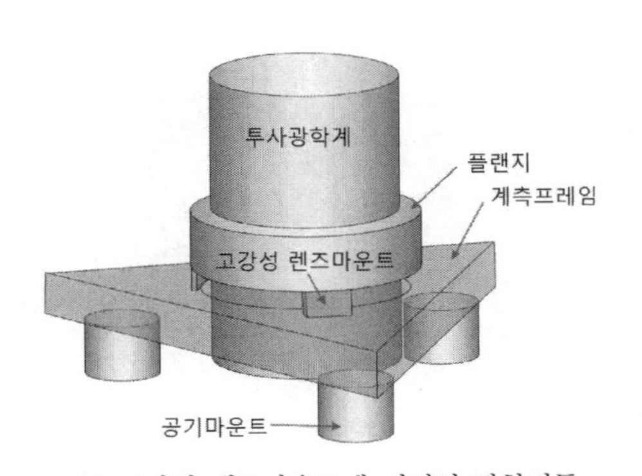

(a) 고강성 렌즈마운트에 지지된 광학경통

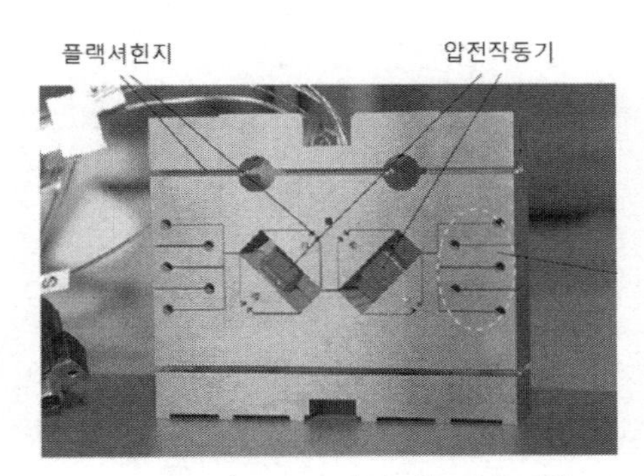

(b) 스마트디스크 고강성 렌즈마운트[52]

그림 4.28 고강성 렌즈마운트

4.3.5.1 바닥진동의 저감

그림 4.29 (a)에 도시되어 있는 것처럼, 독립제진대가 없는 위치에 설치된 반도체 생산장비에서

51 biped
52 R. Schmidt 공저, 장인배 역, 고성능 메카트로닉스의 설계, 동명사, 2015.

바닥진동에 의해서 생산품질이 저하되는 경우가 자주 발생하고 있다. 바닥진동의 원인으로는 팹 하부의 보조층에 설치되어 있는 각종 기기들에서 발생한 진동의 전달, 팹층의 인접한 기기들에서 발생하는 진동의 전달 등이 있다. 이런 경우에는 해당 위치의 바닥진동을 국지적으로 저감할 수단이 필요하다. 이런 경우에는 팹의 바닥을 이루는 보조층의 천장에 질량감쇄기를 설치하여 진동을 흡수해야 한다. 하지만 안타깝게도 보조층의 천장에는 이미 수많은 배관들이 지나고 있어서 이런 질량감쇄기를 설치할 공간을 찾기가 어렵다. 그런 경우에는 팹층의 그레이팅 바닥을 뜯어내고 콘크리트 구조물 바닥에 질량감쇄기를 설치하여야 한다. 질량감쇄기는 **그림 4.29 (b)**에 도시되어 있는 것처럼, 일명 **동조질량감쇄기**(TMD)[53]라고 부르는 **수동형 질량감쇄기**와 **능동형 질량감쇄기**(AMD)의 두 가지 유형이 있다. 수동형 감쇄기는 진동의 진폭기 큰 경우에 적용이 가능하며, 진동의 진폭이 작은 예민한 구역에 대해서는 능동형 질량감쇄기를 사용하여야 한다.

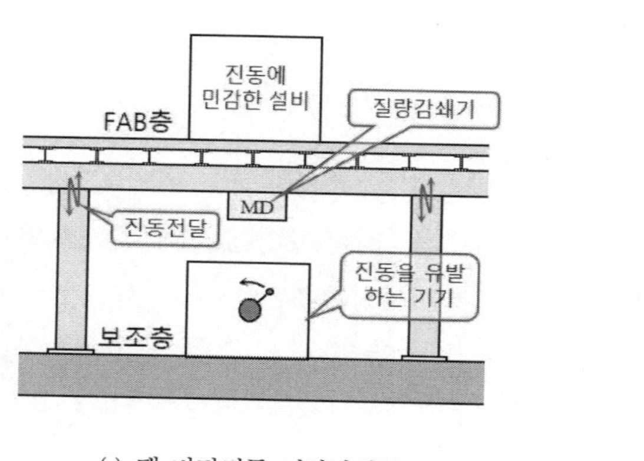

(a) 팹 바닥진동 저감방법54

능동형 질량감쇄기

동조질량감쇄기

(b) 두 가지 유형의 질량감쇄기55

그림 4.29 바닥진동의 저감방법

4.3.6 영강성 스테이지의 구동

영강성[56]이란 말 그대로 강성이 0이란 뜻이다. 질량이 m인 스테이지를 지지하는 강성이 0이라

53 tuned mass damper

54 장인배 저, 정밀기계설계, 씨아이알, 2021.

55 www.kumagaigumi.co.jp

56 zero stiffness

면, 식 (4.11)을 사용하여 계산한 고유주파수는 0[Hz]가 된다. 즉, 바닥에서 스테이지로 전달되는 모든 주파수성분의 진동들을 차폐할 수 있다는 뜻이다. 영강성이 구현되면 교란의 원인과의 기계적인 연결관계가 완벽하게 차단되어 지지물체는 우주에 떠 있는 관성질량처럼 거동한다. 하지만 영강성은 가상의 개념이며, 현실적으로는 스테이지를 지지하는 베어링의 강성을 하중을 지지하는 방향으로는 고강성을 유지하지만 여타의 방향으로는 0에 근접한 수준으로 감소시킨다는 것을 의미한다. 영강성에 근접한 상태로 물체를 지지할 수 있는 베어링은 공기베어링과 자기부상 베어링의 두 가지 유형이 있다. 직선운동 작동기의 경우에는, 이송축 방향으로는 고강성이지만, 여타의 방향에 대해서는 영강성에 근접한 상태로 물체를 이송할 수 있는 작동기로는 보이스코일모터나 리니어모터와 같은 **로렌츠코일 작동기**가 있다.

그림 4.30 (a)에서는 수직 방향 하중을 지지하는 패드형 공기베어링을 보여주고 있다. 패드형 베어링의 윗면에 연결되어 있는 급기관을 통해서 압축공기가 공급되면 오리피스와 그루브를 통해서 압축공기가 바닥면으로 분사된다. 이 압축공기가 빠져나오기 위해서 공기베어링이 안내면에서 약간 위로 들려 올라가는데, 일반적으로 이 공극은 5[μm] 내외로 유지된다. 이 좁은 틈새로 공기가 유출되면서 그림에서와 같은 압력 프로파일이 형성되며, 이 압력을 베어링 면적에 대해서 적분하면 공기베어링의 하중지지용량이 구해진다. 공기베어링은 수직 방향으로의 높은 강성과 여타 방향으로의 영강성 특성을 가지고 있는 매우 우수한 베어링이어서 2000년대 중반까지 노광기용 웨이퍼 스테이지의 안내 베어링으로 사용되었다.

그림 4.30 (b)에서는 **할박어레이**[57]라고 부르는 막대형 영구자석 배치구조를 사용하는 반발식 자기부상 베어링의 구조를 보여주고 있다. 이 자석배치는 코일이 설치되는 위치까지 강력한 자기장을 송출할 수 있는 매우 독특한 자로구조를 가지고 있다. 자석의 하부 안내면 바닥에 설치된 코일들은 지면방향으로 나란히 배열되어 있다. 우선 ②번 위치의 코일들에 지면을 뚫고 나오는 방향으로 전류를 흘려보내면, 좌에서 우측으로 향하는 영구자석의 누설자기장과 작용하여 영구자석을 위로 밀어낸다. 즉, 부상시킨다. 그리고 ①번 영역에서는 아래로 향하는 자기장과 지면을 뚫고 나오는 방향으로 흐르는 전류에 의해서 우측으로의 이송력이 발생한다. 또한 ③번 영역에서는 위로 향하는 자기장과 지면 속으로 들어가는 전류에 의해서 우측으로의 이송력이 발생한다. 그러므로 할박 어레이의 상하방향과 좌우방향으로의 위치를 검출하여 개별 코일들에 흐르는 전

57 Halbach array

류를 제어한다면 할박어레이 자석뭉치에 대해서 수직방향 부상력과 수평방향 이송력을 동시에 제어할 수 있다. 하나의 할박 어레이 뭉치를 사용하면 2자유도의 자기부상을 구현할 수 있으며, 3세트의 할박 어레이를 하나의 스테이지로 구성한다면 반발식 6자유도 자기부상 스테이지를 구현할 수 있다. 자기부상장치 자체가 베어링과 이송용 작동기로서의 기능을 모두 갖추고 있기 때문에 매우 혁신적인 웨이퍼 스테이지를 구축할 수 있다. 특히, 진공 속에서도 작동이 가능하여 원래는 극자외선 노광기용 스테이지로 개발되었으나 2010년대부터 심자외선 노광기용 웨이퍼 스테이지의 지지 및 이송에 사용되고 있다.

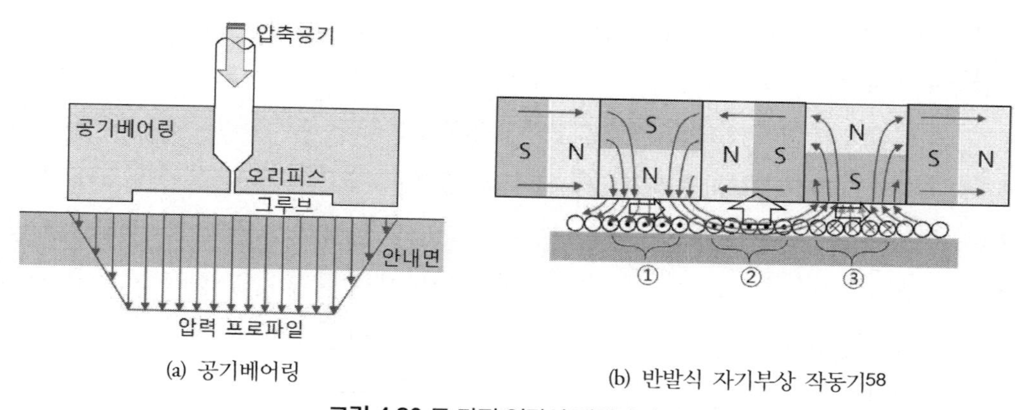

(a) 공기베어링

(b) 반발식 자기부상 작동기58

그림 4.30 두 가지 영강성 베어링의 사례

4.3.6.1 로렌츠코일 작동기

로렌츠력이란 자기장(계자) 내에 위치한 도선에 전류가 흐르면 자기장과 전류의 방향에 대해서 각각 직각 방향으로 발생하는 힘으로서, 이 힘의 작용방향을 **플레밍의 왼손법칙**을 사용해서 찾아낼 수 있다. **그림 4.31 (a)**에서와 같이, 자기장이 원의 중심 방향으로 향하도록 영구자석의 자로를 구성하고, 자기장이 형성된 공극 속으로 코일을 집어넣은 상태에서 코일에 전류를 흘리면 코일은 축선방향으로 움직인다. 이를 사용하여 물체를 이송하는 작동기가 일명 **보이스코일모터**라고 부르는 **단거리 로렌츠코일 작동기**이다. 이 단거리 로렌츠코일 작동기는 축방향으로는 고강성이 구현되지만, 여타의 방향으로는 영강성의 특성을 가지고 있는 유용한 작동기이다. 보이스코

58 장인배 저, 정밀기계설계, 씨아이알, 2021.

일 모터는 비록, 스트로크가 매우 짧지만 거의 무한분해능을 구현할 수 있어서 노광기용 웨이퍼 스테이지의 미소변위 작동기로 널리 사용되고 있다. 리니어모터는 보이스코일 모터의 구조를 길이방향으로 무한히 연장시킨 형태로서, **그림 4.31 (b)**에서와 같이, "ㄷ"자 요크에 영구자석들을 자기장의 방향이 서로 엇갈리도록 설치하고 그 속에 레이스트랙형 코일을 설치하여 전류를 흘리면 채널방향으로의 작용력을 생성할 수 있다. 그림에서 점선과 같이 두 개의 레이스트랙형 코일들을 추가하여 3세트 또는 6세트의 코일에 3상 교류전류를 부가하면 채널방향으로 연속적인 직선운동을 구현할 수 있다. 이런 형태의 작동기를 **공심코일 리니어모터**라고 부르며, 채널방향으로는 고강성이지만, 여타 방향으로는 영강성을 가지고 있다. 리니어모터는 공기베어링에 지지되는 웨이퍼 스테이지의 대변위 작동기로 널리 사용되었지만, 현재는 자기부상 스테이지에 자리를 내어주고 말았다.

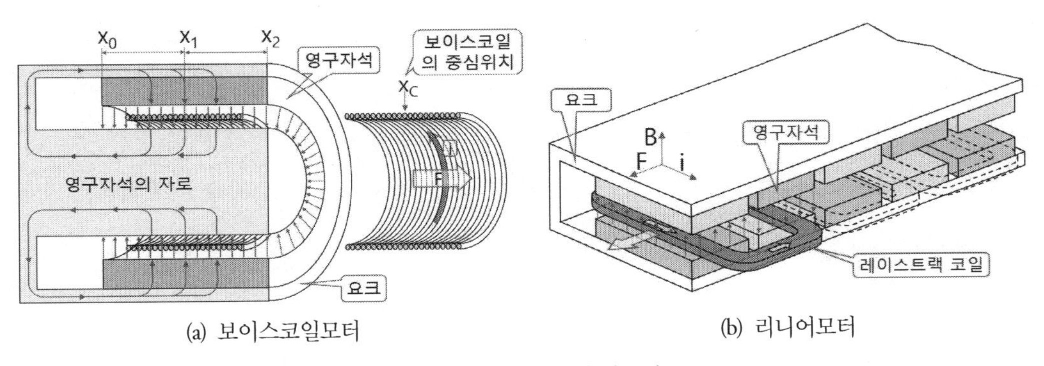

(a) 보이스코일모터

(b) 리니어모터

그림 4.31 로렌츠코일 작동기[59]

보이스코일모터나 공심코일 리니어모터와 같이, 로렌츠력을 사용하는 작동기들은 에너지효율이 매우 나쁘기 때문에 작동과정에서 엄청난 전류를 소모한다. 이로 인해서 상당한 열이 발생하며, 적절한 냉각이 이뤄지지 않는다면 코일이 타버린다. 웨이퍼 스테이지에 사용되는 보이스코일모터나 리니어모터는 높은 정밀도와 고가속 조건으로 사용되기 때문에 수냉식 냉각구조가 필수적이다. 즉, 물을 흘려서 코일을 냉각시켜야만 한다. 이로 인하여 웨이퍼 스테이지에는 냉각수를 순환시키는 물배관이 연결되어 있다.

59 장인배 저, 정밀기계설계, 씨아이알, 2021.

4.3.7 H-드라이브 이송구조

앞서 살펴본 평형질량을 사용한 반력상쇄기구들은 x 및 y방향으로의 직선운동에 국한하여 반력을 상쇄할 수 있는 기구이다. 그런데 스테이지가 x방향 또는 y방향으로 움직이면서 모멘트하중이 발생한다면 이를 상쇄할 방법이 없으므로 계측프레임이 흔들려 버린다. 노광기용 웨이퍼 스테이지는 x-y-θ 방향으로 웨이퍼를 이송하여야 하는데, 일반적인 적층식 스테이지 구조를 사용한다면 각 이송축들의 무게중심 높이와 각 이송축 작동기들의 작용점 높이가 서로 다르기 때문에 작동 과정에서 모멘트 발생을 피할 수 없다. 이런 문제를 방지하기 위해서는 스테이지를 x, y 및 θ방향으로 구동하는 모든 구성요소들의 무게중심 높이가 서로 동일해야만 하며, 이들 3자유도를 구동하는 리니어모터 및 보이스코일 모터들의 작용점 높이도 모두 무게중심 높이와 일치해야만 한다. **그림 4.32**에서는 이런 요구조건들을 수용하도록 웨이퍼 스테이지에 특화된 **H-드라이브** 구조를 보여주고 있다. 웨이퍼 스테이지의 하부에는 공기베어링이 설치되어 웨이퍼를 수직방향으로 지지하며 수평방향으로는 자유롭게 움직일 수 있도록 만들어준다. 이 웨이퍼 스테이지는 공기베어링의 안내를 받아서 막대 형상의 x-바를 타고 x방향으로 움직일 수 있다. x-바 내부에는 리니어모터가 설치되어 웨이퍼 스테이지를 x방향으로 이송한다. x-바의 양측은 별도의 공기베어링들에 의해서 y_1 및 y_2 방향으로 안내되고 있으며, 각각 y_1 및 y_2 리니어모터에 의해서 구동된다. y_1과 y_2 리니어모터가 동기운전을 하면 웨이퍼 스테이지는 y방향 직선운동을 하며, y_1과 y_2 리니어

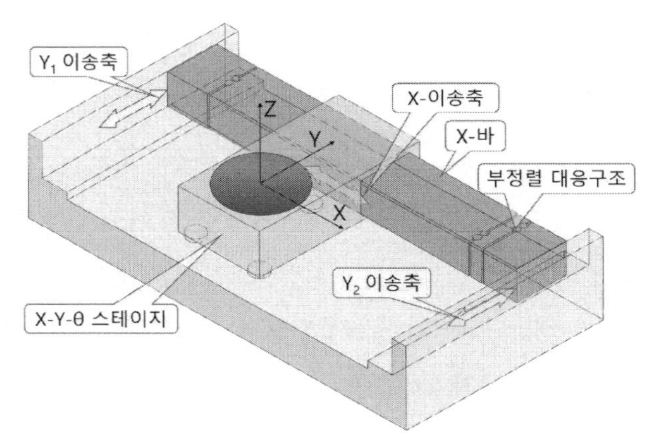

그림 4.32 H-드라이브 이송구조[60]

60 장인배 저, 정밀기계설계, 씨아이알, 2021.

모터에 차동옵셋을 부가한다면 웨이퍼 스테이지는 θ방향으로 회전하게 된다. 여기서 중요한 점은 웨이퍼 스테이지의 무게중심 높이와 x-바의 무게중심 높이, 그리고 x 방향 리니어모터와 y_1 및 y_2 리니어모터의 작용점 높이를 모두 동일하게 위치시킬 수 있다는 점이다. 이를 통해서 모멘트힘을 발생시키지 않으면서 고속으로 웨이퍼 스테이지를 구동할 수 있게 되었다.

그런데 x-바의 설치와 운영과정에서 한 가지 문제가 발생하게 된다. y_1 이송축과 y_2 이송축의 공기베어링 안내면을 서브마이크로미터 단위에서 완벽히 평행하게 설치할 수 없기 때문에 공기베어링이 움직이는 과정에서 틈새가 너무 넓어져서 베어링 지지력이 상실되어 버리거나 베어링 간극이 너무 좁아져서 끼어버릴 우려가 있다. 이런 안내면 부정렬 문제를 해결하기 위해서는 x-바 양끝단에 플랙셔 기구를 설치하여 안내면 부정렬을 플랙셔 변형으로 수용할 수 있도록 만들어야 한다. 이 플랙셔는 매우 유연하여 리니어모터의 전원을 끈 상태에서 x-바를 움직여보면 너무 덜렁거려서 도저히 정밀시스템이라고 생각되지 않는다. 하지만 일단 전원을 켜서 y_1과 y_2 리니어모터가 작동을 시작하면 시스템은 극도로 강성이 높아지면서 정확한 3자유도(x-y-θ) 위치제어가 이루어진다.

4.3.7.1 웨이퍼 스테이지의 사례

그림 4.33에서는 H-드라이브구조를 사용하여 1984년에 ASM社에 의해서 최초로 제작된 PAS 2000 시스템을 보여주고 있다. **그림 4.33 (a)**를 살펴보면, 상부의 사각형상으로 만들어진 웨이퍼 척은 중앙에 원형의 진공 척이 설치되어 있어서 웨이퍼[61]를 고정한다. 측면에는 바미러라고 부르는 막대형 광학 반사경이 두 면에 성형되어 있어서 x 및 y_1, y_2의 위치를 측정한다. 웨이퍼 척의 하부에는 x-바를 감싸고 리니어모터가 설치되어 x-방향 이송시스템을 형성하고 있다. 그 아래에는 소위 빅풋이라고 부르는 대형 공기베어링이 설치되어 수평방향 안내를 담당한다. x-바의 양단에는 y_1과 y_2 리니어모터가 설치되어 있으며, 이 리니어모터들은 웨이퍼 스테이지의 y방향 운동과 θ(요)방향 운동을 구현한다. 웨이퍼척과 x-방향 리니어모터, 그리고 빅풋으로 이루어진 웨이퍼 스테이지의 무게중심과 y_1 및 y_2 리니어모터와 x-바로 이루어진 이송시스템의 무게중심 높이를 일치시켜 놓았기 때문에, 이 웨이퍼 스테이지는 고속으로 움직여도 모멘트하중이 전혀 발생하지 않는다. **그림 4.33 (b)**의 시스템은 전시를 위해서 계측프레임 상판을 유리판으로 대체하여 구조를

61 이 시기에는 150[mm] 웨이퍼를 사용하였다.

들여다볼 수 있도록 만들어 놓은 것이다. 열팽창계수가 매우 작은 제로도™ 소재로 제작한 웨이퍼 스테이지의 중앙에 웨이퍼가 탑재되어 있는 것을 볼 수 있다. H-드라이브를 이루고 있는 x-바 리니어모터와 y_1 및 y_2 리니어모터의 형상도 확인할 수 있다. 1980년대의 리니어모터는 현재 사용되는 리니어모터와는 형태가 다르다. 1980년대 당시에는 희토류 자석이 매우 비싸서[62] **그림 4.31 (b)**에 도시된 것과 같은 오늘날 일반적인 형태의 리니어모터와는 달리, 무버에 자석을 설치하고 리니어 레일에는 코일들을 여러 쌍 감아놓았었다. 그리고 H드라이브 아래에 하나의 커다란 공기베어링이 설치되어 있는 것도 볼 수 있다. 공기베어링이 타고 다니는 바닥판은 화강암으로 제작되었다.

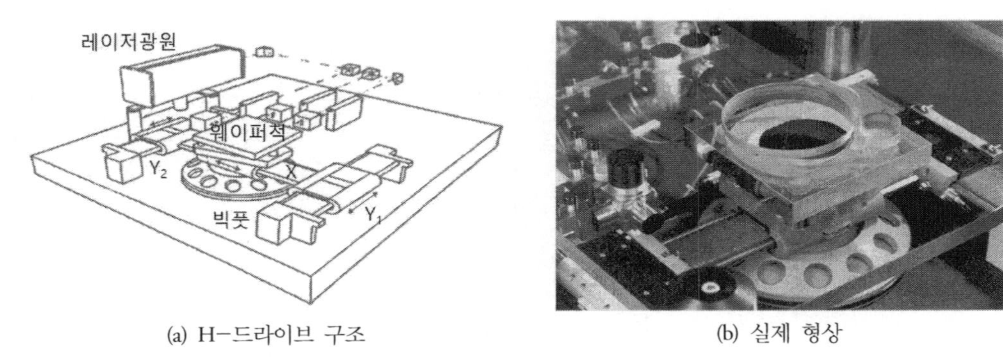

(a) H-드라이브 구조 (b) 실제 형상

그림 4.33 H-드라이브 구조를 사용하는 PAS 2000 노광기[63]

4.3.7.2 초정밀 이중스테이지 구조

300[mm] 웨이퍼용 웨이퍼 스테이지의 x-방향 스트로크는 300[mm], 그리고 y-방향 스트로크는 500[mm] 정도가 된다. H-드라이브구조를 이루는 3개의 리니어모터들을 사용하여 수[nm]의 분해능으로 스트로크 전체를 구동하는 것은 매우 어려운 일이다. 예를 들어 500[mm]의 거리를 1[nm]의 분해능으로 구동하기 위해서는 5×10^8의 분해능을 갖춰야만 한다. 이는 데이터처리의 입장[64]에서나, 제어의 입장[65]에서 매우 어려운 일이다. 이런 현실적인 문제들을 개선하기 위해서

62 희토류 영구자석의 주 생산지인 중국이 1980년대 초에는 완전히 개방되지 않았었다.
63 R. Schmidt 공저, 장인배 역, 고성능 메카트로닉스의 설계, 동명사, 2015.
64 위치 데이터를 전송하기 위해서는 29비트(2^{29}=536,870,912)가 필요하다.
65 비례이득이 너무 커져서 대변위 고속작동 시 오버슈트가 발생하게 되며, 심각한 경우에는 스필오버가 발생하게 된다.

그림 4.34에 도시된 것과 같은 **이중스테이지 구조**가 제안되었다. 그림에서, 대변위 및 미소변위 작동기들은 웨이퍼 스테이지의 무게중심을 관통하는 동일한 평면상에 설치된다. 리니어모터들로 이루어진 대변위 작동기들은 수백 [mm]의 스트로크를 가지고 있으며, 분해능은 ±0.1[mm]이다. 그리고 보이스코일모터나 압전작동기로 이루어진 미소변위작동기들은 수백 [μm]의 스트로크를 가지고 있으며, 분해능은 ±수 [nm]이다. 이를 통해서 대변위 작동기에는 높은 이득을 부가하여 웨이퍼를 고속으로 작동시키며, 미소변위 작동기들은 대변위 작동기에서 미처 제어하지 못한 초정밀 위치추종 제어를 수행하는 기능분리 구조를 완성시킬 수 있다.

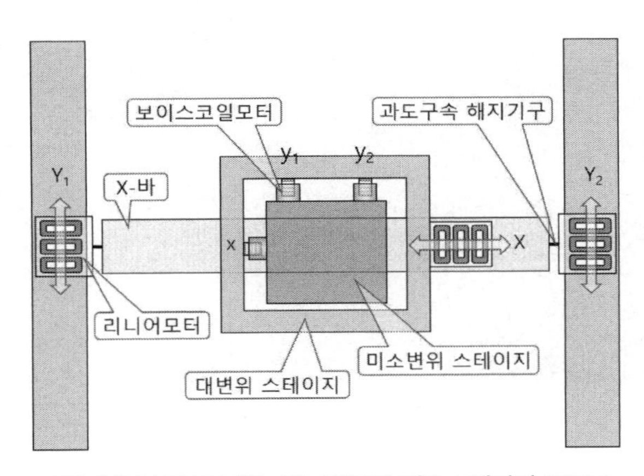

그림 4.34 보이스코일-리니어모터 이중스테이지 구조[66]

미소변위 작동기로 자주 사용되는 보이스코일모터는 크기가 크고, 무거우며, 작동과정에서 많은 열이 발생하기 때문에 고정밀 구동을 위해서는 코일을 물로 냉각시켜야만 한다. 하지만 이런 단점들에도 불구하고 보이스코일 모터는 드리프트가 없고 무한분해능의 특성을 가지고 있어서 웨이퍼 스테이지의 미소변위 작동기로 널리 사용된다. 반면에, 압전작동기는 크기가 작고, 가벼우며, 강성이 크고, 미소변위 제어가 용이할 뿐만 아니라 작동과정에서 거의 전류를 소모하지 않기 때문에 발열문제가 없다. 하지만 압전체에 전압을 가하여 변형을 생성시키고 수초가 지나면 변형량이 수% 정도 감소하는 드리프트라는 치명적인 단점을 가지고 있다. 물론, 피드백을 통해서 이를 보상할 수 있다. 웨이퍼 스테이지용 이중스테이지 구조의 미소변위작동기에는 보이스코일모

66 장인배 저, 정밀기계설계, 씨아이알, 2021.

터와 압전작동기를 모두 사용할 수 있다. **그림 4.35**의 우측상단에 도시되어 있는 웨이퍼척 하부모습을 살펴보면 x, y, R_z–축 소변위작동기라고 표시된 3개의 막대형 작동기들을 확인할 수 있다. 이들은 전형적인 압전체 작동기들이다.

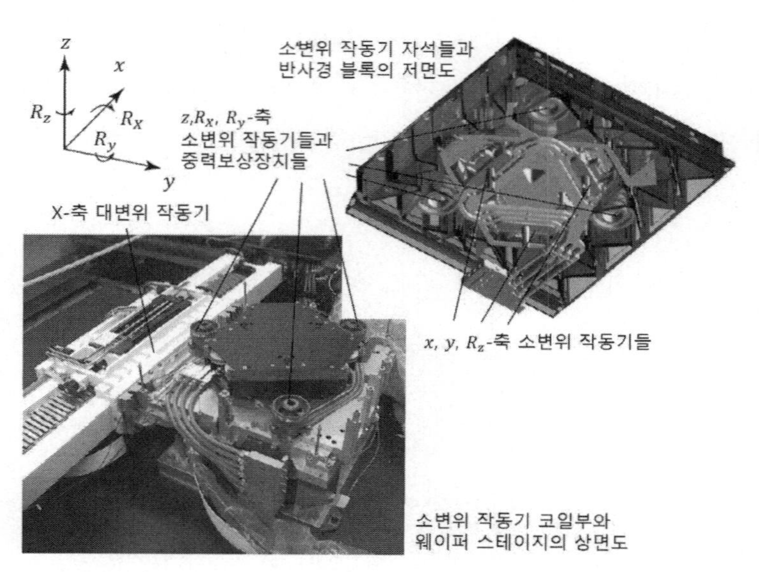

그림 4.35 z–축 구동용 보이스코일모터[67](컬러도판 p.656 참조)

4.3.7.3 Z–축 구동을 위한 보이스코일모터

웨이퍼는 두께와 편평도를 엄격하게 관리하여 생산되지만, ±150[nm]인 노광용 투사광학계의 초점심도(DOF) 요구조건에는 미치지 못한다. 또한 공정이 진행되면서 웨이퍼에 다수의 박막층들이 증착되고, 여러 번의 열처리 공정들을 거치고 나면 필연적으로 웨이퍼가 휘어버리게 된다.[68] 비록 웨이퍼 스테이지의 진공척을 사용하여 휘어진 웨이퍼를 붙잡는 과정에서 어느 정도 편평도가 개선되겠지만, 투사광학계의 초점심도 요구조건보다는 훨씬 더 크다. 그러므로 웨이퍼를 노광하기 전에 표면의 윤곽형상을 측정하여 표면윤곽지도를 만들어야 한다. 그런 다음, 노광과정에서 이 표면윤곽지도 데이터에 따라서 실시간으로 웨이퍼척의 높이를 변화시켜서 노광이 수행되는

67 R. Schmidt 공저, 장인배 역, 고성능 메카트로닉스의 설계, 동명사, 2015.
68 이를 웨이퍼 휨(warpage)이라고 부른다. 심각한 경우 수[mm]까지 휘어버려서 진공척에 들러붙지 않는 경우가 발생한다.

위치에서의 웨이퍼 표면 높이(z)를 초점심도 허용구간 이내로 집어넣어야만 한다.

그림 4.35에서는 웨이퍼 스테이지의 본체에서 웨이퍼척을 들어 올린 상태를 보여주고 있다. 우측상단에는 들어 올린 웨이퍼척의 하부 모습을 보여주고 있다. 웨이퍼척 하단에 보이는 3개의 원형 형상들은 보이스코일모터의 요크부(영구자석이 설치된 철심부)이다. 좌측 하단에서는 x-바와 리니어모터, 그리고 여기에 연결된 웨이퍼 스테이지의 구동부 몸체가 보인다. 구동부 몸체의 상부에는 3개의 보이스코일들이 설치되어 있으며, 이들을 냉각하기 위해서 청색의 냉각수 배관들이 설치되어 있는 모습을 확인할 수 있다. 이 3개의 보이스코일모터들을 사용하여 웨이퍼척의 3자유도 운동($z-R_x-R_y$)을 실시간으로 제어한다.

4.3.7.4 무진동 냉각수 공급 시스템

앞서 설명했던 것처럼, 보이스코일모터와 공심코일 리니어모터같이 로렌츠력을 사용하는 작동기들은 구동방향으로는 고강성의 특성을 가지고 있으며, 여타의 방향으로는 영강성의 특성을 가지고 있어서 초정밀 위치결정 시스템의 구동에 이상적인 작동기이다. 하지만 로렌츠력 작동기는 근원적으로 작동효율이 매우 낮아서 엄청난 전류를 쏟아부어야 원하는 작동성능을 구현할 수 있다. 이로 인하여 리니어모터 하나당 5~10[kW]의 열이 발생한다. 만일 단지 몇 초간만이라도 냉각이 중지되면 웨이퍼 스테이지에서 불이 나게 된다. 그러므로 보이스코일모터와 리니어모터의 발열을 냉각하기 위해서 웨이퍼 스테이지에 냉각수를 공급해야 한다. 그런데 일반적인 물펌프를 사용하여 웨이퍼 스테이지에 냉각수를 공급하면 물펌프에서 발생한 압력진동이 배관을 통해서 웨이퍼 스테이지로 전달되며, 이로 인하여 스테이지가 흔들리면 노광패턴의 정확도가 훼손되어 버린다. 이를 방지하기 위해서 ASML社에서는 **그림 4.36**에 도시되어 있는 것과 같은 구조의 중력유동방식 **무진동 냉각수 공급 시스템**을 채용하고 있다. 그림에서, 팹층은 클린룸 구역으로서, 노광기가 설치되어 있는 층이다. 노광기의 웨이퍼 스테이지를 구동하는 리니어모터에 냉각수를 공급하기 위해서 팹층 위의 상부층과 팹층 아래의 하부층 그레이룸에는 냉각수 순환 시스템이 설치된다. 우선, 상부층에는 23.000±0.001[°C]로 온도가 조절되는 칠러가 설치되어 있으며, 여기서 온도가 조절된 냉각수는 단열배관과 케이블캐리어를 통해서 웨이퍼 스테이지의 리니어모터 코일측에 설치되어 있는 열교환기로 공급된다. 이 열교환기를 통과하여 나온 냉각수는 다시 케이블캐리어를 통과하여 하부층에 설치된 리턴탱크로 배출된다. 이 과정에서 상부층과 하부층 사이의 높이 차이가 냉각수 공급시스템의 수두 차이가 된다. 물펌프를 사용하여 리턴 탱크에서 상부층

칠러탱크로 회수된 냉각수를 퍼 올리면 배플을 넘어서 냉각수 공급탱크로 유입된다. 이 냉각수 순환루프에서 배관에 진동이 발생하는 구역은 리턴탱크에서 상부탱크로 냉각수를 퍼 올리는 파이프라인뿐이다.

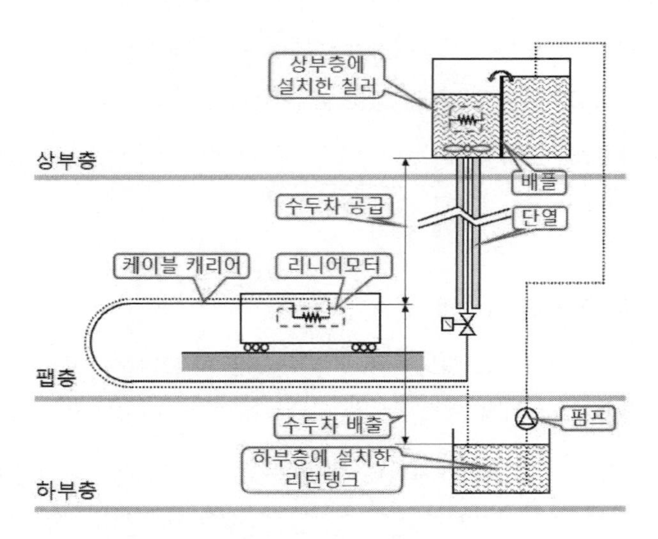

그림 4.36 무진동 냉각수 공급 시스템69

4.4 웨이퍼 스캐너의 위치측정

웨이퍼 스캐너에서는 웨이퍼 표면상의 각 다이들에 정확하게 패턴을 전사하기 위해서 다양한 위치측정 시스템들이 사용되고 있다. 노광기에 사용되는 대표적인 위치측정 시스템들을 살펴보면 다음과 같다.

- 나노미터 미만의 정확도로 웨이퍼 스테이지에 대한 웨이퍼의 상대위치를 측정하는 정렬 시스템(**그림 4.37** 참조)
- 나노미터의 정확도로 웨이퍼 스테이지에 대한 웨이퍼의 표면윤곽을 측정하는 레벨 센서(**그림 4.38** 참조)

69 장인배 저, 정밀기계설계, 씨아이알, 2021.

• 나노미터 미만의 정확도로 계측프레임에 대한 웨이퍼 스테이지의 실시간 증분위치 측정을 위한 대변위 레이저간섭계 또는 인코더(**4.4.5절** 참조)

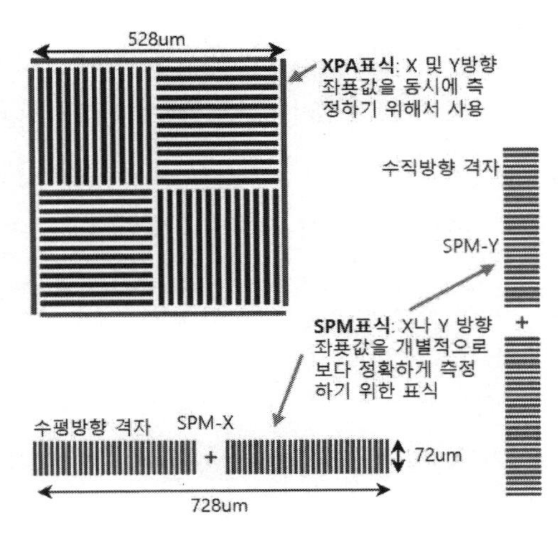

그림 4.37 상대위치 정렬용 XPA 및 SMP 표식[70]

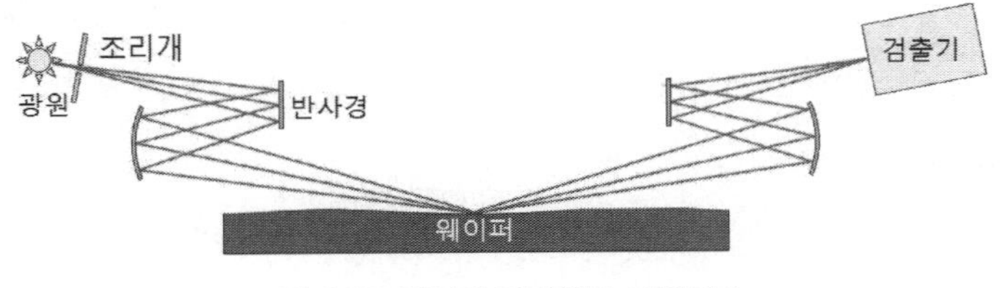

그림 4.38 웨이퍼 표면윤곽 측정기[71]

• 나노미터의 정확도로 계측프레임에 대한 레티클 스테이지의 수직방향 위치와 같은 짧은 상대측정거리나 범위를 측정하기 위한 정전용량형 센서

• 나노미터의 정확도로 웨이퍼 표면을 측정하기 위한 광학식 근접검출기

• 마이크로미터 미만의 정확도로 대변위 작동기의 내부 위치측정을 수행하는 덜 결정적인 위치측정용 리니어인코더

• 투사렌즈 내부 광학요소들의 상대위치를 측정하기 위해서 사용하는 수 피코미터의 정확도를

70 N.Yazdani, Extending the life of TTL-alignment stepper to 65[nm] technology, Int. Symp. of Semiconductor Manufacturing. 2007.을 인용하여 재구성하였음.

71 미국특허 US8842293B2를 참조하여 다시 그렸음.

가지고 있는, 매우 측정범위가 좁고 극한의 측정 정밀도를 가지고 있는 최신의 인코더[72]

4.4.1 정렬과정

웨이퍼 스캐너에서 가장 복잡하고 어려운 측정은 이전의 패턴층과 이번에 노광할 패턴층 사이의 중첩을 위한 정렬을 맞추는 일이다. 웨이퍼에 처음으로 패턴노광을 시행하면서 여러 위치에 정렬용 표식을 함께 노광 및 식각하여 기준위치로 사용한다. 하지만 새로운 노광을 위해서 반투명 상태의 포토레지스트를 도포하였으며, 실제 노광을 시행할 때에는 노광 직전에 측정 스테이션에서 측정한 기준위치들을 근거로 하며, 노광스테이션에서는 웨이퍼 스테이지에 대해서 측정된 위치값들만을 사용하여 간접적으로 위치정렬을 맞춰야만 하기 때문에, 정렬과정이 매우 복잡해진다.

정렬과정은 측정 스테이션에서 측정된 웨이퍼 스테이지와 웨이퍼 사이의 상대위치가 측정이 종료된 이후에 노광이 수행되는 10초 정도의 시간 동안 안정적으로 유지된다는 가정하에서 다음과 같은 순서로 수행된다.

- 웨이퍼 핸들링용 스카라 로봇이 풉에서 웨이퍼를 꺼내오면, 웨이퍼 회전장치가 구비된 척 위에 얹어 놓고 웨이퍼를 회전시켜서 평면 모서리(플랫존)나 노치가 일정한 위치에 놓이도록 만든다. 이를 **사전정렬**[73]이라고 부른다.
- 로봇이 사전정렬용 척에서 웨이퍼 스테이지로 웨이퍼를 이송한다. 사전정렬 척과 웨이퍼 스테이지 사이를 왕복하면서 웨이퍼를 운반하는 진공 그리퍼를 갖춘 웨이퍼 이송로봇은 약 10[μm] 정도의 반복도를 가지고 있다.
- 측정스테이션에서는 웨이퍼상의 이전층 위치를 첫 번째 노광 시에 미리 만들어놓은 정렬용 기준표식들을 사용하여 측정한다. 이 기준표식의 숫자는 두 개에서부터 다이의 총 숫자에 이르기까지 다양하다. 이 기준표식은 웨이퍼 스테이지의 표면에도 설치되어 있다. 정렬 시스템은 웨이퍼 스테이지 표면의 기준표식에 대해서 상대적으로 웨이퍼상의 정렬용 기준표식들의 위치를 측정한다.
- 측정스테이션에서 웨이퍼와 웨이퍼 스테이지 사이의 상대위치 정렬이 끝나고 나면, 웨이퍼

72 www.physikinstrumente.com/en/expertise/technology/sensor-technologies/pione-encoder
73 prealign

스테이지가 투사렌즈 위치로 이동한다. 광학경통에 설치되어 있는 특수한 영상센서를 사용하여 웨이퍼 표면에 대한 투사광학계의 상대적인 영상 위치와 초점평면을 측정한다. 이 위치 정보는 해당 웨이퍼의 모든 다이들을 노광하는 동안 안정적으로 유지된다고 가정한다.

- 웨이퍼 스테이지의 기준위치와 투사광학계 렌즈 내의 기준위치 사이의 상대위치를 측정하거나, 투사렌즈를 통해서 레티클 상의 정렬용 표식에 대해서 상대위치를 측정한다.

4.4.2 정렬용 표식

정렬용 표식은 검출범위를 증대시키기 위한 반사성 위상격자이다. 기준표식을 검출하기 위해서 사용되는 현미경 카메라의 관측시야[74]는 대략적으로 100×100[μm^2]의 크기를 가지고 있다. 로봇이 사전 정렬된 웨이퍼를 웨이퍼척 위에 올려놓으면, 웨이퍼 스테이지를 정렬용 표식이 새겨진 위치로 이동시킨 다음에 현미경으로 정렬용 표식을 찾는다. 이때, 정렬용 표식이 관측시야에 조금이라도 관찰된다면 손쉽게 표식의 중심위치로 스테이지를 이동시킬 수 있다. 하지만 현미경의 관측시야에 정렬용 표식이 보이지 않는다면, 웨이퍼 스테이지를 이리저리 움직여 가면서 정렬용 찾아내는 것은 현실적으로 불가능하다.

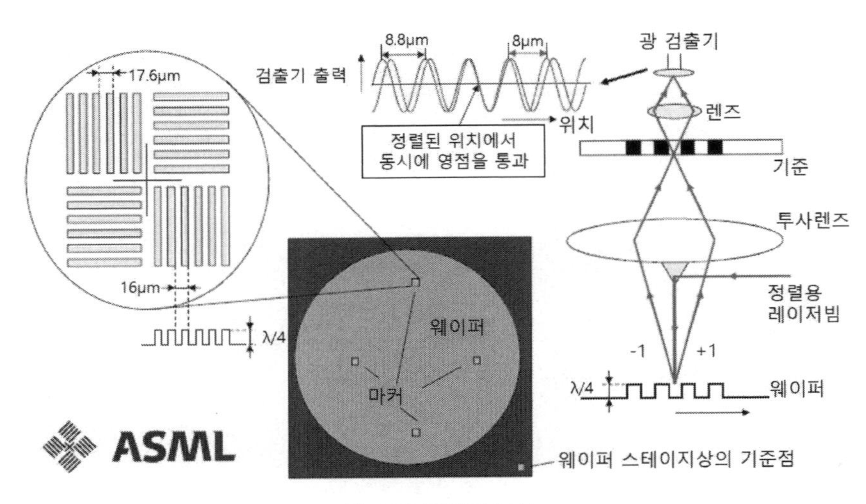

그림 4.39 정렬용 표식[75]

74 field of view

75 R. Schmidt 공저, 장인배 역, 고성능 메카트로닉스의 설계, 동명사, 2015.

노광기의 생산속도를 유지시키기 위해서는 해당 웨이퍼를 빼내고 다음 웨이퍼를 투입하여야 한다. 정렬용 표식은 웨이퍼를 식각하여 다수의 조밀직선들을 서로 직각 방향으로 배치한 구조인데, 식각 깊이가 검출용 광원 파장의 1/4가 되도록 만들었기 때문에 조사된 광선이 반사되는 과정에서 180[deg]의 위상반전이 발생하여 명암대비가 극대화된다. 그리고 현미경카메라의 물체 측에 설치된 기준격자의 주기(8[μm])는 웨이퍼상에 새겨진 기준표식의 격자주기(8.8[μm])에 비해서 10% 더 짧기 때문에, 다수의 격자들 중에서 하나의 격자만이 정확하게 기준표식의 격자위치와 일치하게 된다. 이를 통해서 높은 정밀도로 웨이퍼의 위치를 측정할 수 있다. ASML社에서 개발한 이 정렬용 표식은 이후에 ASML社의 로고가 되었다.

4.4.3 초점유지

식 (4.1)에서 알 수 있듯이 노광패턴의 분해능을 향상시키기 위해서는 개구수(NA)를 증가시켜야만 한다. 하지만 식 (4.8)에서 알 수 있듯이 개구수를 증가시키면 초점심도(DOF)가 개구수의 제곱에 반비례해서 감소해버린다. 비록 **그림 4.35**에 도시된 z-축 구동용 보이스코일모터를 사용해서 초점심도를 맞춘다고 하여도 26×32[mm^2] 크기의 다이영역 전체에 대해서 ±50[nm] 미만으로 초점오차를 유지하기는 어려운 일이다.[76]

(a) 능동형 포토마스크 지지기구

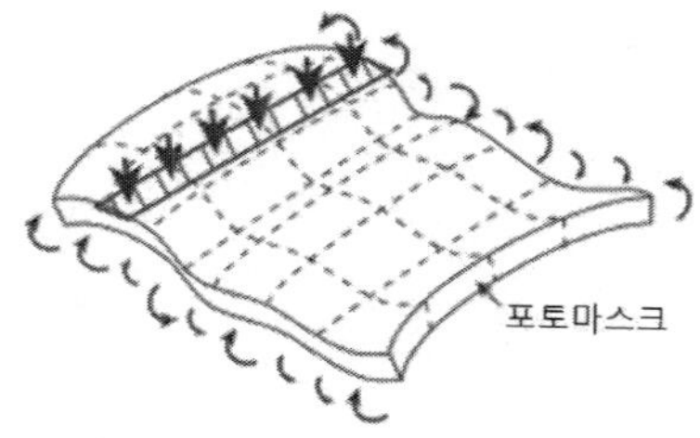

(b) 포토마스크 변형보정의 원리

그림 4.40 압전작동기 어레이를 사용한 포토마스크 변형보정기법[77, 78]

영상 측 평면의 초점심도를 유지하기 위해서는 다음과 같은 노력이 필요하다. 기본적으로는

76 초점심도에 영향을 끼치는 인자들이 많기 때문에 다이내 편평도에 할당된 오차는 ±50[nm] 정도에 불과하다.
77 R. Schmidt 공저, 장인배 역, 고성능 메카트로닉스의 설계, 동명사, 2015.
78 C. Valentin, Curvature Manipulation of Phtomasks, pH.D. Thesis, Technische Universiteit Delft, 2013.

화학-기계적 연마(CMP)를 사용한 표면가공을 통해서 웨이퍼의 국부적인 편평도를 ±25[nm] 미만으로 유지시켜야만 한다. 그리고 레벨링을 통해서 노광할 다이영역 내에서 웨이퍼의 위치를 초점영역 내로 위치시키도록 능동적으로 조절해야 한다. 마지막으로, 능동제어되는 곡선형 영상평면을 사용하여 다이영역 내에 존재하는 국부적인 곡면에 대해서 더 좋은 영상을 투영해야만 하다.

물체측 평면의 초점심도 역시 노광패턴의 분해능 향상에 중요한 역할을 한다. 굴절식 포토마스크는 패턴영역 전체가 광선을 투과시켜야만하기 때문에 필연적으로 테두리부만을 고정하여야 한다. 그런데 선접촉 방식으로 포토마스크를 고정하면 과도구속이 발생하면서 포토마스크 전체가 휘어버리게 된다. 이를 방지하기 위해서는 4점 또는 3점의 점접촉 방식으로 포토마스크를 지지하여야만 한다. 그런데 4점을 사용하여 지지하는 경우의 최대 중력처짐은 약 60[nm], 그리고 3점을 사용하여 지지하는 경우의 최대 중력처짐은 약 40[nm]가 발생[79]하며, 이는 너무 큰 값이다. 이를 개선하기 위해서 **그림 4.40**에 도시되어 있는 것처럼, 압전작동기로 구동되는 플랙셔 어레이를 사용한 처짐보정기구가 제안되었다. 이 시스템은 정적인 상태에서 포토마스크의 중력처짐을 서브나노미터 수준으로 감소시킬 수 있었다.

4.4.4 이중스테이지의 위치측정

스캐닝을 수행하는 동안 레이저 간섭계를 사용해서 웨이퍼 스테이지의 6자유도 위치들을 측정하기 위해서 트윈스캔 노광기에서는 **그림 4.41**에 도시된 것처럼 매우 독창적인 레이저측정 시스템이 구축되었다. 웨이퍼 스테이지 위치측정의 정확도를 향상시키기 위해서 열팽창계수가 $0\pm0.020\times10^{-6}$[1/K]인 제로도™를 사용하여 그림과 같이 웨이퍼 진공척과 평면막대형 반사경인 바미러들을 일체형 구조물로 제작하였다. 웨이퍼척의 좌측면에 성형된 바미러를 사용해서는 $y-R_z-R_x$를 측정하며, 우측면에 성형된 바미러를 사용해서는 x-방향 위치를 측정한다. 우측면 하단에는 45도로 기울어진 바미러가 성형되어 있으며, 웨이퍼척의 반대쪽에도 동일한 경사 바미러가 성형되어 있다. 이 바미러들에 수평방향으로 조사된 레이저 광선은 수직방향으로 꺾여서 천장(계측프레임의 하부)에 수평방향으로 설치되어 있는 두 개의 바미러에 조사된다. 이를 사용하여 z-방향 위치를 측정할 수 있을 뿐만 아니라, 양측의 z-방향 위치차이를 사용하여 R_y도 측정할 수 있다. 이렇게 하여 6자유도를 모두 측정할 수 있는 레이저 간섭계 시스템이 구축된다. 모든

79 A. Slocum, Precision Machine Design, Prentice Hall, 1991.

축들은 이중경로 평면반사경 간섭계로 이루어져서 측정의 정확도를 높였다.

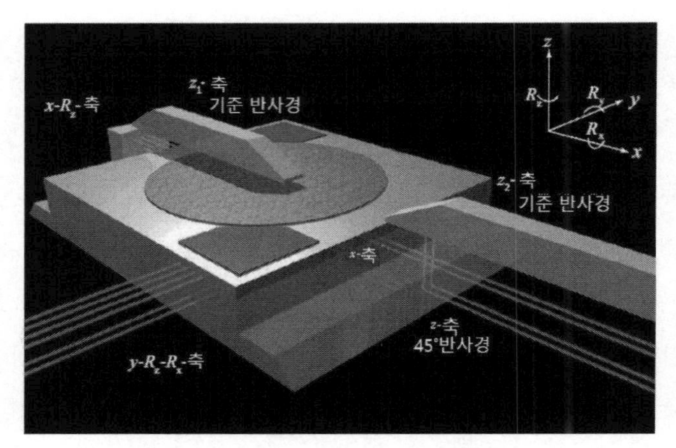

그림 4.41 웨이퍼 스테이지의 위치측정[80]

4.4.5 대변위 증분식 인코더

웨이퍼 스테이지의 위치를 나노미터 미만의 높은 정확도로 측정하기 위해서 전통적으로 레이저간섭계를 사용해 왔다. 그런데 집적회로의 선폭이 감소하는 과정에서 중첩 요구조건이 수[nm] 수준으로 감소하자 광선의 공기굴절률과 관련된 문제가 발생하게 되었다. **그림 4.42 (a)**에 도시되어 있는 것처럼, 웨이퍼 스테이지의 최대 스트로크는 500[mm]에 달하며, 레이저광선이 진행하는 경로상의 공기온도 변화는 공기의 굴절률을 변화시켜서 표적반사경의 겉보기 위치오차를 유발한다. 일반적으로 공기온도가 거리측정에 끼치는 영향은 2×10^{-8}[1/K] 수준이다. 따라서 공기온도 변화에 의한 위치측정오차를 서브나노미터 수준[81]으로 통제하기 위해서는 레이저광선이 진행하는 경로영역 전체를 23±0.001[°C]로 관리해야만 한다. 이를 위해서 매우 정확하게 온도가 조절되는 공기를 강하게 불어주는 방법(에어샤워)을 사용할 수도 있겠지만, 고속으로 흐르는 공기는 민감한 부품들을 공진시킬 우려가 있다. 광선경로상의 공기 온도편차 문제를 해결하기 위해서는 광선의 진행경로를 짧게 만드는 방법밖에 없다. **그림 4.42 (b)**에서는 계측프레임의 하부에 격자형 리니어인코더를 설치하고 웨이퍼 스테이지에서 레이저광선을 수직으로 조사하여 리니어인코더

80 R. Schmidt 공저, 장인배 역, 고성능 메카트로닉스의 설계, 동명사, 2015.

81 측정 정밀도는 중첩요구조건의 1/4~1/10 수준이 되어야만 한다.

로부터 웨이퍼 스테이지의 수평방향 위치값을 읽어 들이는 인코더 측정방식을 보여주고 있다. 이 방식의 경우, 센서와 격자스케일 사이의 거리는 15[mm] 미만으로 일정하게 유지된다. 이를 통해서 광선경로 공기온도 관리사양을 23±0.1[℃] 수준으로 완화시킬 수 있었으며, 이는 충분히 실현 가능한 수칫값이다.

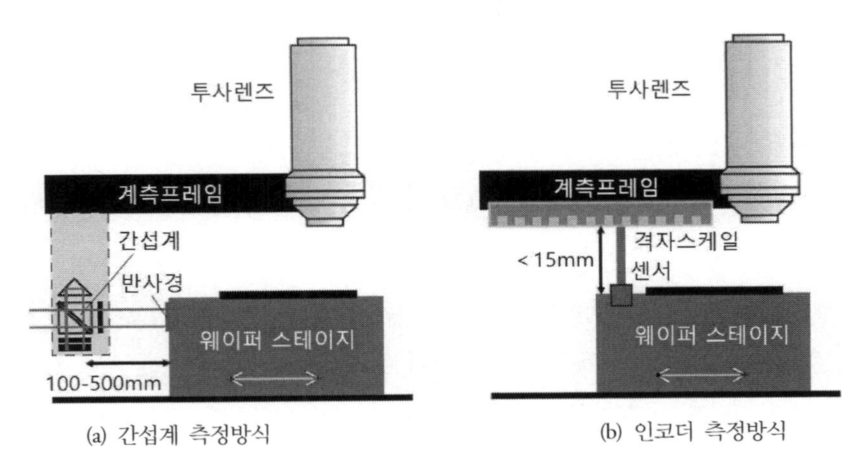

(a) 간섭계 측정방식 (b) 인코더 측정방식

그림 4.42 대변위 웨이퍼 스테이지의 위치측정방식[82]

4.5 웨이퍼 스테이지의 운동제어

고속으로 스캐닝 노광을 수행 중인 웨이퍼 스테이지의 6자유도 위치를 서브나노미터의 위치정확도와 서브마이크로라디안의 각도정확도로 제어하는 것은 매우 어려운 일이다. 이를 위해서 상태공간방정식 기반의 **다중입력-다중출력(MIMO) 제어**와 같은 현대제어이론을 적용한다면 웨이퍼 스테이지의 위치제어성능을 극대화시킬 수 있겠지만, 실제 웨이퍼 스테이지의 위치제어에는 비교적 이론이 단순하고 이득조절이 쉬운 6축 **단일입력-단일출력(SISO) PID 제어기**를 사용하고 있다. 비록, 다중입력-다중출력 방식의 제어기가 위치제어 성능의 관점에서는 더 우월할 수 있겠지만, 제어이론의 학습에 오랜 시간과 많은 노력이 필요하며, 행렬식 내에서 특정한 이득값을 변화시켰을 때의 결과를 직관적으로 예측할 수 없기 때문에, 현장에서 문제 발생 시 즉각적인 대응

82 R. Schmidt 공저, 장인배 역, 고성능 메카트로닉스의 설계, 동명사, 2015.

이 불가능하다는 현실적인 문제를 가지고 있다. 반면에, 단일입력-단일출력 방식의 PID 제어기는 기본적으로 6축 제어알고리즘들이 서로 분리되어 있으며, 비례(P), 적분(I) 및 미분(D) 이득을 개별적으로 변화시켰을 때에 제어성능이 어떻게 변할지를 직관적으로 알 수 있다. 따라서 시스템 내부에서 발생하는 오차를 직접적으로 관찰 및 수정하기가 용이하다. 그리고 시스템이 고장났거나, 부품을 교체해서 시스템의 제어이득값들을 다시 조절해야만 하는 경우에 고객 측 현장(팹)에서 문제해결에 소요되는 시간을 단축시켜준다.

4.5.1 전향제어기를 사용한 스테이지 제어

제어공학에서는 불안정한 시스템에 **귀환제어기**를 사용하면, 시스템의 견실성이 높아져서 외란이 입력되었을 때에 시스템을 안정화시킬 수 있다고 가르친다. 그런데 귀환제어 알고리즘이 작동하려면 측정값과 설정값 사이의 편차(오차)가 발생해야만 한다. 귀환제어기에서는 이 오차값(e)에 비례이득(K_P)을 곱한 값(C_P)과 오차값에 적분이득(K_I)을 곱하여 누적한 값(C_I), 그리고 오차의 미분값에 미분이득(K_D)을 곱한 값(C_D)을 합산하여 다음과 같이 제어이득을 산출한다.

$$G_{fb} = C_P + C_I + C_D = (K_P \times e) + (C_{i-1} + K_I \times e) + \left(K_D \times \frac{de}{dt}\right) \quad (4.12)$$

여기서 C_{i-1}은 이전 스텝에서 산출된 적분이득이다.

마이크로프로세서가 이 제어이득값을 산출하여 D/A 변환기로 출력하면 전류증폭기가 제어이득에 전류이득값을 곱한 만큼의 전류를 작동기에 송출하여 웨이퍼 스테이지의 위치를 제어하게 된다. 이 과정에서 필연적으로 시간지연이 발생한다. 웨이퍼 스테이지에 요구되는 위치제어 정확도는 서브나노미터 수준인데, 위치측정용 센서에서 이런 오차값이 측정되었다면 귀환제어를 수행한다고 하여도 이미 스캐닝 노광을 시행하던 다이에서는 복구할 수 없는 수준으로 위치오차가 발생해버린다. 따라서 초정밀 노광용 웨이퍼 스테이지에서는 귀환제어를 외란오차의 보정에만 사용하며, 일단 외란이 유입되면 노광하던 다이는 손실로 처리해버린다.

노광과정에 실제로 사용되는 제어 알고리즘은 전향제어이다. **전향제어기**의 이득값(C(s))으로는 시스템 전달함수(G(s))의 역수를 사용한다.

$$G_{ff}(s) = C(s) \times G(s) = \frac{1}{G(s)} \times G(s) = 1 \tag{4.13}$$

이를 통해서 제어기는 매우 정확하게 지령값을 추종할 수 있다. 여기서, 전향제어기의 성능은 시스템의 전달함수를 얼마나 정확하게 모델링할 수 있는가에 달려 있다. 예를 들어, 질량이 20[kg]이며, 30[m/s²]로 가속하여 최대속도가 0.5[m/s]에 이르는 웨이퍼 스테이지는 최대가속력이 600[N]이며,[83] 가속시간은 약 17[ms]이다.[84] 이 시스템의 위치제어에 전향제어기를 사용하였는데, 시스템 전달함수 모델링의 오차가 발생하여 전향제어기의 작용력 오차가 0.6[N](총 제어력의 0.1%)만큼 발생하였다고 가정하자. 이 시스템은 17[ms]의 가속시간이 지난 후에 약 4[μm]의 위치오차[85]가 발생해 버린다. 이는 웨이퍼 스테이지에서 허용할 수 없는 수준의 위치오차이다. 따라서 웨이퍼 스테이지의 전향제어 작용력오차는 0.1[ppm](10^{-7}) 미만이어야만 한다. 즉 전달함수 모델링 오차가 0.1[ppm] 미만이 될 정도로 정확한 시스템 모델링이 필요하다. 이를 위해서 **시스템식별법**[86]과 더불어서 이전 공정의 결과를 다음 공정에 반영하는 **반복학습** 알고리즘이 사용된다. **그림 4.43**에서는 귀환제어기와 전향제어기를 함께 사용하는 웨이퍼 스테이지 위치제어 알고리즘을 보여주고 있다.

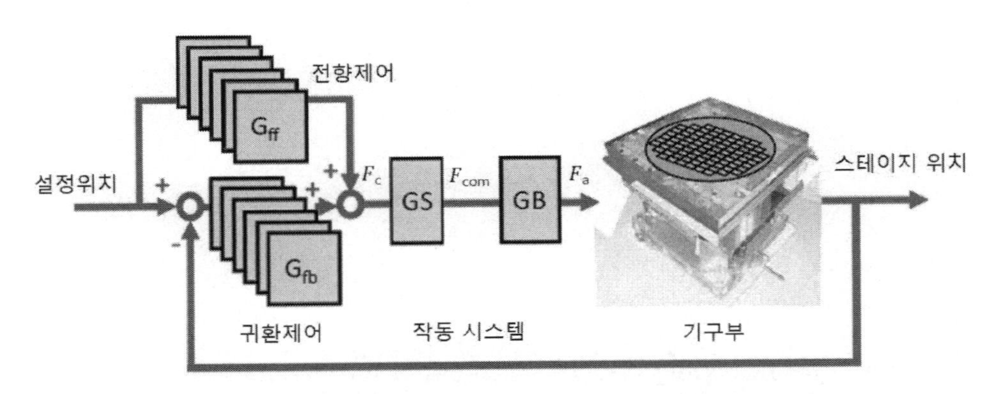

그림 4.43 전향제어기와 귀환제어기를 함께 사용하는 스테이지 제어 알고리즘[87]

83 F=m×a=20×30=600[N]

84 t=v/a=0.5/30=0.016666[s]

85 $e=0.5\times a\times t^2=0.5\times 0.03\times 0.017^2=4.3\times 10^{-6}$[m]

86 system identification

87 R. Schmidt 공저, 장인배 역, 고성능 메카트로닉스의 설계, 동명사, 2015.

4.5.2 웨이퍼 스테이지용 3자유도 위치제어기의 구조

그림 4.44에서는 웨이퍼 스테이지 구동용 H-드라이브의 3자유도($x-y-\theta$) 위치제어를 위한 **전향제어-귀환제어 복합 알고리즘**을 보여주고 있다. 전향제어기의 방향별 작용력(F_{fx}, F_{fy}, T_{fz})들은 각각 위치명령(r_x, r_y, r_θ)값들에 각각, 질량(관성)값들(ms^2, ms^2, Js^2)을 곱하여 구한다.

$$F_{fx} = ms^2 \times r_x \tag{4.14}$$
$$F_{fy} = ms^2 \times r_y$$
$$T_{fz} = Js^2 \times r_\theta$$

웨이퍼 스테이지의 위치(x_{IFM}, y_{IFM}, θ_{IFM})들은 레이저 간섭계를 사용하여 측정한다. 단일입력-단일출력(SISO) 형태의 귀환제어기들은 각자의 방향에 대해서 위치오차(e_x, e_y, e_θ)와 제어이득(C_x, C_y, C_θ)을 곱하여 방향별 귀환작용력(F_{bx}, F_{by}, T_{bz})들을 계산한다.

$$e_x = r_x - x_{IFM} \tag{4.15}$$
$$e_y = r_y - y_{IFM}$$
$$e_\theta = r_\theta - \theta_{IFM}$$
$$F_{bx} = C_x \times e_x \tag{4.16}$$
$$F_{by} = C_y \times e_y$$
$$T_{bz} = C_\theta \times e_\theta$$

식 (4.14)와 식 (4.15)를 합하면 방향별 작용력(F_x, Fy, T_z)이 구해진다.

$$F_x = F_{fx} + F_{bx} \tag{4.17}$$
$$F_y = F_{fy} + F_{by}$$
$$T_z = T_{fz} + T_{bz}$$

그런데 H-드라이브의 x-축방향은 y나 θ축과 커플링되어 있지 않아서 독자적인 구동이 가능하지만 y_1 리니어모터와 y_2 리니어모터를 구동하여 y축 및 θ축을 구동하기 때문에, 이들을 서로 분배하기 위한 비동조 행렬식이 필요하다.

$$\begin{Bmatrix} F_x \\ F_{y1} \\ F_{y2} \end{Bmatrix} = \begin{bmatrix} 1 & 0 & 0 \\ 0 & \dfrac{l-2x}{2l} & -\dfrac{1}{l} \\ 0 & \dfrac{l+2x}{2l} & \dfrac{1}{l} \end{bmatrix} \begin{Bmatrix} F_x \\ F_y \\ T_z \end{Bmatrix} \tag{4.18}$$

이렇게 구성된 웨이퍼 스테이지 구동용 H-드라이브의 3자유도(x-y-θ) 위치제어를 위한 전향제어-귀환제어 복합 알고리즘은 구조가 매우 간단하며, 직관적이어서 기초 제어이론을 학습한 초보 엔지니어도 직관적으로 각종 제어기이득을 조절하여 웨이퍼 스테이지에서 일상적으로 발생하는 드리프트와 같은 오차를 보정할 수 있다.

그림 4.44의 제어 알고리즘은 H-드라이브 구조와 공기베어링을 사용하는 웨이퍼 스테이지의 제어 알고리즘을 보여주고 있다. 그런데 2010년 이후로 출시되는 심자외선 노광기에서는 공기베어링 대신에 반발식 자기부상 작동기를 사용하며, H-드라이브구조는 더 이상 사용되지 않는다. 자기부상형 웨이퍼 스테이지는 6자유도 제어가 필요하므로 6세트의 위치제어 알고리즘들이 필요하며, 비동조 행렬식도 6×6으로 확장된다. 하지만 기본개념은 3자유도에서와 동일하며, 단지 규모만 커질 뿐이다.

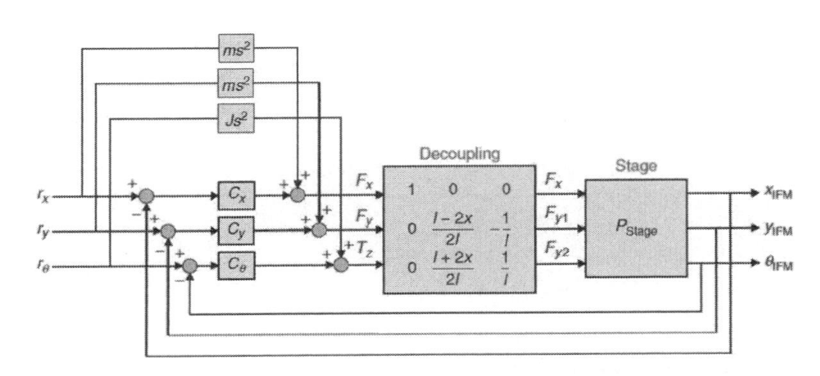

그림 4.44 웨이퍼 스테이지용 H-드라이브의 3자유도 위치제어를 위한 제어 알고리즘[88]

88 H. Butler, Position Control in Lithographic Equipment, IEEE Control Systems, 2011.

05

반사식 포토마스크

Chapter

05 반사식 포토마스크

최신의 노광기술은 심자외선(DUV)에서 극자외선(EUV)으로 넘어가는 추세이다. 용융실리카와 같은 광학유리들은 λ=248[nm]나 λ=193[nm]와 같은 심자외선 광원에 대해서 매우 투명하기 때문에, 패턴이 성형된 마스크와 투사광학계를 통과하여 광선을 조사하는 굴절식 광학계를 사용하여 노광시스템을 구축하였다. 그런데 λ=13.5[nm]인 극자외선은 투과성이 매우 약하고 흡수성이 강하여 어떤 소재의 유리도 통과할 수 없으며 심지어 공기에도 흡수되어버리기 때문에, 굴절식 광학계를 사용하여 노광시스템을 구축할 수 없다. 따라서 극자외선을 사용하는 노광 시스템은 진공환경하에서 반사경들만을 사용하여 포토마스크와 투사광학계를 구축해야만 한다. 극자외선은 심지어 모든 물질들에 흡수되어버리기 때문에 일반적인 반사경을 사용해서는 극자외선을 반사시킬 수 없다. 그러므로 포토마스크를 포함하여 모든 반사경들은 브래그격자 다중층이라는 매우 복잡하고 정밀한 반사표면을 갖춰야만 한다.

서언에서는 극자외선 노광기술에 대해서 개략적으로 살펴보며, 뒤이어서 극자외선 마스크 모재의 요구조건, 다중층, 표면층, 마스크 패터닝, 측정, 마스크 수리, 마스크 세척, 펠리클과 마스크 보호의 순서로 극자외선용 반사식 포토마스크에 대해서 살펴볼 예정이다.

5.1 서언

5.1.1 파장길이와 임계치수

빛을 사용하여 포토레지스트를 감광시켜서 패턴을 전사하는 광학식 노광에서 임계치수(패턴 분해능)는 다음 식의 지배를 받는다.

$$CD = k_1 \frac{\lambda}{NA} \tag{5.1}$$

여기서 광학계수라고도 부르는 k_1은 광학계의 설치능력, 프린트할 패턴의 유형, 사용하는 공정방법 등이 종합적으로 영향을 끼치는 인자로서, 위상시프트 마스크를 사용하는 다중패터닝 기법과 낮은 조리개 점유율, 그리고 비축조명이 도입되면서 광학 한계인 0.25까지 줄이게 되었다. λ는 사용하는 노광용 광원의 파장길이 값으로, 극자외선의 경우에는 λ=13.5[nm]이다. 마지막으로 개구수(NA)는 광학렌즈의 포획각도(=n×sinθ)로, 현재 양산에 사용되는 노광기인 ASML NXE3X00 계열의 경우, NA=0.33이며, 머지않아 도입될 High NA 장비인 EXE5X00 계열의 경우에는 NA=0.55에 이른다. 현재 양산에 사용되는 액침형 심자외선 노광장비(λ=193[nm])와 극자외선 노광장비(λ=13.5[nm])의 임계치수 값들을 서로 비교해보면 파장길이의 축소가 얼마나 중요한 인자인지를 확인할 수 있다.

$$CD_{DUV} = 0.25 \times \frac{193}{1.35} = 35.74[nm] \tag{5.2}$$

$$CD_{EUV} = 0.25 \times \frac{13.5}{0.33} = 10.23[nm]$$

식 (5.2)를 통해서 광학 임계치수의 축소와 분해능 향상을 통해 집적회로의 패턴밀도를 높이기 위해서는 반도체 생산기술이 심자외선에서 극자외선으로 넘어가야 한다는 것을 알 수 있다. 그리고 머지않아 도입될 High NA 장비의 임계치수를 통해서 개구수 증대의 영향도 다음의 계산을 통해서 확인할 수 있다.

$$CD_{HighNA} = 0.25 \times \frac{13.5}{0.55} = 6.14[nm] \quad (5.3)$$

5.1.2 극자외선 노광기술의 출현

1984년 일본 NTT社에 근무하던 키노시타는 소프트엑스레이와 슈바르츠실트 축사 광학계를 사용하여 최초로 4[μm] 선폭과 간격의 영상을 촬영하였다. 이는 매우 혁신적인 결과로써, 당시에는 흡수특성이 강한 엑스레이 광원을 축사하여 패턴을 촬영할 수 있다는 것을 아무도 믿으려 하지 않았었다. 뒤이어 1989년에 키노시타는 **소프트엑스레이**와 개선된 슈바르츠실트 광학계를 사용하여 0.5[μm] 선폭과 간격의 영상을 촬영하였다. 이때부터 비로소 소프트엑스레이를 사용한 축사노광이 가능하다는 것을 인정하게 되었다. 초기에는 이 노광기술을 소프트엑스레이노광(SXPL)이라고 불렀으나 이 시기에 개발 중이던 엑스레이 근접노광(XPL)과의 혼동을 피하기 위해서 1993년부터는 **극자외선노광**(EUVL)이라는 용어를 사용하게 되었다. **그림 5.1**에서는 극자외선 노광기술 초기 개발시대의 연대표를 요약하여 보여주고 있다.

1981 엑스레이 NI영상(언더우드)
1985 4[μm] 선폭과 간격의 소프트 엑스레이영상(NTT)
1986 최초의 소프트엑스레이논문(NTT)
1988 최초의 소프트엑스레이노광관련 미국논문(AT&T, LLNL)
1989 0.5[μm] 선폭과 간격의 소프트 엑스레이영상(NTT)
1990 최초의 회절제한영상(AT&T)
1991 LPP광원을 사용한 최초의 영상(SNL, AT&T)
1992 최초의 위상결함 관찰(AT&T)
1993 최초의 실험용 EUVL 시스템(SNL, AT&T)
1994 PSD마스크 특성규명(BNL, AT&T)
1995 마스크 다중층 증착장비(LLNL)
1996 EUVL 대면적 복제(NTT)
1997 EUV LLC 설립

그림 5.1 극자외선 노광기술 개발의 초기역사

극자외선 광원의 파장대역은 짧게는 4[nm]에서부터 85[nm]에 이르기까지 다양한 파장대역들이 검토되었다. 파장길이가 짧아질수록 브래그격자 다중층 코팅의 반사율이 감소하여 대역폭이 좁아지며, 파장길이가 길어지면 임계치수가 증가한다. 1989년 당시에 목표했던 분해능은 0.1[μm]

였으며, 초점심도는 ±1[μm]였다. $0.01 < NA < 0.1$의 개구수 범위와 $3[nm] < \lambda < 40[nm]$의 노광파장을 사용하면 이를 구현할 수 있다고 판단되었다. 노광파장의 선정은 브래그격자 다중층 제작과 밀접한 관계를 가지고 있다. 극자외선의 흡수율이 작은 소재를 스페이서로 사용하고, 극자외선 반사율이 큰 소재를 반사층으로 사용하여, 선정된 극자외선 파장길이의 절반주기로 다중층을 쌓아 올려야 건설적 간섭효과를 유발하여 극자외선 반사율을 높일 수 있다. 스페이서 소재로 사용 가능한 물질들을 살펴보면, 탄소(C, $\lambda > 4.4$[nm]), 붕소(B, $\lambda > 6.7$[nm]), 베릴륨(Be, $\lambda > 11.3$[nm]), 실리콘(Si, $\lambda > 12.5$[nm]) 등이 있는데, 증착기술로 신뢰성 있게 제작할 수 있는 다중층의 주기는 약 5[nm] 보다 커야 했기 때문에 10[nm] 이상의 파장길이에 대해서 흡수율이 작은 높은 베릴륨과 실리콘을 스페이서 재료로 사용할 수 있다. 그런데 베릴륨은 맹독성 물질이므로 우주망원경 이외의 목적으로는 사용이 불가능하다. 따라서 유일하게 실리콘 소재를 다중층 스페이서 소재로 사용할 수 있으며, 실리콘은 λ=12.5[nm] 이상의 파장에 대해서만 투명하므로, 극자외선 광원 역시 이보다 파장길이가 길어야만 한다.

진공 중에서 고출력 레이저를 금속물질에 조사하면 금속이 기화하여 플라스마 상태로 변환되면서 극자외선이 발생된다. 1990년대 초기에 수행된 수많은 연구를 통해서 λ=13[nm] 근처의 플라스마를 발생시키는 금(Au), 납(Pb), 주석(Sn), 안티몬(Sb) 등과 같은 다양한 금속물질들에 대한 플라스마 변환효율을 탐색하였다. 이를 통해서 주석과 안티몬이 변환효율이 가장 높다는 것을 발견하였으며, 소재의 가격이나 용융온도 등의 측면에서 다루기 쉬운 주석이 표적물질로 선정되었다. 주석 플라스마에서 만들어지는 극자외선의 파장길이는 λ=13.5[nm]이다.

5.1.3 극자외선 광원

그림 5.2에서는 현재 극자외선 노광기에 사용되는 고출력 **레이저생성 플라스마**(LPP) 광원의 구조를 보여주고 있다. **액적발생기**라고 표시되어 있는 원통형의 주석용기를 가열하여 주석을 용융시킨 다음에 용기 하부에 성형된 소구경 노즐을 통해서 고압으로 밀어내면 직경이 약 30[μm] 정도의 주석방울이 액적 포집기를 향하여 고속으로 분사된다.[1] 주석방울의 위치를 추적하여 타원형 반사경인 컬렉터의 중심에 도달하기 직전에 주석 방울에 **사전펄스**를 적중시키면 구형의 주석 방울은 납작한 원판모양으로 변한다. 그런 다음, 주석원판이 정확히 컬렉터 반사경의 중앙 위치에

1 수평방향으로 분사된다.

도달하는 순간 파장길이 λ=10.6[μm]이며 출력은 20[kW]에 달하는 고출력 적외선 레이저를 주석 원판에 적중시키면 순간적으로 주석액적이 기화되면서 플라스마가 발생한다. 타원형 반사경인 컬렉터는 이렇게 만들어진 플라스마를 포집하여 중간초점 위치로 집속시키는 역할을 한다. 이렇게 하여 중간초점 위치에 집속되는 λ=13.5[nm] 파장을 가지고 있는 극자외선의 출력은 250[W] 수준으로, 레이저 변환효율은 약 1.25% 정도에 불과하다. 고출력 레이저가 용융주석과 충돌하는 과정에서 주석 플라스마가 발생하지만 이와 동시에 다량의 중성주석물질들이 비산된다. 이는 오염물질로서, 컬렉터 반사경 표면에 증착되면 극자외선 포집효율이 급격하게 저하되어버린다. 이를 방지하기 위해서 액적발생기와 액적 포집기를 둘러싸는 링형상으로 초전도자석을 설치하여 강력한 자기장을 만들어낸다. 고속으로 비산되던 중성의 오염물질들은 이 자기장에 의해서 비행경로가 휘어지면서 컬렉터 표면에서 벗어나게 된다. 이를 통해서 컬렉터의 오염을 저감할 수 있다.

일단 중간초점에 모인 극자외선은 조명용 광학계를 통과하면서 슬릿빔으로 변환되어 극자외선용 반사마스크 표면에 조사된다. 반사마스크에서 반사되면서 패턴 정보를 포함한 슬릿빔은 6개의 반사경들로 이루어진 투사광학계에 반사되면서 영상의 크기가 1/4로 축소되어 웨이퍼에 투사된다.

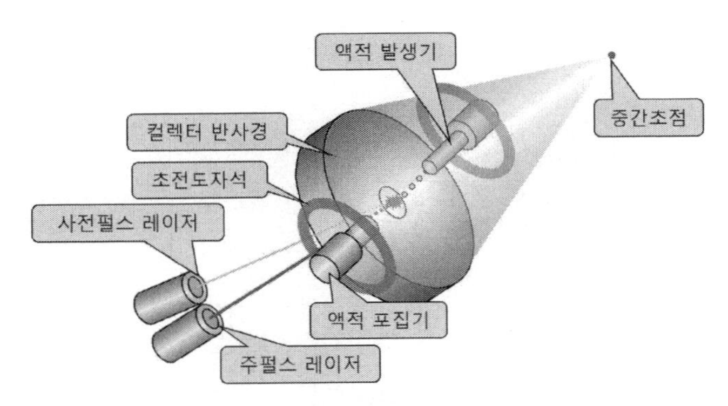

그림 5.2 레이저생성 플라스마 광원

5.1.4 컬렉터 반사경

앞서 설명했던 것처럼, 극자외선은 거의 모든 물질에 대해서 강력한 흡수성을 가지고 있기 때문에 투과(굴절)식 광학계를 사용할 수 없다. 심지어는 반사식 광학계조차도 반사표면에서 심각한 수준의 광선 흡수가 발생하기 때문에, 일반 반사광학계보다 훨씬 더 엄격한 표면품질이 요구된다.

초기 극자외선용 광원의 컬렉터에서는 **그림 5.3**에 도시된 것과 같은 **스침각입사/반사 컬렉터**를 사용하였다. 광선이 반사표면에 스치듯이 큰 각도로 입사되면 전반사가 일어난다는 것은 오래전부터 알려진 사실이다. 광선의 흡수특성이 강한 극자외선의 반사율을 높이기 위해서는 입사각도를 극단적으로 증가시켜서 내측 반사면에서 2회의 반사가 일어나도록 만든 종모양의 반사경을 사용해야만 한다. 이로 인하여 하나의 스침각입/반사경은 구면으로 퍼져나가는 레이저 플라스마 중에서 극히 작은 각도성분만을 포집할 수 있다. 스침각입사 광학계의 포집효율을 높이기 위해서는 우측의 그림처럼 다수의 반사경들을 동심원 형태로 배치해야만 한다. 이를 통해서 포집효율을 어느 정도 높일 수는 있겠지만, 장비 크기의 증가와 반사경 제조의 어려움 등이 초래된다.

그림 5.2에 도시된 것과 같은 형태의 **포물선형 컬렉터**의 경우 극자외선 플라스마가 수직에 가까운 작은 각도로 입사되기 때문에 스침각 광학계와는 달리 반사경 표면에 극자외선이 심하게 흡수되어버린다. 이를 효과적으로 반사시키기 위해서는 몰리브덴(Mo) 소재의 반사층(두께 2.8[nm])과 실리콘(Si) 소재의 버퍼층(두께 4.1[nm])을 교대로 40쌍만큼 쌓아 올린 다중층 구조를 사용하여야 한다. 이 극자외선이 다중층을 투과하여 진행하는 과정에서 몰리브덴 반사층을 만나면 약간의 광선들이 반사되며, 반사광과 입사광선들이 서로 건설적 간섭을 일으키는 광공진현상에 의해서 반사광의 진폭이 증가하게 된다.

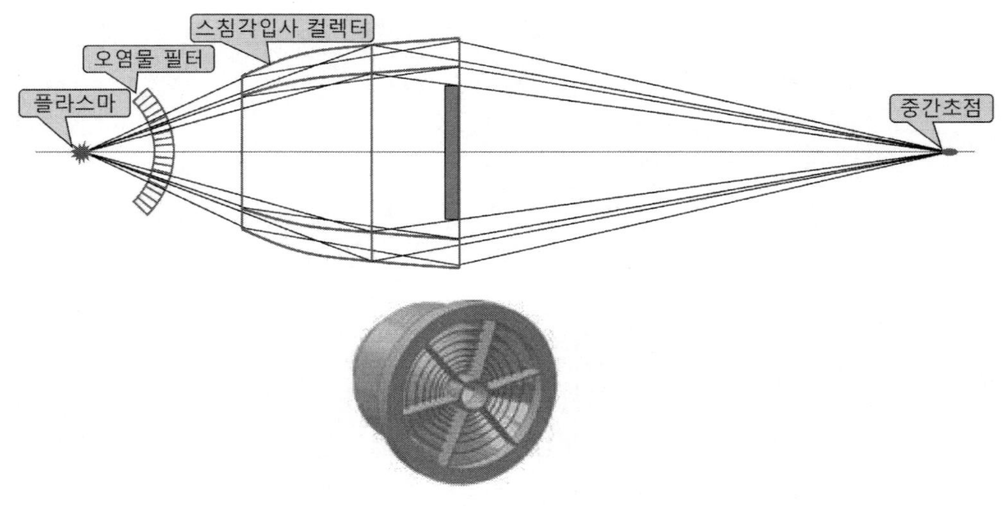

그림 5.3 스침각입사/반사 광학계

즉, 반사율이 높아진다. 이런 방식의 다중층반사 방식의 컬렉터는 구조가 단순하며 포집각도가 커서 스침각입사/반사 컬렉터보다 효율이 높다. 그런데 스침각입사/반사 컬렉터는 플라스마가 발생하는 광점과 반사경 사이에 오염물필터를 설치하기가 용이한 반면에 포물선형 컬렉터의 경우에는 플라스마 광점과 컬렉터 사이에 아무런 오염방지 기구물도 넣을 수가 없어서 컬렉터 오염방지의 측면에서는 큰 숙제로 남아 있게 된다.

5.1.5 극자외선용 포토마스크

그림 5.4에서는 노광기 레티클 스테이지의 정전척에 고정되어, 하부에서 6° 각도로 입사되는 극자외선을 반사시키고 있는 반사식 포토마스크의 단면 구조를 보여주고 있다. 마스크 모재에는 굴절식 노광에 사용되던 열팽창계수가 작은 용융실리카 소재의 6025 마스크가 사용된다.[2] 유리모재의 표면에는 반사소재인 몰리브덴(2.8[nm])과 스페이서 소재인 실리콘(4.1[nm])을 교대로 증착하여 40쌍(80층)을 쌓아 올린 반사면이 설치되고, 그 위에 덮개층, 버퍼층, 그리고 흡수층이 증착되어 있다. 마스크 패턴 식각공정에서는 패턴영역의 버퍼층과 흡수층만을 식각하여 제거한다. 극자외선 노광은 진공환경에서 사용되기 때문에, 기존에 사용하던 진공척은 적용이 불가능하다. 그러므로 마스크모재의 뒷면에는 정전척으로 포토마스크를 붙잡기 위한 도전성 박막이 증착된다.

포토마스크는 정전척의 하부에 **그림 5.4**에서와 같이 반사층이 아래를 향하도록 거꾸로 매달린다. 컬렉터에 의해서 포집되어 중간초점에 집속된 극자외선은 조명용 광학계를 거치면서 반원 형태의 슬릿 빔으로 변환되어 포토마스크 표면으로 조사된다. 이때, 조사되는 광선의 평균 입사각도는 6°이며, 동일한 각도로 반사된다. 그런데 버퍼층과 흡수층은 수십 [nm]의 두께를 가지고 있기 때문에 입사광선과 반사광선의 경사각도에 의해서 그림자효과가 발생하여 패턴이 왜곡되어버린다.

극자외선용 반사식 포토마스크의 경우에도 굴절식 마스크와 마찬가지로 펠리클을 사용하여 포토마스크를 오염으로부터 보호할 수 있다. 그런데 반사마스크의 경우에는 극자외선이 펠리클을 두 번 통과하는 과정에서 다량 광선이 펠리클에 흡수되어 생산성이 저하되는 문제가 있다. 그래서 국내에서는 펠리클 사용을 꺼리는 실정이며, 대만에서는 펠리클을 사용하는 쪽으로 방향을 잡고 있다. 아직까지 극자외선 노광공정의 수율과 경제성이 완전히 검증되지 않았기 때문에, 어느 쪽이 더 유리하거나 더 생산성이 높은지에 대해서는 판단하기 어렵다.

2 가로와 세로는 6인치(152.0[mm]), 두께는 0.25인치(6.35[mm])인 유리기판.

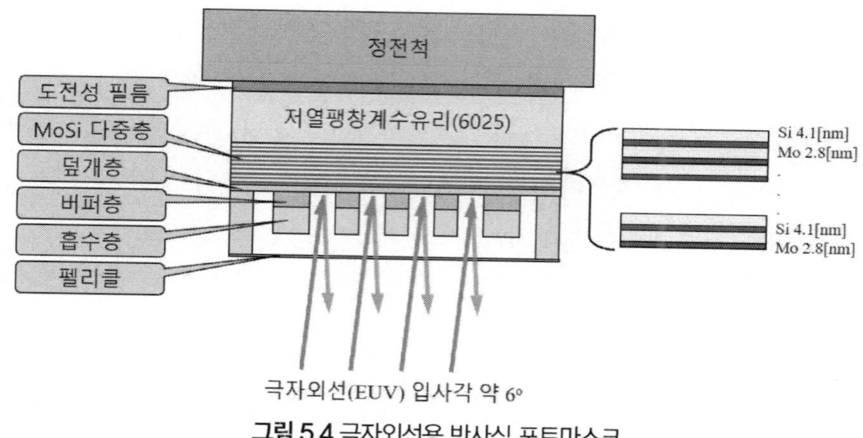

그림 5.4 극자외선용 반사식 포토마스크

5.1.6 극자외선용 포토마스크의 제조

그림 5.5에서는 극자외선용 포토마스크의 제조공정을 요약하여 보여주고 있다. 극자외선용 포토마스크의 모재로는 여타 광학유리 소재들에 비해서 열팽창계수가 특히 작은 **초저열팽창계수**(ULE) 소재를 사용한다. 마스크의 외형치수는 일반 굴절식 마스크와 동일한 6025포맷을 따르지만, 표면적 전체에 대한 편평도는 수십 [nm] 미만으로 가공된다. 포토마스크의 패턴 측 표면에는 반사소재인 몰리브덴(Mo) 4.1[nm], 스페이서 소재인 실리콘(Si) 2.8[nm]를 교대로 증착하여 총 40쌍, 80층을 증착하며, 이를 **다중층**(ML)이라 부른다. 최종적으로 몰리브덴으로 표면층을 마감한 다음에, 표면의 화학적 산화를 방지하기 위해서 루테늄(Ru) **덮개층**을 증착하고 나면, 반사층의 제작이 완료된다. 다음으로 극자외선을 흡수하여 패턴 정보를 만들어낼 **흡수층**이 증착되며, 흡수층 표면에 조사된 극자외선 중 일부가 반사되는 것을 방지하기 위해서 흡수층 표면에 추가로 **비반사층**을 코팅해 놓는다. 마지막으로 정전척으로 포토마스크를 붙잡을 수 있도록 포토마스크 뒷면에 도전성 금속을 얇게 코팅해 놓으면 극자외선용 포토마스크 모재의 제작이 완료된다.

극자외선용 포토마스크의 패턴층을 생성하기 위해서는 우선, 표면에 포토레지스트를 코팅한 다음에, **3장**에서 살펴보았던 전자빔 노광기나 레이저 패턴발생기를 사용하여 패턴을 감광시키고, 현상 및 식각공정을 통해서 비반사층과 흡수층을 차례로 제거한다. 이때 비반사층의 식각과 흡수층의 식각에는 서로 다른 레시피가 적용된다. 식각이 끝난 포토마스크는 검사를 통해서 결함의 위치와 결함의 유형, 패턴의 엄밀성, 패턴배치오차 등을 검사하며, 결함의 유형에 따라서 적합한 수리방법을 사용하여 패턴수리를 진행한다. 모든 수리가 끝난 포토마스크는 세척 후 전용 포드에 넣어서 출고한다.

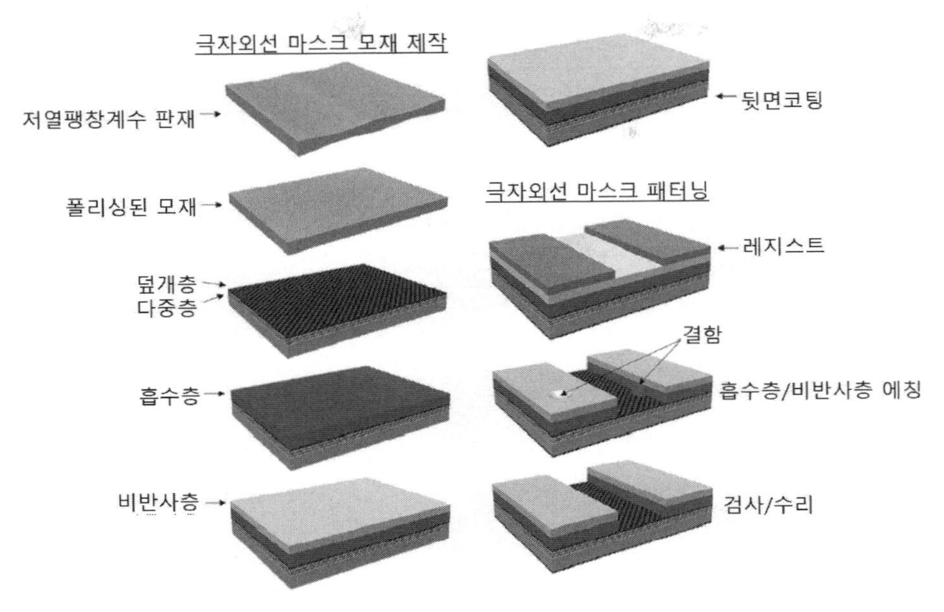

그림 5.5 극자외선용 반사식 포토마스크 제조공정[3]

5.1.7 SEMI 표준

극자외선용 포토마스크와 관련되어서는 다음과 같이 5종의 **SEMI 표준**들이 제안되었다.

- SEMI P37-1102 기층소재[4] 표준: 극자외선 노광용 마스크 기층소재에 대한 사양
- SEMI P38-1103 다중층과 흡수층 적층표준: 극자외선 노광용 마스크 모재상의 흡수필름 적층과 다중층에 대한 사양들
- SEMI P40-1103 고정표준: 극자외선노광용 마스크의 설치요건과 정렬기준위치 등에 대한 사양들
- SEMI P48-1110 극자외선 마스크 모재의 기준표식에 대한 사양: 극자외선 마스크 모재상의 결함위치를 지정하기 위한 좌표계의 원점으로 사용하는 기준표식의 핵심 요구사양들
- SEMI E152-0709 레티클 운반장치 표준

3 Vivek Bakshi, EUV Lithography, 2'nd Edition, SPIE, 2017을 인용하여 재구성하였음.

4 substrate

5.2 극자외선 포토마스크의 요구조건

극자외선용 반사식 포토마스크는 기존의 굴절식 포토마스크로는 구현하기 어려웠던 10[nm] 미만(머지않아 1[nm] 미만)의 기술노드에 적용하기 위한 목적으로 제작되기 때문에 매우 엄격한 품질기준을 요구받고 있다. 이 절에서는 극자외선 포토마스크의 표면품질, 소재의 요구조건, 열팽창과 소재기준, 표면거칠기, 표면편평도, 표면결함 등의 주제들에 대해서 살펴보기로 한다.

5.2.1 극자외선용 포토마스크의 표면품질

그림 5.6에서는 SEMI P37-1102 표준에서 규정되어 있는 극자외선용 포토마스크의 외형치수와 표면품질을 요약하여 보여주고 있다. 이 표준은 2001년에 최초로 제정되었으며, 2013년에 다시 확인되었다.

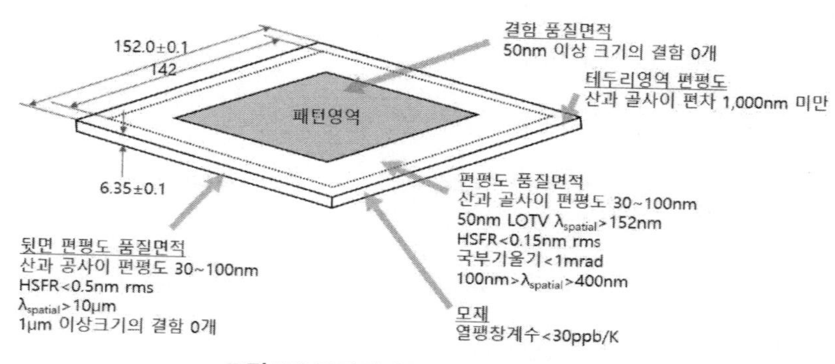

그림 5.6 극자외선용 마스크의 표면품질

극자외선용 포토마스크는 굴절식 노광에서 일반적으로 사용되는 6025 포맷의 기판을 그대로 사용한다. 따라서 외형치수는 152×152×6.35[mm^3]이며, 각 길이값들에 대한 허용치수편차는 ±0.1[mm]이다. 표면품질이 특히 중요한 패턴영역의 크기는 142×142[mm^2]이며, 패턴영역에서의 산과 골 사이의 편평도는 기술노드에 따라서 산과 골 사이의 최대편차값이 30~100[nm] 미만이 되도록 규정하고 있다. 뒷면의 편평도 역시 기술노드에 따라서 산과 골 사이의 최대편차값이 30~100[nm] 미만이 되도록 규정하고 있으며, 앞면에서와 동일한 값이 지정되어 있다. 테두리 영역의 편평도는 산과 골 사이의 최대편차값이 1,000[nm] 미만으로 규정되어 있다. 그리고 결함품질에 대해서는 깊이 1[nm] 이상의 긁힘과 크기 50[nm] 이상의 결함이 전혀 없어야 한다고 규정하고 있다. 그런데 기술노드가 발전함에 따라서 SEMI 표준의 포토마스크 표면 편평도 요구조건을 조금 더 엄격하게 규정할 필요성이 생겼다. 이를 위해서 ASML社에서는 **표 5.1**에 제시되어 있는 것처럼 기술노드에 따른 편평도 요구조건을 제시하였다. 여기서 특이한 점은 모재의 휨을 규정하였다는 것이다. 모든 패터닝이 끝난 포토마스크의 표면 전체에 대해서 측정한 휨이 지정된 값 미만으로 관리되어야만 한다.

표 5.1 기술노드에 따른 포토마스크 표면 품질면적의 편평도 요구조건[5]

등급	기술노드 [nm]	앞면 편평도 (P–V)[nm]	뒷면 편평도 (P–V)[nm]	두께편차 [nm]	휨* [nm]
A	51	100	100	100	–
B	40	75	75	75	–
C	36	50	50	50	–
D	32	30	30	30	600
E	22	23	23	–	400
F	14	16	16	–	300

* 기판의 휨은 모든 패터닝이 끝난 이후에 측정된 값이다.

5.2.2 극자외선용 마스크 모재의 요구조건

극자외선용 마스크 모재의 요구조건에 대해서는 2001년에 SEMI P37–0613으로 제정되었다.[6] **표 5.2**에서는 SEMI P37–0613과 2013년 ITRS에서 18[nm] 절반피치 패턴에 대해서 정의되었던 기판소재와 다중층의 각종 사양값들을 보여주고 있다.

마스크 모재로 사용되는 초저열팽창계수(ULE) 소재는 7.5[mol%]의 티타니아(TiO_2)가 함유된 비정질 실리카(SiO_2) 소재로서, 열팽창계수는 $\pm30\times10^{-9}$[1/K] 수준이다. 이는 굴절식 포토마스크에 사용되는 용융실리카 소재의 열팽창계수인 0.48×10^{-6}[1/K]에 비해서 1/16에 불과한 값이기는 하지만 여전히 요구조건인 $\pm5\times10^{-9}$[1/K]에는 미치지 못함을 알 수 있다.[7]

앞면과 뒷면에서 최고 높이와 최저 높이 사이의 편차인 편평도는 30[nm] 이내로 관리되어야만

5 http://ieuvi.org/TWG/Mask/2008/MTG080228/MaskTWGIEUVIStandards080228.pdf를 참조하여 재구성하였음.
6 기술수준의 발전으로 인하여 현재는 무효화되었다.
7 이를 극복하기 위해서는 포토마스크의 온도를 23.000[°C]로 엄격하게 통제해서 열변형을 최소화시켜야만 한다.

하며, 이는 **표 5.1**에서 D등급(32[nm] 기술노드)에 해당하는 값이다. 그리고 패턴영역 전체에 대해서 20[nm] 이상의 결함이 전혀 존재하지 않는 무결함 폴리싱이 시행되어야 한다. 다중층의 경우, 최대결함크기는 15[nm] 이하로 관리되어야만 하며, 표면조도 실횻값(RMS)은 0.05[nm] 이하로 관리되어야만 한다. 특히, 다중층 검사과정에서 발견된 모든 결함들은 수리되어야만 한다.

과거 수년간 극자외선 마스크 제조공정에 대해서 많은 발전이 이루어졌다. 5[nm]와 3[nm] 기술노드에서 요구하는 모든 요구조건들을 충족시키기 위해서는 포토마스크 요소에 대하여 추가적으로 광범위한 개선이 요구되고 있다.

표 5.2 극자외선용 포토마스크 모재의 요구조건

구분	세부항목	요구조건
기판소재	열팽창계수 적용 온도범위[℃]	19~25
	평균열팽창계수($\times10^{-6}$[/K])	±0.005
	열팽창계수 공간편차($\times10^{-6}$[/K])	±0.006
	앞면 편평도(산과 골)[nm]	30
	뒷면 편평도(산과 골)[nm]	30
	최대결함크기(ΔCD<±10%, [nm])	20
다중층	최대결함크기(ΔCD<±10%, [nm])	15
	피크반사율[%]	>65
	피크반사율 균일성[%](3σ, abs)	0.19
	반사된 중심파장의 균일성[nm], 3σ	0.03
	다중층 거칠기 실횻값[nm]	0.05

5.2.3 마스크 열팽창과 소재기준

반사식 포토마스크의 흡수패턴 영역 위로 조사된 빛은 거의 100% 포토마스크로 흡수된다. 반사영역 다중층(ML) 위로 조사된 빛도 30%는 포토마스크에 흡수되어 버린다. 이로 인하여 노광 중에 포토마스크는 다량의 에너지를 흡수하여 가열된다. 노광환경인 진공 중에서는 대류에 의한 열발산이 불가능하므로 적절한 냉각수단이 지원되지 않는다면 마스크의 온도상승과 마스크 변형이 초래되어 패턴위치오차가 유발된다.

포토마스크의 온도가 변했을 때에 발생되는 마스크의 변형은 모재의 **열팽창계수**에 의존하기 때문에, 열팽창계수가 작은 소재를 사용하는 것이 매우 중요하다. 극자외선 노광용 포토마스크 모재의 열팽창계수에는 [nm/m·℃] = $\times10^{-9}$[m/m·K] 또는 [1/K] 단위를 주로 사용한다. 예를 들어

어떤 재료의 열팽창계수 α=10[nm/m℃] 또는 10×10^{-9}[1/K]라는 것은 1[m] 길이의 소재의 온도가 1[K]만큼 상승하거나 하강하면 소재의 길이는 10[nm]만큼 늘어나거나 줄어든다는 뜻이다.

SEMI P37-1102에서는 극자외선용 포토마스크에 사용되는 기층소재의 열팽창계수를 다음과 같이 규정하고 있다. 1등급 기층소재의 경우에는 열팽창계수값이 $\alpha=\pm5\times10^{-9}$[1/K] 범위이며, 마스크 내에서 총 공간편차는 6×10^{-9}[1/K] 이내로 유지되어야만 한다. 반면에 4등급 기층소재의 경우에는 열팽창계수값이 $\alpha=\pm30\times10^{-9}$[1/K] 범위이며, 마스크 내에서 총 공간편차는 10×10^{-9}[1/K] 이내로 유지되어야만 한다.

극자외선용 포토마스크 기층소재로는 **초저열팽창계수(ULE)소재**와 **제로도™**를 사용할 수 있다. 초저열팽창계수(ULE) 소재는 7.5[mol%]의 티타니아를 첨가한 비정질실리카 유리로서, 프리미엄 등급으로 제조된 초저열팽창계수 유리의 평균 열팽창계수값은 $\pm10\times10^{-9}$[1/K] 내외인 것으로 보고되었다. 제로도 소재는 75%의 결정상과 25%의 유리상이 혼합되어 있는 2상의 유리소재이다. 소재 내에서 결정상 조직의 열팽창계수는 음이며, 유리상 조직의 열팽창계수는 양이다. 이로 인하여 온도변화과정에서 결정상과 유리상이 변형을 서로 상쇄하여 열팽창이 억제된다. 제로도의 평균열팽창계수는 $\pm15\times10^{-9}$[1/K]이며, 공간편차는 12×10^{-9}[1/K]이다.

5.2.4 표면거칠기

극자외선 노광용 포토마스크의 표면거칠기는 거칠기의 주기에 따라서 10^{-6}[nm]<λ<0.004[nm]의 거칠기 대역은 **고대역 공간주파수 조도**(HSFR)[8]로 분류하며, 0.004[nm]<λ<0.02[nm]의 거칠기 대역은 **중간대역 공간주파수 조도**(MSFR)[9]로 분류한다. 0.02[nm]<λ인 대역은 **저대역 공간주파수조도**(LSFR)로 나눌 수 있는데, 특히, 저대역 공간주파수조도는 표면조도라기보다는 형상오차로 분류한다.

그림 5.7에서는 포토마스크 반사표면의 거칠기가 영상품질에 끼치는 영향을 보여주고 있다. **그림 5.7 (a)**에 따르면, 고대역 공간주파수 조도는 큰 각도의 광선산란을 유발하기 때문에 조사된 극자외선 중 일부가 산란되어 조리개에 가로막히기 때문에 극자외선 광강도의 손실이 유발된다. **그림 5.7 (b)**에 따르면, 중간대역 공간주파수 조도는 미소각 산란을 일으키기 때문에, 산란된 광선이 조리개를 통과하여 웨이퍼 표면에 도달하게 되며, 이로 인하여 노광패턴의 파면오차와 작은

8 high spatial frequency roughness
9 mid spatial frequency roughness

반점이 생성된다. 중간대역 공간주파수 조도는 투사광학계 내에서 빛을 산란시키는 조도 또는 표면 경사도 오차라고 정의할 수 있다. 이와는 대비되어 면초점과 동조된 장주기 마스크 경사도 오차는 웨이퍼 평면상에 영상배치 오차를 생성한다. 분해능한계에 근접한 경사도오차는 웨이퍼 프린트 시 선테두리거칠기(LER)에 영향을 끼친다. 다중층 평탄화 증착기법을 사용하면 포토마스크의 고대역 공간주파수 조도를 줄일 수 있지만, 중간대역 공간주파수 조도에 대해서는 별 효과가 없는 것으로 판명되었다. SEMI P37 표준에서는 고대역 공간주파수 조도값이 0.15[nm rms] 미만으로 정의되어 있으며, 앞면의 국부 기울기값은 1.0[mrad] 미만으로 정의되어 있다.

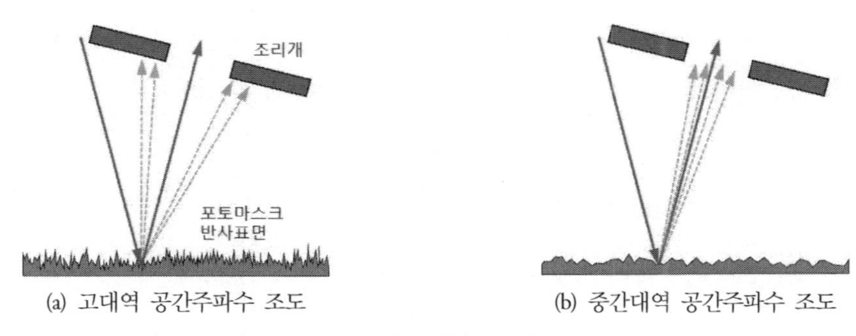

(a) 고대역 공간주파수 조도 (b) 중간대역 공간주파수 조도

그림 5.7 포토마스크 반사표면의 거칠기가 영상품질에 끼치는 영향[10]

그림 5.8에서는 극자외선용 반사식 포토마스크의 표면구성과 각 위치별로 표면거칠기를 측정한 주사전자현미경(SEM) 영상을 보여주고 있다.

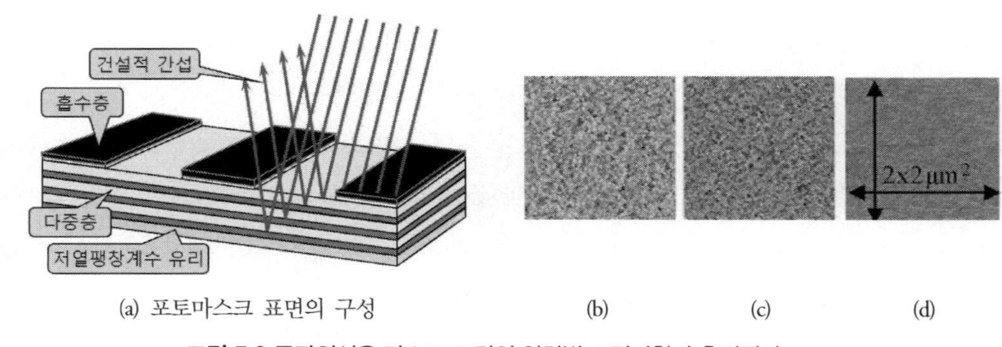

(a) 포토마스크 표면의 구성 (b) (c) (d)

그림 5.8 극자외선용 마스크 표면의 위치별 표면거칠기 측정결과[11]

10 Vivek Bakshi, EUV Lithography, 2'nd Edition, SPIE, 2017을 참조하여 다시 그렸음.

그림 5.8 (b)와 **(c)**는 크롬(Cr) 흡수층의 표면으로서, 극자외선의 흡수율을 높이기 위해서 표면 거칠기를 증가시켜놓은 것을 확인할 수 있다. 반면에, **그림 5.8 (d)**는 반사층 표면으로서, 반사율을 극대화하기 위해서 표면조도를 최소화시킨 것을 알 수 있다.

5.2.5 표면 편평도

굴절식 투사노광 광학계에서는 **텔레센트리** 조명을 사용하기 때문에 마스크의 편평도 오차나 웨이퍼의 휨이 발생하여도 선폭 자체는 변하지 않는다. 하지만 극자외선 투사광학계에서는 텔레센트리 조명을 구현할 수 없기 때문에, 패턴이 성형된 포토마스크 표면에서 발생하는 어떠한 높이편차도 웨이퍼상에서의 영상배치오차를 유발한다. θ=6[deg]인 경사조명을 사용하는 경우에 다음 식을 사용하여 포토마스크가 Δz만큼 변형오차가 발생한 경우에 웨이퍼 표면에서 발생하는 영상배치오차 Δx를 계산할 수 있다.

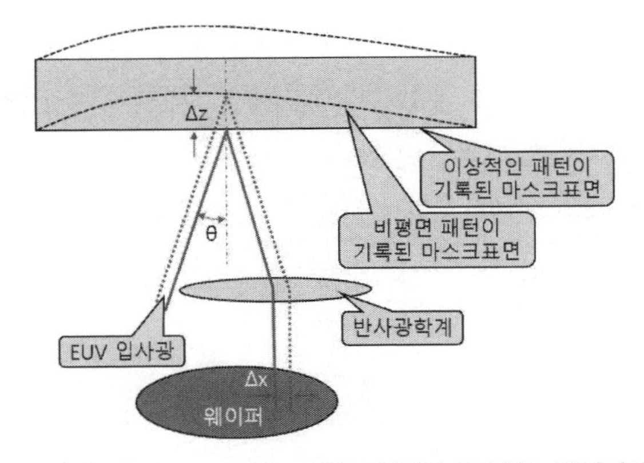

그림 5.9 비텔레센트리 조명하에서 마스크 편평도 오차로 인해서 초래되는 웨이퍼상에서의 영상배치오차[12]

$$\Delta x = \frac{\Delta z}{M} \times \tan(\theta) \tag{5.4}$$

여기서 M은 축사비율로서 극자외선 투사광학계의 경우에는 축사비율이 4:1이므로 M=4이다.

---

11 A.V.Pret, et. Al, Evidence of speckle in extreme-UV lithography, Optics Express, 2012를 인용하여 재구성하였음.

12 Syed Rizvi 편저, 장인배 역, 포토마스크 기술, 씨아이알, 2016.를 참조하여 다시 그렸음.

예를 들어 포토마스크의 수직방향 변형량 Δz=50[nm]인 경우에 웨이퍼에는 Δx=1.15[nm]의 패턴배치오차가 발생한다. 극자외선노광의 임계치수가 3[nm] 이하로 내려가고 있다는 것을 감안한다면 이는 분명히 허용할 수 없는 값이다. **표 5.2**에서 알 수 있듯이 SEMI P37-1102에서는 Δz<30[nm]로 규정하고 있지만, 현재는 이보다 훨씬 더 엄격한 치수로 관리되고 있다. 포토마스크 표면의 국부적인 편평도 보정기법으로는 자기유동유체연마(MRF)와 이온빔성형(IBF) 방법을 사용할 수 있다.

5.2.6 표면결함

극자외선용 포토마스크의 **표면결함**은 반사광을 산란시켜서 웨이퍼 표면에 도달하는 패턴정보를 왜곡시킨다. 마스크 표면결함은 **그림 5.10**에 도시된 것처럼, 위상결함과 진폭결함의 두 종류로 나눌 수 있다. **위상결함**은 **그림 5.10 (a)**에 도시되어 있는 것처럼, 마스크 모재의 긁힘이나 파임, 또는 오염물 얹힘 등에 의해서 유발된다. 이런 결함표면 위에 다중층을 증착하고 나면, 다중층들의 위상이 조금씩 어긋나버리기 때문에 반사파면의 평면영상을 살펴보면 반점과 반점 주위로 링 형상의 영상번짐이 나타난다. 다중층 기판에서 검출되는 결함들 중에서 약 80%가 모재에서 유래된다고 보고되었다. **진폭결함**은 **그림 5.10 (b)**에 도시되어 있는 것처럼, 다중층의 상부나 표면에 오염물이 끼어들거나 함몰이 발생하는 결함이다. 이 경우, 반사광은 큰 각도로 산란되어버리기 때문에, 반사파면의 평면영상에서는 영상대비가 명확한 검은 반점이 관찰된다.

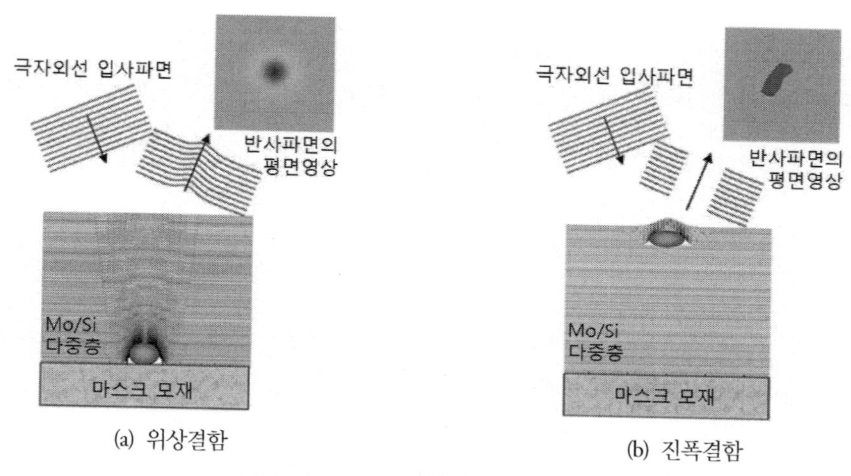

(a) 위상결함 (b) 진폭결함

그림 5.10 마스크 표면결함의 두 가지 유형13

SEMI P37-1102 표준에 따르면 최상품 포토마스크 모재는 1[nm] 이상의 깊이를 갖는 긁힘이 없이 매끈해야 하며, 50[nm] 폴리스티렌라텍스(PSL) 구체에 상당하는 크기 이상의 국부적인 광산란이 없어야 한다.

5.3 다중층

파장길이 λ=13.5[nm]인 극자외선에 대해서 모든 물질들은 n=1에 근접하는 굴절계수값을 가지고 있기 때문에 광학렌즈를 만들 수 없으므로 극자외선 노광용 광학계들은 반사방식을 사용해야 한다. 그런데 극자외선의 투과율과 반사율은 거의 0이어서, 입사된 광선이 거의 전부 물질 속으로 흡수되어 버린다. 이를 극복하고 극자외선을 반사시키기 위해서 컬렉터 반사경에 **그림 5.3**에서와 같은 스침각입사/반사광학계를 사용할 수 있었지만, 그림자효과 때문에, 스침각입사/반사방식을 포토마스크에 적용할 수는 없는 일이다.

수직입사 광학계의 반사율을 높이기 위해서는 몰리브덴(Mo)과 같이 원자번호가 높은 물질(원자번호 42번)과 실리콘(Si)과 같이 원자번호가 낮은 물질(원자번호 14번)을 광선파장의 절반 주기로 교대로 증착하여 만든 다중층(ML)을 사용하여야만 한다. 이는 극자외선 마스크뿐만 아니라 컬렉터 반사경, 조명용 광학계, 그리고 투사광학계의 광학표면들 모두에 공통적으로 적용되는 사항이다.

5.3.1 다중층과 반사율

포토마스크의 반사표면에서 반사율을 극대화시키기 위해서 증착하는 **다중층**(ML)은 극자외선의 흡수특성이 강하지만 빛을 산란시키는 몰리브덴(Mo)을 약 2.8[nm] 정도로 얇게 증착하고, 그 위에 흡수율이 낮아서 스페이서처럼 작용하는 실리콘(Si)을 약 4.1[nm] 정도로 조금 두껍게 증착하여 6.9[nm] 주기로 한 쌍의 반사층을 만든다. 이때 몰리브덴/실리콘 쌍의 두께를 **d-간격**이라고 부르며, 이중층 주기에 대한 몰리브덴의 두께비율을 **γ-비율**이라고 부른다. 다중층 설계 시에는 반사율이 극대화되며, 흡수율은 최소가 되도록 d-간격과 γ-비율을 선정하여야 한다. 이렇게 설

---

13 Vivek Bakshi, EUV Lithography, 2'nd Edition, SPIE, 2017을 인용하여 재구성하였음.

계된 다중층을 **그림 5.11 (a)**에서와 같이 초저열팽창계수(ULE) 소재의 모재 위에 여러 겹 증착하여 다중층 반사표면을 제작한다. 이렇게 제작한 다중층의 이론적인 최대반사율은 75%에 달하지만 실제 구현 가능한 반사율은 약 70%이다. 이는 실리콘 위에 몰리브덴이 증착된 계면에서 심각한 **층간확산**이 발생하기 때문이다. **그림 5.11 (b)**에 도시되어 있는 것처럼, 다중층의 숫자가 증가할수록 반사율이 증가하지만 약 30층을 넘어서면서 포화가 시작되어, 다중층의 숫자가 증가하여도 반사율이 크게 높아지지 않는다. 그러므로 상용 극자외선용 포토마스크에서는 다중층(Mo/Si 쌍)의 숫자를 40층으로 제작하고 있다.

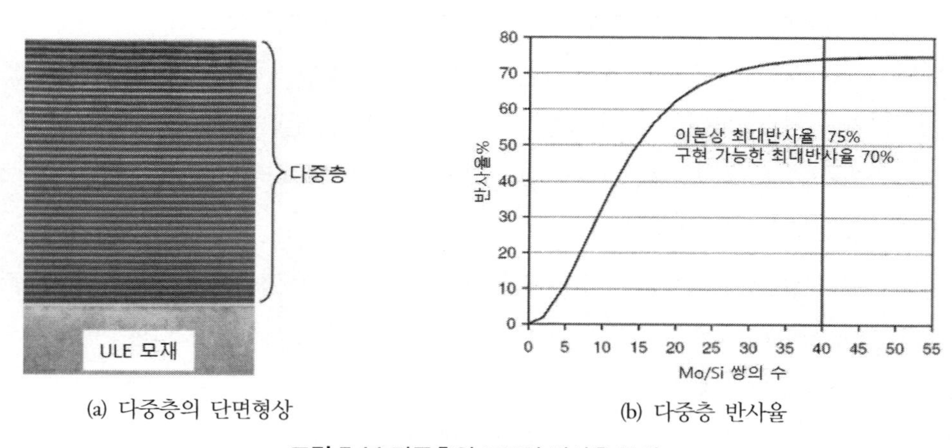

(a) 다중층의 단면형상 (b) 다중층 반사율

그림 5.11 다중층의 구조와 반사율 특성14

5.3.2 다중층 증착

나노미터 스케일의 다중층을 결함 없이 증착하기 위해서 마그네트론 스퍼터링과 이온빔 스퍼터링이라는 매우 세련된 증착기법들이 사용된다. **그림 5.12**에서는 단일헤드 **마그네트론 스퍼터링** 시스템의 개략적인 구조가 도시되어 있다. 터보분자펌프를 사용하여 스퍼터링 챔버의 내부를 고진공 상태로 배기한 상태에서 증착공정이 시작된다. 스퍼터링 챔버의 상부에는 증착할 표적물질이 부착되어 있는 마그네트론 음극이 설치되어 있으며, 챔버의 하부에는 접지된 양극이 설치된다. 양극의 상부에는 다중층을 증착할 포토마스크가 고정되어 있다. 음극의 하부에는 영구자석 어레이가 설치되어 표적물질에 강력한 자기장을 부가하고 있으며, 음전압이 부가되어 양극과의 사이

14 Syed Rizvi 편저, 장인배 역, 포토마스크 기술, 씨아이알, 2016.

에 전기장이 형성된다. 질량유량제어기(MFC)를 사용하여 아르곤(Ar) 가스를 챔버 속으로 주입하면 음극과 양극 사이의 전기장에 의해서 아르곤 가스가 플라스마를 발생시키면서 (양)이온화된다. 표적물질 주변에는 영구자석의 자기장에 의해서 고밀도 플라스마가 형성되며, 이로 인해서 표적물질의 에너지준위가 상승하여, 약간의 충격만으로도 표적물질의 원자가 금속결합을 끊고 튀어 나갈 수 있는 상태가 된다. 이온화된 아르곤 원자들은 고속으로 음극방향으로 날아가서 음극 하부에 설치되어 있는 표적물질과 충돌하여 표적물질의 원자를 공간 중으로 방출시킨다. 이렇게 방출된 (음)이온화된 금속원자들은 전기장의 가속을 받으며 양극 쪽으로 날아가서 양극 상부에 고정된 포토마스크 표면에 증착된다.

그림에서는 마그네트론 음극이 하나만 도시되어 있지만, 실제의 경우에는 몰리브덴 표적 음극과 실리콘 표적음극과 같이 두 개의 음극이 설치되어 있다. 그리고 두 개의 음극 중 하나만 작동할 수 있도록 별도의 셔터 기구가 설치된다.

마그네트론 스퍼터링은 막두께 조절이 용이하며, 생산성이 높아서 극자외선용 광학계 증착에 널리 사용된다. 특히 포토마스크 모재 표면의 조도가 0.15[nm rms] 이하인 경우, 극자외선 반사특성이 높다. 하지만 결함수준이 비교적 높다는 단점을 가지고 있다.

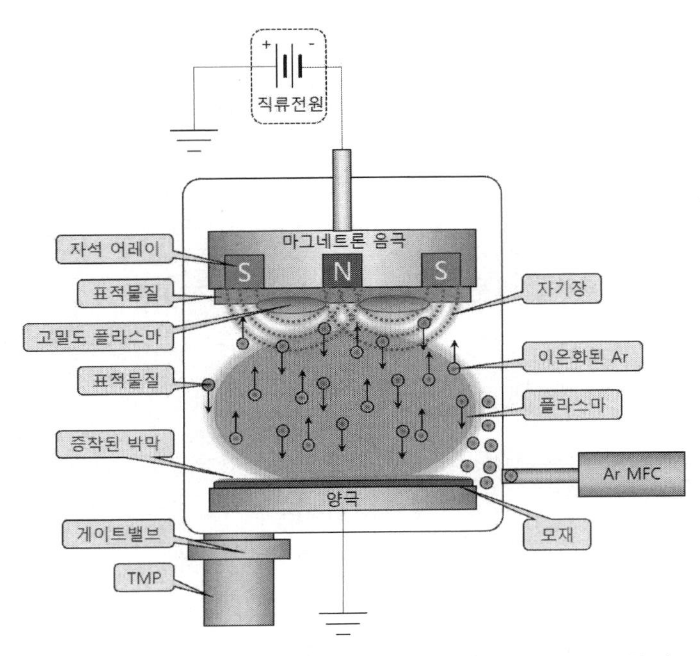

그림 5.12 마그네트론 스퍼터링 설비의 구조15(컬러도판 p.656 참조)

마그네트론 스퍼터링 기법은 다루기 쉽고 생산성이 높지만, 결함수준을 낮추기가 어렵기 때문에 무결함 다중층 증착을 위해서 **그림 5.13**에 도시되어 있는 것과 같이 완전한 표준기계인터페이스(SMIF)를 갖춘 이온빔 스퍼터링장비가 개발되었다. 모재 취급용 로봇 시스템과 이송용 챔버를 갖춘 멀티챔버에 이온빔 증착용 챔버와 더불어서, 로드포트, 표면검사용 반사계 등을 결합시켜놓은 구조이다. 그림의 우측에는 입자생성 저항성을 갖춘 청결한 원통형의 스퍼터링 챔버가 설치되어 있다. 챔버의 내부에는 입자발생이 작은 이온소스를 설치하였다. 이온소스에서 방출된 기체이온이 Mo/Si 표적과 충돌하여 방출된 표적물질이 모재설치위치에 놓인 포토마스크에 증착된다. 이온빔 증착공정을 수행하는 동안, 증착의 균일성은 증착용 플럭스의 방향과 수직하는 모재의 각도에 크게 의존하며, 표적의 각도 배향에는 큰 영향을 받지 않는다. 모재의 각도가 55[deg]에 근접하면 균일성은 좋지만 결함밀도가 높아진다. 수직입사 증착을 시행한 경우에는 균일성이 매우 나쁘다. 증착용 플럭스의 각도가 26[deg]인 경우에 양호한 균일성과 낮은 결함밀도가 동시에 구현되는 것으로 보고되었다.

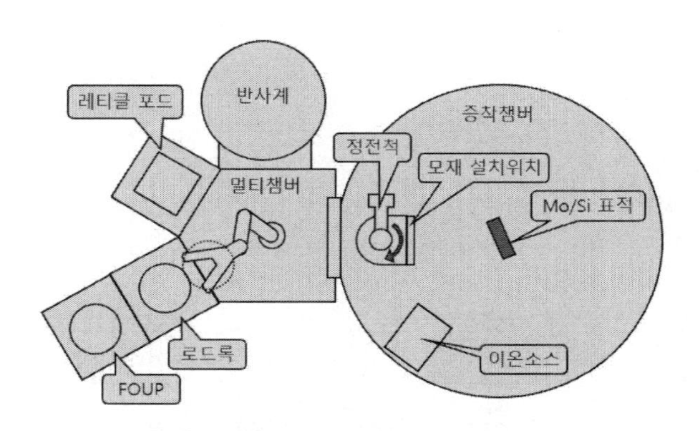

그림 5.13 이온빔 스퍼터링 설비의 구조[16]

5.3.3 다중층 결함측정

결함이 없는 포토마스크 모재를 안정적으로 공급하기 위해서는 패터닝을 수행하기 전단계에 마스크 모재에 존재하는 결함들을 신뢰성 있고 정확하게 검출할 수 있는 측정 및 검사기법을 개

15 www.semicore.com/what-is-sputteringfmf를 참조하여 다시 그렸음.

16 Vivek Bakshi, EUV Lithography, 2'nd Edition, SPIE, 2017을 참조하여 다시 그렸음.

발해야 한다. 다중층 결함의 두 가지 유형인 진폭결함과 위상결함 모두를 검출하고, 구분할 수 있는 능력은 올바른 수리방법을 지정하기 위해서 필수적인 사안이다.

현재 극자외선용 포토마스크 모재의 다중층 표면 결함검사에는 다양한 파장의 심자외선 광원들(199, 248, 257 및 266[nm])이 사용되고 있다. 그런데 심자외선을 사용한 검사결과를 신뢰하기 위해서는 극자외선 광원을 사용하는 경우에 검출되는 모든 결함들을 검출할 수 있다는 것이 검증되어야만 한다. 하지만 심자외선과 극자외선을 사용한 검사결과 사이에는 여전히 차이가 존재하며, 이들에 대한 연구가 계속 진행되고 있다. 특히 심자외선 검사장비를 사용하여 매립된 미소결함을 검출하는 것은 매우 어려운 일이다.

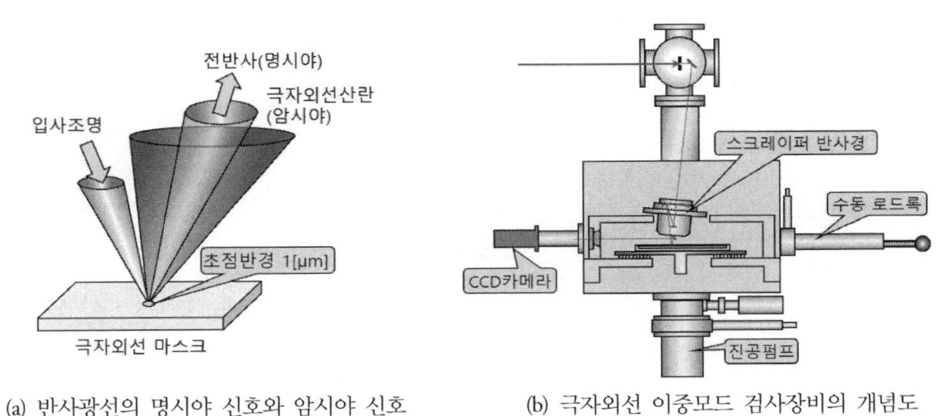

(a) 반사광선의 명시야 신호와 암시야 신호 (b) 극자외선 이중모드 검사장비의 개념도

그림 5.14 반사광선의 명시야와 암시야 신호를 사용하는 이중모드 검사장비의 사례[17]

결함검출을 위해서는 **그림 5.14 (a)**에 도시되어 있는 것처럼, 명시야 신호와 암시야 신호를 사용한다. **명시야 신호**는 입사조명이 전반사되어 나오는 광선경로상에서 검출한 영상신호인 반면에, **암시야 신호**는 입사조명 전반사경로를 조리개로 가린 다음에 광선경로의 주변으로 산란된 빛들을 포집하여 검출한 영상신호이다. 연구결과 암시야 현미경을 사용한 검사방법이 명시야보다 높은 민감도를 가지고 있는 것으로 판명되었다. **그림 5.14 (b)**에서는 극자외선 광원을 사용하여 명시야와 암시야를 모두 관찰할 수 있는 이중모드 검사장비의 개념도를 보여주고 있다. 그림에서 극자외선의 챔버의 상부에서 6[deg]만큼 기울어진 상태에서 하부 스테이지에 고정되어 있는

17 Vivek Bakshi, EUV Lithography, 2'nd Edition, SPIE, 2017을 참조하여 다시 그렸음.

포토마스크 표면으로 조사되는데, 스캐닝 모드에서는 스크레이퍼 반사경이 사용되며 고분해능 영상화모드에서는 반사식 회절판이 사용된다. 반사광선은 조리개/반사경 모듈에 의해서 수평 방향 좌측에 위치한 CCD 카메라 측으로 안내된다. 특히, 조리개를 조절하여 명시야 또는 암시야 영상을 선별적으로 CCD 카메라 측으로 전달할 수 있다.

일본의 산업기술총합연구소(AIST)와 일본정부가 지원한 MIRAI-ASET 프로그램을 통해서 **그림 5.15**에 도시되어 있는 것과 같은 대량생산용 암시야 노광파장 모재검사장비가 개발되었다. 이와 동시에 레이저텍社에서도 선단나노프로세스 기반개발센터(EIDEC)의 지원하에서 대량생산용 검사장비의 개발이 시작되었다. 대량생산용 모재검사장비는 극자외선광원모듈, 두 개의 타원형 반사경으로 이루어진 조명용 광학계, 영상화를 위한 슈바르츠실트 광학계, 극자외선 민감성 후방조명 CCD 카메라 등으로 구성되어 있다. 이렇게 개발된 모재검사장비는 16[nm] 절반피치 노드에서 프린트되는 위상결함을 검출할 수 있다.

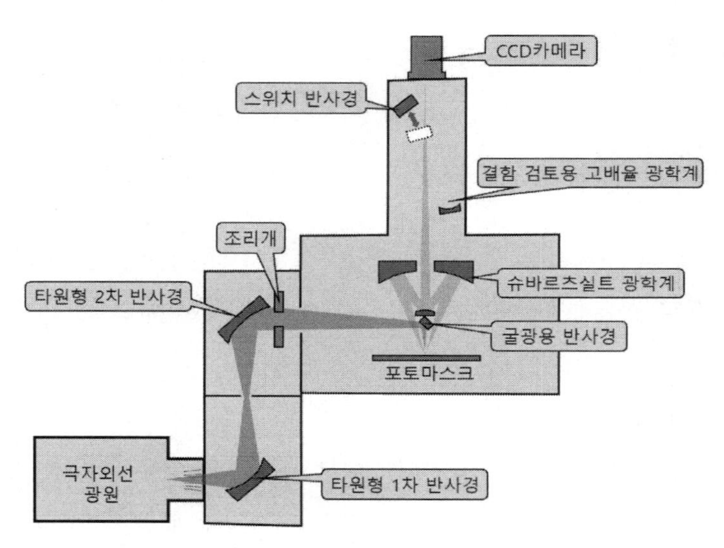

그림 5.15 노광파장을 사용한 대량생산용 암시야 모재검사장비[18]

진폭결함과 위상결함은 수리방법이 서로 다르기 때문에, 결함검사과정에서 결함의 유형까지도 구분할 수 있어야만 한다. 진폭결함은 다중층 상부에서 발생하는 결함이므로 결함위치를 식각하

18 Vivek Bakshi, EUV Lithography, 2'nd Edition, SPIE, 2017을 참조하여 다시 그렸음.

고 충진재로 채워 넣는 방식의 수리가 필요하다. 반면에 위상결함은 다중층과 모재의 계면에서 발생하는 결함이므로, 이를 파낼 수는 없으며, 결함 위에 쌓여 있는 다중층들의 주기를 조금씩 줄여서 표면을 평탄화시키는 방식으로 수리해야만 한다. **그림 5.16 (a)**에 도시되어 있는 영역영상 측정시스템(AIMS)과 같이 노광파장을 사용하는 고분해능 마스크 검사용 현미경을 사용해서 **그림 5.16 (b)**와 같은 방법으로 위상결함과 진폭결함을 구분할 수 있다. 우선 진폭결함의 경우에는 초점을 정확히 맞춘 다음에, 초점을 앞뒤로 움직이면 초점이 어긋난 위치에서 대칭적으로 영상번짐이 발생한다. 반면에, 위상결함의 경우에는 초점을 정확히 맞춘 위치에서는 아무런 결함도 관찰되지 않지만, 초점을 앞뒤로 움직이면 결함영상의 대비가 서로 반전되어 나타난다. 이를 통해서 위상결함이 존재하는 경우에는, 포토마스크 표면에 정확히 초점을 맞춰서 결함을 검사하면 아무런 문제가 없던 표면에서 노광을 시행했을 때에 반점결함이 나타날 수 있다는 것을 알 수 있다.

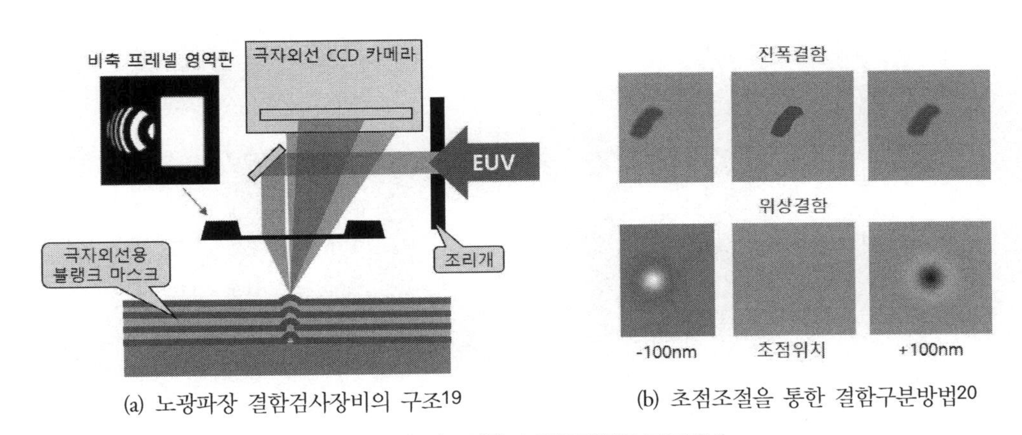

(a) 노광파장 결함검사장비의 구조[19] (b) 초점조절을 통한 결함구분방법[20]

그림 5.16 진폭결함과 위상결함의 구분방법

5.3.4 다중층 수리

극자외선용 포토마스크의 다중층에 존재하는 모든 결함들은 노광과정에서 웨이퍼 표면에 전사되어 치명적인 결함을 유발할 우려가 있기 때문에 기본적으로는 모두 수리해야만 한다. 다중층의 수리방법은 진폭결함의 경우와 위상결함의 경우에 서로 다른 공정과 방법이 사용된다.

19 Y. Chen, et.al, EUV multilayer defect characterization via cycle consistent learning, Optics, Express, 2020을 참조하여 다시 그렸음.

20 Syed Rizvi 편저, 장인배 역, 포토마스크 기술, 씨아이알, 2016.

진폭결함은 다중층 표면 근처에 매립된 입자나 손상에 의해서 생성된다. **그림 5.17 (a)**에서와 같이, 검사과정에서 진폭결함으로 판정된 위치에 500[eV]의 전위를 가지고 있는 아르곤 집속이온빔을 조사하여 다중층 표면을 일정 깊이만큼 식각하여 제거한다. 이 과정에서 결함위치나 결함원인도 이온빔에 의해서 다중층 재료들과 함께 기화되어 제거된다. 다중층의 반사율은 다중층 적층 내의 이중층들의 숫자에 비례하지만 40쌍 정도 적층된 다중층 표면에서 10쌍 내외의 다중층을 제거한다고 하여도 반사율은 단지 1% 정도 저하될 뿐이다. 수리 이후에 표면의 산화를 방지하기 위해서 **그림 5.17 (b)**에서와 같이, 1,000[eV], 500[nA] 전위의 아르곤 이온빔을 실리콘 표적에 조사하여 기화된 실리콘 원자들을 결함위치에 증착시키는 국부적인 덮개층 증착방법이 제안되었다.

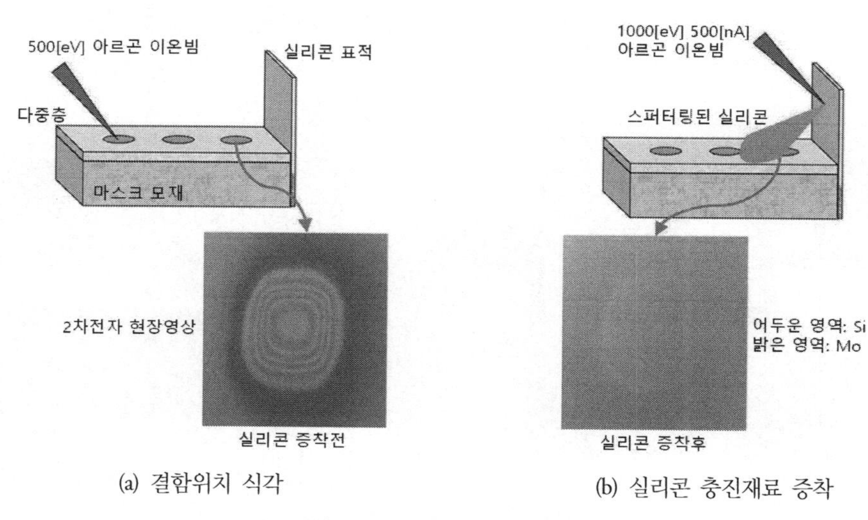

(a) 결함위치 식각 (b) 실리콘 충진재료 증착

그림 5.17 다중층 진폭결함의 수리[21]

위상결함은 다중층 바닥에 이물이 붙거나, 초저열팽창계수(ULE) 모재의 표면이 함몰된 경우에 발생한다. 이런 경우에는 **그림 5.18**에 도시된 것처럼, 돌출부위에 전자빔을 조사하여 국부가열을 시행하면, Mo/Si 계면에서의 규화물 형성이 촉진되어 가열되지 않은 주변의 Mo/Si 다중층들에 비해서 체적이 감소된다. 반경 400[μm] 크기의 고전류 전자빔을 사용하여 코팅 반사율의 현저한 저하 없이 나노미터 단위의 두께변화를 조절할 수 있으며, 40쌍의 다중층이 적층되어 있는 경우에

21 Vivek Bakshi, EUV Lithography, 2'nd Edition, SPIE, 2017을 인용하여 재구성하였음.

각 주기마다 약간의 축소를 통해서 다중층 전체에 대해서 약 1/40배의 주기감소를 만들어낼 수 있다.

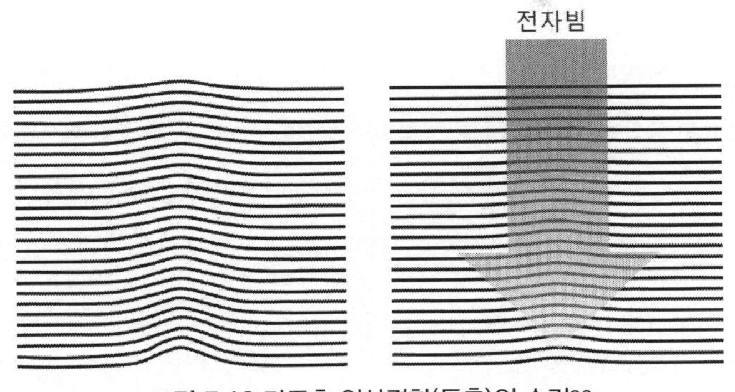

그림 5.18 다중층 위상결함(돌출)의 수리22

그림 5.19에서는 함몰 형태의 다중층 위상결함을 수리한 사례를 보여주고 있다. 좌측의 그림에서 알 수 있듯이, 직선 형태로 함몰된 다중층에 대한 간섭계 스캔 결과 깊이 약 2.2[nm]인 함몰이 확인되었다. 함몰부위를 다시 올라오게 만들 방법은 없기 때문에 주변 부위에 대한 전자빔 가열을 통해서 각층들을 축소시켜서 함몰부위에 대한 수리를 시도하였다. 이를 통해서 우측의 사진에서와 같이 함몰결함이 수리되어 평행한 다중층 형상이 만들어졌음을 알 수 있다. 이 경우 주변 부위의 다중층 두께가 축소되어 커다란 구덩이가 만들어질 우려가 있기 때문에 깊이 수[nm] 미만의 가우시안 형태의 함몰 결함에 국한하여 이 기법을 적용할 수 있다.

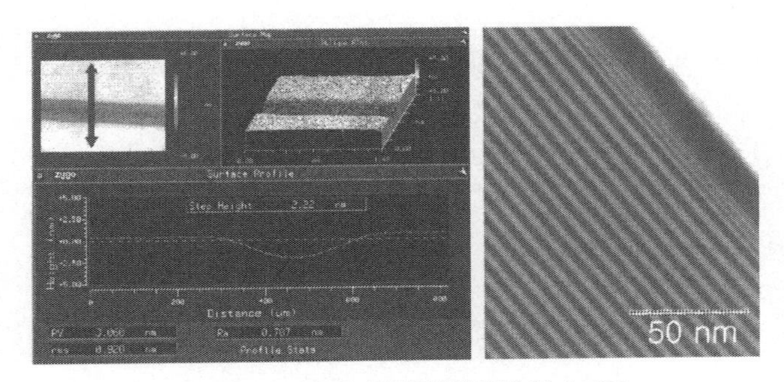

그림 5.19 다중층 위상결함(함몰)의 수리23

22 Vivek Bakshi, EUV Lithography, 2'nd Edition, SPIE, 2017을 참조하여 다시 그렸음.

23 Syed Rizvi 편저, 장인배 역, 포토마스크 기술, 씨아이알, 2016.

포토마스크 다중층의 표면에서 발견되는 돌출이나 함몰과 같은 위상결함들은 증착장비나 공정조건 등에 강하게 의존한다. 증착 에너지를 증가시키면 증착표면에서의 원자운동이 증가되어 평탄화가 촉진되므로, 돌출결함이나 함몰결함이 평탄화된다. 그러나 높은 이온에너지는 Mo/Si 계면의 혼합을 촉진시켜서 반사율 저하를 초래한다. 2차 이온빔 식각이나 폴리싱을 통해서도 표면결함과 조도를 평탄화시킬 수 있다. **그림 5.20 (b)**에서와 같이, 모재 표면에 50[nm] 직경의 입자가 놓인 경우에 평탄화공정을 통해서 표면높이 편차는 약 1[nm] 이내로 평탄화되었다. 그리고 2차이온빔 보조증착을 시행한 경우에 결함부위에서의 최대반사율은 약 1% 정도 감소하였다.

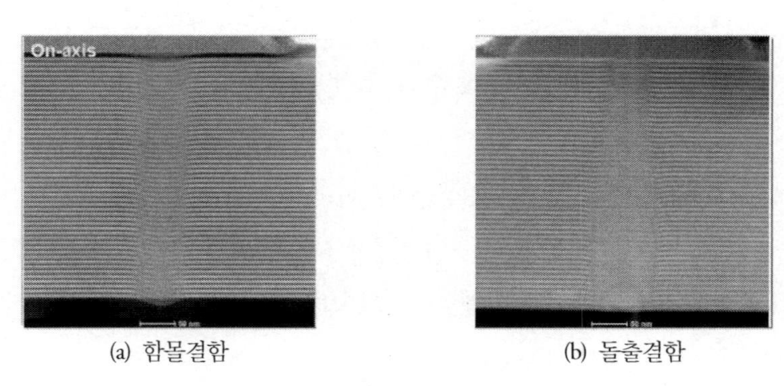

(a) 함몰결함 (b) 돌출결함

그림 5.20 위상결함의 평탄화[24]

5.4 표면층

극자외선용 포토마스크에서 외부에 노출되는 부위를 통칭하여 **표면층**이라고 부른다. 표면층에는 다중층을 보호하는 덮개층, 흡수층의 식각과정이나 수리과정에서 다중층을 보호하는 버퍼층, 극자외선을 흡수하여 패턴영상을 만들어내는 흡수층, 그리고 정전척을 사용하여 마스크를 붙잡기 위해서 사용되는 뒷면 도전성코팅이 있다.

5.4.1 덮개층

다중층의 최상층을 **덮개층**이라고 부른다. 이상적인 덮개층은 증착 이후에도 다중층 반사를 저

24 Syed Rizvi 편저, 장인배 역, 포토마스크 기술, 씨아이알, 2016.

하시키지 않으면서도 마스크 제조공정 중의 식각, 수리, 세척 및 웨이퍼 노광과정 동안 다중층을 보호할 수 있어야만 한다. 그런데 거의 모든 고체물질들이 극자외선을 흡수하기 때문에, 다중층 반사를 저하시키지 않으려면 얇은 덮개층을 사용해야만 한다. 반면에 다중층을 안전하게 보호하기 위해서는 두꺼운 덮개층을 사용해야 한다. 덮개층으로 사용할 수 있는 소재는 실리콘(Si)과 루테늄(Ru)이다. 실리콘은 극자외선 파장에 대해서 가장 투명한 소재이다. 실리콘을 덮개층으로 사용하면 코팅 공정이 단순해질 뿐만 아니라 두꺼운 덮개층을 사용할 수 있다는 장점이 있다. 하지만 극자외선 노광 시 극소량의 수증기가 존재하여도 실리콘은 쉽게 산화되어버린다. 실리콘 산화물(SiO_2)은 극자외선에 대해서 불투명하므로 모재의 반사율을 저하시켜 버린다. 루테늄은 실리콘처럼 쉽게 산화되지 않는다. 하지만 루테늄을 덮개층으로 사용하기 위해서는 다중층 증착공정이 끝난 이후에 포토마스크를 별도의 루테늄 전용 스퍼터링 장비로 옮겨서 추가적인 스퍼터링 공정을 시행하여야만 한다. 그리고 루테늄은 극자외선에 대해서 실리콘보다 불투명하기 때문에 반사율 저하를 최소화하기 위해서는 증착층의 두께를 2.5[nm] 이하로 유지해야 한다. 그리고 실리콘 표면 위에 루테늄 덮개층을 입히려면 두 물질의 계면에서 일어나는 확산을 방지하기 위한 확산 차단층을 추가적으로 증착해야만 한다. **그림 5.21**에서는 다양한 덮개층을 사용한 경우의 다중층 반사율을 보여주고 있다.

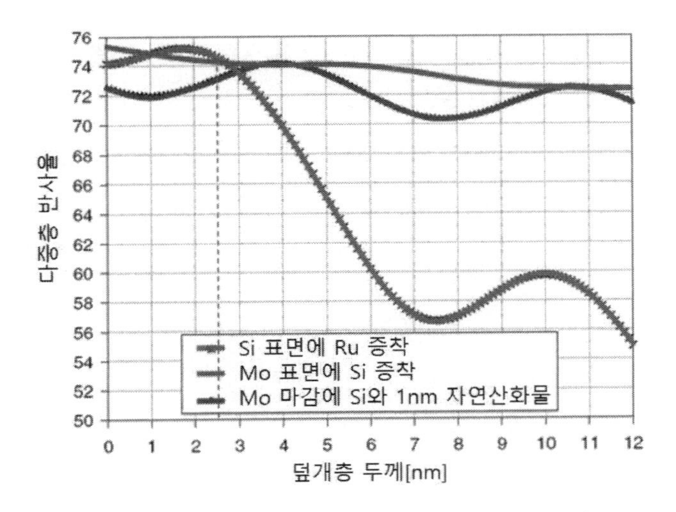

그림 5.21 덮개층 소재의 선정[25](컬러도판 p.657 참조)

25 Syed Rizvi 편저, 장인배 역, 포토마스크 기술, 씨아이알, 2016.

그림에 따르면 약 2[nm] 두께의 루테늄 층을 실리콘 표면 위에 증착한 경우의 반사율이 가장 높다는 것을 알 수 있다. 하지만 루테늄 덮개층의 두께가 증가하면 반사율이 급격하게 떨어진다. 반면에 몰리브덴 표면에 실리콘을 증착한 경우에는 실리콘 덮개층을 두껍게 올려도 반사율이 급격하게 떨어지지는 않는다. 하지만 반사율 최곳값이 루테늄을 사용한 경우보다 떨어지기도 하고, 수분에 대한 산화저항성 문제가 있어서 적용이 어렵다. 특히, 루테늄 덮개층을 사용한 경우의 다중층 수명이 실리콘 덮개층을 사용한 경우보다 약 40배 더 길다.

5.4.2 버퍼층

덮개층을 포함한 다중층의 증착이 끝나고 나면, 버퍼층, 흡수층, 비반사코팅층, 그리고 뒷면 도전층 등의 코팅이 차례로 이루어진다. **버퍼층**은 흡수층의 식각과 수리 과정에서 다중층을 보호하기 위한 목적으로 증착되는 층이다. 만일 흡수층을 식각 및 수리하는 과정에서 흡수층과 덮개층 사이의 선택비가 충분히 크다면 버퍼층을 사용할 필요가 없다. 하지만 현실적으로 버퍼층이 없다면, 흡수층의 식각과정에서 덮개층과 다중층이 손상될 우려가 있다. 그러므로 버퍼층은 다음과 같은 성질들을 가져야만 한다.

- 증착층 표면에 핀구멍 결함이 없어야만 한다.
- 흡수재의 식각과 수리과정에서의 식각에 대해서 높은 식각 선택도를 가져야만 한다.
- 버퍼층을 제거하는 공정 중에 덮개층에 대한 높은 식각 선택도를 가져야만 한다.
- 대형의 버퍼 결함을 수리 없이 사용할 수 있을 정도로 극자외선 흡수율이 비교적 낮아야 한다.
- 여러 번의 마스크 세척과정에 의해서 언더컷이 발생하지 않을 정도로 양호한 화학적 내구성을 갖춰야만 한다.

그리고 버퍼층에 의해서 마스크에 부가되는 응력을 최소화하기 위해서, 버퍼층을 저응력 상태로 증착해야만 한다. SEMI-P38-1103 표준에 따르면, 버퍼층의 박막 응력을 200[MPa] 이하로 유지시켜야만 한다. 버퍼층에 의해서 부가되는 응력은 포토마스크의 평탄도 왜곡을 초래하며, 노광 시 웨이퍼에 평면내왜곡(IPD)이 전사된다. 비록 정전척을 사용하면 포토마스크의 평탄도를 향상시킬 수 있지만, 박막증착과정에서 유발되는 응력을 최소화하는 것이 바람직하다. 버퍼층 후보소재로는 이산화규소(SiO_2), 질화규소(SiON), 탄소(C), 크롬(Cr) 및 루테늄(Ru) 등을 검토하였으며, TaGeN 흡수층을 사용하는 경우에는 루테늄이 가장 식각 선택비가 높은 것으로 밝혀졌다.[26]

5.4.3 흡수층

흡수재 적층은 웨이퍼 노광 시 포토마스크의 표면에 조사되는 극자외선을 흡수하는 금속소재의 흡수층과 표면 비반사(ARC) 코팅층으로 구성된다. 극자외선은 흡수층에 완전히 흡수되기 때문에, 극자외선 노광만을 생각한다면 비반사층이 필요 없다. 그리고 전자빔 기반의 마스크 검사 시스템이나, 노광파장을 사용하는 검사시스템을 사용하는 마스크 검사시스템의 경우에도 비반사층을 사용할 필요가 없다. 하지만 이런 검사장비들은 매우 고가이므로 심자외선을 광원으로 사용하는 범용 검사장비를 활용할 필요가 있다. 그런데 흡수층이 심자외선에 대해서 높은 반사율을 가지고 있기 때문에, 광학검사장비의 영상대비가 낮아진다. 이를 개선하기 위해서는 심자외선에 대한 반사율이 낮은 비반사코팅이 필요하다. **영상대비**는 다중층 반사율(R_{ML})과 흡수층 반사율(R_{abs})을 사용하여 다음과 같이 나타낼 수 있다.

$$영상대비[\%] = \frac{R_{ML} - R_{abs}}{R_{ML} + R_{abs}} \times 100 \quad (5.5)$$

흡수층 소재로는 AlCu, Ti, TiN, Ta, TaN, 그리고 Cr 등과 같이 극자외선 흡수율이 높은 다양한 금속 소재들이 검토되었으며, **그림 5.22**에 따르면, 질화탄탈럼(TaN)과 크롬(Cr)은 여타 소재들에 비해서 극자외선 흡수특성이 뛰어나서, 70[nm] 이상의 두께로 증착했을 때에 표면 반사율이 1% 미만으로 떨어지는 것으로 판명되었다. 그런데 질화탄탈럼이 크롬에 비해서 약간 더 반사율이 낮고, 편향식각이 용이하다.

비반사코팅 소재는 마스크 검사에 사용되는 심자외선에 대한 반사율이 낮아야 할 뿐만 아니라 다음과 같은 요건들을 충족시켜야만 한다.

---

26 김동완 등, Investigation of several materials as buffer layer candidates of EUVL mask, Proceedings of SPIE-The International Society for Optical Engineering, 2004.

• 무편향식각으로도 쉽게 식각되어야 하며, 임계치수 조절이 양호해야 한다.
• 버퍼층을 식각하는 동안 높은 식각 선택도 또는 식각 저항성을 갖춰야만 한다.
• 결함률이 낮아야 한다.
• 흡수층과 비반사층을 동시에 식각할 수 있기를 원한다.
• 반복되는 마스크 세척공정에 대한 화학적 내구성을 갖춰야만 한다.

흡수층과 비반사층 소재조합에 대한 연구에 따르면, TaSiN층 위에 33[nm] 두께로 SiON 비반사층을 증착한 경우의 영상대비는 75%인 반면에, TaN층 위에 20[nm] 두께로 Al_2O_3 비반사층을 증착한 경우의 영상대비는 88%에 달하였다.

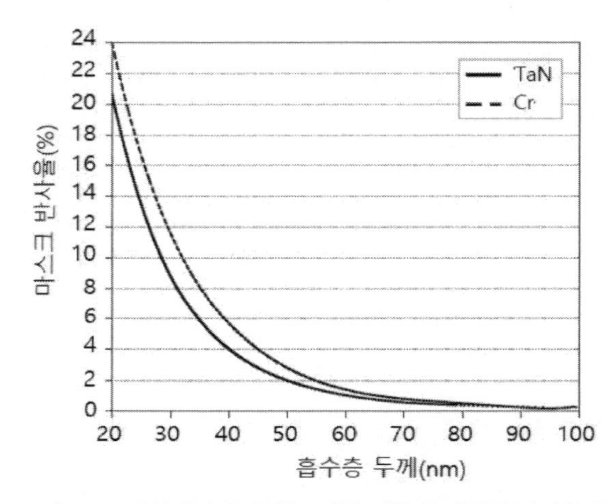

그림 5.22 TaN과 Cr 소재의 흡수층 증착두께에 따른 극자외선 반사율 측정결과 비교[27]

5.4.4 뒷면 도전성 코팅

6장에 설명되어 있는 극자외선 노광기의 구조를 살펴보면, 포토마스크는 노광기의 최상층부에서 아래를 바라보며 매달려서 아래에서 위로 6[deg]만큼 기울게 조사되는 극자외선을 투사광학계로 반사시킨다. 극자외선 노광은 진공 중에서 시행되기 때문에 포토마스크를 매달아 고정하기 위해서 반도체 업계에서 일반적으로 사용하는 진공척 대신에 정전척을 사용해야만 한다. 정전기

27 Syed Rizvi 편저, 장인배 역, 포토마스크 기술, 씨아이알, 2016.

를 사용하여 물체를 견인하기 위해서는 포토마스크의 뒷면에 전기장을 가둬두는 커패시터 판의 역할을 수행하는 도전층을 코팅해야 한다.

뒷면코팅으로는 20[nm] 두께의 CrN을 코팅하여 사용한 사례가 발표[28]되었으며, 20[nm] 두께의 CrNy 다중코팅을 사용한 사례도 발표[29]된 바 있다.

SEMI P38-1103 표준에서는 극자외선용 포토마스크 모재의 뒷면 도전성 코팅에 대해서 규정하고 있으며, SEMI P40-1109 표준에서는 극자외선용 마스크 척의 엄격한 편평도 요구조건을 규정하고 있다. 정전척에는 약 2,000[V]의 직류전압이 부가된다. 스캐닝노광을 수행하는 과정에서 레티클 스테이지는 정전척으로 포토마스크를 붙잡고 고속으로 왕복운동을 수행하기 때문에,[30] 만일 포토마스크와 정전척 사이에 이물질이 끼어들거나, 마주하는 두 표면 사이의 굴곡에 의해서 간극이 발생한다면, 포토마스크와 정전척 사이에 아킹이 발생하여 포토마스크와 정전척 모두를 파손시킬 우려가 있다.[31]

5.5 포토마스크 패터닝

극자외선용 포토마스크의 패터닝 공정은 버퍼층 식각과 같은 공정이 추가된다는 것을 제외하면 기존의 굴절식 포토마스크의 패터닝 공정과 매우 유사하다. 그런데 극자외선 노광용 포토마스크에서 요구되는 조건들을 맞추기 위해서는 기존 굴절식 마스크에서 사용하던 공정과 장비들을 수정할 필요가 있다. **그림 5.23**에서는 새롭게 추가되거나 장비의 수정이 필요한 공정들을 음영색으로 표시하여 보여주고 있다. 그리고 이 그림에서는 임계치수 측정과 패턴검사와 관련된 단계들이 생략되어 있다. 측정 및 검사단계에 대해서는 **5.7절**에서 따로 살펴볼 예정이다. 그리고 극자외선노광에 특화되지 않는 단계나 요구조건들에 대해서는 이미 **3장**에서 살펴봤기 때문에, 여기서는 논의하지 않는다.

28 M. Kerkhof, Plasma-assisted discharges and charging in EUV induced plasma, . of Micro/Nanopatterning Materials and Metrology, 2021.

29 R. A. Maniyara, Transparent and conductive backside coating of EUV lithography makes for Ultra Short Pulse laser correction, Proc. SPIE, Vol. 10451, 2017.

30 EXE5000의 경우 레티클 스테이지의 최대가속은 32G(314[m/s^2]), 최고속도는 5.2[m/s]에 달한다.

31 NXE3X00의 경우 실제로 아킹문제 때문에 정전척의 전압을 사양값보다 낮춰서 사용하고 있다.

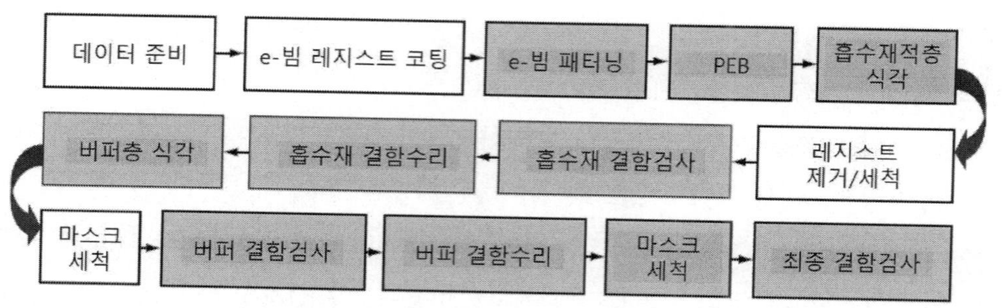

그림 5.23 극자외선용 포토마스크 패터닝 공정의 플로차트32

5.5.1 전자빔 패터닝

전자빔을 사용하여 극자외선용 포토마스크의 표면에 도포되어 있는 포토레지스트를 패터닝하는 공정은 기존의 굴절식 마스크에서와 유사하다. 하지만 다중층(ML)의 열불안정성과 마스크의 열변형 때문에 노광후베이크(PEB), 건식식각 및 수리과정의 공정온도를 150[°C] 미만으로 유지해야만 한다. **그림 3.17**과 **그림 3.20**에 도시되어 있는 전자빔 노광기를 사용하여 노광을 수행한다. 그런데 임계치수가 3[nm] 이하로 내려감에 따라서 임계치수가 10[nm]를 초과하는 기존의 굴절식 노광에서는 큰 문제가 되지 않았던 전자빔 산란에 의한 **근접효과**가 문제가 되기 시작했다.

그림 5.24에서는 10[keV]의 에너지 준위를 가지고 있는 100개의 전자들이 400[nm] 두께의 폴리메틸메타크릴레이트(PMMA) 포토레지스트 표면에 조사되었을 때에 일어나는 전자의 전방산란과 후방산란 현상을 몬테카를로 시뮬레이션 기법으로 구한 결과를 보여주고 있다. 포토레지스트 표면에 전자빔을 조사하면 포토레지스트와 포토마스크 표면의 흡수층 속으로 조사된 전자가 산란(전방산란)되면서 근접효과를 발생시키며, 일부의 전자는 흡수층에 반사되면서 2차산란(후방산란)을 일으킨다. 이로 인하여 패턴의 엄밀성과 임계치수 관리에 심각한 지장을 받는다. 고에너지 전자빔을 사용하면 전방산란에 의한 노출과 후방산란에 의한 전자의 분산을 최소화시켜주기 때문에 높은 레지스트 분해능을 구현할 수 있다.

32[nm] 이하세대의 기술노드에서 필요로 하는 고분해능 레지스트 패터닝을 구현하기 위해서는 50[keV] 이상의 전압을 갖는 전자빔 패터닝 장비와 화학증폭형 포토레지스트를 사용하는 것이 바람직하다.

32 Syed Rizvi 편저, 장인배 역, 포토마스크 기술, 씨아이알, 2016.

마스크의 패터닝 과정에서 평면 내 왜곡(IPD)이나 평면 외 왜곡(OPD)과 같은 왜곡이나 편평도 요구조건을 충족시키기 위해서는 전자빔 패터닝 장비와 웨이퍼 노광장비 내에서 정전척을 사용해야만 한다. 정전척으로 포토마스크를 고정한 상태에서 전자빔 패터닝을 수행하면, 나중에 스캐너 노광기에서 정전척을 사용하여 마스크를 고정할 때에도 유사한 고정조건이 작용하므로 노광 시 유발되는 응력에 의한 패턴왜곡을 최소화시킬 수 있다.

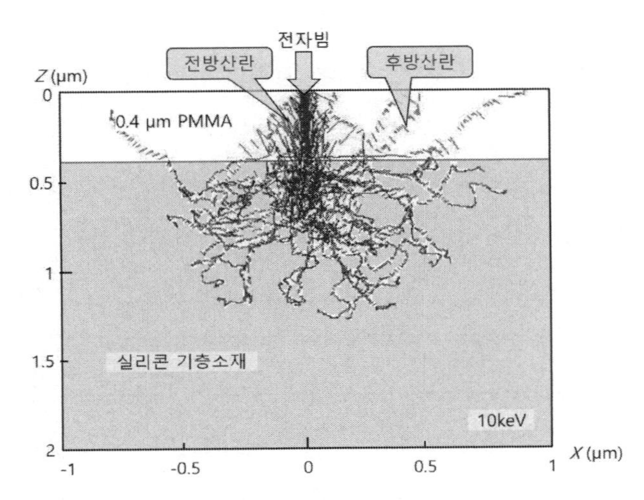

그림 5.24 400[nm] 두께의 포토레지스트(PMMA) 속으로 산란되는 100개의 10[keV] 전자들의 궤적에 대한 몬테카를로 시뮬레이션33

5.5.2 흡수층과 버퍼층 식각

극자외선용 포토마스크의 임계치수(CD)를 엄격하게 조절하기 위해서는 건식식각방법을 사용해서 다중층 위에 증착되어 있는 흡수층을 식각할 필요가 있다. **흡수층 식각** 시 작용하는 화학반응과 공정은 비반사층과 흡수층에 사용된 소재에 의존한다. 예를 들어, 크롬(Cr) 흡수층과 CrO_xN_y 소재의 비반사코팅이 사용된 경우에, 버퍼층으로 이산화규소(SiO_2)가 사용되었다면, 굴절식 마스크의 흡수재 식각공정과 유사하다. 크롬의 건식식각에는 염소(Cl_2)와 산소(O_2) 가스를 혼합하여 사용한다. 하지만 만일 버퍼층 소재를 이산화규소(SiO_2)에서 탄소(C)나 루테늄(Ru)으로 바꾼다면, 식각공정을 다시 최적화시켜야만 한다. 이산화규소(SiO_2) 버퍼층을 사용하는 경우에 염소

33 Syed Rizvi 편저, 장인배 역, 포토마스크 기술, 씨아이알, 2016.을 일부 수정하였음.

(Cl_2) 가스를 사용하여 질화탄탈럼(TaN) 소재의 흡수층을 식각하는 경우의 식각 선택도는 20:1 이상이다. 반면에, 루테늄(Ru) 덮개층을 사용하는 경우에 6불화황(SF_6)을 사용하여 질화탄탈럼(TaN) 소재의 흡수층을 식각하는 경우의 식각 선택도는 60:1 이상이다. 루테늄(Ru) 덮개층 위에 질화탄탈럼(TaN) 흡수층과 비반사층이 적층된 경우에 건식식각을 사용하여 100:1의 식각 선택도를 구현할 수 있는 것으로 보고되었다.

버퍼층의 식각은 기존의 굴절식 포토마스크에서와는 달리, 극자외선 마스크의 제조를 위해서 추가된 공정이다. 버퍼층 식각공정에서는 레지스트 패턴 대신에 패턴이 성형된 흡수층이 버퍼층 식각용 경질 마스크로 사용된다. 버퍼층과 흡수층 사이의 식각 선택도가 매우 높으면, 마스크 패턴의 임계치수는 흡수층 식각패턴에 의해서 결정된다. 버퍼층 식각공정의 최적화를 위해서는 다중층 덮개에 대한 높은 식각 선택도에 초점을 맞출 필요가 있다. 버퍼층이 얇은 경우에는 습식식각도 적용이 가능하다. 사용되는 버퍼층 소재에 따라서 건식식각에 사용되는 화학물질이 결정된다. 버퍼층 소재로 이산화규소(SiO_2)를 사용하는 경우, F_2가 일반적으로 사용된다. 버퍼층 소재로 크롬(Cr)을 사용하는 경우에는 흡수층 식각에서와 마찬가지로 염소(Cl_2)와 산소(O_2)를 혼합하여 사용한다. 하지만 버퍼층에 크롬을 사용하려면 흡수층에는 질화탄탈럼(TaN)과 같이 크롬이 아닌 소재를 사용해야만 한다. 루테늄(Ru) 버퍼층 역시 염소(Cl_2)와 산소(O_2)를 혼합하여 식각할 수 있다.

5.5.3 위상시프트마스크

극자외선용 반사식 포토마스크에서도 위상시프트를 포함하여 기존의 굴절식 포토마스크에서 개발되었던 모든 분해능강화기법들을 적용할 수 있다. 그런데 극자외선용 포토마스크에서 위상을 시프팅시키기 위해서는 약간 더 복잡한 공정과 방법이 사용되어야만 한다. **그림 5.25 (a)**에서 볼 수 있듯이 초저열팽창계수(ULE) 모재 표면에 180[deg]의 극자외선 위상시프팅을 유발하는 릴리프패턴을 식각하여 제작한 다음에 그 표면에 다중층을 코팅해야 한다. 다중층 코팅의 표면에서 반사되는 빛이 릴리프패턴 단차의 위상경계에서는 180[deg]의 위상차이로 인하여 파괴적 간섭이 일어난다. **그림 5.25 (b)**에서는 실제로 릴리프패턴 위에 적층된 다중층의 형상을 보여주고 있다. 다중층이 적층되어 올라감에 따라서 단차의 경계가 둥글려지는 것을 확인할 수 있다. 다중층 코팅의 엄밀성이 위상시프트 마스크의 분해능을 결정하는 요인으로 작용한다. **그림 5.25 (c)**의 상부

그림에서와 같이 화살표 형태로 180[deg] 위상이 시프팅된 다중층 패턴을 사용하여 노광을 시행하면 하부그림에서와 같이 외곽선만이 프린트된다. 이를 사용하여 임계치수가 매우 작은 고립직선을 프린트할 수 있다.[34]

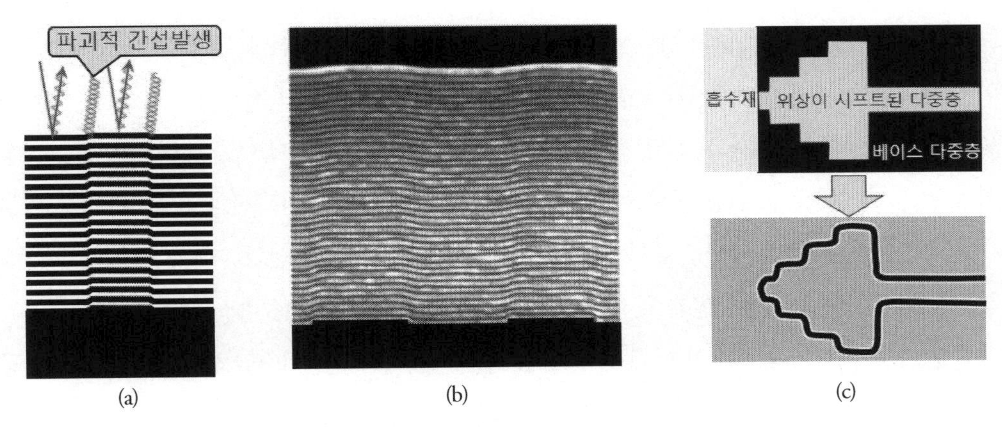

그림 5.25 극자외선용 위상시프트마스크[35]

5.6 측정

극자외선용 포토마스크의 패턴 결함을 포함하여 극자외선 마스크표면에서 발견되는 각종 결함들의 측정에는 **5.3.3절**의 다중층 결함측정에 사용되었던 검사장비들을 그대로 활용할 수 있다. 특히, **그림 5.16 (a)**에 도시된 것과 같은 영역영상 측정 시스템(AIMS)이 유용하게 사용된다. 극자외선광원을 사용하는 영역영상 측정 시스템은 극자외선 노광용 스캐너와 유사한 반사방식의 광학설계를 사용하고 있다. 영역영상 측정 시스템은 실제 노광기와 매우 유사한 마스크 결함에 의한 공간영상의 대비, 변화율, 초점통과 거동 등과 같은 결함영상을 제공해 준다. 이를 레지스트 감광 모델에 입력하여 노광시스템 내에서 마스크 결함의 프린트 가능성을 평가할 수 있다. 영역영상 측정 시스템은 최종 마스크 검사과정에서 경질결함이나 오염물질을 찾아내는 데에 매우 유용하게 사용된다.

34 고립직선은 시스템반도체에 많이 사용되는 반면에 메모리 반도체에서는 조밀직선을 많이 사용한다.

35 Vivek Bakshi, EUV Lithography, 2'nd Edition, SPIE, 2017을 참조하여 다시 그렸음.

5.6.1 극자외선마스크상의 결함

반사방식을 사용하는 극자외선용 포토마스크에서 마스크 모재 위에 적층된 다중층은 조사된 극자외선을 반사하는 기능을 가지고 있으며, 다중층이 위에 코팅되어 있는 흡수층이 조사된 극자외선을 흡수하는 방식으로 패턴형상을 정의한다. 이처럼 굴절식 포토마스크보다 극자외선용 포토마스크의 구조가 더 복잡하기 때문에, 추가적인 결함형태들이 발생하게 된다. **그림 5.26**에 표시되어 있는 결함들을 살펴보면, ① 모재결함, ② 다중층결함, ③ 패턴이 전사되는 결함, ④ 입자잔류물과 같이 구분할 수 있다. 마스크 모재 위의 결함과 다중층 내부의 결함들은 진폭결함 및 위상결함과 같이, 다중층들을 관통하는 돌기와 구덩이를 만들어낸다. 반사광선의 진폭을 변화시키는 흡수층 결함들과는 달리, 다중층 내부에서 발생하는 결함들은 반사광선의 위상을 변화시킨다. 이 위상결함들의 검출은 파장길이에 큰 영향을 받는다. 따라서 극자외선 마스크를 검사할 때에는 극자외선 파장을 사용하는 것이 특히 중요하다. 즉, 영역영상 측정 시스템(AIMS)에 극자외선 광원을 사용하여야만 한다. 또는 결함들이 공정 윈도우에 끼치는 영향과 더불어서 관통초점 거동을 측정할 수 있어야만 한다. 형상결함이나 위상결함이 초점평면상에 위치해 있다면 작은 편차를 초래하지만 포토마스크나 웨이퍼가 약간만 초점위치에서 벗어나 버려도 결함의 영향이 허용할 수 없을 정도로 커져버릴 우려가 있다.

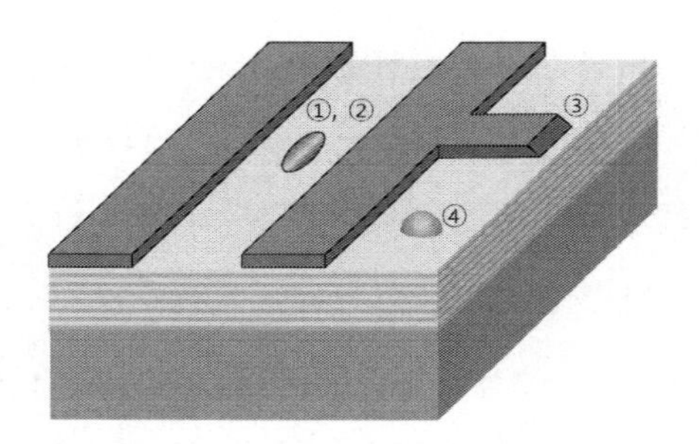

그림 5.26 극자외선 마스크 표면에서 발견되는 결함의 유형36

5.6.2 영역영상 측정 시스템

포토마스크를 제작하는 과정에서 설계 데이터와 실제로 제작된 패턴 사이의 차이를 검사하거

36 Vivek Bakshi, EUV Lithography, 2'nd Edition, SPIE, 2017을 참조하여 다시 그렸음.

나 수리결과를 판정하기 위해서 주사전자현미경(SEM)과 같은 장비들이 사용된다. 하지만 수리의 성공여부를 판단하기 위해서는 양산용 극자외선 노광기를 사용하여 웨이퍼에 노광한 패턴에 대해서 집적회로 작동상의 결함이 있느냐를 사전에 검사할 수 있어야만 한다. 마스크상의 결함이 웨이퍼에 전사되는 과정에는 개구수, 조명세팅, 노광파장, 초점이탈 등과 같은 영상화조건들이 중요하게 작용한다. 하지만 굴절식 마스크 검사장비나 주사전자현미경의 영상화 조건은 양산용 극자외선 노광기의 영상화 조건과 비슷하지도 않기 때문에, 이들을 사용하여 발견된 결함들이 실제로 프린트되는지 확신할 수 없다.

그림 5.27에서는 양산용 극자외선 노광기의 광학계 구조와 **영역영상 측정 시스템**(AIMS)의 광학계 구조를 개략적으로 비교하여 보여주고 있다. 영역영상 측정 시스템은 노광기에서 사용하는 것과 동일한 영상조건하에서 검사대상인 포토마스크의 영상을 추출하기 때문에 **스캐너 에뮬레이터**라고도 부른다.

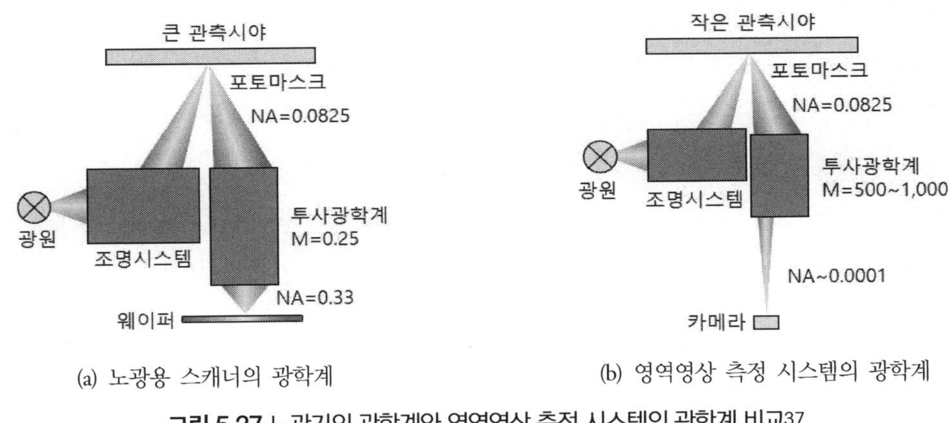

(a) 노광용 스캐너의 광학계 (b) 영역영상 측정 시스템의 광학계

그림 5.27 노광기의 광학계와 영역영상 측정 시스템의 광학계 비교[37]

노광기에서는 포토마스크의 영상을 1/4로 축소시키지만, 영역영상 측정시스템에서는 노광기와 동일한 마스크 측 영상화조건을 사용하여 500~1,000배 확대된 영상을 만든다. 영상을 확대하기 때문에 영역영상 측정 시스템의 개구수(NA=0.0001)는 양산용 노광기(NA=0.33)에 비해서 작다는 것을 제외하고는 노광용 영상과 동일하다. 관측시야가 큰 양산용 노광기에서는 반달형상의 슬릿

37 Vivek Bakshi, EUV Lithography, 2'nd Edition, SPIE, 2017을 참조하여 다시 그렸음.

빔을 사용하여 마스크 전체를 한 번에 스캐닝하는 반면에 극자외선 광출력이 약한 영역영상 측정 시스템에서는 한 번에 취득할 수 있는 관측시야가 8×8[μm^2]에 불과하다. 따라서 포토마스크 표면 전체를 검사하는 데에는 상당한 시간과 비용이 소요된다. 그러므로 사전에 마스크 검사장비에서 결함이 발생할 가능성이 있는 위치들에 대한 좌표정보를 받는다. 이를 사용하여 결함예상위치들에 대해서만 영역영상 측정과 후속된 에뮬레이션을 통해서 결함발생 여부를 판정한다. 초점위치에는 웨이퍼 대신에 CCD 카메라를 설치하여 포토마스크에서 반사된 영상을 취득하며, 이를 검토하여 결함을 판정한다.

그림 5.28에서는 극자외선용 포토마스크 제조공정에서 영역영상 측정 시스템이 활용되는 방식을 보여주고 있다. 심자외선용 굴절식 포토마스크의 경우에는 투과방식인 데 비해서 극자외선용 포토마스크는 반사방식을 사용하기 때문에, 다중층으로 이루어진 반사층과 마스크 패턴을 정의하는 흡수층이 복잡한 적층구조를 이루고 있다. 흡수층에서 발생하는 진폭결함과는 달리, 다중층에서 발생하는 위상결함은 반사광선의 위상을 변화시키며, 파장길이에 크게 영향을 받는다. 따라서 극자외선용 마스크를 검사할 때에는 극자외선 광원을 사용하여야 한다. 자이스社에서 개발한 AIMS™EUV는 결함이 공정 윈도우에 끼치는 영향을 판정할 수 있으며, 관통초점 거동을 측정할 수 있어서 위상결함과 진폭결함 모두를 찾아낼 수 있다. 영역영상 측정 시스템을 사용한 결함판정 결과에 기초하여, 결함위치에 대해서는 자이스社에서 개발한 전용 포토마스크 수리장비인 MeRiT®을 사용하여 수리를 시행한다. 수리가 끝나고 나면, 다시 AIMS™EUV를 사용하여 해당위치에 대한 수리의 성공 여부를 검증할 수 있다. **그림 5.27**은 영역영상 측정 시스템의 활용방법에 대한 이해를 돕기 위해서 매우 간략하게 나타낸 흐름도일 뿐이며, 실제의 극자외선용 포토마스크 제조공정 흐름도에는 다수의 단계들이 추가된다.

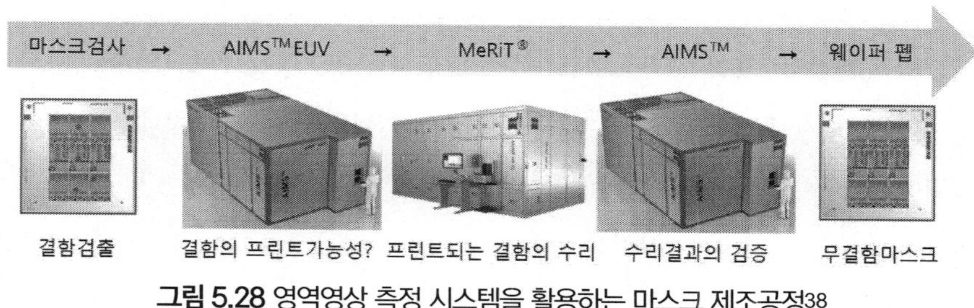

그림 5.28 영역영상 측정 시스템을 활용하는 마스크 제조공정38

5.6.3 자이스社의 AIMS™EUV

극자외선용 포토마스크의 영역영상을 측정하기 위해서는 1,000× 수준의 배율이 필요하다. 이를 실현하기 위해서는 고출력 극자외선 광원과 고성능 광학부품의 제작이 필요하다. 자이스社는 양산용 노광기 제조기술을 기반으로 하여 필요한 광학품질을 구현하였으며, 계측기 스케일의 극자외선 플라스마 광원을 도입하여 **AIMS™EUV** 장비에 적용하고 있다.

양산용 극자외선 노광기는 생산성을 극대화하기 위해서 광출력(250~300[W] 수준)이 핵심인자인 반면에, AIMS™EUV와 같이 필드크기가 8×8[μm^2]에 불과한 소형필드 계측장비의 경우에는 광원의 휘도[39]가 더 중요하다.

AIMS™EUV 장비는 레이저광원 대신에 극자외선 플라스마 광원을 사용하며, 굴절식(렌즈) 광학계 대신에 반사광학계가 사용된다. 그리고 대기압 환경 대신에 초청정 진공환경이 필요하다. 그러므로 AIMS™EUV 장비는 기존의 굴절식 포토마스크 검사장비와는 완전히 다른 구조를 가지고 있다. **그림 5.29 (a)**에서는 자이스社에서 공급하는 AIMS™EUV 설비의 구성도를 보여주고 있다. 레티클 스테이지와 광학계가 설치되어 있는 메인 검사장비는 **그림 5.29 (b)**에 도시되어 있는데, 길이가 7[m]에 달하여 마스크숍 장비들 중에서는 가장 크다. 메인 장비의 작동을 지원하기 위한 전원, 레이저광원, 수냉설비 및 각종 전자설비들은 팹층의 하부에 있는 보조층(그레이룸)에 설치된다.

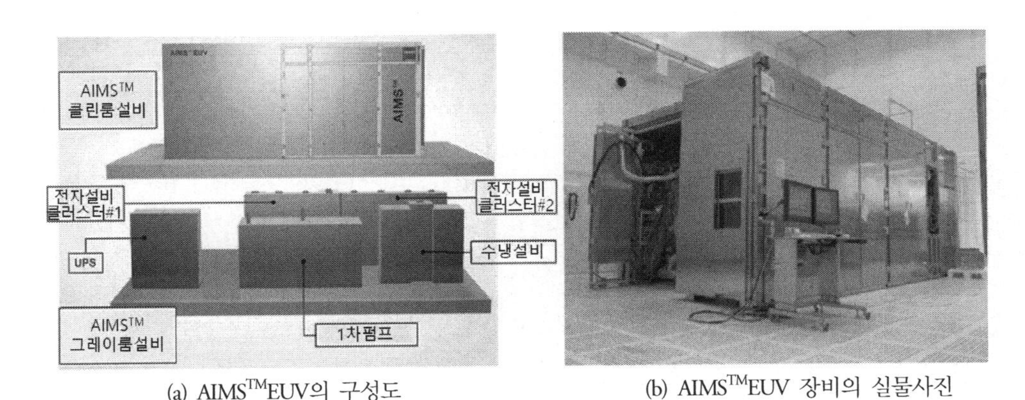

(a) AIMS™EUV의 구성도 (b) AIMS™EUV 장비의 실물사진

그림 5.29 자이스社에서 공급하는 AIMS™EUV 장비[40]

38 Vivek Bakshi, EUV Lithography, 2'nd Edition, SPIE, 2017을 인용하여 재구성하였음.

39 단위면적당 조사되는 광출력.

40 Vivek Bakshi, EUV Lithography, 2'nd Edition, SPIE, 2017을 인용하여 재구성하였음.

AIMS™EUV장비는 양산용 극자외선 노광기와 동일한 마스크 조명조건과 영상화 조건을 제공해준다. AIMS™EUV장비는 양산용 노광기에서 사용되는 개구수와 조명세팅 변경에 따른 영향을 효과적으로 에뮬레이션 해준다. 즉, 마스크상의 특정한 위치에 대해서 양산용 노광기에서 사용되는 것과 동일한 각도를 갖도록 주광선이 자동적으로 조절된다. AIMS™EUV장비는 굴절식 포토마스크용 표준기계인터페이스(SMIF) 포드와 극자외선 포토마스크용 이중포드로부터 포토마스크를 자동으로 로딩, 정렬 및 언로딩할 수 있다. 또한 검사위치에 대한 정렬, 초점조절, 주광선각도세팅 및 시스템교정과 같은 모든 측정과정들이 자동화되어 있다. 그리고 평가용 소프트웨어를 사용하여 임계치수, 보성도표,[41] 공정윈도우 등의 정량적 해석을 수행할 수 있다. AIMS™EUV장비에 대한 정량적인 생산성 평가결과에 따르면, 45[sites/hr]의 측정속도와 위치별 7단계의 초점레벨 조절이 가능하다.

그림 5.30에서는 AIMS™EUV를 사용하여 취득한 영상들을 보여주고 있다. 이 영상들의 관측시야는 크기가 8×8[μm²]이다. **(a)**의 경우에는 σ=0.65~0.9인 링형조명을 사용하여 1×1[μm²] 범위에서 찍힌 선폭 64[nm]인 조밀한 L-형 막대형상들을 보여주고 있다. **(b)**의 경우에는 σ=0.2~0.9인 x-방향 쌍극조명을 사용하여 1×1[μm²] 범위에서 찍힌 선폭 64[nm]인 조밀한 L-형 막대형상들을 보여주고 있다. 이를 통해서 AIMS™EUV장비의 수차성능은 양산용 노광기의 광학계 품질수준을 가지고 있으며, 1% 미만의 뛰어난 플레어 레벨을 가지고 있음이 검증되었다.

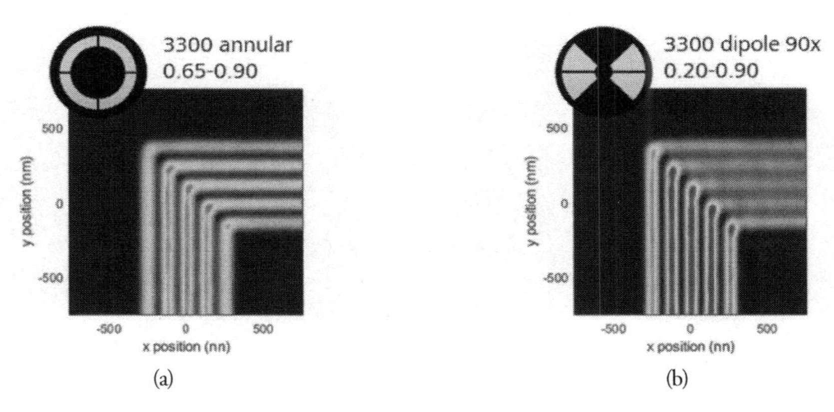

그림 5.30 AIMS™EUV를 사용하여 취득한 영역영상의 사례[42](컬러도판 p.657 참조)

41 bossung plot

42 Renzo Capelli, the Power of algorithmatic employed in a metrology system, Int. Conf. on EUVL, 2022.

5.6.4 흡수층 패턴검사

흡수층 패턴검사에는 노광파장 검사기법과 심자외선 또는 전자빔을 광원으로 사용하는 비노광파장 검사기법이 모두 유용하다. **그림 5.31 (a)**에서는 기술노드에 따라서 심자외선(λ=193[nm]) 검사장비를 사용하는 경우의 검사시간 증가경향을 보여주고 있다. 이를 통해서 심자외선 검사장비의 성능한계를 확인할 수 있으며, **그림 5.31 (b)**를 살펴보면, 16[nm] 절반피치부터는 심자외선을 사용한 검사가 무리가 있다는 것을 알 수 있다. 분해능 한계를 극복하기 위해서 전자빔 검사방법을 채용할 수 있겠지만, 측정속도가 매우 느리며, 펠리클을 설치한 경우에는 적용할 수 없다.

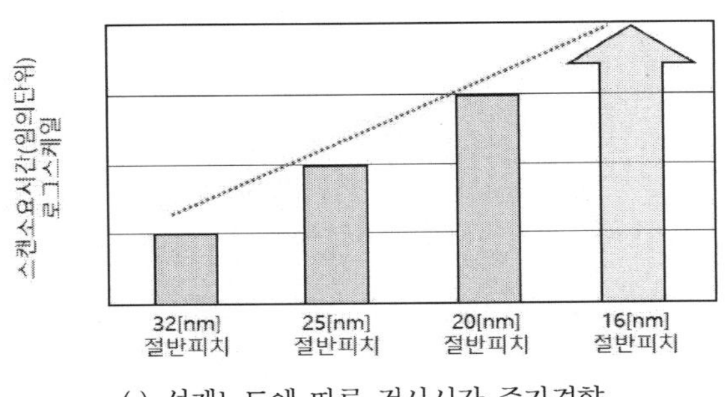

(a) 설계노드에 따른 검사시간 증가경향

기술노드[nm]	28	22	16	11	8
결함크기[nm]	40	30	20	<10	7
193[nm]검사	◎	◎	△	×	×
전자빔 검사			◎	○	△

(b) 광원별 검사성능 한계

그림 5.31 기술노드별 검사시간과 광원별 검사성능 한계[43]

심자외선 검사장비는 측정속도가 빠르지만 분해능 한계를 가지고 있다. 이를 극복하기 위해서 포토마스크의 흡수적층 최적화와 더불어서 다양한 분해능 강화기법들과 노이즈 저감기법들이 개발되었다. **그림 5.32 (a)**에서와 같이, 유연조명과 극형조명을 사용하여 다중층 표면과 흡수층 표면에 각각 검사기의 초점을 맞춘 이중초점평면을 사용하여 결함 민감도를 비약적으로 향상시켰다. 구멍층에는 일반조명, 환형조명, 원형 극형조명 등이 사용되었으며, 직선/간극층에 대해서는 쌍극조명과 선형 극형조명이 사용되었다. **그림 5.32 (b)**에서와 같이 흡수층과 비반사층의 두께를 변화시켜가면서 다양한 조합에 대하여 검사성능을 비교해본 결과, 비반사층과 조합된 두꺼운 흡수층의 검사성능이 가장 좋았다. 다만, 두꺼운 흡수층은 그림자효과를 증가시키기 때문에 적용하기가 쉽지 않다.

43 Vivek Bakshi, EUV Lithography, 2'nd Edition, SPIE, 2017을 참조하여 다시 그렸음.

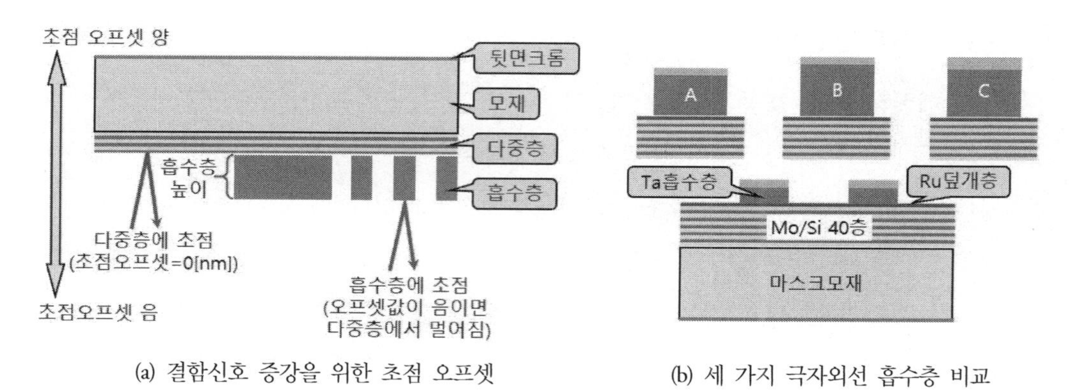

(a) 결함신호 증강을 위한 초점 오프셋 (b) 세 가지 극자외선 흡수층 비교

그림 5.32 흡수층 패턴검사44

5.7 마스크 수리

마스크 수리는 다중층 수리와 패턴층 수리로 구분할 수 있는데, 다중층 수리에 대해서는 **5.3.4절**에서 살펴보았다. 이 절에서는 패턴층의 수리에 대해서 살펴보기로 한다. 마스크 표면의 흡수층을 식각하여 패턴을 만들고 나면 **그림 5.25**에 도시되어 있는 것과 같이 다양한 형태의 결함들이 발생하게 된다. 기본적으로 포토마스크는 무결함 상태로 출고되어야만 하기에 발견된 모든 결함들은 수리되어야만 한다. 결함의 수리과정은 오염물질의 세척과 같이 비교적 단순한 방법으로도 가능한 경우가 있지만, 결함위치에 대한 직접적인 수리가 불가능한 위상결함의 경우에는 수학적 시뮬레이션 기법을 적용하여 결함영역 주변을 제거하는 방식의 매우 복잡하고 세련된 수리기법이 적용되어야만 한다. 이 절에서는 다중층 결함보상, 다중층 위상결함 수리, 그리고 흡수층 결함수리의 순서로 마스크 수리방법들에 대해서 살펴보기로 한다.

5.7.1 다중층 결함보상

극자외선용 포토마스크는 제작과정이 워낙 어렵고 많은 노력이 들어가기 때문에, **5.3.4절**에서 살펴보았던 다중층 결함수리과정에서 완전히 수리되지 못한 포토마스크라고 하여도 다 폐기할 수는 없다. 그래서 극자외선 포토마스크는 남아 있는 결함의 크기와 숫자에 따라서 등급을 구분

44 Vivek Bakshi, EUV Lithography, 2'nd Edition, SPIE, 2017을 참조하여 다시 그렸음.

하여 판매된다.[45] 전자빔 노광기의 스캔필드 내에 남아 있는 결함들의 숫자가 많지 않다면 흡수층 패턴을 시프트시켜서 다중층 결함을 흡수층으로 덮어버릴 수 있다. 이는 대부분의 마스크 면적이 흡수층 패턴으로 덮여 있는 접촉층 마스크과 같은 암시야 마스크의 경우에 특별히 매력적인 조건이다.

다중층 결함보상 기법을 구현하기 위해서는 다음의 단계들이 수행되어야 한다.

- 다중층 위에 정렬용 표식을 배치한다.
- 다중층 검사장비를 사용하여 결함의 크기와 위치를 구분하여 기록한다.
- 흡수층 패턴이 다중층 결함들을 모두 덮도록 마스크 패턴의 위치를 시프트 또는 회전시킨다.
- 보정된 데이터를 사용하여 전자빔 노광을 시행한다.

그림 5.33에서는 **패턴시프트** 기법을 사용한 다중층 결함보상의 원리를 보여주고 있다. 그림에서 적색의 점들이 다중층 결함들의 위치를 나타내며, 노란색 패턴들이 흡수층을 나타낸다. 패턴시프트 기법의 효용성은 결함의 크기, 검사장비가 인식할 수 있는 결함의 숫자와 정확성, 그리고 전자빔 노광기의 중첩정렬 정확도 등에 의존한다.

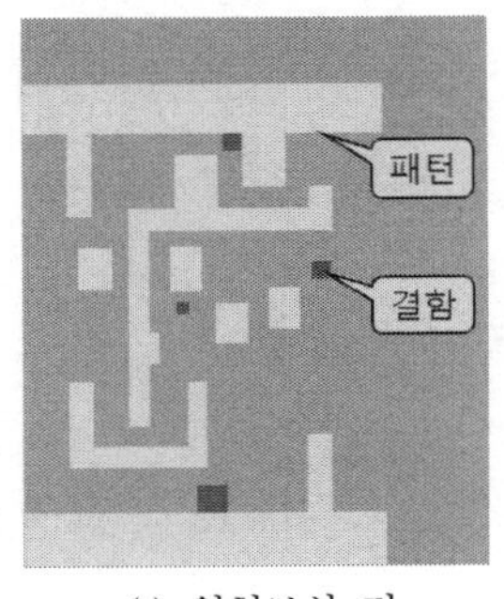

(a) 위치보상 전

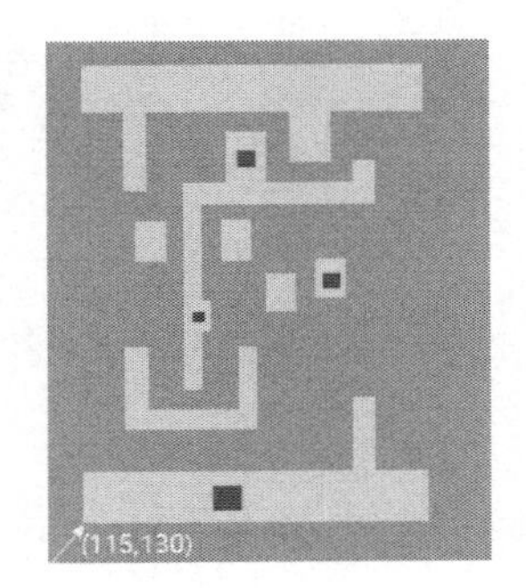

(b) 위치보상 후

그림 5.33 패턴시프트 기법을 사용한 다중층 결함보상[46](컬러도판 p.657 참조)

45 2022년 기준으로 최상급 블랭크 마스크의 가격은 개당 1.5억 원 정도이며, B급 블랭크 마스크라고 하여도 8천만 원 정도이다. 하지만 블랭크 마스크의 양산체제가 구축되면서 극자외선용 블랭크 마스크의 가격은 빠르게 내려가고 있다.

46 Vivek Bakshi, EUV Lithography, 2'nd Edition, SPIE, 2017을 참조하여 다시 그렸음.

5.7.2 다중층 위상결함의 수리

다중층의 결함들을 모두 다 패턴시프트 기법으로 덮을 수는 없는 일이다. 그러므로 흡수층 패턴들 사이에 노출되어 있는 다중층 표면의 위상결함은 결함 근처에 위치한 흡수층 패턴을 손질하여 광학 근접효과를 일으키는 방식으로 수리해야만 한다. 이런 방식으로 다중층 위상결함을 수리하는 방법을 **광학근접보정**(OPC)이라고 부른다. **그림 5.34**에서는 선과 선 사이에 존재하는 위상결함을 광학근접보정 방식으로 보상하는 기법을 보여주고 있다. 그림의 아랫줄에서는 결함형상과 더불어서 직선형상에 보정형상을 추가한 흡수층 패턴을 보여주고 있으며, 윗줄에서는 이를 사용하여 웨이퍼에 노광을 시행한 결과를 보여주고 있다. (a)~(c)에서는 결함위치 주변의 직선형상 흡수층에서 다양한 크기의 사각형 보정형상을 식각한 경우의 노광패턴을 보여주고 있으며, (d)~(f)에서는 타원형 보정형상을 식각한 경우의 노광패턴을 보여주고 있다. 시뮬레이션을 통해서 정확한 수리형상과 면적을 산출할 수 있다. 이렇게 근접효과를 고려하여 만들어진 최적의 수리패턴을 사용하여 결함영역 주변의 흡수층을 제거하면 극자외선 노광 시 다중층 결함에 따른 반사율 저하를 보정할 수 있다.

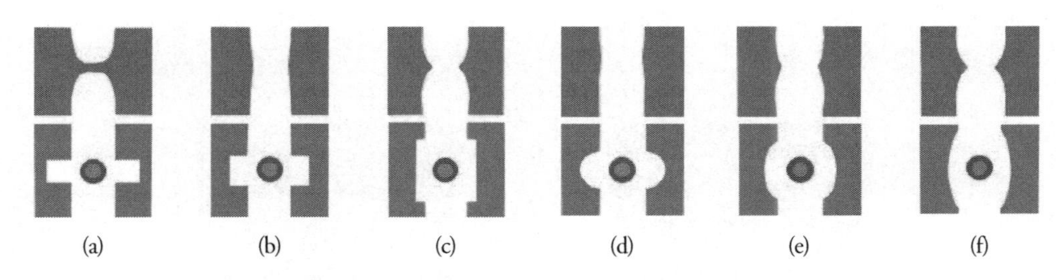

그림 5.34 위상결함의 수리[47](컬러도판 p.658 참조)

그림 5.35에서는 선폭과 간극이 40[nm]인 실제의 다중층에 존재하는 3[nm] 높이의 돌출성 위상결함과 함몰성 위상결함에 대하여 광학근접보정기법을 사용하여 수리한 사례를 보여주고 있다. 시뮬레이션을 통해서 제거할 흡수층의 정확한 수리 형상과 면적을 산출하였다. 이를 기반으로 하여 결함영역 주변의 흡수층 중 일부를 제거하여 극자외선 노광기의 다중층 결함에 따른 반사율 저하를 성공적으로 보상할 수 있었다.

47 Vivek Bakshi, EUV Lithography, 2'nd Edition, SPIE, 2017를 참조하여 다시 그렸음.

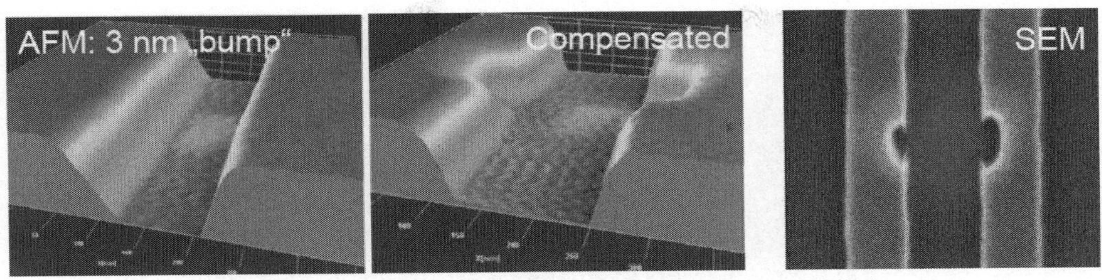

(a) 3[nm] 높이로 돌출된 위상결함의 수리(컬러도판 p.658 참조)

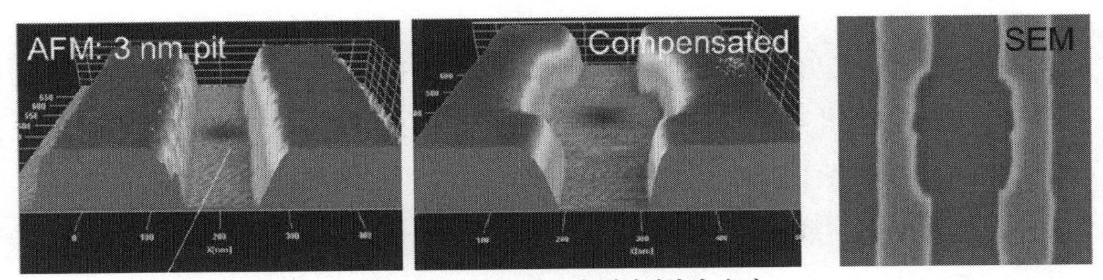

(b) 3[nm] 높이로 함몰된 위상결함의 수리

그림 5.35 광학근접보정(OPC)을 사용한 위상결함 수리사례[48]

5.7.3 흡수층 패턴결함의 수리

극자외선용 포토마스크의 표면에 존재하는 불투명결함의 수리에는 전자빔, 집속이온빔, 주사프로브 기반의 기계적인 나노머시닝 등을 사용할 수 있다. 하지만 흡수층의 수리에는 전자빔이 주로 사용된다.

질화탄탈럼(TaN)과 같은 탄탈럼 기반의 흡수층 소재들은 염소(Cl_2)와 산소(O_2) 혼합기체와 같은 전자빔 식각용 화학물질들과 잘 반응한다. 하지만 이 혼합기체를 사용하여 흡수층 식각을 시행하면, **그림 5.36**에 도시된 것처럼, 흡수층 소재가 덮개층이나 비반사층보다 빨리 식각되면서 침식이 발생한다. 우측에 도시된 사각구멍 패턴의 식각후 사진을 보면 좌측 상단 두 개의 접촉구멍들에 큰 후광이 존재하며, 이는 구멍 하부에 공동이 성장했기 때문이다. 칼자이스社에서는 **그림 5.36** 우측사진의 아랫줄 접촉구멍들에서와 같이, 흡수층 과도식각이 일어나지 않는 새로운 식각공정을 개발하였다.

48 D. Hellweg, Application of the AIMSTM EUV in the compensationasl repair process in dlosed loop with the MERIT, Material Science, 2012.

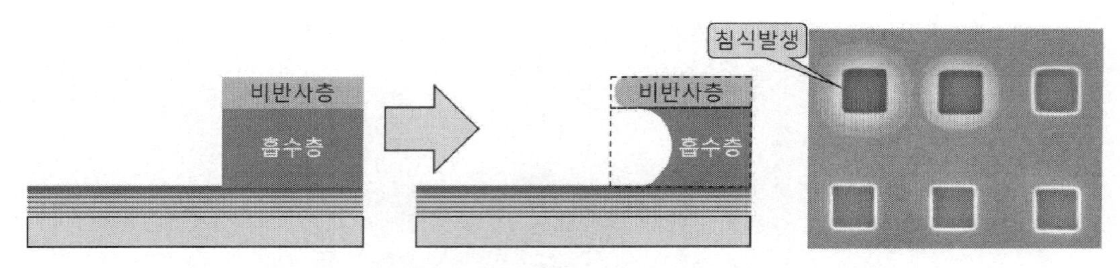

그림 5.36 식각방식의 흡수층 결함수리 시 발생하는 언더컷 문제49

그림 5.37에서는 단일공정 레시피를 사용하여 극자외선용 포토마스크의 표면에 존재하는 25[nm] 두께의 흡수층에 나타난 진폭결함들을 수리한 결과를 보여주고 있다. (a)열에서는 흡수층 표면에서 발견된 세 가지 결함들에 대한 주사전자현미경 영상을 보여주고 있다. 첫 번째 행은 복합결함, 두 번째 행은 절반높이결함, 그리고 세 번째 행은 다중직선결함이다. (b)에서는 NXE:3100 노광기를 사용하여 결함패턴을 노광 및 현상한 결과이다. 노광된 패턴이 결함의 형태와 유사하다는 것을 알 수 있다. (c)에서는 (a)의 결함들을 식각하여 제거한 후의 영상이다. 결함이 있었던 자리에 희미하게 실루엣이 남아 있는 것을 확인할 수 있다. (d)에서는 수리 후 결함이 있던 위치를 노광 및 현상한 결과이다. 모든 결함들이 성공적으로 수리되었음을 확인할 수 있다.

마스크 SEM	NXE:3100	Mask SEM	NXE:3100	비고
				복합결함 수리됨
				절반높이결함 수리됨
				다중직선결함 수리됨
(a)	(b)	(c)	(d)	

그림 5.37 극자외선 포토마스크에 존재하는 25[nm] 두께의 흡수층 결함들의 수리결과50

49 Vivek Bakshi, EUV Lithography, 2'nd Edition, SPIE, 2017을 참조하여 다시 그렸음.

5.8 마스크 세척

흡수층 식각과 수리가 끝나고 나면, 마스크 표면에 남아 있는 흡수층 패턴과 무관한 모든 물질들을 제거해야만 한다. **마스크 세척**공정을 수행하는 동안, 포토마스크 표면의 흡수층과 덮개층에는 아무런 손상이 없어야만 한다. 특히 분해능이하 보조형상과 같은 미세한 흡수층 형상들이 덮개층 표면에서 떨어져 나가지 않아야 한다. 특히, 펠리클을 사용하지 않는다면,[51] 초점평면에 쌓인 입자와 잔류물들을 제거하기 위해서 극자외선용 포토마스크를 더 자주 세척해야만 한다.

흡수층 식각후와 흡수층 결함수리 이후의 마스크 세척은 다중층을 노출시키기 위해서 버퍼층을 식각한 이후의 포토마스크 세척에 비해서 요구조건이 덜 엄격하다. 다중층이 노출된 이후에 세척을 시행하는 과정에서 핀구멍이 생성되거나 다중층 표면의 손상이 발생하지 않도록 극자외선용 마스크 세척공정이 이루어져야만 한다. 포토마스크 제작과정에서 여러 번의 세척이 수행되지만, 최종 세척 시에는 다음과 같은 요구조건들이 충족되어야만 한다.

- 30[nm] 이상의 크기를 갖는 모든 입자들을 제거해야 한다.
- 유기오염물질 제거능력을 가져야 한다.
- 흡수층 표면 비반사코팅의 반사율이 1% 이상으로 변하지 말아야 한다.
- 마스크 임계치수(CD)나 선테두리거칠기(LER)값이 변하지 말아야 한다.
- 다중층의 반사율이 변하지 말아야 한다.
- 환경안전기준을 충족시켜야만 한다.

세척과정에서 패턴손상을 피하면서 오염입자들을 제거하기 위해서 메가소닉 세척을 사용할 수 있다. 그런데 패턴이 작아지면서 접촉구멍 근처에서의 입자제거 효율이 감소한다. 탄소 오염을 제거하기 위해서 산화성 화학물질을 사용하면, 루테늄 덮개층의 산화가 발생한다.

극자외선용 포토마스크의 세척을 위해서 자외선세척, 초음속 수력세척, 정전기를 사용한 플라스마 보조세척, 그리고 레이저 충격파세척과 같은 다양한 세척기법들이 시도되었다.

50 M. Waiblinger, Ebeam based mask repair as door opener for defect free EUV masks, Proceedings of SPIE, 2012를 인용하여 재구성하였음.

51 대만에서는 펠리클을 사용하는 반면에 국내에서는 생산성이 저하된다는 이유 때문에 펠리클을 사용하지 않고 있다.

그림 5.38에 도시되어 있는 것처럼, 172[nm] 엑시머 램프를 사용하여 탄소 오염물질을 제거하는 **자외선세척** 기법이 제안되었다. 파장길이가 172[nm]인 자외선을 조사하면 산소분자(O_2)들로부터 직접 흡착계수가 매우 높은 고밀도 활성산소가 생성된다. 고밀도 활성산소는 포토마스크 표면의 각종 오염물질들과 결합하여 CO_x, H_2, CH_2, H_2O와 같은 각종 기체물질들을 생성한다. 저압(2×10^{-3}[Pa])환경하에서 오염물질 제거비율은 2[nm/min] 수준이다.

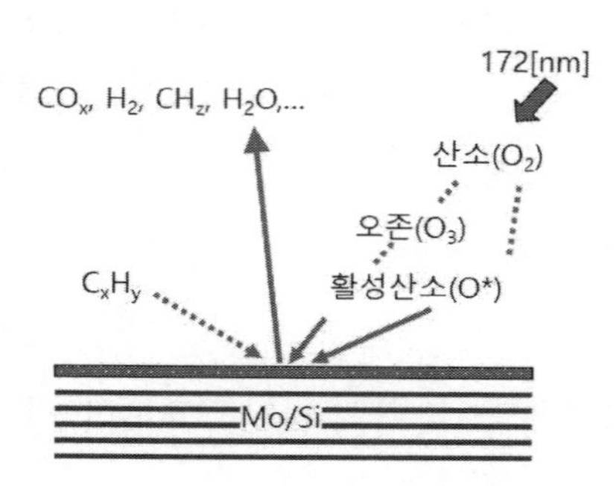

그림 5.38 자외선 조사에 의한 오염물질 제거 메커니즘[52]

그림 5.39에서는 **초음속 수력세척**(SHC)의 개념을 보여주고 있다. 노즐을 사용하여 탈이온수를 고압으로 분사하면서 캐리어 가스로 질소(N_2) 가스를 섞어주면, 분무되는 탈이온수 액적이 순간적으로 초음속 운동에너지를 얻는다. 이 액적이 포토마스크 기판과 충돌하면 표면을 따라서 측면으로 흐르는 고속유동이 만들어지면서 오염입자를 물리적으로 제거한다. 그런데 포토마스크 표면에 남아 있는 유기오염물질들은 입자제거 효율을 감소시키기 때문에, 초음속 수력세척을 시행하기 전에 자외선세척을 통해서 이들을 제거해야만 한다.

정전기를 사용한 플라스마 보조세척(PACE)기법에서는 오염입자를 표면에서 떼어내기 위해서 플라스마 시스 전기장 내의 전압강하와 오염입자와 포토마스크 사이의 전하 불균형을 사용한다. 포토마스크 기판에 양의 바이어스를 가하고 오염입자를 충전시키기 위해서 약한 국부 플라스마를 사용하면 오염입자들이 표면에서 제거된다. 입자의 크기가 감소함에 따라서 오염입자를 충전시키는 데에 소요되는 시간이 길어지므로, 세척 공정에 소요되는 시간이 늘어난다.

Nd:Yag 레이저를 사용하여 표면을 세척하는 건식의 **레이저 충격파 세척**(LSC)기술에 대한 연구

52 Vivek Bakshi, EUV Lithography, 2'nd Edition, SPIE, 2017을 참조하여 다시 그렸음.

가 수행되었다. 레이저는 포토마스크 표면에 잔류하는 수분 분자들을 폭발적으로 기화시키는 **광열효과**를 유발하며, 표면과 오염입자들 사이의 화학적 결합을 파괴시키는 광화학효과를 일으킨다. 레이저 충격파 세척 기술을 자외선세척기법과 조합하여 사용하면 입자 제거효율을 향상시킬 수 있다. 시편의 표면에 자외선을 조사한 다음에 레이저 충격파 세척을 시행하여 63[nm] 크기의 형광 폴리스티렌 라텍스(PSL) 입자들을 95% 이상 제거하였다. 이 기법을 결함검사장비와 조합하면 표적위치 국부세척이 가능하다.

그림 5.39 초음속 수력세척[53]

5.9 펠리클과 마스크호

5.9.1 극자외선 포토마스크용 펠리클

극자외선 노광공정을 수행하는 동안 발생하는 포토마스크 오염은 극자외선노광의 수율과 직결되는 문제이므로 매우 심각하고 중대한 사안이다. **펠리클**[54]은 **그림 5.40**에 도시되어 있는 것처럼, 오염입자가 극자외선용 포토마스크의 흡수층과 반사층 표면에 접근하는 것을 막아주는 물리적 보호막이다.[55] 극자외선 조명은 포토마스크의 반사층 표면에 초점이 맞춰져 있으며, 투사광학계는 웨이퍼 표면에 초점이 맞춰져 있다. 따라서 포토마스크 표면으로부터 약 6[mm] 유격을 두고 설치된 펠리클 표면에 들러붙은 오염입자들은 웨이퍼 표면에 초점이 맺히지 못하여 프린트되지

53 Vivek Bakshi, EUV Lithography, 2'nd Edition, SPIE, 2017을 참조하여 다시 그렸음.
54 pellicle
55 실제로는 포토마스크가 아래를 바라보도록 설치된다.

않는다. 그런데 문제는 반사마스크 특성상 극자외선 광선이 펠리클을 두 번 통과한다는 것이다. 극자외선용 펠리클의 투과율이 90%라면, 극자외선이 포토마스크에 반사되는 과정에서 19%의 광선손실이 발생하며, 손실된 에너지는 펠리클을 가열하여 펠리클 박막의 열-기계적 문제를 유발하게 된다. 예를 들어, 투과율이 90%인 40[nm] 두께의 폴리실리콘 맴브레인을 펠리클로 사용하는 경우, 고진공 환경에서 노광을 수행하는 동안 펠리클을 냉각시킬 수 있는 메커니즘은 복사뿐이다. 하지만 폴리실리콘 소재의 방사율은 약 0.02에 불과하기 때문에, 표면의 최고온도는 944[°C]까지 상승해 버린다. 이런 문제를 개선하기 위해서 탄소나노튜브나 그래핀과 같이 극자외선에 대해서는 투명하고, 흡광계수가 작은(방사율이 높은) 소재들을 사용하여 초박막 맴브레인을 만드는 연구들이 수행되었다. 그리고 벨기에 소재의 반도체 연구소인 IMEC에서는 탄소 나노튜브를 사용하여 2021년, 극자외선 투과율이 97.7%에 달하는 펠리클을 개발하였다.[56, 57]

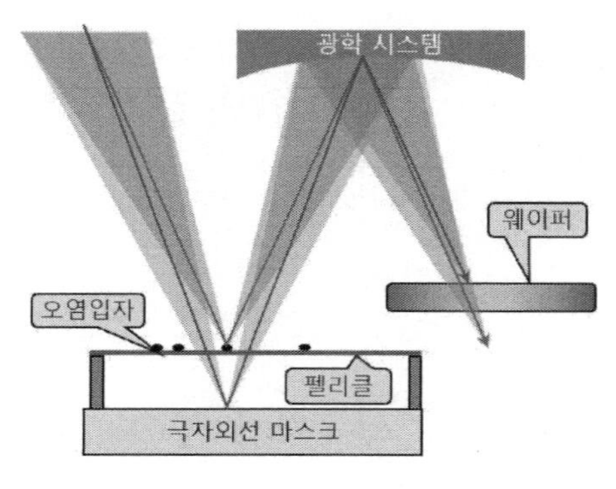

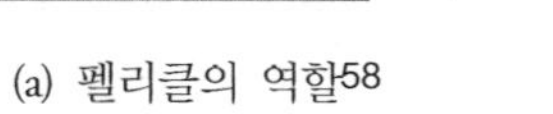
(a) 펠리클의 역할[58]

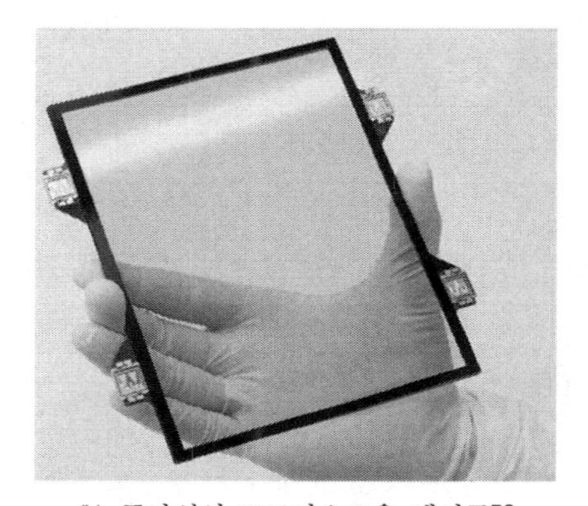
(b) 극자외선 포토마스크용 펠리클[59]

그림 5.40 극자외선용 반사식 포토마스크에 사용되는 펠리클(컬러도판 p.658 참조)

ASML社에서는 **그림 5.41**에 도시된 것처럼 탈착이 가능한 펠리클 마운팅 방법을 제안하였다. 포토마스크상의 패터닝과 세척이 완료되고 나면, 포토마스크 표면에 펠리클을 고정하는 스터드를 접착하여야 한다. 이를 위해서 사전에 포토마스크 표면의 스터드 접착위치에 증착되어 있는

56 J. Bekaert, Carbon nanotube Pellicles, J. Micro/Nanopatterning, 2021.

57 2023년 국내의 S社에서 이를 전격적으로 채용한다는 뉴스가 있었지만, 아직 확정적이지는 않은 것으로 보인다.

58 Vivek Bakshi, EUV Lithography, 2'nd Edition, SPIE, 2017을 참조하여 다시 그렸음.

59 semiengineering.com/euv-pellicles-finally-ready/

다중층을 식각하여 제거해야 한다. 전용 장비를 사용하여 스터드를 설치하고 그 위에 펠리클을 설치할 수 있다. 포토마스크는 사용 중에 일정한 주기로 검사를 시행하여야 하는데, 이를 위해서는 펠리클 조립체를 제거하여야 한다. 오염입자를 발생시키지 않고서 펠리클을 떼어낼 수 있는 전용의 펠리클 제거장비도 함께 개발되었다.[60]

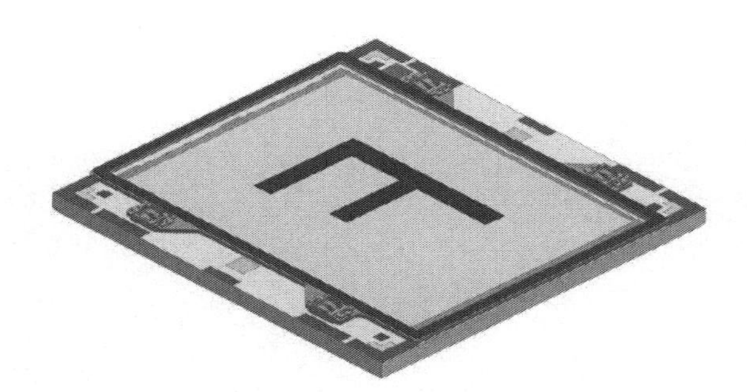

그림 5.41 펠리클 설치구조[61]

5.9.2 마스크 보관용 이중포드

극자외선 노광용 포토마스크는 오염에 극도로 취약하기 때문에, 마스크를 최종 세척한 이후에 보관, 취급 및 노광을 수행하는 동안 입자오염으로부터 마스크를 보호하는 것도 매우 중요하다. 특히, 펠리클이 설치되지 않은 마스크를 취급하는 과정에서는 청결도 유지에 극단적으로 주의를 기울여야만 한다. 포토마스크 취급과정에는 운반장치 내의 보관, 운반, 운반장치로부터 포토마스크 반출, 진공 로드록에 적재, 노광용 스테이지의 정전척에 적재 및 고정, 노광장치에서 반출, 적재장치로의 복귀 등이 포함된다.

포토마스크를 취급 및 운반하는 과정에서는 **그림 5.42**에 도시된 것과 같이 특수하게 설계된 **이중포드 마스크캐리어**가 사용된다. 이중포드 마스크캐리어는 내부포드와 외부포드의 두 부분으로 구성된다. 금속소재로 제작되어 진공상태로 유지되는 **내부포드**는 포토마스크를 극자외선 노광기로 투입할 때까지 마스크 표면을 입자 오염으로부터 보호한다. 강화플라스틱 소재로 제작되는 외부포드는 대기 중에 노출되며, 운반용 장치들과 기계적인 접촉이 일어난다. 외부포드와 내

60 극자외선용으로 개발된 펠리클 설치장비는 약 80억 원, 펠리클 제거장비는 약 20억 원이라고 한다.
61 Dan Smith, ASML NXE Pellicle progress update, 2016 EUV mask pellicle TWG.

부포드 사이의 공간에는 외부로부터 오염물질이 침투하지 못하도록 양압의 건조질소가 충진되어 있다.

극자외선 노광용 포토마스크의 취급과정에서 발생하는 오염은 수율에 직접적인 영향을 끼친다. 그러므로 극자외선용 포토마스크의 취급은 극자외선노광공정 전체에서 위험이 큰 분야들 중 하나이다.

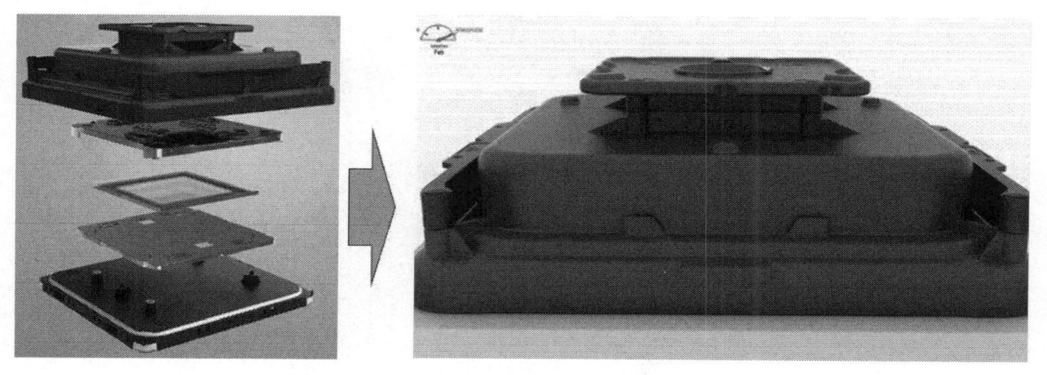

그림 5.42 이중포드 마스크캐리어[62]

62 www.entegris.com

06

극자외선 노광장비

Chapter

06 극자외선 노광장비

초기 반도체 생산에서부터 현재에 이르기까지 꾸준히 사용해온 굴절식 노광기법이 가지고 있는 분해능 한계를 극복하기 위해서 다양한 차세대 노광기술들이 제안되었으며 개발이 시도되었다. 여기에는 전자빔 투사노광(EPL), 극자외선노광(EUVL), 이온빔 투사노광(IPL), 근접 x-선 노광(PXL), 저에너지 전자빔 투사노광(LEEPL), 그리고 나노임프린트 등이 포함된다. **표 6.1**에서는 차세대 노광기술들의 특징을 요약하여 보여주고 있다.

표 6.1 차세대 노광기술들의 특징

항목	EPL	EUVL	IPL	PXL	LEEPL	나노임프린트
광원	100keV 전자	13.5nm	75keV He이온	1nm	2keV전자	-
유형	굴절	반사	굴절	굴절	굴절	몰드
마스크	스텐실맴브레인	반사판	스텐실맴브레인	스텐실맴브레인	스텐실맴브레인	용융수정
배율	4×	4×	4×	1×	1×	1×
광학계	마그네틱 렌즈	반사경	마그네틱 렌즈	-	-	-
허들	왜곡	반사경결함	왜곡	분해능한계	분해능한계	분해능한계

차세대 노광기술들은 각각 장점과 단점들을 가지고 있다. 그런데 극자외선노광과 나노임프린트를 제외한 모든 기술들이 스텐실 맴브레인 마스크를 사용하고 있다. **스텐실 맴브레인**은 패턴 구멍이 성형된 박막 형태의 포토마스크로서, 다양한 기술적 문제들 때문에 현재도 완전한 맴브레인을 만들지 못하고 있는 실정이다. 반면에, 초기에 소프트 엑스레이라고 불렀던 극자외선을 광원으로 사용하는 반사식 노광기술은 무결함 다중층 반사표면 제작과, 고출력 극자외선 광원의

개발 등 수많은 기술적 허들을 가지고 있었기에, 1990년대 초까지만 하여도 극자외선노광기술이 차세대 노광기술들 중에서 가장 실현 가능성이 낮은 것으로 평가되었다. 하지만 극자외선유한회사(EUV LLC)라는 뛰어난 개발조직의 노력 덕분에 현재는 차세대노광기술들 중에서 유일하게 양산장비를 공급하는 단계에 이르게 되었다.

이 장에서는 극자외선 노광장비의 개요와 개발과정에 대하여 간략하게 살펴본 다음에, 극자외선용 플라스마 광원, 반사광학계, 마스크 스캐닝, 투사광학상자, 상용 극자외선 노광기, 극자외선용 포토레지스트, 그리고 극자외선 노광기술개발 로드맵의 순서로 살펴보기로 한다.

6.1 서언

웨이퍼에 전사되는 노광패턴의 임계치수(CD)는 광학계수(k_1)와 파장길이(λ)에 비례하며 개구수(NA)에는 반비례한다.

$$CD = k_1 \times \frac{\lambda}{NA} \tag{6.1}$$

그러므로 노광패턴의 분해능을 향상시키기 위해서는 필연적으로 노광파장의 길이를 줄여야만 한다. **그림 6.1**에서는 노광용 광원의 연도별 파장길이 변천사를 보여주고 있다. 1970~1980년대에는 주파수필터를 사용하여 고압수은등에서 나오는 파장대역인 G-라인(436[nm])과 I-라인(365[nm])을 추출하여 노광용 광원으로 사용하였으나 파장길이가 길고 대역폭도 넓어서 서브마이크로미터의 임계치수를 구현하기에는 무리가 있었다. 그래서 1980년대 말부터는 불화크립톤(KrF) 엑시머레이저(248[nm])를 사용하였으며, 1990년대 중반부터는 불화아르곤(ArF) 엑시머레이저(193[nm]) 도입하기에 이르렀다. 이렇게 순차적으로 노광용 파장의 길이를 축소하는 것이 순조롭지만은 않아서 2000년대 초반에 개발되던 차세대 광원인 F_2 레이저(157[nm])를 사용하는 노광장비는 양산용 프로토타입 장비까지 개발된 상태에서 개선이 불가능한 복굴절 현상이 발견되면서 개발계획이 갑자기 종료되어 버렸다. 뜻하지 않게 불화아르곤(ArF) 레이저 광원을 계속 사용해야만 했던 노광업계에서는 액침노광기술과 다중인쇄기술 같은 극한의 기술들을 개발하면서 차세대노광기술이 개발되기까지 무어의 법칙을 지속시키기 위해서 노력해왔다. 2010년대 말에 극자외선 노광기술이 도입되면서 10[nm]대에 정체되던 임계치수를 단숨에 7[nm] → 5[nm] → 3[nm]까지 순차적으로 줄여나갔으며, 2023년 현재 2[nm] 선도개발이 완성단계에 와있다. 이런 추세를 반영하여 인텔社에서는 이미 선폭 호칭 단위에 20[Å], 1X[Å], 1Y[Å], 1Z[Å]와 같이 옹스트롬[Å]을 사용하기 시작하였다.

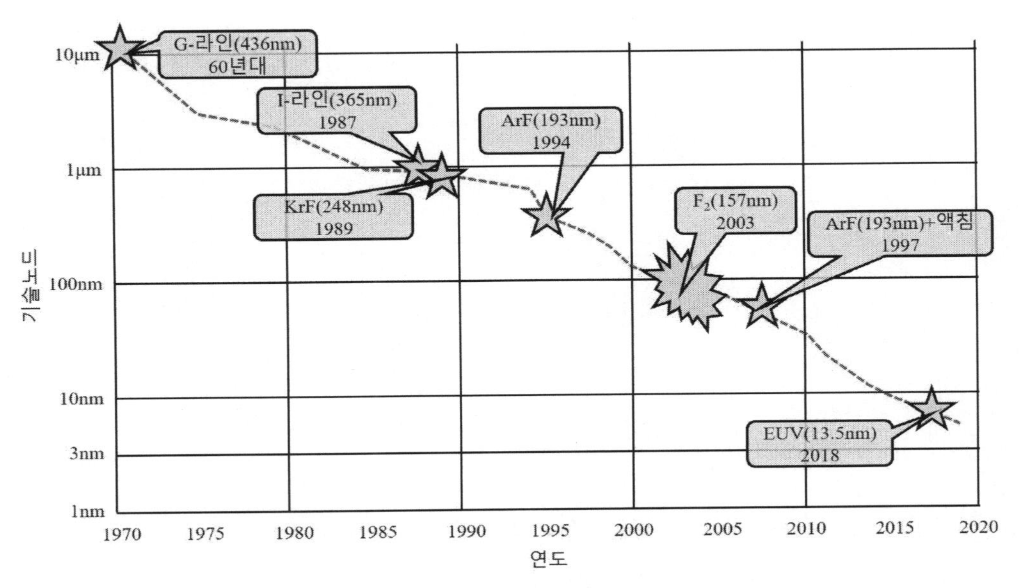

그림 6.1 노광용 광원의 파장길이 변천사

6.1.1 극자외선노광의 개요

극자외선 노광기술의 출현과 발전에 대해서는 이미 **5장**에서 살펴보았다. 여기서는 극자외선 노광을 실현하는 과정에서 당면했던 여러 가지 기술적 문제들에 대해서 살펴보기로 한다.

초기에 사용했던 **슈바르츠실트 광학계**는 광축상에서 무수차 영상을 형성할 수는 있지만, 광축에서 멀어질수록 코마에 의한 영상번짐이 증가한다는 문제를 가지고 있다. 1986년 키노시타는 노출필드를 확장시키기 위해서 스캐닝 스테이지를 갖는 비축 슈바르츠실트 시스템을 제안하였다. 1988년 호리룩은 영상곡률의 수차를 보정하기 위해서 곡면 마스크를 사용하는 역카세그레인 설계를 제안하였다. 1989년 우드는 특정한 영상높이에 대해서 좁은 링형상 필드 내에서 회절제한 영상을 제공하는 1:1 오프너 환형필드 시스템을 제안하였다. 이 당시에 극자외선 노광장비용 광학 시스템에서 요구되는 최소한의 요구조건들은

• 영상 측에서 텔레센트리 조건을 갖춰서 영상평면 초점이탈 시 배율변화를 방지
• 높은 분해능과 넓은 노출필드 구현
• 짝수의 반사경을 사용하여 레티클과 웨이퍼가 서로 반대 측에 배치

1989년 키노시타는 위 세 가지 요구조건들을 충족시켜주는 이중 비구면 반사경 영상화 시스템을 개발하였다.

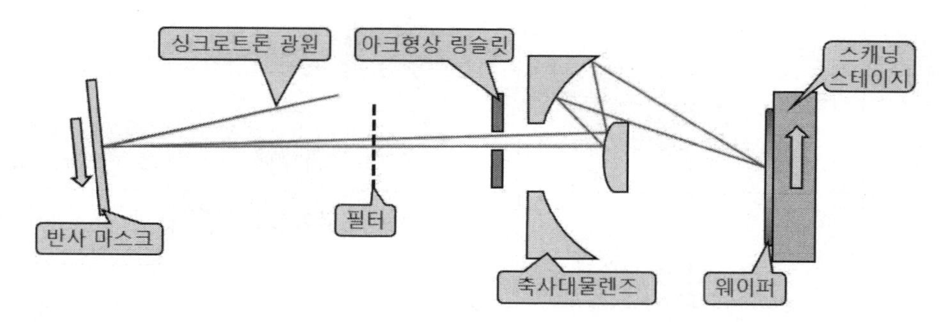

그림 6.2 이중 비구면 반사경 영상화 시스템을 갖춘 극자외선 노광시스템[1]

• 극자외선 영상화시스템의 초기개발을 통해서 다음과 같은 중한 사항들을 알게 되었다.
• 광학계의 노출필드 내에서 수차보정을 위해서는 비구면 광학계의 사용을 피할 수 없다.
• 대면적 프린트를 실현하기 위해서는 **링필드 스캐닝**이 필요하다.

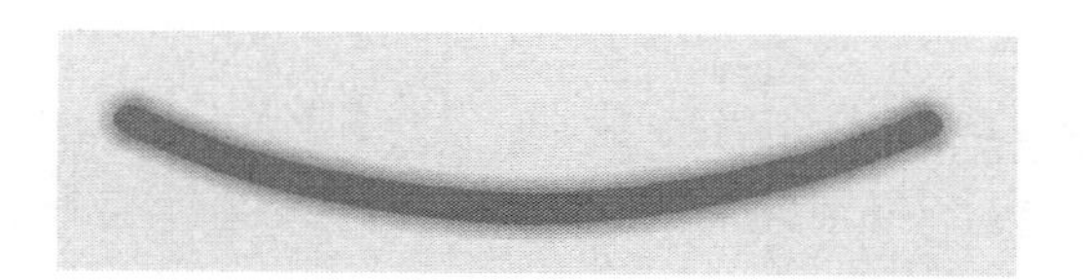

그림 6.3 링필드 형상의 스캐닝광선

• 스캐닝 시스템에서 영상훼손을 방지하기 위해서는 링폭을 가로지르는 반경방향뿐만 아니라 스캔방향과 직각인 원호 외곽 테두리 전체에 대해서도 영상왜곡을 최소화시켜야만 한다.
• 짝수의 반사경들을 사용해서 웨이퍼 내에서 다수의 칩들을 인쇄할 수 있어야만 한다.

1 Vivek Bakshi, EUV Lithography, 2'nd Edition, SPIE, 2017을 참조하여 다시 그렸음.

• 조리개에 접근이 가능하도록 설계하여 마스크상의 다양한 위치에서 반사된 패턴 형상의 회절차수들을 조리개를 사용하여 차단할 수 있어야만 한다.

이런 조건들을 적용하여 1996년 우드는 **그림 6.4**에 도시된 것처럼, 현대적인 반사영상화시스템을 개발하였다. 이 시스템은 축소율 5×, 개구수 NA=0.5, 그리고 6중 비구면 반사경 구조를 채택하였다. 이를 통해서 다음과 같은 사항들을 배우게 되었다.

• 스캔 왜곡과 반사경 소재 최소화를 위해서는 링필드 형상을 사용해야 한다.
• 최소한 여섯 개 이상의 비구면 반사경들을 사용하여야 좋은 설계를 구현할 수 있다.
• 영상과 가장 가까운 두 개의 반사경(M1과 M2)들은 아마도 슈바르츠실트 방식의 설계를 사용해야 할 것이다.
• 개구수를 0.5 이하로 유지하면 반사광학계 설계의 복잡성이 현저하게 저감된다.

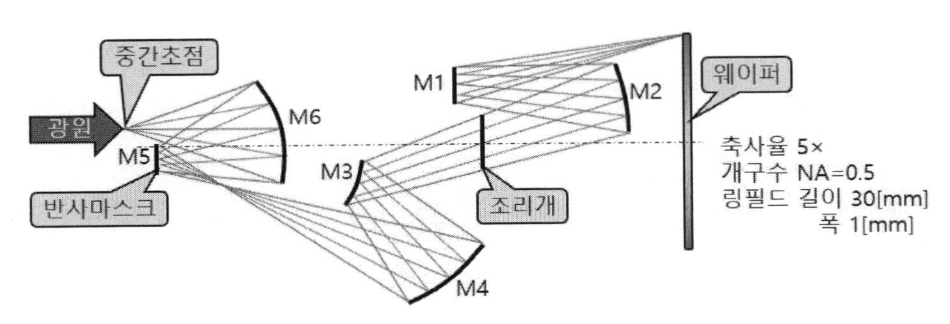

그림 6.4 6중 반사경 링필드 영상화 시스템의 배치도[2](컬러도판 p.659 참조)

영상왜곡과 수차발생을 최소화하기 위해서 필요한 비구면 반사경들을 제작하기 위해서는 새롭고 더 정확한 광학 폴리싱과 비구면 형상측정 기법들의 개발이 필요했다. 1990년 이전에 개발되었던 위상측정용 간섭계들은 분해능 λ/1,000이며 반복도는 λ/300로 매우 훌륭하였다. 하지만 이 간섭계를 사용하여 측정한 평면의 형상 불확실도는 λ/20 이상, 그리고 구면의 형상불확실도는 λ/10 이상에 불과하여 이 간섭계를 사용하여 구현 가능한 비구면의 최고 정밀도는 약 8[nm rms]

2 Vivek Bakshi, EUV Lithography, 2'nd Edition, SPIE, 2017을 참조하여 다시 그렸음.

에 불과하였다. 1993년 미국의 틴슬리연구소에서는 **그림 6.5**에 도시된 것과 같은 허블 우주망원용 COSTAR 보정시스템과, 이를 활용한 비구면 광학계 제작공정을 개발하였다. 이 제작공정은 두 단계로 이루어져 있다. 우선, 1단계에서는 다이아몬드 연삭 휠로 표면가공을 수행하면서 접촉식 윤곽측정기를 사용하여 구면 정확도가 1~2[μm]이 되도록 광학표면을 가공한다. 2단계에서는 소구경 폴리싱 공구와 위상측정 간섭계를 사용한 형상측정을 반복하여 비구면 사양을 충족시킨다. 이 제작공정을 사용하여 NA=0.07인 극자외선용 두 개의 비구면 반사경을 제작하였는데, 오목반사경의 형상정확도는 1.5[nm], 그리고 볼록 반사경의 형상정확도는 1.8[nm]가 구현되었다.

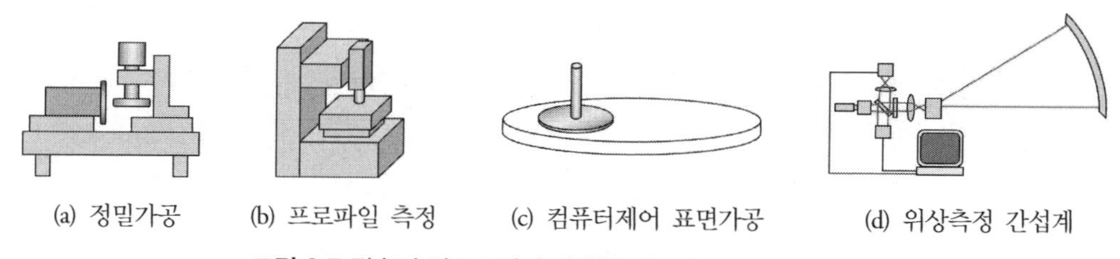

그림 6.5 틴슬리 연구소에서 개발한 비구면 광학계 제작공정[3]

비구면 반사경의 형상측정 과정에서 발생하는 측정오차를 줄이지 못하면 극자외선 노광에 필요한 광학시스템을 구축할 수 없다. 비교기법을 사용하는 일반 위상측정 간섭계에서는 비교기준이 되는 광학표면, 널렌즈 또는 컴퓨터제작 홀로그램(CGH)과 같은 기준표면의 품질에 의해서 측정정확도가 제한을 받는다. 1996년 소마그렌은 **그림 6.6**에 도시되어 있는 것처럼, 단일모드 광섬유 끝에서 방사되는 광선이 형성하는 구형파면을 사용하는 새로운 **위상시프트 포인트 회절 간섭계**(PSPDI)를 개발하였다. 광섬유에서 방출되어 시험표면 위로 입사된 파면 중 일부는 파이버 쪽으로 반사된다. 파이버 표면에 입혀진 반투명 금속필름에 반사된 수차파면은 원래의 구형파면 중 일부와 간섭을 일으킨다. CCD카메라를 사용하여 이 간섭무늬를 관찰하면 비구면 형상오차를 매우 정확하게 측정할 수 있다. 초기의 측정 정확도는 0.5[nm rms]였으며, 개선을 통해서 0.1[nm rms]에 접근시킬 수 있었다. 참고로, 1990년대 극자외선 노광 시스템의 광학계에서 요구되었던 총 파면오차는 0.02λ(0.27[nm]) 미만이었다.

3 Vivek Bakshi, EUV Lithography, 2'nd Edition, SPIE, 2017을 참조하여 다시 그렸음.

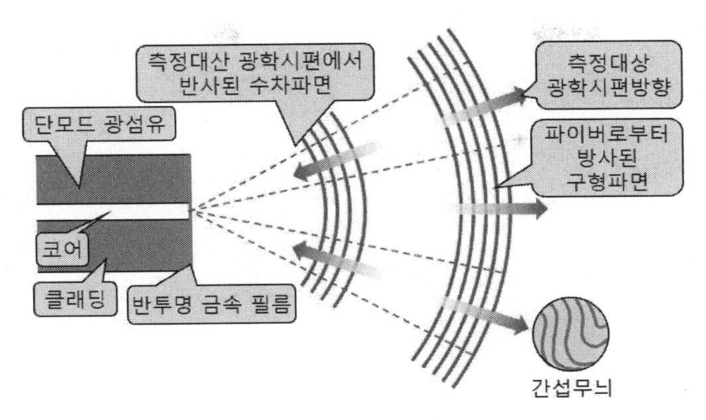

그림 6.6 위상시프트 포인트 회절 간섭계(PSPDI)의 작동원리[4]

그림 6.7 (a)에서는 경면으로 폴리싱된 알루미늄과 이리듐 표면의 파장길이에 따른 반사율의 변화를 보여주고 있다. 그림에 따르면, 알루미늄은 파장길이가 약 80[nm] 미만이 되면 반사율이 급격하게 떨어진다는 것을 알 수 있다. 이리듐 표면의 반사율은 전체적으로 알루미늄보다는 낮지만, 50[nm] 근처의 파장에 대해서도 약 20%의 반사율을 유지하고 있다. 하지만 파장길이 30[nm] 미만의 극자외선에 대한 반사율은 불과 1% 미만이다. 따라서 극자외선 반사광학계를 구축하기 위해서는 무언가 특별한 방법이 필요하였다. 1972년 IBM社의 스필러는 극자외선 흡수율이 크게 다른 두 소재를 교대로 적층시킨 **다중층**(ML) 박막은 반사과정에서 건설적 간섭을 일으켜서 반사율이 향상된다는 것을 규명하였다. 1985년 바비 등은 **그림 6.7 (b)**에서와 같이, 몰리브덴(Mo)과 실리콘(Si)의 다중층 조합이 13[nm] 근처의 좁은 파장대역에 대해서 예외적으로 높은 수직입사 반사율을 나타낸다는 것을 규명하였다. 현재 최고 품질로 제작된 다중층의 반사율은 70%에 근접한다.

5장에서 살펴보았던 극자외선용 포토마스크의 다중층 증착에서는 평판에 다중층을 증착하였기 때문에 증착 후 표면박리가 큰 문제가 되지 않았었다. 그런데 작은 곡률을 가지고 있는 구형 표면 위에 다중층 박막을 증착하면 큰 굽힘응력으로 인하여 표면박리가 일어난다. 특히 다중층은 습도에 큰 영향을 받기 때문에, 공기 중에 노출되면 박리가 발생한다. 그리고 다중층을 진공 스퍼터링 장비에서 꺼내는 순간에 응력평형이 붕괴되면서 핀구멍이 생성된다. 다중층의 바닥층이 실

4 Vivek Bakshi, EUV Lithography, 2'nd Edition, SPIE, 2017을 참조하여 다시 그렸음.

리콘이며, 최상층이 몰리브덴으로 마감된 다중층의 경우에는 표면 산화에 의해서 몰리브덴층의 표면조도가 증가하면서 반사광 산란이 발생하여 감광패턴의 대비가 저하되었다. NTT社의 다케나카는 탄소나 실리콘 덮개층을 사용하여 몰리브덴 산화를 방지하였다.

극자외선 노광장비용 반사경들 각각은 13.5[nm] 파장에 대해서 반사율을 극대화시키기 위해서는 다음의 조건들을 충족시켜야만 한다.

- 최대 반사율이 구현되는 다중층 중심대역 파장을 0.1[nm] 이내로 관리해야만 한다.
- 회절제한 인쇄분해능을 구현하기 위해서는 반사경 표면의 형상오차를 0.1[nm rms] 이내로 관리해야만 한다.
- 다중층 코팅 증착이 끼치는 영향이 총 오차의 25%를 넘어서는 안 된다.

이런 조건들을 모두 충족시키기 위해서는 광학표면 전체에 대해서 코팅 두께를 매우 엄격하게 관리해야만 한다.

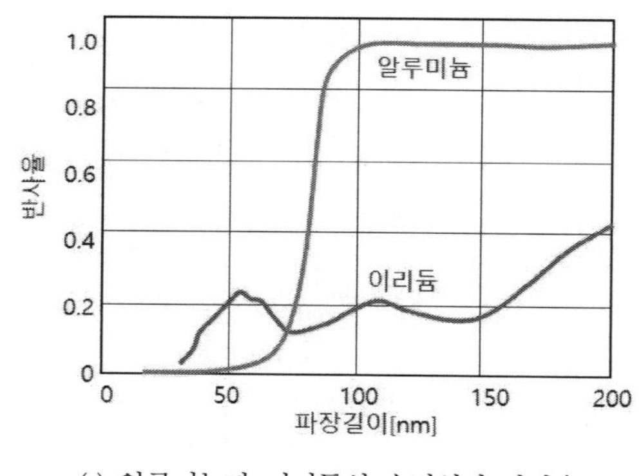

(a) 알루미늄과 이리듐의 수직입사 반사율

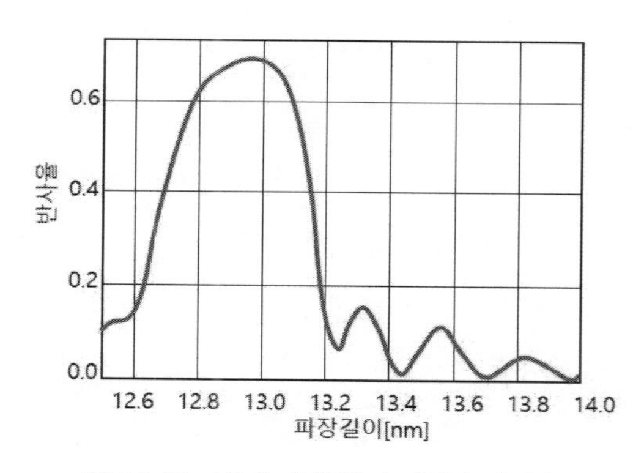

(b) Mo/Si 다중층 40쌍의 수직입사 반사율

그림 6.7 자연소재의 수직입사 반사율과다중층의 수직입사 반사율 특성비교[5]

극자외선용 포토마스크는 **그림 6.8 (a)**에 도시되어 있는 것처럼, 152.0×152.0×6.35[mm^3] 크기의 초저열팽창계수(ULE) 유리 표면에 40쌍의 몰리브덴(Mo, 2.8[nm])과 실리콘(Si, 4.1[nm]) 증착층

5 Vivek Bakshi, EUV Lithography, 2'nd Edition, SPIE, 2017을 참조하여 다시 그렸음.

들을 코팅하여 극자외선 반사율이 높은 다중층(ML)을 제작한다. 이 다중층 표면에는 식각 선택도가 높은 질화크롬(CrN) 같은 소재를 사용하여 버퍼층을 증착한 다음에 극자외선 흡수율이 높은 질화탄탈럼(TaN)과 같은 흡수층을 증착한다. 흡수층과 다중층 사이에 삽입된 버퍼층은 흡수층 패터닝과 패턴 수리과정에서 다중층 손상을 방지해준다. **5장**에서 설명했던 것처럼, 흡수층과 버퍼층의 패터닝이 끝나고 나면, 심자외선 검사장비나 노광파장 검사장비를 사용하여 흡수층 패턴 상태를 검사할 수 있으며, 집속이온빔이나 전자빔을 사용하여 수리할 수 있다. 포토마스크를 노광기에 투입하여 웨이퍼 패터닝을 수행하는 과정에서 포토마스크 표면에 장시간 극자외선을 조사하면, **그림 6.8 (b)**에 도시된 것처럼 포토마스크 표면에 탄소얼룩이 생성된다. 이는 진공 시스템 내의 잔류기체 성분들 중에서 탄화수소가 포토마스크 표면에서 분해 및 증착되기 때문이다. 따라서 극자외선용 포토마스크는 반복적인 (건식)세척을 견딜 수 있어야만 한다.

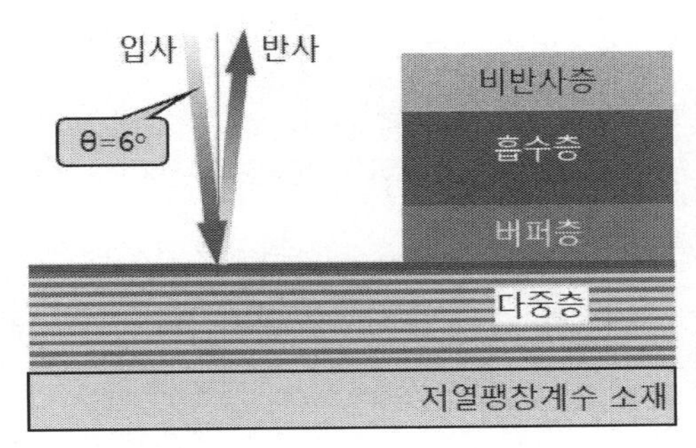

(a) 극자외선용 마스크의 단면구조

(b) 탄소증착문제[6]

그림 6.8 극자외선용 포토마스크의 구조와 사용 중 오염발생문제

포토마스크의 흡수층 표면에 존재하는 결함은 비교적 수리하기 용이하지만 다중층 코팅 내부의 결함이나 초저열팽창계수(ULE)모재 표면의 결함에 의해서 유발되는 **위상결함의 수리**는 쉬운 일이 아니다. 이런 위상결함은 1992년 극자외선 프린팅 실험에서부터 발견되었으며, 모재 표면에 존재하는 긁힘 깊이가 0.25λ일 때에 완벽한 파괴적 간섭이 초래되어 반사표면의 영역영상에 검은 그림자를 생성하는 것이다. 이런 결함을 발견하기 위해서는 노광파장(λ=13.5[nm])을 사용한 검사가 필요하다.

6 MacDowell. et.al., Soft X-ray projection imaging with a 1:1 ring field optic, Applied Optics, 1993.

극자외선은 포토레지스트에 대해서도 강력한 흡수특성을 가지고 있기 때문에, 포토레지스트의 표면층만 감광되어버린다. 이를 극복하기 위해서 **극자외선용 포토레지스트**의 개발에도 많은 노력이 투입되었다. 초기에는 극자외선 흡수율이 작은(즉, 투명한) 레지스트를 개발하기 위해서 노력하였다. 1991년 맨스필드는 14[nm] 파장에 대해서 PMMA의 흡수계수가 작기 때문에, 최소형상의 프로파일이 높은 품질을 갖는다는 것을 발견하였다. 1993년 맥도웰은 유기단분자막을 사용하여 레지스트 흡수문제를 해결하기 위해서 노력하였다. 하지만 1996년 휠러는 그때까지 개발된 모든 극자외선용 레지스트들의 민감도, 분해능, 광학밀도, 에칭 민감도 등을 분석한 결과 요구되는 모든 성능들을 충족시키지 못한다고 결론지었다. 이를 극복하기 위해서 **화학증폭 포토레지스트**(CAR)나 **광민감성 화학증폭 레지스트**(PSCAR™)같이 조사된 극자외선 광자들이 연쇄반응을 일으켜서 다량의 산물질들이 생성되는 포토레지스트들을 개발하였다. 이들이 기존의 레지스트들에 비해서 전반적으로 분해능, 선테두리거칠기(LER) 및 민감도를 향상시켜준다는 것이 규명되었지만, 광자흡수율이 낮아서 노광에 많은 광량이 필요하다는 문제가 있다. 광자흡수율을 증가시키는 좋은 방법은 불투명한 포토레지스트를 만드는 것이다. 비록, 금속을 사용하는 것이 반도체 제조에서 금기이기는 하지만 불투명한 레지스트를 만들기 위해서 **금속함유 포토레지스트**가 개발되었다. 2010년 이후로 하프늄(Hf) 산화물(박막 또는 나노입자)이 훌륭한 극자외선용 포토레지스트로 작용한다는 것이 밝혀졌다. 이후로 주석산화물 클러스터, 유기-비스무트 올리고머, 단핵금속 레지스트(전이금속 수산염과 팔라듐 수산염) 등 수많은 금속함유 포토레지스트들이 개발되었다.

200[W] 이상의 안정된 고출력 극자외선 광원을 개발하는 일은 극자외선 노광기술을 실용화하는 데에 있어서 가장 큰 걸림돌들 중 하나였다. 초기 극자외선 연구에서는 **전자저장링**에서 방출되는 **싱크로트론 방사광**을 사용하였다. 1993년 브룩헤이븐 국립연구소(BNL)의 머피 등은 대역폭이 2% 이내인 13[nm] 광선을 1[W] 이상 송출할 수 있는 콤팩트한 600[keV] 전자저장링의 설계조건을 제시하였다. 극자외선 노광기가 삼중 반사경 영상화 시스템을 사용하고, 민감도가 5[mJ/cm^2]인 레지스트를 사용하여 시간당 15장의 150[mm] 웨이퍼를 프린트해야 한다[7]는 가정하에서 **그림 6.9**에 도시되어 있는 것과 같은 소형 600[MeV] 저장링을 제안하였다. 이 싱크로트론 광원 하나를 사용하여 여섯 대의 극자외선 노광기를 구동할 수 있다. 비록 싱크로트론 광원을 사용하여 현대

7 현재 11회의 반사(컬렉터 반사를 제외하고 조명용 광학계에서 4회, 반사마스크에서 1회, 투사광학계에서 6회의 반사)를 사용하고 있으며, 시간당 200장 이상의 300[mm] 웨이퍼를 노광한다.

적인 양산용 극자외선 노광기에서 요구되는 250~300[W] 수준의 극자외선을 공급할 수 없지만, 노광파장을 사용한 극자외선용 포토마스크의 결함검사, 노광파장을 사용한 극자외선 영상화시스템의 파면계측, 극자외선용 레지스트개발 등 다양한 용도로 여전히 사용되고 있다.

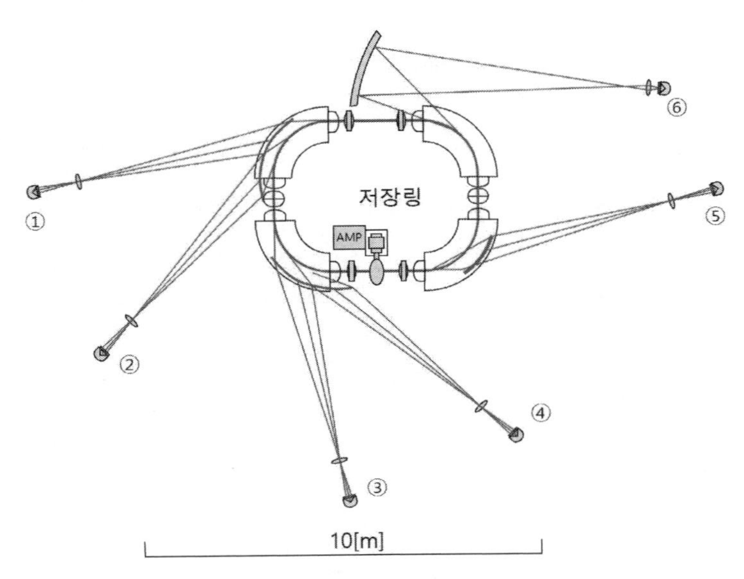

그림 6.9 브룩헤이븐 국립연구소에서 설계된 600[MeV] 전자저장링의 평면도[8]

1990년대 초기에 **레이저생성플라스마**(LPP) 광원을 개발하기 위한 많은 연구들이 수행되었다. 특히 13[nm] 파장 근처에서 대역폭이 2% 이내[9]인 극자외선 플라스마를 생성하기 위한 표적물질에 대한 광범위한 탐색이 수행되었다. 진공 중에서 고출력 레이저 광선을 금속 표적에 조사하면 금속이 순간적으로 기화하면서 플라스마화된다. 이때 플라스마 변환효율은 표적소재의 종류, 레이저강도, 레이저 펄스폭, 그리고 레이저 파장 등에 의존하며, 1~2%에 불과하다. **그림 6.10**에서는 원자번호에 따른 변환효율들을 그래프로 보여주고 있다. 그림에 따르면 금(Au)이나 납(Pb)도 높은 변환효율을 가지고 있지만, 금은 가격 때문에, 그리고 납은 안전 때문에 사용하기가 어렵다. 주석(Sn)보다는 안티몬(Sb)이 변환효율이 더 높지만, 용융온도[10]와 가격 때문에 결국, 주석이 표적

8 Vivek Bakshi, EUV Lithography, 2'nd Edition, SPIE, 2017을 참조하여 다시 그렸음.

9 주파수 $f=(2.3\pm0.023)\times10^{16}$[Hz]

10 주석의 용융온도는 231.9[°C]인 반면에 안티몬의 용융온도는 630.6[°C]이다.

소재로 선정되었다. 주석표적에 532[nm] 파장의 레이저를 조사하는 경우의 변환효율은 레이저 강도가 2×10¹¹[W/cm²]에 이를 때까지 빠르게 증가하여 피크를 나타낸 다음에 서서히 감소한다.

레이저가 금속 표적에 점으로 조사되어 만들어지는 극자외선 플라스마 광선은 구면형태로 확산되며, 이를 포집하여 한 점(중간초점)으로 모으기 위해서 **컬렉터 반사경**이 사용된다. 그런데 금속물질을 기화시켜서 플라스마로 만드는 과정에서 변환효율이 1~2%에 불과하다는 것은 98~99%의 기화된 금속물질이 어디론가 날아가서 증착된다는 뜻이다. 이렇게 광원으로부터 방출되는 오염물질이 컬렉터 반사경 표면에 도달하면 증착과 침식을 일으키면서 컬렉터 반사경의 반사효율을 감소시킨다. 이를 방지하기 위해서 다음과 같이 다양한 **오염물질 제거기법**들이 시도되었다.

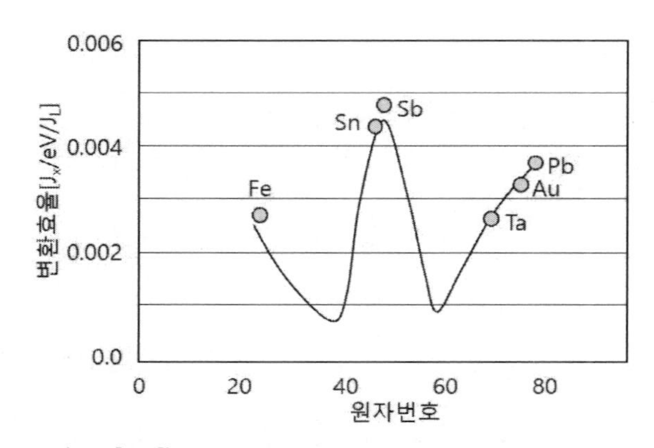

그림 6.10 Nd:YAG(532[nm]) 레이저를 사용하는 레이저생성 플라스마의 극자외선 변환효율[11]

- 광원에서 방출되는 입자들을 감속시키기 위해서 저압 비활성 가스(Ar이나 He)를 주입
- 보호할 소자들 전면으로 가스제트 분사
- 기계식 고속 셔터나 회전 초퍼를 사용하여 극자외선이 방사되고 오랜 시간이 지난 후에 도달하는 오염물질들을 차단: 오염물질 증착수준 약 1,000배 감소
- 정전식 차폐장 활용: 고속운동 입자 에너지를 수[keV] 수준에서 100[eV] 수준으로 감소시킴

이런 노력들에도 불구하고 컬렉터 광학표면 위에 증착된 1[nm] 두께의 주석은 극자외선 반사율을 1% 저하시키기 때문에 현장세척공정을 사용하여 주기적으로 오염물질을 제거해야만 한다.

11 Vivek Bakshi, EUV Lithography, 2'nd Edition, SPIE, 2017을 참조하여 다시 그렸음.

양산용 극자외선 노광기가 운영되고 있는 현재도 오염물질 제거 시스템의 효용성이 컬렉터 수명을 지배하는 핵심 인자이다.

극자외선 생성과정에서 방출되는 오염물질의 양을 최소화하는 것이 오염완화의 핵심이다. 이를 위해서 **질량제한표적**이라는 개념이 도출되었다. 레이저생성 플라스마(LPP)를 개발하던 초기에는 금속 덩어리(벌크)에 작은 점 형태로 고출력 펄스 레이저를 조사하여 순간적으로 금속을 기화시켜서 플라스마를 생성하였다. 이 과정에서 생성되는 다량의 중성입자 오염물질을 줄이기 위해서 필요로 하는 표적물질을 최소한으로 공급하는 방법이 제안되었다. **그림 6.11 (a)**에서는 제논(Xe)가스를 표적물질로 사용하는 광원을 보여주고 있다. 압전구동방식 고속작동 밸브를 사용하여 순간적으로 소량의 제논가스를 분사하고 여기에 레이저 펄스를 충돌시켜서 극자외선을 생성하였다. **질량제한표적이** 고출력 레이저와 충돌하면 다량의 표적원자들이 플라스마화되면서 극자외선 방사광을 방출하며, 원자이온 및 입자들에 의한 영향이 현저하게 감소한다. 질량제한표적을 만들기 위해서 마일러 테이프 위의 금속박막, 가스파이프표적, 액적표적, 극저온 펠릿표적, 초음파 가스 클러스터 표적 등 다양한 아이디어들이 시도되었다. **그림 6.11 (b)**에 도시된 그래프에 따르면 질량제한 제논(Xe)가스를 표적으로 사용하는 경우, 극자외선 광원과 인접하여 배치된 컬렉터 반사경의 반사율은 1.4×10^8회의 플라스마 펄스방출 이후에도 14%밖에 저하되지 않았다. 이는 금(Au) 표적을 사용하는 광원에 비해서 수명이 100,000배 향상된 결과였다. 현재는 직경이 약 30[μm]인 주석 액적을 질량제한표적으로 사용하고 있다.

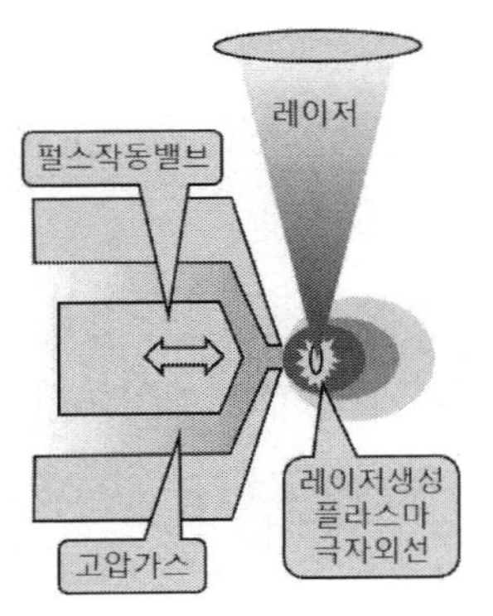

(a) 질량제한표적을 사용하는 광원

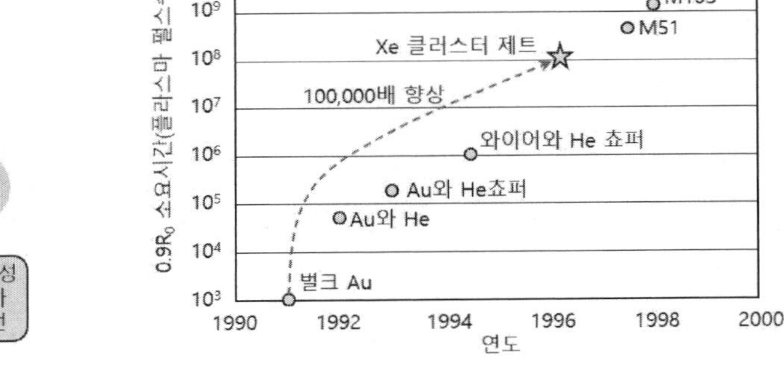

(b) 컬렉터 반사경의 수명증가

그림 6.11 질량제한표적 사용에 따른 컬렉터 수명증가[12]

6.1.2 극자외선유한회사(EUV LLC)

극자외선 노광기술의 초기개발은 인텔社, AMD社, 울트라텍社, 트로펠社, JMAR社 등의 업체들이 미국 에너지성 산하의 국립연구소들과 체결한 공동연구개발협정(CRADA)에 기초하여 수행되었다. 그런데 경기침체로 인해서 1996년 미국 국회는 무기개발이나 국방프로그램과 직접적인 연관성이 없는 연구개발 프로젝트의 지원을 중단하기로 결정하였다. 인텔社는 기존에 수행되었던 극자외선노광의 연구개발을 지속시키기에 충분한 가치가 있다고 판단하여, 국립연구소 소속의 극자외선 관련 연구원들이 다른 프로젝트에 투입되기 전에 시급하게 이들을 붙잡아놓기 위해서 연결기금을 출연하여 로렌츠리버모어 국립연구소(LLNL), 로렌츠 버클리 국립연구소(LBNL), 그리고 샌디아 국립연구소(SNL)와 새로운 공동연구개발협정(CRADA)을 체결하였다.

극자외선노광기술 개발에 소요되는 비용은 개별 노광장비 제조업체가 감당할 수 있는 것보다 훨씬 더 많은 비용이 필요했다. 이를 극복하기 위해서 미국 에너지성 산하의 3개 국립연구소들을 개발조직으로 활용하면서 집적회로 제조업체들이 컨소시엄 형태로 참여하여 개발비용을 충당하는 **극자외선유한회사**(EUV LLC)라는 가상회사를 설립하게 되었다.

이 극자외선유한회사(EUV LLC)는 베타장비와 양산장비 제작을 위한 기술과 지적재산권들을 제조업체에 이전하기 위한 파트너십을 체결하였다. 극자외선유한회사에 자금을 출연한 참여기업들은 개발예정인 극자외선 노광용 베타장비와 양산장비에 대한 우선매수청구권을 부여하며, 비참여기업들에게 극자외선유한회사의 장비를 판매할 때에는 로열티를 지급하도록 규정하였다. 극자외선유한회사의 주요 기술적 목표는 극자외선노광 관련 기술개발을 가속화하고 결과를 산업체로 이전하는 것이었다. 초기 계획은 1997년에 3년 기간의 개발 프로그램을 시작하여 2000~2001년 사이에 기술이전을 통해서 상용화를 실현하는 것이었다.

인텔社 이외에도 모토로라社와 AMD社가 기금출연을 통해서 유한회사에 참여하였다. 이후에 마이크론社와 인피니언社, IBM社 등이 유한회사에 참여하였다. 극자외선유한회사는 재원이 허락하는 한도 내에서 광학계설계, 노광파장 및 가시광선 파장을 이용한 계측, 다중층 엔지니어링과 증착, 진공공학, 정밀공학 설계와 요소부품 제작, 자기부상 스테이지 설계와 제작, 제어 소프트웨어, 관련 지원기술 등을 포함하여 가상 국립연구소의 다양한 분야 전문가들을 거의 무제한적으로 활용할 수 있었다. 그리고 유한회사에 참여한 산업체 전문가들은 복잡하고 도전적인 극자외선

12 Vivek Bakshi, EUV Lithography, 2'nd Edition, SPIE, 2017을 참조하여 다시 그렸음.

기술을 성공적으로 입증하는 데에 결정적인 역할을 수행했다.

1997~2003년의 기간 동안 운영되었던 극자외선유한회사(EUV LLC)의 주요 성과는 다음과 같다.

- 컴퓨터제어시스템이 완비된 전역필드 스캐닝 알파등급 노광장비인 공학시험장치의 설계 및 제작
- 레이저생성 플라스마 광원과 방전생성 플라스마 광원의 선도개발
- 개별요소들, 하위시스템 및 전체 시스템 작동 과정에 대한 열역학, 동력학 및 진동학적 설계와 해석을 지원하기 위해서 컴퓨터 원용설계기법의 개발 및 통합
- 다중층이 코팅된 저열팽창계수 소재 마스크 모재를 포함하여 계측, 다중층 결함수리기법, 패턴검사 및 수리공정 등이 완비된 반사식 극자외선 마스크 기술개발
- 산업체와 협업을 통한 극자외선 광학계 제작
- 양호한 반사율과 안정성을 구현하기 위한 덮개층을 갖춘 다중층 개발과 제작
- 투사광학계 박스(POB)의 광학부품들을 오염되지 않은 상태로 유지시키기 위한 선도적인 환경정화 기법과 광학표면에서 탄소를 제거하기 위한 선도적인 세척기법
- 확장된 심자외선 레지스트를 사용한 광범위한 극자외선 노광 프린팅의 입증

그림 6.12 (b)에서는 이 프로그램을 통해서 개발된 공학시험장치(ETS)를 보여주고 있다. **공학시험장치**(ETS)는 극자외선 광원, 집광 및 초점조절 시스템, 동기화된 스캐닝 스테이지, 환경제어 시스템, 컴퓨터제어 및 저결함 반사마스크 등을 포함하여 완벽한 극자외선 기술을 입증할 수 있는 NA=0.1인 전역필드(24×32.5[mm^2]) 스캐닝 노광장비이다.

극자외선유한회사의 뛰어난 성과들에도 불구하고 다양한 기술적 허들로 인해서 애초에 목표로 했던 2000년대 초반까지 극자외선 노광기술을 상용화할 수는 없게 되었다. 가장 큰 문제는 공동연구개발협정의 외국회사 참여제한 조항 때문에 이 당시 세계 최고의 노광장비 제조업체인 니콘社, 캐논社 그리고 ASML社가 이 프로그램에 참여할 수 없었다는 점이다. 이로 인하여 양산용 노광기 대신에 공학시험장치를 제작한 것이 기업체들의 자금출연 매력을 떨어트리는 요인으로 작용하게 되었다. 참여업체들의 자금출연이 줄어들어서 핵심 연구자들이 국립연구소를 떠나게 되었으며, 미숙한 초보 엔지니어들이 장비를 운영하면서 영상결과가 왜곡되어 참여업체들이 자금출연을 줄이게 되었다. 2003년 초반에 극자외선 광원에서 해결할 수 없는 수준의 작동오류가 발생하여 공학시험장비가 파손되어버리면서 갑자기 극자외선유한회사 프로그램을 종료되었다.

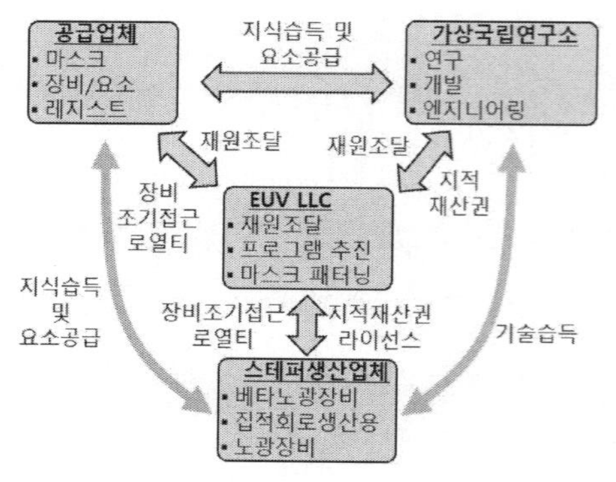

(a) 극자외선유한회사의 비즈니스 모델13

(b) 공학시험장치(ETS)14

그림 6.12 극자외선유한회사의 비즈니스 모델과 개발된 공학시험장치의 구조도

이후로 극자외선 유한회사의 연구결과와 지적재산권들은 모두 네덜란드의 ASML社로 이전되었다. 2006년에 니콘社와 ASML社는 각각 알파장비를 제작하였지만, 대량생산을 위한 요구조건에 근접하기까지는 10년의 세월이 더 필요하였다[15]. 2011~2013년 사이에 ASML社는 6대의 생산용 노광장비인 NXE:3100을 출고하였지만, 이들은 아직 양산장비라고 부르기 어려운 상태였다. 2017년 초에 들어서야 최초의 양산용 노광장비인 NXE:3400B 시스템이 출고되었다. 이 시스템은 2023년 현재도 안정적으로 5[nm] 이하 노드의 제품을 생산하고 있다.

비록 극자외선유한회사(EUV LLC)가 해피엔딩을 맞이하지는 못했지만, 1990년대 말에 제안되었던 다양한 차세대노광기술들 중에서 극자외선노광기술만이 유일하게 양산화에 성공하게 되었다는 점에서 극자외선유한회사의 성과를 높이 평가할 수 있다.[16]

6.2 극자외선용 플라스마 광원

파장길이가 13.5[nm]인 극자외선 광선을 만들어내는 방법으로는 전자저장링을 사용하는 싱크

13 Vivek Bakshi, EUV Lithography, 2'nd Edition, SPIE, 2017을 참조하여 다시 그렸음.

14 www.sandia.gov/media/NewsRel/NR2001/euvlight.htm

15 니콘社 EUV1이라는 전역필드 노광장비를 개발하였으며, 캐논社도 소형필드 노광장비를 개발하여 SELETE에 설치하였으나, 두 회사 모두 자금문제 때문에 극자외선노광기 개발을 중도에 포기하였다.

16 2023년 Canon社에서는 나노 임프린트 기술을 사용하는 5[nm]급 나노 임프린트 노광장비를 출시하였다. 하지만 이 장비의 상업적 성공 가능성에 대해서는 아직 판단하기 어려운 상태이다.

로트론 광원 이외에도 방전생성 플라스마와(DPP) 레이저생성 플라스마(LPP)가 있다.

방전생성 플라스마(DPP)의 경우, **핀치효과**라고 부르는 저온 플라스마의 자기압축을 통해서 고온 플라스마가 생성된다. 플라스마를 가열시키기 위해서 사용된 전류에 의해서 주변에 자기장이 형성되며, 이 자기장에 의해서 다시 플라스마가 압축되면서 스스로 가열된다. 방전생성 플라스마는 전극 표면과 광원 시스템에 인접한 위치에서 다량의 열이 발생하기 때문에 출력증대가 가장 어려운 문제이다. 예를 들어, 2%의 대역폭을 가지고 있는 극자외선을 2%의 변환효율과 10%의 포획능력을 가지고 200[W]의 광출력을 생성하기 위해서는 1[cm^3]의 좁은 체적 속에 100[kW]의 엄청난 전력을 투입하여야 한다. 방전생성 플라스마(DPP)는 비교적 구조가 단순하고, 복잡한 공간 및 시간적 동기화가 필요 없으며, 오염완화기구를 설치하기도 용이하다는 장점을 가지고 있지만, 양산용 노광장비에서 요구하는 고출력 광원을 만들 수 없기 때문에 싱크로트론과 더불어서 측정용 광원으로 주로 사용된다.

레이저 광선을 표적 물질에 충돌시키면 표적물질이 순간적으로 기화되면서 **레이저생성 플라스마**(LPP)가 발생된다. 광이온화에 의해서 표적물질의 초기 이온화가 발생하며, 레이저의 전기장이 이 전자들을 가속시킨다. 비탄성 충돌이 플라스마를 더욱더 이온화시켜주는 반면에 이온과의 탄성충돌은 전자의 운동 에너지를 이온운동에너지로 변환시켜준다. 자유-자유 흡수에 의한 이 플라스마 가열과정을 **역제동복사흡수**(IBA)라고 부른다. 플라스마가 팽창하면, 열에너지는 운동에너지로 변환되며, 플라스마 밀도가 감소한다. 약 30[eV] 주석 플라스마의 팽창속도는 약 20[km/s]이며, 레이저 파장길이가 길수록 변환효율이 높아진다. 파장길이가 10.6[μm]인 원적외선 레이저는 파장길이가 1.06[μm]인 적외선 레이저보다 변환효율이 약 1.9배 더 높다. 여기서 변환효율은 극자외선 광원에 투입된 에너지 대비 파장길이 13.5[nm]이며 대역폭이 2%인 극자외선 광원에 의해서 방출된 에너지의 비율로 정의된다.

레이저생성 플라스마(LPP)는 50[kHz]의 높은 반복도와 빠른 속도로 방출되는 수십 [μm] 직경의 주석 액적을 정확히 추적하여 정확한 시간에 정확한 위치에서 주석액적의 중심에 수십 [kW] 출력의 레이저를 순간적으로 조사해야만 하는 매우 복잡하고 정교한 제어 시스템이 필요하다. 더욱이, 플라스마 포집각도를 극대화하기 위해서는 컬렉터 반사경과 바로 인접한 위치에서 주석을 폭발시켜야하는 데에도 방전생성 플라스마에서 사용하는 것과 같은 오염차폐기구를 사용할 수 없어서 컬렉터오염이라는 치명적인 문제를 해결해야만 한다. 하지만 레이저생성 플라스마만이 수백 [W]의 극자외선을 송출할 수 있어서, 극자외선 노광기술을 상용화하기 위해서는 필연적으로 신뢰성 있고 안정적으로 장시간 작동할 수 있는 레이저생성 플라스마 광원이 필요하다.

6.2.1 레이저생성 플라스마 광원

고출력 레이저가 표적물질과 충돌하여 생성된 플라스마가 임계밀도에 도달하게 되면 유전율 함수가 음의 값을 갖게 되어 조사된 레이저 광선은 임계표면에 반사되며, 더 이상 전파되지 않는다. CO_2 레이저의 방사조도값이 10^{10}~10^{11}[W/cm^2] 수준인 경우, 주석(Sn)을 여러 번(Sn^{+7}에서 Sn^{+13}으로) 이온화시킬 수 있으며, 플라스마의 전자온도는 필요한 범위인 Te≃30[eV]에 도달할 수 있어서 13.5[nm] 주변에서 효율적인 극자외선 방출이 이루어진다.

레이저생성 플라스마 광원에서 발광하는 플라스마 광점은 방전생성 플라스마에 비해서 더 작으며, 방전생성플라스마에 비해서 모든 광학표면들이 훨씬 더 먼 거리에서 생성된다. 이로 인하여 에탕드 요구조건을 충족시키면서도 방전생성 플라스마보다 더 큰 입체각도로 극자외선 광선을 포집할 수 있다. 전체적인 전력 입력대비 극자외선 출력효율은 레이저생성 플라스마가 방전생성 플라스마에 비해서 더 낮지만, 레이저에서 극자외선으로의 변환효율은 약 5% 이상으로 방전생성 플라스마에 비해서 더 높다. 그러므로 광원챔버에 누적되는 열이 더 작아서 열관리 문제가 비교적 덜하다.

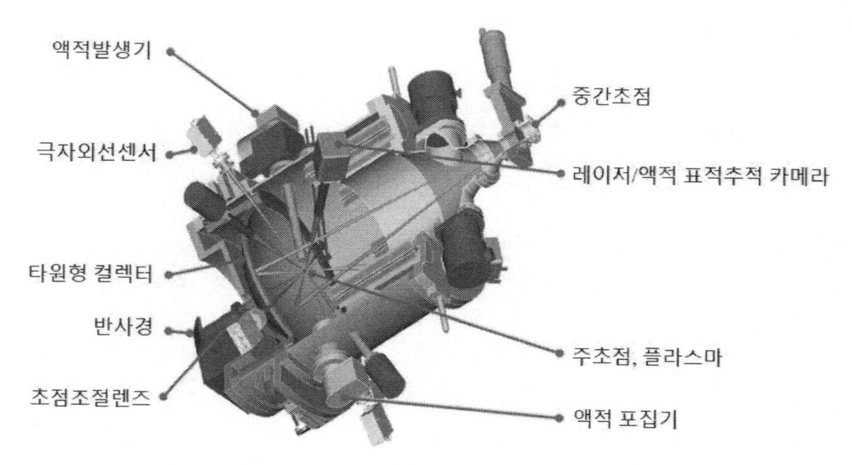

그림 6.13 싸이머社에서 개발한 레이저생성 플라스마 광원[17]

17 Igor Fomenkiv, Status and outlook of LPP light sources for HVM EUVL, 2015를 수정하여 재구성하였음.

레이저생성 플라스마 광원의 개략적인 구조는 **그림 5.2**에 도시되어 있다. **그림 6.13**에서는 싸이머社에서 개발하여 NXE:3100에 탑재되었던 레이저생성 플라스마 광원의 내부구조를 보여주고 있다. 그림의 좌측 하단에 경사지게 설치된 타원형 반사경이 극자외선을 포집하여 중간초점으로 안내하는 컬렉터 반사경이며, 그 바로 앞의 주초점 위치를 주석 액적이 통과한다. 액적발생기에서 용융되어 수십 [μm] 크기로 분사된 주석방울이 포집기 방향으로 고속으로 비행하면서 컬렉터 중앙을 가로지르는 순간에 컬렉터 가운데에 성형된 구멍을 통해서 컬렉터 후방에서 조사된 펄스레이저와 충돌하게 된다. 이 순간에 발생한 플라스마는 구체 형태로 퍼져나가며, 이를 컬렉터가 포집하여 중간초점 위치로 집속시킨다. 주석 액적의 비행 위치와 레이저 송출시점을 동기화시키기 위해서 레이저/액적 표적추적 카메라를 포함하여 다양한 센서들이 사용된다.

레이저생성 플라스마 광원은 다음의 다섯 가지 주요 구성요소들로 이루어진다.

- 주발진기-전력증폭(MOPA) 방식을 사용하는 고출력 CO_2 레이저
- 초점조절기구와 빔위치제어를 포함하는 빔전송시스템(BTS)
- 극자외선을 생성하는 레이저-플라스마 상호작용을 밀폐하기 위한 진공베셀
- 레이저빔이 조사되는 표적을 공급하기 위한 액적발생기
- 타원형 수직입사 컬렉터

극자외선 반사경들은 반사율이 약 70%에 불과하기 때문에 여러 번의 반사를 거쳐서 웨이퍼에 전달되는 광량은 중간초점 위치 출력의 약 1%에 불과하다. 그러므로 양산용 노광기의 요구조건에 맞춰서 시간당 200[wph] 이상의 처리율을 달성하기 위해서는 중간초점 위치에서 광원의 출력 용량이 250[W] 이상이 되어야만 한다. 고출력 CO_2 레이저를 사용하여 주석플라스마를 생성하는 평균 변환효율은 약 5%에 불과하다. 그리고 이를 포집하여 중간초점위치로 전송하는 컬렉터 반사경의 포집효율도 약 20%에 불과하기 때문에,[18] 중간초점 위치에서 250[W]의 극자외선을 송출하기 위해서는 25[kW] 이상의 레이저 출력이 필요하다. 그런데 광원용 베셀 내로 투입되는 에너지의 98%가 열로 변환되므로, 이를 안정적으로 통제할 정교한 열관리 수단이 필요하다. **표 6.2**에

18 포집각도로 단순 계산해 보면 포집효율은 40%이지만, 실제로 중간초점위치에 도달하는 극자외선의 비율은 20%에 불과하다.

표 6.2 2017년 기준 NXE:3400 노광기용 극자외선 광원의 요구조건

광원의 특징	요구조건
파장길이	13.5[nm]
극자외선 출력(대역 내)	250[W]* @ 20[mJ/cm^2]
반복주파수	>50[kHz]**, 상한 없음
전체적인 에너지 안정성	2[mm] 슬릿 통과 후 3σ ±0.5[%]
광원 청정도	1 × 10^{12}[pulse] 이후에 반사율 저하 10[%] 이하(상댓값)
광원출력의 에탕드	최대 3.3[mm^2 sr]***
조명에 입력되는 최대 입체각	0.03~0.2[sr]***
스펙트럼 순도	
130~140[nm](DUV/UV)[%]	웨이퍼상에서 1[%] 미만, 중간초점위치에서의 값은 설계에 의존
>400[nm](IR/가시광선, 웨이퍼상)[%]	웨이퍼상에서 10~100[%] 미만, 중간초점위치에서의 값은 설계에 의존

* 중간초점위치
** 중간초점 이후
*** 설계에 따라 다름

서는 2017년 당시에 출시되었던 NXE:3400 노광기용 극자외선 광원의 요구조건들을 요약하여 보여주고 있다.

스펙트럼 순도

극자외선 노광기의 광학계는 Mo/Si 다중층 박막으로 이루어진 다수의 반사표면들을 사용한다. 이 반사표면들은 정확히 13.5[nm] 파장에 대해서 건설적 간섭을 일으키도록 제작되었기 때문에, 광원은 13.5[nm]를 중심으로 2% 이내의 대역폭(±3σ)을 가져야만 한다.

에탕드

에탕드는 극자외선을 방출하는 플라스마의 면적과 컬렉터 광학계에 의하여 만들어지는 입체각의 곱으로 정의된다. 사양값은 1~3.3[mm^2 sr]이 적용되며, 조명과 투사광학 설계에 의존한다. 광원의 에탕드가 너무 크다면 광선 중 일부가 투사광학계로 전달되지 않고 손실되어 버린다.

조사안정성

노광공정의 제어는 웨이퍼로 전달되어 레지스트를 감광시키는 에너지를 제어하는 능력에 의존한다. 중요 형상에 대한 노출관용도는 단지 수%에 불과하다. 충분한 조절능력을 갖추기 위해서는 광원 자체의 조사량 오차가 수분의 일% 이내로 관리되어야 한다. 펄스형 광원을 사용하므로,

높은 반복률과 펄스 간 에너지제어를 통해서 조사안정성을 구현할 수 있다. 양산에 사용되는 레이저생성 플라스마 광원은 50[kHz]의 반복률로 작동하며, 조사량 오차는 0.5% 미만에 불과하다.

수명

레이저생성 플라스마 광원은 열악한 오염환경하에서 작동하며, 극단적인 평탄도와 다중층 코팅을 갖춘 대형의 곡면형상을 갖춘 극자외선 광학부품들은 매우 비싸기 때문에, 컬렉터 수명은 매우 중요한 요구조건이다. 플라스마로부터 방출되는 주석오염물질, 고에너지 이온, 그리고 중성물질들이 컬렉터 표면과 반응하여 시간이 경과함에 따라서 반사율이 저하된다. 광원(특히 컬렉터)의 수명목표는 30,000[hr]로 설정되어 있다.

6.2.2 질량제한표적

극자외선 플라스마를 생성하기 위해서 연료로 사용되는 주석(Sn)이 고출력 레이저와 충돌하는 과정에서 극자외선 플라스마와 더불어서 다량의 오염물질들이 생성되며, 이는 광원의 수명을 감소시키는 주요 원인으로 작용한다. 따라서 필요 최소한의 연료를 사용하여 최대한의 변환효율을 구현하기 위해서 직경이 작은 액체 방울을 연료로 공급하는 **질량제한표적**이라는 개념이 사용되고 있다. **그림 6.14 (a)**에서는 질량제한표적 운영시스템의 구조를 개략적으로 보여주고 있다. 액적 발생기는 주석을 용융시켜서 저장하는 저장용기와 액체 주석을 직경 30[μm] 미만의 작은 방울로 만들어서 1초에 5만 개(50[kHz])의 액적을 70~100[m/s]의 고속으로 송출하는 노즐로 이루어진다. 노즐에는 압전구동식 주파수변조기가 설치되어서 액적의 송출률을 조절한다.

고속으로 송출된 액적을 정확한 위치에서 정확한 타이밍에 고출력 CO_2 레이저와 충돌시켜야 하므로, x-유동 카메라와 z-유동 카메라를 사용하여 액적의 위치와 속도를 모니터링한다. 액적의 횡방향 위치안정성(3σ)과 종방향 위치안정성(3σ)은 모두 2[μm] 미만으로 유지되어야 한다.

질량제한표적을 사용하여 오염물질의 발생량을 획기적으로 낮췄지만, 구형의 액적 앞면에 고출력 레이저를 조사하여 극자외선 플라스마가 발생되는 순간 모든 적외선 레이저는 극자외선 플라스마에 반사되므로 액적의 뒷부분 물질들은 플라스마화되지 못하고 오염물질로 비산되어버린다. 이를 해결하기 위해서 **사전펄스**기술이 개발되었다. 주펄스가 조사되는 위치보다 조금 앞에서 광강도가 약한 레이저를 액적에 조사하면 액적이 **그림 6.14 (b)**의 위쪽 사진에 도시된 것처럼, 원판 형태로 파쇄되어 버린다. 이렇게 원판형상으로 단면적이 커지고 두께가 얇아진 주석 증기구름에 고출력 주펄스 레이저를 조사하면 아래쪽 사진에서와 같이 주석증기가 폭발하면서 높은 비율로 극자외선 플라스마가 생성되며, 오염물질 생성률이 크게 낮아진다.

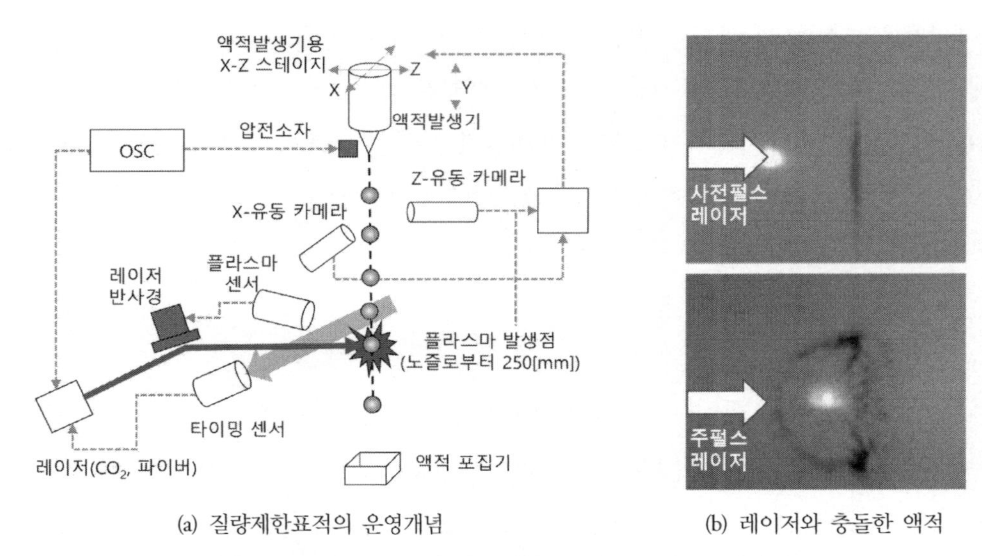

(a) 질량제한표적의 운영개념 (b) 레이저와 충돌한 액적

그림 6.14 질량제한표적 운영 시스템의 구성과 플라스마 변환[19]

6.2.3 컬렉터

레이저생성 플라스마(LPP) 광원에서 구체 형상으로 방출되는 극자외선을 포집하여 소위 중간초점(IF)이라고 부르는 점위치로 집속시키기 위해서 사용하는 반사경 또는 반사경 어레이를 **컬렉터**라고 부른다. 극자외선은 모든 물질에 대해서 강력한 흡수특성을 가지고 있기 때문에, 이를 포집하여 높은 비율로 중간초점으로 반사시키기 위해서 초기에는 스침각 반사경 어레이로 이루어진 컬렉터를 사용하였으나, 포집각도가 제한적이라는 단점을 가지고 있었다. 이후로 Mo/Si 다중층을 증착한 대구경 비구면 반사경 제작기술이 도입되면서 포집각도를 획기적으로 증가시킬 수 있었으며, 다양한 오염저감기술들의 개발을 통해서 현재는 높은 포집효율과 긴 수명을 갖춘 수직입사 컬렉터가 양산에 사용되고 있다.

19 Hakaru Mizoguchi, Short wavelength light source for semiconductor manufacturing, Komatsu, Technical Report, 2016을 참조하여 다시 그림.

6.2.3.1 스침각입사 컬렉터

그림 5.3에서 스침각 입사/반사 광학계에 대해서 살펴보았다. 광선이 광학표면에 큰 각도로 입사되면 고난이도의 다중층 코팅 없이도 표면에 거의 흡수되지 않고 반사된다는 특성 때문에 스침각 광학계는 X-선이나 감마선 관측을 위한 우주망원경에 사용할 목적으로 개발되었다.[20] 스침각입사 컬렉터는 플라스마의 크기가 크고 다량의 주석오염물질이 생성되는 방전생성 플라스마 광원에 적합하다. 스침각 광학계는 극자외선이 플라스마 광원으로부터 한 번만 빛이 통과한다는 특성 때문에 각도가 서로 다른 원추형상의 박판들을 겹쳐서 만든 오염물 필터[21]를 광원에 인접하여 설치하면 대부분의 오염물질들을 걸러낼 수 있다. 월터형 컬렉터는 두 번의 연이은 반사를 통해서 구면수차가 거의 없는 설계를 구현할 수 있어서 방전생성 플라스마가 필요로 하는 큰 물체측 필드를 구현해준다. 하지만 스침각 광학계는 구조적인 한계 때문에 하나의 반사경으로 포집할 수 있는 각도가 매우 작아서, 얇은 종형상의 반사경들을 다양한 각도형상으로 제작하여 동심형태로 조립하여야만 한다.

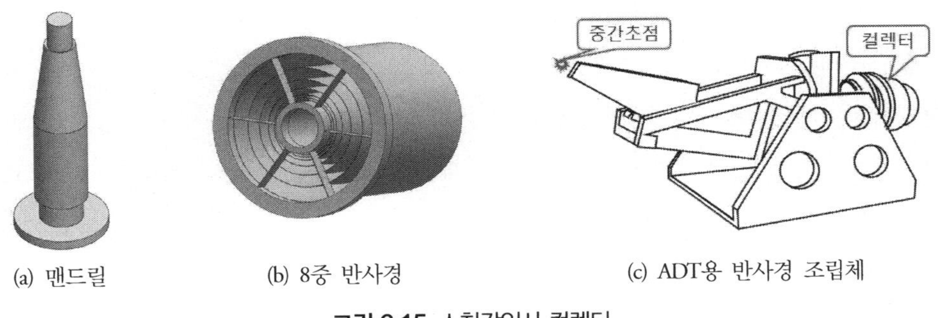

(a) 맨드릴 (b) 8중 반사경 (c) ADT용 반사경 조립체

그림 6.15 스침각입사 컬렉터

반사경은 **그림 6.15 (a)**에서와 같이 초정밀 제작된 맨드릴 표면에 크롬과 같은 금속을 증착하여 제작하며, 이를 맨드릴에서 분리한 다음에 내부 반사표면에 루테늄, 로듐, 팔라듐 등 극자외선 반사에 알맞은 코팅을 시행한다. **(b)**에서는 8개의 반사경 쉘들이 동심형태로 조립된 스침각 반사경 조립체를 보여주고 있다. **(c)**에서는 스침각입사 컬렉터가 설치된 광원 모듈의 외형을 보여주고

20 Hans Wolter는 1952년에 X-선 망원경을 제작하기 위하여 세 가지 유형의 스침각 반사경을 설계하였다.

21 이를 콜리메이터 형상이라고 부른다.

있으며, 이 광원은 2008년에 최초의 연구용 전역필드 극자외선 시스템인 알파데모장비(ADT)에 설치되었다. 이 장비는 양산용 극자외선 노광기에 필요한 각종 기술적 문제들을 해결하는 데에 결정적인 공헌을 하였지만, 포집각도의 한계 때문에 양산장비에는 적용되지 못하였다.

6.2.3.2 수직입사 컬렉터

주석 액적에 고출력 레이저가 충돌하면 구면형태(4π[sr]=12.57[sr])로 플라스마가 방출된다. 이를 포집하여 하나의 초점(중간초점)위치로 전송하기 위해서 **수직입사 컬렉터 반사경**이 사용된다. 수직입사 컬렉터는 스침각입사 컬렉터에 비해서 레이저생성 플라스마 주변을 손쉽게 둘러쌀 수 있기 때문에 더 많은 광선을 포집하며, 높은 열부하하에서도 열상품질 왜곡이 작은 상태로 광선을 전송할 수 있다. 비록 수직입사 컬렉터의 구면수차를 완전히 없앨 수는 없지만, 레이저생성 플라스마의 광원 크기가 작기 때문에, 단순한 타원형 컬렉터 반사경 설계를 사용하여 광선을 포집할 수 있다. 수직입사 컬렉터 반사경은 **그림 6.16 (b)**에 도시되어 있는 것처럼 중앙에 구멍이 성형된 비구면 반사경으로서, 직경은 약 600[mm]에 달하며, 컬렉터 중앙의 표면위치로부터 약 200[mm] 떨어진 위치에서 주석액적이 폭발과 함께 극자외선 플라스마를 방출한다. 비구면 형상의 컬렉터 반사경은 약 5[sr]의 포집각도를 가지고 있으므로 약 40%의 극자외선을 포집할 수 있다. 컬렉터 표면에는 높은 반사율을 구현하기 위해서 나노미터 미만 수준의 표면거칠기를 갖춘 Mo/Si 다중층 박막이 코팅되며, 엄청난 열부하에 노출되기 때문에 컬렉터 뒷면으로는 냉각수를 흘려보내면서 능동냉각을 수행하여 열변형을 최소화하여야 한다.

(a) 수직입사 컬렉터의 외형22

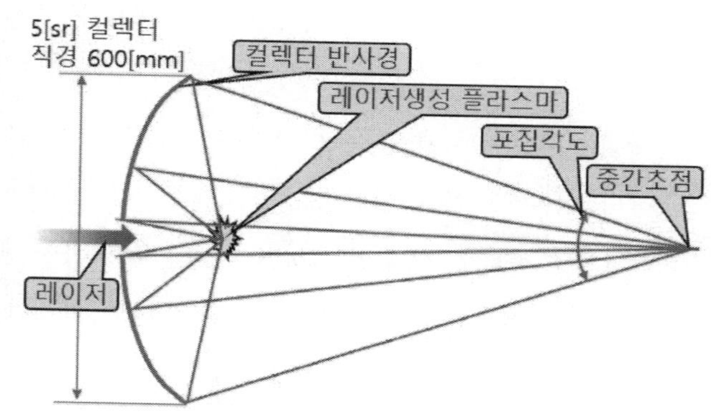

(b) 수직입사 컬렉터에 반사되는 광선의 경로23

그림 6.16 수직입사 컬렉터

그림에서 알 수 있듯이 주석 플라스마에서 방출된 극자외선 중에서 컬렉터 방향으로 방출된 극자외선만이 포집되어 중간초점 위치로 안내되며, 나머지 극자외선들은 손실되어버린다. 그리고 극자외선의 궤적이 광원에서 컬렉터로, 그리고 컬렉터에서 중간초점으로 왕복하기 때문에 스침각입사 컬렉터에서와 같이 오염물필터를 설치할 수 없다. 따라서 용융주석 파편에 컬렉터 표면이 그대로 노출되기 때문에 오염에 취약하다.

6.2.3.3 컬렉터 오염

현재 사용되고 있는 양산용 노광기의 경우, 주당 약 2[kg]의 주석을 사용한다. 이론적으로는 주석이 플라스마로 변하면서 극자외선을 방출하지만 실제로는 대부분의 주석들이 플라스마로 변환되지 않은 채로 방출되기 때문에, 만일 오염완화기법을 사용하지 않는다면 단지 30초 만에 컬렉터 표면은 사용할 수 없을 정도로 반사율이 저하되어버린다. **컬렉터 오염**을 유발하는 오염의 원인들을 살펴보면 쿨롱가속에 의해 고속으로 이동하는 주석이온에 의한 컬렉터 침식, 중성의 주석증기들에 의한 스퍼터링, 그리고 전하교환충돌을 통해서 고에너지 이온에서 저속 중성증기로 전하가 전달되어 만들어진 고에너지 중성증기에 의한 표면손상 등으로 구분할 수 있다.

극자외선 광자를 생성하기 위해서 사용되는 플라스마의 에너지는 대략적으로 20~30[eV] 수준이다. 하지만 플라스마에서 방출되는 **이온**들의 에너지는 이보다 수백 배 더 높은 수[keV] 수준이며, 이는 거의 **쿨롱가속**으로 인한 것이다. 플라스마가 팽창하면 전자들은 이온보다 훨씬 더 빠른 속도로 이동하면서 전기장을 형성한다. 이 전기장에 의하여 가속된 이온들이 컬렉터 표면을 침식시키는 것을 방지하기 위해서는 이온들의 속도를 늦추거나 진행방향을 바꿔야만 한다. **그림 5.2**에서 컬렉터의 위와 아래에 설치된 링 형상의 (초전도) 전자석을 사용하여 컬렉터 앞쪽의 공간에 강력한 자기장을 부가하면, 이온들의 경로가 휘어지면서 컬렉터로부터 멀어지게 된다. 이를 통해서 대부분의 이온들을 제거할 수 있다.

하지만 대부분의 주석 입자들은 중성 증기의 형태이기 때문에 자기장에 전혀 영향을 받지 않는다. **중성증기**에서는 쿨롱가속이 일어나지 않지만, 플라스마의 온도가 높기 때문에 컬렉터 표면에서 증착과 스퍼터링을 유발할 우려가 있다. 그리고 고에너지 이온들과의 전하교환충돌을 통해

22 www.iof.fraunhofer.de
23 Vivek Bakshi, EUV Lithography, 2'nd Edition, SPIE, 2017을 참조하여 다시 그렸음.

서 생성된 고에너지 중성증기들은 자기장으로 제거할 수 없지만, 이온과 동일한 손상을 유발한다. 질량제한표적과 사전펄스기법 등을 적용하여 이온화 비율을 극대화시키고 자석식 오염완화기구가 가능한 한 많은 오염물질들의 운동방향을 바꿔주지만, 일부의 주석증기들이 여전히 중성으로 남아서 컬렉터 위에 증착되며, 증착률은 0.1[nm/MPulse]인 것으로 보고되었다. 중성증기로 인한 오염을 완화시키기 위해서 버퍼가스(H_2)를 챔버 속으로 주입하여 중성증기의 운동속도 감소와 진행방향을 변경하는 방법이 사용되고 있다. 이 가스가 이온 및 중성증기들과 충돌하면서 이들의 운동속도를 감소시키고 궤적을 변화시킨다. 이 기법은 현재 대부분의 레이저생성 플라스마 광원에서 사용되고 있다. 버퍼가스로는 극자외선 흡수율이 낮은 수소(H_2)가스를 사용하고 있으며, 양산용 극자외선 노광기에서는 광원챔버 내의 압력이 약 1[Torr] 정도로 유지되도록 수소가스를 주입하고 있다.

주석 액적이 플라스마로 완전히 변환되지 않는 경우에 주석은 중성의 증기들과 더불어서 큰 **주석입자**를 형성한다. 중성의 주석입자들은 증기보다 훨씬 커서 버퍼가스와의 충돌로는 제어하기가 어렵다. 따라서 입자생성을 최소화시키면서 증기생성이 극대화되도록 광원을 설계해야만 한다. 증기생성을 극대화하기 위해서는 다음의 세 가지 요소들이 필요하다.

- 주석 액적의 크기가 작아서(수십 [μm]수준) 레이저펄스에 의해서 대부분의 주석이 기화되어야 한다.
- 사전펄스를 조사하여 주석 액적을 넓고 얇은 원판 형태로 파쇄하여 주펄스의 에너지가 모든 주석입자들에 고르게 조사되도록 만들어야 한다.
- 사전펄스와 주펄스의 타이밍을 정확히 조절하여 변환효율을 극대화시킨다.

앞서 설명한 다양한 대책들을 통해서 컬렉터 오염을 완화시킬 수 있지만, 완전히 막지는 못한다. 시간이 지나면서 주석 파편들이 컬렉터 표면과 충돌하면 컬렉터 표면에 손상이 일어나며, 반사율이 저하된다. 양산용 극자외선 노광기의 경우에는 반사율이 10% 저하되기까지의 수명이 1[TPulse]에 이르러야만 한다. 컬렉터의 반사율이 초기값보다 10% 이상 저하되면 컬렉터를 분해한 후에 액상의 화학물질을 사용하여 컬렉터 세척을 수행하였다.[24, 25] 하지만 이 방법은 허용할

24 컬렉터를 포함하여 무거운 부품들을 들어올리기 위해서 극자외선노광기의 상부에는 크레인이 설치되어 있다.

수 없는 수준의 장비 정지시간을 초래하였다. 이를 극복하기 위해서 컬렉터 챔버를 분해하지 않은 상태에서 컬렉터를 세척하는 **현장세척** 방법이 개발되었다. 컬렉터 현장세척과정을 수행하는 동안 광원 챔버를 대기압으로 만들 필요가 없으며, 극자외선 광원을 정지시킬 필요도 없다. 현장세척에는 수소 라디칼(원자수소)을 사용한다. 컬렉터 표면에 증착된 주석이 수소 라디칼에 노출되면 휘발성 기체인 스탄난(SnH_4)이 생성된다.

$$Sn(s) + 4H(g) \rightarrow SnH_4(g) \tag{6.2}$$

이런 방식으로 컬렉터 표면에 증착된 주석을 식각할 수 있다.

정상적인 광원 작동 중에 이미 버퍼가스로 수소가스를 주입하며, 이 수소가스가 플라스마와 반응하여 수소 라디칼들이 생성된다. 원자수소세척과 관련된 연구결과에 따르면 컬렉터 표면에서 주석원자 하나를 스탄난으로 변환시키기 위해서 약 94,000개의 수소 라디칼들이 필요하다. **그림 6.17**에서는 컬렉터 주변에 반원형으로 원자수소 공급용 유리관을 설치하여 원자수소 세척을 시행하기 전과 후의 모습을 보여주고 있다. 이 연구에서는 광원챔버 외부에서 수소 라디칼을 생성하여 유리관을 통해서 컬렉터 표면으로 송풍하였으며, 거의 완벽하게 반사율이 복원되었다.

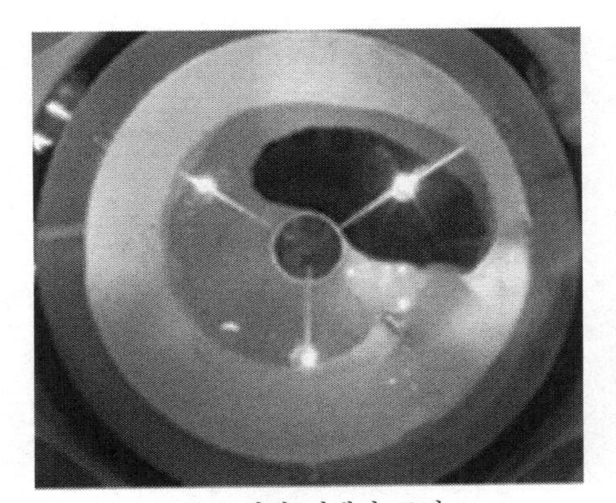
(a) 오염된 컬렉터 표면

(b) 세척된 컬렉터 표면

그림 6.17 컬렉터 표면의 오염과 세척[26]

25 컬렉터를 독일 자이스社로 가져가서 세척하여야 한다.

26 Rudy Peeters, EUYV Lithography NXE Platform performance overview, 2014 SPIE Advanced Lithography.

원자수소 세척기술의 개발로 인해서 드디어 30,000[hr]의 수명 요구조건을 실현할 수 있는 길이 열리게 되었다.

6.2.4 상용 레이저생성 플라스마 광원

극자외선용 광원은 크게 고출력 적외선 레이저 발생기와 주석연료를 사용하는 극자외선 광원 챔버의 두 부분으로 나뉜다. **그림 6.18**에서는 싸이머社에서 생산한 주석연료를 사용하는 극자외선 광원챔버의 내부구조를 개략적으로 보여주고 있다. 이 광원은 NXE:3100에 설치되었던 모델이다. 그림의 상단에는 주석액적을 송출하는 액적발생기가 위치하며, 송출된 액적은 **충전-편향 제어기**를 통과하면서 궤적이 꺾여서 진행한다. 그림에서는 액적이 위에서 아래로 떨어지는 것처럼 보이지만, 실제로는 수평방향으로 진행한다. 액적이 컬렉터의 중심위치에 도달하는 순간에 사전펄스가 조사되면서 액적은 얇은 원반 모양으로 기화되며, 다시 주펄스와 충돌하면서 극자외선 플라스마를 만들어낸다. 이 극자외선 중에서 약 40%가 컬렉터에 의해서 포집되어 우측의 중간초점 위치로 보내진다. 1초에 약 5만 개(50[kHz])의 액적을 플라스마화시키며, 사용되지 않은 액적은 주석 캐처로 포집하여 폐기한다.

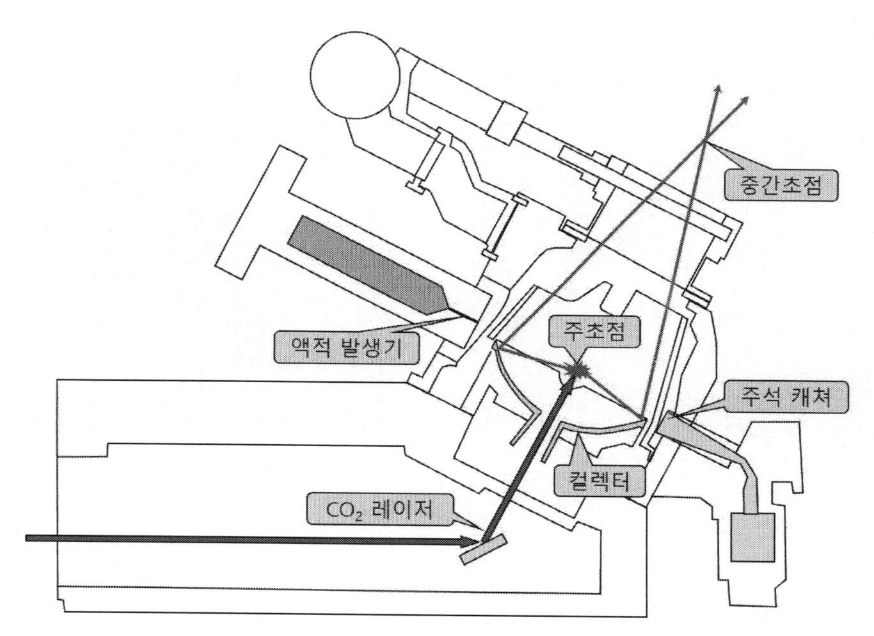

그림 6.18 싸이머社에서 생산한 NXE:3100용 레이저생성 플라스마 광원의 개략도

예를 들어 하나의 다이에 대한 스캐닝을 끝내고 다음 다이로 이동하는 동안은 극자외선을 만들지는 않지만, 주석송출을 중단시킬 수는 없다. 이런 기간 동안 사용하지 않은 액적들을 주석캐쳐가 포집하는 것이다. 컬렉터는 그림에서와 같이 비스듬하게 기울어져서 설치되어 있으며, 컬렉터의 우측 상부에 중간초점이 형성된다. NXE:3100의 경우에는 약 27[deg] 정도 기울게 설치되며, NXE:3300 이후로는 62[deg]만큼 기울게 설치된다.

그림 6.19에서는 알파장비 성격인 NXE:3100에 탑재되었던 고출력 레이저 발생기와 빔전송 시스템, 그리고 극자외선 광원챔버의 모습을 보여주고 있다. 특히 우측의 사진은 극자외선 광원챔버의 실제 모습이다. 고출력 CO_2 레이저 발진기는 광원챔버와 함께 클린룸층에 설치되었으며, 진공도파로와 반사경을 통해서 컬렉터 하우징이라고 표기된 광원챔버로 안내된다. 광원 챔버는 직경이 1[m], 길이는 1.75[m]이며, 질량은 약 2,700[kg]에 달한다. 컬렉터 반사경은 직경이 650[mm] 이상으로서 5.2[sr]의 각도로 극자외선을 포집한다.[27] 컬렉터의 극자외선 평균 반사율은 60% 이상이었으며, 액적 방출률은 50[kHz] 이상, 그리고 중간초점으로 전송되는 극자외선 에너지는 200[W] 이상이었다. 알파장비 성격인 NXE:3100은 10기가 생산되어 5년 이상 운영하면서 1세대 광원에 대한 초기 조사안정성과 출력증대에 대한 연구에 활용하였다.

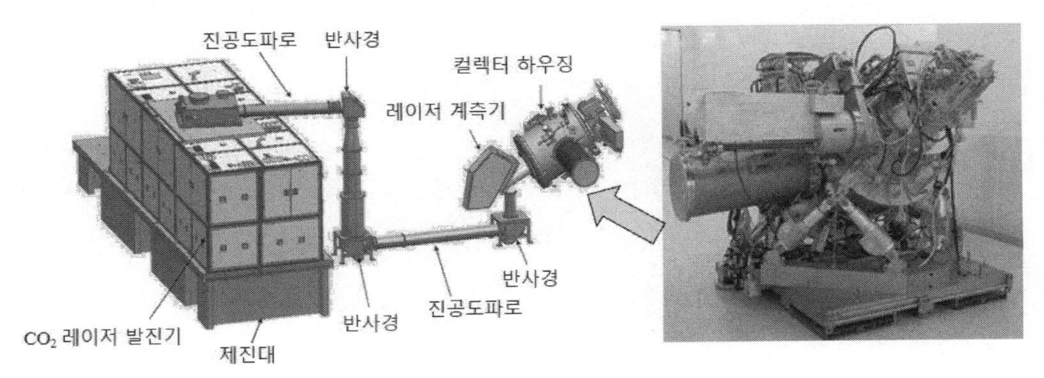

그림 6.19 NXE:3100의 고출력 레이저 발생기와 극자외선 광원챔버[28]

그림 6.20에서는 베타장비 성격인 NXE:3300B에 탑재되었던 고출력 레이저발생기와 빔전송시

27 포집각도로 단순 계산해 보면 포집효율은 41.3%이다.

28 David C. Brandt, LPP Source System Development for HVM

스템, 그리고 극자외선 광원챔버의 모습을 보여주고 있다. 특히 좌측의 사진은 극자외선 광원챔버의 실제 모습이다. 고출력 레이저 발진기는 클린룸층에 설치되거나 클린룸 하부의 그레이룸에 설치되며, 진공도파로와 반사경을 통해서 광원챔버로 안내된다. 광원챔버는 직경 1.9[m], 길이 1.1[m]로 NXE:3100에 비해서 뚱뚱하고 짧아졌으며, 질량은 약 4,000[kg]으로 크게 증가하였다. NXE:3300B의 광원구동용 레이저부터는 사전펄스 작동모드를 사용하는 주발진기 전력증폭(MOPA) 레이저 구조를 사용한다. 액적 방출률은 50[kHz]이며, 사전펄스는 액체주석 표적을 저밀도 원반 형태로 변환시켜서 주펄스 초점위치로 전달한다. 구동용 레이저에서 방사된 고에너지 주펄스가 저밀도 표적에 집속되면 극자외선을 방출하는 고도로 이온화된 플라스마가 생성된다. 이 시스템에 사용된 고출력 레이저는 최대 40[kW] 이상을 송출할 수 있으며, 27[kW]로 사용된다. 중간초점에 전달되는 극자외선 출력은 250[W]에 달한다.

그림 6.20 NXE:3300B의 고출력 레이저 발생기와 극자외선 광원챔버29

레이저생성 플라스마의 극자외선 출력을 높이기 위해서는 고출력 CO_2 레이저의 구조가 매우 중요하다. 극자외선 광원에 사용할 수 있는 상용 고출력 CO_2 레이저 증폭기는 **고속 축방향 유동**방식과 **고속 횡방향 유동**방식으로 나뉜다. 트럼프社(독일)에서는 **그림 6.21**에 도시된 것과 같이 고속 축방향 유동과 RF 펌핑방식을 사용하는 CO_2 레이저 증폭기인 TruFlow 시리즈를 공급하고 있다. 이 증폭기에서는 CO_2, N_2 및 He 혼합가스가 RF 방전영역을 축방향(레이저 진행방향)으로 통과하여 분사되면서 RF 방전에 의해서 유발되는 기체가열을 감소시켜준다. 그림에서와 같이 사각형 구조를 사용하여 4개의 고속 축방향유동 CO_2 증폭기를 직렬로 배치하여 단일 증폭기보다 훨씬 더 큰 증폭을 구현할 수 있으며, 이를 상하에 복열로 배치하여 출력을 증대시킨다.

29 www.vevdl.com/nl/projectlijst/de-wereld-van-vdl

그림 6.21 트럼프社의 TruFlow 레이저 증폭기[30]

일본의 미쓰비시社에서는 CO_2 가스의 고속 횡방향 유동을 사용하여 고출력 레이저구동기를 제작한다. 횡방향 유동의 장점은 가스가 매우 짧은 시간 동안 방전영역을 통과한다는 것이다. 이로 인해서 뛰어난 레이저 이득성능을 구현할 수 있다.

두 가지 유형의 증폭기 모두 양산형 극자외선 노광기에 적용하기 위해서 필요한 출력, 안정성, 빔품질, 그리고 신뢰성을 갖춘 20[kW] 이상의 고출력 CO_2 레이저를 송출할 수 있기 때문에 현재 성공적으로 250[W] 이상(실제로는 300[W] 이상)의 극자외선을 안정적으로 송출할 수 있는 단계에 이르게 되었다. **그림 6.22**에서는 미쓰비시社에서 제작한 4단 레이저 증폭기를 사용하는 250[W]급 극자외선 광원의 구조를 보여주고 있다.

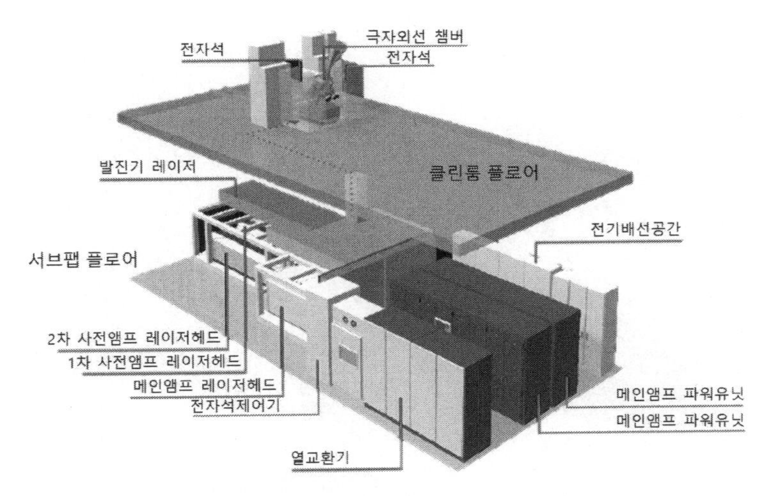

그림 6.22 250[W]급 극자외선 광원의 구조[31]

30 www.trumpf.com
31 Hakaru Mizoguchi, Update on One Hundred Watt HVM LPP-EUV Light Source, 2015 International Workshop on EUV

그림에서 알 수 있듯이, CO_2 레이저용 주발진기와 4단의 레이저 증폭기는 서브팹에 설치되어 있으며, 진공도파로를 통해서 상부의 클린룸층으로 안내된다. 클린룸층에는 극자외선 광원챔버가 설치되어 있으며, 전자석은 오염제거 장치를 의미한다. 그림에는 도시되어 있지 않지만, 광원 앞쪽으로 노광용 스캐너가 설치되며, 로드포트를 통해서 포토장비와 이어져 있다.

6.3 반사광학계

극자외선은 소재와 기체에 대해서 강한 흡수성을 가지고 있으므로, 포토마스크를 포함한 모든 광학요소들을 반사경의 형태로 만들어야 한다. 그런데 λ=13.5[nm]인 극자외선에 대한 모든 소재들의 굴절계수는 1에 근접하기 때문에[32], 건설적 간섭을 일으키는 브래그격자 형태의 다중층을 제작해야만 한다. 이를 통해서 이론적으로는 약 74%의 반사율을 구현할 수 있다. 즉, 한 번 반사할 때마다 최소한 26%의 광출력이 소실되어버린다. 따라서 극자외선 광학 시스템의 설계에서는 반사경의 숫자를 최소화시켜야만 한다. 그리고 전역필드 내에서 균일한 광학성능을 구현하기 위해서는 비구면 반사경이 필요하다. **그림 6.23**에서는 극자외선 노광용 반사광학계의 광학 트레인을 보여주고 있다.

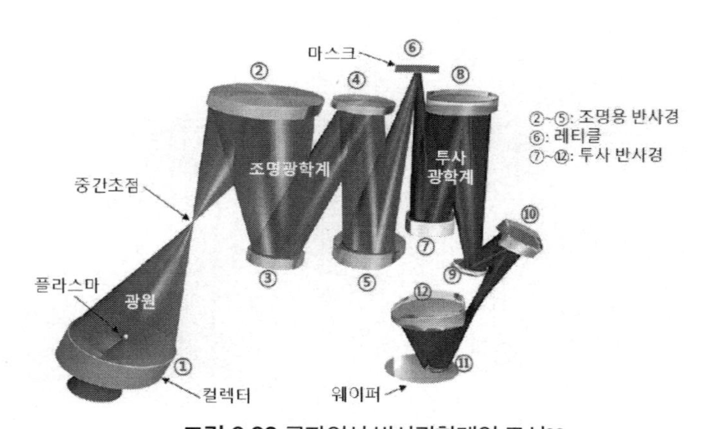

그림 6.23 극자외선 반사광학계의 구성[33]

Lithography을 인용하여 수정하였음.

32 반사되지 않고 투과되면서 흡수되어 소실되어버린다.

33 Sascha Migura, Optics for EUV Lithography, 2018 EUVL workshop.을 수정하여 재구성하였음.

플라스마 광원에서 방출된 극자외선은 ① 컬렉터에 의해서 포집되어 소위 중간초점이라고 부르는 조명입구측 위치로 집속된다. 컬렉터에서 중간초점까지를 감싸는 구조를 광원챔버라고 부른다. 중간초점에서 다시 확산된 극자외선은 ②~⑤번으로 표시된 조명용 광학계를 거치면서 **그림 6.3**에 도시되어 있는 것과 같은 링필드 형상의 슬릿 빔으로 성형된다. ⑥번은 반사식 포토마스크로서, 스캐닝 노광을 위해서 고속[34]으로 왕복운동을 한다. ⑦~⑫번은 투사광학계로서 마스크에서 반사된 패턴정보를 4:1로 축소하여 웨이퍼 표면에 조사한다.

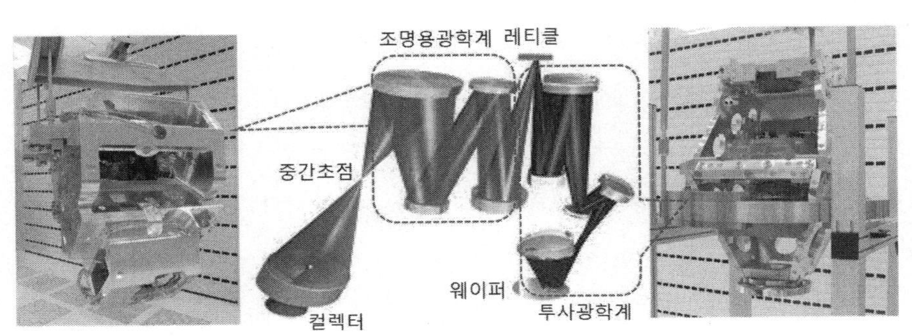

(a) Starlith®3100의 조명광학계와 투사광학계

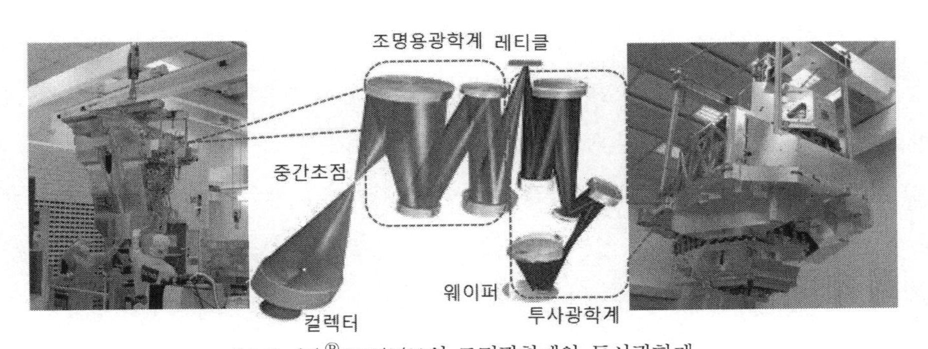

(b) Starlith®3300/3400의 조명광학계와 투사광학계

그림 6.24 Starlith®3X00 시리즈의 조명용 광학계와 투사광학계[35]

그림 6.24 (a)와 **(b)**에서는 각각, Starlith®3100과 Starlith®3300/3400의 조명광학계와 투사광학계를 비교하여 보여주고 있다. 반사경 폴리싱과 같은 핵심 광학기술의 향상과 더불어서 비축 유연

34 4:1 축소노광을 위해서 웨이퍼 스테이지 스캔속도의 4배로 움직여야 한다.
35 Sascha Migura, Optics for EUV Lithography, 2018 EUVL workshop.

조명과 같은 핵심 광학기술들의 개발을 통해서 양산용 극자외선 노광 시스템들이 실현되었다.

이 절에서는 극자외선 광선의 반사를 위해서 요구되는 반사경의 표면품질, 조명시스템, 마스크 스캐닝, 투사광학상자의 순서로 극자외선 노광의 광학 트레인을 구성하는 주요 구성요소들에 대해서 살펴보기로 한다.

6.3.1 반사경의 표면품질

반사경의 제작은 극자외선 노광기술의 구현을 위한 매우 중요한 기술적 도전과제였다. 표면윤곽(LSFR), 중간대역 공간주파수 조도(MSFR, 공간파장길이 1[mm]~1[μm]), 그리고 고대역 공간주파수 조도(HSFR, 공간파장길이 1[μm]~10[nm])에 대한 사양값들을 동시에 충족시켜야만 한다. 더욱이 반사경에 대해서 요구되는 형상오차는 하나의 필드점에 속하는 광학점유면적에 대해서 55[pm rms], 그리고 반사경 전체에 대해서는 100[pm rms]를 유지해야만 한다. 이는 반사경의 표면품질을 원자단위에서 관리해야한다는 것을 의미한다.

반사경 제작의 첫 번째 단계는 밀링과 연삭가공으로부터 시작된다. 외곽형상에 대한 절삭가공이 끝나고 나면, 폴리싱 장비를 사용하여 표면 거칠기를 줄여나간다. 100[pm] 범위에 도달하기 위해서는 적절한 폴리싱 슬러리와 폴리싱 패드를 선정하는 것이 매우 중요하다. 표면형상 보정에는 전구경 간섭계를 사용하여 측정한 오차지도를 기반으로 하여 국부형상을 가공하는 컴퓨터제어방식의 형상가공기술이 사용된다. 형상보정 과정은 잔류 공구자국(주로 중간대역 공간주파수 조도)이나 에칭효과(주로 고대역 공간주파수 조도)를 남겨서 거칠기를 악화시키는 경향이 있는 반면에, 대형 공구를 사용한 다듬질은 공구 표면과 반사경 표면 사이의 부정합으로 인해서 비구면 형상의 변형을 초래한다. 반사경 형상 전체를 충분히 매끄러운 표면으로 수렴시키기 위해서는 반복작업을 통해서 다듬질과 보정의 세심한 균형을 맞춰야만 한다. 반사경의 표면품질은 공학시험장치(ETS)의 경우 1.25[nm rms] 미만이었던 것이 Starlith®3100에서는 0.75[nm rms] 미만으로 개선되었으며, Starlith®3300에서는 0.25[nm rms] 미만을 구현하였다.

가공 공정에서 구현 가능한 정밀도는 사용된 계측장비의 정확도에 의해서 제한된다. 반사경의 표면윤곽을 측정하는 **전구경간섭계**는 반사경 구경 전체를 10[nm] 미만의 정확도와 원자규모의 정밀도로 측정할 수 있어야만 한다.[36] 전구경간섭계를 사용하여 반사경 표면의 비구면 형상에 대

36 정확도(accuracy)는 절댓값, 정밀도(precision)는 상댓값이라고 이해하면 된다. 보다 엄밀한 정의에 대해서는 Smith저,

한 2차원 표면윤곽지도를 작성한 다음에 컴퓨터제어 형상가공기를 사용하여 형상보정을 수행한다. 이 과정을 통해서 표면형상오차를 100[pm] 미만으로 가공하기 위해서는 가공장비의 반복도가 100[pm]보다 훨씬 낮아야만 한다. 중간대역 공간주파수 조도는 **마이크로간섭계**를 사용하여 측정한다. 그리고 고대역 공간주파수 조도는 **원자작용력현미경**(AFM)을 사용하여 측정한다. 이들 세 가지 계측장비를 사용하여 취득한 데이터들을 통합하여 10[pm] 수준의 측정 반복도와 20[pm] 수준의 측정 정확도를 구현하여야 한다.

극자외선 노광용 반사경 표면에서는 입사되는 극자외선의 약 70%만 반사되며, 약 30%는 흡수되어 열로 변환된다. 극자외선 노광시스템 전체가 진공챔버 속에 설치되어 있기 때문에, 흡수된 열을 배출하기가 쉽지 않다. 이로 인하여 노광 중에 반사경 표면의 온도가 수 켈빈 정도 상승할 수 있다. 반사경 가열문제를 극복하기 위해서는 반사경에 열팽창계수가 0인 소재를 사용해야 한다. 이를 충족시키는 소재는 유리세라믹(ZERODUR®나 CLEARCERAM®)이나 비정질 티타늄이 도핑된 용융실리카(ULE®)밖에 없다. 이런 소재들은 특정한 온도(예를 들어 23[°C])에 대해서 열팽창계수를 0으로 맞출 수 있다. 그런데 두 가지 유형의 소재들은 각각 단점을 가지고 있다. **유리세라믹**의 경우, 형상보정과 다듬질 공정에서 유리소재 내의 세라믹 성분과 유리성분의 제거율이 서로 다르기 때문에 고대역공간주파수조도가 증가하게 된다. 티타늄이 도핑된 **용융실리카** 모재에서는 소재조성이 약간 다른 수직방향 층상구조인 찰흔[37]이 자주 나타난다. 찰흔은 일반적으로 중간대역공간주파수조도에 영향을 끼친다. 그러므로 시스템 내에서 반사경 위치에 따라서 사용할 소재를 선정하는 것이 바람직하다.

표 6.3에서는 극자외선용 반사경들의 세대별 핵심성능 향상 정도를 서로 비교하여 보여주고 있다. 그리고 사진들은 반사경의 상대적 크기를 비교하여 보여주고 있다. 마이크로노광장비의 경우에는 반사경의 크기가 가장 작음에도 불구하고 모든 주파수대역의 오차값들이 수백[pm rms] 수준임을 알 수 있다. 하지만 극자외선 노광장비의 세대가 알파데모장비(ADT), Starlith®3100, Starlith®3300/3400으로 변할 때마다 도전적인 영상화 성능과 생산성 사양들을 충족시키기 위해서 표면성능도 지속적으로 향상되었음을 알 수 있다. 마이크로노광장비와 Starlith®3300/3400 제품군 사이에서 중간대역 공간주파수 조도의 실횻값은 3배 향상되었으며, 표면윤곽 실횻값도 4.5배 향상되었다.

장인배 역, 정밀공학, 씨아이알, 2019.을 참조하기 바란다.

37 striae: 직선형 자국.

표 6.3 극자외선용 반사경의 세대별 핵심성능 비교[38]

항목	MET	ADT	Starlith®3100	Starlith®3300/3400
반사경의 상대적 크기비교				
표면윤곽[pm rms] → 수차 유발	350	250	140	<75
MSFR[pm rms] → 플레어 유발	250	200	130	<80
HSFR[pm rms] → 광손실 유발	300	250	150	<100

6.3.2 조명시스템

컬렉터에 의해서 포집되어 중간초점 위치에 집속된 극자외선을 균일한 광선강도를 가지고 있는 (반원형)슬릿빔의 형태로 변환시켜주기 위해서 조명시스템이 사용된다. **4.2.4절**에서 설명했던 것처럼, 조명시스템에서 순수한 동축조명을 사용하는 것보다 비축조명[39]을 사용하면, 분해능을 크게 향상시킬 수 있다. 극자외선노광에서 비축조명을 만들기 위해서는 임계조명과 쾰러조명의 두 가지 방법을 사용할 수 있다. 임계조명의 경우에는 광원을 직접 포토마스크에 투사하는 반면에 쾰러조명에서는 광원을 조리개에 투사한다.

6.3.2.1 임계조명

그림 6.25에서는 마이크로노광장비(MET)에 설치된 **준-임계조명**의 구조를 보여주고 있다 (a)에서는 등가의 굴절식 광학계를 사용하여 임계조명의 광선경로를 보여주고 있다. 황색의 광선은 **필드광선**이라고 부르는 경로를 따라서 이동하며, 시야평면에서의 초점이탈이 작다. 녹색 광선은 **조리개광선**이라고 부르는 경로를 따라서 이동하며, 조리개 평면에 초점이 맞춰진다. 이를 반사방식으로 구현하기 위해서는 (b)에서와 같이 추가적으로 두 개의 반사경들이 필요하다. 임계조명은 효율이 높고 작은 필드에 대해서 양호한 노광품질을 제공해준다. 하지만 임계조명을 사용하면

38 Sascha Migura, Optics for EUV Lithography, 2018 EUVL workshop.
39 off axis illumination

플라스마 광원의 강도변화가 마스크상에서 조명의 균일성에 직접적인 영향을 끼치기 때문에 양산형 극자외선 노광장비에 적용되지 못하였다.

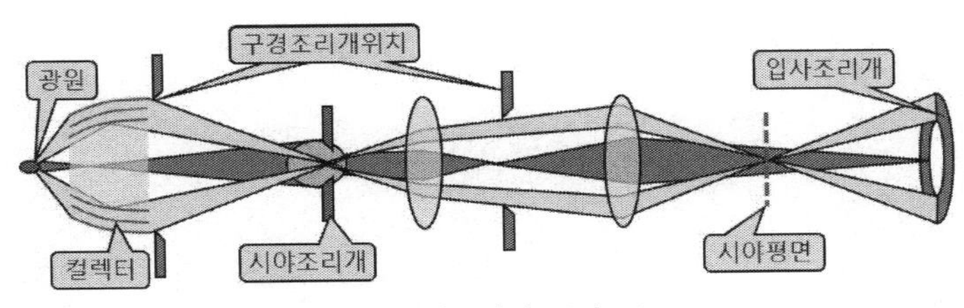

(a) 준-임계조명의 등가 구조

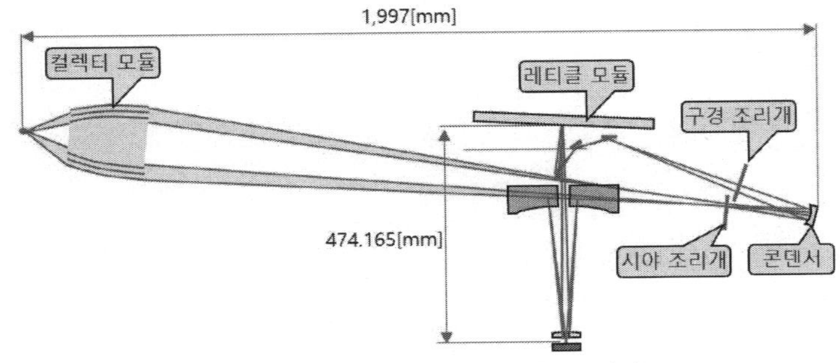

(b) 실제로 제작된 반사방식의 준-임계조명의 구조

그림 6.25 마이크로노광장비에 설치된 준-임계조명[40](컬러도판 p.659 참조)

6.3.2.2 쾰러조명

극자외선을 사용하여 패턴을 노광하는 전역필드 시스템의 경우에는 플라스마 광원의 강도변화가 마스크상에서의 균일성에 영향을 끼치지 않으며, 조리개 평면에서의 광선분포에만 영향을 끼치는 **쾰러조명**이 더 적합하다. **그림 6.26**에서는 전역필드 시스템용 쾰러조명을 등가의 굴절식 광학계로 변환시켜서 보여주고 있다(실제로는 모두 반사경들을 사용한다). 황색의 광선경로가 조리개 평면에 초점이 맞춰진 조리개광선을 보여주고 있으며, 녹색의 광선이 시야평면에 초점이 맞춰진 필드광선을 보여주고 있다. 쾰러조명의 가장 큰 장점은 레티클평면(시야평면)에서의 광선 강도 균일성이 뛰어나다는 점이다. 반사각 조절이 가능한 수백 개의 겹눈모양 소형 반사경들로 이루어진 **조리개반사면**과 **필드반사면**들이 서로 조합되어 다양한 형태의 비축조명을 만들어낸다.

40 Vivek Bakshi, EUV Lithography, 2'nd Edition, SPIE, 2017을 참조하여 다시 그렸음.

수백 개의 필드 반사면들을 마스크상에서 링필드 형상으로 중첩시켜서 조명필드의 뛰어난 균일성을 구현할 수 있다.

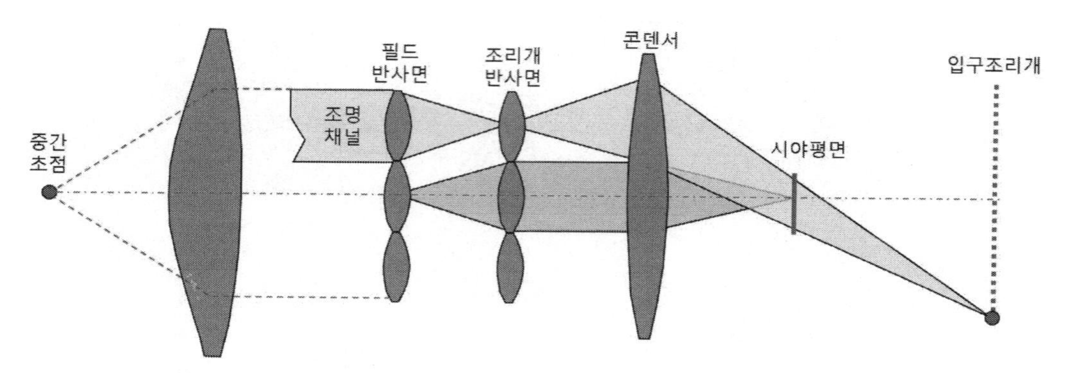

그림 6.26 전역필드 조명용 쾰러조명의 개념도41(컬러도판 p.660 참조)

쾰러조명에서 필드반사면은 **그림 6.27 (b)**에 도시되어 있는 것처럼, 수백 개42의 광점들로 이루어진다. 이로 인하여 웨이퍼상에서는 이산화된 출구조리개들이 만들어진다. 광학근접보정의 경우와 마찬가지로, 이런 조리개의 이산화는 공정 윈도우에 아무런 영향을 끼치지 않는다. **그림 6.27 (a)**에서와 같이, 조리개반사면과 쌍을 이루는 개별 필드반사면을 **조명채널**이라고 부른다. 조리개 내에서 광선강도 균일성 편차를 최소화하도록 조명채널을 배정한다. Starlith®3100에서는 **그림 6.27 (c)**에서와 같은 비축조명을 만들기 위해서 조리개반사면으로 향하는 개별 조명채널들을 켜고 끌 수 있도록 만들었지만, 이는 다량의 광선손실을 초래하였으므로 Starlith®3300 이후로는 각각의 필드반사면들이 2개의 조리개반사면들과 짝을 이루도록 하여, 광선손실이 없는 조리개 시스템을 구현하였다. 이런 유연성을 만들기 위해서는 조리개반사면의 숫자가 필드 반사면의 숫자보다 2배 더 많아야만 하였다. Starlith®3400에 이르러서는 조리개반사면의 숫자가 3300모델에 비해서 두 배로 증가하였다. 이를 통해서 개별 필드반사면에 대해서 다수의 조리개반사면들을 짝지을 수 있게 되면서 매우 복잡한 형태의 비축조명을 구현할 수 있게 되었다.

41 Vivek Bakshi, EUV Lithography, 2'nd Edition, SPIE, 2017을 참조하여 다시 그렸음.
42 약 430개

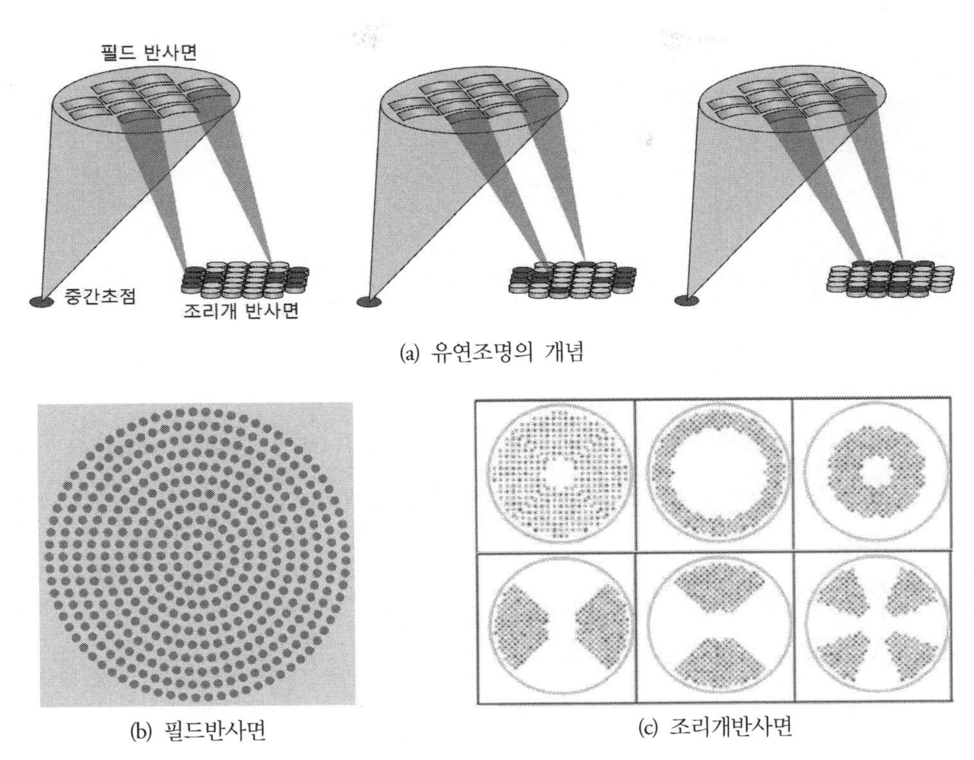

(a) 유연조명의 개념

(b) 필드반사면

(c) 조리개반사면

그림 6.27 다양한 비축조명의 세팅이 가능한 유연조명43(컬러도판 p.660 참조)

6.3.2.3 유니콤

쾰러조명의 능동제어되는 필드반사면과 조리개반사경의 조합을 사용하여 스캐닝용 반원형 슬릿빔의 필드 전체에 대해서 균일한 광선강도를 구현하였다. 하지만 **그림 6.28 (b)**의 보정 전 그래프를 보면 링필드의 길이방향으로 ±2.5% 정도의 광선강도의 편차가 발생하고 있음을 확인할 수 있다. 슬릿빔의 전형적인 광선강도편차 사양값은 0.5% 미만이다. 이를 충족시키기 위해서 **그림 6.28 (a)**에 도시되어 있는 것과 같이 **유니콤**이라고 부르는 균일성 보정 모듈을 조명시스템에 추가하였다. 노출을 시행하기 전에 웨이퍼레벨에서 조사광선의 균일성을 측정하여 이를 보정할 수 있다. 압전작동기로 구동되는 다수의 불투명한 핑거들을 사용하여 링필드 조명의 경계선을 조절하는 방식으로 슬릿빔의 길이방향 광선강도편차를 조절할 수 있다. **그림 6.28 (b)**의 보정 후 광강도 편차를 살펴보면 슬릿빔의 길이방향으로 광강도 편차가 크게 감소하였음을 확인할 수 있다.

43 Vivek Bakshi, EUV Lithography, 2'nd Edition, SPIE, 2017을 참조하여 일부를 다시 그렸음.

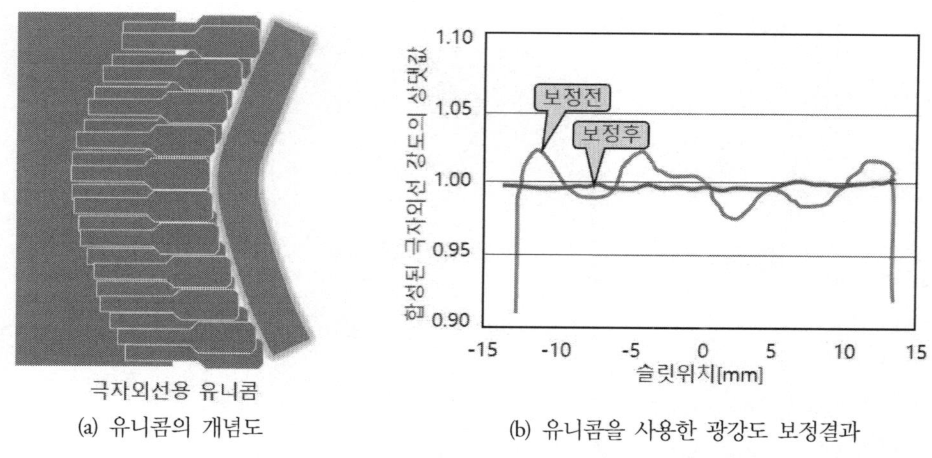

(a) 유니콤의 개념도

(b) 유니콤을 사용한 광강도 보정결과

그림 6.28 유니콤을 사용한 슬릿빔의 길이방향 광강도 편차보정44

6.3.3 마스크 스캐닝

포토마스크는 패턴면이 아래를 향하도록 마스크 스캐너의 정전척에 고정되어 있다. 마스크 스테이지는 슬릿빔이 마스크 표면을 고르게 스캐닝할 수 있도록 고속45으로 왕복운동을 한다. 조명용 광학계를 거치면서 반원형의 슬릿빔으로 변형된 극자외선이 **그림 6.29 (a)**에서와 같이 광선원추의 중심이 6[deg]만큼 경사져서 포토마스크에 조사된다. 따라서 마스크에 조사되는 조명은 비-텔레센트리46 특성을 가지고 있다. 마스크에 입사되는 광선원추의 중심각도를 **주광선각도**(CRAO)라고 부른다. 입사각도는 마스크의 3차원 그림자효과에 강한 영향을 끼친다. 극자외선용 포토마스크는 다중층 표면에 증착된 버퍼층과 흡수층을 식각하여 만들기 때문에 흡수층의 두께와 경사입사되는 광선 때문에 그림자가 만들어진다. 그림자는 입사광선의 각도에 의존한다. 큰 경사각도를 가지고 입사되는 빛은 비교적 큰 그림자를 형성하여 유효선폭을 증가시키는 반면에 경사각도가 작아지면 그림자가 감소하여 유효선폭이 훨씬 작아지게 된다. 조명용 조리개의 한쪽은 입사각도가 작고, 반대쪽은 입사각도가 크기 때문에 조명용 조리개의 양쪽 광원에 의해서 서로 다른 그림자효과와 유효선폭 변화가 초래된다.

44 Vivek Bakshi, EUV Lithography, 2'nd Edition, SPIE, 2017을 참조하여 다시 그렸음.

45 1.0~1.5[m/s] 정도의 속도범위를 갖는다.

46 텔레센트리 특성이란 물체 측(포토마스크 패턴)의 위치가 광축방향으로 앞/뒤로 움직여도 선폭이 변하지 않는 조건을 말한다.

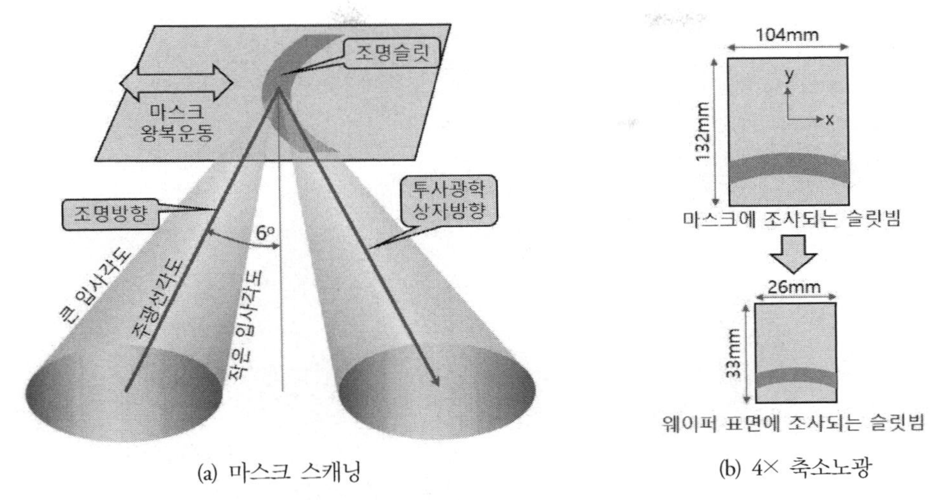

(a) 마스크 스캐닝　　　　　　　　(b) 4× 축소노광

그림 6.29 링필드 스캐닝을 사용한 4× 축소노광47

6.3.4 투사광학상자

마스크 스캐닝을 통해서 반사된 패턴정보는 **투사광학상자**(POB)로 안내된다. **그림 6.30**에서는 투사광학상자의 반사경 배치구조와 완전히 조립된 Starlith®3400 투사광학상자의 모습을 보여주고 있다. **그림 6.30 (a)**를 살펴보면, 상단에 설치된 스캐너의 하부에 포토마스크가 설치된다. 스캐너가 좌우로 왕복운동을 하면서 좌측 하부에서 6[deg]만큼 경사 입사된 조명을 반사하면 패턴 데이터가 전송된다. 투사광학계는 6개(짝수)의 반사경들로 이루어지며, 포토마스크의 패턴 데이터를 1/4로 축소하여 하단에 설치된 웨이퍼로 전송한다. 웨이퍼 스테이지는 레티클 스테이지에 비해서 1/4의 속도로 움직이면서 축소된 영상을 스캐닝한다. 6개의 반사경들은 **그림 6.29 (a)**에 도시되어 있는 큰입사각도와 작은입사각도의 광선들을 가림과 왜곡 없이 모두 웨이퍼로 전송해야만 한다. 이 과정에서 웨이퍼와 인접한 반사경(**그림 6.23**의 ⑪번 반사경)이 대물렌즈(⑫번 반사경)의 광선경로를 가리지 않도록 광학계를 설계해야만 한다. 이는 뒤에서 설명할 개구수 증가에 큰 걸림돌로 작용한다.

극자외선용 투사광학시스템의 영상화성능에 가장 큰 영향을 끼치는 설계인자들은 개구수(NA)와 파면오차이다. 파면오차가 영상품질에 끼치는 영향들을 다음과 같이 구분할 수 있다.

---

47 Vivek Bakshi, EUV Lithography, 2'nd Edition, SPIE, 2017을 참조하여 다시 그렸음.

• 총 파면오차는 영역영상의 품질을 저하시키고 영상대비의 손실을 초래한다.
• 수차의 홀수성분들은 패턴시프트(중첩)와 영상비대칭성(좌/우측의 편차)을 유발한다.
• 수차의 짝수성분들은 초점성능에 영향을 끼친다.

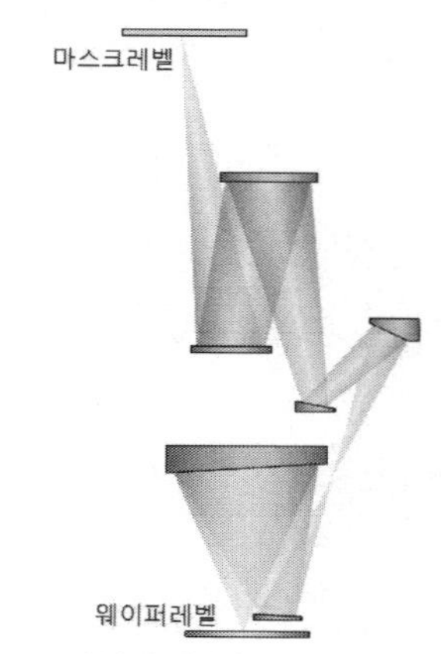

(a) 투사광학계의 반사경 구조48

(b) Starlith®3400의 투사광학상자49

그림 6.30 투사광학상자의 구조와 Starlith®3400용 투사광학상자

1세대 극자외선 시스템들에 사용된 투사광학상자의 파면오차 실횻값은 1[nm] 이하였으며, 현재 사용되는 시스템들의 파면오차 실횻값은 0.3[nm] 미만이다. 앞으로 사용될 High NA 시스템에서 요구되는 파면오차의 실횻값은 0.15[nm] 내외이다. 노광파장을 사용한 파면오차 현장계측을 통해서 투사광학상자의 반사경 정렬을 관리하는데, 모든 반사경들의 위치 정확도는 1[nm]와 1[nrad] 미만으로 유지되어야 한다.

웨이퍼 노광을 시행하는 동안 모든 반사경에서 약 40%의 극자외선이 흡수된다.50 이로 인하여 반사경이 가열되면 수차, 중첩 및 초점 등이 변한다. 투사광학상자의 평균온도는 수냉 시스템을 사용하여 일정하게 유지하며, 열팽창계수가 매우 작은 반사경 소재를 사용하여 온도의 영향을 최소화시킨다. 그럼에도 불구하고 발생하는 열팽창오차들(잔류효과라고 부른다)은 스캐너 계측을 통해서 모니터링하며, 개별 반사경들의 위치조절을 통해서 보상한다.

48 Vivek Bakshi, EUV Lithography, 2'nd Edition, SPIE, 2017을 참조하여 다시 그렸음.
49 Sascha Migura, Optics for EUV Lithography, 2018 EUVL workshop.
50 반사경들의 이론적 최대 반사율은 74%에 달하지만 현실적인 반사율은 약 60%에 불과하다.

투사광학상자의 열시상수는 매우 길기 때문에, 실시간 보정은 필요 없다. 노광기 내부에 설치되어 있는 파면센서를 사용하여 장기간 수차 드리프트를 측정하며, 이를 귀환시켜서 개별 반사경들의 위치를 조절한다.

6.3.4.1 노광파장 및 개구수의 영향

식 (6.1)에 따르면 노광패턴의 임계치수는 광원의 파장길이에 비례하며, 개구수에 반비례한다. 그러므로 극자외선 노광기에서 현재 사용되고 있는 개구수(NA=0.33)를 더 증가시키기 위한 노력이 시도되고 있다.

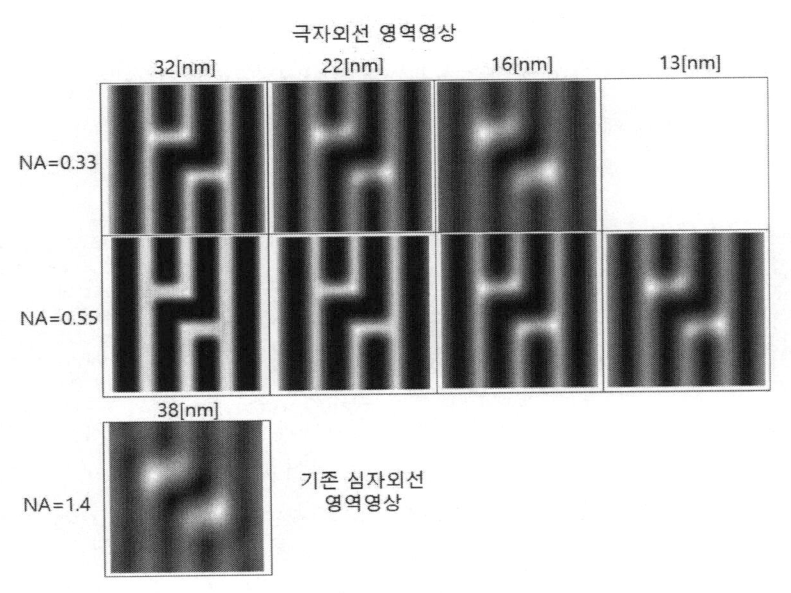

그림 6.31 노광파장 및 개구수가 노광품질에 끼치는 영향[51]

그림 6.31에서는 기존의 Low NA(NA=0.33) 시스템의 각 기술노드별 노광품질을 High NA (NA=0.55)시스템 및 기존 심자외선(λ=193[nm]) 노광시스템의 노광품질과 비교하여 보여주고 있다. 비교기준으로는 심자외선을 사용하여 개구수 NA=1.4인 액침노광기법과 최적화된 교차극형 조명으로 38[nm] 절반피치[52]를 노광한 결과를 사용하였다. 극자외선 노광의 경우, 부분간섭계수

51 Vivek Bakshi, EUV Lithography, 2'nd Edition, SPIE, 2017을 수정하여 재구성하였음.

σ=0.7인 일반 환형조명하에서 노광한 결과이다.[53] 그림에 따르면, Low NA(NA=0.33) 시스템의 경우에는 16[nm] 절반피치의 패턴영상이 심자외선의 38[nm] 절반피치와 유사한 수준이라는 것을 알 수 있다. 그러나 32[nm] 절반피치부터 영상번짐이 나타나며, 13[nm] 절반피치는 패턴을 만들지도 못하였다. 반면에 High NA (NA=0.55)시스템을 사용한 경우에는 13[nm] 절반피치의 패턴영상이 심자외선의 38[nm] 절반피치보다 영상품질이 우수하다는 것을 알 수 있다. 그리고 16[nm] 절반피치의 영상품질이 Low NA 시스템의 32[nm] 절반피치와 유사하다는 것도 확인할 수 있다.

6.3.4.2 개구수 증가의 필요성

개구수를 증가시키는 가장 큰 이유는 분해능의 향상, 또는 특정한 분해능을 구현하기 위해서 필요한 패터닝 단계의 숫자를 줄이는 것이다. **그림 6.32**에서는 하부의 직선과 간극으로 이루어진 격자구조와 일치하도록 접촉구멍 패턴을 프린트하는 사례를 보여주고 있다. 이는 절단마스크나 비아구멍 성형의 사례에 해당한다.

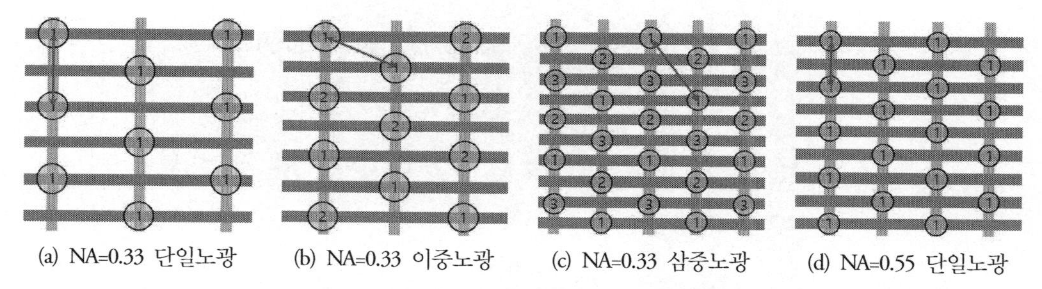

그림 6.32 개구수의 증가가 접촉구멍 최소피치에 끼치는 영향[54](컬러도판 p.660 참조)

그림에 표시된 화살표는 단일노출로 구현할 수 있는 접촉구멍들 사이의 최소거리로서, 투사광학계의 개구수에 따라서 단일 노출로 구현할 수 있는 접촉구멍들 사이의 최소거리가 결정된다. 그리고 원에 표기된 번호는 노광차수를 의미한다. NA=0.33의 경우, 접촉구멍들 사이의 최소거리를 유지하면서 노광차수를 증가시켜서 접촉구멍들 사이의 거리를 줄일 수 있지만, 이로 인하여

52 선폭이 피치의 절반이라는 뜻이다. 즉, 38[nm] 절반피치라고 한다면 선폭 19[nm], 간극 19[nm]로 노광되었다는 것을 의미한다.

53 최적화된 극형조명을 사용하면 영상품질은 이보다 훨씬 더 좋아진다.

54 Vivek Bakshi, EUV Lithography, 2'nd Edition, SPIE, 2017를 참조하여 다시 그렸음.

공정의 복잡도가 증가하여 생산비용이 상승하게 된다. 하지만 개구수를 NA=0.33에서 NA=0.55로 증가시키면 NA=0.33의 이중노광과 삼중노광의 중간 정도에 해당하는 피치를 한 번에 구현할 수 있다. 개구수를 증가시키면 국부임계치수의 균일성을 향상시키며, 노광 생산성을 크게 향상시킬 수 있다.

6.3.4.3 개구수 증가를 위한 왜상광학계

현재 양산에 사용되고 있는 Low NA(NA=0.33) 시스템의 주광선각도(CRAO)는 6[deg]이다. 하지만 이는 입사되는 광선원추의 중심각도일 뿐이며 **그림 6.29**에서 알 수 있듯이 극자외선은 큰 입사각도에서 작은 입사각도까지 넓은 각도분포를 가지고 있다. 4:1의 축소노광 배율을 바꾸지 않은 상태에서 시스템의 개구수를 증가시키기 위해서는 마스크로 입사되는 광선원추의 각도역시 커져야만 한다. 이로 인하여 **그림 6.33 (a)**에 도시되어 있는 것처럼, 조명용 반사경과 투사광학계 반사경의 광선원추가 서로 겹치는 가림영역이 발생하게 된다. 이를 극복하기 위해서 주광선각도를 9[deg]로 증가시키는 방안이 고려되었으나, 이는 허용할 수 없는 그림자영역의 증가를 초래하므로 수용할 수 없다. 다음으로 **그림 6.33 (b)**의 좌측 그림에서와 같이 축소노광의 비율을 8:1로 증가시키는 방안이 고려되었다. 하지만 이는 다이 하나를 네 번에 나누어 찍어야 한다는 뜻이므로, 허용할 수 없는 생산성 저하가 초래된다. 결국 **그림 6.33 (b)**의 우측 그림에서와 같은 **왜상광학계**[55]의 개념이 도출되었다. 그림에서 알 수 있듯이, 포토마스크의 폭방향으로는 기존과 마찬가지로 4:1의 축소비율을 그대로 유지하며, 길이방향으로는 8:1의 축소비율을 사용하면서 전체 시스템의 개구수를 0.55로 증가시키는 광학계를 설계하는 것이다. 이를 통해서 **그림 6.33 (a)**의 가림영역 발생문제를 해결하면서도 개구수를 0.33에서 0.55로 증가시킬 수 있는 것이다. 여기서 발생하는 문제는 한 번에 노광하던 다이를 두 번에 나누어 노광해야만 하므로 생산성이 절반으로 줄어든다는 것이다. 생산성이 원가에 직결되는 반도체업계의 특성상 이는 분명히 받아들이기 어려운 문제이다. ASML社에서는 이 문제를 해결하기 위해서 레티클 스테이지와 웨이퍼 스테이지의 작동속도를 두 배로 높인다는 결정을 하게 되었다. 이로 인하여 마스크를 정전척으로 붙잡고 스캐닝 운동을 수행하는 레티클 스테이지는 극한의 작동환경에 처하게 되었다. ASML社에서는 2025~2026년에 High NA 장비인 EXE:5000 시리즈를 출시할 예정이다.[56]

55 anamorphic optics system

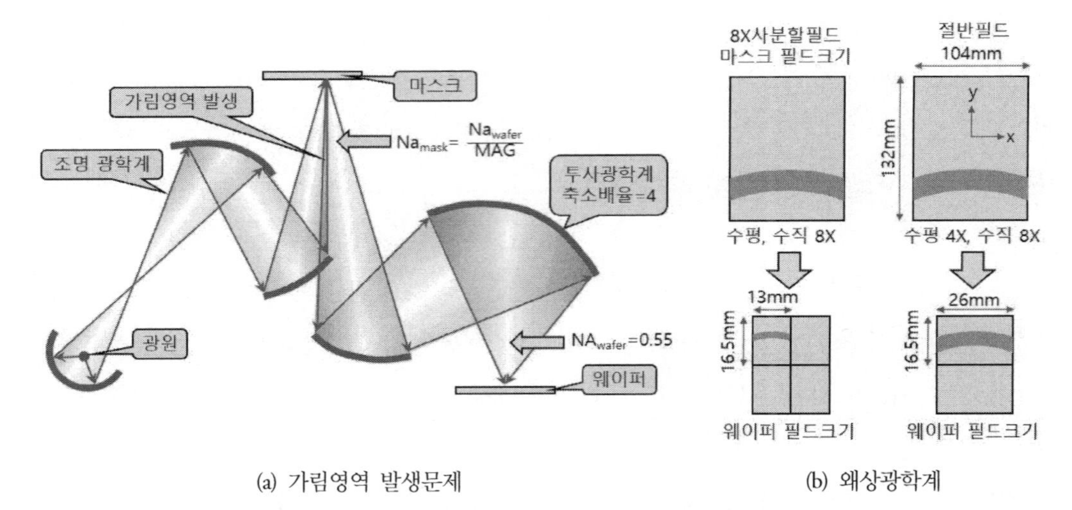

(a) 가림영역 발생문제 (b) 왜상광학계

그림 6.33 개구수 증가 시 발생하는 문제와 왜상광학계의 개념[57]

6.4 상용 극자외선 노광기

대량생산용 극자외선 노광기의 구조는 기본적으로 심자외선용 노광기와 동일한 구조를 가지고 있다. 하지만 광원, 센서 및 스캐너와 같은 단위모듈들 모두가 진공환경 속에 설치되어야만 한다. 웨이퍼와 포토마스크는 대기환경에서 진공환경 속으로 전송되어야만 하는데, 이 과정에서 입자나 여타 오염이 발생하지 않도록 매우 세심한 설계가 필요하다.

그림 6.34에서는 대량생산용 극자외선 노광기인 NXE:3400B의 외관과 내부구조를 보여주고 있다.[58] **그림 6.34 (a)**에서 ASML社 로고 하단에는 포토마스크용 SMIF 포드 2개를 수용할 수 있는 로드포트가 설치되어 있다. 그리고 좌측 측벽 하부에 설치되어 있는 사각구멍이 노광기 좌측에 연결되는 포토장비로부터 웨이퍼가 드나드는 로드포트이다. 노광기 벽체는 모두 손쉽게 탈착이 가능한 모듈형 패널들로 조립되어 있으며, 각각의 패널들을 떼어내면 노광기의 각종 구성요소들이 손쉽게 탈착이 가능한 모듈형태로 조립되어 있다.

56 이미 1호기는 IMEC에서 시험운영 중이다.
57 Vivek Bakshi, EUV Lithography, 2'nd Edition, SPIE, 2017을 참조하여 다시 그렸음.
58 2023년 현재는 NXE:3800E가 공급되고 있다.

그림 6.34 (b)에서 웨이퍼 핸들러의 좌측에는 **7장**에서 설명할 포토장비가 연결되어 포토레지스트를 코팅한 웨이퍼를 공급하며, 노광이 끝난 웨이퍼를 반출하여 현상 및 베이킹 공정을 수행한다. 웨이퍼 핸들러는 웨이퍼를 웨이퍼 스테이지로 넘겨주며, 레티클 핸들러는 포토마스크를 레티클 스테이지로 넘겨준다. 레티클 스테이지와 웨이퍼 스테이지 사이에는 조명용 광학계와 투사광학상자가 설치되어 있다. 우측 하단에는 **6.2절**에서 살펴보았던 광원이 설치되어서 고출력 레이저로부터 극자외선 플라스마를 생산한다. 노광기의 하부층에는 고출력 CO_2 레이저 광원이 설치되어 있으며, 진공 도파로를 통해서 광원 측으로 레이저가 전송된다.

진공환경에서 노광이 이루어지기 때문에 시스템 대부분이 매우 무겁고 견고한 진공챔버 속에 설치되어 있다. 노광기를 보수하기 위해서 특정 구성요소를 분해하려면 대형의 크레인이 필요하다. 그래서 극자외선 노광기 상부에는 대형의 크레인이 설치되어 있으며,[59] 구성요소를 취급하기 위해서 노광기와 노광기 사이에 상당히 넓은 공간을 비워놓아야만 한다.

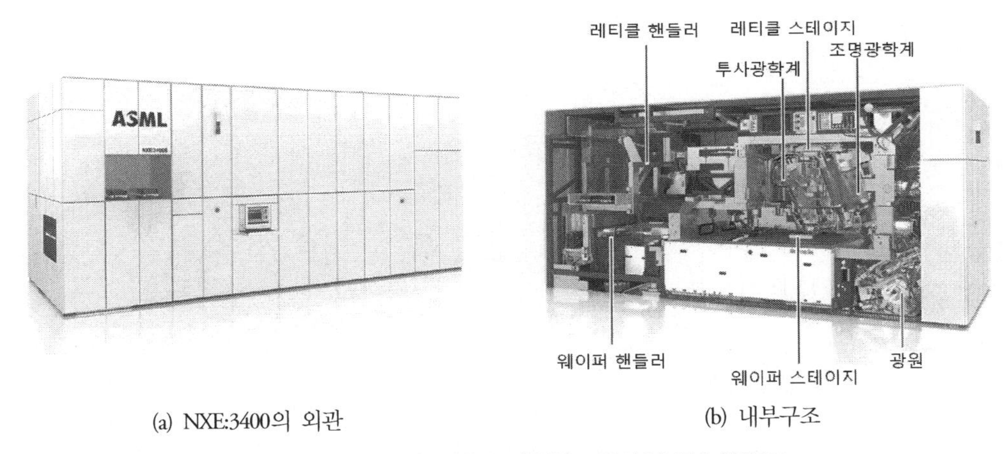

(a) NXE:3400의 외관

(b) 내부구조

그림 6.34 대량생산용 극자외선 노광기 NXE:3400B[60]

6.4.1 극자외선 스캐너의 동적 구조

극자외선 스캐너의 동적 구조는 기본적으로 **그림 4.23**에 도시되어 있는 심자외선노광기의 동

59 기존 클린룸의 층고가 5.5[m]인 반면에 극자외선 노광기가 설치되는 클린룸의 층고는 크레인 때문에 8.5[m]로 높아지게 되었다. 향후 High NA 장비는 이보다 더 높은 층고를 필요로 하는 실정이다.

60 asml.com의 사진을 인용하여 재구성하였음.

적구조와 동일하다. 베이스프레임은 **13장**에서 설명할 독립제진대 위에 높이조절용 풋을 사용하여 수평을 맞춰서 설치된다. 베이스프레임은 노광기 구조물과 일체화된 구조물로서, 자기부상용 영구자석 어레이의 운동 기준면과 레티클 스테이지용 평형질량이 움직이는 운동기준면으로도 함께 사용된다. 웨이퍼 스테이지를 부상시키기 위해서 판형으로 제작된 영구자석 어레이는 베이스프레임 위를 떠다니면서 웨이퍼 스테이지의 운동 과정에서 발생하는 반력을 흡수하며 바닥에서 전달되는 진동에 대해서 영강성 제진환경을 만들어준다. 두 개의 웨이퍼 스테이지는 교대로 정렬 및 레벨측정을 위한 측정 스테이션과 패턴 노광을 위한 노광 스테이션을 오가며, 스테이지의 위치는 계측프레임의 하부에 설치되어 있는 레이저 간섭계를 사용하여 측정한다. 여기서 재미있는 점은 **그림 4.42**에서 심자외선 노광기는 공기온도편차에 의한 공기굴절률 보정이 어려워서 어쩔 수 없이 레이저간섭계 대신에 광학식 인코더를 사용하였었는데, 극자외선 노광기는 진공 중에서 작동하기 때문에 이런 문제가 없어져서 다시 레이저 간섭계를 사용하게 되었다는 것이다.

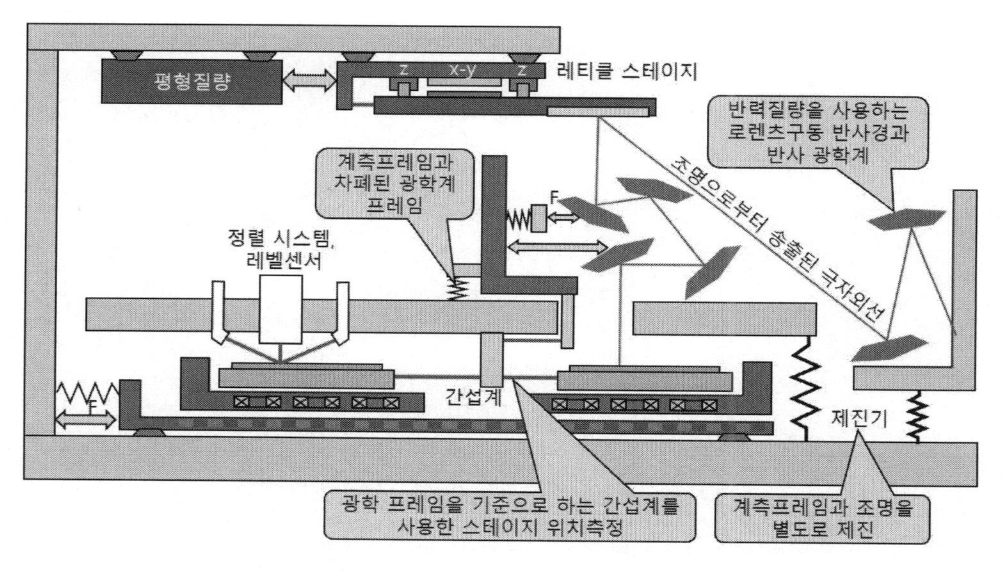

그림 6.35 극자외선 스캐너의 동적 구조[61]

판형의 계측프레임은 공압식 제진기에 의해서 지지되어 바닥으로부터 전달되는 진동을 차폐

61 Vivek Bakshi, EUV Lithography, 2'nd Edition, SPIE, 2017을 참조하여 다시 그렸음.

함과 동시에, 웨이퍼 스테이지와 투사광학상자 사이의 공간을 작은 구멍만 남기고 분리시켜준다. 이를 통해서 포토레지스트로 인하여 비교적 오염도가 높은 웨이퍼 스테이지 영역으로부터 극한의 청결도가 요구되는 광학계 공간을 분리시켜주는 역할을 수행한다. 광학계 프레임과 계측 프레임 사이에는 **그림 4.27**에서 설명했던 소위 스마트디스크라고 부르는 고강성 렌즈마운트가 설치되어 공진발생 억제와 레벨링을 수행한다.

구조물의 상부에는 웨이퍼 스테이지보다 4배의 속도로 왕복운동하는 레티클 스테이지에 의해서 유발되는 진동을 흡수하기 위해서 평형질량을 사용하는 반력상쇄구조가 설치되어 있다. **그림 6.27**에 도시되어 있는 겹눈형 반사경들도 고속으로 움직이면서 진동을 발생시킨다. 이로 인한 고주파 진동을 방지하기 위해서, 반력질량을 사용하여 반사경의 고주파진동을 상쇄하는 로렌츠구동기들이 사용된다. 조명 프레임은 계측프레임과 분리된 별도의 제진장치 위에 설치되어서 따로 제진을 수행한다.

6.4.2 웨이퍼 흐름도

그림 6.36에서는 노광기용 인터페이스로 2개의 로드포트가 사용되는 경우를 가정하여 극자외선 노광기의 **웨이퍼 흐름도**를 보여주고 있다. 실제로는 로드포트 대신에 포토장비가 연결되어 있지만, 장비 내에서 웨이퍼의 흐름도는 동일하다.

웨이퍼는 전면개방통합포드(FOUP)에 담겨서 25장 단위로 로드포트에 투입된다. 로드포트에서 건조질소를 퍼징하면서 전면덮개를 개방하고 나면, 대기 측에 설치된 핸들러 로봇이 웨이퍼 한 장을 꺼내서 사전정렬기에 얹어 놓는다. 사전정렬기는 웨이퍼를 회전시켜서 노치가 원점에 위치하도록 각도정렬을 시행한다. 핸들러 로봇은 사전정렬이 끝난 웨이퍼를 다시 들어 올려서 로드록 속으로 옮겨 놓는다. 로드록의 대기측 도어를 닫고 내부를 진공으로 배기한 후에 진공 측 도어를 연다. 진공 측에 설치되어 있는 핸들러 로봇이 웨이퍼를 들어 올려서 웨이퍼 스테이지에 로딩한다. 웨이퍼가 로딩되고 나면, 정전척의 전압을 걸어서 웨이퍼를 스테이지에 고정한다. 웨이퍼 스테이지는 측정위치로 이동하여 웨이퍼의 표면윤곽과 기준위치 측정을 수행한다. 측정된 결과를 토대로 하여 웨이퍼 정렬을 시행한다.

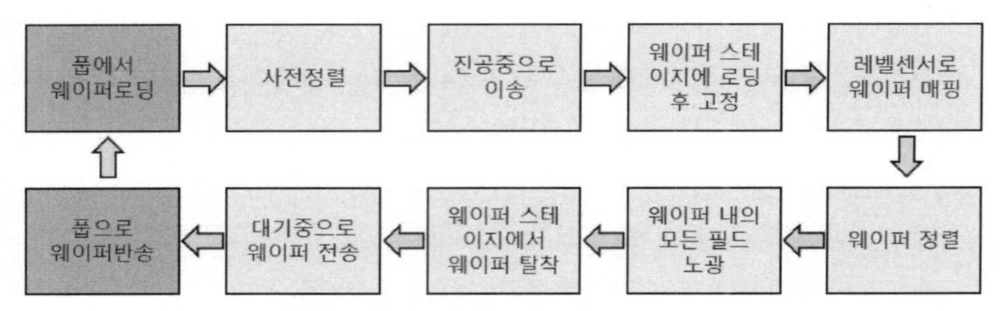

그림 6.36 극자외선 노광기의 웨이퍼 흐름도[62]

웨이퍼 스테이지는 노광영역으로 이동하여 웨이퍼 내의 모든 필드들에 대한 노광을 시행한다. 노광이 끝나고 나면, 스테이지를 원점위치로 이동시킨 다음에 리프트핀을 올려서 웨이퍼를 정전척 위로 들어올린다. 진공 측 핸들러 로봇이 웨이퍼를 들어 올려서 로드포트로 옮겨 놓는다. 로드포트의 진공 측 도어를 닫고 건조질소를 퍼징하여 로드포트의 기압을 대기압과 같게 만들고 나면, 대기 측 도어를 연다. 마지막으로 대기 측 핸들러 로봇이 웨이퍼를 FOUP으로 반송하면서 하나의 사이클이 종료된다.

6.4.3 진공챔버

그림 6.37에서는 극자외선 노광기를 구성하는 진공챔버의 구조를 보여주고 있다. 우선, 오염이 가장 심하게 발생하는 광원은 별도의 진공챔버에 설치되어 있다. 광원챔버와 주챔버 사이에는 중간초점(IF) 위치에 설치되어 있는 작은 구멍형상의 **다이나믹 가스록**에서는 광원챔버 방향으로 수소(H_2)가스를 분사하여 광원의 오염물질이 극도의 청결성이 요구되는 주챔버 쪽으로 흘러나오지 못하도록 막는다. 주챔버에는 조명용 광학계와 투사광학상자가 설치되어 있다. 다중층 반사경들은 특히 극자외선과 조합되면 **그림 6.8**에서 설명했던 것과 같이 반사경의 반사율과 수명을 저하시키는 오염이 발생할 우려가 있다. 시스템 내의 광원, 레티클 스테이지, 및 웨이퍼 스테이지와 같이 상대적으로 더러운 구획들로부터 광학계를 분리시켜서 오염물질이 유입되는 것을 억제하여야만 한다. 이를 위해서 주챔버의 하부를 이루는 계측프레임에는 극자외선이 통과하는 작은 구멍을 제외하고는 웨이퍼 스테이지와 완전히 분리되어 있는데, 이는 비교적 오염이 심한 포토레지스

62 Vivek Bakshi, EUV Lithography, 2'nd Edition, SPIE, 2017을 참조하여 다시 그렸음.

트에 의해서 광학계가 오염되는 것을 방지하기 위해서이다. 이 작은 구멍에는 웨이퍼 스테이지 방향으로 수소(H_2)가스를 분사하는 다이나믹 가스록을 설치하여 웨이퍼 스테이지 측에서 광학계 쪽으로 오염물질이 올라오지 못하도록 막는다.

주챔버의 상부에는 레티클 스테이지와 평형질량이 설치된다. 레티클 스테이지의 우측으로 진공 측 레티클 핸들러 로봇과 여러 장의 레티클들을 적재할 수 있는 레티클 라이브러리[63]가 설치되어 있다. 그 우측으로는 로드록이 설치되어 대기 중에 도킹되어 있는 SMIF 포드로부터 극자외선용 포토마스크를 진공 중으로 옮겨 받을 수 있다. 웨이퍼 스테이지 측 챔버의 우측에도 진공 측 웨이퍼 핸들러 로봇이 설치되어 있으며, 그 우측으로 로드록이 설치되어 대기 중으로부터 웨이퍼를 반입 및 반출한다.

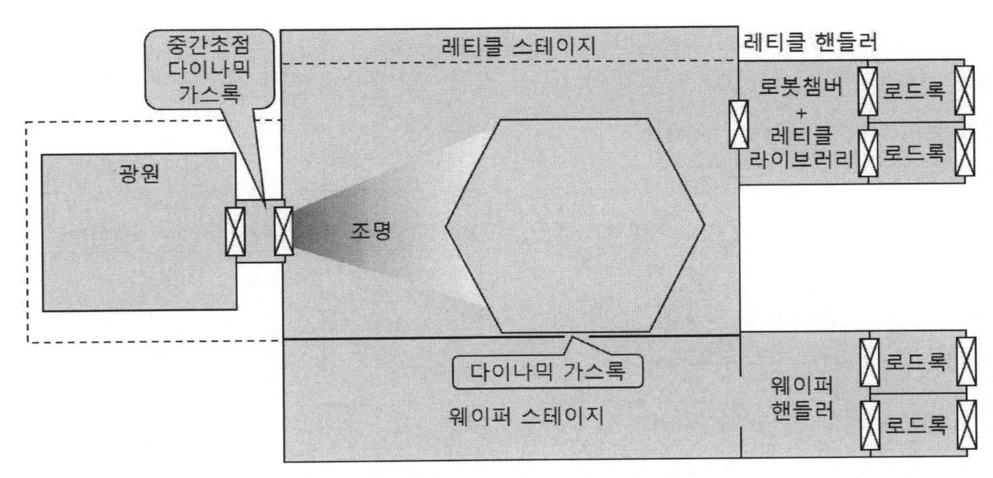

그림 6.37 극자외선 노광기의 진공챔버 구조[64]

6.4.4 트윈스캔 스캐너의 작동

그림 6.38에서는 극자외선 노광기에 설치되어 있는 두 개의 웨이퍼 스테이지들의 작동순서를 보여주고 있다. 극자외선용 트윈스캔 스캐너의 작동원리는 기본적으로 **4.3절**과 **4.4절**에서 살펴보았던 심자외선 노광기에서와 동일하다. 하지만 표면윤곽 측정과 정렬용 센서들이 진공 중에서

63 실제 양산과정에서는 오염문제 때문에 라이브러리를 사용하지 않는다고 한다.

64 Vivek Bakshi, EUV Lithography, 2'nd Edition, SPIE, 2017을 참조하여 다시 그렸음.

작동해야만 한다. 두 트윈스캔 스캐너의 작동은 웨이퍼 로딩에서부터 시작된다. 하나의 스테이지가 노광을 수행하는 동안 다른 하나의 스테이지는 로딩 위치에서 새로운 웨이퍼를 공급받아 정전척에 고정한다. 그런 다음 측정 스테이션으로 이동하여 스테이지 표면에 설치되어 있는 정렬용 표식을 사용하여 스테이지 위치를 정렬하고 나서, 글로벌 레벨측정(웨이퍼 표면윤곽측정)을 수행한다. 다음으로 웨이퍼의 조동정렬(대변위정렬), 웨이퍼 매핑, 그리고 웨이퍼 미세정렬의 순서로 웨이퍼상에 배치되어 있는 각 다이들에 대한 정확한 위치정렬을 수행한다.65 측정이 끝나고 나면, 노광이 끝난 웨이퍼 스테이지와 서로 위치를 바꿔서 노광 스테이션으로 이동한다. 새로운 로트가 시작되는 경우에는 노광을 시작하기 전에 노광용 광학계에 설치된 현미경을 사용하여 위치보정을 수행하며, 동일한 로트의 경우에는 이를 생략한다. 다음으로 스테이지 정렬 데이터를 사용하여 레티클과 스테이지 사이의 정렬을 맞춘 다음, 개별 다이들에 대하여 패턴 스캐닝을 수행한다. 다이영역 내에서의 노광은 스캐닝 방식으로 수행되고, 다음 다이로의 이동은 스테핑에 방식으로 수행된다. 장비마다 생산성의 편차가 있지만, 대략적으로 웨이퍼 한 장의 노광에 소요되는 시간은 20초 미만이며 시간당 약 200장을 노광한다.

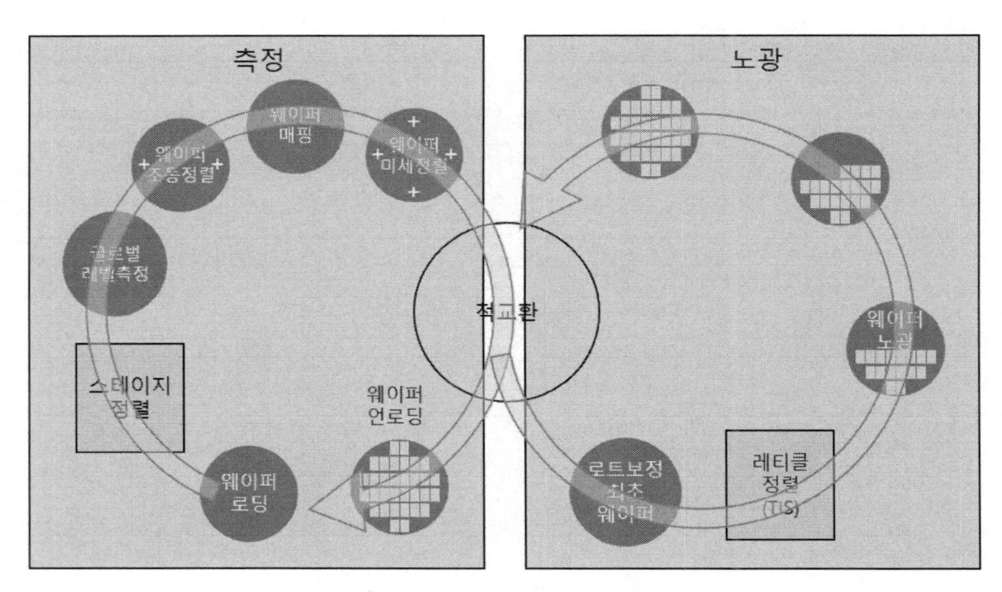

그림 6.38 트윈스캔 스캐너의 작동66

65 공정이 거듭될수록 웨이퍼가 심하게 변형되기 때문에 개별 다이들의 위치를 보정해 주어야만 한다.
66 Vivek Bakshi, EUV Lithography, 2'nd Edition, SPIE, 2017을 참조하여 다시 그렸음.

6.4.5 웨이퍼 표면윤곽 측정

극자외선 노광용 투사광학계는 심자외선에 비해서 초점심도가 매우 짧기 때문에 웨이퍼 표면윤곽을 심자외선 노광의 경우보다 더 정밀하게 측정하여, 이를 보정해야만 한다. 웨이퍼 표면윤곽(글로벌 레벨) 측정에는 **그림 4.38**에 도시되어 있는 것과 동일한 스침각 입사/반사 방식의 표면윤곽 측정기를 사용한다. 그런데 **그림 6.39 (a)**를 살펴보면 입사각 θ=70°인 경우에, 센서에서 투사된 레이저 광선은 포토레지스트 코팅의 상부표면뿐만 아니라 하부의 비반사코팅층, 경질마스크층, 가공층 및 실리콘 기판층에 차례로 반사되며, 반사성분 각각을 구분할 수 없기 때문에, 정확한 높이측정이 불가능하다. 웨이퍼의 표면상태는 웨이퍼 가공공정이 얼마나 진행되었는가에 따라 크게 다르기 때문에 이를 **공전의존성 효과**라고 부르며, 이로 인하여 측정된 웨이퍼의 높이에 오차가 유발된다. 입사광선의 각도와 광선의 스펙트럼을 최적화시켜서 공정의존성 효과를 최소화시킬 수 있다. **그림 6.39 (b)**에서와 같이, 측정용 광선의 입사각도를 70°보다 크게 만들고, 측정용 광원의 파장대역을 기존의 가시광선 대역에서 심자외선 대역으로 이동시켜서 공정의존성을 기존의 절반으로 줄일 수 있었다.

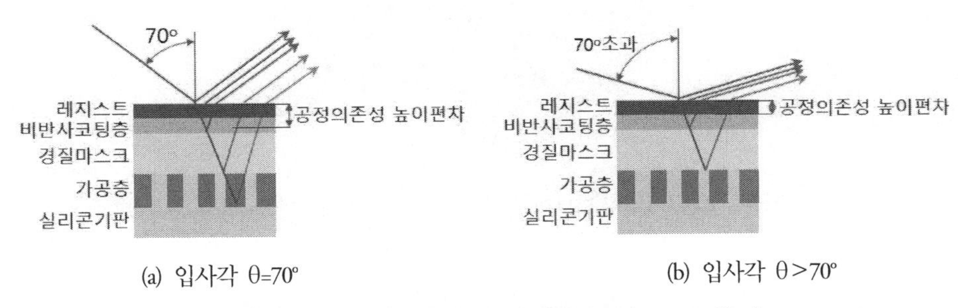

(a) 입사각 θ=70°　　(b) 입사각 θ>70°

그림 6.39 웨이퍼 표면윤곽 측정[67](컬러도판 p.661 참조)

6.4.6 웨이퍼 스테이지

그림 6.40에서는 극자외선 노광기에 사용되는 **반발식 자기부상 웨이퍼 스테이지**를 보여주고 있다. 이 웨이퍼 스테이지는 기본적으로 심자외선 노광기에 사용되는 자기부상 스테이지와 동일한 작동원리를 사용하고 있다.[68] 그런데 심자외선 노광기에서는 웨이퍼를 고정하기 위해서 진공

67 Vivek Bakshi, EUV Lithography, 2'nd Edition, SPIE, 2017을 참조하여 다시 그렸음.

척을 사용하는 반면에 진공 중에서 작동하는 극자외선 노광기에서는 정전척을 사용하고 있다. 정전척이 설치된 사각형의 상부 블록에는 다수의 정렬용 표식들이 설치되어서 스테이지 정렬에 사용되며, 네 귀퉁이에 높이측정용 센서들이 설치되어 z-피치-롤 방향 위치제어에 활용된다. 상부블록의 하부에는 **그림 4.35**에서와 동일한 구조로 3개의 보이스코일 모터(VCM)들이 설치되어 z-피치-롤 방향 미세위치제어를 수행하며, 3개의 압전작동기(PZT)들이 설치되어 x-y-요 방향 미세 위치제어를 수행한다. 상부블록의 측면에는 레이저 간섭계가 설치되어 x-y-요 방향 위치제어에 활용된다. 하부 블록에는 로렌츠력을 사용하는 코일어레이들이 설치되어 있다. 이들은 바둑판 형태로 영구자석들이 배열되어 있는 바닥판 위에서 스테이지를 부상시켜서 6자유도 위치제어 및 운동제어를 구현한다.

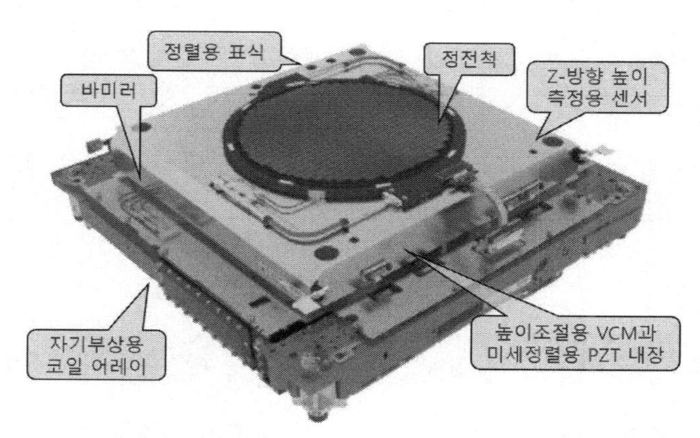

그림 6.40 극자외선 노광기용 반발식 자기부상 웨이퍼 스테이지[69]

웨이퍼 스테이지의 스캔속도는 광학전달률(n), 광원출력(P_{source}), 슬릿폭(H), 조사량(dose)의 함수로서 다음과 같이 주어진다.

$$V_{scan} = \frac{n \times P_{source}}{H \times dose} \tag{6.3}$$

68 실제로는 극자외선 노광기의 개발이 지연되면서 극자외선 노광기용으로 개발되었던 자기부상 스테이지 기술을 심자외선 노광기에서 먼저 사용한 것이다.

69 Igor Fomenkov, Readiness for HVM and outlook for increase in power and availability. Source workshop, 2018을 기반으로 재구성하였음.

식 (6.3)에 극자외선 노광기의 광학전달률 n=0.05, 광원출력 P_{source}=250[W], 슬릿폭 H=0.026[m], 조사량 dose=150[J/m^2]을 대입하여 계산해보면, V_{scan}=0.32[m/s]임을 알 수 있다. 웨이퍼 스테이지는 웨이퍼를 고정한 상태에서 노광할 다이로 이동한 후에 정지상태에서 순간 가속하여 수십 [pm]의 위치결정 정확도를 가지고 0.32[m/s]의 빠른 속도로 스캔운동을 수행해야만 한다.

6.4.6.1 반발식 자기베어링

그림 6.41 (a)에서는 **할박 어레이**[70]를 사용하는 반발식 자기베어링의 작동원리를 보여주고 있다. 1980년대에 로렌스버클리국립연구소(LBNL)에 재직하던 클라우스 할박이 발명한 할박 어레이는 영구자석의 측면누설을 최소화하여 영구자석에서 먼 곳까지 공간자기장을 누출시키는 매우 독특한 자석배열 구조를 가지고 있다.

이를 사용하면 **그림 6.41 (b)**에서와 같이 할박 어레이의 상부면쪽으로는 자기장이 (거의) 누출되지 않으며, 하부면 쪽으로는 영구자석의 하부에 배치된 코일까지 강력한 자기장을 송출할 수 있다(코일 위치에서의 자속밀도를 0.4[T] 이상으로 증가시킬 수 있다). 영구자석의 하부에 배치된 평행코일에 전류를 흘리면 로렌츠력($F = B \times i \times L$)이 발생하며, ②번 위치에서는 반발부상력이 생성되므로, 코일과 영구자석 사이를 서로 멀어지거나, 가까워지게(수직방향 부상력) 만들 수 있다. ①번 영역에서는 아래로 향하는 자기장과 지면 앞으로 나오는 전류에 의해서 우측으로의 이송력이 발생한다. 그리고 ③번 영역에서는 위로 향하는 자기장과 지면 속으로 들어가는 전류에 의해서 역시 우측 방향으로의 이송력이 발생한다. 이를 활용하면 할박 어레이를 좌측 또는 우측으로 움직이게(수평방향 이송력) 만들 수 있다.

대표적인 자기베어링인 견인식 자기베어링은 음강성 특성을 가지고 있어서 제어하기가 매우 어려운 반면에 강력한 부상력을 만들어낼 수 있다. 반면에 반발식 자기베어링은 양강성 특성을 가지고 있어서 제어가 상대적으로 쉽고, 공심코일의 특성상 응답속도가 매우 빠르다. 하지만 로렌츠력의 특성상 부상력이 약하고, 이를 보상하기 위해서는 엄청난 양의 전류를 흘려보내야만 한다. 하지만 반발식 자기베어링을 사용하면 바닥 위에서 떠다니는 매우 단순한 구조를 만들 수 있기 때문에, 전류소모와 발열이라는 단점에도 불구하고 웨이퍼 스테이지에서 성공적으로 사용되고 있다.

---

70 Halbach array

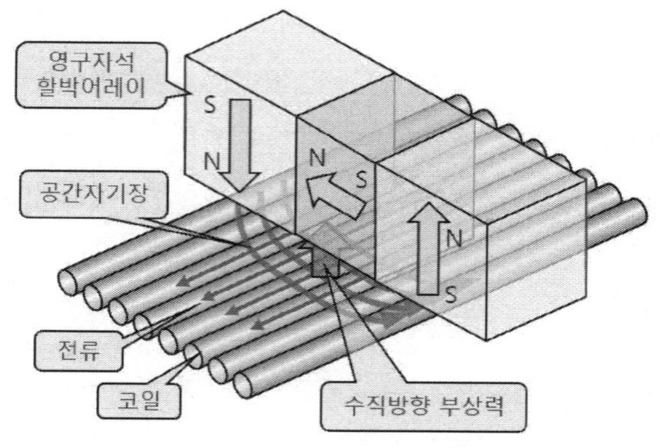

(a) 영구자석과 코일의 공간배치

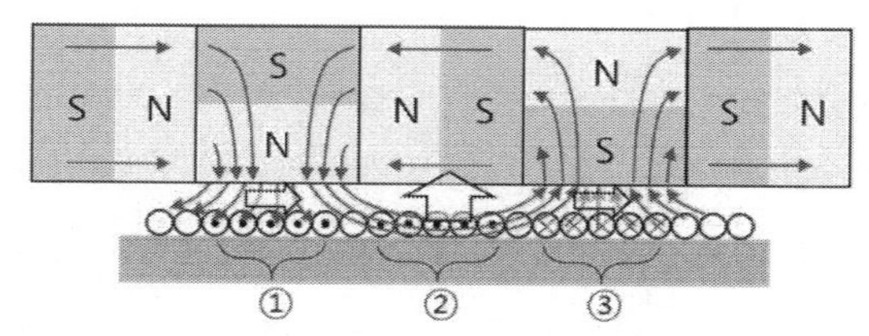

(b) 수직방향 부상력과 수평방향 이송력 생성원리

그림 6.41 할박 어레이를 사용하는 반발식 자기베어링의 작동원리[71]

그림 6.41의 할박 어레이의 개념을 확장하여 PIMag® 6-D[72]나 Planar motor[73]와 같은 다양한 형태의 반발식 6자유도 자기부상 스테이지가 개발되었다. 이 시스템들은 **그림 6.41**에서와 같이 바닥에 코일을 깔고 스테이지에는 자석이 설치되어 있다. 그런데 이런 방식의 자기부상장치는 바닥면 전체가 발열한다는 치명적인 단점을 가지고 있다. 노광기와 같은 초정밀 시스템에서는 발열 통제가 무엇보다도 중요한 사안이다. 그런데 바닥면 전체가 발열한다면 이를 통제하거나 제어할 방법이 없다. 그래서 노광기용 스테이지에서는 바닥면 전체를 영구자석 어레이로 깔아놓고, 웨이퍼 스테이지에 코일을 설치하는 방식을 사용하고 있다. 이렇게 자기부상장치를 만들면 고가의 영구자석이 다량으로 사용되기 때문에 비용이 상승하지만 스테이지 하부의 좁은 공간에서만 발열이 일어나기 때문에 워터재킷을 설치하면 열관리가 비교적 용이해진다.

71 장인배 저, 정밀기계설계, 씨아이알, 2021.
72 Physik Instrument
73 www.planarmotor.com

6.4.7 극자외선 노광기 내에서 포토마스크 취급공정

5.9.2절과 **그림 5.42**를 통해서 극자외선용 포토마스크 보관과 운반에 사용되는 이중구조의 SMIF 포드에 대해서 살펴보았다. SMIF 포드 운반전용 OHT에 의해서 **그림 6.34 (a)**의 좌측 ASML 로고 하부에 위치한 로드포트에 포드가 안착되고 나면, **그림 6.42**에 도시되어 있는 포토마스크 취급공정이 시작된다.

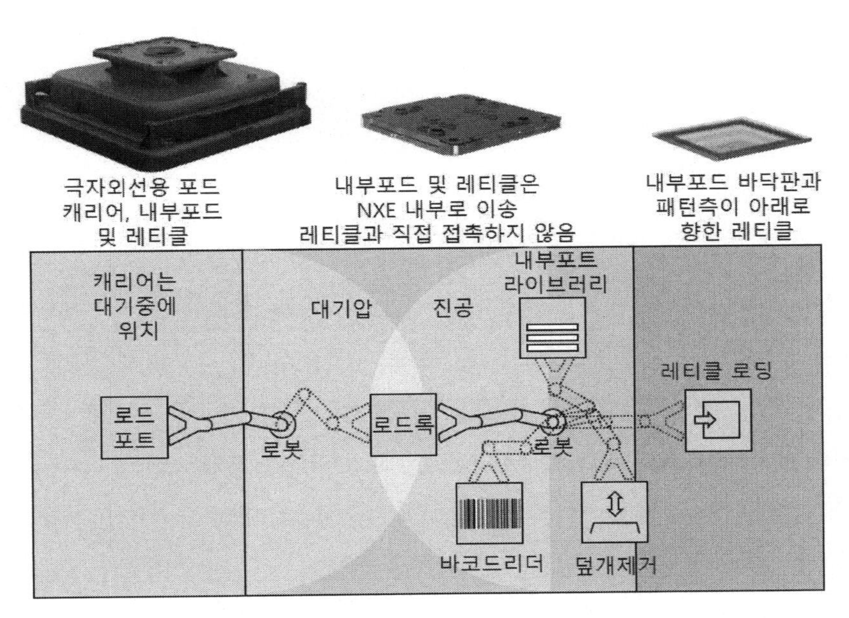

그림 6.42 SMIF 포드에서 노광기 내부로 전달되는 포토마스크 취급공정[74]

마스크 취급은 대기 측 취급공정과 진공 측 취급공정으로 나뉘며, 양측에 게이트밸브가 설치되어 있는 마스크 임시보관위치인 로드록에 의해서 분리된다. 로드포트에서 폴리머 소재로 만들어진 외부포드의 상부를 고정한 채로 바닥면을 아래로 내리는 방식으로 외부 포드를 개방하면 대기 측 로봇이 진입하여 금속소재로 만들어진 내부포드를 들어서 로드록으로 이송한다. 로드록의 대기 측 밸브가 닫히고 나면 로드록을 진공으로 퍼징한 다음에 진공 측 게이트밸브를 개방한다. 진공 측 로봇이 내부포드를 들어 올려서 덮개 제거용 선반으로 이동하여 덮개를 제거하고 나면

74 Vivek Bakshi, EUV Lithography, 2'nd Edition, SPIE, 2017과 entegris.com을 참조하여 다시 그렸음.

내부포드의 바닥판 위에 패턴 측이 아래로 향하여 포토마스크가 얹혀 있는 상태가 된다. 2차원 바코드리더로 이동하여 포토마스크의 위치를 감지한 다음에 레티클 스테이지로 이동하여 정전척의 올바른 위치에 포토마스크를 부착하고 나면, 바닥판을 라이브러리 선반에 얹어 놓은 채로 대기하게 된다.

라이브러리 선반은 원래 다수의 포토마스크를 보관할 목적으로 설계되었지만, 내부포트들을 층층이 적재해 두면 위쪽 선반에 다른 내부포드가 들어갔다 나오는 과정에서 의도치 않게 오염물질이 아래쪽에 적재된 내부포드 위로 떨어질 우려가 있다. 비록 포토마스크는 내부포드 속에 안전하게 보관되어 있지만, 내부포드의 위쪽에 오염물이 쌓이는 것을 허용할 수는 없는 일이기 때문에 라이브러리 선반에 내부포드를 거치해놓고 사용하지 않고 있다.

6.4.8 마스크 가열보정

극자외선용 포토마스크의 제작에 열팽창계수가 거의 0에 근접하는 초저열팽창계수(ULE)유리 소재를 사용하고 있으며, 수냉 방식으로 온도를 조절하고는 있지만, 다중층 반사율이 70%에 불과하며, 흡수층 패턴은 조사되는 극자외선을 모두 흡수하기 때문에, 조명용 광학계나 투사광학계에 비해서 훨씬 더 큰 열부하가 가해지며, 상당한 수준의 가열이 발생하게 된다. 더욱이, 정전척 표면은 포토마스크와의 접촉을 최소화하기 위해서 엠보싱 가공이 되어 있어서 접촉면적은 전체 면적의 3~5%에 불과하다. 이로 인하여 열전달 면적이 축소되어 열부하에 의해서 가열된 포토마스크의 온도를 조절하기가 어려워진다. 포토마스크에 흡수되는 열은 부분적으로 패턴밀도에 의존하며, 이로 인하여 패턴배치 오차가 발생하게 된다. 포토마스크와 웨이퍼 사이의 정렬과정에서 이를 미리 보정해주지 않으면 허용할 수 없는 수준의 중첩오차가 발생하게 된다. 웨이퍼 노광과정에서 샘플검사를 통해서 사후보정을 시도한다면 문제가 발생하고 나서 이를 보정하기까지 처리된 웨이퍼들을 모두 폐기해야만 하는 상황이 발생할 수 있다. 이를 미리 예측하여 방지하기 위해서 **그림 6.43**에 도시되어 있는 것과 같은 **관찰자기반의 제어기법**이 사용되고 있다. 이 시뮬레이션 알고리즘은 시스템의 열부하와 온도측정값들을 실시간으로 입력받아서 노출기간 동안 발생할 것으로 예상되는 영상평면상의 모든 변형을 추정하며, 이를 기반으로 하여 레티클 스테이지의 설치위치를 보정한다. 이를 통해서 포토마스크 열부하에 따른 변형을 성공적으로 보정할 수 있다.

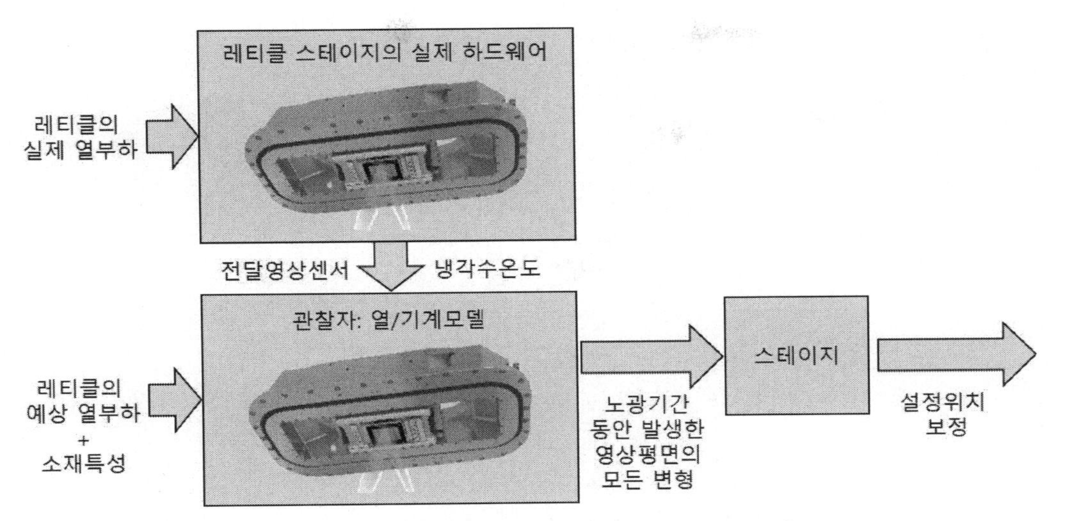

그림 6.43 마스크 가열보정을 위한 관찰자 기반의 제어모델[75]

6.4.9 웨이퍼 가열보정

웨이퍼에 조사된 극자외선은 거의 대부분이 포토레지스트에 흡수된다. 포토마스크와는 달리, 실리콘 웨이퍼의 열팽창계수 $\alpha=2.5\times10^{-6}$[1/K]으로서, 비교적 큰 값을 가지고 있기 때문에, 극자외선 가열에 의해서 상당한 수준의 영상배치오차가 발생한다. 게다가 포토마스크상의 패턴이 1/4로 축소되기 때문에 영상배치오차에 더욱더 민감하다. 웨이퍼척의 경우에도 포토마스크 척과 마찬가지로 표면이 엠보싱 가공된 정전척을 사용하기 때문에 열전달 면적이 좁아서 수냉방식의 온도제어만으로 충분치 못하다. 이를 극복하기 위해서 포토마스크의 보정에서와 유사하게 **그림 6.44**에 도시되어 있는 것처럼, 웨이퍼 가열 보정모델이 사용된다. 이 보정모델은 전향제어 루프와 귀환제어 루프의 이중루프 구조를 가지고 있다. 전향제어 루프의 경우에는, 패턴배치나 마스크 조사량과 같은 공정 레시피를 웨이퍼 가열모델에 적용하여 스캔위치를 보정하여 노광을 수행한다. 귀환제어 루프의 경우에는 노광된 웨이퍼들 중에서 일정한 간격으로 샘플링하여 노광패턴의 중첩 정확도를 측정하며, 웨이퍼가열 교정시험을 수행하여 이를 근거로 하여 웨이퍼가열 모델을 수정한다.

75 Vivek Bakshi, EUV Lithography, 2'nd Edition, SPIE, 2017을 참조하여 다시 그렸음.

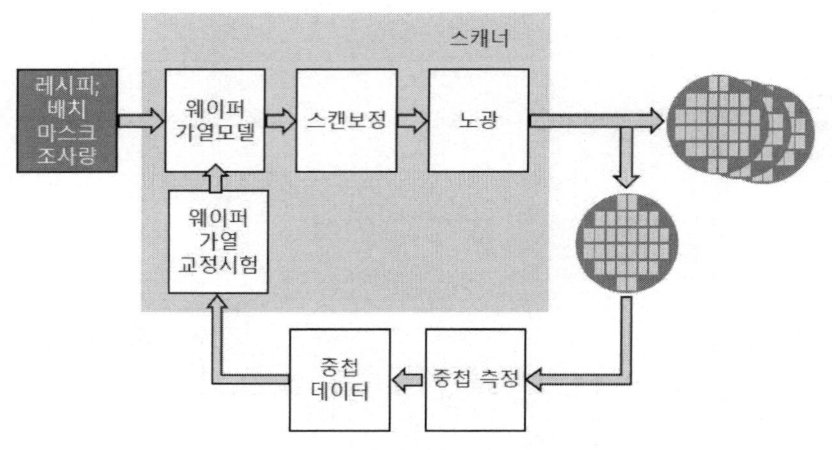

그림 6.44 웨이퍼 가열보정 모델[76]

6.4.10 정전척

극자외선 노광은 진공 중에서 수행되기 때문에 심자외선 노광기에서 사용되던 진공척을 사용할 수 없다. 이를 대체하는 방법이 전기장의 견인력을 사용하는 **정전척**이다. 쿨롱의 법칙에 따르면 진공 중에서 두 전하 사이에 작용하는 정전기적 작용력(F)은 두 전하의 곱($Q_1 \times Q_2$)에 비례하고 두 전하 사이 거리의 제곱(r^2)에 반비례한다.

$$F = \frac{1}{4\pi\varepsilon_0} \times \frac{Q_1 \times Q_2}{r^2} \tag{6.4}$$

여기서 ε_0(=8.85×10^{-12}[F/m])는 진공 중에서의 **유전율상수**이다.

웨이퍼나 레티클을 고정하는 정전척은 **그림 6.45**에 도시되어 있는 것처럼, 쿨롱척과 존슨-라벡 척으로 나눌 수 있다. **쿨롱척**의 경우에는 척 표면의 절연층이 부도체이며, 얇은 절연층 뒷면에 전극이 배치되어 있다. 정전척에 +1,000~2,000[V]의 양전압을 부가하면 마스크의 뒷면 도전층은 음으로 하전되면서 전기장이 형성되며, 견인력이 생성된다. 포토마스크용 정전척이 쿨롱척에 해당한다. **존슨-라벡척**의 경우에는 절연층의 저항값이 유한하여 정전척의 전극에서 절연층 계면으로 약간의 전류가 흐른다. 이로 인하여 전극 간의 거리가 쿨롱척에 비해서 훨씬 더 가까워지기

76 Vivek Bakshi, EUV Lithography, 2'nd Edition, SPIE, 2017을 참조하여 다시 그렸음.

때문에, 쿨롱척에 비해서 월등히 더 큰 견인력이 생성된다. 하지만 절연층의 저항값에 비해서 너무 높은 전압을 부가한다면 방전이 일어나면서 척과 웨이퍼 모두가 손상되어버릴 우려가 있다. 포토마스크용 정전척에도 존슨-라벡 척을 사용할 수 있으며, 약 100[Ω·cm]의 전기전도도를 가지고 있는 웨이퍼를 고정하는 웨이퍼용 정전척의 경우에는 웨이퍼가 도전체의 역할을 하는 존슨-라벡 척에 해당한다.

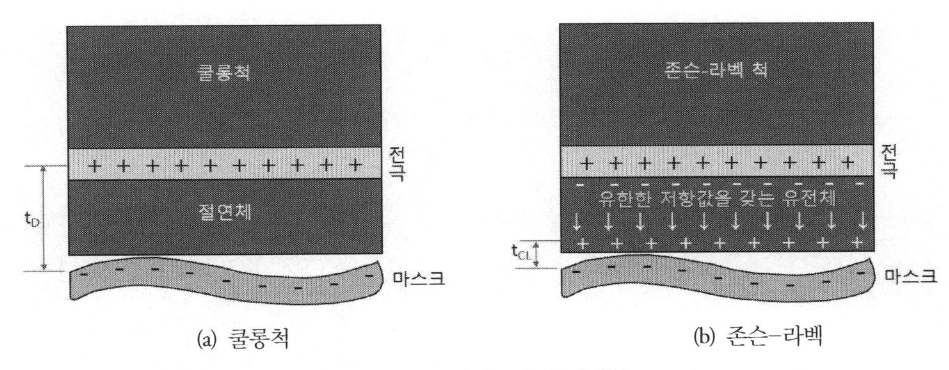

(a) 쿨롱척 (b) 존슨-라벡

그림 6.45 두 가지 유형의 정전척[77]

정전척의 고정압력(P[N/m²])은 부가전압(V[V]), 진공간극 또는 엠보싱 높이(g[m]), 절연특성(ε_r), 절연층 두께(d[m])에 의존한다.

$$P = 0.5 \times \varepsilon_0 \left(\frac{V}{g + \frac{d}{\varepsilon_r}} \right) \tag{6.5}$$

상대적으로 면적이 좁고 아래로 매달려 있으며, 더 높은 가감속이 작용하는 레티클 스테이지용 정전척이 상대적으로 면적이 좁고 가벼우며, 위에 얹혀서 상대적으로 낮은 가감속이 작용하는 웨이퍼 스테이지용 정전척에 비해서 더 높은 고정압력을 필요로 한다.

그림 6.46에서는 극자외선 포토마스크 고정용 정전척의 설계를 보여주고 있다. 척 본체는 영계수가 380[GPa]인 세라믹 소재를 사용하여 유효강성이 380[kN/m]가 되도록 제작하였으며, 쿨롱척

77 M.R.Sogard, Comparison of Coulombic and Johnsen-Rahbeck Electrostatic Chucking for EUV Lithography, 2007 EUVL Symposium을 참조하여 다시 그렸음.

의 경우에는 절연층의 두께가 150[μm]에 불과한 매우 얇은 절연층이 필요하다. 반면에 존슨-라벡 척의 경우에는 쿨롱척보다 견인력 생성이 유리하므로 절연층의 두께가 2.0[mm]가 되도록 제작할 수 있다. 표면 엠보싱은 웨이퍼나 포토마스크의 뒷면에 오염물질이 묻어 있는 경우에 척이 파손될 가능성을 최소화하기 위해서 반드시 필요한 존재이다. 척의 표면에 10[μm] 높이로 사각형이나 원형의 돌기를 성형해 놓는데, 이 돌기의 점유면적은 전체면적의 3~5% 수준이 되도록 만든다. **그림 6.46**에 예시된 사례에서는 142×142[mm^2]의 표면적을 사용하는 포토마스크의 경우에, 2.5×2.5×0.01[mm^3] 크기의 핀들을 12.67[mm] 피치로 배치하여 4%의 핀 점유면적을 구현하였다.

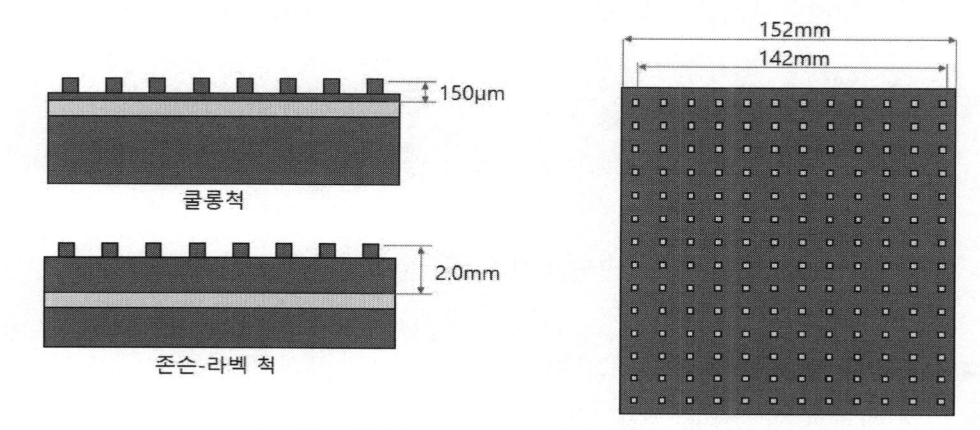

그림 6.46 극자외선 포토마스크 고정용 정전척의 설계사례78

6.5 극자외선용 포토레지스트

극자외선용 포토레지스트에 대한 연구는 극자외선 노광에 사용할 파장이 아직 결정되지 않았던 1980년대부터 시작되었다. 초기 연구들을 통해서 다양한 파장길이(λ=5~40[nm])에 대해서 영상화가 성공하였으며, 극자외선용 포토레지스트에서 웨이퍼로의 성공적인 패턴전사가 이루어졌다. 계속된 연구를 통해서 극자외선 영상화를 위해서 화학증폭형 레지스트(CAR)를 사용할 수 있다는 것이 규명되었다.

78 M.R.Sogard, Comparison of Coulombic and Johnsen-Rahbeck Electrostatic Chucking for EUV Lithography, 2007 EUVL Symposium을 참조하여 다시 그렸음.

역사적으로 노광기술이 짧은 파장길이 쪽으로 이동함에 따라서 레지스트 화학자들은 포토레지스트 소재의 투명도를 향상시키기 위한 방안을 찾아왔었다. 이런 경험을 토대로 하여 초기 연구자들은 극자외선용 레지스트의 투명도를 향상시키는 전략을 추구하였다. 극자외선용 포토레지스트의 분해능이 향상되고, 두께가 300[μm]에 달하던 두꺼운 레지스트에서 점차로 수[nm] 수준까지 레지스트 박막의 두께가 감소함에 따라서, 역으로 극자외선 흡수율이 부족해지는 문제가 발생하게 되었다. 2000년대 중반에 들어서면서, 연구자들은 충분한 극자외선 흡수율을 갖춘 얇은 레지스트 박막을 만드는 것이 어렵다는 것을 깨닫게 되었으며, 처음에는 불소를 첨가하여 레지스트의 광자 흡수율을 증가시키려고 시도하였고, 나중에는 금속과 같은 이종원자들을 추가하게 되었다.

6.5.1 포토레지스트의 극자외선 반응 메커니즘

극자외선 노광의 경우 광자들이 모든 레지스트 성분들과 강한 상호작용을 일으키며, 광이온화를 통하여 전자를 생성한다. 75~82[eV]의 에너지를 가지고 있는 초기 광자들이 레지스트 내에서 추가적인 이온화를 유발하여, 노출 과정에서 화학 반응에 기여하는 추가적인 전자들을 생성한다. 이 절에서는 약 80[eV]의 에너지를 가지고 있는 초기생성 전자에서부터 약 2[eV]로 에너지가 감소된 전자들이 분자들과 일으키는 물리적인 상호작용에 대해서 살펴보기로 한다.

2~80[eV] 범위의 광전자 및 2차전자들과 포토레지스트 사이에서는 **그림 6.47**에 도시된 것과 같이 4가지의 상호작용이 일어난다.

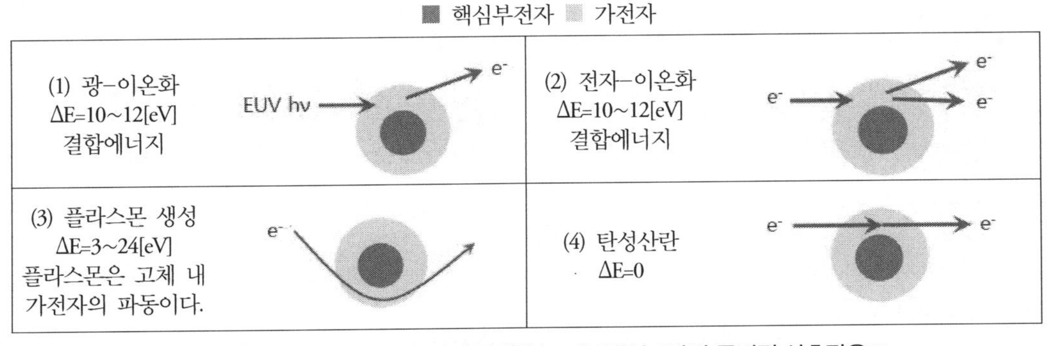

그림 6.47 전자와 물질 사이에서 발생하는 기본적인 4가지 물리적 상호작용[79]

79 Vivek Bakshi, EUV Lithography, 2'nd Edition, SPIE, 2017을 참조하여 다시 그렸음.

- **광–이온화**: 원자에 광자가 흡수되면, 추가적인 상호작용을 일으키기에 충분한 운동에너지를 가지고 있는 전자를 방출한다. 이온화된 포토레지스트 원소는 전자 및 원자의 완화공정을 통해서 추가적인 전자들이나 충전된 이온을 생성한다.
- **전자–이온화**: 전자의 충돌이 원자를 산란시키며, 2차전자의 결합에너지보다 작은, 새로운 전자를 생성한다. 두 전자들의 총 운동에너지는 입사되는 전자에너지와 동일하다.
- **플라스몬 생성**: 입사되는 전자가 원자를 산란시키면 에너지가 줄어들면서 속박전자들이 간섭성 변위파동을 유발한다. 플라스몬이 전자–정공 쌍이 생성되는 추가적인 원인인가에 대해서는 불확실하다.
- **탄성산란**: 입사되는 전자의 궤적이 원자의 쿨롱전위에 의해서 에너지손실 없이 변경된다. 화학증폭형 레지스트의 경우, 광산발생제나 폴리머의 이온화와 플라스몬 생성이 직접적으로 산을 만들어낸다.

이상과 같이 4가지의 상호작용에 의해서 생성된 전자들은 포토레지스트 내에서 10[nm] 이상의 거리를 이동할 수 있으며, 다음의 세 가지 반응을 통하여 포토레지스트를 수용성으로 변화시킨다.

- **전자충돌의 이온화**: 초기전자와 포토레지스트 분자 사이의 상호작용을 통해서 충전된 물질들이 충전된 분자들과 추가적인 전자들을 생성하거나 또는 최소한 하나의 충전된 분자원소(즉 분자결합이 깨진 원소)를 생성하며, 때로는 추가적인 전자들을 만들어낸다.
- **전자흡착**: 전자가 포토레지스트 분자에 흡착되며, 고에너지 궤적을 점유하여 충전된 분자를 생성하며, 궁극적으로는 분자의 해리를 초래한다(**해리성 전자흡착** 또는 **내부여기**라고 부른다).
- **전자여기**: 고에너지 전자에서 일부의 에너지가 인접한 분자에 전달되어 속박전자를 고에너지 상태로 올려놓아서 분자가 여기된다. 이렇게 여기된 분자들은 중성원자로 해리된다.

6.5.2 화학증폭형 레지스트

화학증폭형 레지스트(CAR)는 광자를 흡수하면 광화학적 촉매반응에 의해서 내부에 산물질이 생성되는 레지스트이다. 노광 후 베이킹 과정에서 광발생 산물질들이 화학반응을 촉진시켜서 노광된 영역을 수용성으로 변화시킨다. 화학증폭형 레지스트의 박막 양자수율은 100%를 넘는다. 즉, 조사된 극자외선 광자보다 많은 수의 전자들이 생성되어 화학반응을 일으킨다. 화학증폭형 레지스트 내부에서는 **그림 6.48**에 도시되어 있는 것처럼 세 가지 화학반응 메커니즘이 일어난다.

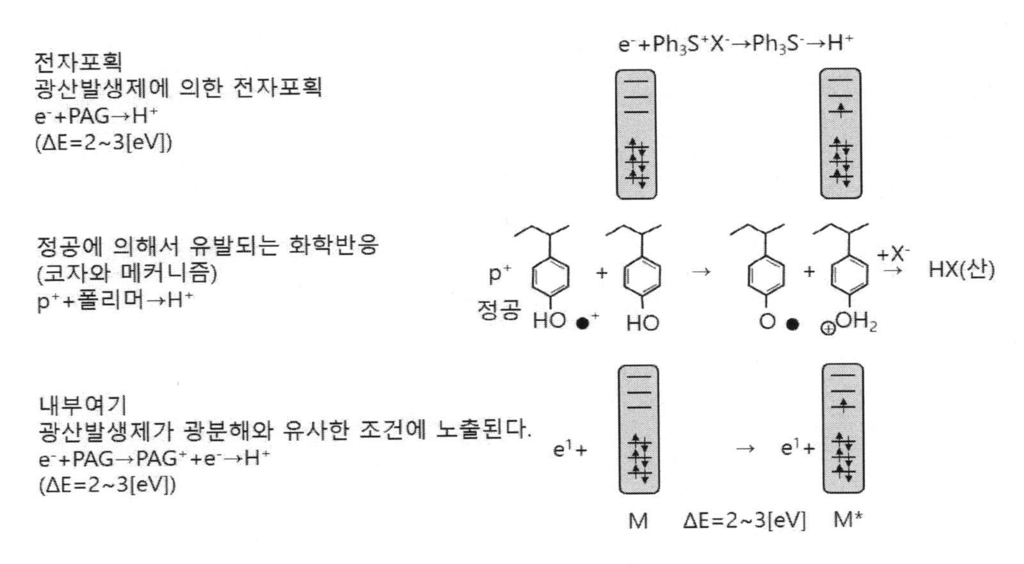

그림 6.48 극자외선 노출의 화학 메커니즘[80]

- **전자포획**: 저에너지(0~5[eV]) 전자들이 광산발생제에 의해서 포획되어 광산발생제 내의 반결합궤도함수를 점유한다. 이는 광산발생제의 전자구조 변화를 초래하여 포토레지스트 분자의 분해가 유발된다.
- **정공에 의해서 유발되는 화학반응**: 레지스트 내의 이온화된 원자들 속에 남겨진 정공들도 레지스트의 화학반응에 기여를 한다. 폴리머 내의 정공들은 여타의 폴리머 곁사슬들과 불균화 반응을 일으키며, 궁극적으로 산물질을 생성한다.
- **내부여기**: 레지스트 내의 고에너지 전자들(10~80[eV])이 광산발생제 내의 분자들을 결합상태에서 반결합상태로 전자들을 여기시켜서 에너지를 저장한다. 이로 인하여 여기된 광산발생제 분자들이 해리되어 산성물질을 생성한다.

80 Vivek Bakshi, EUV Lithography, 2'nd Edition, SPIE, 2017을 참조하여 다시 그렸음.

이상과 같은 세 가지 반응 메커니즘들을 통해서 흡수된 광자 하나당 2~4개의 전자들이 생성되며, 5~6개의 산물질이 발생한다.

극자외선용 레지스트의 개발에서 중요한 문제는 빠른 감광속도와 더불어서 훌륭한 선테두리 거칠기와 분해능을 구현하는 것이다. 레지스트의 성능을 개선하기 위해서 산증폭물질을 사용한다. **산증폭물질**은 더 많은 산물질을 생성하기 위해서 산물질과 촉매반응을 일으키는 화합물이다.

광민감성 화학증폭형 레지스트(PSCAR)는 증폭공정을 통해서 레지스트의 감광속도를 향상시키기 위해서 채용된 새로운 레지스트이다. 극자외선에 노출되면 감광용 전구체를 탈보호시키는 산물질을 생성한다. 그런 다음 365[nm] 파장을 사용하여 전면노출을 시행한다. 이 두 번째 노출을 통해서 감광제가 탈보호된 영역, 즉 극자외선에 노출된 영역 내의 더 많은 광산발생제가 산물질로 변환된다. 노광 후 베이크를 수행하면 극자외선 노출 직후에 노출된 영역 내에 존재하는 것보다 더 많은 산물질들이 만들어진다. 이 기법이 감광속도를 향상시켜준다는 것은 명확하지만 분해능, 선테두리거칠기(LER), 그리고 민감도를 향상시킬 수 있는 가능성에 대해서는 여전히 의문으로 남아 있다.

6.5.3 금속함유 레지스트

금속성분은 반도체 내에서 합선과 누전을 촉발시킬 우려 때문에 반도체 공정에 사용이 금기시되어 왔다. 그런데 포토레지스트 박막의 두께가 얇아지면서 더 불투명한 레지스트를 사용하여 광자 흡수율을 증가시키기 위해서 금속을 첨가한 레지스트를 개발하기 시작하였다. **금속함유 레지스트**를 사용하면, 더 얇은 포토레지스트 박막을 사용할 수 있으며, 이를 통해서 임계치수를 감소시킬 수 있다. 그리고 금속함유 레지스트는 뛰어난 에칭 저항성을 가지고 있다.

2009년 오리건 주립대학과 인프리아社는 하프늄 산화물 황산염($HfSO_x$)이나 지르코늄 산화물 황산염($ZrSO_x$)과 같은 과산화 변형물질로 이루어진 금속 박막을 레지스트로 사용하여 12[nm]와 8[nm] 절반피치의 조밀한 직선을 프린트하였다. 프린트된 선들의 선테두리 거칠기는 2±0.5[nm]였다. 하프늄의 탈수소화 메커니즘과 광반응 메커니즘은 **그림 6.49**에 도시되어 있다.

$$\text{Hf-OH} + \text{HO-Hf} \rightarrow \text{Hf-O-Hf} + H_2O$$

탈수소화 반응 메커니즘

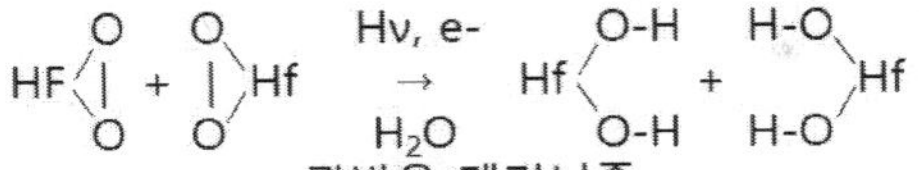

O O Hv, e- O-H H-O
HF | + | Hf → Hf + Hf
O O H_2O O-H H-O

광반응 메커니즘

그림 6.49 금속함유 레지스트를 사용한 프린트결과와 하프늄의 반응 메커니즘

하프늄(Hf)과 같은 금속산화물의 퍼옥소-변형물질은 액상으로 스핀코팅할 수 있으며, 뛰어난 분해능과 음화색조의 성질을 가지고 있다. 그리고 카르복실 리간드에 하프늄(Hf)과 지르코늄(Zr) 나노입자들을 주입하여 감광속도가 극도로 빠른 음화색조 레지스트를 제조할 수 있다. 이외에도 주석산화물 나노클러스터, 유기비스무트 올리고머, 그리고 단분자 금속함유 화합물들도 극자외선용 레지스트로 활용할 수 있다. 팔라듐 수산염은 양화색조 레지스트로서 양호한 결과를 보이고 있다.

6.6 극자외선노광 기술개발 로드맵

극자외선 노광기술은 인텔社가 주도한 극자외선 유한회사(EUV LLC)에서 기초기술을 개발하였으며, ASML社에서 양산화에 성공하였다. 하지만 노광기의 가격이 1,500~2,000억 원에 이를 정도로 매우 고가이며, 층고가 높은 팹을 새로 건설하는 것을 포함하여 엄청난 인프라 투자가 필요하기 때문에 2020년대 초까지만 하여도 전 세계적으로 인텔社, TSMC社 및 삼성社만이 극자외선 노광을 도입하여 운영하는 상황이었다. 하지만 TSMC社와 삼성社의 파운드리 기술경쟁이 촉발되면서 극자외선노광을 사용한 7[nm], 5[nm], 그리고 3[nm] 기술노드가 순식간에 돌파되는 상황이 벌어지게 되었다. 이에 자극받은 하이닉스社나 글로벌파운드리社와 같은 반도체 생산기업들이 속속 극자외선 노광기기술의 도입을 선언하면서 머지않아 극자외선 노광이 주류 노광기술로 자리잡게 될 것이라는 예상을 하는 단계에 이르게 되었다.

현재 ASML社의 극자외선 노광기 생산공장은 연 40대의 극자외선 노광기를 생산할 수 있는 생산능력을 갖추고 있다. 하지만 세계적인 극자외선 노광기 수요는 생산능력을 크게 앞서고 있다. ASML社는 추가공장 건설을 진행 중이며, 머지않아 연 90대 생산능력을 갖추게 될 것이라고 공지하고 있다.

6.6.1 기술노드

그림 6.50에서는 ASML社에서 2022년에 발표한 첨단 반도체 생산기술 로드맵을 보여주고 있다. 우리가 일반적으로 반도체 생산기업의 기술력 경쟁상황을 설명할 때에 사용하는 최소선폭은 로직회로의 게이트 선폭으로서, 이 책을 저술하는 2023년 현재에는 5[nm] 제품들이 양산 중이며, 3[nm] 제품들은 양산에 준하는 생산에 돌입한 상황으로서 수율안정화가 진행 중에 있다. 이미 2[nm] 제품들의 생산 가능성에 대한 연구는 상당한 수준으로 진행 중이다. 로드맵상에는 1X, 1Y, 1Z 및 1[nm]가 계획되어 있으며, 서언에서 언급했듯이 인텔社에서는 이미 선폭 호칭 단위에 20[Å], 1X[Å], 1Y[Å], 1Z[Å]와 같이 옹스트롬[Å]을 사용하기 시작하였다. 반도체 생산공정은 이미 2030년대에 서브나노의 시대를 바라보고 있으며, 그 중심에는 극자외선 노광기술이 자리 잡고 있다.

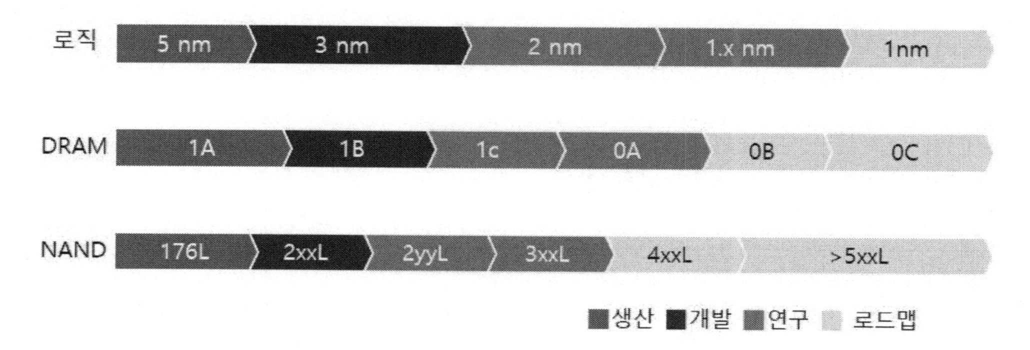

그림 6.50 첨단 반도체 생산기술 로드맵[81]

6.6.2 극자외선 노광장비 개발 로드맵

그림 6.51에서는 극자외선 노광기의 기술개발 로드맵을 보여주고 있다. 극자외선 노광기는 2006년에 알파데모장비(ADT)가 생산되었으며, 2010년에는 시험용 양산장비인 NXE:3100이 생산되었다. 본격적인 양산장비는 2013년에 생산된 NXE:3300부터이며, 극자외선 노광의 양산화가 안정된 것은 2017년 NXE:3400이 생산된 이후이다. 개구수 NA=0.33을 Low NA라고 부르며, Low NA 장비의 분해능 한계는 13[nm]이다. 따라서 NA=0.33인 광학계를 사용하는 NXE:3X00 모델과

81 Peter Wennink, Megatrends, wafer demand and capacity plans to support future growth, ASML Small talk, 2022.를 참조하여 다시 그렸음.

NXE:4X00 모델은 분해능[82]이 13[nm]로 제한되어 있음을 알 수 있다. 중첩 정밀도는 계측기와 자기부상 스테이지 운영기술이 발전함에 따라서 꾸준히 높아지게 되었고, 2023년 현재 출시되는 NXE:3800의 경우에는 1.1[nm], 그리고 이후에 출시될 모델들부터는 0.8[nm]로, 서브나노미터의 시대로 들어서게 되었다. 2023년 후반기부터 생산되는 EXE:5X00 시리즈는 개구수 NA=0.55인 High NA 장비로서, 왜상광학계를 사용하여 분해능을 8[nm] 수준으로 향상시켰다. High NA 장비들을 사용하여 2020년대 후반기에는 1X[Å] 기술노드의 개발이 본격적으로 시작될 것으로 기대된다.

그림 6.51 극자외선 노광기의 개발현황과 향후개발 로드맵[83]

82 분해능은 그림 6.32에서와 같이 직선이나 구멍형상을 인접하여 노광할 수 있는 최소거리를 의미한다.

83 ASML's journey to EUV lithography started in 2006 with the shipment of the Alpha Demo Tools ©ASML을 인용하여 재구성하였음.

07

포토공정과 장비

Chapter

07 포토공정과 장비

포토리소그래피공정이라고 부르는 반도체 노광공정은 크게, 레지스트 코팅, 노광, 현상 및 검사공정으로 이루어진다. 노광공정이 반도체 생산의 가장 핵심공정이며, **4장**에서 살펴보았던 심자외선 노광장비와 **6장**에서 살펴보았던 극자외선 노광장비가 반도체 생산에서 가장 중요하고 가장 정밀한 장비이다. **포토장비**는 노광장비의 한쪽 측면에 설치되어 노광 전 포토레지스트 코팅과 노광 후 현상공정 전체를 담당하는 공정장비로서, **트랙장비**라고도 부른다.

이 장에서는 포토리소그래피공정의 전반에 대해서 살펴본 다음에, 포토공정, 포토레지스트, 베이크, 현상, 포토장비의 구조, 그리고 상용장비의 순서로 포토공정과 장비에 대해서 살펴보기로 한다.

7.1 서언

7.1.1 포토공정의 개요

포토공정은 노광 전 코팅공정과 노광 후 현상공정으로 구분된다. **노광 전 코팅공정**은 다음과 같은 세부공정들로 이루어진다.

HMDS코팅 → 냉각 → 레지스트 도포 → 테두리비드 제거 → 베이크 → 냉각

- **HMDS 코팅 후 냉각**: 웨이퍼 표면의 포토레지스트 접착성을 향상시키기 위해서 **헥사메틸디실라잔**(HMDS)을 스핀코팅하는 도포공정으로써, 열공정이므로, 공정이 끝나고 나면 냉각공정이 이어진다.
- **레지스트 도포**: 웨이퍼 표면에 액상의 포토레지스트를 스핀코팅하는 도포공정이다.
- **테두리비드 제거**: 웨이퍼의 테두리에 볼록하게 솟아오른 포토레지스트를 제거한다.
- **베이크**: 도포된 포토레지스트 내의 솔벤트를 증발시키기 위해서 이루어지는 열공정이다. 노광 전 베이크 공정을 **소프트베이크**라고 부른다.

웨이퍼 표면에 도포된 포토레지스트는 520[nm] 미만의 파장에 노출되지 않으면 변성되지 않기 때문에, 포토레지스트가 코팅된 웨이퍼는 장기보관이 가능하다.

노광 후 현상공정은 다음과 같은 세부공정들로 이루어진다.

베이크 → 냉각 → 현상 → 세척 → 베이크 → 냉각

- **베이크**: 노광 후 베이크와 현상 후 베이크를 시행한다. 특히 현상 후 포토레지스트를 경화시키는 베이크를 **하드베이크**라고 부른다.
- **현상**: 포토레지스트를 수용성으로 변화시키는 공정이다. 양화색조 레지스트는 노광된 부분이 수용성으로 변하며, 음화색조 레지스트는 노광되지 않은 부분이 수용성으로 변한다.
- **세척**: 수용성으로 변한 포토레지스트를 물로 씻어내는 공정이다. 이를 통하여 포토레지스트 패턴형상이 만들어진다.

7.1.2 노광 후 현상공정의 시간지연 문제

노광과정에서 포토레지스트의 내부에는 현상과정에서 포토레지스트를 수용성으로 변화시키는 산물질이 생성되며, 이 산물질은 시간이 지남에 따라서 주변으로 확산된다. 그러므로 노광 후 현상공정이 이루어지는 시간이 지연되면 선폭이 변해버린다. **그림 7.1**에서는 노광 후 경과시간에 따른 간극폭(선과 선 사이의 간극) 변화양상을 실험적으로 검증한 결과를 보여주고 있다.

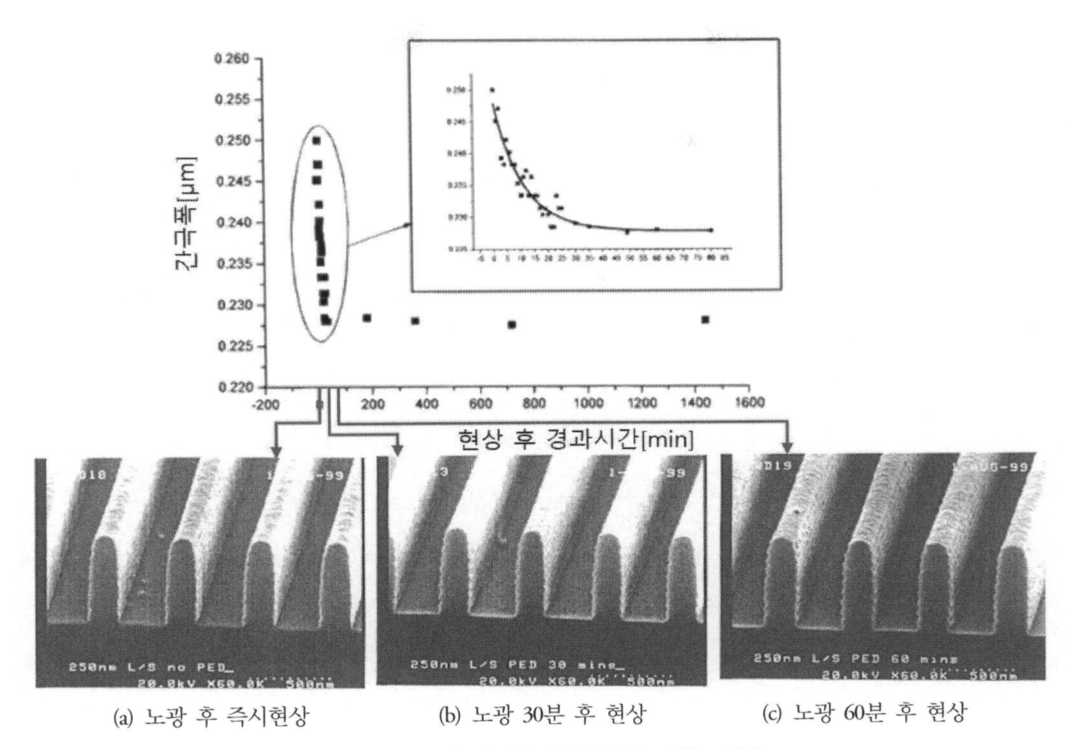

(a) 노광 후 즉시현상　(b) 노광 30분 후 현상　(c) 노광 60분 후 현상

그림 7.1 노광 후 경과시간이 선폭에 끼치는 영향[1]

그래프를 살펴보면 간극폭은 노광 후 30분 이내에 급격하게 감소하며, 이후로는 감소율이 급격하게 떨어져서 서서히 감소하는 경향을 보이고 있다. 이는 임계치수 관리에 치명적인 영향을 끼칠 수 있는 문제이다. 노광 후 시간경과에 따른 선폭(간극폭) 변화를 방지하기 위해서는 노광 후 현상공정이 웨이퍼 노광이 끝난 후에 즉시 이루어져야만 한다. 선폭 변화가 제품의 품질에 민감하게 작용하는 레이어의 경우에는 노광 후 즉시 현상공정을 시행하기 위해서 포토장비는 노광기의 측면에 연결하여 설치되며, 이런 경우에 포토장비의 시간당 웨이퍼 처리속도는 노광기의 시간당 웨이퍼 노광속도와 일치하여야만 한다.[2]

1 Chin-Yu Ku, Postexposure delay effect on linewidth variation in base added chemically amplified resist, J. of the Electronchemical Society, 147, 2000.을 일부 수정하여 재구성하였음.

2 극자외선 노광기를 포함하여 선폭변화에 민감한 선단공정 노광기의 경우에는 노광기에 포토장비를 연결하여 운영하지만 민감하지 않은 공정의 경우에는 클린룸 공간활용 효율성을 높이기 위해서 노광기와 포토장비를 분리하여 운영할 수 있다.

7.2 포토공정

포토장비는 일반적으로 **그림 7.2**에 도시되어 있는 것처럼, 노광기와 연결되어 운영된다. 포토장비의 우측으로 천장에 설치되어 있는 레일을 따라서 이동하는 OHT가 25장의 웨이퍼들이 들어 있는 풉(FOUP)을 로드포트에 내려놓는다. 일반적으로 로드포트는 4개가 일렬로 배치된 구조를 많이 사용하며, 로드포트 내부측에 설치된 핸들러 로봇이 로드포트들 사이를 오가면서 웨이퍼를 반입 및 반출시킨다. 이렇게 반출된 웨이퍼를 (그림에 도시되어 있지 않은) 트랜스퍼 스테이션에 올려놓으면 각종 공정스테이션들이 설치된 복도 사이를 오가는 트랜스퍼 로봇이 웨이퍼를 들어서 헥사메틸디실라잔(HMDS) 코터 스테이션으로 옮겨 놓는다. 약 120[°C]의 온도에서 이루어지는 열공정인 HMDS 도포와 냉각공정이 끝나고 나면 트랜스퍼 로봇이 웨이퍼를 반출하여 레지스트 코팅 스테이션으로 옮겨 놓는다. 여기서 웨이퍼에 포토레지스트 코팅과 (필요시) 테두리비드 제거공정이 끝나고 나면, 트랜스퍼 로봇이 다시 웨이퍼를 소프트베이킹 챔버로 옮겨 놓는다. 소프트 베이킹도 열공정이며, 비교적 오랜 공정시간이 소요되기 때문에 베이킹 챔버에는 웨이퍼를 서서히 식혀줄 냉각 스테이션이 별도로 마련되어 있다. 다시 트랜스퍼 로봇은 소프트 베이킹이 끝난 웨이퍼를 노광기에 투입한다. 노광이 끝난 웨이퍼는 베이킹 챔버로 이동하여 베이킹을 수행하고 현상 챔버로 이동하여 레지스트 현상과 세척을 시행한다. 마지막으로 다시 베이킹 챔버로 이동하여 하드 베이킹을 실시한 후에 웨이퍼를 냉각하면 모든 포토공정이 종료된다. 이렇게 공정이 종료된 웨이퍼를 트랜스퍼 로봇이 트랜스퍼 스테이션에 올려놓으면 핸들러 로봇이 웨이퍼를 들어 올려서 언로드 포트의 풉에 웨이퍼를 집어넣는다.

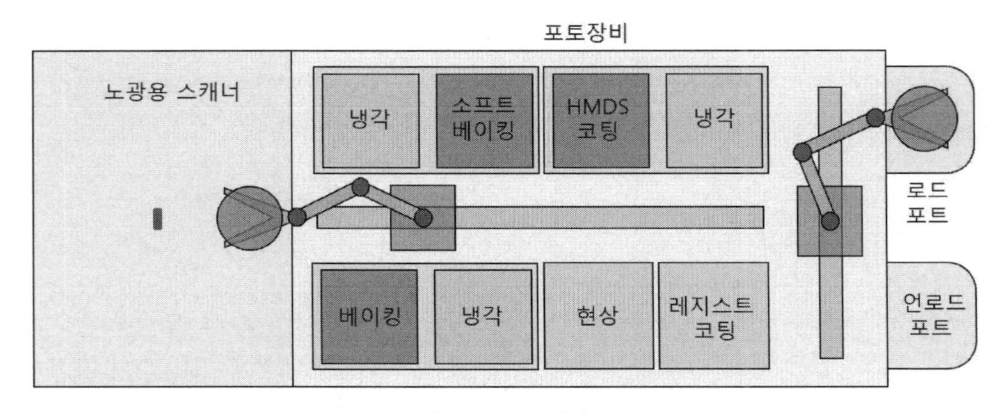

그림 7.2 포토장비의 구조

포토공정은 각각의 공정 소요시간이 다른 다양한 공정들로 이루어지는데, 노광기의 웨이퍼 처리속도에 맞춰서 모든 공정이 지연 없이 원활하게 진행되어야만 한다. 하지만 베이킹과 같은 열처리 공정에는 웨이퍼 한 장을 노광하는 것보다 훨씬 더 많은 시간이 필요하다. 심지어, 최신의 심자외선 노광기인 Twinscan NXT:2100i는 시간당 295장의 웨이퍼를 처리한다. 이처럼 빠른 처리속도에 맞춰서 포토공정을 원활하게 진행시키기 위해서 포토장비 공급업체에서는 챔버를 위로 쌓아 올리는 방식으로 챔버의 수를 늘려왔다. 초기에는 (편측기준) 6챔버 수준이던 것이 점차로 늘어나서 현재는 16챔버(8층) 구조로 제작되고 있다. 클린룸의 층고가 높아지지 않는 상태에서 적층되는 챔버의 숫자를 늘리기 위해서는 챔버에 들어가는 각 공정모듈들의 높이를 슬림하게 설계하는 방법밖에 없다. 이로 인해서 포토장비를 설계하는 엔지니어들은 공간과의 어려운 싸움을 수행하고 있다.

7.2.1 HMDS 도포

HMDS 도포공정은 웨이퍼 표면에 포토레지스트 감광액을 도포하기 전에 웨이퍼 표면과 포토레지스트가 서로 잘 들러붙을 수 있도록 실리콘 웨이퍼의 표면상태를 친수성에서 소수성으로 변화시키는 표면처리 공정이다. 보다 정확히 말하면 헥사메틸디실라잔(HMDS) 기체를 사용하여 웨이퍼 표면에 자기정렬 단분자층 코팅을 시행하여 웨이퍼 표면에 들러붙어있는 –OH 기(친수성)를 –H 기(소수성)로 치환하여 표면의 물성을 소수성으로 바꾸는 것이다.

포토레지스트는 유기용매이기 때문에, 친수성 막질 위에서 스피닝을 시행하면 평평하게 퍼지지 않고 방울져 튀어 나가 버린다. 하지만 친수성 산화막을 소수성으로 개질시켜 놓으면 포토레지스트가 표면에 착 들러붙어서 퍼지기 때문에 균일한 도막을 만들 수 있다.

헥사메틸디실라잔(HMDS) 기체를 웨이퍼 표면에 도포하는 방법은 반도체의 집적도 발전에 따라서 상온 기상도포를 시작으로 해서 고온 기상도포를 거쳐서 현재는 **감압 고온 기상도포** 방법으로 발전하게 되었다. **그림 7.3**에서는 감압 고온 기상도포 공정을 위한 챔버의 모습을 보여주고 있다. 챔버의 상판에는 웨이퍼 중앙에서 반경방향으로 HMDS 기체를 분사하기 위한 노즐이 설치되어 있으며, 웨이퍼 반입과 반출 시에는 이 상판이 위아래로 오르내린다. 웨이퍼는 가열이 가능한 핫플레이트 위에 놓이는데, 이 핫플레이트와 웨이퍼가 직접 접촉하여 웨이퍼 뒷면이 오염되는 것을 방지하기 위해서 핫플레이트 표면에서 수십 [μm] 돌출되어 있는 다수의 핀들을 사용하여 웨이퍼를 지지한다. 챔버 속으로 주입된 HMDS 기체는 챔버 하부 중앙에 성형된 진공배기구를 통해서 배출된다.

감압 고온 기상도포 공정의 레시피 사례를 살펴보면, 공정온도는 120[°C]이며, 압력은 10[mTorr]와 1,200[mTorr] 사이를 오가면서 챔버 내부의 수분을 제거한다. 5분간 HMDS 증기를 주입한 다음에 수차례 건조질소(N_2)를 퍼징하여 잔류가스를 제거한다. 공정 수행에는 약 27분이 소요된다.

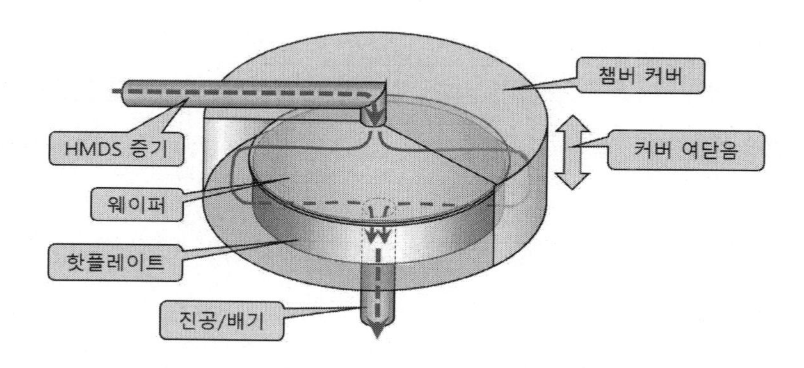

그림 7.3 헥사메틸디실라잔(HMDS) 도포공정

7.2.2 포토레지스트 도포

포토레지스트 도포공정은 **그림 7.4**에 도시되어 있는 것처럼, 소위 **스피너**라고 부르는 회전이 가능한 진공척과 선회가 가능한 노즐암, 그리고 이를 모두 수용하는 반밀폐형 챔버(그림에서는 생략되었음)로 이루어진다. 웨이퍼를 진공척 위에 고정한 다음에 웨이퍼 회전중심 위치에서 디스펜서 노즐을 통해서 포토레지스트를 공급하면서 웨이퍼를 회전시키면 원심력에 의해서 포토레지스트가 반경방향으로 밀려 나가면서 균일한 박막이 생성된다. 레지스트 도포 레시피 사례를 살펴보면, 웨이퍼가 정지된 상태에서 레지스트를 주입한다. 500[rpm]의 저속회전으로 2초간 웨이퍼를 회전시키면서 웨이퍼 전체에 레지스트를 고르게 펼쳐 놓는다. 마지막으로 4,000[rpm]의 고속회전으로 60초간 웨이퍼를 회전시켜서 얇고 균일한 박막을 생성한다.

스피너 장비의 설계에 있어서 중요하게 고려되어야만 하는 사항들은 다음과 같다.

- **디스펜서 노즐의 위치정확도와 진동:** 디스펜서 노즐은 정확히 웨이퍼 회전중심에서 진동 없이 포토레지스트를 공급하여야만 한다. 중심위치는 원심력이 0인 위치이므로, 이 위치가 어

긋나면 포토레지스트 박막의 두께 산포가 발생하며, 레지스트 공급과정에서 노즐이 진동하면 박막에 동심원 형태의 물결무늬가 남게 된다.

- **스피너의 회전진동과 회전속도 균일성**: 스피너가 회전하면서 불평형 진동을 일으키거나 회전속도의 리플이 발생하면 박막에 원주방향 물결무늬가 발생한다.
- **진공척과 웨이퍼의 동심도**: 웨이퍼 반송 로봇이 웨이퍼를 진공척의 중심에 정확히 안착시켜야만 한다. 이들 사이에 부정렬이 발생하면 회전 시 진동이 발생한다.
- **디스펜서 노즐의 비산**: 디스펜서 노즐에서 공급되는 포토레지스트는 방울지거나 비산되지 않고 스트림라인 형태로 이어져서 웨이퍼 표면에 도달해야 한다.
- **노즐팁에 잔류한 레지스트에 의한 2차 오염**: 노즐팁에 묻어 있던 레지스트 잔류물이 웨이퍼에 떨어지면 박막오염이 초래된다.
- **비산된 레지스트의 되튐에 의한 2차 오염**: 노즐에서 주입된 포토레지스트는 회전하는 웨이퍼의 중앙에서 반경방향으로 퍼져 나가며, 일부는 웨이퍼에서 튀어 나가서 챔버 벽과 충돌한다. 챔버 벽에서 되튀어 나온 레지스트 파편이 웨이퍼 표면에 들러붙으면 오염이 초래된다.

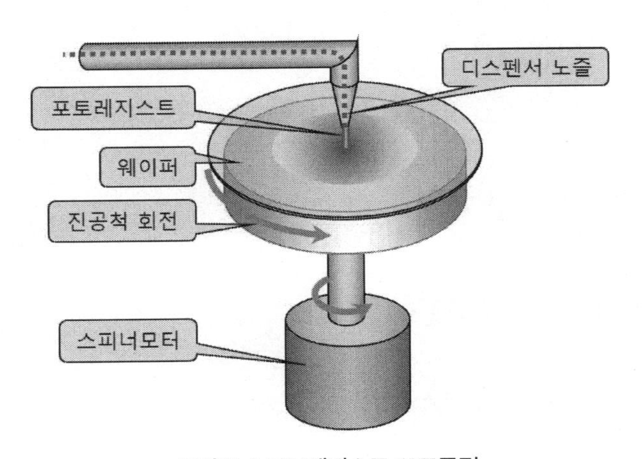

그림 7.4 포토레지스트 도포공정

7.2.3 테두리비드의 생성과 제거

포토레지스트 도포과정에서 일어나는 골치 아픈 문제들 중 하나가 **그림 7.5**에 도시된 것과 같은 **테두리비드** 발생문제이다. 좌측의 그림을 위에서부터 차례로 살펴보면, 웨이퍼를 회전시키는 스피닝 공정이 수행되는 동안 레지스트는 반경방향으로 밀려나가면서 표면 전체에 골고루 펼쳐지며, 과잉 레지스트들은 웨이퍼 테두리에서 이탈하여 비산된다. 웨이퍼가 회전하는 동안은 원심력 때문에 웨이퍼 테두리에 묻어 있는 레지스트의 두께는 웨이퍼 표면에 묻어 있는 레지스트의 두께보다 두껍다. 스피닝이 끝나고 웨이퍼가 회전을 멈추는 순간에 원심력이 사라져버리면 테두리에 남아 있던 레지스트들이 다시 표면 쪽으로 밀려 올라오면서 링 형태로 비드를 형성하게 된다. 우측상단의 그림을 살펴보면 웨이퍼의 상부 표면과 측면 베벨 사이의 계면에서 곡률반경이 급격하게 변하기 때문에 이 부위에 묻어 있는 액상의 레지스트에 라플라스 압력이 생성되어 레지스트가 측면에서 상부 표면 쪽으로 올라가는 것이다. 뒤이어서 소프트 베이킹 건조과정에서 용해질 모세관작용에 의해서 비드분리가 일어나면 웨이퍼의 테두리에는 동심원 형태로 두 개의 링이 만들어진다. 그림에서는 매우 과장되게 테두리비드의 형상을 그려 놓았지만, 실제로는 테두리비드에 의해서 수~수십 [nm]의 높이편차가 유발된다. 하지만 이런 두께편차는 노광 시 선폭변화를 유발하기 때문에 제거할 필요가 있다.

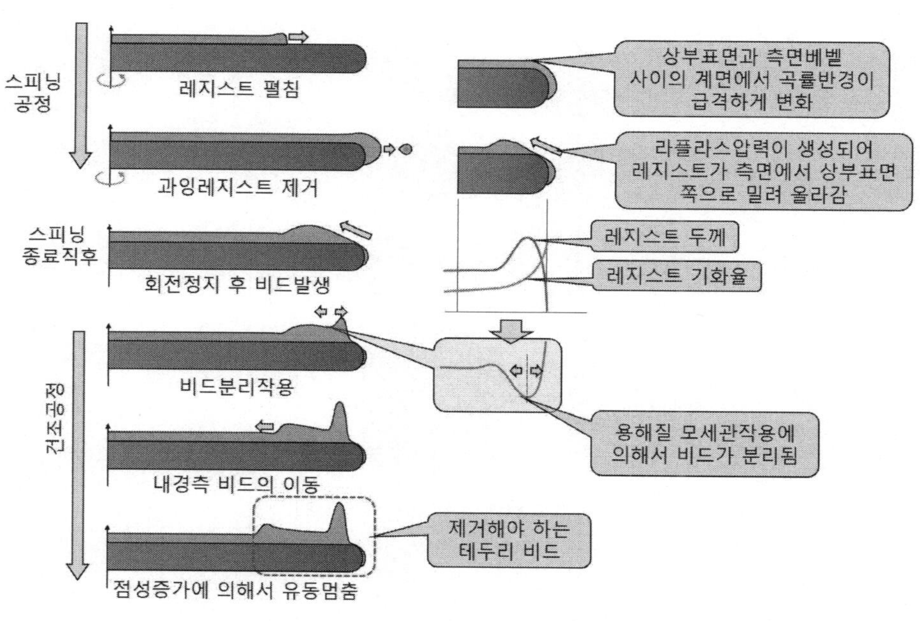

그림 7.5 테두리비드의 생성과 제거[3]

3 S.Shiratori, T.Kubokawa, Double peaked edge bead in drying film of solvent-resin mixtures, Physics of Fluids, 2015.를 참조하여 다시 그렸음.

포토레지스트 도포과정에서 발생한 테두리비드를 반드시 제거해야만 하는 것은 아니지만, 공정에 따라서는 이 테두리비드를 제거할 필요가 있다. 포토레지스트는 솔벤트에 용해되기 때문에 **그림 7.6**에 도시되어 있는 것처럼, 웨이퍼를 회전시키면서 웨이퍼의 테두리 부분에 전용 노즐(또는 니들)을 사용하여 솔벤트를 주입하여 포토레지스트를 녹여서 제거할 수 있다. 그런데 주의할 점은 솔벤트가 웨이퍼 표면으로 비산되면 레지스트에 분화구가 형태의 오염이 발생한다는 것이다.

웨이퍼 표면적을 최대한 활용하는 것이 반도체 생산성에 직결되기 때문에, 최근에는 웨이퍼 테두리에서 0.5[mm] 떨어진 영역까지 칩을 찍어내려는 노력이 수행되고 있다. 테두리비드는 제거하기도 어렵고 그냥 놓아두기도 곤란한 아주 골치 아픈 존재이다.

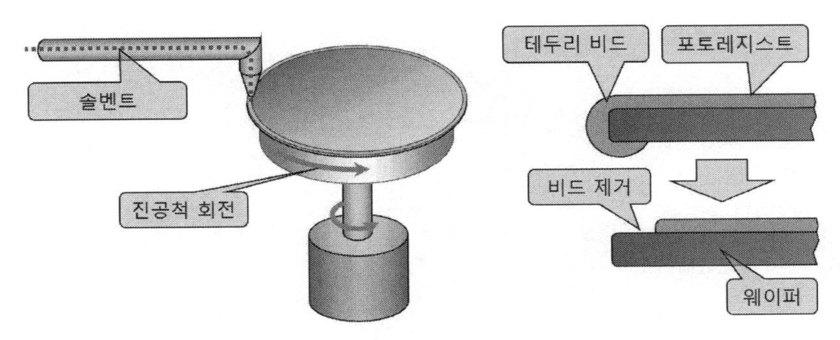

그림 7.6 테두리비드 제거

7.2.4 스피너의 구조와 기능

그림 7.7에서는 **스피너** 시스템의 구조를 **그림 7.4**보다 조금 더 구체적으로 보여주고 있다. 스피너 모터는 중앙에 구멍이 뚫린 중공형 회전축을 갖추고 있으며, 하부에 진공 로터리 조인트를 설치하여 진공척에 진공력을 부가할 수 있다. 중공축의 상부에는 진공척이 설치되어서 진공력으로 웨이퍼를 고정하여 회전시킬 수 있다. 외부에서 웨이퍼 반송 로봇이 웨이퍼를 스피너의 진공척 위에 안착시키기 위해서는 진공척을 챔버 위로 들어 올려야 한다. 이를 위해서 스피너축은 상하 승강기능을 갖춰야만 한다. 웨이퍼 반송 로봇이 웨이퍼의 테두리만을 붙잡고 진입하여 웨이퍼를 척 위에 내려놓고 빠져나가면 웨이퍼를 진공으로 붙잡은 채로 척이 아래로 내려가서 공정이 수행된다. 진공척 승강방식은 제어가 단순하며, 챔버구조도 매우 단순해진다. 하지만 진공척을 승강시키기 위해서는 회전축에 승강기구를 추가해야만 하는데, 이로 인하여 회전축의 복잡성이

증가하여 회전 시 진동의 발생과 내구성의 저하가 우려된다.

스피너 챔버에는 웨이퍼에서 배출된 포토레지스트가 되튐 없이 드레인 되도록 원주방향으로 드레인 경로가 성형되어 있다. 포토레지스트와 솔벤트를 공급하는 노즐암은 선회가 가능하여, 웨이퍼를 척에 투입할 때에는 챔버영역 밖으로 나가 있으며, 웨이퍼가 척에 고정되고 나면, 노즐암이 선회하여 웨이퍼의 중심위치로 노즐을 이동시킨다. 그림에서는 레지스트 주입노즐이 하나로 그려져 있는데, 실제로는 하나의 장비에서 양화색조 레지스트와 음화색조 레지스트를 포함하여 다양한 종류의 레지스트들을 사용하기 때문에 노즐암 선회기구에는 다수의 노즐들이 설치된다. 그리고 웨이퍼 건조를 위해서 건조질소(N_2)를 퍼징하는 전용의 노즐도 함께 설치된다. 스피닝이 끝난 웨이퍼의 테두리비드 제거를 위해서 전용 노즐이 웨이퍼의 테두리 위치에 설치될 수 있다.

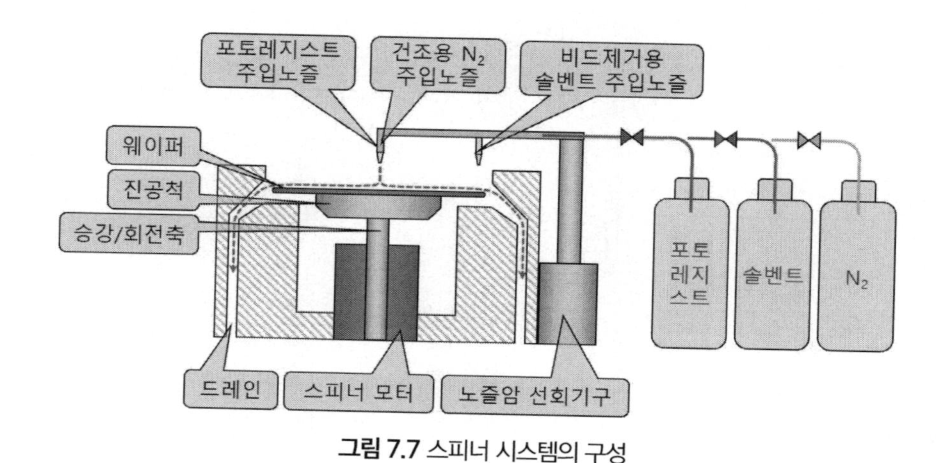

그림 7.7 스피너 시스템의 구성

그림 7.8 (a)에서는 스피너에 사용되는 **핀척**의 구조를 보여주고 있다. 그림에서와 같이 다수의 핀들이 웨이퍼의 테두리를 반경방향에서 밀착시켜서 웨이퍼를 붙잡고 회전시킨다. 핀척은 웨이퍼와 최소한의 점들로만 접촉하고 있어서 웨이퍼 취급과정에서 발생하는 오염이 최소화된다는 장점을 가지고 있다. 다만, 원심력에 의해서 웨이퍼 표면에 주입된 액체를 밀려나갈 때에 핀 주변에서는 유체의 흐름이 둘로 갈라지기 때문에 핀 주변에서 유체의 흐름이 균일하지 않다는 단점을 가지고 있다. **그림 7.8 (b)**에서는 **진공척**의 구조를 보여주고 있다. 포토레지스트 코팅과 테두리비드 제거과정에서 웨이퍼 테두리에서 비산된 액체들이 웨이퍼척에 묻으면 후속공정에 투입되는 웨이퍼를 오염시킬 우려가 있기 때문에 스피너용 진공척은 웨이퍼의 직경보다 상당히 작은 크기

를 사용한다. 진공척의 소재로는 화학 반응성이 낮은 테플론(PTFE)이 사용된다. 중앙에 진공 배출구가 성형되어 있으며, 이 구멍은 스피너의 중공축 및 진공 로터리조인트와 연결되어 있어서, 회전 중에도 진공을 배기할 수 있다. 진공척의 표면에는 동심원과 방사상으로 진공유로가 성형되어 있어서 웨이퍼 표면 전체에 골고루 진공 흡착력을 부가할 수 있다. 진공척의 테두리부에는 밀봉용 O-링이 설치되어 있어서 리크 없이 웨이퍼를 안전하게 붙잡을 수 있다. 진공척은 핀척과는 달리 웨이퍼 테두리에서 발생하는 유체 흐름의 불균일이 없지만, 웨이퍼 뒷면을 진공으로 붙잡기 때문에 이로 인한 뒷면 오염이 발생할 우려가 있다.

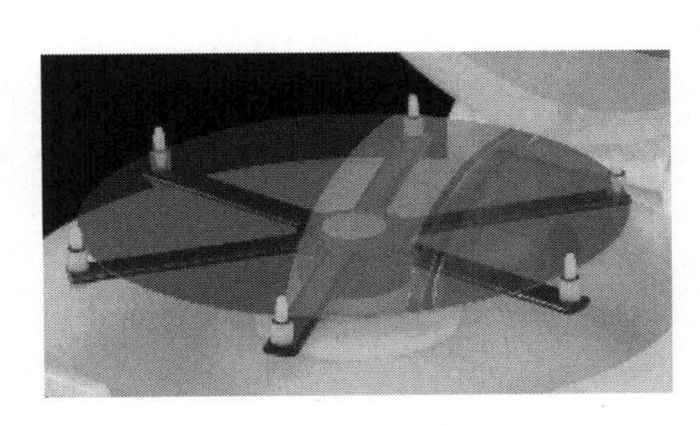

(a) 핀척의 외형[4]

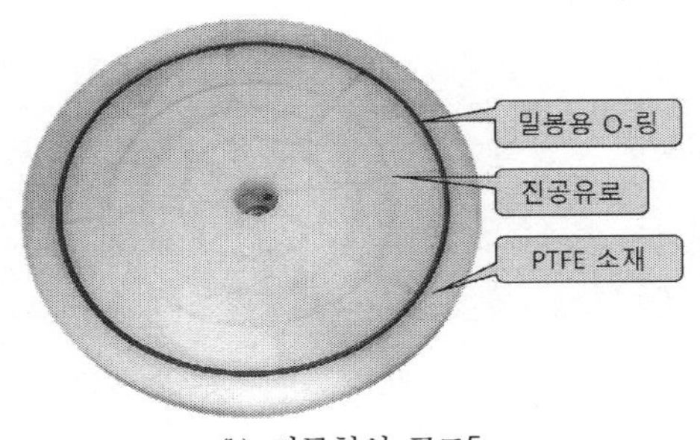

(b) 진공척의 구조[5]

그림 7.8 웨이퍼척

7.2.5 공정단계

그림 7.7을 기준으로 하여 포토레지스트 코팅의 공정단계를 살펴보면 다음과 같다.

- **웨이퍼 투입**: 승강/회전축 상승 → 웨이퍼 투입(웨이퍼 반송로봇) → 진공척 작동 → 승강/회전축 하강
- **포토레지스트 코팅**: 노즐암 선회(중심맞춤) → 포토레지스트 주입 → 저속회전 → 고속회전 → 테두리비드 제거(중속회전) → 질소퍼징(저속회전)
- **웨이퍼배출**: 승강/회전축 상승 → 척진공 해지 → 웨이퍼 배출(웨이퍼 반송로봇)
- **노즐세척**: 노즐암 선회 → 노즐 내 레지스트 잔량 버림 → 노즐 선단부(내부/외부) 세척

4 www.es-france.com
5 mtikorea.co.kr을 기반으로 재구성하였음.

7.3 포토레지스트

웨이퍼 노광에 사용되는 포토레지스트는 크게 양화색조 레지스트와 음화색조 레지스트로 구분할 수 있다. 가장 일반적으로 사용되고 있는 **양화색조 레지스트**의 경우, 노광된 부분이 현상과정에서 수용성으로 변하여 세척과정에서 씻겨나가 버린다. 양화색조 레지스트는 다시 체인분열기반 레지스트, 용해억제기반 레지스트, 화학증폭형 레지스트, 그리고 금속함유 레지스트 등으로 나뉜다. **체인분열기반 레지스트**에는 폴리메틸메타크릴레이트(PMMA), 폴리부텐-1 술폰(PBS), ZEP-520A 등이 있는데, 노광에 의해서 폴리머 체인이 분해되는 방식이다. **용해억제기반 레지스트**로는 디아조나프토퀴논(DNQ)-노볼락 레지스트가 있는데, 노광에 의해서 DNQ에서 용해성 생성물이 만들어진다. **화학증폭형 레지스트**의 경우에는 노광에 의해서 강산성 촉매가 생성되며, 극자외선 노광에서 최근 들어 사용되기 시작한 **금속함유 레지스트**의 경우에는 금속산화물의 촉매반응을 이용한다.

음화색조 레지스트는 노광되지 않은 부분이 현상과정에서 수용성으로 변하여 세척과정에서 씻겨져 나간다. 음화색조 레지스트의 가장 대표적인 사례는 **교차결합기반 레지스트**로서, 노광에 의해서 불용성 교차링크반응이 촉진된다. 사이클릭 올레핀 폴리머(COP) 레지스트가 여기에 속한다.

표 7.1에서는 반도체 노광공정에 사용되는 포토레지스트에서 일반적으로 요구되는 성능들을 보여주고 있다.

표 7.1 반도체 노광용 포토레지스트의 요구조건

항목	요구성능
레지스트용액 보존기간	6개월 이상
배치 간 재현성	조성분자량편차 5% 미만
레지스트박막 코팅의 보존기간	3개월 이상
레지스트의 열특성	유리전이온도 ªTg[6] > 80[℃], 분해온도 T_d > 120[℃]
용해도	환경안정성 솔벤트와 수용성 현상액에 용해되어야 한다
박리특성	상용 아민기반 박리용액 또는 O_2 및 할로겐 기반의 플라스마 내에서 잔류레지스트 제거가 가능하여야 한다.

6 유리전이온도: 레지스트가 비정질 유리상태에서 고무상태로 변환되는 온도.

7.3.1 포토레지스트 공급 시스템

그림 7.9에서는 **그림 7.6**의 스피너 시스템을 구성하는 **포토레지스트 공급 시스템**만을 구체화하여 보여주고 있다. 선회구동되는 노즐암에는 다양한 포토레지스트들을 공급할 수 있도록 다수의 포토레지스트 공급 시스템들이 병렬로 설치되어 있다. 이들 중 하나의 공급시스템만을 살펴보기로 한다. 포토레지스트 공급 시스템 내에서 금속성 이물이 발생하지 않도록 배관, 밸브 및 보관탱크를 포함하는 모든 소재들은 테플론(PTFE)이나 이와 유사한 소재를 사용한다. 포토레지스트 탱크 내에서도 레지스트의 침전을 방지하기 위해서 교반기를 사용하여 계속 섞어준다. 포토레지스트 공급 시스템은 펌프를 사용하여 포토레지스트를 밀어내며, 혹시나 있을지 모르는 입자성 물질들을 제거하기 위해서 필터를 사용한다. 포토레지스트 탱크에서 스피너 사이를 연결하는 배관의 길이는 5~10[m]에 달한다.

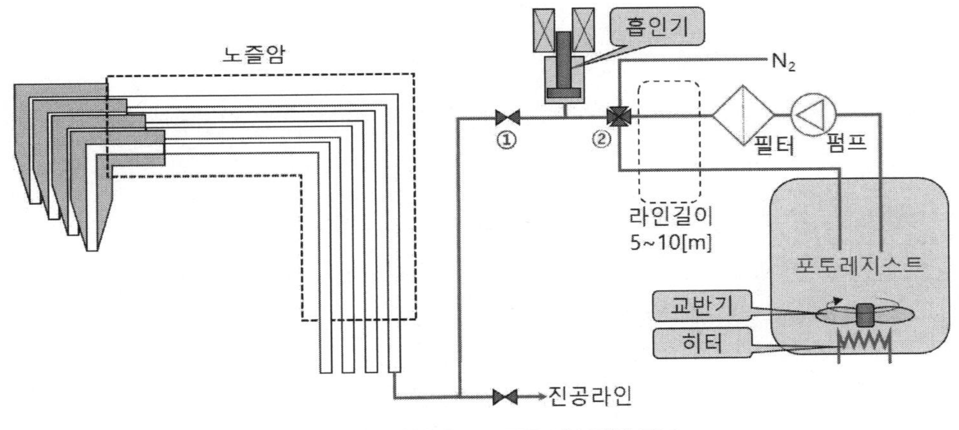

그림 7.9 포토레지스트 공급 시스템의 구조

포토레지스트가 공급라인 내에서 정체되어 있으면, 입자성 석출물이 발생할 우려가 있으므로, 포토레지스트 공급용 배관 속으로 레지스트를 계속 순환시킨다. 순환배관에서 노즐 끝단까지의 구간에서는 레지스트 순환이 불가능하므로, 기본적으로 이 구간을 비워놓으며, 노즐이 웨이퍼 위로 진입하기 직전에 일정량의 포토레지스트를 흘려보내서 혹시나 배관 내부에 남아 있을 입자성 물질들을 씻어낸다. 그리고 ②번 밸브를 닫아서 포토레지스트의 흐름을 중지시키고 나면, 노즐 끝단에 포토레지스트 방울이 붙어 있을 수 있다. 이 방울이 노즐암이 선회하는 과정에서 웨이퍼 위에 떨어지면 웨이퍼 전체를 못쓰게 만들 수 있다. 이를 방지하기 위해서 흡인기라고 표시되어 있는 밸브를 사용하여 레지스트를 살짝 빨아들인다. 이를 통해서 노즐 선단부에 남아 있을지도 모르는 방울을 없앨 수 있다. 그런 다음 노즐암을 선회시켜서 웨이퍼 중심으로 진입한 다음에 포토레지스트를 주입한다. 포토레지스트 주입이 끝나고 나면, 다시 흡인기를 사용하여 노즐 선단부에 남아 있을지도 모르는 방울을 제거하고 노즐암을 회전시켜서 노즐이 웨이퍼 영역을 빠져나온다. 마지막으로 건조질소(N_2)를 퍼징하여 배관 내부에 남아 있는 레지스트 잔량을 모두 제거하고 나서 노즐 선단부를 탈이온수로 세척하고 나면, 공정이 완료된다.

7.3.2 노즐암 구동

노즐암은 **그림 7.10**에 도시되어 있는 것처럼, 선회팔 끝에 다수의 노즐들이 설치되어 있는 구조를 가지고 있다. 노즐암은 스피너 챔버의 외부에서 대기하다가 선회(또는 직선운동)하여 웨이퍼의 중심위치에서 포토레지스트를 주입한다. 그런데 다수의 노즐들이 장착된 노즐암은 무겁고 관성이 커서 선회 중에 진동이 발생할 우려가 있다. 이런 노즐암의 진동에 의해서 노즐 속에 잔류하던 포토레지스트나 노즐 주변에 묻어 있던 이물질이 웨이퍼 표면에 떨어지면 불량이 발생한다. 노즐암 선회구동을 위해서 일반적으로 사용되는 타이밍벨트는 강성이 부족하며, PEEK나 PVC 소재[7]로 제작되는 암 구조체의 강성도 부족하기 때문에 구조적으로는 이런 진동을 제거하기가 어렵다. 그러므로 노즐암의 진동을 제거하기 위해서는 **입력성형**[8]과 같은 현대적인 제어기법을 사용하여야 한다.

노즐암 끝에 설치되는 다수의 노즐들이 그림에서와 같이 직선 형태로 배치되어 있는 경우에, 노즐암의 선회운동만으로는 특정 노즐의 위치를 정확하게 웨이퍼의 중앙에 위치시킬 수 없다. 이로 인하여 레지스트가 편측으로 주입되면 웨이퍼 회전과정에서 레지스트의 흐름이 원주방향으로 비대칭성을 갖게 될 우려가 있다. 이를 개선하기 위해서는 노즐암의 회전과 더불어서 반경방향으로도 움직일 수 있어야만 한다. 하지만 이렇게 자유도를 높이면 노즐암의 강성은 더욱 감소하게 된다.

레지스트 주입이 완료되고 나면, 노즐암은 잔량배출 및 세척위치로 이동하여 배관 내에 남아

7 일부의 경우에는 스테인리스 박판을 사용하여 판금구조로 제작한다.
8 input shaping

있는 레지스트를 버리고 노즐 선단부를 세척한다.[9] 노즐 세척이 끝나고 나면 홈위치로 이동하여 대기한다.

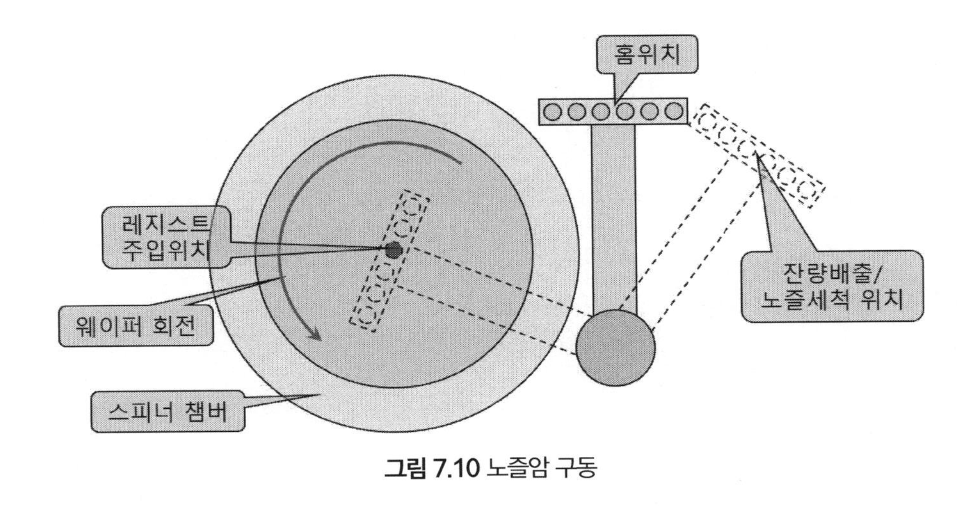

그림 7.10 노즐암 구동

7.3.3 포토레지스트 공급용 펌프

포토레지스트를 공급시스템의 배관 내에서 연속적으로 포토레지스트를 순환시키면서 가끔씩 포토레지스트를 스피너 노즐로 공급하기 위해서 **그림 7.11**에 도시되어 있는 것처럼 벨로우즈 펌프와 자기부상식 원심펌프를 사용할 수 있다. 포토레지스트를 공급 및 순환시키기 위해서 펌핑하는 과정에서 기계적 마찰에 의하여 오염입자가 발생해서는 안 된다. 그러므로 일반적인 거의 대부분의 펌프들을 사용할 수 없다. **그림 7.11 (a)**의 **벨로우즈 펌프**는 압축공기를 사용하여 좌측과 우측의 벨로우즈 챔버에 채워져 있는 포토레지스트를 교대로 밀어낸다. 벨로우즈형 펌프가 일반적으로 사용되고 있지만, 벨로우즈 내에 항상 레지스트의 잔량이 남아 있으며, 좌측과 우측 챔버의 역할이 바뀌는 순간에 맥동이 발생할 우려가 있고, 유동이 일시적으로 정체되며, 밸브구조의 물리적 접촉부위에서 이물이 발생할 우려가 있는 등, 여러 가지 단점들을 가지고 있다. 이런 문제들을 해결하기 위해서 **그림 7.11 (b)**에서와 같은 **자기부상식 원심펌프**가 개발되었다. 펌프의 중앙에는 영구자석이 내장된 로터가 위치하며, 로터의 주변으로 모터 스테이터가 로터를 부상 및 회

9 T社는 수조 담금 방식으로 노즐을 세척하며, S社는 노즐 선단부에 물을 분사하는 방식으로 노즐을 세척한다.

전시킨다. 로터의 중앙부에는 유체 흡입구멍이 성형되어 있으며, 로터의 주변으로는 유체 배출용 임펠러들이 설치되어 있다. 로터가 고속으로 회전하면 원심력에 의해서 유체를 펌프 상단의 중앙부에서 빨아들여서 반경방향으로 설치되어 있는 배출구로 토출시킨다. 자기부상 원심펌프의 독창성과 단순성, 그리고 비접촉 특성 때문에 매우 고가임에도 불구하고 포토장비에 채용되었다. 그런데 실제로 사용해보니 몇 가지 문제점들이 발견되고 있다. 우선, 로터가 고속으로 회전하기 때문에, 유체에 높은 전단력이 부가된다. 전단력은 폴리머 사슬구조에 영향을 끼칠 우려가 있기 때문에 결코 바람직하지 않다. 다음으로, 토출압력이 그리 높지 않다는 점이다.

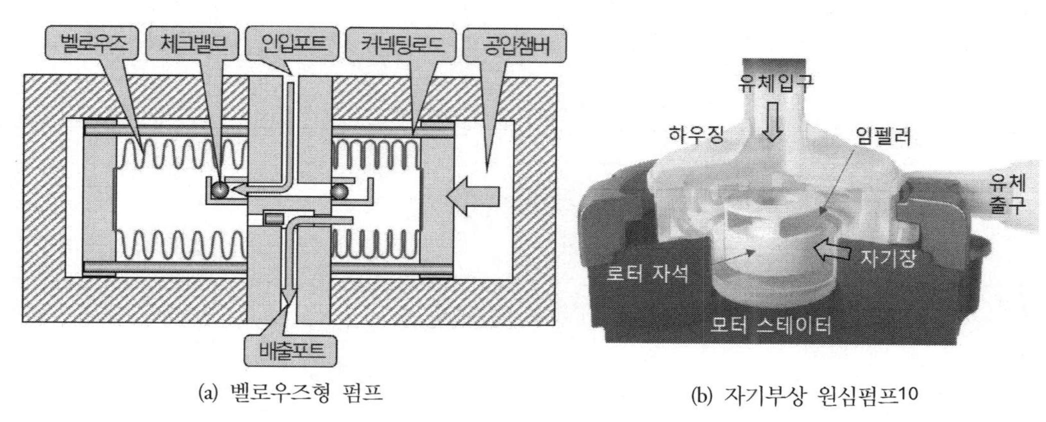

(a) 벨로우즈형 펌프 (b) 자기부상 원심펌프10

그림 7.11 포토레지스트 공급용 펌프

포토레지스트를 포함하여 각종 약액 탱크를 클린룸 하부 보조층에 설치하여 운영하는 과정에서 토출압력 부족으로 인하여 약액을 클린룸층으로 밀어 올리지 못하는 상황이 발생하였다. 이를 개선하기 위해서 원심펌프를 직렬 2단으로 설치하는 방안이 제안되었으나, 이는 올바른 해결책이 될 수 없다. 마지막으로 펌프가 작동하는 도중에 밸브 여닫힘 등으로 인하여 갑작스러운 부하변동이 생기면 로터가 스테이터와 접촉할 우려가 있다.11

두 가지 펌핑방식 모두 장점과 단점을 가지고 있다. 따라서 장비 설계자들은 이런 사용상의 제약들을 명확히 이해하고 대비하여 최선의 작동성능을 구현하기 위해서 노력해야 한다.

10 www.levitronix.com에서 사진을 추출하여 재구성하였음.

11 현장에서 실제로 이런 일이 발생하였다.

7.3.3.1 벨로우즈형 펌프의 구동압력 편차문제

그림 7.12에서는 다수(실제로는 12개)의 벨로우즈 펌프들을 동시에 구동하면서 발생한 구동압력 편차문제를 요약하여 보여주고 있다. 벨로우즈 펌프를 구동하기 위해서는 한쪽에서는 압축공기를 사용하여 벨로우즈를 밀어내고 다른 쪽에서는 진공으로 챔버 속에 채워진 압축공기를 배출시켜야만 한다. 그런데 **그림 7.12**의 좌측 그림에서와 같이 길이가 길고 내경이 작은 매니폴드 하나에 직렬로 다수의 배기배관들을 연결해 놓았더니 매니폴드의 상류 측에 배기배관이 연결되어 있는 벨로우즈 펌프의 토출유량이 하류측에 배기배관이 연결된 벨로우즈펌프의 토출유량에 비해서 떨어지는 현상이 발생하였다. 이런 현상이 항상 벌어지는 것은 아니고 일시적으로 다수의 펌프들이 동시에 배기하는 순간에 간헐적으로 발생되는 현상이었다. 이는 그림에 표시되어 있는 것처럼 배기배관을 통과하는 공기의 유속이 상류 측으로 갈수록 느려지기 때문이다. 이는 하류 측에서 배기되는 기체가 압력장벽을 형성하여 상류 측 유체의 흐름을 방해하기 때문이다.

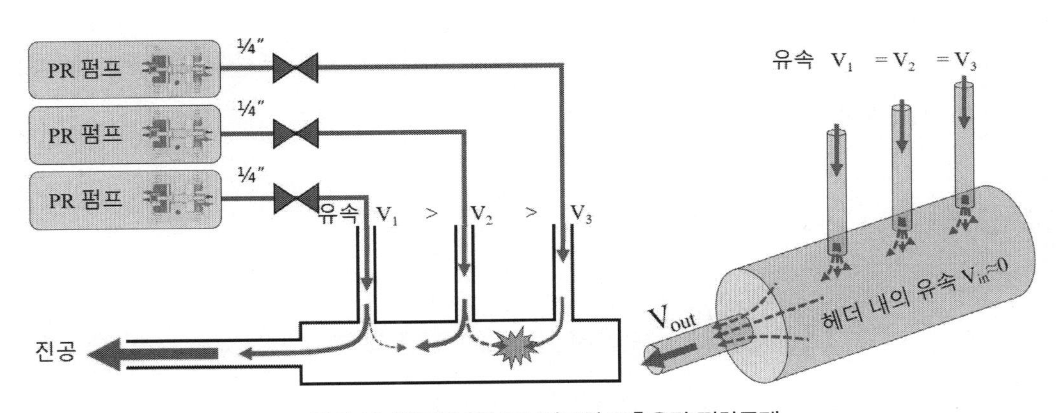

그림 7.12 벨로우즈형 PR 펌프의 토출유량 편차문제

이 문제를 해결하기 위해서는 내부체적이 작고 길이가 긴 매니폴드 대신에 내부공간이 크고 길이가 짧은 헤더를 사용하여야 한다. 배출공기가 직경이 작은 배기배관에서 갑자기 직경이 큰 헤더 공간으로 진입하게 되면 배관의 위치에 관계없이 순간적으로 유속이 느려져서 0에 근접하게 된다. 이로 인하여 압력장벽이 형성되지 않아서 모든 배관이 원활하게 공기를 배출할 수 있으며, 벨로우즈 펌프의 위치별 토출유량 편차를 줄이거나 없앨 수 있다.

7.4 베이크

베이크는 포토레지스트가 도포되어 있는 웨이퍼를 가열하여 포토레지스트 도막에 함유되어 있는 솔벤트를 증발시키거나 포토레지스트를 원하는 분자구조로 열변성시키는 공정이다. 베이크 공정은 크게 소프트 베이크와 하드 베이크로 나뉜다.

소프트 베이크는 웨이퍼 표면에 코팅된 포토레지스트 내에 잔류하는 솔벤트를 증발시키고 도막의 응력을 제거함과 동시에 웨이퍼 기판과의 접착력을 향상시키는 것을 목적으로 하고 있다. 소프트 베이크는 70~95[°C]의 온도에서 4~30분간 시행하며, 노광 전에 시행하는 베이크 공정이기 때문에 **사전 베이크**라고도 부른다.

하드 베이크는 현상 및 세척공정이 시행된 이후에 잔류 레지스트 패턴과 웨이퍼 기판 사이의 접착력을 향상시키기 위해서 시행하는 열처리 공정이다. 포포레지스트 내의 잔류 용매가 제거되면서 접착력이 크게 향상된다. 하드 베이크는 100~150[°C]의 온도에서 10~20분간 시행된다. 하드 베이크를 지나치게 오래 진행하면 찌꺼기(스컴)가 생기며, 애싱공정을 수행하여도 감광막이 완전히 제거되지 않을 수 있다. 근래에 들어서는 250~450[°C]의 고온으로 초단시간 동안 시행하는 고온 하드 베이크 방법이 시도되고 있다.

7.4.1 베이커의 구조

베이커는 **그림 7.13**에 도시되어 있는 것처럼, 챔버, 히팅 플레이트, 도어, 리프트핀 등으로 이루어지며, 기화된 용매가 클린룸으로 유출되지 않도록 밀폐구조로 제작된다. 리프트핀이 핫플레이트를 관통하여 히팅 플레이트 위로 수십[mm] 올라온 상태에서 웨이퍼 반송로봇이 웨이퍼를 들고 도어를 통과하여 진입한다. 리프트핀 위에 웨이퍼를 얹어 놓고 로봇이 빠져나가면, 리프트핀이 하강하여 히팅 플레이트 위에 웨이퍼를 올려놓는다(실제로는 웨이퍼와 히팅 플레이트가 면접촉을 이루지 않는다). 도어를 닫아서 챔버를 밀폐하고 나면, 내부의 기체를 배기하여 진공환경을 조성하면서 히팅 플레이트를 가열시킨다. 이때 히팅 플레이트 면적 전체가 균일한 온도로 가열되어야만 한다. 가열과정에서 기화된 용매는 진공유로를 통해서 배출된다. 베이킹 공정이 끝나고 나면, 별도의 공간에 마련된 쿨링 플레이트를 사용하여 웨이퍼를 냉각하거나, 챔버 상부에서 건조질소(N_2)를 퍼징하여 웨이퍼를 냉각할 수도 있다. 여기서 문제가 되는 것은 리프트핀 밀봉이다. 리프트핀 구동장치는 대기 중에 설치되며, 리프트핀은 밀봉용 실을 통과하여 챔버 속에 설치되어서 수시로 상하 운동을 한다. 그런데 챔버 내부의 히팅 플레이트는 고온으로 가열되며, 대기 중에 설치된 리프트핀 구동장치는 상온을 유지하고 있으므로, 열팽창계수 차이에 의해서 리프트핀 밀봉용 실의 위치는 리프트핀의 원래 피치원 직경보다 멀어지게 된다. 이로 인하여 실의 마멸이 촉진되고 리크가 발생하게 된다. 이렇게 열팽창 차이에 따른 부정렬 발생 문제를 해결하기 위해서는 열중심을 고려한 무열화 설계라는 중요한 개념이 도입되어야 한다. 이에 대해서는 7.4.2.3절에서 다시 논의할 예정이다.

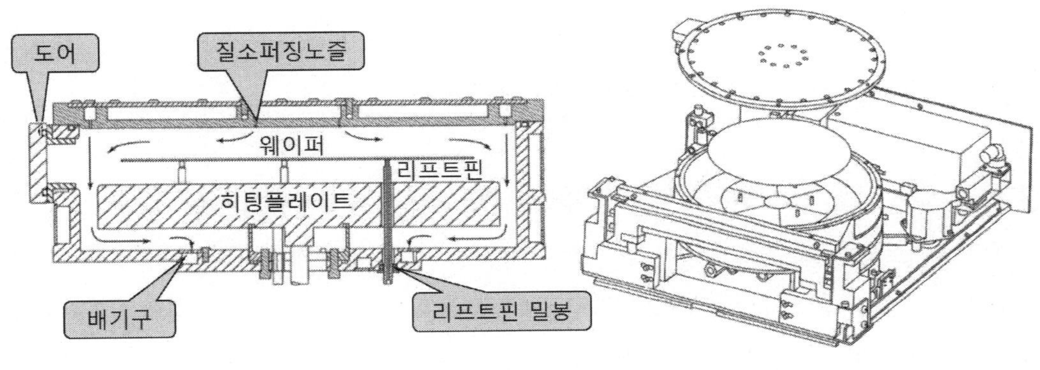

그림 7.13 베이커의 구조[12]

7.4.1.1 베이커-쿨러 분리구조

베이커 챔버 내에서 웨이퍼를 상온까지 냉각하려면 오랜 시간이 필요하며, 가열된 히팅척을 냉각하는 과정에서 열손실과 더불어서 히터의 열화피로가 누적되기 때문에 바람직하지 않다. 이런 문제를 개선하기 위해서 **그림 7.14**에 도시되어 있는 것처럼, 베이커-쿨러 분리구조가 사용되고 있다. 여기서, 가열영역은 **그림 7.13**에서와 유사하며, 그 옆에 별도의 냉각용 척이 설치되어 있다. 웨이퍼 이송용 셔틀이 내장되어 있으므로, 웨이퍼 반송용 로봇은 도어를 통해서 이 셔틀에 웨이퍼를 전달한다. 웨이퍼 이송용 셔틀은 웨이퍼를 가열영역으로 보내서 베이크를 시행한 다음에 이를 냉각영역으로 옮겨서 상온까지 서서히 냉각한다. 한편에서 웨이퍼를 가열하고 다른 한편에서 웨이퍼를 냉각할 수 있으므로, 베이커-쿨러 분리구조를 사용하면, 비록 공정 소요시간이 오래 걸린다고 하여도 웨이퍼 처리속도는 매우 빨라진다.

12 US Patent 6423947을 수정하여 재구성하였음.

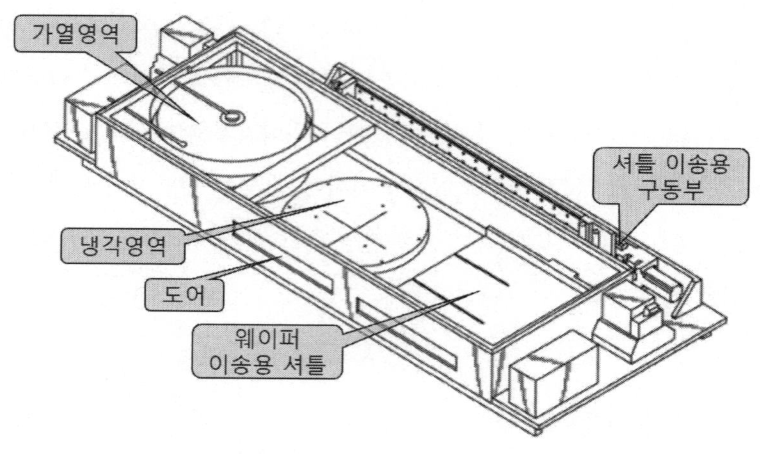

그림 7.14 베이커-쿨러 분리구조[13]

7.4.1.2 타이밍벨트로 구동되는 웨이퍼 이송용 셔틀 구동계의 성능개선 사례

베이커-쿨러 분리구조에서 사용되는 웨이퍼 이송용 셔틀을 구동하기 위해서 **그림 7.14**에서와 같이 셔틀 이송용 구동부가 설치되어 있다. 이 구동부는 볼스크류를 사용하여 셔틀을 이송하는데, 공간상의 제약 때문에 **그림 7.15**에서와 같이 볼스크류와 구동용 서보모터 사이에 타이밍 벨트가 사용되었다. 이 시스템은 동력전달에 사용되는 타이밍벨트의 백래시 때문에 위치결정 정확도가 ±50[μm] 수준이었으며,[14] 베이크 공정의 특성상 이 정도면 충분하였다. 그런데 시스템의 사양기준이 높아지면서 ±10[μm] 수준의 위치결정 정확도가 요구되었다. 이를 해결하기 위해서 리니어모터를 사용하는 방안을 포함하여 다양한 설계 변경안이 제안되었지만, 기존의 구동계를 변경하기에는 공간이 부족하였다. 그리고 리니어모터와 리니어스케일을 사용하게 되면 제조원가가 크게 상승한다는 문제도 있었다.

기존 구동계에서는 서보모터의 뒤쪽(이 위치를 **동력전달계통의 입력말단**이라고 부른다)에 설치되어 있는 로터리 인코더를 사용하여 이송 스테이지의 위치를 측정하였으며, 이로 인하여 동력전달계통에 존재하는 백래시 성분들의 영향을 감지할 수 없었다. 이를 개선하기 위해서는 그림에서와 같이 볼스크류의 끝(이 위치를 **동력전달계의 출력말단**이라고 부른다)에 로터리인코더를 설치하여야 한다. 이를 통해서 타이밍벨트의 백래시가 측정에 끼치는 영향을 배제할 수 있으며, 단

13 US Patent 20080224817A1을 수정하여 재구성하였음.
14 볼스크류도 백래시가 있지만, 타이밍벨트의 백래시에 비하면 무시할 정도의 수준이다.

지 센서의 위치만을 변경하여 기구적인 설계변경 없이 시스템의 위치결정 정확도를 ±10[μm] 수준으로 높일 수 있다. 하지만 이 방법이 장점만 있는 것은 아니다. 동력전달계통의 입력말단에 설치된 센서를 사용하여 위치제어를 수행하면 제어대역폭이 시스템 고유주파수의 절반에 이르지만, 동력전달계통의 출력말단에 설치된 센서를 사용하여 위치제어를 수행하면 제어대역폭이 시스템 고유주파수의 1/5까지 감소하게 된다. 즉, 시스템의 응답특성이 느려지게 된다. 다행히도 베이커에 사용되는 웨이퍼 이송용 셔틀은 고속작동이 요구되지 않는다.

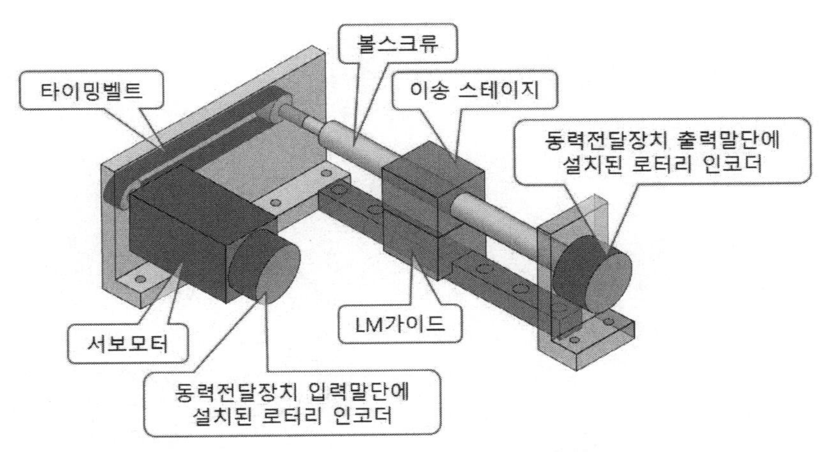

그림 7.15 타이밍벨트로 구동되는 웨이퍼 이송용 셔틀 구동계의 성능개선 사례[15]

7.4.1.3 리프트핀

리프트핀은 웨이퍼 반송로봇으로부터 웨이퍼를 받아서 척에 안착시키는 승강운동을 하는 삼발이 구조를 지칭한다. 히팅척에는 3개의 리프트핀용 구멍이 성형되어 있으며, 이를 관통하여 승강운동을 하는 리프트핀과 리프트핀 구동장치가 **그림 7.16 (a)**에 도시되어 있다.

300[mm] 웨이퍼용 (히팅)척에 설치되는 리프트핀을 고정하는 고정링의 피치원 직경은 120[mm] 내외로써, 200[mm] 웨이퍼와 300[mm] 웨이퍼를 동시에 받을 수 있다. 리프트핀 승강운동을 위해서는 볼스크류나 공압실린더와 같은 직선운동 작동기를 사용하며, LM 가이드를 사용하여 직선운동을 안내한다. 리프트핀 구동시스템은 대부분 금속으로 제작되지만, 핀과 특히 핀의 선단부에는

15 장인배 저, 정밀기계설계, 씨아이알, 2021.

금속오염을 방지하기 위해서 세라믹 소재가 사용된다. 리프트핀은 척의 아래로 완전히 빠져 있다가 척의 위로 수십[mm] 이상 돌출되어야만 하기 때문에 길이는 200[mm]에 가까우며, 직경은 5~6[mm] 정도이다. 리프트핀 구동장치 설계는 편하중을 받는 구조로써, 기계적으로는 불합리한 구조를 가지고 있다. 이로 인해서 사용 중에 뒤틀림이나 처짐이 발생하여 문제를 일으키는 경우도 있다. 하지만 공간적 제약이 심하여 설계개선이 매우 어려운 상태이다.

그림 7.16 (b)에서와 같이, 리프트핀을 사용하기 위해서는 히팅척에 뚫려있는 직경 10[mm] 미만의 구멍과 리프트핀의 위치정렬을 정확히 맞춘 상태에서 리프트핀을 올려야만 하며, 이 정렬이 어긋나면 진공실이 마멸된다. 회전하는 스피너용 척에 리프트핀을 사용하는 경우에는 척의 핀구멍과 리프트핀의 위치가 정확히 정렬을 맞춰야만 한다.

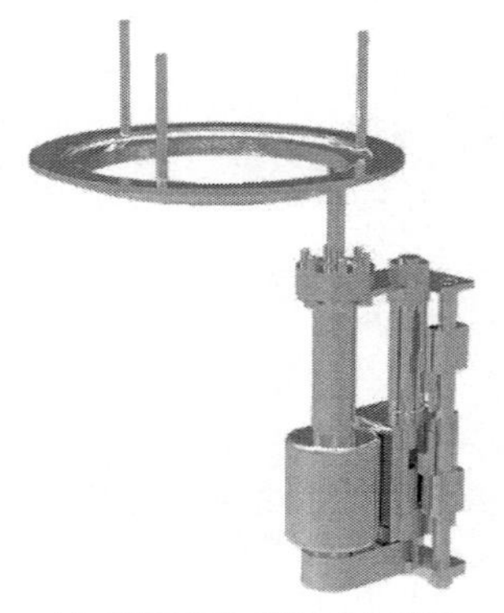

(a) 리프트핀 구동시스템16

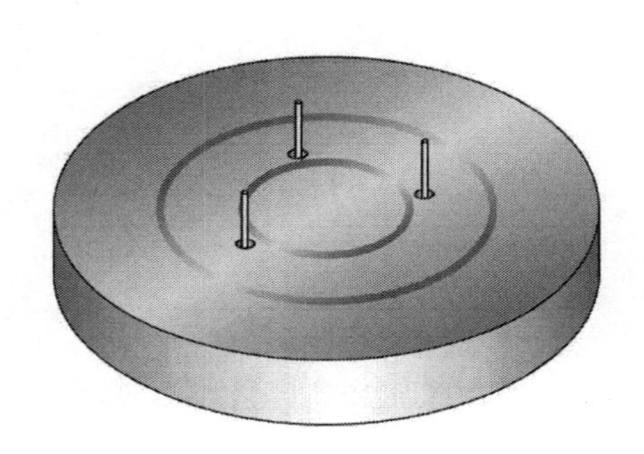

(b) 척 위로 돌출된 리프트핀

그림 7.16 리프트핀

7.4.2 웨이퍼 히터

다양한 웨이퍼 가열공정을 수행하기 위해서 **그림 7.17**에 도시된 것과 같이 다양한 형태의 **웨이퍼 히터**가 사용되고 있다. 웨이퍼 가열에는 **그림 7.17 (a)**에서와 같은 마일러 히터가 일반적으로 사용되고 있지만, AlN(질화알루미늄) 히터나 할로겐 히터 등도 사용되고 있으며, 최근 들어서는 레이저 직접가열 방식도 시도되고 있다. 그런데 직경 300[mm]의 넓은 면적을 균일하게 가열하기 위해서는 **그림 7.17 (b)**에서와 같이, 웨이퍼를 여러 구획으로 구분하여 개별적으로 온도를 측정

16 www.lesker.com 그림 일부 수정.

및 제어하는 **멀티존 기법**들이 사용되고 있다. 공정시간을 단축시키기 위해서 **그림 7.17 (c)**에서와 같이, 히터와 쿨러가 일체화된 척들도 일부 사용하고 있으나 열팽창과 열수축이 반복되면 세라믹 소재의 피로파손이 가속화될 우려가 있으므로 기본적으로는 히팅척과 쿨링척을 구분하여 사용하는 것이 안전하다.

(a) 폴리이미드 히터[17] (b) 히터/센서 일체형 척[18] (c) 히터/쿨러가 일체형 척[19]

그림 7.17 웨이퍼 히터(컬러도판 p.661 참조)

7.4.2.1 웨이퍼 지지용 핀의 파손사례

웨이퍼를 가열하기 위해서 웨이퍼를 히터의 표면에 올려놓는 것처럼 보이지만, 실제로는 **그림 7.18**에 도시되어 있는 것처럼 반구형 핀들을 사용하여 웨이퍼를 지지하여, 웨이퍼와 히터 사이의 직접 접촉을 방지한다. 히터 표면에 대해서 사용 중에 별도의 세척이 수행되지 않으므로, 웨이퍼 뒷면이 히터 표면과 직접 접촉하면 오염이 발생할 우려가 있다. 그러므로 히터의 표면에 다수의 반구형 핀들을 삽입하여 웨이퍼와 히터 사이를 수십 [μm] 정도 분리시켜 놓고 대류방식으로 열전달이 일어나도록 만든 것이다. 이는 매우 현명한 방법으로서 웨이퍼 뒷면 오염을 최소화시켜 준다. 그런데 **그림 7.18 (a)**에서와 같이, 핀의 단차형상 뿌리부가 파손되는 사고가 발생하였다.[20] 이런 핀 파손의 원인은 응력집중으로서, **그림 7.18 (b)**에서와 같이 단차부위 라운딩처리만으로도 사전에 파손을 방지할 수 있었으나, 해당 핀부품 설계자가 응력집중 문제와 그 대응방안에 대한

17 temflexcontrols.com
18 thermalcircuits.com
19 castaluminumsolutions.com
20 일반적으로 이런 문제 때문에 열처리 불량이 발생하여도 해당 장비의 오버홀을 시행하기 전까지 상당 기간 동안 원인을 발견하지 못하며, 수율감소를 겪게 된다.

이해가 결여되어 발생한 어처구니없는 사고였다.

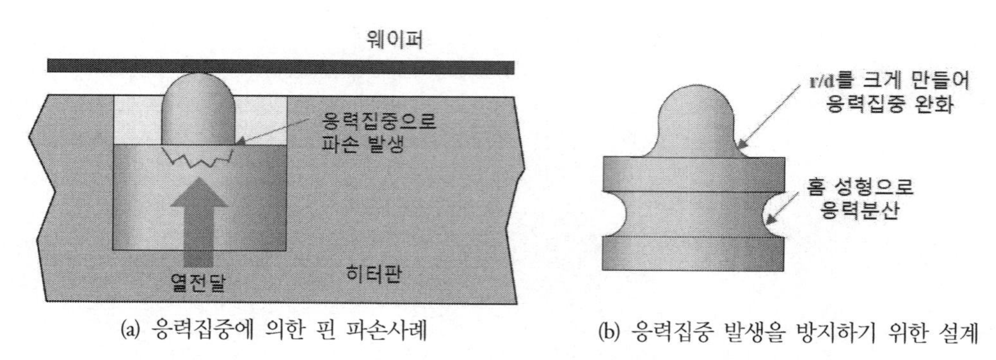

(a) 응력집중에 의한 핀 파손사례 (b) 응력집중 발생을 방지하기 위한 설계

그림 7.18 응력집중에 의한 핀 파손사례와 대응방안[21]

7.4.2.2 RTD 센서의 고정사례

그림 7.19 (a)에서는 AlN 히터판의 뒷면에 설치되는 백금측온저항체(Pt−100) 온도센서의 고정상태를 보여주고 있다. 백금측온저항체는 원통이나 박판형상의 세라믹 소재 외부에 얇은 백금선을 총저항값이 0[°C]에서 100[Ω]이 되도록 감아서 만든 일종의 권선형 저항체로서 온도에 따라서 저항값이 변한다. 하지만 저항선의 두께가 너무 얇아서 기계적인 보호를 위해서 스테인리스강으로 제작된 하우징의 하부에 집어넣고 내부 공간을 산화마그네슘(MgO) 파우더로 충진시킨 후에 입구를 세라믹 본드로 마감처리하여 사용한다. 그리고 AlN 히터판에다 이 센서를 설치할 때에도 그림과 같이 세라믹본드를 사용하여 고정한다. 그런데 사용 중에 센서 내부에서 단선이 자주 발생하였다. 이는 센서 하우징에 센서선을 고정하는 과정에서 발생한 문제인 것으로 판단되었다. 센서 하우징 입구만 세라믹 본드로 마감처리하면, 외부에서 센서선을 꺾거나 당겨서 고정하는 과정에서 전선변형 응력이 내부로 전달될 수 있다. 이를 방지하기 위해서는 **그림 7.19 (b)**에서와 같이 센서 하우징의 측면에 구멍을 뚫고, 이 구멍으로 접착제를 주입하여 접착제가 도포되는 영역을 길게, 2점접촉 방식으로 센서선을 고정하도록 만들어야 한다. 이를 통해서 외부에서 센서선을 설치하기 위해서 꺾거나 당겨도 그 힘이 센서선과 얇은 백금선 사이의 연결부위로 전달되지 않게 된다.

21 장인배 저, 정밀기계설계, 씨아이알, 2021.

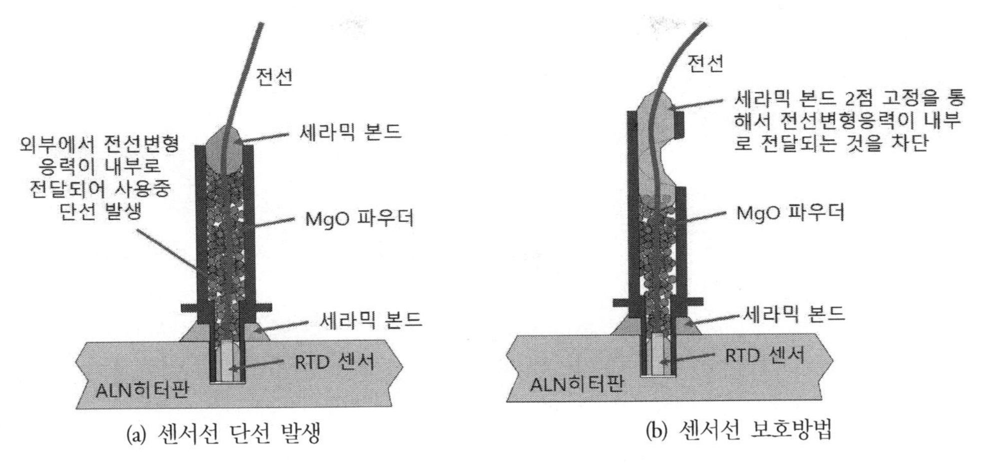

(a) 센서선 단선 발생 (b) 센서선 보호방법

그림 7.19 온도센서 연결부위 단선 발생 문제와 전선고정방법 개선방안

7.4.2.3 웨이퍼용 히팅척의 무열화 사례

베이커 장비에서 히팅척의 열전달을 차폐하기 위해서 **그림 7.20 (a)**에서와 같이 봉형 지지대를 사용하여 웨이퍼용 히팅척을 베이스와 분리시켜 놓는다. 그런데 베이커를 **그림 7.13**이나 **그림 7.14**에 도시되어 있는 것처럼, 얇은 서랍형 모듈로 제작하기 위해서 지지대를 불과 50[mm] 정도로 짧게 만들게 되었다. 그런데 히팅척이 가열되어 온도가 상승하면 열팽창에 의해서 척 직경이 증가하며, 이로 인하여 그림에서와 같이 지지대가 반경방향으로 밀려나가게 된다. 이로 인하여 지지대를 고정하는 나사체결부위에 과도한 힘이 부가되어 나사가 풀리거나 체결부가 파손되어버린다. 더욱이, 히팅척이 가열되는 과정에서도 히팅척의 높이변화를 100[μm] 이내로 유지해야만 하였다. 기존에 사용되고 있었던 봉형 지지구조로는 이를 구현하는 것이 불가능하였다. 이에 저자는 **그림 7.20 (c)**에서와 같이 굽힘형 플랙셔 기구를 고안하였으며, 이를 **그림 7.20 (b)**에서와 같이 웨이퍼 척에 120[deg] 각도로 배치하는 구조를 제안하였다. 이 플랙셔 기구를 사용하면, 히팅척의 열팽창이 플랙셔를 탄성변형 영역 내에서 굽힘방향으로 변형시킬 뿐이며, 높이변화는 일어나지 않는다. 히팅척의 온도가 내려가면 변형되었던 플랙셔는 다시 원래의 형상으로 되돌아가며, 척의 중심위치도 변하지 않는다. 이런 설계를 **열중심 설계** 또는 **무열화 설계**라고 부른다.

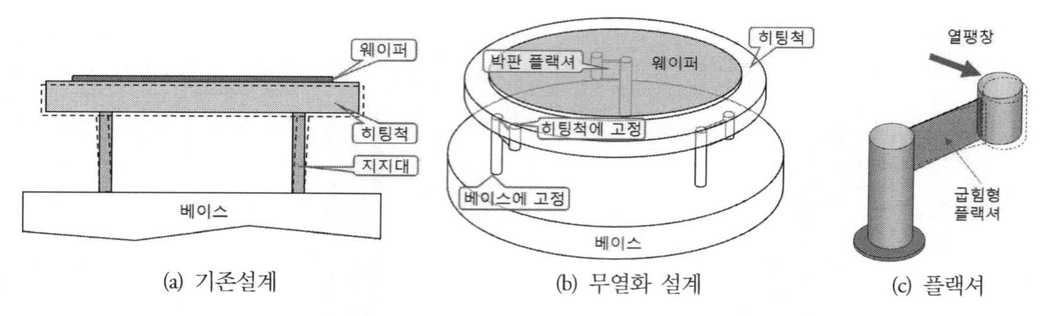

(a) 기존설계 (b) 무열화 설계 (c) 플랙셔

그림 7.20 웨이퍼용 히팅척의 무열화 설계사례[22]

7.5 현상

노광 공정에서 노출된 영역(양화색조 레지스트)이나 노출되지 않은 영역(음화색조 레지스트)을 수용성을 갖도록(즉, 물에 녹아서 씻겨 나가도록) 변성시키는 화학공정을 **현상**[23]이라고 부른다. 포토레지스트는 일반적으로 수용성 산물질로 구성되어 있으며, 현상액으로는 수용성 염기물질이 사용되므로, 현상과정에서 일어나는 중화반응에 의해서 포토레지스트가 수용성으로 변하는 것이다. 그런데 일반적인 수용성 염기물질인 수산화나트륨(NaOH)이나 수산화칼륨(KOH)은 가격이 매우 싸지만, 금속이온을 함유하고 있어서, 현상 후 베이킹 과정에서 잔류금속 이온들이 반도체 모재 속으로 확산되어 전기적인 성질에 영향을 끼칠 수 있다. 그러므로 **금속이온 함유(MIC)**[24] 현상액들은 고정밀 선단공정에서는 사용할 수 없으며, 저정밀 반도체 공정에서 자주 사용된다. 이런 유형의 현상액들은 고농도 용액 상태로 공급되며, 탈이온수로 희석하여 사용한다. 반면에, 고정밀 반도체의 경우에는 **금속이온 불함유(MIF)**[25] 현상액인 **테트라메틸암모늄**(TMAH)이 사용된다. 이 현상액은 희석된(2.38%) 용액 형태로 공급되며, 약간 더 희석해서 사용하는 경우도 있다. 예외적으로 교차 링크된 음화색조 레지스트의 경우에는 유기용매를 사용하여 현상한다. 그런데 염기성 현상액들은 공기 중의 이산화탄소(CO_2)와 반응하여 중화되어 버리므로, 일단 개봉된 현상액을 장기보관하는 것은 좋지 않다.

22 장인배 저, 정밀기계설계, 씨아이알, 2021.
23 develop
24 Metal Ion Containing
25 Metal Ion Free

웨이퍼를 현상하기 위해서는 일반적으로 함침법과 스핀현상기법의 두 가지 방법들을 사용한다. **함침법**은 웨이퍼를 화학반응이 일어나는 현상액 탱크 속에 담그는 방법이다. 트레이를 사용하여 다수의 웨이퍼들을 동시에 처리하는 배치공정에 즉각 적용할 수 있지만, 웨이퍼들 사이에 교차오염이 발생하며, 특히 웨이퍼 뒷면 오염이 발생하기 때문에 추가적인 세척공정이 필요하다. **스핀현상기법**에서는 스핀코팅에서와 유사하게 웨이퍼를 회전시키면서 웨이퍼의 중앙에서 노즐을 사용하여 현상액을 주입하는 방법을 사용한다.[26] 항상 새로운 현상액만을 사용하기 때문에 교차오염이 발생할 가능성이 줄어들며, 웨이퍼 뒷면을 적시지 않기 때문에 뒷면 오염이 발생할 가능성도 감소한다. 하지만 스핀공정의 특성상 기판의 반경방향으로 임계치수 편차가 발생할 가능성이 있다. 스핀현상기법을 사용하는 과정에서 임계치수 균일성을 향상시키기 위해서 단일스프레이 노즐, 다중 스프레이노즐, 복합현상기법 등이 시도되고 있다. 특히, 복합현상 기법의 경우에는 웨이퍼가 저속으로 회전하며, 노즐(들)을 통해서 현상액이 분무된다. **표 7.2**에서는 각각의 현상방법들에 따른 임계치수 오차값들을 서로 비교하여 보여주고 있다.

표 7.2 현상방법들의 임계치수 편차 상호비교[27]

현상방법	3σ오차[nm]	반경방향 오차[nm]	원주방향 오차[nm]
단일스프레이노즐	32	23	12
이중스프레이노즐	16	18	10
복합현상방법	11	7	4
함침법	19	11	8

7.5.1 스핀현상 공정과 장비

그림 7.21에서는 스핀현상 공정장비의 구조를 개략적으로 보여주고 있다. 현상이 수행되는 메인 챔버는 직경이 서로 다른 다수의 원통들이 서로 겹쳐서 조립되어 있는 구조를 가지고 있다. 이를 **성상분리용 바울**이라고 부르는데, 환경규제가 심해지면서 현상과정에서 사용되는 약액들을 종류별로 분리 배출시키기 위해서 도입된 구조이다. 사용되는 약액의 종류 따라서 동심방향으로 배치되어 있는 바울들을 순차적으로 위로 올려서 원심력에 의해서 배출되는 약액들을 종류별로

26 현재 대부분의 반도체 양산공정에서는 스핀현상기법을 사용하고 있다.
27 2000년대 초반 자료이므로, 현상방법들 사이의 상대비교만 참고하기 바란다.

분리하여 받아낸다. 웨이퍼를 고정하기 위해서는 **그림 7.8 (a)**에 도시된 것과 유사한 핀척이 사용되며, 웨이퍼 반송로봇으로부터 웨이퍼를 받아서 핀척에 고정시키기 위해서 리프트핀이 사용된다. 스핀현상 공정은 습식공정이므로, 원심 비산되는 약액들에 의해서 웨이퍼 뒷면이 오염될 수 있다. 그러므로 웨이퍼 뒷면세정을 위해서 진공척 대신에 웨이퍼를 수직방향으로 지지하는 핀들과 반경방향으로 지지하는 핀들이 조합된 핀척을 사용한다. 리프트핀이 웨이퍼를 받아서 내려오면 핀척이 반경방향으로 들어오면서 웨이퍼를 고정한다. 웨이퍼가 고속으로 회전하는 과정에서 원심력에 의해서 핀척의 고정력이 감소하는 것을 방지하기 위해서 반경방향 핀들의 고정력이 원심력에 비례하여 증가하도록 레버기구에 연결된 밸런스 웨이트를 설치하기도 한다.

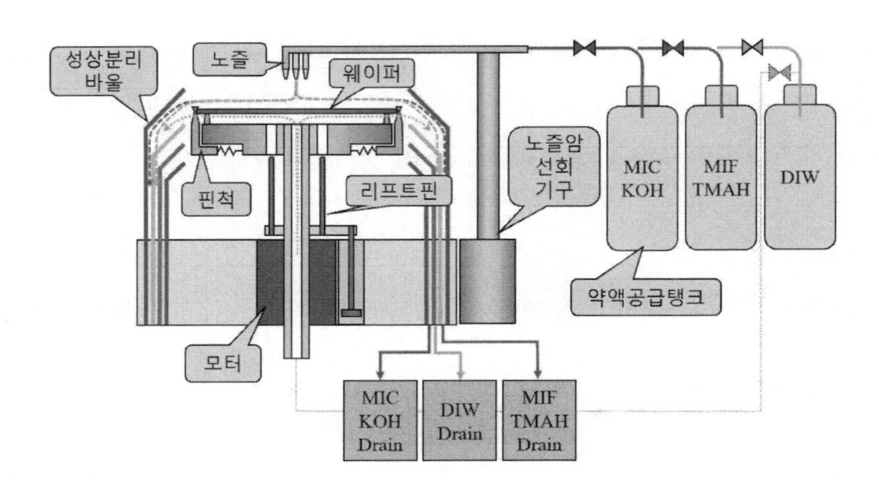

그림 7.21 스핀현상 장비의 구성(컬러도판 p.661 참조)

웨이퍼 하부에서도 탈이온수를 분사하여 웨이퍼 뒷면을 세척할 수 있도록 모터 회전축은 중공축 형태로 제작하며 축 하단부에는 회전커플링을 설치한다. 그림에서는 약액 공급 시스템이 오픈루프 형태로 그려져 있지만, **그림 7.9**에서와 마찬가지로, 순환구조를 가지고 있다. 무거운 노즐암을 선회시키는 과정에서 노즐에서 약액 방울이 웨이퍼 위로 떨어지면, 얼룩이 발생하면서 품질불량이 발생할 우려가 있다. 이를 방지하기 위해서는 노즐암에 대한 진동저감 설계와 더불어서, 노즐 끝에 물방울이 맺히지 않도록 형상설계 및 표면처리, 약액 공급 종료 후 튜브 내 잔류약액을 다시 빨아들이는 공정 추가 등의 세심한 주의가 필요하다.

7.5.2 코터-디벨로퍼 일체화

1990년대 초반까지는 포토레지스트 코팅 공정과 현상 공정을 별도의 설비에서 운영해왔다. 이렇게 공정별로 챔버를 분리하는 방법은 약액 교차오염에 의한 불량 발생을 방지하는 데에 있어서 매우 효과적이다. 하지만 공간활용도나 웨이퍼 이송(물류)의 측면에서는 매우 불리하다.

I-라인(365[nm]) 포토설비부터는 포토레지스트 코팅과 현상을 하나의 스피너에서 수행하는 **종합설비**가 출현하기 시작했다. 이런 종합설비는 포토장비의 구성을 단순화시킬 수 있어서 메모리와 같은 소품종 대량생산에 있어서 매우 유리하다. 특히, 생산라인 자동화와 생산성 향상에 큰 기여를 하였다. 하지만 상대적으로 다양한 공정을 수용할 수 있는 능력이 떨어지기 때문에 파운드리와 같은 다품종 소량생산 공정에는 불리하다. 그러므로 생산하는 반도체의 유형에 따라서 일체형과 분리형이 모두 사용되고 있다.

노광기에 붙여서 설치되는 종합설비(포토장비)의 경우에는 정면부에 스피너(코터/디벨로퍼)를 배치하며, 후면부에는 베이크유닛(베이커/쿨러)을 배치한다. 그리고 중앙부 통로에는 일명 트랜스퍼 로봇이라고 부르는 웨이퍼 반송로봇을 설치한다. 이렇게 노광기와 인라인으로 포토장비를 설치하며, 포토장비 측면에 설치된 로드포트에 풉(FOUP)을 사용하여 웨이퍼 25장을 로딩하면 HMDS 코팅, 포토레지스트 코팅, 소프트베이크, 노광, 하드베이크, 현상, 세척 등과 같은 일련의 포토공정이 한번에 수행된다. 이를 통해서 자동화, 생산성 향상, 작업실수 방지, 설비 점유면적 감소 등 반도체 노광공정의 획기적인 발전이 이루어졌다.

7.6 포토장비의 구조

그림 7.22에서는 양산형 포토장비의 구조를 개략적으로 보여주고 있다. 장비의 우측에는 로드포트가 설치되어 웨이퍼 25장들이 풉(FOUP)을 반입 및 반출시키며, 로드포트 내부측에는 웨이퍼 반송용 스카라 로봇(들)이 설치되어 웨이퍼를 중앙 복도를 오가는 트랜스퍼 로봇에 전달한다. 스카라 로봇은 물류부하에 따라서 하나 또는 다수가 설치된다. 중앙복도에 설치되는 트랜스퍼 로봇은 길이방향과 상하방향으로 이동하면서 각각의 공정챔버에 웨이퍼를 넣어주거나 빼준다. 공정챔버들은 **그림 7.29** 및 **그림 7.30**에 예시된 상용장비들에서와 같이 2열/복층구조로 설치되며 최근에는 6층/12챔버 구조를 많이 사용하고 있다. 일반적으로 한쪽에는 코터/디벨로퍼, 반대쪽에는 베

이커/쿨러를 설치한다. **그림 7.22**의 좌측에는 약액공급용 캐비닛이 설치되어 코터/디벨로퍼에서 사용되는 탈이온수를 포함한 각종 약액들을 공급하는데, 만일 포토장비가 노광기와 연결되는 경우에는 이 위치에 인터페이스 모듈을 설치하고, 약액 공급모듈은 클린룸 하부층에 설치한다. 포토장비에 설치되는 각종 모듈들은 서랍 형태로 설계 및 제작되며, 공정 레시피에 따라서 코터/디벨로퍼, 베이커/쿨러모듈 이외에도 HMDS 코터, 전용 쿨러, 전용 디벨로퍼, 지원챔버 등 필요에 따라서 다양한 형태의 모듈들이 설치된다. 그리고 노광기의 시간당 처리속도가 증가함에 따라서 설치되는 챔버의 숫자도 8챔버→10챔버→12챔버→16챔버와 같이 점차로 증가하는 추세이다.

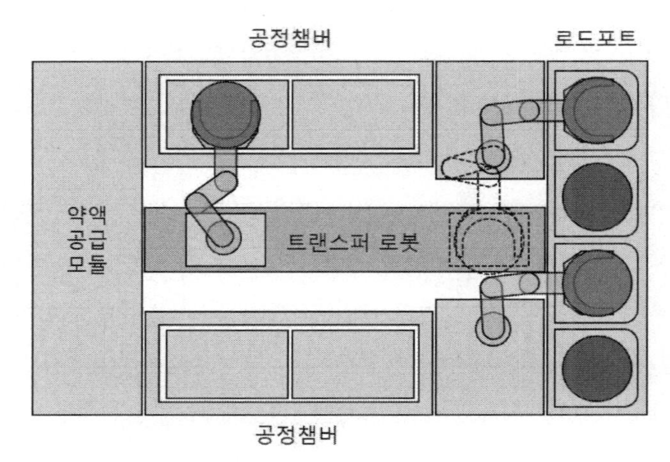

그림 7.22 코터–디벨로퍼 일체형 포토장비

7.6.1 생산성 향상문제

포토장비는 노광기의 시간당 웨이퍼 처리속도에 맞춰서 포토레지스트 코팅과 현상공정을 수행해야만 한다. 그런데 ASML社의 Twinscan NXT 노광기는 지속적인 혁신을 통해서 **표 7.3**에서와 같이 시간당 웨이퍼 처리량을 증가시켜 왔다.

표 7.3 ASML社의 Twinscan NXT 노광기의 시간당 웨이퍼 처리숫자 증가양상28

연도	2009	2013	2013	2016	2018	2020	2020
모델	1950i	1960Bi	1970Ci	1980Di	2000i	2050i	2100i
WPH	190	230	250	275	275	295	295

그림 7.1에서 살펴봤듯이, 노광이 끝난 직후에 현상이 시행되지 않으면 선폭변화가 발생하며, 이는 불량을 증가시키는 원인이 된다. 그러므로 선단공정 반도체의 경우에는 노광이 끝난 직후에 곧장 현상공정을 시행해야만 하며, 이는 노광기와 연결된 포토장비가 노광기와 동일한 처리속도를 구현해야만 한다는 것을 의미한다. 그런데 **표 7.3**에서 확인할 수 있듯이 노광기의 시간당 웨이퍼 처리량은 2009년에 비해서 55%나 증가하였다. 그런데 포토공정의 각 단계들은 각각 일정한 공정시간이 필요하며, 이를 임의로 줄일 수는 없다. 그러므로 포토장비 제작업체에서는 서랍형으로 제작되는 각종 모듈들을 슬림하게 제작하여 쌓아올리는 단수를 증가시키는 방법을 택하게 되었으며, 현재 6층/12챔버를 넘어서 8층/16챔버 구조에 이르게 되었다. 그런데 일반적인 클린룸의 층고는 3.3[m]로 제한되어 있기 때문에 더 이상 장비의 높이를 증가시킬 수 없는 지경에 이르게 되었다. 아마도 향후에 노광기의 처리속도가 더 증가하게 된다면 포토장비가 3열 구조로 변하게 될 것으로 예측된다.

7.6.2 포토장비의 구성

그림 7.23에 도시되어 있는 Applied Materials社에서 출원한 특허를 통해서 코터/디벨로퍼 일체형 장비의 구성사례를 살펴볼 수 있다.[29] 코터/디벨로퍼 모듈은 리프트핀이 설치되어야만 하기 때문에 슬림하게 제작하는 데에 한계가 있다. 반면에, 베이커/쿨러는 리프트핀과 척 회전용 모터 구조가 없기 때문에 코터/디벨로퍼 모듈에 비해서 상대적으로 슬림하게 모듈들을 제작할 수 있다. 그러므로 그림에서와 같이 코터/디벨로퍼는 2열/4층의 8챔버 구조를 채용하였고, 베이커/쿨러 모듈은 6단 구조를 채용하였다. 그리고 HMDS/쿨러/지원챔버 모듈도 역시 6단 구조를 채용하고 있다. 그림에서 우측은 12단처럼 그려져 있지만, 실제로는 2열 6단구조로 설계되었다.

이 특허에서 Applied Materials社는 고객의 수요에 따라서 레고조립 방식으로 다양한 모듈조합을 지원할 수 있으며, 이를 통해서 노광기의 생산속도 증가에 능동적으로 대응할 수 있다는 것을 강조하였다. 근래에 들어서 반도체 공정의 요구조건들이 다양하고 특성화되면서 포토장비 제조사들은 고객의 수요에 맞춰서 레고방식으로 포토장비를 구성하여 공급하는 방안들을 모색하고 있다.

28 asml.com

29 실제로는 Applied Materials社가 포토장비를 생산하지 않는다.

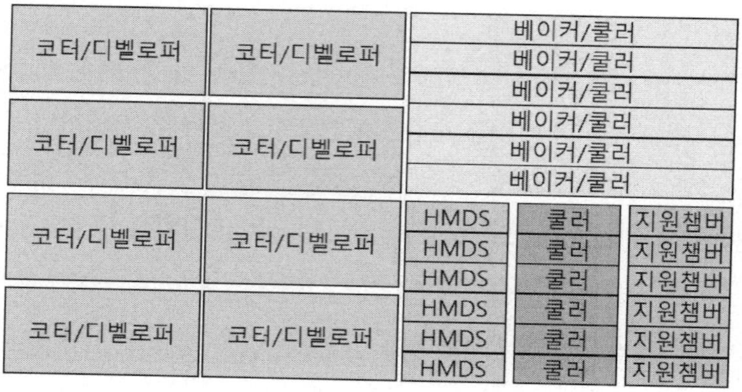

코터/디벨로퍼
코터/디벨로퍼
베이커/쿨러
베이커/쿨러
베이커/쿨러
코터/디벨로퍼
코터/디벨로퍼
베이커/쿨러
베이커/쿨러
베이커/쿨러
코터/디벨로퍼
코터/디벨로퍼
HMDS
쿨러
지원챔버
HMDS
쿨러
지원챔버
HMDS
쿨러
지원챔버
코터/디벨로퍼
코터/디벨로퍼
HMDS
쿨러
지원챔버
HMDS
쿨러
지원챔버
HMDS
쿨러
지원챔버

그림 7.23 포토장비의 챔버 구성사례30

노광기
셀
셀
로드포트
베이커
쿨러
베이커
베이커
쿨러
베이커
버퍼
웨이퍼
버퍼
웨이퍼
버퍼
트랜스퍼로봇
현상
현상
코터
코터
트랙장비

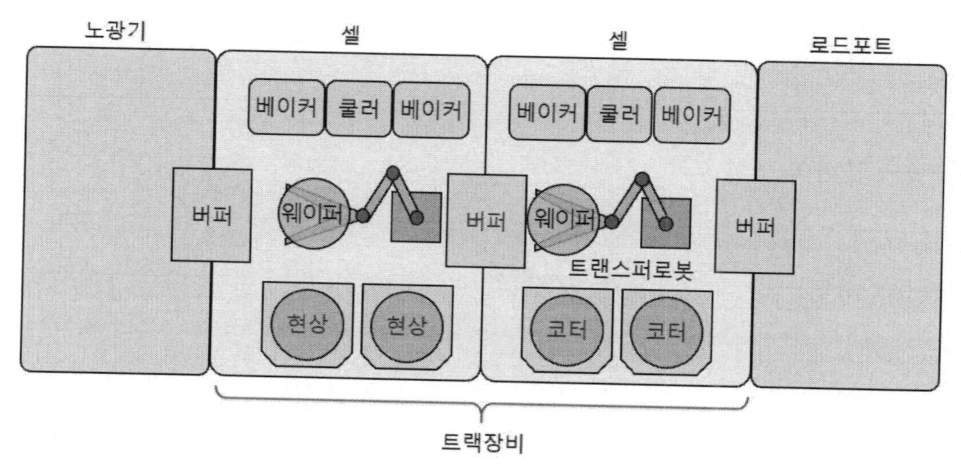

그림 7.24 포토장비의 운영 최적화 연구31

7.6.3 포토장비의 운영 최적화

생산 최적화를 위해서는 생산해야 하는 반도체의 유형과 공정에 따라서 트랙 장비의 운영방법이 달라져야만 한다. **그림 7.24**에서 예시되어 있는 포토장비 운영 최적화연구에서는 웨이퍼의 대기시간과 이동거리를 최소화하기 위한 시스템 운영방안을 시뮬레이션하기 위한 시스템의 구성을 예시하여 보여주고 있다. 이를 사용 하여 최적의 모듈 구성 및 배치를 설계하고, 운영 최적화를

30 US Patent 8911193B2를 참조하여 그렸음.

31 윤현중, 반도체 포토장비의 시뮬레이션 소프트웨어, 한국산학기술학회논문지, 2012를 참조하여 다시 그렸음.

통해서 시간당 웨이퍼 처리량을 극대화시킬 수 있는 최적의 로봇운영 스케줄을 설계할 수 있다. 예를 들어, 노광이 끝난 웨이퍼가 현상을 위해서 장시간 대기해야만 한다면 500[m] 떨어진 타 라인의 유휴장비로 웨이퍼를 실어 보내야 할지를 고민해야 한다.

7.6.4 시스템 설계

포토장비의 프레임 구조배치와 설계, 스피너 회전체설계, 노즐암 설계, 성상분리 바울설계, 트랜스퍼 로봇설계, 배기계통 설계 등 포토장비를 제작하기 위해서는 다양한 분야의 설계들이 종합적으로 수행되어야만 한다. 특히 세부 구성요소들의 미세한 작동특성 차이 때문에 결정적인 품질 차이가 발생하게 된다. 예를 들어, 챔버 내부의 포화수증기압 차이에 의해서 웨이퍼 건조시간의 차이가 발생하며, 이로 인하여 웨이퍼 표면의 정전기 특성이나 오염도가 달라진다. 이런 세부설계들은 너무도 다양하고 전문적이기 때문에 이 책의 범주를 넘어선다. 여기서는 시스템 설계와 관련된 몇 가지 간단한 사례들에 대해서 개략적으로 살펴보기로 한다.

7.6.4.1 선반형 프레임의 구조보강문제

그림 7.25에서는 2열/5단의 10챔버를 지지하기 위한 프레임 구조를 보여주고 있다. 일반적으로 프레임은 사각단면 각관을 절단 및 용접하여 제작하는데, 관재를 단순 용접하는 방식으로 육면체 구조를 제작하면 비틀림 강성이 대단히 취약해진다. 이를 보강하기 위해서는 반드시 대각선 방향으로 보강재를 덧대야 하지만 가뜩이나 부족한 공간에 서랍형으로 각종 모듈장비들을 빈틈없이 끼워 넣어야만 하는 상황이어서 대각성 방향으로의 구조물 보강은 불가능한 게 현실이다. 이를 해결하기 위해서는 각관의 직각방향 조인트에 대한 용접을 시행하기 전에 내측면에 대각선 방향으로 보강재를 덧댄 후에 관재를 용접하는 내부보강을 실시하여야만 한다. 서랍형 모듈의 경우에도 역시 대각선 방향으로의 내부보강판을 설치하여 구조물을 보강하여야 하고, 이들을 프레임에 조립할 때에도 필요 이상으로 많은 숫자의 볼트들을 사용하여 견고하게 고정함으로써, 모듈들이 구조물을 보강하는 보강재의 역할을 함께 수행하도록 만들어야만 한다. 실제의 경우, 구조물 강성부족으로 인해서 웨이퍼반송용 트랜스퍼 로봇이 고속으로 작동하면 프레임의 진동이 유발될 우려가 있다.

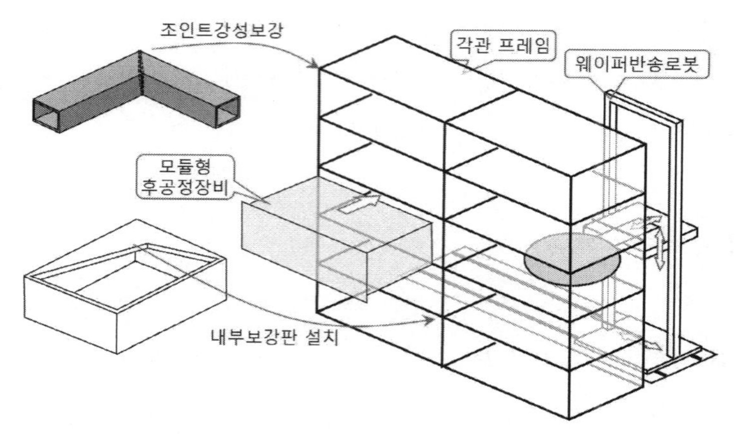

그림 7.25 포토장비용 선반형 프레임의 보강[32]

7.6.4.2 트랜스퍼 로봇

그림 7.26에서는 포토장비를 포함하여 반도체장비에서 가장 널리 사용되고 있는 두 가지 유형의 로봇들을 보여주고 있다. 로드포트에서 웨이퍼를 반출하는 데에는 **그림 7.26 (a)**에서와 같이, **스카라 로봇**[33]이 자주 사용된다. 원통좌표계[34]를 사용하는 다관절 로봇인 스카라 로봇은 고속작동이 가능하며 회전운동만으로 작동한다는 구조적 특성상 실링이 용이하여 작동 중 분진발생이 거의 없다. 하지만 스카라 로봇은 작동범위가 유한하기 때문에 로봇 하나의 작동범위로는 2개의 로드포트만을 커버할 수 있다. 그러므로 4개의 로드포트를 사용하는 경우에는 로드포트 내에서 1자유도 직선운동 스테이지 위에 스카라 로봇을 얹어서 사용하거나, 아니면 2기의 스카라 로봇을 사용해야 한다.

포토장비 내에서 길이가 긴 중앙통로를 왕복하면서 웨이퍼를 전달하는 **트랜스퍼 로봇**은 **그림 7.26 (b)**에 도시되어 있는 것과 같이 외팔보 형태의 직교좌표계를 사용한다.[35] 이런 외팔보 형태의 직교로봇은 작동범위를 넓히기가 스카라 로봇에 비해서 상대적으로 용이하다. 하지만 챔버의 숫자가 증가하면서 단수가 6단으로 높아지게 되어 고속 작동 시 외팔보 진동의 문제가 발생하게 되었다.[36] 그리고 노광기의 시간당 웨이퍼 처리량이 증가하게 되면서 트랜스퍼 로봇은 급가속/급

32 장인배 저, 정밀기계설계, 씨아이알, 2021.
33 scara robot
34 cylindrical coordinate
35 다른 제조사에서는 **그림 7.24**에 도시되어 있는 것과 같은 문(gate)형 로봇을 사용한다.

감속의 극한의 작동환경에 놓이게 되었다. 이로 인하여 하부에 설치되어 통로의 길이방향 이송을 담당하는 LM 가이드에 과도한 충격부하가 가해져서 윤활유 비산, 베어링 손상 등의 문제를 겪고 있다. 특히나, 직선운동용 LM가이드에 대한 완벽한 밀봉이 불가능하기 때문에 윤활유 비산에 의한 분진발생은 심각한 문제로 인식되고 있다.

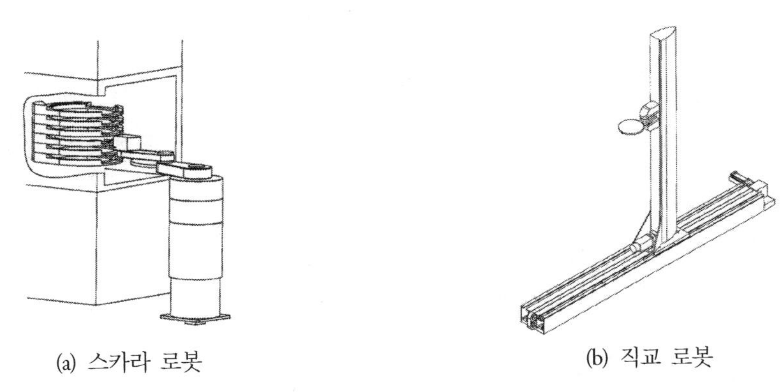

(a) 스카라 로봇 (b) 직교 로봇

그림 7.26 포토장비에 사용되는 두 가지 유형의 로봇들[37]

7.6.4.3 윤활문제

LM가이드는 구름요소(볼)을 사용하는 가장 대표적인 직선운동 안내용 베어링이다. LM 가이드는 직선형태의 레일과 그 위를 타고 움직이는 LM 블록으로 이루어지는데, LM 블록의 내부에는 다수의 볼들이 구르면서 순환하는 다수의 경로들(전형적으로 4개)이 설치되어 있다. LM 가이드는 정지마찰력이 작고, 하중지지용량이 크며, 내구신뢰성도 높은 매우 훌륭한 베어링 요소이지만, 결정적으로 그리스 윤활이 필요하다는 단점을 가지고 있다. 그리스는 **기유**[38], **증점제**[39] 및 **첨가제**[40]가 혼합된 끈적끈적한 윤활유로서, 볼이나 롤러를 사용하는 베어링에서는 반드시 필요한 윤활제이다. 그리스를 구성하는 주성분들인 기유와 증점제에는 일반적으로 석유 추출물들을 사용하며, 이런 그리스들을 **석유계 그리스**라고 부른다. 석유계 그리스는 염가이고, 내구성이 탁월하여

36 외팔보 진동을 저감하기 위해서는 입력성형(input shaping)제어가 필요하다.
37 US Patent 8911193B2의 그림을 수정하여 사용하였음.
38 base oil
39 thickner
40 additive

베어링 윤활에 널리 사용되고 있지만, **그림 7.27**에서 볼 수 있듯이, 작동시간이 지남에 따라서 오염입자 발생률(증발률)이 급격하게 증가하여 일정한 양의 오염입자들을 계속 발생시키고 있음을 알 수 있다. 클린룸에서 작동하면서 높은 청결도를 필요로 하는 클린룸 로봇에서는 오염입자 발생이 매우 심각한 문제이다. 이를 해결하기 위해서 오염입자 발생률이 작은 클린룸 전용 그리스가 개발되었다. 이들은 일반 석유계 그리스에 비해서 오염입자 발생률이 1/10 미만이므로, 로봇 작동과정에서 윤활유 오염입자가 웨이퍼를 오염시킬 가능성을 크게 줄여준다. LM 가이드, 볼 스크류, 볼 베어링 등을 포함한 모든 구름요소 베어링들에 사용하는 윤활유를 클린룸 전용 그리스로 대체하는 것은 매우 중요한 사안이다. 그런데 베어링 조립과 윤활유 주입은 매우 전문적인 행위이다. 전용 그리스 클리닝 장비를 갖추지 못한 시설에서 임의로 기존의 석유계 그리스를 세척하고 클린룸 전용 그리스를 주입하려는 시도가 이루어지고 있다. 그런데 이는 오히려 베어링을 오염시켜서 베어링 수명을 감소시키는 원인으로 작용한다. 클린룸 전용 그리스 주입은 반드시 베어링 전문 회사에서 전용 장비를 갖추고 시행되어야만 하는 사항임을 명심하기 바란다.

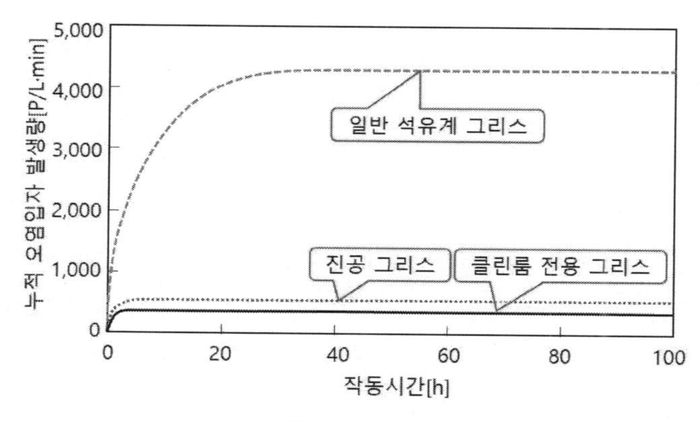

그림 7.27 윤활유에 의한 분진발생 문제[41]

7.6.4.4 배기계통 풍속 균일화 문제

코터/디벨로퍼용 챔버들의 경우 **그림 7.28 (a)**에 도시되어 있는 것처럼, 개별 챔버들마다 바울의 상부에서 하부로 하향기류를 형성하여 챔버 내부에서 공정을 수행하는 동안 발생하는 가스와

41 장인배 저, 정밀기계설계, 씨아이알, 2021.

분진들을 포함한 대기성분들을 아래로 내보낸다. 챔버 하부에서는 수평배관을 통해서 수직 배관으로 연결되어 장비 외부로 배출된다. 수직배관은 챔버 측에서 배출되는 기체를 원활하게 배출할 수 있도록 저진공 상태로 유지된다. 그림에서는 하나의 층에 설치된 2열의 챔버들을 보여주고 있지만, 실제로는 다층구조를 이루고 있다. 그런데 수직배관에 인접한 ①번 챔버의 배기는 매우 원활하게 수직배관을 통해서 배출되는 반면에, ②번 챔버의 배기는 ①번 챔버의 배기에 가로막혀서 배출이 원활치 못하며, 심각한 경우에는 역류가 발생하기도 한다. 이렇게 배기 시스템의 운영방식에 따라서 개별 챔버마다 풍속 불균일과 풍속 저하 문제가 발생하게 된다. 모든 챔버들의 배기유량을 균일하게 맞추기 위해서, 그림에서와 같이 대기 측과 연결된 버터플라이밸브를 ①번 챔버의 배기 측에 연결하여 놓고 풍량계를 사용하여 유량을 측정하면서 버터플라이밸브의 열림 각도를 수작업으로 맞추고 있다. 그런데 이렇게 대기 측 밸브를 연결해 놓으면 ②번 챔버의 입장에서는 더 강력한 공력저항과 마주치게 되어버린다. **그림 7.28 (b)**에서는 대기 측 버터플라이 밸브를 ②번 챔버의 우측으로 이동시켜 놓았다. 그리고 배관도 모든 위치에서 유로저항이 동일하도록 버터플라이밸브 → ②번 챔버 배기관 → ①번 챔버 배기관의 순서로 직경을 넓혀놓았다. 이를 통해서 배기가스의 흐름을 원활하게 만들 수 있으며, 챔버 간 배기풍속 불균일을 해소시킬 수 있다.

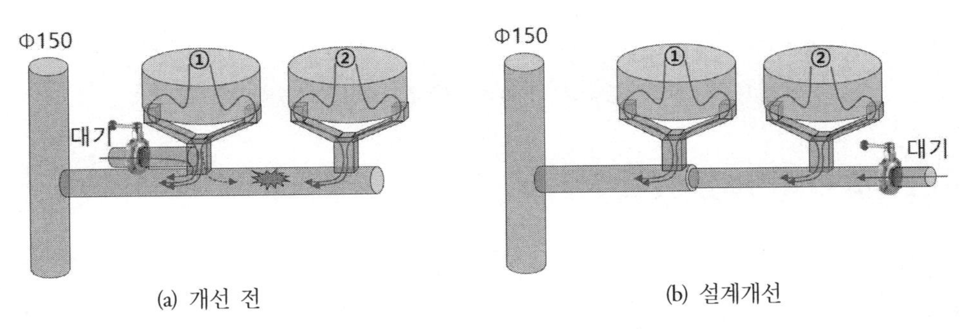

(a) 개선 전 (b) 설계개선

그림 7.28 배기계통 풍속 불균일 문제

7.7 상용장비

이 절에서는 양산용 포토장비로 널리 사용되고 있는 두 가지 장비들에 대해서 간략하게 살펴보기로 한다.

7.7.1 도쿄일렉트론社의 Clean Track™ Lithius Pro™Z

도쿄일렉트론(TEL)社는 전통적으로 포토장비의 절대강자로서, 세계시장에서는 램리서치社, 그리고 JSR社와 치열한 시장경쟁을 하고 있다. **그림 7.29 (a)**에 도시되어 있는 것처럼, 최신의 노광기인 EUV 장비에 통합하여 사용되는 포토장비인 Clean Track™ Lithius Pro™Z를 공급하고 있다. 이 장비에는 300[mm] 웨이퍼 전용의 코터/디벨로퍼와 베이커 장비들이 12챔버 구조로 탑재되어 있으며, 10[nm] 미만의 기술노드에 대응할 수 있는 기능들을 갖추고 있다. 특히 **그림 7.29 (b)**에 도시되어 있는 것처럼, 웨이퍼 전체영역에 대해서 균일한 임계치수를 구현할 수 있는 매우 안정적인 코팅/현상능력을 갖추고 있다.

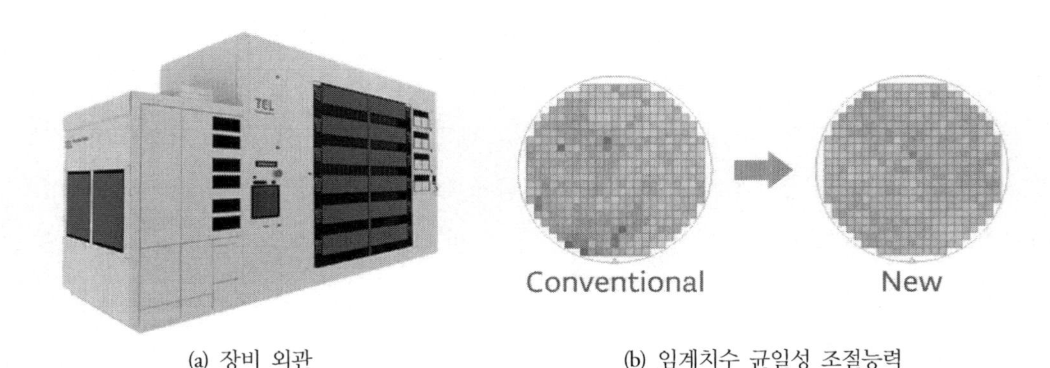

(a) 장비 외관　　　　(b) 임계치수 균일성 조절능력

그림 7.29 도쿄일렉트론社의 Clean Track™ Lithius Pro™Z **포토장비**[42]

7.7.2 세메스社의 OMEGA-K

세메스社는 포토장비의 후발주자로서, 아직 최신의 선단공정에 대응하는 포토장비를 생산하고 있지는 못하다. 현재 최신의 장비는 **그림 7.30**에 도시되어 있는 것처럼, I-라인(365[nm])과 KrF(248[nm])에 대응하는 12챔버 구조의 포토장비인 OMEGA-K를 공급하고 있다. 이 장비는 DRAM, V-NAND, 그리고 로직칩들의 생산에 적용되고 있으며, 시간당 270장의 웨이퍼를 처리할 수 있다. ArF(193[nm]) 액침장비에 대응할 수 있는 포토장비가 개발되었으며, 머지않아 양산라인에 적용될 것으로 기대하고 있다.

---

42 www.tel.com

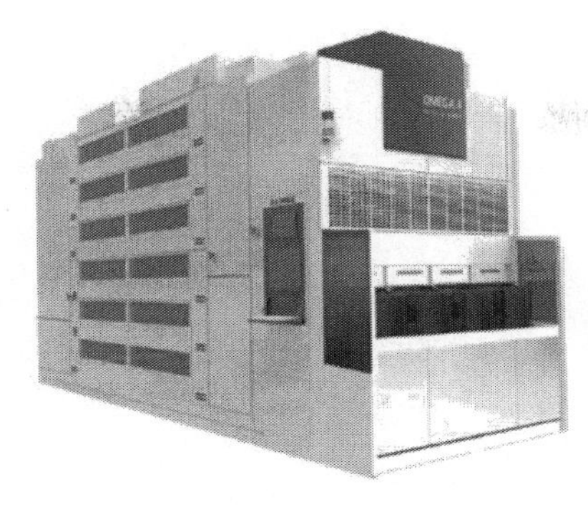

그림 7.30 세메스社의 Omega-K[43]

43 semes.com

08

식각공정과 장비

Chapter

08 식각공정과 장비

식각공정은 노광공정과 현상공정이 완료된 웨이퍼 표면의 패턴층 또는 산화막층에 구멍을 뚫는 공정으로써, 구멍의 형상은 포토마스크의 패턴형상에 의해서 결정된다. 양화색조 레지스트의 경우에는 현상과정에서 노광된 부분이 수용성으로 변하여, 세척과정에서 제거되어 버린다. 반면에, 음화색조 레지스트의 경우에는 노광되지 않은 부분이 현상과정에서 수용성으로 변하여, 세척과정에서 제거된다. 이렇게 포토레지스트가 제거된 구역의 패턴층 또는 산화막층을 식각환경에 노출시켜서 원하는 깊이만큼 막질을 제거할 수 있다. 막질층의 제거에는 화학적인 식각방법인 습식식각과 물리적인 식각방법인 건식식각과 같은 두 가지 방법들이 사용되고 있다. **그림 8.1**에 표시되어 있는 것처럼, 습식식각은 용액 속에서 화학반응을 일으켜서 소재를 제거하는 식각방법으로서, 모든 방향으로 균일한 식각이 이루어지는 등방성 식각특성을 가지고 있으며, 식각속도가 빠르다는 장점을 가지고 있다. 그라비아 프린팅 분야를 통해서 기술적으로 성숙되어 있던 습식식각방법이 반도체 생산에 널리 사용되어 왔지만, 1970년대에 회로 선폭이 수백 [μm] 수준에서 수 [μm] 미만으로 급격하게 줄어들면서 습식식각은 기술적 한계를 맞이하게 되었다. 웨이퍼 식각공정의 경우, 막질층의 두께방향으로는 식각이 필요하지만 막질층의 평면방향으로의 식각은 유해하다. 진공 중에서 발생시킨 고에너지 플라스마를 웨이퍼에 타격하여 물리적(+화학적)으로 소재를 제거하는 건식식각방법은 이방성 식각특성을 구현할 수 있어서, 현대적인 반도체의 제조에 필수적인 식각기술로 자리잡게 되었지만, 식각속도가 느리다는 단점을 가지고 있다. 건식식각은 오늘날 나노미터급 선폭들을 식각하는 핵심 공정으로 사용되고 있으며, 습식식각은 주로 세정공정 분야에서 응용되고 있다.

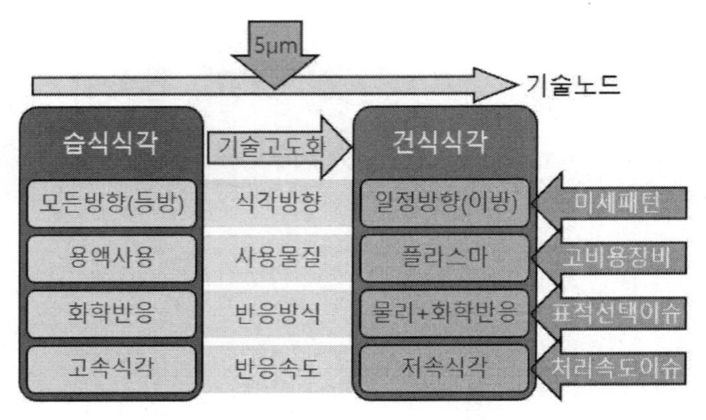

그림 8.1 습식식각과 건식식각의 특징비교[1]

식각이 끝나고 나면 3족 또는 5족 물질을 도핑하여 p–n 접합을 생성하거나, 금속배선 도금, 절연층 증착 등의 다양한 공정들이 수행된다.

이 장에서는 식각공정에 대해서 개략적으로 살펴본 다음에, 습식식각, 건식식각, 플라스마 식각장비와 설계사례 고찰 등의 순서로 식각공정과 장비들에 대해서 살펴보기로 한다.

8.1 서론

8.1.1 식각의 유형

그림 8.2에서는 반도체 제조공정에서 시행되는 다양한 **식각의 유형**들을 보여주고 있다. 식각대상 막질은 크게 부도체, 반도체 및 도체로 구분할 수 있다. 부도체의 경우에는 대표적인 절연막인 이산화규소(SiO_2) 막과 게이트 단자로 사용되는 폴리실리콘 막질이 포함된다. 특히, 게이트단자 형성 시 건식식각을 사용하여 포토레지스트 애싱과 폴리막 제거를 동시에 수행할 수 있다. 습식식각을 사용하는 경우에는 막질의 종류에 따라서 알맞은 용액을 선정해야 하고, 식각이 진행되는 동안 화학반응을 세밀하게 관찰해야만 한다. 반도체(실리콘 모재) 식각의 가장 대표적인 사례는 트랜지스터들 사이를 서로 분리시켜주는 **얕은도랑 소자격리**(STI: 트렌치) 식각이 가장 대표적이

1 news.skhynix.co.kr/post/etching-pattern-superior를 참조하여 다시 그렸음.

다. 이렇게 만들어진 도랑에 절연체를 증착하여 채워 넣으면 트랜지스터들 사이의 전류누설을 차단할 수 있다. 절연층을 관통하여 위층과 아래층 사이에 전기적 연결통로(비아)를 만들어주는 비아식각공정의 경우에는 수직구멍을 성형하기 위해서 뛰어난 이방성 식각특성이 필요하다. 도체식각의 경우에는 절연층 표면에 증착된 금속 막질을 식각하여 금속배선을 형성하는 공정이다.

모든 식각공정에서 막질을 원하는 수준으로 가공하지 못하거나 과도하게 가공하는 경우 모두, 원하는 반도체 특성을 구현할 수 없지만, 일반적으로 과도식각보다는 과소식각이 더 치명적이다. 건식식각의 경우, 플라스마 이온 가스의 양이 많거나 시간조절이 실패하는 경우, 과도식각이나 과소식각이 발생하므로, 정확한 **종말시점**을 찾는 게 중요하다.

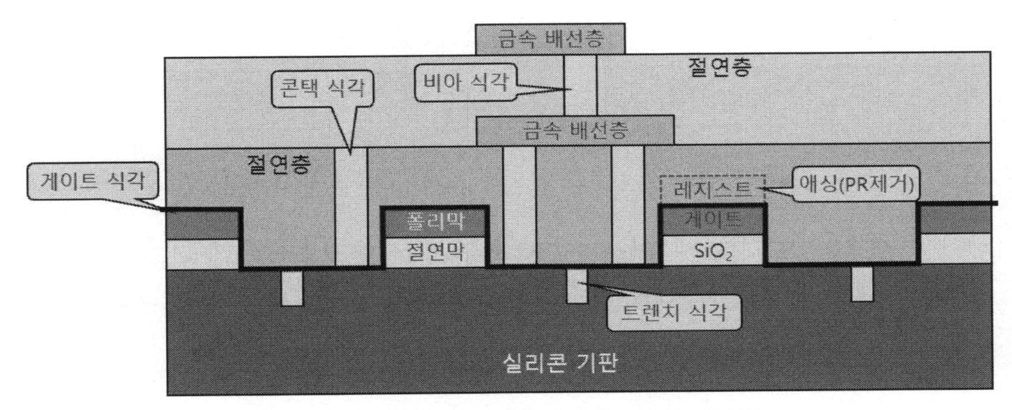

그림 8.2 반도체 제조공정에서 시행되는 식각의 유형들[2]

8.1.2 식각공정의 구분

포토레지스트에 대한 노광 및 현상이 완료되고 나서 포토레지스트 표면에 패턴구멍들이 형성되면 실리콘 웨이퍼 표면에 생성되어 있는 실리콘 산화막(SiO_2)층이 드러나게 된다. **그림 8.3**에서와 같이, 이 실리콘 산화막을 제거하여 진성 반도체층을 노출시키기 위해서 식각공정을 시행하는 경우를 가정하여 식각공정을 식각방법, 식각반응, 그리고 식각의 형태에 따라서 구분해 본다. **식각 방법**으로는 반응성(주로 산성) 수용액을 사용하는 습식식각과 플라스마 기체를 사용하는 건식식각으로 구분할 수 있으며, **식각 반응**으로는 화학적인 산화반응을 이용하는 화학적 식각과 고에

2 news.skhynix.co.kr/post/etching-pattern-superior를 참조하여 다시 그렸음.

너지 이온충돌을 이용하는 물리적 식각으로 구분할 수 있다. 마지막으로, **식각의 형태**로는 모든 방향이 동일한 비율로 식각이 진행되는 **등방성 식각**과 특정한 방향으로만 식각이 진행되는 **이방성 식각**으로 구분할 수 있다.

8.1.3 습식식각과 건식식각

그림 8.3에서와 같이 웨이퍼 표면에 증착되어 있는 실리콘 산화막 중에서 포토레지스트 패턴구멍을 통해서 노출된 부분을 제거하여 진성 반도체층을 노출시키기 위하여 습식식각과 건식식각을 사용하는 경우의 특징과 장단점에 대해서 살펴보기로 하자.

습식식각의 경우에는 반응성(산성) 용액과 산화막(SiO_2) 사이의 화학반응을 통해서 식각이 이루어진다. 습식식각은 선택비가 매우 높아서 식각과정에서 포토레지스트의 손상이 거의 없으므로, 폴리머(포토레지스트)에 의한 오염이 적다. 공정비용도 염가여서 적용이 용이하지만 등방성 식각이 이루어지기 때문에 **그림 8.3**의 우측에서와 같이 포토레지스트 하부의 산화막 측벽에 **언더컷**이 발생하게 된다. 이는 선폭에 영향을 끼치는 치명적인 단점이다. 그리고 화학약품의 사용량이 많기 때문에 폐수처리비용을 무시할 수 없다. 습식식각공정은 미세패턴에 적용하기가 어려워서 오늘날 반도체 생산에는 알루미늄 배선의 층덮힘 개선이나 매립된 피식각층의 제거와 같은 공정들에서 제한적으로 사용되고 있다.

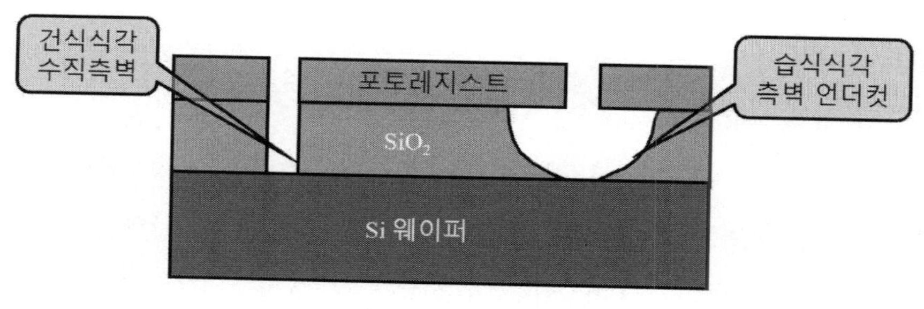

그림 8.3 식각공정의 구분

건식식각의 경우에는 진공 중에서 고전압 플라스마에 캐리어 가스를 주입하여, 이온화된 캐리어가스와 산화막(SiO_2) 사이의 물리적(+화학적) 반응을 유발시키는 반응성 이온식각이다. 건식식각공정은 고진공 챔버와 RF 발생기 같은 고가의 장비들을 사용하기 때문에 공정비용이 높으며,

플라스마에 의해서 포토레지스트층의 손상이 발생한다. 즉, 포토레지스트와 산화막 사이의 식각 선택비가 낮아서 식각공정 중에 상당량의 포토레지스트가 함께 식각되어버린다. 하지만 습식식각과는 달리, 이방성 식각이 가능하기 때문에, **그림 8.3**의 좌측에서와 같이, 식각된 산화막의 측벽을 거의 수직형상으로 만들 수 있어서 선폭 관리가 용이하다. 건식식각은 식각속도가 매우 느리다는 단점을 가지고 있었는데, 기술발전에 따라서 저밀도 플라스마에서 점차로 고밀도 플라스마로 식각공정이 옮겨가고 있으며, 이를 통해서 식각속도의 향상이 이루어지고 있다.

8.2 습식식각

습식식각은 (산성)액상의 식각제를 사용하여 피식각층 표면에서 화학반응을 일으킴으로서 필요 없는 부분을 제거하는 공정이다. 반도체 생산의 초기에는 **그림 8.4 (a)**에서와 같이 다수의 웨이퍼를 트레이에 담아서 한꺼번에 반응조 속에 담그는 배치방식을 사용하였다. **배치방식**은 다수의 웨이퍼를 한꺼번에 처리하기 때문에 공정을 진행하기가 매우 용이하지만 식각이 필요 없는 웨이퍼 뒷면까지 식각되어버리고, 웨이퍼 간 교차오염이 발생하며, 트레이 내에서 웨이퍼가 적재된 위치에 따라서, 그리고 수직방향으로의 높이에 따라서 식각 정도가 달라지기 때문에, 공정의 균일도를 관리하기가 매우 어렵다. 이런 문제를 개선하기 위해서 습식식각방법은 점차로 **그림 8.4 (b)**에서와 같이, 개별 웨이퍼를 스핀척에 고정한 상태에서 식각재를 노즐로 공급하는 회전-분무식으로 발전하게 되었다. **회전-분무식**의 경우, 약액 사용량을 절감할 수 있고, 공정의 균일도가 향상된다.

습식식각은 임계치수가 큰 초기 반도체 공정에서 패터닝에 사용되었지만, 5[μm] 선폭을 한계로 하여 건식식각공정으로 전환되었다. 하지만 습식식각은 다량의 동시처리가 가능하고, 선택성이 우수하며, 신뢰성이 높기 때문에, 웨이퍼 가공과정에서 수행되는 표면처리, 웨이퍼 열산화공정 시행 전에 유기 오염층과 금속 불순물을 제거하는 **프리퍼니스 세정**, 반도체 박막의 선택적 제거나 **스트립공정**과 같이 등방성 식각특성이 요구되는 공정에서는 현재도 널리 사용되고 있다.

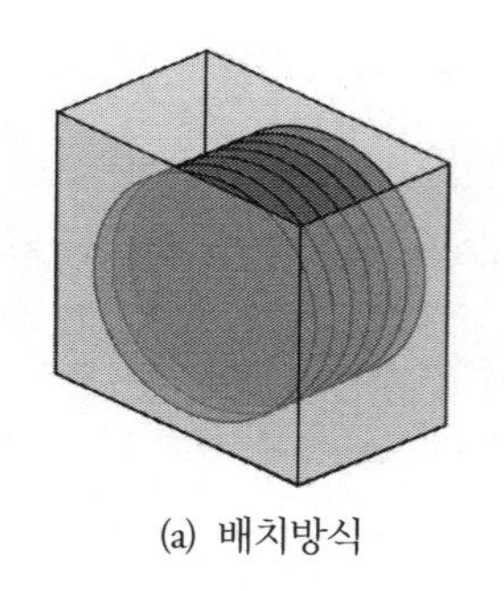

(a) 배치방식

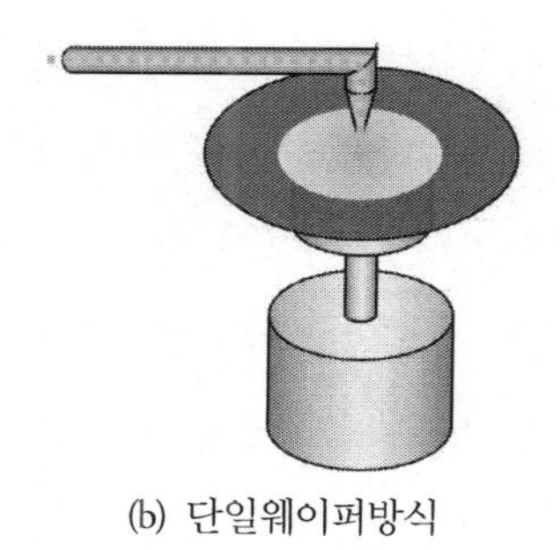

(b) 단일웨이퍼방식

그림 8.4 습식식각방법

8.2.1 습식식각의 화학반응

습식식각의 경우에는 식각 대상물에 따라서 서로 다른 화학반응이 요구된다. 단결정 실리콘 식각, 다정질 실리콘 식각, 실리콘 산화물 식각, 알루미늄 식각, 실리콘 질화물 식각 등과 같이 식각대상 막질층에 따라서 매우 다양한 레시피들이 적용된다.

단결정 실리콘 식각의 경우에는 질산(HNO_3)+불산(HF) 수용액(H_2O)을 사용한다. 단결정 실리콘의 식각 메커니즘은 우선, 질산이 실리콘을 산화시켜서 이산화규소로 변환시키고 나면, 불산이 이산화규소를 제거하는 2단계 반응 메커니즘이 사용된다.

$$Si + HNO_3 + H_2O \rightarrow SiO_2 + HNO_2 + H_2 \tag{8.1}$$

$$SiO_2 + 6HF \rightarrow H_2SiF_6 + 2H_2O \tag{8.2}$$

다정질 실리콘 식각의 경우에는 질산(HNO_3)+불산(HF)+아세트산(CH_3COOH) 수용액(H_2O)이 사용된다. 실리콘 식각 메커니즘은 단결정 실리콘 식각의 경우와 동일하며, 아세트산은 질산이 분해되는 것을 막는 역할을 한다. 식각속도는 34.8[μm/min]에 이른다.

실리콘 산화물 식각의 경우에는 버퍼된 불화수소산(BHF: 불화수소산 수용액)과 버퍼된 산화물 식각제(BOE: 불화암모늄 수용액)을 함께 사용한다. 불화암모늄(NH_4F)이 불화수소산(HF)의 강산성을 약화시켜 주므로 배합비율을 조절하여 산도를 조절할 수 있다. 반응과정에서 지속적으로 혼합용액을 첨가하여 반응 시 소모되는 불소(F) 이온을 보충하여야 일정한 식각속도가 유지된다.

$$SiO_2 + 6HF \rightarrow H_2 + SiF_6 + 2H_2O \tag{8.3}$$

$$SiO_2 + 6NH_4F \rightarrow 4NH_4 + SiF_6 + 2NH_3OH \tag{8.4}$$

막질 특성이 매우 균일한 열성장 산화물(SiO_2)의 식각속도는 1,000[Å/min]에 달하지만 화학기상증착 산화물의 경우에는 증착조건에 따른 막질 차이로 인해서 식각속도의 편차가 크게 발생한다.

반도체 내에서 전기도선으로 사용되는 **알루미늄 식각**의 경우에는 인산(H_3PO_4)+질산(HNO_3)+아세트산(CH_3COOH)+탈이온수(H_2O)를 16:1:1:2로 배합한 수용액이 사용된다. 여기서도 아세트산은 질산이 분해되는 것을 막는 역할을 한다.

$$Al + HNO_3 \rightarrow Al_2O_3 + NO_2 + H_2O \tag{8.5}$$

$$Al_2O_3 + H_3PO_4 \rightarrow AlPO_4 + H_2O \tag{8.6}$$

약액 공급온도는 35~45[°C]이며, 식각속도는 1,000~3,000[Å/min]에 달한다.

실리콘 질화물 식각의 경우에는 희석된 고온의 인산(H_3PO_4)용액이 사용된다.

$$Si_3N_4 + 4H_3PO_4 + 10H_2O \rightarrow Si_3O_2(OH)_8 + 4NH_4H_2PO_4 \tag{8.7}$$

$$\left.\begin{array}{r} Si_3O_2(OH)_8 \rightarrow \text{건조} \\ 4NH_4H_2PO_4 \rightarrow NH_3\text{증발} \end{array}\right\} \rightarrow 3SiO_2 + 4H_2O + H_3PO_4 \tag{8.8}$$

인산약액의 공급온도는 150~180[°C]로 매우 고온상태에서 공급되며, 탈이온수는 비등점 직전의 온도로 가열한 상태에서 가열한다. 인산 약액과 탈이온수는 별도의 배관으로 공급되며, 웨이퍼로 주입되기 직전에 혼합된다. 식각속도는 20~40[Å/min]에 불과하다. 약액조나 배관 내에서 고온인산은 매우 불안정한 상태이며, 약간의 외부충격에도 폭발하듯이 끓어오르기 때문에 약액탱크, 배관 및 연결요소 등의 설계와 관리, 그리고 온도제어에 각별한 주의가 필요하다.

8.2.2 습식식각장비의 사례

현대적인 집적회로 제조공정에서 습식식각은 주로, 산화물이나 질화물과 같은 절연층의 전면식각에 사용된다. **그림 8.5**에서는 단일웨이퍼방식 습식식각장비의 사례를 보여주고 있다. 웨이퍼의 측면 상부에서 외팔보 형태의 암이 들어와서 웨이퍼 중심위치 근처에서 웨이퍼 표면에 약액을 주입한다. 이때에 웨이퍼를 저속으로 회전시키며, 식각액이 웨이퍼 표면에 고르게 도포되도록 노즐을 선회시킬 수도 있다. 웨이퍼의 반경방향으로 웨이퍼 표면과 평행하게 메가소닉 가진기를 설치하여 고주파로 진동시키면 약액의 반응성이 높아져서 식각률이 향상된다.[3] 식각용 약액공급이 끝나고 나면 웨이퍼를 고속으로 회전시켜서 원심력으로 웨이퍼 표면에 남아 있는 약액을 제거한다. 식각 전과 식각 후에는 탈이온수(DIW)를 사용하여 웨이퍼 표면의 이물질을 세정하여 공정의 불량률을 최소화시킨다. 마지막으로 웨이퍼 표면에 건조질소(N_2)를 분사하여 웨이퍼를 건조시키고 나면 식각공정이 종료된다. 식각은 매우 예민한 공정으로써, 동일한 조건이라도 막질의 물성과 표면상태에 따라서 식각결과가 큰 차이를 나타내므로, 식각조건 설정에 세심한 주의가 필요하다.

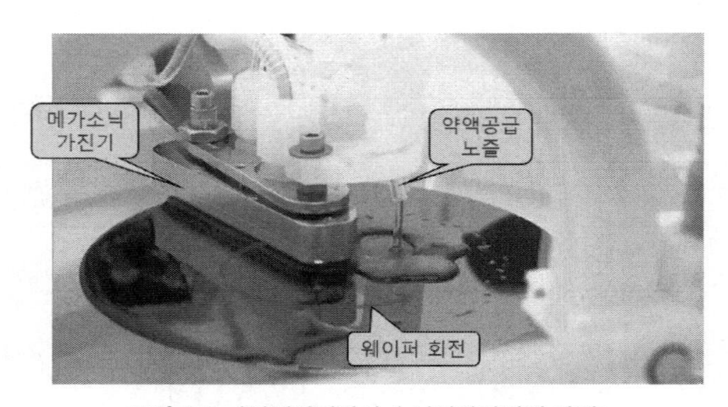

그림 8.5 단일웨이퍼방식 습식식각장비의 사례[4]

8.2.2.1 화학약품 공급 시스템

식각과 세정을 포함한 습식 공정에서는 다량의 화학약품들이 사용된다. 그런데 클린룸층에 이런 약액들을 다량으로 보관할 수는 없는 일이다. **그림 8.6**에 도시되어 있는 것처럼, 개별공정장비들에 인접한 위치에는 수십 리터 규모의 공정탱크를 설치하여 즉각적으로 필요한 약액들을 공급하도록 만들어야 하며, 다수의 공정탱크들에 필요한 약액을 자동공급하기 위한 인프라를 구축해야만 한다. 각종 화학약품들을 개별 공정탱크들로 분배하여 자동공급하기 위해서 사용되는 화학약품 공급 시스템은 소위 **데이탱크**라고 부르는 대형의 약액보관용 탱크와 펌프, 필터, 매니폴드

3 메가소닉 가진기를 항상 사용하는 것은 아니다.

4 AP&S International GmbH에서 동영상을 캡쳐하여 수정하였음.

등으로 이루어진다. 화학약품들은 드럼이나 탱크로리 형태로 반입되며, 별도의 펌프를 통해서 데이탱크로 이송된다. 데이탱크 내에서 공기와의 접촉으로 인한 약액 변성을 막기 위해서 액체 표면은 질소(N_2) 가스로 충진된다. 데이탱크 내와 글로벌 순환루프의 관로 내에서 약액이 정체되어 있으면 침전으로 인하여 약액이 변성되며, 입자들이 석출될 우려가 있다. 그러므로 데이탱크 내의 약액들은 데이탱크 룸 내에 설치되어 있는 **로컬 재순환루프**와 팹건물 전체를 통과하여 설치되어있는 **글로벌 재순환루프**를 통해서 계속 순환되며, 필터를 통해서 석출물들을 걸러낸다. 다수의 공정장비들이 설치되어 있는 구획들마다 약액을 분배하여 공급할 수 있도록 **매니폴드** 블록이 설치되어 있다. 매니폴드 블록은 다수의 밸브들이 설치된 블록으로서, 각각의 밸브들마다 공정탱크로 연결된 분배관들이 설치되어 있다. 특정 공정탱크에 남아 있는 약액이 일정량 이하로 줄어들면 자동으로 밸브가 열려서 해당 공정탱크로 약액이 공급된다.

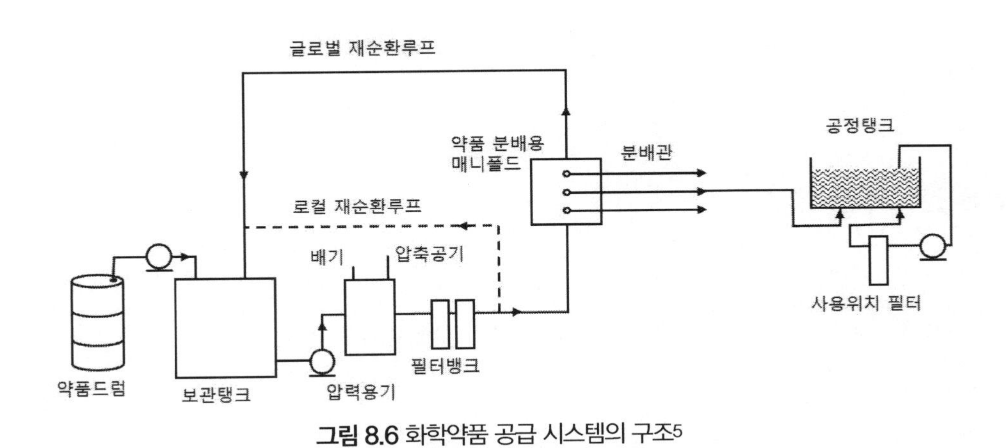

그림 8.6 화학약품 공급 시스템의 구조[5]

8.2.3 습식식각공정의 활용사례

습식식각은 선폭관리가 어려워서 패터닝 공정에는 거의 사용되지 않는다. 그런데 등방성 식각특성 때문에 금속배선공정에서 습식식각이 매우 유용하게 사용되고 있다. **그림 8.7 (a)**에 도시되어 있는 것처럼, 종횡비가 큰 접촉구멍 또는 도랑구조에 배선물질인 알루미늄을 증착하면 구멍의 바닥에 알루미늄이 다 채워지기 전에 입구감 막혀버리는 **층덮힘**[6] 현상이 발생한다. 이를 개선하

5 카렌 A. 라인하르트 공저, 장인배 역, 웨이퍼 세정기술, 씨아이알, 2020.

기 위해서 **그림 8.7 (b)**에서와 같이, 접촉구멍의 상부를 의도적으로 넓힌 후에 건식식각으로 나머지 구멍을 가공하면 입구가 넓어지기 때문에 **그림 8.7 (c)**에서와 같이, 접촉구멍의 바닥까지 알루미늄 소재를 다 채울 수 있다. 이렇게 만들어진 접촉구멍의 형상 때문에 **와인글라스 식각**이라고 부른다.

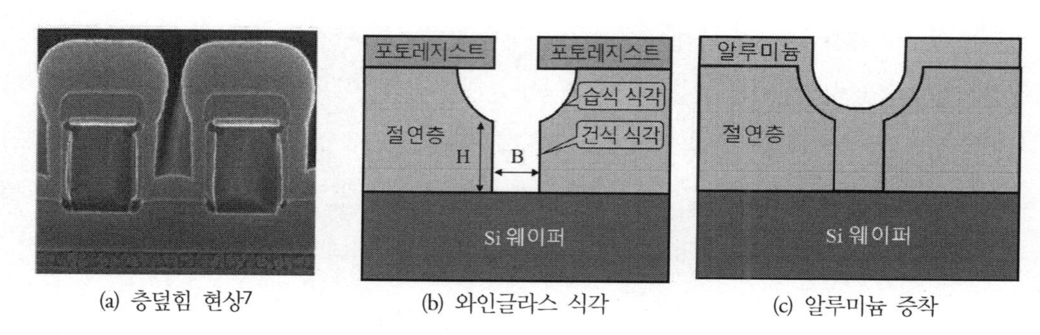

(a) 층덮힘 현상[7] (b) 와인글라스 식각 (c) 알루미늄 증착

그림 8.7 트렌치 알루미늄 증착 시 발생하는 층덮힘 문제 개선방법

8.3 건식식각

반도체의 집적도가 높아지면서 임계치수(CD)가 감소함에 따라서 습식식각에서 발생하는 등방성 언더컷이 큰 문제로 대두되었다. 웨이퍼 표면에 대해서 수직 방향으로의 이방성 식각을 구현하기 위해서 플라스마 기반의 **건식식각**이 도입되었다.

플라스마는 전자 + 기체 양이온 + 라디칼(중성원자와 분자)와 같이 여러 가지 상태의 기체들로 이루어진 복합체로서, 화학적으로 활성도가 매우 높다. 진공 중에서 서로 마주 보는 전극판 사이에 전위차이를 부가한 상태에서 미량의 기체를 주입하면, 기체원자에서 전자가 분리되면서 대전된 입자들의 집합체인 플라스마가 만들어진다. 이렇게 대전된 입자(플라스마)들이 웨이퍼와 충돌하면 식각 반응이 일어난다. 그런데 양으로 하전된 기체입자들은 웨이퍼가 설치되어 있는 음극 방향으로 날아가다가 웨이퍼와 충돌하므로, 이방성의 식각특성을 가지고 있다. 반면에 전기장의 영향을 받지 않는 중성 라디칼들은 등방성의 식각특성을 가지고 있다. 전기장은 양이온을 가속시

6 step coverage: 단차피복이라고도 부른다.
7 doi.org/10.1116/1.1314394

키는 성질을 가지고 있으므로, 강력한 전기장을 사용하여 양으로 하전된 플라스마 입자들을 웨이퍼 방향으로 가속하여 충돌시켜서 깊이방향으로의 이방성 식각특성을 구현하는 식각방법을 **반응성 이온식각**(RIE)이라고 부른다. 식각반응에 의해서 만들어지는 부산생성물들(SiF_4, $SiCl_4$ 등)이 식각된 홈의 측벽에 달라붙어서 플라스마나 중성입자에 의한 등방성 식각을 방해하기 때문에 우수한 품질의 깊이방향 이방성 식각이 구현된다.

플라스마를 사용하는 건식식각은 습식식각에서 구현할 수 없었던 미세패턴을 만들 수 있으며, 식각 균일성이 매우 우수하다. 하지만 매우 독성이 강한 기체들을 사용하기 때문에 안전에 주의해야만 한다. 진공챔버 속에서 식각공정이 수행되기 때문에 공정 종료시점을 검출하기 위한 모니터링 수단이 필요하다. 이외에도 공정가스 주입량 편차나 샤워헤드 변형, 초점링 부식과 같은 미세한 식각조건 변화에 따라서 포토레지스트의 박리현상이나, 반경방향 식각편차와 같은 문제가 발생할 우려가 있다.

8.3.1 플라스마

플라스마는 기체분자나 원자가 가열되어 운동에너지가 증가하면서 서로 격렬하게 충돌하여 이온화된 상태로서, 원소에 따라서 서로 다른 색의 빛을 발산한다. 이온화 과정에서 양이온과 전자는 반드시 쌍으로 발생하기 때문에 전기적으로는 준-중성의 상태를 유지한다. 태양의 코로나와 핵융합로의 고온플라스마에서 기체는 거의 100% 이온화된다. 이를 **고밀도 플라스마**라고 부른다. **그림 8.8 (a)**에서는 고밀도 플라스마의 대표적인 사례인 태양의 코로나를 보여주고 있다. 전자, 이온, 중성입자 간에 격렬한 충돌을 통한 운동에너지 교환이 충분히 이루어지면서 열평형상태를 이루는 과정에서 생성되는 플라스마를 **열 플라스마**라고 부른다. **그림 8.8 (b)**에서와 같이, 수백[Pa] 이하의 저압환경하에서 전기장을 사용하여 가열한 전자를 중성기체에 충돌시켜서도 플라스마를 생성할 수 있다. 이런 경우에는 기체 중의 극히 일부(0.1% 미만)만이 이온화되기 때문에 **저밀도 플라스마**라 부른다. 그리고 상호 충돌에 의한 에너지교환이 거의 없기 때문에 **저온 플라스마**라고도 부른다.

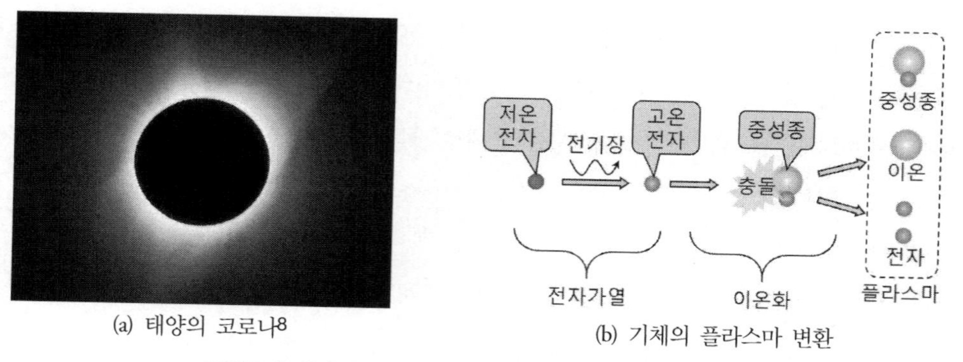

(a) 태양의 코로나8

(b) 기체의 플라스마 변환

그림 8.8 태양의 코로나와 기체의 플라스마 변환 메커니즘

8.3.1.1 플라스마의 성질

플라스마를 이루는 전자와 기체분자 사이의 충돌 과정에서 다양한 반응들이 일어난다. 우선, 충돌에너지가 작은 경우에는 탄성충돌이 일어나며, 전자의 운동에너지는 거의 변하지 않는다. 하지만 충돌 에너지가 일정 수준 이상으로 커지게 되면, 비탄성 충돌이 일어난다. 이 비탄성 충돌에 의해서 발광반응, 해리반응 및 전리반응과 같은 다양한 반응들이 일어나게 된다.

전자충돌에 의해서 분자 내의 궤도전자가 여기되었다가 흡수한 에너지를 빛으로 방출하면서 원래의 에너지 준위로 되돌아가는 현상을 여기에 의한 **발광반응**이라고 부른다.

$$\begin{aligned} &XY+e \rightarrow XY^{\text{여기}}+e \\ &XY^{\text{여기}} \rightarrow XY+h\nu(\text{광자}) \end{aligned} \tag{8.9}$$

여기서 XY는 원자 X와 원자 Y가 결합된 분자를 의미한다.

전자가 분자와 충돌하는 에너지가 분자의 결합 에너지보다 크면 분자가 원자로 분리된다. 이를 **해리반응**이라고 부른다. 해리된 원자는 화학반응을 일으키기 쉽기 때문에, 이를 통칭하여 **화학활성종**이라고 부른다.

$$XY+e \rightarrow X+Y+e \tag{8.10}$$

8 spaceplace.nasa.gov/sun-corona/en/

보다 구체적으로, 수소원자(H), 산소원자(O), 염소원자(Cl) 등과 같이 해리되어 원자화된 기체를 **유리원자**라고 부르며, CH_3, CF_2, SiH_3 등과 같이 해리된 분자들을 **라디칼**이라고 부른다.

마지막으로, 기체분자와 전자가 충돌하여 기체를 이온화시키는 반응을 **전리반응**이라고 부른다. 이렇게 이온화된 기체는 전기 전도성을 갖는다.

$$XY + e \rightarrow XY^+ + 2e \text{ or } X^+ + Y + 2e \tag{8.11}$$

8.3.1.2 플라스마의 활용사례

플라스마는 매우 다양한 형태로 우리의 일상생활 속에서 사용되고 있다. 이를 크게 전기적 응용분야, 광학적 응용분야, 역학적 응용분야, 열적 응용분야, 그리고 화학적 응용분야로 구분할 수 있다.

우선, **플라스마의 전기적 응용**분야를 살펴보면, 열전자발전, 자기동수압(MHD)발전, 핵융합발전, 사이러트론,[9] 이그나이트론,[10] 전기 집진기, 공기 청정기, 정전분체도장 등에서 활용되고 있다. **그림 8.9**에 도시되어 있는 토카막 핵융합로의 경우, 강력한 초전도자기장을 사용하여 도넛 형태로 플라스마를 가두어서 핵융합 반응이 일어나는 초고온 상태까지 가열한다. 이렇게 자기장을 사용하여 플라스마를 가두는 방법을 **토카막**이라고 부른다.

플라스마의 광학적 응용분야를 살펴보면, 형광등과 네온사인으로 대표되는 조명용 방전관, 전기 레이저, 플라스마 디스플레이(PDP),[11] 자외선 광원, x-선 광원 등으로 활용되고 있다. 특히, **6.2절**에서 소개되었던 극자외선용 레이저생성 플라스 마광원은 반도체 노광에 중요한 광원으로 사용되고 있다.

플라스마의 역학적 응용분야를 살펴보면 이온빔은 광학표면 가공에 자주 사용되는 이온빔가공기와 집속 이온빔 주사전자현미경의 광원으로 사용되며, 전자빔광원도 가공기와 현미경에 활용된다. 전기장을 사용하여 대전입자들을 가속하는 입자가속기도 플라스마현상을 이용한다. 반도체공정의 경우에는 이온빔 스퍼터링, 이온주입 등에 활용되고 있으며, 개념에 불과하지만 핵분

9 thyratron: 전자제어 스위치로 사용되는 열음극 방전관(일종의 진공관).
10 ignitron: 아크 점화장치용 수은 방전관(일종의 진공관).
11 2000년대 초반에 평판형 디스플레이로 각광을 받았으나 2010년대에 LCD 디스플레이에 밀려 사라지게 되었다.

열에 의해서 생긴 양이온을 추진체로 사용하는 이온추진로켓도 플라스마 현상을 활용하는 추진 장치이다.

플라스마의 화학적 응용사례를 살펴보면 표면개질[12], 플라스마 화학기상증착, 플라스마 식각 등에 활용되고 있으며, 오존발생기, 연소 배기가스처리, 유기용매 처리 등에도 플라스마에 의한 화학반응 촉진작용을 활용한다.

그림 8.9 토카막 핵융합로[13](컬러도판 p.662 참조)

8.3.1.3 DC 플라스마

인공적으로 플라스마를 발생시키기 위해서는 플라스마화시킬 기체가 충진된 관체 내에 서로 마주 보는 두 개의 전극을 설치하고 여기에 전위차이를 부가하여야 한다. 이때에 전위차이를 부가하는 방법에 따라서 DC 플라스마와 RF 플라스마로 구분된다.

DC 플라스마는 직류 전기장을 이용하여 플라스마를 발생시키는 방법이다. **그림 8.10**에 도시되어 있는 것처럼, (유리)챔버 내에 네온(Ne)과 같이 플라스마화시킬 기체를 채워 넣은 상태에서 챔버 양단의 전극에 200~1,000[V]의 전위차이를 부가한다. 전위차이를 부가하는 방법은 그림에서와 같이 양극은 접지시켜 놓은 상태에서 음극에 음전압을 부가한다. 전위차이에 의해서 음극에서 방출되는 (고온) 전자는 챔버에 채워진 기체분자들과 충돌하여 기체를 이온화시킨다. 이로 인하여 2차전자들이 추가로 방출되며, 전자들은 양극 방향으로 가속되어 비행하면서 계속 중성원자

12 플라스마를 사용하여 표면을 공수성 또는 친수성으로 변환시키는 표면처리기법.

13 iter.org

들과 충돌한다. 충돌과정에서 중성원자는 양이온-전자쌍으로 분리되며, 발광현상이 일어난다. 고에너지 전자가 방출되는 음극 주변에서는 강력한 전자풍에 의해서 기체들이 밀려나기 때문에 빛이 발생하지 않는 어두운 영역이 존재한다. 이를 **시스**[14]라고 부른다.

DC 플라스마는 RF 플라스마에 비해서 효율이 떨어진다. 플라스마의 효율을 높이기 위해서 영구자석 자기장, 핫 필라멘트, 중공형 음극 등 다양한 방법이 사용되기 때문에 플라스마 발생장치의 구조가 RF 플라스마에 비해서 복잡하다.

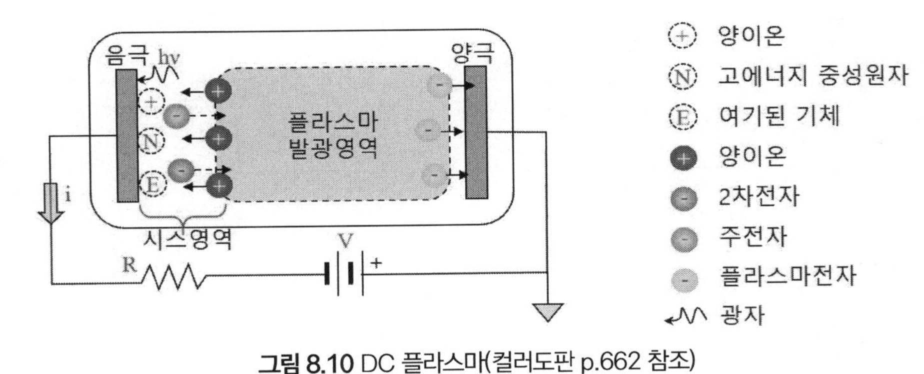

그림 8.10 DC 플라스마(컬러도판 p.662 참조)

8.3.1.4 RF 플라스마

RF 플라스마는 교류 전기장을 이용하여 플라스마를 발생시키는 방법이다. 챔버 내에 CF_4나 SF_6와 같이 플라스마화시킬 기체를 채워 넣은 상태에서 **그림 8.11**에 도시되어 있는 것처럼, 서로 마주보고 설치된 두 평행판 전극 사이에 13.56[MHz]의 교류를 인가한다. 그러면 양극과 음극이 고속으로 바뀌기 때문에, 전자가 두 전극 사이를 왔다 갔다 하면서 챔버 내의 중성입자들과 충돌한다. 이때에 양이온들의 이동거리는 수[μm]에 불과한 반면에 전자의 이동거리는 50[mm] 정도이다. 그러므로 전자와 중성입자가 충돌할 기회가 DC 플라스마에 비해서 훨씬 더 많다. 즉, 효율이 더 좋다.

그림 8.11을 살펴보면 상부전극보다 접지와 연결되어 있는 하부전극이 더 크다(넓다)는 것을 알 수 있다. 좌측의 경우에서와 같이 상부전극이 음전위를 갖는 경우에는 전자들이 아래(양극)쪽으로 몰려가서 양극에 흡수된다. 반면에 상부전극이 양전위를 갖는 경우에는 전자들이 위(양극)

14 sheath

쪽으로 몰려가지만, 전극의 크기가 작기 때문에 상당한 비율의 전자들이 양극 쪽에 흡수되지 못하고 상부전극 주변에 머물게 된다. 이로 인하여 두 전극에 교류를 부가하여도 흡수되지 못한 전자들 때문에 상부전극의 평균전위가 하부전극의 평균전위보다 더 낮다. RF 플라스마에서는 전극의 크기, 거리, 전위 등의 공정변수들을 조절하여 플라스마의 생성형태를 임의로 조절할 수 있으므로, 대부분의 반도체 식각장치들은 RF 플라스마를 사용한다.

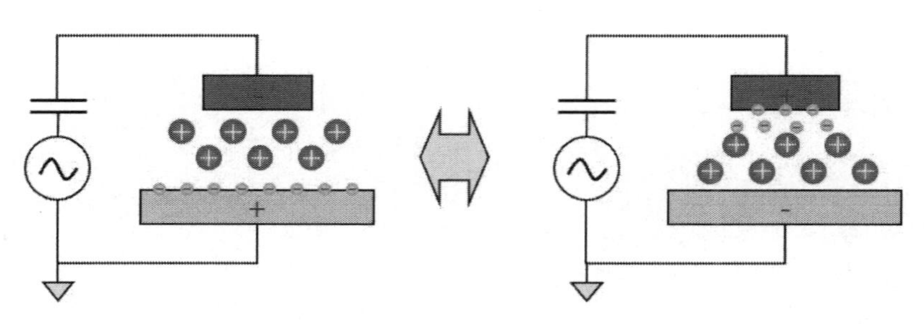

그림 8.11 RF 플라스마

8.3.2 건식식각반응

반도체 공정에서는 플라스마를 식각과 세정에 활용한다. 플라스마의 특성상 진공챔버 내에서 물을 사용하지 않고 공정을 진행하기 때문에, 이를 습식의 식각과 세정공정과 대비하여 **건식식각** 및 **건식 세정**이라고 부른다.

건식식각의 경우에는 기체들이 플라스마화되었을 때에 강한 부식성을 갖는 불소(F)나 염소(Cl) 성분을 가지고 있는 기체들을 주로 사용한다.

표 8.1 건식식각에 사용되는 기체와 반응생성물[15]

피식각제	플라스마 기체	반응 생성물
SiO_2, Si_3N_4	CF_4, SF_6, NF_3	SiF_4, Si_2F_6
Si	Cl_2, CCl_2F_2	$SiCl_4$, $SiCl_2$
Al	BCl_3, CCl_4	Al_2Cl_6, $AlCl_3$
W, Ta, Nb, Mo	CF_4, Cl_2	WF_6, WCl_6
GaAs, InP	CCl_2, F_2	Ga_2Cl_6, $GaCl_3$, $AsCl_3$
HgCdTe, ZnS	CH_4+H_2	$Zn(CH_3)_2$, H_2S

15 카렌 라인하르트 저, 장인배 역, 웨이퍼 세정기술, 씨아이알, 2020.

표 8.1에 제시되어 있는 식각반응들 중에서 반도체 공정에서 자주 실행되는 대표적인 식각반응 몇 가지를 살펴보면 다음과 같다. 실리콘 산화물(SiO_2)의 경우에는 플라스마로 인하여 유리된 불소 라디칼들이 다음과 같은 반응을 통해서 4불화규소(SiF_4)와 산소(O_2)를 생성하면서 실리콘을 식각한다.

$$SiO_2 + 4F \rightarrow SiF_4 + O_2 \qquad (8.12)$$

실리콘 질화물(Si_3N_4)의 경우에도 플라스마로 인하여 유리된 불소 라디칼들이 다음과 같은 반응을 통해서 4불화규소(SiF_4)와 질소(N_2)를 생성하면서 실리콘 질화물들을 식각한다.

$$Si_3N_4 + 12F \rightarrow 3SiF_4 + 2N_2 \qquad (8.13)$$

실리콘 단결정 또는 다정질 실리콘의 경우에는 염소 라디칼들과 반응하여 4염화규소($SiCl_4$)를 생성한다.

$$Si + 2Cl_2 \rightarrow SiCl_4 \qquad (8.14)$$

반도체에서 배선 소재로 자주 사용되는 알루미늄(Al)의 경우에는 염소이온들과 반응하여 3염화알루미늄($AlCl_3$)을 생성한다.

$$Al + 3Cl^- \rightarrow AlCl_3 + 3e^- \qquad (8.15)$$

그런데 알루미늄 식각 전에 알루미늄 표면에 자연 생성된 알루미늄 산화물(Al_2O_3) 피막을 제거하는 과정과 식각이 종료된 다음에 추가적인 산화를 막는 부동층 형성공정이 필요하다는 점에 주의가 필요하다.

8.3.3 반응성 이온식각

그림 8.12에서는 반응성 이온식각을 위한 **용량결합 플라스마**(CCP) 챔버의 구조를 보여주고 있

다. 챔버를 열고 웨이퍼를 척에 얹은 다음에 챔버를 밀폐하고 하부배기를 통해서 챔버 내부를 고진공 상태로 만다. 웨이퍼의 상부에는 직경이 작은 다수의 구멍들이 성형되어 있는 **샤워헤드**라고 부르는 얇은 원판이 설치되어 있으며, 챔버 상부에 연결된 배관을 통해서 식각용 가스가 주입된다. 식각용 가스는 샤워헤드를 통해서 웨이퍼 표면에 고르게 분산되어 주입되며, 웨이퍼가 얹혀 있는 소형 전극과 접지된 샤워헤드와 챔버벽 사이에 13.5[MHz]의 RF 전력을 부가하면 식각용 가스는 샤워헤드와 원판형 소형전극 사이의 전기장에 의해서 플라스마화된다. **그림 8.12**에서 설명했던 것처럼, 소형전극 쪽이 음전압으로 바이어스되기 때문에, 웨이퍼 표면에는 양이온들이 집적되며 강력한 이온충돌과 그에 따른 **반응성 이온식각**(RIE)이 일어난다.

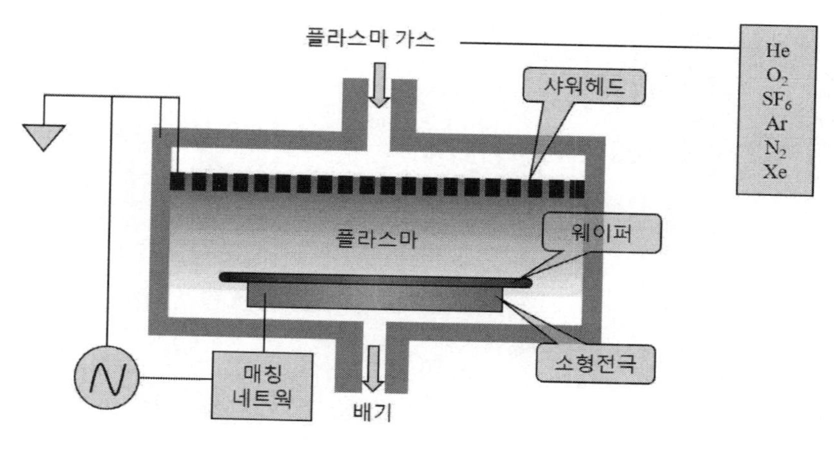

그림 8.12 반응성 이온식각

반응성 이온식각용 챔버는 구조가 단순하여 제작이 용이하며, 제작비용이 염가임에도 불구하고, 웨이퍼 표면 전체에서 플라스마의 균일성이 뛰어나다는 장점을 가지고 있다. 하지만 저압 환경에서 플라스마를 생성하기 때문에 플라스마 밀도가 낮고, 이온플럭스와 이온에너지의 조절이 어렵다는 단점을 가지고 있다. RF 파워를 증가시키면 이온밀도를 증가시킬 수 있지만, 이온에너지도 함께 증가하여, 식각률 증가와 더불어서 아킹에 의한 기판손상이 발생할 우려가 있다.

8.3.4 유도결합 플라스마 식각

그림 8.12에 도시되어 있는 반응성 이온식각 챔버를 살펴보면, 표면적이 매우 넓은 챔버벽 전

체를 접지하였기 때문에, 플라스마 생성을 위해서 음전극에서 투사된 전자들 중 상당량이 챔버벽에 의해서 흡수되어버린다. 이는 효율성의 측면에서 큰 단점이다. 이를 개선하기 위해서 **그림 8.13**에 도시되어 있는 것처럼, **유도결합 플라스마**(ICP) 식각장치의 경우에는 RF 코일로 챔버의 외경부를 감싸는 구조를 만들었다. 챔버의 상부에서 주입된 식각용 가스가 RF 코일의 전자기장에 의해서 플라스마화 되면서 이온과 전자들이 RF 코일에 의해서 만들어진 강력한 자기장에 갇히기 때문에 챔버벽과는 충돌하지 않는다. 특히, 자유전자가 접지된 챔버벽과 충돌하여 흡수되지 않기 때문에, 계속해서 중성입자들과 충돌하면서 플라스마를 생성하기 때문에 고밀도 플라스마가 생성된다. 유도결합 플라스마를 사용하는 식각장치의 경우에는 고에너지 이온들이 웨이퍼와 충돌하면서 웨이퍼의 온도가 급격하게 상승해버린다. 이를 냉각시키기 위해서 웨이퍼가 얹히는 음극 척의 내부에는 액체 헬륨을 기화시키는 크라이오 냉각장치가 설치되며, 공정에 따라서 -150~400[°C]의 온도로 조절된다.

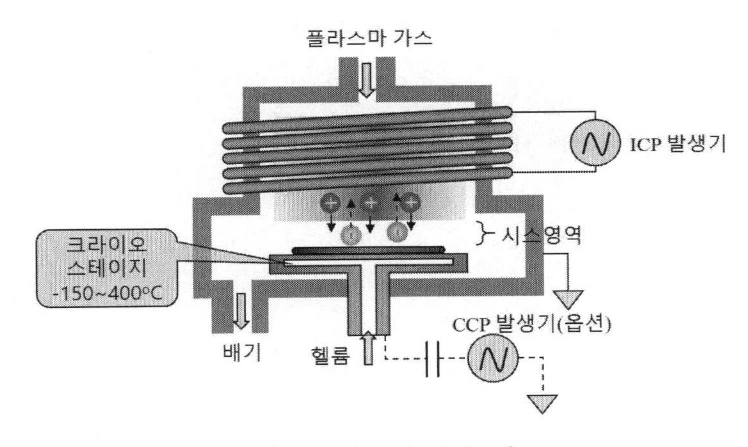

그림 8.13 유도결합 플라스마

유도결합 플라스마도 낮은 압력에서 공정이 진행되기 때문에 이온들의 평균 자유비행거리(MFP)[16]가 길어서 이방성 식각이 용이하다. 그리고 이온에너지를 조절할 수 있기 때문에 아킹에 의한 웨이퍼 손상을 최소화할 수 있다. 하지만 RF 코일이 생성하는 자기장의 강도가 반응체적 내에서 균일하지 않기 때문에, 공정 균일도를 조절하기가 어렵다는 단점이 있다.

16 Mean Free Path: 이온들이 다른 분자나 이온들과 충돌하지 않고 비행할 수 있는 평균거리.

8.3.5 변압결합 플라스마 식각

유도결합플라스마 식각장치에서는 코일이 챔버 원통의 수직방향으로 권선되어 있는 반면에 **변압결합 플라스마**(TCP) 식각장치의 경우에는 **그림 8.14**에 도시되어 있는 것처럼, 챔버 상판에 납작한 나선 형태로 권선되어 있다(이를 **헬리컬 코일**이라고 부른다).[17] 이 코일에 13.56[MHz]의 RF 전력을 부가하면, 그림에서와 같이 수직방향으로는 자계가 형성되며, 반경방향으로는 전계가 형성된다. 플라스마에 의해서 이온화된 입자들은 반경방향으로 형성된 전기장에 의해서 원주방향으로 회전운동을 하면서 가속된다. 변압결합 플라스마장치의 코일구조는 램리서치社가 특허를 가지고 있다. 이온 운동방향이 유도결합플라스마와는 서로 직각을 이루기 때문에 트렌치 식각보다는 표면세정에 더 유리할 것으로 생각된다.

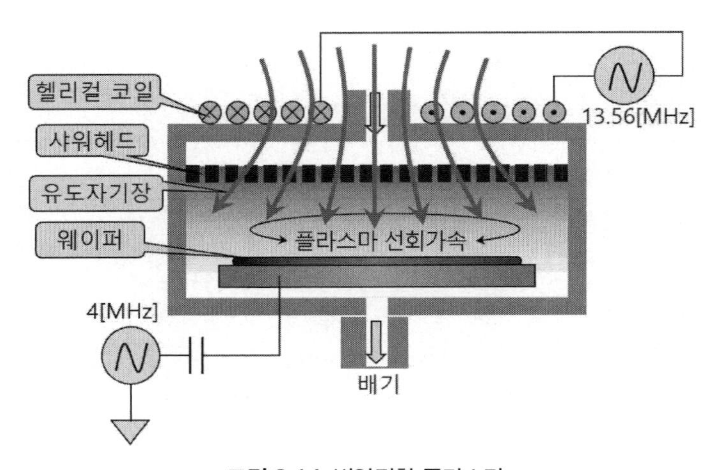

그림 8.14 변압결합 플라스마

8.3.6 공정변수

식각 과정에서 관리해야만 하는 공정변수들에는 식각률, 선택비, 임계치수 편향값, 식각 종료 시점, 공정 균일도, 부하효과, 과식각 등이 있다. 이 공정변수들의 정의와 의미를 살펴보면 다음과 같다.

식각률(R)은 식각 대상층의 단위시간당 제거비율로써, 다음 식으로 나타낼 수 있다.

17 큰 의미에서는 유도결합 플라스마에 속한다.

$$R = \frac{E_L}{t}\,[\text{Å/min}] \tag{8.16}$$

여기서 E_L[Å]은 식각깊이, t[min]는 시간이다. 식각률이 높을수록 생산성이 향상되기 때문에 대부분의 경우, 식각률을 높이기 위해서 노력한다. 식각률은 식각제의 종류와 공급유량 및 공급압력, 그리고 RF 전력 등에 의해서 결정된다.

선택비(S)는 식각 대상층의 식각 속도를 포토레지스트층의 식각속도로 나눈 값이다.

$$S = \frac{E_L}{E_{PR}} \tag{8.17}$$

식각과정에서 포토레지스트의 손실은 임계치수를 변화시키기 때문에 식각대상층의 식각과정에서 포토레지스트의 손실은 작을수록 좋다. 그러므로 선택비는 포토레지스트 소재 선정 시 중요한 기준으로 사용된다.

임계치수 편향값(CD_{bias})은 현상된 포토레지스트의 선폭(DICD)과 식각된 대상층의 선폭(FICD) 사이의 차이값이다.

$$CD_{bias} = DICD - FICD \tag{8.18}$$

그림 8.3에서 볼 수 있듯이 등방성 식각이 일어나면 이방성 식각에 비해서 식각 대상층의 선폭이 감소하게 된다. 따라서 임계치수 편향값은 건식식각 패턴 프로파일의 이방성을 나타내는 척도이다.

과소식각이나 과도식각은 반도체의 성능과 수율에 결정적인 영향을 끼치기 때문에, 다층구조의 상부층만을 식각해야 하는 경우, **식각종료시점**은 매우 중요한 공정인자이다. 실리콘 산화막을 식각하여 단결정 실리콘층을 드러나게 만드는 경우에는 색상변화를 통해서 명확하게 식각 종료시점을 확인할 수 있다. 하지만 색상변화가 없는 경우에는 배출되는 기체의 조성분석을 통해서 특정 원소가 검출되는 순간을 식각 종료시점으로 삼기도 한다. 이렇게 웨이퍼 표면이나 플라스마의 상태를 관찰하여 간접적으로 식각 종료시점을 판단한다.

웨이퍼 표면 전체의 표면상에서 식각깊이의 균일도를 판단하기 위해서 **공정균일도**가 사용된다.

$$공정균일도[\%] = \frac{E_{\max} - E_{\min}}{E_{avg}} \times 100 \tag{8.19}$$

여기서 E_{max}는 웨이퍼 표면 전체에서 측정된 최대 식각깊이, E_{min}은 최소 식각깊이, 그리고 E_{avg}는 평균 식각깊이이다.

부하효과는 패턴밀도에 따라서 식각 속도나 임계치수 및 측벽 프로파일 등이 달라지는 현상이다.

$$부하효과[\%] = \frac{R_{\max} - R_{\min}}{R_{avg}} \times 100 \tag{8.20}$$

여기서 R_{max}는 웨이퍼 표면 전체에서 측정된 최대 제거율, R_{min}은 최소 제거율, 그리고 R_{avg}는 평균 제거율이다.

마지막으로, **과식각**은 식각 종료지점을 지나서 하부층까지 식각되는 현상이다. 일반적으로 웨이퍼 전체에 대해서 국부적인 식각 불균일이 발생하는 것을 감안하여 약간 과식각을 시행한다. 하지만 과식각이 지나치면 반도체 작동특성에 결정적인 영향을 끼친다.

8.3.7 식각공정 후처리

식각공정이 모두 끝나고 나면 웨이퍼 표면에 남아 있는 포토레지스트들을 완전히 제거해야만 한다. 포토레지스트를 제거하는 과정이 얇은 박막을 벗겨 내는 과정이기 때문에 이 공정을 **포토레지스트 박리**라고 부른다. 포토레지스트를 박리하기 위해서 완전 습식 공정도 일부 사용하고 있지만, 습식 공정의 특성상 용해된 포토레지스트 중 일부가 좁은 도랑(트렌치) 구조 속에 틀어박힐 우려가 있기 때문에, 건식박리 이후에 습식 세정을 시행하는 방법이 가장 일반적으로 사용되고 있다.

포토레지스트 습식 제거방법의 경우에는 황산-과산화수소 혼합물(SPM)을 사용하는 방법과 오존화 탈이온수를 사용하는 방법이 사용되고 있다.

우선, 황산(H_2SO_4)-과산화수소(H_2O_2) 혼합물을 사용하는 포토레지스트 박리기법에서는 황산(96[wt%])과 과산화수소를 2:1~4:1로 섞은 혼합용액을 100[°C] 이상으로 가열하여 사용한다. 포토레지스트가 이 산성용액과 만나게 되면 유기물들이 산화되어 수용성 카르복실산을 생성한다. 포토레지스트 용해과정이 끝나고 나면, 탈이온수(DIW)로 헹궈서 수용성으로 변한 포토레지스트를 제거한다. 다음으로 오존(O_3)화 탈이온수를 사용한 포토레지스트 박리기법에서는 황산(H_2SO_4) 용액에 오존을 주입한 황산-오존 혼합물(SOM)을 사용한다. 이 용액을 사용하면 유기 포토레지스트와 더불어서 표면에 잔류하는 금속과 같은 무기잔류물질도 완전히 제거해준다. 여기서도 포토레지스트 용해과정이 끝나고 나면, 탈이온수(DIW)로 헹궈서 수용성으로 변한 포토레지스트를 제거한다.

포토레지스트 습식 제거방법의 경우에는 다량의 화학약품과 물을 소비[18]하기 때문에 환경오염 문제와 그에 따른 폐수처리 비용이 증가한다는 단점이 있다.

일명 **애싱**[19]이라고 부르는 **포토레지스트 건식제거방법**은 산소(O_2) 플라스마를 사용한다. 산소(O_2)를 주입하여 플라스마를 생성하면 O_2 라디칼, 전자, 양 및 음으로 하전된 산소물질들이 생성된다. 이런 다양한 산소물질들은 포토레지스트 내의 수소와 결합하여 물분자(H_2O) 및 수산기(OH)들을 생성한다. 이로 인하여 포토레지스트 내에서 높은 반응성을 가진 탄소(C) 라디칼들이 만들어지면, 즉시 산소와 결합하여 일산화탄소(CO) 및 이산화탄소(CO_2)가 생성된다. 주입가스로 산소와 더불어서 CF_4, SF_6 및 NF_3와 같이 불소를 함유한 첨가물들을 섞어주면 제거율이 향상된다. 플라스마를 사용한 건식 박리공정이 종료되고 나면, 습식 세정을 통해서 잔류물질들을 씻어낸다. **표 8.2**에서는 포토레지스트 건식 제거공정의 보다 구체적인 3단계 공정 레시피를 예시하여 보여주고 있다.

표 8.2 포토레지스트 건식제거공정[20]

공정	1단계	2단계	3단계
다량이온주입 감광제박리공정	껍질층 제거	감광제 벌크박리	감광제 최종박리
산소(O_2) 기체유량[sccm]	40~150	1,000	1,000
첨가물	H_2, N_2, H_2O	-	-
공정시간[sec]	30	10~15	<30
마이크로파 플라스마 출력[W]	2,000	1,000	800
무선주파수편향 플라스마 출력[W]	75	꺼짐	꺼짐
압력[Torr]	0.005	1.0	1.1
온도[°C]	40	<150	150

18 다량의 고품질 탈이온수를 공급하는 것은 매우 어려운 일이다.
19 ashing
20 카렌 라인하르트 저, 장인배 역, 웨이퍼 세정기술, 씨아이알, 2020.

8.4 플라스마 식각장비

식각장비를 포함하여 다양한 공정장비들은 모듈화를 통해서 다양한 옵션으로 개조 및 업그레이드가 가능하도록 설계된다. 이런 모듈화의 중심에는 클러스터 장비라는 개념이 사용된다. 클러스터 장비는 다각형의 멀티챔버를 중심에 두고 여러 대의 공정모듈과 로드록이 멀티챔버에 연결되어 있는 통합장비이다. 이 절에서는 클러스터 장비의 구조와 제어사례, 멀티챔버, 트랜스퍼챔버, 게이트밸브, 스카라 로봇, 가스공급용 MFC와 같이 이미 앞에서 살펴본 플라스마 챔버를 제외한 플라스마 식각장비의 구성요소들에 대해서 개략적으로 살펴본 다음에 두 가지 상용 식각장비의 사례에 대해서 살펴본다.

8.4.1 클러스터 장비의 구조

반도체 제조공정 중에서 특히 진공에서 수행되는 공정의 경우에는 일단 웨이퍼를 진공 속으로 집어넣은 상태에서 여러 챔버를 옮겨가면서 다수의 공정을 수행한 다음에 진공 중에서 시행되어야 하는 모든 공정이 완료되고 나면 다시 대기 중으로 내보내는 것이 공정의 효율성 측면에서 큰 도움이 된다. 이런 경우에 중앙에 스카라 로봇이 설치되어 있는 다각형의 멀티챔버를 가운데 두고, 각 모서리마다 동일하거나 서로 다른 공정챔버들을 설치하는 형태의 공정장비를 만들게 되었는데, 이를 통칭하여 **클러스터 장비**라고 부른다.

그림 8.15에서는 8각형의 멀티챔버로 이루어진 에처용 클러스터 장비의 사례를 보여주고 있다. 그림의 좌측에는 모듈화된 로드포트가 설치되어서 웨이퍼 25장이 들어 있는 풉(FOUP)으로부터 웨이퍼를 전달받는다. 로드포트의 내부에 설치되어 있는 트랜스퍼 로봇은 풉으로부터 웨이퍼를 반출하여 일단 얼라이너에 올려놓는다. 얼라이너는 웨이퍼를 회전시켜서 노치가 원점위치에 도달할 때까지 웨이퍼를 회전시킨다. 트랜스퍼 로봇은 얼라인이 끝난 웨이퍼를 트랜스퍼 챔버로 반송하거나, 트랜스퍼 챔버로부터 웨이퍼를 반출하여 풉으로 전달한다. 멀티챔버에 설치되어 있는 트랜스퍼 챔버는 입구 측과 출구 측에 각각, 게이트밸브가 설치되어 있다. 웨이퍼를 반입하는 경우에는 대기 측 게이트밸브를 열고, 멀티챔버 측 게이트밸브를 닫은 상태에서 웨이퍼를 반입하고, 대기 측 게이트밸브를 닫고는 트랜스퍼 챔버 내부를 진공으로 배기한다. 멀티챔버 측과 진공압력이 동일해지고 나서 챔버 측 게이트밸브를 열어 놓으면 멀티챔버 중앙에 설치되어 있는 스카라 로봇의 팔이 들어와서 웨이퍼를 들고 나간다. 웨이퍼가 반출되고 나면 다시 게이트밸브를 닫

는다. 반출된 웨이퍼는 에처챔버나 세정챔버와 같이 필요한 공정챔버로 반송되는데, 모든 공정챔버들은 진공상태로 유지되므로, 별도의 준비과정 없이 해당 챔버의 게이트밸브를 열고 웨이퍼를 집어넣는다. 공정의 종류에 따라서 웨이퍼가 챔버들 사이를 옮겨갈 수도 있으며, 여러 챔버를 거칠 수도 있다. 모든 공정이 끝나고 나면, 웨이퍼는 앞서와 역순으로 트랜스퍼 챔버를 통해서 풉으로 반출된다.

클러스터 형태의 장비는 특히 진공공정에 유용한 구조로서, 웨이퍼 취급과정에서 오염위험이 작고, 공정 효율이 높아서 플라스마를 사용하는 공정에서 널리 사용되고 있다. 다만, 멀티챔버의 구조적 한계 때문에 하나의 설비에 설치할 수 있는 챔버의 숫자가 제한된다는 단점이 있다. 이를 개선하기 위해서 도쿄일렉트론社의 Tectras™ 플랫폼의 경우에는 복도형태의 챔버구조를 사용하고 있으나, 스카라 로봇의 작동범위가 제한되기 때문에 확장성에 한계가 있다. 이를 극복하기 위해서 저자는 자기부상 웨이퍼 트랜스퍼 로봇을 사용하는 복도형 멀티챔버 구조를 제안하였다.[21]

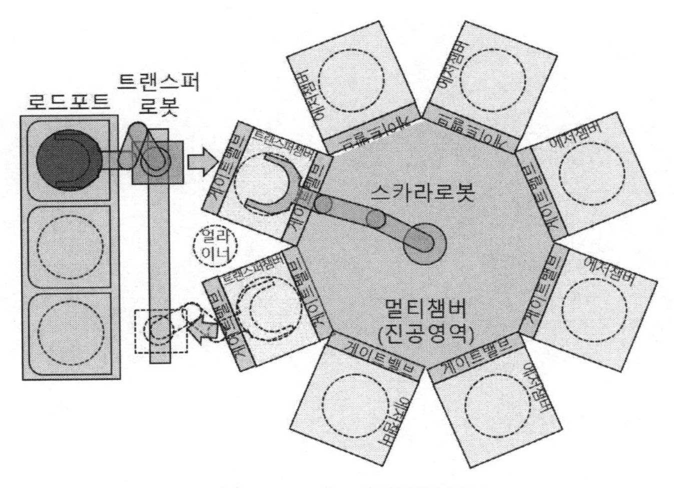

그림 8.15 클러스터 장비의 구조

8.4.2 클러스터 장비 제어 시스템의 사례

일명 **클러스터 툴 제어기**(CTC)라고 부르는 클러스터 장비 제어 시스템은 클러스터 장비를 구성하는 모든 센서와 작동기, 진공펌프, 밸브, RF발생기, MFC 등과 연결되어서 장비 전체의 작동

21 장인배, 기판이송장치, 발명특허1020230048947

을 감시 및 제어하는 시스템으로서, 주변기기와의 전기적인 연결용 인터페이스가 구비된 제어보드와 이를 통제하는 소프트웨어로 구성되어 있다. **그림 8.16**에서는 국내회사에서 개발하여 국내외에서 생산되는 다양한 클러스터 장비들에 탑재되고 있는 클러스터 장비 전용 제어시스템인 EasyCluster™의 제어화면을 보여주고 있다.

그림에서는 4개의 카세트모듈(CM)이 설치되어 있는 로드포트와 4개의 공정모듈(PM)과 2개의 트랜스퍼 챔버가 연결되어 있는 6각형 멀티챔버로 이루어진 클러스터 형태의 에처장비의 사례를 보여주고 있다. 그림을 살펴보면, 개별 카세트(풉)의 정보들과 개별 챔버의 작동상태가 표와 그래픽으로 표시되어 있어서 장비의 작동상태를 손쉽게 파악할 수 있다.

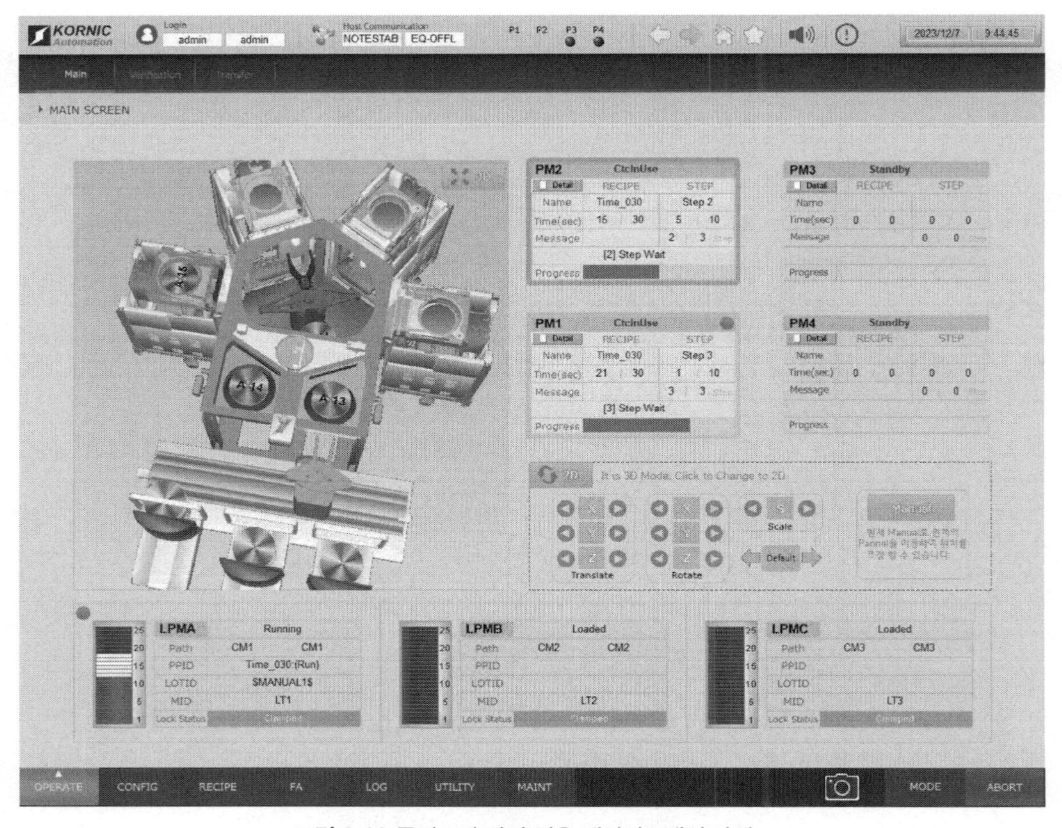

그림 8.16 클러스터 장비 전용 제어시스템의 사례[22]

22 코닉오토메이션, 이지클러스터.

EasyCluster^{TM}는 사용자 친화형 프로그래밍 기능을 갖추고 있어서, 공정순서, 시간, 각종 조건 등과 같은 스케줄들을 그래픽 환경하에서 손쉽게 작성할 수 있다. 특히, 사용자가 직접 공정 레시피(모든 웨이퍼에 공통으로 적용되는 레시피), 클러스터 레시피(개별 웨이퍼에 적용되는 레시피), 로트 레시피(하나의 풉으로 반입된 웨이퍼들에 공통으로 적용되는 레시피)와 같이 클러스터 장비를 운영하기 위한 단계별 레시피[23]들을 작성하거나 수정하기가 용이하여, 현장에서 특정 웨이퍼에 대한 레시피를 변경하여 공정민감도 평가를 수행할 수 있다.

8.4.3 멀티챔버와 트랜스퍼 챔버

그림 8.17에서는 클러스터 장비에서 공정챔버들을 모두 떼어낸 상태를 보여주고 있다. 우측에는 로드포트 모듈이 설치되어 있으며, 그 우측으로 풉의 일부가 보이고 있다. 로드포트 내부에는 웨이퍼 트랜스퍼 로봇이 설치되어 웨이퍼를 풉에서 반출하여 트랜스퍼 챔버로 옮겨준다. 대기측 게이트밸브는 로드포트 내부에 설치되어 있어 그림에서는 보이지 않으며, 멀티챔버 측 게이트밸브는 확인할 수 있다.

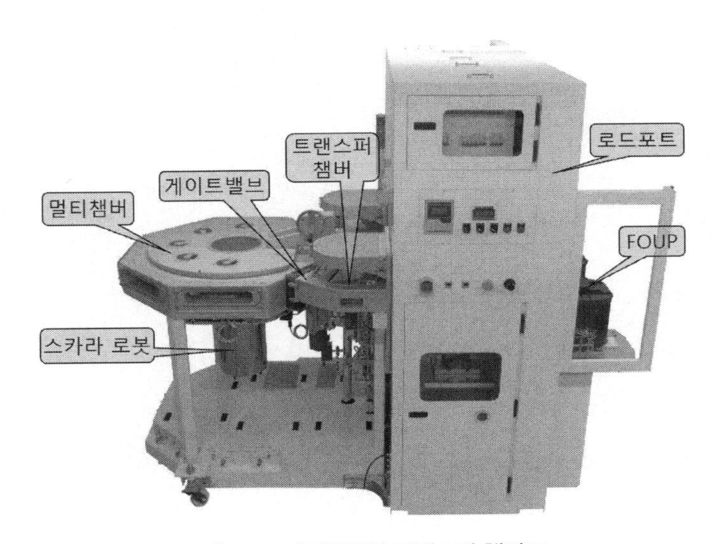

그림 8.17 멀티챔버와 트랜스퍼 챔버[24]

23 레시피(recipe): 반도체장비의 가동방법이나 순서, 투입재료 등과 같은 모든 공정운영 정보들을 담고 있는 데이터세트.
24 www.rnd.re.kr/semiconductor-vacuum을 수정하여 사용함.

8각형의 멀티챔버는 주로 알루미늄 소재로 제작되며, 상부 원판은 탈착이 가능하다. 멀티챔버의 상부 덮개판 중앙에는 유리시창이 설치되어 있어서 육안으로 챔버 내부의 상태를 파악할 수 있다. 멀티챔버의 하부 중앙에 설치되어 있는 원통형 물체는 진공용 스카라 로봇으로서 작동 중에 파티클을 생성하지 않는 특수한 밀봉구조를 가지고 있다. 장비의 이동과 설치가 용이하도록 프레임 바닥에는 캐스터바퀴가 설치되어 있는 것을 확인할 수 있다.

그림 8.18에서는 6각형 멀티챔버와 그 측면에 연결되어 있는 트랜스퍼 챔버, 그리고 트랜스퍼 챔버의 대기 측 도어를 여닫는 게이트밸브를 보여주고 있다.

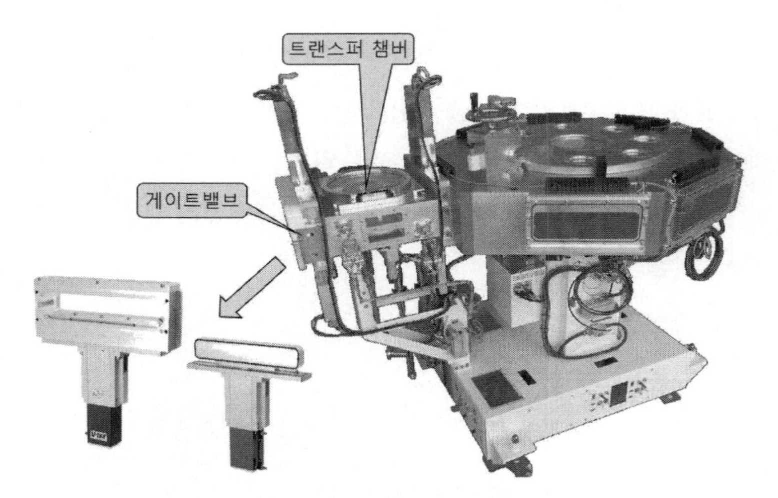

그림 8.18 트랜스퍼 챔버와 게이트밸브[25, 26]

그림의 좌측에 따로 게이트밸브를 보여주고 있는데, 좌측은 직사각형 플랜지의 가운데에 게이트밸브 도어가 조립되어 아래로 내려가서 도어가 열려 있는 상태를 보여주고 있으며, 우측은 도어와 도어를 구동하는 작동기만을 따로 분해하여 보여주고 있다. 도어의 측벽에는 밀봉을 위한 O-링이 사각형으로 설치되어 있는 것을 확인할 수 있다. 게이트밸브는 수직으로 이동하면서 측면 방향으로 밀봉이 유지되어야만 한다. 만일 플랜지와 도어 사이의 틈새를 매우 좁게 만들면 도어가 여닫히는 과정에서 O-링이 마멸되어 파티클이 발생하게 된다. 반대로 플랜지와 틈새 사

25 게이트밸브 www.vtex.co.jp/en/valve.html
26 트랜스퍼챔버 www.rnd.re.kr/semiconductor-vacuum

이를 넓게 만들면 밀봉이 어려워서 진공을 잡기가 어려워진다.

멀티챔버의 하부에는 챔버를 고진공상태로 만들어주기 위해서 터보분자펌프가 설치되며, 옵션에 따라서 다양한 부가장치들이 부착된다.

8.4.4 스카라 로봇

넓은 작업공간 내에서 웨이퍼와 같이 가벼운 물체를 신속하게 움직이기 위해서 원통좌표계[27]를 사용하는 다관절 로봇인 **스카라 로봇**이 널리 사용되고 있다. **그림 8.19 (a)**에 도시되어 있는 단일암 스카라 로봇이 가장 기본적인 형태이다. 각 관절을 구동하기 위해서는 타이밍벨트로 연결된 동력전달 트레인이 사용된다. 각 관절을 구동하는 모터들은 중앙원통에 직렬로 설치되며, 다단식 타이밍벨트를 사용하여 개별 관절에 연결된다. 예를 들어 첫 번째 관절은 중앙원통에 설치된 모터로 직접 구동하며, 두 번째 관절은 중앙원통에 설치된 모터에 연결된 하나의 타이밍벨트를 사용하여 구동한다. 세 번째 관절을 구동하기 위해서는 2개의 타이밍벨트들이 직렬로 연결된 동력전달 트레인이 필요하다. 단일암 스카라 로봇은 구조가 단순하고 작동범위가 넓어서 널리 사용되고 있지만, 마지막 관절의 구동강성이 부족하여 위치결정 정밀도에 한계가 있고, 웨이퍼를 붙잡고 가/감속하는 과정에서 큰 진동이 발생할 우려가 있다. **그림 8.19 (b)**에 도시되어 있는 병렬암 구조는 이중링크구조의 견실성 덕분에 구조강성이 향상되어 고속 작동 시에도 진동억제 성능이 뛰어나며 위치결정 정밀도가 높다.

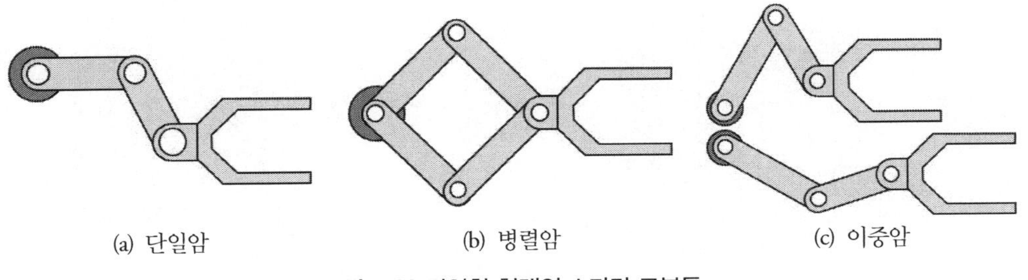

그림 8.19 다양한 형태의 스카라 로봇들

클러스터 장비 내에서 각 공정챔버의 가동률을 극대화시키기 위해서는 멀티챔버 중앙에 설치

27 cylindrical coordinate

되는 스카라 로봇이 하나의 챔버에서 웨이퍼를 꺼냄과 동시에 새 웨이퍼를 집어넣을 수 있어야 한다. 이를 위해서 **그림 8.19 (c)**에서와 같은 이중암 스카라 로봇이 사용되고 있다.

8.4.5 가스공급용 질량유량제어기(MFC)

건식식각장비에서는 **표 8.1**에 제시되어 있는 것처럼, 식각대상물의 종류에 따라서 다양한 종류의 공정가스들을 정확한 양과 속도로 식각챔버에 공급해야만 한다. 이를 위해서 **그림 8.20 (a)**에 도시되어 있는 것과 같은 **질량유량제어기**(MFC)[28]가 사용된다. 유량을 조절할 기체는 좌측 단자에서 우측 단자로 흘러나가는데, 일정한 비율의 기체가 유량센서를 통과하도록 유로가 설계되어 있다. 유량센서는 상류 측과 하류 측에 설치된 두 개의 열선식 온도센서들로 이루어진다. 열선식 유량센서는 일종의 저항형 필라멘트로서, 상류 측 필라멘트는 유입되는 기체를 가열하면서 유입되는 기체의 온도를 측정한다. 하류 측 필라멘트는 기체를 가열하지 않은 채로, 상류 측 필라멘트에 의해서 가열된 기체의 온도변화를 감지하여 다음 식으로부터 질량유량을 계산한다.

$$\dot{m} = \frac{Q}{C_p(T)(T_{Gd} - T_{Gu})} \tag{8.21}$$

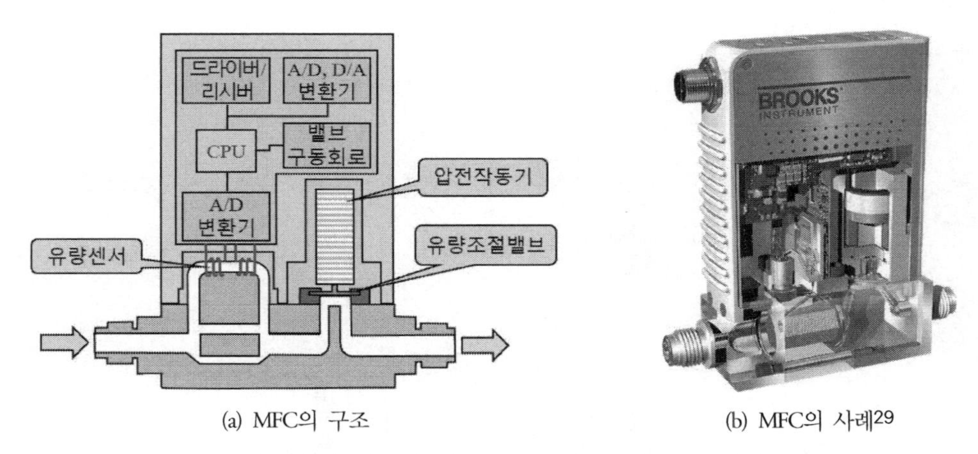

(a) MFC의 구조 (b) MFC의 사례[29]

그림 8.20 가스 공급용 질량유량제어기(MFC)의 구조와 사례

28 mass flow controller

29 brooksinstrument.com

여기서 $C_p(T)$는 기체의 몰 열용량, Q는 열전달률, T_{Gd}는 하류 측 기체온도, 그리고 T_{Gu}는 상류 측 기체온도이다. 위 식은 기체는 온도에 따라서 체적이 변한다는 보일-샤를의 법칙에 기초하여 유도된 식이다. 센서의 하류 측에서는 둘로 분리되었던 유로가 다시 하나로 합쳐져서 유량조절 밸브를 통과하게 된다. 압전 작동기로 벨로우즈형 밸브의 열림량이 정밀하게 제어되는 유량조절 밸브는 내장된 PID제어 알고리즘에 따라서 센서에서 측정된 질량유량값이 제어명령 유량과 일치하도록 밸브의 열림량을 조절한다. **그림 8.21** (b)에서는 상용 질량유량제어기의 외형을 보여주고 있다.

8.4.6 상용장비

플라스마 식각장비는 세계적으로 램리서치社, 도쿄일렉트론社, 그리고 어플라이드 머티리얼즈社가 세계시장의 75%를 점유하고 있다. 하지만 국내 S社의 경우에는 자회사인 세메스社의 플라스마 식각장비를 상당량 사용하고 있기 때문에 세계시장의 점유율과 국내시장의 점유율은 큰 차이를 보이고 있다. 이 절에서는 복도형태의 구조를 가지고 있는 도쿄일렉트론社의 Tectras™ 플랫폼과 전통적인 다각형 멀티챔버 구조를 가지고 있는 세메스社의 Michelan C3 플랫폼에 대해서 간략하게 살펴보기로 한다.

8.4.6.1 도쿄일렉트론社의 Tectras™ 플랫폼과 Vigus™ 모듈

그림 8.21에서는 도쿄일렉트론社의 건식식각장비인 Tectras™ 플랫폼과 여기에 설치되는 Vigus™ 에처챔버 모듈을 보여주고 있다. (a)에서는 에처챔버의 내부구조를 간략하게 설명하고 있는데, 반응성이온식각용 RF발진기와 더불어서 샤워헤드에 직류 바이어스를 부가할 수 있도록 설계되어 있다. 그리게 상부 챔버에는 가스믹서가 설치되어 다양한 종류의 공정가스들을 혼합하여 주입할 수 있다.[30] (b)에서는 장비에서 분리된 Vigus™ 모듈을 보여주고 있는데, 프레임의 상부에는 에처챔버가 설치되어 있으며, 공정가스 공급용 배관, 센서선들, 그리고 직류전압 부가용 전선 등이 연결되어 있는 것을 확인할 수 있다. 모듈의 하부에는 RF 발생기를 포함한 기구물들이 설치되어 있다. (c)에 도시되어 있는 Tectras™ 플랫폼을 살펴보면, 개별 모듈들이 서로 다른 각도로

30 그림에 제시된 구조는 일례일 뿐이며, 다양한 옵션의 에처챔버들이 공급된다.

배치되어 있는 일반적인 클러스터 장비와는 달리 Vigus™ 모듈들이 일렬로 배치되어 있는 것을 확인할 수 있다. 이런 구조를 사용하면 길이방향으로 멀티챔버를 증설하여 더 많은 식각모듈들을 설치할 수 있다는 확장성을 가지고 있다. 하지만 복도형 구조를 보다 완벽하게 구현하기 위해서는 멀티챔버의 중앙에 설치되는 스카라 로봇을 대신할 혁신적인 웨이퍼 핸들러 로봇의 개발이 필요하다.

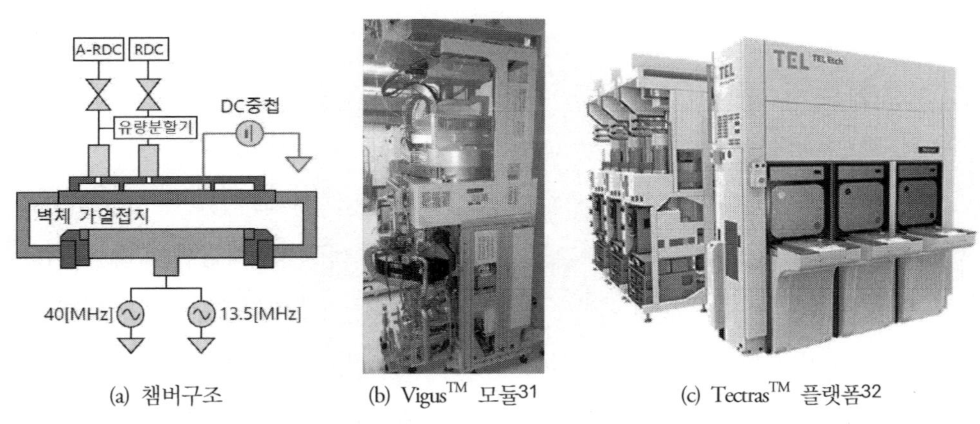

(a) 챔버구조 (b) Vigus™ 모듈31 (c) Tectras™ 플랫폼32

그림 8.21 도쿄일렉트론사의 Tectras™ 플랫폼과 Vigus™ 모듈

8.4.6.2 세메스社의 Michelan C3

그림 8.22에서는 세메스社에서 제작하는 플라스마 식각장비인 Michelan C3의 챔버구조 사례와 장비 외관을 보여주고 있다. (a)를 통해서 챔버의 구조를 살펴보면 코일이 챔버의 상판에 납작한 나선형태로 권선된 코일을 13.56[MHz]로 발진시키는 변압결합 플라스마(TCP) 구조를 사용하고 있음을 알 수 있다.[33]

31 www.bridgetronic.com/listing/57519/

32 tel.com

33 이 책에서는 이런 형태의 권선구조를 유도결합 구조와 구분하여 변압결합으로 세분하였지만, 세메스社에서는 유도결합으로 취급하고 있다.

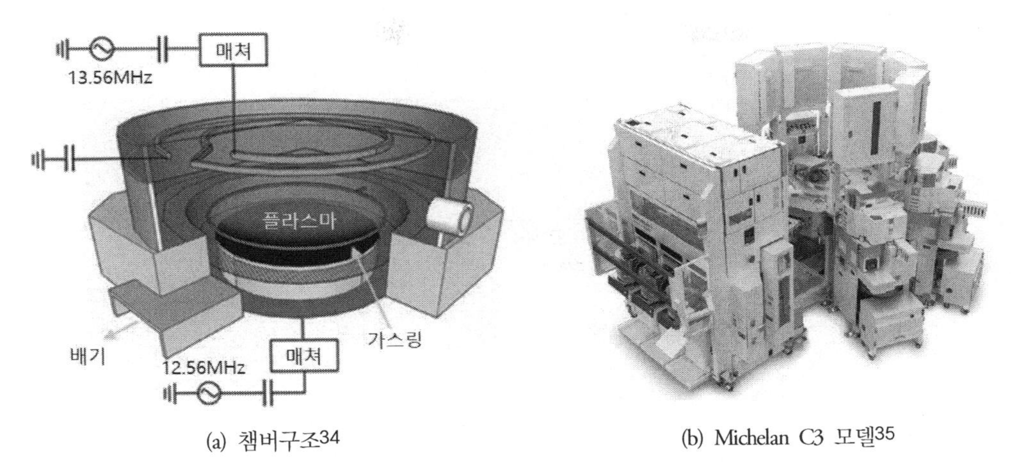

(a) 챔버구조34 (b) Michelan C3 모델35

그림 8.22 세메스社의 Michelan C3 건식식각장비

그런데 하부 척도 12.56[MHz]로 발진시키는 용량결합 플라스마(CCP) 발생기가 설치되어 있다. 정전/히팅척은 32개의 영역으로 구분하여 가열온도를 개별적으로 제어한다. (b)를 통해서 외부구조를 살펴보면 크게 로드포트, 8각형 멀티챔버, 그리고 플라스마 챔버모듈들로 구성되어 있음을 알 수 있다. 이는 클러스터 장비의 가장 일반적인 형태로서 지금도 널리 사용되는 구조이지만, 확장성에는 한계가 있다.

8.5 설계사례 고찰

이 절에서는 웨이퍼 가열문제와 온도제어용 칠러, 초점링과 웨이퍼 뒷면손상, 샤워헤드 곡률보상과 샤워플레이트 파손문제, 열팽창에 의한 챔버 고정볼트 파손사례와 같이 건식식각장비에서 구조설계와 관계되어 발생하는 다양한 이슈들에 대해서 살펴보기로 한다.

8.5.1 웨이퍼 가열문제와 온도제어용 칠러

건식식각 과정에서 플라스마에 의해서 생성된 고에너지 이온들이 웨이퍼와 충돌하면서 에너

34 spl.skku.ac.kr/_res/pnpl/etc/2017-6.pdf을 수정하여 재구성하였음.
35 semes.com

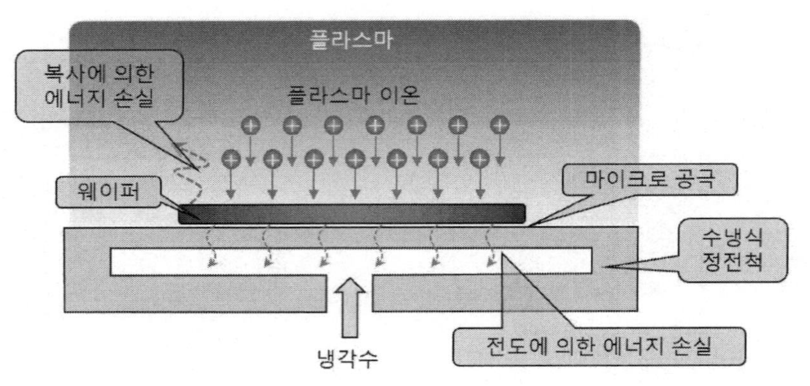

그림 8.23 웨이퍼 냉각을 위한 수냉식 정전척

지를 전달하기 때문에 **그림 8.23**에서와 같이 정전척에 고정되어 플라스마에 노출된 웨이퍼에는 다량의 열이 전달되어 가열된다. 웨이퍼의 가열에 영향을 끼치는 인자들로는 반응챔버의 내부압력, 유도결합 플라스마 소스의 출력, RF척의 파워 등 다양한 공정변수들이 포함된다. 웨이퍼의 온도가 과도하게 상승하면 식각 효율이 떨어지며, 웨이퍼 변형, 내부응력 증가 등 공정의 균일성과 수율에 부정적인 영향을 끼친다. 진공 중에서 웨이퍼가 누적된 열을 배출할 수 있는 방법은 복사열에 의한 에너지 손실과 정전척과의 접촉을 통한 열전도뿐이다. 그런데 정전척의 표면은 **그림 6.46**에서와 같이 표면이 엠보싱처리가 되어 있어서 정전척 표면적의 약 3% 정도만이 웨이퍼와 접촉하고 있으므로 전도 효율은 그리 높지 못한 형편이다. 이런 제한조건을 극복하고 정전척의 냉각성능을 높이기 위해서 그림에서와 같이 냉각수를 순환시키는 수냉식 정전척이 사용된다. 수냉 방식을 사용하여 웨이퍼 뒷면을 냉각하면 벌크 플라스마로부터 식각 영역으로 유입되는 열을 빠르게 방출하여 강력한 결합에너지를 가지고 있는 소재를 빠르게 식각할 수 있다.

칠러는 온도제어를 위해서 일정한 온도의 냉각수를 순환시키는 장치로서 **그림 8.24**에 도시되어 있는 것처럼, 냉동회로와 열교환기, 그리고 냉각수 순환회로로 구성되어 있다. 냉동회로의 경우에, 컴프레서가 냉매가스를 압축하면 단열압축에 의해서 냉매의 온도가 상승한다. 공랭식 라디에이터(일명 콘덴서)를 통해서 압축된 고온 냉매의 열을 방출하면 냉매의 온도가 떨어지면서 액화된다. 액화된 냉매를 팽창밸브를 통과시키면 단열팽창에 의해서 온도가 하강한다. 이렇게 차가워진 냉매가 열교환기를 통과하면서 제어대상인 냉각수로부터 열을 빼앗으면 냉각수의 온도가 내려간다.

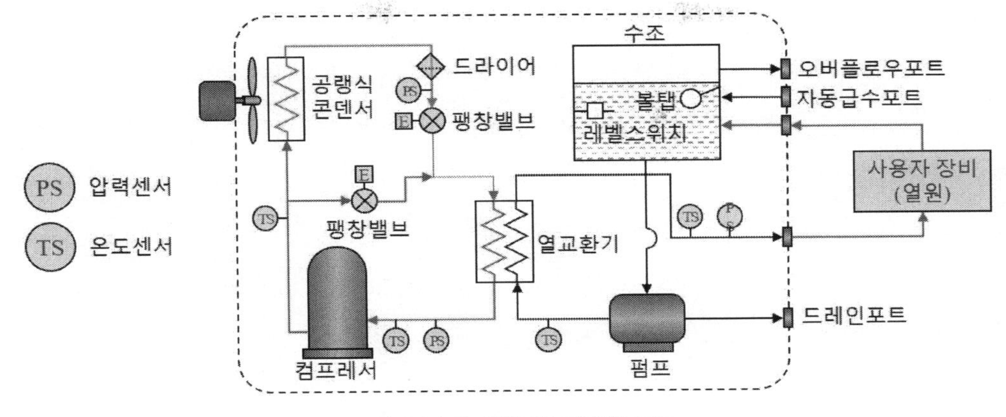

그림 8.24 온도제어용 칠러의 구조

반면에, 컴프레서에서 압축된 냉매를 라디에이터를 통과시키지 않은 채로 팽창시키면 뜨거운 냉매기체를 열교환기로 공급할 수 있다. 이를 통해서 냉각수의 온도를 상승시킬 수 있다. 펌핑을 통해서 열교환기를 통과하면서 원하는 온도로 조절된 냉각수를 온도제어가 필요한 장비 측(여기서는 수냉식 정전척)으로 보내며, 장비 측에서 배출되어 회수된 냉각수는 저장조로 되돌아온다.

칠러의 온도제어 알고리즘은 크게 귀환제어 알고리즘과 전향제어 알고리즘으로 이루어진다. 우선 귀환제어를 위해서는 PID 제어알고리즘이 사용된다. 이를 통해서 예상치 못한 외란에 대한 견실성을 높여준다. 그리고 전향제어 알고리즘은 부하변동이나 유량증감과 같은 부하 측의 상태 변화신호를 받아서 미리 열교환기에 투입될 열량을 증감시킨다. 이를 통해서 갑작스러운 부하변동에 대해서도 장비 측 제어온도의 변화를 최소화시킬 수 있다. 이를 위해서는 시스템 전달함수를 정확하게 모델링[36]해야만 하며, 부하변동에 따른 이득 스케쥴링을 위한 방대한 데이터가 수집되어야 한다.

8.5.2 초점링과 웨이퍼 뒷면손상

그림 8.10에서 설명했듯이 음극 주변에서는 플라스마에 의한 발광현상이 일어나지 않는 암흑영역인 **시스영역**이 존재하며, 이 시스영역 주변에서 웨이퍼 식각이 일어난다. 그런데 플라스마 챔버의 벽체는 접지와 연결되어 있기 때문에 전자를 흡수한다. 이로 인하여 챔버 내부에 생성되

36 이를 위해서 시스템 식별법(system identification)이 사용된다.

는 플라스마의 강도는 중심부에서는 일정하지만 주변부로 갈수록 비선형적으로 변한다. 이로 인하여 **그림 8.25**에서와 같이 시스 영역도 웨이퍼 테두리 주변에서 비선형적으로 변한다. 플라스마 식각은 시스 등고선의 법선 방향으로 진행되기 때문에, 웨이퍼 주변부의 트렌치 구멍들은 수직방향으로 식각되는 반면에 웨이퍼 테두리에 위치한 트렌치 구멍들은 사선 방향으로 식각되어 버린다. 플라스마 시스의 분포를 균일하게 만들기 위해서 그림에서와 같이 웨이퍼 테두리에 도넛 형상으로 세라믹 속에 전극이 매립되어 있는 **초점링**을 설치하여 전기장을 부가한다. 이를 통해서 테두리부에서 발생하는 비선형 시스 분포를 일정하게 만들 수 있다. 그런데 공정이 반복되면, 초점링의 표면도 함께 식각되어 초점링의 높이가 조금씩 낮아지게 된다. 이로 인해서 테두리부위에서의 시스 분포가 조금씩 변하는 현상은 에처장비를 관리하는 엔지니어들에게 아주 골치 아픈 문제로 인식되고 있다. 이를 해결하기 위해서는 초점링의 부식에 따른 높이변화 경향을 미리 측정하여, 이를 기반으로 초점링 전극에 부가하는 전기장의 강도를 조금씩 변화시키는 전향제어 알고리즘이 구축되어야 한다.

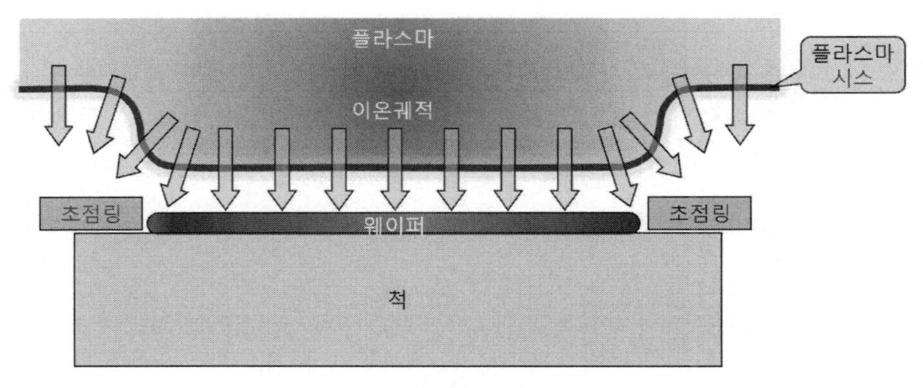

그림 8.25 초점링의 역할

그림 8.26 (a)에서와 같이, 웨이퍼를 동심형상으로 감싸고 있는 초점링과 웨이퍼 테두리 사이에는 1[mm] 미만의 좁은 틈새가 존재한다. 그리고 정전척의 표면에는 약 10[μm] 높이의 엠보싱 돌기들이 형성되어 있으므로, 웨이퍼와 척 사이에는 좁은 틈새가 존재한다. 플라스마 식각을 시행하는 동안 플라스마 이온들 중 일부가 이 틈새로 파고들어서 (a)에서와 같이, 웨이퍼의 베벨면과 뒷면을 식각해 버린다. 이런 현상은 포토마스크의 건식식각의 경우에도 동일하게 발생하는 아주

심각한 문제이다.[37] 이를 해결하기 위해서 초점링과 웨이퍼 사이의 틈새를 극단적으로 줄이려는 노력들이 시도되었지만, 틈새가 좁아지면 웨이퍼를 척에 안착시키는 과정에서 웨이퍼와 초점링이 충돌할 우려가 있으며, 플라스마 이온의 침투를 완전히 막을 수 없었다.

이 문제의 해결방법은 의외로 단순하다. 저자는 (b)에서와 같이, 초점링의 단면을 "ㄱ"자로 만들어서 틈새로 침투한 이온들이 공간이 넓은 쪽으로 휘어지게 만드는 방법을 제안하였다. 이를 통해서 초점링의 하부 공극과 초점링 지지구조물에는 일부 부식이 발생하겠지만, 건식식각용 챔버의 내부 구조물들은 주기적으로 오버홀을 진행하기 때문에 (세척과 플라스마 용사코팅을 통해서) 복원이 가능하다. 제안된 형상에 대한 시험평가가 수행되었으며, 웨이퍼 손상을 방지할 수 있는 것으로 판명되었다.

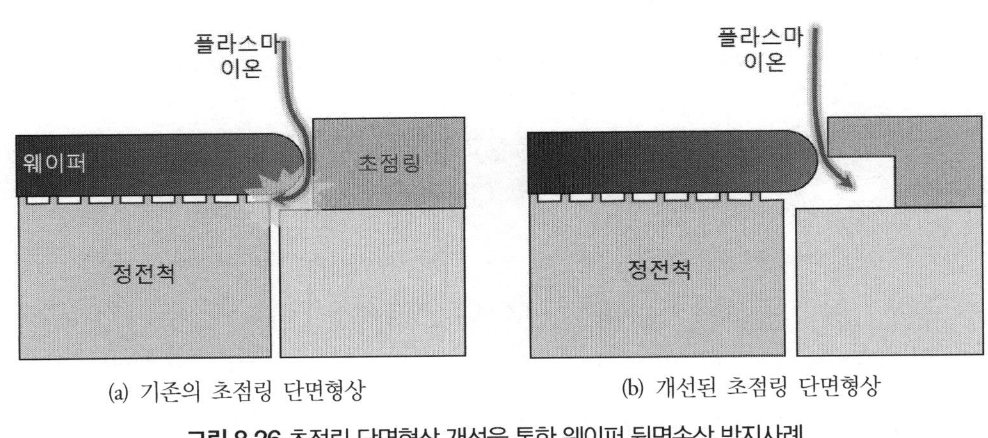

(a) 기존의 초점링 단면형상 (b) 개선된 초점링 단면형상

그림 8.26 초점링 단면형상 개선을 통한 웨이퍼 뒷면손상 방지사례

8.5.3 샤워헤드 곡률보상 설계와 샤워플레이트 파손사례

그림 8.27 (a)에서는 건식식각장비의 상부에 설치되는 샤워헤드에서 발생한 문제를 보여주고 있다. 샤워헤드는 다수의 작은 관통구멍들이 성형되어 있는 원판형상의 구조물로서, 챔버 상부에서 공급되는 식각가스를 웨이퍼 표면에 고르게 분사시켜주는 역할을 한다. **표 8.2**에서 알 수 있듯이, 주입되는 공정가스의 압력은 수[Torr]에 불과하지만 샤워플레이트의 하부는 고진공상태이므

37 식각되어 표면이 거칠어진 뒷면이 정전척이나 진공척의 표면과 접촉하면 척 표면을 영구적으로 손상시킬 우려가 있다.

로, 직경이 300[mm]를 넘어서는 대면적의 샤워플레이트는 이 미소한 차압에 의해서 (a)에서와 같이 아래쪽으로 배나옴이 발생하게 된다. 이로 인하여 공정가스의 진행방향이나 플라스마 시스의 형상이 미소하게 바뀌게 되어서 웨이퍼의 중앙부와 테두리부에서의 식각률 편차가 발생하게 된다. 이를 극복하기 위해서 저자는 (b)에서와 같은 곡률보상 구조를 제안하였다.

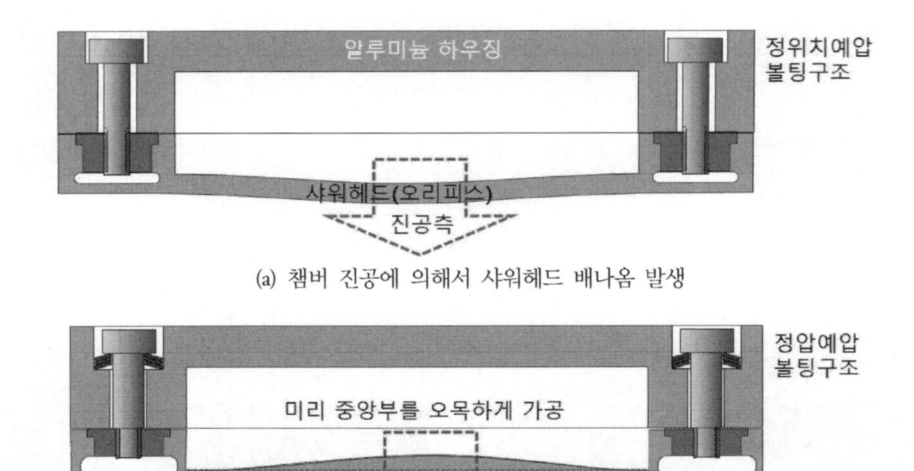

(a) 챔버 진공에 의해서 샤워헤드 배나옴 발생

(b) 챔버진공이 샤워헤드를 평면으로 만들 수 있도록 중앙부를 미리 오목하게 가공

그림 8.27 곡률보상 설계의 적용

샤워플레이트의 중앙부가 오목해지도록 미리 미세한 곡률을 주어서 가공하는 것이다. 곡률가공을 위해서는 비구면연삭기를 사용할 수 있으며, 전용 지그를 사용하여 샤워헤드가 원하는 형상으로 휘어지게 고정한 채로 다이아몬드선삭을 사용해서 가공이 가능하다. 이때 주의할 점은 다양한 공정압력들이 사용되기 때문에 평균압력에 대해서 곡률보상을 시행하는 것이 가장 안전한 방법이라는 점과, 유한요소해석을 통해서 필요한 변형량을 산출하여야만 한다는 것이다.

그림 8.27의 우측에는 추가적으로 샤워플레이트 고정을 위해서 사용하던 정위치 예압구조를 정압예압구조로 변환시킨 사례도 함께 보여주고 있다. 샤워헤드 고정용 볼트의 정압예압 구조에 대해서는 **그림 8.28**에서 보다 자세하게 설명되어 있다. 세라믹 소재의 샤워플레이트를 리크 없이 알루미늄 하우징에 고정하기 위해서 볼트를 세게 조이면, 세라믹 구조물이 파손되어 버린다. 그렇다고 약하게 조이면 공정가스가 측면으로 누설되어 공정이 엉망이 되어버린다.

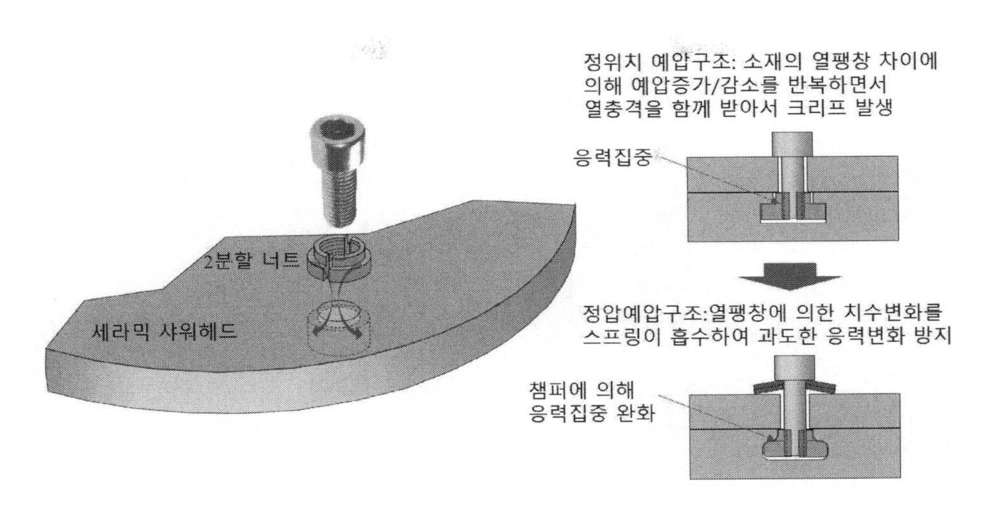

그림 8.28 건식식각장비 샤워플레이트 고정용 볼팅방법 개선사례

심지어 토크렌치를 사용하여 조립지침서에 제시되어 있는 토크값으로 조이는 과정에서 샤워플레이트가 파손되어버리는 상황도 발생하였다. 건식식각공정이 진행되는 과정에서 플라스마에 의해서 챔버 내부의 온도는 주기적으로 상승 및 하강한다. 알루미늄 상판과 세라믹 샤워플레이트 소재의 열팽창 차이로 인해서 볼팅 부위에는 주기적으로 예압의 증가와 감소가 반복되기 때문에, 샤워플레이트 고정부위에서 크랙이 발생하게 된다.

이는 정위치 예압구조가 가지고 있는 구조적인 문제점이다.[38] 이를 해결하기 위해서는 접시스프링을 사용하는 정압예압구조를 적용하여야만 한다. 정압예압구조에서는 볼트를 조이는 과정에서 구조물에 과도한 응력을 부가하지 않기 때문에 취성이 강한 세라믹 구조물의 응력집중에 의한 파손을 크게 감소시켜서며, 온도변화에 의해서 발생하는 열팽창 변형을 예압용 스프링이 모두 흡수하기 때문에 반복되는 공정에 의해서 체결부위에 피로가 누적되지 않는다.

8.5.4 열팽창에 의한 볼트 파손사례

열팽창이 발생하는 구조물에 볼트를 체결할 때에는 조임토크를 조절하거나, 정압예압방식을 사용해야만 한다. **그림 8.29 (a)**에서는 건식식각 챔버의 플랜지 고정용 볼트가 파손된 사례를 보여주고 있다.

38 이에 대해서는 장인배 저, 정밀기계설계, 씨아이알, 2021. 4장 볼트조인트설계를 참조하기 바란다.

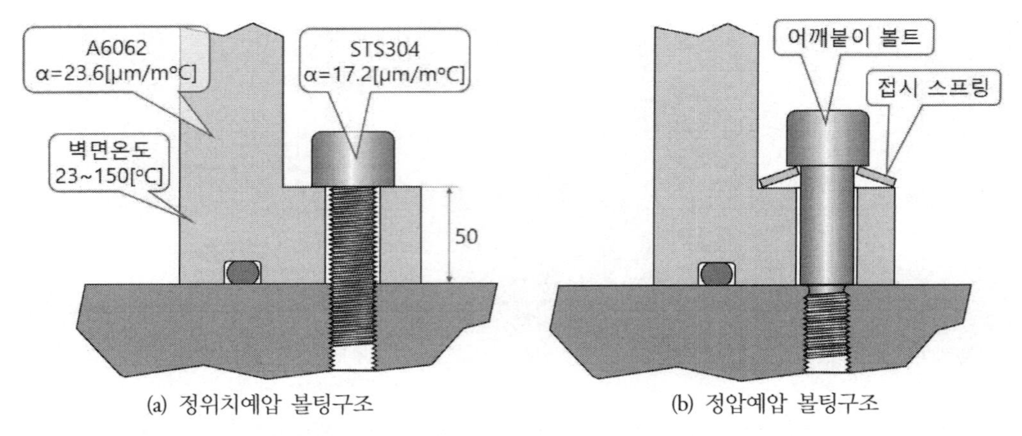

(a) 정위치예압 볼팅구조 (b) 정압예압 볼팅구조

그림 8.29 건식식각용 챔버 플랜지 고정볼트의 파손사례[39]

A6062 두랄루민소재로 제작된 식각챔버의 플랜지부 두께는 50[mm]이며, STS304 소재의 볼트를 사용하여 고정하였다. 이 챔버의 벽면 온도는 공정 중에 최고 150[°C]까지 상승하며, 최저는 클린룸 대기온도인 23[°C]까지 하강한다.[40] 플랜지 소재와 볼트 소재의 열팽창계수는 각각, α_{6062}=23.6[μm/m°C]와 α_{304}=17.2[μm/m°C]이다. 23[°C]에서 150[°C]까지 온도가 상승하는 과정에서 발생하는 두 소재 간의 열팽창 길이차이를 계산해 보면 다음과 같다.

$$\begin{aligned} \Delta L &= L \times (\alpha_{6062} - \alpha_{304}) \times \Delta T \\ &= 0.05 \times (23.6 \times 10^{-6} - 17.2 \times 10^{-6}) \times (150 - 23) \\ &= 40.6 \times 10^{-6} [m] \end{aligned} \tag{8.22}$$

이를 변형률로 환산해보면,

$$\varepsilon = \frac{\Delta L}{L} = \frac{40.6 \times 10^{-6}}{0.05} = 0.0008 \tag{8.23}$$

39 장인배 저, 정밀기계설계, 씨아이알, 2021.

40 식각공정이 완전히 중단되지 않는다면 챔버의 온도는 크게 변하지 않는다.

임을 알 수 있다. 일반적으로 강철 소재의 항복이 발생하는 변형률은 0.002로 잡기 때문에, 스테인리스강으로 제작된 볼트소재의 변형률이 ε=0.0008이라면 아무런 문제가 되지 않는다. 그런데 이미 볼트를 한계하중 근처까지 조여놓은 상태에서 추가적인 변형률이 ε=0.0008만큼 추가된다면 이야기가 달라진다. 이 추가적인 변형으로 인하여 볼트가 늘어나 버리거나 심각한 경우에는 끊어져 버린다. 이런 문제를 방지하기 위해서는 조임 토크를 추가적인 변형을 수용할 수 있는 수준으로 감소시켜야만 한다. 그런데 조립현장에서는 조임토크를 줄이라는 권고를 전혀 받아들이려 하지 않는다.[41] 이런 경우에는 **그림 8.30 (b)**에서와 같이 접시스프링과 어깨붙이볼트를 사용하는 정압예압 방식으로 설계를 변경해야만 한다. 정압예압기구에서는 **그림 8.29**에서와 마찬가지로, 열팽창으로 인한 변형률 차이를 모두 접시스프링이 흡수하기 때문에 조립현장에서 원하는 수준으로 볼트를 세게 조여 놓아도 추가적인 변형이 볼트로 전달되지 않기 때문에 볼트 파손을 막을 수 있다.

41 조립자(또는 부서)의 입장에서는 사용 중 볼트풀림은 조립불량으로 인식되지만 사용 중 볼트파손은 볼트 품질불량 또는 설계 잘못으로 취급하기 때문이다.

09

웨이퍼 세정

Chapter

09 웨이퍼 세정

1950년대 말에 반도체의 제조가 시작된 이래로 공정을 수행하는 동안 유입되는 불순물로 인하여 디바이스의 신뢰성이 저하되고 수율이 감소한다는 것을 심각한 문제로 인식하고 있으며, 효과적이고 효율적인 세정이 필수적이다. 현대적인 집적회로의 경우, 제조과정에서는 디바이스의 유형에 따라서 500~800가지의 공정단계를 거쳐야 하며, 이 중 대략적으로 17~22%의 단계들이 표면세정, 표면처리, 감광제 박리 및 잔류물질 제거 등과 같은 세정공정이다.

1980년대 후반까지는 약액 수조 속에 웨이퍼를 담그는 방식으로 세정공정을 수행하였으며, 자연 산화물, 유기 오염물, 잔류 감광제, 알칼리성 이온, 각종 금속물질들의 제거에 초점을 맞추었다. 베이크 과정에서 불순물들이 디바이스 구조 속으로 가장 심하게 확산되므로, 베이크전 세정을 매우 중요한 공정으로 취급하였다. 하지만 이 당시 디바이스의 구조에 사용하는 박막의 두께는 100[nm] 이상으로 두꺼웠기 때문에, 세정과정에서 발생하는 언더컷이나 표면층 식각을 용인하였다.

반도체의 기술노드가 발전하면서 디바이스들의 크기가 감소함에 따라서 박막두께는 10[nm] 미만으로 줄어들게 되었고, 초박형 배선의 도입과 다공질 유전체 사용으로 인하여 잔류물, 입자 및 원자물질들을 제거하는 과정에서 발생하는 박막 표면의 언더컷이나 식각은 거의 허용되지 않는다. 따라서 세정공정의 선택도가 매우 중요하게 되었다. 전형적으로 반응성 약액의 농도를 낮추면서 잔류물질의 제거를 돕기 위해서 표면에 이온충격, 기계적 교반, 액체나 입자제트 등의 형태로 에너지를 공급하는 방법이 사용되고 있다. 특히, 세정 공정의 관리성을 높이기 위해서 단일웨이퍼 세정장비들이 도입되었다.

세정공정을 단계별로 구분해 보면 전공정에서의 웨이퍼 세정, 중간공정에서의 웨이퍼 세정, 그리고 후공정에서의 웨이퍼 세정으로 나눌 수 있다.

전공정(FEOL)은 웨이퍼 처리공정의 초기상태로서, 단결정 실리콘 표면에 이산화규소층, 질화규소층, 그리고 패턴층 등이 성형되기 전이나 후의 상태로서, 노출된 금속영역은 없다. 이런 부식저항성 소재들의 세정과 표면처리에는 수용액 형태의 반응성 화학물질들을 사용할 수 있다. 특히 게이트 산화물 증착이나 열산화 및 확산과 같은 고온공정에 의해서 불순물들이 모재 속으로 확산되는 것을 방지하기 위해서는 웨이퍼 표면에 잔류하는 오염물질들을 제거하는 것이 특히 중요하다.

중간공정(MOL)은 금속기반 게이트 구조와 자기정렬 접점들, 그리고 금속배선층들의 생성과정을 의미한다. 이런 구조들을 세정하기 위해서는 높은 종횡비를 가지고 있는 접점 구조의 바닥까지 세정할 수 있는 관통능력이 필요하다. 배선들을 분리하는 절연막으로 고유전체 물질들과 더불어서 최근에는 다공질 저유전체 절연막들이 사용되고 있다. 민감한 게이트 구조에 대해서는 소재의 성질에 영향을 끼치지 않는 세정능력이 매우 중요하다. 화학적 세정방법에서는 전통적인 세정용 화학물질들과 더불어서 특수한 화학물질들이 사용된다.

후공정(BEOL)은 배선이 추가된 이후의 공정을 의미한다. 웨이퍼 표면에는 구리(Cu), 알루미늄(Al), 텅스텐(W)과 같은 금속 배선들이 유전체 박막과 함께 노출되어 있기 때문에, 세정에 훨씬 더 많은 제약들이 부가된다. 유기 잔류물질들과 입자성 오염물질들의 제거를 위해서 플라스마 화학반응, 증기상태 화학반응, 극저온 에어로졸 등과 같은 건식 세정방법들이 사용된다. 표면에 노출되어 있는 민감한 소재들을 공격하지 않는 수용액/유기용매 혼합물들과 여타의 혁신적인 방법들이 사용될 수 있다.

대략적으로 모든 세정단계들 중에서 약 70%가 수용성 약액을 사용하며, 약 30%는 건식 플라스마 공정이 사용된다. 그리고 소수의 세정단계들에서는 플라스마나 수용액 기반의 공정 대신에 증기세정이나 초임계세정과 같은 특수 세정방법들이 사용된다.

이 장에서는 웨이퍼 오염의 유형과 웨이퍼 세정기술들에 대해서 개략적으로 살펴본 다음에, 습식 세정기술, 습식 세정장비, 증기세정, 플라스마 박리와 세정, 그리고 극저온/초임계 세정기술의 순서로 웨이퍼 세정기술들에 대해서 살펴보기로 한다. 이 장의 내용은 웨이퍼 세정기술[1]을 참조하여 작성되었으므로, 보다 자세한 내용은 해당 문헌을 참조하기 바란다.

---

1 카렌 A. 라인하르트 공저, 장인배 역, 웨이퍼 세정기술, 씨아이알, 2020.

9.1 서론

9.1.1 웨이퍼 오염의 유형

웨이퍼 표면에 흡착되는 오염물질들을 살펴보면, 분자화합물, 이온성 물질들, 핵종, 그리고 입자로 구분할 수 있다. **분자화합물**의 경우에는 그리스를 포함한 각종 윤활제, 감광제, 용매 잔류물, 탈이온수로부터 섞여 들어온 유기화합물, 지문 잔류물, 플라스틱 보관용기 잔류물, 금속 산화물, 수산화물에서 유래한 유기증기로부터 농축된 입자나 박막 등이 포함된다. **이온성 물질**들에는 나트륨(Na), 불소(F) 및 염소(Cl) 이온들과 같이 물리적으로 흡착되거나 화학적으로 결합된 무기화합물들로부터 유래한 양이온과 음이온들이 포함된다. **핵종**에는 불화수소산을 함유한 용액으로부터 반도체 표면에 전기화학적으로 도금될 수 있는 구리나 중금속과 같은 금속물질, 실리콘 입자, 먼지, 섬유질 또는 장비에서 발생하는 금속 거스러미들이 포함된다. 마지막으로 **입자**에는 장비, 공정용 약품, 작업자, 가스배관, 웨이퍼 취급과정, 박막증착 시스템 등에서 배출되는 부유분진에서 유래된 입자성 오염물질들과 기계장비와 액체용기에서 유래된 분진들이 포함된다. 웨이퍼와 캐리어에 정전기가 충전되면, 입자를 강력하게 흡착하므로, 적절한 접지를 사용하여 이를 중화시켜야만 한다.

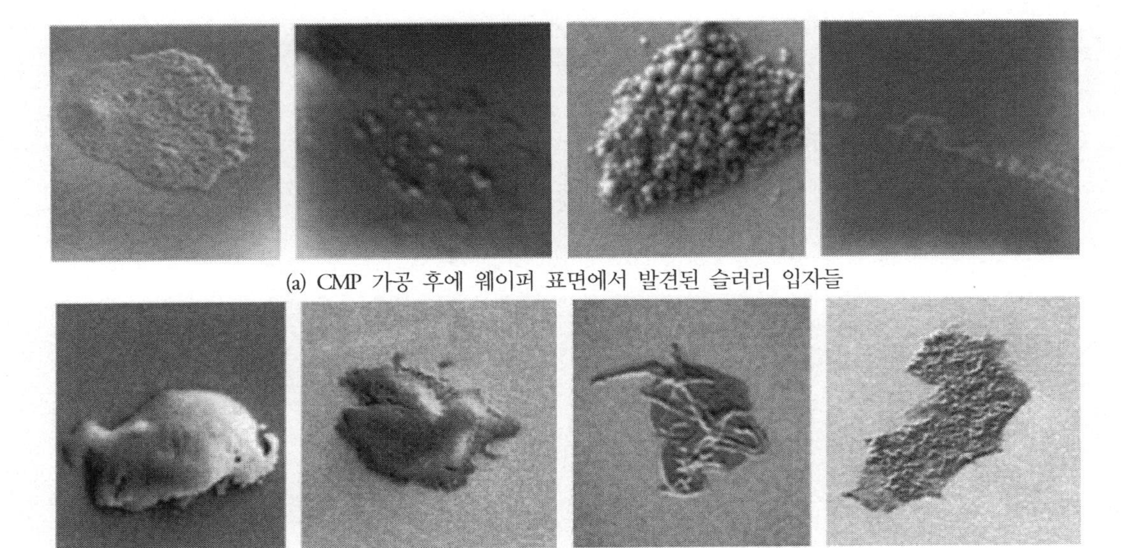

(a) CMP 가공 후에 웨이퍼 표면에서 발견된 슬러리 입자들

(b) CMP 가공 후에 웨이퍼 표면에서 발견된 연마 부산물과 유기 잔류물

그림 9.1 CMP 가공 후 웨이퍼 표면에서 발견된 각종 오염물질들[2]

그림 9.1에서는 CMP 연마가공 후에 웨이퍼에 남아 있는 슬러리 입자들과 연마 부산물 및 유기 잔류물들의 사진들을 보여주고 있다. 그리고 **그림 9.2**에서는 웨이퍼 표면에서 발견된 슬러리 구체, 섬유질 유기 잔류물, 연마 부산물, 긁힘, 세척과정에서 발생한 금속 이탈 결함, 슬러리 입자 덩어리, 연마 유기 부산물, 구리배선 물얼룩, 덴드라이트 형태로 석출된 구리, 그리고 세척과정에서 약액으로 인한 구리부식의 사진들을 차례로 보여주고 있다.

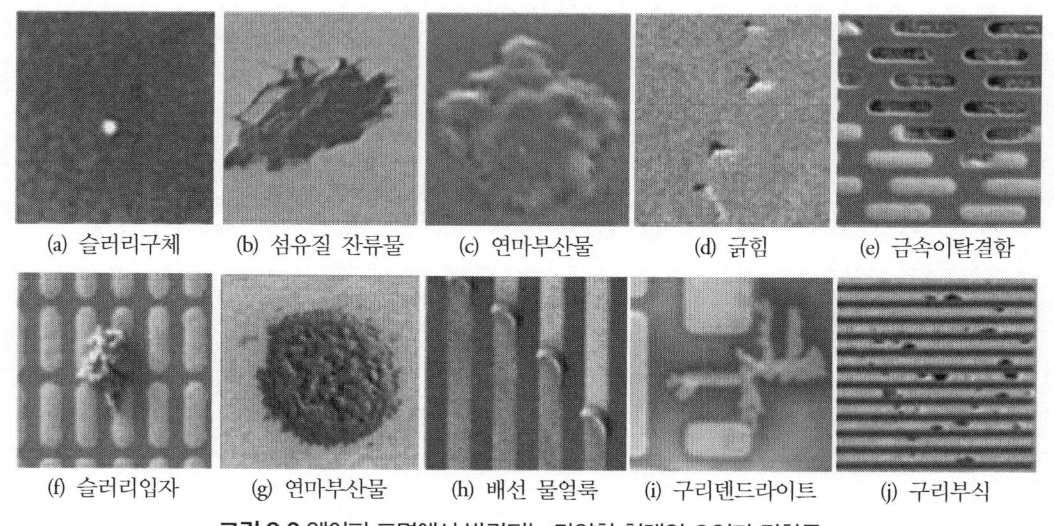

(a) 슬러리구체 (b) 섬유질 잔류물 (c) 연마부산물 (d) 긁힘 (e) 금속이탈결함
(f) 슬러리입자 (g) 연마부산물 (h) 배선 물얼룩 (i) 구리덴드라이트 (j) 구리부식

그림 9.2 웨이퍼 표면에서 발견되는 다양한 형태의 오염과 결함들[3]

9.1.2 오염의 유형과 검출방법

웨이퍼 표면에서 발견되는 오염들을 유형별로 분류해 보면 금속성 오염, 입자오염, 유기오염, 표면결함 및 대기 중 오염분자와 수분 등으로 나눌 수 있다.

금속성 오염은 금속성분으로 구성되거나 또는 금속성분을 함유한 오염으로서, 인라인 모니터링[4]으로는 산화물, 규화물 및 순수금속과 같은 조성을 구분할 수 없다. 금속성분의 조성을 분석하기 위해서는 웨이퍼를 별도의 장소에 설치되어 있는 X-선 형광분석, 원자흡광분광법, 유도결합 플라스마 질량분석법 등과 같은 전용 측정설비에 투입하여 성분분석을 시행하여야 한다.

2 카렌 A. 라인하르트 공저, 장인배 역, 웨이퍼 세정기술, 씨아이알, 2020.
3 카렌 A. 라인하르트 공저, 장인배 역, 웨이퍼 세정기술, 씨아이알, 2020.
4 공정장비에 설치되어 있는 모니터링 수단.

웨이퍼 표면에 들러붙어 있는 입자에 의한 오염은 웨이퍼 표면에 레이저를 조사하여 산란되는 광선으로 관찰이 가능하기 때문에 **광점결함**이라고도 부른다. 입자결함은 외부에서 형성된 입자가 웨이퍼 표면에 얹혀 있는 오염으로서, 긁힘이 아닌 결정에서 유래된 입자나 증착물질들과는 세척 방법이 다르기 때문에, 이들을 구별할 필요가 있다.

유기오염은 탄소 및 탄소결합을 포함한 오염이다. 유기오염은 열탈착 질량분석법, X-선 광전자 분광법, 그리고 오제전자 분광법 등의 측정을 시행하여야 검출할 수 있다.

표면결함은 실리콘이나 절연층 박막표면의 거칠기 또는 선테두리 거칠기와 관련된 결함들이다. 이들은 전형적인 광학식 검출법이나 원자작용력현미경(AFM)을 사용하여 검출할 수 있다.

대기 중 오염분자(AMC)와 **수분**은 고효율 먼지제거(HAPA)필터나 초청정(ULPA)필터로 제거할 수 없는 분자크기의 오염으로서, 이온질량분석기나 모세관 전기영동법 등을 사용하여 검출할 수 있다.

9.1.3 입자접착 메커니즘

최신 반도체의 임계치수가 수[nm] 수준에 이르게 되면서 수[nm] 크기의 오염만으로도 반도체의 성능에 치명적인 영향을 끼칠 수 있는 단계에 이르게 되었다. 하지만 수[nm]크기의 오염입자들을 검출하기는 매우 어려우며, 이를 제거하는 것은 더욱 어려운 일이다. 웨이퍼 표면에 들러붙은 오염들을 제거하기 위해서는 오염물질이 웨이퍼 표면과 들러붙는 과정에서 작용하는 결합력들에 대한 이해가 필요하다.

그림 9.3에서는 공기 중에서 실리콘 웨이퍼 표면에 들러붙은 오염입자들에 작용하는 네 가지 접착력들의 입자직경에 따른 변화양상을 보여주고 있으며, 우측 그림에서는 네 가지 작용력들 중에서 전기 이중층 작용력의 변화양상을 입자와 웨이퍼 사이의 거리에 따라서 그래프로 보여주고 있다. 그림을 살펴보면, 1[μm] 미만의 입자들에 대해서는 입자와 웨이퍼 사이에 수분이 끼어들어서 서로를 들러붙게 만드는 **모세관 작용력**이 가장 크며, 다음으로는 입자가 변형되면서 표면에 들러붙는(이를 떡짐이라고 표현한다) 힘인 **반데르발스 변형력**, 마지막으로 수중에서의 정전기 견인력인 **전기 이중층 작용력**의 순서를 가지고 있다. 공기 중에서의 정전기 견인력인 **쿨롱 이미지 작용력**은 입자가 큰 경우에만 유효하게 작용한다는 것을 알 수 있다.

전하가 충전되지 않은 표면이 액체 속에 잠겨 있으면 액체 내의 이온들을 선택적으로 흡착하거나 표면그룹들을 분해하면서 표면에 전하가 충전된다. 이 표면전하는 크기는 같고 극성은 반대인 이온들이 충전된 나노입자들로 덮이면서 전기적 평형을 이룬다. 이렇게 만들어진 전기적 평형층을 **스턴층**이라고 부른다. 스턴층을 형성한 나노입자들은 전기적인 방법(이온)을 사용하지 않고는 표면에서 떼어낼 수 없다.

물을 사용하는 습식 세정과정에서는 모세관 작용력으로 들러붙은 입자들은 수력운동으로 떼어낼 수 있으며, 쿨롱 이미지 작용력은 수중에서 무력화되어버린다. 하지만 반데르발스 변형에 의해 떡져서 붙어 있는 입자들과 스턴층으로 덮여서 전기적인 평형을 이루고 있는 입자들은 물리적인 힘으로는 떼어낼 수 없다. 이런 이유 때문에, 웨이퍼 세정이 습식식각에서와 매우 유사한 화학적 (이온)작용에 의존하는 것이다.

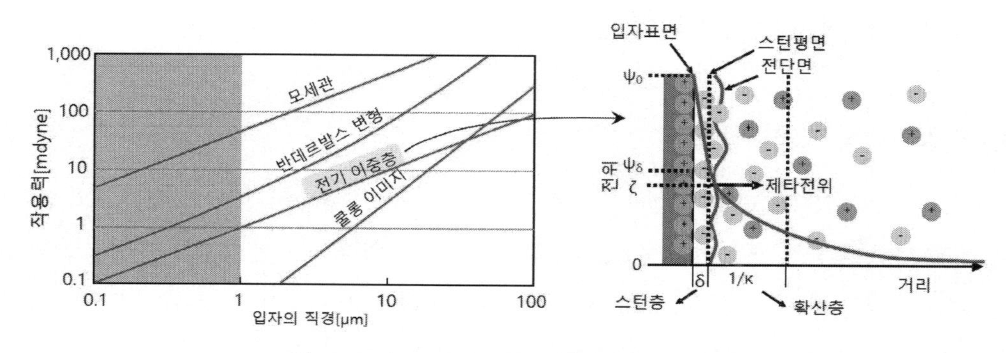

그림 9.3 오염입자와 웨이퍼 사이에 작용하는 힘들5

9.1.4 웨이퍼 세정기술

9.1.4.1 웨이퍼 세정기술의 분류

웨이퍼 세정기술은 식각과 마찬가지로 습식 세정과 건식 세정기술로 이루어지며, 습식 세정의 경우에는 반드시 건조공정을 거쳐야만 하기 때문에 건조기술도 세정의 일부분으로 취급하고 있다.

반도체 제조의 초창기부터 웨이퍼 세정에 사용되어 왔던 **습식 세정**기술에는 피라냐식각, 오리지널 RCA 세정과 변형된 RCA 세정, 오미세정, IMEC세정, 희석액 동적세정(DDC), 단일웨이퍼세정(AM) 등이 포함된다. 습식 세정의 마지막 단계는 헹굼으로써, 메가소닉 헹굼, 원심분무식 헹굼, 그리고 급속배수식 헹굼 등이 포함된다.

5 카렌 A. 라인하르트 공저, 장인배 역, 웨이퍼 세정기술, 씨아이알, 2020.

건식 세정기술은 증기세정, 플라스마 세정, 그리고 극저온/초임계세정으로 구분되는데, 증기세정의 경우, 불화수소산 증기식각, 유기물 제거를 위한 자외선/오존세정, 금속 제거를 위한 자외선/염소증기세정, 유기화학물질 증기세정과 같은 방법들이 사용되며, 플라스마 세정의 경우, 벌크 감광제의 박리, 식각 잔류물질의 제거, 증착전 세정, 그리고 표면처리 등에 사용된다. 비교적 최근에 개발된 극저온/초임계 세정방법의 경우에는 극저온 에어로졸 세정과 초임계유체를 사용한 세정방법이 사용되고 있다.

건조기술은 습식 세정의 마지막 단계로서, 회전건조, 모세관건조, 용매증기건조, 마란고니건조, 그리고 로타고니건조 등의 방법들이 사용되고 있다.

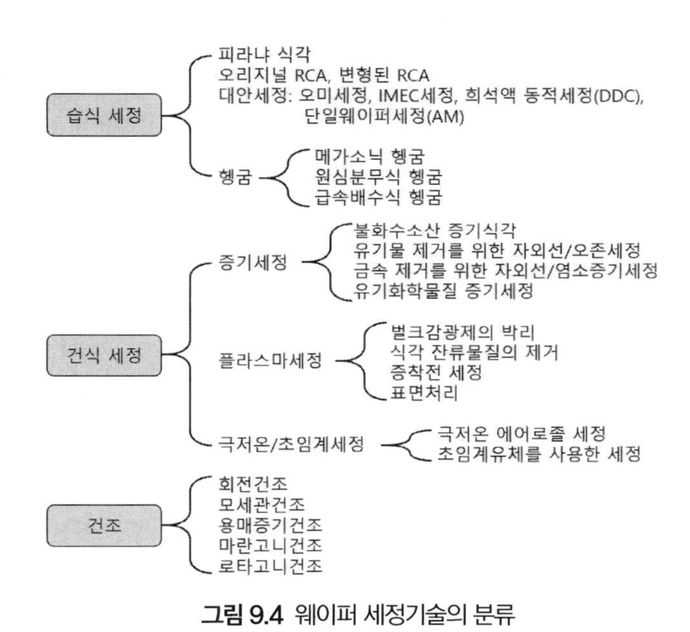

그림 9.4 웨이퍼 세정기술의 분류

9.1.4.2 습식 세정 및 건조공정에서 사용되는 약품들

그림 9.3에서 살펴봤듯이, 나노입자들이 전기적인 작용력에 의해서 웨이퍼 표면에 들러붙어 있기 때문에, 이들을 세정하는 과정에는 단순한 수력세척이 아니라 식각과 유사한 화학적 방법들이 사용되어야 한다. **표 9.1**에서는 습식 세정 및 건조공정에 사용되는 다양한 약품들을 보여주고 있다. 세정에 사용되는 물은 용해기체를 포함하여 모든 이물질들이 걸러진 탈이온수(DIW)가 사용된다. 염기성 약품으로는 수산화암모늄(NH_4OH)이 자주 사용되며, 산성약품으로는 염산(HCl), 불

화수소산(HF), 황산(H_2SO_4), 과산화수소(H_2O_2), 그리고 용제로는 이소프로필알코올(IPA)이 자주 사용된다.

표 9.1 습식 세정 및 건조공정에 사용되는 약품들6

화학공식	화학명칭	상용제품의 농도 [wt%]	20[℃]에서의 표면장력 [dynes/cm]
H_2O	물	N/A	73
NH_4OH	수산화암모늄	25.5~29	63
HCl	염산	15~37	65
HF	불화수소산	49	55
NH_4F:HF(BHF)	불화암모늄: 불화수소산	10:1 체적비율 49	80~90
H_2SO_4	황산	95~100	75
H_2O_2	과산화수소	30~40	74~78
$CH_3-CH(OH)-CH_3$	이소프로필알코올(IPA)	100	21.7

농축된 불화수소산(HF)을 탈이온수(DIW)로 희석시킨 혼합용액은 실리콘 웨이퍼 위에 증착된 이산화규소(SiO_2)나 질화규소(SiN_x) 박막의 세정에 널리 사용되어 왔다. 실리콘 위에 자연발생적으로 존재하는 1~1.5[nm] 두께의 산화물층은 1:50~1:100으로 희석한 불화수소산으로 쉽게 제거할 수 있다. 불화암모늄(NH_4F)과 불화수소산(HF) 혼합용액을 **완충된 불화수소**산(BHF)이라고 부르며, 강산성 불화수소산을 불화암모늄이 완충시켜서 포토레지스트의 손실을 방지하면서 현상이 끝난 패턴표면을 세정할 수 있다.

피라냐식각액이라고도 부르는 황산(H_2SO_4)과 과산화수소(H_2O_2) 혼합용액(SPM)을 사용하면 이온주입 후에 경화된 포토레지스트 박막이나 여타 유기성분들을 웨이퍼로부터 제거할 수 있다. 이 용액은 주로, 심하게 오염된 전공정 실리콘 웨이퍼에 대한 1차 세정에 사용된다. 하지만 점성이 강한 용액이기 때문에 이를 완전히 씻어내기 위해서는 탈이온수를 사용하여 심하게 헹궈야만 한다.

그림 2.23에서 도시되어 있는 것처럼, 웨이퍼를 고온으로 가열하면, 웨이퍼 표면에 들러붙어 있던 이물질들이 실리콘 결정격자 속으로 확산되어버린다. 이는 웨이퍼의 성질에 치명적인 영향

6 카렌 A. 라인하르트 공저, 장인배 역, 웨이퍼 세정기술, 씨아이알, 2020.

을 끼칠 수 있기 때문에, 열공정 시행 전에 매우 철저하게 웨이퍼 세정을 시행해야만 한다. **표 9.2**에서는 다양한 열공정들을 시행하기 전에 적용되는 세정의 순서와 사용하는 약품들을 예시하여 보여주고 있다.

표 9.2 열공정 시행 전 세정의 순서와 사용하는 약품들[7]

세정단계	전형적인 순서
산화 전(패드 전 또는 중요하지 않은 산화공정)	SPM → DHF → SC-1 → SC-2
산화 전(게이트 전, 또는 여타의 중요한 산화공정)	SC-1 → SC-2 → DHF
폴리처리 전/스페이서공정 전	SC-1 → SC-2
접점생성 전/규화처리 전	SC-1 → DHF 또는 BHF
접점생성 전/규화처리 전	DHF

9.2 습식 세정기술

웨이퍼 세정을 위한 **액상공정**에는 수용성 화학약품, 유기용제, 또는 이들의 혼합물을 사용한다. 여기서 수용성 화학약품만을 사용하는 공정들을 **습식공정**이라고 부른다. 습식공정은 주로 전공정 웨이퍼의 세정에 사용된다.

습식 세정 메커니즘은 순수한 물리적 용해, 또는 화학반응을 수반한 용해과정으로 이루어진다. 예를 들어, SC-1을 사용하는 화학적 세정공정의 경우에는 소재 표면에서 단지 몇 개의 원자층들만을 제거하지만 이는 화학적 식각에 해당한다.

액체를 사용하는 웨이퍼 세정방법들은 특정한 용도에 따라서 무기산, 과산화수소를 포함하는 수용액 혼합물, 유기용제, 수용액/용제조합 등을 사용한다. 집적회로의 대량생산 과정에서 효과적으로 세정공정을 수행하기 위해서 다양한 기법을 사용하는 전용 세정장비들이 개발되었다. 금속이 입혀지기 전인 전공정(FEOL) 실리콘 웨이퍼의 세정에는 효과적인 세정액들이 많이 개발되어 있기 때문에 유기용제가 거의 사용되지 않는다. 그런데 후공정(BEOL) 디바이스 웨이퍼의 경우에는 대부분의 화학약품들을 사용할 수 없기 때문에 유기용제가 사용되기도 한다. 유기불순물들을 제거하기 위해서는 염불화탄소 혼합물, 아세톤, 메탄올, 에탄올, 이소프로필알코올 등의 용제가

7 카렌 A. 라인하르트 공저, 장인배 역, 웨이퍼 세정기술, 씨아이알, 2020.

사용된다. 이들 중에서 이소프로필알코올(IPA)이 가장 순수한 유기용제이며, 물을 사용하여 헹군 웨이퍼의 증기건조에 광범위하게 사용되고 있다.

이 절에서는 RCA세정, 오미세정, IMEC 세정, 희석액 동적세정, 그리고 단일웨이퍼 단주기세정에 대해서 살펴보며, 세정의 마지막 단계인 헹굼과 건조에 대해서는 **9.4절**에서 따로 살펴볼 예정이다.

9.2.1 RCA 세정

RCA 세정은 1960년대 RCA社의 베르너 컨 등에 의해서 개발된 세정공정으로서, 전공정 실리콘 웨이퍼에 대해 적용된 최초의 성공적인 습식 세정공정이다. 이 세정공정에서는 SC-1과 SC-2라고 알려진 두 가지 휘발성 약액들을 고온 상태로 연속하여 공급하였다. 이 용액들은 실리콘 반도체 디바이스 제조분야에서 40년 이상의 기간 동안 오리지널 또는 수정된 형태로 사용되고 있다.

SC-1 용액은 수산화암모늄(NH_4OH)과 과산화수소(H_2O_2)가 혼합 및 희석된 수용성 혼합물로서 **수산화암모늄-과산화수소 혼합물**(APM)이라고도 부른다. 40~75[°C]의 온도로 가열하여 웨이퍼로 공급되며, 가벼운 유기물질들과 구리(Cu) 및 아연(Zn)과 같은 일부 금속 착화물들을 제거해 준다.

SC-2 용액은 염산(HCl)과 과산화수소(H_2O_2)가 혼합 및 희석된 수용성 혼합물로서, **염산-과산화수소 혼합물**(HPM)이라고도 부른다. 40~75[°C]의 온도로 가열하여 웨이퍼로 공급되며, 염기성 물질들과 다양한 금속 오염물질들을 제거해 준다.

RCA 세정공정은 **표 9.3**에서와 같은 순서로 진행된다. 황산-과산화수소 혼합물을 사용하여 큰 유기오염물들을 제거한 다음에 급속배수 방식으로 황산-과산화수소 용액을 배출한다. 탈이온수를 사용하여 표면을 세척하고 나서는 불화수소산을 사용하여 표면을 원자층 두께로 식각한다. 이를 통해서 오염입자와 웨이퍼 표면 사이의 접촉면적을 최소한으로 줄여서 입자가 떨어져나가기 좋은 조건으로 만들어준다. SC-1 용액과 메가소닉 가진을 시행하면 입자와 일부 금속들이 제거되며, 표면에 들러붙어 있는 오염물질들이 세척이 용이한 크기로 재성장한다. SC-2 용액을 사용하면 SC-1 용액공정에 의해서 증착된 금속을 포함한 모든 금속 오염물질들이 제거된다. 약품을 사용하는 모든 공정이 끝날 때마다 헹굼이 시행되며, 마지막으로 웨이퍼를 건조시키면 RCA 세정공정이 완료된다.

RCA 세정공정은 잔류 감광제와 같이 비교적 무거운 유기오염물질들의 제거에 효과적이다. 그리고 벌크 형태의 실리콘 산화물이나 유기물 제거과정에서 생성된 얇은 (화학적) 산화물들의 제거에도 효과적이다.

표 9.3 RCA 세정공정

SPM	QDR	헹굼	HF	헹굼	SC-1 메가소닉	헹굼	SC-2	헹굼	메가소닉 최종헹굼	건조

SPM: 황산-과산화수소 혼합물, QDR: 급속배수식 헹굼

9.2.2 오미세정

오미세정은 일본 도호쿠 대학교의 오미교수에 의해서 개발된 세정방법이다. 이 세정방법에서는 **그림 9.5**에 도시되어 있는 것처럼, 먼저 상온에서 오존화된 탈이온수를 사용하여 유기탄소와 금속을 제거한다. 다음으로 희석된 불화수소산(dHF) 및 과산화수소수(H_2O_2)와 더불어서 오존화된 초순수(UPW)를 사용한다. 공정의 유형에 따라서 계면활성제의 사용여부가 결정되며, 세정공정은 상온에서 메가소닉을 활용하여 화학 산화물, 입자 및 금속을 제거한다. 다시 오존화된 초순수를 사용하여 메가소닉 샤워세척을 시행한 다음에 희석된 불화수소산으로 웨이퍼 표면에 남아있는 화학 산화물들을 제거하고 완벽한 수소(H) 마감처리를 시행한다. 웨이퍼 표면이 수소로 덮이면 표면이 공수성을 띄게 된다. 마지막으로 메가소닉으로 수조를 가진하면서 초순수를 부어서 웨이퍼를 헹구고 나면 세정공정이 종료된다. 오미세정의 가장 큰 장점은 RCA 세정보다 작업속도가 빠르다는 것이다.

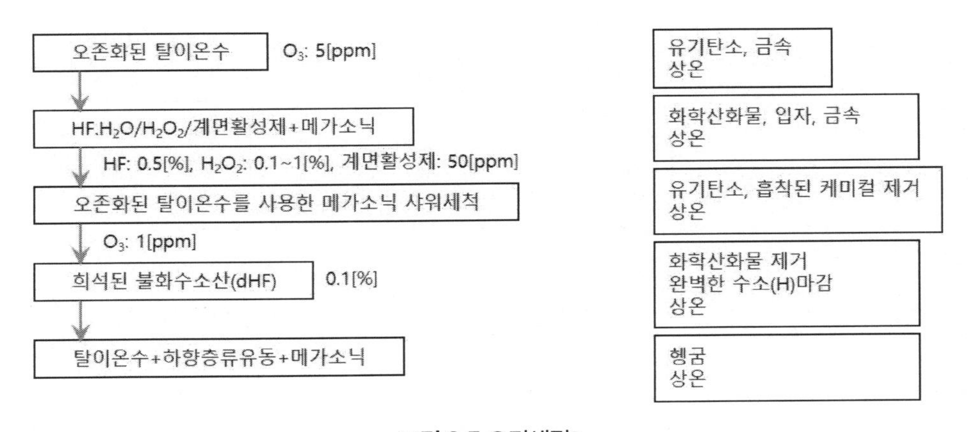

그림 9.5 오미세정[8]

8 카렌 A. 라인하르트 공저, 장인배 역, 웨이퍼 세정기술, 씨아이알, 2020.

9.2.3 IMEC 세정

IMEC 세정은 벨기에 루뱅에 위치한 반도체공동연구소(IMEC)에서 개발한 세정방법이다. 복잡하고 오랜 시간이 소요되는 기존의 RCA 세정공정을 단순화시키고 임계층 산화가공 전에 웨이퍼 표면에 남아 있는 금속과 입자들을 제거하기 위해서 **그림 9.6**에 도시되어 있는 것과 같은 새로운 2단계 세정기법을 개발하였다.

1단계에서는 황산(H_2SO_4)+오존(O_3) 혼합물이나 과산화수소(H_2O_2)+오존(O_3) 혼합물을 사용하여 산화물들을 씻어내기 쉬운 크기로 성장시키고 유기물들을 제거한다. 2단계에서는 희석된 불화수소(dHF)+희석된 염산(dHCl)이나 희석된 불화수소(dHF)를 사용하여 1단계에서 성장한 산화물들을 제거하고, 금속 및 입자들을 제거하며, 수소(H)로 안정화된 표면을 만든다. 공정에 따라서는 옵션으로 3단계 세정이 추가되는데, 희석된 염산(dHCl)+오존(O_3)이나 과산화수소(H_2O_2) 기반의 혼합물을 사용하여 성장된 산화물을 제거하고 공수성 표면으로 마감처리한다. 마지막 건조공정에서는 스핀헹굼, 마란고니건조 또는 IPA 증기건조를 통해서 워터마크 발생을 방지하면서 공수성 표면 또는 친수성표면에 대한 건조를 시행한다.

자동화된 습식 장비에서 IMEC 세정 레시피를 적용한다면 웨이퍼 배치공정의 시간은 32분이 소요된다. IMEC 세정은 전통적인 RCA 세정을 대체하는 뛰어난 세정성능과 높은 가성비가 검증되었다.

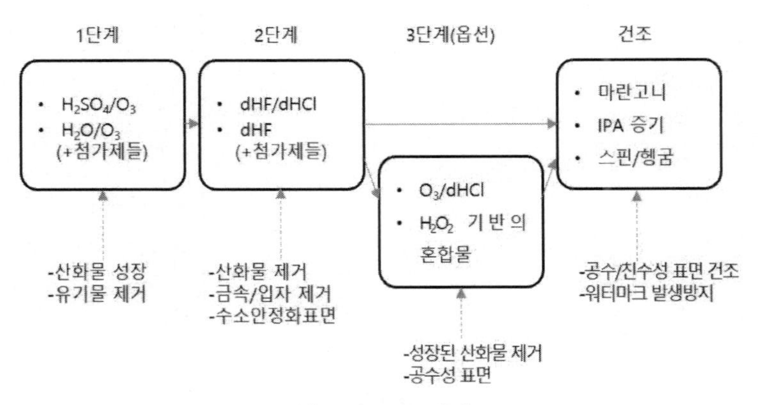

그림 9.6 IMEC 세정[9]

9 카렌 A. 라인하르트 공저, 장인배 역, 웨이퍼 세정기술, 씨아이알, 2020.

9.2.4 희석액 동적세정

프랑스 그레시레티의 연구자들에 의해서 **희석액 동적 세정**(DDC)이라고 부르는 세정방법이 개발되었다. 상온에서 희석된 화학약품들만을 사용하여 이산화규소(SiO_2) 박막, 입자 또는 금속 증착물질들을 제거하거나 게이트 생성전 웨이퍼 세척을 위하여 공정을 최적화시킬 수 있다. 세정에는 두 개의 수정소재로 제작된 넘침식 탱크들이 사용되는데, 첫 번째 탱크에는 탈이온수를 연속적으로 주입하면서 소량의 오존(O_3)이나 기체상태의 염산(HCl)을 주입한다. 동일한 탱크 내에서 세정과 헹굼을 반복하여 시행한다. 두 번째 탱크는 O_2 흡착을 위한 장치와 귀금속 제거를 위한 약액 정화장치를 갖춘 재순환/필터링 용기로서, 불화수소(HF, 1[wt%])기반의 약액을 사용한다. 희석액 동적세정에서 소모되는 약액의 양은 기존 RCA 세정공정의 1/10 미만으로 감소되었으며, 공정시간은 절반으로 줄어들었지만, 세정 능력은 RCA 세정과 동일한 수준으로 유지되었다.

9.2.5 단일웨이퍼 단주기 세정

단일웨이퍼 공정은 포토스피너와 마찬가지로 웨이퍼를 수평으로 회전시키면서 세정을 수행하는 방법으로서, 월등한 공정제어능력, 웨이퍼 간 교차오염의 방지, 기술적 성능개선, 기존 배치공정에 비해서 여타 공정과 통합의 용이성 등으로 인하여 중요성이 높아지고 있다. 특히, 공정시간이 감소하였으며, 세척용 약액과 탈이온수의 소모량을 줄이면서도 높은 세정효율을 유지할 수 있다. 스피너 기구는 300[mm]웨이퍼를 수평으로 회전시키는 유닛과 토출/분무기구를 구비하고 있으며, 오존(O_3)+탈이온수와 불화수소산(dHF)을 교대로 수초 동안 공급한다. 웨이퍼 표면을 원하는 수준의 청결도로 만들기 위해서 필요한 횟수만큼 이 공정들을 반복하여 수행한다. 마지막으로 건조질소(N_2)를 분사하면서 웨이퍼를 회전시켜서 건조를 수행한다.

단주기 단일웨이퍼 세정(AM 세정)의 경우에는 단일웨이퍼공정에서와 동일한 구조의 챔버에서 30초 동안은 희석된 불화수소산 처리, 20초 동안 초순수 헹굼, 30초 동안 수정된 SC-1 용액 분무와 헹굼, 그리고 20초 동안 최종 헹굼을 시행한 다음에 20초 동안 원심건조를 시행한다. **그림 9.7**에서 알 수 있듯이, 수정된 SC-1 용액에는 계면활성제와 킬레이트제가 함유되어 있다. 담금식 RCA 세정의 경우에는 64분이 소요되는 반면에, 단주기 단일웨이퍼 세정은 단지 2분이 소요될 뿐이다.

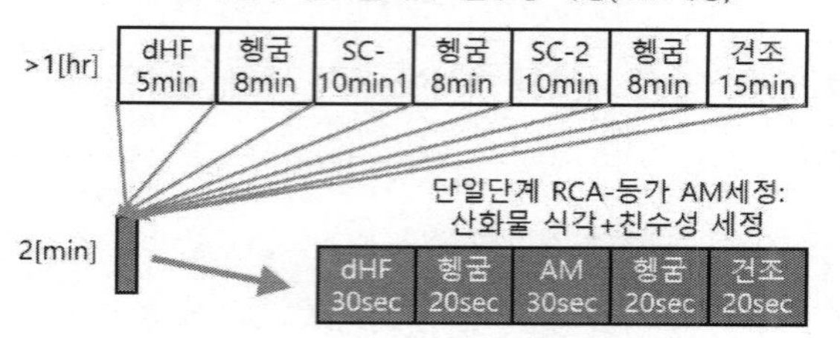

그림 9.7 단일웨이퍼 단주기세정 레시피10

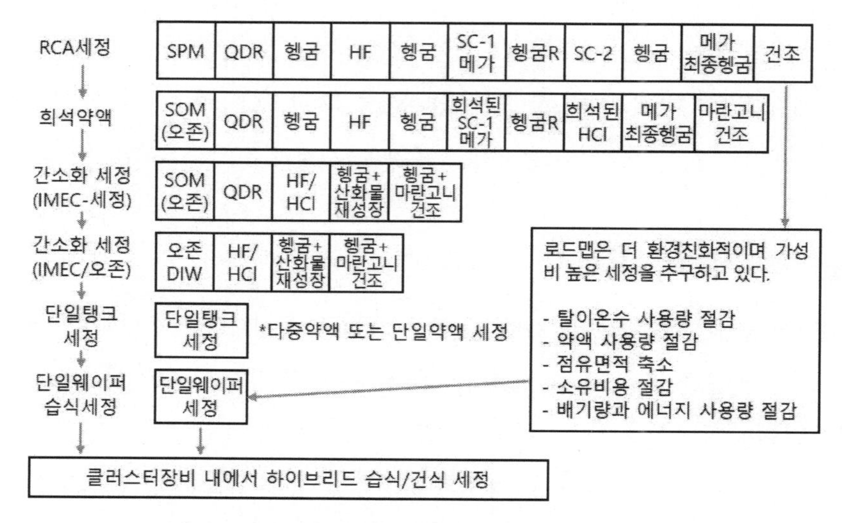

그림 9.8 약액 및 탈이온수 사용량 절감을 위한 로드맵11

9.2.6 약액/탈이온수 사용량 절감을 위한 로드맵

RCA 세정은 공정단계가 복잡하고 다량의 화학약품들을 사용하며, 1시간 이상의 시간이 소요된다. 현대에 와서는 환경오염에 대한 규제가 심해지고, 공정비용 절감에 대한 요구가 높아짐에 따라서 더 친환경적이며 가성비 높은 세정방법을 추구하게 되었다. **그림 9.8**에 제시되어 있는 로드맵을 살펴보면, 오리지널 RCA 세정에서 희석 약액을 사용하는 대안세정, IMEC 간소화세정 및 단일탱크 세정을 거쳐서 단일웨이퍼 습식 세정방법에 이르게 되었다. 이를 통해서 탈이온수와

10 카렌 A. 라인하르트 공저, 장인배 역, 웨이퍼 세정기술, 씨아이알, 2020.
11 카렌 A. 라인하르트 공저, 장인배 역, 웨이퍼 세정기술, 씨아이알, 2020.

화학약품의 사용량을 절감하고, 장비의 점유면적을 축소하며, 오염수 배출량과 에너지 사용량을 절감하여 결과적으로 소유비용 절감을 구현하게 되었다. 특히, 단일웨이퍼 습식 세정장비는 클러스터 장비에 통합하여 사용할 수 있다는 큰 장점을 가지고 있다.

9.3 습식 세정장비

습식 세정공정에는 단순 담금식 탱크에서 단일웨이퍼 세정장비에 이르기까지 매우 다양한 상용 장비들이 사용되고 있다. 세정장비의 유형을 선정하려면 배치 또는 단일웨이퍼 처리, 생산속도, 공정 레시피, 전공정 또는 후공정과 같은 적용공정 등 많은 인자들을 고려해야만 한다.

오리지널 RCA 세정공정에서는 불화수소산 때문에 용융실리카나 PTFE 소재로 제작한 **단순 담금식 탱크**를 사용하였다. 웨이퍼는 플라스틱 소재의 트레이에 거치하여 탱크 속에 담근다. 용액 탱크는 넘침 및 재순환 방식으로 용액을 순환시키며 온도제어가 수행된다. 탱크의 상부에서는 고효율 먼지제거(HEPA) 필터로 걸러진 공기가 순환되며, 로봇을 사용하여 완전 자동화된 공정수행능력을 갖추고 있다.

원심분무기를 사용하는 **단일웨이퍼 동적 세정기**의 경우에는 개별 배관을 통해서 약액들을 공급하며 사용 직전에 이들을 혼합하여 분무한다. 한 장비 내에서 세정, 헹굼 및 회전건조 또는 이소프로필알코올 건조 등을 수행할 수 있으며, 화학물질과 물의 사용량을 크게 절감할 수 있다.

정적인 밀폐 시스템은 밀폐된 챔버 속으로 웨이퍼 한 장을 집어넣은 다음에 세정, 건조 및 헹굼을 수행할 수 있도록 설계되었다. 밀폐시스템의 특성상 고온 또는 저온의 약액과 이소프로필알코올의 사용이 용이하다.

메가소닉 시스템은 압전 변환기를 사용하여 고주파 음향류를 만들어낸다. 고주파로 진동하는 약액과 웨이퍼 사이의 운동에너지 교환을 통해서 무결함 세정을 효과적으로 수행할 수 있다. 70[°C]에서 희석된 SC-1 용액과 메가소닉을 조합하면 웨이퍼의 앞면과 뒷면에 존재하는 마이크로미터 이하 크기의 입자들과 화학적 오염물들을 효과적으로 제거할 수 있다.

단일웨이퍼 브러시 문지름은 주로 화학-기계적 연마(CMP) 가공 이후에 웨이퍼의 앞면과 뒷면에 남아 있는 1[μm] 이상 크기의 입자들을 기계적인 문지름으로 제거하는 세정방법이다. 특수한 소재의 브러시들과 최적화된 세정액, 초순수(UPW) 또는 이소프로필알코올(IPA) 등이 사용된다.

9.3.1 단순 담금식 세정장비

퍼니스[12]라고도 부르는 **단순 담금식 세정장비**는 **그림 9.9 (a)**에 도시되어 있는 것처럼, 다수의 화학약품 탱크, 헹굼탱크, 건조기 등으로 이루어진다. 서로 다른 약액이 들어 있는 개별 탱크들은 넘침-재순환 방식으로 순환되면서 필터링을 통해서 이물질이 제거되며, 능동 온도조절장치를 사용하여 온도가 제어된다. **배치방식**[13]으로 웨이퍼 세정작업을 수행하는 동안 웨이퍼들을 취급 및 운반하기 위해서 **그림 9.9 (b)**에 도시되어 있는 것과 같은 웨이퍼 트레이(카세트)가 사용된다. PFA 소재로 제작된 25장들이 트레이는 강산, 강알칼리, 강불산 등에 대해서 저항성을 가지고 있다. 지정된 시간 동안 웨이퍼 트레이를 화학약품 탱크 속에 담근 다음에 헹굼 탱크로 옮긴다. 탱크의 상부에는 고효율 먼지제거 필터를 사용하여 하향유동으로 공기를 순환시켜서 청결한 환경을 유지시킨다. 현대적인 설비들에서는 로봇을 사용하여 완전 자동화가 구현되어 있다. 트레이와 로봇에 사용되는 소재는 퍼니스 시스템에서 사용되는 모든 화학약품들에 대한 저항성을 갖추고 있어야만 한다. 로봇에 의한 교차오염을 방지해야만 하기 때문에, 대부분의 자동화된 습식 세정장비들에는 로봇 세정장비가 함께 설치되어 있다.

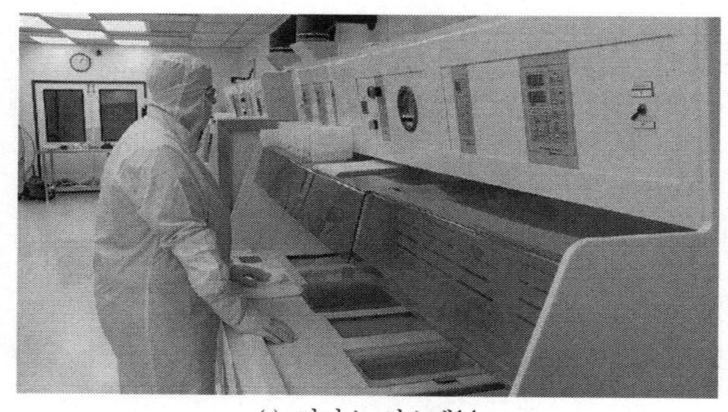

(a) 퍼니스 시스템[14]

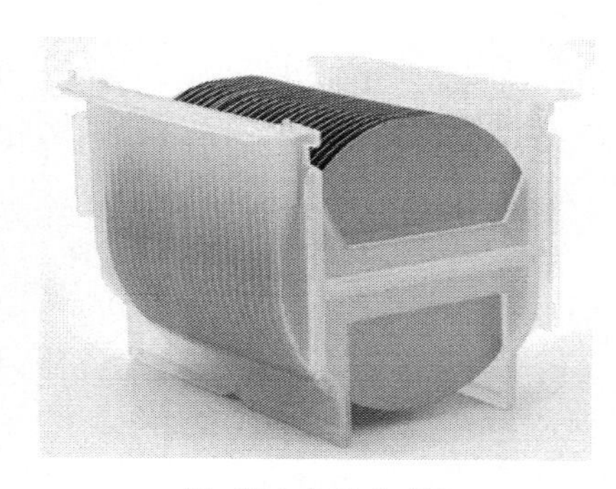

(b) 웨이퍼 트레이[15]

그림 9.9 단순 담금식 세정장비와 트레이

12 furnace

13 batch type: 다수의 웨이퍼를 트레이에 담아서 한꺼번에 공정을 수행하는 방식을 지칭한다.

14 waferpro.com/how-silicon-wafers-are-cleaned/

15 www.inseto.co.uk/wafer-selection-guide

9.3.2 단일웨이퍼 세정장비

그림 9.10에 도시되어 있는 **단일웨이퍼 세정장비**는 **그림 7.20**에 도시되어 있는 스핀현상장비와 본질적으로 동일한 구조를 가지고 있다. 단일웨이퍼 세정장비가 처음으로 도입되었을 때에는 뒷면세정이나 베벨세정과 같은 특화된 분야에 국한되어 사용되었다. 그런데 1990년대 후반에 후공정(BEOL) 세정이 시작되면서 단일웨이퍼 세정 시스템의 활용범위가 확대되기 시작하여, 현재는 단일웨이퍼용 장비의 시장규모가 배치장비의 시장규모를 넘어서게 되었다.

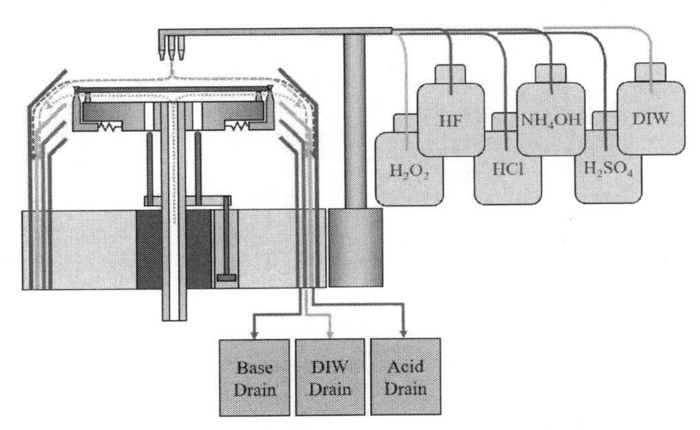

그림 9.10 단일웨이퍼 세정장비(컬러도판 p.663 참조)

단일웨이퍼 공정에서 웨이퍼는 척 위에 수평 방향으로 고정되며, 노즐에서 회전하는 웨이퍼 위로 화학약품이 주입된다. 약액이 주입되는 동안 노즐암이 웨이퍼 위를 선회한다. 일부 진보된 시스템의 경우에는 중공형 회전축을 사용하여 웨이퍼 뒷면으로도 화학약품을 공급할 수 있다. 이를 사용하여 웨이퍼 단면세정, 앞/뒷면 개별세정, 그리고 양면을 서로 다른 약품으로 세정하는 기능을 구현할 수 있다. 특히 단일웨이퍼 세정장비를 사용하면 배치방식 세정과정에서 발생하는, 웨이퍼 뒷면이나 테두리에 붙어있던 입자들이 웨이퍼 앞면으로 옮겨붙는 교차오염을 방지할 수 있다. 그림에서와 같이 선회암에 다수의 노즐들을 설치하면 여러 종류의 약액들을 순차적으로 사용할 수 있으며, 질소퍼징이나 이소프로필알코올(IPA) 분무와 같은 건조공정도 통합시킬 수 있다. 다양한 약액들의 사용 후 회수과정에서 산성, 염기성 및 유기용매와 같은 물질들의 성상을 분리하여 개별적으로 처리하여야 하기 때문에, 스핀현상장비의 경우와 마찬가지로 사용되는 약액의 종류 따라서 동심방향으로 배치되어 있는 바울들을 순차적으로 위로 올려서 원심력에 의해서 배출되는 약액들을 종류별로 분리하여 받아낸다.

단일웨이퍼 세정장비는 4~20개의 모듈들로 이루어진 배치장비를 하나의 플랫폼에 배치하여 배치 회전분무 시스템이나 자동화된 단순 담금 시스템에 근접한 생산성을 구현할 수 있다. 포토장비에서와 마찬가지로 하나의 플랫폼에는 다수의 개별 모듈들이 설치되는데, 모든 모듈들이 동일한 반복성을 구현할 수 있어야만 한다.

9.3.3 메가소닉 시스템

그림 9.11 (a)에 도시되어 있는 것처럼, 담금식 탱크의 하부에 초음파 발진기를 설치하고 이를 100[kHz] 내외의 주파수로 가진시키면 유체 내로 전달된 파동이 액체를 찢어서 수백만 개의 미세공동이나 진공기포(캐비테이션)를 만들어낸다. 그런데 이렇게 기포가 생성 및 붕궤되는 과정에서 나노구조물의 손상이 초래된다. 그러므로 진공기포가 발생하지 않도록 액체를 가진시키기 위해서 초음파보다 훨씬 더 높은 주파수 대역인 850~900[KHz] 대역의 초고주파 음향류를 사용한다. 이를 **메가소닉**이라고 부르며, 캐비테이션 손상을 방지하면서 웨이퍼 표면에 진동에너지를 전달한다. 70[°C]에서 희석된 SC-1 용액과 메가소닉을 조합하면 미세 입자들과 화학적 오염을 효과적으로 제거할 수 있다. 하지만 100[nm] 미만의 기술노드에서는 메가소닉의 물리적 작용력에 의해서 패턴손상이 발생하기 때문에, 현재는 블랭킷(무패턴) 박막이나 크기가 큰 패턴에 국한하여 적용하고 있다.

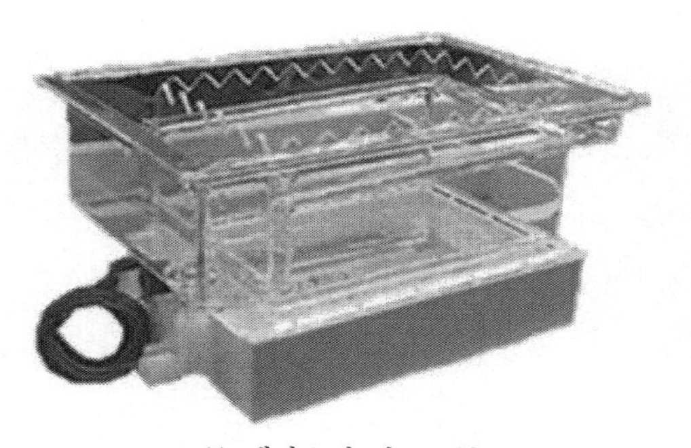

(a) 메가소닉 담금조16

(b) 메가소닉 플레이트17

그림 9.11 메가소닉 시스템

16 ctgclean.com

메가소닉 가진방법은 배치방식과 단일웨이퍼방식에 모두 적용할 수 있다. **그림 9.11 (b)**에서는 웨이퍼와 평행하게 설치된 다리미 형상의 메가소닉 가진판을 보여주고 있다. 웨이퍼와 가진판 사이를 채우고 있는 수막을 통해서 진동에너지가 웨이퍼 표면에 전달되면 입자가 공진하면서 웨이퍼로부터 떨어져 나간다.

9.3.4 혼합유체제트

물이나 화학약품을 분사하는 노즐을 사용하는 세정방식은 화학-기계적 연마(CMP)장비에서부터 사용되기 시작하였으며, 45[nm] 기술노드의 공정이 도입되면서 DRAM, NAND 메모리와 같은 저가의 디바이스에서 미세입자의 제거용으로 빠르게 확산되었다. 입자제거를 위해서 사용되는 수용액 기반의 노즐들은 음향펄스분무, 혼합유체제트분무, 그리고 펄스유체제트분무와 같이 구분할 수 있다.

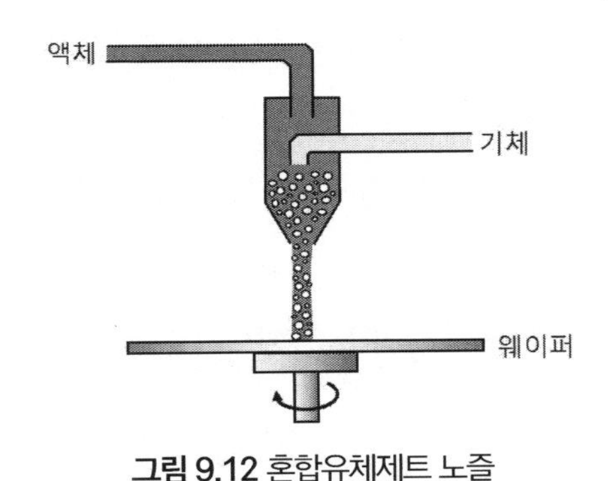

그림 9.12 혼합유체제트 노즐

음향펄스분무는 분사노즐에 압전 진동자를 설치하여 수력유동에 음향에너지를 부가하는 방식이다. **혼합유체제트분무**의 경우에는 **그림 9.12**에 도시되어 있는 것처럼, 전형적으로 분사노즐의 끝부분에서 수력유동에 질소(N_2)가스를 섞는다. 질소 기체는 물줄기를 미소액적의 형태로 분리시키며, 이 액적들이 웨이퍼 표면에 충돌하면서 입자를 제거한다. 입자 제거과정에서 패턴형상의 손상이 발생하는 것을 방지하기 위해서, 탈이온수(DIW)의 공급압력을 조절하여 액적의 크기를 60[μm] 내외로 조절하며, 질소가스 공급압력을 조절하여 액적의 속도를 조절한다. **펄스유체제트**

17 ap-s.com

의 경우에는 별도의 밸브를 사용하여 물을 펄스 형태로 공급한다. 이로 인하여 노즐에서는 펄스 형태로 물이 분사된다. 펄스 덕분에 낮은 에너지로 웨이퍼 표면의 입자들을 제거할 수 있다.

유체제트의 세정효율을 향상시키면서도 민감한 형상들의 손상을 줄이기 위해서 노즐에서 분사되는 탈이온수(DIW)에 불화수소산(HF)을 첨가하는 방법들이 사용되고 있다. 이를 통하여 입자 제거효율을 크게 높일 수 있다.

9.3.5 단일웨이퍼 문지름

화학-기계적 연마(CMP) 가공에서는 수백 [nm] 크기의 세리아 입자들을 슬러리로 사용하며, 연마된 웨이퍼 부산물들이 다량 생성된다. 그러므로 연마가 끝난 웨이퍼의 표면에는 엄청난 양의 오염입자들이 묻어있는데, 문지름 이외의 일반적인 비접촉 웨이퍼 세정방법으로는 이들을 제거하기 어렵다. **브러시 문지름**을 사용하면 친수성 표면특성을 가지고 있는 전공정 및 후공정 웨이퍼의 앞면과 뒷면에 존재하는 1[μm] 이상의 입자들을 동시에 제거할 수 있다. **폴리비닐알코올**(PVA) 소재를 몰딩하여 제작된 다공질 브러시는 **그림 9.13 (a)**에 도시되어 있는 것처럼, 원통 표면에 마치 문어의 빨판과 같은 원통형 돌기들이 튀어나와 있는 구조인데, 이 원통형 돌기들은 매우 부드러운 다공질 스펀지 구조를 가지고 있다. 이 브러시들을 **그림 9.13 (b)**에서와 같이 서로 평행하게 압착하여 회전시키면서 그 사이에 웨이퍼를 넣고 회전시킨다. 이때에 브러시의 중앙과 외부에 설치되어 있는 별도의 노즐을 통해서 탈이온수를 분사하면 웨이퍼의 앞면과 뒷면을 동시에 세척할 수 있다.

양면 문지름 방식의 입자제거 효율은 문지름 마찰력, 문지름 동수압, 공급되는 약액들의 농도 등에 의존한다. 마찰력은 중첩거리의 조절이나 압착력의 측정을 통해서 조절할 수 있다. 마찰력은 또한 웨이퍼와 브러시의 회전속도, 액체 공급량 등에 의존한다.

문지름 방식의 웨이퍼 세정에서 **제타전위**[18] 조절은 입자제거 과정에 중요한 역할을 한다. 단순한 기계적 문지름만으로도 웨이퍼 표면의 입자들을 떼어낼 수는 있지만, 웨이퍼와의 분리과정에서 양으로 하전된 입자들이 이동과정에서 웨이퍼에 재부착된다. 전공정의 화학-기계적 연마(CMP)공정 후에 28[wt%]의 암모니아(NH_3) 수용액을 탈이온수와 1:10,000의 비율로 희석한 저농도 알칼리성 약액을 사용하여 슬러리의 재부착을 방지할 수 있다. 이런 경우에 알칼리성 약액의

18 zeta potential

주요 역할은 입자 하부를 식각하여 입자를 들어 올리는 것이 아니라 필요한 제타전위와 정전 반발력을 생성하는 것이다.

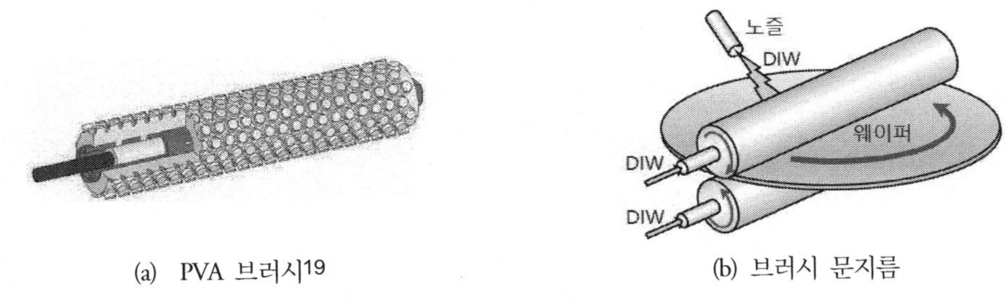

(a) PVA 브러시[19]　　(b) 브러시 문지름

그림 9.13 단일웨이퍼 문지름 세정

9.4 웨이퍼 헹굼과 건조

웨이퍼 세정을 통해서 입자, 금속 및 유기오염물질들을 제거할 수 있지만, 마지막 단계인 헹굼과 건조가 성공적으로 수행되어야만 전체 세정공정이 유효하다. 만일 이 단계가 올바르게 수행되지 않는다면, 세정공정의 모든 노력들이 허사가 되어버린다. 각종 화학약품들을 사용하는 공정들 사이에 수행되는 헹굼은 이전에 사용되었던 화학약품을 무효화시켜서 제거하는 비교적 단순한 공정이다. 하지만 최종 헹굼과 건조공정은 세정의 최종 품질을 결정하기 때문에 가장 중요하다.

9.4.1 웨이퍼 헹굼

헹굼의 목적은 웨이퍼 표면에 남아 있는 화학약품을 제거한 후에 탈이온수(DIW)로 대체하여 웨이퍼 위에 아무런 잔류 화학물질도 남아 있지 않도록 만드는 것이다. RCA 공정의 경우에, SC-1과 SC-2 공정 사이에 충분한 헹굼이 이루어지지 않는다면 웨이퍼 표면에 염화암모늄(NH_4Cl)과 원치 않는 반응생성물들이 석출된다. 건조 직전에 수행되는 최종 헹굼 시에는 탈이온수에 의해서 모든 화학약품들이 충분히 제거되었는지를 확인하기 위해서 인라인 저항값 측정방법이 사용된다. 대부분의 화학약품들은 이온화 특성을 가지고 있기 때문에 화학약품들이 잔류하

19 entegris.com

면 저항값이 감소한다.

웨이퍼를 헹구는 방법으로는 메가소닉 헹굼, 원심분무식 헹굼, 그리고 급속 배수식 헹굼방법들이 사용된다. **메가소닉 헹굼법**은 **그림 9.11**에서와 같이 메가소닉 담금조나 메가소닉 플레이트를 사용하여 진동에너지를 전달하므로써 웨이퍼 표면과 헹굼용 탈이온수(DIW) 사이의 임계 경계층을 줄여준다. 60[°C]의 온도에서 메가소닉 헴굼을 사용하여 구리배선이 만들어진 후공정(BEOL) 웨이퍼들을 안전하게 헹굴 수 있다. **원심분무식 헹굼**은 단일웨이퍼에 대해서 시행되는 공정으로써, 세정, 헹굼 및 건조를 하나의 모듈에서 시행한다. 세정의 전체 공정이 밀폐된 상태로 진행되기 때문에 공정의 통제가 용이하다. **급속배수식 헹굼**은 마치 변기에서 물을 내리듯이 탱크에 충진된 탈이온수를 급속으로 배수하여 웨이퍼를 헹군다. 담금조를 사용하는 세정방법에서 가장 자주 사용되는 방법이며, 현재도 널리 사용되고 있다. 급속배수가 끝나고 나도 웨이퍼 표면에는 약 20[μm] 두께의 수막이 남아 있으며, 이 경계층 내부에 남아 있는 잔류이온이나 입자들은 거의 씻겨나가지 않는다. 이들은 헹굼작업을 반복한다고 하여도 제거할 수 없기 때문에, 세정과정에서 경계층 내부의 이온이나 입자들을 모두 제거한 다음에 헹굼작업을 시행해야만 한다.

탈이온수(DIW) 내의 잔류입자 수를 정기적으로 측정하여 수질을 관리하며, 입자수의 변동 원인을 찾아내는 것이 매우 중요하다. 완전 가동 중인 웨이퍼 팹의 경우, 7.6×10^{7}[liter/month]에 이를 정도로 엄청난 양의 물이 사용되기 때문에, 헹굼 작업은 환경 문제와 비용 문제를 야기한다.[20] 헹굼 공정을 최적화하여 물 소모량을 최소화시키고 효용성은 극대화시킬 필요가 있다.

9.4.2 웨이퍼 건조

웨이퍼 표면에 대한 화학약품을 사용한 세정과 헹굼이 끝나고 나면, 웨이퍼 표면에 남아 있는 물기를 완전히 제거하기 위해서 건조공정이 시행된다. 건조공정의 가장 큰 문제는 잔류수분 속에 남아 있던 오염물들이 웨이퍼를 빠져나가지 못하고 표면에 다시 증착되는 것이다. 이런 문제를 최소화하기 위해서 회전건조, 이소프로필알코올(IPA) 증기건조, 그리고 액상 이소프로필알코올 건조 등과 같은 다양한 건조방법들이 사용되고 있다.

20 2021년 대만에 찾아온 100년 만의 가뭄 때문에 TSMC社는 수자원 부족으로 인하여 생산에 막대한 차질을 겪었다.

9.4.2.1 회전건조

회전건조는 웨이퍼를 800~1,000[rpm] 또는 그 이상으로 회전시켜서 원심력으로 물기를 털어내는 건조방식이다. 회전건조 방법은 배치방식이나 단일웨이퍼를 사용하는 경우에 대해서 지금도 여전히 사용되고 있다. 회전건조의 단점은 잔류수분이 반경방향으로 흐르면서 물줄기 형태의 오염자국을 남길 수 있다는 것이다. 또한 웨이퍼 표면에서 물방울이 튀면서 마이크로미터 이하 크기의 액적들이 생성될 수 있는데, 이들은 건조공정을 통해서 효과적으로 제거하기 어렵다. 고온의 질소(N_2) 가스를 분사하는 환경하에서 회전건조를 시행하면 웨이퍼 표면을 불화수소산으로 마감 처리한 이후에 생기는 물얼룩과 같이 건조과정에서 발생하는 여타의 결함들을 줄일 수 있다.

단일웨이퍼 세정장비의 경우에는 화학약품 처리와 헹굼이 끝난 다음에 해당 장비 내에서 질소가스를 분사하면서 웨이퍼를 회전시켜서 웨이퍼를 건조시킨다. 습식 벤치의 경우에는 별도의 건조 모듈이 사용된다. 배치방식의 세정장비에서는 웨이퍼 트레이를 붙잡아 옮기는 (로봇) 인터페이스에서 오염입자가 발생한다. 게다가 웨이퍼 트레이를 동시에 회전시키는 건조방식의 경우에는 (이전에 존재하던 응력 크랙에 의해서) 웨이퍼들 중 한 장이 파손되어도 트레이 전체를 폐기해야만 하는 상황이 발생한다.

9.4.2.2 모세관 건조

모세관 건조는 모세관 작용과 표면장력 사이의 상호작용을 활용하여 수분을 방출하는 건조기법이다. 80~85[°C]로 온도가 조절되는 탈이온수 수조 속에 담겨있는 캐리어에서 웨이퍼를 한 장씩 환경이 조절된 대기 중으로 서서히 꺼낸다. 이때 대기의 상대습도(RH)를 100% 가깝게 유지시켜서 수분증발을 1[wt%] 미만으로 유지하면 물얼룩에 의한 입자오염이 없는 표면을 얻을 수 있다.

9.4.2.3 용매증기 건조

용매증기 건조는 젖어있는 웨이퍼를 이소프로필알코올(IPA)과 같은 혼합용매-초순수의 고온증기 속에서 건조시키는 방법으로써, 용매가 응축되면서 수분이 제거된다. 대기를 용매증기로 채워 넣은 상태에서 수조 속에 담겨 있는 웨이퍼 캐리어를 빼내면 웨이퍼의 무오염 건조가 이루어진다. 이소프로필알코올 증기를 사용하는 건조방법이 배치장비에서 가장 선호되는 건조 방법으로 자리 잡게 되었다. 초청정 건조 표면을 얻기 위해서는 용매의 순도가 극도로 중요하며, 공정이 진행되는 동안 대기 중의 수분 함량이 특정 농도를 넘어서지 않도록 세밀하게 조절해야 한다.

9.4.2.4 마란고니 건조

마란고니 건조는 웨이퍼를 헹굼용 초순수에서 꺼내는 과정에서 이소프로필알코올(IPA)을 사용하여 순간적으로 물의 표면장력을 없애서 웨이퍼 표면에 물이 남아 있지 못하도록 만드는 건조방법이다. **그림 9.14 (a)**에서와 같이, 헹굼용 초순수에서 웨이퍼를 서서히 꺼내는 동안 웨이퍼의 공기와 수분이 나뉘는 경계면에 이소프로필알코올과 같은 계면활성제 유기용매를 분사한다. 웨이퍼 표면에서는 표면장력이 낮은 이소프로필알코올이 표면장력이 높은 물속으로 확산되면서 표면장력이 낮은 수면과 표면장력이 높은 수중 사이에 표면장력 구배가 발생한다. 이를 마란고니효과라고 부르며, 이로 인하여 수면에서 수중으로 물이 밀려나게 된다. 마란고니 건조에서는 수분이 물리적으로 제거되기 때문에 물얼룩의 발생을 방지하기가 용이하며, 이소프로필알코올의 소모량이 작기 때문에 비용이 절감된다. 특히, 용매증기 건조보다 훨씬 더 낮은 온도에서 공정이 수행되며, 용매증기 건조보다 더 효과적으로 웨이퍼 표면에 존재하는 입자들을 제거해준다. **그림 9.14 (b)**에서는 웨이퍼를 꺼내는 대신에 수조 속의 초순수를 서서히 배출시켜서 웨이퍼가 드러나게 만들며, 위에서는 계속하여 이소프로필알코올을 분사한다. 이 방법은 트레이에 적재된 다수의 웨이퍼를 이동시키지 않고 건조시킬 수 있는 유용한 방법이다. 이소프로필알코올을 사용하는 마란고니 건조기법은 상용 습식 세정 시스템에서 널리 사용되고 있다.

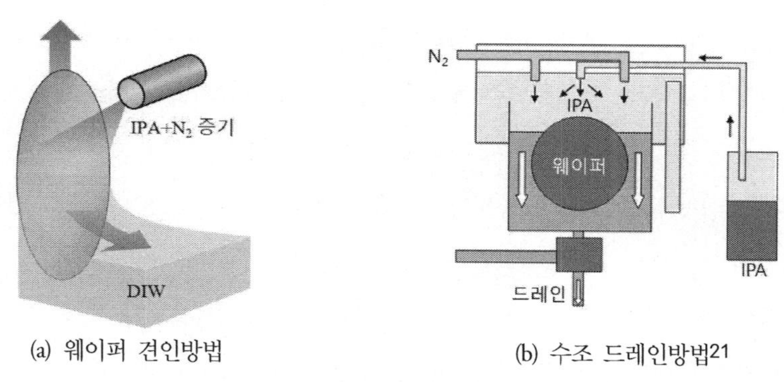

(a) 웨이퍼 견인방법 (b) 수조 드레인방법21

그림 9.14 마란고니 건조

단일웨이퍼 건조기법인 **로타고니 건조**는 단일웨이퍼 회전장비에 마란고니 건조원리를 결합시

21 카렌 A. 라인하르트 공저, 장인배 역, 웨이퍼 세정기술, 씨아이알, 2020.

킨 방법이다. 낮은 회전속도에서 이 기법을 적용할 수 있으며, 이를 통해서 물의 되튐과 공기분진에 의한 오염을 크게 줄일 수 있다. 초순수를 사용한 회전헹굼을 수행한 다음에, 이소프로필알코올을 분사하면서 대기 속에서 회전건조를 수행한다.

9.4.3 물얼룩

공수성과 친수성이 혼합된 표면의 경우, 공수성 표면에서 밀려난 물이 친수성 표면으로 잡아당겨지며, 건조과정에서 **물얼룩**이라고 부르는 건조자국들이 나타나게 된다. 이런 결함발생 메커니즘에는 실리콘 산화, 생성된 산화물의 분해, 건조동특성 등이 결합되어 있다. H_2O 속에 용해되거나 헹굼 과정에서 H_2O 속으로 확산된 O_2가 실리콘 표면과 반응하여 산화를 일으키고, 뒤이어 이 산화물들이 H_2O 속에 용해되기 때문에 헹굼 과정에서 저절로 이산화규소(SiO_2) 입자들이 석출되어버린다.

$$
\begin{aligned}
Si + O_2 &\rightarrow SiO_2 \\
SiO_2 + H_2O &\rightarrow H_2SiO_3 \\
H_2SiO_3 &\rightarrow H^+ + HSiO_3^-
\end{aligned}
\tag{9.1}
$$

고체 물질은 증발되지 않기 때문에, 웨이퍼가 건조되면서 친수성 표면과 공수성 표면의 경계면을 따라서 **그림 9.15**에서와 같이, 용해된 잔류물들이 석출되어 실리콘(Si)과 산소(O)를 함유한 결함들을 형성할 수 있다. 이런 물얼룩이 발생하면 칩을 완전히 죽일 수 있기 때문에, 각별한 주의가 필요하다. 물얼룩의 발생을 저감하기 위해서 다음과 같은 방법들이 사용된다.

- 세정과정에서 불화수소산(HF)을 사용하면 공수성 표면이 만들어진다.
- 헹굼용 초순수에서 산소(O_2)를 제거한다.
- 건조기 내부 대기에 질소(N_2) 가스를 퍼징하여 산소(O_2)를 제거한다.
- 로타고니 건조기법을 사용한다.
- 웨이퍼 건조과정에서 액적의 되튐이 발생하지 않아야 한다.
- 웨이퍼 이송 또는 보관과정에서 H_2O가 표면에서 증발하지 않아야 한다.

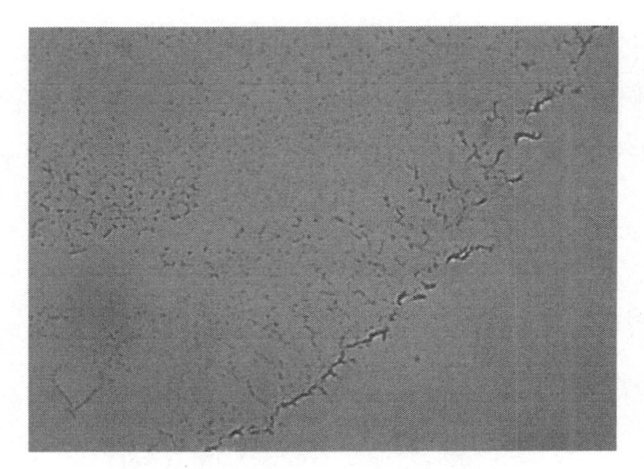

그림 9.15 건조과정에서 웨이퍼 표면에 생긴 물얼룩[22]

9.4.4 패턴붕괴

그림 9.16 (a)의 **Fin-FET 구조**에서 알 수 있듯이, 반도체 패턴의 크기가 줄어들면서 패턴들이 높고 얇아지며(종횡비가 커지며), 패턴 사이의 간극이 좁아지게 되었다. 이런 미세패턴들을 세정하는 과정에서 사용된 물의 표면장력이 건조과정에서 **그림 9.16 (b)**에서와 같이, 외팔보 형상의 패턴들을 서로 잡아당기기 때문에 패턴이 붕궤되어 서로 들러붙어버린다.

그림 9.16 (b)에서는 라플라스 압력(ΔP)과 접촉선에서의 표면장력(F_x) 때문에 두 개의 패턴직선들 사이에 스며든 액체가 서로 잡아당기는 현상을 설명하고 있다. 이 힘들은 다음과 같이 나타낼 수 있다.

$$\Delta P = P_{atm} - P = \frac{2\gamma\cos(\theta - \phi)}{d - 2\delta} \qquad (9.2)$$

$$F_x = \gamma\sin(\theta - \phi)$$

여기서 (d−2δ)는 서로 잡아당기는 두 패턴들 사이의 간극을 나타낸다. 이 간극이 좁아질수록 **라플라스 압력**(ΔP)이 증가한다는 것을 알 수 있다. 또한 라플라스 압력이 표면장력(γ)에 정비례하므로, 패턴들 사이에 스며들어 있는 액체를 물 대신에 이소프로필알코올과 같이 표면장력이

22 카렌 A. 라인하르트 공저, 장인배 역, 웨이퍼 세정기술, 씨아이알, 2020.

낮은 액체로 대체하여 패턴붕괴를 막을 수 있다.

하지만 종횡비가 매우 크며, 간극은 매우 좁은 경우에는 이소프로필알코올로도 붕괴를 완전히 막을 수 없다. 이런 경우에 극한의 용액인 초임계유체를 사용하는 방안에 대해서는 **9.7절**에서 살펴볼 예정이다.

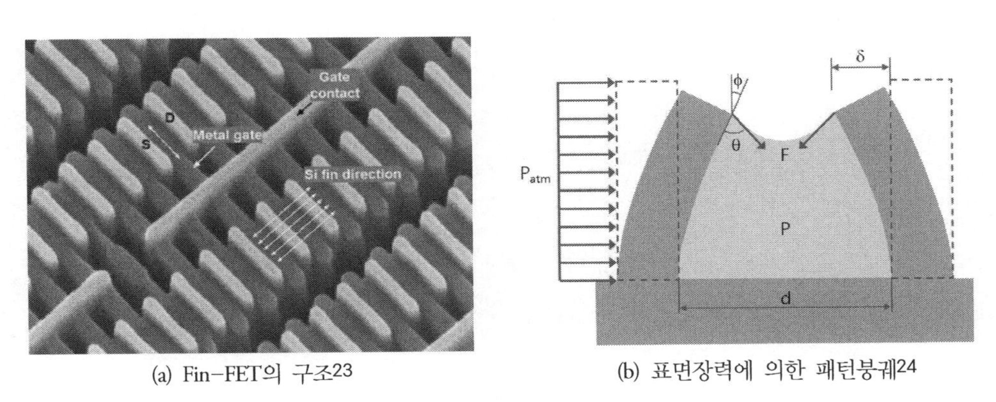

(a) Fin-FET의 구조23　　(b) 표면장력에 의한 패턴붕괴24

그림 9.16 세정 후 건조과정에서 발생하는 패턴붕괴 문제

9.5 증기 세정

지금까지 살펴보았던 습식 세정방법들은 장비와 공정의 편리성 때문에 앞으로도 집적회로 제조과정에서 웨이퍼 표면의 오염물질들을 제거하는 주류기술로 남아 있을 것이다. 하지만 습식 세정기술은 다음과 같은 단점들을 가지고 있다.

- **공정통합**: 저압증착, 열처리 및 건식식각공정과 습식 세정을 통합하기 어렵다.
- **미세패턴**: 종횡비가 큰 패턴 간 틈새 속에 스며든 액체를 빼내기 어렵다.
- **패턴붕괴**: Fin-FET과 같은 도랑구조는 습식 세정이 불가능하다.
- **약액관리**: 액체 속에 함유된 입자성 불순물의 관리가 어렵다.
- **환경문제**: 다량의 화학약품들과 탈이온수를 사용하므로 화학 폐기물 관리가 어렵다.

23 www.eenewseurope.com
24 카렌 A. 라인하르트 공저, 장인배 역, 웨이퍼 세정기술, 씨아이알, 2020.

이런 여러 가지 이유들 때문에 습식 세정을 대체하기 위해서 증기 세정(또는 건식 세정) 방법이 고안되었다. **증기 세정**은 수분을 함유하거나 함유하지 않은 기체나 증기를 사용하여 수행되는 세정기법이다. 대기압 근처의 압력에서 포화수증기압 근처의 기체상 반응물질을 사용하는 증기상 공정과 진공조건하에서 수행되는 건식 세정공정이 모두 포함된다. 특히, 기체상 공정의 경우에는 자외선(UV) 조사가 중요하게 사용된다.

증기상 세정을 유형별로 살펴보면, 다음과 같다.

- 산화물 제거를 위한 불화수소산(HF) 식각
- 유기물 제거를 위한 자외선/오존(UV/O_3) 노출
- 흡착된 금속성 오염물질의 제거를 위한 자외선/염소(UV/Cl_2)공정
- 덜 공격적인 조건하에서 금속을 제거하는 유기화학적 증기세정

9.5.1 공정통합

웨이퍼에 증착, 식각, 이온주입 등과 같은 공정을 시행하고 나면 표면상태가 변해버리기 때문에 곧바로 후속공정에 투입할 수 없다. 세정의 목적은 웨이퍼 표면의 이물질들을 제거할 뿐만 아니라 웨이퍼 표면의 화학, 소재 및 전기적 성질들을 후속 공정에 알맞도록 최적화하는 것이다.

일반적으로 습식 세정공정이 성공적으로 사용되고 있는 분야들을 증기 또는 건식 세정이 대체할 것이라고 기대하지는 않는다. 대신, 습식 세정을 적용할 수 없는 분야에 대해서는 증기 또는 건식 세정의 적용을 고려해야만 한다. **그림 9.17**에서는 클러스터 장비 내에 대기압 기체상 HF/H_2O 세정이 적용된 사례를 보여주고 있다. 표면세정 모듈은 대기 중에 설치되어 있으며, 웨이퍼는 로드록을 통해서 세정모듈과 진공 플랫폼 사이를 오간다. 이 통합 시스템은 게이트 적층 증착과 에피텍셜 실리콘 증착에 사용된다. 이외에도 프리콘택트, 프리에피텍셜, 실리콘 온 절연체(SOI), 실리콘게르마늄 , 쌍극성 트랜지스터의 폴리실리콘 이미터 생성 전에 적용되는 세정들이 포함된다. 증기 또는 건식 세정모듈들은 주로 클러스터 장비들과 연결되어 사용될 것이다.

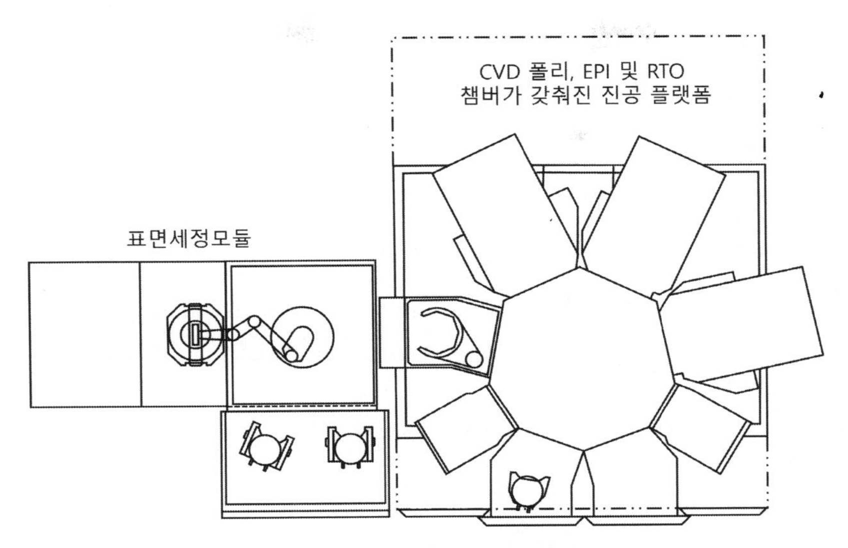

그림 9.17 클러스터 장비와 통합되어 있는 웨이퍼 세정장비의 사례[25]

9.5.2 무수불화수소산 식각/세정장비

자연생성, 또는 증착 및 열생성된 이산화규소(SiO_2) 박막과 인규소유리, 붕규소유리, 붕소인규소유리 등의 규산염 유리는 N_2 캐리어가스+무수불화수소산(HF)가스, 불화수소산(HF)가스+수증기 혼합물, 불화수소산(HF)가스+알코올증기 등을 섞은 혼합기체를 사용하여 증기식각 및 세정을 수행할 수 있다.

그림 9.18에서는 단일웨이퍼 무수불화수소산 식각 및 세정장비의 구조를 개략적으로 보여주고 있다. 프로그램이 가능한 질량유량제어기(MFC)를 사용하여 무수불화수소산(HF)과 수증기의 공비혼합물을 공정챔버로 공급한다. 서로 다른 산화물들을 동시에 식각하기 위하여 필요한 선택도에 따라서 질소(N_2) 캐리어가스, 무수불화수소산(HF), 그리고 수증기(H_2O)의 혼합비율을 조절하여야 한다.

불화수소산(HF) 기체의 유량비와 온도를 조절하여 웨이퍼 표면에 대한 잔류산화물의 두께균일성을 매우 양호한 수준으로 조절할 수 있다. 무수불화수소산 기체의 반응첨가물로 이소프로필알코올이나 메탄올이 사용된다. 실리콘 표면으로부터 일부 흡착된 금속 오염물질들도 함께 제거된다. 이 공정은 베이크 전, 배선 전, 에피텍셜 전, 증착 전에 웨이퍼 표면처리와 세정을 위해서

25 카렌 A. 라인하르트 공저, 장인배 역, 웨이퍼 세정기술, 씨아이알, 2020.

사용되고 있으며, 도전성 영역의 금속증착전 세정에도 사용되고 있다. 무수불화수소산을 사용하여 폴리머/규화 잔류물, 이산화규소 및 금속산화물들을 제거할 수 있다. 무수불화수소산 가스와 이소프로필알코올 증기, 그리고 질소가스를 사용하여 150[Torr], 50[°C]의 조건하에서 이산화규소를 식각할 수 있다. 저압환경하에서 n-채널 금속산화물반도체 전계효과트랜지스터(n-MOSFET)의 깊은 채널구조에 대한 세정에는 클러스터 공정장비에서 불화수소산+수증기를 사용하는 대기압 세정장비가 활용되고 있다. 마지막으로, 무수불화수소산+수증기의 공비혼합물과 무수불화수소산+이소프로필알코올의 공비혼합물을 사용하여 자연발생 산화물 박막을 선택적으로 식각하여 제거할 수 있다.

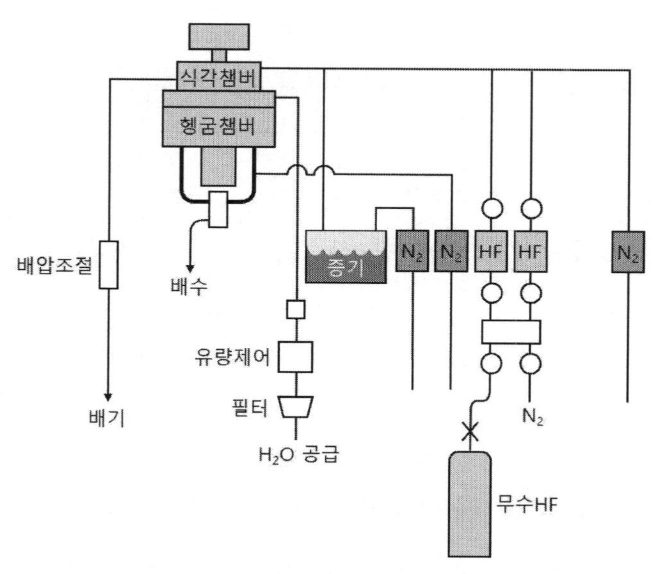

그림 9.18 단일웨이퍼 무수불화수소산 식각/세정 시스템[26]

9.5.3 저압 기체상 불화수소산 식각/세정장비

그림 9.19에 도시되어 있는 단일웨이퍼 저압 기체상 불화수소산 식각 및 세정장비의 경우에는 불화수소산(HF) 또는 염산(HCl)과 수증기(H_2O)의 공비혼합물을 기반으로 하는 기체상 화학물질을 식각 및 세정에 사용한다.

26 카렌 A. 라인하르트 공저, 장인배 역, 웨이퍼 세정기술, 씨아이알, 2020.

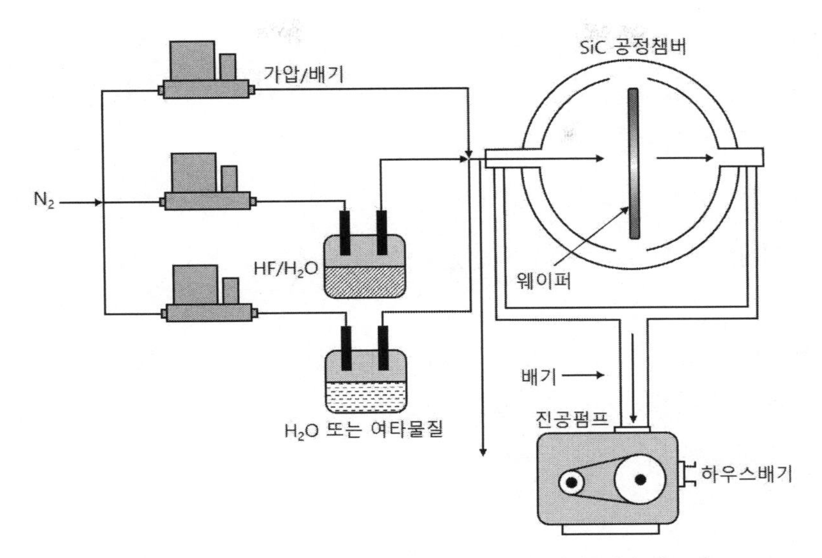

그림 9.19 단일웨이퍼 저압 기체상 불화수소산 식각/세정 시스템[27]

식각용 챔버는 두 개의 반구와 중앙 링으로 구성되는데, 내부체적이 농구공 정도의 크기를 가지고 있으며, 특수한 조성을 가지고 있는 탄화규소(SiC) 소재로 제작되었다. 챔버에는 웨이퍼 한 장이 수직 방향으로 거치된다. 기체는 챔버 한쪽에서 주입되며, 반대쪽으로 배기된다. 그림 좌측에 배치되어 있는 기화기에는 $HF+H_2O$, $HCl+H_2O$, H_2O 및 CH_3OH과 같은 약품들이 채워져 있다. 필요한 증기압력으로 약품들을 공급하기 위해서 기화기는 적절한 온도로 가열된다. 질량유량제어기(MFC)를 사용하여 질소(N_2)나 아르곤(Ar) 같은 캐리어가스의 유량을 조절하여 증기화된 약품들을 챔버로 공급한다. 산물질과 접촉하는 모든 부품들에는 탄화규소나 테플론 소재를 사용하였다. 진공펌프를 사용하여 챔버를 포함한 시스템 내부의 압력을 수[mTorr] 수준으로 유지하였다. 저압환경으로 인하여 반응물, 반응생성물, 그리고 오염물질들의 기화가 촉진된다. 세정공정의 초기단계에서는 반응물들이 실리콘 웨이퍼 표면에 흡착되며, 이후에 식각이 시작된다. 마지막 단계에서는 반응물들이 표면에서 이탈하며, 청결한 표면이 남는다.

그림 9.19에 도시된 장비에서 이루어지는 세정공정을 순서에 따라 살펴보면 다음과 같다.

- 웨이퍼를 챔버로 이송한 후에 챔버를 폐쇄한다.

27 카렌 A. 라인하르트 공저, 장인배 역, 웨이퍼 세정기술, 씨아이알, 2020.

• 수 초 이내로 챔버 압력을 수[Torr]까지 배기한다.
• 챔버압력이 100~400[Torr]가 될 때까지 10~60초 동안 반응기체를 주입한다.
• 챔버압력이 수[mTorr]가 되도록 배기한다.
• 챔버 속으로 질소(N_2)나 아르곤(Ar)과 같은 캐리어 가스를 주입한다.
• 4번의 배기과정에서 웨이퍼가 건조되므로 추가적인 건조는 필요 없다.

기체상 세정과 식각을 통해서 습식 세정에서 발생하는 대부분의 입자성 오염문제를 해결할 수 있다. 일반적으로 기체상 세정공정을 수행하는 동안 소수의 입자들이 웨이퍼 표면에 들러붙을 수 있겠지만, 대부분의 경우에는 입자들이 제거된다.

9.5.4 자외선/오존 세정

단파장 자외선(UV)을 조사하면서 산소(O_2)를 주입하여 소재 표면의 오염물질을 제거하는 광민감성 산화공정이 가장 오래된 증기세척 방법이다. 저압 수은방전 램프에서 방출되는 184.9[nm] 길이의 단파장 자외선이 대기 중의 산소(O_2) 분자에 흡수되면 오존(O_3)이 생성된다. 그리고 유기 분자들은 자외선램프에서 방출되는 다양한 파장의 자외선을 흡수하여 여기된다. 오존은 강력한 산화력을 가지고 있기 때문에 여기되거나 분해된 오염물질 분자, 자유 라디칼, 그리고 이온들과 반응한다. 이것이 **자외선/오존 세정**의 가장 주된 효과이다. 반응 생성물들은 주로 수분(H_2O), 이산화탄소(CO_2), 질소(N_2) 등이며, 휘발성 유기생성물들이 포함되어 있을 수도 있다.

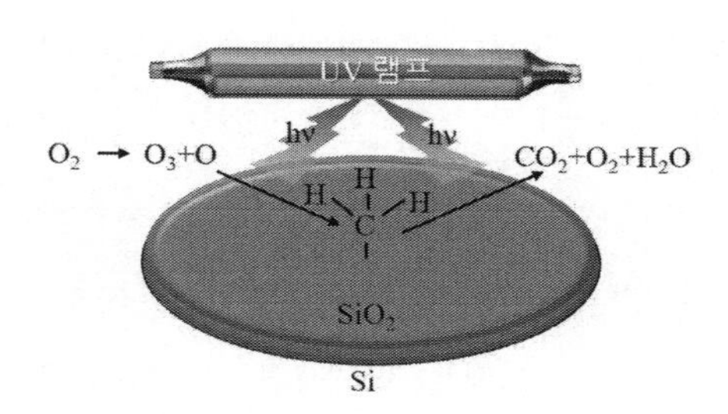

그림 9.20 자외선+오존을 사용한 웨이퍼 세정

자외선/오존 세정과 표면처리는 주로, 웨이퍼 표면에 잔류하는 유기물 및 탄소성 오염물질을 제거하는 것과 감광제와 폴리머 잔류물들의 박리와 감광제의 부착성을 향상시키기 위해서 사용

되며, **그림 9.20**에 도시되어 있는 것처럼, 자외선에 의해서 산소분자(O_2)가 오존(O_3)과 산소원자(O)로 변환된다.

이들은 웨이퍼 표면에 들러붙어 있으며, 자외선에 의해서 여기된 유기탄소와 반응하여 기체 상태인 이산화탄소(CO_2)와 산소(O_2) 및 수증기(H_2O)로 변환되어 배기되어 버린다. 자외선/오존세정 공정은 전형적으로 120[°C]의 온도와 500[Torr]의 압력하에서 시행된다.

9.5.5 자외선/염소증기 세정

자외선에 의해서 여기된 염소(Cl_2) 가스를 사용하여 웨이퍼 표면의 금속 오염물질들에 대한 증기상 제거를 시행할 수 있다. 50~400[°C] 온도와 희석제로 수소(H_2)가스가 주입되는 저압환경하에서 자외선을 조사하면서 염소(Cl_2)가스를 주입하면, 자외선에 의해서 분해된 염소(Cl) 라디칼이 약 0.3[nm] 두께의 얇은 실리콘층을 식각할 수 있다. **그림 9.21**에 도시되어 있는 것처럼, 자외선에 의해서 분해된 염소(Cl) 라디칼은 실리콘과 결합하여 $SiCl_x$를 형성할 뿐만 아니라, 금속(M)과도 결합하여 MCl_x와 같은 금속 복합체를 형성한다. 이를 통해서 표면이 손상된 실리콘층의 속이나 표면에 존재하는 구리(Cu), 철(Fe), 크롬(Cr) 및 니켈(Ni)과 같은 미량의 금속 불순물들을 제거할 수 있으며, 일부 유기물질도 제거할 수 있다.

전공정(FEOL) 단일웨이퍼 공정용 자외선 반응기가 상용화되어 있으며, 게이트 산화공정을 수행하기 전에 시행되는 실리콘 세정에 자외선(UV)+염소(Cl_2) 세정공정이 사용되고 있다.

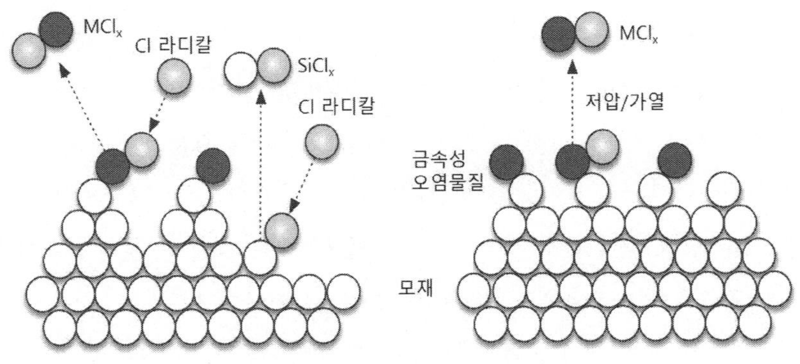

그림 9.21 자외선+염소증기를 사용한 웨이퍼 세정[28]

28 카렌 A. 라인하르트 공저, 장인배 역, 웨이퍼 세정기술, 씨아이알, 2020.

9.6 플라스마 박리와 세정

사용이 끝난 벌크 포토레지스트 마스크의 박리에는 액상의 화학약품을 사용하는 습식공정과 더불어서 자외선(UV)+오존(O_3)이나 플라스마를 사용하는 건식공정이 사용되고 있다. 소위 **플라스마 애싱**[29]이라고 부르는 플라스마 박리기법은 공정의 융통성이 크고 효율이 높아서 자주 사용되고 있다. 플라스마를 사용한 포토레지스트의 박리는 웨이퍼 세정이라기보다는 특수한 노광공정의 일부분이라고 인식되어 왔다. 그런데 플라스마 보조공정이 도랑구조 내부의 식각 잔류물들을 제거하기 위해서 사용되고, 표면 세정이나 표면처리 등과 같은 추가적인 용도에서도 사용되기 시작하면서 웨이퍼 세정에서 중요한 자리를 차지하게 되었다.

플라스마 보조박리는 벌크 감광제의 박리, 식각 잔류물질의 제거, 증착전 세정, 표면처리 등과 같은 다양한 세정공정에 활용되고 있다.

벌크 감광제의 박리

감광제는 노볼락 수지, 광활성 화학물질, 그리고 유기용제로 이루어진 탄화수소 폴리머이다. 전형적으로 플라스마 환경하에서 분자산소(O_2)의 분해에 의해서 생성되는 원자산소(O)의 반응을 통해서 벌크감광제의 박리가 이루어진다. 단일웨이퍼공정에서 하류 측 플라스마생성을 위해서 무선주파수(RF) 반응기가 사용된다. 불소함유가스, 또는 수증기를 산소(O_2)가스에 첨가하여 주입하면, 박리율을 증가시킬 수 있다.

식각 잔류물질의 제거

종횡비가 큰 도랑구조의 플라스마 식각에서는 수직방향 이방성 식각을 위해서 측벽에 식각 저항성 부동화층을 생성시킨다. 하지만 식각이 끝나고 나면 이 보호층을 제거해야만 한다. 보통 폴리머, 무기소재, 식각액, 산화물이나 금속 잔류물들로 이루어진 식각 부동화층의 제거를 위해서는 소량의 원자불소(F)를 원자산소(O)에 첨가한 기체를 사용하여 하류 측 플라스마 보조세정을 시행하여야 한다. 마지막으로 초순수를 사용한 헹굼이 필요하다.

금속성 식각잔류물질의 제거를 위해서는 수증기 기반의 하류 측 플라스마 보조세정을 시행한

29 plasma ashing

다음에, 별도의 장비에서 습식-케미컬 공정을 사용해서 부식성 오염물질을 제거해야만 한다.

증착 전 세정

유전체나 금속 박막을 증착하기 전에 접착성을 좋게 하고 표면저항을 낮추기 위해서 표면에 존재하는 잔류물이나 입자들을 세정하는 공정이다. 게이트 생성 전 절연체 세정과 표면처리는 조사손상, 표면 재오염, 표면거칠기 변화 등을 최소화해야 하는 매우 민감한 공정이다. 실리콘 에피텍셜 성장을 시행하기 전에도 플라스마 보조세정이 시행된다. 플라스마는 많은 오염물질들과 반응하며, 오염물질들의 분해와 제거에 영향을 끼치는 활성수소(H)를 생성한다.

표면처리

반응성 플라스마를 사용하여 특정한 공정단계를 최적화시키도록 실리콘 모재와 증착된 표면의 화학적, 물리적 조건을 변화시킬 수 있다. 산화를 억제하며, 표면박막의 조성을 변화시키거나, 공정을 수행하는 동안 불순물들을 흡착한다. 또한 뒤이은 습식 또는 건식공정을 용이하게 만들기 위해서 표면장력을 변화시킬 수 있다. 원격 플라스마 반응기 내에서 활성수소(H) 플라스마 공정을 사용하여 실리콘 에피텍셜 공정을 수행하기 직전에 매끄럽고 원자수준의 청결도를 갖추고 있으며, 수소로 마감된 공수성 표면을 만들 수 있다. 패턴이 성형된 Si-SiO_2 표면을 갖춘 웨이퍼에 대해서 원격 수소-플라스마를 사용한 현장세척 공정이 적용되고 있다.

9.6.1 박리와 세정용 플라스마의 주요 제원

웨이퍼 표면의 박리와 표면 세정에 가장 적합한 최적의 플라스마를 생성하기 위해서는 안정적이며, 반복적인 플라스마를 생성하는 데에 영향을 끼치는 중요한 인자들에 대한 이해와 관리가 필요하다. **표 9.4**에서는 박리와 세정을 위한 플라스마의 주요 제원들을 보여주고 있다. 플라스마 챔버 내부의 공정압력이 1.0[Torr] 이상이면 고압형, 0.1[Torr] 미만이면 저압형으로 분류한다. 고압형에서는 저에너지 이온충돌이 일어나며 화학효과가 강한 반면에 저압형의 경우에는 고에너지 이온충돌에 의한 물리적 효과가 강하게 나타난다. 출력범위를 살펴보면, 마이크로파 다운스트림의 경우에는 500~2,500[W], 반응성이온식각+마이크로파 다운스트림의 경우에는 75~100[W], 그리고 순수한 반응성이온식각의 경우에는 500~2,000[W]를 사용한다. 첨가기체는 산화제, 환원제 및 첨가제로 구분하며, 저압의 경우에는 100~500[sccm], 그리고 고압의 경우에는 500~2,000[sccm]의 유량을 공급한다. 공정은 대부분 65[℃] 이상의 온도에서 이루어지며, 포토레지스트의 고속박리와 저유전체의 세정에 적용된다.

표 9.4 박리와 세정용 플라스마의 주요 제원30

압력	출력유형	기체유형	온도
고압형	플라스마 소스		
>1.0[Torr]			>65[℃]
저에너지 이온충돌 화학효과 강함	마이크로파 다운스트림 또는 유도결합플라스마	산화제: O, O_3, N_2O	다량이온주입 감광제 박리 중 파열방지
등방성 세정과 박리에 적용	무선주파수 반응성 이온소스	환원제: H_2, NH_3, H_2O, H_2/N_2	산화물 속으로 불순물 확산방지
고압을 만들기 위해 고유량기체 필요	반응성이온식각+ 마이크로파/유도결합 플라스마	첨가제: CF_4, NF_3 또는 He, Ar, N_2	
저압형	출력범위	기체유량	적용분야
>100[mTorr]			>100[mTorr]
고에너지 이온충돌의 화학 및 물리적 효과 반응성이온식각 적용 시 방향성 필요	마이크로파(MW): 500~2,500[W] RIE 반응성이온식각+MW: 75~100[W] RF 반응성이온식각: 500~2,000[W]	저압: 10~500[sccm] 고압: 500~2,000[sccm]	감광제 벌크의 고속박리와 저유전체의 세정에 적용

9.6.2 박리와 세정에 사용되는 기체들

플라스마 식각과 박리공정에서는 웨이퍼 표면으로부터 포토레지스트, 잔류물, 불순물 등을 제거하기 위해서 물리적 효과와 더불어서 화학적 효과를 사용한다. 이온에 의한 운동량전달(스퍼터링)을 통해서 잔류물질과 포토레지스트를 물리적으로 떼어내고, 표면의 화학 결합을 파괴하며, 반응성 원자와 라디칼들은 잔류물이나 포토레지스트와 반응하여 휘발성이나 용해물질을 생성한다. 아르곤(Ar)과 같이 원자량이 큰 원자들은 스퍼터링에 유용한 반면에 분해되면 반응성이 큰 원자가 생성되는 기체(O 또는 F)나 증기(H_2O)들은 화학적 반응을 촉진시켜준다.

산소(O_2) 기반의 공정은 포토레지스트 내의 탄화수소를 쉽게 박리하지만 불화탄소나 금속과

30 카렌 A. 라인하르트 공저, 장인배 역, 웨이퍼 세정기술, 씨아이알, 2020.

같은 잔류물질의 제거에는 한계가 있다. 이런 경우에는 환원기체를 사용한다. 수소(H_2) 기반의 공정들도 탄화수소 잔류물질들을 제거해 주지만, 산화공정에 비해서 제거율이 매우 낮다. 하지만 수소가스는 일부 금속 물질들을 휘발성 수소화물로 환원시킬 수 있다. 비휘발성 잔류물들을 제거하기 위해서는 일반적으로 플라스마 공정을 시행한 이후에 습식 세정공정을 시행하여야 한다.

웨이퍼 표면에서 포토레지스트와 여타의 유기오염물질들을 제거하기 위해서 다양한 화학조성들이 사용된다. 이런 목적으로 **산화**, **환원**, **불활성**과 **반응성**과 같은 네 가지 부류의 기체들을 사용할 수 있다. **표 9.5**에서는 감광제 박리, 잔류물질 제거, 그리고 표면 부동화에 일반적으로 사용되는 공정기체들을 보여주고 있다.

표 9.5 박리와 세정에 사용되는 기체들31

산화	환원	불활성	반응성
O_2	H_2	He	CF_4
O_3	H_2O	Ar	NF_3
N_2O	NH_3	N_2	SF_6
O_2/N_2	H_2/N_2		C_2F_6

포토레지스트 박리과정에서 부산물들이 생성되며, 이 중 일부는 휘발성을 가지고 있다. 하지만 일부 부산물들은 불완전 반응물질이어서 기화되어 날아다니다가 챔버의 벽체나 진공포트에 들러붙어버린다. 챔버 벽체에 들러붙은 잔류물이 임계두께 이상으로 쌓이게 되면, 표면에서 박막이 벗겨지면서 부스러져서 입자 오염을 유발한다. 이런 유형의 증착물들은 주기적으로 제거해주어야만 한다. 생성된 잔류물들은 반응하지 않은 불화탄소 반족이나 주입물들이다. 특히 극자외선 노광용 포토레지스트들은 금속 산화물들을 함유하고 있으므로 챔버 벽체에 금속 잔류물들이 증착된다. 그리고 플라스마 챔버 내에서의 전류 흐름이 챔버 증착물의 두께와 조성에 의해서 영향을 받을 수 있으므로, 자주 세정해주지 않으면 재현성과 식각률 조절에 부정적인 영향을 끼친다.

31 카렌 A. 라인하르트 공저, 장인배 역, 웨이퍼 세정기술, 씨아이알, 2020.

9.6.3 플라스마 박리, 세정 및 표면처리용 장비

포토레지스트의 박리와 세정에는 다양한 유형의 플라스마 소스들이 사용된다. 가장 일반적인 유형의 반응기는 원격(다운스트림) 플라스마 소스나 유도결합 플라스마 소스와 무선주파수편향 플라스마 소스 등이 포함된다. 다운스트림 방전을 제외한 다른 모든 세정용 소스들은 건식 세정 공정의 개발과 병행하여 개발되었다.

9.6.3.1 장비개요

초기 플라스마 반응기는 게이트 생성을 위한 폴리실리콘 식각에 사용되었으며, 이후로 포토레지스트의 제거에도 플라스마가 사용되었다. 초기 플라스마 반응기는 수정으로 제작된 원통형 챔버와 무선주파수 에너지를 저압기체에 전달하기 위한 외부전극이나 코일에서 공급되는 무선주파수 출력을 사용하였다. 유기소재 포토레지스트를 저분자 휘발성 물질들(일산화탄소, 이산화탄소 및 수증기)로 분해시키기 위해서 산소(O_2) 기반의 플라스마가 사용되었다. 온도를 높이고 할로겐 함유증기나 수증기를 첨가하면 제거율이 향상되며, 폴리머 분자의 퇴화가 촉진된다.

디바이스의 크기가 줄어들고 3 이상의 종횡비가 표준화되면서, 이방성 식각 프로파일이 요구되었다. 1970년대 후반에 플라스마 보조패턴 식각에 **평행판 반응기**가 도입되었다. 이런 구조의 반응기에서는 모재가 플라스마 속에 위치하기 때문에 이온, 전자 및 광자가 웨이퍼 표면에 직접 조사되어 표면손상과 충전이 발생할 우려가 있다. 이를 개선하기 위해서 1980년대 중반에 포토레지스트 박리와 등방성 식각공정에 **원격반응기**라고도 부르는 **다운스트림 반응기**가 도입되었다. 여기서는 플라스마의 하류 측에 설치된 온도가 조절되는 평행판 위에 웨이퍼가 설치된다. 그리고 플라스마가 모재에 직접 조사되지 않도록 플라스마 소스와 모재 사이를 연결하는 관로를 여러 번 꺾어 놓는다. 이를 통해서 이온, 전자 및 광자들은 차폐되고 중성물질들만이 웨이퍼 표면에 도달하게 된다. 이를 통해서 다운스트림 박리장비에서는 디바이스에 가해지는 조사손상이 크게 줄어들었다.

초기 플라스마 장비들에서는 다중웨이퍼 배치공정을 사용하였으나, 웨이퍼의 크기가 증가함에 따라서 공정 제어능력을 향상시키기 위해서 단일웨이퍼 방식으로 변하게 되었다. 단일웨이퍼 시스템의 경우에는 생산성이 문제가 되므로, 높은 박리율이 필요하다. 높은 중성물질 농도와 모재 표면에 도달하는 유동의 균일화, 짧은 정주시간 등의 구현을 통해서 다운스트림 구조가 만들어졌다.

9.6.3.2 다운스트림 마이크로파 플라스마 소스

원격플라스마 장비에서 플라스마 튜브를 통해서 반응기체들이 주입되면, 플라스마 작용에 의해서 이온화 또는 분해된다. 공정압력은 일반적으로 0.1~1[Torr]이다. **글로방전영역**이라고 부르는 플라스마-코일 영역에서는 이온, 라디칼, 전자들과 함께 산소(O_2)에 전자가 충돌하여 분해 생성된 원자산소(O)와 같은 반응성 물질들이 생성된다. 이런 물질들은 대류와 확산을 통해서 플라스마 영역에서 모재 표면으로 전달되며, 이를 **다운스트림**이라고 부른다.

사용하는 기체 혼합물의 유형과 플라스마 주파수에 따라서 최적의 소재가 달라진다. 불소를 함유한 기체 혼합물은 수정 튜브를 식각하여 자주 교체해야만 한다. 사파이어와 실리카-알루미나 소재로 만든 튜브는 불소에 식각되지 않지만 수정 튜브보다 훨씬 더 비싸다. 다운스트림 반응기 내의 꺾인 관로와 기체를 분산시켜주는 샤워헤드의 소재와 구멍들의 기하학적 배치는 세정성능에 영향을 끼치는 중요한 설계인자이다.

그림 9.22에서는 마이크로파(MW) 원격 플라스마를 사용하는 전형적인 박리 및 세정 시스템의 기본설계가 개략적으로 도시되어 있다. 플라스마는 그림의 좌측에 위치한 수정소재 튜브 내에서 생성되며, 마이크로파 공동 속으로 투입된다. 마이크로파 소스는 일반적으로 **공진공동**에서 작동하며, 용량결합 모드로 작동하는 무선주파수 플라스마보다 높은 플라스마 밀도가 구현된다. 챔버 상부에 위치한 기체 주입구를 통해서 반응성 기체들이 주입되면 플라스마를 통과하면서 전자, 이온, 라디칼, 및 중성물질 등으로 분리된다. 이들이 꺾인 경로를 통과하면서 전자, 이온 및 광자들은 제거되고 중성물질들만이 샤워헤드를 통과하여 웨이퍼 표면에 도달하게 된다.

박리와 세정용 플라스마는 반응기 벽까지 도달하지 못하므로 스퍼터링이 최소화된다. 그러므로 챔버는 알루미늄으로 제작하여도 무방하며, 내벽을 수정으로 라이닝한다.

다운스트림 마이크로파 플라스마 시스템은 플라스마에 의해서 생성된 물질들이 모재까지 먼 거리를 이동해야만 한다. 이 경로 중에서 플라스마 튜브에서 생성된 활물질들 중 상당 부분이 웨이퍼에 도달하지 못하고 재결합하여 비활성 물질로 변해버린다. 이로 인하여 유도결합 플라스마에 비해서 박리효율이 떨어진다는 치명적인 단점이 있다. 현재도 다운스트림 마이크로파 플라스마 시스템이 여전히 사용되고 있기는 하지만 45[nm] 미만의 디바이스에서는 유도결합 플라스마 시스템으로 대체되고 있는 추세이다.

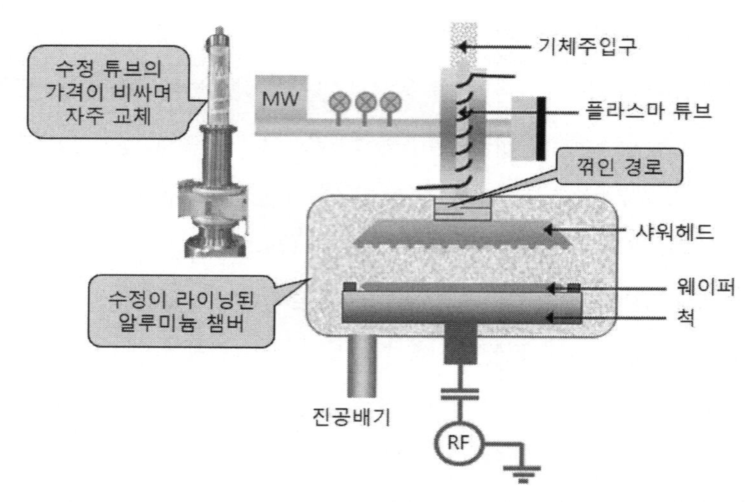

그림 9.22 다운스트림 마이크로파 플라스마를 기반으로 하는 박리 및 세정기의 개략도32

9.6.3.3 유도결합 플라스마 소스

그림 9.23에서는 **유도결합 원격 플라스마 세정 시스템**의 구조를 개략적으로 보여주고 있다. 이 시스템에서 중앙 상단에 위치한 플라스마가 생성되는 수정 튜브 주변에는 나선형태로 유도 코일이 감겨져 있다. 유도코일로 무선 주파수가 송출되면 튜브 내에서 플라스마가 생성된다. 유도결합 에너지가 반응챔버 속으로 유입되는 것을 차단하기 위해서 유도코일과 반응챔버 사이에는 **패러데이 차폐**가 설치된다. 이로 인해서 코일 전기장의 직접결합에 의한 2차 플라스마 생성이 완화되며, 웨이퍼 표면으로 흘러 들어가는 충전물질의 이온 에너지가 최소화된다.

유도결합 플라스마에는 두 가지 유형이 있다. 첫 번째 유형은 플라스마가 웨이퍼에 직접 접촉하는 형태로서, 옵션 사양인 무선주파수 편향을 사용하여 웨이퍼에 도달하는 이온 에너지를 조절한다. 이 구조는 플라스마 식각 챔버와 박리용 챔버의 구조가 별다른 차이가 없다. 두 번째 유형은 플라스마 생성 챔버와 웨이퍼 반응챔버 사이를 분리하기 위해서 격자 또는 배플이 사용된다. 격자나 배플을 사용하면 충전물질이 감소하는 반면에 활성화된 중성물질들이 웨이퍼 표면에 도달할 수 있다. 두 유형의 유도결합 플라스마 시스템 모두 다운스트림 마이크로파 플라스마 시스템에 비해서 박리율이 크게 향상되었다.

플라스마 생성에 사용되는 무선 주파수 코일과 수정 튜브 사이에 패러데이차폐가 설치되는 것

32 카렌 A. 라인하르트 공저, 장인배 역, 웨이퍼 세정기술, 씨아이알, 2020.을 일부 수정하였음.

이 진보된 유도결합 플라스마 시스템의 주요 특징 중 하나이다. 패러데이 차폐가 없는 경우에는 **그림 9.23 (b)**에서와 같이, 플라스마와 유도결합 플라스마(ICP) 코일이 생성하는 전기장결합에 의해서 고밀도 플라스마 장벽의 불균일이 발생하기 때문에 챔버벽의 침식이 일어난다. 하지만 **그림 9.23 (c)**에서와 같이, 패러데이차폐를 설치하면, 균일한 저밀도 플라스마 장벽이 형성되므로 베셀 벽면의 스퍼터링이 최소화된다.

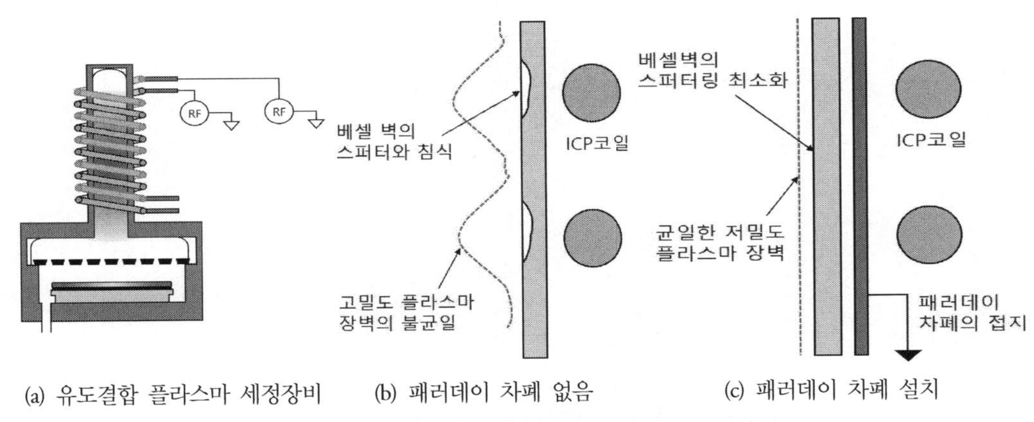

(a) 유도결합 플라스마 세정장비 (b) 패러데이 차폐 없음 (c) 패러데이 차폐 설치

그림 9.23 유도결합 플라스마 소스와 패러데이 차폐를 통한 베셀 벽면의 부식저감[33]

9.6.3.4 플라스마 손상문제

플라스마 기반의 박리와 세정공정에서 주의할 점은 이온과 자외선에 의해서 유발되는 손상문제이다. **이온유발 손상**의 경우, 플라스마에서 방출된 이온들이 웨이퍼 표면의 박막과 충돌하여 전기적, 물리적 손상을 유발하는 것이다. **충전손상**의 경우, 이온이 전하를 웨이퍼 표면에 전달하면, 심한 경우에는 박막의 전기적 특성이 영향을 받는다. 유전체 박막의 경우에는 높은 전기장에 의해서 절연파괴가 일어날 수도 있다. 플라스마 광자가 웨이퍼 표면에 도달하면 **자외선유발 손상**이 발생한다. 웨이퍼 표면에 고강도 자외선이 조사되면 정공–전자 쌍이 생성되며, 반도체 내부와 유전체/반도체 계면에서 전하포획이 유발되어 재결합 수명이 감소될 수 있다. 또한 자외선 광자가 유전체 결합을 파괴하여 박막 내에 트랩이 생성되거나 전자나 정공을 포획하거나 방출하면서 전기적 성질을 변화시킬 수 있다. **그림 9.24**에서는 플라스마에 의해서 생성되는 이온(⊕), 전자(e),

33 카렌 A. 라인하르트 공저, 장인배 역, 웨이퍼 세정기술, 씨아이알, 2020.

및 광자(hν)들이 웨이퍼를 향하여 아래로 내려오는 것을 볼 수 있다. 불투명한 배플들은 광자를 차단하여 자외선이 웨이퍼에 직접 조사되는 것을 막아준다. 그리고 챔버 벽체와 배플에 의해서 운동 방향이 꺾인 이온과 전자들이 서로 충돌하면서 재결합된다. 마지막에 설치된 망사형 이온스크린이 잔류이온과 전자들을 걸러내면, 중성물질들만이 웨이퍼로 전달되어 세정과 박리를 수행하게 된다.

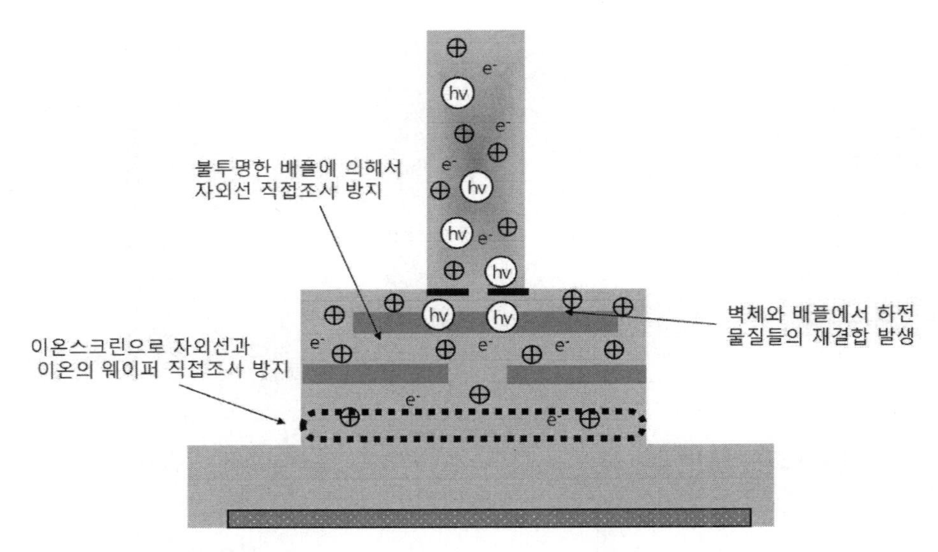

그림 9.24 배플과 이온차폐를 사용하여 플라스마로부터 웨이퍼 손상을 방지하는 구조[34]

9.7 극저온/초임계 세정기술

국제반도체기술로드맵(ITRS)에서는 동적임의접근메모리(DRAM)에서 임계치수의 절반피치의 절반크기를 갖는 결함을 **킬러결함**이라고 정의하고 있다. 기술노드가 발전함에 따라서 킬러결함에 해당하는 입자의 크기는 2020년에 7.5[nm]까지 감소하게 되었다.[35] 이렇게 지속적으로 감소하는 결함크기 때문에, 더 작은 크기의 입자들을 제거하면서도 손실을 최소화시키는 새로운 세정기술이 필요하게 되었다.

34 카렌 A. 라인하르트 공저, 장인배 역, 웨이퍼 세정기술, 씨아이알, 2020.

35 극자외선노광의 임계치수는 2023년 현재 3[nm]까지 감소했지만, DRAM 생산에는 적용되지 못하고 있다.

전공정(FEOL) 세정에는 SC-1에 메가소닉 에너지나 질소기체 분무를 사용하여 습식으로 마이크로미터 미만의 입자들을 제거하는 공정이 일반적으로 사용되고 있다. SC-1 세정에서는 용액 내의 수산화암모늄(NH_4OH)이 실리콘 표면을 미세식각하여 입자 하부를 침식시켜서 입자를 표면에서 떼어낸다. 그런 다음 SC-1 매질 속에 분산되어 있는 음의 제타전위를 가지고 있는 콜로이드가 이온층 반발력을 형성하여 일단 떠오른 입자들이 다시 웨이퍼 표면에 증착되는 것을 막아준다. 여기에 메가소닉 에너지를 추가하면 웨이퍼 표면에서 발생하는 유체유동의 경계층을 감소시켜준다. 경계층의 두께가 줄어들면, 이전에는 액체층에 의해서 보호되던 입자에 가해지는 동수압적 항력이 증가된다. 결과적으로 SC-1의 알칼리성과 메가소닉 작용력이 조합되어 실리콘 웨이퍼 표면에 존재하는 마이크로미터 미만 크기의 입자들을 제거할 수 있는 것이다. 그런데 디바이스의 형상 크기 감소에 따라서 트랜지스터 게이트의 길이가 축소되면서 게이트는 더욱 깨지거나 손상되기 쉬워졌다. 이 때문에 메가소닉 에너지가 패턴 형상의 손상을 유발할 수 있게 되었다.

후공정(BEOL)의 경우, 저유전체 박막과 같은 공수성 표면에 대한 세정이나 경질마스크에 대한 화학-기계적 연마(CMP) 이후의 세정에 대해서는 전통적인 습식 세정이나 플라스마 세정이 큰 어려움을 겪고 있다. 공수성 표면을 기존의 습식 방법으로 세정하기가 어려우며, 후공정 세정과정에서 유전율상수와 같은 벌크박막의 성질을 유지하는 것이 매우 중요하다. 그런데 플라스마나 습식 화학약품을 사용하는 기존의 세정방법들은 저유전체 박막에 손상을 입히며, 유전율 상숫값을 증가시킨다. 최근 사용이 증가하고 있는 다공질 초저유전체에서는 새로운 세정문제가 발생하게 되었다. 탄소나 차단소재들에서 유래한 금속성 오염물질들, 수분 및 여타 불순물들이 디바이스의 성능과 신뢰성에 유해한 영향을 끼칠 수 있다. 이런 반족들이 침투하는 것을 방지하고 이들을 효과적으로 제거하기 위해서는 새로운 세정기법이 필요하게 되었다.

이 절에서는 극저온 에어로졸과 초임계 CO_2($SCCO_2$)를 사용한 새로운 세정방법에 대해서 살펴보기로 한다.

9.7.1 극저온 에어로졸

극저온 유체란 110[K](-160[°C]) 미만의 온도에서 끓는 액체질소와 같은 극저온 액체로 정의된다. **에어로졸**은 고체입자나 액적이 함유된 기체이다. 따라서 **극저온 에어로졸**은 고체나 얼어 있는 액적이 차가운 기체 속에 섞여 있는 매우 차가운 물질을 의미한다. **표 9.6**에서는 일부 극저온

유체들의 기준 끓는점, 삼중점 압력 및 온도, 그리고 톤당 가격들을 보여주고 있다.

표 9.6 극저온 유체들의 기준 끓는점 온도[36]

기체	기준 끓는점 [K]	기준 끓는점[℃]	삼중점압력[atm]	삼중점온도[℃]	톤당가격 [US$]
공기	78.7	−194.5	−	−	−
질소(N_2)	77.4	−195.8	0.12	−210.0	160
산소(O_2)	90.2	−183.0	1.44×10^{-3}	−218.8	7,700
수소(H_2)	20.3	−252.9	0.07	−259.4	−
헬륨(He)	4.2	−269.0	4.2	−269.0	−
네온(Ne)	27.1	−246.1	0.49	−248.6	300,000
아르곤(Ar)	87.3	−185.9	0.68	−189.4	1,000
크립톤(Kr)	119.9	−153.3	0.72	−157.4	85,000
제논(Xe)	165.1	−108.1	0.80	−111.8	−
메탄(CH_4)	111.7	−161.5	0.12	−182.5	−
이산화탄소(CO_2)	194.7	−78.5	5.11	−56.6	110

극저온 에어로졸에서는 고체입자와 액적, 그리고 가스가 동시에 존재하여야 하므로, 극저온 에어로졸 장비의 작동조건(온도와 압력)은 삼중점 온도에 의해서 결정된다. 삼중점 온도가 너무 낮으면, 장비 주변에 수분이 들러붙어 얼어버리기 때문에 공정관리와 장비의 취급이 매우 어려워진다. 세정과정에서 다량의 에어로졸을 웨이퍼 표면에 분사하기 때문에 가격도 중요한 고려사항이다. 희유기체들(Ne, Kr 및 Xe)은 너무 비싸서 세정에 상업적으로 사용할 수 없다. 이런 모든 사항들 때문에, 이산화탄소(CO_2), 질소(N_2) 및 아르곤/질소(Ar/N_2) 혼합물 등이 상용 극저온 에어로졸 시스템에 사용되고 있다.

실린더에 보관된 액상의 기체를 특수하게 설계된 노즐을 통과시켜서 분사하면 단열팽창에 의한 **줄-톰슨냉각**이 발생하여 분사되는 물질의 온도가 낮아진다. 이를 통해서 **그림 9.25 (a)**에서와 같이 기체와 **스노우**라고 부르는 동결입자들로 이루어진 극저온 에어로졸이 분사된다. 고속으로 분사되는 극저온 에어로졸 입자들이 웨이퍼 표면의 오염입자들과 충돌하면 운동량전달이 일어난다. 오염입자의 접착력은 **그림 9.3**에 도시되어 있는 것처럼, 모세관힘, 반데르발스힘, 전기이중층

36 카렌 A. 라인하르트 공저, 장인배 역, 웨이퍼 세정기술, 씨아이알, 2020.을 참조하여 재구성하였음.

작용력 등의 순서이다. 에어로졸과의 충돌에 의해서 입자에 가해진 힘이 이런 접착력들의 합보다 크다면, 오염입자가 웨이퍼 표면으로부터 떨어져 나간다. 에어로졸 노즐의 뒤편에서 별도의 노즐을 사용하여 건조질소(N_2)를 분사하면, 웨이퍼 표면에서 에어로졸에 의해서 제거된 입자들이 질소가스 유동에 의해서 웨이퍼로부터 멀리 날아가 버린다. 에어로졸을 사용한 세정방법은 기존의 습식 세정방법에서 발생할 수 있는 표면의 식각이나 산화가 발생하지 않는다. 질소(N_2) 및 아르곤/질소(Ar/N_2) 극저온 에어로졸을 사용하여 전공정 트랜지스터 게이트나 후공정의 종횡비가 큰 형상에 대해서 패턴손상을 일으키지 않으면서 입자를 제거할 수 있다. **그림 9.25 (b)**에 도시되어 있는 것처럼, 다수의 구멍들이 등간격으로 배치되어 있는 노즐을 사용하여 300[mm] 크기의 웨이퍼를 세정할 수 있다. 기체-액체 혼합물이 노즐을 통과하는 과정에서 냉각되면서 기체와 고체 입자들로 이루어진 극저온 에어로졸이 웨이퍼 표면에 분사된다. 웨이퍼를 회전시키면서 서서히 이동하면 웨이퍼 표면 전체에 고르게 에어로졸을 분사할 수 있다. 이를 통해서 승화되거나 떨어진 오염물질은 별도의 노즐에서 분사된 건조질소(N_2) 기체의 층류유동에 의해서 쓸려나가 버린다.

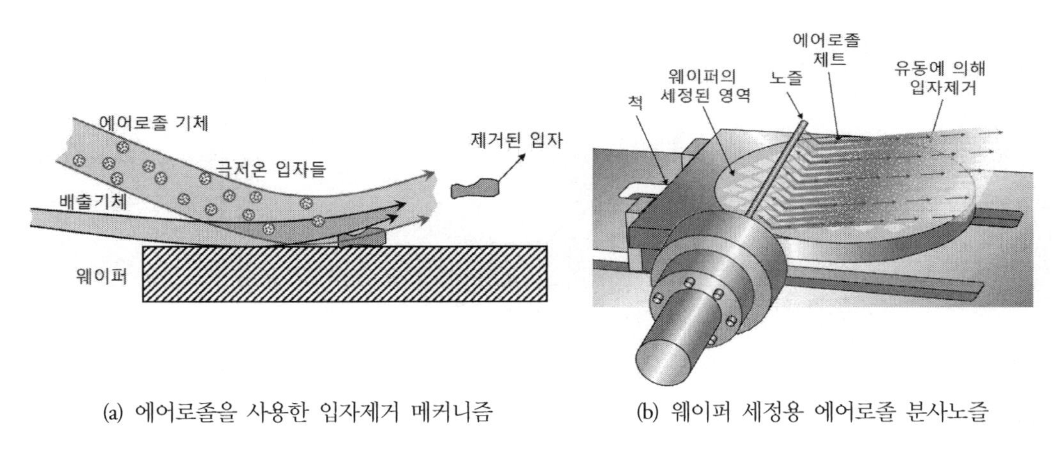

(a) 에어로졸을 사용한 입자제거 메커니즘　　(b) 웨이퍼 세정용 에어로졸 분사노즐

그림 9.25 극저온 에어로졸을 사용한 웨이퍼 세정방법[37]

9.7.2 초임계 고밀도유체

기체를 고압으로 압축하여 기체와 액체의 중간상태인 초임계 상태로 만들면 훌륭한 용제로 변하며, 이들의 용해능력은 압력에 의존한다. 초임계 유체는 커피추출에 적용되기 시작했으며, 현재

37 카렌 A. 라인하르트 공저, 장인배 역, 웨이퍼 세정기술, 씨아이알, 2020.

는, 제약, 직물가공, 세탁(드라이클리닝), 중합반응, 코팅, 식품추출, 크로마토그래피, 정밀세정 등을 포함한 다양한 용도에 사용되고 있다.

1990년대 중반이 되면서 초임계 유체를 사용한 반도체 디바이스의 세정이 관심을 받게 되었다. 디바이스의 치수가 수~수십 [nm]까지 줄어들게 되면서, 수용액 기반의 세정공정은 높은 표면장력과 모세관 작용력 때문에 특히 종횡비가 큰 도랑형 구조와 비아구조에 대한 유효 투과깊이가 제한되어 적용하기가 어려워졌다. 이를 극복하기 위해서 감광제 제거용 초임계 이산화탄소 시스템 개발이 이루어지면서 초임계 세정 시스템이 웨이퍼 세정에 도입되기 시작하였다.

초임계 상태에서 유체는 기체의 확산성과 액체의 용해성을 가지고 있으며, 표면장력이 0이다. 이는 차세대 반도체 디바이스의 조밀하게 밀집되어 있는 종횡비가 큰 구조물에 대한 세정 및 건조에 있어서 매우 바람직한 성질들이다.

표 9.7 다양한 기체와 액체들의 임곗값[38]

기체	임계온도[°C]	임계압력[MPa]	임계밀도[g/cm^3]
헬륨(He)	−268	0.227	0.070
질소(N_2)	−147	3.399	0.313
아르곤(Ar)	−122	4.861	0.536
이산화탄소(CO_2)	31	7.377	0.468
염소이불화메탄($CHClF_2$)	96	4.992	0.524
암모니아(NH_3)	132	11.335	0.225
헥산(C_6H_{14})	235	3.034	0.233
시클로헥산(C_6H_{12})	280	4.075	0.273
벤젠(C_6H_6)	289	4.895	0.309
톨루엔(C_7H_8)	321	4.233	0.290
물(H_2O)	374	22.063	0.322

표 9.7에서는 다양한 기체들의 임곗값들을 제시하고 있다. 헬륨(He), 질소(N_2) 및 아르곤(Ar)과 같은 불활성 기체들은 다른 혼합기체에 비해서 상대적으로 낮은 압력과 온도를 가지고 있지만, 헥산(C_6H_{14}), 시클로헥산(C_6H_{12}), 벤젠(C_6H_6) 및 톨루엔(C_7H_8)과 같은 유기화합물들은 더 높은 온

38 카렌 A. 라인하르트 공저, 장인배 역, 웨이퍼 세정기술, 씨아이알, 2020.

도와 압력을 임계조건으로 가지고 있다. 그런데 이산화탄소(CO_2)의 초임계점은 31[°C], 7.377[MPa]로서, 비록 임계압력은 여타의 유체들보다 높지만, 온도의 구현이 매우 용이하기 때문에 가장 선호된다. 양산등급의 초임계 장비를 구축하기 위해서는 밸브와 실들이 초임계조건을 견뎌야만 하는데, 고온과 고압을 모두 견디도록 만드는 것은 매우 어려운 일이다. 이산화탄소(CO_2)는 여타의 조용매들에 비해서 낮은 임계온도를 가지고 있기 때문에, 고압 밀봉조건만 충족하도록 시스템을 설계하면 된다.

9.7.3 초임계 세정 시스템

그림 9.26에서는 **초임계 세정 시스템**의 구조를 개략적으로 보여주고 있다. 시스템의 구성요소들을 살펴보면 다음과 같다.

- 이산화탄소(CO_2)는 기체 실린더나 벌크 공급용 탱크를 사용하여 공급한다.
- 이산화탄소를 임계압력 이상의 작업압력으로 공급하기 위해서 고압펌프가 사용된다.
- 첨가유체 탱크와 펌프를 통해서 조용매나 여타 첨가물들을 이산화탄소에 첨가한다.
- 초임계 유체를 임계온도 이상의 원하는 작동온도로 만들기 위해서 히터가 사용된다.
- 웨이퍼를 고정하고 세정공정을 수행하기 위해서 세정용 베셀이 사용된다.
- 세정이 끝나고 배출된 초임계유체는 분리기 속에서 팽창하여 기체로 변하며, 벌크 오염물질들이 석출되어 포집 및 배출된다.
- 모든 밸브, 파이프 및 안전용 부품들은 고압 전용품을 사용해야 한다.
- 옵션사양으로 이산화탄소를 정제하여 재사용하기 위하여 재활용 시스템이 사용된다.

초임계 유체를 반도체 웨이퍼 공정에 투입하기 위해서는 식품이나 제약용에 비해서 훨씬 더 엄격한 오염관리가 필요하다. 직경이 10[nm]에 불과한 입자만으로도 킬러결함이 유발될 수 있다.

초임계 세정 시스템은 감광제의 박리, 식각 후 잔류물의 제거, 저유전체 박막의 복원, 저유전체 기공의 밀봉 등에 활용할 수 있다. 초임계 기법은 저유전체 박막 위에 도포되어 식각 및 경화된 심자외선용 포토레지스트의 제거에 효과적이며, 세정 후 별도의 건조과정이 필요 없다. 초임계 세정공정은 패턴붕괴를 일으키지 않으면서 종횡비가 큰 포토레지스트 직선을 건조시킬 수 있으며, 저유전체 다공질 박막에서 수분과 반응 부산물들을 제거할 수 있다.

하지만 초임계 CO_2($SCCO_2$) 공정을 반도체 제조에 적용하기 위해서는 몇 가지 핵심적인 문제들을 해결해야만 한다. 장비의 오염을 제거하고 신뢰성과 공정 균일성을 향상시키기 위해서 앞으로도 많은 노력이 필요하다. 대량생산용 장비의 비용절감과 수율개선도 실현해야만 한다. 하지만 초미세 패턴의 세정과 초저유전체 박막의 세정에는 초임계 CO_2 이외에 별다른 대안이 없기 때문에, 초임계 세정기법은 앞으로 활용범위가 더욱 확대될 것으로 기대된다.

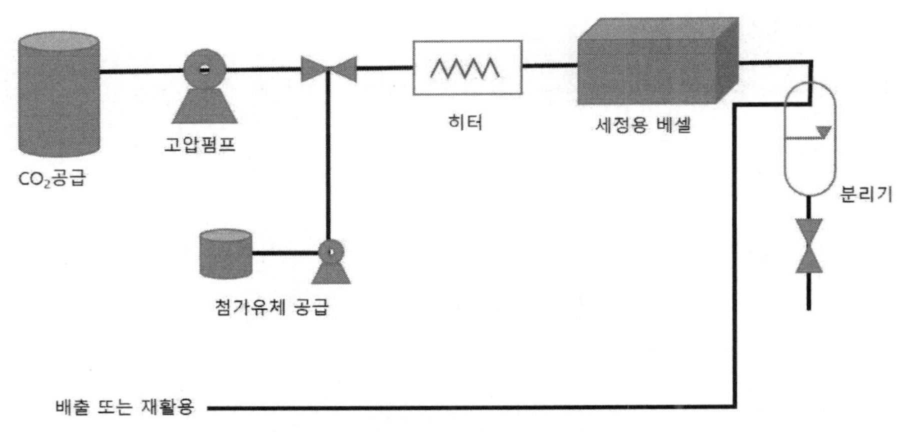

그림 9.26 일반적인 초임계유체 시스템의 구조도[39]

39 카렌 A. 라인하르트 공저, 장인배 역, 웨이퍼 세정기술, 씨아이알, 2020.

10

적층공정

Chapter

10 적층공정

인텔의 공동창립자인 고든 무어는 1965년에 반도체 집적회로 내의 트랜지스터 숫자가 18~24 개월마다 두 배씩 증가한다고 예측하였다. 놀랍게도 이후로 60년 가까이 지난 현재에도 이 **무어의 법칙**이 유지되고 있으며, 산업계에서는 지금도 이를 로드맵처럼 취급하고 있다.

반도체의 집적도를 향상시키기 위해서는 **임계치수**(CD)를 줄여나가야만 하는데, 임계치수는 광학계수(k_1)와 파장길이(λ)에 비례하고 개구수(NA)에 반비례하기 때문에, 광학적 설계를 최적화하는 동시에 노광에 사용되는 파장길이를 꾸준히 줄여나가게 되었다(**6.1절**과 **그림 6.1** 참조). 그런데 2000년대 초반에 157[nm] 광원 개발이 실패로 돌아가면서 뜻하지 않게 반도체 업계에서는 193[nm] 광원을 계속해서 사용할 수밖에 없었으며, 이를 극복하기 위해서 액침노광 및 다중노광과 같은 광학노광기술의 혁신과 더불어서 반도체의 3차원 적층기술을 도입하게 되었다.

2005년 국제반도체기술로드맵에서는 **무어의 법칙 초월**이라는 개념이 도출되었다. **그림 10.1**을 살펴보면 무어의 법칙 지속은 집적회로의 크기축소를 통한 집적회로의 소형화에 초점이 맞춰져 있는 반면에 무어의 법칙 초월에서는 기능적 다각화를 중요시하고 있다는 것을 알 수 있다. 무어의 법칙 초월을 위한 설계 방법론은 디지털과 비디지털 기능들을 콤팩트한 시스템 속에서 함께 구현하는 것이다. 비록, 3차원 집적화 기술이 무어의 법칙을 초월하기 위한 유일한 방법은 아니지만, 가장 중요한 기술개발 전략으로 취급되고 있다.

이 장에서는 3차원 집적기술에 대해서 개략적으로 살펴본 다음에, 실리콘 관통전극(TSV), 웨이퍼 박막가공, 화학-기계적 연마(CMP), 유리 캐리어 접착과 탈착, 그리고 본딩의 순서로 반도체를 3차원 적층하기 위해서 필요한 기술들에 대해서 자세히 살펴보기로 한다. 이 장의 내용은 3차원 반도체[1]를 참조하여 작성되었으므로, 보다 자세한 내용은 해당 문헌을 참조하기 바란다.

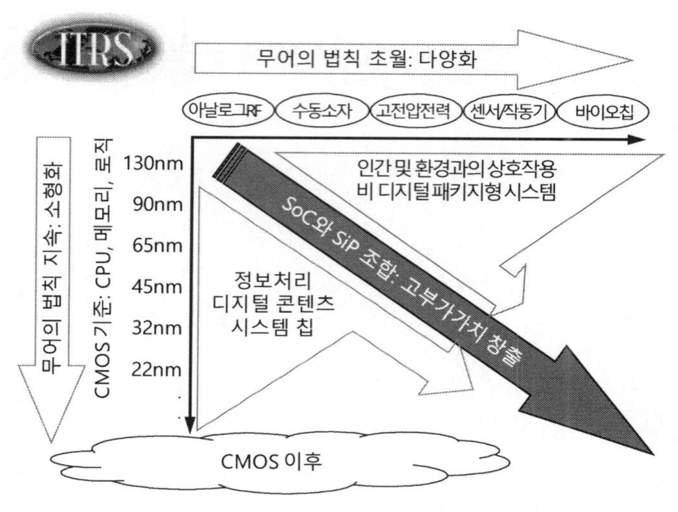

그림 10.1 무어의 법칙 지속과 무어의 법칙 초월에 대한 개념도[2]

10.1 서론

10.1.1 3차원 집적기술

무어의 법칙 초월은 무어의 법칙보다 빠르게 집적도를 높여간다는 것을 의미하지는 않으며,[3] 오히려 패키징 기술의 개선과 발전을 나타내기 위해서 사용되고 있다. **그림 10.2**에 도시되어 있는 것처럼, 1970년대의 관통구멍 패키지시대 이후로, 1980년대의 표면실장 패키지, 1990년대의 볼그리드어레이/칩스케일 패키지, 2000년대에는 3차원 패키지형 시스템(SiP)을 거쳐서 2010년대 이후로는 실리콘 관통전극(TSV) 기반의 패키지형 시스템(SiP)과 같이, 10년마다 패키징 기술은 혁신을 이뤄왔다.

1 콘도 가즈오 편저, 장인배 역, 3차원 반도체, 씨아이알, 2018.

2 콘도 가즈오 편저, 장인배 역, 3차원 반도체, 씨아이알, 2018.

3 2002년 삼성전자 기술총괄 사장이였던 황창규는 메모리의 집적도가 매년 2배씩 증가한다고 주장하였으며, 이를 황의 법칙이라고 불렀다. 약 5년 동안 이 법칙이 유지되었지만, 2008년에 깨지고 말았다. 이 시기에 일시적으로 집적도가 빠르게 증가했지만, 길게 봐서는 무어의 법칙이 계속 지켜지고 있다.

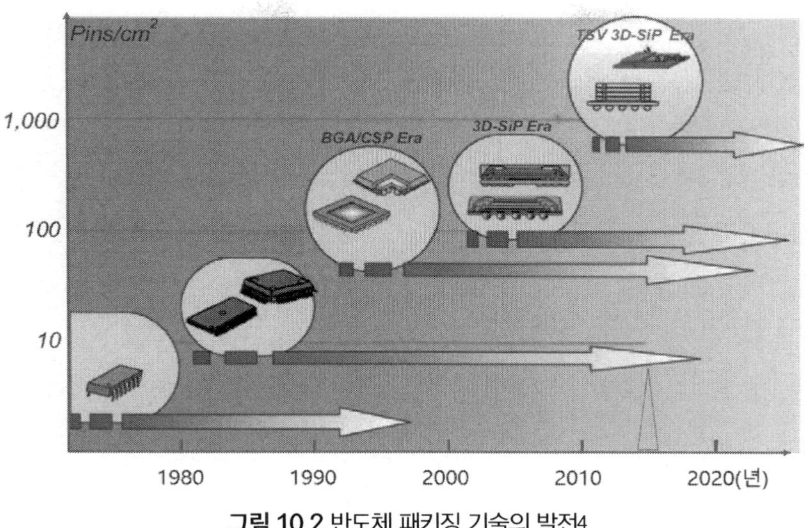

그림 10.2 반도체 패키징 기술의 발전4

3차원 집적화를 위해서 초기에는 **그림 10.3**의 좌측에 도시되어 있는 것처럼, 기존에 사용되고 있던 와이어본딩 기술을 활용하여 다중칩 적층형 패키지를 제작하였다. 이를 **3차원 패키징 기술**이라고 부른다. 그런데 와이어본딩 기술을 사용하여 칩을 쌓아 올리는 데에는 한계가 있기 때문에, 이를 극복하기 위해서 웨이퍼를 관통하는 전극 구멍(실리콘 관통전극)을 사용하여 적층된 칩들의 전기적 연결을 구현하는 방법을 개발하게 되었다. 이를 **3차원 집적화기술**이라고 부르며, 다음의 두 가지 측면에서 기술적 당위성을 갖는다.

- 실리콘 관통전극을 사용하여 적층된 집적회로들을 연결한다면 연결배선의 거리가 와이어본딩에 비해서 대략적으로 1/1,000만큼 (밀리미터 단위에서 마이크로미터 단위로) 감소하게 된다. 이로 인하여 전기 저항과 정전용량이 크게 감소하여 고속작동이 가능해진다.
- 와이어를 사용하여 수천 개의 단위로 적층된 칩들 사이를 연결하는 것은 매우 어려운 일이지만, 실리콘 관통전극을 사용해서는 수만 개의 전극을 연결하는 것은 그리 어려운 일이 아니다.

3차원 집적회로들은 다음에 열거되어 있는 것처럼, 많은 측면에서 반도체를 변화시킬 것이다.

4 곤도 가즈오 편저, 장인배 역, 3차원 반도체, 씨아이알, 2018.

- **점유면적**: 적층된 패키지 속에 더 많은 기능들을 집어넣어서 무어의 법칙을 확장시키며, 작지만 파워풀한 새로운 디바이스를 창출해낸다.
- **가격**: 커다란 칩을 다수의 작은 다이들로 분할하면 웨이퍼 수율을 향상시킬 수 있으며, 제조비용을 감소시켜준다. 기지양품다이만(KGD)을 적층하기 때문에, 제작된 집적회로의 총수율을 향상시켜준다.
- **이종칩 집적화**: 서로 다른 유형의 웨이퍼를 사용하여 회로층들을 제작할 수 있다. 특히, 제조공정상 함께 제작할 수 없는 구성요소들을 하나의 3차원 집적회로로 만들 수 있다.
- **연결길이 단축**: 3차원 구조를 사용하면 평균배선길이를 10~15% 정도 단축할 수 있다. 이를 통해서 회로지연을 줄일 수 있다.
- **소비전력**: 신호를 칩 내부에서만 주고받으면 전력소모를 10~100배나 줄일 수 있다. 배선의 길이를 줄이면 기생정전용량이 저감되며, 발열감소, 배터리수명증가, 작동비용 절감 등 다양한 장점이 있다.
- **회로설계**: 수직으로 배치된 구조는 새로운 회로설계의 가능성을 제공해준다.
- **대역폭**: 관통전극을 사용하여 서로 다른 층의 기능블록들 사이에 광대역 버스 구축이 가능해졌다. 이 배치를 통해서 캐시와 프로세서 사이에 256비트보다 훨씬 더 많은 숫자의 버스를 구축할 수 있다.

하지만 3차원 집적회로 기술은 다음과 같은 기술적 도전요인들을 가지고 있다.

- **실리콘 관통전극의 오버헤드**: 실리콘 관통전극은 게이트보다 훨씬 더 크며, 소자배치에 영향을 끼친다. 45[nm] 기술노드의 경우, 10×10[μm^2] 크기의 실리콘 관통전극은 게이트 50개의 크기에 해당한다. 여기에 랜딩패드 면적이 추가되므로 실리콘 관통전극의 점유면적은 더욱 증가한다. 이들이 디바이스와 금속배선층의 면적과 배치를 제한하는 요인으로 작용한다.
- **시험**: 수율을 높이고 비용을 절감하기 위해서는 개별 다이들에 대한 시험이 필요하지만 전통적인 기법을 사용해서는 모듈 내의 (멀티플라이어와 같은) 특정 구획에 대한 개별시험이 불가능하다.
- **수율**: 칩들을 적층하는 과정에서 결함과 수율저하의 위험성이 높아진다. 3차원 집적회로의 경제성을 확보하기 위해서는 결함을 관리 가능한 수준으로 낮춰야만 한다.

- **발열**: 적층된 집적회로 내에서의 발열과 방열문제는 가장 심각한 문제이며, 특정한 열점에 대해서는 세심한 관리가 필요하다.
- **이종칩 공급망**: 한 부품의 공급 지연이 제품 전체의 공급지연을 초래한다.[5]

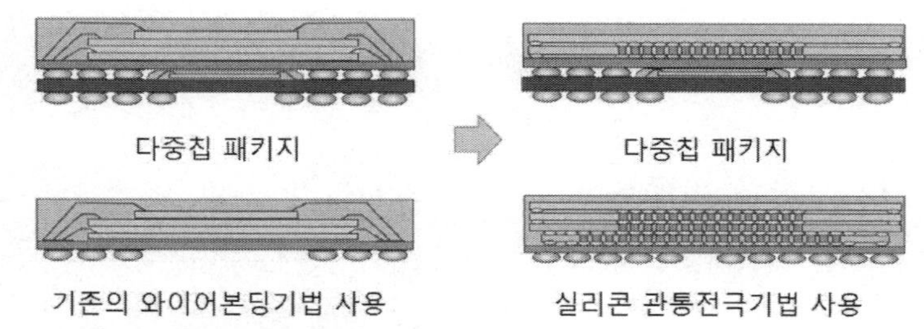

그림 10.3 3차원 패키징 기술과 3차원 집적화 기술의 비교[6](컬러도판 p.663 참조)

10.1.2 3차원 패키징 기술

1998년에 샤프社는 와이어본딩 기법을 사용하여 세계 최초로 두 개의 칩들이 적층된 칩스케일 패키지(CSP)를 개발하였다. 이를 계기로 샤프社, 미쓰비시社, 히타치社, NEC社, 도시바社, 후지쯔社 등과 같은 일본의 칩 제조사들은 앞다투어 휴대폰 용도의 칩스케일 패키지를 개발하였다. 이 기술을 **적층식 칩스케일 패키지** 또는 **다중칩 패키지**라고 부른다. **그림 10.4 (a)**에서는 전형적인 적층식 칩스케일 패키지의 구조를 보여주고 있다. 유기소재 기판 위에 집적회로 칩들을 적층하여 쌓아 올린 다음에 와이어본딩 기술을 사용하여 **그림 10.4 (b)**에서와 같이, 칩 전극과 기판전극 사이를 3차원적으로 연결한다. 그런데 그림에서도 확인할 수 있듯이, 층수가 올라갈수록 와이어 연결선의 길이가 급격하게 길어진다는 것을 알 수 있다. 본딩과정 또는 몰딩과정에서 와이어의 변형에 따른 합선이 발생할 우려가 있으며, 본딩과정에서 발생하는 합선을 교정하여 수리하는 것은 거의 불가능한 일이다.

적층식 칩스케일 패키지는 휴대폰의 NOR 플래시 메모리와 정적 임의접근 메모리(SRAM)를 조합하기 위해서 최초로 사용되었다. 초창기에는 적층된 칩들 사이의 연결에 와이어본딩 기술만을

5 COVID-19 사태로 발생한 글로벌 공급망 붕괴나 미-중 디커플링 같은 글로벌 이슈들이 3차원 집적회로의 경제성에 치명적인 영향을 끼칠 수 있다.

6 콘도 가즈오 편저, 장인배 역, 3차원 반도체, 씨아이알, 2018.

사용했지만, 칩스케일 패키지들을 또다시 적층하는 **패키지 온 패키지**(POP) 기술이 도출되고 나서는 이 기술이 플립칩 기술에도 적용되기 시작했다. 현재는 스마트폰과 PC 등에 사용되는 동적 임의접근 메모리(DRAM)와 응용회로들에서 이 기술이 사용되고 있다.

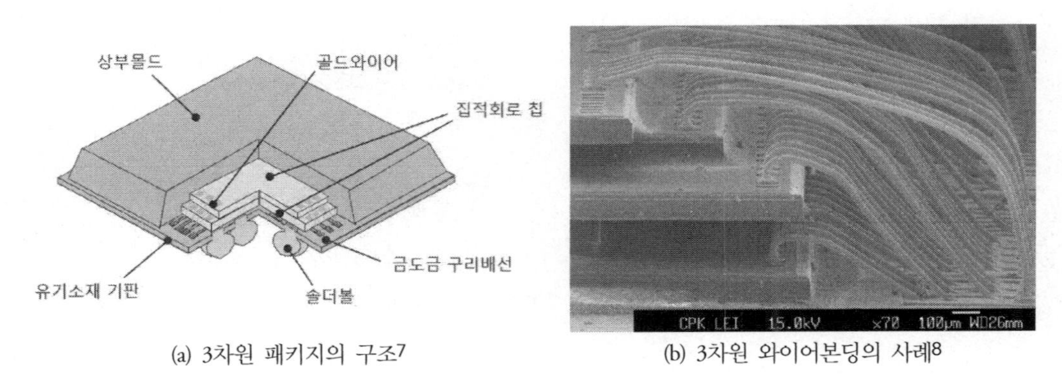

(a) 3차원 패키지의 구조[7]　　(b) 3차원 와이어본딩의 사례[8]

그림 10.4 3차원 패키징 기술

10.1.3 와이어본딩

와이어본딩은 리드프레임 또는 캐리어 PCB와 칩 전극 사이를 금속 도선으로 연결하는 배선공정으로서, 열압착방식, 초음파 방식 및 이를 조합한 복합방식(열초음파방식) 등이 사용된다. 와이어 소재로는 금(Au), 알루미늄(Al) 및 구리(Cu) 등이 있으며, 주로 금이 사용된다. 알루미늄은 연성이 낮아서 직경이 굵어지므로, 본딩피치가 증가하는 문제가 있으며, 구리는 경도가 높아서 본딩과정에서 패드와 칩전극의 파손이 우려된다.

그림 10.5에서는 와이어본딩 공정을 순서에 따라서 보여주고 있다. 와이어가 통과하는 관로를 모세관이라고 부르며, (a)에서와 같이 와이어를 모세관 앞으로 조금 돌출시킨 상태로 와이어 끝에 화염을 가하여 **에어볼**이라고 부르는 작은 용융구체를 만든다. (b)에서와 같이 와이어를 뒤로 잡아당겨서 에어볼을 모세관 끝에 위치시킨다. (c)에서와 같이, 접합할 전극 위에서 에어볼을 압착하면서 초음파를 부가하면 **볼접합**이 이루어진다. (d)에서와 같이 모세관이 후퇴하면서 좌우로 움직여서 와이어를 필요한 모양으로 절곡한다. 이 절곡모양에 의해서 와이어의 구조강성이 높아지게

7 콘도 가즈오 편저, 장인배 역, 3차원 반도체, 씨아이알, 2018.
8 HC Choi, Stack die SCP interconnect challenges, IEEE/CPMT Seminar

된다. (e)에서와 같이 와이어를 접합할 전극 위에서 모세관으로 압착하면서 초음파를 부가하면 와이어가 녹아서 전극과 융착된다. 이를 **스티치접합**이라고 부른다. (f)와 같이 모세관이 와이어를 붙잡고 후퇴하면, 얇아진 와이어가 끊어져 버린다. 마지막으로 (g)와 같이 와이어를 조금 앞으로 돌출시키고 나면 다시 (a)의 공정이 반복된다. 세라믹 소재로 제작되는 모세관에는 압전소자가 설치되어 있어서 모세관에 고주파 진동을 부가할 수 있다. 모세관의 뒤에는 압전소자로 구동되는 와이어 클램프가 설치되어 와이어를 붙잡고 놓아줄 수 있으며, 전진 및 후진시킬 수 있다. 와이어 본딩기는 매우 고속으로 작동하는 기기로서, **그림 10.5**의 와이어본딩 공정을 1초에 10회 이상 반복할 수 있다.

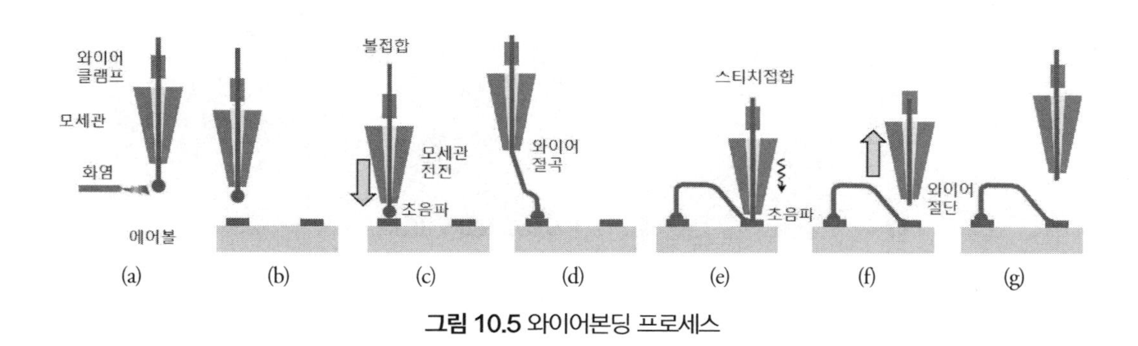

그림 10.5 와이어본딩 프로세스

10.2 실리콘 관통전극(TSV)

웨이퍼를 두께방향으로 관통하여 전극을 삽입하는 **실리콘 관통전극**(TSV)은 1969년 IBM社에서 반도체 구조를 관통하는 모래시계 형상의 도전성 연결기구라는 명칭으로 미국특허(USP 3,648,131)를 등록하였다. 그리고 일본의 후지쯔社는 1988년에 관통전극을 활용한 적층칩의 구조를 제시하였다. 하지만 웨이퍼를 두께방향으로 깊이 식각하는 과정에서 역피라미드 형태의 구멍이 만들어지기 때문에, 관통전극을 만들기 위해서 너무 넓은 칩 단면적을 희생시켜야만 하는 문제가 있었다. 그런데 1992년 보쉬社에 의해서 소위 **보쉬공정**이라고 부르는 실리콘 식각공정이 개발되었다. 이를 통해서 측벽이 거의 수직형상인 깊은구멍 식각이 가능해지면서 실리콘 관통전극의 실용화가 가능해졌다. 실리콘 관통전극을 사용하면 **그림 10.6**에 도시되어 있는 것처럼, 다이 간 직접연결을 통해서 수직방향 전극연결이 가능하기 때문에, 적층 단수를 증가시키기가 용이하다. 이는 메모리 반도체 제조회사들의 층수 쌓기 경쟁을 촉발시켰다. 삼성전자는 2019년 128단(싱글스택) VNAND 양산을 개시하였다. 하이닉스는 2023년 238단(더블스택) NAND 플래시 양산을 개시하였다. 그리고 마이크론은 2021년 176단(더블스택) NAND 양산을 개시하였다. 더블스택은 싱글스택 칩을 단순히 이중으로 겹쳐 올린 형태이므로 결국, 적층기술은 싱글스택에서 결정된다.

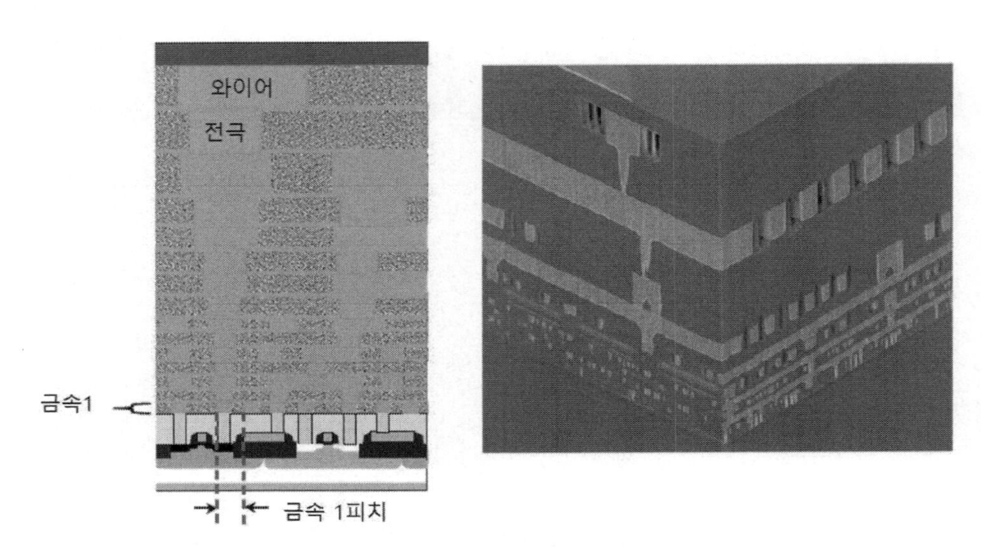

그림 10.6 실리콘 관통전극[9]

10.2.1 실리콘 관통전극을 사용한 3차원 집적칩 관련 이슈들

그림 10.7에서는 실리콘 관통전극(TSV)을 사용한 3차원 집적칩과 함께, 이 칩을 제작하는 과정에서 마주치게 되는 다양한 이슈들을 보여주고 있다. 3차원 집적칩은 하부에 PCB 기판을 베이스로 하여 그 위에 여러 종류의 칩들이 적층되어 있으며, 각 층간의 전기적 연결에는 관통구멍들 속에 금속 도체가 충진되어 있는 실리콘 관통전극이 사용된다. 적층이 모드 끝난 칩의 외부는 레진으로 몰딩하며, 기판의 하부에는 직경이 수십 [μm]인 솔더볼들이 융착되어 있다.

이런 구조의 3차원 칩들을 제작하는 과정에서 마주치게 되는 이슈들을 살펴보면, 우선, 실리콘 관통전극 성형과정에서는 **비아**라고 부르는 직경이 작고 깊은 구멍 속을 금속으로 완전히 충진시켜야만 한다. 그런데 **그림 8.7**에서 설명했듯이 깊은 구멍 금속증착 과정에서는 입구 측이 막혀버

9 R. Schmidt 공저, 장인배 역, 고성능 메카트로닉스의 설계, 동명사, 2015.

리는 문제가 발생할 수 있다. 그리고 웨이퍼 박막화가공이 끝난 다음에 관통전극들을 주변의 실리콘 모재보다 수 [μm] 만큼 더 튀어나오도록 만들어야 한다. 이를 위해서 선택비가 큰 화학-기계적 연마가공이 필요하다. 두께가 수십 [μm]에 불과한 칩들을 픽업하여 이전의 칩 위에 수십~수백 [nm]의 위치정확도로 쌓아 올리고, 이를 압착하여 전극들을 서로 융착시켜야 한다. 이와 동시에 돌출전극들 사이의 융착 과정에서 생기는 실리콘 기판들 사이의 공극을 충진 물질들로 채워 넣어 빈 공간이 없도록 만들어야만 칩의 구조강성이 확보된다. 칩들을 쌓아 올리는 과정에서 칩들의 작동성능을 시험해봐야만 한다. 만일 작동되지 않는 칩들에 계속해서 적층을 진행시킨다면 수율 손실이 누적되어버린다.[10]

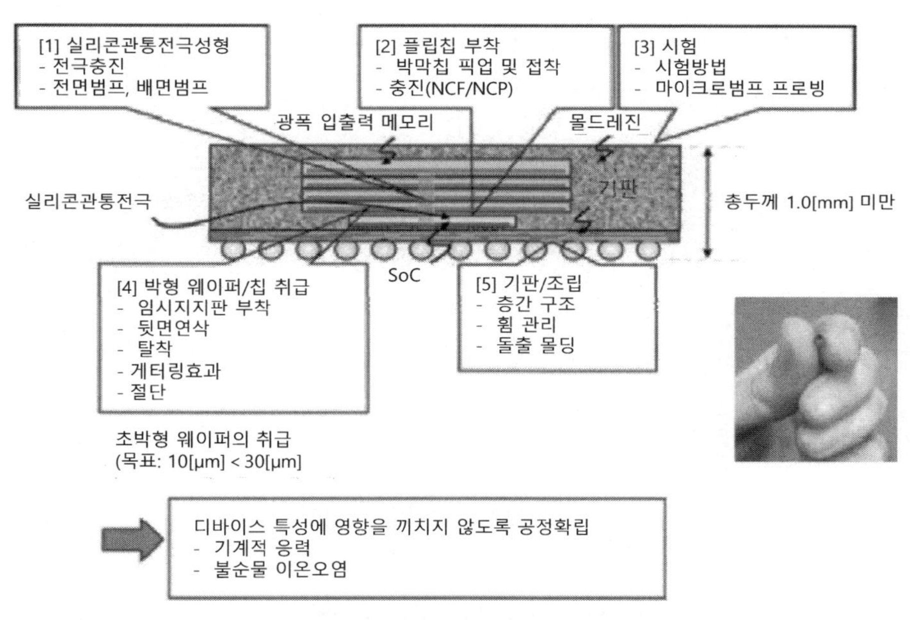

그림 10.7 실리콘 관통전극을 사용하는 3차원 집적칩 관련 이슈들[11]

표준 웨이퍼의 두께는 0.7[mm]이다. 이 웨이퍼를 사용하여 모든 칩 제조공정을 완성한 다음에, 칩이 생성된 표면을 유리 웨이퍼(임시 지지판)에 임시로 접착한다. 그런 다음, 이 임시 지지판을 기준으로 하여 웨이퍼의 두께가 수십 [μm]이 되도록 웨이퍼의 뒷면을 연삭하여 제거한다. 이 과

10 최종 수율이 90% 이상은 되어야 수익성이 있다고 전해진다.

11 콘도 가즈오 편저, 장인배 역, 3차원 반도체, 씨아이알, 2018.

정에서 금속이온이 웨이퍼 속으로 확산되는 게터링 효과를 차단하는 것도 매우 중요한 사안이다. 박막화 가공이 끝난 웨이퍼를 임시 지지판에서 떼어내서 개별 다이들로 절단하는 과정도 기술적으로 매우 어려운 문제이다. 박막으로 가공된 다이들은 내부응력 때문에 휘어져 버린다. 이들을 픽업하여 기판에 쌓아 올리면서 정확한 정렬을 맞춰서 고압으로 압착하여야 한다. 노광 장비는 초정밀 위치결정만 필요로 하는 반면에 본더장비는 초정밀 위치결정과 큰 작용력이 함께 요구되기 때문에 개발하기가 매우 난해한 장비이다.

10.2.2 보쉬공정

1992년에 보쉬社에 의해서 개발된 **보쉬공정**이라고 부르는 건식식각공정을 사용하면 수십~수백 [μm] 깊이의 깊은 구멍 식각이 가능하다. 이 혁신적인 공정기술은 미세전자기계시스템(MEMS)에 우선적으로 적용되었으며, 2000년을 전후하여 실리콘 관통전극(TSV)의 식각에 사용되기 시작하였다.

반도체 제조과정에서 건식으로 실리콘을 식각하기 위해서는 주로 염소(Cl_2)나 브롬화수소산(HBr) 기반의 공정들이 사용되어 왔다. 이들의 식각률은 수백[nm/min]에 달하며, 포토레지스트의 선택도는 2~5 수준으로서, 얕은 도랑 소자격리(STI) 구조의 식각에는 충분하지만 깊은 구멍을 가공할 수는 없다. 실리콘 미세가공 분야에서 요구되는 극도로 높은 선택도와 식각비율을 충족시키기 위해서 보쉬공정이 발명되었다.

보쉬공정에서는 **그림 10.8 (a)**에 도시되어 있는 것처럼, 불소 라디칼들이 측벽을 침식하지 못하도록 보호막을 생성하기 위한 C_4F_8 플라스마 증착공정을 시행한 다음에, SF_6 플라스마 식각공정을 수행한다. 우선, C_4F_8 플라스마 증착공정을 통해서 CF_x 라디칼을 얇게 증착하여 식각할 표면 전체에 부동화 피막을 입힌다. 다음으로 SF_6 플라스마 식각공정을 진행하면, 식각작용을 일으키는 불소 라디칼들은 전기장이 부가되는 수직방향에 대해서는 강력한 식각능력을 가지고 있는 반면에 전기장과는 직각인 측벽에 대해서는 보호막을 겨우 벗겨내는 수준(선택도 100:1)의 침식밖에 일으키지 못한다. 그러므로 보호막 증착과 식각공정을 반복하여 진행하면 (a)에서와 같이 수직방향으로 수백 [μm] 이상의 깊은 구멍을 뚫을 수 있다. 이때에 측벽에 생기는 물결무늬를 **스캘럽**이라고 부른다. **그림 10.8 (b)**에서는 보쉬공정을 시행하기 위한 유도결합 플라스마 건식식각장비를 보여주고 있다. 고밀도 플라스마 소스는 높은 식각률을 제공해 주며, 웨이퍼 홀더 전극에 무선주파수 바이어스를 적용하여 이온 에너지의 상호 조작성을 갖추었다.

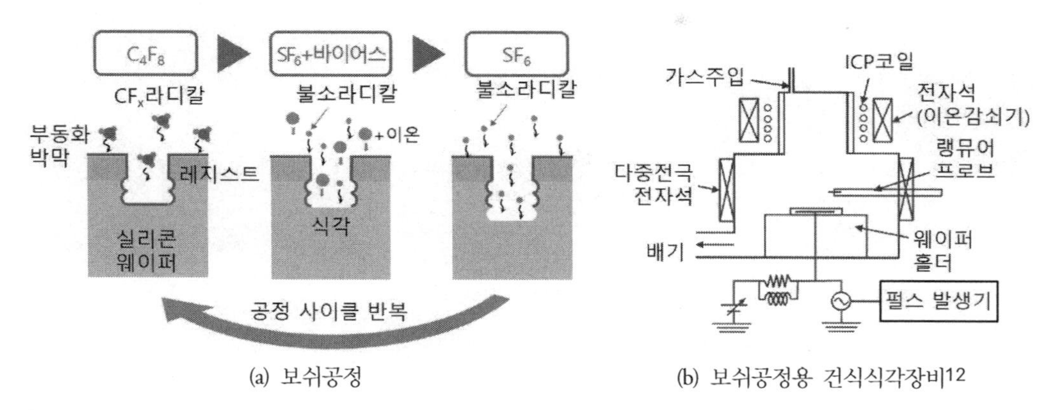

(a) 보쉬공정　　　(b) 보쉬공정용 건식식각장비[12]

그림 10.8 보쉬공정과 건식식각장비

10.2.2.1 페가수스 300

보쉬형 식각장비는 주로 150~200[mm] 웨이퍼를 사용하는 미세전자기계시스템(MEMS) 분야를 위해서 개발되었으며, 300[mm] 공정에서는 수요가 없었다. 그런데 실리콘 관통전극이 사용되면서 300[mm] 직경의 웨이퍼에 대해서도 보쉬공정을 시행할 수 있는 장비가 필요하게 되었다. 이에 대응하여 SPP社에서는 **그림 10.9 (a)**에 도시된 것과 같은 300[mm] 웨이퍼 전용 보쉬장비인 페가수스 300을 개발하였다. 웨이퍼 직경이 300[mm]로 증가하면, **8.5.2절**에서 설명했던 것처럼, 웨이퍼 테두리 근처에서 플라스마가 사선방향으로 진행하는 문제가 발생한다. **그림 10.9 (b)**에 도시되어 있는 동축 이중 유도결합 플라스마 소스를 사용하면, 중앙영역과 주변영역 사이의 출력평형을 조절하여 플라스마 밀도의 분포를 제어할 수 있다. **그림 10.9 (c)**에서는 직경 5[μm]인 깊은 구멍을 가공한 사례를 보여주고 있다. 그림에서 확인할 수 있듯이, 중앙부와 주변부의 식각구멍들이 모두 다 기울어지지 않고 수직형상으로 가공되어 있는 것을 확인할 수 있다. 이 깊은 구멍의 식각속도는 5[μm/min]이며, 300[mm] 웨이퍼 내에서 불균일은 ±1.5%, 선택도 60:1, 그리고 스캘럽 깊이는 80[nm]이다.

12 콘도 가즈오 편저, 장인배 역, 3차원 반도체, 씨아이알, 2018.

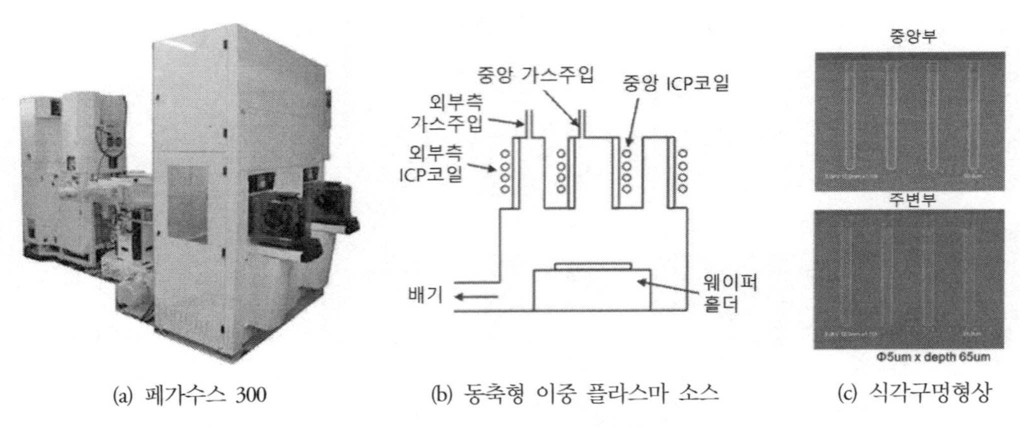

(a) 페가수스 300 (b) 동축형 이중 플라스마 소스 (c) 식각구멍형상

그림 10.9 페가수스 300 상용 보쉬식각장비[13]

10.2.3 저온화학증착

실리콘은 전기전도성을 가지고 있기 때문에, 비아구멍을 식각하고 나면, 절연막(단차피복)을 증착한 다음에 금속물질로 비아를 충진하여 전극을 만들어야 한다. 그런데 트랜지스터와 배선층 형성이 끝난 웨이퍼에 실리콘 관통전극을 생성하는 **후비아공정**을 적용하는 경우에는 저온에서 절연막을 증착해야만 하는 어려움이 있다. 트랜지스터와 배선층 같은 디바이스 형성이 끝나고 나면, 열저항이 최고 150[°C]인 접착제로 웨이퍼를 유리나 실리콘소재의 캐리어에 접착한다(**10.5절** 참조). 실리콘 웨이퍼의 박막화 가공을 위해서 뒷면연삭이나 화학-기계적 연마(CMP)가 사용되며, 그다음에 실리콘 웨이퍼를 관통하는 비아를 식각한다. 접착제의 온도한계 때문에 비아 내부의 절연막 증착은 150[°C] 이하의 온도에서 수행되어야만 한다. 종횡비가 큰 실리콘 관통비아의 측벽을 빈틈없이 절연막으로 코팅하기 위해서는 두꺼운 증착이 필요하다.

그림 10.10 (a)에서는 음극결합 플라스마 증강형 화학기상증착(PE-CVD) 시스템의 개략도를 보여주고 있다. SAMCO社에서 개발한 액체공급 화학기상증착 시스템은 150[°C] 이하의 온도에서 높은 종횡비를 갖는 비아에 대해서 뛰어난 단차피복 절연막을 증착할 수 있으며, 박막의 응력조절도 가능하다. 이 **저온화학증착기**에서는 샤워헤드 상부의 주입구를 통해서 액상의 테트라에틸오소실리케이트(TEOS)+O_2를 진공상태인 반응챔버 내로 주입하면서 하부전극에 무선전력(13.56[MHz], 1[kW])을 공급하면 플라스마 방전이 발생하면서 Si와 O_2 사이의 반응이 증가한다. 이를 통해서

13 콘도 가즈오 편저, 장인배 역, 3차원 반도체, 씨아이알, 2018.

고밀도 SiO_2 박막이 증착된다. **그림 10.10 (b)**에서는 종횡비가 10:1인 비아구멍 속에 증착된 테트라에틸오소실리케이트(TEOS) 기반의 SiO_2 절연막 상태를 보여주고 있다. 비아 상부와 비아 하부에 균일한 절연막이 형성되었음을 확인할 수 있다.

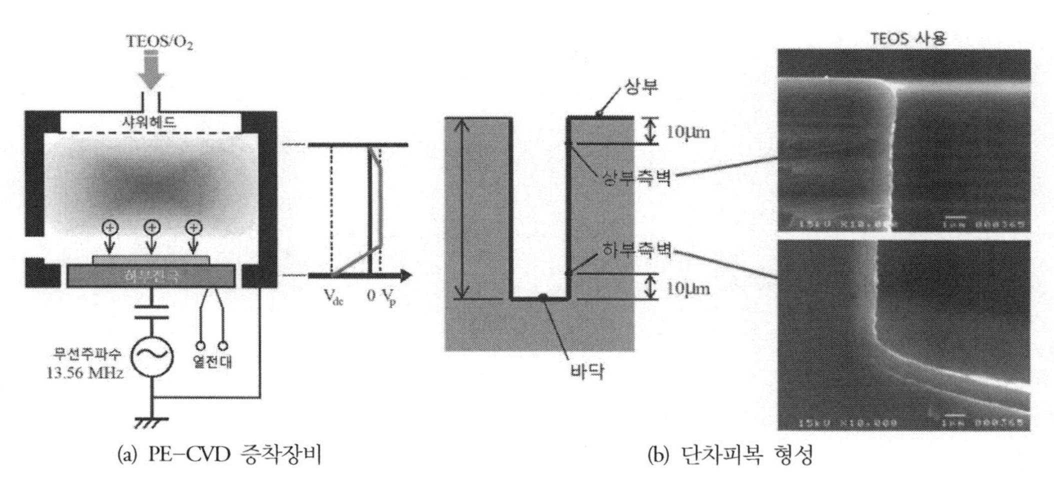

(a) PE–CVD 증착장비

(b) 단차피복 형성

그림 10.10 저온화학증착14

10.2.4 비아충진을 위한 전기증착

실리콘을 관통하는 비아구멍을 충진하기 위해서 알루미늄보다 저항이 작으며 **전기증착**이 용이한 구리를 사용한다. 종횡비가 큰 비아를 입구막힘 없이 완전히 충진하기 위해서는 비아 외부에서의 **증착 억제효과**와 비아 내부에서의 **증착 촉진효과**를 갖춘 첨가물이 필요하다. 억제제는 폴리에틸렌글리콜(PEG)과 Cl^-의 조합으로 이루어진다. 촉진제는 이황화3술포프로필로 이루어진다.

『3차원 반도체』의 편저자인 콘도는 **표 10.1**에 제시되어 있는 레시피를 사용하여 37[min] 이내에 종횡비가 7.0인 10[μm] 직경의 비아를 구리로 완벽하게 충진할 수 있었다. 여기서는 염소와 이산화황 같은 물질들을 촉진제로 사용하고 폴리에틸렌글리콜을 억제제로 사용하며, 4차 디알릴아민을 레벨러로 사용하여 전기증착에 소요되는 시간을 60[min]에서 35[min]으로 줄일 수 있었다. 구리 전기증착을 수행하는 동안 반전펄스 전류파형을 부가하면 입구 측의 구리가 용해되며, 비아 내부에서 Cu^+가 형성된다. $i_{rev}/|i_{on}|$ 비율을 변화시켜가면서 전기증착을 수행한 결과, $i_{rev}/|i_{on}|=2.0$인

14 콘도 가즈오 편저, 장인배 역, 3차원 반도체, 씨아이알, 2018.

경우에는 비아 상부에 공동이 형성되었으며, $i_{rev}/|i_{on}|=6.0$인 경우에는 비아 바닥에 공동이 형성되었다. 그런데 $i_{rev}/|i_{on}|=4.0$인 경우에는 비아 바닥부터 구리가 충전되면서 내부 공동이 발생하지 않는다는 것을 확인하였다.

표 10.1 비아충진 전기증착에 사용된 용액조성과 전류반전파형15

기본용액조성		전류 반전파형	최적레시피 탐색
$CuSO_4+5H_2O$	200[g/L]		
H_2SO_4	25[g/L]		
첨가물			
Cl^-	70[ppm]		
이산화황	2[ppm]		
폴리에틸렌글리콜	25[ppm]		
SDDACC	1.5[ppm]		

10.3 웨이퍼 박막가공

그림 10.11에서는 2003년 이후에 300[mm] 직경 박막형 웨이퍼의 두께 감소 경향을 보여주고 있다. 실리콘 관통전극을 사용하지 않는 NAND 플래시메모리와 같은 디바이스는 2015년부터 30[μm] 두께의 웨이퍼가 양산되고 있으며, 후방조명 CMOS 영상센서와 같은 특별한 용도에서는 웨이퍼 두께가 2011년에 이미 10[μm]까지 얇아지게 되었다. 2005년에는 70[μm] 두께의 300[mm] 웨이퍼를 사용하여 중간전압~저전압 전력용 디바이스의 대량생산이 시작되었으며, 스마트폰에 사용되는 시스템온칩의 경우에는 90[μm] 두께의 웨이퍼가 일반적으로 사용되고 있다.

하지만 실리콘 관통전극(TSV)을 기반으로 하는 기술의 경우에는 우레탄 다이의 취성 때문에 상대적으로 웨이퍼 박막화가 지체되고 있는 실정이다. 보쉬공정으로 종횡비가 10인 관통구멍을 제작하는 경우, 5[μm] 직경의 전극구멍을 생성하기 위해서는 웨이퍼의 두께가 50[μm] 미만이 되어야 한다. 향후에 1[μm] 직경의 전극구멍을 실현하기 위해서는 웨이퍼 두께가 10[μm] 이하로 얇아져야만 한다.

15 콘도 가즈오 편저, 장인배 역, 3차원 반도체, 씨아이알, 2018.

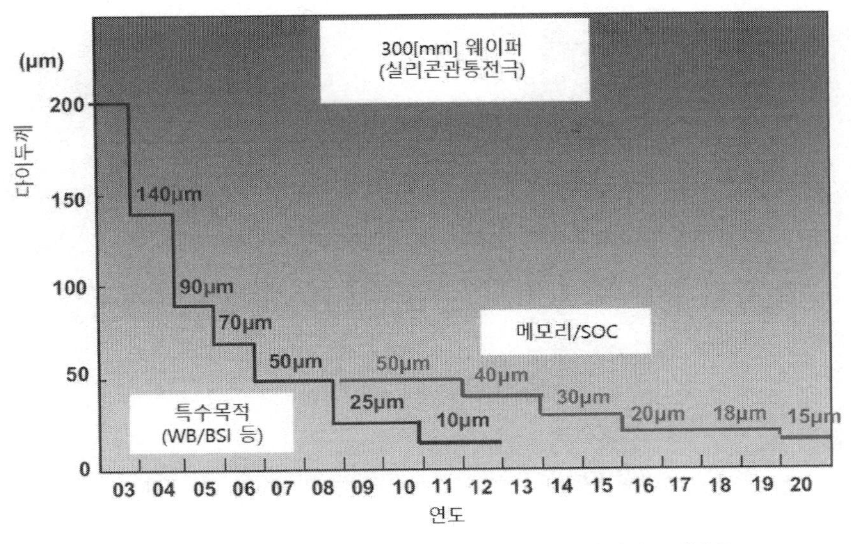

그림 10.11 실리콘 관통전극을 사용하는 박막형 웨이퍼의 두께변화[16]

10.3.1 박막가공

웨이퍼 초박막 가공기술은 실리콘 관통전극을 사용하여 3차원 집적회로를 만들기 위해서 사용되는 중요한 기술이다. 웨이퍼 **박막가공** 공정은 **뒷면연삭**(BG)이라고도 알려져 있는 연삭과 폴리싱 공정으로 이루어진다. **그림 10.12 (a)**에서는 턴테이블과 Z1, Z2 및 Z3 축으로 이루어진 전자동화된 3단 가공기의 구조를 보여주고 있다. 여기서 Z1 축은 황삭용 스핀들이며, Z2 축은 정삭용 스핀들, 그리고 Z3 축은 폴리싱용 스핀들이다. 연삭용 다이아몬드 휠은 **그림 10.12 (b)**에 도시된 것처럼 연삭휠에 다양한 입도의 다이아몬드가루가 몰딩되어 있는 숫돌 육면체들을 원주방향으로 부착해 놓은 구조를 가지고 있다. 황삭용 스핀들의 경우에는 입도가 거친(#320) 다이아몬드가루가 몰딩된 숫돌을 사용하며, 총 연삭 가공량의 대부분이 이 단계에서 제거된다. 정삭용 스핀들의 경우에는 입도가 미세한(#2000) 다이아몬드가루가 몰딩된 숫돌을 사용하여 황삭 공정에서 손상된 표면을 다듬어서 손상이 작고 매끄러운 표면으로 만든다. 마지막 폴리싱 공정에서는 연삭숫돌 대신에 연마패드에 슬러리를 공급해 가면서 문지름 방식으로 표면을 다듬질하여 경면에 가까운 무손상 표면으로 만든다.

16 곤도 가즈오 편저, 장인배 역, 3차원 반도체, 씨아이알, 2018.

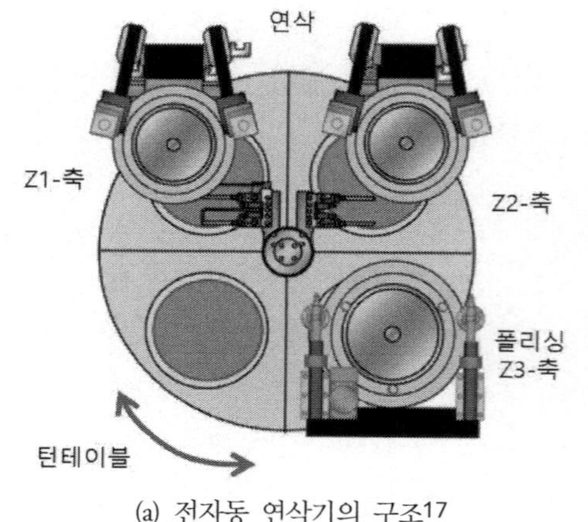

(a) 전자동 연삭기의 구조17

(b) 연삭용 다이아몬드 휠18

그림 10.12 웨이퍼 박막가공장비와 다이아몬드 휠

10.3.2 웨이퍼 연삭가공

그림 10.13에서는 웨이퍼 연삭 스테이지를 보다 구체적으로 보여주고 있다. 웨이퍼의 디바이스 표면이 척 테이블과 직접 접촉하여 손상되는 것을 방지하기 위해서 웨이퍼의 디바이스 쪽에 **표면 보호테이프**(**BG 테이프**라고 부른다)를 부착하며, 진공을 사용하여 웨이퍼를 척 테이블에 부착한다. 척 테이블과 연삭휠의 회전중심은 서로 어긋나 있으며, 두 축은 서로 다른 속도로 회전한다. 연삭휠은 좌측그림에서와 같이 웨이퍼와 가공위치라고 표시된 원호범위에서만 접촉을 이뤄야 한다. 만일 웨이퍼의 좌측범위에서도 연삭휠과 접촉을 이룬다면, 가공위치에서 연삭된 입자들이 웨이퍼 표면을 미처 다 빠져나가지 못한 상태에서 다시 연삭휠과 접촉하여 웨이퍼 표면을 긁어버릴 우려가 있다. 이렇게 연삭휠이 가공위치에서만 접촉을 유지하도록 만들기 위해서는 우측 그림에서와 같이 척테이블의 중앙이 테두리보다 약 20~30[μm] 정도 튀어나와 있는 원뿔 형상을 가져야만 한다. 그리고 연삭휠과 척테이블의 표면은 가공위치에서만 평행을 이루도록 척테이블의 기울기를 조절하면 웨이퍼의 절반만이 연삭휠과 접촉하며, 웨이퍼의 뒷날이 연삭입자와 접촉하여 웨이퍼 표면을 긁지 않도록 약 20~30[μm] 정도의 틈새를 만들 수 있다. 그리고 연삭가공이 수행되는 동안 웨이퍼 표면에는 탈이온수(DIW)를 계속 분사하여 가공된 연마입자들의 재순환에 의한

17 콘도 가즈오 편저, 장인배 역, 3차원 반도체, 씨아이알, 2018.
18 shinhandia.co.kr

표면 긁힘과 표면온도상승을 방지한다.

연삭된 웨이퍼의 최종 두께가 100[μm] 미만인 경우에는 건식연마(DP)나 화학-기계적 연마(CMP)와 같은 표면응력 제거를 위한 가공공정이 필요하다. 폴리싱 공정은 정삭 가공에 의해서 유발되는 표면 하부 손상을 제거하여 다이 강도를 증가시켜주며, 웨이퍼의 휨을 줄여준다.

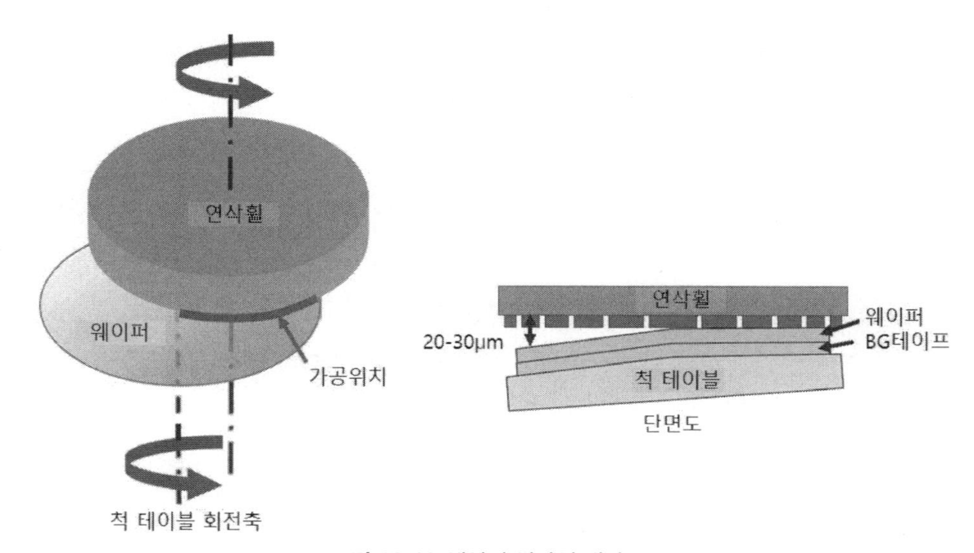

그림 10.13 웨이퍼 연삭의 개략도[19]

10.3.3 총 두께편차 관리

웨이퍼를 박막으로 가공할 때에 **총 두께편차**(TTV)를 매우 세심하게 관리해야만 한다. 이상적으로는 **그림 10.13**에 도시되어 있는 것처럼, 가공위치에서 연삭휠과 척테이블이 평행을 유지하면 웨이퍼의 두께가 반경방향에 대해서 균일하게 유지되겠지만, 현실에서는 이를 일정하게 관리하는 것이 매우 어려운 일이다. 기존의 장비에서는 연삭휠의 자세각도를 수동으로 조절하여 총 두께편차를 맞추는 방법을 사용하였다. 수동조절은 장비의 정지시간을 초래하며, 작업자의 능력에 따라서 조절품질이 결정된다. 연속 공정을 진행하면서 균일한 웨이퍼 두께를 구현하고, 일정한 총 두께편차를 유지하기 위해서는 총 두께편차 자동조절 기능이 필요하다. **그림 10.14**에서는 웨이퍼의 두께를 비접촉으로 측정하는 비접촉 게이지를 보여주고 있다. 실리콘은 적외선에 대해서

19 콘도 가즈오 편저, 장인배 역, 3차원 반도체, 씨아이알, 2018.

투명하기 때문에, 적외선 센서를 사용해서 벌크 실리콘의 표면에서 반사되는 광선과 디바이스층 계면에서 반사되는 광선을 측정하여 벌크 실리콘의 두께를 측정할 수 있다. 이 센서를 웨이퍼 반경방향으로 이동시켜가면서 웨이퍼의 두께 변화를 측정하면 총 두께편차를 구할 수 있으며, 이를 기반으로 총 두께편차 자동조절 시스템을 구축할 수 있다. **그림 10.14**에서는 척 테이블 높이 조절 시스템의 개념과 높이조절에 따른 웨이퍼 단면 프로파일의 변화양상을 보여주고 있다. 척 테이블은 그림에서와 같이 고정축, D-축 및 S-축과 같이 3점으로 지지되어 있으며, D-축과 S-축은 높이조절이 가능하다. 회전식 암의 끝에 설치되어 있는 비접촉 게이지를 사용하여 반경방향으로 1, 2, 3번 위치에 대해서 웨이퍼를 회전시켜 가면서 각 20점에서의 웨이퍼 두께를 측정한다. 측정결과를 토대로 조절량을 자동으로 계산하여 D-축과 S-축의 높이를 조절할 수 있다. D-축을 조절하면 웨이퍼의 중앙이 솟아오르거나 가라앉는다. 반면에 S-축과 D-축을 모두 조절하면 그림에서와 같이 웨이퍼 단면이 W 또는 M 자의 형태로 만들어진다. 자동조절 기능을 사용하면 박막 가공된 웨이퍼의 총 두께편차를 0.5[μm] 이하로 줄일 수 있다.

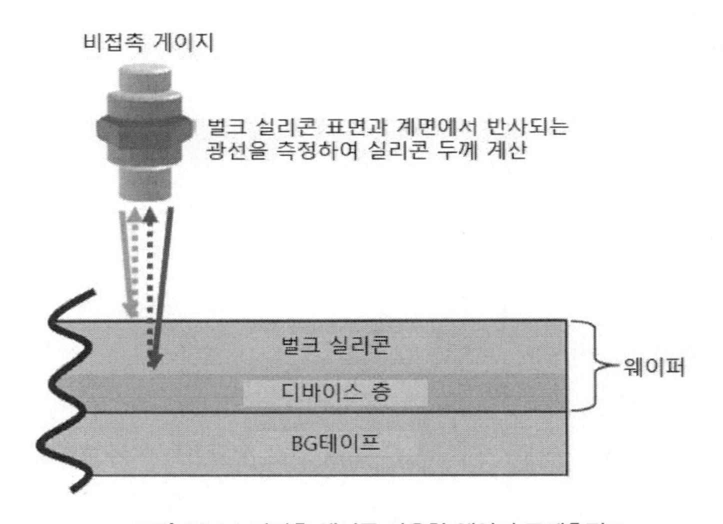

그림 10.14 비접촉 센서를 사용한 웨이퍼 두께측정[20]

20 콘도 가즈오 편저, 장인배 역, 3차원 반도체, 씨아이알, 2018.

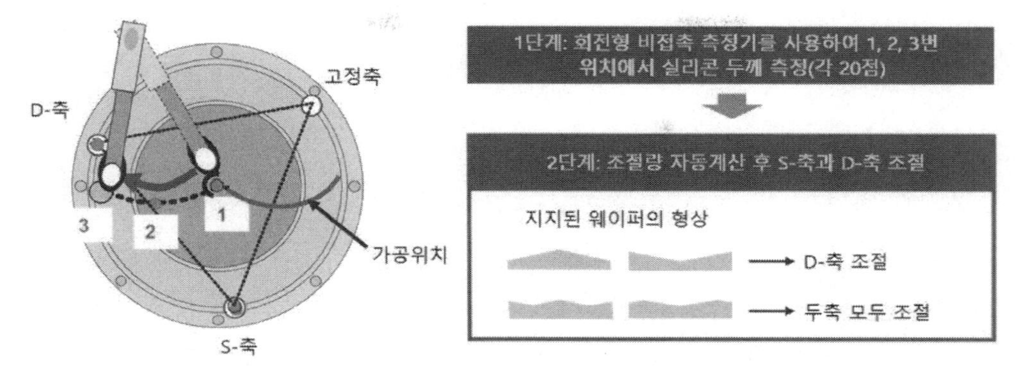

그림 10.15 척 테이블 높이 자동조절 시스템과 웨이퍼 단면형상 21

10.3.4 중간 비아공정 TSV 박막가공

실리콘 관통전극을 제조하는 공정은 전 비아공정, 중간 비아공정, 후 비아공정 및 접착 후 비아공정의 네 가지 유형으로 구분할 수 있다. **전 비아공정**은 전공정(FEOL)을 수행하기 전에 미리 실리콘 관통전극을 제작하는 방식이며, **중간 비아공정**은 트랜지스터 제작과 같은 전공정과 다중층 상호연결과 같은 후공정 사이에서 실리콘 관통전극을 제작하는 공정이다. **후 비아공정**은 후공정 이후에 실리콘 관통전극을 제작하는 공정이고, 마지막으로 **접착 후 비아공정은** 웨이퍼(또는 다이) 적층을 수행한 다음에 실리콘 관통전극을 제작하는 방식이다. 네 가지 공정들 중에서 중간 비아 공정이 가장 쉬우며, 기존의 반도체장비들과 공정들을 그대로 활용할 수 있다.

그림 10.16에서는 중간비아 방식에서 실리콘 관통전극(TSV)을 노출시키는 공정을 단계별로 보여주고 있다. (1)의 경우, 구리 소재의 실리콘 관통전극이 매립되어 있는 0.7[mm] 두께의 실리콘 원판의 단면을 보여주고 있다. (2)에서는 핫멜트 접착제를 사용하여 디바이스 측 표면을 지지용 웨이퍼에 접착시킨다. (3)에서는 실리콘 웨이퍼의 뒷면 연삭(황삭과 정삭)을 시행한다. (4)에서는 정삭 가공된 웨이퍼 표면에 대한 폴리싱을 시행하여 표면 결함들을 모두 제거한다. 아직까지는 실리콘 관통전극이 노출되지 않는다. (5)에서는 실리콘 선택성 건식식각을 통해서 구리 전극을 돌출시킨다. (6)에서는 증착공정을 통해서 층간 유전체층을 도포한다. (7)에서는 화학-기계적 연마(CMP) 가공을 통해서 유전체와 구리전극을 동시에 가공하며 구리전극을 노출시킨다. (8)에서는 박막 가공이 완료된 웨이퍼를 지지용 웨이퍼에서 떼어내면 모든 공정이 완료된다.

21 콘도 가즈오 편저, 장인배 역, 3차원 반도체, 씨아이알, 2018.

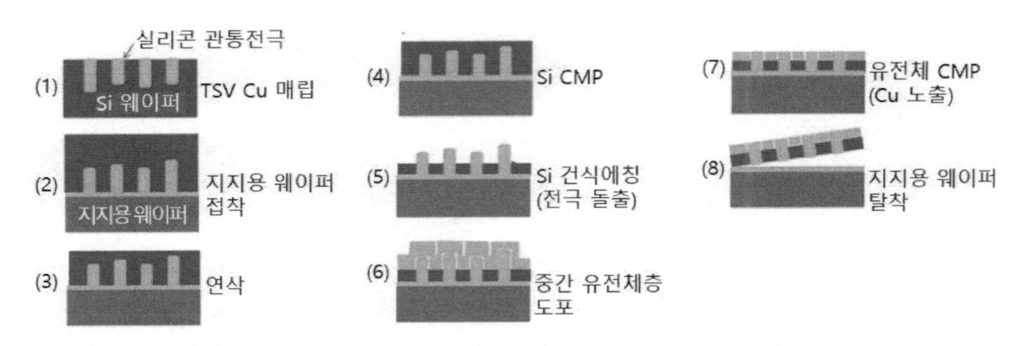

그림 10.16 중간비아 방식에서 실리콘 관통전극을 노출시키는 가공공정[22](컬러도판 p.663 참조)

10.3.5 실리콘/구리 동시연삭

10.3.5.1 저밀도 TSV 웨이퍼의 실리콘/구리 동시연삭

그림 10.16의 (5)번과 같이, 건식식각으로 구리전극을 노출시키기 위해서는 식각과 유전체층 제거공정이 필요하므로 공정이 복잡하고 시간과 비용이 많이 소요된다. 이를 연삭가공방식으로 가공할 수 있다면 공정을 매우 빠르고 값싸게 진행시킬 수 있다. 그런데 연삭휠이 실리콘 및 구리와 동시에 접촉하면 **그림 10.17 (a)**의 좌측 위에 도시된 것처럼, 구리입자가 실리콘 표면으로 확산되면서 오염이 발생하여 좌측 아래 그림처럼 웨이퍼 전체가 검은색으로 변해버린다. 그리고 수지몰딩형 연삭휠을 사용하면, 연삭휠의 표면이 구리입자들로 메워져서 **구리흡착**(구리입자들이 연삭휠 틈새를 메워버리는 현상)과 **구리열화**(구리가 산화되면서 연삭휠이 갈색으로 변해버리는 현상)가 발생된다. 이런 문제를 해결하기 위해서 비트리파이드 결합제(유리상 결합제)로 몰딩된 연삭휠을 사용하는 **실리콘/구리 동시연삭** 방법이 개발되었다. 입도가 #2000인 비트리파이드 결합제를 사용한 연삭휠의 경우에는 다이아몬드 입자의 밀도, 공극률, 결합제와 입자 사이의 균형을 적절히 조절하여 **그림 10.17 (a)**의 우측 위에서와 같이 구리오염이 없는 깨끗한 연삭표면을 구현하였으며, 우측 아래에서와 같이 웨이퍼의 색깔도 원래 실리콘 웨이퍼의 밝은 색상을 나타내고 있다. 새롭게 제안된 방법에서는 **그림 10.16**의 (3), (4), (5)번 공정을 **그림 10.17 (b)**의 (3)에서와 같이, 하나의 연삭공정으로 대체하였다. 메모리 디바이스와 같이 실리콘 관통전극의 밀도가 1% 미만으로 낮은 경우에는 구리 흡착과 열화를 유발하지 않고, 성공적으로 실리콘 관통전극 노출가

22 콘도 가즈오 편저, 장인배 역, 3차원 반도체, 씨아이알, 2018.

공을 수행하였다. 하지만 연삭 후 표면 거칠기는 구리 표면은, 31[nm], 실리콘 표면은 23[nm]로 비교적 거칠었다. 하지만 ④번의 화학–기계적 연마(CMP) 가공을 수행한 이후의 표면 거칠기는 2~4[nm]로 개선된다.

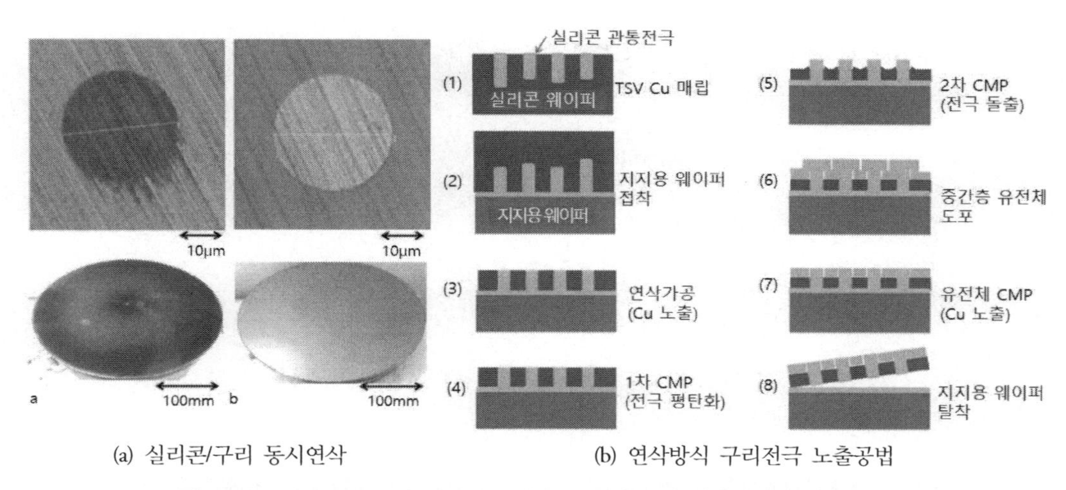

(a) 실리콘/구리 동시연삭 (b) 연삭방식 구리전극 노출공법

그림 10.17 실리콘/구리 동시연삭 방식의 전극노출공법23(컬러도판 p.664 참조)

10.3.5.2 고밀도 TSV 웨이퍼의 실리콘/구리 동시연삭

그림 10.18 (a)에서 설명하고 있듯이, 로직 디바이스나 실리콘 인터포저와 같은 고밀도 실리콘 관통전극이 저밀도 실리콘 관통전극보다 실리콘/구리 동시연삭을 수행하기가 더 어렵다. 가장 큰 원인은 구리가 연삭휠의 표면을 메워버리기 때문이다. 이를 해결하기 위해서 **그림 10.18 (b)**에서와 같이 연삭휠 표면에 대하여 드레스보드법, 드라이아이스 스노우법, 그리고 고압 마이크로제트법과 같은 다양한 현장세척 방법들이 시도되었다.

연삭휠의 표면을 문지르는 **드레스보드법**의 경우, 연삭휠 표면에 들러붙어 있는 구리를 제거할 수는 있었지만, 연삭휠의 마멸이 너무 심하기 때문에 현실성이 없다. **드라이아이스 스노우법**의 경우, 연삭휠의 마멸은 0.5[μm] 미만으로 최소화되지만, 소량의 구리가 여전히 연삭휠 표면에 남아 있다. **고압 마이크로제트법**에서는 연삭휠의 마멸을 1[μm] 미만으로 유지하면서 연삭휠 표면의 구리를 완전히 제거할 수 있었다. 이 방법의 경우에 분사압력, 노즐 열림폭, 그리고 노즐과 연삭

23 콘도 가즈오 편저, 장인배 역, 3차원 반도체, 씨아이알, 2018.

휠 표면 사이의 거리 등을 조절하여 실리콘/구리 동시연삭을 최적화시킬 수 있다.

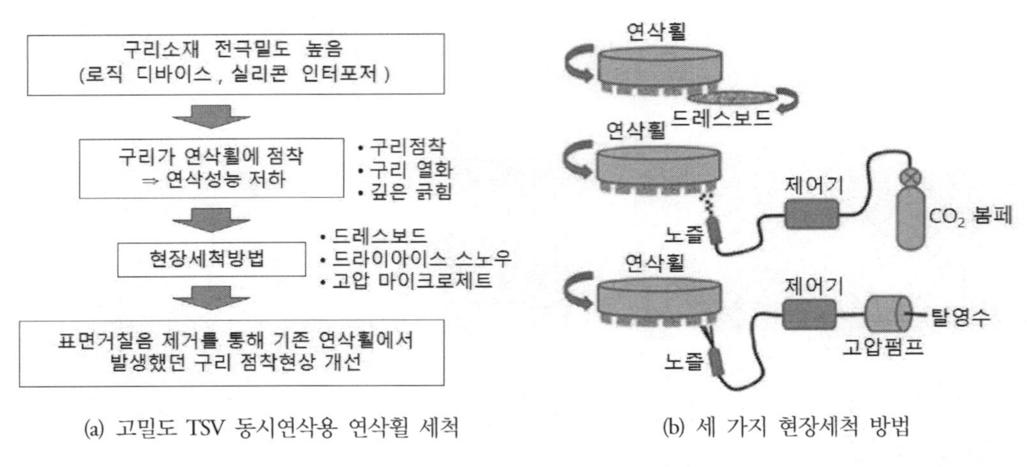

(a) 고밀도 TSV 동시연삭용 연삭휠 세척 (b) 세 가지 현장세척 방법

그림 10.18 고밀도 실리콘 관통전극 Si/Cu 동시연삭을 위한 연삭휠 세척방법[24]

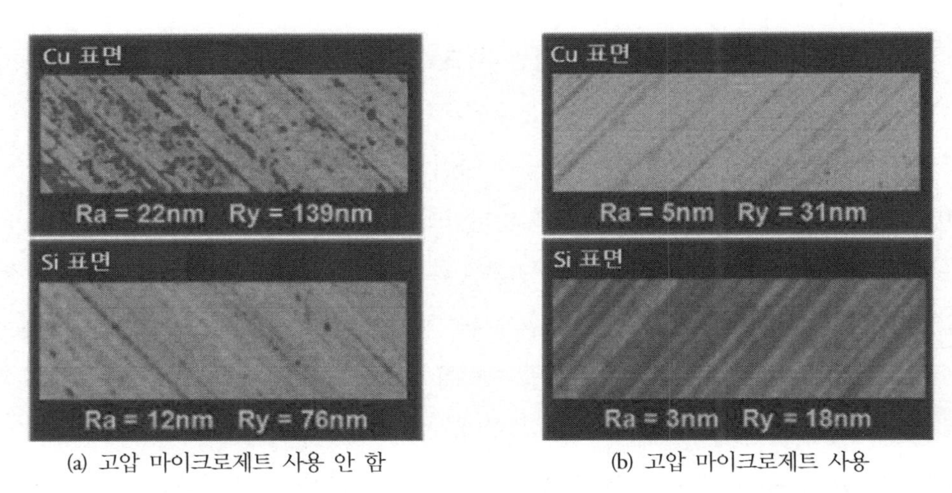

(a) 고압 마이크로제트 사용 안 함 (b) 고압 마이크로제트 사용

그림 10.19 고압 마이크로제트 세척과 가공표면 거칠기 사이의 상관관계[25](컬러도판 p.664 참조)

그림 10.19에서는 #8000 비트리파이드 결합제를 몰딩한 연삭휠을 사용하여 실리콘/구리 동시연삭을 수행한 경우의 실리콘 표면과 구리표면의 조도를 비교하여 보여주고 있다. 고압 마이크로

24 콘도 가즈오 편저, 장인배 역, 3차원 반도체, 씨아이알, 2018.
25 콘도 가즈오 편저, 장인배 역, 3차원 반도체, 씨아이알, 2018.

제트를 사용하여 연삭휠의 표면을 세척하지 않은 (a)의 경우에 구리표면의 조도(Ra)는 22[nm]이며, 실리콘 표면의 조도는 12[nm]였다. 그런데 고압 마이크로제트를 사용하여 연삭휠 표면을 세척하면, 구리표면의 조도는 5[nm]로, 그리고 실리콘 표면의 조도는 3[nm]로 향상되었다. 표면 거칠기는 고압 마이크로제트 세척을 수행하지 않은 경우에 비하여 1/4로 줄어들었으며, 실리콘 관통전극이 없는 실리콘 웨이퍼의 연삭표면 거칠기와 유사한 결과를 보였다.

10.4 화학-기계적 연마

2.4절에서 이미 화학-기계적 연마공정에 대해서 자세히 살펴보았다. 여기서는 실리콘 관통전극이 성형되어 있는 웨이퍼 표면에 대한 비선택성 화학-기계적 연마가공과 선택성 화학-기계적 연마공정에 대하여 살펴보기로 한다.

10.4.1 비선택성 화학-기계적 연마

실리콘 관통전극이 성형되어 있는 웨이퍼에 대한 실리콘/구리 동시연삭이 끝나고 나면, 1차 화학-기계적 연마와 2차 화학-기계적 연마공정이 수행된다. 1차 화학-기계적 연마는 **비선택성 화학-기계적 연마**공정으로서, 기계적 연삭공정을 수행하는 동안 실리콘 표면에 발생한 표면과 표면하부의 크랙들을 제거하는 것이다. 이를 위해서 웨이퍼 표면을 2~3[μm] 정도 제거한다. **그림 10.20 (a)**에서는 비선택성 화학-기계적 연마가공에 사용된 폴리싱헤드의 단면구조와 외관을 보여주고 있다. 폴리싱 헤드는 고무 다이아프램을 사용하여 웨이퍼 표면 전체에 균일한 압력을 부가할 수 있으며, 연마가공 이후에 웨이퍼의 총 두께편차는 일반적으로 1[μm] 미만이다.

1차 화학-기계적 연마의 중요한 목적은 구리, 실리콘 및 TEOS-SiO_2[26]를 동일한 비율로 연마가공하는 것이다. 이를 통해서 구리, 실리콘 및 실리콘 관통전극 절연막 사이에 스텝 높이편차가 발생하는 것을 방지한다.

1차 화학-기계적 연마가공의 제거율은 연마제 슬러리에 첨가하는 산화제(H_2O_2)의 농도를 사용하여 조절할 수 있다. 산화제의 농도가 높으면 구리의 화학-기계적 연마가공률이 높아진다.

26 **10.2.3절**에서 저온화학기상증착을 사용하여 비아 내부에 증착한 절연막.

반면에 실리콘의 제거율은 산화제의 농도에 영향을 받지 않는다. 따라서 산화제의 농도를 조절함으로써 구리와 실리콘을 동일한 연마속도로 가공할 수 있다. **그림 10.20 (b)**에서는 최적의 조건하에서 연마를 수행한 실리콘 관통전극 표면에 대한 3차원 영상과 단면 프로파일을 보여주고 있다. 3차원 영상으로는 높이편차를 구분하기가 어려울 정도로 실리콘 표면과 구리 전극의 높이가 거의 동일하다. 단면 프로파일을 살펴보면 관통전극이 약간 돌출되어 있다는 것을 알 수 있으며, 돌출량은 30[nm] 미만이다.

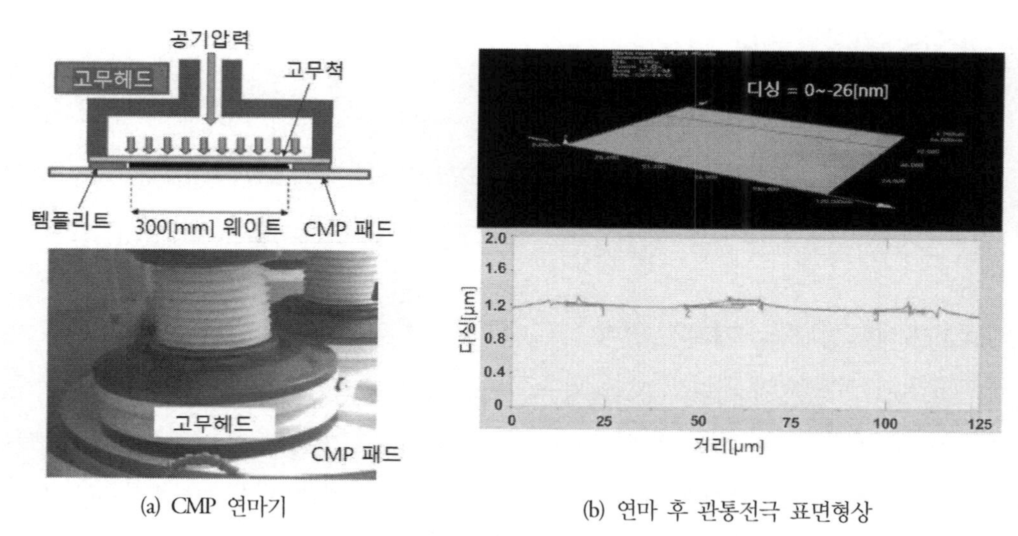

(a) CMP 연마기

(b) 연마 후 관통전극 표면형상

그림 10.20 비선택성 화학-기계적 연마[27](컬러도판 p.665 참조)

10.4.2 선택성 화학-기계적 연마

2차 화학-기계적 연마는 구리 전극을 보호하면서 실리콘 표면만을 연삭하여 관통전극을 돌출시키는 선택성 가공공정이다. 이를 구현하기 위해서는 폴리싱 패드가 가능한 한 부드러워야만 하며, 슬러리는 구리와 실리콘에 대해서 높은 선택도를 가지고 있어야만 한다.

그림 10.21에서는 스웨이드[28] 소재의 연질패드 위에서 RDS10906 후지미 SFR 슬러리를 200[ml/min]으로 공급하면서 웨이퍼를 가공한 결과를 보여주고 있다. 실리콘 표면의 가공속도는

27 콘도 가즈오 편저, 장인배 역, 3차원 반도체, 씨아이알, 2018.

28 suede: 벨벳같이 부드러운 가죽. 네이버사전.

0.7[μm/min]인 반면에 구리 표면의 가공속도는 0.006[μm/min]에 불과하여 100:1의 선택도가 구현되었다. 좌측의 그림들은 전극크기 25[μm], 전극간격 125[μm]인 경우의 가공결과로서, 돌출된 구리전극의 높이는 13[μm]에 달하였다. 우측의 그림들은 전극크기 10[μm], 전극간격 50[μm]인 경우의 가공결과로서, 돌출된 구리전극의 높이는 7.5[μm]에 달하였다.

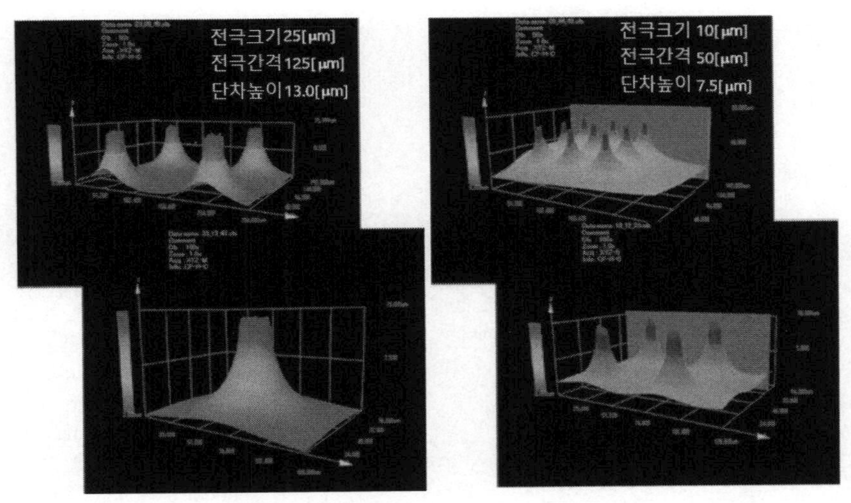

그림 10.21 전극 돌출을 위한 선택성 화학–기계적 연마[29](컬러도판 p.665 참조)

10.4.3 2차 화학–기계적 연마가공 후 세척

실리콘 관통전극을 돌출시키기 위한 2차 화학–기계적 연마공정이 종료되고 나서 시행하는 세척공정은 구리 오염에 의한 반도체 디바이스의 전기적 특성변화를 방지하기 위해서 매우 중요하다. 실리콘 웨이퍼 표면에 잔류하는 미량의 금속 오염물질들을 제거하기 위해서는 전형적으로 **염산 과산화수소 혼합물**(HPM)를 사용한다. 그런데 실리콘 관통전극이 노출되어 있는 웨이퍼 표면의 구리농도는 매우 높다. 이런 상태의 웨이퍼 표면에서 구리를 제거하기 위한 세정에 사용할 화학물질 선정에는 매우 세심한 주의가 필요하다. 광범위한 고찰을 통해서 개발된 세척용 유기산(TSV–1, 미쓰비시 화학社)과 희석된 불산(DHF)이 사용된다. **표 10.2**에 제시되어 있는 두 가지 세척 레시피들 중에서 2번 레시피에서만 폴리비닐알코올(PVA) 소재의 브러시를 사용한 표면 문지

29 콘도 가즈오 편저, 장인배 역, 3차원 반도체, 씨아이알, 2018.

름이 적용되었다. 세척 후의 금속오염 상태를 측정한 결과, 1번 레시피의 잔류구리 농도가 2번 레시피의 잔류구리농도보다 더 낮다는 것이 밝혀졌다. 이는 브러시를 사용한 문지름 과정에서 교차오염이 발생했다는 것을 의미한다. 세척 후 웨이퍼 표면에 잔류하는 구리 오염물질의 농도는 $3.3\sim4.5\times10^{11}$[atoms/cm^2]로서, 사용자의 요구조건인 5×10^{10}[atoms/cm^2]에 크게 미치지 못한다. 이를 제거하기 위해서는 실리콘 관통전극이 돌출된 웨이퍼 표면에 무전해 Ni−5%B 도금을 시행하여 100[nm] 두께로 금속피막을 도금한 다음에 알칼리 식각을 통해서 이를 제거하면 실리콘 표면의 잔류구리성분들도 함께 제거된다. 이를 통해서 오염이 없는 중간비아 공정을 구현할 수 있다.

표 10.2 2차 화학−기계적 연마공정 이후의 세척조건30

세척단계	세척조건	
	1번 세척 레시피	2번 세척 레시피
① 1번 약품	TSV−1(미쓰비시화학社, 40배 희석) 100[rpm], 2[min]	TSV−1(미쓰비시화학社, 40배 희석) PVA 브러시, 100[rpm], 2[min]
② 2번 약품	0.5% DHF, 100[rpm], 1[min]	0.5% DHF, 100[rpm], 1[min]
③ 3번 약품	사용하지 않음	TSV−1(미쓰비시화학社, 40배 희석) 100[rpm], 2[min]
④ 탈이온수 세척	MS/DIW 100[rpm], 1[min] DIW 100[rpm], 1[min]	MS/DIW 100[rpm], 1[min] DIW 100[rpm], 1[min]
⑤ 스핀건조	2,000[rpm], 1[min]	2,000[rpm], 1[min]

10.4.4 웨이퍼 박막가공 관련 이슈들

웨이퍼를 박막 형태로 가공하는 경우에 디바이스와 관련되어 두 가지 중요한 이슈들이 있다. 첫 번째는 높은 응력집중을 견디는 웨이퍼의 능력이며, 두 번째는 실리콘 내의 **벌크미세결함**(BMD)층에서 생성되는 내부게터링을 제거하기 어렵다는 것이다. **내부게터링**은 벌크 실리콘 내의 미세결함들이 오염성 금속 이온들을 포획하는 현상이다. 초크랄스키 결정성장 공정이 이루어지는 과정에서 결정성장 용기 내의 잔류산소들이 실리콘 격자구조 속에 갇혀버린다. 이후의 열처리 공정을 시행하면 실리콘 결정격자구조 내부에 포획되어 있는 산소들이 실리콘과 반응하여 SiO_2 잔류물들을 생성하면서 미세결함이 되어버린다. 그런데 웨이퍼를 1,150[°C] 이상의 온도로 열처리하면 **그림 10.22에** 도시되어 있는 것처럼 디바이스 측 표면 근처의 실리콘 격자 속에 포획

30 곤도 가즈오 편저, 장인배 역, 3차원 반도체, 씨아이알, 2018.

된 산소분자들은 외부로 빠져나가 버리면서 내부게터링이 없는 표면영역이 만들어진다. 이를 **벗김영역**이라고 부른다. 웨이퍼의 두께를 50~100[μm]까지 줄이면 벌크 미세결함이 제거되며, 무결함영역은 오염물질들을 포획하지 못하므로 내부게터링 영역이 없어져 버린다.

외부게터링은 박막화 가공된 웨이퍼의 표면에 다듬질 과정에서 만들어진 손상층이 금속 이온들을 포획하는 현상이다. 화학-기계적 연마(CMP)가공과 게터링-건식연마 기법을 조합하여 사용하면 외부게터링에 의한 금속오염 제거에 효과적이다. 그리고 기판의 표면에 질화규소(SiN) 차단막을 증착하여도 게터링 방지에 효과적이다.

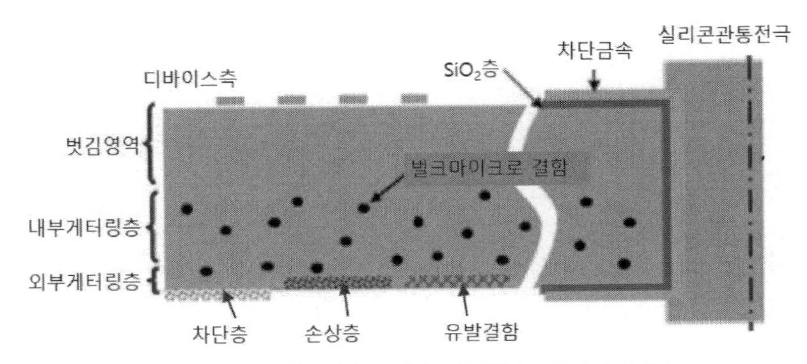

그림 10.22 박형 웨이퍼 내에서 발생하는 게터링 현상[31]

실리콘 관통전극은 두 가지 측면에서 웨이퍼가 얇을수록 유리하다. 우선, 비아구멍의 가공깊이가 줄어들기 때문에 보쉬공정을 사용하는 건식식각 시간이 단축된다. 다음으로 종횡비가 작은 비아구멍일수록 공동이 없는 전극충진이 용이해진다. 연삭공정과 뒤이은 연마공정으로 이루어진 웨이퍼 박막화 공정을 통해서 미리 웨이퍼 표면에 제작된 관통전극들을 노출시키거나(선비아, 중간비아), 비아 드릴가공을 위해서 박막 가공된 웨이퍼를 준비한다(후비아). 와이어본딩 시 부가되는 압착력을 견디기 위해서는 최소한 100[μm] 두께의 웨이퍼가 필요하다. 하지만 집적회로의 3차원 적층에는 전형적으로 100[μm] 미만 두께의 실리콘 웨이퍼를 사용한다. 심지어는 30[μm]나 15[μm] 두께의 웨이퍼조차도 요구되고 있는 상황이다. **그림 10.23**에 도시되어 있는 것처럼, 웨이퍼가 종이두께보다 얇아지면(50[μm] 이하), 투명해진다.

31 콘도 가즈오 편저, 장인배 역, 3차원 반도체, 씨아이알, 2018.

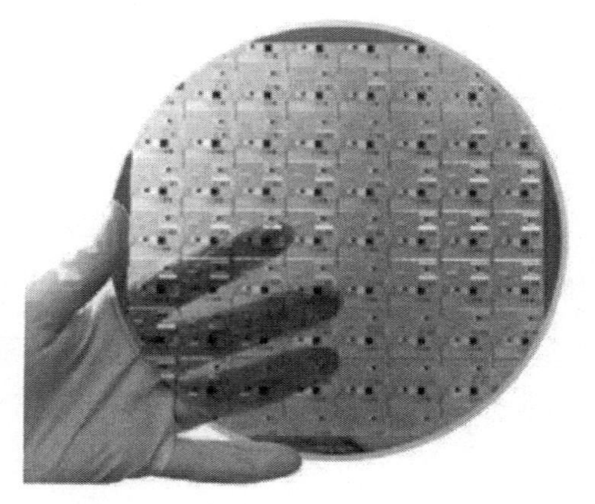

그림 10.23 박막 가공된 실리콘 웨이퍼[32](컬러도판 p.666 참조)

10.5 유리 캐리어 접착과 탈착

초박형 웨이퍼를 취급하며 공정을 수행하기 위해서 일반적으로 실리콘 또는 유리 소재의 지지용 캐리어를 웨이퍼에 임시로 접착하여 사용한다. 임시접착이라는 단어가 의미하듯이, 접착제의 역할이 끝나고 나면, 박막 가공된 디바이스 웨이퍼와 캐리어 웨이퍼를 떼어낼 필요가 있다. 박막 가공된 웨이퍼는 후속 생산공정에 투입되며, 분리된 캐리어 웨이퍼는 재활용공정을 통해서 세척 후에 다시 사용한다.

10.5.1 임시접착

그림 10.24에서는 유리 캐리어를 사용한 웨이퍼의 뒷면연삭공정의 흐름도를 보여주고 있다. 유리소재의 캐리어 웨이퍼 표면에 자외선 경화형 접착제를 스핀코팅한다. 진공챔버 속에서 웨이퍼의 디바이스 쪽 표면을 유리 캐리어의 접착면과 맞대어 압착하면서 유리 캐리어에 접착한다(진공접착). 마지막으로 대기 중에서 유리 캐리어를 통해서 자외선을 조사하여 에폭시를 경화시키면 **임시접착**이 완료된다. 웨이퍼-캐리어 조립체는 **10.3절**에서 살펴보았던 웨이퍼 박막가공 공정에 투입되어 웨이퍼 뒷면을 필요한 두께로 연삭 및 연마가공한다. 박막 가공이 완료되고 나면, 절단

32 시춘쿠 공저, 장인배 역, 웨이퍼레벨 패키징, 씨아이알, 2019.

테이프를 사용하여 웨이퍼를 링 프레임에 붙인 다음에, 탈착공정을 통해서 웨이퍼와 캐리어를 분리한다. 투명한 유리 캐리어를 통해서 YAG 레이저를 조사하여 광열변환층(LTHC)을 열분해시킨 다음에 진공 흡착컵을 사용해서 박막 가공된 유리 캐리어를 떼어낸다. 탈착 테이프를 사용하여 박막 가공된 웨이퍼의 표면에서 접착제를 벗겨내고 나면 박막 가공된 웨이퍼를 후속공정에 투입하거나 다이싱 공정을 통해서 개별 칩들로 분리시킨다. 탈착된 캐리어 웨이퍼는 재활용공정으로 투입되는데, 5% 수산화암모늄을 사용하여 광열변환 잔류물들을 제거한 다음에, 다시 세척한 유리 표면을 광열변환 잉크로 코팅하여 사용한다.

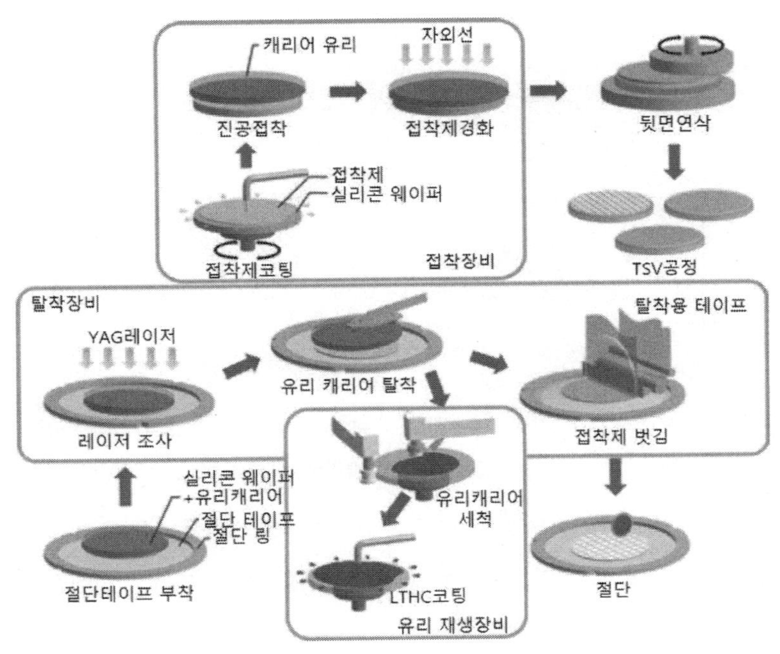

그림 10.24 유리 캐리어를 사용한 웨이퍼 뒷면연삭공정[33](컬러도판 p.666 참조)

10.5.2 탈착방법

접착제를 사용한 웨이퍼 임시접착 및 탈착공정을 지원하기 위해서 다양한 **탈착방법**들이 제안되었다. 유리소재 캐리어 웨이퍼를 사용하는 경우에는 접착강도를 없애서 탈착을 용이하게 만들

33 콘도 가즈오 편저, 장인배 역, 3차원 반도체, 씨아이알, 2018.

기 위해서 광열변환층과 레이저를 사용한다. 핫멜트형 접착제를 사용하는 경우에는 지지용 웨이퍼로 실리콘 웨이퍼를 사용하며, 열을 가한 후에 캐리어 웨이퍼를 옆으로 미끄러트려서 분리하거나 기계적으로 분리한다.

표 10.3 세 가지 탈착 방법들의 상호비교34

탈착방법	모식도	특징
레이저/자외선법		• 주로 2.5D에 사용 • 캐리어 웨이퍼를 분리하기 쉬움 • 총두께편차가 좋은 고가의 유리 웨이퍼 사용 • 웨이퍼 휨문제
열 슬라이드법		• 주로 3D 용도에 사용 • 실리콘 캐리어 사용 • 열가소성 접착제의 열저항 문제
기계적 탈착법		• 주로 3D 용도에 사용 • 실리콘 캐리어 사용 • 웨이퍼 휨특성 양호(<100[μm])

미세전자기계시스템(MEMS)이나 2.5D(실리콘 인터포저) 칩의 생산에서는 유리 웨이퍼를 사용하는 레이저 탈착기법이 일반적으로 사용되고 있다. 광열분해 방법은 지지용 웨이퍼를 손쉽게 탈착할 수 있으며, 생산속도가 빠르다. 하지만 광열분해 과정에서 디바이스의 온도가 높이 올라가기 때문에, 열저항성이 없는 디바이스에는 적용하기 어렵다. 또한 진공 중에서 정전척을 사용하여 유리 웨이퍼를 고정하기 위한 도전성 피막 코팅, 유리 웨이퍼와 실리콘 웨이퍼의 열팽창계수 차이로 인한 휨문제 등을 고려해야만 한다.

지지용 캐리어로 실리콘 웨이퍼를 사용하면 도전성 코팅 없이도 정전척에 고정할 수 있으며, 디바이스 웨이퍼와 열팽창계수가 동일하여 열공정에서 웨이퍼의 휨문제가 일어나지 않는다. 특히, 유리웨이퍼보다 염가라는 점도 큰 장점이다. 하지만 레이저 탈착이 불가능하므로 열 슬라이드방법이나 기계식 탈착방법을 활용해야만 한다.

34 콘도 가즈오 편저, 장인배 역, 3차원 반도체, 씨아이알, 2018.

열 슬라이드 방법의 경우에는 가열챔버 내에서 연화되는 열가소성 접착제를 사용하여 슬라이딩 방식으로 지지용 웨이퍼를 제거한다. 이 방법은 웨이퍼 탈착이 용이하지만 열가소성 접착제를 연화시키기 위해서 가열이 필요하며, 임시접착 이후에는 고온공정을 사용할 수 없다는 단점을 가지고 있다.

기계적 탈착법의 경우에 사용하는 접착제에는 임시접착공정 이후에 저항성을 제공해주는 접착층과 제거층이 포함되어 있다. 탈착 과정이 기계적으로 이루어지기 때문에, 열저항성 접착제를 사용해도 무방하므로, 접착 이후에도 고온공정을 사용할 수 있다. 그런데 탈착공정을 수행하기 전까지는 공정 중에 지지 웨이퍼와 디바이스 웨이퍼가 분리되지 않도록 접착강도를 유지해야 하므로, 접착제의 강도조절이 매우 중요하다.

임시접착공정을 적용한 초기에는 레이저 탈착법과 열슬라이드법을 사용하였지만, 디바이스와 접착소재 개선을 통해서 현재는 상온 기계식 탈착법이 가장 일반적으로 사용되고 있다.

10.5.2.1 기계식 탈착

그림 10.25에서는 상온공정인 **기계식 탈착공정**의 흐름도를 보여주고 있다. 기계식 탈착공정의 경우, 탈착을 시행하기 전에, 디바이스 웨이퍼를 절단 링과 함께 절단테이프로 고정하여야 한다. 이 상태로 웨이퍼를 탈착장비에 투입하면, 진공흡착장치가 절단테이프의 뒷면과 캐리어 웨이퍼의 뒷면을 각각 붙잡은 채로 둘을 강제로 떼어낸다. 이 과정에서 디바이스 웨이퍼에 기계적인 힘이 부가되기 때문에, 이로 인하여 디바이스 웨이퍼 내부에 과도한 응력이 부가된다면, 디바이스 웨이퍼의 파손이 유발될 수도 있다. 특히 실리콘 관통전극 구멍들은 응력집중을 유발하기 때문에, 작은 힘에도 균열이 발생할 우려가 있다. 그러므로 탈착모듈의 경우에는 디바이스 웨이퍼에 응력을 부가하지 않으면서 지지용 웨이퍼를 제거하는 능력이 요구된다.

박막 가공된 디바이스 웨이퍼를 캐리어 웨이퍼에서 떼어내고 나면, 솔벤트를 사용하여 표면을 세척하여 잔류 접착제를 제거하여야 한다. 세척 모듈에서 필요한 기능은 디바이스 웨이퍼의 세척 성능과 무결함 절단테이프 접착이다. 탈착된 디바이스 웨이퍼의 표면에 존재하는 금속성 범프들에도 불구하고, 표면에 접착제가 조금이라도 남아있다면 후속 공정에서 결함을 유발할 수 있다. 절단 테이프를 부착한 채로 웨이퍼를 세척하기 때문에 절단 테이프는 솔벤트에 대한 내성을 갖추고 있어야만 한다.

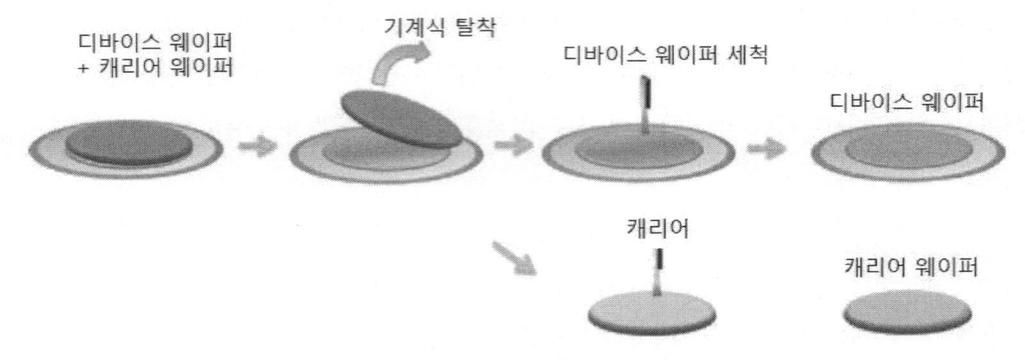

그림 10.25 기계식 탈착공정의 흐름도35

10.5.2.2 웨이퍼 파손

그림 10.26에서는 캐리어 웨이퍼에서 박막 가공된 디바이스 웨이퍼를 탈착하는 과정에서 발생하는 다양한 파손모드들을 보여주고 있다. 접착제의 접착강도가 높은 경우에는 (a)에서와 같이 테두리부에서 디바이스 웨이퍼가 뜯겨져 나가며, 열팽창 등으로 인하여 디바이스 웨이퍼가 휘어진 경우에는 (b)에서와 같이 웨이퍼 표면에 간섭무늬가 나타난다. 핫멜트 레진을 가열하는 과정에서 중앙부만 녹으면 (c)에서와 같이 중앙부가 부풀어 오르며, 너무 높은 온도로 가열하면 (d)에서와 같이 검게 타버리는 열화현상이 나타난다.

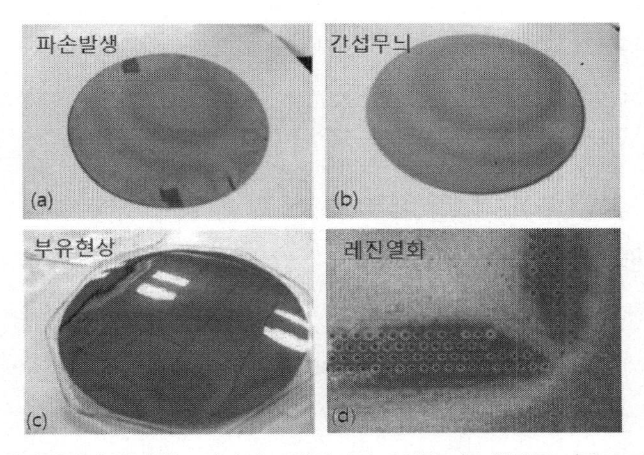

그림 10.26 탈착과정에서 발생하는 디바이스 웨이퍼의 다양한 파손현상들36(컬러도판 p.667 참조)

35 콘도 가즈오 편저, 장인배 역, 3차원 반도체, 씨아이알, 2018.

범프의 높이와 밀도 역시 탈착성능에 중요한 영향을 끼친다. **그림 10.27**에서는 두 가지 접착용 레진들에 대해서 디바이스 웨이퍼의 범프 높이와 밀도에 따른 탈착 시 파손발생 확률을 그래프로 보여주고 있다. 두 가지 레진들 모두, 범프의 밀도가 낮고 높이도 낮은 경우에는 탈착 시 아무런 문제를 일으키지 않는다. 하지만 범프 밀도가 높아지거나 범프의 높이가 높아지면 탈착 시 파손이 발생한다. 고밀도 영역에서는 유리소재 캐리어와 접착용 레진이 분리되지 않을 수 있으며, 범프 어레이 사이에 레진 잔류물이 남을 우려가 있다. 웨이퍼가 파손되는 이유는 범프 주변에 공기 공극이 생성되며, 이 공극이 열팽창을 일으키기 때문이다. 고온에서의 경화와 세팅 조건에 따른 레진 잔류물의 강력한 접착성 때문에, 레진이 범프 어레이에서 잘 떨어지지 않는다.

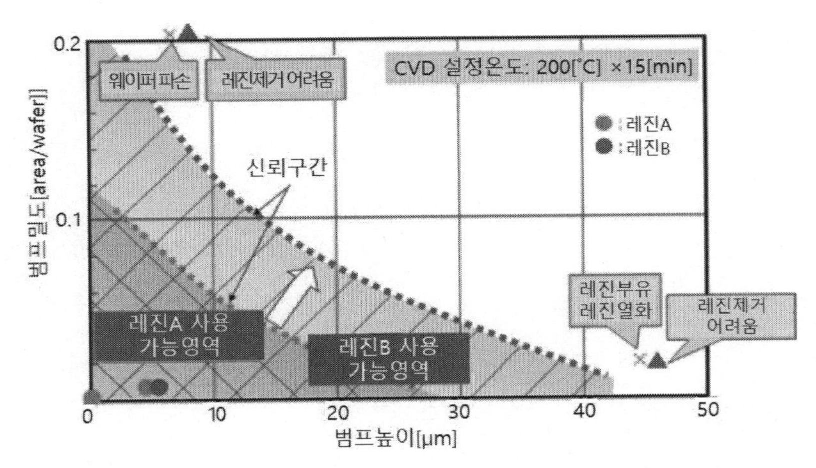

그림 10.27 범프 높이와 범프 밀도에 따른 웨이퍼 탈착 신뢰구간[37](컬러도판 p.667 참조)

10.6 적층접합

영구적인 웨이퍼 접착은 접착제를 사용하지 않고 실리콘과 전극을 포함한 웨이퍼 기판을 직접 접착하는 기법으로서, CPU와 같은 고성능 반도체에서 널리 사용되고 있는 **실리콘 온 인슐레이터**(SOI) 웨이퍼의 생산을 주요 목표로 하여 개발되었다. 실리콘 온 인슐레이터 웨이퍼 공정에서는

36 콘도 가즈오 편저, 장인배 역, 3차원 반도체, 씨아이알, 2018.
37 콘도 가즈오 편저, 장인배 역, 3차원 반도체, 씨아이알, 2018.

1,000[°C] 이상의 고온 열처리 공정이 사용된다. 하지만 이 고온공정을 미세전자기계시스템(MEMS), 영상센서, 적층형 반도체 집적회로 등에 적용한다면 열로 인해서 디바이스에 손상이 가해질 위험성이 있다. 그러므로 상온이나 저온에서 수행할 수 있는 접착공정이 필요하다. 이미 비실리콘 웨이퍼를 사용하는 통신용 디바이스나 300[mm] 대면적 기판의 접착과 후방조명 CMOS 영상센서의 생산공정에도 저온 또는 상온에 근접하는 온도에서 접착을 수행하는 공정이 활용되고 있다.

10.6.1 접착기법

저온이나 상온에서 수행되는 웨이퍼 직접접착 방법에는 용융접합, 표면활성화접합, 양극접합, 그리고 구리 간 산화물 하이브리드접합이 사용되고 있다.

용융접합에서는 웨이퍼나 산화규소 박막의 표면을 원자수준으로 폴리싱한 다음에 표면에 히드록실기를 생성하기 위한 **친수성 표면처리**를 시행하고 나서 두 표면을 서로 맞대면 표면들이 서로 접착된다. 이 방법의 특징은 상온 저하중 상태에서 접착이 이루어진다는 저이다. 접착 후의 후처리 공정으로 200[°C] 이상의 온도에서 열처리를 시행하면, **그림 10.28**에 도시된 것처럼, 수분이 방출되면서 접착강도가 증가한다.

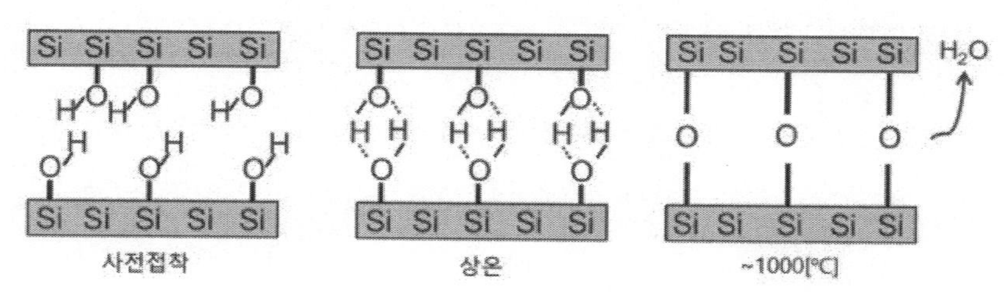

그림 10.28 수소결합을 이용한 웨이퍼 접착방법[38]

천연산화물 박막으로 표면이 오염되어 있는 웨이퍼나 산화규소 박막으로 이루어진 두 표면을 불활성가스 레이저를 사용하여 스퍼터링 식각을 수행하면 표면을 덮고 있는 접착에 방해되는 오염물질들이 제거된다. 이렇게 불필요한 천연 산화막과 흡수된 가스들이 제거되고 나면, 표면의

38 콘도 가즈오 편저, 장인배 역, 3차원 반도체, 씨아이알, 2018.

활성원자들이 노출되기 때문에 **표면활성화 접합**을 수행할 수 있다. 이 기법의 가장 중요한 특징은 노출된 원자를 직접 접착하면 **그림 10.29**에서와 같이 강력한 접합을 만들 수 있다는 것이다.

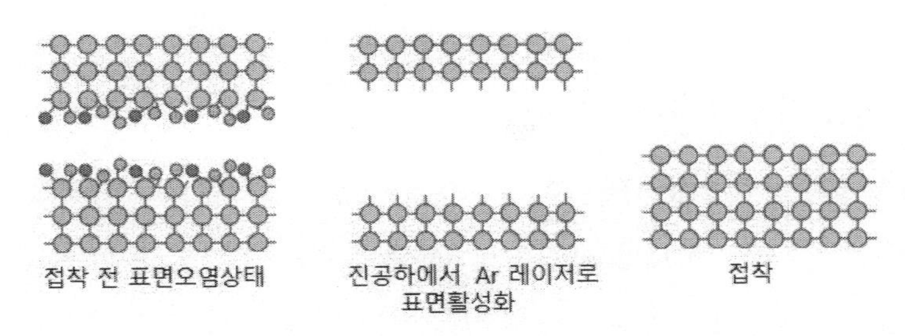

그림 10.29 웨이퍼의 표면활성화를 이용한 상온접착39

그림 10.30에 도시되어 있는 것처럼, 접착하려고 하는 유리기판과 실리콘기판 웨이퍼들의 폴리싱된 표면을 가열하면서 유리기판에 음전압, 실리콘기판에 양전압을 가하면, **정전 흡착력**이 발생하면서 유리기판과 실리콘기판의 표면들 사이에 **공유결합**이 일어난다. 이런 접착기법을 **양극접합**이라고 부른다. 이 기법의 중요한 특징은 용융접합에서 필요로 하는 원자수준의 기판 표면 거칠기를 필요로 하지 않는다는 점이다. 하지만 이 접착방법은 유리소재 기판에 국한하여 적용할 수 있다.

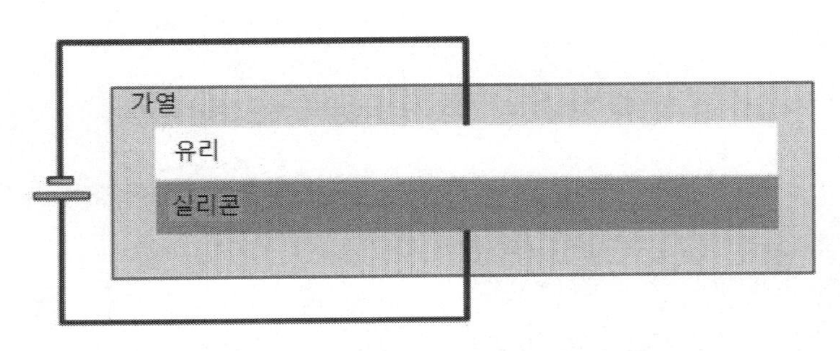

그림 10.30 실리콘과 유리기판의 양극접합40

39 콘도 가즈오 편저, 장인배 역, 3차원 반도체, 씨아이알, 2018.
40 콘도 가즈오 편저, 장인배 역, 3차원 반도체, 씨아이알, 2018.

Cu-Cu/산화물 하이브리드 접합은 한쪽 접착표면에는 절연막이 증착되어 있으며, 다른 쪽 표면에는 구리전극이 증착된 두 웨이퍼를 접착하는 기술이다. 두 웨이퍼 간의 정렬 정확도가 매우 중요하며, 구리 간 접착 이후에 배선저항이 증가할 우려가 있기 때문에 접착 수율이 낮다.

10.6.2 적층/접합 시 발생하는 문제들

접착공정을 수행하는 과정에서 접착 후 정렬의 정확도, 스케일링, 왜곡, 접착강도, 그리고 공동 발생문제 등 다양한 문제들에 대한 검토가 필요하다.

접착 후 정렬 정확도는 서로 접착된 두 웨이퍼들 사이의 정렬 정확도를 의미한다. 패턴정렬이 필요 없는 경우에는 수십 [μm] 수준의 정렬만으로도 충분하지만 패턴정렬이 필요한 접착공정의 경우에는 수십~수백 [nm] 수준의 정렬 정확도를 필요로 한다. 이런 요구조건은 접착되는 돌출전극의 직경과 관련되어 있다. 예를 들어 돌출전극의 직경이 3[μm]라면, 1[μm] 미만의 정렬 정확도가 요구된다. 패턴의 크기는 지속적으로 줄어들고 있기 때문에, 정렬 정확도 사양 역시 크게 줄어들고 있다.[41]

스케일링은 기판을 접합하는 과정에서 접착할 기판이 늘어나는 현상이다. 웨이퍼 접착을 수행하는 과정에서 기포가 포획되지 않도록 만들기 위해서 **그림 10.31**의 우측 그림에서와 같이 상부

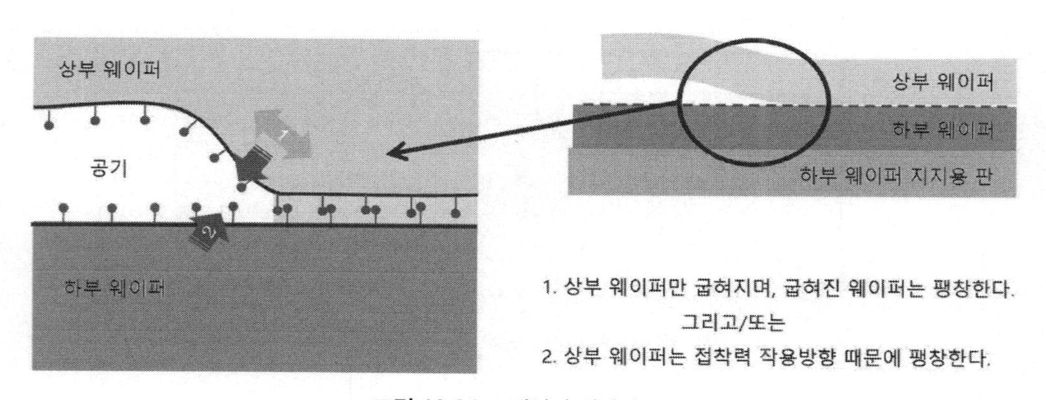

그림 10.31 스케일링 메커니즘[42]

41 저자가 개발에 참여했던 웨이퍼 본더의 접합 정확도는 ±60[nm], 다이본더는 ±30[nm] 수준에 불과하였다. 이를 위해서 개발된 얼라이너의 정렬 정확도는 수 [nm] 수준이었다.

42 곤도 가즈오 편저, 장인배 역, 3차원 반도체, 씨아이알, 2018.

웨이퍼의 중앙을 아래로 약간 돌출시켜서(눌러서) 하부 웨이퍼와 접촉시킨다. 그러면 좌측의 그림에서처럼 웨이퍼 중앙에서 주변부로 접착이 전파되어 나가는 과정에서 상부 웨이퍼가 늘어나 버린다. 장비 제조업체에서는 스케일링을 1[ppm] 미만으로 관리하고 있으며, 심한 경우에는 노광 패턴의 위치를 조절할 수 있다.

왜곡은 웨이퍼 접착 시 유발되는 디바이스 기판의 휨으로 인해서 접착 후 패턴형상이 **그림 10.32**에서와 같이 틀어지는 현상이다. 왜곡은 웨이퍼의 편평도와 적층기판들 사이에 끼어들어간 오염입자에 의해서 발생된다. 이상적인 형상과 왜곡형상 사이의 허용편차는 돌출전극의 직경에 따라서 다르지만, 수 [nm]~수십 [nm] 수준으로 매우 엄격하게 관리하여야만 한다. 왜곡을 이토록 엄밀하게 관리하는 이유는 왜곡이 심하면 후속 적층공정 정렬이 어려워지기 때문이다.

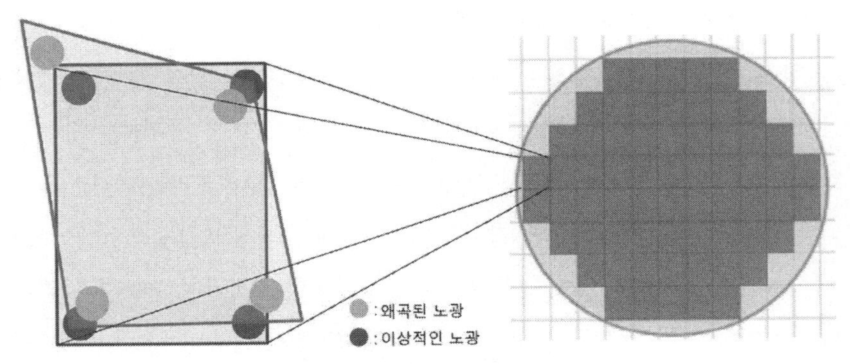

그림 10.32 다이형상의 왜곡문제[43]

접착강도는 접착이 완성된 지지기판과 디바이스 기판 사이의 접착강도를 의미한다. 이를 측정하기 위해서는 **그림 10.33**에 도시되어 있는 것처럼, 접착된 웨이퍼들 사이에 날카로운 블레이드를 삽입한다. 블레이드를 일정한 힘으로 밀어 넣었을 때에 발생하는 접착파괴영역의 크기를 측정하여 이를 접착에너지로 환산한다. 요구되는 접착강도의 사양값은 1.0[J/m^2] 이상이다.

43 콘도 가즈오 편저, 장인배 역, 3차원 반도체, 씨아이알, 2018.

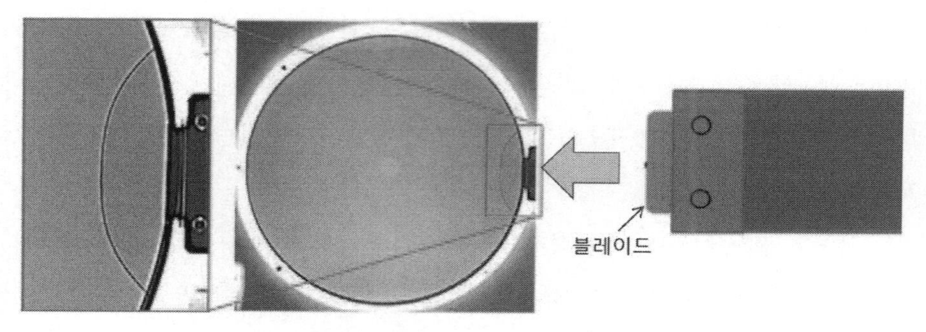

그림 10.33 접착강도 측정방법44

공동이란 접착공정이 끝난 이후에 접착된 계면에 형성된 공기주머니이다. 공동은 응력집중을 유발하여 접착력을 떨어트리기 때문에 화학-기계적 연마공정이나 와이어본딩과 같이 기계적인 힘이 부가되는 공정을 수행하는 과정에서 결함을 유발시킨다. 공동이 발생하는 원인은 크게 세 가지로 구분할 수 있는데, **그림 10.34**에 도시된 것처럼, 접착공정을 수행하는 과정에서 웨이퍼의 외곽부에 기포가 포획되는 현상이 자주 발생한다. 이는 **그림 10.31**에 도시된 그림에서 원인을 추정할 수 있는데, 상부 웨이퍼의 테두리가 약간 아래로 처진 S자 형태로 변형되면서 접착이 전파되기 때문에 마지막에 웨이퍼 테두리에서 기포가 빠져나가지 못하고 포획될 가능성이 있다. 다음으로 화학-기계적 연마 과정에서 만들어진 국부적인 함몰부위가 접착되지 못하고 공동을 형성할 수 있으며, 마지막으로 입자가 혼입되어도 접착이 방해되면서 공동이 만들어진다.

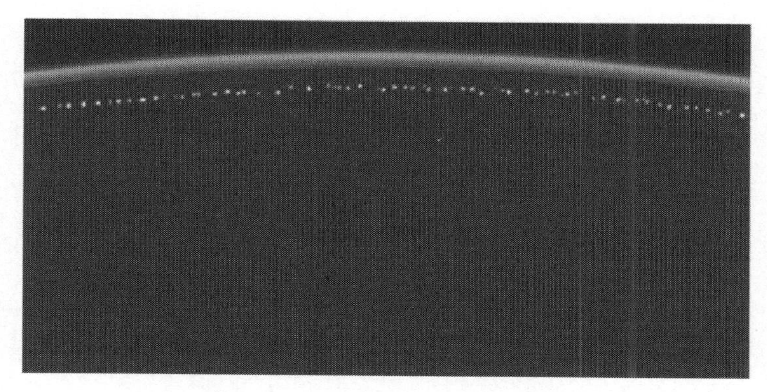

그림 10.34 웨이퍼 외곽부에 발생한 공동45

44 콘도 가즈오 편저, 장인배 역, 3차원 반도체, 씨아이알, 2018.

10.6.3 칩-칩 공정

칩들을 적층하여 접합하는 방법에는 절단된 칩들을 쌓아 올리는 **칩-칩 공정**과 다수의 다이들이 성형되어 있는 웨이퍼들을 쌓아 올린 후에 칩으로 절단하는 **웨이퍼본딩 공정**으로 구분할 수 있다. 앞절에서 이미 웨이퍼접합방법에 대해서 살펴보았으며, 여기서는 칩들을 적층하는 칩-칩 공정에 대해서 살펴보기로 한다. **그림 10.35**의 좌측 그림에서는 바닥에 위치하고 있는 실리콘-인터포저 칩과 두 개의 디바이스 칩들로 이루어진 3층 구조의 적층형 칩을 보여주고 있다. 디바이스칩의 두께는 50[μm]이며, 실리콘 관통전극 피치는 50.5[μm], 관통전극의 직경은 20[μm], 범프직경은 30[μm]이다. 공정의 흐름도를 살펴보면

- 디바이스 제작이 완료된 칩의 표면에 범프를 생성한다. 스퍼터링 전기도금 방식으로 Cu/Ti 시드층을 생성한 다음에 세미애디티브법을 사용하여 Au(100[nm])/Ni([6μm])의 표면범프를 전기도금한다.
- 범프면을 유리기판에 임시접착한다.
- 뒷면연삭을 통해서 실리콘 웨이퍼를 박막가공한다. 목표두께는 50[μm]이며, 총 두께편차는 약 2[μm]이다.
- 실리콘 관통비아를 가공하기 위하여 노광 및 보쉬공정(식각)을 시행한다. 관통구멍이 형성되고 나면, 저온화학기상증착을 사용하여 이산화규소(SiO_2)층을 증착한다.
- 관통된 비아 내부에 스퍼터링으로 Cu/Ti 금속 시드층을 생성한 다음에 구리 전기도금을 시행하여 비아 내부를 구리로 충진하여 관통전극을 만든다. 표면에 화학-기계적 연마를 시행하여 과도한 구리막을 제거한다.
- 관통전극의 표면에도 (a)에서와 동일한 공정을 사용하여 SnAg(3[μm])/Ni(1[μm])의 뒷면범프를 생성한다.
- 표면에 절단테이프를 부착하고 나서, 임시로 접착된 유리기판을 탈착한다.
- 다이싱 공정을 통해서 칩들을 분할한다. 마지막으로 이 칩들을 픽업하여 실리콘 인터포저 위에 적층접합하면 적층형 칩이 완성된다.

45 콘도 가즈오 편저, 장인배 역, 3차원 반도체, 씨아이알, 2018.

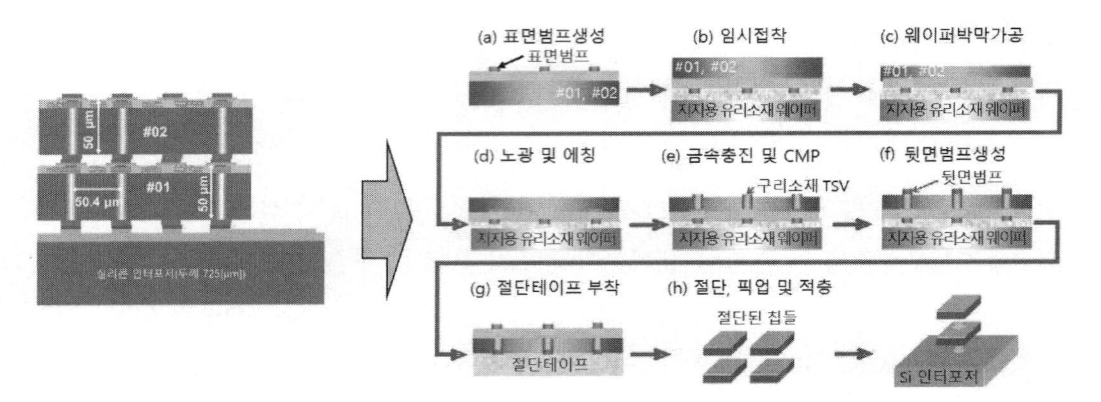

그림 10.35 칩–칩 공정의 흐름도46(컬러도판 p.667 참조)

10.6.3.1 다이본더

다이본더는 절단된 칩들을 웨이퍼 또는 다이에 적층접착하는 전용장비이다. 3차원 칩들을 적층접합하는 과정을 순서대로 살펴보면,

- 적층될 하부칩의 표면에 플럭스를 도포한다.
- 적층할 상부칩을 하부칩에 정렬한다.
- 상부칩을 하부칩 위로 내리면서 가압 및 가열하여 범프를 용착시킨다.
- 필요한 층수만큼 이 공정을 반복한다.
- 플럭스를 세척한다.
- 범프 사이의 공극에 레진을 충진한 다음에 경화시켜 칩을 완성한다.

다이본더와 관련되어서는 다음과 같은 다양한 이슈들이 존재한다.

- 박막가공된 다이를 접착테이프로부터 픽업하는 과정에서 다이 파손이 발생한다.
- 바닥과 가까운 칩들은 반복적으로 가열 사이클에 노출된다. 그러므로 바닥 칩의 금속 조인트들은 후속되는 칩 적층공정을 수행하는 동안 다시 용융되어서는 안 된다.

46 콘도 가즈오 편저, 장인배 역, 3차원 반도체, 씨아이알, 2018.

• 칩-칩 공극이 작아지면서 접합에 사용되었던 플럭스 세척과 레진 충진이 어려워진다.
• 반복된 접착공정으로 인하여 공정비용이 증가하고 수율이 저하된다.

이런 이슈들 중에서 정렬이슈에 대해서는 **10.6.3.2절**에서, 충진이슈에 대해서는 **10.6.3.3절**에서, 그리고 다이픽업 이슈에 대해서는 **10.6.3.4절**에서 따로 살펴보기로 한다.

10.6.3.2 정렬문제

칩-칩 공정에서 다이들 사이의 **정렬**을 맞추는 것은 매우 어려운 문제이다. 일반적으로 그림 **10.36**에 도시되어 있는 것처럼, 하부칩에 성형되어 있는 정렬용 표식[47]과 상부칩에 성형되어 있는 정렬용 표식을 서로 겹쳐서 정렬위치를 조절하는 방식을 사용한다. 이때에 상부칩의 정렬용 표식위치와 하부칩의 정렬용 표식위치를 개별 측정위치에서 현미경 카메라로 측정한 다음에 서로 마주보는 위치로 이동하여 이를 접착하는 방식이 일반적으로 사용되어 왔다. 이렇게 서로 다른 위치에서 칩들의 정렬위치를 각각 측정하는 방식으로는 칩 간 정렬 정확도를 수십[nm] 수준으로 낮추기 어렵다. 이를 개선하기 위해서 접합위치에서 칩과 다이 사이에 소형 프리즘을 넣어 정렬을 조절하는 방법이 개발되었다. 하지만 프리즘의 두께가 칩의 정렬 정확도에 비해서는 매우 크기 때문에 조동정렬에만 사용하고, 프리즘이 빠진 다음에 칩을 서로 접근시켜서 접촉이 이루어지기 직전 상태가 되면, 실리콘을 투과하는 적외선 카메라를 사용해서 근접정렬을 시행한 다음에 칩들을 서로 맞붙인다. 적외선 카메라로 관찰을 지속하면서 솔더 용융을 진행하여 칩 간 접합을 완성한다. 이때에 사용되는 적외선 현미경의 정렬 정확도는 ±1[μm] 이내이다.

적외선 카메라의 분해능 한계 때문에, 적층형 칩의 정렬 정확도 향상을 위한 새로운 방법이 필요하게 되었다. 조동정렬에 사용되었던 프리즘의 두께를 수[mm] 수준으로 줄이고, 정렬 정확도와 압착에 사용되는 상부 스테이지의 작동 정확도를 ±수[nm] 수준으로 향상시킨 최신의 광학식 현장정렬 시스템이 개발되었다. 이를 사용하는 최신의 다이본더는 접합 정확도가 ±수십[nm]에 불과하다.

47 fiducial mark

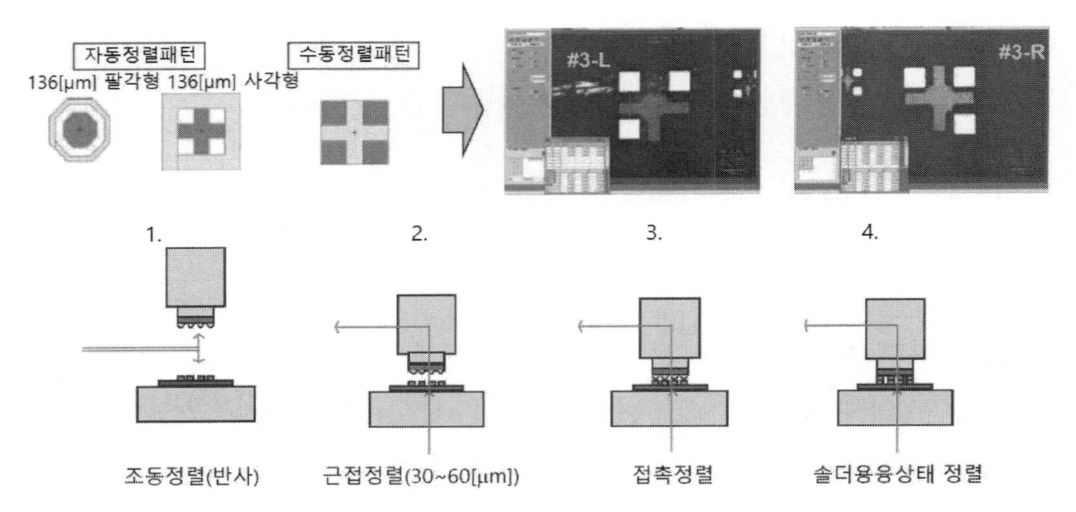

그림 10.36 정렬용 표식을 사용하는 칩-칩 정렬방법[48](컬러도판 p.668 참조)

표 10.4 플립칩의 조립과 충진을 위한 다양한 공정들[49](컬러도판 p.668 참조)

공정	질량유동	열압착본딩		
	모세관충진	비전도성페이스트	비전도성필름	
기판에 접착제를 도포하는 공정흐름도				
도포방식	사후 액체주입	사전 액체주입	사전 필름도포	
레진가열저항성	불필요	필요	필요	
웨이퍼레벨 공정호환	불가	불가	가능	

48 곤도 가즈오 편저, 장인배 역, 3차원 반도체, 씨아이알, 2018.
49 곤도 가즈오 편저, 장인배 역, 3차원 반도체, 씨아이알, 2018.

10.6.3.3 충진문제

전극이 돌출된 다이들을 적층-접합하는 과정에서 생기는 전극들 사이의 빈 공간은 칩의 구조강도를 약화시키기 때문에, 이를 레진이나 페이스트로 메워야만 한다. 이를 위하여 모세관충진, 비전도성 페이스트, 그리고 비전도성 필름을 사용하는 방법들이 사용되고 있다.

액체 형태의 레진을 사용하는 **모세관충진**방식의 경우에는 높은 유동성을 갖춘 레진을 사용해야 하므로, 단일층 접합 후 칩몰딩에는 용이하게 사용할 수 있지만, 다층 구조를 접합하는 웨이퍼레벨 공정에는 적용할 수 없다. 이와 마찬가지로 칩 접합 전에 액상의 비전도 페이스트를 사전에 주입하는 열압착 본딩방법 역시 웨이퍼레벨 공정에 적용할 수 없다. 웨이퍼레벨 공정에서는 **비전도성 필름**을 사용하여야 하는데, 범프들 위로 비전도성필름을 부착하고, 그 위로 전극이 돌출된 플립칩을 압착하면 전극들이 비전도성 필름을 관통하여 전기적 접합을 이룬다. 비전도성 필름에 대해서 열압착을 시행하면 필름 소재가 순간적으로 녹았다 경화되기 때문에 이 과정에서 전극접합과 몰딩이 동시에 이루어진다. 열압착 공정이 끝나고 냉각공정이 수행되는 동안 패키지 내에서 사용된 소재들 사이의 열수축률 차이에 의해서 내부응력이 초래된다. 하지만 경화된 비전도성 필름이 변형에너지를 흡수하여 범프의 뿌리부에 응력집중이 발생하는 것을 방지해준다.

10.6.3.4 다이 픽업문제

칩-칩 조립용 웨이퍼는 두께가 얇고 칩의 양쪽에 범프가 성형되어 있다. 뒷면에 범프가 성형되어 있는 다이를 진공 척으로 픽업하는 과정에서 다음과 같은 문제들이 발생하게 된다.

- 웨이퍼 뒷면의 범프들로 인하여 절단공정이 수행되는 동안 다이가 움직이며 치핑이 증가한다.
- 뒷면에 범프가 존재하면, 절단공정을 수행하는 동안 웨이퍼 뒷면으로 절삭액이 흘러들어가며 절단과정에서 생성된 실리콘 분말과 혼합된다.
- 절단테이프의 접착제에 범프가 매립되어 절단테이프에서 다이를 분리하기 어렵게 만들기 때문에, 다이픽업 공정을 어렵게 만든다.

절단테이프의 최적화는 이런 문제를 최소화하기 위해서 중요하다. 범프 매립특성을 개선하여 치핑과 오염문제를 해결하면 다이분리가 어려워진다는 모순이 발생한다.

다이픽업은 최소 10[μm] 두께의 다이를 픽업하여 캐리어를 테이프에서 분리해야만 한다. 이를 위해서 진공 패드를 픽업으로 사용하지만 칩의 크기가 큰 경우에는 크기가 작은 진공패드만으로는 칩을 테이프에서 떼어내기 어렵다. **그림 10.37**에 도시되어 있는 것처럼, 절단 테이프의 뒤쪽에서 니들을 사용하여 집어 올릴 다이를 약간 밀어 올려주면 진공 패드가 다이를 떼어내기가 수월해진다. 하지만 니들 돌출량이 300[μm]를 넘어서면 **그림 10.38 (b)**에 도시되어 있는 것처럼, 픽업할 다이가 파손되기 쉬우며, 돌출량이 이보다 작으면 (c)에서와 같이 인접 다이가 파손될 우려가 있다. 이외에도 절단 테이프에 자외선을 조사하여 기포를 생성시키는 탈착방법이나 미끄럼 조작법 등이 사용된다.

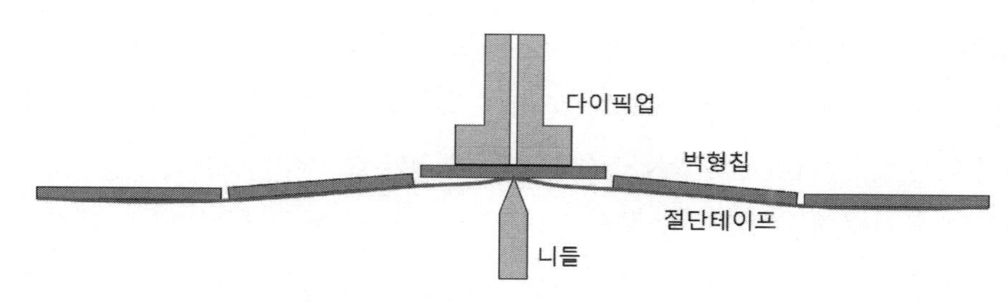

그림 10.37 박형칩 픽업을 지원하기 위한 니들 밀어올리기

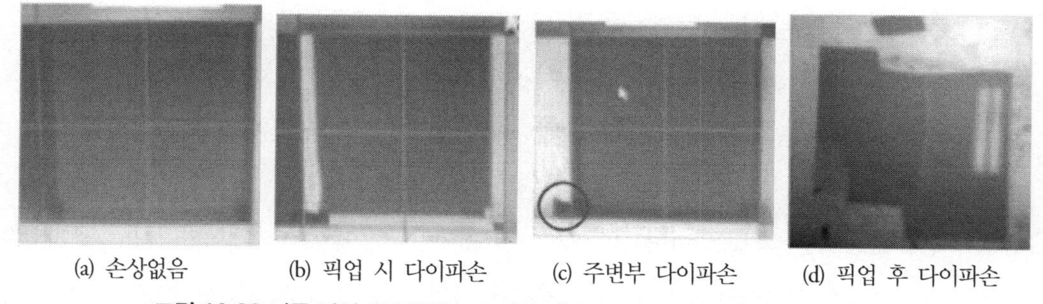

그림 10.38 니들 밀어내기 방식으로 박형 웨이퍼 픽업 시 발생하는 파손사례[50]

50 콘도 가즈오 편저, 장인배 역, 3차원 반도체, 씨아이알, 2018.

10.6.4 절단

10.6.4.1 박막 칩의 절단기술

웨이퍼의 절단에는 전통적으로 블레이드 절단방식을 사용하고 있다. 하지만 박막화 가공을 통해서 웨이퍼가 얇아지기 때문에 생산성을 향상시키기 위해서 여타의 절단방식들을 적용할 수도 있다. **표 10.5**에서는 블레이드절단, 연삭전절단, 스텔스절단, 나노초레이저 및 펨토초레이저와 같은 다섯 가지 절단방법들을 비교 평가한 결과를 보여주고 있다. 표에서 상부치핑, 뒷면치핑, 다이강도 및 판정결과는 모두 웨이퍼 두께 30[μm]에 대한 판정결과이다. 웨이퍼의 두께가 10[μm]인 경우에 대해서는 판정 결과가 달랐다.

표 10.5 다양한 절단방법들의 절단특성 상호비교[51]

항목	블레이드절단	연삭전절단	스텔스절단	나노초레이저	펨토초레이저
방법	기계식	기계식	크래킹	용융	용융
장비	다이아몬드날	다이아몬드날	펄스레이저 1,064[nm]	펄스레이저 355[nm]	펄스레이저 400[nm]
속도	20[mm/s]	50[mm/s]	180[mm/s]	200[mm/s]	5[mm/s]
커프폭	40[μm] 날폭 30[μm]	40[μm] 날폭 30[μm]	0[μm]	15[μm]	25[μm]
치핑	○	○	◎	○	○
생산성	○	○	◎	◎	△
초기 비용	◎	◎	△	△	△
운전 비용	◎	◎	△	△	△
상부 치핑	△	○	◎	○	×
뒷면 치핑	○	◎	◎	◎	◎
다이 강도	○	○	×	×	△
판정	△	○	×	×	×
절단면					

51 콘도 가즈오 편저, 장인배 역, 3차원 반도체, 씨아이알, 2018.를 재구성하였음.

블레이드절단 방법과 연삭전절단 방법이 다이치핑과 굽힘강도의 측면에서 좋은 평가를 받았다. 하지만 다이절단 속도의 측면에서는 레이저를 사용한 스텔스절단과 나노초레이저가 매우 높은 생산성을 가지고 있음을 알 수 있다. 하지만 레이저를 사용한 절단방법들은 측면에 손상층이 형성되기 때문에 굽힘강도가 저하된다. 특히 다이의 뒷면에 손상층이 생기므로 굽힘강도가 더 많이 감소한다. 최근 들어서 정밀한 강도조절이 가능한 레이저가 출시되었으며, 스텔스절단에 널리 사용되고 있다. 하지만 다이강도 저하문제는 여전히 해결해야 할 숙제이다.

10.6.4.2 블레이드절단

그림 10.39에서는 블레이드를 사용한 웨이퍼절단(일명 **다이싱**이라고 부른다)방법을 보여주고 있다. 두께가 수십 [μm]인 링형의 다이아몬드 절단날을 원판형 알루미늄 허브에 접착한 형태로 제작되며, 고속으로 회전하면서 절단 테이프 위에 접착되어 있는 박막형 웨이퍼 위를 가로질러 이동하면서 웨이퍼를 절삭하여 가공한다. 절삭가공 과정에서 다량의 절삭칩들과 열이 발생하므로, 탈이온수를 분사하여 발열을 통제하고 오염물의 재증착을 방지한다. 절단 테이프가 부착되어 있는 웨이퍼의 뒷면에 범프가 성형되어 있다면 테이프와 웨이퍼 사이에 틈새가 존재하며, 절단 과정에서 범프 사이로 절색액과 이물질이 유입되어 오염이 발생하게 된다. 웨이퍼의 상부와 하부에서 모서리가 부스러져 나가는 현상을 **치핑**이라고 부른다. 치핑은 반도체의 성능에 치명적인 영향을 끼치므로 절단영역 주변에는 일정한 길이의 배제영역(반도체가 성형되지 않은 영역)이 필요하다.

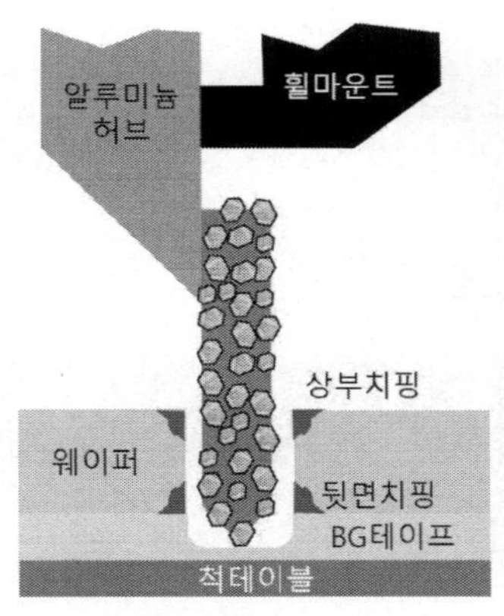

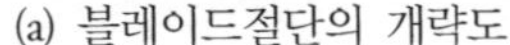
(a) 블레이드절단의 개략도

(b) 블레이드절단 시스템의 사례[52]

그림 10.39 블레이드를 사용한 웨이퍼 절단방법

그림 10.39 (a)에서 확인할 수 있듯이 링형 블레이드는 알루미늄 허브에 편측으로 접착되어 있다. 링형 블레이드 지지조건의 비대칭성으로 인해서 웨이퍼 절단과정에서 블레이드의 끝이 우측으로 휘어지면서 경사절단이 발생한다. 이는 배제영역을 늘려야만 하는 요인이 되므로 매우 심각한 문제이다. 알루미늄 허브의 블레이드 지지면을 미리 경사가공(옵셋)하여 블레이드를 고정하면 절단과정에서 블레이드 날이 휘어지면서 스스로 수직 방향을 향하도록 만들 수 있다. 이를 통해서 성공적으로 경사절단 문제를 완화시킬 수 있다.

10.6.5 하이브리드 웨이퍼접합

웨이퍼-웨이퍼접합공정의 경우에는 접합할 웨이퍼의 테두리 부분에서 폴리머를 주입하여 웨이퍼들 사이의 좁은 공극을 폴리머로 완벽하게 충진하는 것은 어렵기 때문에 칩-칩 공정에서 널리 사용되고 있는 모세관충진방법을 적용하기 어렵다. 그러므로 웨이퍼 사이의 모든 공극을 충진하기 위해서 **그림 10.40**에 도시되어 있는 것과 같이 사전충진방법을 일부 수정한 **하이브리드 접착방법**이 사용된다. 이를 위한 핵심공정기술은 접착공동이 발생하지 않는 웨이퍼 접착과 웨이퍼 접착 전 표면세척이다. 사례로 예시되어 있는 칩의 사양은 실리콘 관통전극의 길이와 피치는 25.2[μm]이며, 직경은 8~12[μm]이다. 접합공정의 흐름도를 살펴보면 다음과 같다.

- 디바이스가 성형된 웨이퍼 위에 폴리머층을 생성한 다음에 범프를 위한 구멍을 생성한다. 전기도금 방식으로 구멍 속에 구리를 채워 넣은 다음에 화학-기계적 연마를 시행하면 평평한 구리전극-폴리머 표면이 얻어진다.
- 구리범프가 성형되어 있는 웨이퍼들 두 장을 열압착 방식으로 접착한다.
- 화학-기계적 연마(CMP) 가공을 통해서 웨이퍼를 25[μm] 두께로 가공한다.
- 노광 및 식각(보쉬공정)을 통해서 실리콘 관통비아를 성형한 다음에 플라스마증강화학기상증착(PECVD)을 통해서 관통비아 벽면에 절연층을 형성한다.
- 관통비아 속에 스퍼터링 방식으로 Cu/Ti 시드층을 증착한 다음에 전기도금으로 구리를 증착한다. 도금이 끝나고 나면 화학-기계적 연마를 사용하여 웨이퍼 표면에 증착된 구리를 제거한다.

52 Minnesota Nano Center의 Disco 웨이퍼 절단장치 동영상에서 캡처함.

- 세 번째 웨이퍼를 열압착 방식으로 접착한다.
- 화학 기계적 연마를 시행하여 첫 번째 웨이퍼의 실리콘 관통전극을 돌출시킨다.
- 플라스마증강화학기상증착(PECVD)으로 노출된 전극의 표면에 실리콘 산화막을 증착한다.
- 화학-기계적 연마가공으로 실리콘 관통전극을 노출시킨다.
- Au/Ni 층을 도금하여 뒷면패드를 생성한다.

웨이퍼 본딩기법은 웨이퍼 단위에서 3차원 적층을 구현할 수 있는 생산성 높은 방법이다. 하지만 칩-칩 공정과는 달리 적층되는 다이의 크기가 서로 동일해야만 하며, **기지양품다이**(KGD)[53]만을 사용할 수 없기 때문에 수율이 떨어진다. 하지만 칩 박막화가 용이하며, 실리콘 관통전극의 직경을 줄이기가 용이하고, 다중층 적층에 유리하다.

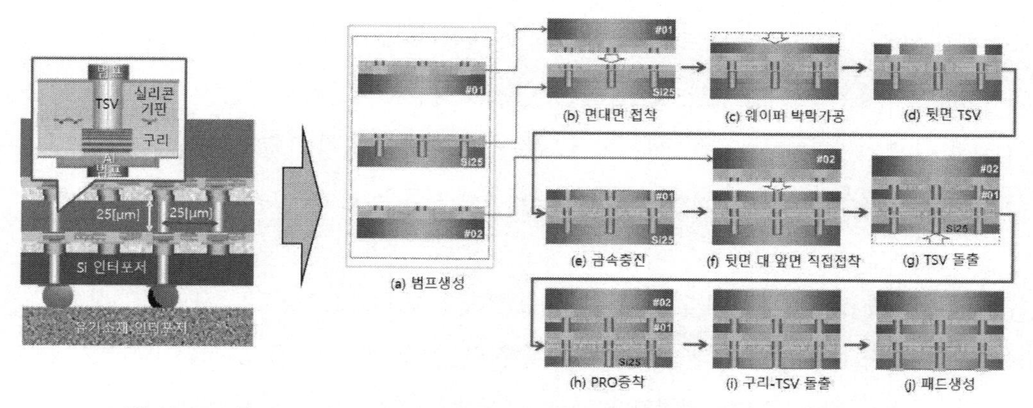

그림 10.40 3층 구조 LSI 웨이퍼접합을 위한 중간공정의 흐름도[54](컬러도판 p.669 참조)

10.6.5.1 배기채널의 필요성

하이브리드 웨이퍼 접착에서 가장 큰 기술적 도전은 웨이퍼를 접착하는 과정에서 기체가 포획되어 발생하는 공동이다. **표 10.6 (a)**에서 확인할 수 있듯이, 웨이퍼를 접착하는 과정에서 큰 공동이 발생하였다. 이 웨이퍼를 절단하고 나면 **(b)**에서와 같이 다수의 칩들이 떨어져 나가버린다. 칩들이 떨어져 나간 부위가 공동이 발생한 영역과 일치하고 있음을 확인할 수 있다. 웨이퍼 접착과

53 Known Good Die: 양품이라는 것이 미리 확인된 다이.
54 곤도 가즈오 편저, 장인배 역, 3차원 반도체, 씨아이알, 2018.

정에서 기체가 포획되는 것을 방지하기 위해서 **배기채널** 구조를 도입하였다. 배기채널을 생성하기 위한 공정 흐름도를 살펴보면, 노광공정을 사용하여 구리패드와 배기채널 패턴을 생성한다. 다음으로 폴리머 패턴 위에 구리와 차단금속을 증착한다. 전기도금의 충진비율은 패턴의 크기에 의존하므로, 완전히 충진되지 않은 배기채널과 범프패턴을 만들 수 있다. 화학-기계적 연마가공을 통하여 과도하게 증착되어 있는 구리와 차단금속층을 제거한 다음에 웨이퍼 접착을 시행한다. (c)에서는 배기채널이 구비된 웨이퍼를 접착한 결과를 보여주고 있다. 구리 범프층에 배기채널을 만들어 놓으면 공동생성이 거의 없어지며, (d)에서 확인할 수 있듯이 절단수율은 100%에 달한다. 배기채널을 활용하면 웨이퍼접합과정에서 발생하는 공동생성을 방지할 수 있으며, 절단과정에서의 칩 박리를 방지할 수 있음을 알 수 있다.

표 10.6 배기채널의 역할55(컬러도판 p.669 참조)

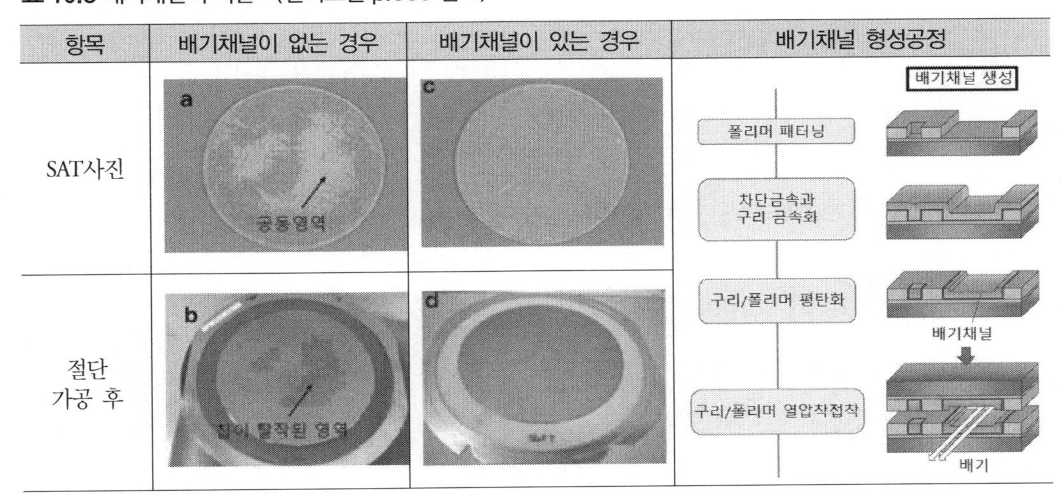

항목	배기채널이 없는 경우	배기채널이 있는 경우	배기채널 형성공정
SAT사진	a	c	
절단 가공 후	b	d	

10.6.5.2 웨이퍼 세척의 중요성

웨이퍼 접착의 신뢰성을 높이기 위해서는 웨이퍼 접착을 시행하기 전에 웨이퍼 표면의 세척이 필요하다. **그림 10.41** (a)에서는 하이브리드 접착이 시행된 이후에 구리범프 계면의 주사전자현미경 사진을 보여주고 있다. 구리범프들 사이에 계면을 명확하게 확인할 수 있으며, 이는 구리접착이 불완전하다는 것을 의미한다.

55 콘도 가즈오 편저, 장인배 역, 3차원 반도체, 씨아이알, 2018.

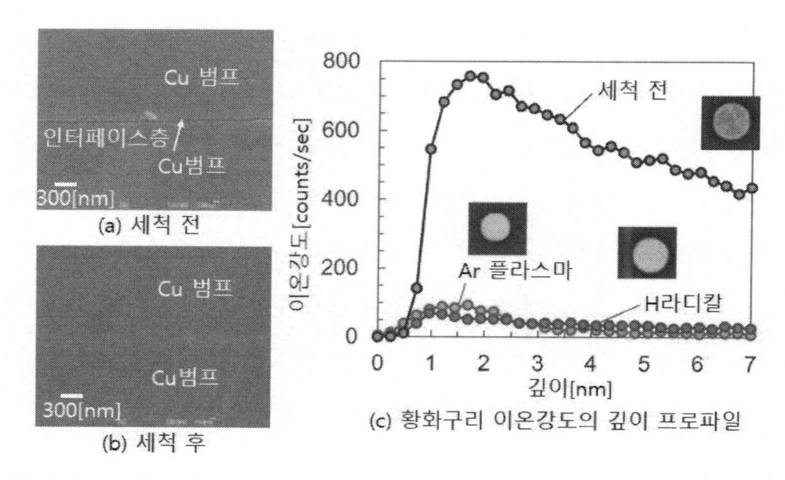

그림 10.41 웨이퍼접착 계면에 대한 주사전자현미경 사진과 구리범프 표면에 대한 이차이온질량분석 프로파일[56] (컬러도판 p.670 참조)

접착된 웨이퍼에 대한 절단을 시행한 결과, 절단과정에서 모든 칩들이 박리되어 버렸다. 이차이온질량분석을 사용한 구리소재 범프 표면에 대한 분석에 따르면, 범프 표면에 황화구리가 존재하는 것으로 판명되었다. 황화구리를 제거하기 위해서 아르곤 플라스마 세척과 수소 라디칼 세척을 비교 평가한 결과 (c)에서와 같이, 두 가지 세척공정 모두 범프 표면의 황화구리를 효과적으로 제거하였다. (b)에서는 세척 후에 접착된 구리범프 계면의 주사전자현미경 사진을 보여주고 있다. 두 구리범프들 사이의 계면을 찾아볼 수 없을 정도로 양호한 접착이 이루어졌음을 알 수 있다. 이렇게 접착된 웨이퍼에 대한 절단시험을 수행한 결과 모든 칩들이 박리되지 않고 안전하게 절단되었다. 이 결과를 통해서 구리 하이브리드 접착을 시행하기 전에 시행한 두 가지 세척방법들이 양호한 구리-구리 접착계면과 충분한 폴리머 접착강도를 만들어 주었다는 것을 알 수 있다.

56 콘도 가즈오 편저, 장인배 역, 3차원 반도체, 씨아이알, 2018.

11

웨이퍼레벨 패키지

Chapter

11 웨이퍼레벨 패키지

웨이퍼레벨 칩스케일 패키지(WLCSP)[1]는 전기저항과 열저항이 작으며, 칩과 조립될 PCB 사이의 인덕턴스도 작은 직접 땜납 연결방식을 사용하고 있기 때문에, 모든 집적회로 패키지 형태들 중에서 가장 점유면적이 작을 뿐만 아니라 전기 및 열특성이 탁월한 베어다이[2] 패키지이다. 고성능 소형의 칩들이 요구되는 휴대용 전자기기의 경우, PCB를 통해서 케이스로 열을 방출시켜야만 한다. 웨이퍼레벨 패키지는 이런 어려운 요구조건을 충족시킬 수 있는 최적의 칩 패키징 방법이다.

웨이퍼레벨 패키지는 플립칩 패키지와 유사하지만 충분한 크기의 땜납 범프들을 칩 위에 설치하고, 이를 보드에 직접 접착하는 방식을 채택하면서 큰 진보를 이루게 되었다. 납땜 조인트들이 칩과 PCB 사이의 열팽창계수 차이로 인해서 발생하는 응력과 낙하충격 등을 흡수해주기 때문에, 내구성과 신뢰성이 높다.

폴리머 재-부동화된 범프온패드(BoP), 구리 재분배층(RDL), 구리포스트, 실리콘 뒷면연마, 범프기술의 지속적인 발전 등을 통해서 웨이퍼레벨 패키지는 초기 2~3[mm] 이하의 크기에서 8~10[mm] 크기의 실리콘 칩까지 확대되었고, 생산에 사용되는 웨이퍼도 200[mm]에서 300[mm]로 커지면서 단위칩당 가격은 지속적으로 하락하였다. 현재 웨이퍼레벨 패키지는 아날로그/혼합신호와 무선통신 칩들에서부터 광전칩, 전력용칩, 그리고 로직 및 메모리칩들에 이르기까지 다양한 반도체 디바이스에 적용 가능한 패키지 방법들 중 하나로 자리잡게 되었다. 이 장에서는 다양한 유형의 패키지들에 대해서 간략하게 논의한 다음에, 범핑기술, 웨이퍼레벨 패키지의 조립, 팬

1 Wafer Level Chip Scale Package, 이후로는 웨이퍼레벨 패키지라고 부른다.
2 bare die: 웨이퍼에서 직접 잘라낸 원상태의 다이.

아웃 패키지와 패널레벨 패키지의 순서로 살펴볼 예정이다. 이 장의 내용은 웨이퍼레벨 패키징[3]을 참조하여 작성되었으므로, 보다 자세한 내용은 해당 문헌을 참조하기 바란다.

11.1 서론

패키지는 제조된 반도체가 훼손되지 않도록 포장하고, 반도체 회로의 전기 접점들을 외부로 연결하는 공정으로서, **그림 11.1**에 도시되어 있는 것처럼, 기존에 사용되던 리드프레임과 와이어 본딩을 사용하는 일반 패키지와 웨이퍼레벨 패키지로 양분된다. 일반 패키지는 마감재료에 따라서 세라믹 덮개로 밀봉하는 세라믹 패키지와 플라스틱 몰딩으로 칩을 충진하여 마감하는 플라스틱 패키지로 양분되며, 플라스틱 패키지는 다시, 리드프레임 패키지와 기판형 패키지로 나뉜다. 웨이퍼레벨 패키지는 재분배층 패키지, 플립칩 패키지, 실리콘 관통전극(TSV) 패키지 및 웨이퍼레벨칩스케일패키지(WLCSP)로 세분화되고, 웨이퍼레벨칩스케일패키지는 다시 팬인 패키지와 팬아웃 패키지로 나뉜다. 반도체의 집적도가 높아지고, 휴대용 기기의 사용이 늘어나면서 일반 패키지에서 웨이퍼레벨 패키지로 전환되고 있는 추세이다.

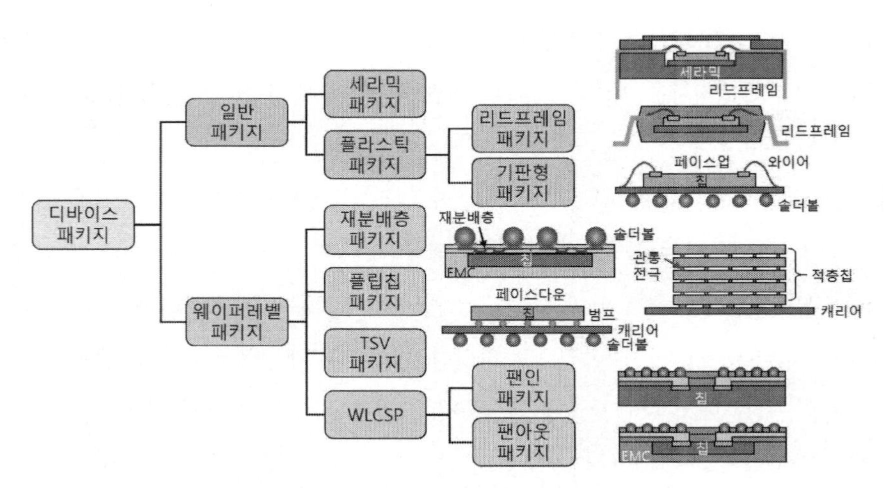

그림 11.1 패키지의 유형분류[4](컬러도판 p.670 참조)

3 시춘쿠 공저, 장인배 역, 웨이퍼레벨 패키징, 씨아이알, 2019.
4 시춘쿠 공저, 장인배 역, 웨이퍼레벨 패키징, 씨아이알, 2019.의 그림들을 참조하여 재구성하였음.

11.1.1 리드프레임 패키지의 제조공정

실리콘 기판 위에 제조된 반도체 칩의 단자들과 외부 전극들 사이를 연결시켜주는 전선의 역할과 반도체 패키지를 PCB 기판에 고정시켜주는 버팀대 역할을 동시에 수행하는 금속구조물을 **리드프레임**이라고 부른다. 니켈/철합금이나 동합금으로 제작되며, 박판 펀칭가공을 통해서 **그림 11.2 (a)**와 같은 구조로 제작된다. 웨이퍼를 절단하여 다이들을 분리하고 나면, 픽앤플레이스 장비를 사용하여 개별 칩(다이)들을 솔더가 도포되어 있는 중앙의 다이패드 위에 안착시켜 고정한다. 이렇게 칩이 안착된 리드프레임을 오븐에 넣어서 솔더를 경화시킨 다음에 플라스마 건식 세정으로 칩 다이와 리드프레임 표면의 오염물을 제거하고 나면 내측리드의 리드팁과 칩단자 사이를 골드와이어로 연결하는 과정인 와이어본딩 공정을 수행한다. 그러고 나서는 용접과정에서 발생한 오염물을 제거하기 위해서 플라스마 세정을 수행한다. 인젝션몰딩 방식으로 내측 리드프레임을 포함한 칩다이를 폴리머로 몰딩하여 경화시키고 나면, 리드프레임들을 서로 연결하고 있던 댐바를 절단하여 제거한다. 노출된 리드프레임의 표면을 납땜이 용이하도록 솔더로 도금한 다음에는 리드프레임을 지지하고 있던 사이드레일을 포함한 프레임을 절단하여 칩을 분리한다. 이렇게 완성된 칩의 외부에 대한 초음파세적을 수행한다. 모든 칩들을 제시된 작동온도 사양에 맞춰서 고온, 상온 및 저온에서 작동시험을 수행하고, 이를 모두 통과한 칩들의 외부에 레이저로 칩 정보를 기입하여 포장 및 출고한다.

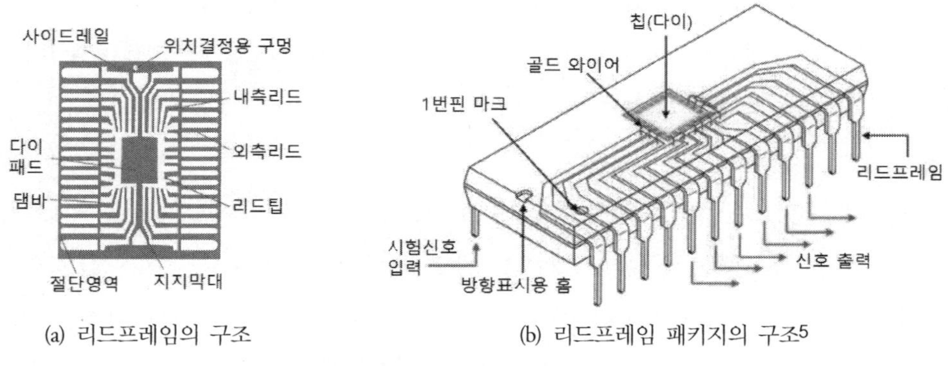

(a) 리드프레임의 구조 (b) 리드프레임 패키지의 구조[5]

그림 11.2 리드프레임 패키지

5 Ansforce의 wire bonding의 그림을 인용하여 재구성하였음.

리드프레임 패키지는 가장 전통적인 패키지 구조이면서도 현재도 많은 칩들에서 사용하고 있는 매우 효율적인 패키지 구조이다. 하지만 칩이 경박단소화되고, 연결단자의 숫자가 증가하면서 칩의 외곽부에만 연결단자가 배치되는 리드프레임 구조는 활용의 한계를 맞게 되었다.

11.1.2 다중칩 모듈 패키지

다수의 칩들을 서로 연결하는 전기경로를 단축하여 성능을 향상시키기 위해서 **다중칩 모듈**(MCM) 패키지가 사용된다. 다중칩 모듈은 다수의 반도체 다이들이나 여타의 개별소자들을 하나의 기판 위에 집적시켜서 단일 패키지처럼 사용하는 칩이다.

다수의 다이들을 **고밀도 상호접속**(HDI) 기판 위에 집적화한 커스텀칩의 형태를 가지고 있다. 다중칩 모듈은 보통, MCM-L(적층), MCM-D(증착), MCM-C(세라믹 기판)와 같이, 고밀도 상호접속 기판을 만들기 위해서 사용된 기술에 따라서 분류한다.

그림 11.3에 도시되어 있는 다중칩 모듈 패키지는 인텔 펜티엄-프로 칩으로서, 와이어본딩과 세라믹 핀 그리드 어레이(PGA) 기술이 사용된 초창기 다중칩 모듈이다. 다중칩 모듈은 마이크로프로세서 칩과 캐시칩으로 이루어지는데, 이 칩다이들은 히트슬러그 위에 접착되며, 다중티어[6] 골드와이어 접착을 사용하여 패키지에 연결된다. 칩들의 상부는 패키지 상부에 부착되는 히트싱크로 직접 열을 전달해 준다. 상부 히크싱크에는 외장형 방열판을 설치하여 냉각성능을 더욱 향상시킨다. 다중칩 모듈의 기판에는 387개의 핀들이 설치되는데, 이들 중 대략 절반은 핀그리드어레이 속에 배치되며, 나머지 절반은 핀그리드 중간어레이에 배치된다.

다중칩 모듈은 점유면적 감소, 전기적 성능향상, 개발시간 감소, 설계오류 발생위험의 저감, 그리고 부품수의 감소 등의 장점을 가지고 있다.

- **생산비용 감소:** 다중칩 모듈을 사용하면 설치할 소자의 숫자가 감소하므로, 프린트회로기판의 층 숫자와 면적이 줄어든다. 일반적으로 프린트회로기판의 층수를 2개 이상 줄일 수 있다.
- **부품숫자 감소:** 다중칩 모듈에 포함되어 있는 모든 소자들을 다중칩 모듈 생산업체에서 일괄공급하므로, 비용이 절감될 가능성이 있다. 그리고 부품의 숫자가 줄어들기 때문에 물류관리가 용이하다.

6 multitier

• **생산수율 증가**: 기판 조립에 소요되는 소자의 숫자가 줄어들기 때문에 수율이 증가한다.

그림 11.3 다중칩 모듈 패키지[7]

그림 11.4에 도시되어 있는 엑시스社의 ETRAX 100LX MCM4+16 다중칩 모듈은 완벽하게 작동하는 리눅스 컴퓨터를 단일칩으로 만든 소자이다. 이 모듈에는 ETRAX 100LX, 16MB SDRAM, 4MB 플래시 메모리, 이더넷 트랜시버, 그리고 약 55개의 저항 및 커패시터들을 통합하는 **고밀도 패키징**(HDP) 기술을 사용하여 소형, 경량에 가격경쟁력을 갖추었다. 이 칩은 외부에 3.3[V] 전원과 20[MHz] 크리스털 발진기만 설치하면 완벽한 작동이 가능하다. 이 다중칩 모듈 패키지는 27×27×2.76[mm^3] 크기의 패키지 내에 256핀 볼그리드어레이를 갖추고 있으며, 열발산율은 약 1[W] 수준이다. 이 다중칩 모듈은 CPU만이 내장된 패키지(ETRAX 100LX)보다 두께만 0.61[mm] 더 두꺼울 뿐, 동일한 면적을 사용하며 전력을 약간 더 사용한다.

그림 11.4 몰딩되지 않은 ETRAX 100LX MCM4+16 다중칩 모듈의 외관[8]

7 시춘쿠 공저, 장인배 역, 웨이퍼레벨 패키징, 씨아이알, 2019.

11.1.3 적층다이 패키지

칩다이들을 수직으로 쌓아 올린 모듈을 **칩 적층형 다중칩 모듈**이라고 부른다. 이 패키지에서는 다이들이 하나의 평면 위에 배치되는 기존의 다중칩 모듈들과는 달리 칩다이들을 수직으로 쌓아 올린다. 다이 적층과 전통적인 와이어본딩 기술을 사용하여 손쉽게 메모리 밀도를 높일 수 있는 방법이다. 2007년초에 이미 20개의 다이들이 내부 적층된 1.4[mm] 높이의 다중칩 모듈을 높은 수율과 경쟁력 있는 가격으로 생산하였다.

와이어본딩 방식을 사용하여 적층된 다중칩들을 배선하기 위해서는 **그림 11.5**에서와 같이, 층간 간극이 필요하다. 그리고 연결용 와이어를 기판에 배선하기 위해서는 수백 [μm] 길이의 수평방향 간극도 필요하다. 수백 개의 와이어들 중에서 단 하나만 합선이 발생하여도 고가의 모듈 파손이 초래되며, 이를 수리하는 것은 더욱 어렵다.

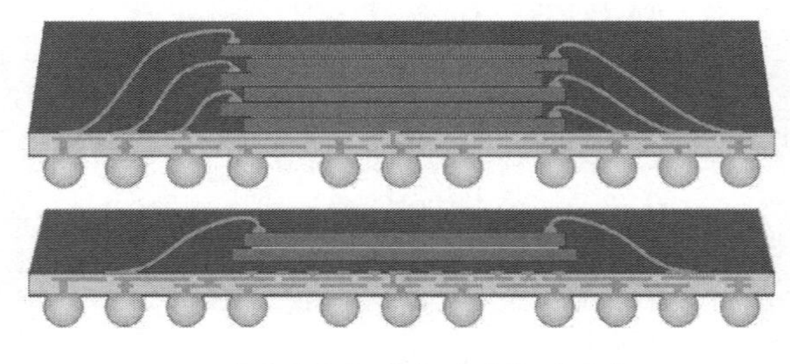

(a) 와이어본딩 방식 다중칩 패키지

(b) 20층 적층모듈

그림 11.5 적층다이 패키지의 유형과 외관[9]

11.1.4 패키지온패키지

칩 적층형 패키지의 대안으로써, 이미 완성된 개별 패키지들을 위로 쌓아 올려서 만든 패키지를 **패키지온패키지**(PoP)라고 부른다. 이 방식은 공정 중 손상, 조립의 복잡성, 그리고 시험의 복잡성 등과 같은 문제들이 발생하지 않는다는 장점을 가지고 있다. **그림 11.6 (a)**에서는 테세라社에서 개발한 유비쿼터스 μZ™ 볼 패키지온패키지에 박소형 패키지를 적층한 사례를 보여주고 있다.

8 시춘쿠 공저, 장인배 역, 웨이퍼레벨 패키징, 씨아이알, 2019.
9 시춘쿠 공저, 장인배 역, 웨이퍼레벨 패키징, 씨아이알, 2019.

패키지온패키지의 경우, 개별 칩들을 사전에 패키징하여 시험까지 완료하였으므로, 수율이 높다. 이런 구조는 순수한 메모리적층이나 로직-메모리 적층에 사용된다. 로직-메모리 적층의 경우, 다수의 볼그리드 연결이 필요한 로직 칩이 바닥에 배치된다. **그림 11.6 (b)**에서는 애플社에서 개발한 A7 마이크로프로세서/메모리칩의 패키지온패키지 적층의 구조와 단면형상을 보여주고 있다. 그림에서, 하부에 배치된 마이크로프로세서는 플립칩 구조를 사용하여 볼그리드어레이 패키지를 구성하였기 때문에 와이어본딩 기술이 사용되지 않았으며, 플립칩 하부영역 전체를 볼그리드로 활용할 수 있다. 상부 메모리의 경우에는 와이어본딩 방식으로 단자를 연결하였으며, 하부 마이크로프로세서의 주변영역을 볼그리드로 활용하였다. 이런 복합구조를 활용하면, 언더필이 시행된 플립칩 하부 패키지를 사용하여 신뢰성을 희생시키지 않은 채로 상부몰드를 제작할 수 있기 때문에, 상부와 하부 패키지 사이의 간극 높이를 더 줄일 수 있으며, 더 작은 땜납볼을 사용하여 상호연결 피치를 더 좁게 만들 수 있다. A7 프로세서의 전체 크기는 $14\times15.5\times1.0[mm^3]$이며, 0.4[mm] 피치로 배열된 1,330개의 볼그리드어레이 범프를 갖추고 있다. 특히, 플립칩의 범프피치는 $150\times170[\mu m^2]$이다.

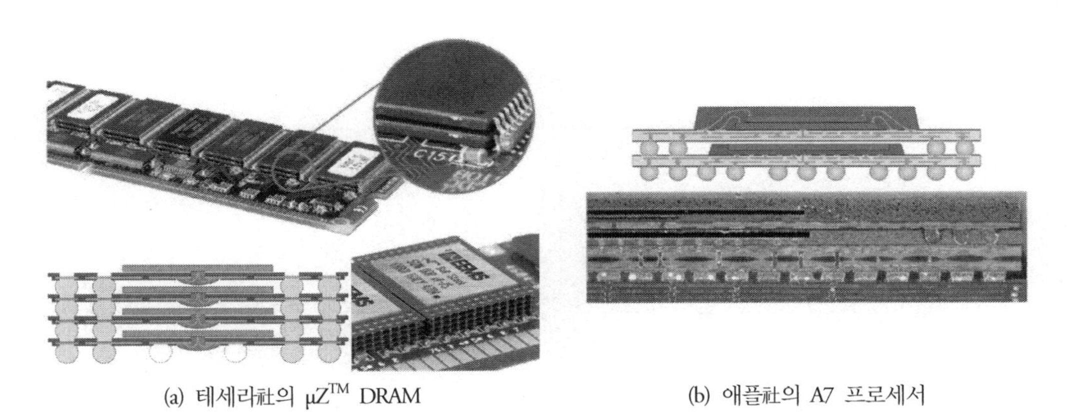

(a) 테세라社의 μZ™ DRAM　　(b) 애플社의 A7 프로세서

그림 11.6 패키지온패키지[10]

10 시춘쿠 공저, 장인배 역, 웨이퍼레벨 패키징, 씨아이알, 2019.

11.2 웨이퍼레벨 패키지

웨이퍼레벨 패키지는 웨이퍼상에서 칩 패키지를 완성한 다음에, 이를 개별 칩으로 절단하는 방식의 패키지로서, 리드프레임 대신에 볼그리드어레이(BGA)를 사용하여 칩과 기판 사이의 전기적 연결을 구현하는 패키지이다. 웨이퍼레벨 패키지는 획기적이지는 않지만, 아날로그와 저전압 전력용 패키지 분야에서 서로 다르게 증가하는 수요와 새로운 적용분야들에서 요구하는 소재조성의 미묘한 변화, 두께, 금속적층구조, 그리고 크기축소를 충족시키기 위해서 지속적으로 발전하고 있다. **그림 11.7**에서는 아날로그, 로직, 혼합신호, 광학, MEMS 및 센서와 같은 기본적인 웨이퍼레벨 패키지의 적용분야를 보여주고 있다. 웨이퍼레벨 패키지가 최저가 솔루션은 아니지만, 점유체적이 작고, 전기적 성능이 좋아서 휴대전화와 태블릿 컴퓨터에 사용하는 패키지로 자리잡았으며, 더 많은 아날로그 전력장치들이 웨이퍼레벨 패키지를 채택하고 있다. 웨이퍼레벨 패키지는 3[mm^2] 미만의 소형 칩에서부터 3~5[mm^2]에 이르는 중간크기 칩들에서 주로 사용된다. 현재는 5[mm^2] 이상의 크기를 갖는 다이에도 적용이 가능해지면서 웨이퍼레벨 패키지의 시장이 더 커지고 있다.

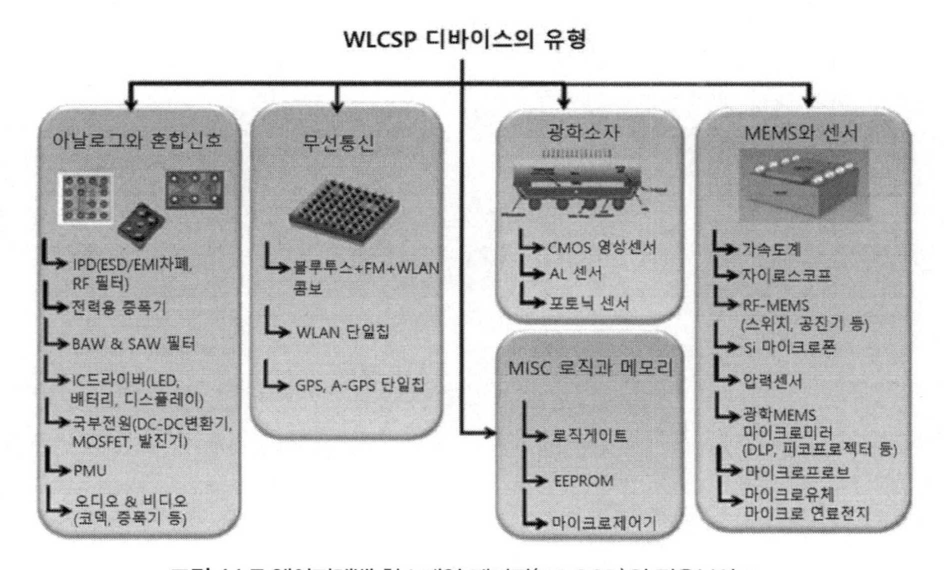

그림 11.7 웨이퍼레벨 칩스케일 패키지(WLCSP)의 적용분야[11]

11 시춘쿠 공저, 장인배 역, 웨이퍼레벨 패키징, 씨아이알, 2019.

11.2.1 팬인 팬아웃

스마트폰이나 태블릿 컴퓨터와 같은 휴대용 전자기기에서는 칩 패키지의 소형화가 요구된다. 웨이퍼를 절단하기 전에 패키지를 완성하면, 형상계수 축소와 비용절감이 가능해진다. 웨이퍼레벨 패키지는 **팬인**[12] 패키지와 **팬아웃**[13] 패키지로 구분할 수 있다. **그림 11.8 (a)**에 도시되어 있는 것처럼, 팬인 패키지의 경우에는 모든 외부접촉 터미널들이 다이의 점유면적 내에 위치한다. 좁은 다이 속에 모든 접점들을 배치해야만 하므로, 입출력단의 숫자가 비교적 작다. 그림에 예시된 사례에서는 와이어본딩을 통해서 25개의 접점들이 0.4[mm] 피치로 배치되어 있는 팬인 웨이퍼레벨 패키지의 배치를 보여주고 있다. 팬인 방식의 웨이퍼레벨 패키지는 성숙되고 비교적 활발하게 성장하고 있는 기술로서, 휴대기기를 뛰어넘어 여타 웨이퍼레벨 패키지의 개발을 가속시키고 있다.

그림 11.8 (b)에 도시되어 있는 팬아웃 패키지는 미세피치를 사용하는 소형 칩다이에 대해서 **재분배층**(RDL) 기술을 사용하여 더 큰 패키지와 더 많은 숫자의 입출력단을 구성할 수 있다. 칩과 볼그리드어레이 사이의 전기적 연결을 위한 재분배층 기판의 크기가 칩크기보다 더 크며, 볼그리드어레이는 칩다이의 주변에 배치된다. 볼그리드어레이 기판의 크기가 칩다이보다 더 크기 때문에, 접점의 숫자를 늘리기가 용이하다. 팬아웃 웨이퍼레벨 패키지 기술은 패키지 두께를 줄일 수 있어서 차세대 패키지온패키지용 패키지와 수동소자의 집적화에 적용할 수 있으며, 새로운 패키지 집적화를 시도할 수 있게 되었다.

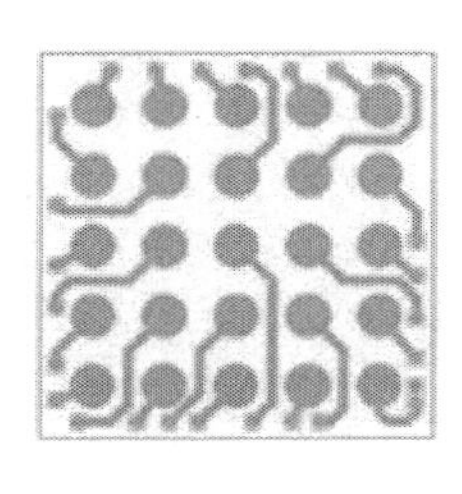

(a) 팬인 패키지

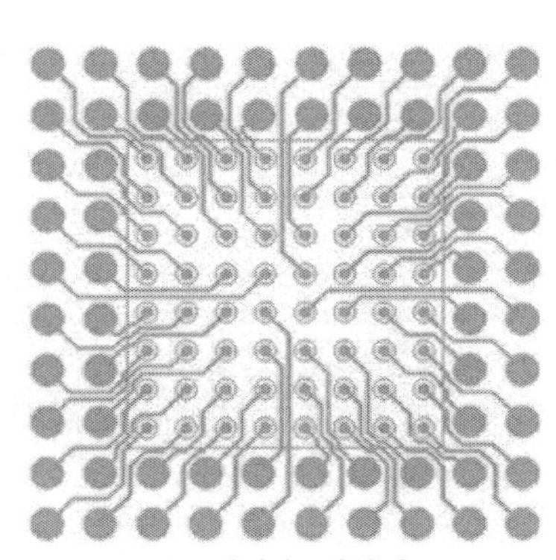

(b) 팬아웃 패키지

그림11.8 팬인 패키지와 팬아웃 패키지의 볼그리드어레이 배치형태 비교[14]

12 fan in

13 fan out

10장에서 살펴보았던 3차원 적층기술은 웨이퍼레벨 패키지와 경쟁기술이 아니며, 웨이퍼레벨 패키지의 3차원 적층도 구현이 가능하다.

11.2.2 범핑기술

웨이퍼레벨 패키지에서는 **그림 11.2**에 도시되어 있는 것과 같은 리드프레임 대신에 **그림 11.9**에 도시되어 있는 것과 같이 직경이 수십 [μm] 크기인 **범프**(솔더볼)를 사용한다. 그리고 범프와 알루미늄 소재의 칩전극 사이의 연결을 위해서 범프하부금속을 사용하게 된다. 범프하부금속의 구조는 범프온패드(BoP)와 범프온재분배층으로 분류할 수 있다. **그림 11.9 (a)**와 **(b)**에서는 범프온패드 구조를 보여주고 있다. **범프온패드**는 칩의 상부금속에 범프 하부금속이 직접 접합되는 가장 단순한 구조를 가지고 있다.

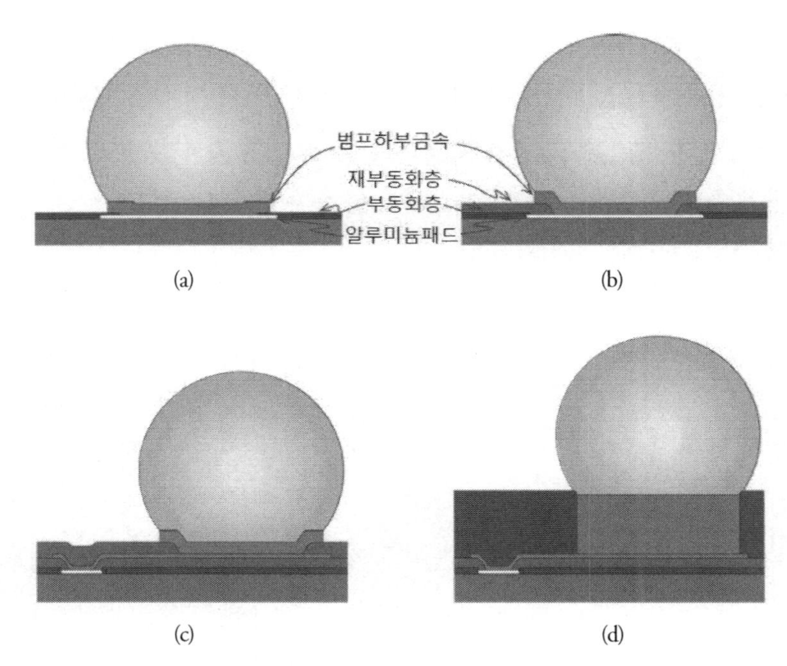

그림 11.9 다양한 범프 구조[15](컬러도판 p.671 참조)

14 시춘쿠 공저, 장인배 역, 웨이퍼레벨 패키징, 씨아이알, 2019.
15 시춘쿠 공저, 장인배 역, 웨이퍼레벨 패키징, 씨아이알, 2019.

범프온패드는 폴리머 재부동화 기술의 적용여부에 따라서 범프온질화물과 범프온재부동층으로 세분화할 수 있다. (a)의 경우에는 질화물 부동화층(절연층)으로 전극 주변을 밀봉한 상태에서 범프하부금속을 증착한 다음에, 이 범프하부금속에 솔더볼을 융착하는 구조이다. 반면에 (b)의 경우에는 질화물 부동화층 위에 재부동화층을 추가한 구조를 가지고 있다.

그림 11.9 (c)와 (d)에서는 **범프온재분배층** 구조를 보여주고 있다. 재분배층은 칩단자 전극의 위치와 범프의 위치가 서로 다른 경우에 이를 전기적으로 연결시켜주는 연결층이다. (c)의 경우에는 재분배층을 사용한다는 것을 제외하면 범프온재부동화층의 구조와 동일한 반면에, (d)의 경우에는 재분배층 위에 몰딩된 구리기둥이 삽입된 특이한 구조를 가지고 있다. 몰딩된 구리기둥을 사용하면 재분배층과 구리기둥이 설치높이를 증가시켜주며, 프린트회로기판 소재의 열팽창계수와 거의 동일한 앞면부 몰딩소재를 사용하여 실리콘 웨이퍼의 두께를 극단적으로 얇게 만들기 때문에 온도변화에 대하여 월등한 신뢰성이 구현된다.

범프는 칩의 기계적 신뢰성을 높여주는 중요한 도구이지만, 범프층 형성을 위해서 노광공정이 사용되기 때문에 공정비용이 증가한다.

11.2.2.1 전극설계원칙

범프 마운팅을 위해서는 **그림 11.10**에 도시되어 있는 것처럼, 땜납마스크 정의방식(SMD)과 땜납마스크 비정의방식(NSMD)의 두 가지 방법들이 사용되고 있다. (a)에 도시되어 있는 **땜납마스크 비정의방식**(NSMD)에서는 구리패드와 마스크 사이에 75[μm]의 간극이 지정된다. 전체적인 랜드패턴 배치 정확도가 높고, 인접패드 사이의 라우팅 공간이 넓다. 전극 표면의 다듬질이 용이하고 땜납이 패드 측벽을 적실 수 있어서 프린트회로기판 납땜 조인트의 단면적을 효율적으로 증가시켜준다. (b)에 도시되어 있는 **땜납마스크 정의방식**(SMD)에서는 구리패드와 마스크 사이에 50[μm]의 중첩이 지정된다. 이 방식의 경우에는 정확도가 상대적으로 떨어지는 마스크 공정에 의해서 솔더볼이 안착되는 패드의 위치가 결정된다. 무엇보다도, 솔더볼이 융착되어 있는 테두리 근처에서 응력집중을 유발하는 노치가 생성되므로 기계적인 신뢰성이 저하된다.

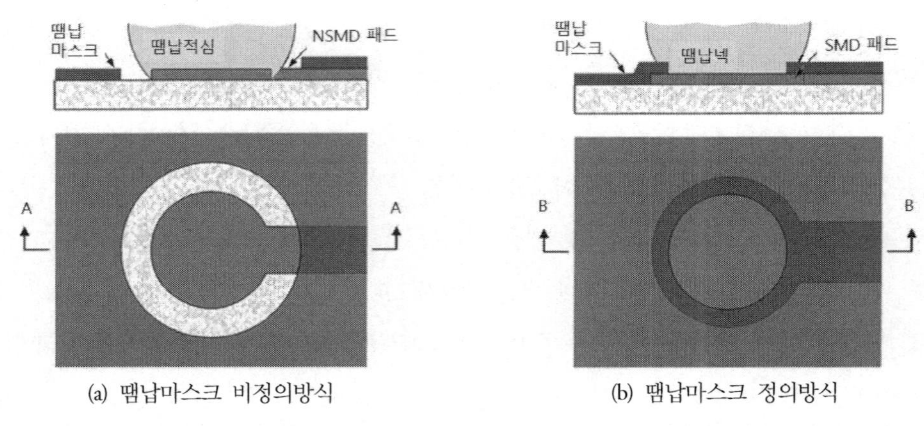

그림 11.10 땜납마스크 정의방식과 땜납마스크 비정의방식의 비교[16](컬러도판 p.671 참조)

11.2.2.2 범프온패드 설계원칙

그림 11.9 (a) 및 (b)에 도시되어 있는 범프온 패드 구조를 사용하는 경우에 사용되는 전극설계 원칙들을 살펴보기 위해서 직경 260[μm]인 범프를 사용하는 경우에 대해서 **그림 11.11** (a)에 정의되어 있는 각종 형상치수들이 어떻게 결정되는지 살펴보기로 한다.

우선, 범프로 사용되는 땜납볼의 소재는 무연땜납 소재인 **SAC합금**(SnAgCu 합금)이 사용된다. **그림 11.11** (b)에 제시되어 있는 것처럼, 알루미늄 패드의 직경이 225[μm]로 설계된 경우에 각 구성요소들의 직경을 살펴보면 다음과 같다. 범프 하부금속의 직경은 범프직경의 80% 비율을 기준으로 사용한다. 따라서 205[μm]이 적당하다. 범프하부금속의 직경이 클수록 리플로우 이후의 범프 높이가 감소한다. 범프 직경 대비 알루미늄 패드의 크기와 형상은 기계적 신뢰성에 큰 영향을 끼친다. 알루미늄 패드 위로 중첩되는 SiN 부동층 구멍의 직경은 범프하부금속과 알루미늄 패드 사이의 접촉영역을 정의해준다. 일반적으로 2.5~5[μm] 정도 중첩되도록 설계한다. 따라서 215[μm] 정도가 적당하다. 폴리이미드 재부동층 구멍의 직경은 170[μm]가 사용되었다. **그림 11.11** (c)에서는 8×8 어레이의 범프온패드가 설치된 패키지에 대해서 냉열시험을 수행하는 과정에서 발생한 파손사례를 보여주고 있다. 범프온패드 구조는 알루미늄 패드와 연결되어 있는 범프하부금속 경계면에 응력이 집중되기 때문에 이 경계면에서 크랙이 발생할 수 있다.

16 시춘쿠 공저, 장인배 역, 웨이퍼레벨 패키징, 씨아이알, 2019.

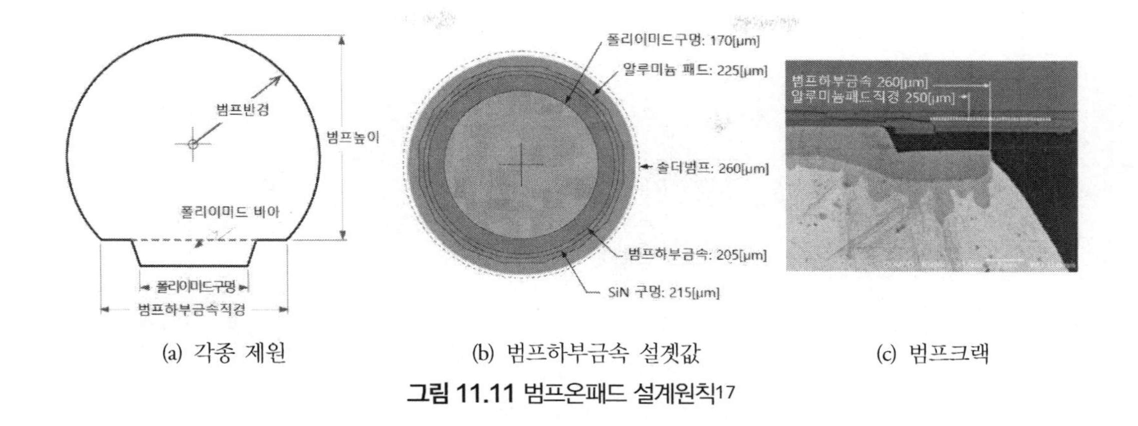

(a) 각종 제원 (b) 범프하부금속 설곗값 (c) 범프크랙

그림 11.11 범프온패드 설계원칙[17]

11.2.2.3 재분배층 설계원칙

구리 재분배층은 칩다이와 범프 사이를 전기적으로 연결해주는 경로로서, 웨이퍼레벨 패키지의 기계적 신뢰성에 중요한 역할을 한다. 재분배층의 구리배선과 패드들은 패턴도금(덧붙임) 방식으로 제작하는 반면에 웨이퍼칩 표면의 알루미늄 패드들은 식각공정을 사용하여 제작한다. 웨이퍼칩의 표면에 성형된 알루미늄패드와 재분배층 배선은 **그림 11.12 (a)**에 도시되어 있는 것처럼, 폴리이미드 비아를 통해서 연결된다. 그러므로 알루미늄 패드의 직경은 폴리머 재부동층 비아구멍의 직경보다 더 커야만 한다. 부동층 구멍의 직경은 알루미늄 패드보다는 작고, 재부동층 구멍보다는 더 커야만 한다. 폴리머층 소재로는 폴리이미드, 폴리비닐렌벤조비속사졸(PBO) 등이 사용된다. 비아구멍의 직경은 일반적으로 35[μm] 크기를 사용한다. 재분배층으로 3~5[μm]의 구리층을 사용하는 경우에 비아 사이의 간극은 15[μm] 정도로 설계된다.

범프온패드 웨이퍼레벨 패키지의 경우와 마찬가지로, 구리 패드가 범프하부금속을 완전히 덮을 수 있도록 설계하는 것이 바람직하다. 많은 경우 원형의 구리 패드가 사용되지만, 원형의 패드에서 트레이스로 전환되는 목부분에서 응력이 집중되는 것을 방지하기 위해서 **눈물방울 형상**을 사용하여 패드와 트레이스를 연결하는 것이 바람직하다. 하지만 폭이 35[μm] 이상이 되는 광폭 트레이스의 경우에는 설계의 유연성을 높여주기 위해서 **그림 11.12 (b)**에서와 같이, 눈물방울 형상의 전이영역을 생략할 수 있다. 그리고 90° 미만의 예각 눈물방울 형상은 예각 선단부에서 응력 집중이 유발되어 문제를 일으킬 우려가 있기 때문에, 사용하지 않는다.

17 시춘쿠 공저, 장인배 역, 웨이퍼레벨 패키징, 씨아이알, 2019.

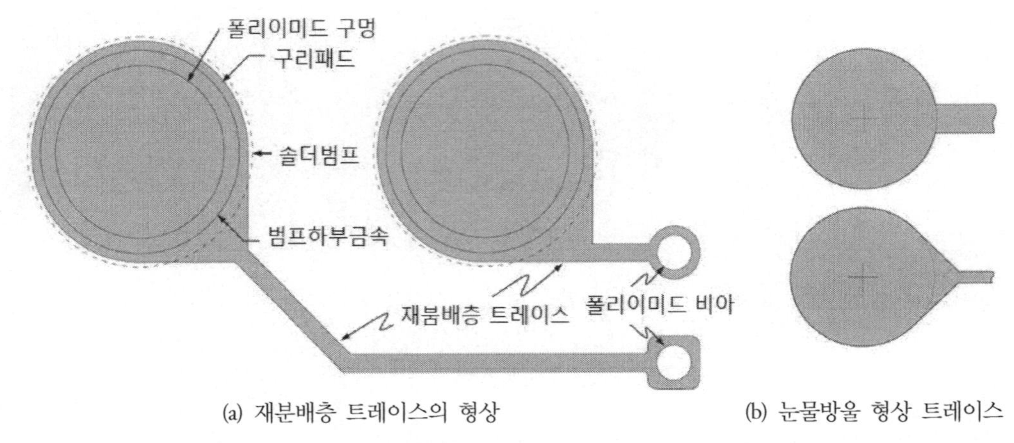

(a) 재분배층 트레이스의 형상

(b) 눈물방울 형상 트레이스

그림 11.12 재분배층 트레이스의 설계원칙[18]

11.2.3 범핑 공정들의 스텝비교

특정한 디바이스에 대해서 적용할 범핑기술을 선정하는 과정에서 소비전력과 열발생을 포함하여 많은 인자들이 고려되어야만 한다. 가격압박이 심한 휴대용기기 시장의 경우에는 공정비용이 가장 중요한 고려사항이 되기도 한다. 이로 인하여 **그림 11.9**에 도시되어 있는 네 가지 범핑공정들의 공정 흐름을 이해할 필요가 있다.

웨이퍼레벨 패키지에서는 부가적인 도금패턴 생성공정이 사용되고 있다. 도금패턴을 생성하기 위해서는 포토마스크층이 사용되며, 이 공정이 웨이퍼레벨 패키지의 가장 핵심적인 비용상승 원인으로 작용한다. 이런 이유 때문에 범프온패드(범프온질화물이나 범프온재부동층)가 범핑비용의 측면에서 명확한 장점을 가지고 있다. 반면에, 구리몰딩 기술은 단지 세 번의 마스크 작업이 필요할 뿐이지만, 구리기둥 도금에 오랜 시간이 소요되며, 추가적인 몰딩과 기둥 평탄화 작업이 필요하고, 전체적으로 공정이 복잡하기 때문에 범핑비용이 가장 높다.

표 11.1에서는 웨이퍼레벨 패키징에 가장 일반적으로 사용되는 네 가지 방법들의 주요 공정단계들을 요약하여 보여주고 있다. 웨이퍼레벨 패키지의 보드 신뢰성을 개선하기 위해서 범프온질화물에서 구리기둥 몰딩으로 옮겨가는 과정에서 범핑작업비용이 상승한다는 것을 확인할 수

18 시춘쿠 공저, 장인배 역, 웨이퍼레벨 패키징, 씨아이알, 2019.

있다. 몰딩된 구리기둥의 경우, 재분배층에 비해서 마스크 숫자는 한 장이 작다. 하지만 구리기둥 도금, 앞면몰딩, 그리고 기둥 상부 평탄화를 위한 버핑가공으로 인하여 총비용은 오히려 더 높다.

표 11.1 네 가지 범핑공정들의 스텝 비교[19]

스텝	범프온 질화물	범프온 재부동층	재분배층	몰딩된 구리기둥[a]
1	시드층스퍼터	폴리이미드 코팅	폴리이미드 코팅	폴리이미드 코팅
2	레지스트 코팅	폴리이미드 노광[b]	폴리이미드 노광[b]	폴리이미드 노광[b]
3	레지스트 노광[b]	폴리이미드 현상	폴리이미드 현상	폴리이미드 현상
4	레지스트 현상	폴리이미드 경화	폴리이미드 경화	폴리이미드 경화
5	범프하부금속 도금	시드층 스퍼터	시드층 스퍼터	시드층 스퍼터
6	레지스트 박리	레지스트 코팅	레지스트 코팅	레지스트 코팅
7	시드층 식각	레지스트 노광[b]	레지스트 노광[b]	레지스트 노광[b]
8		레지스트 현상	레지스트 현상	레지스트 현상
9		범프하부금속 도금	재분배층 도금	재분배층 도금
10		레지스트 박리	레지스트 박리	레지스트 박리
11		시드층 식각	시드층 식각	건식필름 적층
12			폴리이미드 코팅	건식필름 노광[b]
13			폴리이미드 노광[b]	건식필름 현상
14			폴리이미드 현상	구리기둥 도금
15			폴리이미드 경화	건식필름 박리
16			시드층 스퍼터	시드층 식각
17			레지스트 코팅	앞면몰딩
18			레지스트 노광[b]	몰드경화
19			레지스트 현상	기계적 버프연마
20			범프하부층 도금	구리 식각
21			레지스트 박리	
22			시드층 식각	

a. 몰딩된 구리기둥은 세 가지 마스크 스텝만을 사용한다. 하지만 오랜 시간이 소요되는 구리기둥 도금과 몰딩작업이 공정의 복잡성과 비용을 증가시킨다.
b. 마스킹 스텝-추가되는 마스킹 스텝들은 전체적인 범핑 비용을 증가시킨다.

19 시춘쿠 공저, 장인배 역, 웨이퍼레벨 패키징, 씨아이알, 2019.

11.2.3.1 구리기둥 몰딩방식 범핑기술

그림 11.13에서는 **표 11.1**에 제시되어 있는 네 가지 범핑공정들 중에서 **구리기둥 몰딩방식 범핑공정**의 흐름도를 자세히 보여주고 있다. 칩의 모든 기능들과 더불어서 알루미늄 패드 및 부동층이 완성된 웨이퍼가 투입되면, ① 알루미늄 패드 측 표면에 폴리이미드 재부동층을 코팅한 다음에, ② 노광을 시행하여 재부동층 구멍의 위치와 형상을 정의한다. ③ 폴리이미드를 현상 및 ④ 경화하여 접촉구멍을 완성한다. ⑤ 구리재분배층 도금을 위한 시드층을 스퍼터링한다. ⑥ 포토레지스트 코팅, ⑦ 노광 및 ⑧ 현상을 시행하여 구리 재분배층의 형상을 정의한다. ⑨ 재분배층 도금을 시행한 다음에 ⑩ 레지스트를 박리하면 재분배층이 완성된다. ⑪ 재분배층 위에 두꺼운 건식필름을 적층하고 ⑫ 노광을 시행하여 구리기둥의 위치와 형상을 정의한다. ⑬ 건식필름을 현상하여 구리기둥 구멍을 만들고 나서는 ⑭ 구리도금을 시행하여 구리기둥을 완성한다. ⑮ 건식필름을 박리하고 ⑯ 스퍼터링 되었던 시드층을 식각하여 제거한다. ⑰ 전면몰딩을 시행하여 구리기둥을 몰드 속으로 집어넣어버린 다음 ⑱ 몰드경화를 시행한다. ⑲ 기계식 버핑을 시행하여 구리기둥을 돌출시키고 나서는 ⑳ 식각을 시행하여 구리기둥이 몰드 표면보다 약간 아래로 함몰되도록 만들면 구리기둥 범프가 완성된다.

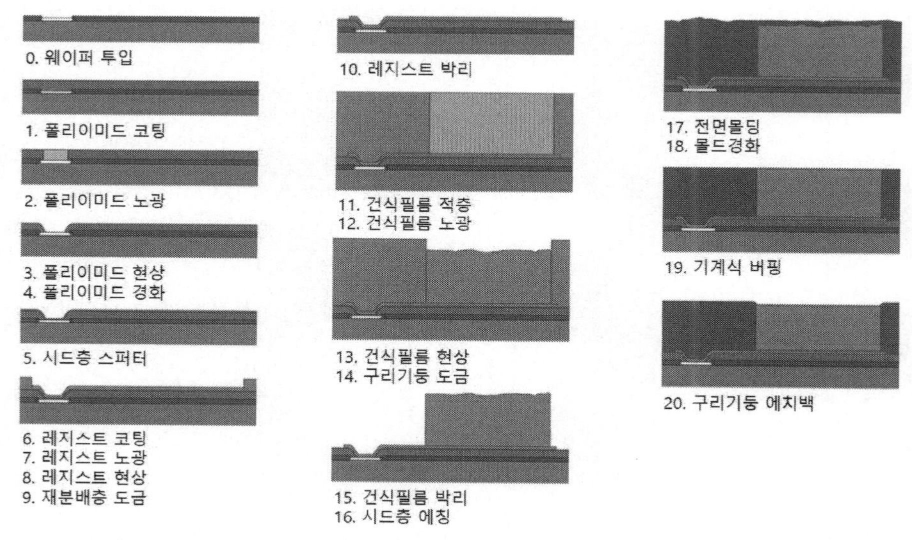

그림 11.13 구리기둥 몰딩방식 범핑기술의 공정 흐름도[20](컬러도판 p.672 참조)

20 시춘쿠 공저, 장인배 역, 웨이퍼레벨 패키징, 씨아이알, 2019.

11.3 웨이퍼레벨 패키지의 조립

웨이퍼레벨 패키지 소자들의 조립을 위해서는 웨이퍼레벨 패키지 소자들을 절단테이프에서 픽업하여 프린트회로기판 위에 올려놓는 표면실장착기술(SMT), 땜납 리플로우, 그리고 언더필(옵션) 등이 포함된다. **그림 11.14**에서는 웨이퍼레벨 패키지에 사용되는 전형적인 조립라인 셋업의 개략도를 보여주고 있다. 웨이퍼레벨 패키지 소자에 대한 픽앤플레이스를 수행하기 직전에 땜납 페이스트나 플럭스를 프린트회로기판 위에 프린트하거나 도포한다. 웨이퍼레벨 패키지 소자를 프린트회로기판 위에 올려놓고 나면, 리플로우 공정을 수행하여 납땜 조인트를 생성한다. 올바른 땜납 페이스트 프린팅, 정확한 소자배치, 그리고 완전한 납땜조인트 생성 여부를 확인하기 위해서 조립라인 내에는 광학 또는 X-선 검사기가 배치된다. 회로 내 검사(ICT)는 올바른 조립이 수행되었는지를 보여주는 다양한 지표인 단락, 개방, 저항, 정전용량 등을 검사하기 위해서 조립이 완료된 프린트회로기판 위에서 수행되는 전기적인 프로브 시험이다. 땜납 리플로우를 수행하고 나서, 후속 공정으로 웨이퍼레벨 패키지의 기계적 강성을 높이기 위해서 플럭스를 세척한 다음에 언더필을 시행할 수 있다. 다이의 크기가 크거나 웨이퍼레벨 패키지 내부에 k-값이 작은 절연체를 사용하는 경우에는 특히 언더필이 필요하다.

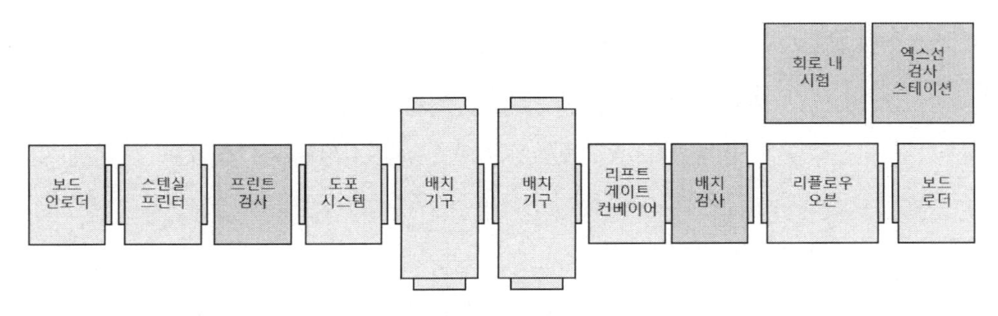

그림 11.14 전형적인 웨이퍼레벨 패키지 조립라인의 구성[21]

11.3.1 픽앤플레이스

10.6.3.4절에서는 박형 칩을 픽업하는 과정에서 발생하는 문제와 이를 해소하기 위해서 니들

21 시춘쿠 공저, 장인배 역, 웨이퍼레벨 패키징, 씨아이알, 2019.

밀어내기 방법을 사용한 사례에 대해서 살펴보았다. **픽앤플레이스**는 릴이나 절단테이프에서 범프 볼들이 성형되어 있는 칩을 진공흡착하여 프린트회로기판 위에 안착시키기 위해서 사용하는 기구 또는 장비를 지칭한다. 캐리어 테이프에서 박형 칩을 들어 올리는 픽업과정과 박형칩을 프린트회로기판 위에 내려놓는 플레이스 과정에서 디바이스에 물리적인 손상이 가해지는 것을 피하기 위해서 힘제어보다는 높이제어가 사용된다.

칩의 위치와 프린트회로기판 상의 솔더페이스트가 도포된 패드 사이의 정렬을 맞추는 과정은 **그림 10.36**과 유사하지만 정렬의 위치정확도는 훨씬 더 떨어진다. 그 이유는 리플로우 과정에서 땜납이 녹으면 표면장력에 의해서 스스로 위치를 정렬하기 때문이다. 패키지 정렬을 위해서는 패키지 실루엣을 관찰하는 하향 카메라와 볼인식을 위한 상향카메라가 함께 사용된다. 특히 볼인식 카메라의 경우에는 영상시스템이 볼어레이 패턴을 검출하며, 이를 통해서 볼이 탈락된 경우도 함께 검출할 수 있다.

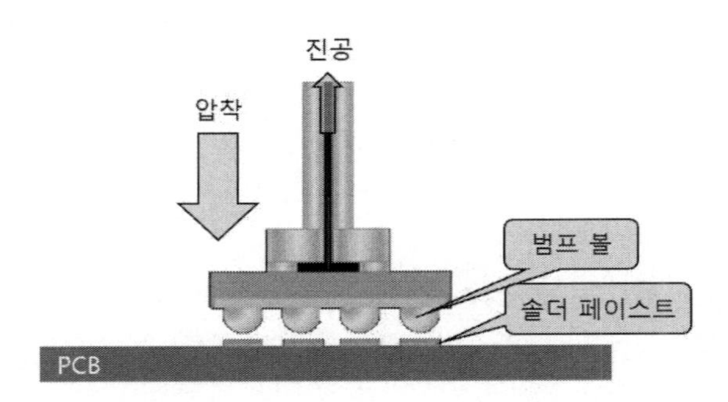

그림 11.15 범프가 성형된 칩을 PCB에 안착시키는 픽앤플레이스 공정

11.3.1.1 고속작업용 픽앤플레이스

현대적인 픽앤플레이스 시스템은 하나의 **고정밀 픽앤플레이스 헤드**를 사용하는 시스템과 리볼버 방식의 다중노즐 헤드를 사용하는 방식이 함께 사용되고 있다. 고정밀헤드는 대형 볼그리드 어레이나 미세피치 플립칩과 같이 고정밀 플레이싱이 필요한 경우에 사용된다. 반면에, 칩의 크기가 작고, 배치정확도 조건이 완화된 컴포넌트를 배치하는 고속작업의 경우에는 **리볼버슈터헤드**가 사용된다.

그림 11.16에서는 16개의 헤드가 장착된 고속 픽앤플레이스 장비의 사례를 보여주고 있다. 웨이퍼레벨 패키지 이외에도 칩저항이나 MLCC와 같이 크기가 작은 컴포넌트들을 프린트회로기판

에 얹어놓는 고속작업의 경우에는 그림에서와 같은 리볼버슈터가 자주 사용된다. 이 장치는 수직 회전 방식의 터릿 헤드를 사용하고 있다. 각각의 터릿에는 **그림 11.15**에 도시된 것과 같은 진공패드가 설치되어 있어서 공급기뱅크에 설치되어 있는 릴테이프나 절단테이프에서 칩을 떼어내어 프린트회로기판 위에 안착시킬 수 있다. 최신 장비의 경우 100,000[cph] 이상의 초고속 마운팅이 가능하다. 배치정확도가 개선된 최신의 리볼버슈터의 경우에는 볼직경 30[μm] 수준의 칩스케일 패키지에도 적용할 수 있다.

그림 11.16 리볼버슈터 형태의 고속 픽앤플레이스 장치의 사례22

11.3.1.2 픽앤플레이스 장비관련 이슈들

다수의 픽업 노즐들과 이를 수평 및 수직 방향으로 이송하는 기구들로 구성되는 **픽앤플레이스 장비**는 매우 고속으로 움직이지만 높은 위치결정 정확도와 뛰어난 진동 및 충격흡수 능력과 내구성이 요구되는 모순된 요구조건을 가지고 있는 장비이다. 픽앤플레이스 장비에서 발생하는 다양한 이슈들을 살펴보면 다음과 같다.

- **부정확한 픽업위치**로 인하여 진공 흡착력이 저하되며, 고속 이송 중에 부품의 위치변화가 초래된다.
- **짧거나 마멸된 노즐**은 픽업불량을 유발하며 부품이 페이스트 속에 올바르게 매립되지 못하도록 만든다. 부품이 페이스트 속에 제대로 매립되지 않으면, 프린트회로기판을 이송하는 동

22 Samsung SMT 유튜브 영상에서 캡쳐하였음.

안 부품을 붙잡고 있기에 충분한 표면장력이 생성되지 않으며, 이로 인하여 부품이 움직인다.

- **노즐의 고착**은 노즐이 수직방향으로 부드럽게 움직여야 칩을 충격 없이 프린트회로기판 위에 안착시킬 수 있다. 노즐이 고착되어 빡빡하게 움직이면 칩이 안착과정에서 튕겨나가는 등의 문제를 야기할 수 있다.
- **과검문제**: 다음과 같은 이유로 정상적으로 조립된 다이를 불량으로 판정할 수 있다.
  - 부품이 노즐에 대해서 일정한 위치에 놓여있지 않은 경우
  - 노즐 조명이 불량한 경우
  - 노즐 높이가 잘못된 경우
  - 프로그램상에서 부품의 높이를 잘못 설정하여 노즐이 고착되는 경우

노즐과 칩 공급장치(피더)들은 부품들과 시간당 수천 번 접촉한다. 이들은 픽앤플레이스 공정에서 매우 중요한 요소들이므로, 문제가 발생하기 전에 적절한 예방정비를 시행하여야 한다. 특히, 모든 표면 실장착 공정에 사용되는 노즐은 최고품질의 제품만을 사용하여야 한다.

11.3.1.3 칩 마운팅용 누름기구의 설계사례

그림 11.17에서는 리볼버슈터를 구성하는 원통형 배럴 내부에 설치되어 있는 칩 마운팅용 누름기구를 보여주고 있다. 배럴 중앙에 설치되어 있는 중공축의 선단부에 설치되어 있는 진공 그리퍼는 육면체 형상의 칩들을 흡착하며, 프린트회로기판 위에 안착시키는 역할을 한다. 그런데 그리퍼가 고속으로 칩을 내려놓는 과정에서 프린트회로기판과 칩이 충돌하기 때문에, 충격력을 적절히 억제하지 못한다면 칩이 튕겨져 나가버린다. 이 충격력을 억제하기 위해서 그림에서와 같이 스프링을 사용하여 중공축을 지지하는 예하중 부가기구를 사용한다. 진공 그리퍼가 프린트회로기판에 칩을 내려놓는 과정에서 일정 높이만큼 예하중 스프링을 압착하여 누름기구가 부품을 기판 위로 누르는 힘(F_p)이 충격력(F_b)보다 커지면 칩의 되튕김이 발생하지 않는다.

$$F_p = K_{spring} \times \delta > F_b = K_{spring} \times \sqrt{\frac{m}{9.8}} \times v \tag{11.1}$$

$$\rightarrow \delta > \sqrt{\frac{m}{9.8}} \times v$$

여기서 δ는 스프링의 눌림길이, m은 누름기구(중공축)의 질량, 그리고 v는 누름기구의 접근속도이다. 예를 들어 m=0.03[kg], v=0.5[m/s]인 경우에, δ>27[mm]이다. 즉, 누름기구로 칩을 27[mm] 이상 누르고 이탈하면 칩의 되튕김이 발생하지 않는다. 여기서 흥미로운 점은 예하중용 스프링이 충격력 억제에 매우 중요한 역할을 하지만 식 (12.1)에서는 소거되어 버린다는 점이다.

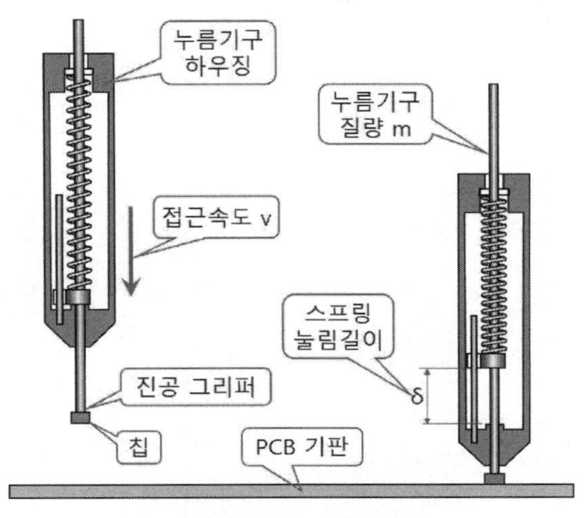

그림11.17 칩마운팅용 누름기구의 설계[23]

11.3.1.4 픽앤플레이스 구동기구의 위치강성

그림 11.18에서는 반도체 칩의 픽앤플레이스에 사용되는 고정밀, 고속 이송 스테이지와 이를 구동하는 리니어모터, 그리고 픽앤플레이스가 타고 이동하는 갠트리, 시스템 전체를 지지하는 베이스, 그리고 바닥진동이 시스템으로 타고 올라오는 것을 방지하는 제진기로 이루어지는 픽앤플레이스 시스템을 보여주고 있다. 웨이퍼레벨 패키지에 사용되는 픽앤플레이스의 위치결정 정확도는 ±수 [μm] 수준이지만, **10.6절**에서 사용되는 다이본더의 경우에 요구되는 위치결정 정확도는 ±수십 [nm]에 이른다. 제진기를 통해서 베이스로 전달되는 진동은 픽앤플레이스 툴을 가진시켜서 정확한 칩 마운팅을 방해한다. 이를 극복하기 위해서는 베이스 진동에 의해서 고속스테이지가 흔들리지 않도록 리니어모터의 강성이 충분히 커야만 한다. 후크-뉴턴의 법칙을 사용하여 다음과 같이, 위치결정 정확도와 리니어모터 강성 사이의 상관관계식을 구할 수 있다.

23 장인배 저, 정밀기계설계, 씨아이알, 2021.

$$K \times \delta = m \times a \rightarrow K = \frac{m \times a}{\delta} \tag{11.2}$$

여기서 K[N/m]는 리니어모터의 위치강성, δ[m]는 위치결정 정확도, m[kg]은 고속스테이지의 질량, 그리고 a[m/s^2]은 제진기를 통해서 베이스로 전달된 가속도이다. 예를 들어 고정밀 다이본더의 경우를 가정하여, m=15[kg], a=0.01[m/s^2], 그리고 δ=50[nm]라면,

$$K = \frac{15 \times 0.01}{50 \times 10^{-9}} = 3 \times 10^6 [N/m] \tag{11.3}$$

가 얻어진다. 이는 수냉식 리니어모터로도 구현하기 어려운 매우 큰 값이며, 다량의 전력소모가 필요하다. 반면에 웨이퍼레벨 패키지용 칩마운터에 사용되는 리볼버슈터의 경우를 가정하여, 20[kg], a=0.01[m/s^2], 그리고 δ=1[μm]라면,

$$K = \frac{20 \times 0.01}{1 \times 10^{-6}} = 2 \times 10^5 [N/m] \tag{11.4}$$

가 얻어진다. 이는 공랭식 리니어모터로도 충분히 구현 가능한 위치강성 값이다.[24]

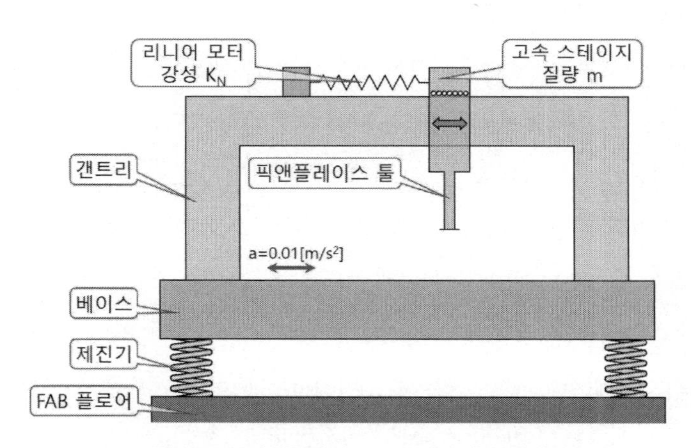

그림 11.18 픽앤플레이스 구동기구의 위치강성[25]

24 강성의 의미와 크기에 대한 식견을 얻기 위해서는 장인배 저, 정밀기계설계, 씨아이알, 2021. 5장을 참조하기 바란다.
25 장인배 저, 정밀기계설계, 씨아이알, 2021.

11.3.2 솔더볼 용착공정

솔더볼의 조성과 용착대상 소재에 따라서 **그림 11.19**에 도시되어 있는 것처럼, 다양한 접착방법들이 개발되었다. 고열팽창계수 소재 표면에 솔더볼을 융착하는 경우에는 (a)에서와 같이, **공융접착**방법이 사용된다.

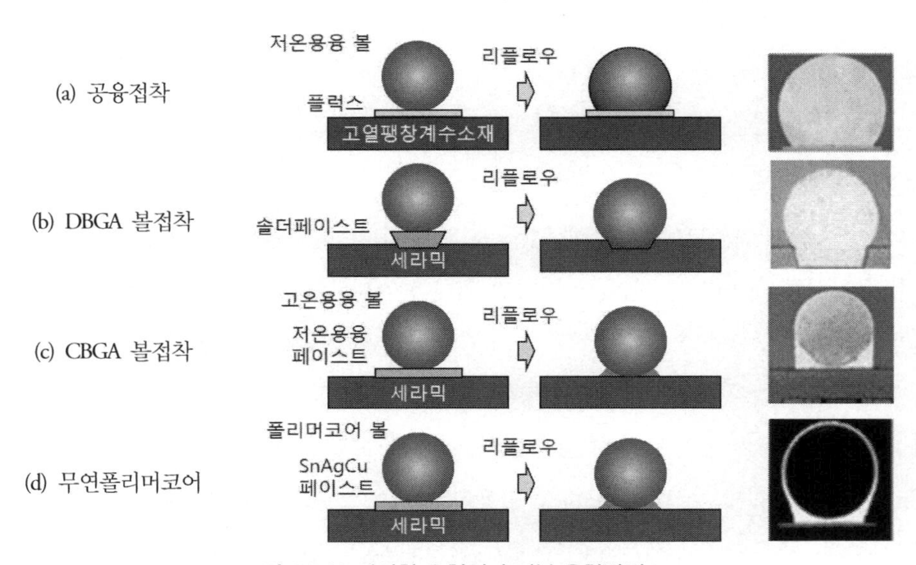

그림 11.19 다양한 유형의 솔더볼 용착방법26

공융접착의 경우에는 Sn63/Pb37의 조성으로 제조된 융점이 225±5[°C]인 솔더볼이 사용되며, 리플로우를 거친 다음의 형상은 사진에서와 같이 플럭스 표면 위에 솔더볼이 용착된다. 세라믹 소재의 표면에 재부동층 구멍이 성형된 땜납마스크정의방식 솔더볼 용착공정의 경우에는 (b)에서와 같이, **DBGA 볼접착**방법이 사용된다. 재부동층 구멍에 솔더페이스트를 도포한 다음에 Sn46/Pb46/Bi8의 조성으로 제조된 융점이 220±10[°C]인 솔더볼을 안착시키고 리플로우를 진행한다. 용착된 솔더볼의 단면을 살펴보면 명확하지는 않지만, **그림 11.10** (b)에 도시되어 있는 땜납마스크 정의방식에서 나타나는 땜납 넥이 존재한다는 것을 알 수 있다. 세라믹 소재의 표면에 알루미늄 패드나 NSMD 패드가 노출되어 있는 땜납바스크 비정의방식 솔더볼 용착공정의 경우에는 (c)에서와 같

26 사진출처 americas.kyocera.com/sc/contract-assembly/solder-ball-attach.htm

이, 전극 표면에 페이스트를 도포한 다음에, Sn90/Pb10 조성으로 제조된 융점이 225±5[°C]인 솔더볼을 안착시키고 나서 리플로우를 진행한다. 용착된 솔더볼의 단면에는 명확히 나타나 있지 않지만, 전극 측벽에 대한 땜납적심이 일어난다. 웨이퍼레벨 패키징 과정에서 칩을 프린트회로기판에 압착하는 과정에서 솔더볼 변형에 의해서 칩 설치높이 편차가 발생하는 것을 방지하기 위해서는 (d)에서와 같이 SAC305 무연폴리머코어를 사용한다. 전극 표면에 SnAgCu 페이스트를 도포하고 리플로우를 진행하면 페이스트가 녹아서 사진에서와 같이 폴리머코어 볼의 표면과 전극을 적셔준다.

11.3.2.1 플럭스 도포

솔더볼 픽업공구를 사용하여 범프하부금속 위에 솔더볼을 내려놓고 나서 리플로우 오븐에서 이들을 용착시킬 때까지 솔더볼들이 안착된 위치를 유지해야만 한다. 평면형태의 범프하부금속 표면에 점액질의 **플럭스(솔더페이스트)**를 도포해 놓으면, 리플로우를 통해서 솔더볼이 범프하부금속에 용착될 때까지 표면장력으로 구형의 솔더볼들을 고정하는 역할을 한다. 플럭스의 재료는 **그림 11.20**에 도시되어 있는 것처럼, 금속함량이 89.5[wt%]로 매우 높은 3형(평균 입자크기 35[μm])이나 4형(평균입자크기 29[μm])이 사용된다. 페이스트의 금속성분은 주로 납(Pb)이 사용되지만, 무연페이스트의 경우에는 Sn–Ag–Cu 합금(용융온도 217~220[°C])이 사용된다.

그림 11.20 솔더 페이스트의 유형별 입자크기 산포27

세라믹 패키지에 페이스트를 도포하는 방법으로는 **그림 11.21**에 도시되어 있는 것처럼, 구멍이 뚫린 스크린을 프린트회로기판 위에 설치하고 스퀴즈를 사용하여 페이스트를 밀어서 도포하는 **스텐실프린팅** 방법이 가장 일반적으로 사용되지만, 홈 속의 페이스트를 압착하여 전사하는 **그라비아프린팅** 방법이나 침모양의 돌기로 페이스트를 찍어서 옮기는 **도트전사** 방법도 활용되고 있다.

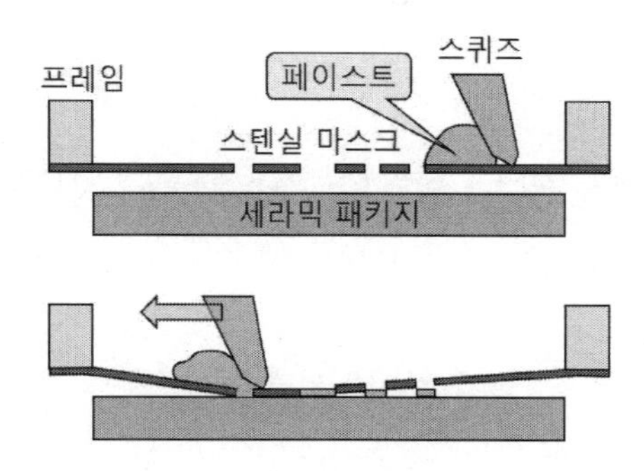

그림 11.21 메탈마스크를 사용하는 스텐실프린팅

11.3.2.2 솔더볼 범프 제트공정

솔더볼 범프 제트공정은 솔더볼들을 세라믹 패키지 위에 성형되어 있는 범프하부금속 위에 직접 용착시키는 방법이다. **그림 11.22**에 도시되어 있는 것처럼, 볼탱크에서 건조질소(N_2)가 분사되는 모세관 노즐로 솔더볼들을 하나씩 투입한다.

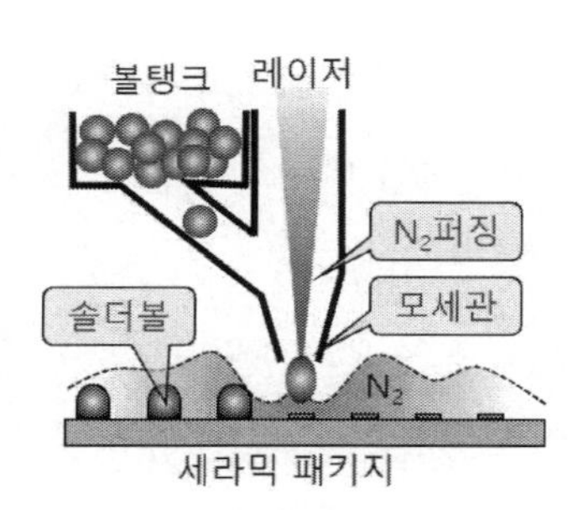

그림11.22 솔더볼 범프 제트공정

27 fctsolder.com

솔더볼이 노즐을 통과하는 순간 고에너지 레이저를 사용하여 순간적으로 솔더볼을 용융시킨다. 그러면 고압질소에 의해서 솔더볼이 분사되어 범프하부금속에 용착된다. 이때에 함께 분사된 건조질소가 용융된 솔더와 범프볼이 굳어질 때까지 주변을 감싸기 때문에 산화가 방지된다. 솔더볼 범프 제트공정은 조립속도가 10~20[balls/s]에 불과하여 생산성이 낮기 때문에 광전소자나 MEMS 소자의 조립, 그리고 리워크 등에 사용된다.

11.3.2.3 솔더볼 일괄용착공정

솔더볼 용착공정의 생산성을 높이기 위해서는 **그림 11.23**에 도시되어 있는 것처럼, 하나 또는 다수의 칩다이에 한꺼번에 솔더볼들을 로딩하여 리플로우 방식으로 용착하여야만 한다. 이를 **솔더볼 일괄용착공정**이라고 부른다.

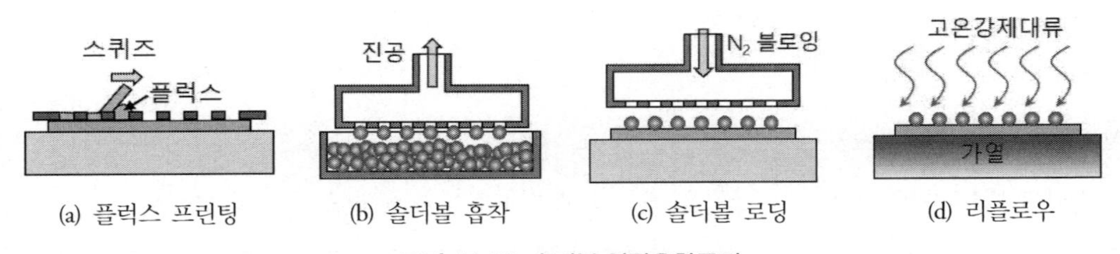

그림 11.23 솔더볼 일괄용착공정

우선, **그림 11.21**에서도 설명되어 있는 스텐실 프린팅 방법이나 도트전사 방법 등을 사용하여 범프하부금속 표면에 플럭스를 도포한다. 다이 크기와 동일하며, 하부에 모든 범프하부금속 위치마다 구멍이 뚫려 있는 진공척을 사용하여 마이크로 솔더볼들을 흡인한다. 일반적으로 범프용 볼들은 30~150[μm] 크기가 사용된다. 볼들이 진공척에 들러붙기 쉽도록 솔더볼 트레이를 초음파로 진동시켜서 볼들이 진공척 쪽으로 튀어 오르게 만들며, 솔더볼 흡착이 끝나고 나면, 진공척에 진동을 가하여 여분의 볼들을 떨어트린다. 마지막으로 영상센서를 사용하여 모든 볼들이 정위치에 흡착되었는지를 확인한다. 솔더볼을 칩다이에 로딩하기 위해서는 우선, 영상센서를 사용하여 기판과 진공척 표면에 성형되어 있는 기준표식들을 활용하여 기판과 진공척 사이의 정렬을 맞춘다. 그런 다음 진공척을 기판방향으로 내리누르면서 질소를 분사하여 플럭스가 도포된 범프하부금속 위치에 마이크로볼들을 안착시킨다. 마이크로볼들의 크기가 매우 작고, 진공노즐이 페이스트로 오염된 경우에는 질소분사만으로 볼들이 떨어지지 않을 수 있으므로, **그림 11.24**에 도시되어 있는 것처럼, 밀핀을 사용하여 볼들을 강제로 밀어내기도 한다. 강제대류 리플로우 오븐에서 볼들을 용융시켜서 범프하부금속에 용착시킨다. 무연땜납(Sn–Ag–Cu 합금)은 약 217[°C]에서 용융된다. 따라서 리플로우 오븐의 피크온도는 이보다 15~20[°C]만큼 더 높아야만 한다.

11.3.2.4 볼트체결구조의 조립정렬 사례

그림 11.24에서는 솔더볼 일괄용착공정에서 솔더볼들을 진공흡착하는 데에 사용되는 진공척을 보여주고 있다. 직경이 수십 [μm]에 불과한 마이크로볼들 수백~수천 개를 진공으로 흡착하여 페이스트가 도포된 범프하부금속 위에 동시에 안착시키는 과정에서 진공척 내부에 양압을 걸어서 마이크로 볼들을 불어내지만, 직경이 수십 [μm]에 불과한 마이크로구멍들 속이나 테두리에 페이스트나 이물질들이 묻어 있다면, 솔더볼들이 구멍에 들러붙어서 떨어지지 않으며, 로딩불량을 유발한다. 이런 문제를 해결하기 위해서 진공구멍들마다 밀핀을 설치하여 블로잉과 동시에 핀으로 솔더볼들을 밀어내는 방식을 사용하고 있다.

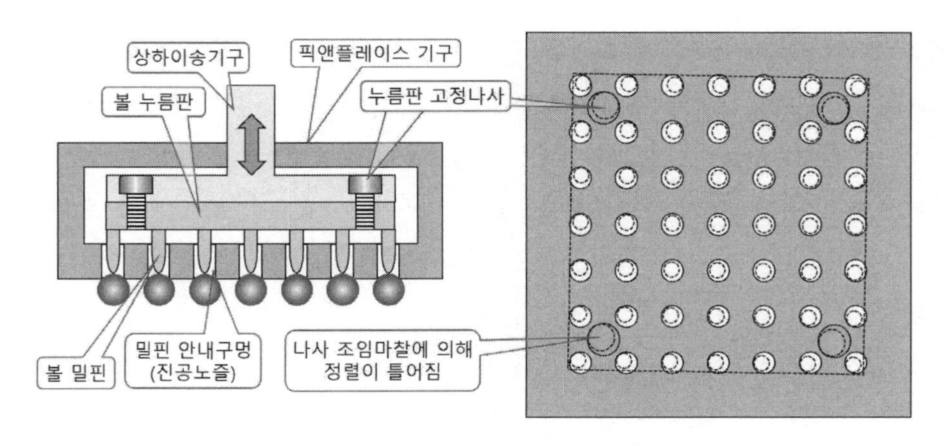

그림 11.24 밀핀 볼트체결구조의 조립정렬 사례[28]

그런데 네 개의 볼트를 사용하여 밀핀을 상하이송하는 이송기구와 밀핀들이 설치되어 있는 볼 누름판을 고정하는 과정에서 정렬이 틀어지면, 우측의 그림에서와 같이, 밀핀이 구멍의 측벽과

28 장인배 저, 정밀기계설계, 씨아이알, 2021.

접촉하게 된다. 이렇게 접촉이 발생하면, 밀핀의 반복된 상하운동 과정에서 마멸입자들이 발생하여 구멍이 오염되며, 이로 인하여 로딩불량이 발생되는 문제가 오래 지속되었다. 이는, 다수의 핀들과 안내구멍 사이의 정렬을 맞춘 후에 고정나사를 조이는 순간에 나사머리와 상하 이송기구 사이의 마찰에 의해서 정렬이 틀어져버리기 때문이다. 저자는 정렬용 핀을 설치하거나 별도의 치구를 사용하여 정렬상태로 고정한 다음에 나사를 체결하도록 제시하였으며, 이를 통해서 정렬 문제를 손쉽게 해결할 수 있었다.

11.3.3 리플로우

땜납 리플로우는 회로기판 위에 표면실장 요소들을 융착하는 가장 일반적인 방법이다. 리플로우 공정은 전기소자들을 과열시키거나 손상을 입히지 않으면서 땜납을 용해시키고 인접한 표면을 가열하는 것을 목적으로 한다. 땜납이 용융되면 표면장력이 작용하기 때문에 프린트회로기판 위에서 웨이퍼레벨 패키지들이 자기정렬을 맞추므로, 픽앤플레이스의 정확도나 리플로우 오븐으로 이송하는 과정에서 발생하는 위치변화 등을 극복할 수 있다.

리플로우 온도를 조절하기 위해서 다양한 방법이 사용되고 있다. 적외선램프를 사용하는 **적외선 리플로우**의 경우, 소자들이 만드는 그늘영역의 가열이 어렵다는 단점이 있다. 표준공기나 질소가스를 가열하여 사용하는 **대류식 납땜**이 자동 대량생산 공정에서 가장 일반적으로 사용되고 있다.

리플로우 공정은 예열 → 함침 → 리플로우 → 냉각의 순서로 진행된다. **그림 11.25**에서는 전형적인 리플로우 온도 프로파일을 보여주고 있다.

- **예열영역**에서는 보드와 모든 컴포넌트들의 온도를 일정한 속도로 상승시킨다. 예열속도는 1.0~3.0[°C/s]로서, 너무 빠르면 열충격에 민감한 컴포넌트들이 손상(크랙)될 수 있으며, 페이스트가 폭발적으로 기화할 우려가 있다. 약 60[s]의 시간 동안 130[°C]에서 200[°C]까지 상승시킨다.
- **함침영역**에서는 리플로우 온도 이하의 온도로 일정시간을 유지시켜서 전도에 의해서 보드와 컴포넌트들의 온도를 균일화시킨다.
- **리플로우영역**에서는 페이스트에 섞여 있는 땜납 입자들과 컴포넌트 내에 장착되어 있는 땜납 범프들의 온도를 용융온도 이상으로 빠르게 상승시켜서 컴포넌트 리드들과 회로기판 상

의 패드 사이를 전기적으로 연결한다. 이 단계에서 용융된 땜납이 원하는 형태로 전극들을 적셔준다. 이 과정에서 용융된 땜납의 표면장력에 의해서 마운팅된 컴포넌트들의 자기정렬 맞춤작용이 일어난다. 리플로우 온도는 땜납의 액상선 온도(T_L)보다 15~40[℃] 더 높게 제어하여야 한다. 최고온도(T_p)는 255~260[℃] 정도이며, 최고온도 유지시간(t_p)은 20~30[s]에 불과할 정도로 되도록 짧게 설정한다.

- **냉각영역**에서는 6.0[℃/s] 내외의 매우 빠른 속도로 냉각을 시행한다. 땜납의 결정크기가 작은 다중그레인 납땜 조인트가 기계적 성질이 우수하기 때문에, 냉각과정에서 결정성장이 일어나지 않도록 급속냉각을 시행하여야 한다.

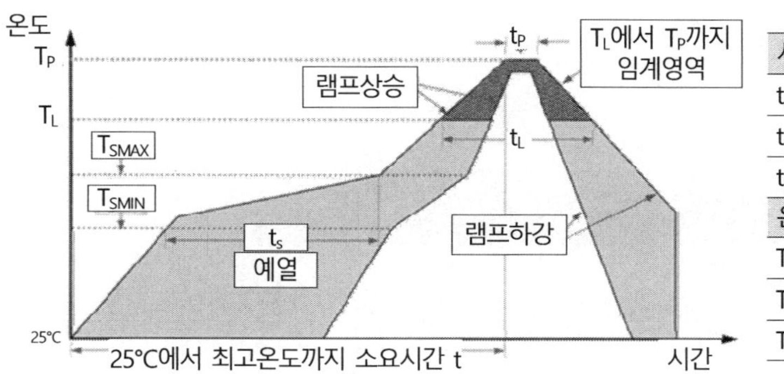

시간변수	
t_s	함침시간
t_L	액상선 초과시간
t_p	최고온도 유지시간
온도변수	
T_{SMIN}	최저함침 온도
T_{SMAX}	최고함침 온도
T_L	땜납의 액상선 온도

그림 11.25 리플로우 온도 프로파일[29]

그림 11.26에서는 벨트로 기판을 이송하며, 모든 공정이 자동화된 상용 **리플로우 오븐**을 보여주고 있다. 이 리플로우 오븐은 온도가 개별 제어되는 13개의 상부/하부 가열영역을 구비하고 있으며, 상부/하부의 온도를 개별적으로 제어 가능한 3개의 송풍식 냉각 모듈을 갖추고 있다. 또한 프로그래밍이 가능한 가열 및 냉각영역의 숫자, 최대가열/냉각속도, 처리율, 에너지와 불활성가스(질소) 소모량 등을 개별적으로 조절할 수 있으며, 웨이퍼레벨 패키지와 프린트회로기판 사이의 휨 조절을 위해서 프린트회로기판의 상부와 하부를 차등가열할 수도 있다. 이 오븐의 벨트 이송속도는 고속 픽앤플레이스 시스템과 속도를 맞춰서 최소 1.4[m/min]까지 이송할 수 있으며, 길이는 6.8[m]에 달한다. 땜납 조인트의 용융과정에서 산화를 방지하고 땜납적심성질을 개선하기 위

29 시춘쿠 공저, 장인배 역, 웨이퍼레벨 패키징, 씨아이알, 2019.

해서 리플로우오븐 내에서는 질소 배기환경이 유지되며, 산소레벨은 1,000[ppm] 미만으로 관리된다.

리플로우가 끝나고 나면, 고분해능 엑스선검사기를 사용하여 납땜조인트에 대한 자동화된 검사가 시행된다. 이를 통하여 납땜 조인트의 성능에 영향을 끼칠 수 있는 땜납필렛의 부재, 기공 및 기포, 납땜 조인트 브리지, 적심부족, 그리고 볼탈락 등과 같은 품질검사를 시행할 수 있다.

리플로우 이후에 기판에 잔류하는 플럭스 잔류물들을 세척하기 위해서 초음파세척, 액체 증기세척, 액상 스프레이세척 등의 방법이 사용된다. 수용성 플럭스를 사용한 경우에는 물세척이 가능하지만 로진플럭스를 사용한 경우에는 솔벤트가 사용된다. 그런데 미세피치 패키지를 세척하는 과정에서 모세관 현상에 의해서 액체가 빠져나가지 않고 남아 있다면, 회로 작동성능에 치명적인 영향을 끼칠 수 있다. 이를 방지하기 위해서 대부분의 전자 조립체들에서는 플럭스 잔류물들이 회로기판에 잔류하도록 설계된 **무세척 공정**을 사용한다.

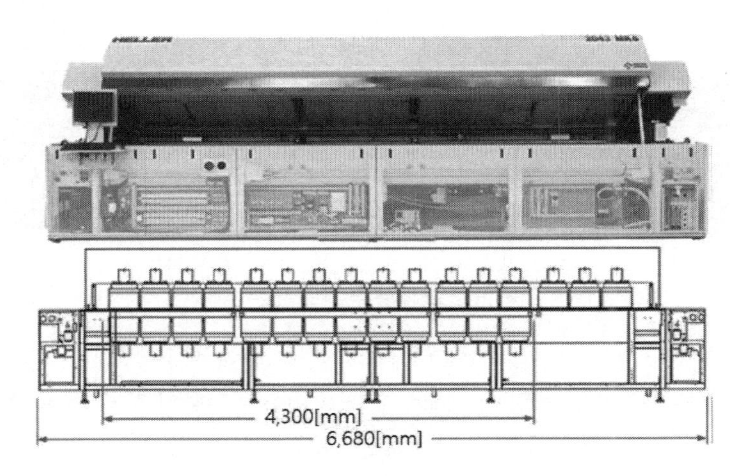

그림 11.26 자동화된 상용 리플로우 오븐[30]

11.4 팬아웃 패키지

반도체산업 초창기부터 좁은 리드피치를 가지고 있는 반도체 다이에서 넓은 리드피치를 가지고 있는 (리드프레임) 패키지로 확장시켜주는 팬아웃 기법이 모든 칩 패키지에서 주로 사용되었

30 시춘쿠 공저, 장인배 역, 웨이퍼레벨 패키징, 씨아이알, 2019.

다. **그림 11.27**에 도시되어 있는 플립칩 패키지의 경우에는 기판 내부의 금속층들을 사용하여 칩에서 볼그리드어레이까지 팬아웃 방식으로 연결한다. 칩의 외형크기는 40×40[mm^2]이며, 플립칩의 터미널 간극은 0.18[mm], 프린트회로기판의 터미널 피치는 0.8[mm]이다.

팬아웃 방식의 패키지는 반도체 웨이퍼 범핑 기술을 전격적으로 채택하였으며, 모든 패키징 공정이 200[mm] 또는 300[mm] 직경의 웨이퍼 위에서 이루어진다. 팬아웃 패키지의 장점들을 살펴보면 다음과 같다.

- 양품의 다이들만을 사용하며, 반도체 공정을 사용하여 패키징하기 때문에, 높은 범핑 수율과 미세선폭 구현이 가능하다.
- 패키지가 칩다이보다 더 크기 때문에, 입출력 포트의 숫자를 늘리기가 용이하다.
- 웨이퍼몰딩 공정을 사용하여 패키지를 완성한다.
- 하지만 팬아웃 방식의 웨이퍼레벨 패키지는 고가의 반도체 공정을 활용하기 때문에 제조비용이 높다는 단점을 가지고 있다.

그림 11.27 팬아웃 패키지의 사례[31]

11.4.1 팬아웃 패키지의 특징

팬아웃 웨이퍼레벨 패키지는 반도체 패키지를 재구성용 웨이퍼의 범핑공정과 통합시켜주며, 매력적인 박형의 패키지로 만들어준다. 팬아웃 패키지는 와이어본딩, 패키지기판, 그리고 플립칩

31 시춘쿠 공저, 장인배 역, 웨이퍼레벨 패키징, 씨아이알, 2019.

범핑 등을 없앰으로써, 기존의 패키징 기술들이 가지고 있는 한계에 접근하였다. **그림 11.28**에서는 단면도를 통해서 팬아웃 웨이퍼레벨 패키지를 와이어본드 볼그리드어레이 패키지 및 플립칩 볼그리드어레이 패키지와 비교하여 보여주고 있다. 와이어본딩과 비교해 보면 와이어루프가 필요로 하는 높이가 줄어들며, 플립칩 볼그리드어레이와 비교해보면 범프높이만큼의 공간이 필요없기 때문에 팬아웃 웨이퍼레벨 패키지의 두께가 얇아질 수 있다. 더욱이, 패키지 조립공정이 단순해지므로, 전형적인 볼그리드어레이 패키지에 비해서 가격 경쟁력이 높다. 하지만 웨이퍼 몰딩 공정은 임시 캐리어 접착, 웨이퍼 몰딩, 캐리어 접착제 제거, 세척, 검사 등을 포함하는 다단계 공정이므로 현저한 비용상승을 유발한다는 점을 세심하게 고려해야 한다.

k-값이 작은 층간 절연체를 사용하는 진보된 웨이퍼 제조공정의 경우, 절연체의 기계적 강성부족으로 인하여 와이어본딩이나 플립칩 다이부착 공정을 견뎌내기 어려워졌다. 이런 경우에도 조립 과정에서 과도한 기계적 응력이 부가되지 않는 팬아웃 웨이퍼레벨 패키징 방법이 좋은 대안이 된다.

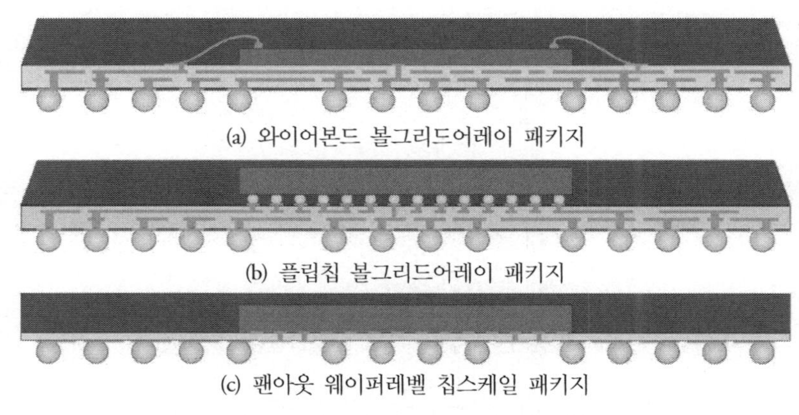

(a) 와이어본드 볼그리드어레이 패키지

(b) 플립칩 볼그리드어레이 패키지

(c) 팬아웃 웨이퍼레벨 칩스케일 패키지

그림 11.28 세 가지 유형의 패키지들의 단면형상 비교[32]

11.4.2 단일층 팬아웃과 다중층 팬아웃

팬아웃 패키지에서 범프볼의 배치형태는 플립칩 터미널과 팬아웃 다이의 범프볼 사이의 전극 연결을 위한 경로생성 방법에 의해서 결정된다. 하나의 금속층만을 사용하는 단일층 팬아웃의 경우에는 전극경로생성의 제약 때문에 **그림 11.29 (a)**의 좌측 그림에서와 같이 플립칩 터미널 영

32 시춘쿠 공저, 장인배 역, 웨이퍼레벨 패키징, 씨아이알, 2019.

역과 칩 외부로 연결되는 배선영역에는 범프볼들을 배치할 수 없다. 반면에 다중층 팬아웃의 경우에는 전극경로 생성층과 비아 배치를 다층 구조로 만들기 때문에 **그림 11.29 (a)**의 우측 그림에서와 같이 팬아웃 패키지 바닥면 전체에 범프볼들을 배치할 수 있다.

그런데 다중층 팬아웃에서 고려해야만 하는 경제적 요인이 존재한다. **그림 11.29 (b)**에서는 단일금속층, 이중금속층, 그리고 4중금속층 팬아웃 패키지를 보여주고 있다. 고도의 집적화를 실현하기 위해서는 **몰드관통전극**(TMV)과 패키지 뒷면회로를 사용하는 팬아웃 웨이퍼레벨 패키지의 3차원 적층공정이 필요하다. 팬아웃 영역 내의 몰딩 화합물에 레이저로 구멍을 뚫는 몰드관통전극은 식각과 부동화 사이클을 반복하는 보쉬공정에 비해서 훨씬 더 가성비가 높다. 몰드관통비아 속에 금속을 채워 넣고 나서 표면에 다시 새로운 배선층을 형성하는 과정을 반복하여 다중층 팬아웃 배선구조를 만들 수 있다. 플립칩 패키지와 더불어서 다양한 수동소자들을 패키지에 추가할 수 있다는 점도 팬아웃 패키지가 가지고 있는 비할 수 없는 장점이다.

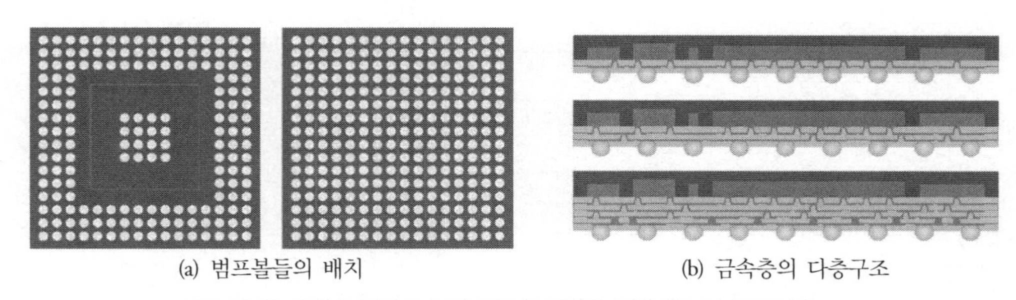

(a) 범프볼들의 배치　　　　(b) 금속층의 다층구조

그림 11.29 단일층 팬아웃 칩과 다중층 팬아웃 칩의 범프볼 배치형태[33]

11.4.3 재분배층 패키지와 팬아웃 패키지의 공정비교

팬아웃 웨이퍼레벨 패키지에 대한 이해를 높이기 위해서 **표 11.2**에서는 단일층 웨이퍼레벨 패키지 제조공정을 전형적인 재분배층 웨이퍼레벨 패키지 범핑공정과 비교하여 보여주고 있다. 두 공정 모두 두 개의 폴리머 부동층이 사용되며, 구리 재분배층기술, 플럭스 프린트, 볼 부착 및 리플로우뿐만 아니라 웨이퍼 단위에서의 레이저 마킹, 다이절단, 테이핑, 그리고 마지막 단계인 릴부착까지의 모든 공정들이 포함되어 있다. 두 공정을 비교해보면, ① 웨이퍼 프로브검사,

33 시춘쿠 공저, 장인배 역, 웨이퍼레벨 패키징, 씨아이알, 2019.

③ 웨이퍼 절단, 그리고 ④ 기지양품다이 픽앤플레이스를 제외한 모든 공정들이 서로 동일한 플랫폼에서 이루어진다. 하지만 팬아웃 웨이퍼레벨 패키지 공정이 네 개의 마스크를 사용하는 재분배층 범핑에 비해서 기지양품다이(KGD)의 픽앤드플레이스와 웨이퍼 몰딩을 수행하기 전에 웨이퍼 프로빙 단계 하나만 추가되었다고 생각한다면 이는 착각이다. 웨이퍼 몰딩 공정은 접착제가 코팅된 임시 캐리어와의 접착, 웨이퍼 몰딩, 캐리어와 접착제 제거, 세척 및 다이 위치 및 회전각도 등을 기록하기 위한 검사 등을 포함하는 다단계 공정이다.

표 11.2 재분배층 패키지와 팬아웃 패키지의 공정비교[34]

재분배층 WLCSP	
1	1번 폴리머 코팅
2	1번 폴리머 노광/현상/경화
3	재분배층용 시드층 스퍼터링
4	레지스트 코팅
5	레지스트 노광/현상
6	재분배층 구리패턴 도금
7	레지스트 박리
8	시드층 에칭
9	2번 폴리머 코팅
10	2번 폴리머 노광/현상/경화
11	범프하부금속 시드층 스퍼터링
12	레지스트 코팅
13	레지스트 현상/인화
14	범프하부금속 패턴도금
15	레지스트 박리
16	시드층 에칭
17	플럭스 프린트
18	땜납볼 부착
19	땜납 리플로우
20	웨이퍼 프로브검사
21	웨이퍼 뒷면연삭
22	뒷면 라미네이트
23	레이저마킹
24	웨이퍼 절단
25	테이프로 릴에 칩 부착

팬아웃 WLCSP	
1	웨이퍼 프로브검사
2	웨이퍼 뒷면연삭
3	웨이퍼 절단
4	기지양품다이 픽앤드플레이스
5	웨이퍼몰딩
6	1번 폴리머 코팅
7	1번 폴리머 노광/현상/경화
8	재분배층용 시드층 스퍼터링
9	레지스트 코팅
10	레지스트 노광/현상
11	재분배층 구리패턴 도금
12	레지스트 박리
13	시드층 에칭
14	2번 폴리머 코팅
15	2번 폴리머 노광/현상/경화
16	범프하부금속 시드층 스퍼터링
17	레지스트 코팅
18	레지스트 현상/인화
19	범프하부금속 패턴도금
20	레지스트 박리
21	시드층 에칭
22	플럭스 프린트
23	땜납볼 부착
24	땜납 리플로우
25	웨이퍼 프로브검사
26	레이저마킹
27	웨이퍼 절단
28	테이프로 릴에 칩 부착

34 시춘쿠 공저, 장인배 역, 웨이퍼레벨 패키징, 씨아이알, 2019.

이렇게 추가된 단계와 공정들이 팬아웃 웨이퍼레벨 패키지의 비용을 현저히 상승시키므로, 전통적인 웨이퍼레벨 패키지를 훨씬 더 작은 크기의 실리콘에 집어넣어 팬아웃에 의해서 비용이 추가되어도 최종적인 패키지 가격은 여전히 경쟁력을 갖출 수 있도록, 크기가 큰 칩에 대한 재설계를 통해서 현저한 웨이퍼비용을 절감하여야만 한다.

그림 11.30에서는 **표 11.2**의 우측에서 제시되어 있는 단일층 웨이퍼레벨 패키지의 제조공정 흐름도를 도식적으로 보여주고 있다. ① 반도체 칩의 모든 구조들이 완성되고 나면, 프로브스테이션에서 검사를 시행하여 양품다이들을 선별한다. ② 웨이퍼 뒷면을 연삭하여 두께 수십 [μm] 수준의 박형 웨이퍼로 만든다. ③ 다이싱 공정을 통해서 웨이퍼를 절단한다. ④ 양품다이들만을 선별하여 액티브 면이 아래를 향하도록 캐리어 웨이퍼에 접착한다. ⑤ 웨이퍼 몰딩, 캐리어 웨이퍼 탈착, 액티브면 접착제 제거 및 세척공정을 수행한다. ⑥, ⑦ 포토레지스트를 코팅하고 노광을 시행하여 재분배층 형상을 정의한다. ⑧~⑬ 재분배층 스퍼터링, 포토레지스트 코팅, 노광 및 현상을 통하여 재분배층 형상을 정의한 다음에, 구리도금 및 레지스트 박리를 시행하고, 시드층 식각을 시행한다. ⑭, ⑮ 포토레지스트 코팅 및 현상을 통하여 범프하부금속 패턴을 정의한다. ⑯~㉑ 범프하부금속 시드층 스퍼터링을 시행한 다음에 포토레지스트 코팅, 현상 및 식각을 통해서 범프하부금속 형상을 정의한다. 범프하부금속 패턴도금을 시행하고 나서, 레지스트 박리, 시드층 식각을 시행한다. ㉒~㉔ 범프하부금속 위치에 플럭스 도포, 솔더볼 부착, 솔더 리플로우를 시행한 다음에 팬아웃 웨이퍼 프로브검사, 레이저마킹을 시행한다. ㉗, ㉘ 웨이퍼를 절단하여 칩들을 분리한 다음에 테이프로 릴에 부착하여 출고한다.

팬아웃 웨이퍼레벨 패키지는 볼그리드어레이 패키지와 크기, 형태, 범프의 숫자 등의 측면에서 서로 많이 겹친다. 실제의 경우, 특정한 디바이스에 적용할 패키지의 형태를 선정하기 위해서는 가격, 범프피치, 패키지 높이, 범프 레이아웃, 출하시간 등과 같은 다양한 인자들이 고려되어야 한다. 팬아웃 웨이퍼레벨 패키지는 전통적인 와이어본딩 패키지나 플립칩 볼그리드어레이 패키지에 비해서 패키징 비용과 신뢰성이 능가하는 경우에만 적용이 가능한 대안이지만, 별도의 웨이퍼 범핑, 기판 빌드, 플립칩 부착 및 리플로우 또는 와이어본딩과 오버몰딩 공정이 필요 없는 훌륭한 대안이다.

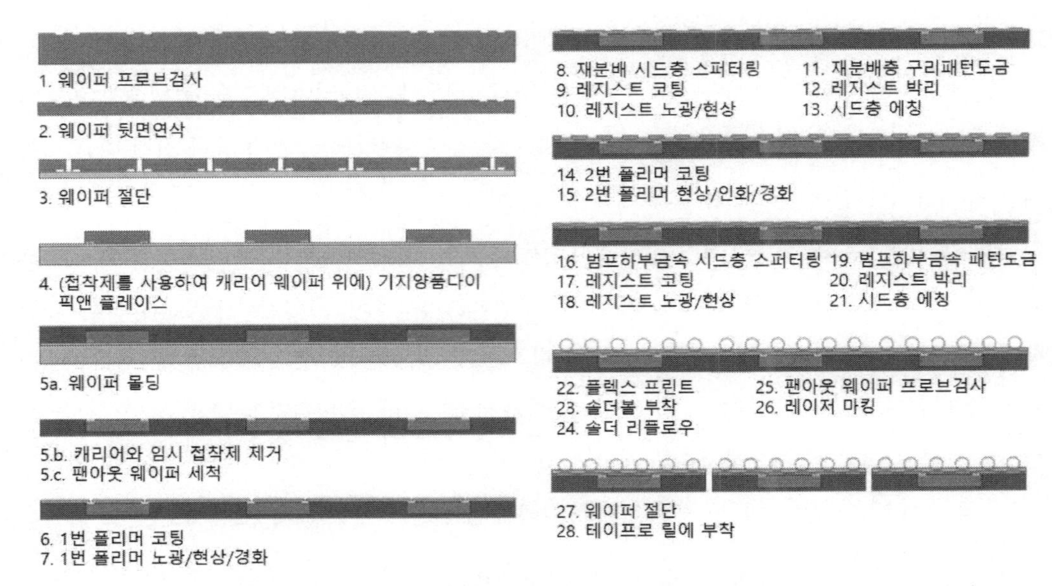

그림 11.30 전형적인 단일층 팬아웃 웨이퍼레벨 패키지의 공정 흐름도[35](컬러도판 p.672 참조)

11.4.4 재구성과 다이 위치이동 이슈

그림 11.30의 ④번에서와 같이 다이싱된 양품의 칩들을 액티브면이 아래를 향하도록 뒤집어서 캐리어 웨이퍼에 접착시키는 과정을 **재구성**이라고 부른다. 전형적인 웨이퍼 범핑의 경우, 폴리머 재부동층, 재분배층, 그리고 범프 하부금속과 같은 각 범핑층을 정밀하게 제작하기 위해서 스테퍼나 얼라이너 형태의 표준 노광장비들이 사용된다. 대부분의 노광장비들이 노광과정에서 개별 다이들의 위치나 각도에 대한 보상이 가능하도록 설계되어 있지 않다. 그러므로 팬아웃 패키지 내에서 다이 간 위치편차를 특정한 문턱값 이내로 관리하지 않는다면, 미세피치 상호연결, 플럭스 프린트, 그리고 플럭스가 잘 도포된 땜납범프 등을 구현하는 것이 어려워진다. 최악의 경우, 재구성 과정에서 다이의 위치가 심하게 어긋나 버리면, 전극 연결의 신뢰성을 보장할 수 없다. 따라서 고수율 팬아웃 패키지의 웨이퍼 범핑에 사용되는 노광장비의 경우에는 다이 위치이동의 조절이나 관리가 가능해야만 한다.

웨이퍼레벨 패키지의 몰드공정을 수행하는 동안 칩 이동이 발생할 우려가 있다. 몰딩방법으로는 분말 형태의 건식 파우더를 사용하는 압축식 몰딩방법과 레진을 사용하는 습식 방법이 사용된

35 시춘쿠 공저, 장인배 역, 웨이퍼레벨 패키징, 씨아이알, 2019.

다. 건식레진 기반의 몰딩 화합물은 보관수명이 길다는 장점을 가지고 있는 반면에 공극 충진성능이 떨어진다. 습식 트랜스퍼 몰딩에 사용되는 고온 레진의 경우에는 점도가 낮아서 좁은 공극에 대한 충진성능이 뛰어나지만, 측면방향으로의 흐름을 최소화하여야만 한다. 저온공정에 적합한 액상 몰딩 화합물의 경우에는 몰딩 및 경화단계에서 교차링크가 진행되면서 체적수축이 발생한다. 일반적인 경화형 몰딩화합물의 열팽창계수($\alpha > 8$[ppm/°C])는 실리콘의 열팽창계수($\alpha = 2 \sim 3$[ppm/°C])에 비해서 더 크기 때문에 열팽창계수 차이에 따른 몰딩 화합물의 치수변화는 재구성된 팬아웃 패키지 웨이퍼의 실리콘 다이위치에 영향을 끼친다.

다이의 위치이동에 대한 요구조건은 설계된 형상의 피치와 크기에 의존하기 때문에, 넓은 피치와 큰 형상치수를 사용하는 경우가 좁은 피치에 비해서 더 큰 다이 위치이동 편차를 허용한다. **그림 11.31**에서는 다이의 위치이동이 없는 경우와 한쪽 방향으로 30[μm]의 위치이동이 발생한 경우에 대해서 비교하여 보여주고 있다. (b)를 살펴보면, 75[μm] 피치를 가지고 있는 칩 금속층에 대해서 30[μm] 직경의 구리 재분배층 전극이 실리콘 칩 위에서 인접한 두 패드를 단락시키는 경계선에 위치하고 있다는 것을 알 수 있다. 미세피치를 사용하는 경우에 많은 이점을 가지고 있는 웨이퍼레벨 패키지의 경우에, 다이 위치이동을 분석하고 이를 최소화하거나 없앨 수 있는 방안을 탐색하는 것이 매우 중요하다는 것을 알 수 있다.

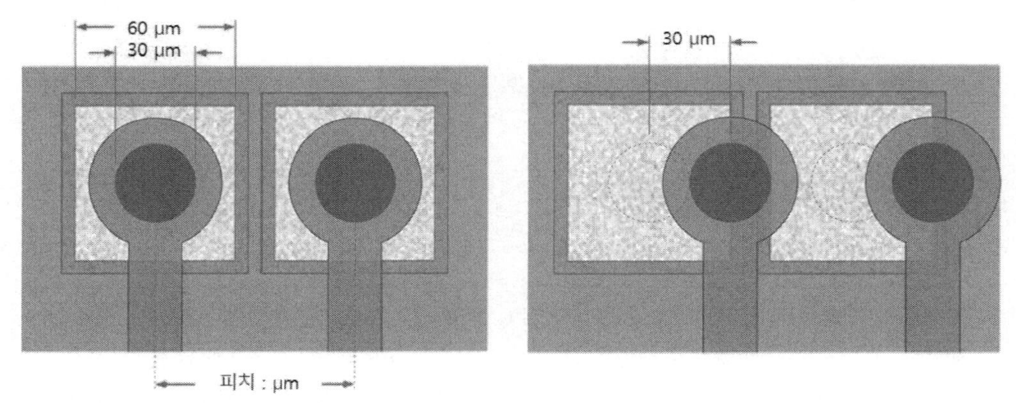

(a) 다이 위치이동 없는 완벽한 중심맞춤　　　　(b) 30[μm]의 다이 위치이동 발생

그림 11.31 다이의 위치이동이 구리 재분배층에 대한 칩 금속층 위치정렬에 끼치는 영향[36]

36 시춘쿠 공저, 장인배 역, 웨이퍼레벨 패키징, 씨아이알, 2019.

팬아웃 웨이퍼레벨 패키지의 웨이퍼 몰딩과 화합물 경화단계에서 발생하는 다이 위치이동 현상에 대해서 이해하기 위해서 광범위한 연구가 수행되었다. 다이 위치이동 평가를 위해서 가장 널리 사용되는 방법은 재구성 웨이퍼 전체에 대해서 개별 다이들의 위치이동 지도를 만드는 것이다.

팬아웃 패키지의 웨이퍼 몰딩 및 경화과정에서 다이의 위치이동이 발생한다는 것을 알고 있기 때문에, 이는 관리의 문제로 전환된다. 웨이퍼 몰딩과정에서 특정한 방향으로 다이의 위치가 이동한다는 것을 미리 알고 있다면, 이동 방향과 반대 방향으로 다이의 위치를 이동시켜서 캐리어 웨이퍼에 다이를 접착시켜 놓아야 한다. **그림 11.32**에서는 다이 위치보상이 없는 경우, 100% 위치보상을 시행한 경우, 그리고 50% 위치보상을 시행한 경우에 대해서 다이들의 위치이동 지도와 이동량을 그림과 표로 보여주고 있다. 다이의 위치이동은 캐리어 웨이퍼의 중앙에서 테두리에 이르는 구간에서 완전한 선형을 이루고 있지 않으며, 원주방향으로의 비대칭성도 있기 때문에, 100% 위치보상을 시행한 결과보다 50% 위치보상을 시행한 결과가 더 좋다는 것을 알 수 있다.

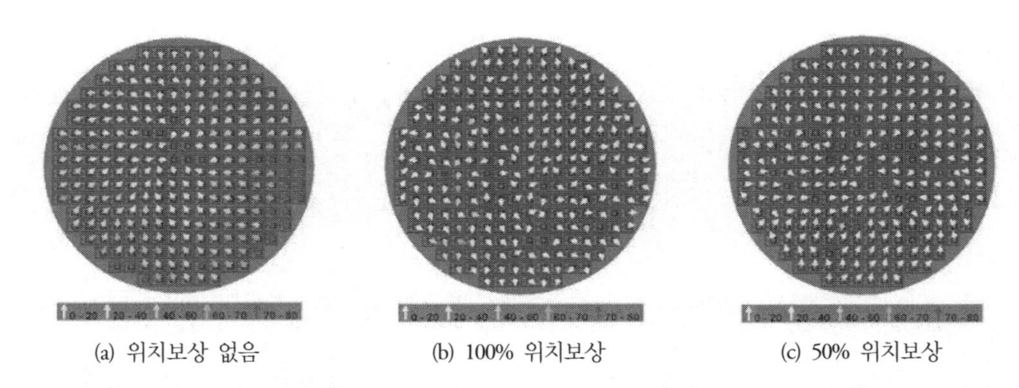

(a) 위치보상 없음 (b) 100% 위치보상 (c) 50% 위치보상

	사전 다이위치보상 없음		100% 사전위치보상		50% 사전위치보상	
다이이동거리	누적%	평균편차[μm]	누적%	평균편차[μm]	누적%	평균편차[μm]
<20[μm]	6%	15±9	41%	14±7	55%	12±6
<40[μm]	38%	28±10	89%	24±9	99%	19±10
<60[μm]	81%	40±14	99%	26±12	99.8%	19±10
<70[μm]	92%	43±16	100%	27±12	100%	19±10
<80[μm]	100%	45±17				

그림 11.32 다이 위치보상의 사례[37](컬러도판 p.673 참조)

37 시춘쿠 공저, 장인배 역, 웨이퍼레벨 패키징, 씨아이알, 2019.

11.5 패널레벨 패키징

팬아웃 웨이퍼레벨 패키지는 아직 초기기술이기 때문에, 비용의 측면에서 철저한 검토가 필요하다. 이 때문에 팬아웃 패키지가 경제성을 확보하기 위해서 200[mm] 웨이퍼 팬아웃에서 300[mm] 웨이퍼 팬아웃으로 전환을 강요받고 있는 상황이다. 그런데 300[mm] 웨이퍼 이상으로의 전환에 대해서는 다른 관점이 필요하다.

생산성을 높이면서도 비용을 절감한다는 측면에서 패널 기반의 팬아웃 패키지가 관심을 받게 되었다. **그림 11.33**에 도시되어 있는 것처럼, 200[mm] 웨이퍼와 300[mm] 웨이퍼는 25×25[mm] 크기의 팬아웃 패키지를 각각, 33개와 89개를 생산할 수 있는 반면에, 450×450[mm^2] 패널을 사용해서는 동일한 크기의 팬아웃 패키지를 255개 생산할 수 있다. 이 사례에서는 테두리 배제영역이 24.5[mm]임에도 불구하고 패널 활용비율이 70.1%에 달하여, 200[mm] 웨이퍼의 66.3%와 300[mm] 웨이퍼의 79.5%의 중간에 해당한다. 웨이퍼의 경우에는 5[mm]의 배제영역과 10[mm]의 플랫/노치 높이를 가정하였다.

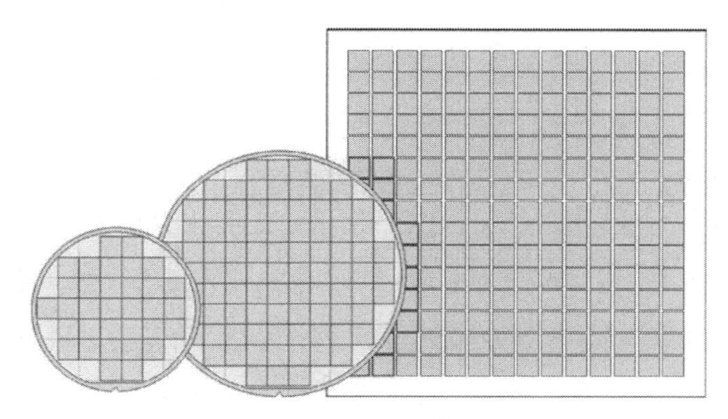

그림 11.33 200[mm] 및 300[mm] 웨이퍼와 450×450[mm^2] 사각패널에 팬아웃 패키지를 배치한 경우의 면적활용 비교[38]

여타의 집적회로 패키지 기법들에서와 마찬가지로, 패널기반 팬아웃도 제조성능과 비용의 측면에서 다양한 기법들이 시도되었다. 생산비용을 낮추기 위해서는 유기소재 기판을 사용하고 있

38 시춘쿠 공저, 장인배 역, 웨이퍼레벨 패키징, 씨아이알, 2019.

으며, 적층의 정확도를 높이고 선폭을 미세화하기 위해서는 프린트회로기판과 캐리어 기반의 TFT-LCD 패널패턴 공정을 사용하는 하이브리드 방식이 사용되고 있다. 두 개의 캐리어를 사용하는 TFT-LCD 패널 팬아웃은 얇은 패키지 프로파일을 구현할 수 있어서 휴대용 기기와 3차원 적층식 시스템인 패키지에서 중요한 기술이 되었다.

프린트회로기판과 패널 팬아웃을 사용하는 하이브리드방식의 경우, 전형적인 웨이퍼레벨 팬아웃에 비해서 덜 공격적인 직선/간격 설계규칙을 사용한다. 프린트회로기판의 경우에는 20/20[μm] 이상의 선폭/간격을 사용하는 반면에 웨이퍼 팬아웃은 15/15[μm] 이하의 선폭/간격을 사용한다. 밀봉 과정에서 발생하는 다이 이동은 웨이퍼레벨 팬아웃에 비해서 패널 팬아웃에서 조금 발생한다. 이는 밀봉과정에서 발생하는 용융레진의 측면방향 흐름이 더 제한적이기 때문이다. 다이 이동이 저감되면, 더 좁은 직선/간격 설계규칙을 사용할 수 있다. 대형 정사각형 또는 직사각형 패널을 사용하면 원형의 웨이퍼를 사용하는 경우보다 생산성을 크게 향상시킬 수 있다.

웨이퍼 기반이나 패널기반의 팬아웃 칩 패키지는 기판이 필요 없는 매립식 칩 패키지로서, 와이어본드 볼그리드어레이와 플립칩 볼그리드어레이 패키지를 대체할 수 있는 값싸고 성능이 높은 집적화 방법이다. 팬아웃 공정에서 반도체 디바이스들은 웨이퍼나 패널의 형태로 밀봉되며 재구성 웨이퍼나 패널 위에 신호, 전력 및 접지 경로가 직접 제작된다. 팬아웃칩 패키지는 웨이퍼 범핑, 기판제작, 플립칩이나 와이어본드 조립, 패키지 오버몰딩, 그리고 볼그리드어레이 볼부착 등의 모든 공정을 하나의 고도로 효율성이 높은 웨이퍼나 패널포맷 공정으로 통합시켜주는 염가의 패키징 기법이다. 칩과 기판 사이의 납땜 조인트를 제외하면, 이 패키지는 본질적으로 납을 사용하지 않는다. 구리소재 재분배층으로 인하여 칩 내부에 발생하는 응력이 저감되었기 때문에, k-값이 작은 유전체를 사용하는 반도체에 매우 적합하다.

팬아웃 패키지는 두께가 얇고 다수의 칩들을 수용할 수 있으므로, 고밀도 2차원 및 3차원 이종 시스템 집적화를 위한 뛰어난 플랫폼이다. 팬아웃은 소형 패키지의 열, 전기 및 신뢰성과 더불어서 고주파 무선모듈, 고효율 전력관리, 저전력 마이크로컨트롤러뿐만 아니라 광학센서 및 MEMS 소자를 포함하는 다양한 용도에서 사용되는 단일다이, 다중다이, 그리고 2차원 및 3차원 시스템인 패키지 등 다양한 패키지 구조에서 사용할 수 있는 다재다능한 패키지이다.

12

팹(FAB) 물류

Chapter

12 팹(FAB) 물류

반도체의 제조와 생산이 이루어지는 공간을 **팹(FAB)**[1]이라고 부르는데, 좁은 의미에서는 공기중의 오염물질들을 제거하여 먼지 없는 청결한 환경으로 유지되는 일명 **클린룸** 공간만을 팹이라고 부르기도 하지만 넓은 의미에서는 반도체장비의 운영을 지원하기 위한 각종 부대설비들이 설치되는 공간을 포함한 반도체 생산이 이루어지는 건물 자체를 팹이라고 부르기도 한다.

클린룸 내에서 웨이퍼와 레티클들을 운반하기 위해서 OHT나 타워리프트와 같은 물류 시스템이 구축되어 있으며, 이들을 보관하기 위한 시스템(스토커와 트랙측면버퍼)도 함께 설치되어 있다. 그리고 클린룸 전체에서는 다량의 탈이온수(DIW)와 약액들, 그리고 압축공기를 사용한다. 이를 공급하기 위한 인프라가 지하의 공조실에 설치되어 있으며, 배관 및 덕트들을 통해서 팹 전체에 액체와 기체를 공급 및 배출한다. **12장**에서는 팹 물류에 중점을 두어 살펴보며, **13장**에서는 팹 인프라에 중점을 두어 살펴볼 예정이다.

이 장에서는 팹의 구조와 팹 물류시스템의 구성에 대해서 개괄적으로 살펴본 다음에, 수평물류와 수직물류, 그리고 물류보관 시스템의 순서로 팹 물류시스템에 대해서 살펴보기로 한다.

1 FABrication facility를 약칭하여 FAB이라고 부른다.

12.1 서언

12.1.1 팹(FAB)의 구조

그림 12.1에서는 팹의 내부 구조를 개략적으로 보여주고 있다. 노광기를 포함하여 각종 공정장비들이 설치되어 반도체의 생산이 이루어지는 클린룸을 중심으로 하여 클린룸의 위와 아래에는 클린룸의 원활한 운영을 지원하기 위한 각종 설비들을 위한 층들이 배치되어 있다.

팹 건물의 최상층에는 **팬데크**가 설치되어 있는데, 여기에서는 클린룸의 온도를 조절하기 위한 에어컨디셔너와 클린룸의 공기오염물질을 제거하기 위한 필터링 시스템이 설치되어 있으며, 클린룸에서 배기되는 기체 내에 함유되어 있는 각종 오염물질을 제거하기 위한 설비들도 함께 설치되어 있다. 클린룸의 천장에는 HEPA 필터나 ULPA필터가 설치되어서 클린룸 내의 각 구역들마다 필요한 수준의 청결도로 공기 내 오염입자들의 농도를 관리한다.

클린룸 내의 공기 청결도는 공정관리의 요구조건에 따라서 다르게 관리되는데 웨이퍼가 노출되는 작업구역은 최고 등급인 Class 1으로 관리되며, 유틸리티 구역은 Class 100, 그리고 작업자들이 이동하는 중앙통로 구역은 Class 1,000 수준으로 관리한다. 이는 클린룸 전체의 공기 청결도를 높은 등급으로 관리하기 위해서는 엄청난 비용이 소요되기 때문에, 최소한의 환경관리비용을 투자하여 최고의 수율과 생산품질을 유지하기 위한 전략이다. 클린룸의 입구 측에는 작업자가 클린복으로 환복하는 공간인 **스막룸**[2]이 설치되어 있으며, 각종 장비들을 제어 및 모니터링하기 위한 전산실, 장비를 유지 및 보수하기 위한 정비실, 부품실, 웨이퍼 보관룸 등이 설치되어 있다.

클린룸의 하부에는 반도체 생산장비들의 작동과 운영을 지원하기 위한 각종 부대설비들이 설치되는 **서브팹**(이 서브팹을 **클린 서브팹** 또는 **그레이룸**이라고 부른다)과 압축공기 및 각종 약액들을 공급하는 설비들이 설치되는 **공조실**(이를 **설비 서브팹**이라고 부른다)이 위치한다.

하나의 클린룸을 운영하기 위해서 매우 복잡하고 많은 설비들이 필요하며, 엄청난 운영비가 소요되기 때문에 클린룸 운영의 효율성을 극대화하기 위해서 최신의 팹들은 점차로 대형화 및 고층화되어가는 추세이다. 일반적으로 하나의 건물에 두 개의 클린룸층을 설치하는 다층구조가 적용되고 있으며, 평면적도 빠르게 넓어지고 있다.[3]

2 smock room
3 평택 P3 팹의 경우 클린룸 면적만 축구장 25개의 크기에 달한다.

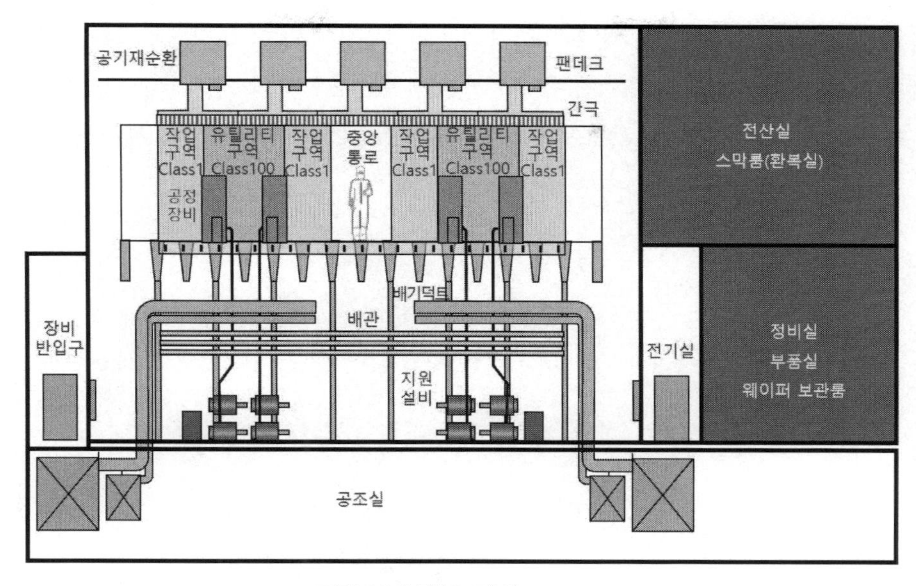

그림 12.1 팹(FAB)의 구조[4]

12.1.2 팹(FAB) 물류 시스템의 구성

그림 12.2에서는 복층 구조의 클린룸 내부에 설치되어 있는 물류시스템들을 요약하여 보여주고 있다. 그림에서는 상부 클린룸과 하부 클린룸만을 보여주고 있지만, 실제로 두 클린룸들 사이에 서브팹과 오피스용 층들이 들어갈 수 있다. 클린룸 내부에서 자동화된 물류운반체계가 필요한 물품은 웨이퍼와 레티클이다. 특히 웨이퍼는 노광 및 포토공정과 식각공정을 포함하여 다양한 공정장비들 사이를 오가야 하는데, 낱장 단위가 아니라 **그림 1.3**에 도시되어 있는 것과 같은 25장들이 풉(FOUP)을 사용하여 운반하며, 완전히 자동화된 시스템을 사용한다. 그리고 레티클 운반에는 **그림 1.13**에 도시되어 있는 것과 같은 SMIF 포드가 사용된다. 물류 시스템은 수평물류와 수직물류로 구분된다. **수평물류**는 개별 클린룸 내에서 풉을 운반하는 물류체계로서, 클린룸 천장에서 풉을 운반하는 OHT,[5] 클린룸 천장에 설치된 모노레일을 따라서 풉을 운반하는 OHS,[6] 클린룸 바닥에서 바퀴를 사용하여 풉을 운반하는 AGV[7]와 AMR[8] 등으로 이루어진다. **수직물류**는 상부

4 www.mksinst.com/n/semiconductor-utilities-overview를 참조하여 다시 그렸음.
5 Overhead Hoist Transfer
6 OverHead Shuttle
7 Automated Guided Vehicle

클린룸과 하부 클린룸, 그리고 여타의 풉 보관시설(스토커) 사이를 수직으로 풉을 운반하는 물류 체계로서, 고속타워리프트가 설치된다. **물류보관 시설**은 풉이나 SMIF 포드를 보관하는 시설로서 스토커라고 부르는 장기보관 창고와 트랙측면버퍼(STB)라고 부르는 임시보관시설이 사용된다.

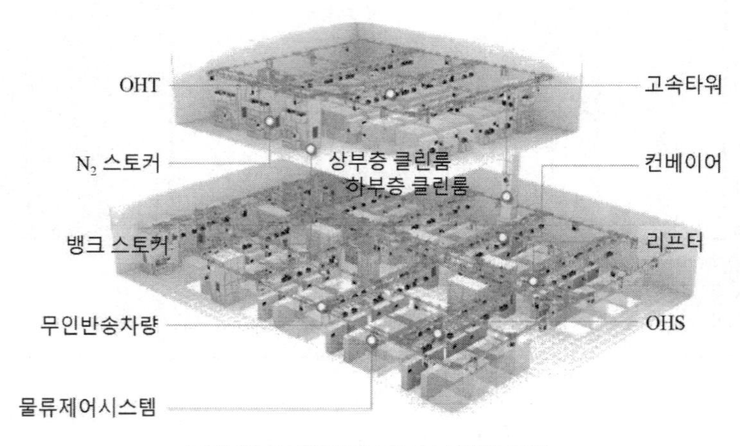

그림 12.2 팹(FAB) 물류시스템의 구성[9]

12.2 수평물류

그림 12.3에서는 클린룸 내부에서 수평물류를 담당하는 다양한 장치들을 보여주고 있다. (a)에 도시되어 있는 OHT는 클린룸의 천장에 설치되어 있는 레이스웨이라고 부르는 주행로를 따라서 움직이면서 웨이퍼 풉과 SMIF 레티클 포드를 운반하는 무인반송차량이다. 하지만 풉과 레티클 포드는 서로 다른 인터페이스 형상을 가지고 있기 때문에, 각각 별도의 운반차량을 사용한다. OHT는 매달림 방식으로 풉을 운반하며, 호이스트 방식으로 로드포트에 풉을 내려놓는다. (b)에 도시되어 있는 OHS는 클린룸의 천장에 설치되어 있는 모노레일 형태의 주행로를 따라서 이동하는 무인반송차량이다. 하지만 OHT와는 달리 풉을 얹음 방식으로 운반하며, OHT에 비해서 활용이 매우 제한적이다. (c)에 도시되어 있는 컨베이어는 OHT나 AGV가 들어갈 수 없는 구역으로 풉을 반송하기 위해서 설치되는 벨트식 또는 롤러식 이송기구이다. OHT 주행로인 베이는 팹을

8 Autonomous Mobile Robot
9 www.synustech.com을 인용하여 재구성하였음.

건설하는 과정에서 설치되기 때문에 클린룸을 운영하는 과정에서 장비의 배치나 레이아웃이 변경되어도 이를 수용할 수 없다. 이런 경우에 국부적인 풉의 운반을 위해서 컨베이어가 설치된다. **(d)**에 도시되어 있는 AGV와 AMR은 팹의 바닥 통로를 따라서 움직이면서 풉과 여타의 물건들을 운반하는 무인반송차량이다. 특히, AGV 셔틀 위에 다관절 로봇이 설치된 AMR은 풉과 같은 물건의 이송과 더불어서 간단한 작업도 수행할 수 있는 무인반송차량이다. 인체에 유해한 가스가 존재하는 환경 속에서 웨이퍼 트레이를 취급하는 경우에 무인화가 필요하며, 이런 경우에 AMR로 인력을 대체할 수 있다. 하지만 작업자와 로봇이 동일한 플로어 공간을 점유하기 때문에 발생하는 각종 안전문제에 대해서 아직 완벽한 해결책이 제시되어있지 못한 상황이다.

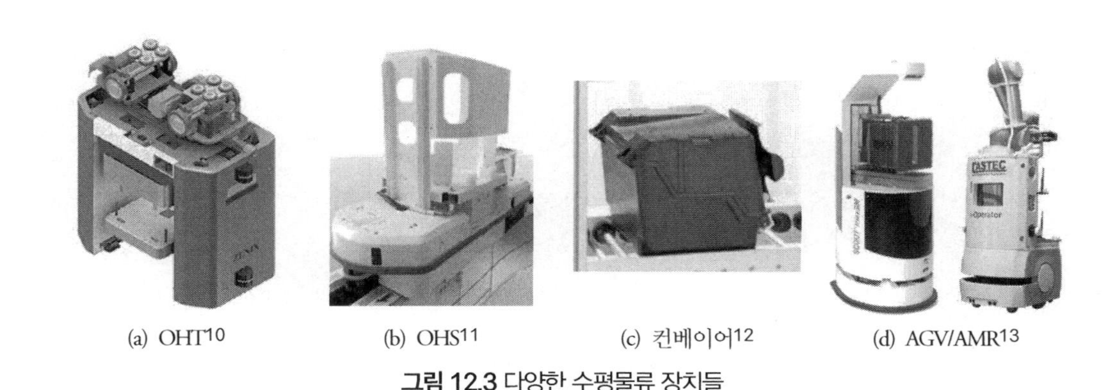

(a) OHT[10] (b) OHS[11] (c) 컨베이어[12] (d) AGV/AMR[13]

그림 12.3 다양한 수평물류 장치들

12.2.1 OHT와 인터베이

OHT는 **그림 12.4**에 도시되어 있는 것처럼, 팹의 천장에 설치되어 있는 레이스웨이에 매달려서 움직이며, 매달림 방식으로 풉과 레티클 포드를 운반하는 가장 대표적인 반도체 물류장치이다. OHT의 구조를 살펴보면, 진행방향에 대해서 앞쪽 2개의 구동바퀴와 뒤쪽 2개의 구동바퀴는 각각 조향축에 연결되어 있어서 선회방향에 맞춰서 회전할 수 있으며, 선회방향은 조향축 상부에 설치되어 있는 조향롤러에 의해서 결정된다. 각각의 구동바퀴는 직경이 120[mm]인 직선주행용

10 ㈜메포스
11 Murata Machinery Inc.
12 Fabmatics
13 Crystec Technology

바퀴와 직경이 72[mm]인 선회주행용 바퀴가 직결되어 있는 이중바퀴 구조를 가지고 있으며, 타이밍벨트에 의해서 감속기붙이 서보모터에 연결되어 있다. 구동바퀴는 **레이스웨이라**고 부르는 주행로 위에서 구르면서 이동하는데, 레이스웨이에는 알루미늄 압출로 제작한 프로파일이 사용된다. 이 레이스웨이는 (브래킷과 전산볼트 같은) 별도의 기구물들을 사용하여 팹의 천장(몰드바)에 매달아 고정한다. 평행하게 설치된 두 개의 레이스웨이 내측에는 비접촉 전원공급장치에 사용되는 두 개의 전력선들이 평행하게 설치되어 있다. OHT의 본체는 두 개의 조향축에 의해서 매달려 있으며, 아래쪽이 열린 "ㄷ"자 형상을 가지고 있다. OHT 간의 추돌사고가 발생했을 때에 본체의 파손을 방지하기 위해서 본체의 앞쪽과 뒤쪽에는 각각 충돌범퍼가 설치되어 있으며, 선행차량이나 장애물을 감지하기 위해서 LIDAR가 설치되어 있다. 본체 중앙부 상단에는 1축이송 로봇과 승강용 벨트로프가 설치되어 있으며, 이 벨트로프 하단에는 풉의 헤드 부분을 붙잡을 수 있는 핸드가 설치된다. 1축이송 로봇은 풉을 편측으로 내밀기 위해서 사용되는데, 전형적으로 레이스웨이 편측에 설치되어 있는 트랙측면버퍼(STB)에 풉을 내려놓기 위해서 사용된다. 이 1축이송로봇의 하단에는 3개의 평벨트가 감겨져 있는 구동 풀리가 설치되어 있다. 특히, 3개의 평벨트들 중 하나에는 전선이 삽입되어 있어서 승강핸드에 전력과 제어신호를 전송한다. 일반 클린룸에서 사용되는 OHT의 경우에는 평벨트 승강높이가 3[m]이며, EUV용 클린룸에서 사용되는 OHT의 평벨트 승강높이는 5[m]를 넘어선다. 평벨트 하단에는 사각형상의 핸드 그리퍼가 설치되어 있는데, 이 핸드는 풉 상단의 사각형상 돌기를 붙잡을 수 있다. 로드포트 위치의 상부에 OHT가 도착하면, 평벨트를 풀어서 핸드를 하강시킨다. 핸드가 풉의 상단과 접촉하면 핸드 그리퍼를 닫아서 풉을 붙잡고는 상승하여 OHT 내부에 풉을 안착시킨다. 마지막으로 풉이 떨어지지 않도록 OHT 본체 하단에 설치되어 있는 추락방지기구를 전개시키고 나면, OHT가 이동한다. 풉을 내려놓을 때에는 이 역순으로 작업이 진행된다.

팹 내부에는 다수의 OHT들이 운행하고 있다. 소형 팹의 경우에도 1,000대 이상의 OHT가 운영되며, 대형 팹의 경우에는 10,000대에 근접하는 OHT가 운영되기 때문에, 이를 모두 중앙관제 방식으로 실시간 통제하는 것은 불가능하다. 그래서 OHT는 기본적으로 자율주행 방식으로 운영된다. 즉, 중앙관제 시스템에서는 개별 OHT들에게 출발위치와 도착위치만을 지정하고, 베이 내에서 실제 운행과정은 모두 자율주행 방식으로 운영된다. 최근 들어서 팹이 대형화되면서 물류 소요시간을 단축하기 위해서 OHT의 운행속도 역시 점차로 빨라지고 있다. 최초로 OHT가 도입되었을 때에 1[m/s] 내외로 운행되던 것이 2000년대에 들어서 3[m/s]로 빨라지게 되었고, 2010년대 중반이 되어서는 5[m/s]로 운영하는 팹이 등장하게 되었다. 그리고 팹들 사이를 오가는(이를 동간 물류라고 부른다) OHT의 경우에는 10[m/s]의 속도를 요구받고 있는 실정이다. OHT의 운행속도가 빨라지면서 선행 차량이 갑자기 정지하면 후행차량이 미처 멈추지 못하고 추돌하는 사고가 드물지만 가끔씩 발생한다.

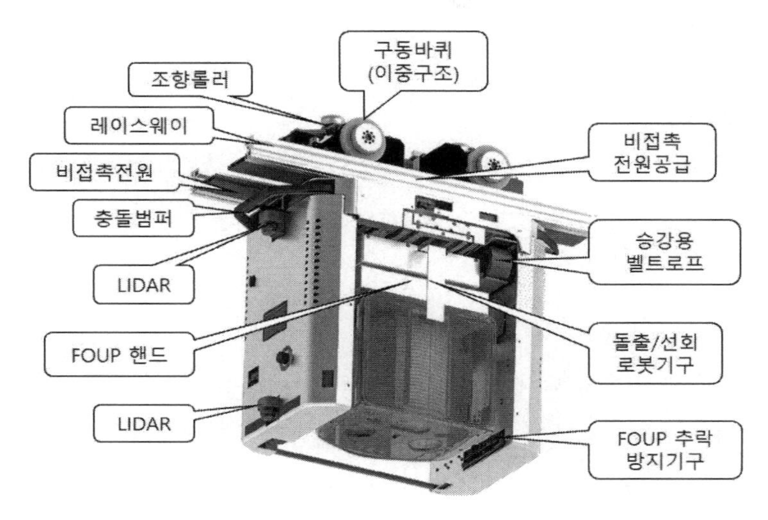

그림 12.4 OHT의 구조14

클린룸 내에 공정장비들은 기본적으로 **그림 12.5**에 도시되어 있는 것처럼, **베이구조**를 기반으로 배치된다. 즉, 천장에 설치되는 OHT의 경로를 따라서 공정장비들이 배치된다. 가장 기본구조인 베이는 인터베이에서 분기되어 하나의 통로를 따라서 들어갔다 나오는 순환경로 구조로 설치되며, 베이 양측에 공정장비들이 설치되어 있어서, OHT는 각 공정장비들의 앞쪽에 설치되어 있는 로드포트에 풉을 내려놓거나 가져갈 수 있다. **인터베이**는 여러 개의 베이들이 연결되어 있는 일종의 고속도로이다. OHT는 인터베이를 통해서 다른 베이로 풉을 운반할 수 있다. 인터베이가 설치되는 통로를 일반적으로 **중앙통로**라고 부르며, 대형 팹의 경우에는 복층 또는 다층 구조로 설치되기도 한다. 베이트랙의 측면에는 풉을 임시로 보관하는 트랙측면버퍼(STB)들이 설치되어 있으며, 인터베이 트랙의 측면에는 풉을 보관하는 대형 창고인 스토커가 설치되어 있다.

14 semes.com에서 사진을 인용하여 재구성하였음.

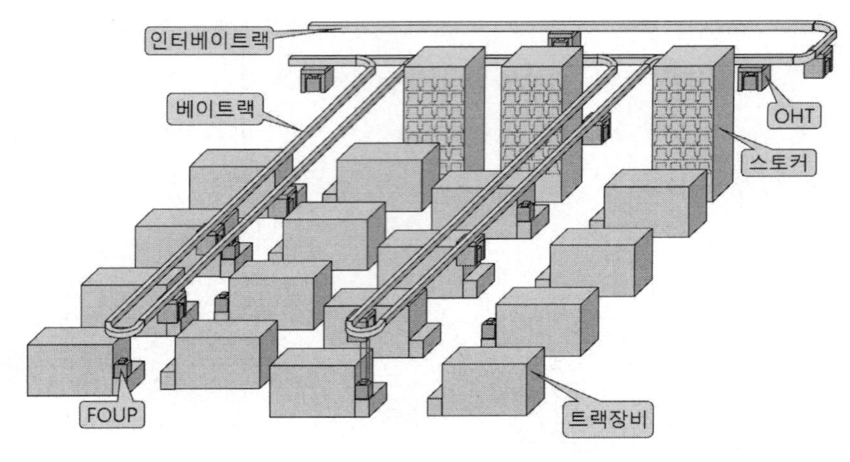

그림12.5 OHT용 베이구조

12.2.1.1 OHT 시스템의 구성요소들

베이트랙이나 인터베이 트랙에서도 여러 개의 지선들이 설치될 수 있으며, OHT가 최단경로 또는 최소시간에 목표위치에 도달할 수 있도록 중간중간에 경로를 바꿀 수 있는 다양한 분기모듈들이 설치되어 있다. U-바이패스는 베이 중간에서 U-턴을 하는 경로이며, 이중커브는 베이 끝단에서 U-턴을 하는 경로이다. 분기는 서로 직각으로 연결되는 T-자 경로구조이며, 커브와 분리는 서로 평행하게 연결되는 베이들 사이의 연결경로이다. 이외에도 S-자 경로구조와 같은 다양한 연결경로들이 사용되고 있다. 이런 분기구들은 미리 조립된 상태로 입고되며, 레이스웨이에 연결하는 방식으로 설치된다. OHT 제어 시스템은 중앙관제 시스템인 OCS[15]와 개별 차량에 설치되는 차량제어기, 각 분기점마다 설치되어 OHT의 조향을 통제하는 분기점 제어기, 그리고 각 OHT에 전력을 공급하는 CPS[16] 등으로 이루어진다.

OHT 제어 시스템인 **OCS**는 MCS[17] 인터페이스, 반송할당, 경로제어 및 트랙측면버퍼(STB) 재고관리 등의 중앙관제 기능들만을 수행하며, 개별 OHT의 운행제어는 OHT에 탑재되어 있는 차량제어기에서 수행한다. **차량제어기**는 주행, 호이스트, 풉 클램핑과 같은 각종 서보제어들을 수행하며, 작업수행 과정을 OCS에 수시로 보고한다. 레이스웨이상에 OHT의 멈춤위치는 RF-ID 태

15 OHT Control System
16 Contactless Power Supply
17 Material Control System

그를 설치하여 지정한다. 차량제어기는 이 RF-ID 태그 판독을 통해서 멈춤위치를 탐색한다. 모든 분기점들에 설치되어 있는 **분기점제어기**는 분기 및 합류점으로 진입 및 진출하는 OHT들을 모니터링하여 차량 우선순위를 지정한다. 이를 통해서 충돌을 방지하며, 작업 결과를 OCS에 보고한다. 그리고 차량 간 충돌이 발생하지 않도록 차량 간 통신을 지원한다. 고속으로 주행하는 OHT는 많은 전력을 소모한다. 고속으로 주행하는 OHT에 필요한 전력을 접촉 방식으로 공급하는 것은 현실적으로 불가능하기 때문에 무선 전원 공급장치인 **CPS**가 사용된다. 일종의 변압기 형태인 CPS는 두 개의 평행한 전선에 서로 반대방향으로 고전압 교류전력을 흘리고 있으며, OHT에 설치된 코어와 2차 코일을 사용하여 전류를 유도받아 차량 전원으로 사용한다.

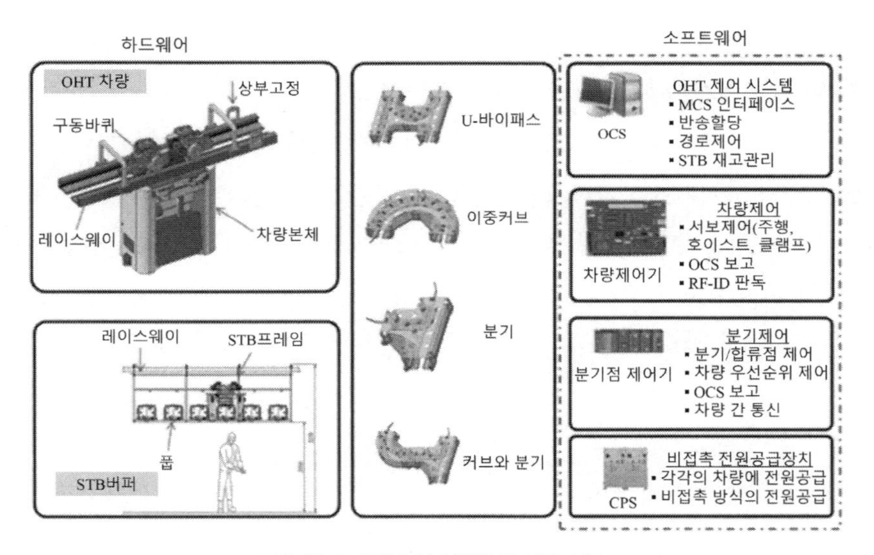

그림 12.6 OHT 시스템의 구성요소들[18]

12.2.1.2 레이스웨이 개선 사례

클린룸 천장에 OHT용 레이스웨이를 설치하는 작업은 매우 오랜 시간이 소요되는 고된 작업이다. 특히 **그림 12.7**의 우측에 도시되어 있는 것처럼, 5.5[m] 높이에 설치되어 있는 몰드바에 전산볼트를 설치하고 여기에 "ㄷ"자 플랜지를 조립한 다음에, 여기에 레이스웨이를 고정해야 하므로 공수가 많고 정렬을 맞추는 데에 오랜 시간이 소요되는 구조였다. 이는 아마도 1990년대에 몰드

18 uniquets.co.kr에서 사진 및 그림들을 인용하여 재구성하였음.

바에 설치된 T-형 홈과 레이스웨이에 설치된 T-형 홈 사이를 전산볼트로 연결하는 구조를 2차원 Autocad로 설계하는 과정에서 만들어진 결과물인 것으로 추정된다. 이 구조물을 설치하기 위해서 고소작업대가 사용되는데, 환경안전 규정 때문에 고소작업대의 앞/뒤에는 신호수가 배치되고 보조인력 1명은 반드시 고소작업대를 손으로 잡고 있어야 하며, 작업대 위에 2인이 올라가고, 1명은 아래에서 부자재를 공급하여야 하므로 6명이 1조로 작업을 수행한다. 이런 작업대를 한 번에 50~100조를 운영하여야 하며, 1일 3교대로 운영하여야 축구장 수십 개 크기의 초대형 클린룸 내부에 레이스웨이를 지정된 기간 내에 설치할 수 있다. 그런데 일시적인 작업에 이런 대규모 인력을 수급하는 것은 매우 어려운 일이므로,[19] 공정에 지연이 발생하였다. 이 문제를 해결해 달라는 지원 요청을 받은 저자는 레이스웨이 시공현장에 대한 점검과 기존 설계에 대한 검토를 통해서 **그림 12.7**의 좌측과 같은 T-자 형상의 레이스웨이를 사용할 것을 제안하였다(이를 나중에 **T-레이스웨이**라고 부르게 되었다). T-레이스웨이를 사용하면 전산볼트나 "ㄷ"자 형상의 플랜지를 사용할 필요가 없으며, 볼트 조임위치도 기존의 6개소에서 2개소로 줄며, 특히 몰드바와 1점 체결구조에서 2점 체결구조로 강화되어 구조강성이 크게 향상된다는 장점이 있다. 처음에 이를 제안했을 때에는 자재관리가 어렵다는 이유로 작업관리자들이 적용에 난색을 표했지만, 작업효율성이 매우 높아서 현장 실무자들은 크게 환영하였으며, 작업공정의 단순화를 통해서 설치공정을 계획보다 빨리 완수할 수 있었다.

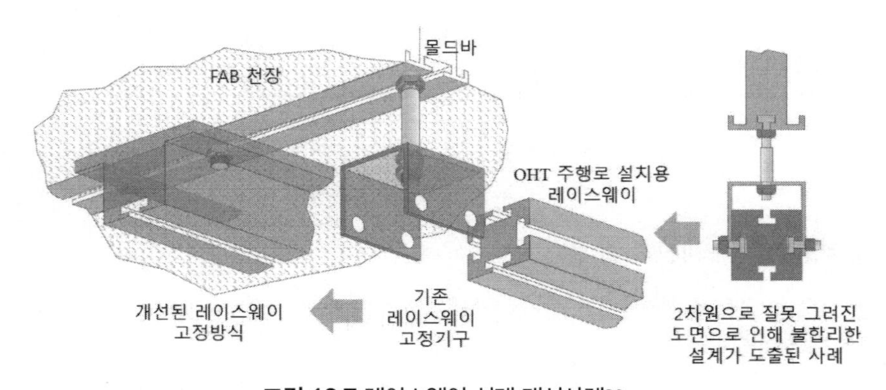

그림 12.7 레이스웨이 설계 개선사례[20]

19 방학 중에는 신호수와 같은 비숙련 작업에 대학생들을 활용할 수 있지만, 개학하면 인력을 수급하기가 매우 어려워진다.

20 장인배 저, 정밀기계설계, 씨아이알, 2021.

12.2.1.3 비접촉 전력공급장치

수[m/s]의 고속으로 이동하는 차량에 접촉방식으로 전력을 공급하면 브러시 마멸이 가속화되며, 클린룸의 천장에서 금속성 입자들이 떨어지게 된다. 이는 반도체 생산에 치명적이므로, OHT에서는 전통적으로 비접촉 방식의 전력공급장치를 사용하고 있다.

비접촉 전력공급장치에서는 기본적으로 **그림 12.8 (a)**에 도시되어 있는 것과 같은 구조에 적용되는 **변압기의 원리**를 사용한다.

$$\frac{N_2}{N_1} = \frac{V_2}{V_1} = \frac{i_1}{i_2} \tag{12.1}$$

여기서 N_1과 N_2는 각각 1차측 코일과 2차측 코일의 권선수, V_1과 V_2 및 i_1과 i_2는 각각 1차측 코일과 2차측 코일의 전압과 전류이다. 그런데 OHT의 경우에는 닫힌 경로구조를 사용할 수 없기 때문에 **그림 12.8 (b)**에서와 같이 열린 요크구조의 변압기를 사용한다. 픽업코일이 감긴 E-자형 철심은 OHT 본체에 설치되며, 픽업코일에 유도되는 전류를 이용하여 OHT에 전력을 공급한다. 전력 공급용 트랙이 1차측 코일처럼 사용되므로, 1차측 코일의 권선수 N_1은 1이다. 예를 들어 1차측 전압은 10V, 전류는 100[A], 2차측 권선수 N_2는 1,000회라고 한다면, 2차측 유도전압은 100,000[V], 유도전류는 0.1[A]가 된다는 것을 알 수 있다.

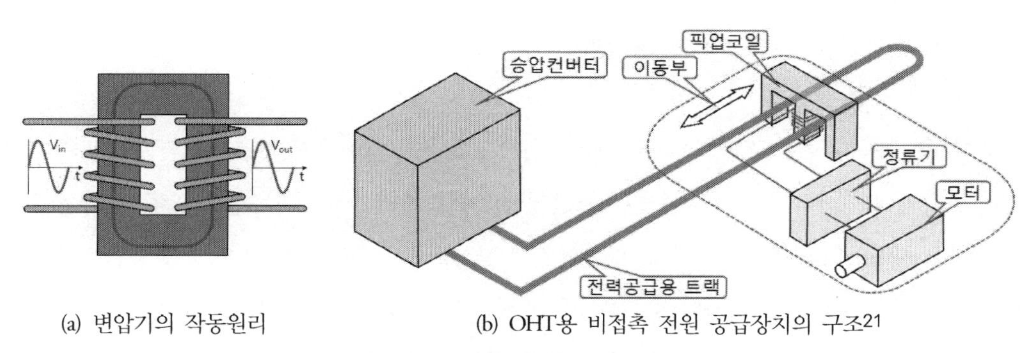

(a) 변압기의 작동원리 (b) OHT용 비접촉 전원 공급장치의 구조[21]

그림 12.8 OHT용 비접촉 전원 공급장치

21 장인배 저, 정밀기계설계, 씨아이알, 2021.

물론, 열린 요크구조 때문에 효율은 50%를 넘어서기 어려울 것이지만, 비접촉 방식으로 큰 전력을 공급할 수 있다. 그런데 OHT 본체에 설치되는 철심-코일 조립체와 정류기는 상당히 무겁기 때문에 OHT는 120[kg]에 이를 정도로 매우 무거워진다. 또한, 픽업 코일에 높은 전압이 유도되므로, 안전한 고전압 전력변환장치가 필요하다. OHT에 사용되고 있는 비접촉 전력공급장치는 타워리프트에도 함께 적용되고 있다.

12.2.1.4 OHT 조향

OHT가 풉을 매달고 레이스웨이 위를 달리기 위해서는 레이스웨이가 끊어져 있는 분기점에서 한쪽 바퀴가 허공을 날아가야만 한다. 이 과정에서 OHT가 아래로 추락하지 않도록 만들기 위해서는 매우 특별한 대책이 필요하다. **그림 12.9**에서는 분기점에서 OHT의 조향방법을 직진의 경우와 우회전의 경우로 나누어서 보여주고 있다. 직진 주행로에서 OHT는 구동바퀴만을 사용하여 진행하지만 분기점에 이르면 천장에 설치되어 있는 조향 레일과 구동모터 위에서 좌우로 움직일 수 있는 조향바퀴를 사용하여 허공에 뜬 한쪽 바퀴들 대신에 OHT의 무게를 지지해야만 한다. 우선, **그림 12.9 (a)**와 (c)에 도시되어 있는 것처럼, 분기점에서 OHT가 직진하는 경우를 살펴보기로 하자. 평면도를 보면, 분기점을 지나는 동안 OHT의 우측 구동바퀴들은 허공을 날아가야만 한다. 이때에 정면도를 보면 좌측의 구동바퀴와 더불어서 조향바퀴가 천장에 설치되어 있는 조향 레일과 접촉하면서 허공을 날아가는 우측 구동바퀴 대신에 OHT의 하중을 지지한다는 것을 알 수 있다. **그림 12.9 (b)**와 (d)에 도시되어 있는 것처럼, 분기점에서 OHT가 우회전을 하는 경우에는 솔레노이드 기구를 사용하여 조향바퀴를 미리 우측으로 이동시켜 놓은 상태에서 분기점으로 진입한다.

분기점을 지나는 동안 OHT의 좌측 구동바퀴들은 허공을 날아가지만, 우측의 구동바퀴와 더불어서 조향바퀴가 천장에 설치되어 있는 조향레일과 접촉하면서 OHT의 하중을 지지한다는 것을 알 수 있다. 여타의 분기점들에서도 이와 동일한 방식으로 조향바퀴가 허공을 날아가는 편측 구동바퀴 대신에 OHT를 지지하여 조향운동을 완성시킨다. 그런데 조향바퀴는 구동바퀴에 비해서 직경이 작지만 큰 하중을 지지하여야 하며, 조향레일에 진입하는 과정에서 단차충돌이 빈번하게 발생하기 때문에, 마멸이 심하고 자주 파손되는 문제가 있다. 이를 개선하기 위해서 저자가 참여한 개발그룹에서 비접촉 자기조향 장치를 개발하였으나 상용화에는 이르지 못하였다.

그림 12.4에 예시된 OHT의 경우에는 구동바퀴가 이중으로 설치되어 있다. 이는 선회구간에서

내측 주행로의 경로길이와 외측 주행로의 경로길이가 서로 다르기 때문에, 선회과정에서 구동바퀴의 경로길이 차이에 의하여 발생하는 바퀴마멸 발생을 방지하기 위한 수단이다. 선회구간에 진입하면 내측 선회반경의 구동바퀴는 직경이 작은 바퀴가 레이스웨이와 접촉하며, 외측 선회반경의 구동바퀴는 직경이 큰 바퀴가 레이스웨이와 접촉하여 선회과정에서 바퀴마멸을 최소화한다는 개념이다.

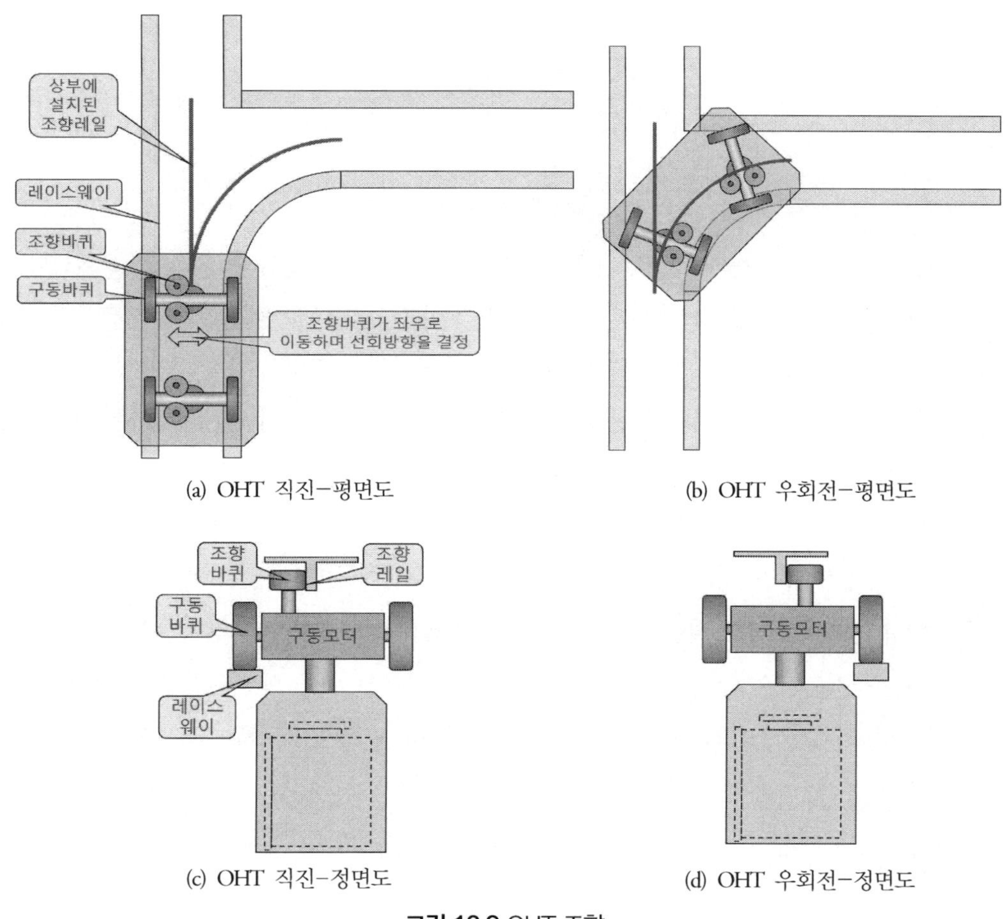

(a) OHT 직진-평면도 (b) OHT 우회전-평면도

(c) OHT 직진-정면도 (d) OHT 우회전-정면도

그림 12.9 OHT 조향

12.2.1.5 능동형 감쇄기의 사례

초대형 클린룸을 건설하는 과정에서 천장에 레이스웨이를 모두 설치하고 나면, 곧장 OHT를

운영할 수 있는 것이 아니다. 각종 반도체 공정장비들이 베이에 설치되고 나면, 각 장비별로 로드포트의 위치를 조절해야만 한다. 일단, 레이스웨이상의 멈춤위치에 바코드나 RF-ID 태그를 부착한 다음에 해당 위치에서 풉을 내려서 로드포트의 핀 위치와 풉 바닥에 성형된 핀구멍 위치 사이의 정렬을 맞춰야 한다. 이를 **티칭**이라고 부르며, 매우 오랜 시간이 소요되는 작업이다. 티칭위치에 도착한 OHT에서 평벨트를 풀어서 약 3.3[m] 아래에 있는 로드포트까지 풉을 내려보내면 풉은 느린 주기로 서서히 흔들리게 된다. 이때의 진자주기를 계산해 보면 다음과 같다.

$$T = 2\pi\sqrt{\frac{L}{g}} = 2\pi\sqrt{\frac{3.3}{9.81}} = 3.64[\mathrm{sec}] \tag{12.2}$$

티칭을 수행하는 작업자는 스스로 진동이 멈추기를 기다려서 풉의 위치와 핀의 위치를 측정한 다음에 조이스틱을 사용하여 OHT의 주행방향 위치와 1축이송 로봇의 돌출량을 조절한다. 그러면 다시 풉은 진자진동을 시작한다. 풉이 매달린 길이가 3[m] 이상이기 때문에, 손으로 풉을 잡아서 진자운동을 멈추는 것은 거의 불가능하며, 오히려 진동을 악화시키기가 쉽기 때문에, 스스로 진동이 멈출 때까지 기다려야만 한다. 이런 문제 때문에 하나의 위치를 티칭하는 데에 짧게는 30분, 길게는 1시간 이상이 소요되는데, 대형 팹의 경우 티칭해야 하는 위치는 10,000개가 넘는다. 반도체 공정장비가 클린룸 내로 반입되고 나면 최단시간 내로 장비 운영을 시작해야 하는 반도체 클린룸 속성상 이는 도저히 받아들이기 어려운 심각한 문제이다. 저자는 이에 대한 해결방안으로 풉 속에 웨이퍼 대신에 동일한 질량의 능동형 질량감쇄기를 설치할 것을 제안하였다. 풉의 무게중심 위치에 3축 가속도계를 설치하고, 이 가속도(실제로는 이를 적분한 속도)와 반대 방향으로 질량을 이동시키는 방식의 능동형 질량감쇄기를 사용하면 매우 빠르게 풉의 진자운동을 없앨 수 있다. 워낙 촌각을 다투는 문제였기 때문에, 당시에는 빠르게 적용할 수 있는 간단한 외팔보 질량체 회전방식의 1자유도 질량감쇄기 4개를 풉에 설치하는 방안을 제안하였다. 이 방법은 매우 큰 성공을 거두었으며, 수십 대의 질량감쇄기를 제작하여 현장에 투입한 결과 예정된 일정보다 빠르게 클린룸 전체의 티칭을 마칠 수 있었다. **그림 12.10**에서는 이후에 저자가 하나의 질량감쇄기로 3자유도를 동시에 감쇄시킬 수 있는 다자유도 질량감쇄기를 설계한 사례를 보여주고 있다. 새롭게 설계된 질량감쇄기가 구조적 특성이나 제어성능 측면에서 더 우수할 것으로 기대되었지만, 해당 기업체에서는 이미 성공적으로 사용하고 있는 질량감쇄기를 바꾸려 하지 않았었다.

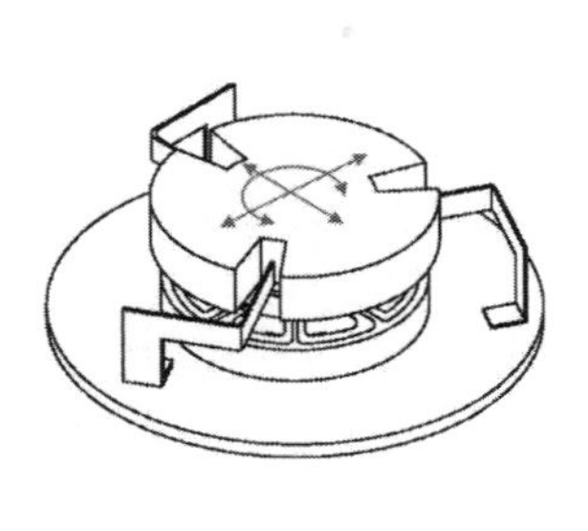

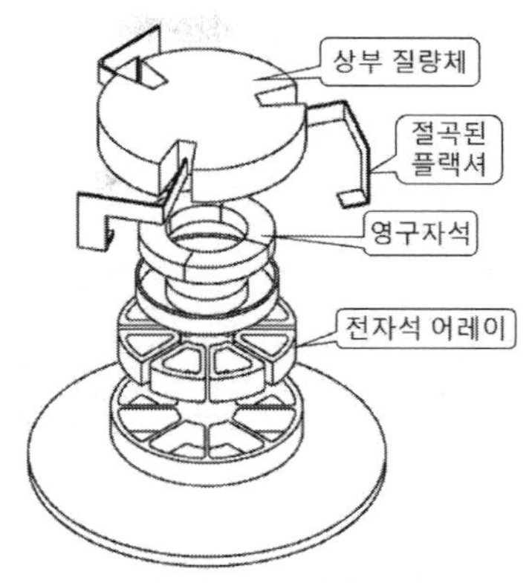

(a) 능동형 질량감쇄기 조립도

(b) 능동형 질량감쇄기의 분해도

그림 12.10 능동형 질량감쇄기[22]

12.2.1.6 OHT 관련 이슈들

OHT는 반도체 클린룸의 핵심 물류설비로서, 클린룸의 대형화와 더불어서 지속적으로 **고속화**를 요구받고 있는 실정이다. 초기에 1[m/s] 내외의 비교적 느린 속도로 사용되던 장비를 3[m/s]를 거쳐서 5[m/s]로 운영하고 있으며, 일부 직선주행로에서 7[m/s]로 사용하려는 시도가 이루어지고 있다. 하지만 근본적인 설계개선 없이 단순히 동일한 장비의 운행속도를 높이면, 처음에는 잘 작동하는 듯이 보이지만, 원래 설계되었던 장비의 안전계수가 줄어들기 때문에 고장이나 파손 발생 확률이 급격하게 증가하게 된다. 특히 주행축을 포함한 주행부품의 고강성설계가 이루어지지 않은 상태에서 단순히 주행속도를 빠르게 하면, 주행부품의 파손 확률이 높아진다. 또한 우레탄 바퀴 굴림방식으로 주행하기 때문에, 주행속도가 빨라지면 구동바퀴의 마멸량이 급격하게 증가하게 된다. OHT를 고속으로 운행하면 전력소모량이 증가하는데, 저효율의 비접촉 전력공급장치를 사용하기 때문에 전력효율도 급격하게 저하되어 버린다. OHT는 자율운전 방식으로 운행되는데, 전방에서 고속으로 주행 중이던 OHT가 갑자기 정지하면 후속 OHT들이 급정지해야만 하며, 이 과정에서 충돌이 빈번하게 발생할 우려도 존재한다.

팹의 **층고증가**도 심각한 문제이다. 극자외선 노광장비의 상부에는 크레인이 설치되어야만 하기 때문에 클린룸 층고가 기존의 5.5[m]에서 8.5[m]로 증가하게 되었다. 이로 인하여 OHT가 풉을 내려보내는 승강높이도 기존의 3.3[m]에서 6[m] 내외로 약 2배 증가하게 되었다. 이로 인하여

22 장인배 저, 정밀기계설계, 씨아이알, 2021.

OHT의 벨트풀리 크기도 매우 커져야 하며, 승강 시 풉 진동문제도 증가하게 된다. 이를 효과적으로 감쇄시키기 위하여 핸드 내부에 **그림 12.10**과 같은 능동형 질량감쇄기를 내장하는 문제에 대해서 심각하게 고려해야 한다.

풉에 적재되는 웨이퍼에 일정 수준 이상의 충격이 가해지면 웨이퍼가 파손되거나 손상을 받을 우려가 있다. 근래에 들어서 OHT는 점차로 고속화되지만, 허용 진동기준은 오히려 강화되면서 OHT의 풉 인터페이스에 대한 **제진설계**가 필요하게 되었다. 특히 조향레일에 조향바퀴가 진입하는 순간에 발생하는 조향충격이 제일 심각하며, 이를 효과적으로 흡수할 수 있는 제진구조가 필요하다. 이와 더불어서, 고속으로 주행하는 OHT의 구동바퀴에서 마멸로 인하여 다량의 분진이 발생하고 있는 실정이다. 이를 저감하기 위해서 다양한 노력이 시도되고 있지만, 물리적인 한계를 극복할 수는 없는 노릇이다. 이를 근본적으로 개선하기 위해서는 **자기부상** 방식의 **비접촉 이송시스템**이 개발되어야만 한다.

OHT는 한 대 가격이 중형차와 맞먹는 매우 비싼 장비이다. 대량으로 사용되는 OHT의 제조비용을 낮추기 위해서는 비접촉 전원공급장치의 내재화, LIDAR등 고가 센서의 원가절감, 그리고 최적설계를 통한 **제조비용의 절감**이 필요하다.

12.2.1.7 구동바퀴 고정볼트와 구동축 파손사례

초기에 저속운행용으로 설계된 OHT의 운행속도를 점차로 증가시켜가는 과정에서 회전축에 가해지는 부하가 급격하게 증가하였고, 이로 인하여 과거에는 별문제가 없던 부품들에서 파손이 일어나는 사례들이 발견되었다. **그림 12.11 (a)**에서는 **바퀴 고정볼트의 파손**사례를 보여주고 있다. 고속으로 주행하던 OHT가 급정지를 하면, 회전토크와 관성이 3개의 M5 볼트들에 전단력으로 작용하며, 이로 인하여 볼트가 파손될 우려가 있다. 이는 과거 저속주행에서는 발생하지 않던 문제였다. **그림 12.11 (b)**에서는 **바퀴 구동축의 파손**사례를 보여주고 있다. 이는 베어링과 구동바퀴 사이에 필요 없는 단차를 성형하여, 볼트구멍의 나사산과 단차 사이의 살두께가 너무 얇아져서 발생한 문제였다. 하지만 바퀴 구동축의 파손 역시 저속주행 시에는 발생하지 않던 문제였다. 결국, OHT를 고속으로 운영하기 위해서는 보다 근본적인 설계개선이 필요한 상황이었다. 저자는 **그림 12.12**에 도시되어 있는 것처럼, 구동축 지지베어링과 구동바퀴 사이에 성형되어 있던 단차 형상을 제거하고, M5 볼트들 대신에 φ6-M5 어깨붙이볼트를 사용하여 전단력이 작용하는 구동축과 바퀴허브 사이를 볼트의 나사가 성형되지 않은 어깨 부분이 지지하도록 설계를 개선할 것을 제안하였다. 이를 통해서 고속으로 운행되는 OHT에서도 더 이상 파손 문제가 발생하지 않을 것으로 기대된다.

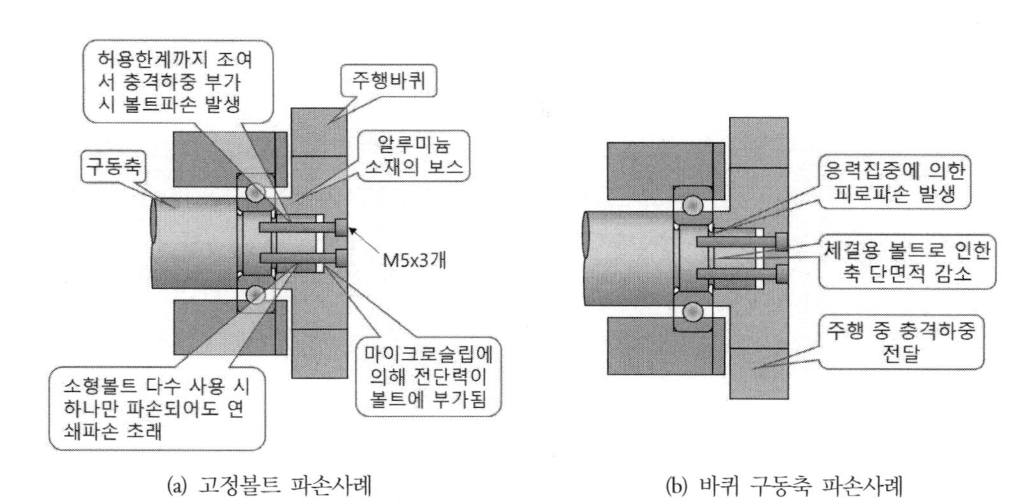

(a) 고정볼트 파손사례　　(b) 바퀴 구동축 파손사례

그림 12.11 OHT의 바퀴 고정볼트와 구동축 파손사례[23]

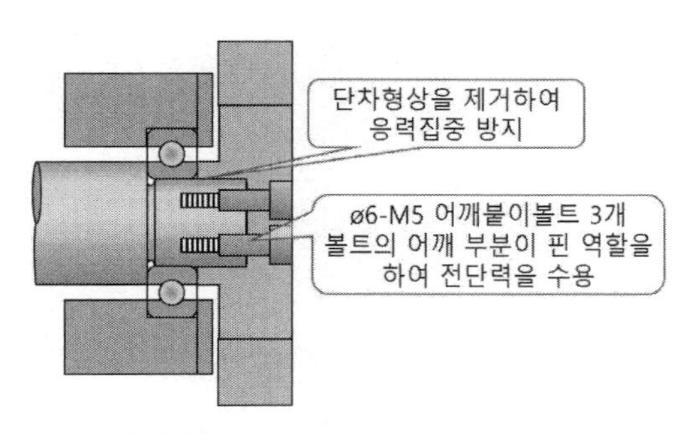

그림 12.12 고속주행용 OHT 구동바퀴의 구동축 설계개선사례[24]

12.2.2 오버헤드셔틀

OHT는 구동바퀴에서 발생하는 분진과 베어링 그리스 누유를 완벽하게 막지 못하는 구조적 한계 때문에 베이 내부의 Class 1 구역까지는 들어가기 어렵다. 이렇게 OHT가 접근하기 어려운

23 장인배 저, 정밀기계설계, 씨아이알, 2021.
24 장인배 저, 정밀기계설계, 씨아이알, 2021.

작업영역까지 풉을 운송하는 국지운송 시스템으로 **그림 12.13**에 도시되어 있는 것과 같은 **오버헤드셔틀**(OHS)이 사용된다.

매달림 방식으로 풉을 운반하는 OHT와는 달리, 오버헤드셔틀은 OHT에서 내려준 풉을 셔틀 위에 얹어서 운반한다. 오버헤드셔틀은 모노레일 형태의 주행로를 따라서 움직이며, 접촉식과 비접촉식 전원공급장치를 사용할 수 있다. 그런데 오버헤드셔틀은 운행거리가 비교적 짧은 국지운송에 주로 사용되기 때문에 고속화의 요구가 강력하지 않아서 송전효율이 높은 접촉식 전력공급장치를 주로 사용한다. 오버헤드셔틀도 OHT와 마찬가지로 자체추진 시스템을 갖추고 있어서, 단순 컨베이어에 비해서 정숙성과 정확성이 향상된다. 셔틀에는 풉의 이적재를 위한 로봇을 탑재하여 별도의 장치 없이도 직접 로드포트에 풉을 넣고 뺄 수 있다.

그림 12.13 오버헤드셔틀의 사례[25]

12.2.2.1 접촉식 전력공급장치

그림 12.14에서는 오버헤드셔틀과 같이 비교적 이동속도가 느린 운송 시스템에 주로 사용되는 **접촉식 전력공급장치**의 사례를 보여주고 있다. 버스바라고 부르는 직선형 전극들은 플라스틱 소재의 하우징 속에 설치되어 있으며, 편측으로 전류컬렉터전극이 들어가는 틈새만큼만 개방되어 있다. 3상전원을 사용하는 경우, 전원용 버스바 3열과 접지용 버스바 1열을 합해서 총 4열의 막대형 전극들이 평행하게 설치된다. 버스바와 접촉하는 브러시 형태의 전류 컬렉터는 문지름 운동과정에서 마멸을 최소화하기 위해서 윤활유가 함침된 다공질의 구리소재를 사용한다. 우측의 그림에서와 같이 스프링 예하중을 받는 사절링크 구조를 사용하여 전류 컬렉터를 버스바와 접촉시

25 muratec.com.sg

키면, 브러시 전극과 버스바 전극 사이에 일정한 접촉 예하중이 유지되어 주행 시 안정적인 접촉이 유지된다. 하지만 이런 유형의 접촉식 전력 공급장치는 최고 주행속도가 1[m/s] 내외로 제한되며, 주행속도가 이보다 더 빨라지면 브러시 마멸이 가속된다.

버스바와 전류 컬렉터 브러시를 사용하는 접촉식 전력공급장치는 오버헤드크레인 및 오버헤드셔틀과 같은 모노레일 방식의 물류기구에서 광범위하게 사용되고 있다.

그림 12.14 접촉식 전력공급장치[26](컬러도판 p.673 참조)

12.2.2.2 고속 오버헤드셔틀 시스템 개발의 실패사례

하이브리드 반도체의 수요가 늘어나면서, 예를 들어 메모리 팹과 시스템 반도체 팹과 같이 제조설비가 전혀 다른 팹들 사이로 웨이퍼를 운반하는 수요가 늘어나게 되었다. 그런데 서로 다른 팹들 사이의 물리적 거리는 클린룸 내부거리에 비해서 매우 멀기 때문에, 팹들 내부에서 움직이는 OHT에 비해서 훨씬 더 빠른 속도(예를 들어 10[m/s])로 움직이는 셔틀 시스템이 필요하게 되었다. 직경 120[mm]인 우레탄 바퀴를 사용하는 기존의 바퀴구동 방식으로 목표 속도를 구현하려면, 바퀴와 레이스웨이 사이의 마찰력 한계 때문에 과도한 슬립이 발생하며, 바퀴마멸이 가속된다. 이를 극복하기 위해서 **그림 12.15**에 도시되어 있는 것과 같이, 리니어모터를 사용하는 오버헤드셔틀의 개발이 탑다운 방식으로 제안되었다. 그런데 공심코어형 리니어모터는 고속 작동이 가능하지만 엄청난 전력이 소모되는데, 비접촉 전력공급 방식으로는 필요한 전력을 공급할 수 없다. 철심코어형 리니어모터는 출력이 크고 전력소모가 작지만, 역기전력 때문에 고속작동이 불가능하다. 저자는 이런 공학적인 문제를 설명하면서 리니어모터 사용이 불가함을 지적하였고, 다양한 대안들을 제시하였으나, 묵살되었으며, 철심코어형 리니어모터를 사용하여 30[m] 규모의 직선주

26 conductix.com에서 사진을 인용하여 재구성하였음.

행 시험장치가 제작되었다. 하지만 제작된 셔틀을 레일에 얹어 놓는 순간에 레일에 설치된 강력한 영구자석에 셔틀에 설치된 철심코어가 들러붙어버렸고, 결국 아무것도 해보지 못한 채로 시험장치는 폐기되어 버렸다.

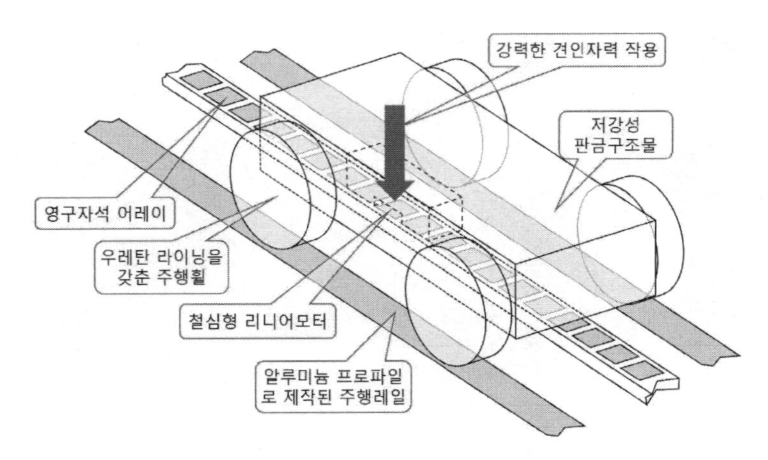

그림 12.15 리니어모터 구동방식의 오버헤드셔틀 개발 실패사례[27]

12.2.3 컨베이어

OHT용 베이가 설치되지 않은 영역이나 OHT가 접근하기 어려운 영역(Class 1)에는 **그림 12.16**에 도시되어 있는 것처럼, 다중롤러와 폴리머(주로 우레탄)벨트가 조합된 이송시스템인 **컨베이어**를 설치하여 풉이나 SMIF 레티클 포드를 반송한다. 컨베이어는 분기가 불가능하기 때문에, **그림 12.16 (a)**에서와 같이, 교차점 위치마다 이적재 로봇(또는 스테이지)을 설치하여 다른 컨베이어로 풉이나 레티클 포드를 전달하여야 한다. 컨베이어 이송 시스템은 불연속적으로 설치된 롤러들 위로 풉이나 포드가 운반되기 때문에, 진동이 발생하며, 이로 인하여 분진도 발생될 우려가 있다. 실제로, 풉 하부에 묻어 있던 이물들이 컨베이어 이송을 수행하는 과정에서 아래로 떨어져서 발견된 사례도 있다.

웨이퍼나 레티클을 운반하는 과정에서 발생하는 진동은 제품의 불량을 유발할 수 있는 심각한 문제이다. 이를 근본적으로 해결하기 위해서는 (반발식)자기부상형 이송시스템의 개발이 요구된다.

27 장인배 저, 정밀기계설계, 씨아이알, 2021.

(a) 풉 컨베이어

(b) SMIF 레티클 포드 컨베이어

그림12.16 컨베이어 시스템[28]

12.2.4 무인반송차량(AGV)과 자율주행로봇(AMR)

반도체 양산에 사용되는 웨이퍼나 레티클을 사람이 운반하는 것은 기본적으로 허용할 수 없지만, 다양한 이유 때문에 기존의 물류체계로는 풉이나 레티클 포드를 원하는 목적지로 운반할 수 없는 상황이 자주 발생한다. 이런 경우에 물류 유연성을 확보하기 위해서 **무인반송차량**(AGV)이나 **자율주행로봇**(AMR)을 팹에 적용하려는 노력이 꾸준히 진행되고 있다. 무인반송차량(AGV)은 단순히 풉이나 레티클을 싣고 이동하는 자율주행 차량이며, 자율주행로봇(AMR)은 풉이나 레티클을 스스로 이적재할 수 있는 로봇까지 함께 갖추고 있는 자율주행 차량이다. **그림 12.17**에 도시되어 있는 것처럼, 클린룸 등급의 무인반송차량이나 자율주행로봇은 이미 개발되어 사용되고 있다. 그런데 각종 장비들이 가득 들어차서 비좁은 통로 공간을 작업자와 로봇이 함께 사용한다는 것은 현실적으로 상당한 어려움이 있다. 동시적 위치추정 및 지도작성(SLAM)[29]과 같은 장애물 회피 알고리즘을 사용한다 하여도 장애물(사람)을 회피할 공간이 부족하며, 안전을 위해서 차량의 운행속도를 1[m/s] 미만으로 낮추면 생산성이 떨어진다는 문제를 극복하여야 한다.

28 인아텍
29 Simultaneous Localization and Mapping

지금부터 무인반송차량의 구조를 살펴보며, 무인반송차량과 관련된 몇 가지 이슈들과 AMR용 다축로봇에 대해서 논의하고, 저자가 개발하고 있는 3차원 LIDAR에 대해서 간략하게 살펴보기로 한다.

그림 12.17 풉 운반용 AMR의 사례[30]

12.2.4.1 무인반송차량의 구조

무인반송차량은 **그림 12.18**에 도시되어 있는 것처럼, 구동 시스템, 제어 시스템, 전원 시스템 및 베이스프레임으로 구성되며, 용도나 목적에 따라서 추가적으로 리프트테이블과 같은 기계장치들이 설치될 수 있다.[31] **구동 시스템**은 모터, 감속기 및 (우레탄)휠로 구성되는데, 구동모터로는 인덕션 방식의 서보모터나 동기전동기가 주로 사용된다. 감속기의 경우에는 바퀴의 직경과 모터의 정격속도에 따라서 감속비율이 결정되는데, 무인반송차량의 경우에는 일반적으로 20:1 내외의 감속비가 사용되고 있다. 그런데 20:1의 감속비를 1단으로 구현할 수 있는 감속기는 매우 제한적이며,[32] 2단감속기를 사용하는 경우 크기와 무게가 증가한다는 단점이 있다. 무인반송차량은 배터리를 사용하기 때문에, 스스로 충전위치로 복귀하기 전에 배터리에 충전되었던 전력이 모두 방전되어 멈춰버리는 상황이 자주 발생한다. 이런 상황이 발생하면 인력으로 밀어서 로봇을 빼내야만 한다. 그런데 감속기가 연결된 구동시스템을 역회전시킨다는 것은 매우 어려운 일이다. 그

30 en.youibot.com/products-category/o-series-19.html

31 그림에서 예시된 사양값들은 단지 예시에 불과하다.

32 저자가 발명한 버니어드라이브 감속기(US Patent 10,975,946 B1)를 사용하면 이를 1단 감속으로 구현할 수 있다.

러므로 전원방전 상황을 감안하여 역회전이 원활한 감속기를 사용하여야만 한다. **제어 시스템**은 라이다(LIDAR)나 스테레오비전과 같은 위치 및 장애물 감지센서들을 사용하여 경로지도를 작성하고, 장애물을 감지하며, 모터 구동기를 사용하여 모터의 속도와 각도를 제어하고, 바닥에 설치되어 있는 바코드나 마그네틱 태그를 감지하여 목표위치를 찾아내는 차량 운행제어를 담당한다. **전원 시스템**은 배터리와 충전기로 이루어지는데, 차량에 탑재되는 배터리는 되도록 소형, 경량이어야 하며, 다양한 상황에 대한 보호회로가 내장되어 있어야 한다. 차량이 스스로 충전위치로 복귀할 수 있어야 하며, 스스로 충전 전극과 도킹할 수 있어야만 한다. 그리고 차량의 충전시간을 최소화할 수 있도록 급속충전 시스템이 구축되어야 한다. **베이스프레임**은 프레임과 서스펜션으로 구성된다. 프레임은 일반적으로 고강성 경량화가 필요한데, 대량생산품의 경우에는 알루미늄 주물구조가 많이 사용되며, 소량생산품의 경우에는 강철소재를 절곡 및 용접하여 제작한다. 서스펜션에 대해서는 뒤에서 자세히 살펴보기로 한다.

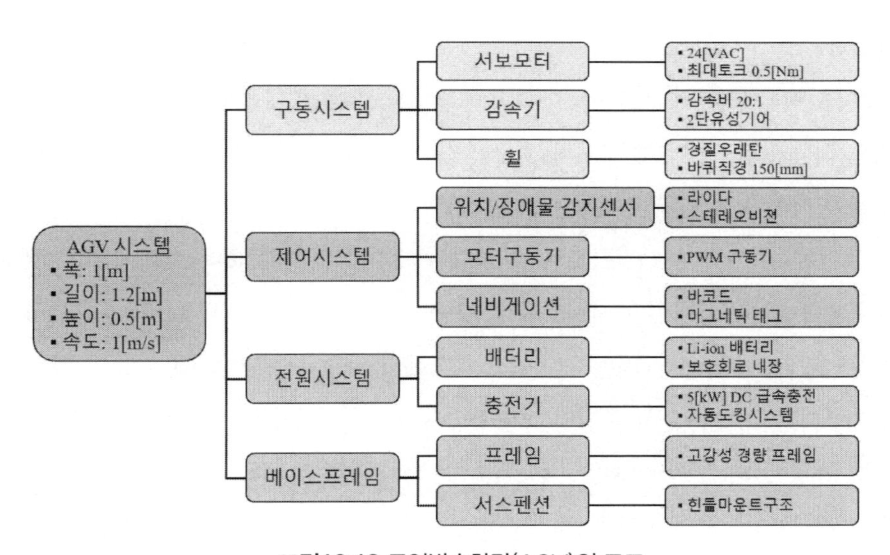

그림12.18 무인반송차량(AGV)의 구조

12.2.4.2 무인반송차량 관련 이슈들

무인반송차량이나 자율주행 로봇은 매우 오래 전에 개발되어서 다양한 용도로 활용되고 있었다. 하지만 최근 들어서 라이다의 도입과 자율주행 기술의 발전에 힘입어 급속도로 산업현장에 도입되기 시작하였으며, 반도체 생산용 클린룸에도 빠르게 적용이 확산될 것으로 판단된다. 하지만 무인반송차량을 클린룸에 적용하기 위해서는 조향문제, 서스펜션문제, 내비게이션문제, 동적 장애물 회피문제, 다축로봇과 라이다 같은 다양한 이슈들에 대한 고찰이 필요하다.

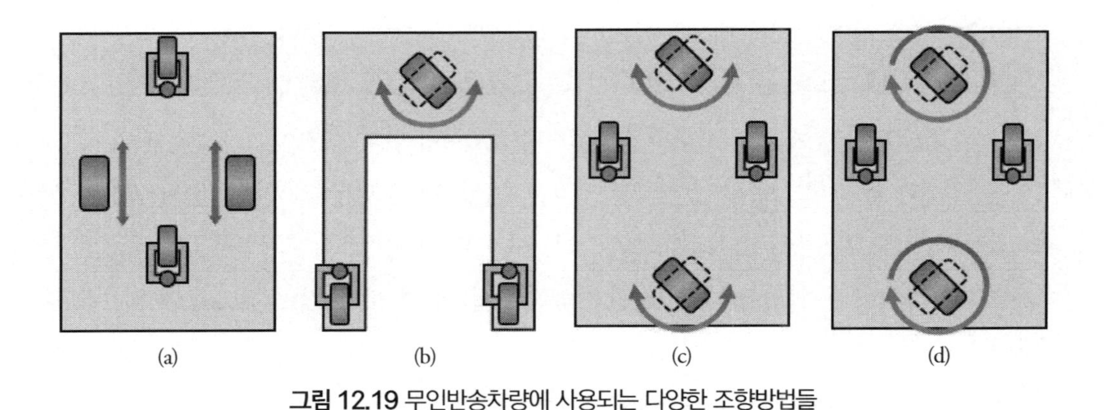

그림 12.19 무인반송차량에 사용되는 다양한 조향방법들

• **조향문제**

그림 12.19서는 무인반송차량에서 자주 사용되는 네 가지 조향방법들을 보여주고 있다. (a)의 경우에는 좌우에 한 쌍의 구동바퀴들이 설치되어 있으며, 위아래에는 한 쌍의 캐스터바퀴들이 설치되어 있다. 이 구조에서는 구동바퀴들이 동일한 방향으로 회전하면 차량이 직진하며, 구동바퀴들이 서로 반대방향으로 회전하면 차량이 회전한다. (b)의 경우에는 두 개의 캐스터바퀴와 하나의 구동바퀴가 사용되는데, 구동바퀴는 **그림 12.20** (a)에서와 같이 조향기능이 통합되어 있다. 이 구조는 지게차 형태의 차량에서 자주 사용된다. (c)와 (d)의 경우에는 한 쌍의 캐스터바퀴와 구동 및 조향기능이 통합된 한 쌍의 구동바퀴가 사용되고 있다. 그런데 (c)의 경우에는 조향각도가 180°로 제한되어 있으며, (d)의 경우에는 360° 회전이 가능하다. 두 개의 구동바퀴 모두가 조향이 되면 차량이 선회하지 않고도 대각선 방향으로 움직일 수 있기 때문에 운행 자유도가 크게 향상된다. 하지만 구동 및 조향기능이 통합된 모듈은 매우 무겁고 커서 차량 내부공간이 비좁아지게 된다는 결정적인 단점이 있으며(배터리 설치공간이 좁아진다), 가격이 상승한다.

일부의 경우에는 **그림 12.20** (b)에 도시되어 있는 **메카넘휠**을 사용하는 대차들이 제안되고 있다. 하지만 메카넘 휠은 근본적으로 주행진동이 발생하며, 하중을 지지하는 바퀴 구성품들의 내구수명도 의심되어 상용 무인반송차량에 적용이 제한된다.

(a) 구동–조향 통합모듈33

(b) 메카넘휠34

그림 12.20 구동–조향 통합모듈과 메카넘휠

- **서스펜션문제**

클린룸이나 일반 건물의 바닥은 완전히 평평하지 않다. 그레이팅 바닥은 구멍들이 성형되어 있으며, 방화문은 폭 50[mm], 깊이 20[mm] 정도의 단차를 가지고 있다. 무인반송차량이 이런 단차를 넘어가는 과정에서 구동 바퀴가 헛돌면 진행방향이 틀어지거나 심각한 경우에는 차량이 걸려 버린다. 무인반송차량은 이렇게 다양한 상태의 바닥 위에서 모든 바퀴들이 슬립 없이 완전한 접촉을 이뤄야만 원하는 경로를 따라 진행할 수 있다. 무인반송차량은 일반적으로 4륜 또는 6륜 구조로 제작되며, 모든 바퀴들이 완전접촉을 이루기 위해서 **그림 12.21 (a)**에서와 같이 스프링 서스펜션이 사용된다.

(a) 스프링 서스펜션35

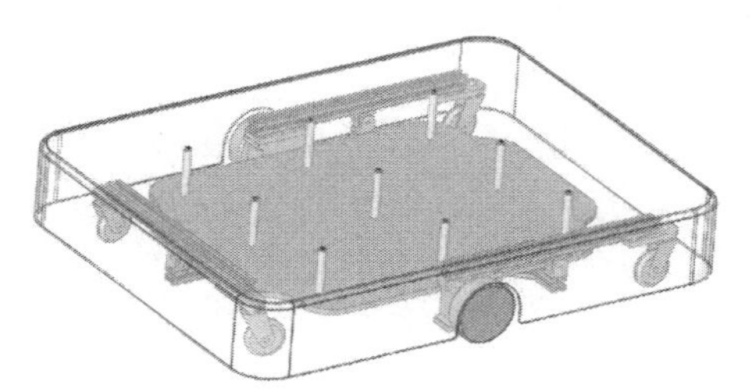
(b) 힌들마운트

그림 12.21 무인반송차량에 사용되는 서스펜션

33 ko.tzbotautomation.net/agv-drive-wheels
34 www.maindrive.com.tw
35 www.staubli-wft.com

그런데 스프링 서스펜션은 페이로드에 따라서 차량높이가 변한다는 단점을 가지고 있다. 이로 인하여 풉이나 레티클 이적재 과정에서 간섭을 유발할 우려가 있기 때문에 적용 시 세심한 주의가 필요하다. **그림 12.21 (b)**에서는 힌들 마운트 구조를 서스펜션으로 사용하는 6륜형 무인반송차량의 설계를 보여주고 있다. 시소 형태의 지렛대 양측에 바퀴를 설치한 힌들 마운트는 바닥 굴곡에 대해서 스스로 평형위치를 찾아가기 때문에, 어떤 상황에서도 6륜 모두가 견고하게 바닥과 접촉을 유지할 수 있다.

- **내비게이션 문제**

선회하는 빛의 비행시간[36]을 측정하여 주변의 지도를 작성하고, 장애물을 감지하는 **라이다**(LIDAR)나 영상센서를 사용해서 클린룸 내부에서 차량의 현재 위치를 정확히 파악하는 것은 매우 어려운 문제이다. 2차원 라이다는 높이방향으로의 물체를 인식할 수 없으며, 3차원 라이다는 너무 비싸고, 상대적으로 염가인 영상센서는 다양한 착시현상을 완전히 극복할 수 없다. 이런 문제들 때문에 현장에서는 바닥에 바코드나 마그네틱 태그를 설치하여 무인반송차량이 해당 위치에 도달하면, 이를 인식하여 주행 결과를 검증하는 방법을 사용하고 있다. 이런 위치검출 수단들을 활용하면 정확한 위치파악이 용이하지만 다양한 이유 때문에 오염과 손상이 자주 발생한다. RFID를 활용한 실내 내비게이션과 같은 기법들이 개발되고는 있지만, 클린룸 내부에서 전파의 산란문제 등으로 인해 오작동의 우려가 있다.

- **동적 장애물 회피문제**

클린룸 내부에 각종 장비들 사이로 나 있는 좁은 통로를 작업자와 무인반송차량이 동시에 사용하여야 하는 경우에 동적 장애물 회피는 중요한 이슈이다. 무인반송차량의 자율주행을 위하여 **동시적 위치추정 및 지도작성**(SLAM) 알고리즘을 포함하여 다양한 동적 장애물 회피 알고리즘들이 개발되었지만, 실제 물류현장에서는 안전상의 문제 때문에 무인반송차량이 지정된 경로를 벗어나는 것을 허용하지 않는다. 이런 경우에 능동적인 경로변경이 허용되지 않으므로, 선행 차량이 멈춰서 버리면 후행차량들 전체가 멈춰버리며, 빠른 시간 내로 문제를 해결하지 못한다면 모든 차량들의 배터리가 방전되어 버린다. 그리고 안전상의 문제 때문에

36 time of flight

무인반송차량의 운행속도를 1[m/s] 미만으로 제한하는 현실에서 점점 대형화되어가는 클린룸 내부에서 저속으로 움직이는 무인반송차량이 효용성을 갖기에는 무리가 있다.

12.2.4.3 자율주행로봇(AMR)용 다축로봇

반도체 생산용 클린룸에서 개별 웨이퍼의 반송과 웨이퍼 25장들이 풉의 반송에 로봇이 활용되고 있다. 특히 풉이나 레티클 포드를 이적재하는 로봇이 차량의 상부에 설치된 무인반송차량을 자율주행로봇(AMR)이라고 부른다. **그림 12.17**에서는 6축 로봇이 설치되어 있는 풉 이송용 자율주행 로봇의 사례를 보여주고 있다. 자율주행 로봇은 주로, 반도체 생산용 공정장비의 로드포트와 풉을 이적재 해야 하는데, 표준화된 로드포트의 높이는 900[mm]로써, 상당히 높은 편이다. 자율주행 로봇은 반도체장비 사이의 좁은 통로를 이동해야 하므로, 점유면적을 최소화하여야 한다. 이로 인하여 자율주행 로봇은 바닥이 좁고 높이(무게중심)가 높은 불안정한 구조로 설계된다. 여기에 **그림 12.22 (a)**에 도시된 것과 같은 범용 6축 협동로봇을 설치하는 경우에는 물류 이적재의 범용성이 확보되어 다양한 물류운반이 가능하며, 이적재 위치에 대한 제약이 최소화되지만, 무게중심이 더 높아지므로 약 9[kg]에 달하는 무게의 풉을 이적재하는 과정에서 무게중심이 밖으로 쏠려서 넘어질 우려가 있다. **그림 12.22 (b)**에 도시되어 있는 것처럼, 범용 6축 로봇을 사용하는 대신에, 이송축을 간소화한 풉 전용 이적재 로봇을 설치할 수 있다. 이를 통해서 무게중심 불안정 문제를 완화시킬 수 있겠지만, 자유도가 부족하여 범용 물류장비로의 활용성이 줄어들게 된다.

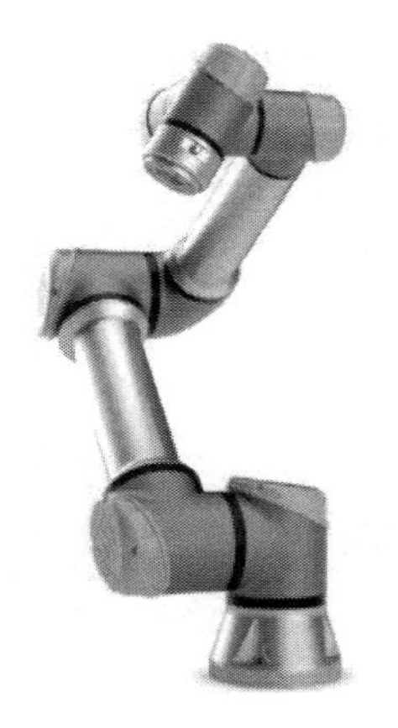

(a) 6축로봇의 사례[37]

(b) 풉 운반전용 AMR의 사례[38]

그림 12.22 다축로봇과 풉 운반전용 AMR의 사례

12.2.4.4 대면거울 이중회전 방식의 3차원 라이다(LIDAR)

라이다(LIDAR)[39]는 광원에서 송출한 빛이 물체에 반사되어 되돌아오는 시간, 즉 비행시간을 측정하여 센서에서 물체까지의 거리를 측정하는 센서이다. 이는 빛의 비행속도가 299,792,458[m/s]로 매우 일정하다는 사실에 기초하고 있다. 빛의 비행속도가 매우 빠르기 때문에, 과거에는 빛의 비행시간을 측정하는 것을 매우 어려운 일로 생각하였으나, 현재에 와서는 프로세서의 처리속도가 빨라지면서 빛의 비행시간을 충분히 높은 정밀도로 측정할 수 있는 기술들이 개발되었다. **그림 12.23 (a)**에서와 같이, 발광부와 수광부를 갖춘 비행시간 측정용 센서 모듈을 회전시키면서 주변 물체까지의 거리를 측정하면 2차원 물체지도를 만들 수 있으며, 이를 **2차원 라이다**(LIDAR)라고 부른다. 그런데 2차원 라이다는 높이방향의 물체를 인식하지 못하므로 완벽한 지도작성이 불가능하며, 이로 인하여 충돌 사고가 발생하게 된다. 이를 극복하기 위해서 **그림 12.23 (b)**에서와 같이, 고저방향으로 다수의 광선 송수신 모듈들을 설치하고, 이를 회전시키는 **3차원 라이다**가 개발되었지만, 구조가 매우 복잡하여 고속 작동이 어려우며, 매우 비싸다는 단점을 가지고 있다.

클린룸 통로구역 내에 존재하는 다양한 물체 및 작업자들을 완벽하게 인식하면서 자율주행로봇을 운영하기 위해서는 적당한 속도와 분해능을 가지고 3차원 공간 내의 물체를 탐색할 수 있는 염가의 3차원 라이다 센서가 필요하다.

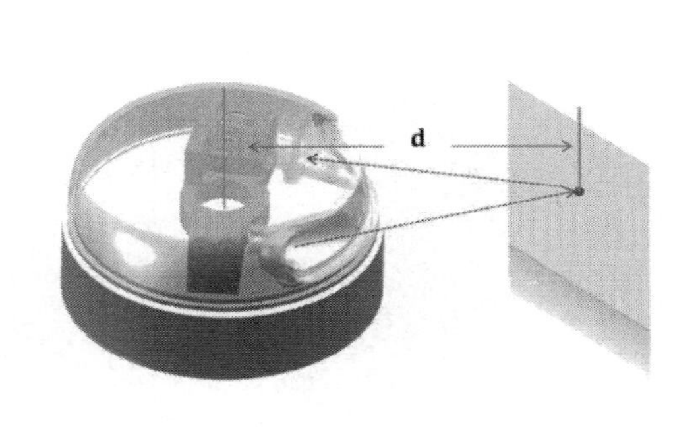

(a) 2차원 라이다의 사례40

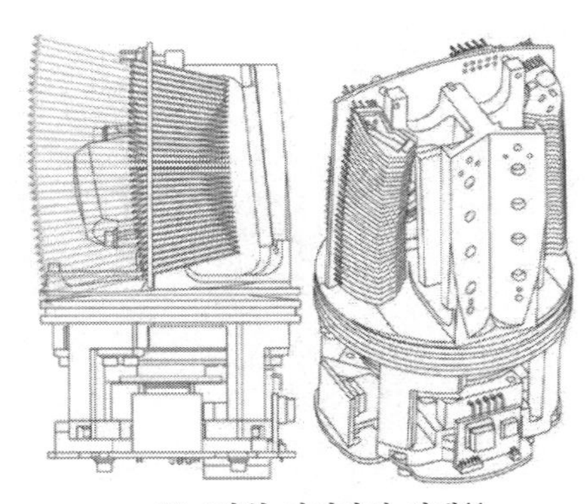

(b) 3차원 라이다의 사례41

그림 12.23 2차원 및 3차원 라이다

37 phillipscorp.com/phillips-automation

38 www.fabmatics.com

39 Light Detection And Ranging

저자는 이런 문제들을 해결하기 위해서 **대면거울 이중선회방식 3차원 라이다**[42]를 발명하였다. 이 기계식라이다의 작동원리를 **그림 12.24**를 통해서 살펴볼 수 있다. 우선 **(a)**에서와 같이, 45°로 기울어진 반사경의 중앙을 꼭짓점으로 하여 ω_1의 각속도를 가지고 원추형으로 선회하는 광선을 반사경에 조사하면, 반사된 광선은 수평방향으로 원운동을 하는 선회광선이 만들어진다. 그리고 **(b)**에서와 같이 반사경을 ω_2의 각속도로 회전시키면 광선의 궤적은 수평방향으로 나선형 궤적(실제로는 정현파 궤적)이 구현된다. 이 선회광선의 고저각은 다음과 같은 궤적을 나타낸다.

$$\text{고저각} \quad \phi = \alpha \sin(\omega_1 t) \tag{12.3}$$

그리고 방위각은 다음과 같은 궤적을 나타낸다.

$$\text{방위각} \quad \theta = \alpha \cos(\omega_1 t) + \omega_2 t \tag{12.4}$$

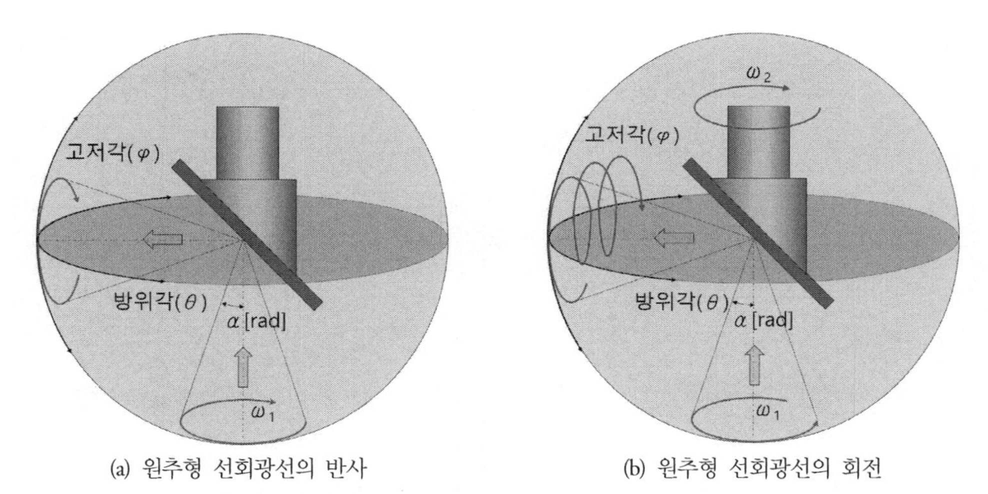

(a) 원추형 선회광선의 반사 (b) 원추형 선회광선의 회전

그림 12.24 대면거울 이중선회방식 3차원 라이다의 작동원리[43]

40 www.slamtec.com
41 velodynelidar.com을 기초로 그림을 수정하였음.
42 발명특허 10-2021-0017833
43 장인배 저, 정밀기계설계, 씨아이알, 2021.

그림 12.25에 도시되어 있는 것처럼, 45° 경사 반사경의 하부에 설치되어 있는 두 개의 반사경이나 하나의 펜타 프리즘을 사용하여 원추형 선회광선을 만들 수 있다. 이때에 비행시간 측정을 위해서 조사 및 반사되는 레이저 광선은 이중반사경을 구동하는 하부 모터의 중앙부를 통과하여야 하므로, 하부 모터는 중공축의 형태를 가져야만 한다. 중공축 모터의 하부에는 빔 분할기가 설치되어 레이저 광원과 포토다이오드가 각각 직각 방향으로 설치되어 측정용 광선의 조사와 반사광선의 검출을 수행한다.

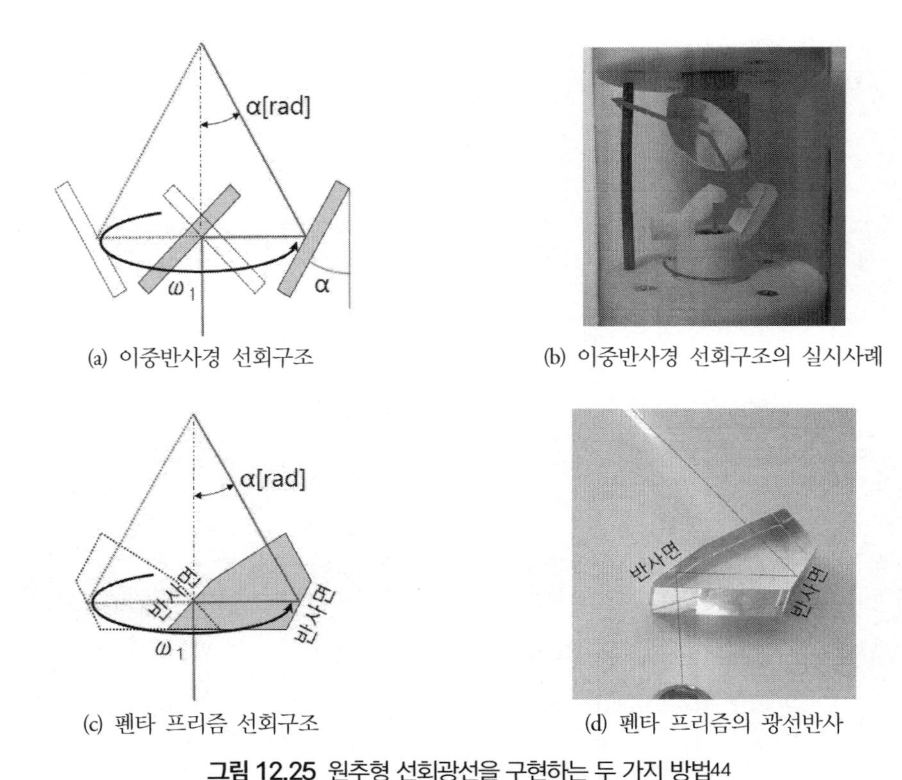

(a) 이중반사경 선회구조 (b) 이중반사경 선회구조의 실시사례

(c) 펜타 프리즘 선회구조 (d) 펜타 프리즘의 광선반사

그림 12.25 원추형 선회광선을 구현하는 두 가지 방법[44]

이렇게 만들어진 대면거울 이중선회방식 라이다는 반사경만 회전하는 매우 단순한 기계적 구조를 가지고 있어서, 슬립링과 같은 고가의 저신뢰 부품을 사용하지 않으며, 전장부품이 회전하지 않기 때문에 초고속 스캐닝이 가능하며, 내구성과 신뢰성이 탁월하다는 장점을 가지고 있다.

44 장인배 저, 정밀기계설계, 씨아이알, 2021.

특히, 광학 렌즈를 사용하지 않기 때문에 이론상 무한초점이 가능하며, 식 (12.3)과 식 (12.4)에서 알 수 있듯이 단순 삼각함수를 사용하므로 광선추적이 용이하다는 장점을 가지고 있다. 하지만 기술적 허들도 함께 존재한다. 상부거울을 고속으로 회전시키기 때문에 모터의 발열과 소비전력 저감이 필요하며, 광학 반사경과 비반사코팅된 광학 경통의 제작비용을 절감하여야 한다. 그리고 초고속 스캐닝 과정에서 생성되는 엄청난 양의 위치정보를 처리할 수 있는 초고속 신호처리 기술도 함께 개발되어야만 한다. **그림 12.26**에서는 3D 프린팅 방식으로 제작된 라이다의 목업을 보여주고 있다.

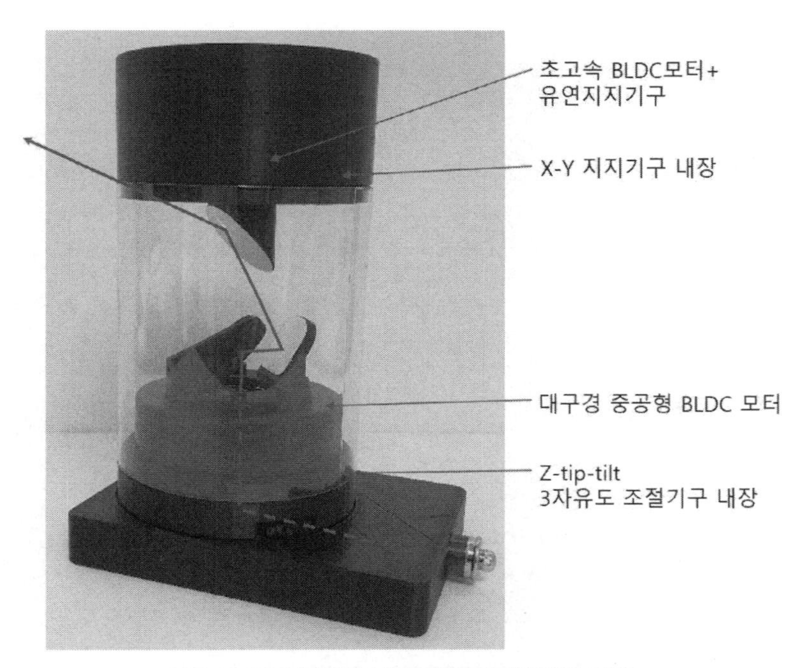

그림 12.26 대면거울 이중선회방식 라이다의 목업

12.3 수직물류

수평물류에 사용되고 있는 OHT는 10° 이상의 경사를 올라갈 수 없기 때문에 풉이나 레티클 포드의 층간이동과 같은 **수직물류**를 위해서 **그림 12.27**에 도시된 것과 같은 구조를 가지고 있는 엘리베이터 형태의 **타워리프트**가 사용된다. 이 타워리프트에 설치되는 승강기구에는 스토커나

트랙측면버퍼(STB)에 풉을 넣고 뺄 수 있는 로봇이 설치되어 있으며, 물류 이송속도를 높이기 위해서 2대의 로봇을 복층 구조로 설치하여 사용하는 사례도 있다. 타워리프트의 옥상에는 승강용 벨트를 구동하는 호이스트 구동계가 설치되어 있으며, 하부(지하)에는 벨트 텐셔너가 설치된다. 풉을 이적재하는 과정에서 높이 차이에 의한 간섭을 피하기 위해서는 승강높이를 매우 정밀하게 제어해야만 한다. 이를 위해서 승강 구동계에는 타이밍벨트가 사용되며, 무게 경감을 위해서 하부 절반은 평벨트가 사용된다. 각 층별로는 반출할 풉과 이송된 풉을 적재할 수 있는 스테이션이 설치되어 있으며, 이 스테이션은 OHT가 직접 풉들을 이적재할 수 있도록 OHT의 베이와 연결되어 있다.

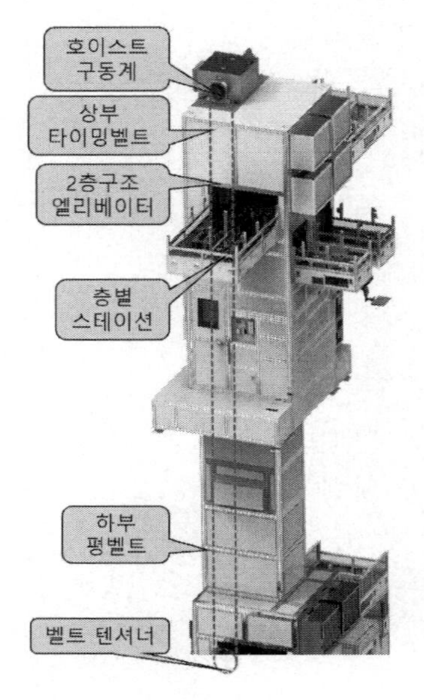

그림 12.27 타워리프트의 구조

12.3.1 리프트유닛의 구조

그림 12.28에서는 타워리프트 내부에 설치되어 있는 구동계와 이적재 로봇을 포함한 **리프트유닛**의 구조를 보여주고 있다. 일반 승강기와 마찬가지로 리프트 구동용 모터와 벨트롤러는 타워리프트의 상층부에 설치되며, 추락방지를 위한 전자브레이크와 풀리 얼라이너가 함께 설치되어 있다. 특히, 벨트절손을 감지하기 위한 구동부 감시카메라도 함께 설치되어 있다. 리프트 유닛은

정확한 높이조절이 필요하기 때문에 이중 타이밍벨트로 구동된다. 하지만 최근 들어서 고층 팹이 등장하면서 이중벨트 구조를 사용하기에는 자중과 관성이 너무 커지는 바람에 고층용 타워리프트에서는 단일 타이밍벨트 구조를 채용하고 있다. 승강기에는 풉을 이적재하기 위한 스카라 형태의 캐리어 로봇이 설치된다. 고층용 타워리프트의 경우에는 이적재 물류가 많기 때문에, 복층 구조로 승강기를 설치하여 운영하고 있다. 구동부 동력이 끊어져도 승강기가 추락하지 않도록 승강기의 반대편에는 평형질량추가 설치되어 있다. 승강기 로봇을 구동하기 위해서 케이블 캐리어가 설치되는데, 타워리프트 고층화와 더불어서 케이블 캐리어의 무게도 심각한 부하로 작용하게 되었다. 이를 해결하기 위해서 OHT에 적용되었던 비접촉 전원공급장치가 사용되고 있다. 승강기와 평형추의 하부에 설치되는 벨트는 정밀한 위치조절이 필요 없으며, 단지 벨트 장력을 유지시키기 위한 수단으로만 사용되기 때문에 고가의 타이밍벨트 대신에 일반 평벨트가 사용된다. 그리고 타워리프트의 하부에는 벨트 텐셔너가 설치되어서 정압예압방식으로 구동계 벨트장력을 부가하고 있다. 벨트텐셔너의 장력이 부족한 경우에는 승강기의 구동과정에서 과도진동이 발생하며, 정확한 위치제어가 어려워진다. 추가적으로 리턴벨트의 절손을 감시하는 카메라와 작업자가 승강기 하부로 들어오는지를 감시하기 위한 인체검지 센서가 설치된다.

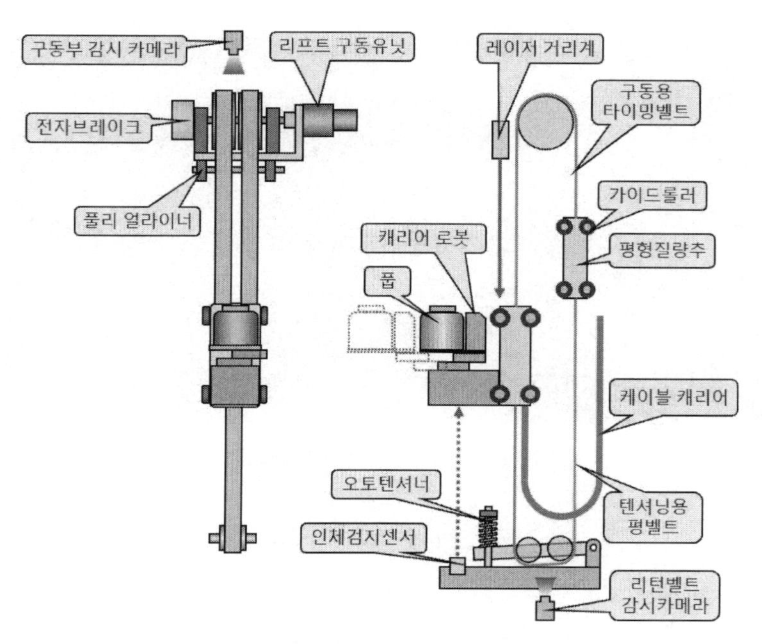

그림 12.28 타워리프트의 내부에 설치되어 있는 리프트유닛의 구조

12.3.2 타이밍벨트

타이밍벨트는 벨트의 내측면에 마치 기어처럼 등간격으로 치형이 성형되어 있어서 미끄럼 없이 정확한 동력 전달이 가능한 벨트요소이다. 타이밍벨트는 관성이 작고 큰 동력을 전달할 수 있기 때문에 고속작동기구의 구동에 적합한 동력전달요소이다. 특히, 평벨트나 V-벨트와 달리 슬립이 없어서 위치결정기구의 정확한 위치제어에 널리 사용되고 있다. 하지만 장력조절, 예하중 부가방법, 그리고 이송스테이지의 위치에 따라서 벨트 장력과 위치강성이 변한다는 문제가 있다. 그러므로 이송기구의 위치정밀도를 확보하기 위해서는 정확한 장력의 부가와 관리가 필요하다.

그림 12.29에서는 타이밍벨트 구동 시스템의 예하중 부가를 위한 정압예압 시스템의 사례를 보여주고 있다. 일반적으로 타이밍벨트에 장력을 부가하기 위해서 정위치예압방법을 많이 사용하는데, 벨트는 사용 중에 늘어나기 때문에 정위치예압방법은 시간이 지남에 따라서 장력이 급격하게 감소하여, 예하중이 상실되어버리는 문제를 가지고 있다. 그림에서와 같이 스프링과 가이드 베어링 또는 스프링과 링크기구를 사용하여 예하중의 상실을 방지하기 위한 정압예압기구를 구성할 수 있다. 예하중 부가위치는 구동축 풀리나 아이들축 풀리 모두 가능하지만 위치제어의 정밀도나 벨트강성의 측면에서는 구동측 풀리에 예하중을 부가하는 것이 더 유리하다.[45]

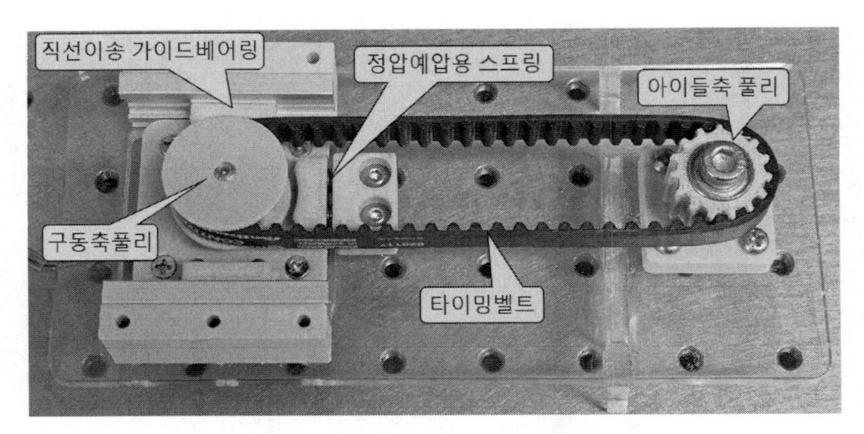

그림 12.29 정압예압방식 타이밍벨트 이송구조

45 타이밍벨트 장력조절 방법이나 각 장력조절방법의 위치강성에 대해서는 장인배 저, 정밀기계설계, 씨아이알, 2021. 의 8장을 참조하기 바란다.

12.3.3 타워리프트 관련 이슈들

최근에 지어지고 있는 팹들에서 대형화와 고층화가 빠르게 진행되고 있다. 특히 팹을 다층구조로 만들면 팹 인프라 유지비용과 클린룸 관리의 효율성이 크게 높아지기 때문에 팹을 다층구조로 만드는 추세이다. 게다가, 일반 클린룸의 층고는 5.5[m]인 반면에 극자외선 노광기가 설치되는 팹은 층고가 8.5[m]로 높아지는 바람에 팹의 층고가 더욱더 높아지게 되었다. 이로 인하여 설치 높이가 50[m]를 넘어서는 타워리프트들이 설치되어 운영되고는 있지만, 층고 증가로 인하여 다양한 이슈들이 나타나게 되었다. 우선, 층고가 기존의 30[m]에서 50[m] 또는 그 이상으로 증가함에 따라서 사용되는 타이밍벨트의 무게와 관성이 크게 증가하게 되었다. 이로 인한 벨트 늘어짐을 방지하기 위해서 초기 설치장력도 함께 증가하였다. 또한 층고증가에 따른 생산성 저하를 방지하기 위해서 운행속도 역시 5[m/s]에서 8[m/s] 수준으로 증가하게 되었다. 이런 연쇄효과들로 인하여 타워리프트 운행과정에서 벨트갈림이 가속화되었고, 다량의 파티클 발생과 벨트수명감소라는 심각한 문제와 마주치게 되었다.

층고가 높아질수록 승강기가 매달고 다녀야 하는 케이블캐리어의 길이와 무게도 함께 증가하였는데, 이는 비접촉 전원공급장치를 도입하여 해결하였다. 하지만 벨트갈림 문제는 매우 심각한 이슈이며, 이를 근원적으로 해결하기 위해서는 자기부상 타워리프트 시스템을 개발하여야 한다. 타워리프트용 승강기에 자기부상 시스템을 도입하면 기계적인 접촉부위가 없어져서 분진발생이 근원적으로 방지되며, 메인티넌스와 관련된 대부분의 이슈들이 없어진다. 하지만 정전 발생 시 추락을 방지하기 위한 근본적인 안전대책이 필요하다.

12.3.4 자기부상 타워리프트

자기부상 타워리프트는 근본적으로 기계적인 접촉이 없기 때문에 기존 타워리프트들이 가지고 있는 벨트갈림에 의한 분진발생 문제를 근원적으로 해결할 수 있는 매우 훌륭한 대안이다. 하지만 전원공급이 차단되는 경우에 추락을 방지하기 위한 신뢰성 있는 방법이 모색되어야만 한다. **그림 12.30**에서는 2010년 국내기업에서 개발한 디스플레이용 자기부상 리프트시스템의 사례를 보여주고 있다.

12.30 자기부상 타워리프트의 사례[46]

이 시스템의 경우에는 견인식 자기베어링을 사용하였으며, 리니어모터를 사용하여 수직방향 이송을 수행하였다. 그리고 전원이 차단되면 솔레노이드에 붙잡혀 있던 라쳇이 튀어나와 측벽을 붙잡는 방식의 기계식 추락방지기구를 채택하고 있다. 자기부상의 특성상 층고제한이 없으며, 최고속도는 3.3[m/s], 최대이송중량은 800[kg]에 달한다. 공지된 자료에 따르면 중국 BOE사에 납품된 실적이 있으며, 국내 적용사례는 확인되지 않는다.

그림 12.31에서는 저자가 발명한 풉 이송전용 자기부상 타워리프트의 구조를 보여주고 있다. 여기서 가장 중요한 기구는 할박 휠과 할박 어레이를 사용하는 **자기추진장치**이다. **할박 어레이**[47]는 자기장의 누설 방향을 편측으로 만들어서 공간 자기력을 극대화시키는 영구자석 배열구조이다. 이 할박 휠과 할박 가이드는 마치 비접촉 랙 앤 피니언처럼 작용하여, 휠이 회전하면 할박 가이드를 따라서 이동한다.

46 www.yna.co.kr/view/AKR20100928185500052
47 Halbach array

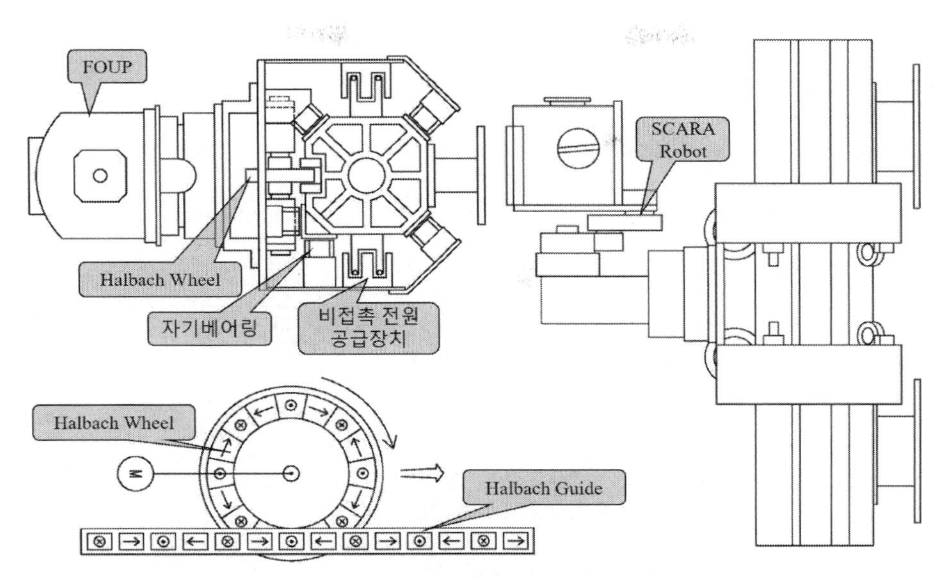

그림 12.31 자기 추진기구를 갖춘 자기부상 타워리프트 시스템[48]

이 자기추진기구의 효용성은 목업기구를 제작하여 검증하였으며, 풉 이송용 로봇을 탑재한 리프팅기구를 수직방향으로 이송시킬 수 있다는 것이 확인되었다. 특히, 이 추진장치가 중요한 이유는 전원공급이 차단되어도 승강장치가 비접촉 피니언에 의해서 붙잡혀있기 때문에 추락하지 않는다는 것이다.

저자는 반도체장비업체에 이 시스템을 상용화할 것을 제안하였으나 기존의 리니어모터를 사용하는 자기부상 리프트 장치와 너무 다른 혁신적인 개념이어서 안타깝게도 받아들여지지 않았었다.

12.4 물류보관 시스템

클린룸 내에서 풉이나 레티클 포드를 보관하는 일종의 창고설비를 **스토커**[49]라고 부른다. 그리고 레이스웨이 측면에 설치되어 풉이나 레티클 포드를 임시로 보관하는 설비는 **트랙측면버퍼** (STB)[50]라고 부른다. 클린룸 내의 물류보관 시스템은 이렇게 스토커와 트랙측면버퍼로 이루어진

48 장인배외 2인, 타워리프트, 발명특허 1020202320000

49 stocker

50 Side Track Buffer

다. 그리고 풉 보관용 설비와 레티클 포드 보관용 설비는 따로 제작되어 운영된다.

그림 12.32에 도시되어 있는 것과 같이 스토커 설비의 앞쪽으로 돌출되어 있는 로드포트에 OHT로부터 풉이 내려와 안착되면, 스토커 내부에 설치되어 있는 이송용 로봇이 풉을 특정한 위치로 반입 및 반출한다.

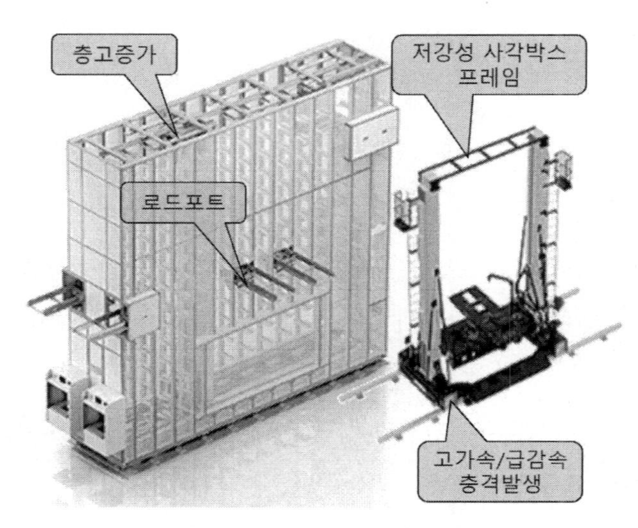

그림 12.32 풉 스토커 설비의 사례[51]

스토커의 내부는 복도 형태로 앞쪽과 뒤쪽에는 풉을 보관하는 구획들이 설치되며, 중앙 복도에서는 이송로봇이 움직이면서 풉을 각 구획에 반입 및 반출한다. 스토커 내부의 각 구획마다 건조질소 퍼징기능이 설치되어 있어서, 외부기체(특히 산소와 먼지)에 의한 오염을 방지한다. 클린룸이 대형화되면서 스토커의 길이와 높이가 점차로 대형화되어가고 있는 추세이다.

12.4.1 스토커 로봇의 수평 이송기구

직선형 기어인 랙과 원형 기어인 피니언을 서로 맞물려 회전시키면 피니언기어의 회전운동을 사용하여 직선운동을 구현할 수 있다. 랙과 피니언을 사용한 직선이송기구는 높은 위치강성을 가지고 있으며, 이송체의 관성이 작으며, 랙기어를 이어 붙이면 스트로크를 무한히 늘릴 수 있어

51 www.muratec.net에서 사진을 인용하여 재구성하였음.

서 높은 가감속과 고부하, 그리고 고속작동이 필요한 장축 직선이송시스템의 동력전달에 적합하다.

하지만 전통적인 인벌류트 치형을 사용하는 **랙과 피니언** 기구의 경우에는 그리스 윤활이 필요하여 작동 중에 유분이 대기 중으로 방출될 수 있기 때문에 클린룸용 로봇의 이송기구로는 적합하지 않다. 이런 문제를 개선하기 위해서 사이클로이드 치형을 사용하는 **롤러피니언**이 개발되었다. **그림 12.33 (a)**에 도시되어 있는 롤러피니언 기구의 경우, 원판의 원주방향으로 설치되어 있는 다수의 롤러베어링들이 원형 기어인 피니언을 대신하며, 직선기어인 랙에는 사이클로이드 치형이 성형되어 있다. 인벌류트 치형과는 달리, 사이클로이드 치형은 작동 시 문지름이 거의 발생하지 않기 때문에 윤활이 필요 없어서, 무윤활 구동이 가능하여 클린룸에 사용하기 적합하다. **그림 12.33 (b)**에서와 같이 롤러피니언에 모터를 설치하면 손쉽게 직선구동이 가능하여, LM가이드 안내면과 함께 설치하여 스토커 로봇의 길이방향 직선운동 안내기구로 사용한다.

(a) 롤러피니언

(b) 1축이송기구

그림 12.33 롤러피니언을 사용하는 수평이송기구[52]

12.4.2 스토커 관련 이슈들

클린룸이 대형화되면서 물류 보관창고인 스토커의 보관수요가 빠르게 증가하고 있다. 클린룸의 바닥 점유면적을 최소화하면서 스토커의 보관용량을 최대화하기 위해서는 스토커의 높이를 건물이 허용하는 최대높이까지 높여서 설치해야만 한다. 일반적인 클린룸의 천장 높이는 5.5[m]이다. HEPA 필터의 공기유동을 방해하지 않으면서 허용되는 최대높이까지 스토커를 설치하는 추세여서 5[m] 높이의 스토커가 설치되고 있는 추세이다. 스토커 내부에 설치되는 풉 이송용 로

52 nexengroup.com

봇은 **그림 12.31**에 도시되어 있는 것처럼, 사각형의 박스구조나 외팔보 형태로 제작되며, 바닥에 설치된 LM 가이드의 안내를 받으며, 롤러피니언으로 구동되어 길이방향으로 움직인다. 그런데 대형의 스토커 내부에 스토커 로봇을 여러 대 설치할 공간이 없으므로, 빠른 물류 이적재를 실현하기 위해서는 스토커 로봇이 매우 빠르게 움직여야만 한다. 높이가 5m에 이르는 외팔보 구조의 로봇을 고속으로 구동하면, 진동, 공진, 위치이탈 등 다양한 문제가 발생하며, 고가속 및 급감속으로 인해서 주행레일을 고정하는 볼트가 파손되는 사고가 발생한다. 가감속 과정에서 로봇의 진동을 저감하기 위해서는 입력성형[53]과 같은 진동저감 제어기술이 적용되어야 하며, 안내레일 고정구조에 충격흡수 설계를 채택하여 파손사고를 방지해야만 한다.

12.4.3 스토커 로봇 안내레일 볼트파손사례

그림 12.34에서는 사각형 박스 구조로 설계된 스토커 로봇의 주행과정에서 발생한 LM 가이드 고정용 볼트의 파손사례에 대해서 설명하고 있다. 안내로봇은 외팔보 형태로서 스토커가 대형화되면서 높이증가로 인하여 로봇의 무게중심이 높아지게 되었으며, 길이증가로 인하여 다수의 LM 레일들을 서로 연결하여 조립하게 되었다.[54] 특히, 스토커가 대형화되었기 때문에 물류 소요시간을 최소화하기 위해서 스토커 로봇을 급가속, 급감속 및 고속주행 상태로 운영하게 되었다.

스토커 운영과정에서 LM 레일을 고정하는 볼트의 파손이 발견되었으며, 원인을 파악한 결과, LM 레일이 연결된 위치에서부터 볼트들이 순차적으로 파손된다는 것이 확인되었다. 이는 스토커 로봇이 레일이 연결된 위치에서 급가속 또는 급감속을 하면서 LM레일 고정볼트에 추가적인 인장응력을 부가하였기 때문이다. 정상적으로 볼트 체결토크가 적용되었다면, 절대로 볼트가 파손되어서는 안 된다. 그런데 스토커 로봇을 제작하는 과정에서 사용 중 볼트풀림을 우려하여 볼트 체결토크를 한계토크값까지 조였기 때문에, 추가적인 외력을 견딜 응력마진이 부족해졌기 때문이다. 저자는 볼트체결토크를 현재의 70%로 줄일 것을 권고하였다. 이를 통해서 가감속 과정에서 발생하는 충격 에너지를 볼트가 흡수할 수 있는 마진을 확보할 수 있다. 볼트의 허리가 잘록한 넥다운 볼트를 사용해도 충격 흡수능력이 향상된다. 하지만 해당 부서에서는 저자의 권고를 받아들이지 않고 기존에 사용 중이던 10.7등급 볼트 대신에 가장 강한 12.9등급 볼트를 사용하였으며,

53 input shaping
54 표준품으로 생산되는 LM 레일의 최대 길이는 3[m]에 불과하다.

조임토크를 한계토크까지 증가시켰다. 결과는 한 달도 버티지 못하고 볼트가 파손되었으며, 그때서야 조임토크를 한계토크의 70% 수준으로 낮추었다.

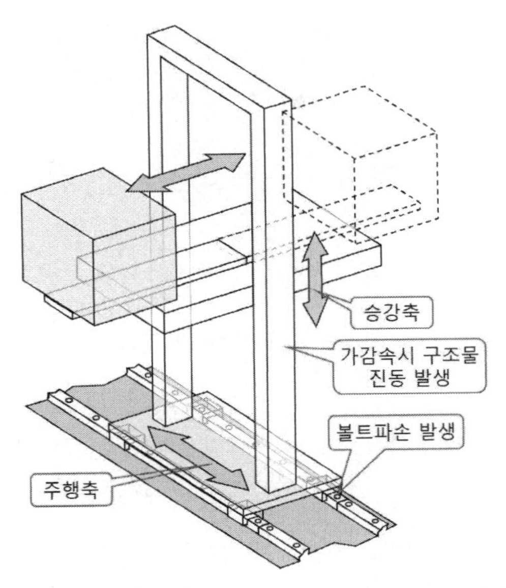

그림 12.34 스토커 로봇 안내레일 고정용 볼트의 파손사례[55]

12.4.4 트랙측면버퍼(STB)

트랙측면버퍼(STB)[56]는 **그림 12.35**에 도시되어 있는 것처럼, 클린룸 천장에 설치되어 있는 OHT 주행로인 레이스웨이의 측면에 설치되어 풉을 임시로 보관하는 단순선반이다. 스토커와는 달리 소규모로 설치되는 트랙측면버퍼에는 별도의 이적재 수단이 구비되어 있지 않으므로, OHT에서 측면방향으로 단축로봇이 돌출되면서 풉을 버퍼에 내려놓거나 들어낸다. 어떤 풉을 들고 이동하던 OHT에 처리가 시급한 웨이퍼가 들어있는 풉을 먼저 이송하라는 지령이 떨어지면, OHT는 가장 가까운 위치의 트랙측면 버퍼에 들고 있던 풉을 내려놓고, 시급한 풉을 이송하기 위해서 이동한다. 트랙측면 버퍼는 이러한 임시보관의 목적으로 설치되기 시작했는데, 팹의 생산성 극대화를 위해서 더 많은 장비들을 클린룸 공간에 채워 넣는 과정에서 스토커 설비를 설치할

55 장인배 저, 정밀기계설계, 씨아이알, 2021.
56 Side Track Buffer
57 www.komachine.com에서 사진을 인용하여 재구성하였음.

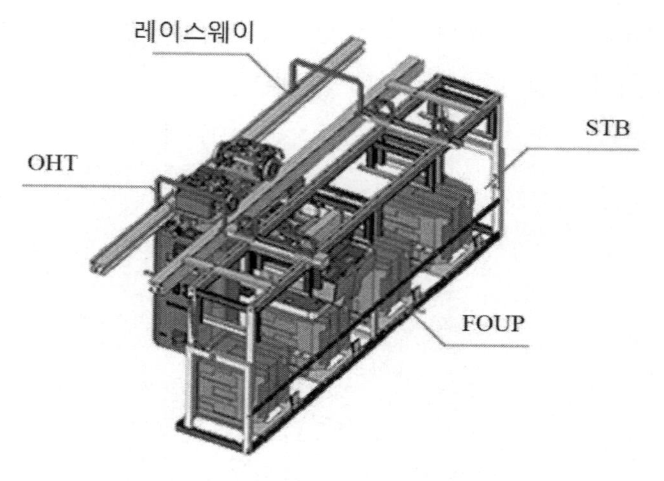

그림 12.35 트랙측면 버퍼[57]

공간이 부족해지자, 트랙측면 버퍼를 스토커의 목적으로 활용하게 되면서, 이제는 레이스웨이 측면의 거의 모든 공간에 트랙측면버퍼를 설치하는 단계에 이르게 되었다. 게다가, 장기보관을 위해서 필요시 건조질소(N_2)를 퍼징하는 기능을 구비한 트랙측면버퍼의 숫자도 점점 늘어나고 있다.

13

팹(FAB) 인프라

Chapter

13 팹(FAB) 인프라

반도체 팹은 대량생산을 통한 생산 효율성 향상과 글로벌 수요에 대한 신속대응을 위해서 **그림 13.1**에 도시되어 있는 것처럼, 점차로 대형화되어가고 있는 추세이다. 게다가, 그림에서 확인할 수 있듯이 기술노드가 점점 미세화되어가면서 팹 건물의 바닥진동 제어수준도 초기(1라인, 1983년)에 2[ton/mm] 수준이던 것이 최근에 지어지는 팹(P4L, 2023년)의 경우에는 50[ton/mm] 수준으로 향상되었다는 것을 알 수 있다.[1]

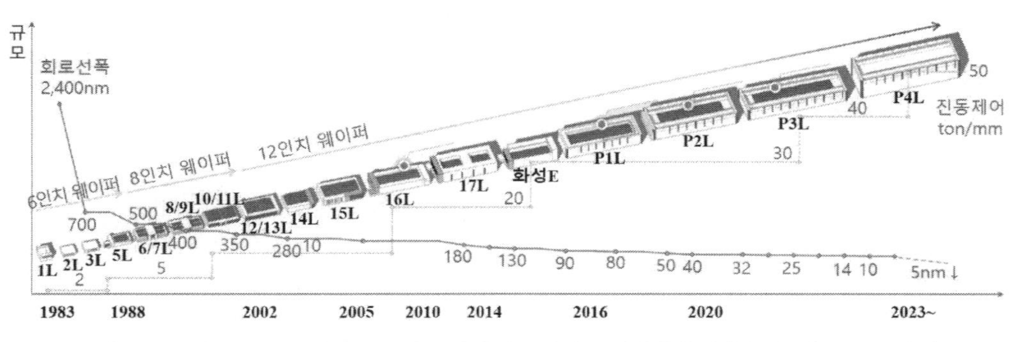

그림 13.1 기술노드의 발전에 따른 팹의 바닥진동 저감과 대형화 추세[2](컬러도판 p.674 참조)

반도체 팹을 운영하기 위해서는 엄청난 전력이 소비된다.[3] 최신의 반도체 펩들은 클린룸 면적

1 팹의 바닥진동과 관련된 주제는 이 책의 범주를 넘어선다. 이 주제에 대해서 관심이 있는 독자들은 장인배 저, 정밀기계설계, 씨아이알, 2021.의 6.4절을 참조하기 바란다.

2 www.secc.co.kr/ko/innovation/infra-lab에서 사진을 인용하여 재구성하였음.

이 축구장 25개에 이를 정도로 대형화되고 있기 때문에, 효율적인 인프라 구축을 통해서 소비전력을 절감하고 생산 효율성을 극대화하여야만 한다. 특히, 우리나라 정부는 2023년 3월에 국가 온실가스배출 감축량 목표를 2030년까지 2018년에 비해서 40% 절감하는 것으로 잡았다. 이는 대규모로 전력을 소비하는 반도체 팹의 운영에 직접적인 위협요인으로 작용하고 있다. 이에 대응하기 위해서는 팹 인프라의 효율적인 배치와 운영에 이전보다 훨씬 더 많은 노력을 기울여야 한다는 것을 의미한다. 중앙집중식 압축공기 공급 시스템의 고효율화와 더불어서 중앙집중식 진공시스템의 구축은 소비전력 절감의 중요한 이슈이다. **1절**에서는 압축공기 공급 시스템과 관련된 이슈들에 대해서 살펴보며, **2절**에서는 진공시스템의 구축과 관련된 이슈들에 대해서 살펴볼 예정이다.

웨이퍼 세정은 반도체 수율을 결정하는 매우 중요한 인자이며, 반도체 공정 중에서 가장 많은 공정을 차지한다. 습식 세정을 위해서 엄청난 양의 탈이온수(DIW)가 사용되기 때문에 **3절**에서는 탈이온수의 생산과 관리, 그리고 탈이온수의 등급에 대해서 살펴볼 예정이다.

웨이퍼나 레티클 포드를 제외한 물류는 주로 배관을 통해서 연속적으로 공급된다. 클린룸에서 소모되는 다량의 액체 및 기체를 원활하게 생산 및 공급하기 위해서 매우 복잡한 공급 시스템이 구축되어 있다. 클린룸에서 사용되는 압축공기, 진공, 탈이온수의 제조와 공급, 기체 및 액체 공급을 위한 배관용 피팅의 유형과 리크문제에 대해서는 **4절**에서 살펴볼 예정이다.

마지막으로 클린룸 내부의 공기는 오염입자가 완전히 제거된 깨끗한 상태를 유지해야만 하며, 천장에서 바닥으로 하향유동이 지속되어서 부유분진의 발생을 최소화시켜야만 한다. **5절**에서는 클린룸 공기의 등급과 공조 시스템 및 복장지침에 대해서 살펴볼 예정이다.

13.1 압축공기

대기 중의 공기를 압축한 고압상태의 공기를 일반적으로 **압축공기**라고 부른다. 팹에서는 압축공기가 공압실린더나 공압식 제진기의 구동, 건조, 냉각 등 다양한 용도로 사용되고 있으며, 초정밀 웨이퍼 스테이지의 공기베어링 구동에도 사용되고 있다. 압축공기는 **보일의 법칙**에 지배를 받는 압축성 유체로서, 가압하면 체적이 감소한다.

3 2021년 우리나라의 반도체부문 소비전력은 41[TWh]로써, 국내 총전력생산량인 600[TWh]의 약 6%에 해당하는 양이며, 그 비율은 계속 늘어나고 있다.

$$V_2 = \frac{P_1}{P_2} \times V_1 [m^3] \tag{13.1}$$

그리고 공기를 압축(단열압축)하는 과정에서 **샤를의 법칙**에 지배를 받아서 공기온도가 상승하게 된다.

$$T_2 = \frac{P_2}{P_1} \times T_1 [K] \tag{13.2}$$

이때의 온도단위는 켈빈[K]으로서, 절대온도이다.

압축공기는 컴프레서라고 부르는 공기압축기를 사용하여 게이지압력 기준으로 600~700[kPa]로 압축하여 체적을 감소시킨 다음에 리저버 탱크에 저장하며, 300~400[kPa]의 압력으로 소모한다. 컴프레서는 일반적으로 팹의 지하에 설치되어 있으며, 배관을 통해서 클린룸을 포함한 팹 전체에 공급된다. 배관에는 피팅이라고 부르는 다수의 연결부위들이 존재하며, 이를 통해서 다량의 공기들이 리크되어 없어져 버린다.

압축공기 공급 시스템의 고효율화와 관련되어서 다양한 이슈들이 존재하며, 이에 대해서 체계적으로 접근하여 해결하려는 노력들이 필요한 상황이다.

13.1.1 압축공기의 품질

공기 중에는 먼지와 수분이 섞여 있으며, 이를 그대로 압축하면 먼지와 수분이 농축되어 심각한 오염원으로 작용하기 때문에 사용 전에 반드시 이들을 제거해야만 한다. 먼지와 같은 이물질의 제거에는 다공질 필터가 사용되는데, 일반적으로 기공의 크기가 서로 다른 3중 필터를 사용하여 0.1[μm] 이상 크기의 물질들을 모두 제거한다. 화학반응을 유발할 수 있는 기체상 물질들을 제거하기 위해서 추가로 활성탄 필터를 사용하기도 한다.

포화수증기압력이 95%인 1[m³] 용적의 공기 중에는 약 50[cm³]의 수분이 포함되어 있다. 공기를 압축한 다음에 이를 완전히 제거하지 않는다면, 압축공기를 웨이퍼에 분사하는 과정에서 수분이 응결되어 오염을 유발하거나 밸브와 배관을 부식시키는 원인으로 작용한다. 압축공기 중의 수분을 제거하기 위해서는 냉동식 제습기(수증기 응결온도 -40[°C])나 흡착식 제습기(수증기 응결온도 -70[°C])가 사용된다.

표 13.1에서는 ISO8573-1에 규정되어 있는 **압축공기의 품질등급**을 요약하여 보여주고 있다. 클린룸에서는 주로 1등급 압축공기를 사용하는데, 품질등급이 높을수록 필터링과 제습 과정에서 압력이 손실과 에너지 소비가 발생하므로, 압축공기의 생산에 많은 비용이 소요된다.

표 13.1 압축공기의 품질등급

등급	최대 고체입자크기 [μm]	수증기 응결온도 [°C]	유분함량 [mg/m³]
1	0.1	−70	0.01
2	1	−40	0.1
3	5	−20	1
4	15	3	5
5	40	7	25
6	−	10	−

13.1.2 압축공기 공급장치

압축공기 공급장치는 컴프레서, 제습기 및 필터로 이루어진다. 컴프레서는 대기 중의 공기를 흡입하여 필요한 압력으로 압축시켜주는 장치이며, 제습기는 압축된 공기 중에 농축된 수분을 제거하는 장치이고, 필터는 압축된 공기 중에 함유된 각종 물질들과 화학적 활성물질들을 제거하는 장치이다. 이들 각각의 작동성능에 따라서 **표 13.1**에 제시되어 있는 각종 등급의 압축공기가 생산된다. 이들을 서로 연결시켜주는 헤더 및 배관에 대해서는 **13.1.3절**에서 따로 살펴보기로 한다.

13.1.2.1 컴프레서

공기압축기는 **컴프레서**라고도 부르며, 공기의 압축에 다양한 방법을 사용한다. 산업적으로 적용이 가능한 대량의 공기를 압축하는 방법으로는 피스톤 압축방식, 스크류 압축방식, 그리고 원심압축방식의 3가지가 사용되고 있다.

그림 13.2 (a)에 도시되어 있는 **왕복동 컴프레서**는 피스톤 압축방식을 사용한다. 왕복동 컴프레서는 구조가 단순하고 제작이 용이하여 염가로 제작할 수 있지만, 피스톤이 공기를 단열압축하는 과정에서 공기의 온도가 매우 높게 상승하기 때문에 대용량 공기압축기를 만들기가 어렵다. 피스톤 압축방식은 주로 1~30[hp] 규모의 소형 공기압축기에 사용되고 있다.

그림 13.2 (b)에 도시되어 있는 **스크류 컴프레서**는 회전축의 외경부에 헬리컬 기어와 유사한 치형이 성형되어 있는 메일로터와 피메일로터가 서로 맞물려 회전하면서 압축공기와 오일을 축 방향으로 밀어낸다. 이렇게 밀려나간 오일-공기 혼합물은 세퍼레이터를 통과하면서 서로 분리되어 압축된 공기만 외부로 배출되며, 오일은 재순환된다. 스크류 컴프레서의 경우에는 공기를 압축하는 과정에서 발생한 열의 상당 부분이 오일로 전달되기 때문에 냉각이 용이하여, 30~300[hp] 규모의 중형 컴프레서에 적용하기가 용이하다.

그림 13.2 (c)에 도시되어 있는 **터보 컴프레서**는 고속으로 회전하는 터빈을 사용하여 축 중심에서 공기를 흡입하여 반경방향으로 밀어내는 원심압축방식을 사용한다. 그런데 원심압축 방식은 송풍량을 증대시키기에는 매우 유리한 구조를 가지고 있는 반면에, 압력을 높이기가 매우 어렵다. 이를 극복하기 위해서는 15,000[rpm](1,500[hp])~60,000[rpm](300[hp]) 수준의 초고속 회전과 더불어서, 2단~4단 압축이 필요하다.

클린룸에서 사용하는 압축공기에는 유분이 함유되어서는 안 된다. 그런데 왕복동 컴프레서나 스크류 컴프레서의 경우에는 오일을 각각, 윤활제 및 밀봉재로 사용하기 때문에 필연적으로 압축공기에 일정량의 오일이 섞여 있다. 활성탄소 흡착을 통해서 캐리오버된 오일을 제거한다 하여도 완벽할 수는 없기 때문에 클린룸에서 사용하는 압축공기의 생산에는 오일을 사용하지 않는 비접촉 공기압축기인 터보 컴프레서만이 사용된다.

(a) 왕복동 컴프레서[4] (b) 스크류 컴프레서[5] (c) 터보 컴프레서[6]

그림 13.2 산업적으로 사용이 가능한 세 가지 공기압축 방법들

4 www.deltaind.net/rotary-screw-vs-piston-air-compressors/

5 www.deltaind.net/rotary-screw-vs-piston-air-compressors/

6 www.epi-eng.com/piston_engine_technology/turbocharger_technology.htm

13.1.2.2 제습기

제습기는 압축공기 중의 수분을 제거하는 장치이다. 공기 중에서 수분을 제거하는 방법으로는 냉동식과 흡착식의 두 가지 방법이 널리 사용되고 있다.

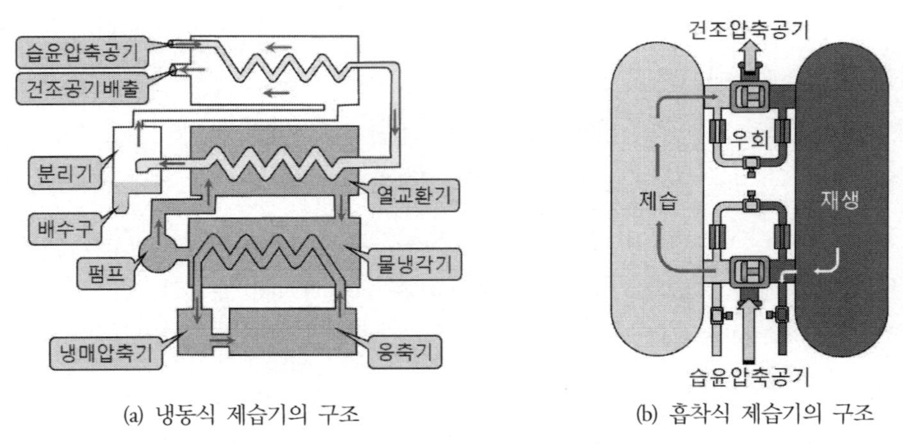

(a) 냉동식 제습기의 구조 (b) 흡착식 제습기의 구조

그림 13.3 압축공기의 수분을 제거하는 제습기의 유형

그림 13.3 (a)에 도시되어 있는 **냉동식 제습기**의 경우, 압축과정에서 온도가 상승한 공기를 냉매를 압축 및 팽창시켜서 만든 저온 열교환기 속으로 통과시켜서 수분을 응축시키는 방식을 사용하고 있다. 이 과정에서 응축된 수분은 분리기를 통해서 제거되며, 건조공기만 배출된다. 냉동식 제습기를 통과한 압축공기의 최저 수증기 응결온도는 -40[°C]로서, 2등급 압축공기의 수분함량 조건에 해당하며, 필요에 따라서 수증기응결온도를 조절할 수 있다. 수증기응결온도가 낮아질수록 제습에 소요되는 전력비용이 증가한다.

그림 13.3 (b)에 도시되어 있는 **흡착식 제습기**의 경우, 수분제거에 **실리카겔**을 사용한다. 투명한 구체 알갱이 형태로 제조된 실리카는 강력한 수분 흡수성질을 가지고 있으며, 각종 음식물 포장용기 속에 투입되는 건조제로도 널리 사용되고 있다. 실리카겔이 수분을 흡수하면 보라색으로 변하며, 수분을 제거하면 다시 투명해진다. 흡착식 드라이어는 두 개의 수직원통(이를 타워라고 부른다) 속에 실리카겔이 가득 채워진 구조를 가지고 있다. 그림에서와 같이 하나의 타워가 제습공정을 수행하는 동안 다른 타워에는 가열공기를 주입하여 수분을 말리는 재생공정이 수행된다. 일정 시간이 지나고 나면 두 타워의 임무를 교대하여 제습과 재생을 수행하면서 압축공기

중의 수분을 제거한다. 흡착식 제습기의 전형적인 수증기 응결온도는 -70[°C]로서, 1등급 압축공기의 수분함량 조건에 해당한다. 흡착식 제습기는 제습과정에서 추가적인 전력을 소모하지 않지만, 재생과정에서 엄청난 에너지를 소모한다는 점을 명심해야 한다.

13.1.2.3 필터

압축공기용 필터는 대기 중에 존재하는 먼지, 오일 및 수분과 같은 이물질들을 걸러내서 압축공기를 사용 가능한 상태로 만들기 위해서 사용된다. 필터는 제습기와 더불어서, 압축공기를 깨끗하고 사용하기에 안전한 상태로 만들기 위한 필수적인 처리설비로서, 각종 공압장비들의 수명을 증가시켜준다.

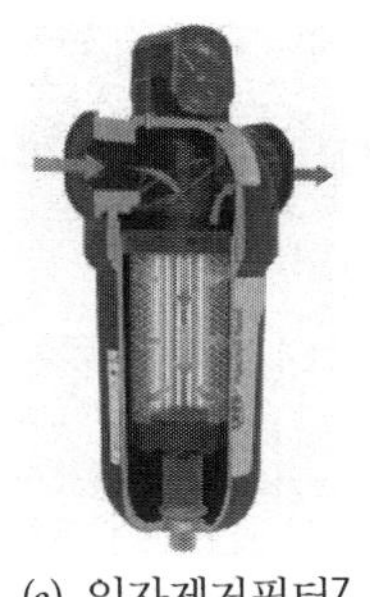
(a) 입자제거필터[7]

(b) 활성탄소필터[8]

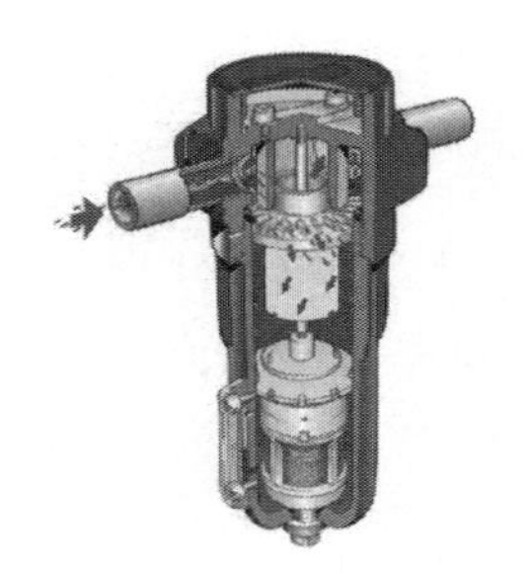
(c) 응축필터[9]

그림 13.4 압축공기용 인라인 필터

압축공기용 필터는 용도에 따라서 입자제거필터, 활성탄소필터, 그리고 응축필터와 같이 세 가지의 유형으로 나눌 수 있다.

입자제거필터는 압축공기로부터 먼지와 유해한 입자들을 걸러낸다. 일반적으로 다공질 맴브레인 구조를 가지고 있어서 공기는 통과할 수 있지만, 기공의 크기보다 큰 먼지와 같은 여타의 이물질들은 기공에 가로막혀서 통과할 수 없다. 기공이 0.1[μm]에 불과한 1등급 공기용 필터는 매우 쉽게 막혀버린다. 이런 미세기공 필터의 수명을 늘리기 위해서는 필터 기공의 크기를 점차로 줄

7 Ingersoll Rand
8 www.puzzlewood.net
9 /catalog.compressedairsystems.com/item/akg-in-line-filtration/akg-moisture-separators/

여가면서 2단 또는 3단 구조로 사용하여 대형의 입자들을 미리 걸러내야만 한다. 필터의 기공이 막혀 버리면, 압축공기를 원활하게 통과시키지 못하며, 차압에 의한 에너지 손실이 증가한다. 그러므로 입자제거 필터의 입구/출구 사이의 차압을 측정하여 기준치 이상으로 증가하면 지체 없이 교체해 주어야만 한다.

활성탄소 필터는 화학적 반응성이 뛰어난 다공질 탄소구조로 제작한 필터로서, 입자제거필터의 하류 측에 설치되어서 기체성 오염물질들을 흡착하여 부동화시키는 역할을 한다. 탄소는 표면적이 매우 넓기 때문에 내구성이 뛰어나지만, 포화되고 나면 더 이상 오염물질들을 흡착하지 못한다. 그러므로 활성탄소 필터는 자주 교체해 주어야만 한다. 활성탄소 필터는 식품처리 및 호흡용 압축공기를 생산하는 경우에 자주 사용한다.

응축필터는 공기 중을 떠다니는 수분, 에어로졸, 윤활유 및 여타 유분입자들을 제거하는 필터이다. 이 필터에서는 단열팽창 과정에서 발생하는 응축효과를 사용하여 에어로졸을 액적(물방울) 형태로 변환시킨다. 응축과정에서 입자성 이물들이 에어로졸에 포획되어 함께 제거된다. 응축수는 드레인을 통해서 배출되며, 필요시에는 오일과 수분을 분리하여 배출하도록 만들 수도 있다. 응축필터 역시 입구/출구 사이의 차압을 측정하여 기준치 이상으로 증가하면 교체해 주어야 한다.

13.1.3 압축공기 공급 시스템

그림 13.5 (a)에서는 압축공기 공급 시스템의 구조를 보여주고 있다. 일반적으로 압축공기 공급 시스템은 최소 4대의 컴프레서들을 1개조로 묶어서 운영한다. 이들 중 1대는 첨두부하용, 2대는 기저부하용, 그리고 나머지 1대는 백업용으로 사용한다. **첨두부하용 컴프레서**는 헤더측 압력①에 따라서 로딩과 언로딩이 이루어진다. 여기서 **로딩**은 대기 측 공기를 흡입하여 압축하는 정상적인 공기압축공정이 이루어지는 상황이며, **언로딩**은 입구 측 밸브를 닫아서 공기를 흡입하지 않는 상태이다. 컴프레서는 언로딩된 컴프레서는 로딩상태에 비해서 약 60%의 전력만을 소비한다. **기저부하용 컴프레서**는 헤더 측 압력과는 무관하게 항상 공기를 압축한다. 그리고 **백업용 컴프레서**는 정지해 있으며, 그룹 내의 다른 컴프레서가 고장난 경우에만 사용한다. 컴프레서들의 역할은 24시간 주기로 교대하여 모든 컴프레서들의 작동시간과 수명을 일치시켜 놓는다. 각 컴프레서들이 생산한 압축공기는 1차 헤더로 모인다. **헤더**는 컴프레서 토출배관보다 직경이 약 5배 정도인 대구경 파이프인데, 각 컴프레서들의 토출배관 유속을 낮추어 상류 측 컴프레서와 하류 측 컴프

레서의 유로저항을 동일하게 만들어주는 역할을 한다. 헤더에는 컴프레서와 병렬로 리저버 탱크가 설치되는데, 이 탱크는 압축공기를 보관하는 용량형 요소로서, 전기회로의 커패시터와 같이 압축공기 공급 시스템의 압력요동을 줄여주며, 에너지를 저장하는 역할을 한다. 이 리저버탱크의 용량이 클수록 첨두부하용 컴프레서의 언로딩시간이 길어지면서 압축공기 공급 시스템의 전력소비가 절감된다. 첨두부하용 컴프레서와 기저부하용 컴프레서의 출력용량을 합한 값에 대해서 100마력당 3[m^3] 정도의 용량을 설치할 것을 추천하는데, 일반 산업현장에서는 이 리저버탱크를 설치하지 않는 경우를 많이 볼 수 있다. 헤더에서 외부로 연결되는 주배관 라인상에는 프리필터, 제습기(드라이어), 메인필터, 그리고 리저버 탱크가 직렬로 연결된다. 직렬로 연결된 리저버 탱크는 수요 측의 순간적인 압축공기 소모량 증가에 대응하는 용도로 사용되며, 첨두부하용 컴프레서의 출력용량에 대해서 100마력당 3[m^3] 정도의 용량을 설치할 것을 추천한다. 리저버 탱크 후단에 유량제어기를 설치하면 하류 측 압축공기 공급압력을 안정화시키고 압축공기 소모량을 최소화하여 에너지를 절감할 수 있다. 이에 대해서는 뒤에서 다시 살펴볼 예정이다.

유량제어기를 지나면 2차헤더가 설치되며, 이 2차헤더에 지관들이 연결되어 말단까지 배관이 이어진다.

그림 13.5 (b)에서는 (a)에 표시되어 있는 1차헤더 압력 ①, 주배관 측 리저버탱크 압력 ②, 그리고 지관 말단압력 ③의 시간그래프를 보여주고 있다. 첨두부하 컴프레서는 헤더압력이 700[kPa]에 이르면 언로딩되며, 600[kPa]까지 떨어지면 로딩되도록 설정되어 있어서 압축공기 소모에 따른 헤더 압력변화 ①에 맞춰서 주기적으로 로딩-언로딩을 반복하고 있음을 알 수 있다. 주배관 측에 설치된 리저버탱크 압력 ②는 탱크 상류 측에 설치되어 있는 필터와 제습기에 의해서 1차헤더 압력보다 약간 낮으며, 헤더압력 ①의 경향을 그대로 따라가고 있음을 알 수 있다. 일반적으로 차압(압력 ①-압력 ②)은 20~30[kPa] 정도까지만 허용되며, 이보다 차압이 증가하면 필터나 배관이 막혔다는 것을 의미하므로 즉시 교체나 정비를 시행해야 한다. 그래프를 살펴보면, 말단압력 ③은 1차헤더 압력 ①과는 다른 변화양상을 보이고 있음을 알 수 있다. 이는 말단에서의 압축공기 소모경향의 영향을 강하게 받고 있기 때문이며, 주배관에서 말단 사이의 유로저항 때문에 큰 차압이 발생하고 있다는 것을 알 수 있다. 차압(압력 ②-압력 ③)이 50[kPa]을 넘어서면 지관의 직경이 작다는 것을 의미하며, 이로 인하여 상당한 전력손실이 발생한다는 것을 명심해야 한다.

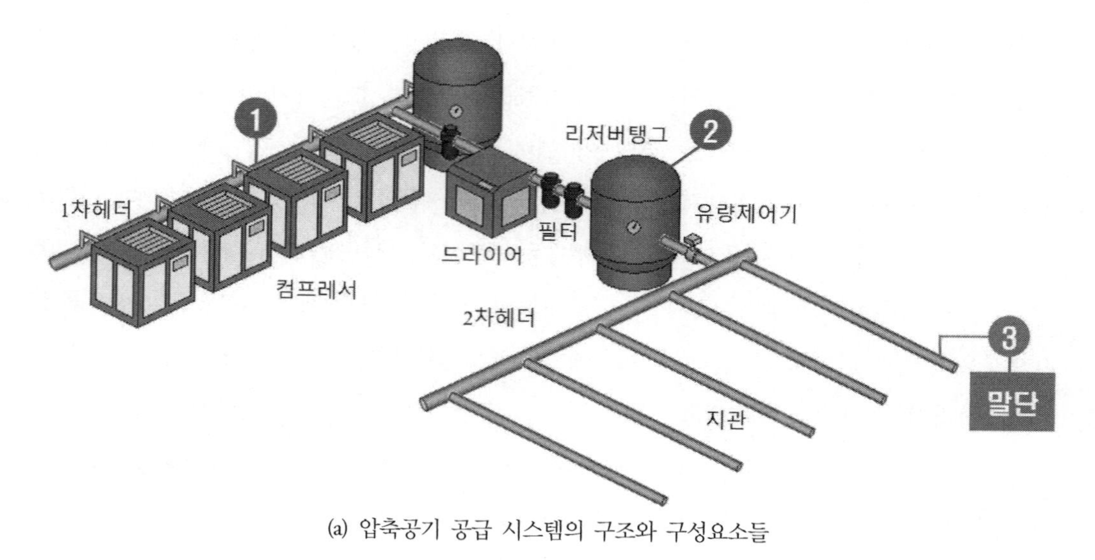

(a) 압축공기 공급 시스템의 구조와 구성요소들

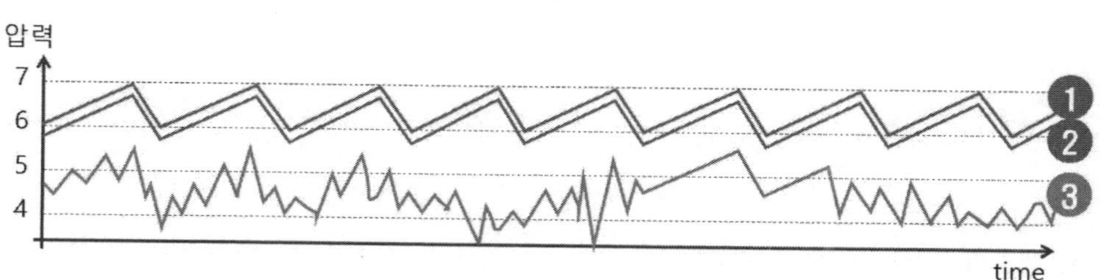

(b) 압축공기 공급 시스템의 위치별 압력변화양상

그림 13.5 압축공기 공급 시스템의 사례(컬러도판 p.674 참조)

13.1.3.1 공압의 효율성

7~8[hp]의 전기모터로 컴프레서를 구동하여 생산한 압축공기를 사용하여 겨우 1[hp]의 공압모터를 구동할 수 있다. 즉 공압의 전기효율은 약 12.5%에 불과하다. 게다가 미국 공압기기협회(CAGI)에서 제시하고 있는 **그림 13.6**의 도표에서 확인할 수 있듯이, 압축공기가 실제 생산에 사용되는 비율은 불과 50%에 불과하며, 상당량이 리크와 배관에서 발생하는 압력손실에 의해서 소모된다. 여기에 추가적으로 압축공기 공급 시스템을 운영하기 위해서는 냉각, 수분응축, 폐유처리, 필터와 같은 각종 유지보수비용들이 추가되며, 감가상각비용도 함께 고려해야만 한다. 이를 통해서 압축공기는 매우 비싼 에너지원이며, 리크 및 압력손실에 의해서 과도한 에너지가 낭비되고 있다는 것을 알 수 있다. 압축공기 공급 시스템의 고효율화를 위해서는 우선, 다수의 소용량 컴프레서를 소수의 대용량 컴프레서로 대체하여 장비의 숫자를 줄여야 한다. 그리고 리저버 탱크의

용량을 증설하여 첨두부하 컴프레서의 언로딩 시간을 최대한 길게 유지시켜야 한다. 필터나 제습기에서 발생하는 차압손실과 배관에서 발생하는 차압손실을 최소화하기 위해서 각종 공압요소들을 오버사이즈로 선정해야만 한다. 이를 통해서 컴프레서 총용량이 300[hp] 미만인 소용량 시스템의 경우에는 20~50%의 전력비용 절감이 가능하며, 1,000[hp] 이상의 중대형 시스템의 경우에는 10~20%의 전력비용 절감이 가능하다. 팹의 경우와 같이 10,000[hp] 이상의 초대형 시스템의 경우에는 세심한 압축공기 공급 시스템 설계와 관리를 통해서 5% 이상의 전력비용 절감이 가능하다.

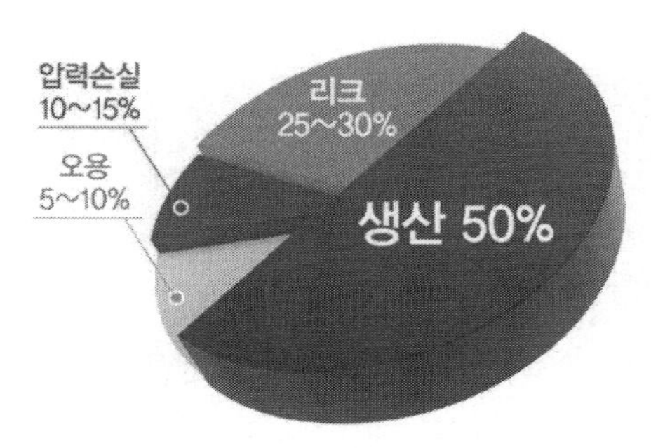

그림 13.6 압축공기의 소비특성

13.1.3.2 압력요동과 압력손실문제

그림 13.7에서는 이차전지소재 제조공장 압축공기 공급라인의 압력 그래프를 보여주고 있다. 상부의 적색선은 주배관측 리저버탱크 압력이며, 하부의 청색선은 말단압력이다. 주배관 압력은 최대 134[psi](930[kPa])이지만, 말단압력은 86[psi(600[kPa])까지 떨어지고 있음을 알 수 있다. 이보다 더 심각한 것은 압축공기 소모량이 갑자기 증가하는 경우에는 말단압력이 39[psi](270[kPa])까지 떨어진다는 것이다. 이는 매우 심각한 문제로서, 제품 생산의 품질에 직접적인 영향을 끼치게 된다. 해당업체에서는 이런 일시적인 압력강하 문제를 해결하기 위해서 기존에 사용하고 있던 토출압력이 700[kPa]인 일반 컴프레서 대신에 토출압력이 930[kPa]인 고압용 컴프레서들로 교체하였다. 이를 통해서 주배관 평균압력과 말단 평균압력은 상승하였으나, 일시적인 압력강하 문제는 그래프에서 확인할 수 있듯이 전혀 개선되지 않았다. 이렇게 차압이 크게 발생하며, 일시적으로 심각한 압력강하가 발생하는 이유는 지관의 직경이 너무 작아서 말단까지 압축공기를 원활히 운반하지 못하기 때문이다. 저자는 이를 개선하기 위해서 지관의 직경을 증설할 것을 권고하였으며, 이를 통하여 말단에서 발생하는 차압을 줄이고 압력강하 현상을 완전히 해소할 수 있었다.

압축공기 공급시스템의 말단에서 발생하는 압력요동이나 압력강하 현상은 주배관상의 리저버 탱크 용량부족, 압축공기 운반용 배관의 직경부족, 그리고 필터의 막힘이나 유지보수 소홀 등에 의한 것이다. 이런 원인들에 대한 체계적인 분석 없이 컴프레서 용량만 증설한다면 전력비용을 낭비할 뿐 근본적인 원인은 개선되지 않는다.

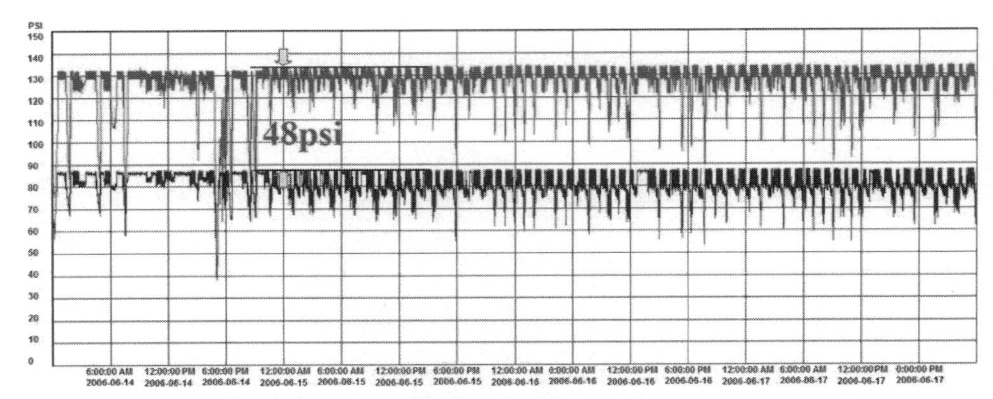

그림 13.7 압력측정 그래프 사례(컬러도판 p.675 참조)

13.1.3.3 능동형 압력조절기

그림 13.5의 ①번 그래프에서 알 수 있듯이, 첨두부하용 컴프레서의 로딩-언로딩에 따라서 주배관 압력은 약 100[kPa]만큼 요동치게 된다. 이는 주배관 평균압력에 비해서 매우 큰 값이므로, 공급 공기압력의 변화에 의해서 작동기의 작용력 변화, 퍼징되는 공기의 유량변화 등과 같은 품질편차가 발생하게 된다. 이를 최소화하기 위해서 **그림 13.8 (a)**에 도시된 것과 같은 수동형 압력조절기(일명 레귤레이터)가 사용된다. 그런데 수동식 압력조절기는 상류 측 공급 압력을 원하는 수준으로 낮추는 과정에서 압력의 요동폭이 그에 비례하여 줄어들 뿐 일정한 압력으로 안정화시켜주지는 못한다. 그리고 이런 수동식 압력조절기는 개별 공압기기의 상류 측에 설치하여 국부적인 압력조절에 사용될 뿐이다. **그림 13.8 (b)**에서는 저자가 개발한 능동형 압력조절기[10]가 도시되어 있다. 하류 측 압력을 측정하여 버터플라이 밸브의 열림각도를 조절하는 PID 귀환제어방식의 능동형 압력조절기로서, 주배관 압력을 일정하게 유지시켜주기 때문에, 압축공기의 품질이 안정

10 Flow Master라는 이름으로 판매되고 있다. www.quincycompressor.co.kr 참조.

되며, 압축공기 수요에 맞춰서 필요 최소한의 유량만이 주배관으로 공급되기 때문에 에너지 절감 효과가 매우 뛰어나다.

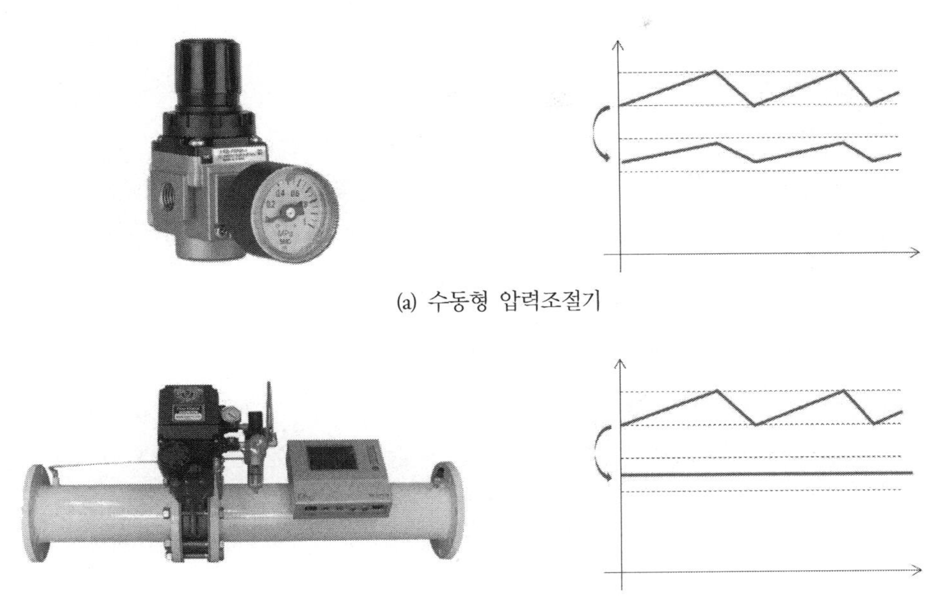

(a) 수동형 압력조절기

(b) PID 제어방식의 능동형 압력조절기

그림 13.8 수동형 압력조절기와 능동형 압력조절기의 작동특성 비교

13.1.3.4 다이본더 압축공기 공급 시스템의 사례

그림 13.9에서는 다이본더에 설치되어 있는 압축공기 공급 시스템에서 발생하는 오픈블로잉 유량저하현상을 개선하기 위한 설계개선 사례를 보여주고 있다. 그림에서와 같이 2층 형태로 4기의 다이본더 장비가 설치되어 있으며, 그레이룸에서 25[mm] 배관으로 압축공기가 공급되면 매니폴드 블록을 사용하여 4개의 15[mm] 배관으로 분기하여 개별 다이본더 장비로 보내며, 각각의 다이본더에서는 다시 매니폴드 블록을 사용하여 4개의 12[mm] 배관으로 분기시켜서 오픈 블로잉을 하는 구조로 압축공기 공급 시스템이 구성되어 있었다. 각각의 본더장비에서 웨이퍼 본딩이 끝나고 나면, 4개의 12[mm] 노즐들을 사용하여 400[kPa]의 압력으로 10초간 블로잉하여 웨이퍼를 냉각한다(즉, 670리터의 공기가 블로잉된다. 이를 700[kPa]로 압축하면 압축공기 약 100리터에 해당한다). 4대의 본더들 중에서 한 대의 장비가 작동하는 경우에는 아무런 문제가 없지만, 여러 대의 장비들이 동시에 블로잉을 시행하면 공급공기압력이 갑자기 떨어지며, 블로잉되는 공기의

유량도 감소하여 웨이퍼 냉각불량이 발생하게 된다. 이는 근본적으로 25[mm] 직경을 가지고 있는 인입배관의 적정 유량송출속도가 불과 2000[lpm]에 불과하기 때문이다. 그렇다고 인프라로 설치된 배관을 교체할 수는 없기 때문에, **그림 13.9**에서와 같이 그레이룸에 1.5~2[m^3]용량의 리저버 탱크와 각각의 장비마다 20리터 용량의 리저버 탱크를 설치할 것을 권고하였다. 개별 본더장비마다 설치되어 있는 20리터 용량의 탱크는 개별 본더장비에서 순간적으로 블로잉되는 유량에 의하여 배관압력이 강하되는 것을 막아주며, 그레이룸에 설치된 리저버 탱크는 다수의 장비들이 동시에 블로잉하는 과정에서 발생하는 공급압력 강하현상을 막아주는 역할을 한다. 그러므로 일시적인 유량증가에 대응능력이 향상되어 주배관 압력강하와 그에 따른 불량발생을 막아줄 수 있다. 그런데 안타깝게도 해당 장비 생산업체에서는 개별 장비에 리저버 탱크를 설치할 공간이 없으며, 그레이룸은 자신들의 소관이 아니어서 추가적인 탱크를 설치할 수 없다는 이유로 저자의 권고를 받아들이지 않았다. 대신에 레시피를 조절하여 동시에 다수의 장비가 블로잉 작업을 하지 못하도록 만들었다. 이는 언뜻 보기에는 좋은 대안인 것으로 생각할 수 있겠지만, 결국 대기시간을 늘려 생산속도를 저하시키는 결과를 초래하므로 결코 바람직하지 않은 대책이다.

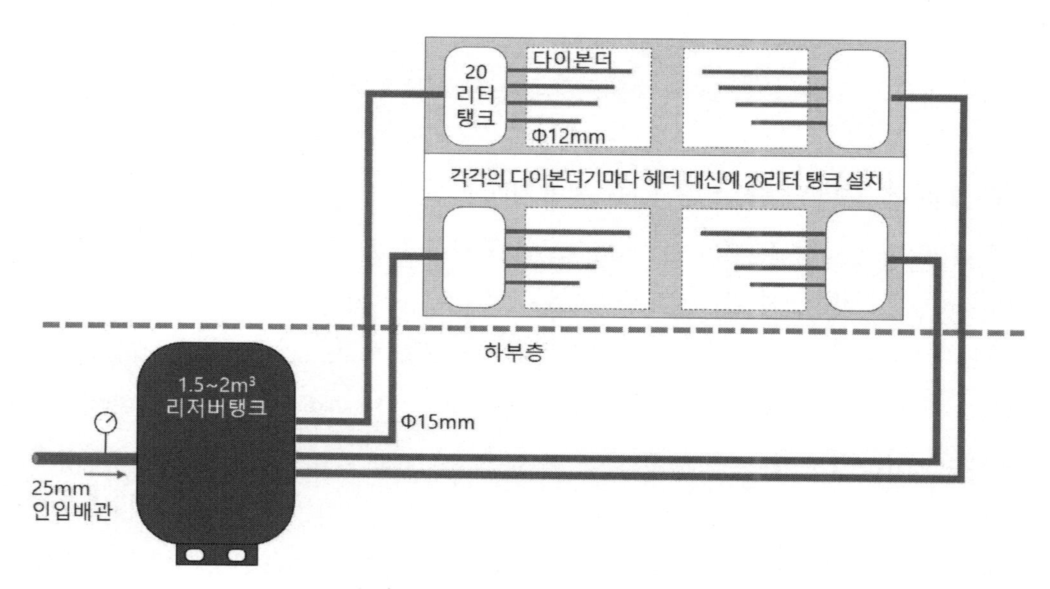

그림 13.9 다이본더 압축공기 공급 시스템의 개선사례

13.1.4 공압요소

압축공기를 사용하여 다양한 작업을 수행하는 공압장치들을 만들 수 있다. 공압장치들은 용도와 기능에 따라서 다양한 기능들이 요소부품화되어 있기 때문에 마치 레고블록과 같이 필요한 요소부품들을 선정하여 조립하는 방식으로 공압장치들이 만들어진다. 이때에 사용되는 요소부품들은 심벌화되어 있기 때문에, 마치 전자회로의 경우와 같이 각종 심벌들을 연결하여 계장도(공압회로도)를 작성하여야 한다.

공압요소 부품들은 컴프레서나 피스톤 같은 에너지변환요소, 에너지 전달요소, 밸브요소, 제어요소, 측정요소 및 로직요소 등으로 이루어진다. 각종 공압요소들의 심벌에 대해서 살펴본 다음에 밸브요소와 작동기요소에 대해서 조금 더 자세히 살펴보기로 한다.

13.1.4.1 공압회로 심벌

표 13.1에서는 공압회로 요소들의 심벌과 명칭이 제시되어 있다. **에너지변환요소**에는 공기를 압축하는 컴프레서, 공기를 배출하여 진공상태를 만드는 진공펌프, 압축공기를 사용하여 회전운동을 만들어내는 공압모터, 그리고 압축공기를 사용하여 직선운동을 만들어내는 피스톤 등이 포함된다. 특히 피스톤은 압축공기 포트가 하나뿐인 단동식 피스톤과 포트가 두 개인 복동식 피스톤으로 나뉘고, 복동식 피스톤은 다시 단로드형과 양로드형으로 세분된다. **에너지 전달요소**에는 공기 중 분진을 걸러내는 필터, 공기 중 수분을 걸러내는 제습기, 공기 중 응축수를 제거하는 워터트랩, 공기 중에 윤활유를 섞어주는 윤활장치, 단열압축 과정에서 뜨거워진 공기를 냉각하는 냉각장치, 압축공기를 대기 중으로 배출할 때에 발생하는 소음을 저감시켜주는 소음기, 그리고 압축공기를 저장하는 리저버 탱크 등이 포함된다. **밸브요소**는 밸브에 연결되는 포트의 숫자와 밸브가 구현할 수 있는 상태(또는 경로)의 숫자로 나타내는데, 가장 단순한 2포트/2웨이 밸브에서부터 3포트/2웨이 및 3포트/3웨이, 4포트/2웨이 및 4포트/3웨이, 5포트/2웨이 및 5포트/3웨이 등과 같이 다양한 유형의 밸브들이 사용되고 있다. 여기서 주의할 점은 4포트 방식은 주로 유압용 밸브에 사용되며, 공압용 밸브의 경우에는 5포트 방식이 사용된다는 것이다. 즉, 복동식 유압 피스톤을 구동하는 경우에는 4포트/3웨이 밸브를 사용하는 반면에 복동식 공압 피스톤을 구동하는 경우에는 5포트/2웨이 또는 5포트/3웨이 밸브를 사용한다는 것이다. **제어요소**는 밸브의 작동을 제어하는 요소로서, 누름쇠, 버튼, 레버, 페달과 같은 수동 제어요소, 솔레노이드, 모터 및 공압과

같은 능동제어요소, 그리고 스프링과 같은 자동 복귀요소 등이 사용된다. **측정요소**에는 유량계, 온도계 및 압력계를 포함하여 다양한 표시기 및 센서들이 포함된다. 이외에도 릴리프 밸브나 체크밸브와 같은 다양한 부속요소들과 로직회로를 구현하기 위한 AND 및 OR와 같은 로직밸브들이 사용되고 있다.

표 13.2 공압회로 요소들의 심벌과 명칭

심벌	명칭	심벌	명칭	심벌	명칭	심벌	명칭
	컴프레서		2포트/2웨이 밸브		범용 누름쇠		필터
	진공펌프		3포트/2웨이 밸브		버튼		제습기
	공압모터		3포트/3웨이 밸브		레버		워터트랩
	복동식 피스톤		4포트/2웨이 밸브		페달		윤활장치
	단동식 피스톤		4포트/3웨이 밸브		롤러 플런저		냉각기
	양로드형 피스톤		5포트/2웨이 밸브		솔레노이드		스로틀 밸브
	유량계		5포트/3웨이 밸브	M	모터		리저버 탱크
	온도계		체크밸브		공압		소음기
	압력계		예압형 체크밸브		스프링		릴리프 밸브

13.1.4.2 밸브요소

공압회로의 작동을 제어하기 위해서 **밸브요소**들이 사용된다. **표 13.2**에서 살펴봤듯이, 밸브요소는 포트와 상태의 숫자와 밸브동작을 제어하기 위해서 사용되는 제어요소의 숫자와 종류에 따라서 매우 다양한 조합이 가능하다. **그림 13.10**에서는 스프링에 의해서 닫힘상태가 유지되며, 솔레노이드에 전력을 부가하여 밸브를 개방하는 가장 단순한 형태의 2포트/2웨이 밸브를 보여주고 있다.

그림 13.10 (b)의 내부 구조에서 볼 수 있듯이, 솔레노이드 플런저에 연결되어 있는 고무소재의 다이아프램이 상하로 움직이면서 밸브가 여닫힌다는 것을 알 수 있다. 그런데 만일 압축공기에 유분이 함유되지 않은 완전 건조상태라면, 밸브의 밀폐가 완전하지 못할 수 있다. 밸브 다이아프램 판과 밸브 시트 사이의 접촉면이 완전히 밀폐되려면 약간의 유분이 필요하다. 이는 피스톤과 같은 작동기 요소의 경우에도 마찬가지이다. 그러므로 일반 산업용 압축공기에는 윤활장치를 사용하여 3~5[ppm] 정도의 윤활유를 섞어준다. 그런데 클린룸에서 사용하는 압축공기에 윤활유를 섞어주면 유분이 클린룸 공기 중으로 방출되어 심각한 오염원으로 작용할 우려가 있다. 그렇다고 윤활유가 필요 없는 밸브요소나 작동기요소를 만들 수도 없는 일이기 때문에, 클린룸에서 사용하는 밸브요소나 작동기요소들의 경우에는 요소부품 조립 시에 미리 클린룸 전용 그리스를 도포하여 놓아야만 한다. 클린룸 전용 그리스는 유분이 증발하지 않기 때문에 사용수명 기간 동안 대기 중으로 유분이 방출되지 않는다.

(a) 2포트/2웨이 밸브의 외관

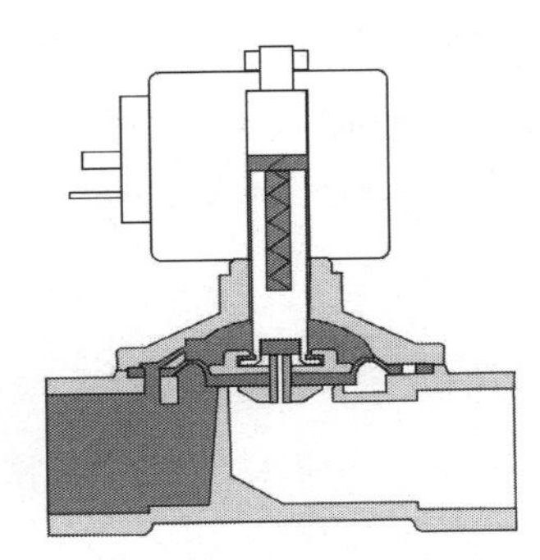

(b) 2포트/2웨이 밸브의 구조

그림 13.10 2포트/2웨이 밸브의 사례

반도체장비 내에서는 다수의 밸브들을 좁은 공간에 집적하여 설치하기 위해서 **그림 13.11**에 도시된 것처럼 **매니폴드 블록**을 사용한다. 매니폴드 블록의 중앙에는 압축공기 공급 및 배기유로가 설치되어 있으며, 측면으로는 각 밸브의 연결 포트들이 위치하고 상부에는 밸브들이 설치되는 밸브시트가 위치한다. 다수의 솔레노이드 밸브들을 하나의 위치에서 통제한다는 측면에서는 매우 유용한 구조이지만, 다수의 밸브들이 동시에 압축공기를 배출하는 경우에는 매니폴드 블록의 유량공급 한계 때문에 **그림 13.9**의 사례에서 설명했듯이, 상류 측 밸브와 하류 측 밸브의 토출유량 사이에 편차가 발생할 수 있다. 이런 경우에는 매니폴드 블록 대신에 압축공기 공급단 체적이 큰 헤더구조를 사용해야만 한다.

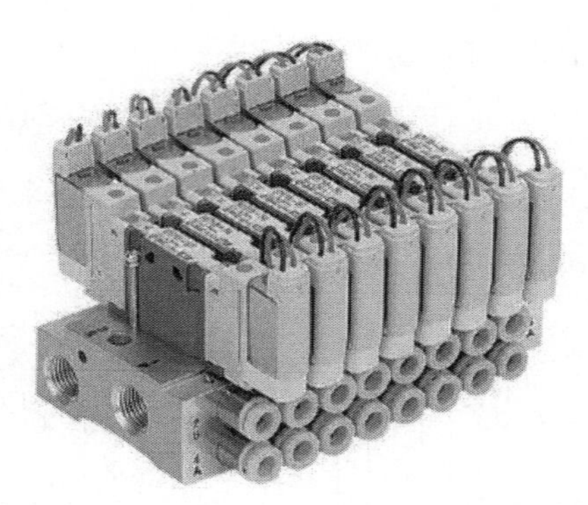

그림 13.11 다수의 솔레노이드 밸브들이 설치되어 있는 매니폴드 블록의 사례[11]

13.1.4.3 작동기요소

작동기요소는 회전운동이나 직선운동과 같이 압축공기를 사용하여 물리적인 운동을 만들어내는 요소이다. 자동차 정비소에서 사용하는 임펙트 렌치가 공압모터의 대표적인 사례이며, 리프트핀 승/하강, 도어의 개폐 등과 같은 다양한 용도에서 공압 피스톤이 사용되고 있다. **그림 13.12 (a)**에서는 전형적인 공압 피스톤의 내부 구조를 보여주고 있다. 얇은 스테인리스 실린더의 앞과 뒤에 알루미늄 소재의 포트 블록을 조립하여 실린더 구조가 제작되며, 그 속에 피스톤과 피스톤 로드 조립체가 조립된다. 피스톤 양단의 공기압력 차이에 의해서 피스톤의 왕복 운동이 이루어지는데, 그림에서와 같이, 피스톤 외경 측에 설치되어 있는 고무 패킹에 의해서 피스톤 양측 사이의 밀봉이 이루어진다. 피스톤 로드와 우측의 포트블록 사이에도 고무소재의 립실이 설치되어 피스톤 로드와 포트 블록 사이의 밀봉이 유지된다. 이들 두 개의 밀봉용 고무들은 미끄럼 운동에 노출되기 때문에 마멸에 매우 취약하다. 그러므로 클린룸에서 사용되는 공압 작동기요소의 경우에는 밸브의 경우에서와 마찬가지로 조립 시에 미리 클린룸용 그리스를 마찰부위에 도포해 놓아야 한다.

작동기 요소를 구동하기 위해서는 밸브요소가 사용되어야만 한다. **그림 13.12 (b)**에서는 양측 솔레노이드로 구동되는 5포트/3웨이 밸브를 사용하여 복동식 단로드형 공압 피스톤을 구동하는

11 www.smcpneumatics.com/SS0755-05M5C.html

공압회로도를 보여주고 있다. 복동식 공압 피스톤은 2개의 3포트/2웨이 벨브를 사용하거나 하나의 5포트/3웨이 밸브를 사용하여 구동할 수 있다. 공압회로도나 전기회로도와 같은 각종 계장도를 판독하고 이해하는 능력은 인프라의 설계 및 관리를 위해서 매우 중요하다.

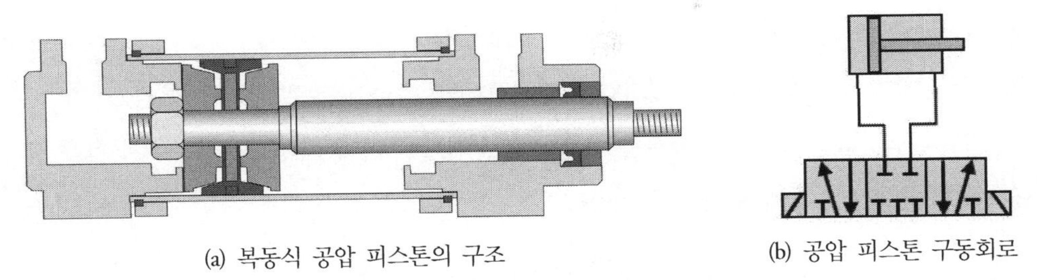

(a) 복동식 공압 피스톤의 구조 (b) 공압 피스톤 구동회로

그림 13.12 복동식 공압 피스톤의 구조와 5포트/3웨이 밸브를 사용한 복동식 공압 피스톤 구동회로의 사례

13.2 진공

진공이란 일정한 공간 내에 존재하는 공기 및 가스를 제거한 상태를 의미하지만 지구상에서 공간 내에 아무것도 존재하지 않는 완전진공 상태를 만드는 것은 불가능하다. 그러므로 실제적으로는 일정한 공간 내부에 존재하는 기체의 압력이 대기압보다 현저히 낮은 경우를 진공이라고 부른다. 진공상태에서는 플라스마와 같은 고반응성 환경을 만들 수 있기 때문에 식각이나 증착과 같이 반도체 생산에 필수적인 공정들을 수행할 수 있다.

국내의 반도체 업계에서는 진공을 인프라 형태로 구축하여 운영하지 않으며, 진공환경이 필요한 기기마다 개별적으로 진공시스템을 설치하여 운영하고 있는 실정이다. 그런데 압축공기 공급시스템의 경우에서와 마찬가지로, 진공시스템 역시 대형화를 통해서 전력효율을 높일 수 있기 때문에, 온실가스배출을 감축하기 위해서는 중앙집중식 진공시스템구축이 필요한 실정이다.[12]

이 절에서는 압력의 개념, 진공의 단위, 기체법칙, 가스부하, 진공펌프의 용량계산, 진공펌프의 유형, 중앙집중식 저진공 시스템, 진공설계 개선사례의 순서로 진공에 대해서 살펴보기로 한다.

12 TSMC를 포함한 대만의 반도체 팹들은 이미 중앙집중식 진공시스템을 운영하고 있다.

13.2.1 기체와 압력

기체는 독자적으로 움직이는 원자나 분자들로 이루어진다. 대기압 상태에서 기체 분자들은 평균 500[m/s]의 속도[13]로 움직이면서 **그림 13.13**에 도시되어 있는 것처럼, 서로 충돌하거나, 공간을 이루는 벽체와 충돌하게 된다. 압력은 이렇게 고속으로 움직이는 기체 분자들이 충돌 과정에서 주변에 가하는 힘을 단위면적으로 나눈 값이다. 진공상태가 되어도 이 속도는 더 빨라지지 않지만 **분자 간 평균 자유비행거리**[14]는 대기압 상태에서 수십 [nm]이던 것이 진공도가 높아지면 수 [m]까지 증가한다. 즉, 진공도가 높아질수록 기체 분자가 다른 기체 분자와 충돌하면서 힘을 전달할 확률이 감소하기 때문에 주변을 밀어내는 압력이 낮아진다는 뜻이다.

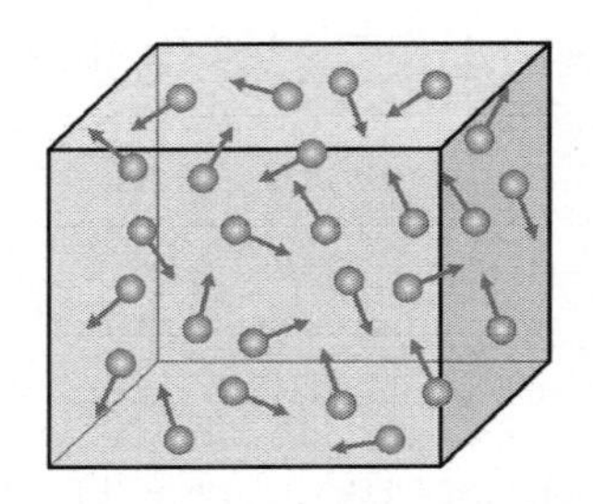

그림 13.13 공간 내에서 기체분자의 운동

13.2.2 진공의 단위

진공은 대기압 이하에서 기체의 상태를 나타내기 위해서 사용하는 개념이다. 진공압력은 진공의 존재를 증명하기 위해서 토리첼리가 사용했던 수은주의 개념을 현재까지도 그대로 사용하여, **토르**[Torr] 단위를 널리 사용하고 있다. **그림 13.14**에서와 같이, 수은접시 위에 거꾸로 놓은 시험관 속에 담겨 있는 수은의 높이를 기준으로 압력을 표시한다.

$$1\,[mmHg] = 1\,[Torr] \tag{13.3}$$

지구 표면을 약 40[km]의 높이로 덮고 있는 공기층을 **대기**라고 부른다. 해수면 높이에서의 평

13 수소(H_2)분자는 약 1,750[m/s], 질소(N_2)분자는 약 460[m/s]로 움직인다.

14 molecular mean free path: 하나의 기체 분자가 다른 기체분자와 충돌하지 않고 이동할 수 있는 평균거리.

균 대기압력은 101.3[kPa]로서, 이를 수주높이로 환산하면 10.33[mH_2O]이며, 수은주 높이로 환산하면 760[mmHg]이다. 공기는 질소(N_2, 78.1%), 산소(O_2, 20.9%), 아르곤(Ar, 0.93%), 이산화탄소(CO_2, 0.33%), 네온(Ne, 0.0018%), 그리고 미량의 헬륨, 메탄, 크립톤, 수소, 질화산소, 제논 등으로 구성되어 있다. **그림 13.14 (b)**에서와 같이 벨자[15]를 사용하여 대기와 내부공간을 격리시킨 다음에 진공펌프를 사용하여 벨자 내부의 공기를 빼내면 내부압력이 감소하면서 기체분자들이 수은 접시와 충돌하는 압력이 감소하기 때문에, 수은주의 높이가 낮아진다. 그러므로 수은주의 높이를 사용하여 진공체적 내부의 압력을 측정할 수 있다. 그런데 [Torr]나 [mmHg]는 주로, 음압(진공압력)을 측정 및 표시하는 데에 주로 사용되고 있으며, 양압의 측정 및 표시에는 [kPa] 또는 [kg/cm^2]과 같은 단위를 사용한다.

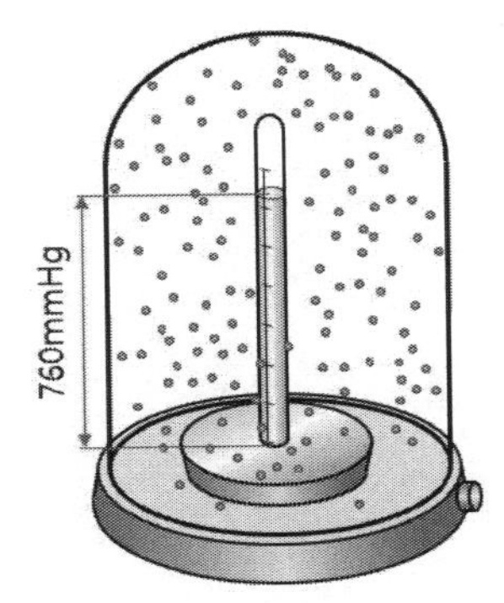

(a) 대기압 상태에서의 수은주

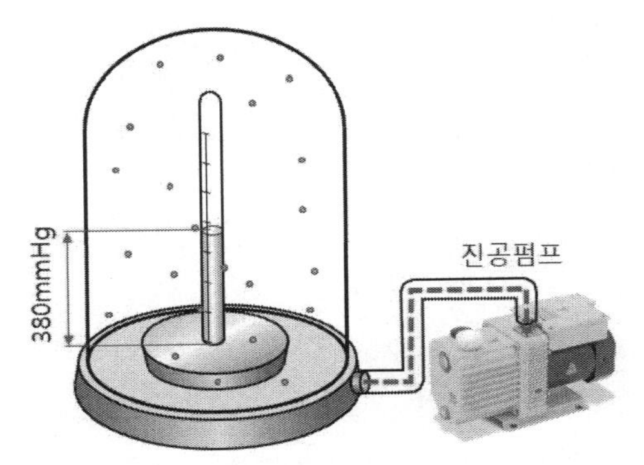

(b) 저진공 상태에서의 수은주

그림 13.14 대기압력과 수은주 높이 사이의 상관관계

표 13.3 진공도의 분류

진공도의 명칭	범위[Torr]	범위[kPa]
저진공	25~760	3~100
중진공	10^{-3}~25	10^{-4}~3
고진공	10^{-6}~10^{-3}	10^{-7}~10^{-4}
심고진공	10^{-9}~10^{-6}	10^{-10}~10^{-7}
초고진공	10^{-12}~10^{-9}	10^{-13}~10^{-10}
극초고진공	~10^{-12}	~10^{-13}

15 bell jar; 종모양의 유리덮개.

진공도는 **표 13.2**에서와 같이, 진공압력에 따라서 저진공에서 극초고진공까지 다양한 구간으로 분류하고 있다. 표에서 [Torr] 단위를 [kPa] 단위로 변환하면 표에 제시된 수치에 1.33배만큼 곱해야 하지만 충분히 작은 값에 1.33을 곱하는 것은 물리적으로 큰 의미가 없기 때문에 산업현장에서 진공압력을 환산할 때에는 [Torr] 단위를 10으로 나누어 [kPa] 값으로 사용한다.

13.2.3 기체법칙

압축공기의 경우와 마찬가지로 진공도 식 (13.1)에 제시되었던 보일의 법칙과 식 (13.2)에 제시되었던 샤를의 법칙에 지배를 받는다. 이를 사용하여 **그림 13.15**에 도시되어 있는 두 가지 사례에 대한 계산을 수행할 수 있다.

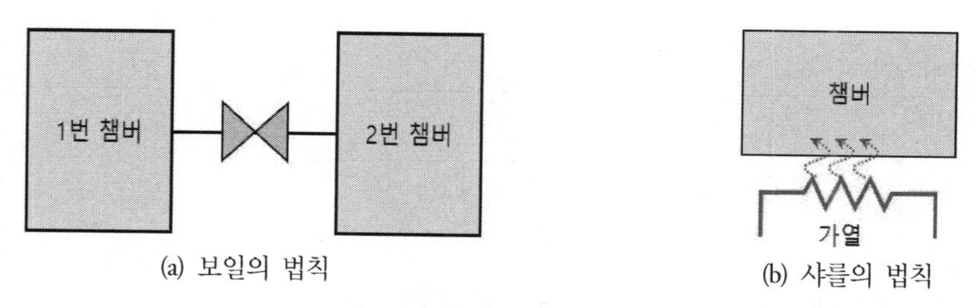

(a) 보일의 법칙 (b) 샤를의 법칙

그림 13.15 보일의 법칙과 샤를의 법칙을 활용한 계산사례

그림 13.15 (a)의 경우에 1번 챔버의 체적은 120[liter], 압력은 760[Torr]이며, 2번 챔버의 압력은 10[mTorr]라 하자. 두 챔버를 연결하는 차단 밸브를 개방한 이후의 최종압력은 500[Torr]라한다면, 2번 챔버의 체적은 얼마이겠는가? 단, 밸브개방 전과 후의 온도변화는 없다고 가정한다. 보일의 법칙에 따르면,

$$760[Torr] \times 120[\ell] + 0.01[Torr] \times V_2 = 500[Torr] \times \{120[\ell] + V_2\} \quad (13.4)$$
$$\therefore V_2 = 62.4[\ell]$$

그림 13.15 (b)에서와 25[°C]에서 압력이 50[mTorr]인 용기를 100[°C]까지 가열하면 용기 내부의 압력은 얼마로 변하겠는가? 챔버의 체적이 일정한 경우, 온도와 압력 사이의 관계는 식 (13.2)에 제시되어 있는 샤를의 법칙에 의존한다.

$$\frac{0.05[\,Torr]}{25+273.15} = \frac{P_2}{100+273.15} \tag{13.5}$$

$$\therefore P_2 = 0.063[\,Torr] = 63[m\,Torr]$$

13.2.4 가스부하

그림 13.16에서는 반도체 공정에서 자주 사용되는 전형적인 진공시스템의 구조를 보여주고 있다. 그림에서 ①번은 공정작업이 이루어지는 챔버이다. ②번은 터보분자펌프나 크라이오펌프와 같은 고진공펌프이며, ④번 게이트밸브에 의해서 챔버와 연결되어 있다. 고진공펌프의 하류 측에는 ③번 저진공펌프가 설치되어 있어서 고진공펌프의 배출단 압력을 저진공 상태로 유지시켜준다. 챔버와 배관에는 ⑧번 저진공 게이지가 설치되어 있어서 게이트밸브 열림조건이나 고진공펌프 작동조건을 모니터링한다. 그리고 ⑨번 고진공 게이지는 고진공펌프의 작동상태를 모니터링하며, 공정 진행 여부를 판단한다.

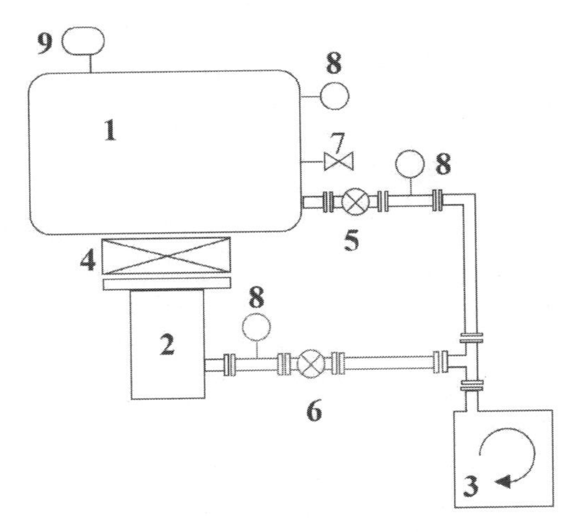

그림 13.16 진공 시스템의 구조

메인챔버와 배관상에는 ⑤, ⑥ 및 ⑦번의 밸브들이 설치되어서 진공 시스템의 작동상태를 조절한다. ①번 챔버를 고진공으로 만들기 위한 공정 순서를 살펴보면, ④번 게이트밸브와 ⑥번의 밸브를 닫은 상태에서 ⑤번 밸브를 열고 ③번 저진공펌프를 작동시키면서 ⑧번 저진공 게이지를 모니터링한다. ⑧번 저진공 게이지의 압력이 10^{-2}[Torr]에 도달하면 ⑤번 밸브를 닫고 ④번 게이트 밸브와 ⑥번 밸브를 열어 놓은 상태에서 ②번 고진공펌프를 작동시킨다. ①번 챔버 내부의 압력은 ⑨번 고진공 게이지를 사용하여 모니터링하며, 10^{-6}[Torr] 또는 미리 지정된 공정압력에 도달하면 공정을 시작한다. 반도체 공정에서는 진공챔버의 진공을 해지하지 않는 게 원칙이지만, 유지보수 등의 이유 때문에 진공을 해지해야만 하는 경우에는 ④번, ⑤번 및 ⑥번 밸브를 닫고 ②번 및 ③번 펌프를 정지시킨 다음에 ⑦번 밸브를 열어서 챔버 압력을 대기압까지 높인다.

그림 3.17 (a)에서는 진공챔버에 가해지는 다양한 가스부하들을 보여주고 있다. 가스부하는 챔버 내부의 체적에 존재하는 기체 이외의 추가적인 기체들로서, 챔버 벽체에 존재하는 결함을 통과하는 리크와 결함이 없는 벽체 자체를 통과하는 투과 및 확산, 진공펌프에서 올라오는 역류, 그리고 챔버 벽체에 들러붙어있던 각종 기체들이 서서히 증발해 나오는 가스배출[16] 등으로 이루어진다. 특히, 알루미늄은 밀도가 작기 때문에 상당량의 기체가 투과 및 확산되어서, 고진공 챔버 소재로 사용하는 경우에는 세심한 주의가 필요하다.

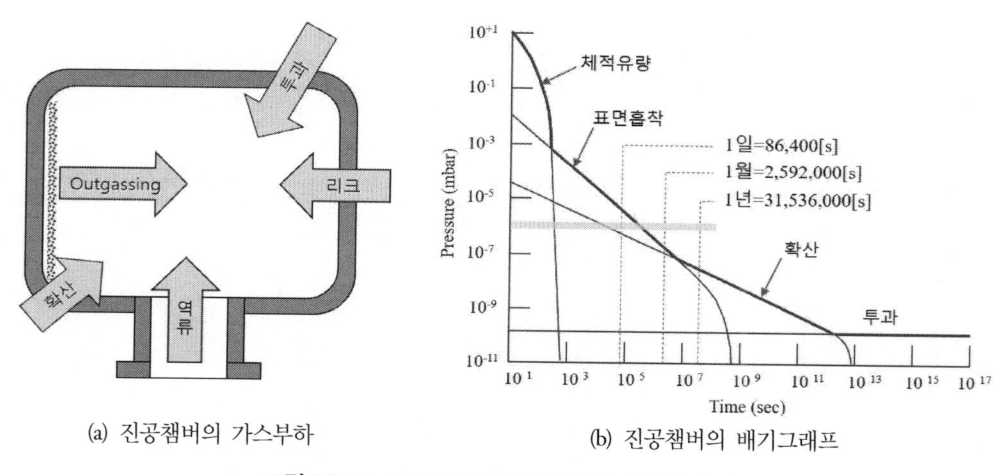

(a) 진공챔버의 가스부하

(b) 진공챔버의 배기그래프

그림 13.17 진공챔버에 작용하는 가스부하와 배기

일반적으로는 STS304나 STS316과 같은 스테인리스강 소재가 고진공 챔버 소재로 널리 사용되고 있다. 그런데 챔버 벽체에서 자연 증발되는 가스배출은 매우 심각한 문제이다. 자연상태에서 방치되었던 챔벽체의 표면에는 용해성 탄소, 질소 수소 및 산소가 함유되어 있으며, 안정상태의

---

16 outgassing

탄소, 질소, 수소 및 산소 화합물로 이루어진 표면층이 존재하며, 그 위에 화학 흡착된 수분, 수소, 산소 및 질소가 1~22층 덮여 있다. 다시 그 위에 물리 흡착된 수분이 50~200층 정도 쌓여 있으며, 수소, 일산화탄소 등 여타 잔류기체가 1~2층 덮여 있다. 대기압 상태의 챔버에서 기체를 방출할 때에 $760[Torr] < P < 10^{-2}[Torr]$의 압력범위는 **점성유동 영역**으로, 저진공펌프를 사용하여 약 10분간 기체를 배출하면 진공챔버의 체적 내의 기체들은 대부분 배출되지만, 벽체에 들러붙어있는 기체들은 거의 배출되지 않는다. $10^{-3}[Torr] < P < 10^{-7}[Torr]$의 압력범위는 **분자유동 영역**으로, 고진공펌프를 사용하여 챔버 내부의 잔류 기체들을 배출하지만 챔버 벽면에서 증발된 기체들이 개별적으로 펌프에 도달하여 외부로 배출되기까지는 매우 오랜 시간이 걸린다. **그림 3.17 (b)의** 진공챔버 배기그래프에서 알 수 있듯이 챔버 벽체에서 자연 증발되는 가스를 모두 배출시켜서 반도체 공정이 이루어지는 $10^{-6}[Torr]$까지 압력을 낮추기 위해서는 약 1개월이 걸린다는 것을 알 수 있다. 이는 분명히 받아들일 수 없는 시간이다. 그러므로 챔버 벽체는 표면을 폴리싱 다듬질하여 표면조도를 줄여야만 하며, 300~400[°C]의 온도로 **써멀베이킹**을 시행하여 표면에 흡착된 기체들을 증발시켜야만 한다. 이를 통해서 고진공에 도달하는 시간을 크게 단축할 수 있다. 하지만 유지보수를 시행하는 경우를 제외하고는 진공챔버를 대기압 상태로 만들지 않는다.

13.2.5 진공펌프

진공펌프는 구현할 수 있는 진공압력에 따라서 저진공펌프와 고진공펌프로 구분된다. 저진공펌프는 대기압에서 10^{-2}~$10^{-3}[Torr]$까지의 진공압력을 구현할 수 있는 펌프들로서, 로터리베인펌프, 로터리피스톤펌프, 드라이펌프, 흡착식펌프, 블로워/부스터펌프, 스크류펌프, 수봉식 펌프, 벤츄리펌프 등 매우 다양한 종류들이 사용되고 있다. 고진공펌프는 10^{-2}~$10^{-11}[Torr]$의 진공압력을 구현할 수 있는 펌프들로서, 액체질소트랩, 확산식펌프, 터보분자펌프, 크라이오펌프, 이온펌프 등이 사용되고 있다. **그림 13.18**에서는 다양한 저진공 및 고진공펌프들의 유형별 작동압력범위를 보여주고 있다.

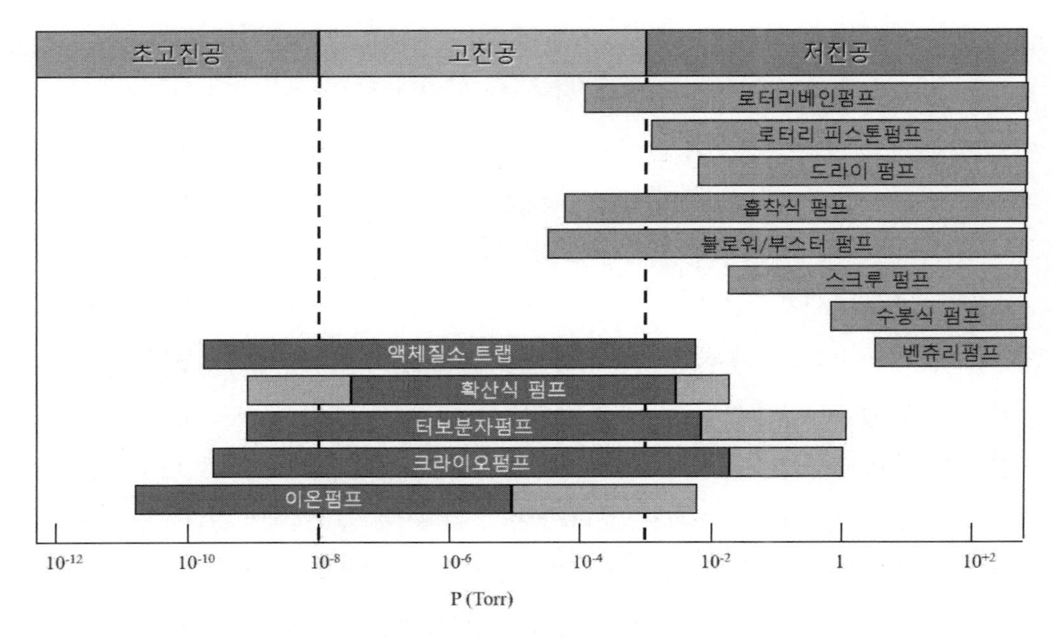

그림 13.18 진공펌프의 유형별 작동압력범위

13.2.5.1 저진공펌프

저진공펌프는 진공흡착이나 동결건조와 같이 저진공 환경이 필요한 공정에 주로 사용되지만, **그림 13.16**에서 살펴봤듯이, 반도체공정에서는 고진공펌프의 후단에 설치되어 고진공펌프가 작동할 수 있는 저진공 환경을 만들어주기 위해서 사용된다. **그림 13.19**에서는 반도체 공정에서 가장 널리 사용되고 있는 저진공펌프인 **로터리베인펌프**를 보여주고 있다. 원통형 가이드와 회전축은 서로 편심지게 설치되어 있으며, 스프링 예압을 받는 베인판이 편심축에 삽입되어 있어서, 편심축과 원통형 가이드 사이를 밀봉하고 있다. 편심축이 회전하면 기하학적인 구조 때문에, 외부로부터 기체를 흡입하여 출구 측으로 배출하는 펌핑공정이 일어난다. 배기 측에는 체크밸브가 설치되어 있어서 기체의 역류를 방지하며, 진공오일로 밀폐되어 리크를 방지한다. 원하는 진공압력에 따라서 1단 또는 2단구조를 사용할 수 있으며, 저진공(10[Torr])에서 중진공(10^{-2}[Torr])의 범위에서 사용된다. 로터리베인펌프는 베인과 가이드 사이의 기계적인 마찰 때문에 베인이 마멸되어 주기적인 베인 교체가 필요하며, 오일이 진공 영역으로 역류하여 누출될 가능성이 존재하기 때문에, 세심한 관리가 필요하다. 그리고 구조적 특성상 대형화가 불가능하여 중앙집중식 진공시스템 구축에 어려움이 있다.

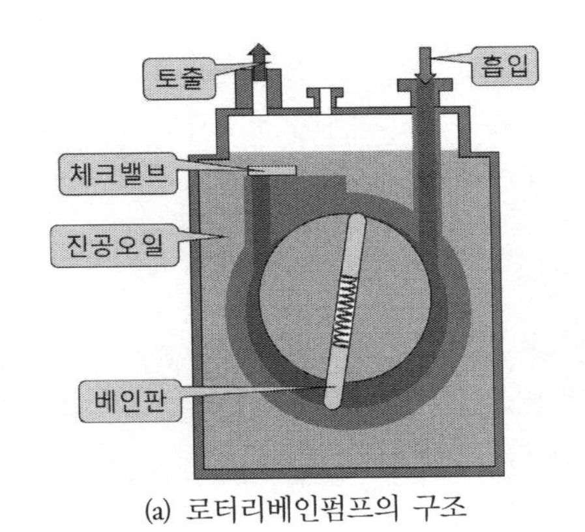

(a) 로터리베인펌프의 구조

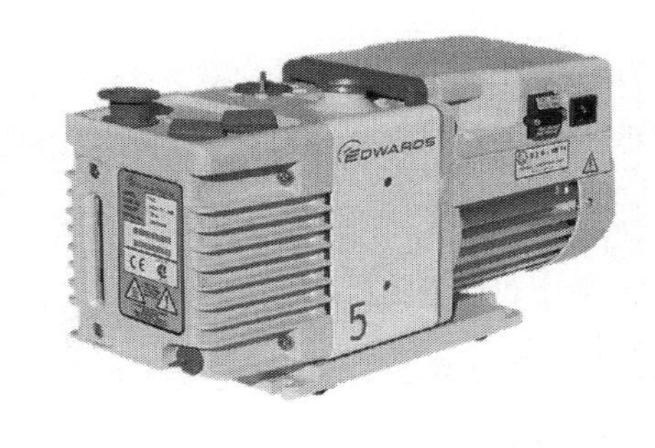

(b) 로터리베인펌프의 외관17

그림 13.19 로터리베인펌프

그림 13.20에서는 저진공펌프의 또 다른 형태인 **스크류 진공펌프**를 보여주고 있다. 땅콩 형상의 가이드 하우징 속에서 헬리컬 나사처럼 생긴 메일 로터와 피메일 로터가 서로 맞물려 돌아가면 축방향으로의 유체유동을 만들어낼 수 있다. 기체 흡입구에 오일 노즐을 설치하여 기체와 오일을 혼합하여 로터 측으로 안내하면 오일이 로터와 가이드 사이의 틈새를 메우기 때문에 밀봉력이 향상되어 강력한 진공흡입작용이 일어난다.

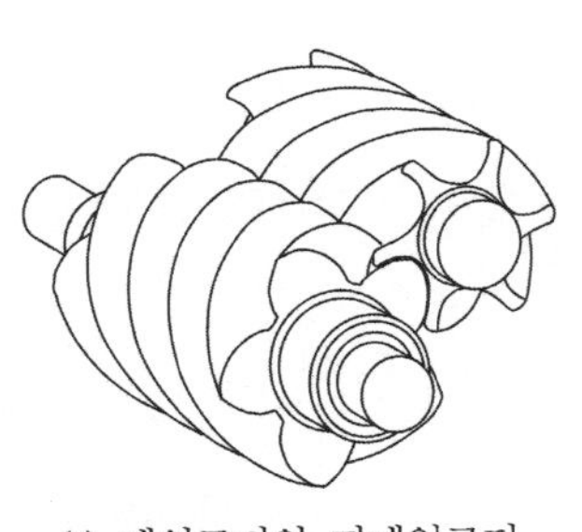

(a) 메일로터와 피메일로터

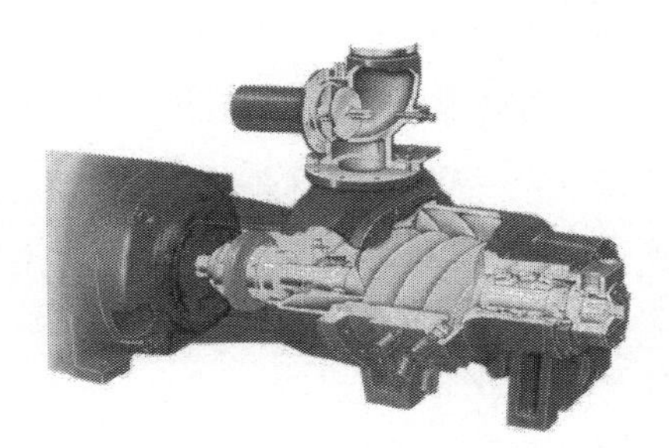

(b) 스크류 진공펌프의 외관18

그림 13.20 스크류 진공펌프

배기구 측에는 오일 세퍼레이터가 설치되어 있어서, 오일은 회수하여 재순환시키며 기체만 외부로 배출한다. 주로 0.1~1[Torr]의 저진공 영역에서 작동하며, 기계적인 접촉이 없어서 로터리베

17 www.edwardsvacuum.com
18 quincycompressor.co.kr

인펌프와는 달리 거의 유지보수가 필요 없다. 스크류 진공펌프는 최대 200[hp]의 대용량 펌프가 공급되고 있어서 중앙집중식 진공시스템을 구축할 수 있으며, 관리비용이 작고 신뢰성이 높아서 반도체 팹의 중앙집중식 저진공 시스템 구축에 적합하다.

13.2.5.2 고진공펌프

반도체 공정에서 고진공펌프는 건식식각, 건식 세정 및 증착과 같은 플라스마 공정에 적합한 챔버환경을 만드는 데에 필수적으로 사용되고 있다. **그림 13.21**에서는 가장 대표적인 고진공펌프인 **터보분자펌프**의 구조와 외관을 보여주고 있다. 상온에서 공기 분자는 평균 500[m/s]의 속도로 이동하며, 심지어 수소분자는 1,750[m/s]로 이동한다. 이렇게 고속으로 움직이는 분자들을 외부로(터보 분자펌프의 축방향으로) 배출하기 위해서는 회전축에 설치된 블레이드의 선속도가 공기분자들과 비슷하거나 조금 더 빨라야만 한다. 예를 들어 반경 10[cm]인 터보블레이드가 60,000[rpm]으로 회전한다면, 이 블레이드의 선속도는 628[m/s]에 달한다. 터보펌프는 다단으로 구성된 블레이드들이 고속(30,000~90,000[rpm])으로 회전하면서 확률적으로 공기분자들을 타격하여 축방향으로 밀어내는 방식을 사용한다. 터보펌프의 하부에는 원통형상의 분자펌프가 설치되는데, 분자펌프 영역에서는 기체를 원통의 외벽에서 흡착하여 하우징 내벽에 설형되어 있는 나선형상을 따라서 외부로 배출시키는 작용을 한다. 터보분자펌프는 10^{-6}~10^{-7}[Torr]의 고진공에 적합하여, 대용량의 가스펌핑에 최적화되어 있다. 하지만 흄이 많이 발생하는 반도체공정의 특성상 다량의 흄들이 블레이드에 들러붙어서 펌핑작용을 방해하며 심각한 경우에는 블레이드 파손을 유발하기 때문에 주기적인 세척과 유지보수가 필요하다.

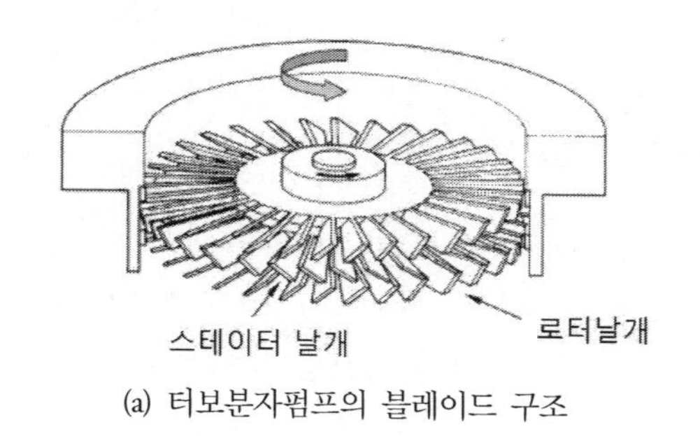

(a) 터보분자펌프의 블레이드 구조

(b) 터보분자펌프의 외관19

그림 13.21 터보분자펌프

그림 13.22에서는 또 다른 형태의 고진공펌프인 **크라이오펌프**를 보여주고 있다. 크라이오펌프는 외부에 설치된 컴프레서를 사용하여 헬륨가스를 압축하여 배관을 통해서 진공펌프로 보낸다. 진공펌프에 설치되어 있는 헬륨가스 팽창기에서 헬륨가스를 팽창시키면 콜드핑거의 온도가 극저온으로 내려가게 된다. 콜드핑거의 끝에 설치되어 있는 다단판 형상의 냉각헤드에 기체 분자가 충돌하면 극저온에 의해서 운동에너지를 잃어버리고 들러붙게 된다(즉, 얼어붙는다). 크라이오펌프는 기체를 얼려서 진공을 만든다는 다소 엽기적인 방법을 사용하지만 펌핑속도가 매우 빠르며, 10^{-6}~10^{-9}[Torr]의 고진공을 구현할 수 있다. 하지만 고압이나 연속적인 기체유동에 노출된다면 펌프 헤드가 포화되어버리기 때문에 터보펌프와는 달리 기체배출이 많은 공정에 적용할 때에는 세심한 주의가 필요하다.

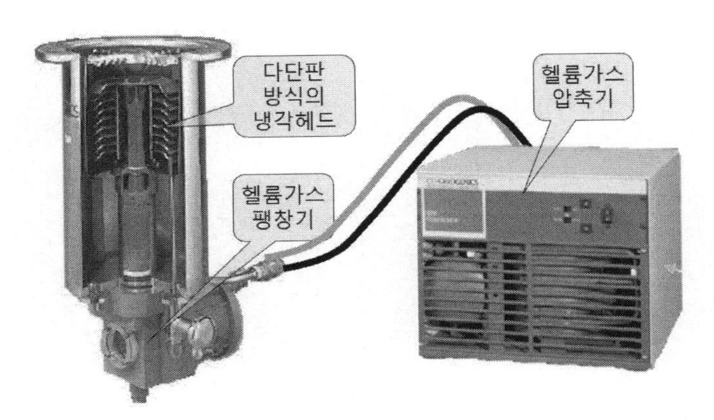

그림 13.22 크라이오펌프[20]

13.2.5.3 진공펌프의 용량계산

진공챔버의 체적과 목표로 하는 작업진공도 도달시간이 결정되면 진공펌프의 용량을 계산할 수 있다. 여기서 작업진공도는 펌프가 구현할 수 있는 최대진공도의 약 50% 수준에서 결정하여야 한다. 펌프용량(S)은 분당 토출유량을 기준으로 다음과 같이 계산된다.

$$S = 2.303 \times \left(\frac{V}{t}\right) \times \log\left(\frac{P_1}{P_2}\right) \tag{13.6}$$

19 www.vacuum-guide.com/english/equipment/hw-turbomolecular.htm

20 www.vacuum-guide.com/high-vacuum-pump/cryopump/usa-cryopumps.htm에서 사진을 인용하여 재구성하였음.

여기서 S[liter/min]는 진공펌프의 용량, V[liter]는 진공챔버의 체적, t[min]는 목표로 하는 진공도 달시간, P_1[Torr]은 초기진공도(일반적으로 대기압인 760[Torr]를 사용), P_2[Torr]는 요구진공도이다. 예를 들어 배관을 포함한 진공챔버의 용적이 500[liter]이며, 작업진공도는 50[Torr], 진공도달 요구시간은 30[sec]라면 진공펌프 용량 S[liter]는 다음과 같이 계산된다.

$$S = 2.303 \times \left(\frac{50}{0.5}\right) \times \log\left(\frac{760}{50}\right) = 2272\,[\ell/\mathrm{min}] \tag{13.7}$$

그런데 여기에 추가적으로 리크, 필터 및 밸브의 저항계수 등을 고려하여 **표 13.3**에서 제시되어 있는 안전계수값을 곱해야 한다.

표 13.4 진공도에 따른 안전계수

진공도[Torr]	안전계수
760~100	1.0
100~10	1.25
10~0.5	1.5
0.5~0.05	2.0
0.05~0.01	4.0

13.2.6 중앙집중식 저진공 시스템

압축공기 공급시스템에서는 중앙집중식 시스템을 구축하여 사용하는 것이 일반화되어 있으며, 에너지 절감에 효과적이라는 것이 증명되었다. 그런데 진공시스템의 경우에는 클러스터 장비들마다 개별적으로 고진공펌프와 저진공펌프를 쌍으로 사용하여 진공시스템을 운영하고 있는 상황이다. 그런데 저진공은 질량동이 일어나는 압력범위이기 때문에 원거리에서 진공펌핑을 수행하여도 압력손실이 거의 발생하지 않는다. 그러므로 저진공 펌핑에 국한하여 중앙집중 진공시스템을 구축할 수 있으며, 이를 통해서 소비전력을 크게 절감할 수 있다. **그림 13.23 (a)**에서는 클러스터 장비가 설치되어 있는 클린룸과 하부의 그레이룸에 설치된 저진공 배관을 활용하는 중앙집중식 저진공 시스템의 개념을 보여주고 있다. 개별 클러스터 장비에는 터보분자펌프와 같은 고진공펌프가 설치되어 있으며, 터보분자펌프의 배출구는 하부층에는 스캐빈저 탱크와 필터가 설치된다. 진공환경을 사용하는 반도체 클러스터 장비에서는 다량의 흄들이 배출되며, 이를 그대로 배관을 통해서 보내면 오래지 않아서 배관이 막혀버린다. 이를 방지하기 위해서는 흄들을 일차로 걸러내는 소위 **스캐빈저 탱크**라고 부르는 리시버 탱크와 필터들이 설치되어야 한다. 필터를 거치고 나면, 저진공용 주배관에 연결된다.

그림 13.23 (b)를 통해서 중앙집중식 저진공 시스템의 컴프레서룸 구조를 살펴볼 수 있다. **그림 13.23 (a)**를 통해서 컴프레서룸으로 연결된 저진공라인 주배관은 리시버 탱크에서 모이며, 필터 및 세퍼레이터를 거쳐서 헤더에 연결된다.

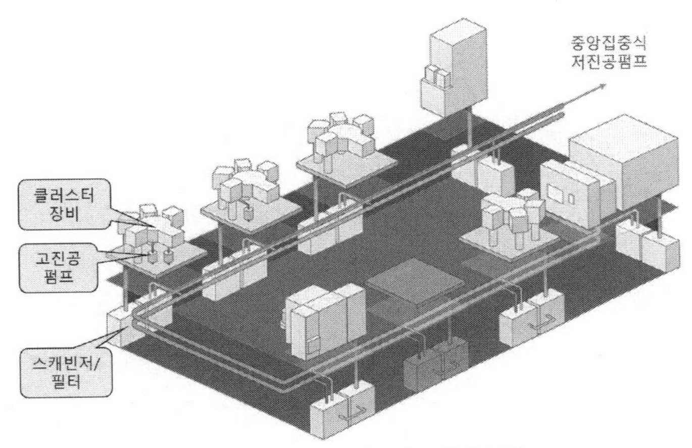

(a) 중앙집중식 저진공시스템의 구축

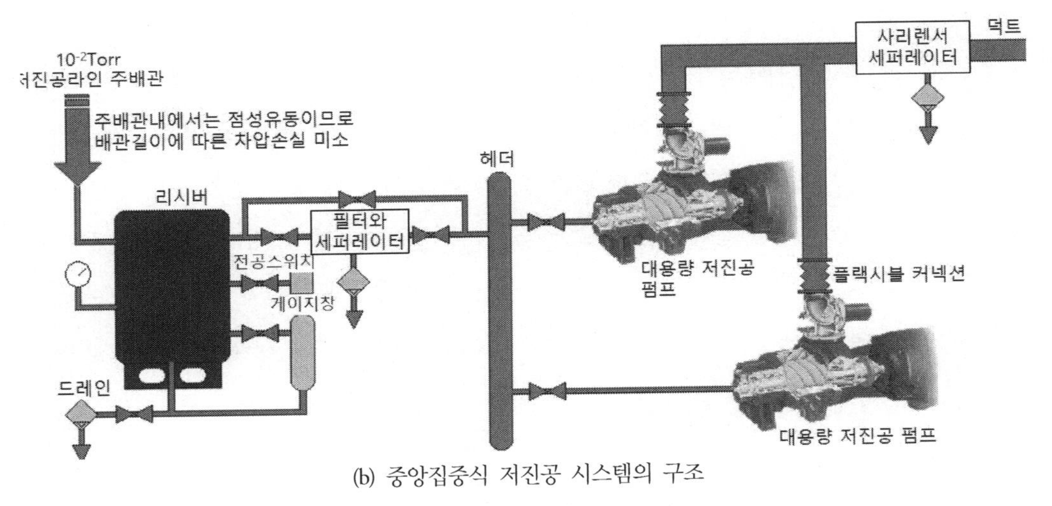

(b) 중앙집중식 저진공 시스템의 구조

그림 13.23 중앙집중식 저진공 시스템의 개념

개별 저진공펌프들은 헤더에 연결되어 기체를 흡입하여 덕트를 통해서 외부로 배출시킨다. 이렇게 구축된 저진공 시스템은 압축공기 공급시스템에서와 동일한 개념으로 첨두부하와 기저부하, 그리고 백업의 4대 1조 구조로 구성된다. 특히 첨두부하용 진공펌프는 리시버 탱크의 진공압력에 따라서 로딩-언로딩을 반복하면서 일정한 진공압력을 유지하여야 한다. 소수의 대용량 진공펌프를 사용하여 중앙집중 방식으로 진공시스템을 구축하면 첨두부하와 기저부하로 진공펌프의 기능을 분리시킬 수 있으며, 이를 통해서 최소한의 전력만을 사용하여 최적의 진공환경을 유지할 수 있다. 국내의 반도체 생산공정에서는 실증시험이 진행되는 초기단계이지만, 전력비용이 우리나라보다 비싼 대만과 중국의 반도체업계에서는 이미 20년 전부터 중앙집중식 저진공 시스템을 구축하여 운영하고 있다.

13.2.7 검사기 극자외선 광원용 플라스마 튜브의 파손사례

그림 13.24에서는 극자외선용 포토마스크 검사기용 극자외선 광원을 생성하는 플라스마 튜브에 진공을 부가하는 과정에서 발생한 수정소재 튜브의 파손과 이를 개선한 사례를 보여주고 있다. **그림 13.24 (a)**에서와 같이, 플라스마 발생기에 수정소재 튜브가 사용된다. 이 수정 튜브를 밀봉 및 고정하기 위해서 O-링이 삽입된 피팅을 사용하여 튜브 양측을 조여 놓는다. 우측 배관에는 진공펌프가 연결되어 있으며, 좌측의 배관에는 플라스마 발생용 가스 주입기가 연결되어 있다. 초기 대기압 상태에서 진공펌프를 켜면 순간적으로 수정 튜브가 우측으로 빨려가면서 피팅과 충돌하여 파손되는 현상이 발생하였다. 고가의 수정 튜브가 자주 파손되었으며, 이를 교체하는 동안 포토마스크 검사가 지체되기 때문에 이는 매우 심각한 사안이었다. O-링 체결구조를 개선하여 이를 개선하려는 노력은 별 성과가 없었으며, 피팅을 강하게 조이면 수정 튜브가 파손되어버렸다. 이를 개선하기 위해서 저자는 **그림 13.24 (b)**에서와 같이 우회유로를 만들어 놓을 것을 권고하였다. 우회유로의 밸브를 열어 놓은 채로 진공펌프를 켜면 수정 튜브의 양측에서 동시에 진공이 걸리기 때문에 수정 튜브가 우측으로 빨려 들어가는 현상을 완화시킬 수 있다. 원하는 진공압력에 도달하면 밸브를 닫고 공정가스를 주입하면 수정 튜브의 파손 문제를 간단하게 해결할 수 있다.

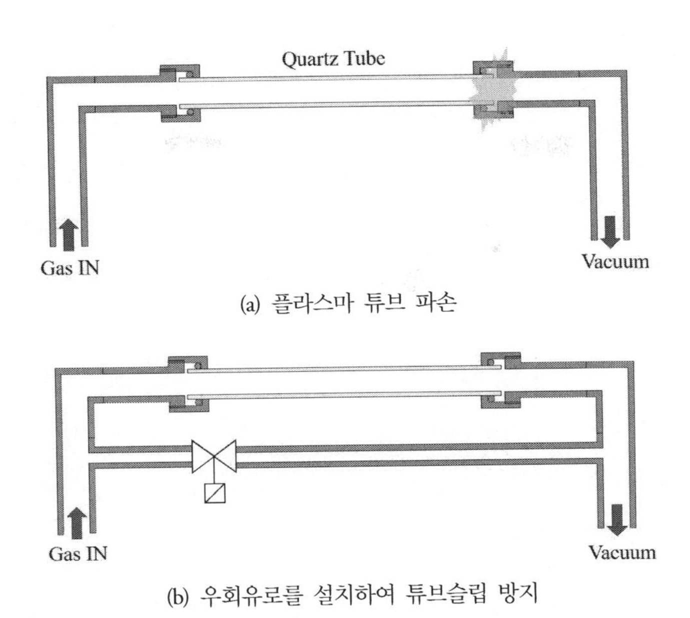

(a) 플라스마 튜브 파손

(b) 우회유로를 설치하여 튜브슬립 방지

그림 13.24 검사기 극자외선 광원용 플라스마 튜브의 파손과 개선사례

13.3 탈이온수

초순수라고도 불리는 **탈이온수**(DIW)는 반도체 생산공정에서 가장 많이 사용되는 유체로서, 웨이퍼의 세정(특히 헹굼)에는 1형 탈이온수가 사용된다. 반도체 생산공정이 진행되는 동안 웨이퍼 한 장당 총 1,000~5,000[liter]의 탈이온수가 사용되기 때문에, 탈이온수의 품질을 관리하는 것은 반도체 수율에 직접적인 영향을 끼치는 매우 중요한 사안이다. 탈이온수 속에 함유된 불순물은 반도체의 성능에 다음과 같은 영향을 끼친다.

- 유전체 박막의 절연파괴 전압을 떨어트린다.
- 이온성 불순물에 의해서 PN 접합의 누설전류가 발생한다.
- 입자성 불순물에 의해서 패턴 탈락이나 접합이 발생한다.
- 흡착된 불순물에 의해서 대면적 패턴불량이 발생한다.
- 산화물이나 할로겐에 의해서 부식이 발생한다.

13.3.1 탈이온수 제조공정

모든 수용성 세정공정들에서 탈이온수(DIW)가 사용되기 때문에, 탈이온수의 품질이 결함수준에 끼치는 영향은 매우 크다. 탈이온수를 세정 공정에 투입하기 전에 모든 오염물질들을 제거해야만 한다. 특히 탈이온수 속에 **박테리아**가 성장하는 것을 막아야 한다. 박테리아를 죽여서 제거하기 위해서 자외선 조사, 오존 첨가, 필터링 등의 공정이 사용된다. 자외선은 박테리아를 작은 조각들로 분해하며, 이들은 입자의 형태로 발견된다. 하나의 박테리아가 다수의 입자들을 생성할 수 있다. 자외선을 조사하기 전에 막필터를 배치하면 총 유기탄소(TOC)양을 크게 줄일 수 있다. 이 필터는 특정 크기 이상의 입자들을 제거해 주며, 나머지 입자들은 자외선에 의하여 산화되거나 파괴된다. 이 순서를 뒤바꿔서 먼저 자외선을 조사하고 필터링을 수행하면 필터에서 걸러내기 어려운 작은 조각들이 생성되므로 오히려 총 유기탄소량이 높아지지만, 대부분의 반도체 공장들에서는 여전히 탈이온수를 팹에 공급하기 전에 마지막으로 필터를 사용하고 있다. 마지막으로 필터를 사용한다고 하여도 여전히 탈이온수 속에서 입자들이 발견된다. 미국재료시험협회(ASTM) F-63 표준에서는 0.05[μm] 이하 크기의 입자 농도를 0.5[particles/ml] 미만으로 유지할 것을 규정하고 있지만, 300[mm] 웨이퍼 팹들에서는 이 농도를 0.2[particles/ml] 이하로 유지하기 위해서 노력하고 있다. 탈이온수 내의 입자밀도를 낮게 유지하기 위해서 연속 또는 주기적으로 오존 투입과 자외선 조사를 시행하여 박테리아를 파괴하면서 거친 필터와 가는 필터를 사용하여 다중통과 여과를 수행한다. 공정을 마무리하는 최종단에는 일반적으로 충진된 막필터를 사용한다. 반도체 제조설비에서는 다량의 탈이온수를 사용하며, 웨이퍼 세정장비의 경우에는 보통 40~200[liter/min]의 탈이온수를 소비한다.

그림 13.25에서는 전형적인 탈이온수 제조공정의 흐름도를 보여주고 있다. 원수로는 상수도나 지하수가 사용되며, 반도체용 초순수는 1형 기준에 맞춰서 생산된다. 역삼투압 필터링을 통해서 대부분의 대형 오염물질들을 걸러내며, 진공환경에서 용존기체를 탈기한다. 이온교환을 여러 번 시행하여 이온물질들을 제거하며, 자외선을 조사하여 유기탄소를 제거하고 박테리아를 사멸시킨다. 저장조에서는 표면에 질소(N_2) 기체를 퍼징하여 산소(O_2)나 이산화탄소(CO_2)가 용해되는 것을 방지한다. 저장조와 배관 내에서 탈이온수가 정체되어 있지 않도록 순환루프가 구성되어 있으며, 저장조 내에서 발생하는 사후오염물질들을 제거하기 위해서 순환루프상에도 필터와 이온교환 장치들이 설치된다.

탈이온수 내에 존재하는 많은 입자들은 콜로이드 규산이나 지질 당류와 같이 일반적으로 음으로 충전된 콜로이드 상태로 존재한다. 이렇게 음으로 충전된 입자들을 제거하는 데에는 양으로 충전된 막필터가 도움이 된다. 입자의 포획은 막질과는 반대로 충전된 콜로이드 형태의 입자들을 끌어당기는 성질과 관련되어 있기 때문에(이를 **동전기 흡착**이라고 부른다), 이 필터들은 막질의 기공 크기보다 훨씬 더 작은 입자들을 제거하는 데에 매우 효과적이다. 현재 다양한 형태의 전하 변형식 막필터들이 상용화되어 있다.

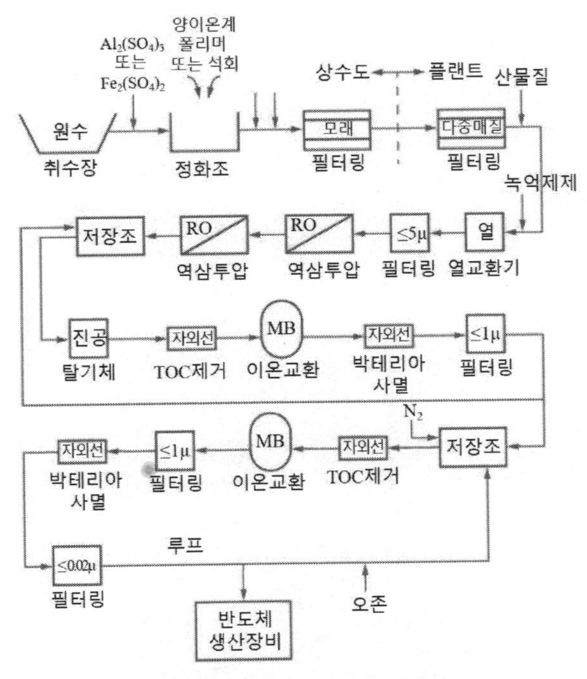

그림 13.25 탈이온수 제조공정

13.3.2 탈이온수의 등급

미국재료시험협회(ASTM) D1193-91 표준에서는 탈이온수를 저항, 전기전도도, pH 및 잔류물질 농도에 따라서 1형에서 4형까지 4등급으로 구분하고 있다. 웨이퍼 세정에 사용되는 1형 탈이온수의 경우, 상온에서의 전기저항값은 18[MΩ·cm] 이상이 되어야 하며, 전기전도도는 0.056[μS/cm] 미만이어야 한다. 총유기탄소, 나트륨, 염소 및 규소의 잔류함량은 각각, 50[ppb], 1[ppb], 1[ppb], 그리고 3[ppb] 미만으로 관리되어야만 한다.

표 13.5 탈이온수의 등급(ASTM D1193-91)

측정량[단위]	1형	2형	3형	4형
저항[MΩ · cm] @25[°C]	>18	>1	>4	>0.2
전기전도도[μS/cm]	<0.056	<1	<0.25	<5
pH @25[°C]	N/A	N/A	N/A	5.0~8.0
총유기탄소량(TOC)[ppb]	<50	<50	<200	N/A
나트륨[ppb]	<1	<5	<10	<50
염소[ppb]	<1	<5	<10	<50
규소[ppb]	<3	<3	<500	N/A

13.4 기체공급 인프라

그림 13.26에 도시되어 있는 것처럼, 불화수소산이나 염소와 같은 독성 기체나 수소와 같은 인화성 기체들은 봄베 형태로 공급된다.

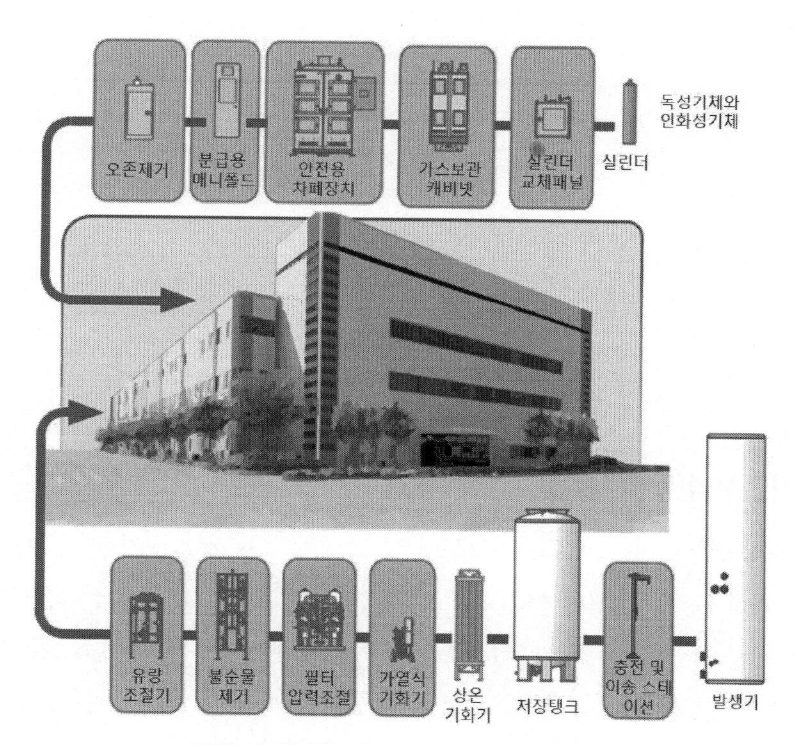

그림 13.26 반도체 생산용 기체공급 인프라21

이들은 전용 가스보관 캐비닛에 보관되며, 안전용 차폐장치 내에서 배관과 연결되며, 분급용 매니폴드를 통해서 분기되어 팹 전체로 공급된다. 공급기체에 오존이 섞여 있으면 반응성이 강화되어 배관과 피팅을 부식시킬 수 있기 때문에 배관을 통해서 기체를 공급하기 전에 오존을 제거해야만 한다. 불활성 기체인 건조질소의 경우에는 질소발생기를 사용하여 공기 중에서 추출하여 -196[°C] 미만으로 액화시킨 다음에 저장 탱크에 보관한다. 건조질소를 사용하기 위해서는 극저온의 액체질소를 상온기화기와 가열식 기화기를 통과시키면서 가열하여 상온의 기체상태로 만들어야 한다. 그런 다음, 필터를 통과시키면서 이물질을 제거하고 압력 및 유량을 조절하여 배관을 통하여 팹 전체에 공급한다.

13.4.1 건조질소

질소는 공기의 78%를 차지하는 대기구성 원소로서, 산소와 잘 반응하지 않기 때문에 불활성 기체로 간주한다.[22] 그러므로 수분이 함유되지 않은 **건조질소**는 반도체 공정에서 산소의 반응을 차단하고, 청결하고 오염이 없는 환경을 만들기 위해서 자주 사용되는 보호기체이다.

질소발생기라고 부르는 질소 생산장비는 1등급 압축공기를 공급받아서 공기 중의 산소를 흡착한 다음에 질소만 배출하는 기능을 수행한다. 압축공기 중의 산소를 흡착하기 위해서는 **그림 13.13 (a)**에서와 같이, 다공질 탄소 입자들로 이루어진 분자선별기(CMS)를 사용한다. 산소분자(O_2)의 크기는 2.9[Å]인 반면에 질소분자(N_2)의 크기는 3.1[Å]으로서 약간 더 크기 때문에, 분자선별기에 사용되는 다공질 탄소 그레인의 평균 기공 직경이 3.0[Å]이라면, 산소는 흡착하고, 질소는 통과시키는 특성을 갖는다. 그런데 **다공질 탄소 분자선별기**(CMS)는 일정 시간이 지나면 포화상태가 되어 더 이상 산소를 흡착하지 못한다. 그러므로 **그림 13.13 (b)**에서와 같이, 두 개의 타워형 흡착탱크를 사용해야만 한다.

21 www.dfsolution.com/bulk-gas-systems.php에서 사진을 인용하여 재구성하였음.
22 고온연소 과정에서는 소량의 질소산화물이 발생하지만 자연연소 상태에서는 거의 발생하지 않는다.

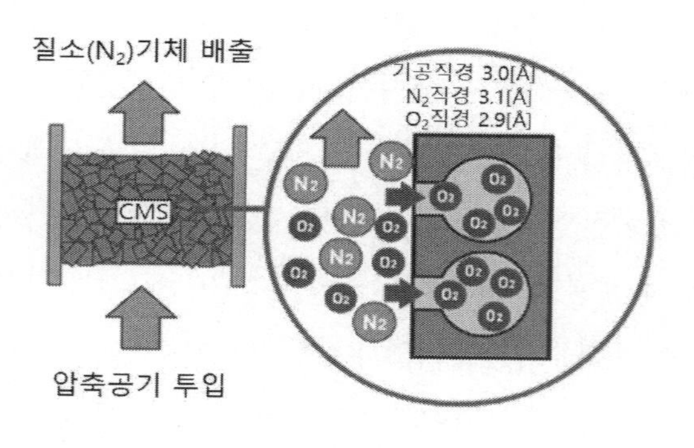

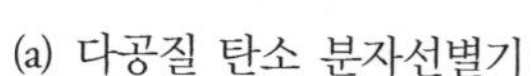
(a) 다공질 탄소 분자선별기

(b) 산업용 질소발생기의 외관

그림 13.27 질소발생기[23]

이 구조는 흡착식 제습기의 경우에서와 유사하며, 운영방식 또한 매우 유사하다. 하나의 타워가 질소를 분리하는 동안 다른 타워에서는 다공질 탄소 분자선별기에 흡착된 기체를 배기하는 재생공정이 이루어진다. 그리고 일정 시간이 경과하고 나면, 두 타워의 재생과 흡착기능이 서로 교대된다. 질소를 소량으로 사용하는 경우에는 고압(일반적으로 1,200[kPa])의 기체가 충진되어 있는 봄베[24] 형태로 공급되지만, 클린룸과 같이 대량으로 건조질소를 사용하는 경우에는 −196[℃]로 액화하여 상대적으로 낮은 압력(약 600[kPa])으로 보관한다. 그래서 팹건물의 외부에 설치되어 있는 대형의 액화질소 탱크를 볼 수 있다.

일명 0등급이라고 분류되는 **클린룸용 고순도 질소가스**의 경우, 순도는 99.998% 이상이며, 탄화수소 및 산소농도는 0.5[ppm] 미만, 일산화탄소와 이산화탄소 농도는 1[ppm] 미만, 그리고 수분함량은 3[ppm] 미만으로 관리된다.

질소가스는 산소나 수분의 침투에 의해서 웨이퍼나 레티클의 손상이나 변성이 우려되는 경우에 대기 중의 공기를 치환하고 기체 보호환경을 만들기 위해서 자주 사용된다. 특히, 풉이나 레티클 포드의 내부 환경, 열공정이 수행되는 챔버의 내부 기체 환경 조성을 위해서 자주 사용되고 있다.

23 https://blog.tate.com/nitrogen-generator-roi에서 사진을 인용하여 재구성하였음.
24 직경이 작고 길이가 길며 상부에 밸브가 설치되어 있는 고압가스탱크.

13.4.2 배관용 피팅

인프라의 관점에서 팹 전체에 배관을 설치하는 과정에서 모든 배관을 용접하여 설치할 수 없기 때문에 다양한 유형의 피팅들이 사용된다. 그런데 **그림 13.6**에서 제시되어 있는 것처럼, 약 25~30%의 압축공기가 리크로 누출되어 버린다. 압축공기라면 리크가 되어도 별문제가 아니지만, 불화수소산이나 염소가스라면 이는 정말로 심각한 문제이다. 그러므로 배관에 사용되는 다양한 피팅들에 대해서 특징과 주의할 점들에 대해서 살펴볼 필요가 있다.

13.4.2.1 파이프–맞대기 용접

파이프 맞대기 용접은 진동과 피로에 대한 저항성이 가장 큰 결합방법이다. 그러므로 인프라를 구성하는 주배관의 모든 구성요소들은 원칙적으로 용접하여 설치하여야 한다. 그런데 배관을 용접하여 설치하기 위해서는 용접장비 및 절단장비와 배관 설치 및 고정용 지그, 그리고 숙련된 작업자가 필요하기 때문에 여타의 배관방식에 비해서 오랜 설치 시간과 많은 설치비용이 소요되는 작업이다. 용접이 끝나고 나면 초음파나 방사선을 사용한 리크 검사가 필요하다. 유지보수를 위해서는 해당 부위를 기계적으로 절단해야만 하는 제약조건들 때문에, 주배관을 제외하고는 용접구조를 적극적으로 사용하기가 어렵다. **그림 13.28**에서는 용접배관의 설치구조와 배관 맞대기 용접을 시행하는 장면을 보여주고 있다.

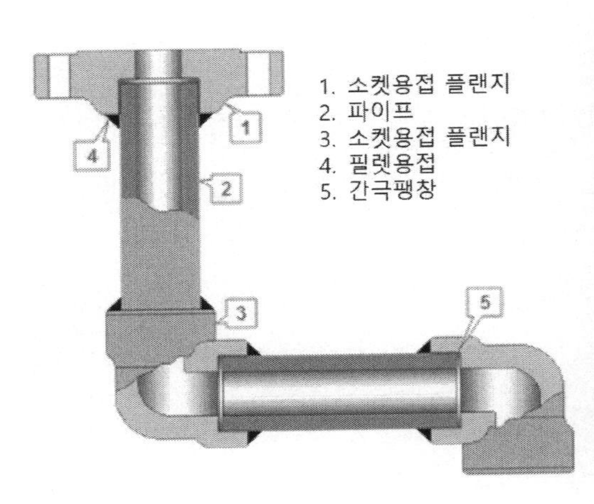

(a) 용접배관의 구조사례

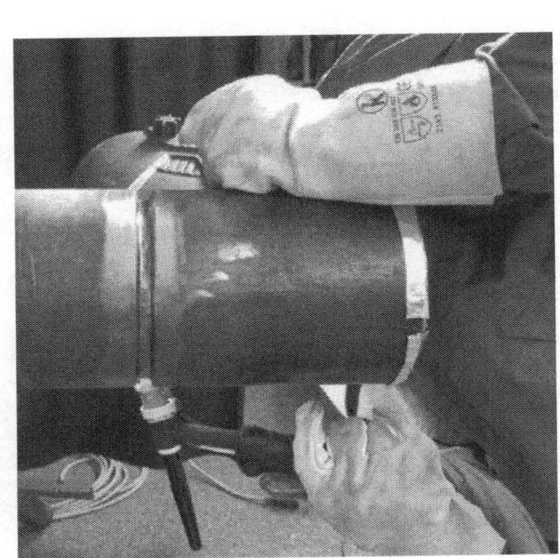
(b) 배관 맞대기 용접장면

그림 13.28 배관용접

13.4.2.2 튜브-압착식 피팅

튜브 압착식 피팅은 우레탄이나 PTFE와 같은 연질소재 배관의 연결에 주로 사용되며, **그림 13.29 (a)**에서와 같이, 너트, 피팅본체 및 개스킷 또는 패럴의 3개 요소들로 구성된다. 피팅본체에 너트를 조일수록 패럴이 튜브 외경을 파고들어가면서 압착력을 가하여 효율적으로 밀봉효과를 구현한다.

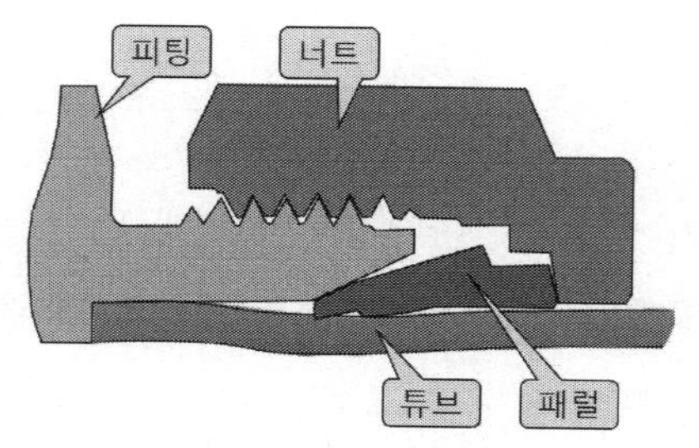

(a) 튜브 압착식 피팅의 구조

(b) 튜브 압착식 피팅의 외관25

그림 13.29 튜브 압착식 피팅

하지만 마찰 그립을 유지하는 압력이 낮고 진동과 열 사이클링에 취약하다는 단점을 가지고 있다. 분해 시에는 조립부위의 튜브를 절단해야 하며, 패럴을 재활용할 수 없다. **그림 13.29 (b)**에서는 조립된 튜브 압착식 피팅의 외관을 보여주고 있다.

13.4.2.3 튜브 플레어 피팅

튜브 플레어 피팅은 구리소재와 같이 연질금속 배관의 연결에 주로 사용되며, **그림 13.30 (a)**에서와 같이 파이프의 끝이 나팔 모양으로 벌려진 파이프를 너트와 피팅본체로 압착하여 밀봉하는 구조를 가지고 있다. 파이프를 절단하여 끝을 나팔 모양으로 벌리기 위해서는 **그림 13.30 (b)**에 도시된 것과 같은 전용의 절단 및 플레어링 기구를 사용하여야 한다. 플레어링 작업을 위해서는 **그림 13.30 (c)**에서와 같이, 절단된 파이프에 너트를 끼운 채로 클램프의 알맞은 직경의 홈 위치에 파이프가 약 5[mm] 정도 앞으로 튀어나오게 조여서 고정한다. 그런 다음 원추형 벌림 공구를 클램프에 끼우고 원추형 공구가 튜브를 압착하도록 나사를 돌린다. 파이프의 끝을 나팔모양으로

25 www.em-technik.co.uk/products/

벌리는 플레어링 작업이 완료되고 나면, 공구와 클램프를 제거한 다음에 파이프에 미리 끼워놓은 너트를 패럴 본체에 조여서 배관 조립을 완성한다. 플레어 피팅은 자기밀봉 특성이 있어서 압착식 피팅보다 더 높은 압력에 견딜 수 있으며, 분해조립이 가능하다. 하지만 튜브 수직절단과 동심 확관이 이루어지지 않는다면 리크가 발생할 위험이 있기 때문에 플레어링 작업 시 세심한 주의가 필요하다.

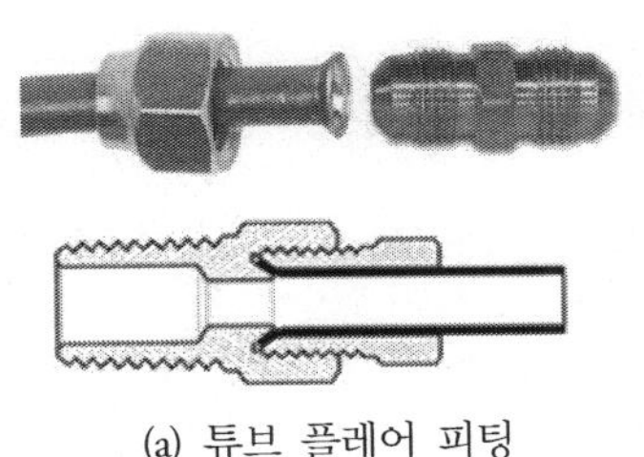

(a) 튜브 플레어 피팅

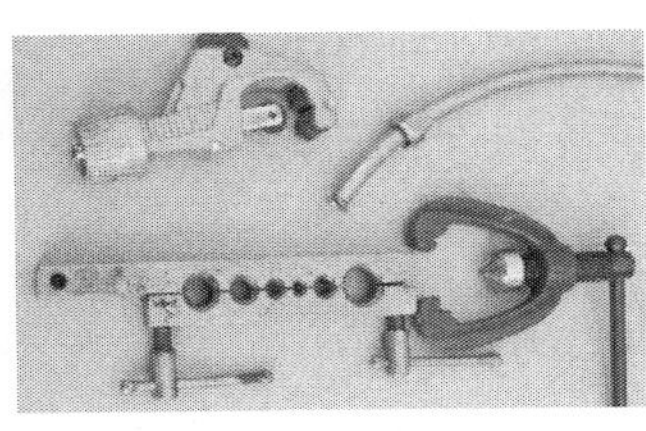

(b) 플레어링 도구

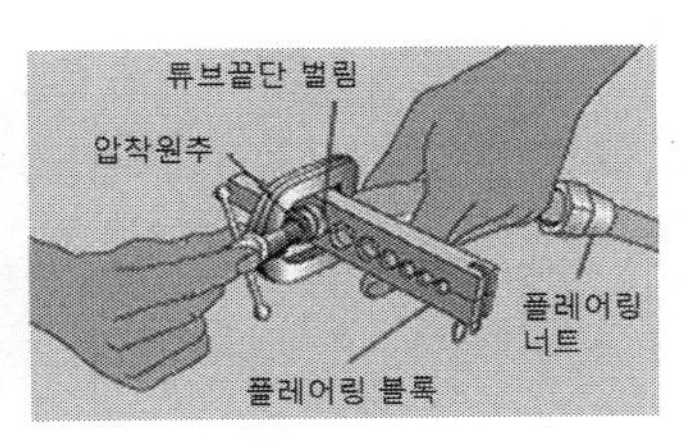

(c) 플레어링 작업

그림 13.30 튜브 플레어 피팅

13.4.2.4 물음형 피팅

물음형 피팅은 튜브 압착식 피팅과 유사한 구조를 가지고 있지만, 스테인리스강과 같은 경질금속 배관의 연결에 주로 사용되며 **그림 13.31**에 도시되어 있는 것처럼 단일패럴 방식과 이중패럴 방식의 두 가지 형태를 가지고 있다.

물음형 피팅은 너트, 패럴 및 피팅 본체의 3개 요소들로 이루어지는데, 경질 파이프에 너트와 패럴을 끼운 상태에서 피팅 본체에 너트를 조이면 패럴이 피팅 내측의 경사면을 파고들면서 파이프와 피팅 사이를 압착하여 밀봉효과를 발생시킨다. **단일패럴 물음형 피팅**의 경우에는 구조가 단순하여 작업 신뢰성이 높지만, 하나의 패럴이 튜브를 물어 고정하는 역할과 본체와의 밀봉 역할을 동시에 수행하기 때문에 파이프에 진동이 부가되는 경우에 리크가 발생할 우려가 있다. 반면에 **이중패럴 물음형 피팅**은 후방 패럴이 파이프를 물어 고정하며, 전방패럴이 파이프와 피팅본체 사이의 밀봉 역할을 수행하는 기능분리 구조를 가지고 있어서 진동에 대한 저항성이 양호하다. 두 가지 방식 모두 설치 후 피팅이나 파이프의 손상 없이 분해 및 재조립이 가능하다. 하지만 스테인리스와 같은 경질소재로 만든 피팅이 잘 조여지지 않기 때문에 정확히 정렬을 맞춰서 조립하지 않는다면 리크가 발생하기 쉽다.

(a) 단일패럴 물음형 피팅26

(b) 이중패럴 물음형 피팅27

그림 13.31 물음형 피팅

13.4.2.5 NPT 피팅

NPT[28]피팅은 **그림 13.32 (a)**에 도시되어 있는 것처럼, 암나사와 수나사 모두가 1°47"만큼 테이퍼지게 가공되어 있는 나사를 사용하는 피팅이다. NPT 피팅은 나사를 조일수록 수나사가 암나사 속으로 파고들어가면서 간섭이 발생하기 때문에 밀봉효과가 향상된다는 특징을 가지고 있다. NPT 피팅의 밀봉효과는 나사면, 나사의 산과 골 사이의 압착에 의해서 이루어진다. 그런데 경질소재인 탄소강이나 스테인리스강과 같은 경질소재를 NPT 피팅에 사용하면 조립과정에서 마멸과 파손이 발생할 수 있기 때문에 연질 소재인 황동을 주로 사용한다.

그런데 NPT 피팅을 아무리 세게 조인다고 하여도 암나사와 수나사 사이에 형성되는 미세한 리크경로를 완벽하게 막을 수 없으므로, 근본적으로 리크가 발생하는 피팅이기 때문에 압축공기 공급에 국한하여 적용하며, 독성기체의 운반용 배관에서는 절대로 사용해서는 안 된다.

NPT 피팅을 조립하는 과정에서 테플론 테이프를 사용하는 것을 자주 볼 수 있다. 테플론 테이프는 리크를 방지하는 실란트가 아니며, 황동 소재 피팅의 조립과정에서 나사산 마찰을 줄여주는 윤활제로 사용하는 소재이다. 그런데 테플론 테이프는 가늘게 분리되어 파이버를 형성하는 특성이 있기 때문에 클린룸을 포함하여 팹 인프라 구축에 사용해서는 안 된다. 테플론 파이버가 배관 속으로 유입되면 밸브나 작동기의 노즐에 끼어서 오작동을 유발하기 때문에, 사용 시 다음과 같은 작업지침을 따라야만 한다.

- 테플론 테이프는 수나사에 2~3회 이상 감으면 안 된다.
- 두 번째 나사산부터 시계방향으로 테이프를 감는다.

26 www.ibexaustralia.com.au
27 techtubes.in/ferrule-fittings
28 National Pipe Thread

• 피팅을 분해하면 이전에 감았던 테이프를 완전히 제거해야만 한다.

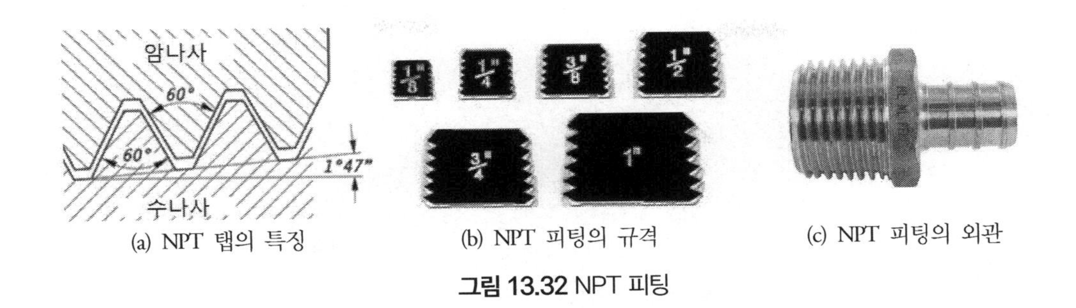

(a) NPT 탭의 특징 (b) NPT 피팅의 규격 (c) NPT 피팅의 외관

그림 13.32 NPT 피팅

13.4.3 리크의 원인

피팅 내에서 완벽한 금속 간 접촉에 의한 밀봉은 불가능하며, 남아 있는 나선형 공간이 리크경로가 되기 때문에 리크가 없는 이상적인 연결은 존재하지 않는다. 그러므로 배관 인프라에서 리크를 완벽하게 방지하는 것은 불가능한 일이다.

피팅에서 리크가 발생하는 가장 큰 원인은 작업자의 숙련도이다. 피팅을 조립하는 과정에서 배관의 정렬을 맞추고, 작업지침에 맞춰서 피팅을 조립해야 한다. 과도한 토크는 피팅을 파손하거나 변형시킨다. 반면에 토크가 부족하면 나사 플랭크면의 부정렬이 발생한다. 하지만 두 경우 모두 즉시 리크가 발생하는 것은 아니다.

피팅이 올바르게 조립되어 리크가 발생하지 않는다고 하여도 시간이 지나면 리크가 발생할 수 있다. 배관 내 압력 요동이 리크 경로를 점차로 넓힌다. 열팽창계수가 서로 다른 피팅요소들에 열 사이클링이 가해지면 부정렬과 크랙이 유발된다. 진동에 대해서 완벽한 저항성을 갖춘 피팅은 없다. 기계적인 진동을 받으면 어떤 유형의 피팅을 사용하던, 어떤 소재의 파이프를 사용하던, 진동 피로와 소재 결함이 합쳐져서 리크가 유발된다.

13.4.3.1 원터치 피팅의 재앙

압축공기나 건조질소를 각종 공정장비에 공급하는 말단에는 **그림 13.33**에 도시된 것과 같은 **원터치 피팅**이 널리 사용되고 있다. 원터치 피팅은 우레탄 튜브를 길이에 맞춰 절단하여 스냅인 방식으로 끼워 넣으면 배관 작업이 완료되기 때문에 작업의 편이성 측면에서 엄청난 혁신을 가져온 훌륭한 기계요소로 인식되어 왔다. 그런데 원터치 피팅은 구조적 한계 때문에 다량의 리크를 감수하고 사용하는 피팅요소이므로 온실가스배출 감소가 요구되는 현재의 산업환경에서는 시급하게 퇴출되어야만 한다.

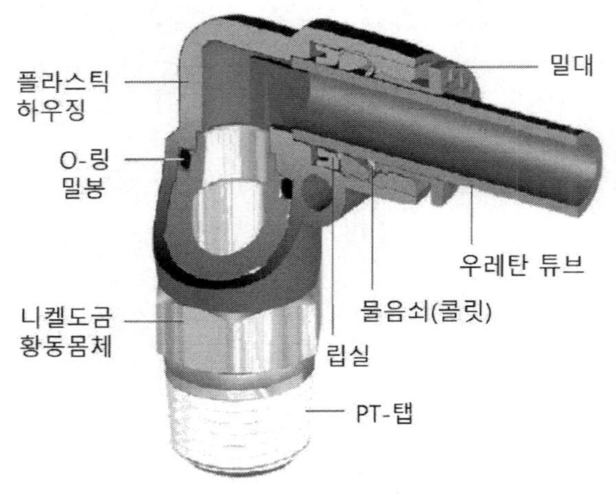

그림 13.33 원터치 피팅의 구조

원터치 피팅의 구조를 살펴보면 우레탄 튜브의 절단면 바로 뒤에 설치되어 있는 U-자형 립실이 튜브와 플라스틱 소재로 만들어진 하우징 사이의 밀봉을 담당한다. 그리고 회전형 피팅의 경우에는 금속 소재의 피팅 본체와 플라스틱 소재의 하우징 사이의 회전밀봉을 위해서 O-링이 사용되고 있음을 알 수 있다. 너트와 패럴을 사용하여 튜브를 강력하게 압착하여 밀봉을 구현하는 여타의 피팅과는 달리, 립실과 O-링의 예하중 압력은 손으로 끼고 빼거나 피팅 하우징을 회전시킬 수 있을 정도로 약하기 때문에, 리크를 완벽하게 방지하는 것은 근본적으로 불가능하다. 특히, 다수의 원터치 피팅을 사용하면 일정한 확률로 밀봉불량이 발생하는데, **그림 13.11**에서와 같이 조밀하게 설치된 피팅들 사이에서 리크가 발생하는 피팅을 찾아내는 것은 거의 불가능한 일이다. 그러므로 리크로 인한 에너지 손실을 절감하고, 장비의 작동 신뢰성을 높이기 위해서 원터치 피팅 대신에 리크 발생 확률이 훨씬 더 낮은 압착식 피팅을 사용할 것을 권고한다.

13.4.3.2 리크의 대책

배관 및 피팅에서 리크가 발생하는 이유는 정렬을 정확히 맞춰서 조립하지 않은 피팅에 진동이나 열팽창과 같은 기계적인 힘들이 피팅에 부가되기 때문이다. 그러므로 리크의 발생을 최소화하기 위해서는 최우선적으로 배관 및 피팅에 진동이나 열팽창과 같은 기계적인 힘이 부가되지 않도록 지지해야만 한다. 피팅들은 유형별로 적용처가 지정되어 있다. 그러므로 용도에 맞는 피팅을 사용해야만 하며, 사용하는 피팅의 숫자를 최소화하는 것도 매우 중요한 일이다.

피팅 나사산의 밀봉을 위해서 용도에 맞는 **실란트**를 사용하여야 한다. 발생 가능한 리크 경로에 실란트를 충진하여 리크 경로를 미리 차단하는 것은 리크를 방지하는 매우 효과적인 대책이다. 용도에 맞게 선정한 올바른 실란트는 극한 조건을 제외한 대부분의 리크를 방지해준다.

가장 대표적인 실란트인 혐기성레진 실란트(록타이트™)가 가장 효과적으로 리크를 방지해준다. 혐기성 레진 실란트는 공기 중에서 피팅 나사를 조이기 전에는 경화되지 않는다. 나사를 조이는 과정에서 강력한 모세관 현상으로 리크 발생이 가능한 틈새를 완벽하게 채우며, 공기와의 접촉이 차단되면 경화된다. 실란트가 일단 굳으면 진동에도 풀리지 않으며, 각종 화학적 공격에 우수한 저항성을 갖는다. 실란트의 종류에 따라서 다르지만 일반적으로 −50~150[°C]의 온도범위를 견딜 수 있으며, 스스로 오염을 일으키지 않는다.

13.4.3.3 밀봉방법

피팅 조립 시에 리크를 방지하기 위해서 기본적으로 혐기성 실란트를 사용할 것을 추천하지만 다양한 이유 때문에 이를 사용하지 못하는 경우가 발생한다. 여기서는 다양한 밀봉방법들의 특징과 한계에 대해서 살펴보기로 한다.

- **혐기성 실란트**: 모세관 현상으로 리크 경로를 충진하여 막으며, 강한 체결력으로 풀림을 방지한다. 일부 혐기성 실란트에서는 조립 시 마찰을 줄이기 위해 테플론을 첨가한다. 그런데 미세한 크기의 테플론 입자들이 작동유를 오염시킬 수 있기 때문에 유압기기용 피팅에서는 혐기설 실란트의 사용이 제한된다.
- **드라이실**: 피팅을 조이는 과정에서 황동과 같은 연질소재 나사산이 변형되면서 밀봉이 이루어진다. 하지만 조립과정에서 마손이 발생하여 긁힘 형태의 리크경로가 생성될 수 있으며, 과도하게 조이면 크랙이 발생할 우려가 있다.
- **테플론 테이프**: 앞서 설명했던 것처럼, 테플론 테이프는 실란트가 아니다. 하지만 윤활성이 향상되기 때문에 조이기가 수월해져서 드라이실의 밀봉성능을 향상시켜준다. 하지만 가늘게 분리된 파이버가 작동유를 오염시킬 수 있기 때문에 유압기기용 피팅에 사용해서는 안 된다.

또한 앞서 설명했던 것처럼, 클린룸에서도 사용이 제한된다.

- **O-링:** SAE 피팅에서와 같이 조인트 밀봉을 위해서 제한적으로 사용하면 오염을 방지하면서 효과적으로 밀봉성능을 구현할 수 있다. 하지만 O-링 설치에 많은 비용이 들며, 조립과정에서 씹힐 우려가 있어서 조립에 세심한 주의가 필요하다.
- **페인트:** 나사산에 페인트를 바른 후에 조립하면 혐기성 실란트의 경우와 마찬가지로 모세관 현상에 의해서 리크경로가 채워지며, 페인트가 굳으면서 밀봉이 이루어진다. 하지만 페인트는 굳는 과정에서 수축이 일어나기 때문에 리크가 발생할 우려가 있다.
- **라텍스 실란트:** 라텍스는 대기 중에서 경화되어 표면이 고체상태가 되지만, 전단력을 받으면 액화되는 특성을 가지고 있다. 주로 피팅 제조업체에서 미리 나사산에 라텍스를 도포하여 출고한다. 피팅을 조이는 과정에서 라텍스가 리크 경로를 채워 막아준다. 하지만 라텍스는 잠김 작용이 없고 미세 입자를 생성하기 때문에 클린룸이나 유압 시스템을 오염시킬 수 있다.

13.5 클린룸 공기

클린룸은 공기 속에 존재하는 먼지, 입자뿐만 아니라 온도, 습도, 공기량, 공기압, 조도 등이 환경적으로 제어되는 밀폐된 공간이다. 보다 구체적으로 말하면, 클린룸은 청정한 공기를 다량으로 흐르게 하여 공기의 난류가 발생하지 않는 기류를 만들어내서 실내에서 발생한 먼지를 신속하게 밖으로 내보내도록 설계된 오염이 제어된 공간이다.

미국 연방기준인 **FS209 E**안에서는 클린룸을 필요에 의해서 공기 중의 입자상 물질(미립자)을 온도, 습도 및 압력과 함께 제어하는 지역이라고 정의하고 있다. 이 기준에 의해서 정의된 클린룸을 등급별로 나누어서 관리하고 있다. 예를 들어 작업자가 출입하는 구역은 Class 100으로 관리하며, 웨이퍼가 풉에서 나오는 구역은 Class 1로 관리한다. 하지만 일부 레거시 공정에서는 클린룸 전체를 Class 1로 관리하기도 한다.

클린룸을 관리하기 위해서는 다음의 다섯 가지 원칙들이 준수되어야만 한다.

- **먼지의 침입방지:** 공기 공급계통에 필터를 설치한다. 덕트에서 공기의 리크를 방지한다. 클린룸 내의 압력을 대기압보다 높게 유지한다. 공기 흐름을 고려하여 클린룸 내의 장비를 배치

하여야 한다.

- **발생된 먼지의 제거:** 천장에서는 필터로 여과된 청정공기를 공급한다. 오염된 공기는 바닥으로 배출한다. 청정공기의 환기 횟수를 늘린다. 정기, 비정기적으로 클린룸 장비와 바닥에 대한 청소를 실시한다.
- **먼지발생의 억제:** 클린 그리스나 클린 페이퍼와 같이 분진발생이 작은 재료를 선택적으로 사용해야 한다. 분진발생이 작은 로봇과 장비들을 선별하여 사용한다. 클린룸 전용 방진복과 방진장구를 착용한다.
- **먼지로부터 제품보호:** 먼지에 민감한 작업은 클린벤치에서 수행한다. 풉이나 레티클포드와 같은 전용 캐리어박스를 사용한다. 스토커나 STB와 같은 보관장소의 청결도를 엄격하게 관리한다.
- **설비:** 클린룸으로 들어오는 작업자들은 에어샤워를 통과시키며 클린룸으로 반입되는 물품들은 패스박스를 통과시켜서 외부 분진의 유입을 차단한다.

13.5.1 클린룸 공기등급

클린룸 공기등급은 미국 연방기준인 FS209 E를 통하여 Class 1에서부터 Class 100,000까지 6등급과 실내공기로 나누어 규정하고 있다. **그림 13.34**에서는 이를 입자의 크기와 세제곱미터당 총 입자의 수에 따라서 그래프로 보여주고 있다.

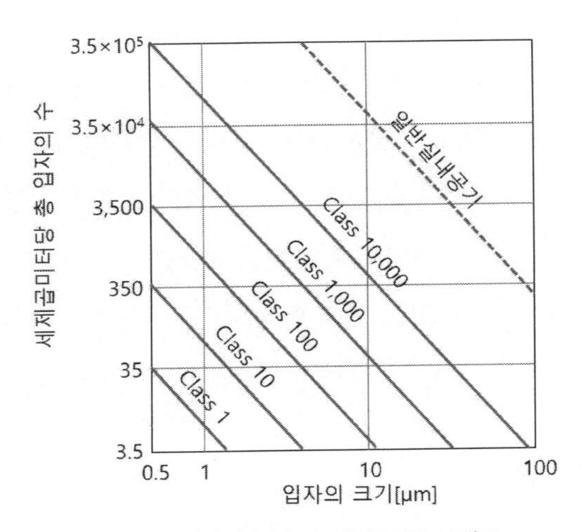

그림 13.34 클린룸 공기의 등급 그래프

하지만 클린룸 공기등급에 대한 국제표준의 제정에 대한 요구가 커지면서 ISO에서는 기술위원회를 조직하여 표준화제정관련 연구를 수행하였으며, **표 13.6**에서와 같이 2개의 등급을 추가하여 ISO1~ISO8과 실내공기(ISO9)로 나눈 **ISO 14644-1**을 제정하였다.

표 13.6 클린룸 공기등급(ISO 14644-1)

등급	세제곱미터당 최대입자 수[particles/m³]						FS209
최대크기 입자[μm]	≥0.1	≥0.2	≥0.3	≥0.5	≥1	≥5	
ISO1	10	2					
ISO2	100	24	10	4			
ISO3	1,000	237	102	35	8		Class 1
ISO4	10,000	2,370	1,020	352	83		Class 10
ISO5	100,000	23,700	10,200	3,520	832	29	Class 100
ISO6				35,200	8,320	293	Class 1,000
ISO7				352,000	83,200	2,930	Class 10,000
ISO8				3,520,000	832,000	29,300	Class 100,000
ISO9				35,200,000	8,320,000	293,000	실내공기

13.5.2 클린룸 공조 시스템

그림 13.35에서는 클린룸 공조 시스템의 구성을 보여주고 있다. 팹의 옥상에 설치되어 있는 덕트를 통해서 외부 공기를 흡입하며, 필터와 드라이어를 거쳐서 분진과 수분을 일차로 걸러낸다. 사전필터는 25[μm] 이상의 입자들을 걸러낼 수 있다. 이렇게 외부로부터 유입된 공기는 클린룸 천장에 설치되어 있는 HEPA 필터나 ULPA 필터를 통해서 최종적으로 분진을 걸러낸다.

HEPA[29] 필터는 효율 99.995%로 0.3[μm] 이상 크기의 입자들을 걸러내는 필터로서, ISO5등급(Class 100)의 환경을 만들어준다. 반면에 **ULPA[30] 필터**는 효율 99.999%로 0.1[μm] 이상 크기의 입자들을 걸러내는 필터로서, ISO3등급(Class1)의 환경을 만들어준다. 두 가지 필터 모두 클린룸 천장에서 바닥 쪽으로 층류유동을 만들어서 부유성 입자들이 공기 중을 떠다니지 않고 바닥 쪽으로

29 High Efficiency Particulate Air
30 Ultra Low Particulate Air

향하도록 만들어준다. 클린룸 바닥에는 **그레이팅**이라고 부르는 구멍이 뚫린 바닥판이 설치되어 있으며, 그레이팅 아래에는 배기 덕트가 설치되어 있어서 바닥에서 포집된 공기를 외부로 배기한다.

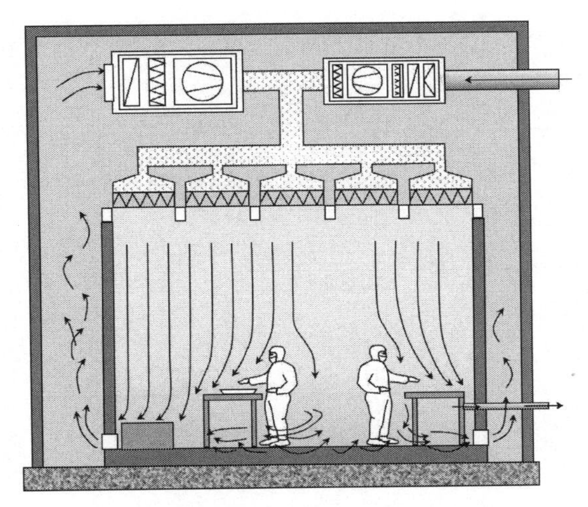

그림 13.35 클린룸 공조 시스템

13.5.3 클린룸 복장지침

인간의 활동별 입자 발생량(0.3[μm] 이상)을 살펴보면, 정지상태에서 1×10^5[개/min], 느린 걸음을 걷는 경우 5×10^6[개/min], 중간 걸음을 걷는 경우 7×10^6[개/min], 빠른 걸음을 걷는 경우 1×10^7[개/min]의 분진이 발생한다. 인간은 클린룸 내에서 주요 오염원으로 작용하기 때문에 클린룸 내로 진입하는 작업자의 수를 최소화하여야만 하며, 클린룸 내에서 작업자가 절대로 뛰어서는 안 된다.

클린룸 내부에서 작업자가 갖춰야 할 장구들은 **표 13.7**에서와 같이 클린룸 등급에 따라서 매우 엄격하게 규정되어 있다. ISO7등급(Class 10,000) 클린룸의 경우에는 두건과 마스크 클린복 상의만 착용하지만 실제로 반도체를 생산하는 ISO5등급(Class 100) 클린룸의 경우에는 후드형 두건, 마스크, 클린화, 상하 일체형 클린복, 장갑 등을 모두 착용하여야만 한다.

표 13.7 클린룸 복장지침

항목	ISO8	ISO7	ISO6	ISO5	ISO4
	Class100,000	Class10,000	Class1,000	Class 100	Class 10
두건마스크	✔	✔	✔	✔	✔
클린화			✔	✔	✔
상하일체형클린복			✔	✔	✔
장갑			✔	✔	✔
두건	✔	✔	✔	✔	✔
후드				✔	✔
클린복 상의	✔	✔			
테두리 마감처리된 와이퍼					✔
폴리에스터니트소재 와이퍼				✔	
폴리/셀룰로오즈 와이퍼	✔	✔	✔		

컬러 도판

▎Chapter 01

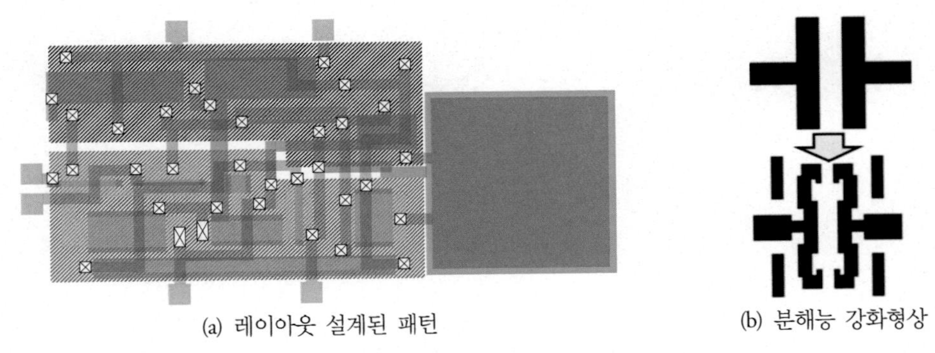

(a) 레이아웃 설계된 패턴　　(b) 분해능 강화형상

그림 1.11 집적회로 레이아웃 설계사례(본문 p.15)

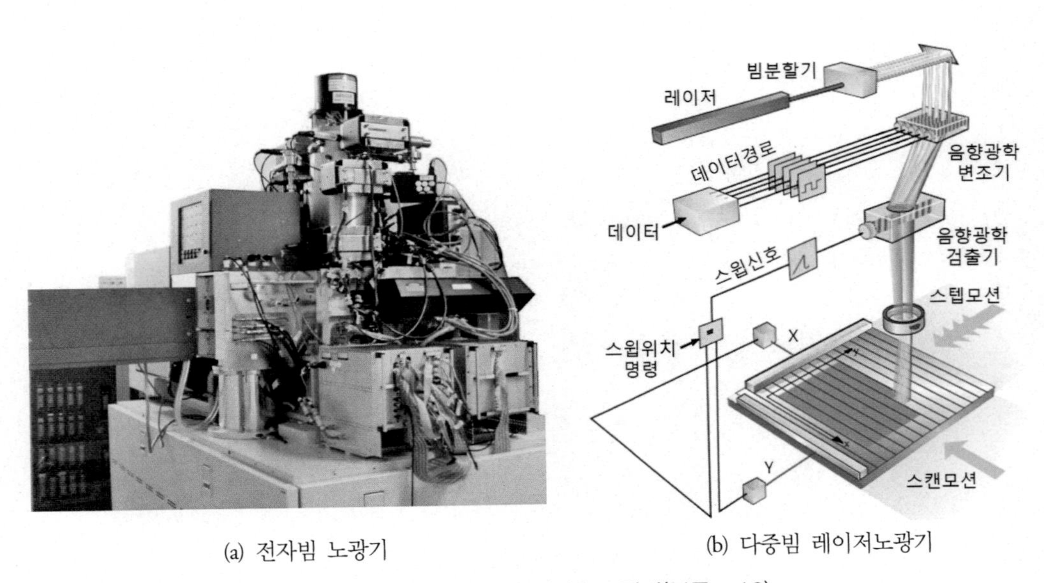

(a) 전자빔 노광기　　(b) 다중빔 레이저노광기

그림 1.12 포토마스크 제작용 노광기(본문 p.16)

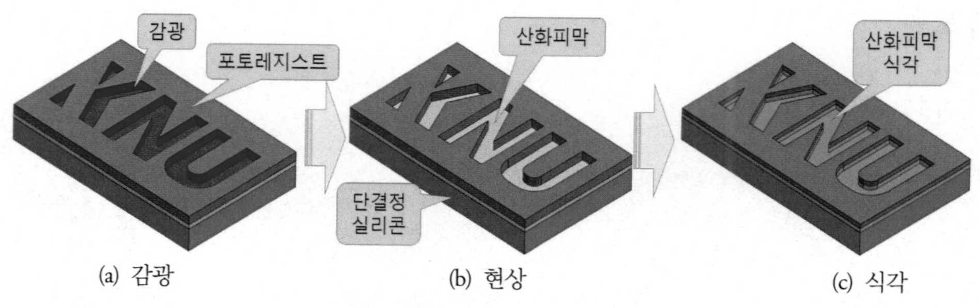

그림 1.17 현상과 식각(본문 p.21)

Chapter 02

IA	IIA	IIIB	IVB	VB	VIB	VIIB	VIIIB	VIIIB	VIIIB	IB	IIB	IIIA	IVA	VA	VIA	VIIA	VIIIA
1 H 수소																	2 He 헬륨
3 Li 리튬	4 Be 베릴륨											5 B 붕소	6 C 탄소	7 N 질소	8 O 산소	9 F 불소	10 Ne 네온
11 Na 나트륨	12 Mg 마그네슘											13 Al 알루미늄	14 Si 규소	15 P 인	16 S 황	17 Cl 염소	18 Ar 아르곤
19 K 포타슘	20 Ca 칼슘	21 Sc 스칸듐	22 Ti 티타늄	23 V 바나듐	24 Cr 크롬	25 Mn 망간	26 Fe 철	27 Co 코발트	28 Ni 니켈	29 Cu 구리	30 Zn 아연	31 Ga 갈륨	32 Ge 게르마늄	33 As 비소	34 Se 셀레늄	35 Br 브로민	36 Kr 크립톤
37 Rb 루비듐	38 Sr 스트론튬	39 Y 이트륨	40 Zr 지르코늄	41 Nb 나이오븀	42 Mo 몰리브덴	43 Tc 테크네튬	44 Ru 루테늄	45 Rh 로듐	46 Pd 팔라듐	47 Ag 은	48 Cd 카드뮴	49 In 인듐	50 Sn 주석	51 Sb 안티모니	52 Te 텔루륨	53 I 아이오딘	54 Xe 제논
55 Cs 세슘	56 Ba 바륨	57~71 란탄 계열	72 Hf 하프늄	73 Ta 탄탈럼	74 W 텅스텐	75 Re 레늄	76 Os 오스뮴	77 Ir 이리듐	78 Pt 백금	79 Au 금	80 Hg 수은	81 Tl 탈륨	82 Pb 납	83 Bi 비스무트			
87 Fr 프랑슘	88 Ra 라듐	89~103 악티늄 계열	104 Rf 러더포듐	105 Db 더브늄	106 Sg 시보귬	107 Bh 보륨	108 Hs 하슘	109 Mt 마이트너륨	110 Ds 다름슈타튬	111 Rg 뢴트게늄	112 Cn 코페르니슘	113 Nh 니호늄	114 Fl 플레로븀	115 Mc 모스코븀	116 Lv 리버모륨	117 Ts 테네신	118 Og 오가네손

알칼리금속 전이금속 기타금속 반도체 비금속 할로겐

57 La 란타넘	58 Ce 세륨	59 Pr 프라세오디뮴	60 Nd 네오디뮴	61 Pm 프로메튬	62 Sm 사마륨	63 Eu 유로퓸	64 Gd 가돌리늄	65 Tb 터븀	66 Dy 디스프로슘	67 Ho 홀뮴	68 Er 어븀	69 Tm 툴륨	70 Yb 이터븀	71 Lu 루테튬
89 Ac 악티늄	90 Th 토륨	91 Pa 프로트악티늄	92 U 우라늄	93 Np 넵투늄	94 Pu 플루토늄	95 Am 아메리슘	96 Cm 퀴륨	97 Bk 버클륨	98 Cf 캘리포늄	99 Es 아인슈타이늄	100 Er 페르뮴	101 Md 멘델레븀	102 No 노벨륨	103 Lr 로렌슘

그림 2.1 원소의 주기율표(본문 p.40)

그림 2.6 실리콘 정제를 위한 광열전기로(본문 p.45)

Chapter 03

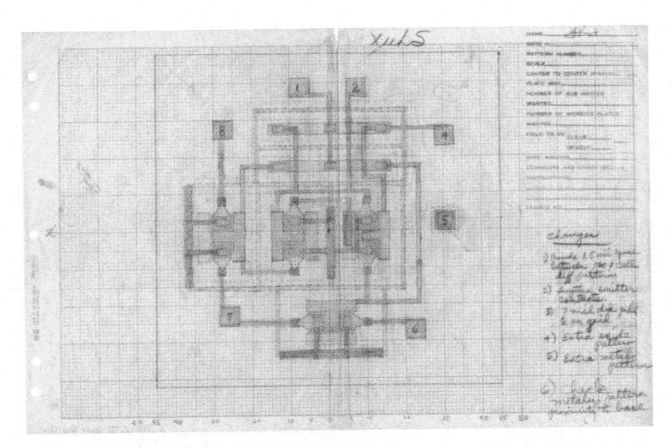

그림 3.3 최초의 마스크 레이아웃 드로잉(본문 p.85)

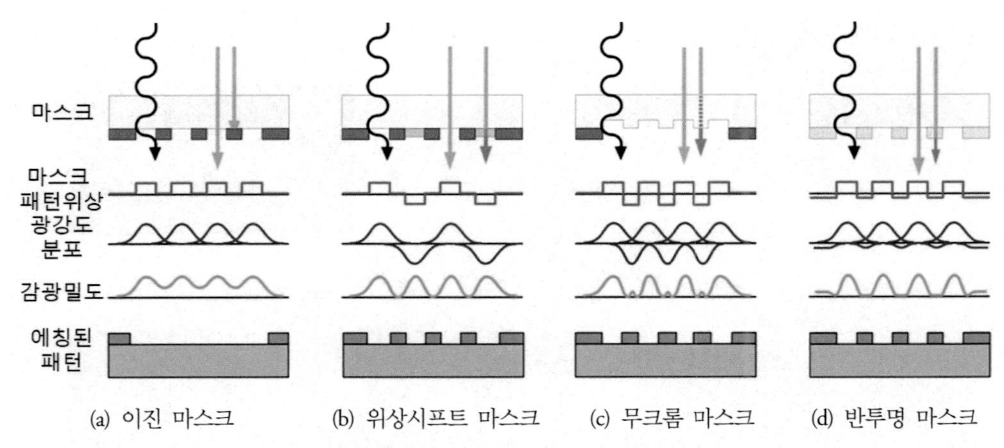

그림 3.14 광학식 마스크의 유형과 노광특성(본문 p.96)

▌Chapter 04

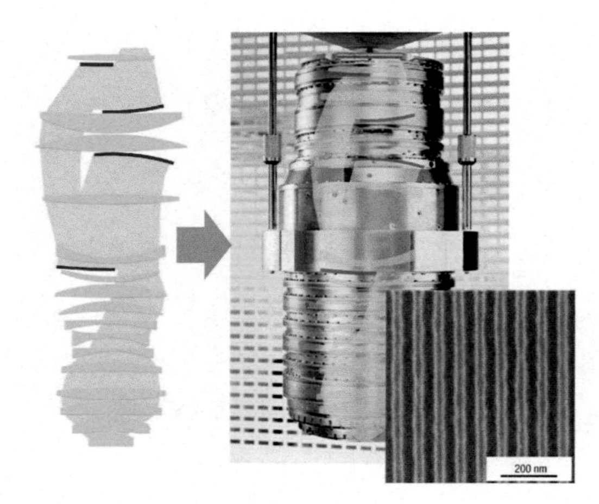

그림 4.6 자이스社의 Starlith^{TM} 1700i 투사광학계의 렌즈어레이와 광학경로(본문 p.147)

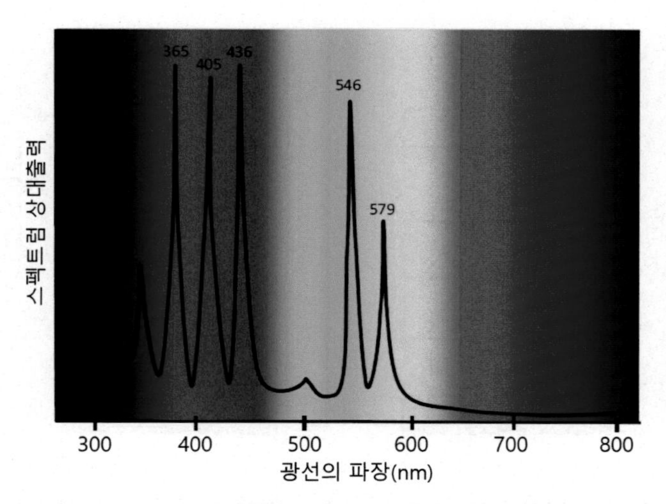

그림 4.7 고압수은 아크등에서 방사되는 빛의 스펙트럼(본문 p.149)

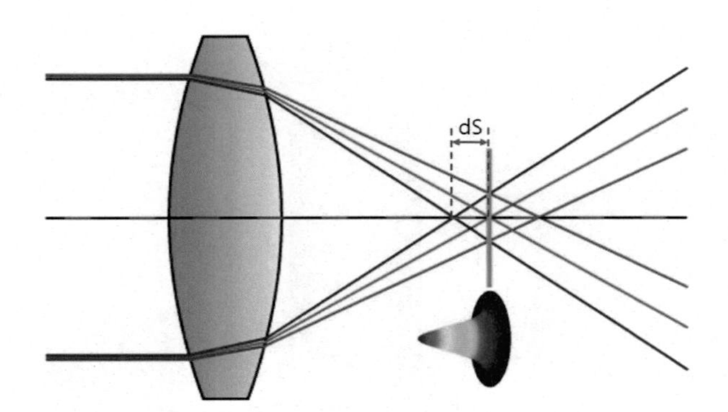

그림 4.14 영상 측 초점심도(본문 p.156)

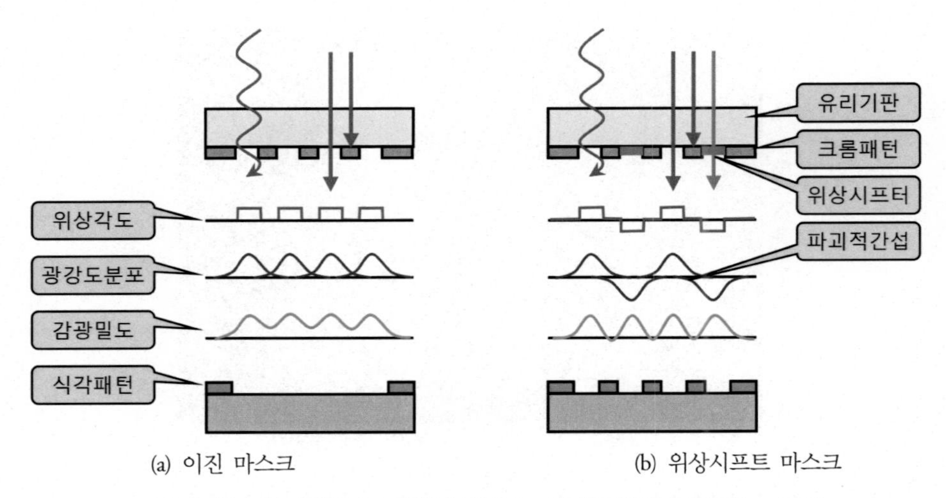

그림 4.17 위상시프트 마스크에서 일어나는 파괴적 간섭현상(본문 p.159)

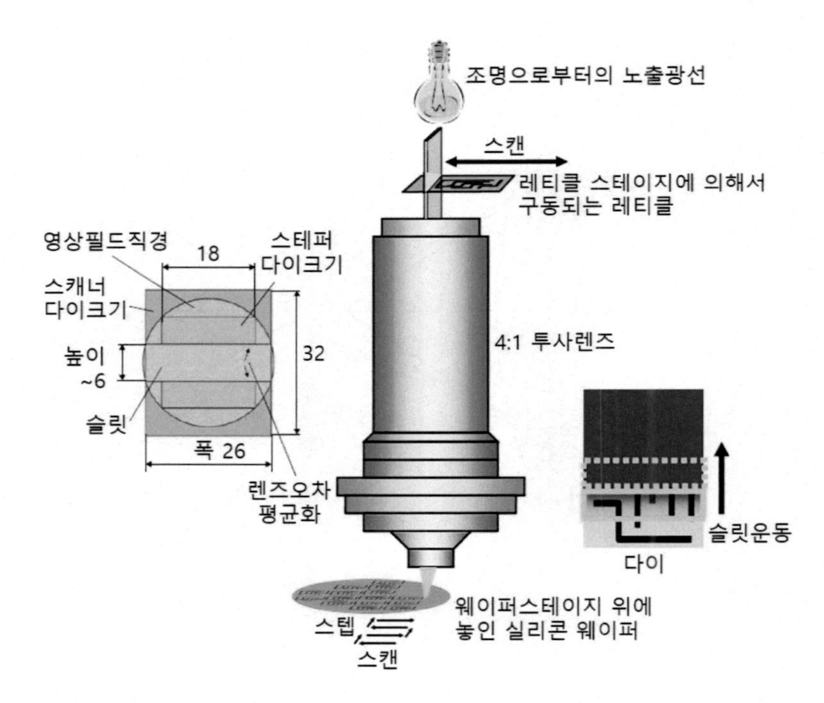

그림 4.18 웨이퍼 스캐너가 탑재된 노광기의 구조(본문 p.160)

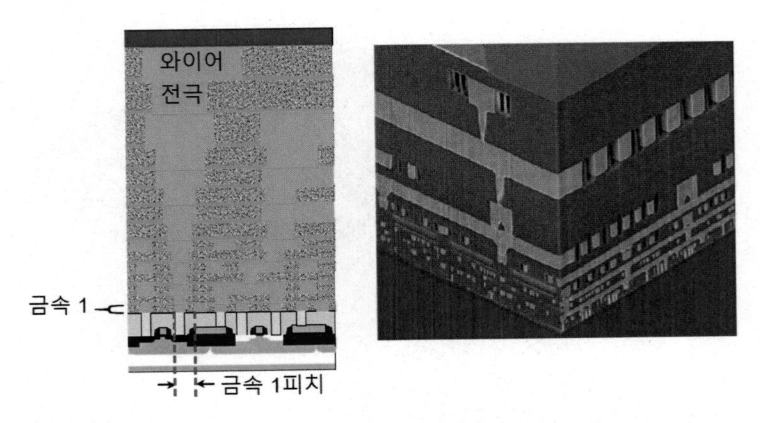

그림 4.20 반도체의 수직구조를 연결시켜주는 실리콘 관통전극(TSV)(본문 p.162)

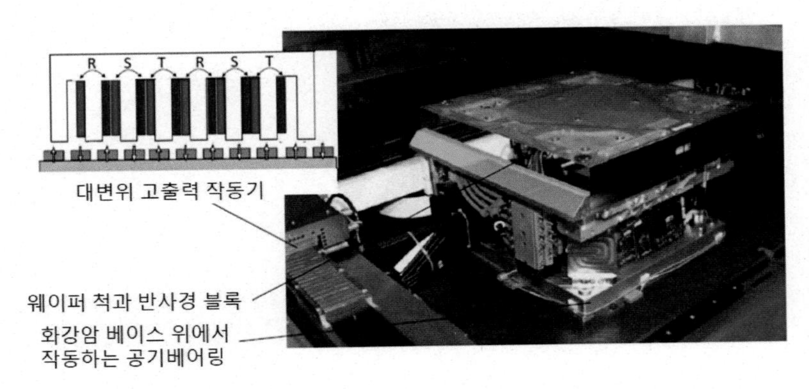

그림 4.21 심자외선 노광기용 웨이퍼 스테이지의 사례(본문 p.163)

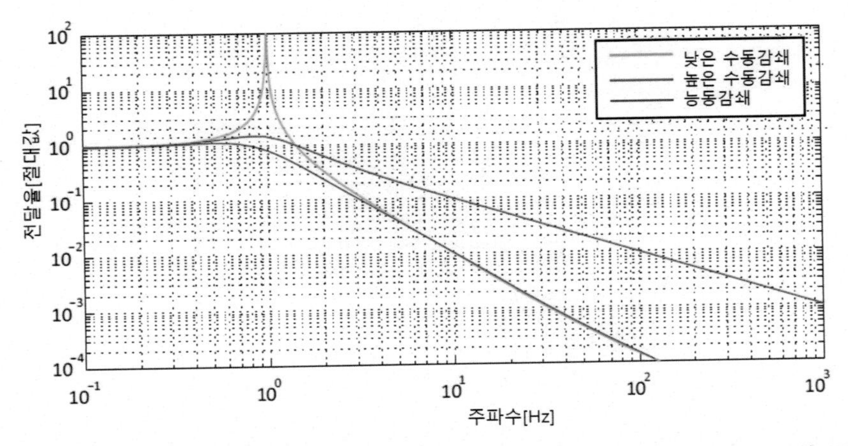

그림 4.27 공압식 제진기들에 의해서 지지되는 계측프레임–광학경통 조립체의 주파수응답곡선(본문 p.172)

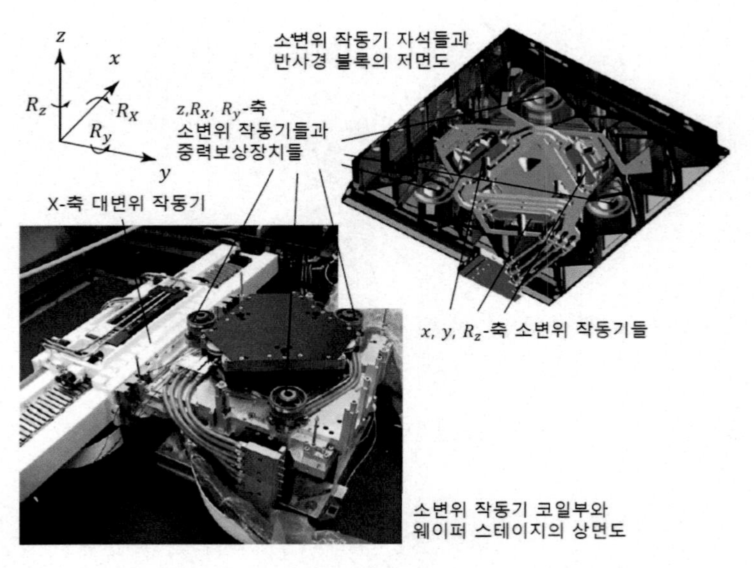

그림 4.35 z-축 구동용 보이스코일모터(본문 p.182)

Chapter 05

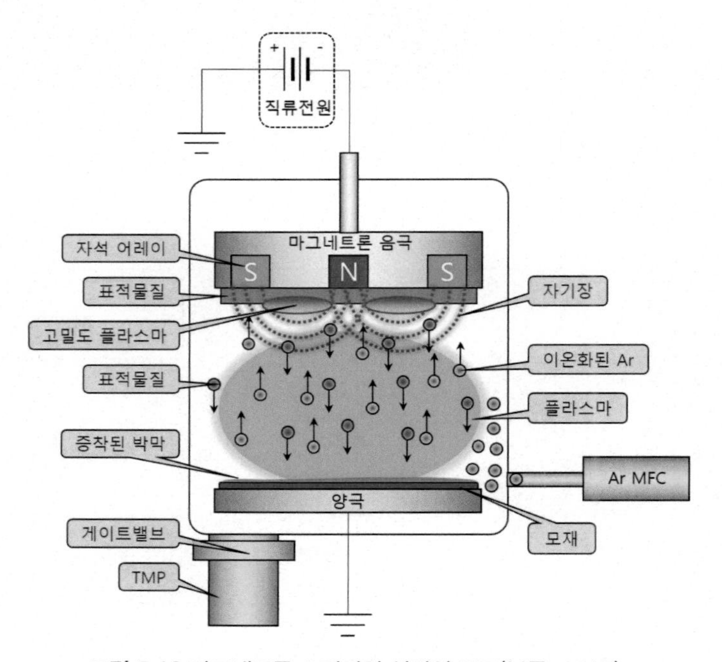

그림 5.12 마그네트론 스퍼터링 설비의 구조(본문 p.217)

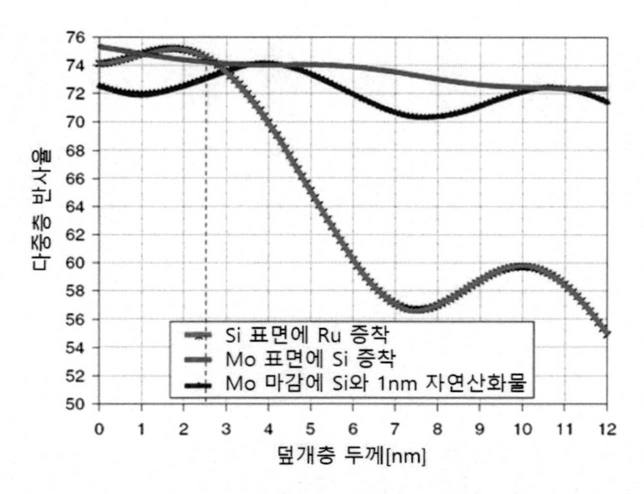

그림 5.21 덮개층 소재의 선정(본문 p.225)

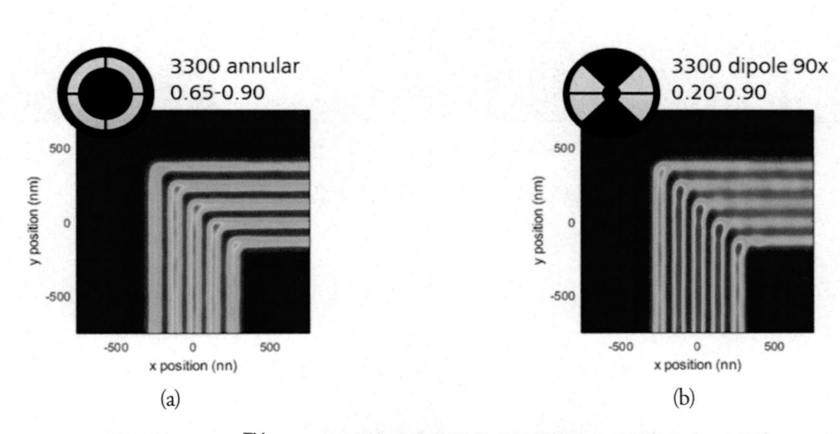

그림 5.30 AIMS™EUV를 사용하여 취득한 영역영상의 사례(본문 p.238)

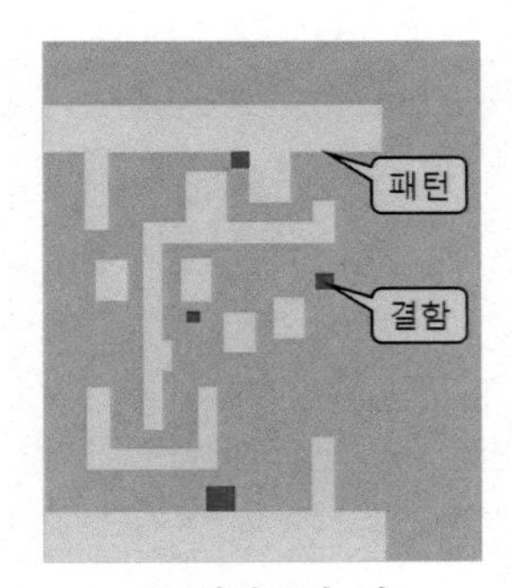

(a) 위치보상 전

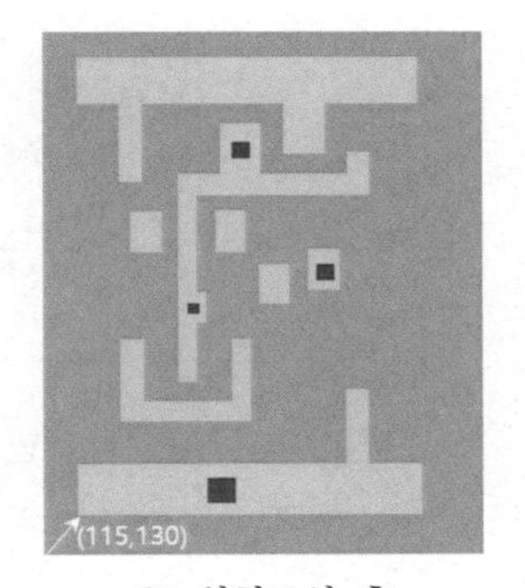

(b) 위치보상 후

그림 5.33 패턴시프트 기법을 사용한 다중층 결함보상(본문 p.241)

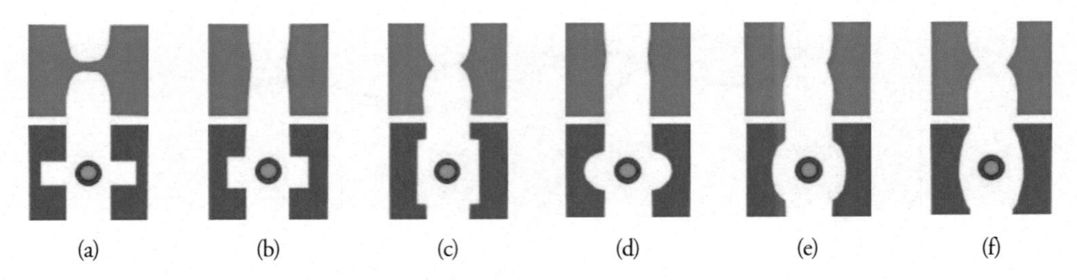

그림 5.34 위상결함의 수리(본문 p.242)

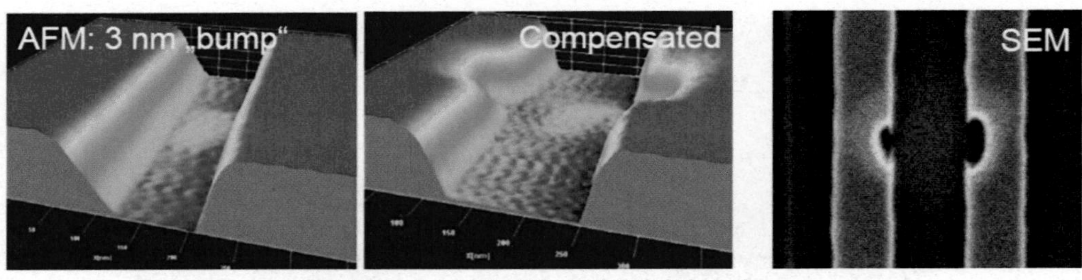

(a) 3[nm] 높이로 돌출된 위상결함의 수리

그림 5.35 광학근접보정(OPC)을 사용한 위상결함 수리사례(본문 p.243)

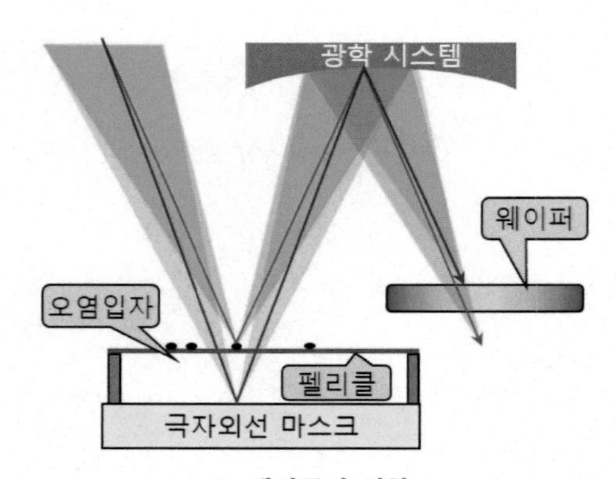

(a) 펠리클의 역할

그림 5.40 극자외선용 반사식 포토마스크에 사용되는 펠리클(본문 p.248)

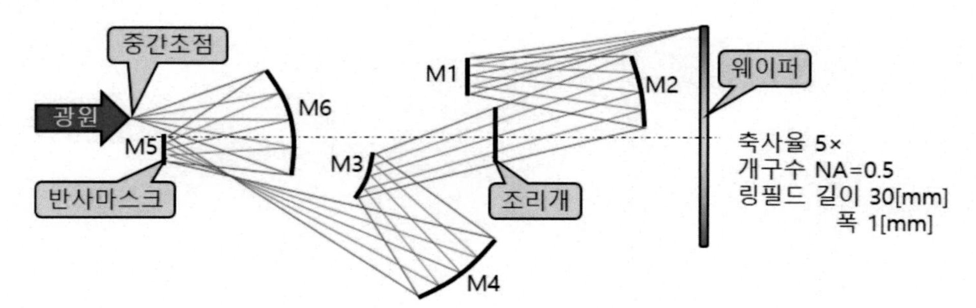

그림 6.4 6중 반사경 링필드 영상화 시스템의 배치도(본문 p.257)

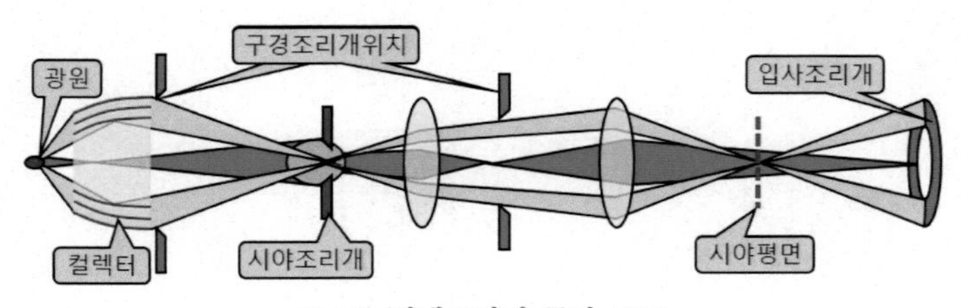

(a) 준-임계조명의 등가 구조

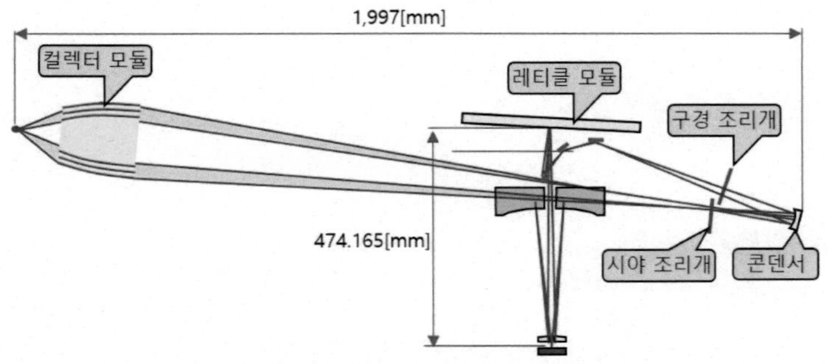

(b) 실제로 제작된 반사방식의 준-임계조명의 구조

그림 6.25 마이크로노광장비에 설치된 준-임계조명(본문 p.289)

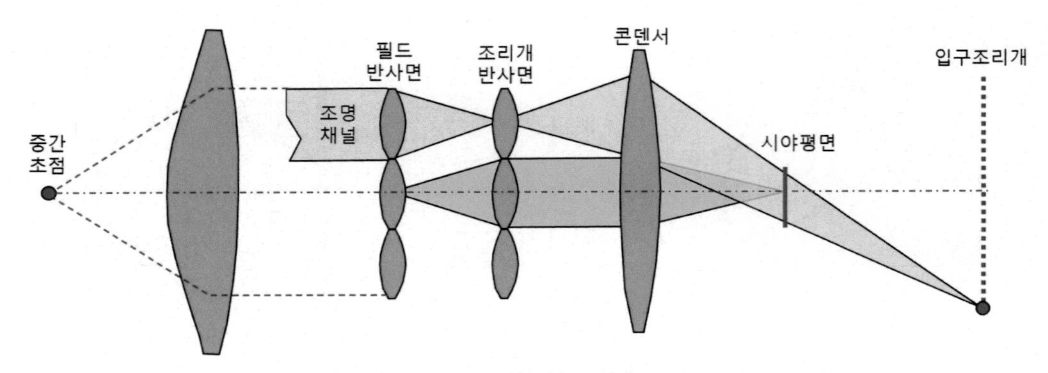

그림 6.26 전역필드 조명용 쾰러조명의 개념도(본문 p.290)

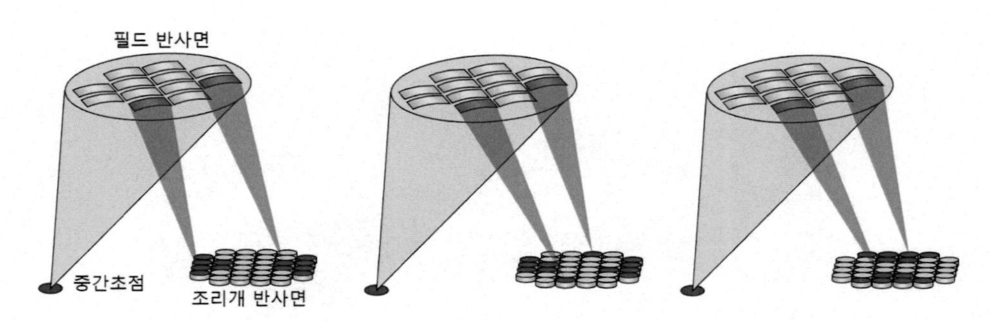

(a) 유연조명의 개념

그림 6.27 다양한 비축조명의 세팅이 가능한 유연조명(본문 p.291)

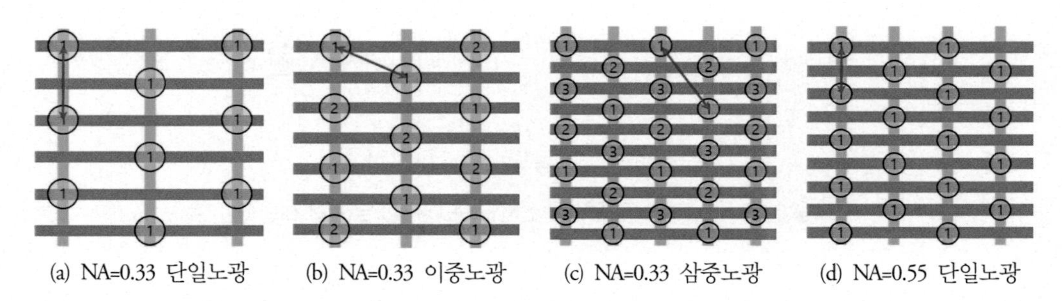

(a) NA=0.33 단일노광 (b) NA=0.33 이중노광 (c) NA=0.33 삼중노광 (d) NA=0.55 단일노광

그림 6.32 개구수의 증가가 접촉구멍 최소피치에 끼치는 영향(본문 p.296)

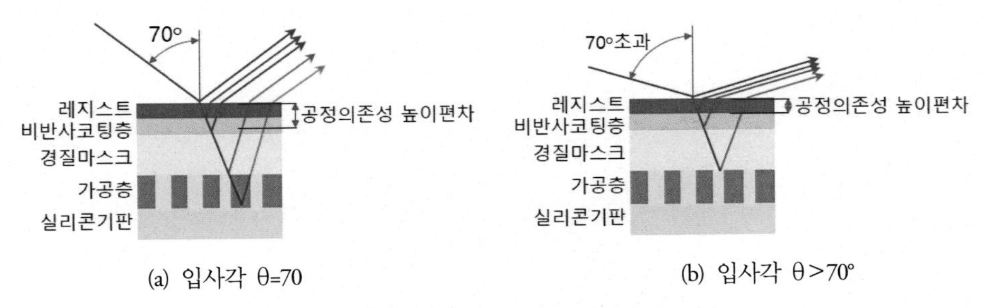

(a) 입사각 θ=70 (b) 입사각 θ>70°

그림 6.39 웨이퍼 표면윤곽 측정(본문 p.305)

Chapter 07

(a) 폴리이미드 히터 (b) 히터/센서 일체형 척 (c) 히터/쿨러가 일체형 척

그림 7.17 웨이퍼 히터(본문 p.347)

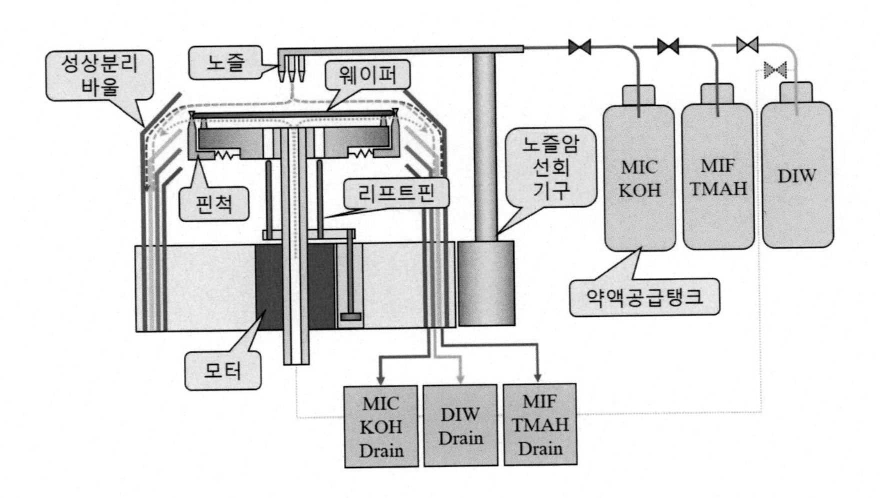

그림 7.21 스핀현상 장비의 구성(본문 p.352)

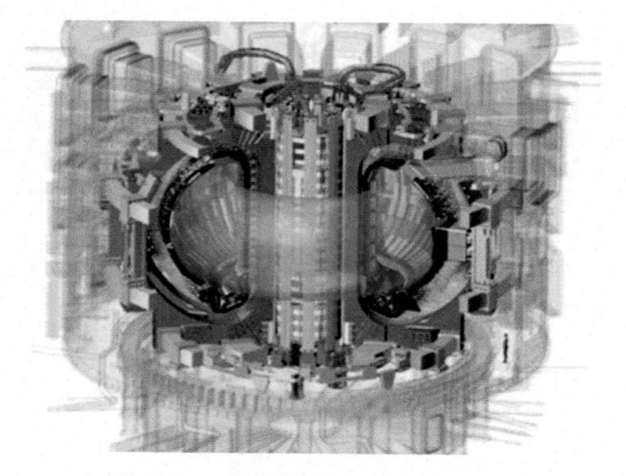

Chapter 08

그림 8.9 토카막 핵융합로(본문 p.380)

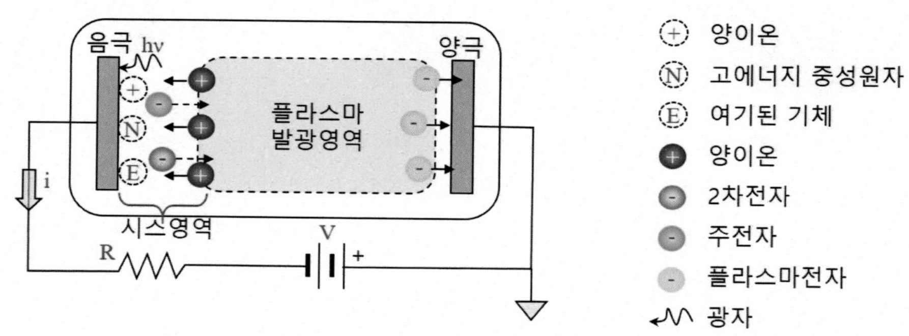

그림 8.10 DC 플라스마(본문 p.381)

Chapter 09

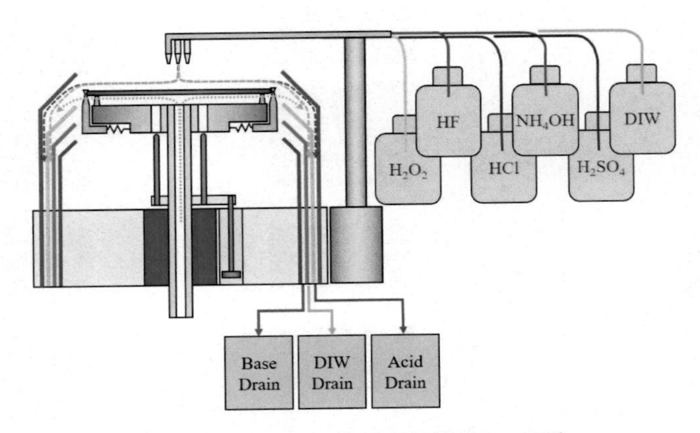

그림 9.10 단일웨이퍼 세정장비(본문 p.427)

Chapter 10

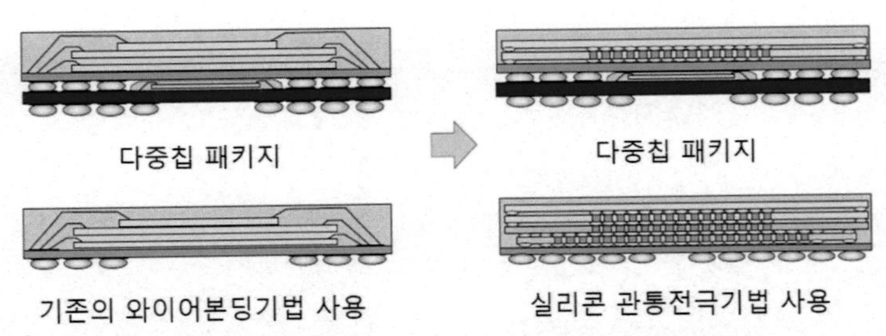

그림 10.3 3차원 패키징 기술과 3차원 집적화 기술의 비교(본문 p.465)

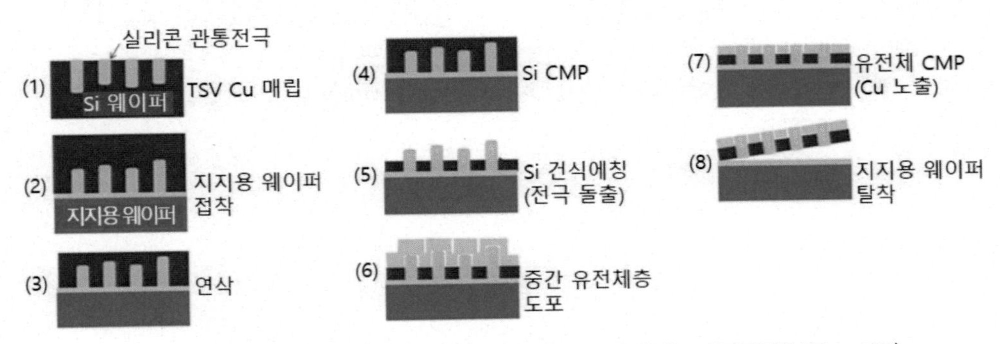

그림 10.16 중간비아 방식에서 실리콘 관통전극을 노출시키는 가공공정(본문 p.480)

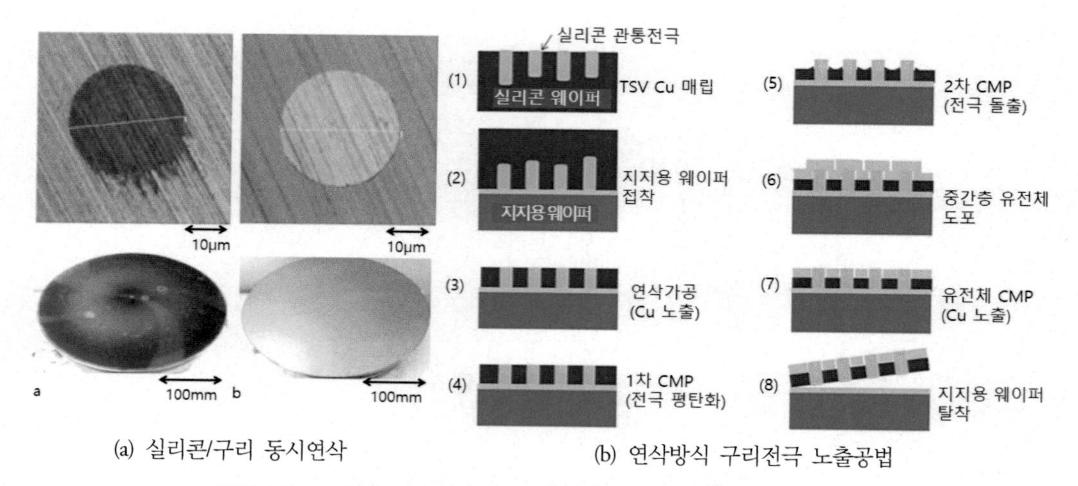

(a) 실리콘/구리 동시연삭 (b) 연삭방식 구리전극 노출공법

그림 10.17 실리콘/구리 동시연삭 방식의 전극노출공법(본문 p.481)

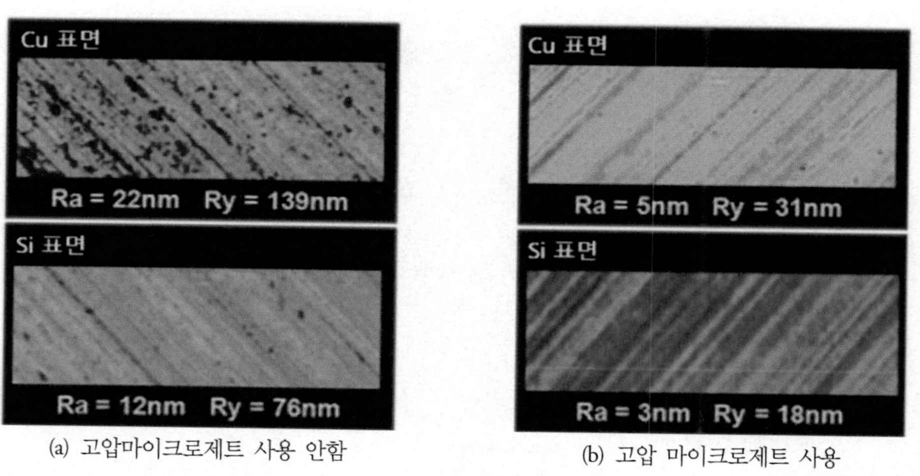

(a) 고압마이크로제트 사용 안함 (b) 고압 마이크로제트 사용

그림 10.19 고압 마이크로제트 세척과 가공표면 거칠기 사이의 상관관계(본문 p.482)

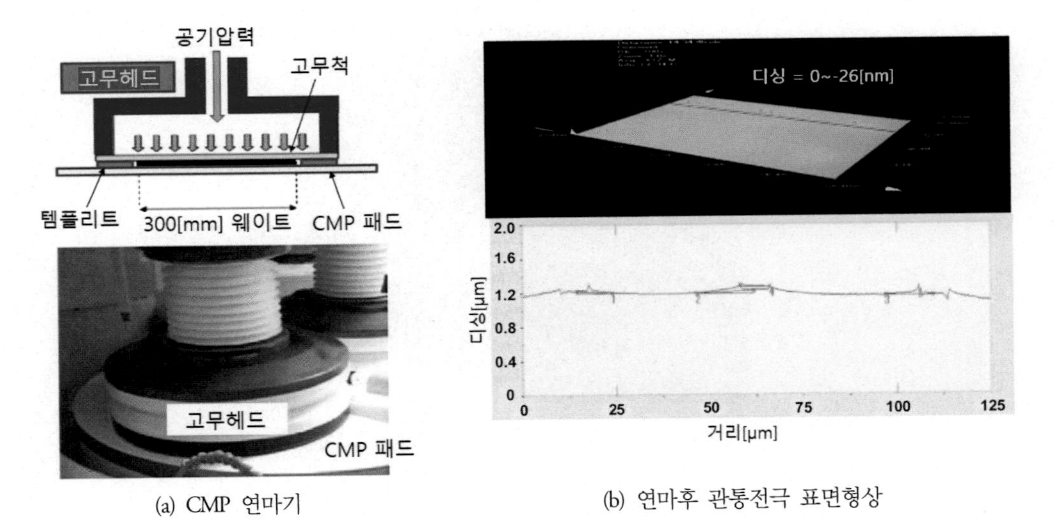

(a) CMP 연마기 (b) 연마후 관통전극 표면형상

그림 10.20 비선택성 화학–기계적 연마(본문 p.484)

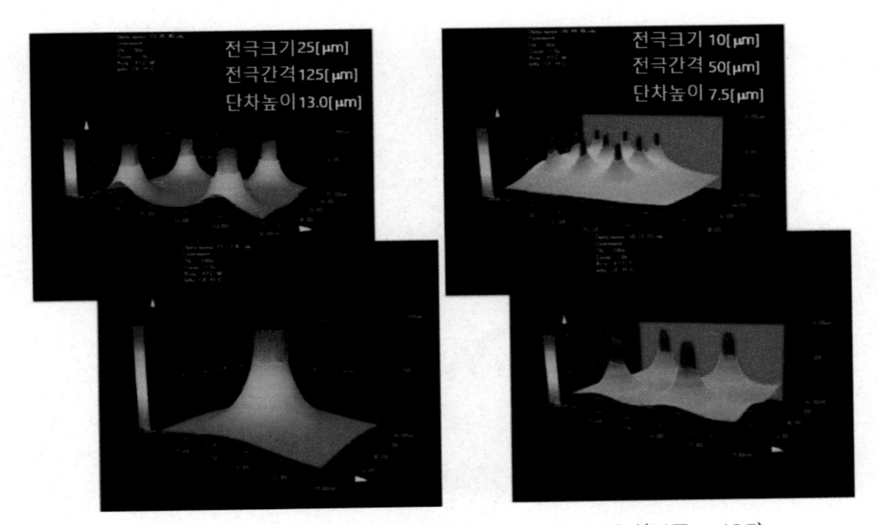

그림 10.21 전극 돌출을 위한 선택성 화학–기계적 연마(본문 p.485)

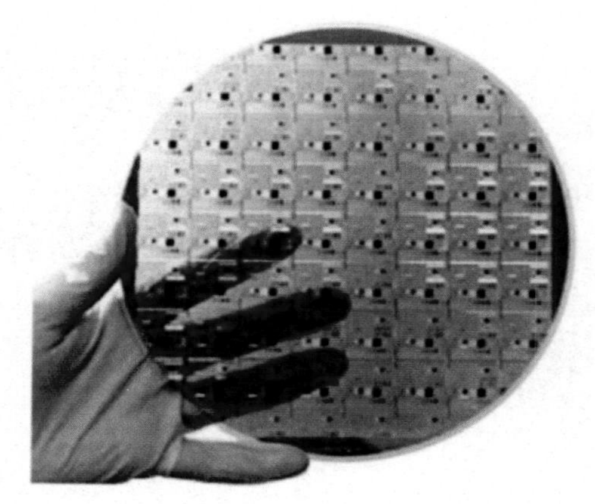

그림 10.23 박막 가공된 실리콘 웨이퍼(본문 p.488)

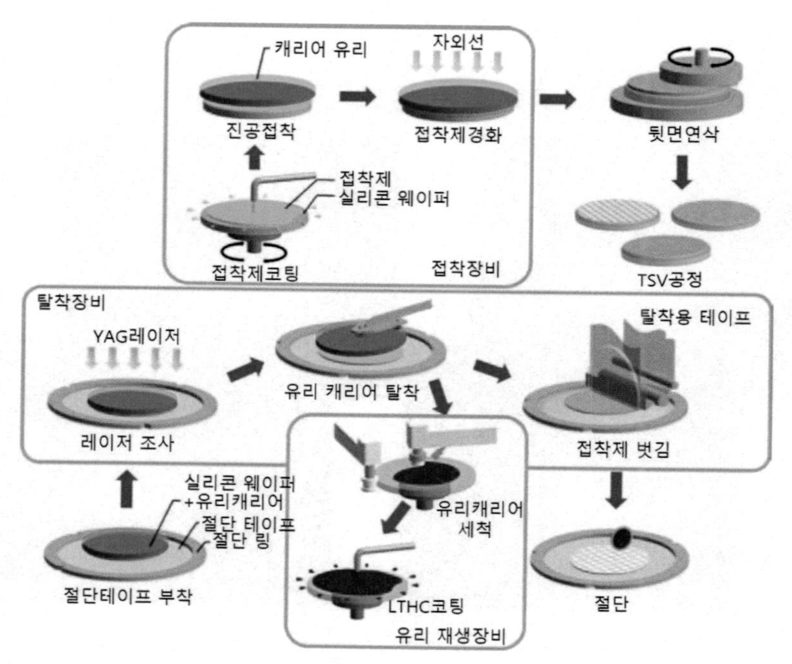

그림 10.24 유리 캐리어를 사용한 웨이퍼 뒷면연삭공정(본문 p.489)

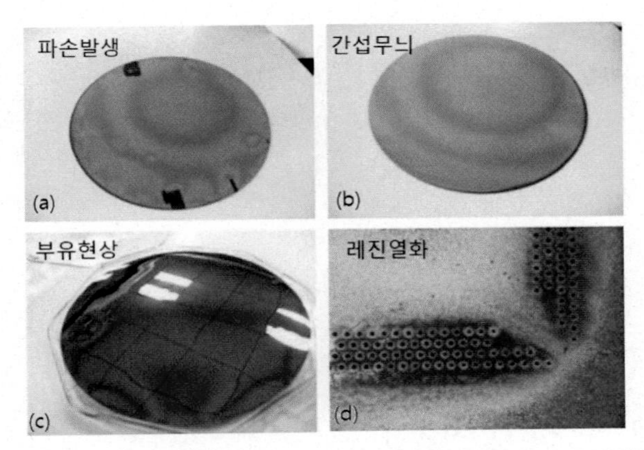

그림 10.26 탈착과정에서 발생하는 디바이스 웨이퍼의 다양한 파손현상들(본문 p.492)

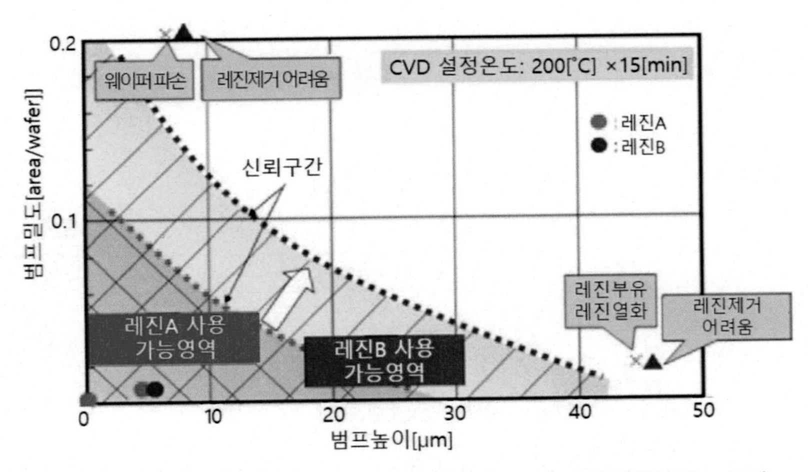

그림 10.27 범프 높이와 범프 밀도에 따른 웨이퍼 탈착 신뢰구간(본문 p.493)

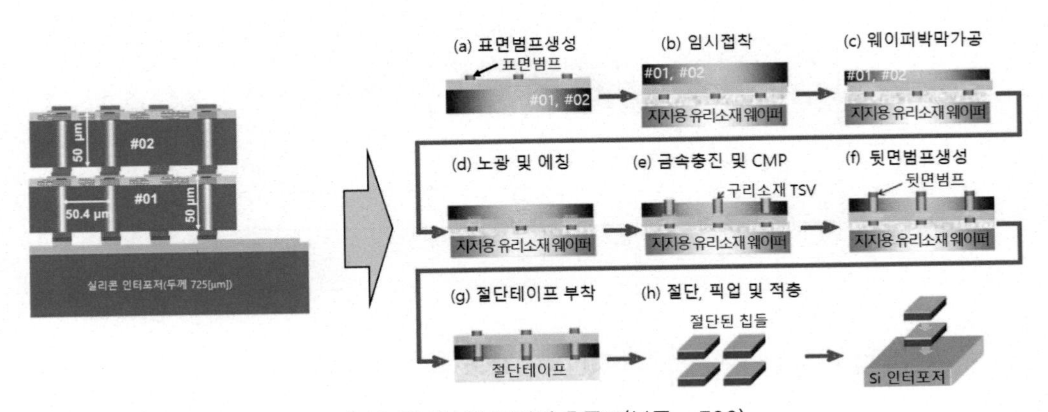

그림 10.35 칩-칩 공정의 흐름도(본문 p.500)

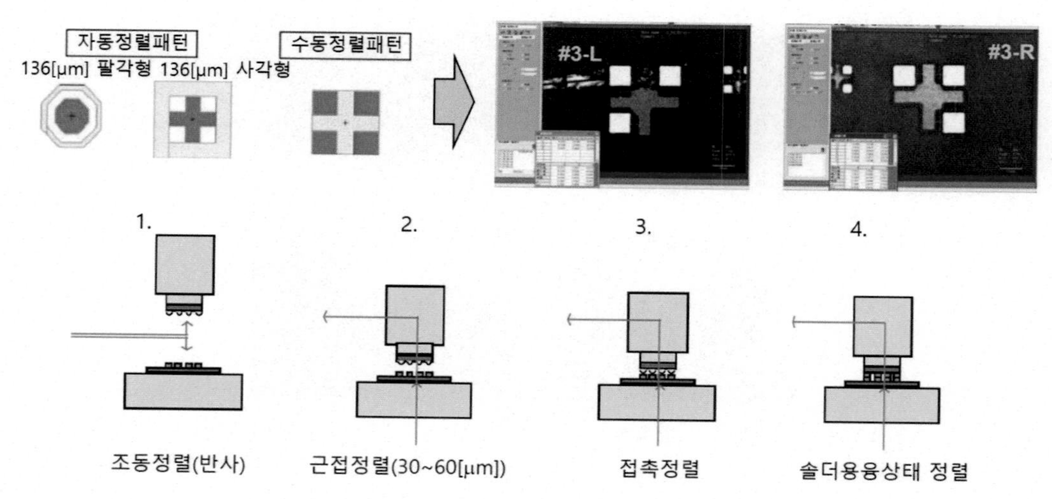

그림 10.36 정렬용 표식을 사용하는 칩–칩 정렬방법(본문 p.502)

표 10.4 플립칩의 조립과 충진을 위한 다양한 공정들(본문 p.502)

<table>
<tr><th rowspan="2">공정</th><th>질량유동</th><th colspan="3">열압착본딩</th></tr>
<tr><th>모세관충진</th><th>비전도성페이스트</th><th colspan="2">비전도성필름</th></tr>
<tr><td>기판에 접착제를 도포하는 공정흐름도</td><td></td><td></td><td></td><td></td></tr>
<tr><td>도포방식</td><td>사후 액체주입</td><td>사전 액체주입</td><td colspan="2">사전 필름도포</td></tr>
<tr><td>레진가열저항성</td><td>불필요</td><td>필요</td><td colspan="2">필요</td></tr>
<tr><td>웨이퍼레벨 공정호환</td><td>불가</td><td>불가</td><td colspan="2">가능</td></tr>
</table>

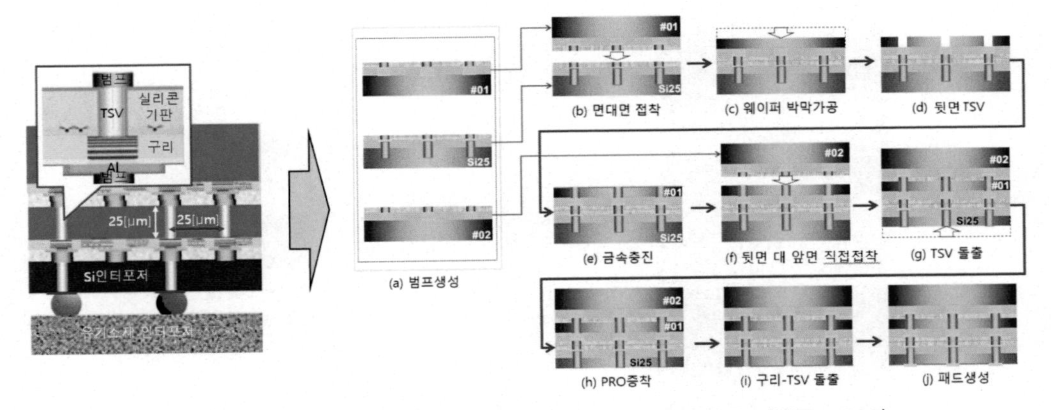

그림 10.40 3층 구조 LSI 웨이퍼접합을 위한 중간공정의 흐름도(본문 p.508)

표 10.6 배기채널의 역할(본문 p.509)

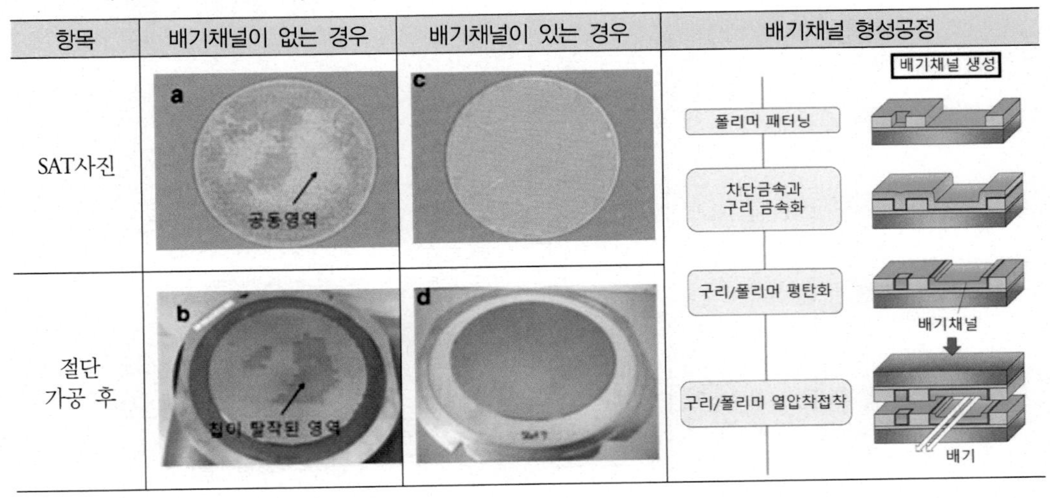

항목	배기채널이 없는 경우	배기채널이 있는 경우	배기채널 형성공정
SAT사진	a 공동영역	c	배기채널 생성 폴리머 패터닝 차단금속과 구리 금속화 구리/폴리머 평탄화 배기채널 구리/폴리머 열압착접착 배기
절단 가공 후	b 칩이 탈착된 영역	d	

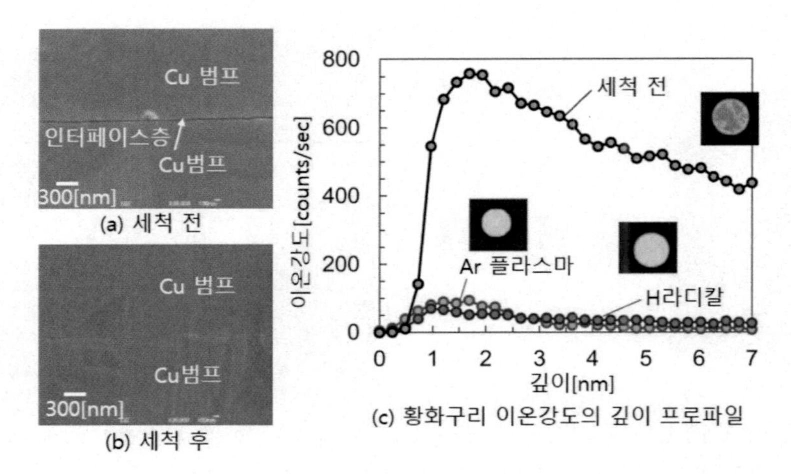

그림 10.41 웨이퍼접착 계면에 대한 주사전자현미경 사진과 구리범프 표면에 대한 이차이온질량분석 프로파일 (본문 p.510)

▌Chapter 11

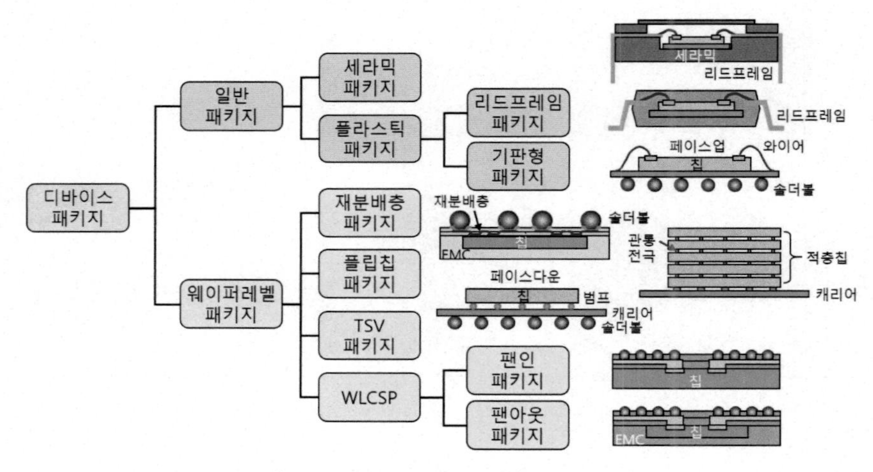

그림 11.1 패키지의 유형분류(본문 p.514)

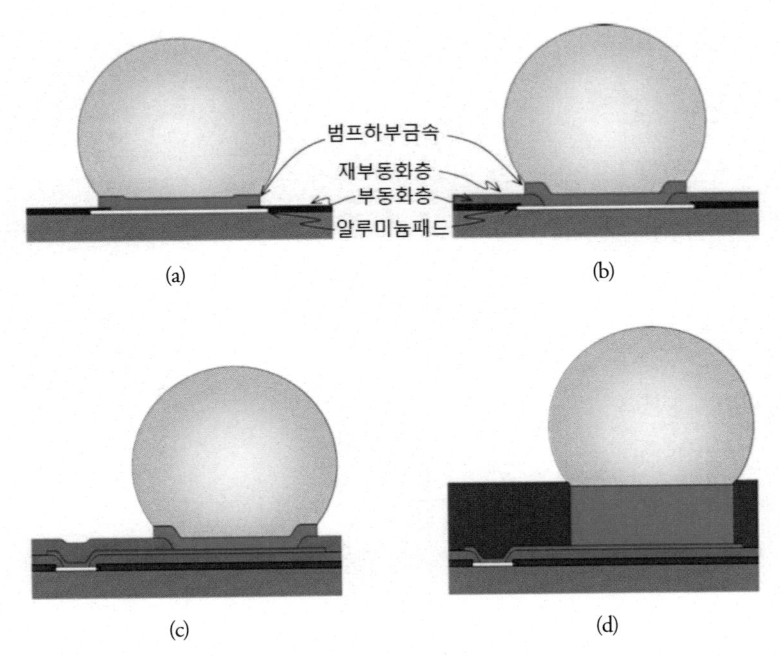

그림 11.9 다양한 범프 구조(본문 p.522)

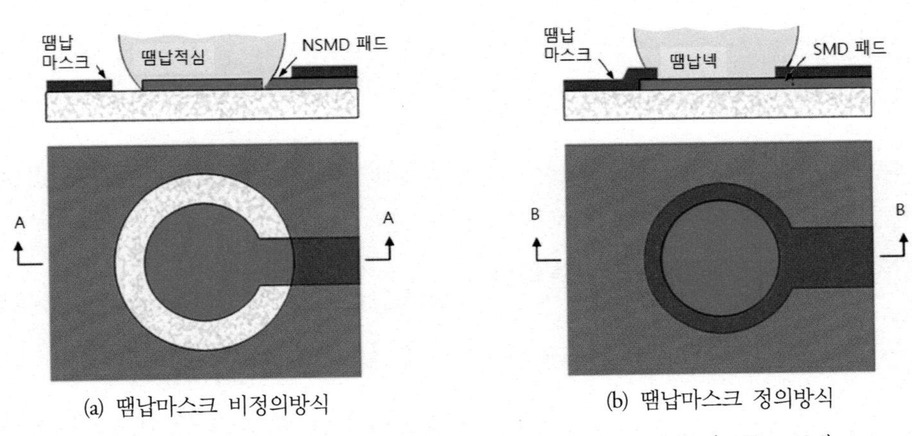

그림 11.10 땜납마스크 정의방식과 땜납마스크 비정의방식의 비교(본문 p.524)

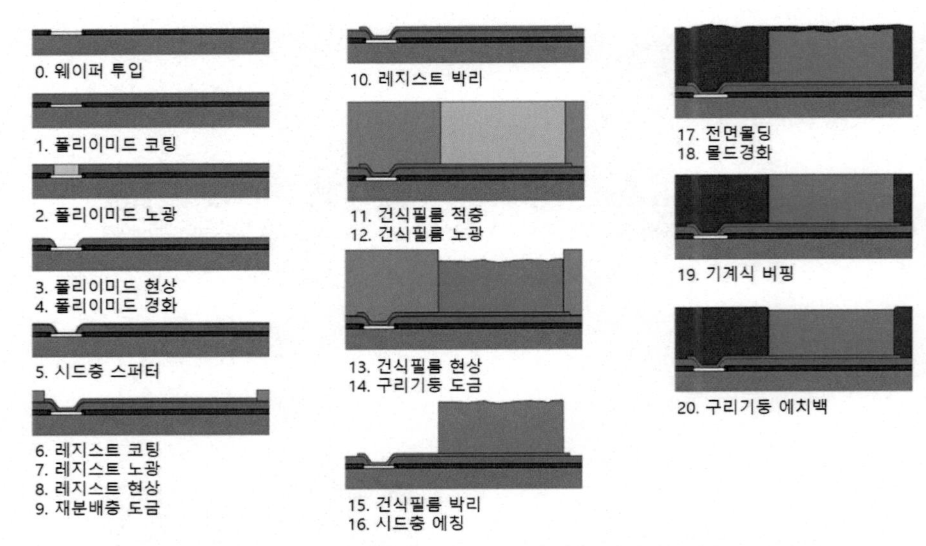

그림 11.13 구리기둥 몰딩방식 범핑기술의 공정 흐름도(본문 p.528)

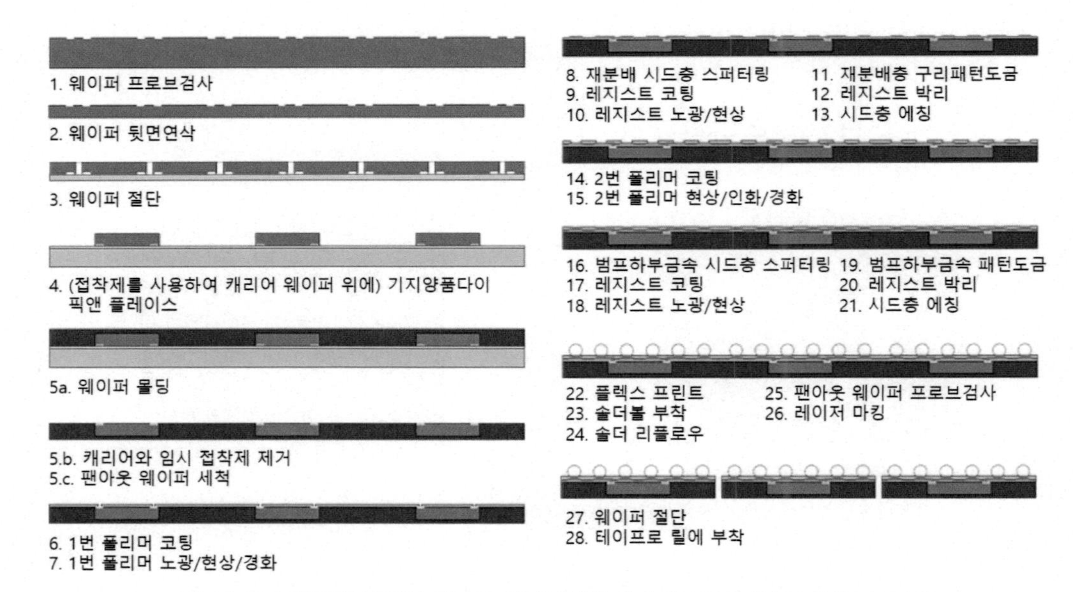

그림 11.30 전형적인 단일층 팬아웃 웨이퍼레벨 패키지의 공정 흐름도(본문 p.548)

(a) 위치보상 없음

(b) 100% 위치보상

(c) 50% 위치보상

	사전 다이위치보상 없음		100% 사전위치보상		50% 사전위치보상	
다이이동거리	누적%	평균편차[μm]	누적%	평균편차[μm]	누적%	평균편차[μm]
<20[μm]	6%	15±9	41%	14±7	55%	12±6
<40[μm]	38%	28±10	89%	24±9	99%	19±10
<60[μm]	81%	40±14	99%	26±12	99.8%	19±10
<70[μm]	92%	43±16	100%	27±12	100%	19±10
<80[μm]	100%	45±17				

그림 11.32 다이 위치보상의 사례(본문 p.550)

Chapter 12

그림 12.14 접촉식 전력공급장치(본문 p.573)

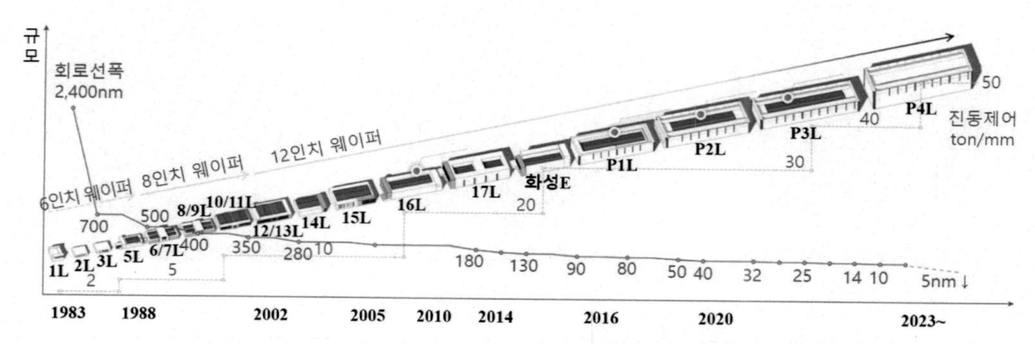

그림 13.1 기술노드의 발전에 따른 팹의 바닥진동 저감과 대형화 추세(본문 p.599)

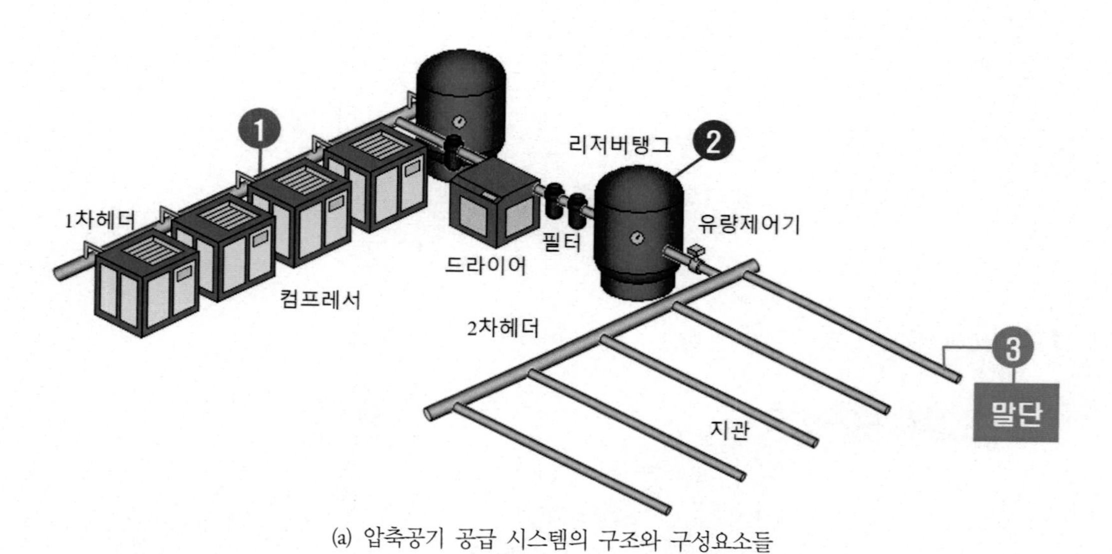

(a) 압축공기 공급 시스템의 구조와 구성요소들

압력

7
6
5
4

1
2
3

time

(b) 압축공기 공급 시스템의 위치별 압력변화양상

그림 13.5 압축공기 공급 시스템의 사례(본문 p.608)

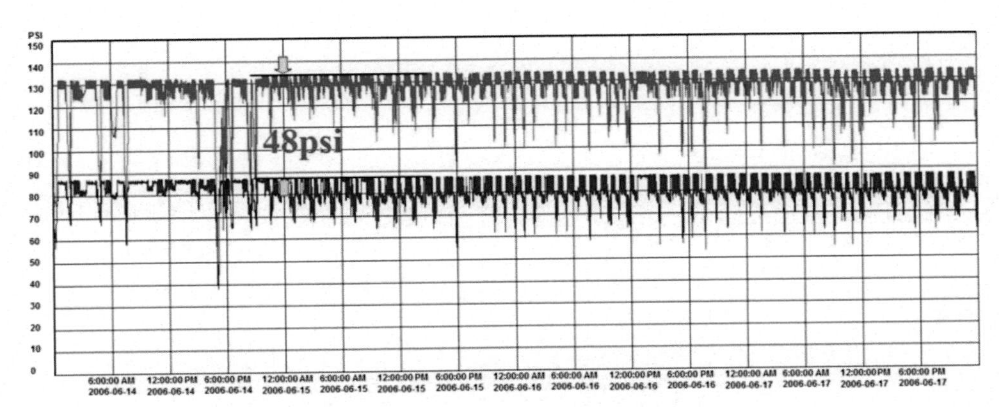

그림 13.7 압력측정 그래프 사례(본문 p.610)

약어

2-TNATA		4,4′,4,-tris[2-naphthyl(phenyl)amino]triphenylamine
3DASSM	3차원 올실리콘시스템모듈	3D All Silicon System Module
3DIC	3차원 시스템통합학회	3D system integration conference
3D-IC	3차원 집적회로	3D integrated circuit
3DM3	3차원 집적회로 다중프로젝트 운영	3D-IC Multiproject Run
3D-SIC	3차원 적층식 집적회로	3D stacked Integrated Circuits
3D-SiP	3차원 패키지형 시스템	3D system in package
3D-WLP	3차원 웨이퍼 레벨 패키지	3D wafer level packaging
A*STAR	싱가폴 과학기술연구부	Agency for Science, Technology, and Research
AA	산증폭기	Acid Amplifier
ABI	노광파장 모재검사	Actinic Blank Inspection
ABM	아날로그 경계모듈	Analog boundary module
AC	교류	Alternating Current
ACF	이방성 도전필름	Anisotropic Conductive Film
ACLV	가압멸균	autoclave
ADC	아날로그-디지털 변환기	Analog-to-Digital Convertor
ADG	원자밀도구배	Atomic Density Gradient
ADSTATIC	진보된 적층 시스탬기술과 응용 컨소시엄	Advanced Stacked-System Technology and Application Consortium
ADT	알파데모장비	Alpa Demo Tool
AFD	원자유량확산	Atomic Flux Divergence
AFM	원자 작용력 현미경	Atomic Force Microscopy
AIMS	영역영상 측정 시스템	Aerial Image Measurement System(Zeiss)
AIST	산업기술총합연구소	National Institute of Advanced Industrial Science and Technology
ALD	원자층증착	Atomic Layer Deposition
ALS	차세대 광원	Advanced Light Source
AMD社	어드밴스드 마이크로 디바이스	Advanced Micro Device
AMOLED	능동화소유기발광다이오드	Active mModel Organic Light Emitting Diode
APC	차세대 공정제어	Advenced Process Control
APIC	선진 패키징과 상호연결	Advanced Packaging and InterConnect
APMI	노광파장을 사용한 마스크패턴검사	Actinic Patterned Mask Inspection
APSM	교번식 위상시프트 마스크	Alternating Phase Shift Mask
AR	종횡비	Aspect Ratio
AR	비반사	AntiReflective

ARC	비반사코팅	AntiReflective Coating
ARD	종횡비 의존성	AR Dependence
ASE	자연증폭방출	Amplified Spontaneous Emission
ASET	초선단전자기술개발기구	Association of Super-Advanced Electronics Technologies
ASET	초진보 전자기술 협회	Association for Super-Advanced Electronics Technologies
ASIC	주문형반도체	Application specific integrated circuit
ASSM	올실리콘시스템모듈	All Silicon System Module
A-SW	아날로그 스위치	Analog Switch
ATP	인수시험과정	Acceptance Testing Procedure
ATPG	자동 시험패턴 생성기	Automatic Test Pattern Generator
AXI	자동 2차원 엑스선검사	Automated 2D X-ray Inspection
AZO	알루미늄이 도핑된 아연산화물	Al-doped Zinc Oxide
B2F	배면대면	Back-to-Face
BAA	접착정렬정확도	Bbonding Aalignment Accuracy
BARC	하부 비반사 코팅	Bottom AntiReflective Coating
BCA	2체 충돌 근사	Binary Collision Approximation
BCB	벤조시클로부텐	BenzoCycloButene
BCDMOS	이진, 상보성, 확산형 금속산화물반도체	Binary, Complementary, and Depletion Metal Oxide Semoconductor
BCP	블록공중합체	Block CoPolymer
BCT	체심정방	Body Centered Tetragonal
BEOL	후공정 또는 배선형성공정	Back-End-Of-Line
BER	비트오류율	Bit Error Rate
BESSY	베를린 방사광 전자저장링협회	Berlin Electron Storage Ring Society for Synchrotron Radiation
BG	배면연삭	Back Grinding
BGA	볼그리드어레이	Ball Grid Array
BGBC	하부게이트 하부접촉	Bottom Gate Bottom Contact
BIN-COG	유리상이진크롬	BINary Chrome On Glass
BIS	후방조명센서	Back Illuminated Sensor
BIST	내장자체시험	Built-In Self Test
BKM	최고지식법	Best of Knowledge Method
BLR	보드레벨 신뢰성	Board Level Reliability
BMD	벌크미세결함	Bulk Mmicro Defect
BMFT	독일연방 교육연구부	German Federal Ministry of Education and research
BNL	브룩헤이븐 국립연구소	Brookhaven National Laboratory
BOM	부품표	Bill Of Material
BON	범프온 질화물	Bump On Nitride
BOP	범프온패드	Bump On Pad

BOR	범프온 재부동화층	Bump On Repassivation
BPOA	접착패드와중첩된능동소자	Bond Pad Overlap Active
BPSG	붕소인규산염 유리	BoroPhoSphosilicate Glass
BSDF	양방향산란 분포함수	Bidirectional Scattering Distribution Function
BSE	후방산란 1차전자	BackScattered primary Electron
BSI	후방조명	BackSide Illumination
BSL	배면접합층	BackSide Lamination
BLTCT	보드레벨 냉열시험	Board Level Temperature Cycle Test
BTS	빔전송시스템	Beam Transport System
BW	대역폭	BandWidth
C2C	칩-칩	Chip to Chip
C2S	칩-기판	Chip-to-Substrate
C2W	칩-웨이퍼	Chip to Wafer
CA	구경	Clear Aperture
CA	화학증폭	ChemicallyAmplified
CAAC	C축정렬 결정체	C-Axis Aligned Crystal
CAD	컴퓨터원용설계	Computer-Aided Design
CAGR	연평균 성장률	Compound Annual Growth Rate
CAR	화학 증폭형 레지스트	Chemically Amplified Resist
Cat-CVD	촉매화학기상증착법	Catalytic Chemical Vapor Deposition
CCD	전하결합소자	Charge Coupled Device
CCM	색변조 매질	Color Changing Medium
CCOS	컴퓨터제어 표면가공	Computer-ContrOlled Surfacing
CCP	용량결합플라스마	Capacitively-Coupled Plasma
CCP	컴퓨터제어 폴리싱	Computer Controlled Polishing
CCS	컴퓨터제어 표면가공	Computer-Controlled Surfacing
CD	임계치수	Critical Dimension
CDCB	카르바졸릴 디시아노벤젠	Carbazolyl DiCyanoBenzene
CDS	상관이중샘플링	Correlated Double Sampling
CDU	임계치수균일성	Critical Dimension Uniformity
CE	변환효율	Conversion Efficiency
CGH	컴퓨터제작 홀로그램	Computer-Generated Hologram
CGL	전하생성층	Charge Generation Layer
CIE	공통이온효과	Common Ion Effect
CIS	CMOS 영상센서	CMOS Image Sensor
CMM	좌표측정기	Coordinate Measuring Machine
CMOS	상보성금속산화물반도체	Complementary Metal-Oxide-Semiconductor
CMP	화학적기계연마	Chemical Mechanical Planarization

CMP社	써킷스 멀티프로젝트社	Circuits Multi Projects
CNF	셀룰로오스 나노섬유	Cellulose NanoFiber
CNSE	나노스케일 과학및공학대학	College of Nanoscale Science and Engineering
CNT	탄소나노튜브	Carbon NanoTube
COC	칩 온 칩	Chip On Chip
COO	소유비용	Cost Of Ownership
COP	환상올레핀 폴리머	Cyclic Olefin Polymer
COW	칩 온 웨이퍼	Chip On Wafer
CoWoS	칩온웨이퍼온기판	Chip-on-Wafer-on-Substrate
CP	셀 투사	Cell Projection
CPMI	플라스마-소재 상호작용 연구센터	Center for Plasma Material Interactions
CPU	중앙처리장치	Central Processing Unit
CRA	주광선각도	Chief Ray Angle
CRAA	주광선방위각도	Chief Ray Azimuthal Angle
CRADA	공동 연구개발 협정	Cooperative Research And Development Agreement
CRAO	물체 측 주광선각도	Chief Ray Angle at Object
CRI	연색평가지수	Color Rendering Iindex
CRT	음극선관	Cathod Ray Tube
CSAM	공초점 주사초음파현미경	Confocal Scanning Acoustic Microscope
C-SAM	균일깊이모드 초음파주사현미경	Constant-depth mode Scanning Acoustic Microscope
CSM	부합산란 현미경	Coherent Scattering Microscop
CSP	칩스케일 패키지	Chip Scale Package
C-t	커패시턴스시간	Capacitance-time
CTE	열팽창계수	Coefficient of Thermal Expansion
CTF	대비전달함수	Contrast Transfer Function
CUBIC	점증접합 집적회로	CUmulatively Bonded IC
CUF	모세관충진	Capillary UnderFill
CuPc	구리프탈로시아닌	Copper PhthaloCyanine
CUT	시험회로	Circuit Under Test
CVD	화학기상증착	Chemical Vapor Deposition
CVS3D	비전, 센서 및 3차원집적회로 센터	Center for Vision, Sensors and 3DIC
CW	지속파	Continuous Wave
CXRO	엑스레이 광학연구소	Center for X-Ray Optics
CZ	초크랄스키	CZochralski
CZM	복합영역모델	Cohesive Zone Model
DAI	직접가속입력	Direct Acceleration Input
DARPA	미국방위고등연구계획국	Defense Advanced Research Projects Agency
DBG	연삭전절단	Dicing Before Grinding

DBI	직접접합상호연결	Direct Bond Interconnect
DC	직류	Direct Current
DCO	전용척 중첩	Dedicated Chuck Overlay
DDR&E	미국국방부 연구기술국장	Director of Defense Research & Engineering
DDR3	3형 이중데이터율	Double Data Rate type 3
DDR4	4형 이중데이터율	Double Data Rate type 4
DeCap	비동조화 커패시터	De-coupling Capacitor
DFN	이중플랫 무리드	Dual Flat No-lead
DFT	시험회로설계	Design For Test
DGSS	액적 방출 및 조향 시스템	Droplet Generator Steering System
DI	탈이온	DeIonized
DRIE	반응성이온 심부식각	Deep Reactive Ion Etching
DLG	액적발생기	DropLetGenerator
DLL	지연고정루프	Delay Locked Loop
DMOS	이중확산 금속 산화물 반도체	Double diffused Metal Oxide Semiconductor
DMSO	디메틸술폭시드	DiMethyl SulfOxide
DMT	오염물질 제거장비	Debris Mitigation Tool
DNP	중립점으로부터의 거리	Distance to Neutral Point
DOC	미국 상무부	Department Of Commerce
DOD	미국 국방부	Department Of Defense
DOE	미국 에너지성	Department Of Energy
DOE	실험계획법	Design Of Experiments
DOF	초점심도	Depth Of Focus
DOPL	동적옵션수명	Dynamic OPtional Life
DoW	다이 온 웨이퍼	Die on Wafer
DP	건식연마	Dry Polishing
DP	이중 패터닝	Double Patterning
DPAK	데카와트 패키지	Decawatt PAcKage
DPF	조밀 플라스마 초점	Dense Plasma Focus
DPP	방전생성 플라스마	Discharge-Produced Plasma
DRAM	동적 임의접근 메모리	Dynamic Random Access Memory
DRM	쌍극형 링자석	Dipole Ring Magnet
DSA	디스티리라리렌	DiStyrylArylene
DSI	결함신호강도	Defect Signal Intensity
DSP	디지털 신호처리기	Digital Signal Processor
DUT	시험용 디바이스	Device Under Test
DUV	심자외선	Deep UltraViolet
DWCNT	이중벽 탄소나노튜브	Double-Wall Carbpn NanoTube

DZ	무결함영역	Denuded Zone
EBL	전자와 여기자 차단층	Electron and exciton Blocking Layer
EBSD	후방산란전자회절	Electron BackScatter Diffraction
ECS	전기화학협회	ElcetroChemecal Society
ECTC	전자소자와기술학회	Electronic Components and Technology Conference
E-D	노출-초점이탈	Exposure-Defocus
EDA	전자설계자동화	Electronic Design Automation
EDX	에너지분산 엑스레인 분광법	Energy Dispersive X-ray spectroscopy
EEB	전기도금-증발 범핑	Electroplating-Evaporation Bumping
EEPROM	전기휘발성 프로그래머블 읽기전용 메모리	Electrically Erasable Programmable Read-Only Memory
EG	외부게터링	Extrinsic Gettering
EIDEC	선단 나노프로세스 기반개발센터	Evolving nano-process Infrastructure DEvelopment Center
EIL	전자주입층	Electron Injection Layer
EIS	손떨림보정	Electronic Image Stabilization
EIT	극자외선영상 망원경	Extreme ultraviolet Imaging Telescope
EL	전자발광	ElectroLuminescent
EL	노출관용도	Exposure Latitude
EM	일렉트로마이그레이션	ElectroMigration
EMC	에폭시몰딩 화합물	Epoxy Molding Compound
EMC	장비와 소재 컨소시엄	Equipment and Materials Consortium
EMC-3D	반도체 3차원장비와 소재 컨소시엄	Semiconductor 3D Equipment and Materials Consortium
EMI	전자기간섭	ElectroMagnetic Interference
EMI	극자외선마스크 기반시설 컴소시엄	EUV Mask Infrastructure
EML	발광층	Emission Layer
ENIG	무전해니켈금도금	Electroless Nickel Immersion Gold
ENOB	유효비트수	Effective Number Of Bits
EOD	전자만 흐르는 디바이스	Electron Only Device
EPE	테두리 배치오차	Edge Placement Error
EPL	전자빔 투사노광	Electron-beam Projection Lithography
ePSM	임베디드 위상반전 마스크	embedded Phase Shift Mask
EQE	외부양자효율	External Quantum Efficiency
ESA	에너지 분석기	Energy Sector Analyzer
ESCAP	환경안정형화학증폭포토레지스트	Environmentally Stable Chemically Amplified Photoresists
ESD	정전기방전	Electro Static Discharge
ESL	식각저지층	Etch Stop Layer
ESPRIT	유럽 정보기술연구 전략 프로그램	European Strategic Program on Research on Information Technology

ETL	전자전송층	Electron Transport Layer
ETM	전기시험방법	Electrical Test Method
ETS	공학시험장치	Engineering Test Stand
EUCLIDES	극자외선노광 개발 시스템	Extreme UV Concept Lithography Development System
EUV	극자외선	Extreme UltraViolet
EUV LLC	EUV유한회사	EUV Limited Liability Corporation
EUVA	극자외선노광 시스템 개발협회	Extreme Ultraviolet Lithography System Development Association
EUVL	극자외선노광	Extreme UltraViolet Lithography
eWLB	매립된 웨이퍼레벨 볼그리드어레이	embeddedWaferLevelBallGridArray
EWM	전자풍력에 의해서 유발되는 마이그레이션	Electron force Wind induced Migration
EXTATIC	극자외선 알파장비 조립 컨소시엄	Extreme UV Alpha Tools Integration Consortium (MEDEA+)
F2B	면대배면	Face to Back
F2F	면대면	Face to Face
FA	고장분석	Failure Analysis
FAB	프리에어볼	Free Air Ball
FAB	제조설비	FABrication facility
FAF	축방향 고속유동	Fast Axial Flow
FC	플립칩	Flip Chip
FC	패러데이 컵	Faraday Cup
FD	평탄화 디스크	Flattening Disk
FD-OCT	푸리에영역 광간섭단층촬영	Fourier Domain Optical Coherence Tomography
FDR	주파수영역 반사계	Frequency Domain Reflectometry
FEA	유한요소해석	Finite Element Analysis
FEL	자유전자 레이저	Free Electron Laser
FEM	유한요소법	Finite Element Method
FEM	초점노출 매트릭스	Focus Exposure Matrix
FEOL	전공정	Front-End-Of-Line
FF	플립플롭	Flip Flop
FF	원시야	Far Field
FFTT	원시야 시험장비	Far Field TestTool
FIA	필드영상 정렬	Field Image Alignment
FIB	집속 적외선	Focused Infrared Beam
FIB	집속 이온빔	Focus Ion Beam
FLIR	전방감시적외선장치	Forward Looking InfraRed
FMM	미세금속마스크	Fine Metal Mask
FOM	재료기초연구소	FundamenteelOnderzoekderMaterie

FOUP	전방개방 통합포드	Front-Opening Unified Pod
FOV	관측시야	Field Of View
FO-WLP	팬아웃 웨이퍼레벨 패키징	Fan-Out Wafer Level Packaging
FPD	평판디스플레이	Flat Panel Display
FPGA	필드 프로그래머블 게이트 어레이	Field Programmable Gate Array
FPR	조리개 점유율	Fill Pupil Ratio
FPS	초당 프레임 수	Frame Per Second
FPY	일차생산수율	First Pass Yield
FQY	필드양자수율	Field Quantum Yield
FSC	부반송파주파수	SubCarrier Frequency
FTF	고속횡단유동	Fast Traverse Flow
FTIR	푸리에 변환 적외선 분광	Fourier Transform InfraRed spectroscopy
FTO	불소가 도핑된 주석산화물	Fluorine doped Tin Oxide
FVC	플레어 편차보상	Flare Variation Compensation
FWHM	반치전폭	Full-Width Half Maximum
GA	유전알고리즘	Genetic Algorithm
GAE	가스보조식각	Gas-Assisted Etching
GC-MS	질량분석기를 사용한 가스크로마토그래피	Gas Chromatograph with a Mass Spectrometer
g-DP	게터링-건식연마	Gettering-Dry Polish
GFIS	가스필드 이온광원	Gas Field Ion Source
GGI	금상호연결	Gold to Gold Interconnection
GHG	온실가스	GreenHouse Gas
GI	스침각 입사	Grazing Incidence
GOF	적합도	Goodness Of Fit
GPU	그래픽처리장치	Graphics Processor Units
GS	그룹신호	Group Signal
GSF	스캔플롭통로	Gated Scan Flop
GUI	그래픽 사용자 인터페이스	Graphical windows User Interface
GWLE	양호한 웨이퍼레벨 노출	Good Wafer Level Exposure
HASL	고온공기 표면처리	Hot Air Surface Leveling
HAST	고가속 스트레스시험	Highly Accelerated Stress Test
HBL	정공과 여기자 차단층	Hole and exciton Blocking Layer
HBM	광대역메모리	High Bandwidth Memory
HDI	고밀도 상호접속	High Density Interconnection
HDP	고밀도 패키징	High Density Packaging
HDP	고밀도 플라즈마	High Density Plasma
HEP	고에너지물리학	High-Energy Physics
HF	불화수소산	HydroFluoric

HIL	정공주입층	Hole Injection Layer
HMC	하이브리드 메모리 큐브	Hybrid Memory Cube
HMDS	헥사메틸디실라잔	MexaMethylDiSilazane
HOD	정공만 흐르는 디바이스	Hole Only Device
HOMO	최고준위 점유분자궤도	Highest Occupied Molecular Orbital
HP	절반피치	Half-Pitch
HPDL	고출력 레이저	High-Power Drive Laser
HPFS	고순도 용융 실리카	High-Purity Fused Silica
HPM	염산 과산화수소 혼합물	Hydrochloric acid Peroxide Mixture
HPMJ	고압 마이크로제트	High-Pressure Micro-Jet
HPSS	고출력 시드 시스템	High-Power Seed System
HS	고전압측	High Side
HSFR	고대역공간주파수조도	High-Spatial-Frequency Roughness
HSQ	하이드로겐실세스퀴옥산	Hydrogen SilsesQuioxane
HTGB	고온 게이트 바이어스	High Temperature Gate Bias
HTL	정공전송층	Hole Transport Layer
HTRB	고온 역 바이어스	High Temperature Reverse Bias
HTS	고온보관	High Temperature Storage
HTSL	고온보관수명	High Temperature Storage Life
HV	고진공	High Vacuum
HV	수평/수직	Horizontal/Vertical
HVM	대량생산	High-Volume Manufacturing
HWS	하트만 파면센서	Hartmann Wavefront Sensor
I/O	입출력	Input/Output
I2C	상호집적회로	Inter-integrated Circuit
IBA	역 제동복사 흡수	Inverse Bremsstrahlung Absorption
IBD	이온빔 스퍼터링 증착	Ion-Beam sputter Deposition
IBF	이온빔성형	Ion Beam Figuring
IBSD	이온빔 스퍼터링 증착	Ion Beam Sputter Deposition
IC	집적회로	Integrated Circuit
ICA	순간구경	Instantaneous Clear Aperture
ICF	층간충진재료	Inter Chip Fill
ICP	유도결합플라즈마	Inductively Coupled Plasma
ICT	회로내검사	In Circuit Test
IDM	통합장비제조업체	Integrated Device Manufacturer
IEEE	미국전기전자학회	Institute of Electrical and Electronics Engineers
IF	인터페이스	InterFace
IF	중간초점	Intermediate Focus

IG	내부게터링	Intrinsic Gettering
IGBT	절연게이트 쌍극성트랜지스터	Insulated Gate Bipolar Transistor
IGZO	인듐-갈륨-아연 산화물	Indium Gallium Zinc oxide
IL	영상화 층	Imaging Layer
IL	간섭노광	Interference Lithography
ILC	국제선형충돌기	International Linear Collider
ILP	정수선형 프로그램	Integer Linear Programming
ILS	이미지 로그 기울기	Image Log Slope
ILT	레이저기술연구소	Institute of Laser Technology (Fraunhofer)
IMC	금속간화합물	InterMetallic Compound
IME	싱가포르 전자공학연구소	Institute of MicroElectronics
IMEC	벨기에 반도체공동연구소	Interuniversity MicroElectronics Center
INERT	일리노이 이온에너지 저감기법	IlliNois ion Energy Reduction Technique
IP	지적재산권	Intellectual Property
IPD	평면상왜곡	In-Plane Distortion
IPE	영상배치오차	Image Placement Error
IPG	인라인 공정게이지	Inline Process Gauge
IPGA	핀 그리드 중간 어레이	Interstitial Pin Grid Array
IPL	이온빔 투사노광	Ion-beam Projection Lithography
IPS	통합생산계획	Integrated Product Scheduling
IQE	내부양자효율	Internal Quantum Efficiency
IR	적외선	InfraRed
ISMT	국제 SEMATECH	International SEMATECH
ITO	인듐-주석 산화물	Indium Tin Oxide
ITRI	산업기술연구원	Industrial Technology Research Institute
ITRS	국제 반도체기술 로드맵	International Technology Roadmap for Semiconductors
JDA	공동연구협약	Joint Development Agreement
JDP	공동연구 프로그램	Joint Development Program
JEDEC	합동전자장치엔지니어링협회	Joint Electron Device Engineering Council
JEITA	일본전자정보기술산업협회	Japan Electronics and Information Technology Industries Association
JGB	야누스그린B	Janus Green B
JSPE	일본 정밀공학회	Japan Society for Precision Engineering
JTAG	연합검사수행그룹	Joint Test Action Group
KAIST	한국과학기술원	Korea Advanced Institute of Science and Technology
KGD	기지양품다이	Known Good Die
KOZ	배제영역	Keep Out Zone
L/S	직선/간극	Line/Space
LANL	로스 앨러모스 국립연구소	Los Alamos National Laboratory

LBNL	로렌스 버클리 국립연구소	Lawrence Berkeley National Laboratory
LCD	액정디스플레이	Liquid Crystal Display
LCDU	국부임계치수균일성	Local Critical Dimension Uniformity
LCI	저가형 인터포저	Low Cost Interposers
LDD	저결함증착	Low Defect Deposition
LDMOS	측면확산방식 금속산화물반도체	Laterally Diffused Metal Oxide Semiconductor
LED	발광다이오드	Light Emitting Diode
LEE	광선방출증강	Light Extraction Enhancement
LEP	발광폴리머	Light Emitting Polymer
LER	선테두리 거칠기	Line Edge Roughness
LESiS	고체내 저에너지 전자산란	Low-nergy Electron Scattering in Solids
LF	리드프레임	Lead Frame
LF	무연솔더	Lead Free
LiEDA	에틸렌 디아민의 리튬 염	Lithium salt of EthyleneDiAmine
LIPS	레이저승화식 패터닝	Laser-Induced Pattern-wise Sublimation
LITI	레이저열전사	Laser Induced Thermal Imaging
LLNL	로렌스 리버모어 국립연구소	Lawrence Livermore National Laboratory
LMIS	액체금속 이온광원	Liquid Metal Ion Source
LMS	국부응력	Locally induced Mechanical Stress
LO	종광	Longitudinal Optical
LPCVD	저압화학기상증착	Low-Pressure Chemical Vapor Deposition
LPP	레이저생성 플라스마	Laser-Produced Plasma
LS	저전압측	Low Side
LSC	레이저 충격파 세척	Laser Shock wave Cleaning
LS-CVD	액체공급 화학기상증착	Liquid Source Chemical Vapor Deposition
LSFR	고대역 공간주파수 조도	Low-Spatial-Frequency Roughness
LSI	대규모집적회로	Large Scale Integrations
LSM	층상합성 미세구조	Layered Synthetic Microstructure
LSV	선형주사전위계	Linear Sweep Voltammetry
LTCC	저온동시소성 세라믹	Low Temperature Co-fired Ceramic
LTEM	저열팽창소재	Low Thermal Expansion Material
LTF	선테두리 거칠기 전달함수	Line edge roughness Transfer Function
LTHC	광열변환	Light-To-Heat Conversion
LTO	저온산화물	Low-Temperature Oxide
LTPS	저온폴리실리콘	Low Temperature Poly Silicon
LUMO	최저준위 비점유분자궤도	Lowest Unoccupied Molecular Orbital
LWR	선폭 거칠기	Line Width Roughness
MAG	확대	MAGnification

MBDC	마스크 모재 개발센터	Mask Blank Development Center (SEMATECH)
MBE	분자선 결정성장	Molecular Beam Epitaxy
MBIST	메모리 내장자체시험	Memory Built-In Self Test
MCM	다중칩모듈	Multi Chip Module
MCNC-RDI	노스캐롤라이나 연구개발원 전자센터	Microelectronics Center of North Carolina Research and Development Institute
MCP	다중칩 패키지	Multi Chip Package
MCP	미세전자 증폭관	MicroChannel Plate
MCSP	몰딩된 칩스케일 패키지	Molded Chip Scale Package
MCU	마이크로컨트롤러	Micro Controller Unit
MDA	다중층 결함방지	Multi layer Defect Avoidance
MEDEA+	유럽마이크로일렉트로닉스 개발 프로그램	Microelectronics Development for European Applications+
MEEF	마스크오차개선인자	Mask Error Enhancement Factor
MEMS	미세전자기계시스템	Micro-Electro-Mechanical Systems
MEOL	중간공정	Middle-End-Of-Line
MERIE	자기력증강 반응성이온에칭	Magnetically Enhanced Reactive Ion Etching
MET	마이크로 노광장비	MicroExposure Tool
METI	일본경제산업성	Japan Ministry of Economy, Trade and Industry
MEWP	웨이퍼 중간처리공정	Middle End Wafer Process
MFC	질량유량제어기	Mass Flow Controller
MFCP	몰딩된 플립칩 패키지	Molded Flip Chip Package
MFS	최소형상크기	Minimum Feature Size
MHD	자기유체역학	MagnetoHydroDynamics
ML	다중층	Multi Layer
ML2	마스크리스 노광	MaskLess Lithography
MLA	마이크로렌즈어레이	Micro Lens Array
MLCT	금속-리간드 전하전송	Metal to Ligand Charge Transfer
MLM	다중층 반사경	Multi Layer Mirror
MLP	무리드몰딩패키지	Molded Leadless Package
MMO	장비 간 중첩	Machine-to-Machine Overlay
MOPA	주 발진기-전력증폭기	Master Oscillator-Power Amplifier
MOS	금속 산화물 반도체	Metal-Oxide Semiconductor
MOSFET	금속산화물반도체 전계효과트랜지스터	Metal Oxide Semiconductor Field Effect Transistor
MOSIS	금속산화물반도체 전계효과 트랜지스터 위탁생산서비스	Metal-Oxide-Silicon Implementation Service
MPPM	다변수 푸아송 전파모델	Multivariate Poisson Propagation Model
MPU	연산처리장치	MicroProcessing Unit
MPW	다중프로젝트웨이퍼 또는 다항목웨이퍼	Multi-Project Wafer
MRF	자성유체연마	MagnetoRheological Finishing

MSFR	중간대역 공간주파수 조도	Mid-Spatial-Frequency Roughness
MSL	수분민감도	Moisture Sensitivity Level
MTBF	평균고장간격	Mean Time Between Failure
MTF	변조전달함수	Modulation Transfer Function
MTO	마이크로시스템기술실	Microsystems Technology Office
MTTF	평균파손시간	Mean Time To Failure
MTTR	평균수리시간	Mean Time To Repair
MTTT	평균검사시간	Mean Time To Test
MW	분자량	Molecular Weight
NA	개구수	Numerical Aperture
NCF	비전도성필름	Non-Conductive Film
NCG	비접촉 측정기	Non-Contact Gauge
NCP	비전도 페이스트	Non-Conductive Paste
NEDO	신에너지산업기술종합개발기구	New Energy and Industrial Technology Development Organization
NGL	차세대 노광기술	Next-Generation Llithography
NI	수직입사	Normal Incidence
NIL	나노 임프린트 노광	Nano Imprint Lithography
NILS	정규화영상 로그기울기	Normalized Image Log Slope
NIR	근적외선	Near-InfraRed
NIST	미국 표준기술연구소	National Institute of Standards and Technology
NMOS	n-형 금속 산화물 반도체	N-type Metal-Oxide Semiconductor
nMOSFET	전자채널 금속산화물반도체 전계효과트랜지스터	electron channel Metal-Oxide-Semiconductor Field-Eeffect Transistor
NRL	해군연구소	Naval Research Laboratory
NSLS	국립 싱크로트론 광원	National Synchrotron Light Source
NSMD	비-솔더마스크 정의방식	Non Solder Mask Defined
NSR	니콘 스테퍼 시스템	Nikon Step and Repeat System
OAI	비축조명	Off-Axis Illumination
OCP	과전류보호	OverCurrent limit Protection
OCT	광간섭성단층촬영기	Optical Coherence Tomography
ODF	액적적하주입	One Drop Fill
OEL	유기전자발광	Organic ElectroLuminescent
OES	광학발광분광기	Optical Emission Spectroscopy
OH	오버헤드	OverHead
OL	중첩	OverLay
OLED	유기발광다이오드	Organic Light Emitting Diode
OOB	대역 외	Out-Of-Band
OPC	광학 근접보정	Optical Proximity Correction

OPD	평면외 왜곡	Out-of-Plane Distortion
OPL	작동수명	OPerational Life
OPO	제품상중첩	On Product Overlay
OR	유기	ORganic
OSA	미국 광학협회	Optical Society of America
OSAT	반도체조립 및 시험 외주업체	Outsourced Semiconductor Assembly and Test
OSP	유기땜납보존제	Organic Solderability Preservative
OTF	광학 전달함수	Ooptical Transfer Function
OTFT	유기소재 박막 트랜지스터	Organic Thin Film Transistor
P/T	정밀도-공차비율	Precision-to-Tolerance ratio
PACE	정전기를 사용한 플라스마 보조세척	Plasma-Assisted Cleaning by Electrostatics
PAG	광산발생제	Photo Acid Generator
PANI	폴리아닐린	PolyANiLine
PAUF	사전충진	Pre-Applied UnderFill
PBGA	플라스틱 볼 그리드 어레이	Plastic Ball Grid Array
PBO	폴리페닐렌 벤조비속사졸	Poly-phenylene BenzobisOxazole
PBS	폴리부텐-1 술폰	PolyButene-1 Sulfone
PC	광자결정	Photonic Crystal
PC	개인용 컴퓨터	Personal Computer
PCB	인쇄회로기판	Printed Circuit Board
PCI	주변장치상호접속	Peripheral Component Interconnect
PCM	펄스수변조	Pulse Count Modulation
PDI	포인트-회절 간섭계	Point-Diffraction Interferometry
PDL	픽셀구획층	Pixel Defined Layer
PDN	배전망	Power Distribution Network
PDP	플라스마디스플레이패널	Plasma Display Panel
PEB	노광 후 가열	Post-Exposure Bake
PECVD	플라스마증강화학기상증착	Plasma Enhanced Chemical Vapor Deposition
PEEM	광전자방출 현미경	PhotoElectron Emission Microscopy
PEG	폴리에틸렌 글리콜	PolyEthylene Glycol
PEN	폴리에틸렌 나프탈레이트	PolyEthylene Naphthalate
PET	폴리에틸렌 텔레프탈레이트	PolyEthylene Terephthalate
PFBS	펜타플루오로벤젠 술폰산	PentaFluoroBenzene-Sulfonic acid
PFBT	펜타플루오로벤젠에티올	PentaFluoroBenzeneThiol
PFR	조리개 점유율	Pupil Fill Ratio
PG	폴리그라인드	PoliGrind
PGA	핀 그리드 어레이	Pin Grid Array
PHS	폴리히드록시스티렌	PolyHydroxyStyrene

PI	폴리이미드	PolyImide
PLL	위상고정루프	Phase Locked Loop
PM	예방점검	Preventative Maintenance
PMD	층간유전체층	Pre-Metal Dielectric
PMI	위상측정 간섭계	Phase-Measuring Interferometer
PMM	위상측정 현미경	Phase-Measuring Microscopy
PMMA	폴리메틸메타크릴레이트	Poly Methyl MethAcrylate
PM-OLED	수동화소 OLED	Passive Patrix OLED
PMS	폴리메톡시스티렌	PolyMethoxyStyrene
PO	투사광학계	Projection Optics
POB	투사광학상자	Projection Optics Box
PoP	패키지 온 패키지	Package on Package
PP	감광 전구체	Photosensitizer Precursor
PL	평탄화층	Planarization Layer
PQFN	전력용4변노리드	Power Quad Flat pack No lead
PRC	패키지 연구센터	Packaging Research Center
PRCL	전력 사이클	PoweR CycLe
PREUVE	극자외선 프로그램	PRogramme Extreme UV
PS	감광제	PhotoSensitizer
PS/PDI	위상 시프트 포인트 회절 간섭계	Phase-Shifting Point-Diffraction Interferometer
PSCARTM	감광용 화학증폭형 레지스트	PhotoSensitized Chemically Amplified Resist
PSD	파워스펙트럼 밀도	Power Spectral Density
PSDI	위상 시프트 회절 간섭계	Phase-Shifting Diffraction Interferometer
PSF	점상강도 분포함수	Point-Spread Function
PSG	인규산유리	PhoSphosilicate Glass
PSI	폴쉐르 연구소	Paul Scherrer Institute
PSL	폴리스티렌 라텍스	PolyStyrene Latex
PSM	위상 시프트 마스크	Phase Shift Mask
PSPDI	위상 시프트 포인트 회절 간섭계	Phase-Shifting Point-Diffraction Interferometer
PSS	펄스성형 스위치??	Pulse-Shaping Switch
PTB	독일 물리기술연구소	Physikalisch-Technische Bundesanstalt
PTFE	폴리테트라플루오로에틸렌	PolyTetraFluoroEthylene
PTO	미국특허청	Patent and Trademark Office (U.S.)
PV	산과 골	Peak to Valley
PVA	폴리비닐 알코올	PolyVvinyl Alcohol
PVD	물리기상증착	Physical Vapor Deposition
PVC	폴리비닐 카르바졸	PolyVinylCarbazole
PWB	프린트배선판	Printed Wiring Board

QCL	양자연쇄반응 레이저	Quantum Cascade Laser
QCM	수정진동자저울	Quartz Crystal Microbalance
QD	퀀텀도트	Quantum Dot
QE	양자효율	Quantum Efficiency
QFN	4변 노리드	Quad Flat No lead
QFP	4변패키지	Quad Flat Package
QHD	4배화질	Quad High Definition
QLED	퀴넘도트 발광다이오드	Quantum Dot Light Emitting Diode
R&D	연구개발	Research and Development
RAM	안정성, 가용성 및 유지보수성	Reliability, Availability, and Maintainability
RC	저항성 커패시턴스	ResistiveCapacitive
RCC	레진코팅 구리판	Resin Coated Copper
RCP	재분배식 칩 패키지	Redistributed Chip Package
RDL	재분배층	ReDistribution Layer
RES	분해능	RESolution
RET	분해능 개선기법	Resolution Enhancement Technique
RF	무선주파수	Radio Frequency
RF-MEMS	무선주파수 미세전자기계시스템	Radio Frequency Micro Electro Mechanical Systems
RGA	잔류가스분석기	Residual Gas Analyzer
RGB	적녹청	Red Green Blue
RH	상대습도	Relative Humidity
RI	굴절률	Reflective Index
RIE	반응성이온에칭	Reactive Ion Etching
RIM	레티클 영상 현미경	Reticle Imaging Microscope
RISC	역항간교차	Reverse InterSystem Crossing
RLC	저항, 인덕터 및 커패시터	Resistor, inductor and Capacitor
RLS	분해능, 선테두리 거칠기, 민감도	Resolution, LER, Sensitivity
RM	반사 마스크	Reflection Mask
RMS	실효값	Root Mean Square
RMSD	실효값밀도	Root Mean Square Density
RO	로진	ROsin
ROFR	우선매수권	Right Of First Refusal
ROI	관심영역	Region Of Interest
ROI	투자수익률	Return On Investment
ROMP	개환 상호교환반응형 중합	Ring-Opening Metathesis Polymerization
RP1	로난 프로세싱 1	Ronler Processing 1
RRDE	회전원판링전극	Rotating Ring Disk Electrode
RST	실리콘 잔류두께	Remaining Silicon Thickness

RT	상온	Room Temperature
SAHD	시편시험	Send-AHeaD
SAIT	삼성종합기술원	Samsung Advanced Institute of Technology
SAM	자기조립단분자막	Self-AssembledMonolayers
SB	소프트 베이크	Soft Bake
sccm	분당 표준입방센티미터	standard cubic centimeters per minute
SCE	포화칼로멜전극	Saturated Calomel Electrode
SCS	단결정 실리콘	Single Cristal Silicon
S-CSP	적층식 칩 스케일 패키지	Stacked Chip Scale Package
SD-OCT	스펙트럼 도메인 광간섭성 단층촬영기	Spectral Domain Optical Coherence Tomography
SDR	1배속	Single Data Rate
SE	분광타원법	Spectroscopic Ellipsometry
SEM	주사전자현미경	Scanning Electron Microscope
SEMI	국제반도체장비재료협회	Semiconductor Equipment and Materials International
SERM	주사극자외선반사현미경	Scanning EUV Reflective Microscope
SES	서브필드 노광 스테이션	Subfield Exposure Station
SEVD	등가구체 체적직경	Spherical Equivalent Volume Diameter
SHC	초음속 수력세척	Supersonic HydroCleaning
SHWS	샤-하트만 파면센서	Shack-Hartmann Wavefront Sensor
SIA	미국반도체산업협회	Semiconductor Industry Association
SiC	적층식 집적회로	Stacked integrated Circuit
Si-IP	실리콘 인터포저	Silicon InterPoser
SIMS	이차이온 질량분석	Secondary-Ion Mass Spectroscopy
SiP	패키지형 시스템	System in Package
SLD	초발광 다이오드	SuperLuminescent Diodes
SLR	단일층 레지스트	Single-Layer Resist
SM	응력구배에 의해서 유발되는 마이그레이션	Stress gradient induced Migration
SM3	초전도자석 오염물질 제거기법	Superconducting Magnet debris Mitigation Method
SMD	솔더 마스크 정의방식	Solder Mask Defined
SMIC社	국제반도체제조社	Semiconductor Manufacturing International Corporation
SMIF	표준기계 인터페이스	Standard Mechanical InterFace
SMO	광원마스크 최적화	Source Mask Optimization
SMT	표면실장착기술	Surface Mounting Technology
SNL	샌디아 국립연구소	Sandia National Laboratories
SNR	신호대잡음비	Signal to Noise Ratio
SO	소형윤곽	Small Outline
SOC	시스템 온 칩	System On Chip

SOG	스핀온유리	Spin On Glass
SOHO	소호 태양권 관측위성	SOlar and Heliospheric Observatory
SOI	실리콘 온 절연체	Silicon On Insulator
SOW	작업기술서	Statements Of Work
SPC	통계적 공정관리	Statistical Process Control
SPDT	단극쌍투형	Single Pole Double Throw
SPF	스펙트럼 순도 필터	Spectral Purity Filter
SPI	솔더페이스트 검사	Solder Paste Inspection
SPM	표면플라즈몬 모드	Surface Plasmon Mode
SPP	실리콘 기반 양화색조 포토레지스트	Silicone-based Positive Photoresist
SPS	이황화 3-술포프로필	3-SulfoPropyl diSulfide
SPST	단극단투형	Single Pole Single Throw
SR	싱크로트론방사	Synchrotron Radiation
SRAF	분해능이하 보조형상	Sub-Resolution Assist Features
SRAM	정적 임의접근 메모리	Static Random-Access Memory
SRC	미국반도체연구협회	Semiconductor Research Corporation
SSE	황산은 전극	Silver Sulfate Electrode
SSI	적층식 실리콘 집적	Stacked Silicon Integration
SSO	동시 스위칭 출력	Simultaneous Switching Output
SS-OCT	스윕광원 광간섭성 단층촬영기	Swept Source Optical Coherence Tomography
SSSR	위치형상 경사범위	Site Shape slope Range
SThM	주사열현미경	Scanning Thermal Microscopy
STM	주사 터널링 현미경	Scanning Tunneling Microscopy
SVGA	슈퍼 비디오 그래픽스 어레이	Super Video Graphics Array
SVGL	실리콘밸리 그룹 리소그래피	Silicon Valley Group Lithography
SWCNT	단일벽 탄소나노튜브	Single-Wall Carbon Nano Tubes
SWP-CVD	표면파 플라스마-CVD	Surface-WavePlasma CVD
SXPL	소프트 엑스레이 투사노광	Soft X-ray Projection Lithography
SSL	고체레이저	Solid State Laser
TADF	열활성지연형광	Thermally Activated Delayed Fluorescent
TAM	접근검사메커니즘	Test Access Mechanism
TAP	접근검사 포트	Test Access Port
TAT	시험소요시간	Test Application Time
TBIC	시험용버스 인터페이스회로	Test Bus Interface Circuit
TCB	열압착본딩	Thermal Compression Bonding
TCI	박막칩조립	Thin-Chip-Integration
TCK	시험용클록	Test ClocK
TCV	칩관통전극	Through Chip Via

TDC	시간-디지털 변환기	Time-to-Digital Converter
TDCBS	영역주사기에 내장된 시간-디지털 변환기	Time to Digital Converter embedded in Boundary Scan
TDI	시험데이터입력	Test Data In
TDO	시험데이터출력	Test Data Out
TD-OCT	시간도메인 광간섭성 단층촬영기	Time Domain Optical Coherence Tomography
TDR	시간도메인 반사계	Time Domain Reflectrometry
TEG	시험요소그룹	Test Element Group
TEL社	도쿄전자	TokyoELectron
TEM	투과전자현미경	Transmission Electron Microscopy
TEOS	테트라에틸 오소실리케이트	TetraEthyl OrthoSilicate
TEY	총전자수율	Total Electron Yield
TFT	박막트랜지스터	Thin Film Transistor
TG	작업그룹	Task Group
TGA	열중량분석	Thermo-Gravimetry Analysis
TGV	유리관통전극	Through Glass Via
THBT	온습도편향시험	Temperature Humidity Bias Test
THF	테트라히드로푸란	TetraHydroFuran
TIS	산란총합적분	Total Integrated Scatter
TISD	산란총합적분밀도	TIS Density
TM	온도구배에 의해서 유발되는 마이그레이션	Temperature gradient induced Migration
TM	투과형 마스크	Transmission Mask
TMA	반복시간다중화	Time-Multiplexed Alternating
TMAH	수산화테트라메틸암모늄	MetraMethylAmmonium Hydroxide
TMCL	냉열시험	TeMperature CycLe test
TMS	열처리응력	Thermo-Mechanical Stress
TMS	시험모드선정	Test Mode Select
TMV	몰드관통비아	Through Mold Via
TOLED	투명OLED	Transparent OLED
TOP	트리옥틸 포스핀	TriOctylPhosphine
TOPO	트리옥틸포스핀 산화물	TriOctylPhosphine Oxide
TPT	처리량	ThroughPuT
TRACE	천이영역과 코로나 관측위성	Transition Region And Coronal Explorer
TRST	시험용리셋	Test ReSeT
TSI	실리콘 관통 인터포저	Through Silicon Interposer
TSI	상부표면영상	Top Surface Imaging
TSMC社	대만반도체제조회사	Taiwan Semiconductor Manufacturing Co.
TSOP	박소형 패키지	Thin Small Outline Package
TSP	열셧다운보호	Thermal Shutdown Protection

TSP	온도민감계수	Temperature Sensitive Parameter
TSSOP	수축박소형 패키지	Thin Srink Small Outline Package
TSV	실리콘 관통전극	Through Silicon Via
TTF	삼중항-삼중항 융합	Triplet-TripletFusion
TTF	파손시간	Time To Failure
TTV	총두께편차	Total Thickness Variation
TV	시편	Test Vehicles
UBD	절단전충진	Underfill Before Dicing
UBM	범프하부 금속	Under Bump Metallization
UDC	유니버설 디스플레이社	Universal Display Corporation
UFTL	비노출박막두께손실	Unexposed Film Thickness Loss
UHD	초고화질	Ultra High Definition
UHF	극초단파	Ultra High Frequency
UHV	초고진공	Ultra-High Vacuum
ULE	초저열팽창(코닝유리)	Ultra-Low-Expansion (Corning glass)
UMC社	유나이티드 마이크로일렉트로닉스	United Microelectronics Corporation
UPG	울트라폴리그라인드	Ultra-PoliGrind
UPW	초순수	Ultra-Pure Water
USAL	미국차세대노광	United States Advanced Lithography
UTAC社	유나이티드 테스트앤드어셈블리센터	United Test and Assembly Center Ltd
UTR	초박막 레지스트	UltraThin Resist
UV	자외선	UltraViolet
UVLO	부족전압차단	UnderVoltage LOckout
VASE	가변각도 타원분광	Variable Angle Spectroscopic Ellipsometry
VCO	전압제어발진기	Voltage Controlled Oscillator
VDEC	VLSI 설계교육센터	VLSI Design and Education Center
VDL	버니어 지연선	Vernier Delay Line
VDMOS	수직확산방식 금속산화물반도체	Vertically Diffused Metal Oxide Semiconductor
VFPGA	가상필드 프로그래머블 게이트 어레이	Virtual Field-Programmable Gate Array
VISA	수직연결 센서어레이	Vertically Interconnected Sensor Arrays
VNA	벡터 회로망 분석기	Vector Network Analyzer
VNL	가상 국립 연구소	Virtual National Laboratory
VOT	출력변수이진화	Variable Output Thresholding
VSB	벡터형상광선	Vector-Shaped Beam
VUV	진공자외선	Vacuum UltraViolet
VUVAS	진공자외선흡수분광학	Vacuum UltraViolet Absorption Spectroscopy
W2W	웨이퍼-웨이퍼	Wafer to Wafer
WFE	파면오차	WaveFront Error

WGM	도파로모드	WaveGuide Mode
WIR	덮개제어 레지스터	Wrapper Instruction Register
WLCSP	웨이퍼레벨 칩스케일 패키징	Wafer Level Chip Scale Packaging
WLP	웨이퍼단위 패키징	Wafer Level Packaging
WoW	웨이퍼 온 웨이퍼	Wafer on Wafer
WPH	시간 당 웨이퍼 처리량	Wafers Per Hour
WPM	마스크 당 웨이퍼 처리량	Wafers Per Mask
WSS	웨이퍼지지기구	Wafer Support System
WVTR	수증기투과율	Water Vapor Transmission Rate
XPL	엑스레이 근접노광	X-ray Proximity Lithography
XPS	엑스레이 광전자분광법	X-ray Photoelectron Spectroscopy
XRD	엑스레이 회절	X-Ray Diffraction
YAG	이트륨 알루미늄 가넷	Yttrium-Aluminum-Garnet
ZCT	영점통과온도	Zero-Crossing Temperature
ZiBond	집트로닉스 직접 산화물 본딩	Ziptronix's Direct Oxide Bonding

찾아보기

*ㄹ

*ㅈ

*ㅊ

*ㅎ

반도체 장비의 이해

초판발행 2024년 2월 29일
초판2쇄 2024년 10월 15일

저 자 장인배
펴 낸 이 김성배
펴 낸 곳 (주)에이퍼브프레스

책임편집 박은지
디 자 인 문정민, 엄해정
제작책임 김문갑

등록번호 제25100-2021-000115호
등 록 일 2021년 9월 3일
주 소 (04626) 서울특별시 중구 필동로8길 43(예장동 1-151)
전화번호 02-2275-8603
팩스번호 02-2265-9394
홈페이지 www.apub.kr

ISBN 979-11-984291-9-3 (93560)